土建专业实训指导与示例
（课程设计　毕业设计
毕业论文写作）

徐占发　　主编

中国建材工业出版社

图书在版编目(CIP)数据

土建专业实训指导与示例：课程设计　毕业设计　毕业论文写作/徐占发主编．—北京：中国建材工业出版社，2006.5（2017.7 重印）

ISBN 978-7-80227-051-0

Ⅰ．土…　Ⅱ．徐…　Ⅲ．土木工程－高等学校－教学参考资料　Ⅳ．TU

中国版本图书馆 CIP 数据核字(2006)第 016551 号

内容简介

本书根据最新颁布的一系列建筑工程设计的标准、规范，高等教育土建类专业本科、专科教学大纲的规定，结合编者多年的教学体会和工程经验编写而成。内容包括房屋建筑设计、现浇钢筋混凝土楼盖设计、钢筋混凝土框架结构设计、单层工业厂房结构设计、砌体结构设计、建筑钢结构设计、地基基础设计、单位工程施工组织设计、建筑工程概预算与工程量清单计价文件编制毕业实习指导、毕业论文写作等 11 章及附录。每章均有设计任务书、设计指示书、答辩参考题、考核评分办法与标准和多个难易不同的示例，可供单项课程设计、综合课程设计和毕业设计不同阶段以及本科、专科不同层次的学生使用，其中，示例部分完整、具体极具参考价值。

本书可供土木工程专业本科师生作为教学辅导教材，也可作为土建类专业高职高专、成教、自考和中职中专的实训教学的参考书，以及相关从业人员自学的参考资料。

土建专业实训指导与示例（课程设计　毕业设计　毕业论文写作）

徐占发　主编

出版发行：中国建材工业出版社

地　　址：北京市海淀区三里河路 1 号

邮　　编：100044

经　　销：全国各地新华书店

印　　刷：北京鑫正大印刷有限公司

开　　本：787mm×1092mm　1/16

印　　张：44.25

插　　页：13

字　　数：1095 千字

版　　次：2006 年 5 月 第 1 版

印　　次：2017 年 7 月 第 2 次

定　　价：98.00 元

本社网址：www.jccbs.com

本书如出现印装质量问题，由我社发行部负责调换。联系电话：（010）88386906

前　　言

本书是根据最新颁布的一系列建筑工程设计的标准、规范，高等教育土建类专业教学大纲，结合多年的教学体会和工程经验编写而成。建筑工程设计教学，包括课程设计、典型工程综合设计和毕业设计以及毕业论文写作、毕业实习，它是培养学生工程实践能力、创新能力，提高学生职业素质和综合素质的关键教学环节，是突出应用性、实用性，实现“零距离上岗”的重要途径。若无工程实践教学，理论就显得枯燥苍白。理论与实践相结合是教学的基本方法。《土建专业实训指导与示例》(课程设计　毕业设计　毕业论文写作)正是为体现高等教育这一本质特征而编写的。

本书分十一章及附录，内容包括：第1章，民用房屋建筑设计，第2章，现浇钢筋混凝土楼盖设计；第3章，钢筋混凝土框架结构设计；第4章，单层工业厂房结构设计；第5章，砌体结构设计；第6章，建筑钢结构设计；第7章，地基基础课程设计；第8章，单项(位)工程施工组织设计；第9章，建筑工程概预算与工程量清单计价文件编制；第10章，毕业实习指导；第11章，毕业论文写作等，涵盖了建筑工程设计的主要项目，可供课程设计、综合课程设计和毕业设计的不同阶段使用，同时给出了难、易两种实例，可供本科和专科不同层次学生选用。每章均有设计任务书、设计指示书、答辩参考题、考核评分办法与标准及参考文献和设计与论文示例。工程设计和毕业论文示例完整，贴近实际工程，参考资料完备，可满足使用要求。本书内容全面，文字通俗，便于自学，极具参考价值。

本书可供土建类专业大学本科及专科师生实践教学使用，也可作为高职高专、成教、自考和中专中职的实训教学的参考书，以及土建类专业人员自学参考书和工具书。

参加本书编写工作的有徐占发、贾铭钰、董和平、罗立寒、张丽丽、许大江、李小利、孙震、阎慧清、朱为军、徐广建、陈贵民、佟令玫、隋凤芝、王树和、杨悦、高恺、张建国等，徐占发任主编，贾铭钰、董和平任副主编。

在编写过程中，我们引用了一些已发表的文献资料和教材的相关内容，并得到有关专家及其所在单位的支持和帮助，值此深表谢意。

由于水平所限，时间仓促，书中一定存在缺点和不足，甚至错误，恳请读者批评指正。

编　者

目　录

第 1 章　民用房屋建筑设计

第 2 章　现浇钢筋混凝土楼盖设计

第3章 钢筋混凝土框架结构设计

第 5 章 砌体结构设计

第6章 建筑钢结构设计

第7章 地基基础课程设计

第8章 单项(位)工程施工组织设计

第10章 毕业实习指导

第11章 毕业论文写作

第1章　民用房屋建筑设计

建筑设计是对拟建建筑物预先进行设想和规划，根据建筑物的用途和要求确定其各部分的形式与尺度，并将各部分有机地组合到一起，创造出优美协调的建筑空间环境。建筑设计是根据生产和生活使用功能进行工程技术与建筑艺术的综合，是各专业工种的协调者和领导者。它应全面考虑城乡建设规划、环境保护、材料供应及建筑施工的要求并受其制约。进行结构设计和设备设计之前应对建筑设计有充分的理解，建筑设计课程也是其必修课。

1.1　民用建筑设计课程教学大纲

民用建筑设计是房屋建筑学课程教学的综合技能训练，其目的是使学生进一步理解民用建筑设计原理和构造的基础知识，掌握建筑施工图设计的方法和步骤，提高绘制和识读建筑施工图的基本技能。

1.1.1　课程教学目标

1. 知识目标

(1)了解民用建筑的建筑施工图设计的设计内容、方法和步骤；

(2)理解中小型民用建筑的设计要求；

(3)掌握建筑空间设计与空间的组合原则与要求；

(4)掌握建筑空间的平面组合方式与方法。

2. 能力目标

(1)具有认真执行国家建筑设计规范的能力；

(2)学会查阅技术资料，解决实际问题；

(3)能进行建筑施工图设计并能选择恰当的构造方案。

3. 德育目标

(1)培养学生良好的职业道德；

(2)培养学生独立工作能力。

1.1.2　设计内容和基本要求

学生可任选下列3个课题中的1个。

1. 单元式住宅建筑施工图设计

(1)主要内容

1)设计说明、总平面图、图纸目录、门窗统计表；

2)底层平面图、标准层平面图；

3)剖面图、立面图；

4)屋顶平面图、檐口详图；

5)外墙墙身详图、厨房和卫生间详图；

6)楼梯详图。

(2)设计要求

每个学生独立完成建筑施工图,绘制施工图 2～3 张(2 号图),必须绘制平面图、立面图、剖面图及主要建筑详图。

2. 中学教学楼建筑施工图设计

(1)主要内容

1)设计说明、总平面图、图纸目录、门窗统计表;

2)底层平面图、标准层平面图、顶层平面图;

3)剖面图、立面图;

4)屋顶平面图、檐口详图;

5)外墙墙身详图,盥洗室、卫生间详图;

6)楼梯详图。

(2)设计要求

每个学生独立完成建筑施工图,绘制施工图 2～3 张(2 号图),必须绘制平面图、立面图、剖面图及主要建筑详图。

3. 小型百货商店建筑施工图设计

(1)主要内容

1)设计说明、总平面图、图纸目录、门窗统计表;

2)底层平面图、楼层平面图、顶层平面图;

3)剖面图、立面图;

4)屋顶平面图、檐口详图;

5)外墙墙身详图,盥洗室、卫生间详图;

6)楼梯详图。

(2)设计要求

每个学生独立完成建筑施工图,绘制施工图 2～3 张(2 号图),要求绘制平面图、立面图、剖面图及主要建筑详图。

1.1.3　课时分配

设计时间 5 天,分配见表 1-1:

表 1-1　课时分配表

序　　号	设　计　内　容	时　间　(天)
(一)	下达任务、搜集资料	0.5
(二)	画　草　图	0.5
(三)	画正图:底层平面图、其他平面图	1
(四)	画正图:剖面图、立面图	1
(五)	画正图:屋顶平面图、檐口详图	1
(六)	画正图:楼梯详图、其他详图	1
	合　　计	5

1.1.4　大纲说明

1. 大纲适用范围

本大纲适用于三年制高职高专土建专业及本科土木工程专业。

2. 其他说明

有条件时，可采用真实设计项目作为建筑施工图设计题目。

1.2　建筑设计指示书

1.2.1　设计前的准备工作

1. 分析、研究设计任务书，明确设计目的、要求和设计条件。认真研究以下内容：

(1)拟建项目的建造目的、建筑性质与建造要求；

(2)拟建建筑的建设地点、建设基地范围、周围环境、道路、原有建筑、城市规划的要求和地形图；

(3)供电、给排水、采暖、空调、煤气、通讯等设备管线方面的要求；

(4)拟建建筑的建筑面积、房间组成与面积分配。

2. 调查研究有关内容，大体可归纳为以下几个方面：

(1)进一步了解建设单位的使用要求；

(2)建设地段的现场勘察，了解基地和周围环境的现状，如地形、方位、面积以及原有建筑、道路、绿化等；

(3)了解当地建筑材料及构配件的供应情况和施工技术条件；

(4)了解当地的生活习惯、民俗以及建筑风格。

3. 收集并学习有关设计参考资料，参观学习已建成的同类建筑，扩大眼界，广开思路。

(1)有关设计参考资料主要有：《房屋建筑学》教材、《建筑设计资料集》(1～10)、《房屋建筑制图统一标准》、《总图制图标准》、《建筑制图标准》、《民用建筑设计通则》、《建筑设计防火规范》以及相关的建筑设计规范、地方标准、建筑构配件通用图集和各类建筑设计资料集等。

(2)收集下列原始数据和设计资料：

1)气象资料：所在地区的气温、日照、降雨量、风向、土的冻结深度等；

2)地形地貌：地质、水文资料；土的种类及承载力；地下水位及地震烈度等；

3)设备管线资料：给水、排水、供热、煤气、电缆、通讯等管线布置。

(3)参观同类建筑，了解、搜集以下内容：

1)建筑与周围环境之间的关系；

2)建筑规模与房间组成；

3)平面形式与空间布局；平面组合方式；使用房间与交通联系部分的设计；

4)竖向空间形式；层高与各部分标高；

5)建筑体型、立面形式与细部做法；尤其关注其入口处的处理；

6)有哪些优点及存在的问题。

1.2.2　构思设计方案

构思，就是不断地分析—创作—表达的过程。

方案构思是方案草图设计的关键步骤，虽然很粗略，但它却决定了方案草图设计的大局，正如一篇文章的纲目一样重要。

通常是先从方案的总体布置开始，而后逐步深入到平面、剖面、立面设计，也就是先宏观后微观、先整体后局部。设计中要在宏观、整体相对合理的情况下再考虑微观，进行微观和局部设计时也要充分考虑到对宏观、整体的影响。

1. 总平面构思

(1)分析基地的地形地貌、面积与尺寸、周围环境及城市规划对拟建建筑的要求。

(2)结合日照、朝向、卫生间距、防火等要求进行用地划分，并初步确定建筑的位置、平面形式、层数、占地面积、道路、绿化、停车场等设施。

2. 平面构思

(1)进行功能分析，找出各部分、各房间的相互关系，画出各部分的相互关系图，即功能分析方块图。

功能分析就是将建筑各部分以方块图来代替，用连线表示其相互关系，根据建筑的功能要求，以方块图来分析建筑功能及各部分相互关系。通常，建筑是由很多房间组成，不可能也没有必要把每个房间都用符号反映在功能分析图上，而是把那些使用功能相同或相近的房间合并在一个方块里，使建筑简化成几个部分。围绕功能分析图，对构成建筑的各部分进行如下几个方面的分析。

1)主次关系

组成建筑物的各部分，按其使用性质必然有主次之分。分清房间的主与次，在设计中应根据建筑物不同部位的特点，优先满足主要房间在平面组合中的位置要求。如商店建筑，由于其使用特点决定营业厅是其主要房间，而办公、接待、库房、卫生间等用房是次要房间。设计时应将营业厅置于建筑的中心部位，其他用房则应围绕营业厅布置。

2)内外关系

在组成建筑的房间中，有些是对内联系，供内部使用；有些对外联系密切，直接为外来人员服务。如商店建筑中营业厅是直接对外服务，而办公室、职工休息室等房间则是内部使用的房间，在平面组合中应把营业厅布置在地段中靠近街道的位置，并有直接对外的出入口；办公等用房可相对置于临近内院的位置。

3)联系与分隔

根据房间的使用性质、特点，进行功能分区。如商店建筑中营业厅与仓库应保持最短距离，既要避免顾客流与货流相互干扰，又要便于使用管理。营业厅与接待、职工休息、经理办公等用房应有直接联系，同时为避免营业厅的嘈杂干扰，还应使营业厅与办公用房部分既要分区明确，又要联系方便。

4)顺序与流线

通常因使用性质和特点不同，各种空间的使用往往有一定的顺序。人或物在这些空间使用过程中流动的路线，可简称为流线。流线组织合理与否，直接影响到平面设计是否合理。流线分人流和物流。在平面组合设计中，房间一般是按流线顺序关系有机组合起来的。如商店建筑分为顾客流与货流，在商店平面设计中要自然体现出这种流线关系，货流与顾客流应分开，避免交叉干扰。首先在确定入口时就应考虑到这一点，将进货口与顾客入口分开，避免由于相互干扰带来的如顾客出入不便和运送货物管理混乱等问题。营业厅内顾客流线组织应使顾客顺畅地浏览选购商品，避免有死角，并能迅速、安全地疏散。

(2)初步分块,即将各部分、各房间根据面积要求,粗略地确定其平面形状及空间尺寸,为建筑各部分的组合作定量准备。

(3)块体组合。根据功能分析先徒手画出单线块体组合示意图,一般称此步骤为“块体组合”。块体组合要多思考、多动手、多修改、多比较。在设计中,会遇到各种矛盾,但要善于从全局出发,抓住主要矛盾,不断对方案进行修改和调整,使之逐步趋于完善。此阶段不要去抓细节,只要大局布置合理就可以。

块体组合是粗线条的设计,是从单一空间到多个空间的组合。把已经考虑好的单个房间,根据题目的使用性质和要求,进行合理的平面组合,从整体到局部,综合解决平面中各方面功能使用要求,但同时又要充分考虑到剖面、立面、结构等影响因素。

1)块体组合的依据

块体组合时,除以功能分析为依据外,还要考虑以下因素:

①合理的结构体系

房间的开间、进深参数尽量统一,以减少楼板类型。

上下承重墙尽量对齐,尽量避免在大房间上布置小房间,一般可将大房间放在顶层或依附于楼旁。

②合理的设备管线布置

民用建筑中的设备管线及管道主要包括:给排水、采暖空调、煤气、电、烟道、通风道等。在平面组合设计中,对于设备管线及管道较多的房间如卫生间等尽量集中布置,上下对应。

③气候环境

我国幅员辽阔,南北方气温差别大,建筑设计也充分体现了地区气候特点而形成各自的特色。如严寒地区的建筑尽量采用较紧凑的平面布局,以减少外围护结构面积,减少散热面积,提高建筑的保温性能;炎热地区的建筑则尽可能采取分散式的平面布局以利于通风。

组合设计时宜尽可能根据主要使用房间的重要程度,依次将其布置于南、东、西向。

④地形、地貌

基地大小、形状、道路走向等对平面组合设计、确定平面形状及入口的布置等都有直接的影响。

2)块体组合的形式

①走道式组合

是用走道把使用房间连接起来。其特点是使用房间与交通部分明确分开,各房间相对独立,房间与房间通过走道相互联系。它适用于办公、学校、旅馆等建筑。

②套间式组合

房间与房间之间相互穿套,按一定的序列组合空间。其特点是平面布局紧凑,适于有连续使用空间要求的展览馆、博物馆等建筑。

③大厅式组合

是以公共活动的大厅为主,穿插依附布置辅助房间。其特点是主体大厅使用人数多,适于商场、火车站、影剧院等建筑。

④单元式组合

将关系密切的房间组合在一块,成为一个相对独立的整体,称为单元。将几个单元按功能及环境等要求沿水平或竖直方向重复组合称为单元式组合。其特点是功能分区明确、各单元相对独立、互不干扰，适于住宅、幼儿园等建筑。

⑤混合式组合

大量性民用建筑，由于功能复杂，往往不能局限于一种组合方式，常常是以一种组合方式为主的多种方式组合，适于大型的、功能复杂的建筑。

采用何种形式应根据建筑功能、特点来定。以商店为例，其使用功能要求采用以大厅式组合为主的平面形式较为合适，即以营业厅为主，穿插依附布置辅助房间的平面形式。

3)块体组合的步骤

①根据基地形状、尺寸及周围环境、气候等因素，确定初步的建筑平面形状。

②根据功能分析图及已划分好的各部分块体进行平面组合设计。组合过程中应处理好交通联系部分与使用房间的关系，合理设计水平交通、垂直交通及交通枢纽，合理组织人流和疏散人流的路线。

③确定合理的结构方案，根据使用要求及内部空间效果及经济等因素，合理布置柱网，并反过来调整组合平面。

3. 剖面构思

(1)确定剖面形状

一般民用建筑房间的剖面形状有矩形和非矩形两种。矩形剖面具有形状规则、简单、有利于梁板布置的特点，同时施工也较方便，因此采用较多。但有些大跨建筑的空间剖面常受结构形式或采光通风、音响等使用上的要求影响，形成特有的剖面形状。

(2)确定层数

确定房屋层数要考虑的主要因素是：建设方的使用要求，建筑的性质、建筑结构和施工材料要求，基地环境和城市规划要求，以及建筑防火和社会经济条件限制等。

(3)确定层高及各部分标高

层高及各部分标高是根据室内家具设备、人体活动、采光通风、管线布置、结构高度及其布置、技术经济条件及室内空间比例等要求，综合考虑诸因素确定的，同时还要满足有关规范要求。

1)窗台高度

窗台高度与房间的使用要求、家具设备布置等因素有关。一般房间窗台高度与房间工作面一致，取800～900mm。

2)室内外高差

民用建筑为了防止室外雨水倒流入室内，并防止底层地面过潮，底层室内地面要高出室外地面，至少不低于150mm，常取300～600mm。室内外高差过大，不利于室内外联系，同时也会增加建筑造价。

(4)竖向空间组合

根据建筑使用功能要求及平面构思，确定单个空间的竖向形状及其竖向组合形式。

通常尽量把高度相同、使用性质接近的房间组合在同一层，以利于统一各层标高，结构布置也合理。组合过程中，可以适当调整房间之间高差，尽可能统一房间的高度。多层建筑中，常采取把层高较大的房间布置在底层、顶层，或以群房的形式单独依附于主体建筑布置；同时尽量避免将小房间布置在平面尺寸较大的空间上面。此外，设置同一类管线或管道的房间应尽量集中并上下对应。

4. 建筑体型及立面构思设计

建筑外部形象的设计包括体型设计和立面设计两个部分,其主要内容是研究建筑物群体关系、体量大小、组合方式、立面形式及细部比例关系、色彩与质感的运用等。建筑物体型和立面的外部形象也是设计者根据自然与基地条件、周围环境、地方建筑特色、城市规划要求,运用建筑构图法则,使建筑的功能要求、平面构思、剖面构思、经济因素、结构形式等要求不断统一,进而反复修改、调整的结果。

(1)根据平面形式、剖面形状及尺寸,运用建筑构图法则进行初步的建筑体型构思

体型设计是立面设计的先决条件。建筑体型各部分体量组合是否恰当,直接影响到建筑造型。如果建筑体型组合比例不好,即使对立面进行多么精细的装修加工也是徒劳的。

体型组合有如下两种方式:

1)单一体型

所谓单一体型就是指整个建筑基本上形成一个较完整的简单几何体型,它造型统一、完整,没有明显的主次关系。在大、中、小型建筑中都有采用。

2)组合体型

由于建筑功能、规模和地段条件等因素的影响,很多建筑物不是由单一的体量组成,往往是由若干个不同体量组成较复杂的组合体型,并且在外形上有大小不同、前后凹凸、高低错落等变化。组合体型一般又分为两类:一是对称式,另一类是非对称式。对称式体型组合主从关系明确,体型比较完整统一,给人庄严、端正、均衡、严谨的感觉;非对称体型组合布局灵活,能充分满足功能要求并和周围环境有机地结合在一起,给人以活泼、轻巧、舒展的感觉。

体型组合中各体量之间的交接方式直接影响到建筑的外部形象,在设计中常采用直接连接、咬接及以走廊为连接体相联的交接方式。

无论哪一种形式的体型组合都首先要遵循构图法则,做到主从分明、比例恰当、交接明确、布局均衡、整体稳定、群体组合、协调统一。此外体型组合还应适应基地地形、环境和建筑规划的群体布置,使建筑与周围环境紧密地结合在一起。

(2)建筑立面构思设计

建筑立面是由门、窗、墙、柱、阳台、雨篷、檐口、勒脚以及线角等部件组成,根据建筑功能要求,运用建筑构图法则,恰当地确定这些部件的比例、尺度、位置、使用材料与色彩,设计出完美的建筑立面,是立面设计的任务。

立面处理有以下几种方法:

1)立面的比例与尺度

建筑物的整体以及立面的每一个构成要素都应根据建筑的功能、材料、结构的性能以及构图法则而赋予整个建筑物合适的尺度,使其比例谐调。尺度正确是使立面完整统一的重要因素。设计者应借助于比例尺度的构图手法、前人的经验以及早已在人们心目中留下的某种确定的尺度概念,恰当地加以运用,以获得完美的建筑形象。

2)立面的虚实与凹凸

虚与实、凹与凸是设计者在进行立面设计中常采用的一种对比手法。在建筑立面构成要素中,窗、空廊、凹进部分以及实体中的透空部分,常给人以轻巧、通透感,故称之为“虚”;而墙、垛、柱、栏板等给人以厚重、封闭的感觉,称之为“实”,由于这些部件通常是结构支承所不可缺少的构件,因而从视觉上讲也是力的象征。在立面设计中虚与实是缺一不可的,没有实的部分

整个建筑就会显得脆弱无力;没有虚的部分则会使人感到呆板、笨重、沉闷。只有结合功能要求、结构及材料的性能恰当地安排利用这些虚实凹凸的构件,使它们具有一定的联系性、规律性,就能取得生动的轻重明暗的对比和光影变化的效果。

3)立面的线条处理

建筑立面上客观存在着各种各样的线条,如檐口、窗台、勒脚、窗、柱、窗间墙等,利用这些线条的不同组织可以获得不同的感受。如横向线条使人感到舒展、平静、亲切;而竖线条则给人挺拔、向上的气氛;曲线有优雅、流动、飘逸感。具体采用哪一种线条来表现应视建筑的体型、性质及所处的环境而定。墙面线条的划分应既反映建筑的性格,又应使各部分比例处理得当。

4)立面的色彩与质感

色彩与质感是材料的固有特性,它直接受到建筑材料的影响和限制。

进行立面色彩处理时应注意以下几个问题:第一,色彩处理要注意统一与变化,并掌握好尺度。在立面处理中,通常以一种颜色为主色调,以取得和谐、统一的效果。同时局部运用其他色调以达到在统一中求变化、画龙点睛的目的。第二,色彩运用要符合建筑性格。如医院建筑宜采用给人安定、洁净感的白色或浅色调;商业建筑则常采用暖色调,以增加其热烈气氛。第三,色彩运用要与环境有机结合,既要与周围建筑、环境气氛相谐调,又要适应各地的气候条件与文化背景。

材料的质感处理包括两个方面,一方面可以利用材料本身的固有特性来获得装饰效果,另一方面是通过人工的方法创造某种特殊质感。随着建材业的不断发展,利用材料质感来增强建筑表现力的前景是十分广阔的。

5)重点与细部处理

立面设计中的重点处理,目的在于突出反映建筑物的功能、使用性质和立面造型的主要部分,具有画龙点睛的作用,有助于突出表现建筑物的性格。

建筑立面需要重点处理的部位有建筑物出入口、楼梯、转角、檐口等。重点部位不可过多,否则就达不到突出重点的效果。重点处理常采用对比手法,如采用高低、大小、横竖、虚实、凹凸等对比处理,以取得突出中心的效果。

立面的细部主要指的是窗台、勒脚、阳台、檐口、栏杆、雨篷等线脚,以及门廊、大门和必要的花饰,对这些部位做必要的加工处理和装饰是使立面达到简而不陋,从简洁中求丰富的良好途径。细部处理时应注意比例协调、尺度宜人,并在统一于整体形式要求的前提下,使统一中有变化,多样中求统一。

5. 根据立面草图,反过来修改并调整平面和剖面

方案构思及草图设计一般要经历从总体及基地布局的粗略设想到方案的具体设计,然后再返到总体,从平面、剖面到立面,再从立面、剖面到平面,不断地反复修改、调整和深入的过程。在这个过程中只有不断推敲,反复修改,才能获得完整的、较为满意的建筑设计方案。在这个过程中也相应地考虑了结构方案的合理性、施工的可能性以及建筑设备的要求,同时每一步设计都应满足有关规范的规定。

1.2.3 绘制设计草图

在方案总体构思的基础上,根据建筑物的使用性质、规模、使用要求,完成以下内容:

(1)根据平面构思草图,结合日照、朝向、卫生间距和防火要求等,合理布置建筑物、道路、

绿化、停车场等,并按比例绘制总平面图。

(2)进一步修改、调整设计草图,核算各项技术经济指标,绘制平面草图。

(3)根据平面、剖面构思及城市规划、结构、材料、经济指标、构图法则等因素对建筑体型和立面做进一步的调整、修改,并绘制立面草图。

(4)根据剖面构思及平面、立面草图,绘制剖面草图。

在教师指导下,反复修改,直至草图方案定稿,按比例绘制双线平面图、立面图及剖面图,并核算出各项技术经济指标,此时即完成了方案草图设计。

1.2.4 楼梯细部、外墙剖面的节点设计

1. 楼梯设计详图

楼梯设计是根据平面设计中已经确定的楼梯形式进行细部设计,其步骤如下:

(1)确定踏步尺寸。

1)根据有关规范确定楼梯踏步尺寸及梯段净宽;

2)根据建筑层高计算楼梯踏步数;

3)由踏步数和梯段净宽得出梯段与平台尺寸。

(2)画出楼梯间平面草图,比例1:50。

按比例要求绘制底层、标准层和顶层平面草图。

(3)确定楼梯结构形式和构造方案。

1)楼梯梯段形式。

2)平台梁形式。

3)平台板的布置。

(4)画出楼梯剖面草图,比例1:50。

(5)设计踏步、栏杆、扶手的细部构造并画出草图,比例1:2~1:10。

2. 墙体剖面详图(比例1:20)

墙体剖面详图包括檐口、屋面、墙身、窗台、窗过梁、楼地面层、墙脚等。要求从屋面绘制至基础以上墙体。

(1)根据剖面图,确定各部位的构造方案。

1)确定屋面的楼板布置、保温隔热、防潮防水与排水等构造方案及檐口处的构造做法;

2)确定楼地层的结构布置、面层与顶棚及踢脚的材料、构造做法及尺寸;

3)确定墙体的材料、构造做法与尺寸;

4)确定窗台、窗过梁的材料、构造做法及尺寸;

5)确定墙身勒脚、水平防潮层的材料、构造做法及尺寸;

6)确定散水的材料、构造做法及尺寸。

(2)画出墙体剖面草图。

1.2.5 绘制正式建筑设计施工图

在肯定草图方案大布局的前提下,经过修改、完善使设计方案更合理、经济、可行,并检查各部分有无矛盾的地方,进行进一步的协调统一后,根据任务书要求,按比例绘制总平面、平面、立面、剖面及节点详图的正式图。设计图纸深度应达到施工图要求,采用一号或二号图纸,张数不限。

1.3　答辩参考题

1. 建筑设计的主要依据有哪些？

2. 建筑平面设计

(1)确定房间的面积及形状应考虑哪些因素？

(2)为什么矩形平面被广泛采用？

(3)如何确定门的宽度、数量、位置及开启方式？

(4)如何确定窗的面积、位置、尺寸？

(5)辅助房间设计有什么要求？

(6)如何确定楼梯的宽度、数量和位置？

(7)如何确定走道的宽度？

(8)门厅的作用和设计要求？

(9)平面组合有几种方式？各有什么特点？适用哪类建筑？

(10)基地环境、条件对平面组合有何影响？

3. 剖面设计

(1)确定层高、净高及建筑物的层数应考虑哪些因素？

(2)如何确定房间的剖面形状？

(3)空间组合时如何处理高差相差较大的空间？

4. 立面设计

(1)体型组合有哪几种方式？

(2)立面处理有哪些方法？

5. 民用建筑构造

(1)墙体设计的基本要求是什么？

(2)常见勒脚的构造做法有哪些？

(3)墙中为什么要设水平防潮层？水平防潮层设在什么位置？一般有哪些做法？各有什么优缺点？

(4)什么情况下要设垂直防潮层？

(5)散水、明沟的作用和一般做法。

(6)常见的过梁做法有哪几种？试述其构造要点及适用范围。

(7)试述砌块墙的特点和设计要求。

(8)试述楼层和地层的作用、设计要求及构造。

(9)试述现浇钢筋混凝土楼板的特点、基本形式及其适用范围。

(10)试述装配式钢筋混凝土楼板的特点、基本形式及其适用范围。

(11)试述楼地面的种类及其特点与适用范围。

(12)试述阳台的类型及设计要求。

(13)试述楼梯的种类及其特点与适用范围。

(14)在底层平台下作出入口时，为增加净高常采用哪些措施？

(15)试述屋顶的种类及其特点。

(16)试述平屋顶的基本组成、各部分的作用及其做法。

(17)试述坡屋顶的基本组成、各部分的作用及其做法。

(18)何为有组织排水？何为无组织排水？试述其适用范围。

(19)试述窗的种类及其特点与适用范围。

(20)试述门的种类及其特点与适用范围。

(21)变形缝的作用是什么？有几种基本类型？各有什么特点？在构造上有什么异同？

1.4 考核、评分办法与标准

1. 单项评分

(1)设计文件评定。

设计文件主要从以下几下方面来评定：

总图设计；功能设计；创意设计；立面造型；技术设计；结构的经济合理性；图面表达等。这部分成绩占总成绩的 70%。

(2)答辩成绩

答辩成绩主要从以下几个方面来评定：

自述问题；理解问题；分析问题；回答问题；知识广度；综合表述等。这部分成绩占总成绩的 30%。

2. 综合评价

根据设计文件成绩与答辩成绩给出最后成绩，评分标准采用“优、良、中、及格、不及格”五级分制。

1.5 常用设计规定与图纸深度规定

1.5.1 常用设计规定

1. 规划设计中公共服务设施各项目的设置规定，见表 1-2。

表 1-2 规划设计中公共服务设施各项目的设置规定

<table>
<tr><th rowspan="2">类别</th><th rowspan="2">项目名称</th><th rowspan="2">服务内容</th><th rowspan="2">设 置 规 定</th><th colspan="2">每处一般规模</th></tr>
<tr><th>建筑面积（m²）</th><th>用地面积（m²）</th></tr>
<tr><td rowspan="2">教育</td><td>(1)托儿所</td><td>保教小于 3 周岁儿童</td><td rowspan="2">(1)设于阳光充足，接近公共绿地，便于家长接送的地段
(2)托儿所每班按 25 座计；幼儿园每班按 30 座计
(3)服务半径不宜大于 300m；层数不宜高于 3 层
(4)三班和三班以下的托、幼园所，可混合设置，也可附设于其他建筑，但应有独立院落和出入口，四班和四班以上的托、幼园所，其用地均应独立设置
(5)八班和八班以上的托、幼园所，其用地应分别按每座不小于 7m² 或 9m² 计
(6)托、幼建筑宜布置于可挡寒风的建筑物的背风面，但其生活用房应满足底层满窗冬至日不小于 3h 的日照标准
(7)活动场地应有不少于 1/2 的活动面积在标准的建筑日照阴影线之外</td><td>—</td><td>4 班≥1 200
6 班≥1 400
8 班≥1 600</td></tr>
<tr><td>(2)幼儿园</td><td>保教学龄前儿童</td><td>—</td><td>4 班≥1 500
6 班≥2 000
8 班≥2 400</td></tr>
</table>

续表

类别	项目名称	服务内容	设置规定	每处一般规模	
				建筑面积(m^2)	用地面积(m^2)
教育	(3)小学	6～12 周岁儿童入学	(1)学生上下学穿越城市道路时,应有相应的安全措施 (2)服务半径不宜大于 500m (3)教学楼应满足冬至日不小于 2h 的日照标准	—	12 班≥6 000 18 班≥7 000 24 班≥8 000
	(4)中学	12～18 周岁青少年入学	(1)在拥有 3 所或 3 所以上中学的居住区内,应有一所设置 400m 环行跑道的运动场 (2)服务半径不宜大于 1 000m (3)教学楼应满足冬至日不小于 2h 的日照标准	—	18 班≥11 000 24 班≥12 000 30 班≥14 000
医疗卫生	(5)医院	含社区卫生服务中心	(1)宜设于交通方便,环境较安静地段 (2)10 万人左右则应设一所 300～400 床医院 (3)病房楼应满足冬至日不小于 2h 的日照标准	12 000～18 000	15 000～25 000
	(6)门诊所	或社区卫生服务中心	(1)一般 3～5 万人设一处,设医院的居住区不再设独立门诊 (2)设于交通便捷、服务距离适中的地段	2 000～3 000	3 000～5 000
	(7)卫生站	社区卫生服务站	1～1.5 万人设一处	300	500
	(8)护理院	健康状况较差或恢复期老年人日常护理	(1)最佳规模为 100～150 床位 (2)每床位建筑面积≥$30m^2$ (3)可与社区卫生服务中心合设	3 000～4 500	—
文化体育	(9)文化活动中心	小型图书馆、科普知识宣传与教育;影视厅、舞厅、游艺厅、球类、棋类活动室;科技活动、各类艺术训练班及青少年和老年人学习活动场地、用房等	宜结合或靠近同级中心绿地安排	4 000～6 000	8 000～12 000
	(10)文化活动站	书报阅览、书画、文娱、健身、音乐欣赏、茶座等主要供青少年和老年人活动	(1)宜结合或靠近同级中心绿地安排 (2)独立性组团也应设置本站	400～600	400～600
	(11)居民运动场、馆	健身场地	宜设置 60～100m 直跑道和 200m 环形跑道及简单的运动设施	—	10 000～15 000
	(12)居民健身设施	篮、排球及小型球类场地,儿童及老年人活动场地和其他简单运动设施等	宜结合绿地安排	—	—

续表

类别	项目名称	服务内容	设置规定	每处一般规模	
				建筑面积(m^2)	用地面积(m^2)
商业服务	(13)综合食品店	粮油、副食、糕点、干鲜果品等	(1)服务半径:居住区不宜大于500m;居住小区不宜大于300m (2)地处山坡地的居住区,其商业服务设施的布点,除满足服务半径的要求外,还应考虑上坡空手,下坡负重的原则	居住区: 1 500~2 500 小区: 800~1 500	—
	(14)综合百货店	日用百货、鞋帽、服装、布匹、五金及家用电器等		居住区: 2 000~3 000 小区: 400~600	—
	(15)餐饮	主食、早点、快餐、正餐等		—	—
	(16)中西药店	汤药、中成药及西药等		200~500	—
	(17)书店	书刊及音像制品		300~1 000	—
	(18)市场	以销售农副产品和小商品为主	设置方式应根据气候特点与当地传统的集市要求而定	居住区: 1 000~1 200 小区: 500~1 000	居住区: 1 500~2 000 小区: 800~1 500
	(19)便民店	小百货、小日杂	宜设于组团的出入口附近	—	—
	(20)其他第三产业设施	零售、洗染、美容美发、照相、影视文化、休闲娱乐、洗浴、旅店、综合修理以及辅助就业设施等	具体项目、规模不限	—	—
金融邮电	(21)银行	分理处	宜与商业服务中心结合或邻近设置	800~1 000	400~500
	(22)储蓄所	储蓄为主		100~150	—
	(23)电信支局	电话及相关业务等	根据专业规划需要设置	1 000~2 500	600~1 500
	(24)邮电所	邮电综合业务包括电报、电话、信函、包裹、兑汇和报刊零售等	宜与商业服务中心结合或邻近设置	100~150	—

续表

类别	项目名称	服务内容	设置规定	每处一般规模	
				建筑面积 (m^2)	用地面积 (m^2)
社区服务	(25)社区服务中心	家政服务、就业指导、中介、咨询服务、代客定票、部分老年人服务设施等	每小区设置一处，居住区也可合并设置	200～300	300～500
社区服务	(26)养老院	老年人全托式护理服务	(1)一般规模为150～200床位 (2)每床位建筑面积≥40m^2	—	—
社区服务	(27)托老所	老年人日托(餐饮、文娱、健身、医疗保健等)	(1)一般规模为30～50床位 (2)每床位建筑面积20m^2 (3)宜靠近集中绿地安排，可与老年活动中心合并设置	—	—
社区服务	(28)残疾人托养所	残疾人全托式护理	—	—	—
社区服务	(29)治安联防站	—	可与居(里)委会合设	18～30	12～20
社区服务	(30)居(里)委会(社区用房)	—	300～1 000户设一处	30～50	—
社区服务	(31)物业管理	建筑与设备维修、保安、绿化、环卫管理等	—	300～500	300
市政公用	(32)供热站或热交换站	—	—	根据采暖方式确定	
市政公用	(33)变电室	—	每个变电室负荷半径不应大于250m；尽可能设于其他建筑内	30～50	—
市政公用	(34)开闭所	—	1.2～2.0万户设一所；独立设置	200～300	≥500
市政公用	(35)路灯配电室	—	可与变电室合设于其他建筑内	20～40	—
市政公用	(36)燃气调压站	—	按每个中低调压站负荷半径500m设置；无管道燃气地区不设	50	100～120
市政公用	(37)高压水泵房	—	一般为低水压区住宅加压供水附属工程	40～60	—
市政公用	(38)公共厕所	—	每1 000～1 500户设一处；宜设于人流集中处	30～60	60～100
市政公用	(39)垃圾转运站	—	应采用封闭式设施，力求垃圾存放和转运不外露，当用地规模为0.7～1km^2设一处，每处面积不应小于100m^2，与周围建筑物的间隔不应小于5m	—	—

续表

类别	项目名称	服务内容	设置规定	每处一般规模	
				建筑面积(m^2)	用地面积(m^2)
市政公用	(40)垃圾收集点	—	服务半径不应大于70m,宜采用分类收集	—	—
	(41)居民存车处	存放自行车、摩托车	宜设于组团内或靠近组团设置,可与居(里)委会合设于组团的入口处	1~2辆/户;地上0.8~1.2m^2/辆;地下1.5~1.8m^2/辆	
	(42)居民停车场、库	存放机动车	服务半径不宜大于150m	—	—
	(43)公交始末站	—	可根据具体情况设置	—	—
	(44)消防站	—	可根据具体情况设置	—	—
	(45)燃料供应站	煤或罐装燃气	可根据具体情况设置	—	—
行政管理及其他	(46)街道办事处	—	3~5万人设一处	700~1 200	300~500
	(47)市政管理机构(所)	供电、供水、雨污水、绿化、环卫等管理与维修	宜合并设置	—	—
	(48)派出所	户籍治安管理	3~5万人设一处;应有独立院落	700~1 000	600
	(49)其他管理用房	市场、工商税务、粮食管理等	3~5万人设一处;可结合市场或街道办事处设置	100	—
	(50)防空地下室	掩蔽体、救护站、指挥所等	在国家确定的一、二类人防重点城市中,凡高层建筑下设满堂人防,另以地面建筑面积2%配建。出入口宜设于交通方便的地段,考虑平战结合	—	—

2. 建筑内部装修材料燃烧性能等级规定，见表1-3～表1-7。

表1-3　建筑内部装修材料燃烧性能等级的规定

等　级	装修材料燃烧性能	等　级	装修材料燃烧性能
A	不燃性	B_2	可燃性
B_1	难燃性	B_3	易燃性

表1-4　地下民用建筑内部各部位装修材料的燃烧性能等级

建筑物及场所	装修材料燃烧性能等级						
	顶棚	墙面	地面	隔断	固定家具	装饰织物	其他装饰材料
休息室和办公室等 旅馆的客房及公共活动用房等	A	B_1	B_1	B_1	B_1	B_1	B_2
娱乐场所、旱冰场等 舞厅、展览厅等 医院的病房、医疗用房等	A	A	B_1	B_1	B_1	B_1	B_2
电影院的观众厅 商场的营业厅	A	A	A	B_1	B_1	B_1	B_2
停车库 人行通道 图书资料库、档案库	A	A	A	A	A		

表1-5　单层、多层民用建筑内部各部位装修材料的燃烧性能等级

建筑物及场所	建筑规模、性质	装修材料燃烧性能等级							
		顶棚	墙面	地面	隔断	固定家具	装饰织物		其他装饰材料
							窗帘	帷幕	
候机楼的候机大厅、商店、餐厅、贵宾候机室、售票厅等	建筑面积>10 000m^2的候机楼	A	A	B_1	B_1	B_1	B_1		B_1
	建筑面积≤10 000m^2的候机楼	A	B_1	B_1	B_1	B_2	B_2		B_2
汽车站、火车站、轮船客运站的候车（船）室、餐厅、商场等	建筑面积>10 000m^2的车站、码头	A	A	B_1	B_1	B_2	B_2		B_1
	建筑面积≤10 000m^2的车站、码头	B_1	B_1	B_1	B_2	B_2	B_2		B_2
影院、会堂、礼堂、剧院、音乐厅	>800座位	A	A	B_1	B_1	B_1	B_1	B_1	B_1
	≤800座位	A	B_1	B_1	B_1	B_2	B_1	B_1	B_2
体育馆	>3 000座位	A	A	B_1	B_1	B_1	B_1	B_1	B_2
	≤3 000座位	A	B_1	B_1	B_1	B_2	B_2	B_1	B_2
商场营业厅	每层建筑面积>3 000m^2或总建筑面积>9 000m^2的营业厅	A	B_1	A	A	B_1	B_1		B_2
	每层建筑面积1 000～3 000m^2或总建筑面积为3 000～9 000m^2的营业厅	A	B_1	B_1	B_1	B_2	B_1		
	每层建筑面积<1 000m^2或总建筑面积<3 000m^2营业厅	B_1	B_1	B_1	B_2	B_2	B_2		

续表

建筑物及场所	建筑规模、性质	装修材料燃烧性能等级							
		顶棚	墙面	地面	隔断	固定家具	装饰织物		其他装饰材料
							窗帘	帷幕	
饭店、旅馆的客房及公共活动用房等	设有中央空调系统的饭店、旅馆	A	B_1	B_1	B_1	B_2	B_2		B_2
	其他饭店、旅馆	B_1	B_1	B_2	B_2	B_2	B_2		
歌舞厅、餐馆等娱乐、餐饮建筑	营业面积>100m^2	A	B_1	B_1	B_1	B_2	B_1		B_2
	营业面积≤100m^2	B_1	B_1	B_1	B_2	B_2	B_2		B_2
幼儿园、托儿所、医院病房楼、疗养院、养老院		A	B_1	B_1	B_1	B_2	B_1		B_2
纪念馆、展览馆、博物馆、图书馆、档案馆、资料馆等	国家级、省级	A	B_1	B_1	B_1	B_2	B_1		B_2
	省级以下	B_1	B_1	B_2	B_2	B_2	B_2		B_2
办公楼、综合楼	设有中央空调系统的办公楼、综合楼	A	B_1	B_1	B_1	B_2	B_2		B_2
	其他办公楼、综合楼	B_1	B_1	B_2	B_2	B_2			
住　　宅	高级住宅	B_1	B_1	B_1	B_1	B_2	B_2		B_2
	普通住宅	B_1	B_2	B_2	B_2	B_2			

表 1-6　高层民用建筑内部各部位装修材料的燃烧性能等级

建筑物	建筑规模、性质	装修材料燃烧性能等级									
		顶棚	墙面	地面	隔断	固定家具	装饰织物				其他装饰材料
							窗帘	帷幕	床罩	家具包布	
高级旅馆	>800 座位的观众厅、会议厅;顶层餐厅	A	B_1	B_1	B_1	B_1	B_1	B_1		B_1	B_1
	≤800 座位的观众厅、会议厅	A	B_1	B_1	B_1	B_2	B_1	B_1		B_2	B_1
	其他部位	A	B_1	B_1	B_2	B_2	B_1	B_2	B_1	B_2	B_1
商业楼、展览楼、综合楼、商住楼、医院病房楼	一类建筑	A	B_1	B_1	B_1	B_2	B_1	B_1		B_2	B_1
	二类建筑	B_1	B_1	B_2	B_2	B_2	B_2	B_2		B_2	B_2
电信楼、财贸金融楼、邮政楼、广播电视楼、电力调度楼、防灾指挥调度楼	一类建筑	A	A	B_1	B_1	B_1	B_1	B_1		B_2	B_1
	二类建筑	B_1	B_1	B_2	B_2	B_2	B_1	B_2		B_2	B_2

续表

建筑物	建筑规模、性质	装修材料燃烧性能等级									
		顶棚	墙面	地面	隔断	固定家具	装饰织物				其他装饰材料
							窗帘	帷幕	床罩	家具包布	
教学楼、办公楼、科研楼、档案楼、图书馆	一类建筑	A	B_1	B_1	B_1	B_2	B_1	B_1		B_1	B_1
	二类建筑	B_1	B_1	B_2	B_1	B_2	B_1	B_2		B_2	B_2
住宅、普通旅馆	一类普通旅馆高级住宅	A	B_1	B_2	B_1	B_2	B_1		B_1	B_2	B_1
	二类普通旅馆普通住宅	B_1	B_1	B_2	B_2	B_2	B_2		B_2	B_2	B_2

注：1."顶层餐厅"包括设在高空的餐厅、观光厅等。
　　2. 建筑物的类别、规模、性质应符合国家现行标准《高层民用建筑设计防火规范》的有关规定。

表 1-7　常用建筑内部装修材料燃烧性能等级划分举例

材料类别	级别	材料举例
各部位材料	A	花岗石、大理石、水磨石、水泥制品、混凝土制品、石膏板、石灰制品、黏土制品、玻璃、瓷砖、马赛克、钢铁、铝、铜合金等
顶棚材料	B_1	纸面石膏板、纤维石膏板、水泥刨花板、矿棉装饰吸声板、玻璃棉装饰吸声板、珍珠岩装饰吸声板、难燃胶合板、难燃中密度纤维板、岩棉装饰板、难燃木材、铝箔复合材料、难燃酚醛胶合板、铝箔玻璃钢复合材料等
墙面材料	B_1	纸面石膏板、纤维石膏板、水泥刨花板、矿棉板、玻璃棉板、珍珠岩板、难燃胶合板、难燃中密度纤维板、防火塑料装饰板、难燃双面刨花板、多彩涂料、难燃墙纸、难燃墙布、难燃仿花岗岩装饰板、氯氧镁水泥装配式墙板、难燃玻璃钢平板、PVC 塑料护墙板、轻质高强复合墙板、阻燃模压木质复合板材、彩色阻燃人造板、难燃玻璃钢等
	B_2	各类天然木材、木制人造板、竹材、纸制装饰板、装饰微薄木贴面板、印刷木纹人造板、塑料贴面装饰板、聚酯装饰板、复塑装饰板、塑纤板、胶合板、塑料壁纸、无纺贴墙布、墙布、复合壁纸、天然材料壁纸、人造革等
地面材料	B_1	硬 PVC 塑料地板、水泥刨花板、水泥木丝板、氯丁橡胶地板等
	B_2	半硬质 PVC 塑料地板、PVC 卷材地板、木地板、氯纶地毯等
装饰织物	B_1	经阻燃处理的各类难燃织物等
	B_2	纯毛装饰布、纯麻装饰布、经阻燃处理的其他织物等
其他装饰材料	B_1	聚氯乙烯塑料，酚醛塑料，聚碳酸酯塑料、聚四氟乙烯塑料；三聚氰胺、脲醛塑料、硅树脂塑料装饰型材、经阻燃处理的各类织物等；另见顶棚材料和墙面材料内中的有关材料
	B_2	经阻燃处理的聚乙烯、聚丙烯、聚氨酯、聚苯乙烯、玻璃钢、化纤织物、木制品等

3. 停车场设计的有关规定见表1-8～1-10。

表1-8 停车场(库)设计车型外廓尺寸和换算系数

车辆类型 \ 项目 尺寸		各类车辆外廓尺寸(m)			车辆换算系数
		总长	总宽	总高	
机动车	微型汽车	3.2	1.6	1.8	0.70
	小型汽车	5.0	2.0	2.2	1.00
	中型汽车	8.7	2.5	4.0	2.00
	大型汽车	12.0	2.5	4.0	2.50
	绞接车	18.0	2.5	4.0	3.50
自行车		1.93	0.60	1.15	

表1-9 北京市大中型公共建筑停车车位标准

建筑类别		计算单位	标准车位数	标准车位数
			小型汽车	自行车
旅馆	一类	每套客房	0.3	
	二类	每套客房	0.2	
	三类	每套客房	0.1	
外国人公寓		每套住房	1.0	
办公楼	外贸商业办公楼	每1 000m² 建筑面积	4.5	
	其他办公楼		2.5	20
饭庄	一类	每1 000m² 建筑面积	15	30
	二类		7.5	40
商店	一类(10 000m² 以上)	每1 000m² 建筑面积	2.5	40
	二类(不足10 000m²)		2	40
医院		每1 000m² 建筑面积	2	15
展览馆		每1 000m² 建筑面积	2.5	45
电影院		每100座位	1～3	45
剧院		每100座位	3～10	45
体育场馆	一类(1 500座以上场 3 000座以上馆)	每100座位	4	45
	二类(不足1 500座场 不足3 000座馆)		1	45

注:多功能的综合性大型公共建筑,停车场车位按各单项标准总和80%计算。外国人公寓与办公楼配套建设的公寓可按每套住房0.5车位的标准计算。

表1-10 每车位面积

	小型汽车	自行车
停车场	25m²/位	1.2m²/位
停车库	40m²/位	1.8m²/位

1.5.2 建筑施工图设计深度规定

1. 一般要求

(1)施工图设计文件

1)合同要求所涉及的所有专业的设计图纸(含图纸目录、说明和必要的设备、材料表等)以及图纸总封面。

2)合同要求的工程预算书。

注:对于方案设计后直接进入施工图设计的项目,若合同未要求编制工程预算书,施工图设计文件应包括工程概算书。

(2)总封面应标明的内容

1)项目名称;

2)编制单位名称;

3)项目的设计编号;

4)设计阶段;

5)编制单位法定代表人、技术总负责人和项目总负责人的姓名及其签字或授权盖章;

6)编制年月(即出图年、月)。

2. 总平面

在施工图设计阶段,总平面专业设计文件应包括图纸目录、设计说明、设计图纸、计算书。

(1)图纸目录

应先列新绘制的图纸,后列选用的标准图和重复利用图。

(2)设计说明

一般工程分别写在有关的图纸上。如重复利用某工程的施工图图纸及其说明时,应详细注明其编制单位、工程名称、设计编号和编制日期;列出主要技术经济指标表。

(3)总平面图

1)保留的地形和地物;

2)测量坐标网、坐标值;

3)场地四界的测量坐标(或定位尺寸),道路红线和建筑红线或用地界线的位置;

4)场地四邻原有及规划道路的位置(主要坐标值或定位尺寸),以及主要建筑物和构筑物的位置、名称、层数;

5)建筑物、构筑物(人防工程、地下车库、油库、贮水池等隐蔽工程以虚线表示)的名称或编号、层数、定位(坐标或相互关系尺寸);

6)广场、停车场、运动场地、道路、无障碍设施、排水沟、挡土墙、护坡的定位(坐标或相互关系)尺寸;

7)指北针或风玫瑰图;

8)建筑物、构筑物使用编号时,应列出“建筑物和构筑物名称编号表”;

9)注明施工图设计的依据、尺寸单位、比例、坐标及高程系统(如为场地建筑坐标网时,应注明与测量坐标网的相互关系)、补充图例等。

(4)竖向布置图

1)场地测量坐标网、坐标值;

2)场地四邻的道路、水面、地面的关键性标高;

3)建筑物、构筑物名称或编号、室内外地面设计标高；

4)广场、停车场、运动场地的设计标高；

5)道路、排水沟的起点、变坡点、转折点和终点的设计标高(路面中心和排水沟顶及沟底)、纵坡度、纵坡距、关键性坐标，道路标明双面坡或单面坡，必要时标明道路平曲线及竖曲线要素；

6)挡土墙、护坡或土坎顶部和底部的主要设计标高及护坡坡度；

7)用坡向箭头表明地面坡向，当对场地平整要求严格或地形起伏较大时，可用设计等高线表示；

8)指北针或风玫瑰图；

9)注明尺寸单位、比例、补充图例等。

(5)土方图

1)场地四界的施工坐标。

2)设计的建筑物、构筑物位置(用细虚线表示)。

3)20m×20m 或 40m×40m 方格网及其定位，各方格点的原地面标高、设计标高、填挖高度、填区和挖区的分界线，各方格土方量、总土方量。

4)土方工程平衡表(表 1-11)。

表 1-11 土方工程平衡表

序号	项目	土方量(m^3)		说明
		填方	挖方	
1	场地平整			
2	室内地坪填土和地下建筑物、构筑物挖土、房屋及构筑物基础			
3	道路、管线地沟、排水沟			包括路堤填土、路堑和路槽挖土
4	土方损益			指土壤经挖填后的损益数
5	合计			

注:表列项目随工程内容增减。

(6)管道综合图

1)总平面布置；

2)场地四界的施工坐标(或注尺寸)、道路红线及建筑红线或用地界线的位置；

3)各管线的平面布置，注明各管线与建筑物、构筑物的距离和管线间距；

4)场外管线接入点的位置；

5)管线密集的地段宜适当增加断面图，表明管线与建筑物、构筑物、绿化之间及管线之间的距离，并注明主要交叉点上下管线的标高或间距；

6)指北针。

(7)绿化及建筑小品布置图

1)给出总平面布置；

2)绿地(含水面)、人行步道及硬质铺地的定位；

3)建筑小品的位置(坐标或定位尺寸)、设计标高、详图索引；

4)指北针；

5)注明尺寸单位、比例、图例、施工要求等。

(8)详图

道路横断面、路面结构、挡土墙、护坡、排水沟、池壁、广场、运动场地、活动场地、停车场地面等详图。

(9)设计图纸的增减

1)当工程设计内容简单时,竖向布置图可与总平面图合并；

2)当路网复杂时,可增绘道路平面图；

3)土方图和管线综合图可根据设计需要确定是否出图；

4)当绿化或景观环境另行委托设计时,可根据需要绘制绿化及建筑小品的示意性和控制性布置图。

(10)计算书(供内部使用)

设计依据、简图、计算公式、计算过程及成果资料均作为技术文件归档。

3. 建筑

在施工图设计阶段,建筑专业设计文件应包括图纸目录、施工图设计说明、设计图纸、计算书。

(1)图纸目录

先列新绘制图纸,后列选用的标准图或重复利用图。

(2)施工图设计说明

1)本子项工程施工图设计的依据性文件、批文和相关规范

2)项目概况

内容一般应包括建筑名称、建设地点、建设单位、建筑面积、建筑基底面积、建筑工程等级、设计使用年限、建筑层数和建筑高度、防火设计建筑分类和耐火等级、人防工程防护等级、屋面防水等级、地下室防水等级、抗震设防烈度等,以及能反映建筑规模的主要技术经济指标,如住宅的套型和套数(包括每套的建筑面积、使用面积、阳台建筑面积。房间的使用面积可在平面图中标注)、旅馆的客房间数和床位数、医院的门诊人次和住院部的床位数、车库的停车泊位数等。

3)设计标高

本子项的相对标高与总图绝对标高的关系。

4)用料说明和室内外装修

①墙体、墙身防潮层、地下室防水、屋面、外墙面、勒脚、散水、台阶、坡道、油漆、涂料等的材料和做法,可用文字说明或部分文字说明,部分直接在图上引注或加注索引号。

②室内装修部分除用文字说明以外亦可用表格形式表达(表 1-12),在表上填写相应的做法或代号;较复杂或较高级的民用建筑应另行委托室内装修设计;凡属二次装修的部分,可不列装修做法表和进行室内施工图设计;但对原建筑设计、结构和设备设计有较大改动时,应征得原设计单位和设计人员的同意。

5)对采用新技术、新材料的做法说明及对特殊建筑造型和必要的建筑构造的说明

6)门窗表(表 1-13)及门窗性能(防火、隔声、防护、抗风压、保温、空气渗透、雨水渗透等)、用料、颜色、玻璃、五金件等的设计要求

7)幕墙工程(包括玻璃、金属、石材等)及特殊的屋面工程(包括金属、玻璃、膜结构等)的性能及制作要求,平面图、预埋件安装图等以及防火、安全、隔声构造

8)电梯(自动扶梯)选择及性能说明(包括功能、载重量、速度、停站数、提升高度等)

9)墙体及楼板预留孔洞需封堵时的封堵方式说明

10)其他需要说明的问题

表 1-12 室内装修做法表

部位 名称	楼、地面	踢脚板	墙裙	内墙面	顶棚	备注
门厅						
走廊						

注:表列项目可增减。

表 1-13 门窗表

类别	设计编号	洞口尺寸(mm)		樘数	采用标准图集及编号		备注
		宽	高		图集代号	编号	
门							
窗							

注:采用非标准图集的门窗应绘制门窗立面图及开启方式。

(3)设计图纸

1)平面图

①承重墙、柱及其定位轴线和轴线编号,内外门窗位置、编号及定位尺寸,门的开启方向,注明房间名称或编号;

②轴线总尺寸(或外包总尺寸)、轴线间尺寸(柱距、跨度)、门窗洞口尺寸、分段尺寸;

③墙身厚度(包括承重墙和非承重墙),柱与壁柱宽、深尺寸(必要时),及其与轴线关系尺寸;

④变形缝位置、尺寸及做法索引;

⑤主要建筑设备和固定家具的位置及相关做法索引,如卫生器具、雨水管、水池、台、橱、柜、隔断等;

⑥电梯、自动扶梯及步道(注明规格)、楼梯(爬梯)位置和楼梯上下方向示意和编号索引;

⑦主要结构和建筑构造部件的位置、尺寸和做法索引,如中庭、天窗、地沟、地坑、重要设备或设备机座的位置尺寸、各种平台、夹层、人孔、阳台、雨篷、台阶、坡道、散水、明沟等;

⑧楼地面预留孔洞和通气管道、管线竖井、烟囱、垃圾道等位置、尺寸和做法索引,以及墙体(主要为填充墙,承重砌体墙)预留洞的位置、尺寸与标高或高度等;

⑨车库的停车位和通行路线;

⑩特殊工艺要求的土建配合尺寸;

⑪室外地面标高、底层地面标高、各楼层标高、地下室各层标高;

⑫剖切线位置及编号(一般只注在底层平面或需要剖切的平面位置);

⑬有关平面节点详图或详图索引号;

⑭指北针(画在底层平面门);

⑮每层建筑平面中防火分区面积和防火分区分隔位置示意(宜单独成图,如为一个防火分区,可不注防火分区面积);

⑯屋面平面应有女儿墙、槽口、天沟、坡度、坡向、雨水口、屋脊(分水线)、变形缝、楼梯间、水箱间、电梯间、天窗及挡风板、屋面上人孔、检修梯、室外消防楼梯及其他构筑物,必要的详图索引号、标高等;表述内容单一的屋面可缩小比例绘制;

⑰根据工程性质及复杂程度,必要时可选择绘制局部放大平面图;

⑱可自由分隔的大开间建筑平面宜绘制平面分隔示例系列,其分隔方案应符合有关标准及规定(分隔示例平面可缩小比例绘制);

⑲建筑平面较长较大时,可分区绘制,但需在各分区平面图适当位置上给出分区组合示意图,并明显表示本分区部位编号;

⑳图纸名称、比例;

㉑图纸的省略:如系对称平面,对称部分的内部尺寸可省略,对称轴部位用对称符号表示,但轴线号不得省略;楼层平面除轴线间等主要尺寸及轴线编号外,与底层相同的尺寸可省略;楼层标准层可共用同一平面,但需注明层次范围及各层的标高。

2)立面图

①两端轴线编号,立面转折较复杂时可用展开立面表示,但应准确注明转角处的轴线编号;

②立面处轮廓及主要结构和建筑构造部件的位置,如女儿墙顶、檐口、柱、变形缝、室外楼梯和垂直爬梯、室外空调机搁板、阳台、栏杆、台阶、坡道、花台、雨篷、烟囱、勒脚、门窗、幕墙、洞口、门头、雨水管,以及其他装饰构件、线脚和粉刷分格线等,以及关键控制标高的标注,如屋面或女儿墙标高等;外墙的留洞应注尺寸与标高或高度尺寸(宽×高×深及定位关系尺寸);

③平、剖面未能表示出来的屋顶、檐口、女儿墙、窗台以及其他装饰构件、线脚等的标高或高度;

④在平面图上表达不清的窗编号;

⑤各部分装饰用料名称或代号,构造节点详图索引;

⑥图纸名称、比例;

⑦各个方向的立面应绘齐全,但差异小、左右对称的立面或部分不难推定的立面可简略;内部院落或看不到的局部立面,可在相关剖面图上表示,若剖面图未能表示完全时,则需单独给出。

3)剖面图

①剖视位置应选在层高不同、层数不同、内外部空间比较复杂,具有代表性的部位;建筑空间局部不同处以及平面、立面均表达不清的部位,可绘制局部剖面;

②墙、柱、轴线和轴线编号;

③剖切到或可见的主要结构和建筑构造部件,如室外地面、底层地(楼)面、地坑、地沟、各层楼板、夹层、平台、吊顶、屋架、屋顶、出屋顶烟囱、天窗、挡风板、檐口、女儿墙、爬梯、门、窗、楼梯、台阶、坡道、散水、平台、阳台、雨篷、洞口及其他装修等可见的内容;

④高度尺寸:

外部尺寸:门、窗、洞口高度、层间高度、室内外高差、女儿墙高度、总高度;

内部尺寸：地坑(沟)深度、隔断、内窗、洞口、平台、吊顶等；

⑤标高：主要结构和建筑构造部件的标高，如地面、楼面(含地下室)、平台、吊顶、屋面板、屋面槽口、女儿墙顶、高出屋面的建筑物、构筑物及其他屋面特殊构件等的标高，室外地面标高；

⑥节点构造详图索引号；

⑦图纸名称、比例。

4)详图

①门内外墙节点、楼梯、电梯、厨房、卫生间等局部平面放大和构造详图；

②室内外装饰方面的构造、线脚、图案等；

③特殊的或非标准门、窗、幕墙等应有构造详图。如属另行委托设计加工者，要绘制立面分格图，对开启面积大小和开启方式，与主体结构的连接方式、预埋件、用料材质、颜色等作出规定；

④其他凡在平、立、剖面或文字说明中无法交待或交待不清的建筑构配件和建筑构造；

⑤对紧邻的原有建筑，应给出其局部的平、立、剖面，并索引新建筑与原有建筑结合处的详图号。

(4)计算书(供内部使用)

根据工程性质特点进行热工、视线、防护、防火、安全疏散等方面的计算。计算书作为技术文件归档。

1.6 民用建筑工程建筑设计示例

1.6.1 城市示范小区住宅设计示例

1. 题目

某小区住宅楼工程建筑设计

2. 任务书

(1)目的要求

通过《房屋建筑学》的学习和课程设计实践技能训练，让学生进一步了解一般民用建筑设计原理和方法，掌握建筑施工图设计的技能，培养学生综合运用设计原理去分析问题、解决问题的综合能力。

(2)设计条件

1)本设计为某城市型住宅，位于城市居住小区或工矿住宅区内，为单元式、多层住宅(4～6层)或中高层住宅(7～9层)。

2)面积指标：参见表1-14。

表1-14 城市示范小区住宅设计建议表

一　类	建筑面积55～65m^2	使用面积42～48m^2
二　类	建筑面积70～80m^2	使用面积53～60m^2
三　类	建筑面积85～90m^2	使用面积64～71m^2
四　类	建筑面积100～120m^2	使用面积75～90m^2

3)套型及套型比可以自行选定。

4)层数：5～7层；耐火等级：Ⅱ级；屋面防水等级：Ⅱ～Ⅲ级。

5)结构类型：自定(砖混或框架)。

6)房间组成及要求：功能空间低限面积标准如下：

①起居室18～25m^2(含衣柜面积)

②主卧室12～16m^2

③双人次卧室12～14m^2

④单人卧室8～10m^2

⑤餐厅≥8m^2

⑥厨房≥6m^2,包括灶台、调理台、洗池台、搁置台、上柜、下柜、抽油烟机等

⑦卫生间4～6m^2(双卫可适当增加),包括浴盆、淋浴器、洗脸盆、坐便器、镜箱、洗衣机位、排风道、机械排气等

⑧门厅2～3m^2

⑨贮藏室2～4m^2(吊柜不计入)

⑩工作室6～8m^2

⑪电气设备包括用电量80～120kW·h/月,负荷1 560～4 000W(大套可增至6 000W);电源插座含大居室2～3组,小居室2组,厨房3组,卫生间3组,另设:公用天线、电话、空调线等

(3)设计内容及深度要求

本次设计在教师给定的住宅方案或学生自己设计构思的方案基础上按施工图深度要求进行,但因无结构、水、电等工种相配合,故只能局部做到建筑施工图的深度。设计内容如下:

1)总平面图:比例1:500;

2)建筑平面图:包括底层平面和标准层平面图,比例1:100或1:200,屋顶平面图,比例1:100或1:200;

3)建筑立面图:包括正立面、背立面及侧立面图,比例1:100或1:200;

4)建筑剖面图:2个,比例1:100;

5)建筑详图:

①表示局部构造的详图,如楼梯详图、外墙身详图、门窗详图等;

②表示房屋设备的详图,如厨房、厕所、浴室以及壁柜、挂衣柜、鞋柜、碗柜、灶台、洗涤盆、污水池、垃圾道、信报箱、阳台晒衣架等详图。比例自定。

6)设计简要说明、图纸目录、门窗表、装修表及技术经济指标等。

①平均每套建筑面积=总建筑面积(m^2)/总套数(套)

②使用面积系数=总套内使用面积(m^2)/总建筑面积(m^2)×100%

③住宅单方综合造价(元/m^2)

(4)参考资料

1)《房屋建筑学》教材(本课程使用);

2)新版《建筑设计资料集》第3本;

3)《房屋建筑学》课程设计任务书及指导书;

4)《建筑制图》教材的施工图部分;

5)地方有关民用建筑构、配件标准图集;

6)《房屋建筑统一制图标准》;

7)住宅设计规范(GB 50096—1999)(2003年版)。

3.设计指示书

住宅是供家庭日常居住使用的建筑物,是人们为满足家庭生活需要,利用自己常握的物质

技术手段创造的人造环境。因此,设计人员应首先研究家庭结构、生活方式、习惯以及地方特点,然后通过多种空间组合方式设计出满足不同生活要求的住宅。

为保障城市居民基本的住房条件,提高城市住宅功能质量,应使住宅设计符合适用、安全、卫生、经济等要求。

本次课程设计是为了培养学生综合运用所学理论知识和专业知识,解决实际工程问题能力的最后一个重要教学环节,师生都应当充分重视。为了使大家进一步明确设计的具体内容及要求,特作如下指导。

(1)目的与要求

1)目的

①通过该次设计能达到系统巩固并扩大所学的理论知识与专业知识,使理论联系实际;

②在指导教师的指导下能独立解决有关工程的建筑施工图设计问题,并能表现出有一定的科学性与创造性,从而提高设计、绘图、综合分析问题与解决问题的能力;

③了解在建筑设计中,建筑、结构、水、暖、电各工种之间的责任及协调关系,为走上工作岗位,适应我国安居工程建设的需要,打下良好的基础。

2)要求

学生应严格按照指导老师的安排有组织、有秩序地进行本次设计。先经过老师讲课辅导、答疑以后,学生自行进行设计,完成主要工作以后,在规定的时间内再进行答疑、审图后,每位学生必须将全部设计图纸加上封面装订成册。

(2)设计图纸内容及深度

在选定的住宅设计方案基础上,进行建筑施工图设计,要求 3 号图纸有 10 张左右或 2 号图纸 5 张左右,具体内容如下:

1)施工图首页和总平面图

建筑施工图首页一般包括:图纸目录、设计总说明、总平面图、门窗表、装修做法表等。总说明主要是对图样上无法表明的和未能详细注写的用料和做法等内容作具体的文字说明。

总平面图主要是表示出新建房屋的形状、位置、朝向、与原有房屋及周围道路、绿化等地形、地物的关系。可看出与新建房屋室内、底层地坪的设计标高 ±0.00 相当的绝对标高,单位为米,见图 1-1。

2)建筑平面图(图 1-2～图 1-8)

应标注如下内容:

①外部尺寸:如果平面图的上下、左右是对称的,一般外部尺寸标注在平面图的下方及左侧,如果平面图不对称,则四周都要标注尺寸。外部尺寸一般分三道标注:最外面的一道是外包尺寸,表示房屋的总长度和总宽度;中间一道尺寸表示定位轴线间的距离,最里面一道尺寸,表示门窗洞口、门或窗间墙、墙端等细部尺寸。底层平面图还应标注室外台阶、花台、散水等尺寸。

②内部尺寸:包括房间内的净尺寸、门窗洞、墙厚、柱、砖垛和固定设备(如厕所、盥洗室、工作台、搁板等)的大小、位置及墙、柱与轴线的平面位置尺寸关系等。

③纵、横定位轴线编号及门窗编号:门窗在平面图中,只能反映出它们的位置、数量和洞口宽度尺寸,窗的开启形式和构造等情况是无法表达的。每个工程的门窗规格、型号、数量都应有门窗表说明,门代号用 M 表示,窗代号用 C 表示,并加注编号以便区分。

④标注房屋各组成部分的标高情况:如室内、外地面、楼面、楼梯平台面、室外台阶面、阳台

面等处都应当分别注明标高。对于楼地面有坡度时,通常用箭头加注坡度符号标明。

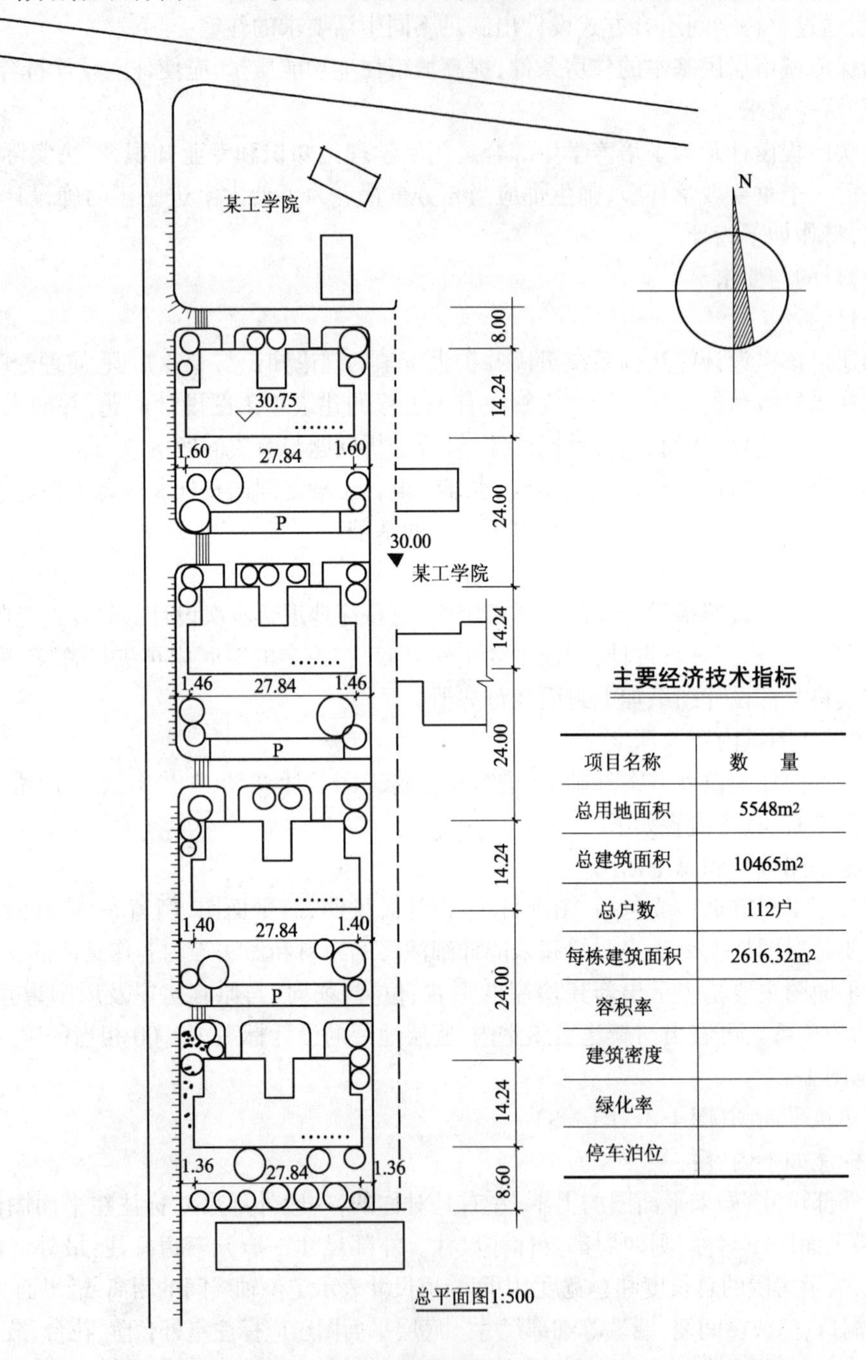

主要经济技术指标

项目名称	数　量
总用地面积	5548m²
总建筑面积	10465m²
总户数	112户
每栋建筑面积	2616.32m²
容积率	
建筑密度	
绿化率	
停车泊位	

图1-1　总平面图

⑤从平面图中可以看出楼梯的位置、楼梯间的尺寸、起步方向、楼梯段宽度、平台宽度、栏杆位置、踏步级数、楼梯走向等内容。

⑥在底层平面图中,通常将建筑剖面图的剖切位置用剖切符号表达出来。

⑦建筑平面图的下方标注图名及比例,底层平面图应附有指北针标明建筑的朝向。

⑧建筑平面中应表示出各种设备的位置、尺寸、规格、型号等,它与专业设备施工图相配合

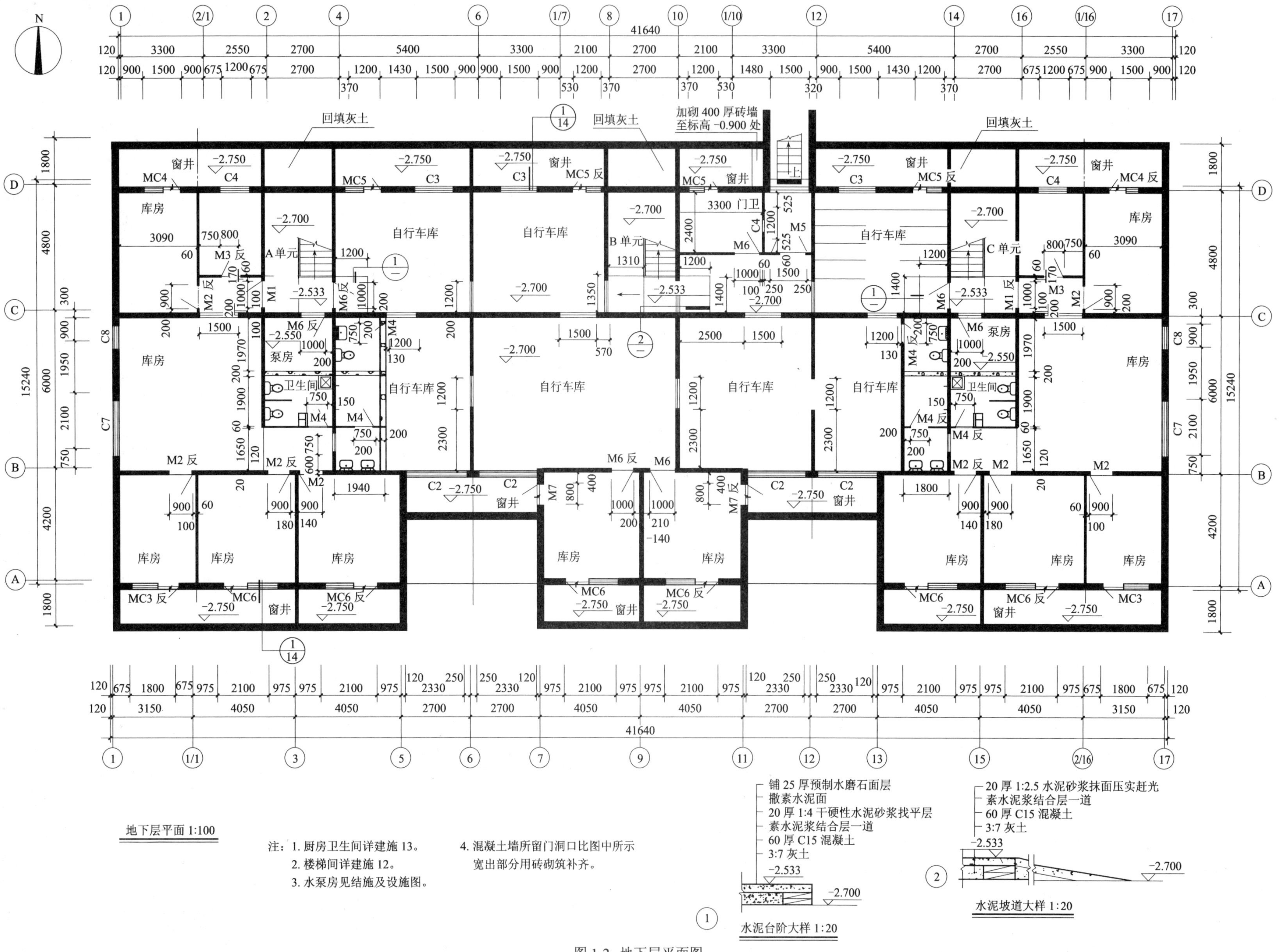
N
41640
回填灰土
加砌 400 厚砖墙
至标高 −0.900 处
窗井
库房
自行车库
A 单元
B 单元
C 单元
泵房
卫生间
3300 门卫
地下层平面 1:100
注：1. 厨房卫生间详建施 13。
2. 楼梯间详建施 12。
3. 水泵房见结施及设施图。
4. 混凝土墙所留门洞口比图中所示
宽出部分用砖砌筑补齐。
铺 25 厚预制水磨石面层
撒素水泥面
20 厚 1:4 干硬性水泥砂浆找平层
素水泥浆结合层一道
60 厚 C15 混凝土
3:7 灰土
−2.533
−2.700
水泥台阶大样 1:20
20 厚 1:2.5 水泥砂浆抹面压实赶光
素水泥浆结合层一道
60 厚 C15 混凝土
3:7 灰土
水泥坡道大样 1:20

图 1-2 地下层平面图

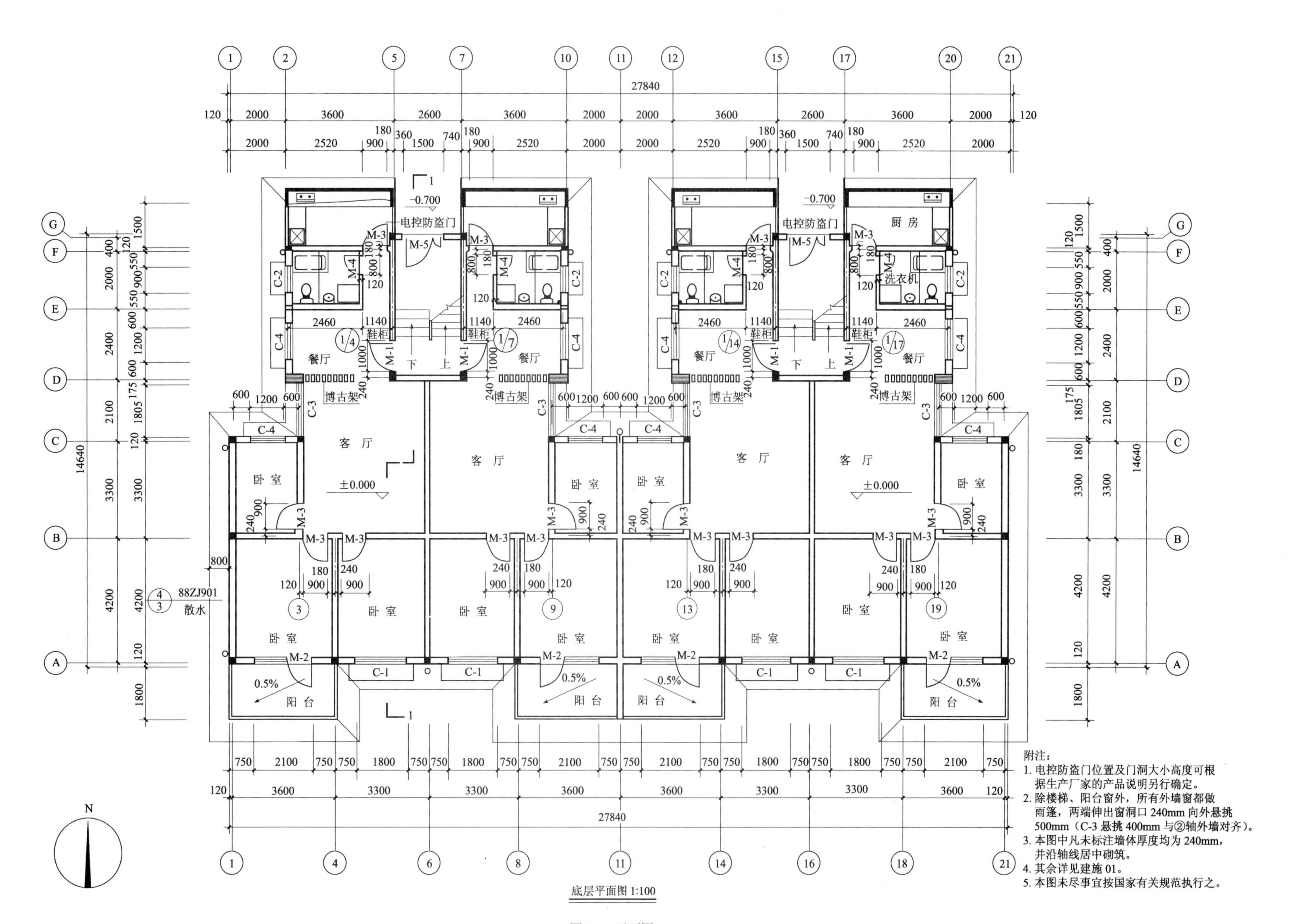
电控防盗门
厨房
洗衣机
鞋柜
餐厅
博古架
客厅
卧室
阳台
下
上
−0.700
±0.000
0.5%
88ZJ901
散水
N
27840
14640
附注：
1. 电控防盗门位置及门洞大小高度可根据生产厂家的产品说明另行确定。
2. 除楼梯、阳台窗外，所有外墙窗都做雨篷，两端伸出窗洞口 240mm 向外悬挑 500mm（C-3 悬挑 400mm 与②轴外墙对齐）。
3. 本图中凡未标注墙体厚度均为 240mm，并沿轴线居中砌筑。
4. 其余详见建施 01。
5. 本图未尽事宜按国家有关规范执行之。
底层平面图 1:100

图 1-3 平面图

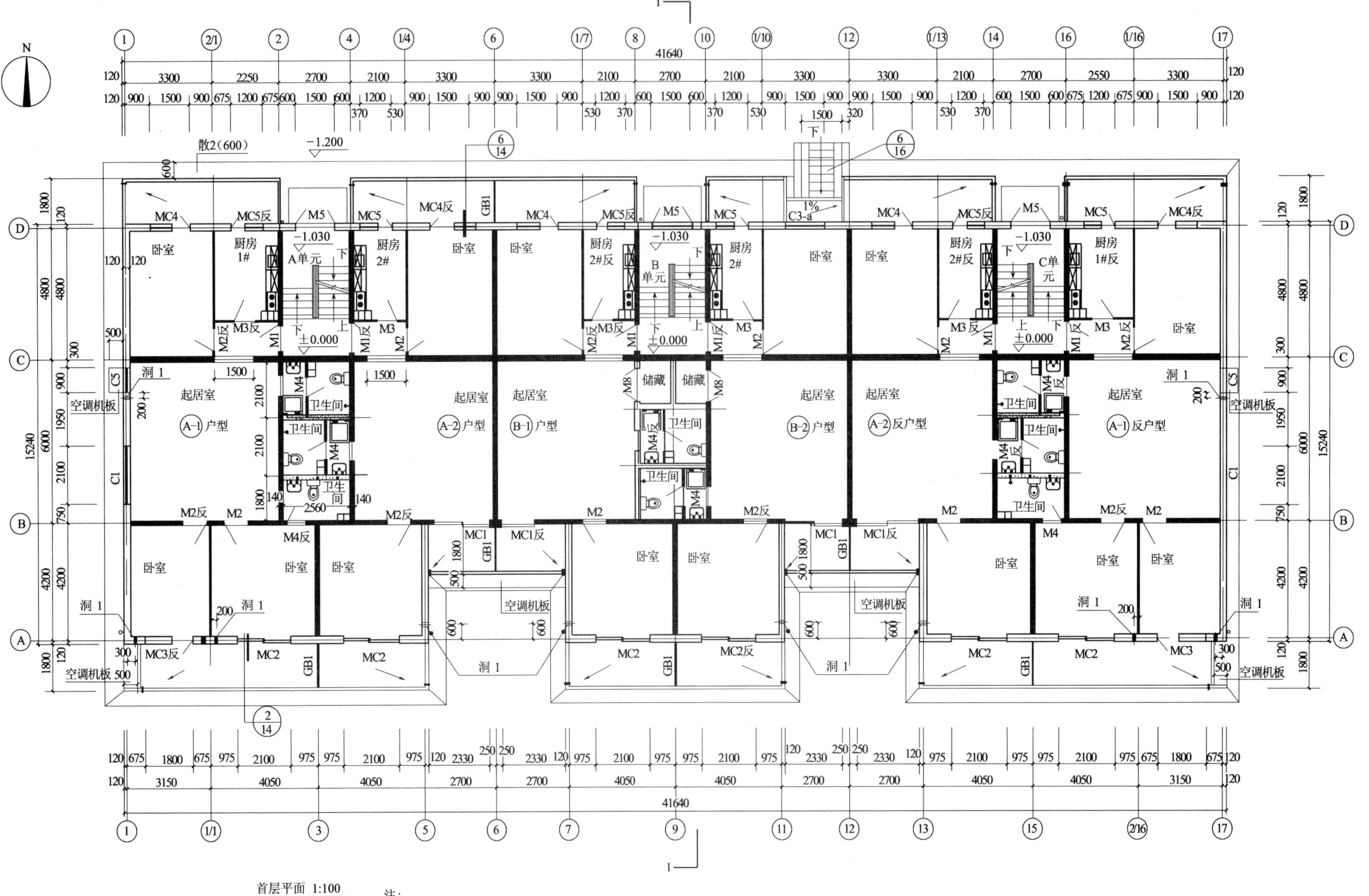

注：

1. 外墙为240厚砖墙。
2. 内墙为140（200）厚钢筋混凝土墙和60（200）厚陶粒混凝土墙。
3. A，B，C单元各户内门洞尺寸详建施10，11。
4. 厨房、卫生间详建施13。
5. 楼梯详建施12。
6. 阳台隔板GB1详建施14。
7. 空调机板标高与楼板标高平。
8. 空调预留洞　洞1:Φ100洞中距楼面2100。

图1-4　首层平面图

标准层平面 1:100

（二～五层平面）

建筑面积：630.35m²

注：

1. 外墙为240厚砖墙。
2. 内墙为140（200）厚钢筋混凝土墙和60（200）厚陶粒混凝土墙。
3. A，B，C单元各户内门洞尺寸详建施10，11。
4. 厨房、卫生间详建施13。
5. 楼梯详建施12。
6. 阳台隔板GB1详建施14。
7. 空调机板标高与楼板标高平。
8. 空调预留洞　洞1:Φ100洞中距楼面2100。

图1-5　标准层平面图

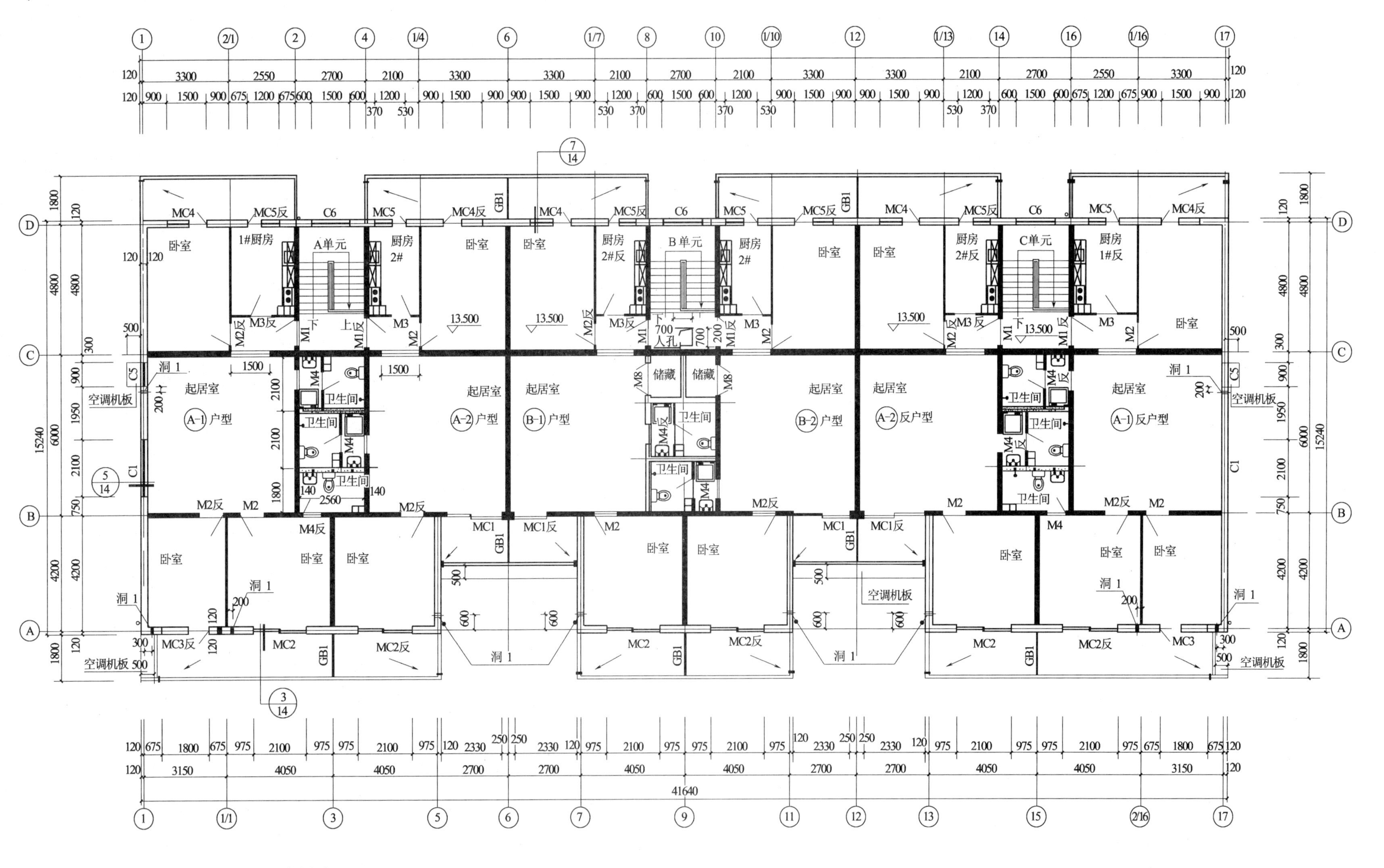

顶层平面 1:100

建筑面积：631.25m²

注：

1. 外墙为240厚砖墙。
2. 内墙为140（200）厚钢筋混凝土墙和60（200）厚陶粒混凝土墙。
3. A，B，C单元各户内门洞尺寸详建施10，11。
4. 厨房、卫生间详建施13。
5. 楼梯详建施12。
6. 阳台隔板GB1详建施14。
7. 空调机板标高与楼板标高平。
8. 空调预留洞 洞1:Φ100洞中距楼面2100。

图1-6　顶层平面图

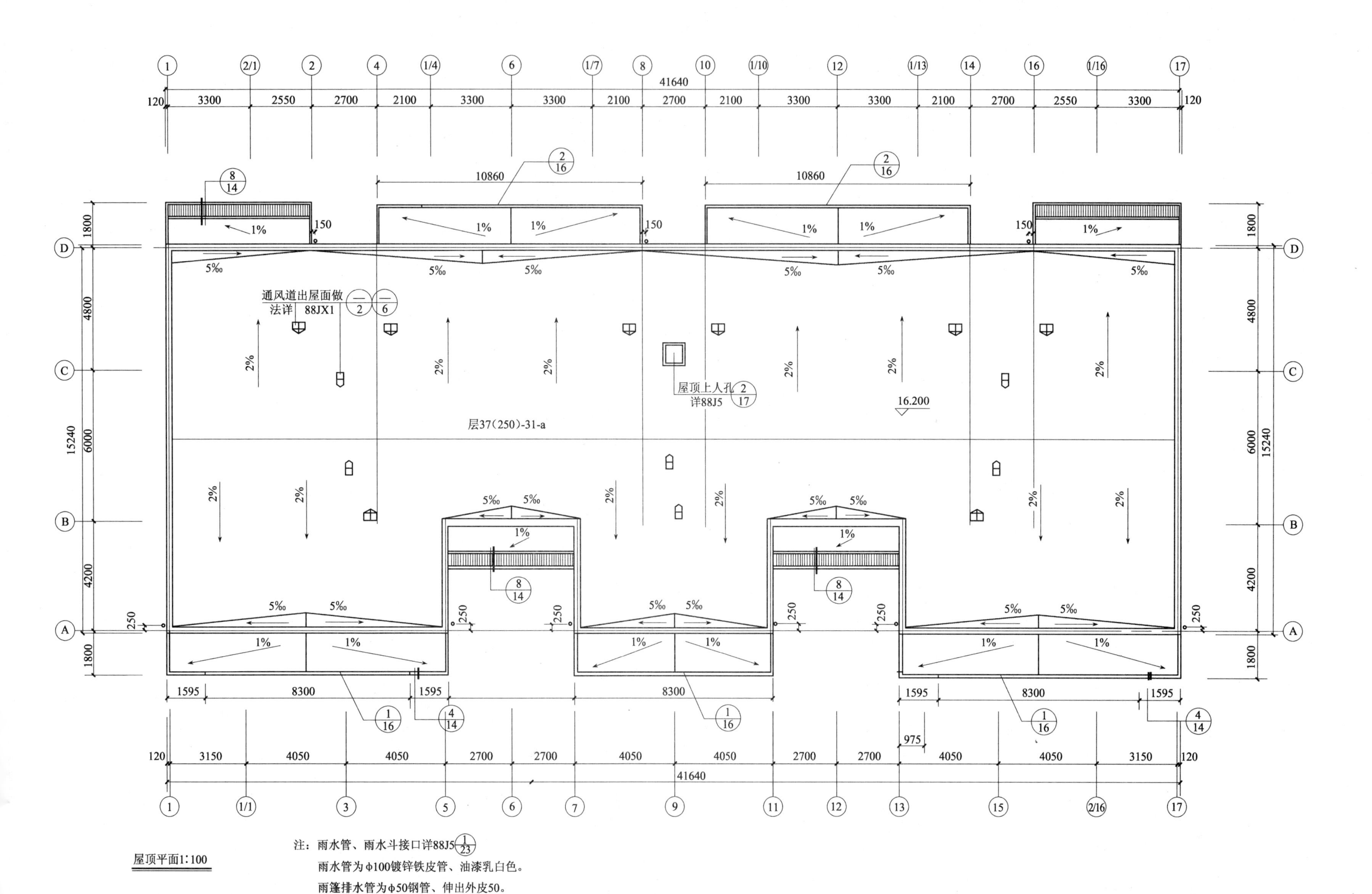

41640
10860
通风道出屋面做法详 88JX1
屋顶上人孔详88J5
16.200
层37(250)-31-a
屋顶平面1:100
注：雨水管、雨水斗接口详88J5
雨水管为φ100镀锌铁皮管、油漆乳白色。
雨篷排水管为φ50钢管、伸出外皮50。

图1-7　屋顶平面图

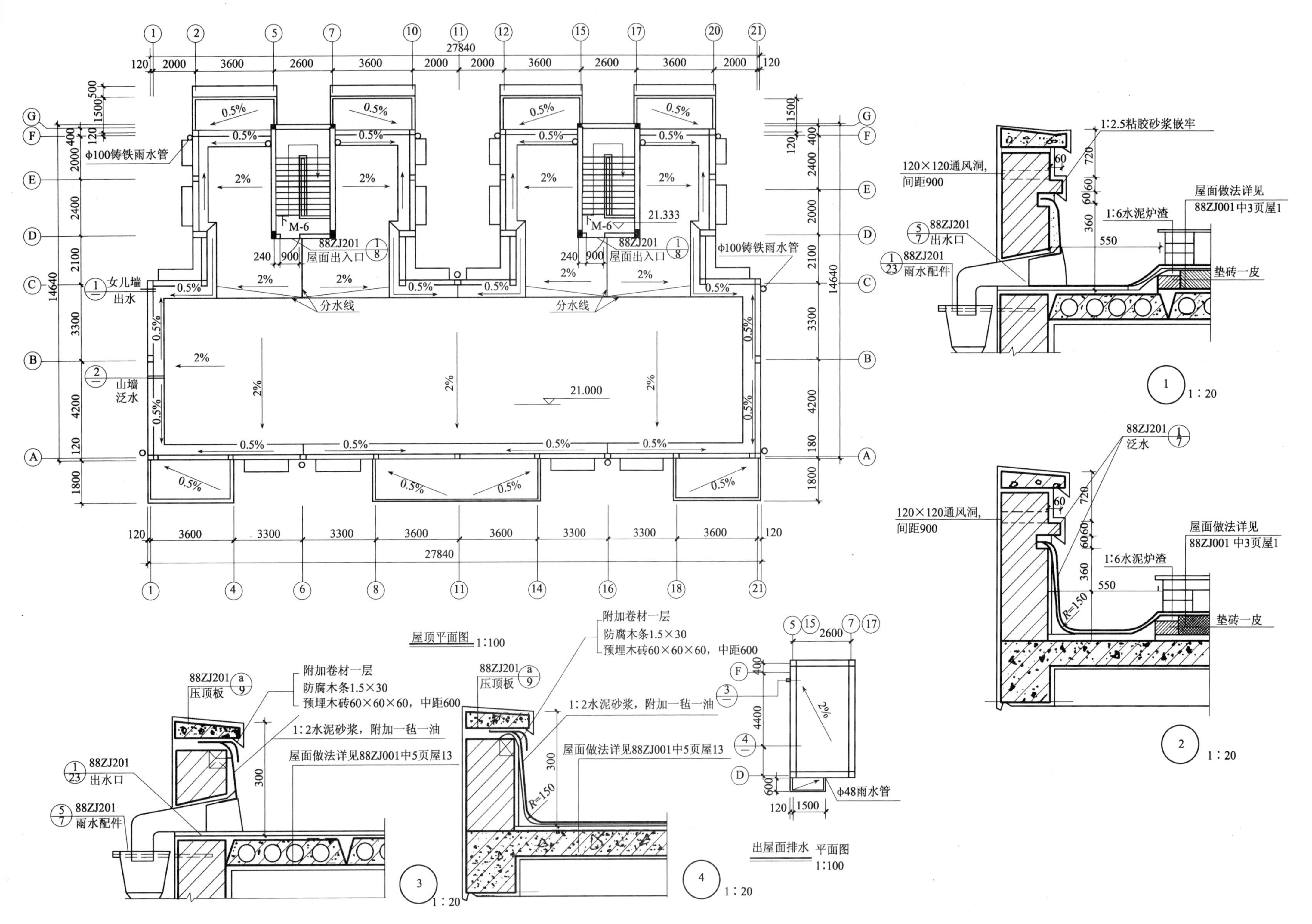
屋顶平面图 1:100
φ100铸铁雨水管
女儿墙出水
山墙泛水
分水线
88ZJ201 屋面出入口
21.000
21.333
附加卷材一层
防腐木条1.5×30
预埋木砖60×60×60，中距600
88ZJ201 压顶板
1:2水泥砂浆，附加一毡一油
屋面做法详见88ZJ001中5页屋13
88ZJ201 出水口
88ZJ201 雨水配件
出屋面排水 平面图 1:100
φ48雨水管
1:2.5粘胶砂浆嵌牢
120×120通风洞，间距900
屋面做法详见 88ZJ001中3页屋1
1:6水泥炉渣
垫砖一皮
88ZJ201 泛水
1:20

图1-8 层顶平面及剖图

供施工等用，有的局部详细构造做法用详图索引符号表示。

3）建筑立面图（图1-9～图1-12）

反映出房屋的外貌和高度方向的尺寸。

①立面图上的门窗可在同一类型的门窗中较详细地各画出一个作为代表，其余用简单的图例表示。

②立面图中应有三种不同的线型：整幢房屋的外形轮廓或较大的转折轮廓用粗实线表示；墙上较小的凹凸（如门窗洞口、窗台等）以及勒脚、台阶、花池、阳台等轮廓用中实线表示；门窗分格线、开启方向线、墙面装饰线等用细实（虚）线表示。室外地坪线可用比粗实线稍粗一些的实线表示，尺寸线与数字均用细实线表示。

③立面图中外墙面的装饰做法应有引出线引出，并用文字简单说明。

④立面图在下方中间位置标注图名及比例。左右两端外墙均用定位轴线及编号表示，以便与平面图相对应。

⑤标明房屋立面各部分的尺寸情况：如雨篷、檐口挑出部分的宽度、勒脚的高度等局部小尺寸；注写室外地坪、出入口地面、勒脚、窗台、门窗顶及檐口等处的标高。数字写在横线上的是标注构造部位顶面标高，数字写在横线下的是标注构造部位底面标高（如果两标高符号距离较小，也可不受此限制）。标高符号位置要整齐、三角形大小应该标准、一致。

⑥立面图中有的部位要画详图索引符号，表示局部构造另有详图表示。

4）建筑剖面图（图1-11～图1-12）

要求用两个横剖面图或一个阶梯剖面图来表示房屋内部的结构形式、分层及高度、构造做法等情况。

①外部尺寸有三道：第一道是窗（或门）、窗间墙、窗台、室内、外高差等尺寸；第二道尺寸是各层的层高；第三道是总高度。承重墙要画定位轴线，并标注定位轴线的间距尺寸。

②内部尺寸有两种：地坪、楼面、楼梯平台等标高；所能剖到的部分的构造尺寸。必需时要注写地面、楼面及屋面等的构造层次及做法。

③表达清楚房屋内的墙面、顶棚、楼地面的面层，如踢脚线、墙裙的装饰和设备的配置情况。

④剖面图的图名应与底层平面图上剖切符号的编号一致；和平面图相配合，也可以看清房屋的入口、屋顶、顶棚、楼地面、墙、柱、池、坑、楼梯、门、窗各部分的位置、组成、构成、用料等情况。

5）屋顶平面图和楼梯屋面图（图1-7、图1-8）

应标明屋面排水分区、排水方向、坡度、槽沟、泛水、雨水下水口、女儿墙等的位置。

6）外墙身详图

实际上是建筑剖面图的局部放大图，用较大的比例（如1:20）画出。可只画底层、顶层或用一个中间层来表示，画图时，往往在窗洞中间处断开，成为几个节点详图的组合。详图的线型要求与剖面图一样。在详图中，对屋面、楼面和地面的构造，应采用多层构造说明方法表示。

①在勒脚部分，表示出房屋外墙的防潮、防水和排水的做法。

②在楼板与墙身连接部分，应标明各层楼板（或梁）的搁置方向与墙身的关系。

③在檐口部分，表示出屋顶的承重层、女儿墙、防水及排水的构造。

此外，表示出窗台、窗过梁（或圈梁）的构造情况。一般应注出各部位的标高、高度方向和墙身细部的大小尺寸。图中标高注写有两个或几个数字时，有括号的数字表示相邻上一层的标高。同时注意用图例和文字说明表达墙身内外表面装修的截面形式，厚度及所用的材料等。

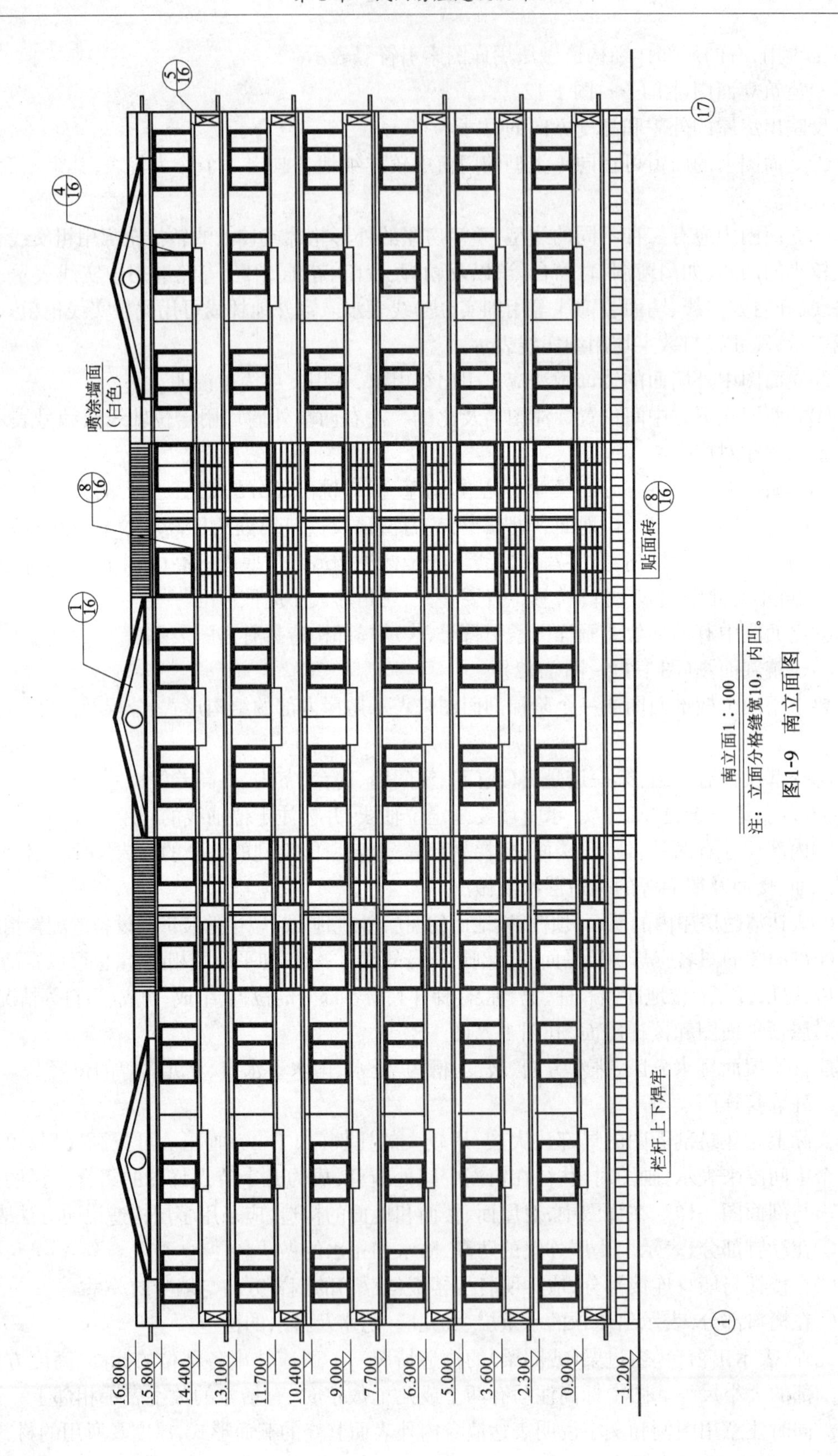
16.800
15.800
14.400
13.100
11.700
10.400
9.000
7.700
6.300
5.000
3.600
2.300
0.900
-1.200
喷涂墙面
（白色）
贴面砖
栏杆上下焊牢
南立面1：100
注：立面分格缝宽10，内凹。

图1-9　南立面图

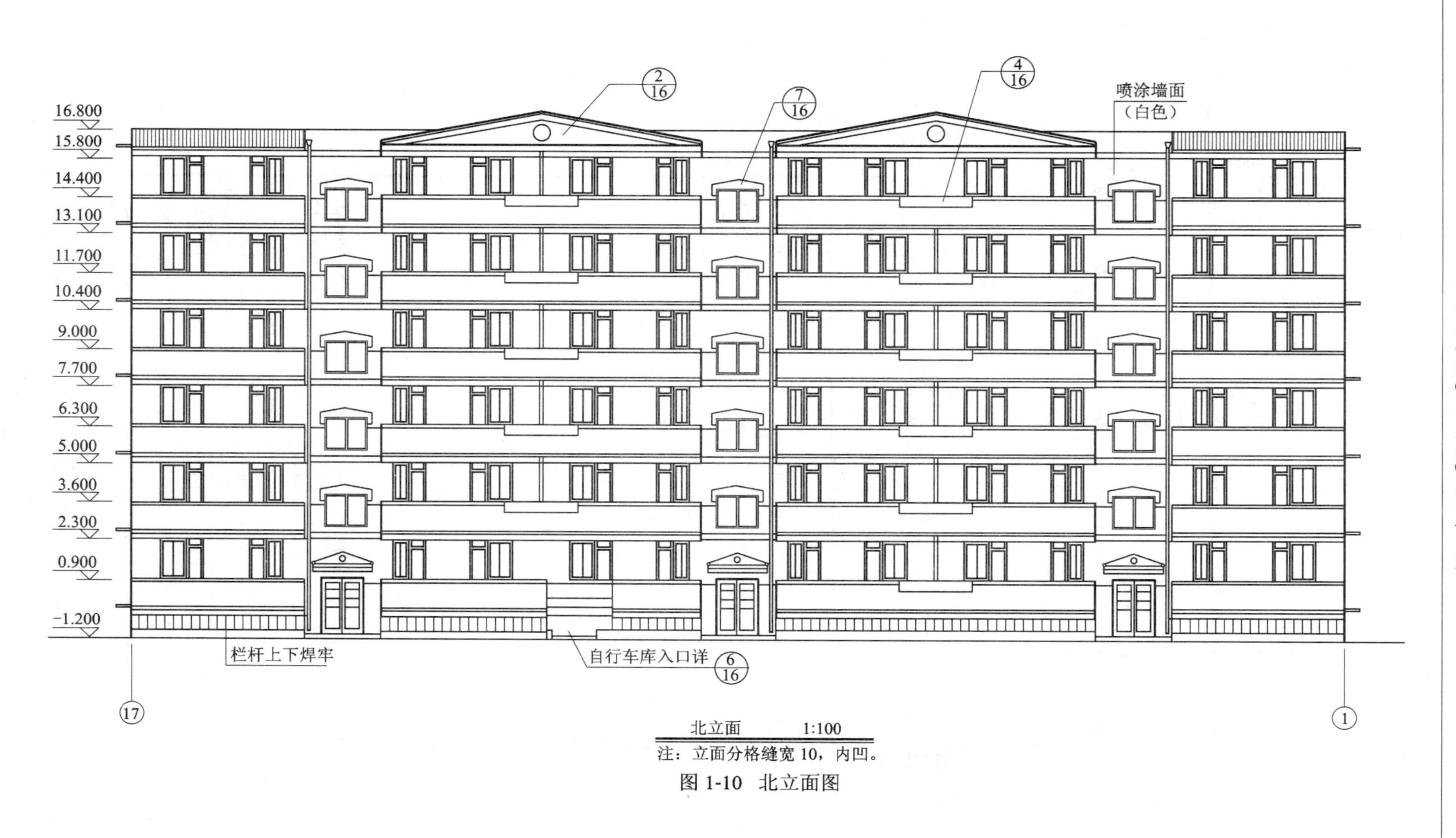

2/16
7/16
4/16
喷涂墙面
（白色）
16.800
15.800
14.400
13.100
11.700
10.400
9.000
7.700
6.300
5.000
3.600
2.300
0.900
-1.200
栏杆上下焊牢
自行车库入口详
6/16
⑰
①
北立面 1:100
注：立面分格缝宽10，内凹。

图 1-10 北立面图

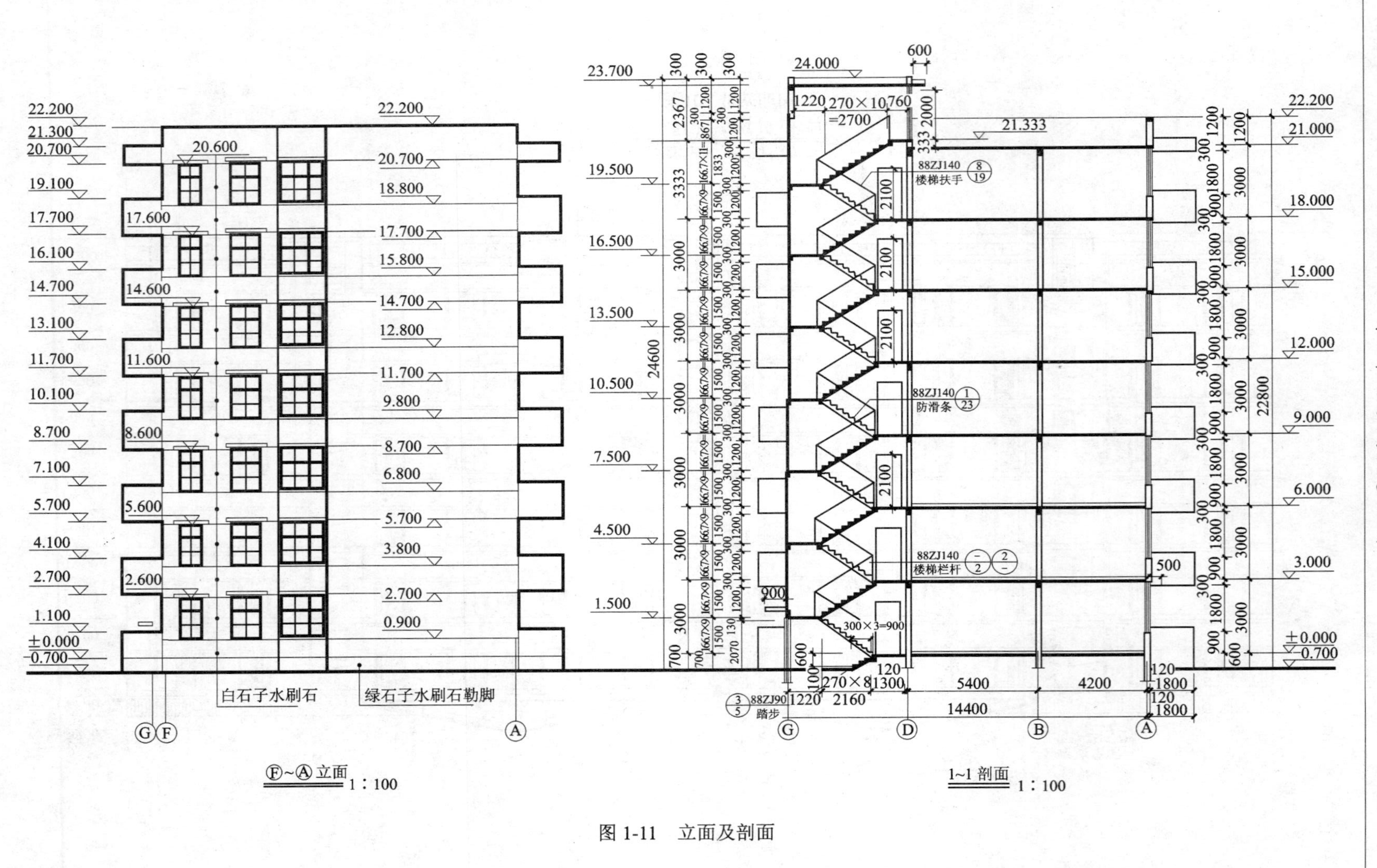
白石子水刷石
绿石子水刷石勒脚
Ⓕ~Ⓐ立面 1：100
88ZJ140 楼梯扶手
88ZJ140 防滑条
88ZJ140 楼梯栏杆
88ZJ90 踏步
1~1 剖面 1：100

图 1-11　立面及剖面

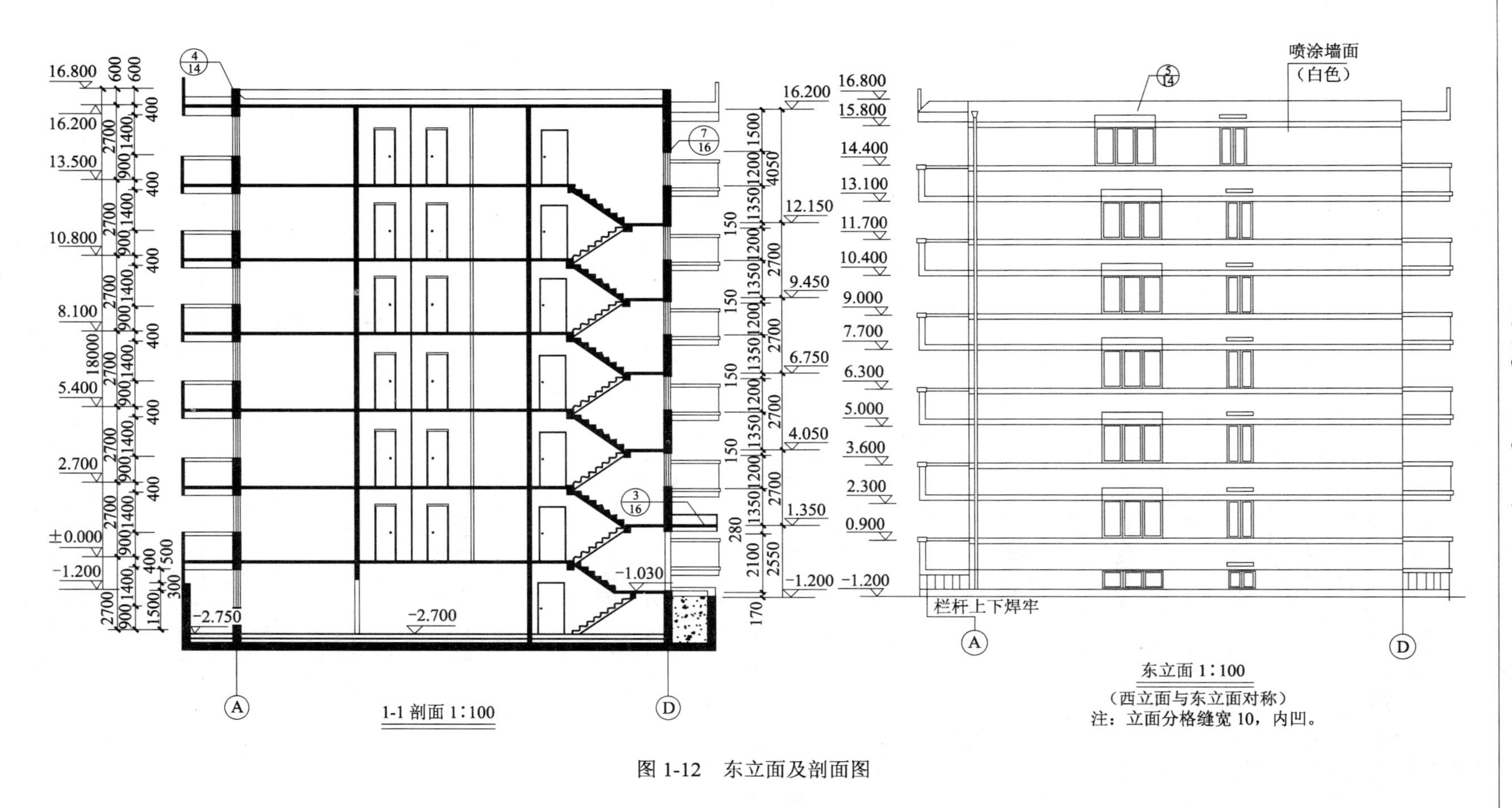

图 1-12 东立面及剖面图

7)楼梯详图

应尽可能将楼梯平面图、剖面图及踏步、栏杆等详图画在同一张图纸内,平面图、剖面图比例要一致,详图比例要大些。

①楼梯平面图:要画出房屋底层、中间层和顶层三个平面图。标明楼梯间在建筑中的平面位置及有关定位轴线的布置;标明楼梯间、楼梯段、楼梯井和休息平台形式、尺寸、踏步的宽度和踏步数,标明楼梯走向;各层楼地面的休息平台面的标高;在底层楼梯平面图中注出楼梯垂直剖面图的剖切位置及剖视方向等。

②楼梯剖面图:若能用建筑剖面图表达清楚,则不必再绘。

③楼梯节点详图:包括踏步和栏杆的大样图,应标明其尺寸、用料、连接构造等。

8)其他设备详图可视具体要求给出。

以上内容参见图 1-13～图 1-19。

(3)几项具体要求

1)图纸一律用仪器或电脑绘制,2 号图纸不少于 6～8 纸,3 号图纸不少于 12～16 张,均要求做成文本,图签规定见表 1-15。

表 1-15　图 签 表 格

学 校 名 称		项 目 名 称	××××住宅楼工程	
班　级		图　　名	图　别	建　施
姓　名			图　号	
指导老师			日　期	

2)门窗统计表见表 1-16。

表 1-16　门窗统计表

类　别	代　　号	标准图代号	洞口尺寸(mm)		数　量　(樘)		备　　注
			宽	高	一层数量	合　计	
门							
窗							

3)装修部分除用文字说明外,亦可采用表格形式,填写相应的做法或代号,如表 1-17 所示。

表 1-17　装修统计表

类　　别	装修构造简图及做法	部　　　位			
		起居室	卧　室	厨　房	卫生间
墙　面					
地　面					
楼　面					
屋　面					
顶　棚					
墙　裙					

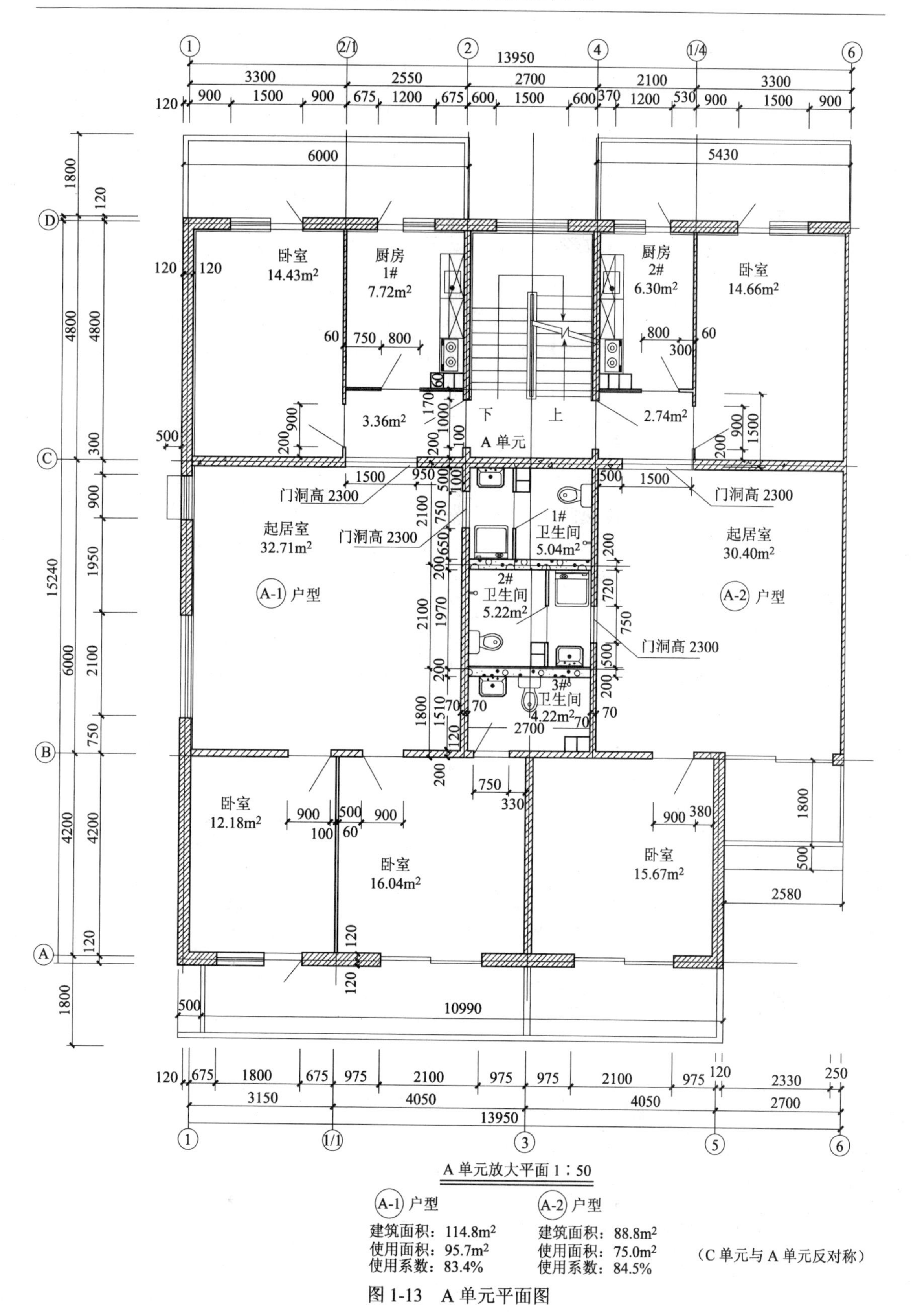
卧室
14.43m²
厨房
1#
7.72m²
厨房
2#
6.30m²
卧室
14.66m²
3.36m²
2.74m²
下
上
A 单元
门洞高 2300
起居室
32.71m²
1#
卫生间
5.04m²
起居室
30.40m²
A-1 户型
2#
卫生间
5.22m²
A-2 户型
3#
卫生间
4.22m²
卧室
12.18m²
卧室
16.04m²
卧室
15.67m²
13950
6000
5430
10990
15240
A 单元放大平面 1∶50
A-1 户型
建筑面积：114.8m²
使用面积：95.7m²
使用系数：83.4%
A-2 户型
建筑面积：88.8m²
使用面积：75.0m²
使用系数：84.5%
（C 单元与 A 单元反对称）

图 1-13 A 单元平面图

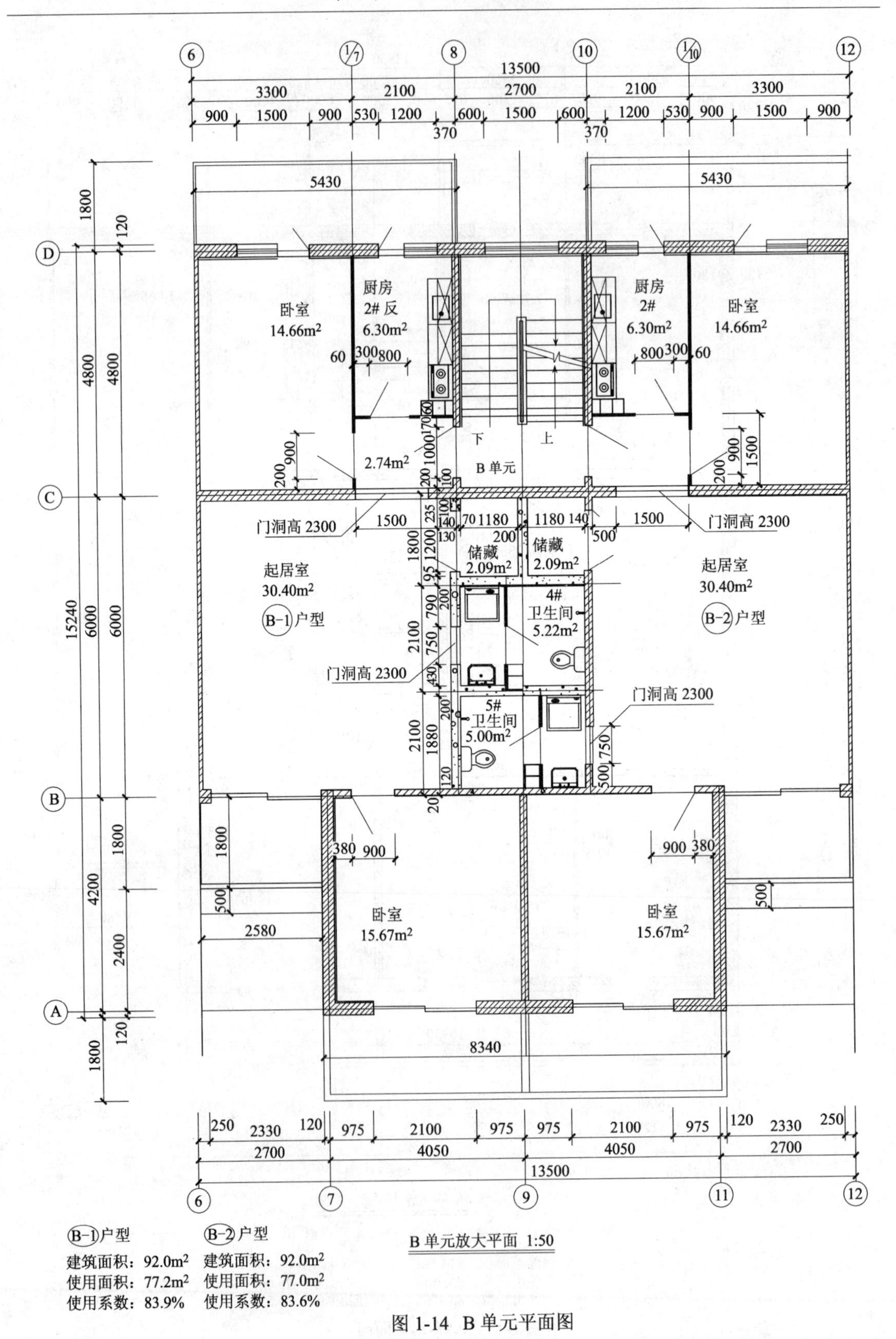
13500
3300
2100
2700
2100
3300
5430
5430
厨房
2# 反
6.30m²
卧室
14.66m²
厨房
2#
6.30m²
卧室
14.66m²
下
上
2.74m²
B 单元
门洞高 2300
门洞高 2300
储藏
2.09m²
储藏
2.09m²
起居室
30.40m²
B-1 户型
起居室
30.40m²
B-2 户型
4#
卫生间
5.22m²
门洞高 2300
5#
卫生间
5.00m²
门洞高 2300
卧室
15.67m²
卧室
15.67m²
8340
2700
4050
4050
2700
13500
15240
B 单元放大平面 1:50
B-1 户型
建筑面积：92.0m²
使用面积：77.2m²
使用系数：83.9%
B-2 户型
建筑面积：92.0m²
使用面积：77.0m²
使用系数：83.6%

图 1-14　B 单元平面图

4)要进行合理的图面布置(包括图样、图名、尺寸、文字说明及技术经济指标),做到主次分明、排列均匀紧凑、线型分明、表达清晰、投影关系正确,符合制图标准。

5)绘图顺序,一般是先平面,然后剖面、立面和详图;先用硬铅笔打底稿,再加深或上墨;同一方向或同一线型的线条相继给出,先画水平线(从上到下),后画铅直线或斜线(从左到右);先画图,后注写尺寸和说明。一律采用工程字体书写,以增强图面效果。

(4)设计图纸评分标准

设计图纸评分标准共分为五级。

优:按要求完成全部内容,建筑构造合理,投影关系正确,图面工整,符合制图标准,整套图纸无错误;

良:根据上述标准有一般性小错误,图面基本工整,小错误在5个以内;

中:根据上述标准,没有大错误,小错误累计在8个以内,图面表现一般;

及格:根据上述标准,一般性错误累计9个以上者,或有一个原则性大错误,图面表现较差;

不及格:有2个以上原则性大错误,如:

①定位轴线不对;

②剖面形式及空间关系处理不对;

③结构支承搭接关系不对;

④建筑构造处理不合理;

⑤图纸内容不齐全;

⑥平、立、剖面及详图协调不起来;

⑦重要部位投影错误。

(5)课程设计答辩及成绩评定

课程设计答辩程序、方式、命题及成绩的最后评定由教师具体安排。

(6)说明

课程设计工作量的多少可由教师视学生专业水平而定,本题目(单元式多层住宅设计)仅供参考。

4. 多层单元式住宅(砖混结构)施工图设计示例

砖混结构的多层单元式住宅是国内目前量大、面广、最常见的住宅类型。本示例将为建筑师提供较直接的形象资料。参考时应注意以下几点:

(1)首先要绘制适当比例的一栋单元组合体的平、立、剖面基本图;然后再绘制单元放大平面;进而绘制楼梯、卫生间及厨房的放大平面(如单元放大平面图已表达清楚,则可从略)。

(2)住宅建筑构配件的标准图较多,常大量引用。因而加绘的详图主要是“非标准”的门窗立面、构造节点和装饰配件等。此部分应编排在图纸的后部。

(3)目前住宅的室内多做到“初装修”,面层则由住户自理,设计时应给予注意。

(4)在采暖地区的多层单元式住宅设计中应严格遵循《民用建筑节能设计标准(采暖居住建筑部分)》和当地编制的《实施细则》。

(5)鉴于本示例的图纸数量不多,故设计人将图纸目录与首页合并在一张图内,也未尝不可。只是一旦增绘图纸或出变更图时,续编不够方便。另外还将门窗表与门窗详图相邻编排,看图较为直接。但如门窗量大时,仍应按国家规定,将门窗表列为首页内容。本示例图纸编排层次分明、交代清楚、深度能满足施工要求(图1-1～图1-19)。

门　窗　表

门窗名称	洞口尺寸（宽×高）	门　窗　数　量				备　　注
		地下层	首　层	二至六层	总　数	
C1	2 100×1 400	—	2	2×5	12	塑钢窗 详立面
C2	2 330×1 400	4	—	—	4	塑钢窗 详立面
C3	1 500×1 400	3	—	—	3	塑钢窗 详立面
C3-a	1 500×1 400	—	1	—	1	塑钢窗 详立面
C4	1 200×1 400	3	—	—	3	塑钢窗 详立面
C5	900×1 400	—	2	2×5	12	塑钢窗 详立面
C6	1 200×1 200	—	—	3×5	15	塑钢窗 详立面
C7	2 100×500	2	—	—	2	塑钢窗 详立面
C8	900×500	2	—	—	2	塑钢窗 详立面
MC1	2 330×2 300	—	2	2×5	12	塑钢门窗 详立面
MC1 反		—	2	2×5	12	
MC2	2 100×2 300	—	3	3×5	18	塑钢门窗 详立面
MC2 反		—	3	3×5	18	
MC3	1 800×2 300	1	1	1×5	7	塑钢门窗 详立面
MC3 反		1	1	1×5	7	
MC4	1 500×2 300	1	3	3×5	19	塑钢门窗 详立面
MC4 反		1	2	3×5	18	
MC5	1 200×2 300	2	3	3×5	20	塑钢门窗 详立面
MC5 反		2	3	3×5	20	
MC6	2 100×2 300	3	—	—	3	塑钢门窗 详立面
MC6 反		3	—	—	3	
M1	1 000×2 000	1	3	3×5	19	防盗型钢木门 选用成品
M1 反		1	3	3×5	19	
M2	900×2 000	4	7	7×5	46	京 95-J61 32M1
M2 反		4	7	7×5	46	
M3	800×2 000	1	3	3×5	19	京 95-J61 02M7 改（宽度改）
M3 反		1	3	3×5	19	
M4	750×2 000	3	4	4×5	27	京 95-J61 02M2
M4 反		3	4	4×5	27	
M5	1 500×2 000	1	3	—	4	京 95-J61 57G6
M6	1 000×2 000	4	—	—	4	京 95-J61 12M1
M6 反		3	—	—	3	
M7	800×2 000	1	—	—	1	京 95-J61 02M9 改（宽度改）
M7 反		1	—	—	1	
M8	1 200×2 000	—	2	2×5	12	京 95-J61 42M1

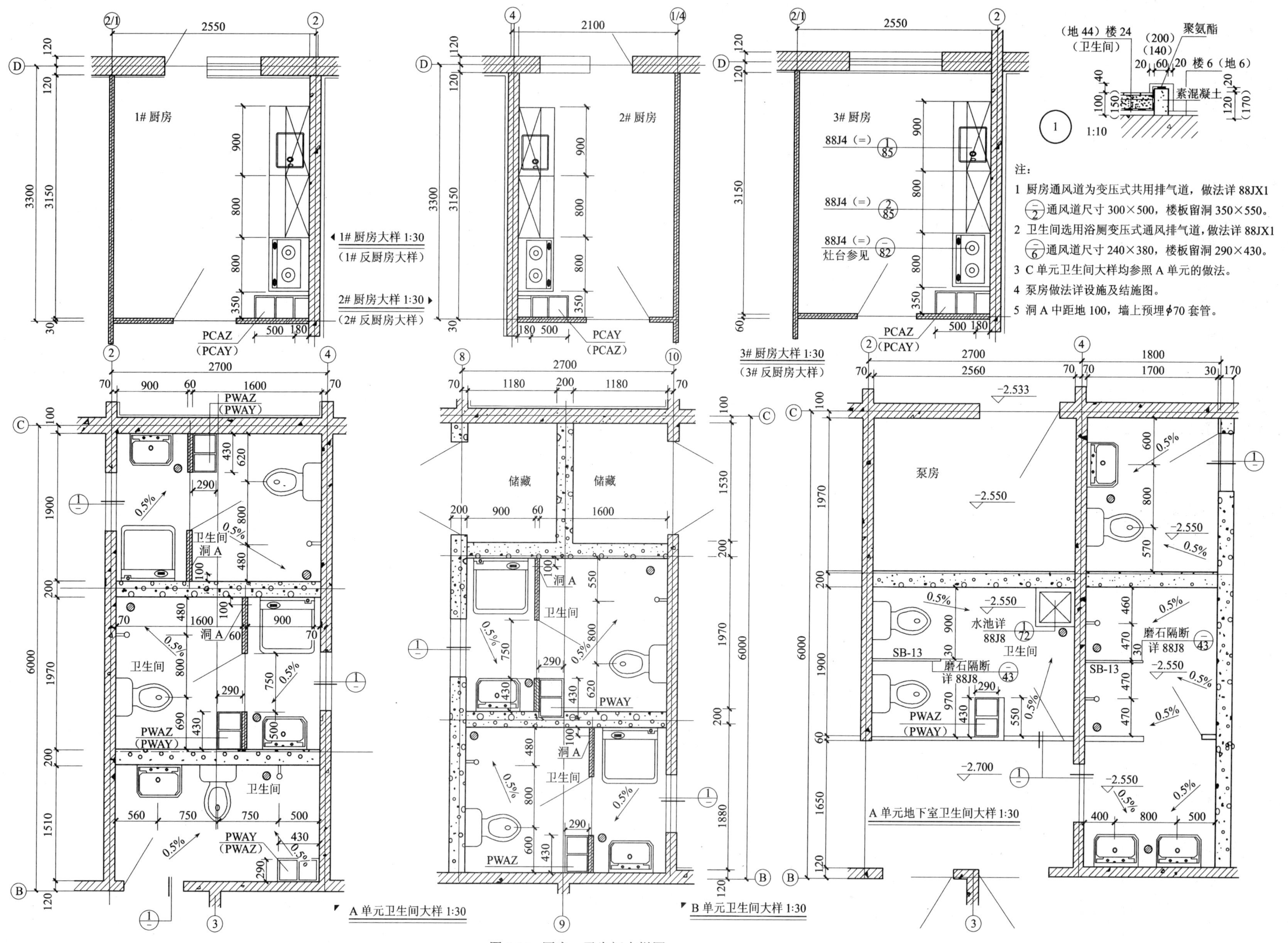

图 1-15 厨房、卫生间大样图

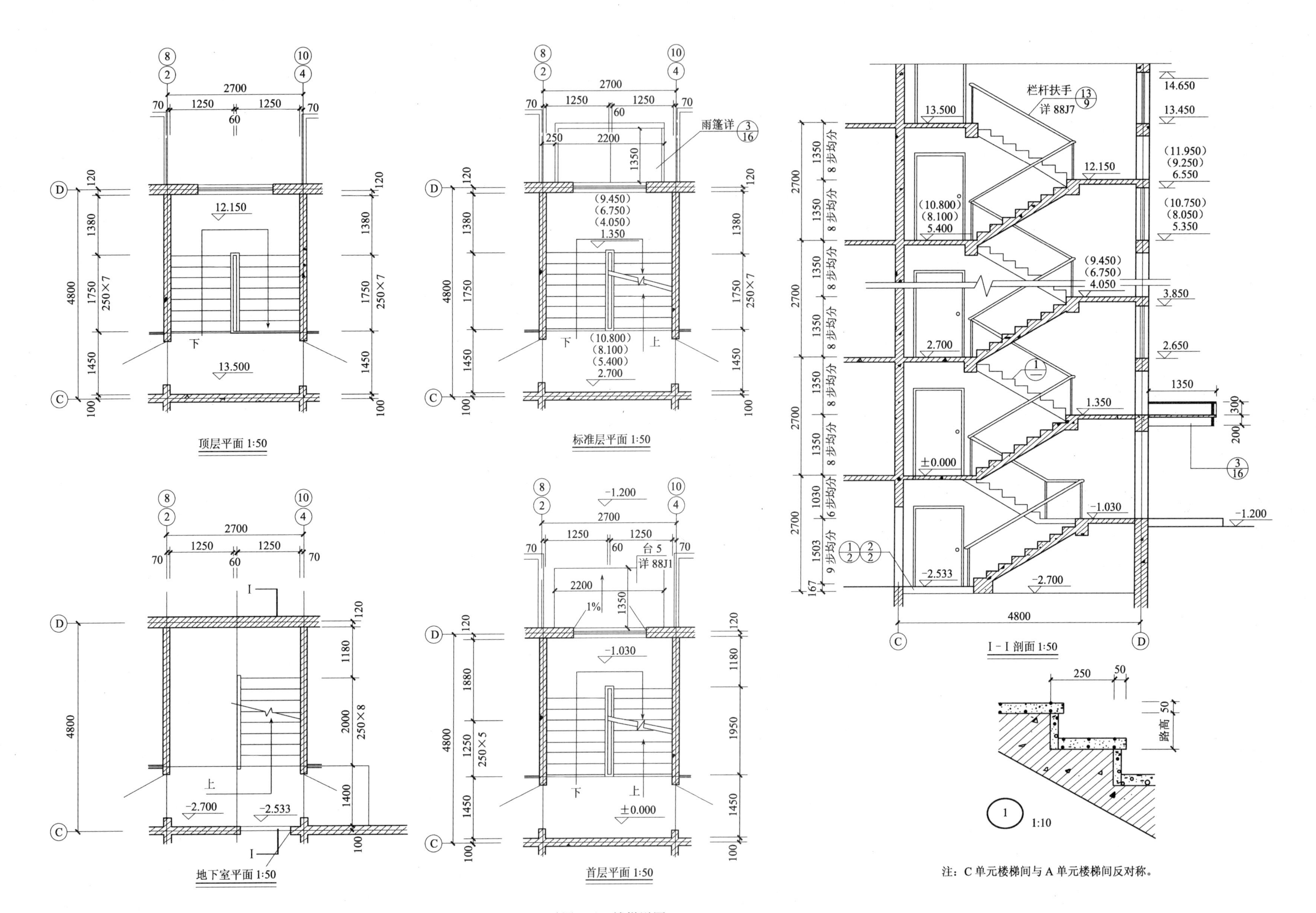

注：C 单元楼梯间与 A 单元楼梯间反对称。

图 1-16　楼梯详图

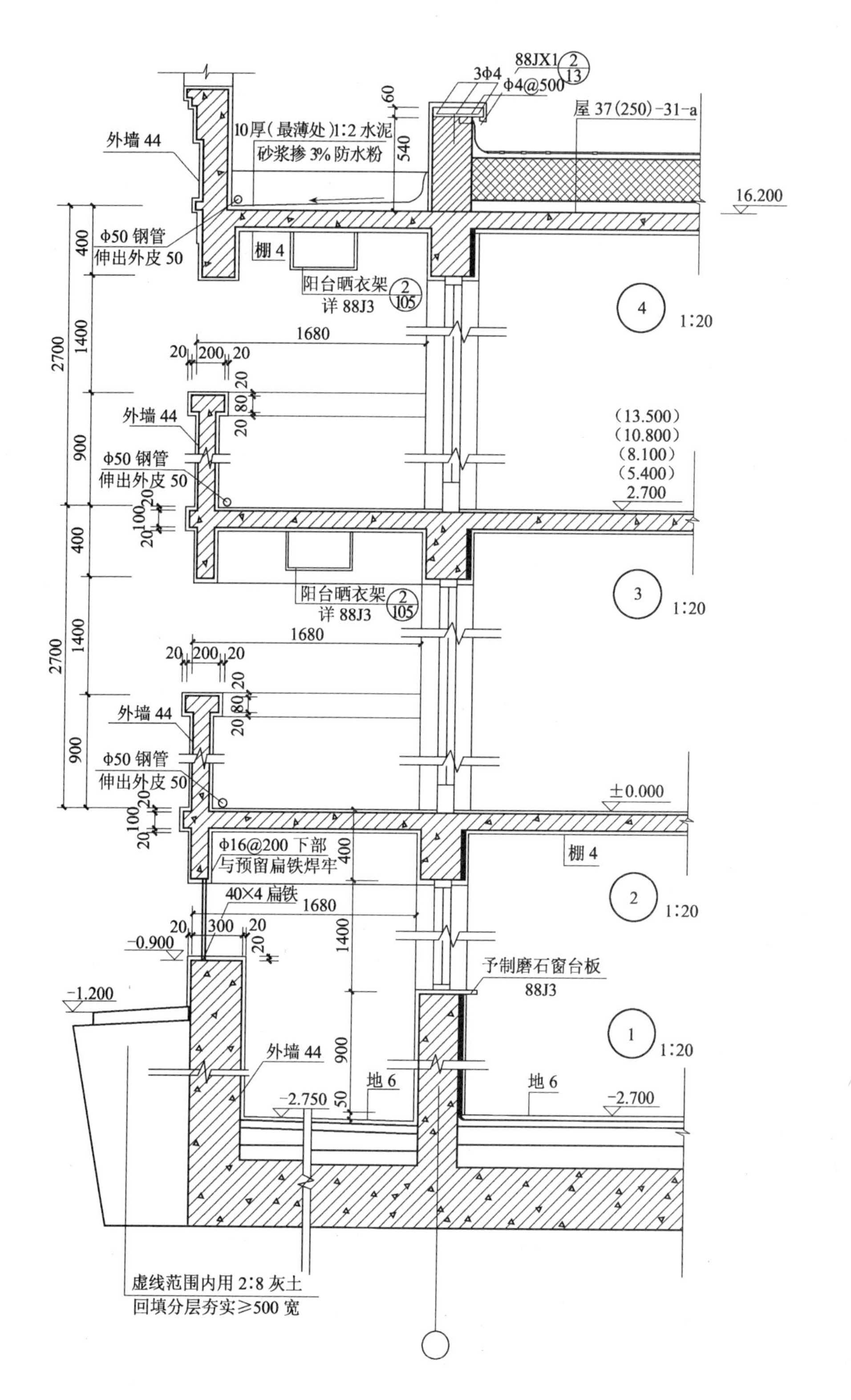

外墙 44
10厚(最薄处)1:2 水泥砂浆掺 3% 防水粉
3Φ4
Φ4@500
88JX1 (2/13)
屋 37(250)-31-a
16.200
Φ50 钢管伸出外皮 50
棚 4
阳台晒衣架详 88J3 (2/105)
4 1:20
1680
(13.500)
(10.800)
(8.100)
(5.400)
2.700
3 1:20
±0.000
Φ16@200 下部与预留扁铁焊牢
40×4 扁铁
2 1:20
-0.900
-1.200
予制磨石窗台板 88J3
1 1:20
地 6
-2.750
-2.700
虚线范围内用 2:8 灰土回填分层夯实≥500 宽

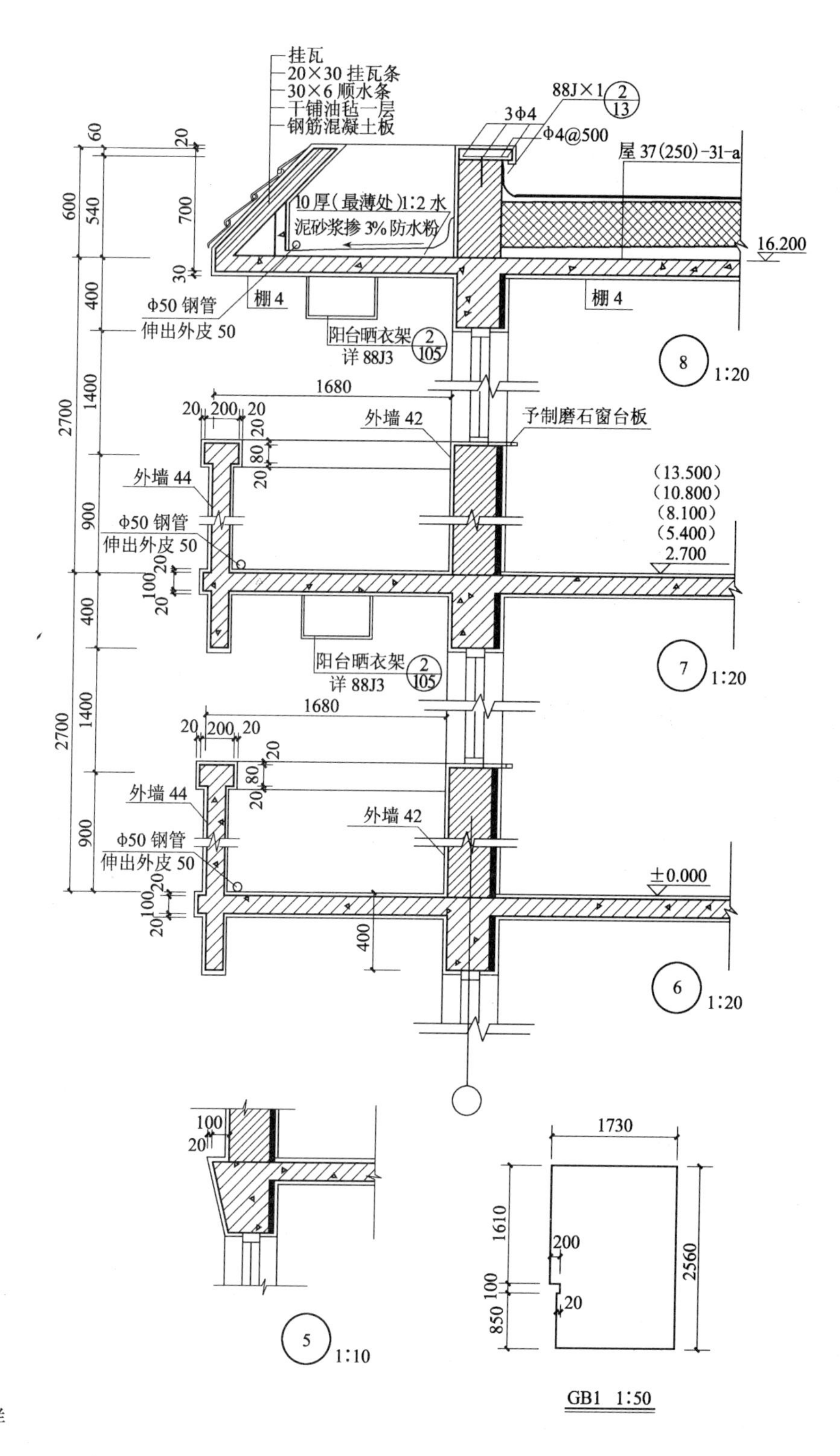

挂瓦
20×30 挂瓦条
30×6 顺水条
干铺油毡一层
钢筋混凝土板
88J×1 (2/13)
3Φ4
Φ4@500
屋 37(250)-31-a
10厚(最薄处)1:2 水泥砂浆掺 3% 防水粉
16.200
Φ50 钢管伸出外皮 50
棚 4
阳台晒衣架详 88J3 (2/105)
8 1:20
外墙 42
予制磨石窗台板
外墙 44
7 1:20
±0.000
6 1:20
5 1:10
1730
2560
GB1 1:50

图 1-17 外墙大样

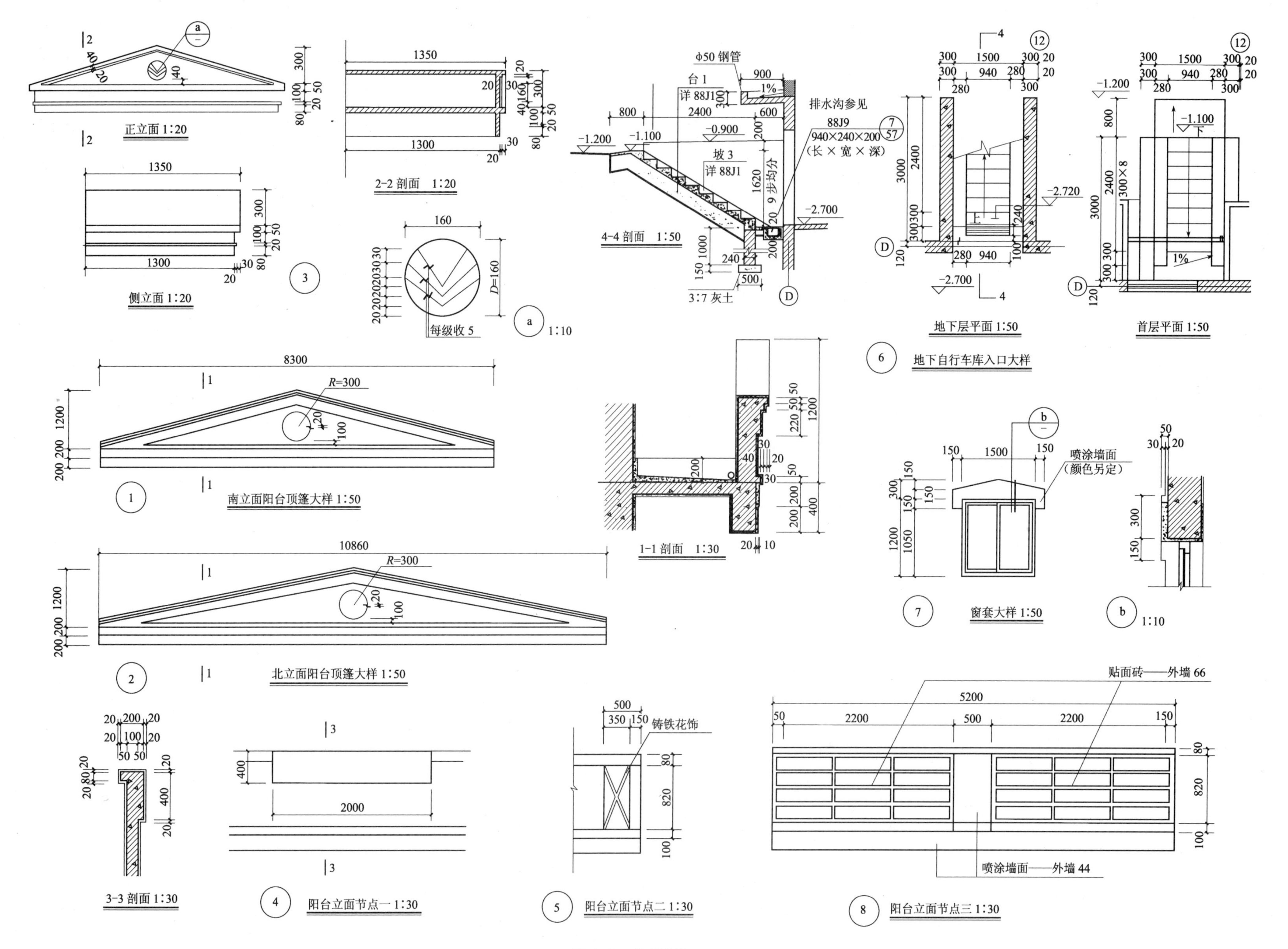

正立面 1:20
2-2 剖面 1:20
侧立面 1:20
每级收 5
4-4 剖面 1:50
φ50 钢管
台 1
详 88J1
坡 3
详 88J1
排水沟参见
88J9
940×240×200
(长×宽×深)
9 步均分
3:7 灰土
地下层平面 1:50
首层平面 1:50
地下自行车库入口大样
南立面阳台顶篷大样 1:50
北立面阳台顶篷大样 1:50
1-1 剖面 1:30
喷涂墙面
(颜色另定)
窗套大样 1:50
3-3 剖面 1:30
阳台立面节点一 1:30
铸铁花饰
阳台立面节点二 1:30
贴面砖——外墙 66
喷涂墙面——外墙 44
阳台立面节点三 1:30

图 1-19 节点详图

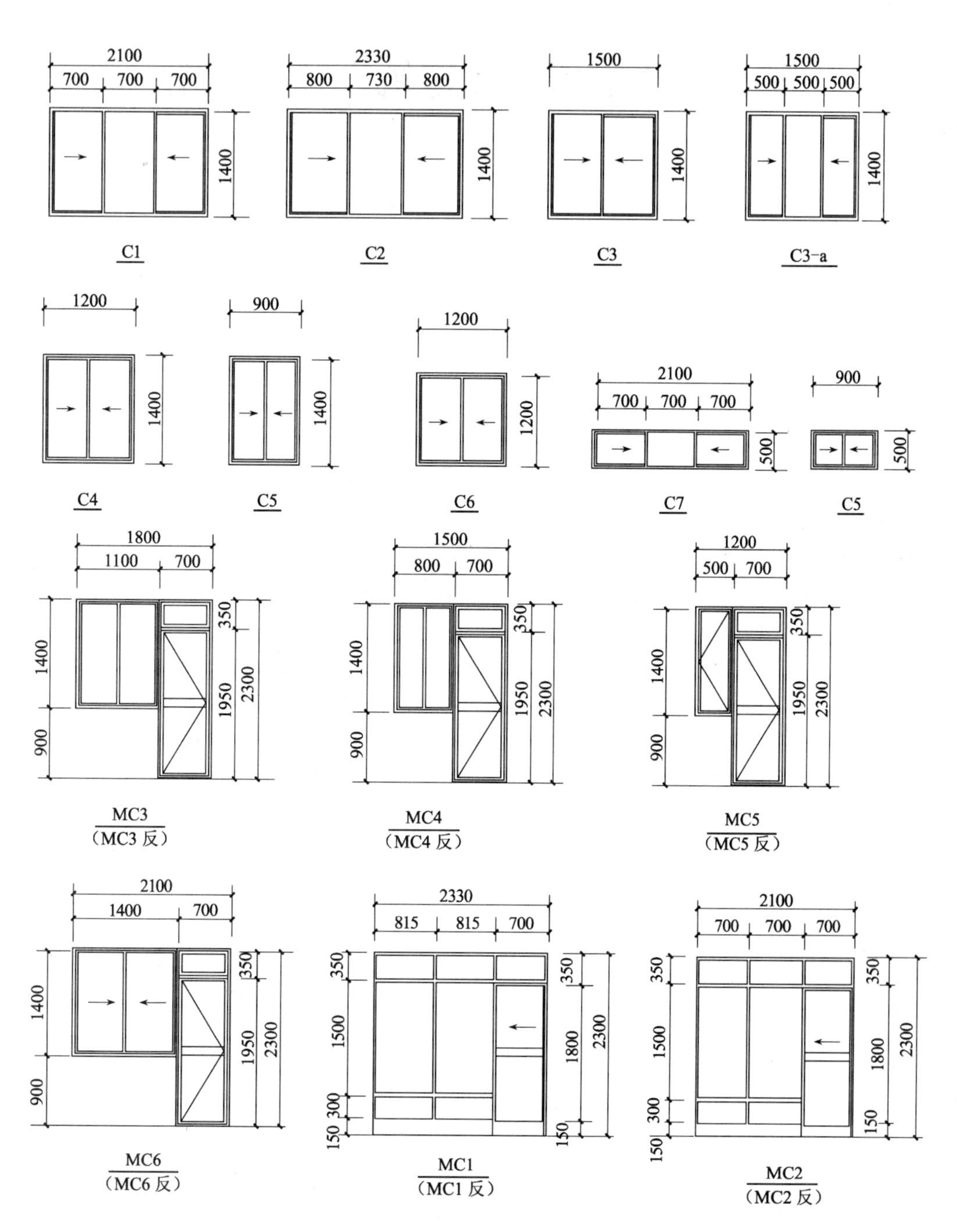

说明：
1. 外门窗均为塑钢窗，带纱窗，白色框，净片玻璃，均为双玻窗。
   内门为普通木门，详见 95J61 图集，户门为防盗型钢木门。
2. 本图均为洞口尺寸，门窗实际制作尺寸可按一般装修减去安装尺寸。
3. 所有外露木活均刷清油一度，油漆两度，颜色另定。

图 1-18 门窗详图

某小区住宅楼工程建筑设计施工图

年　　月　　日

图纸目录

建筑-1	设计说明、材料做法表、图纸目录	建施-9	东立面 Ⅰ-Ⅰ剖面
建筑-2	地下层平面	建施-10	A单元放大平面
建施-3	首层平面	建施-11	B单元放大平面
建施-4	标准层平面	建施-12	楼梯大样
建施-5	顶层平面	建施-13	厨房 卫生间大样
建施-6	屋顶平面	建施-14	墙身大样及节点
建施-7	南 立 面	建施-15	门窗表及门窗立面
建施-8	北 立 面	建施-16	节点大样

采用标准图集

88J1	工程做法	88J9	室外工程
88J3	外 装 修	88JX1	增 补 集
88J5	屋 面	京 92S12	住宅厨房综合设计和普及型厨房家具图集
88J6	地下工程防水		
88J7	楼 梯	京 95-J61	常用木门 钢木门
88J4(一)(二)	内 装 修	京 96SJ23	条板轻隔墙构造图集
88J2(一)(二)	墙 身	建筑产品优选集	HT-800 复合硅酸盐保温材料

设计说明

1. 本工程为北京市某小区住宅楼。
2. 建筑面积:4 378m^2。总户数:36 户。
3. 建筑位置:详见总平面图。
4. 建筑标高:室内地坪 ±0.000 相当于绝对标高 55.00m。
   室外地坪 -1.200 相当于绝对标高 53.80m。
5. 设计依据:详见本小区总说明。
6. 门窗:

a. 外门窗均选用塑钢门窗,带纱窗,均为双玻窗。

b. 内门均选用普通木门。

c. 户门选用防盗型钢木门(成品)油漆两度,颜色另定。

7. 墙身:

a. 地下室:外墙均为 300 厚混凝土墙,内抹 30 厚 HT-800 复合硅酸盐保温材料,内墙为 140(200)厚混凝土墙及 60(200)厚陶粒混凝土条板。混凝土墙所留门洞比图中所示宽出的部分用砖砌筑补齐,两面抹灰。

b. 一至六层:外墙均为 240 砖墙,内抹 30 厚 HT-800 厚复合硅酸盐保温材料,内墙为 140(200)厚混凝土墙及 60 厚陶粒混凝土条板。

c. 女儿墙:为 240 厚砖墙,钢筋混凝土压顶。

d. 地下室防水:采用钢筋混凝土自防水,刚性防水做法详结构施工图。

8. 屋面：

a. 屋面防水卷材采用氯化聚乙烯橡胶卷材，加气混凝土保温层[详见88J1-屋37(250)-31-a]。

b. 雨水管、雨水斗接口选自88J5 $\frac{1}{23}$，油漆乳白色。

c. 屋面上人孔及变形缝详见88J5 $\frac{7}{12}$ $\frac{G}{13}$。

9. 厨房、卫生间均选用变压式通风道，详见88JX1 $\frac{-}{2}$ $\frac{-}{6}$，上下水管道安装时不得将通风道挡住，若有遮挡时，应及时调整管线标高。

10. 信报箱：所有单元均在入口处侧墙上做信报箱。做法详见88J4(一) $\frac{-}{146}$，明装。

11. 配电箱：所有配电箱均暗装，位置及尺寸详见电气图，施工时应与电气专业配合留洞。

12. 阳台：

a. 均为现浇钢筋混凝土阳台。阳台隔板做法详见88J3 $\frac{-}{97}$。尺寸详建施－16。

b. 阳台晒衣架详见88J3 $\frac{2}{105}$。

c. 根据住户要求，阳台将自行封闭，故栏板高900。

13. 窗台板：室内均为预制水磨石窗台板，选自88J4(一)119页。

14. 外装修：

外装修材料做法表(88J1)

	做　　法	部　　位
外　墙	外墙42 外墙44 （喷涂墙面）	大面外墙为白色，板缝上下为彩色，部分阳台贴面砖，颜色另定
	外墙66(贴面砖墙面)	
台　阶	台1(剁斧石台阶)	自行车库入口
	台5(水泥台阶)	首层楼梯单元入口
散　水	散2(600宽)	
坡　道	坡3(水泥防滑坡道)	自行车库入口

15. 内装修(88J1)：

地6：水泥地面(170厚)

地44：铺防滑地砖地面(230厚)

楼6：水泥楼面(20厚)

楼24-1：铺防滑地砖楼面(90厚)

楼26：铺防滑地砖楼面(50厚)

地38：铺防滑地砖地面(180厚)

内墙21：水泥砂浆墙面(18厚)

地36：预制磨石地面(205厚)

内墙89改：釉面砖墙面(23厚)

楼20改：预制磨石楼面(50厚)

内墙24：立邦漆墙面(18厚)

棚 13-2 改:改仿瓷漆顶棚
内墙 25:立邦漆墙面(18 厚)
棚 4:板底喷涂顶棚
内墙 21 改:水泥砂浆墙面(20 厚)
踢 5-3:水泥踢脚(20 厚)
(1)5 厚 1:2.5 水泥砂浆罩面压实赶光
(2)15 厚 1:3 水泥砂浆打底
(3)刷素水泥浆一道(内掺水重 3%～5%的 108 胶)

内装修材料做法表(88J1)

部位/做法/房间名称	楼地面		踢脚	内墙	顶棚	备注
	地下室	楼层				
卧室		楼 6		内墙 21 改	板底腻子刮平	内装修均只预留装修面,具体做法由用户自定
起居厅		楼 6		内墙 21 改	板底腻子刮平	
厨房	地 38	楼 26		内墙 89	棚 13-2 改	
卫生间	地 44	楼 24-1		内墙 89 改	棚 13-2 改	内墙 89 改用 10 厚 1:3 防水砂浆打底扫毛
楼梯间	地 36	楼 20 改	踢 20	内墙 24 内墙 25	棚 4	楼 20 找平层改为 25 厚
阳台		楼 6		外墙 44	棚 4	
活动室	地 6		踢 5-3	内墙 21	棚 4	
自行车库	地 6		踢 5-3	内墙 21	棚 4	
窗井	地 6			外墙 44	棚 4	
泵房	楼 6		踢 5-3	内墙 21	棚 4	

注:表内住宅内卧室和起居室装修按《北京市住宅工程实行初装修竣工质量核定规定(试行)》执行。

16. 图例:

砖墙 (240厚)	1:100	1:50	1:30	1:20
钢筋混凝土墙 (200厚 140厚)	1:100	1:50	1:30	1:20
陶粒混凝土墙 (60厚)	1:100	1:50	1:30	1:20
陶粒混凝土墙 (200厚)	1:100	1:50	1:30	1:20
复合硅酸盐保温 (30厚)	1:100	1:50	1:30	1:20

17. 本说明未尽事宜均按"建筑施工安装工程验收规范"执行。

1.6.2 城镇区级小型百货商店建筑设计示例

1.6.2.1 城镇区级小型百货商店设计任务书

1. 设计条件

(1)工程项目、规模及要求。

1)性质:本工程为城镇区级小型百货商店。

2)建设地点:设计项目所在地。基地地段见图1-20。

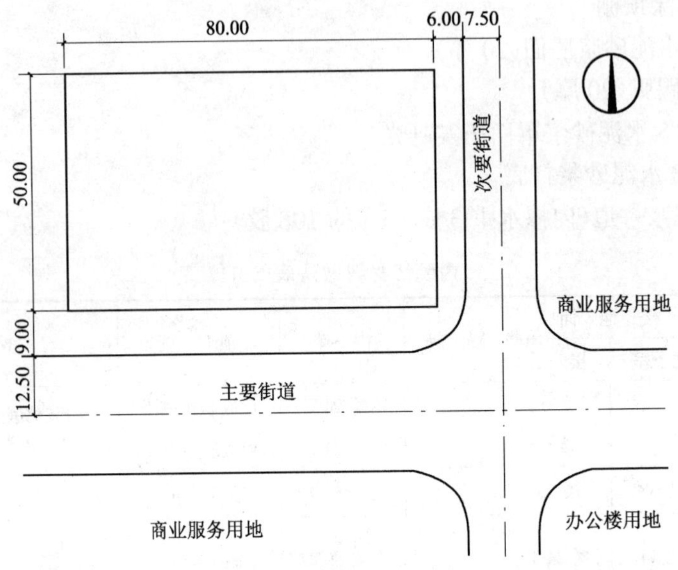

图1-20　城镇区级小型百货商店设计地形图

3)建设规模

基地面积:50m×80m=4 000m^2;

拟建商店建筑面积:2 700m^2(设计允许误差±5%);

在基地内设有500m^{2}的办公福利用房和800m^{2}的集中商品储备库,不做具体设计,但需在总图中布置。

4)柱网尺寸:不宜小于6 000mm×6 000mm。

5)层数与层高

层数:3层;

底层层高:5.1~5.7m;楼层层高:4.5~5.1m。

6)给水、排水、供热、电力等与城市系统联网(设计时不必考虑)。

(2)房间组成及使用面积。

1)营业厅:600m^{2}左右;

2)分部库房或散仓:每层约75m^2(可集中设置也可分散设在营业部分);

3)职工休息室:约20m^2(每层1间);

4)办公室:约20m^2(每层1~2间);

5)卫生间:每层面积约25m^2(设男女各一间)。

(3)商店设施与设备。

1)设载货电梯2部,载重量630kg;

2)外向橱窗可根据情况设置,也可不设。

2. 设计要求

(1)认真贯彻"适用、经济、安全、美观"的设计原则。

(2)建筑内外应组织好交通,人流、货流,避免交叉,并应做好人流疏散及防火设计。

(3)建筑风格应既要有地方特色,又要能反映商业建筑的特征。

(4)注重采用先进、经济、合理的建筑技术。

(5)正确选择结构形式,合理进行结构布置。

(6)符合有关建筑设计规范的规定。

(7)图面要求布置均匀、线条清楚、字体工整、比例正确、干净整洁,图纸规格要统一。

3. 设计内容及深度

(1)总平面图(1:500):注明建筑方位,布置道路、庭院、绿化及必要的停车场等。要求注明必要的尺寸。

(2)首层平面图(1:100~1:150):要求达到施工图的深度。

(3)标准层平面图(1:100~1:150):要求达到施工图的深度。

(4)立面图(1:100~1:150):1~2个,要求达到施工图的深度。

(5)剖面图(1:100~1:150):1~2个,选择有代表性的位置。要求达到施工图的深度。

(6)外墙剖面详图(1:20):剖切窗口部位。要求达到施工图的深度。

(7)楼梯详图,要求达到施工图的深度。

1)楼梯平面图(1:50);

2)梯段局部剖面大样(1:20);

3)二次放大扶手与栏杆安装及踏面节点详图(1:2~1:10)。

4. 设计主要参考资料

《房屋建筑学》教材;《建筑设计资料集》(第二版)5、8;《房屋建筑制图统一标准》;《总图制图标准》;《建筑制图标准》;《民用建筑设计通则》;《商店建筑设计规范》;《建筑设计防火规范》;当地建筑物配件通用图集。

其他有关商业建筑的设计资料等。

1.6.2.2 小型百货商店设计基础知识

1. 百货商店位置选择及总平面布置形式

(1)商店位置应具有人流及货运通行便利的条件,且不影响居住区的安静。

(2)大中型商店建筑应有不少于两个面的出入口与城市道路相邻接;或基地应有不小于1/4的周边总长度和建筑物不少于两个出入口与城市道路的一侧相邻接;基地内应设净宽度不小于4m的运输、消防道路。

(3)商店的总面积在1 000m^2以上时,应适当考虑设相应的集散场地及存放自行车和汽车的场地。

(4)总平面布置应按商店使用功能组织好顾客流线、货运流线、店员流线和城市交通之间的关系,避免人流、车流交叉、相互干扰。并考虑防火疏散的安全措施和方便残疾人使用的要求。

(5)商店的总图布置应考虑到城市道路对它的限制,其主要布置形式有如图1-21所示的关系。

2. 百货商店功能分析方块图,如图1-22所示

3. 百货商店营业厅设计要点

(1)商店建筑按使用功能分为营业、仓储和辅助三部分。建筑内外应组织好交通,人流和货流应避免交叉,并应有防火安全分区。

(2)营业厅空间形式如图 1-23 所示。

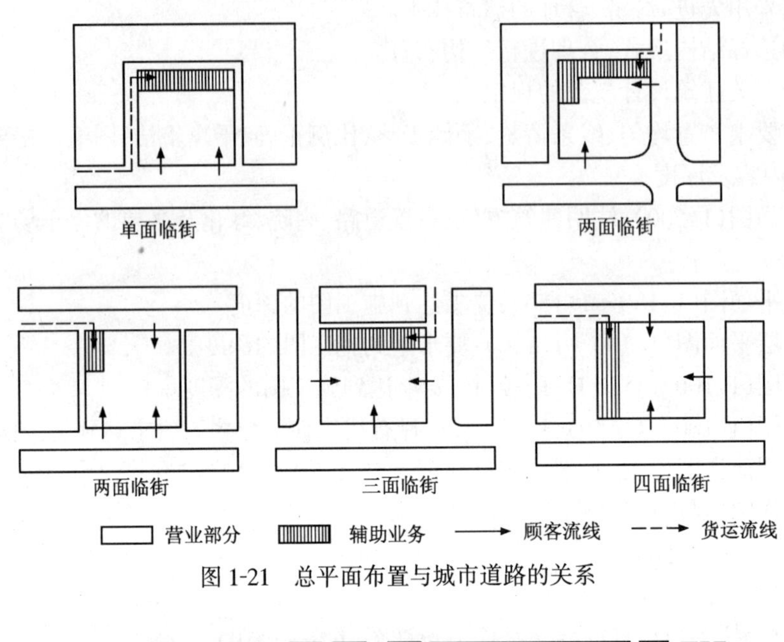

图 1-21　总平面布置与城市道路的关系

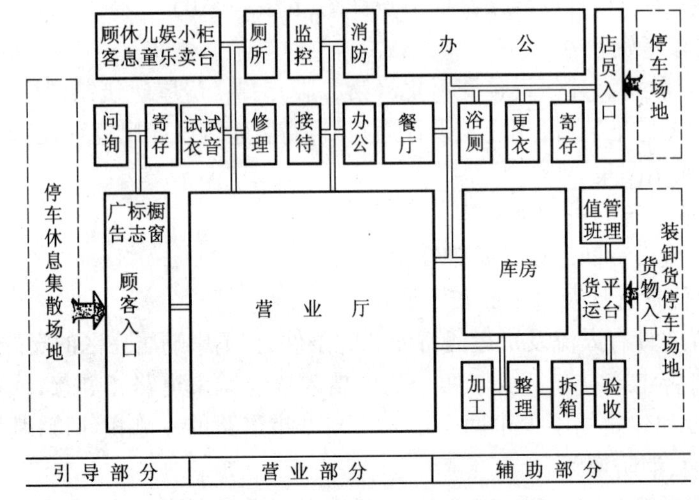

图 1-22　百货商店功能分析图

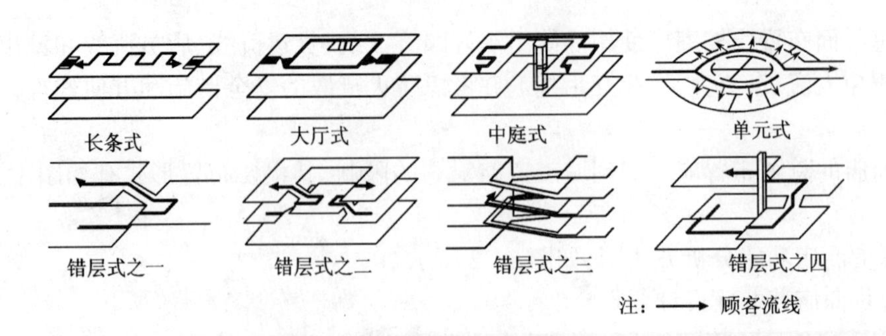

图 1-23　营业厅空间形式

(3)柱网尺寸应根据顾客流量、商店规模、经营方式、柜台货架布置、有无地下车库和结构的经济合理性等而定;柱距宜相等,以便于货柜灵活布置(图 1-24、图 1-25)。

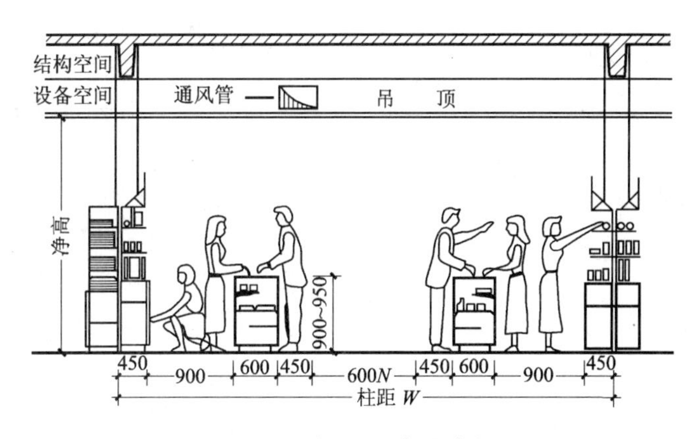

图 1-24　柱网、层高的确定

注:标准货架宽 450mm,标准柜台宽 600mm,店员通道宽 900mm,购物顾客宽(站位)450mm,行走顾客宽(站位)600mm;N 为顾客股数,当 $N=2$ 时顾客通道最小净宽 2.1m

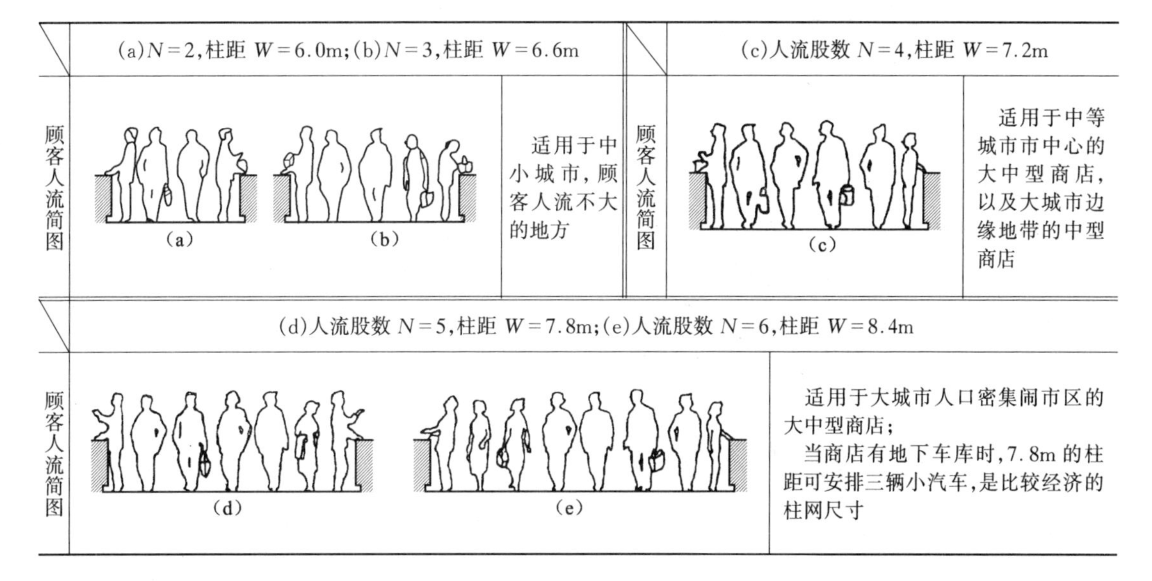

图 1-25　顾客人流与柱距选择

注:1. 柱网选择在满足人流的基础上应以多摆柜台为目的。

2. 若营业厅需分隔、出租使用,一般采用 7.2~7.8m 柱网比较合适。

柱距 W 计算参考公式

$$W=2\times(450+900+600+450)+600N\ (N\geqslant 2)$$

(4)营业厅柜台货架布置形式。

柜台货架布置形式有:封闭式、半开敞式、开敞式、综合式等多种;封闭式又可形成周边式、带散仓的周边式、半岛式、单柱岛式、双柱岛式等,如图 1-26 所示。

(5)普通营业厅内通道最小净宽度应符合表 1-18 的规定。

(6)营业厅的净高应按其平面形状和通风方式确定,并应符合表1-19的规定。

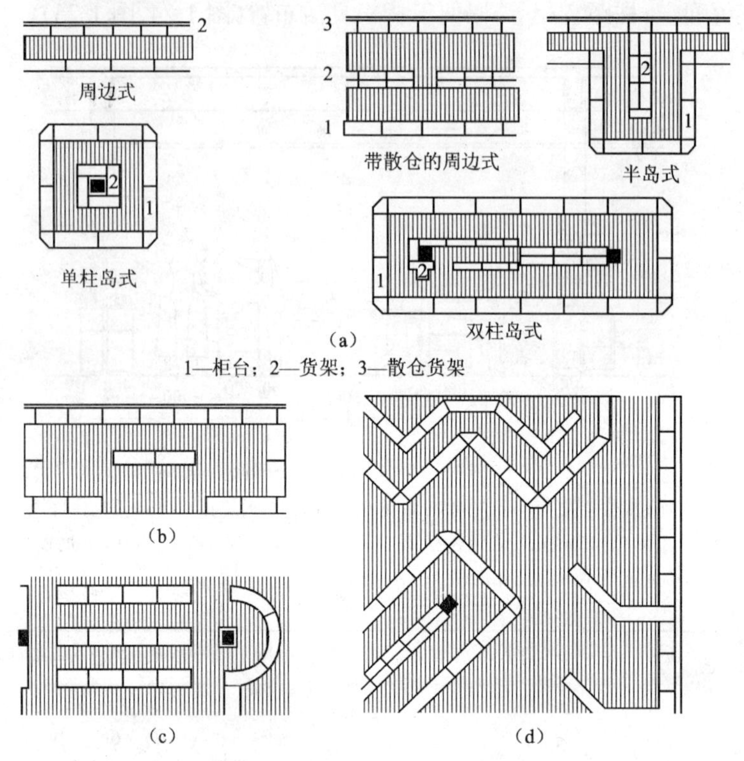

图1-26 柜台货架布置形式

(a)封闭式;(b)半开敞式;(c)开敞式;(d)综合式

表1-18 普通营业厅内通道最小净宽度

通道位置	最小净宽度(m)
1. 通道在柜台与墙面或陈列窗之间	2.20
2. 通道在两个平行的柜台之间,如:	
(1)柜台长度均小于7.50m时	2.20
(2)一个柜台长度小于7.50m,另一个柜台长度7.50~15m时	3.00
(3)柜台长度均为7.50~15m时	3.70
(4)柜台长度均大于15m时	4.00
(5)通道一端设有楼梯时	上下两个梯段宽度之和再加1m
3. 柜台边与开敞楼梯最近踏步间的距离	4m,且不小于楼梯间净宽度

注:1. 通道内如有陈设物时通道最小净宽应增加该陈设物的宽度。

2. 无柜台售区、小型营业厅可根据实际情况按本表数字酌减不大于20%。

3. 菜市场、摊贩市场营业厅宜按本表数字增加20%。

表1-19 营业厅的净高

通风方式	自然通风			机械排风和自然通风相结合	系统通风空调
	单面开窗	前面敞开	前后开窗		
最大进深与净高比	2:1	2.5:1	4:1	5:1	不限
最小净高(m)	3.20	3.20	3.50	3.50	3.00

注:1. 设有全年不断空调、人工采光的小型营业厅或局部空间的净高可酌减,但不应小于2.40m。

2. 营业厅净高应按楼地面至吊顶或楼板底面之间的垂直高度计算。

(7)每层营业厅面积一般宜控制在 2 000m^2 左右,并不宜大于防火分区最大允许建筑面积,进深宜控制在 40m 左右;当面积或进深很大时宜用隔断分割成若干专卖单元,或采用室内商业街方式,并加强导向设计。

(8)营业厅应按商品的种类、选择性和销售量进行适当的分柜、分区或分层,顾客较密集的售区应位于出入方便地段。

(9)营业厅流线设计要点。

1)流线组织应使顾客顺畅地浏览选购商品,避免有死角,并能迅速、安全地疏散。

2)水平流线应通过通道宽度的变化、与出入口的对位关系、垂直交通的设置、地面材料组合等区分顾客主要流线与次要流线。

3)柜台布置所形成的通道应形成合理的环路流动形式,为顾客提供明确的流动方向和购物目标。

4)垂直流线应能迅速地运送和疏散顾客人流,交通工具分布应均匀,主要楼梯、自动扶梯或电梯应设在靠近入口处的明显位置。

营业厅流线与楼梯布置如图 1-27 所示。

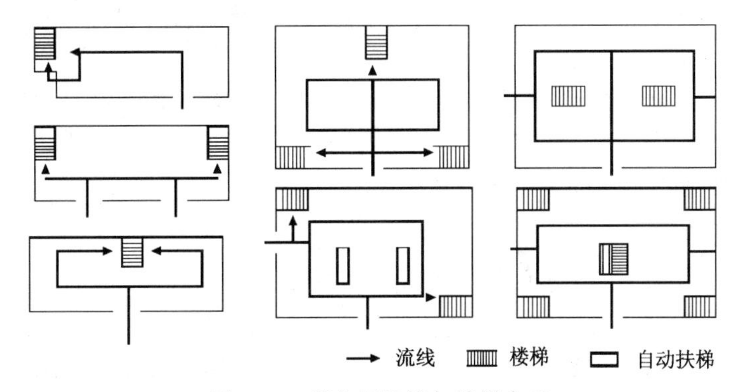

图 1-27 营业厅流线与楼梯布置

(10)小型商店只设置内部用卫生间,大中型商店应设顾客卫生间。卫生间的设计应符合规范的有关规定。

(11)营业厅尽量利用天然采光;若采用自然通风时,其外墙开口的有效通风面积不应小于楼地面面积的 1/20,不足部分用机械通风加以补充。

(12)营业厅与仓库应保持最短距离,以便于管理,厅内送货流线与主要顾客流线应避免相互干扰。

(13)非营业时间内,营业厅应与其他房间隔离。

(14)商店设计中应处理好营业部分与辅助业务的关系,使它们既联系方便又分区明确。其关系如图 1-28 所示。

(15)营业部分的公用楼梯、坡度应符合下列规定:

1)室内楼梯的每梯段净宽不应小于 1.40m,踏步高度不应大于 0.16m,踏步宽度不应小于 0.28m。

2)室外台阶的踏步高度不应大于 0.15m,踏步宽度不应小于 0.30m。

3)供轮椅使用坡道的坡度不应大于 1∶12,两侧应设高度为 0.65m 的扶手,当其水平投影长度超过 15m 时宜设休息平台。

(16)商店建筑的防火疏散设计除应符合防火规范的规定外,还应符合以下规定:

1)商店营业厅的每一防火分区安全出口数目不应少于两个；营业厅内任何一点至最近安全出口直线距离不宜超过20m。

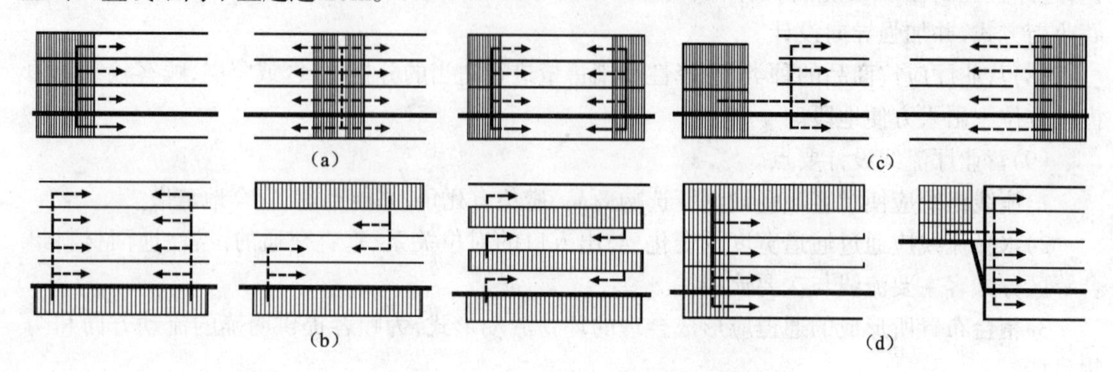

图1-28　营业部分与辅助业务的关系
(a)同层布置；(b)分层布置；(c)独立布置；(d)综合布置

2)商店营业厅的出入门、安全门净宽度不应小于1.40m，并不应设置门槛。

3)商店营业部分的疏散通道和楼梯间内的装修、橱窗及广告牌等均不得影响设计要求的疏散宽度。

4)商店营业部分疏散人数的计算，可按每层营业厅和为顾客服务用房的面积总数乘以换算系数(人/m^2)来确定：

第一、二层，每层换算系数为0.85；

第三层，换算系数为0.77；

第四层及以上各层，每层换算系数为0.60。

5)商店营业部分的底层外门、楼梯、走道的各自总宽度计算应符合防火规范的有关规定。

6)营业厅内如设有上下层相连通的开敞楼梯、自动扶梯等开口部位时，应按上下连通层作为一个防火分区，其建筑面积之和不应超过防火规范的规定。

7)防火分区间应采用防火墙分隔，如有开口部位应设防火门窗或防火卷帘并装有水幕。

(17)营业厅连通外界的各楼层门窗应有安全措施。

(18)营业厅不应采用彩色玻璃窗，以免商品颜色失真。

(19)商店建筑如设置外向橱窗时应符合下列规定：

1)橱窗平台高于室内地面不应小于0.20m，高于室外地面不应小于0.50m；

2)橱窗应符合防晒、防眩光、防盗等要求；

3)采暖地区的封闭橱窗一般不采暖，其里壁应为绝热构造，外表应为防雾构造。

1.6.2.3　设计步骤

1. 设计前的准备工作认真分析、研究任务书，并查阅商店建筑设计参考资料、参观当地的商业建筑

2. 总平面设计

(1)分析基地形状、面积、人、车流路线、与周围环境及城市规划要求等。根据地形图可看出，该地段地处十字路口，两面临街，交通便捷，因此考虑到吸引和疏导顾客、美化街景，将商店布置于邻近街道的位置，而将办公、库房等辅助用房布置于基地内远离街道处。布置时要满足日照、卫生间距及防火要求，并合理组织基地内的流线，处理好车流与人流之间的关系，并满足

进货车辆及消防车的通行与回转要求。

(2)根据基地形状,初步确定建筑的平面形状。由于建筑位于十字路口,因此转角的处理是很关键的。为使十字路口显得更开阔一些,给人流创造通畅的条件,并有利于建筑转角的重点处理,将平面临街处转角形成45°斜切平面。

(3)为满足使用要求及当地规划部门的要求,在商店前设置相应的集散场地及能供自行车与汽车停车的场地。

(4)为创造一个良好舒适的环境,在基地内布置适当的绿化。

3. 平面设计

(1)功能分析。

根据任务书中的房间组成绘制功能分析图(图1-29),考虑到该建筑为小型百货商店,基地内有仓库,商店内仅设有散仓,商店的货流量很小,因此商店的货物可与店员共用一个入口。

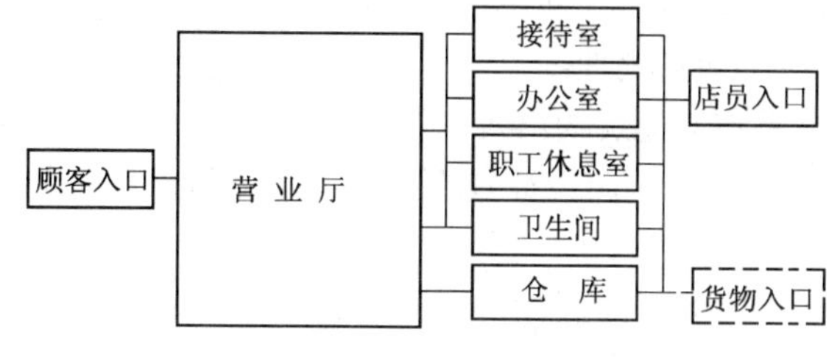

图1-29 功能分析方块图

(2)根据设计任务书中建筑总面积、层数及各房间使用面积的要求,初步确定每层及各房间的面积、形状与尺寸,对各房间之间的面积比例关系及其在每层平面中所占的比例,作到心中有数。

(3)根据功能分析、流线分析(图1-27)等进行平面组合设计。

1)首先确定组合方式。从商店建筑的使用功能及任务书所给的条件看,采用以营业厅为中心,周边布置辅助房间的大厅式组合方式较为合适。

2)进行各层平面构思,并画出单线草图。

首层平面构思:

①根据功能要求和已划分好的房间以及总平面图中初步确定的平面形状,进行组合设计,从而得出一个初步的平面形式。

②初步确定柱网尺寸。根据标准货架宽、标准柜台宽、店员通道宽、购物顾客(站位)宽度、行走顾客通过宽度、顾客股数等并考虑到结构布置的经济性,初步确定柱网尺寸为6 600mm×6 600mm。

③在此基础上,根据周围环境、道路分布及走向、商店内流线分析、商店客流量等因素初步确定建筑出入口以及楼梯的数量、位置与形式。

④初步确定门窗的形式、尺寸和位置。

以同样的方法进行二层以上的平面设计。

4. 剖面设计

(1)根据任务书要求确定层数及各部分标高。

层数:三层;

首层层高:5.40m,二、三层层高:4.80m;

室内外高差:450mm。

考虑到商店营业厅通常沿墙布置货架,剖面上对窗的尺寸并没有过多的限制,因此营业厅窗台及窗的尺寸暂根据立面而定。商店建筑中的办公、休息等行政、生活辅助用房的窗台高取800~900mm。

(2)确定空间形状。极据商店建筑的使用功能要求,其剖面形状应采用矩形。

(3)确定竖向组合方式。由于该项目功能要求较单一,各层房间数与面积基本一致,因此采取上下空间一致的竖向组合方式即可。

5. 立面设计

(1)根据平面、剖面设计草图,绘出初步的建筑体型,看整体效果如何,如不满意,即在此基础上调整、修改至满意为止。再反过来根据修改后的体型设计草图,调整建筑平面、剖面设计。

(2)根据平面、剖面草图设计绘出初步的建筑立面,并在此基础上进行立面设计,即根据建筑构图法则,恰当地确定门、窗、墙、柱、阳台、雨篷、檐口、勒脚、线角以及必要的花饰等部件的比例、尺度、位置、使用材料与色彩。

(3)重点处理。

重点对建筑物出入口、楼梯、转角、檐口等部位进行设计。

6. 根据立面设计修改调整平面、剖面,并确定门窗在平面、剖面上的位置与尺寸

7. 楼梯设计

(1)根据《商店建筑设计规范(JGJ 62—90)》中第4.2.5条,计算各层营业厅的疏散人数。根据任务书要求,每层营业厅和为顾客服务用房的面积总数暂取600m²。

一、二层疏散人数为　600×0.85=510人

第三层疏散人数为　600×0.77=462人

(2)根据《建筑设计防火规范》第5.3.12条计算楼梯与疏散外门的总宽度:

一、二层疏散楼梯的总宽度:510÷100×0.65=3.315m;

三层疏散楼梯的总宽度:462÷100×0.75=3.465m。

按首层以上疏散楼梯和出入口总宽度最大者(即3.465m)计算楼梯和外门的数量(注意:疏散楼梯宽度指的是上或下的梯段净宽,而不是楼梯间的净宽)。

(3)根据商店建筑设计规范(JGJ62—90)中第3.1.6条确定楼梯的踏步尺寸与梯段净宽:

1)商店的疏散楼梯应采用平行的踏步,踏步高取150mm,踏步宽取300mm;

2)由于规范中规定,商店建筑室内楼梯的每梯段净宽不应小于1.40m,显然根据所求出的疏散楼梯总宽度(3.465m)来看,该商店的楼梯数取2即满足要求,因此确定梯段净宽为3.465m÷2=1.732 5m,暂取梯段净宽为1.80m。

(4)楼梯形式的选择应便于疏散迅速、安全,尽量减少交通面积并有利于布置平面柜台,根据草图中营业厅的规模、平面形状与尺寸、层高,确定楼梯形式为四跑并列式楼梯。

(5)确定楼梯开间进深尺寸。根据上述计算,考虑到建筑模数要求,将开间尺寸定为4 200mm;楼梯两段之间的水平净距取160mm,则:

1)梯段宽度为(4 200mm-240mm(墙厚)-160mm)÷2=1 900mm;

2)根据平台宽度大于等于梯段宽度的规定,平台宽度亦取1 900mm。

3)楼梯梯段踏步数:

首层:踏步数=5 400mm÷150mm=36;梯段踏步数=36÷4=9;

二、三层:踏步数=4 800mm÷150mm=32;梯段踏步数=32÷4=8。

4)梯段长度:

首层:梯段长度=(9-1)×300mm=2 400mm;

二、三层:梯段长度=(8-1)×300mm=2 100mm。

5)确定楼梯间进深:根据梯段长与平台宽计算出:楼梯间净长=2 400mm+(1 900mm×

2)=6 200mm。

考虑到柱网尺寸为6 600mm×6 600mm,已与计算出的净长相差不多,因此楼梯间进深取6 600mm。

(6)确定楼梯间的位置。楼梯应布置均匀、位置明显、空间导向性强,并使营业厅内任何一点至最近楼梯的直线距离小于20m,如不能满足要求,则应增设楼梯。

在楼梯设计与计算中,其形式、尺寸与位置不是唯一的,只要符合各方面要求且设计合理,都是可以的。

8. 墙体剖面设计

(1)根据剖面图,确定各部位的构造方案。

1)确定屋面的楼板布置,保温隔热、防潮防水与排水等构造方案,及檐口处的构造做法。

2)确定墙身材料、构造做法及尺寸。

3)确定楼地层的结构布置,面层、顶棚及踢脚的材料、构造做法及尺寸。

4)确定窗台、窗过梁的材料、构造做法与尺寸。

5)确定墙身勒脚、水平防潮层的材料、构造做法及尺寸。

6)确定散水的材料、构造做法及尺寸。

(2)画出墙体剖面草图。

9. 根据以上草图,绘制正式图,图纸深度达到任务书的要求。

1.6.2.4 设计图例

见图1-30～图1-36。

1.6.3 中学教学楼工程建筑设计示例

中学教学楼工程建筑设计示例详见5.3.2。

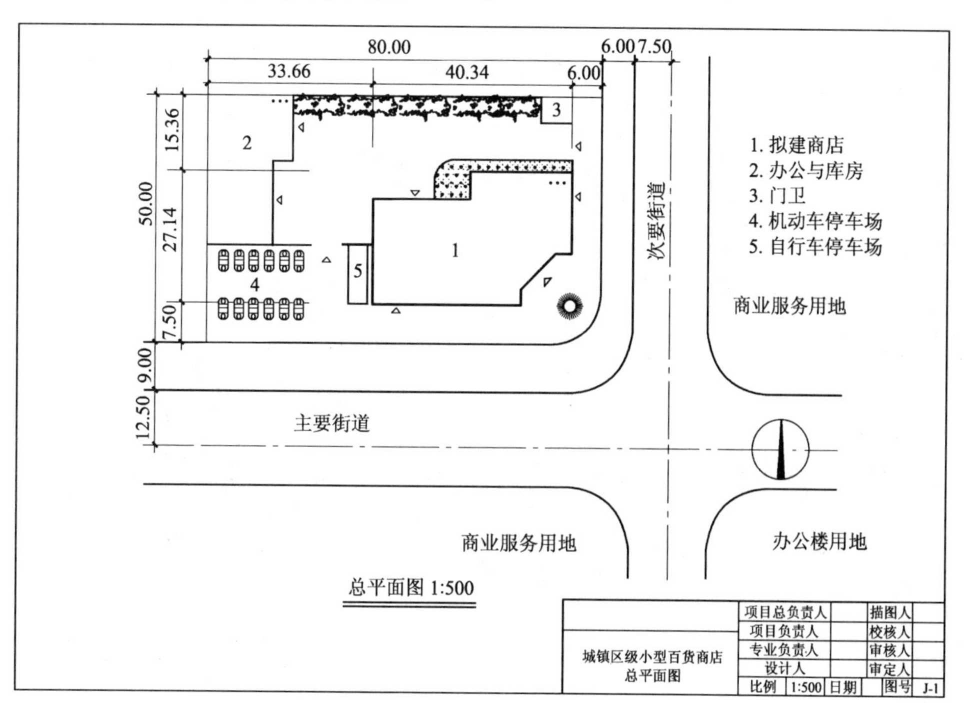

图1-30 小型百货商店设计实例——总平面图

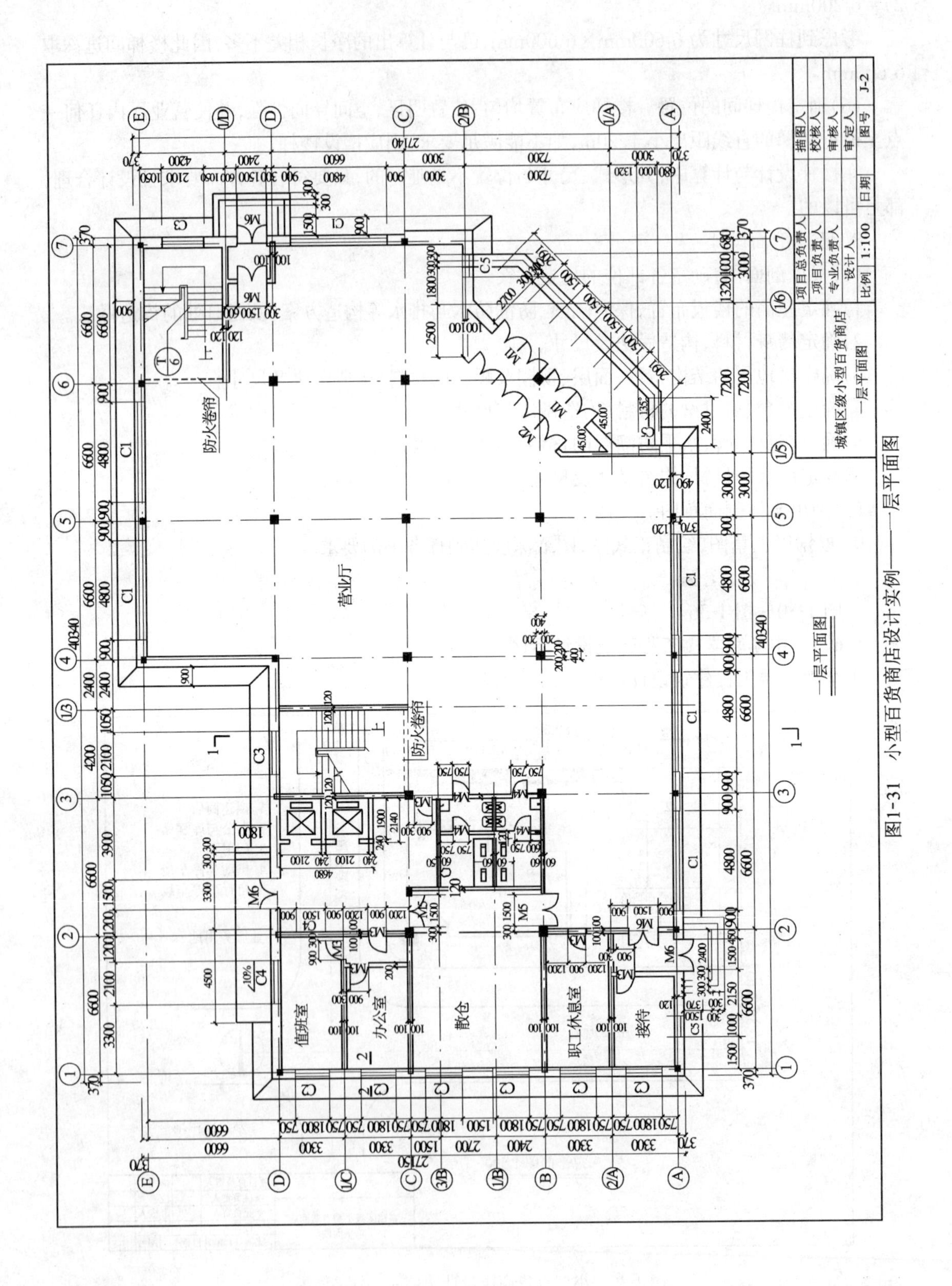

图1-31　小型百货商店设计实例——一层平面图

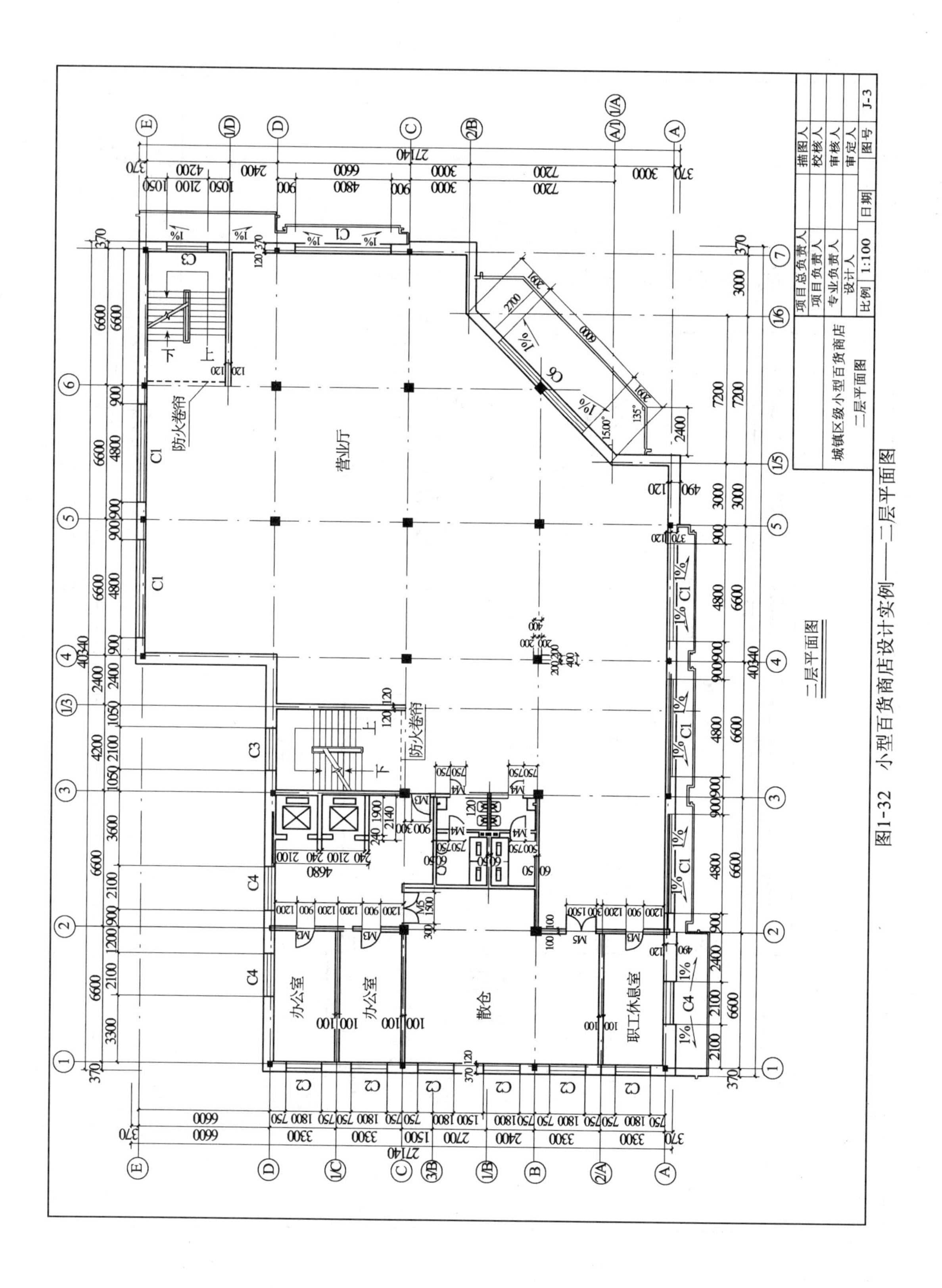

图1-32 小型百货商店设计实例——二层平面图

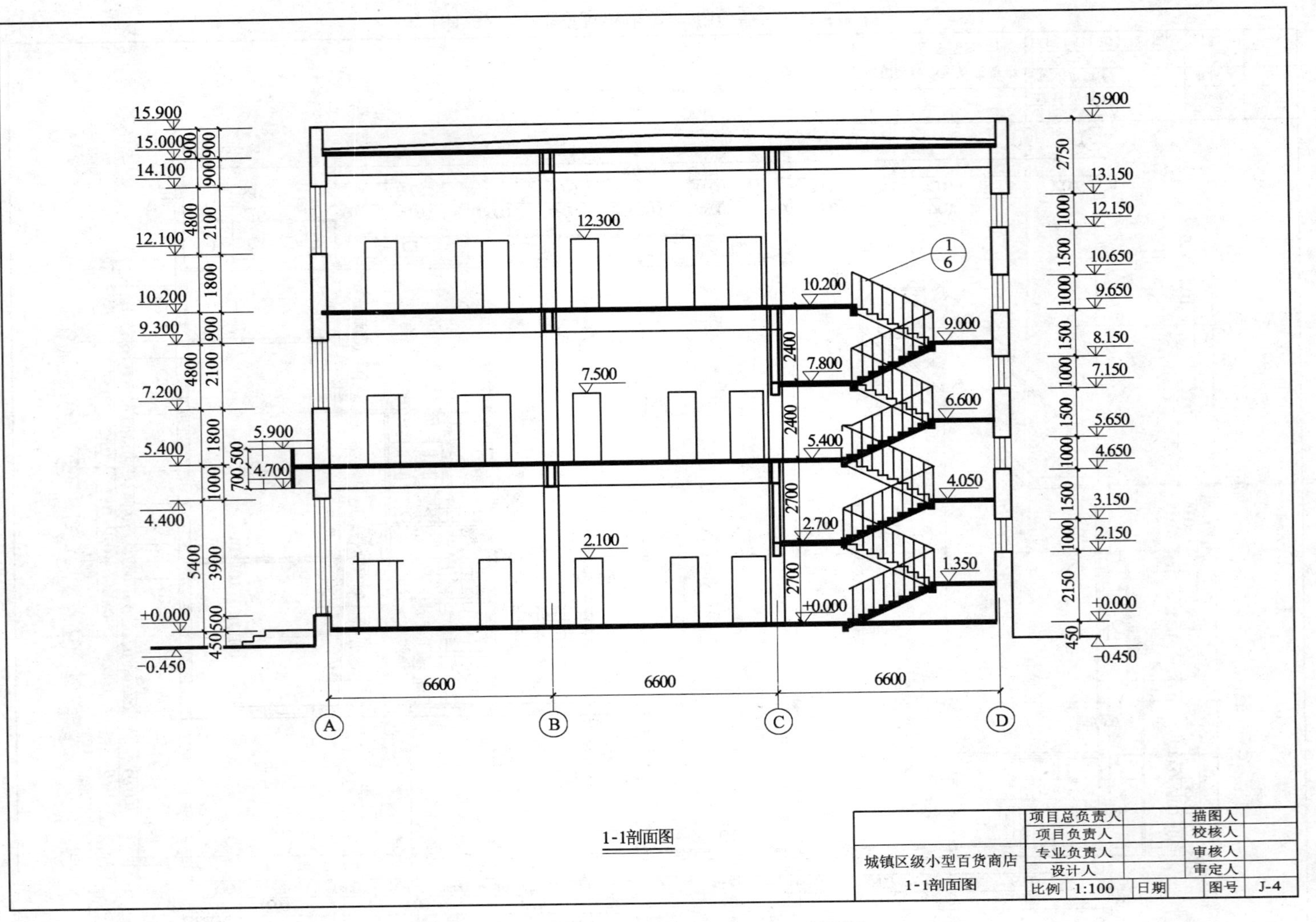

图1-33　小型百货商店设计实例——1-1剖面图

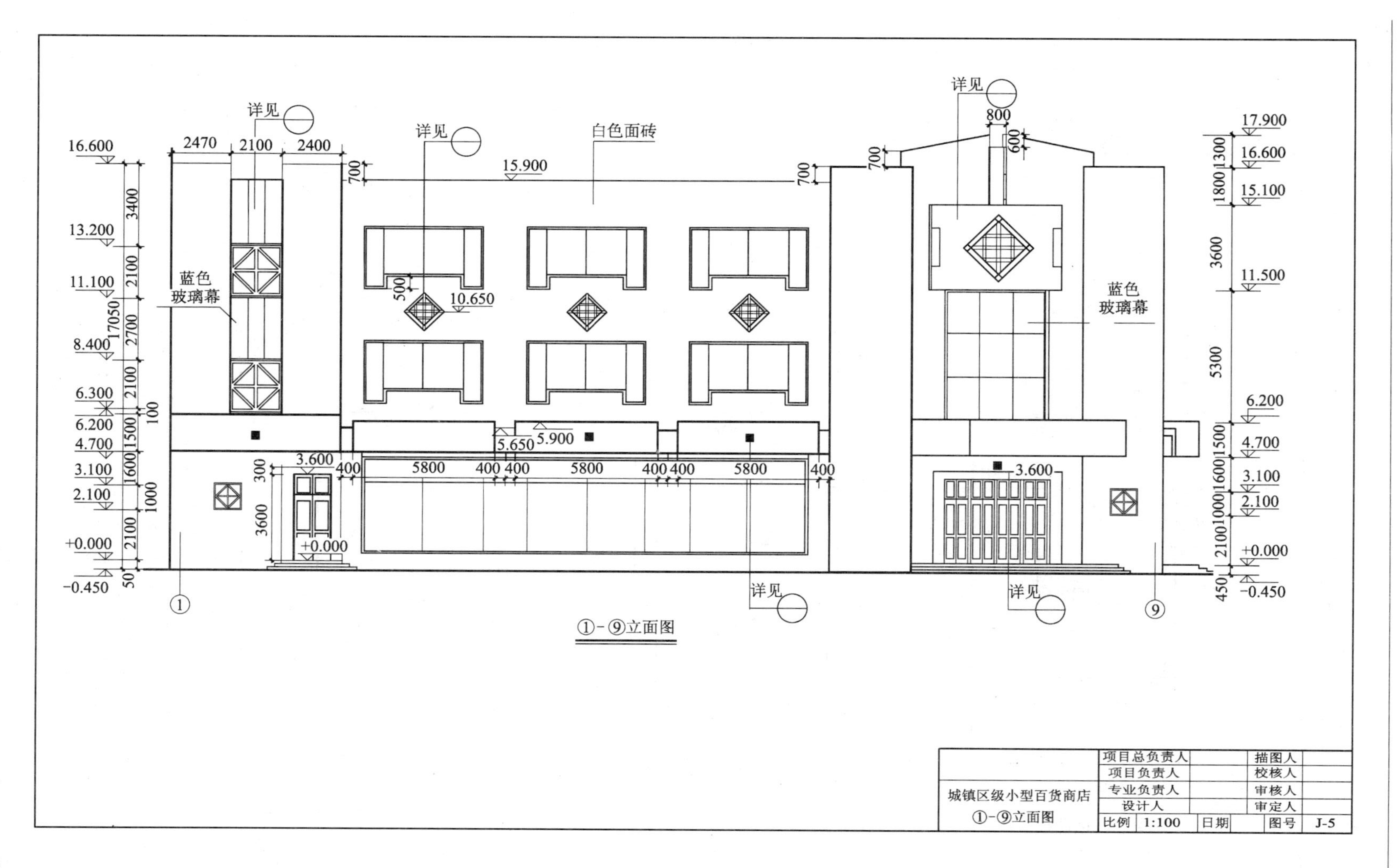

图 1-34 小型百货商店设计实例——①-⑨立面图

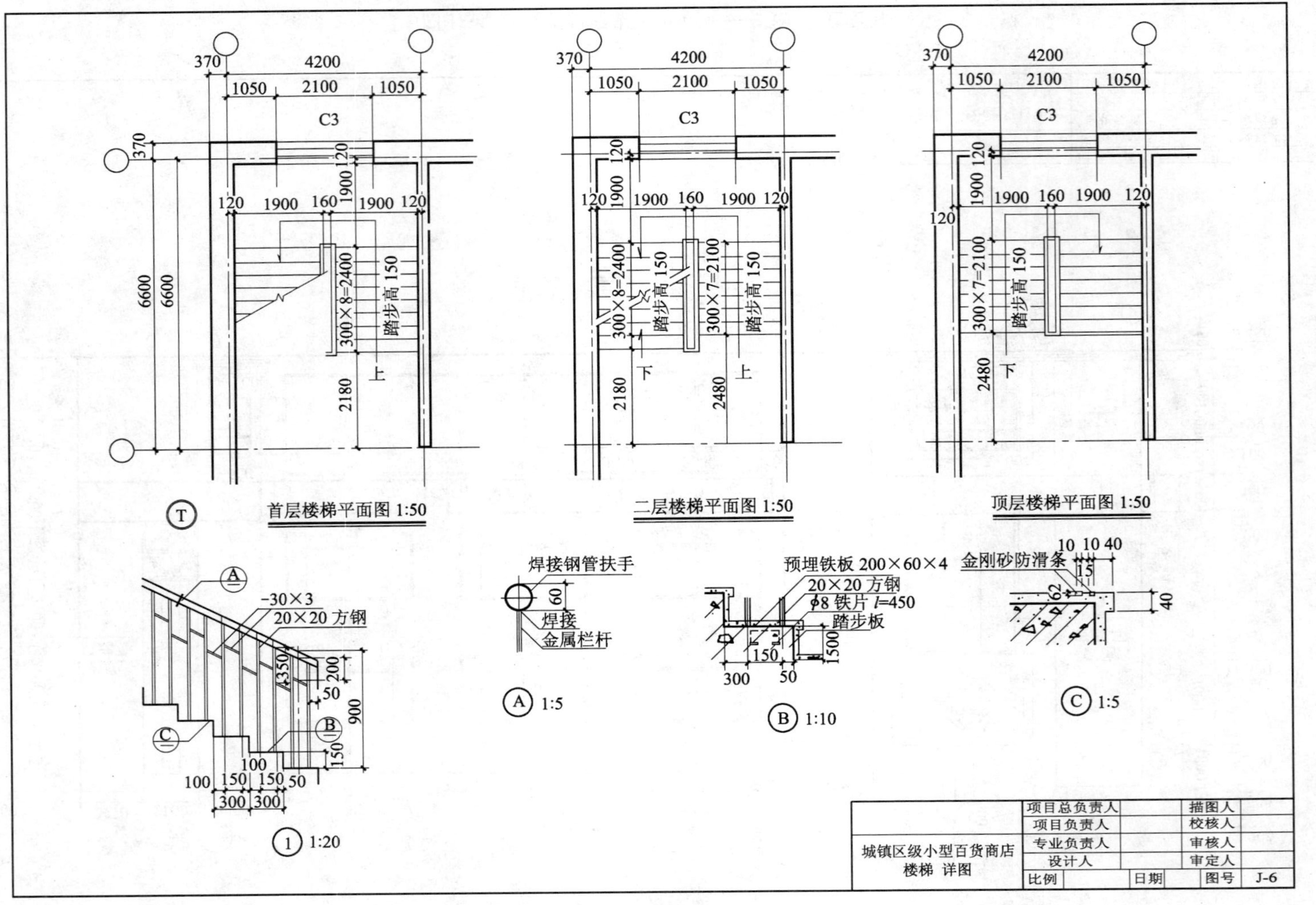

图 1-35　小型百货商店设计实例——楼梯详图

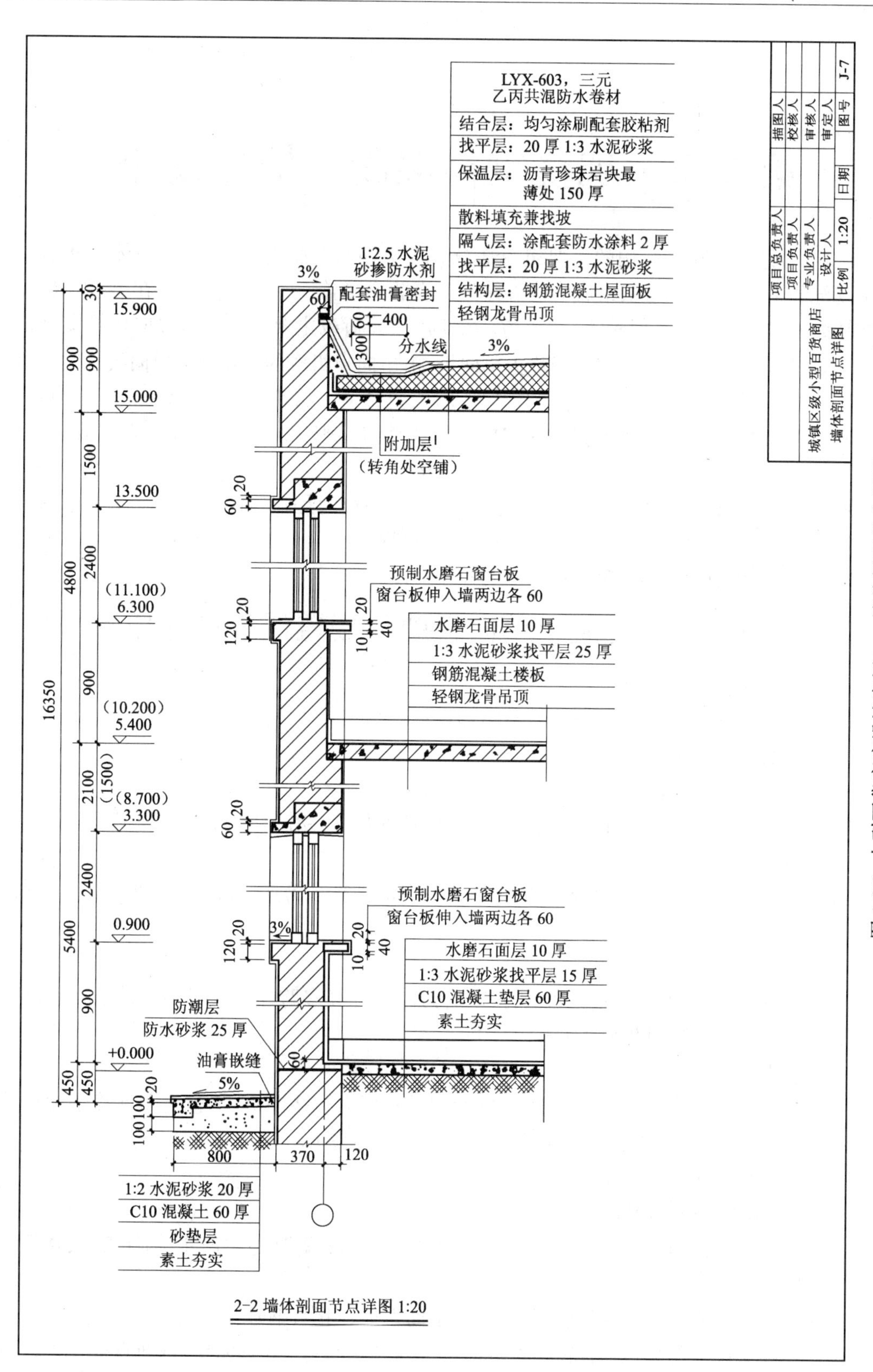

图 1-36 小型百货商店设计实例——墙体剖面节点详图

第 2 章　现浇钢筋混凝土楼盖设计

楼(屋)盖结构是建筑结构的主要组成部分。现浇钢筋混凝土楼盖,又称整体式楼盖,其中,由现浇的主梁、次梁和楼板组成的楼盖称为现浇肋梁楼盖。一般板多支承在梁上,短边为 l_1,有时称 l_x,长边为 l_2,有时称 l_y;当 $l_2/l_1 \geqslant 3$ 时,板面荷载主要通过短边方向传给支座,长边方向传力较少,可忽略不计,这种板称为单向板,由单向板组成的楼盖称为单向板肋梁楼盖。当 $l_2/l_1 \leqslant 2$ 时,板面荷载通过两个边方向传给支座,且任何一边都不容忽略,这种板称为双向板,由双向板和主、次梁组成的楼盖称为双向板肋梁楼盖。当 $3 > l_2/l_1 > 2$ 时,宜按双向板设计,若按单向板设计时,应沿长边方向布置足够的构造钢筋。

现浇钢筋混凝土肋梁楼盖课程设计,通称第一课程设计,是建筑结构课程最重要、最基本的一项课程设计,历来受到各层次土建专业教学的重视。

本章重点介绍现浇钢筋混凝土单向板肋梁楼盖设计。

2.1　现浇钢筋混凝土单向板肋形楼盖课程设计任务书

2.1.1　设计题目

某多层工业厂房现浇钢筋混凝土楼盖结构设计

2.1.2　设计内容

1. 结构布置

确定柱网尺寸;主、次梁和板的布置;估算构件截面尺寸;绘制结构平面布置图(草图)。

2. 板的设计

板的内力按考虑塑性内力重分布的方法进行计算,计算多跨连续板正截面承载力,绘制板的配筋图,编制板的钢筋表(草图)。

3. 次梁的设计

次梁内力按考虑塑性内力重分布的方法进行计算;计算多跨连续次梁的正截面和斜截面承载力,绘制次梁的配筋图及钢筋大样(草图)。

4. 主梁设计

主梁内力按弹性理论方法计算;绘制主梁的弯矩、剪力包络图;根据包络图计算主梁正截面、斜截面承载能力;绘制主梁的抵抗弯矩图及配筋图(草图)。

5. 绘制楼盖结构施工图

楼盖结构施工图包括内容:

(1)楼盖结构平面图。包括标准墙、柱定位轴线及编号;墙、柱定位尺寸,构件编号,楼板结构标高。

(2)楼板模板配筋图。包括标注板厚、板中钢筋直径、间距、编号及定位尺寸。

(3)次梁模板配筋图。包括标注次梁截面尺寸及几何尺寸,梁底标高,钢筋直径、根数、编号及其定位尺寸。

(4)主梁的弯矩包络图、抵抗弯矩图、模板配筋图,主梁截面尺寸及几何尺寸,梁底标高,钢筋的直径、根数、编号及其定位尺寸。

(5)设计说明。包括图中尺寸单位、材料等级、混凝土保护层厚度,施工中应注意的问题等。

(6)楼盖结构施工图为A2图纸一张。

2.1.3 教学要求

1.了解单向板肋梁楼盖的荷载传递路径,掌握民用建筑荷载计算和取值方法。

2.学会从整体结构中,通过分析、简化,抽象某一单元构件的计算简图,以及计算单元的划分、支座的简化,计算跨度的合理确定。

3.通过板与次梁的计算,熟练掌握考虑塑性内力重分布的计算方法,以及塑性铰与塑性内力重分布的概念。

4.通过主梁的计算,熟练掌握弹性理论计算方法,并熟悉内力包络图和抵抗弯矩图的绘制方法。

5.了解并熟悉现浇钢筋混凝土梁、板结构的有关构造规定。

6.掌握钢筋混凝土结构施工图的表达方式和制图规定;了解每部分图纸的作用,达到的深度和正确的表示方法。进一步提高制图的基本技能。

7.完成楼盖结构计算书一份。加强计算能力训练,培养严谨、科学的工作态度,懂得要对计算内容和数据终身负责,做到运算思路清晰,计算快捷正确,计算书规整,便于检查。

8.学会编制钢筋材料表。

2.2 设计指示书

2.2.1 方案选择与结构布置

1.方案选择

楼盖结构有多种结构方案可供选择,如现浇和装配不同施工方案;肋梁楼盖、井字梁楼盖、无梁楼盖、密肋楼盖等不同体系;以及钢筋混凝土楼盖、钢楼盖、钢-混凝土组合楼盖等不同结构形式。选择哪种楼盖方案应依据建筑物的使用功能、生产工艺、经济合理、安全可靠、技术先进的要求,对可供选择的若干方案,进行技术经济分析比较,确定最佳方案。

2.结构布置

结构布置应考虑以下几个问题:

(1)柱网布置应与梁格布置统一考虑。

合理地布置柱网和梁格是楼盖设计的首要问题。

在柱网布置中,应综合考虑房屋的使用要求和梁的合理跨度。次梁可取4～6m,主梁跨度可取5～8m。

(2)梁格布置应考虑主、次梁的方向、次梁的间距、柱网的布置,并确定梁的合理跨度。

1)次梁间距为板跨,一般以1.7～2.7m为宜,可减小板厚,节省混凝土用量;

2)主梁横向布置,可增强房屋横向刚度,便于纵墙开大窗;主梁纵向布置,便于纵向管道通行,但横向刚度较差。

3)主梁跨内宜布置两根次梁,以使弯矩平缓,配筋合理。

4)板面遇有隔断墙、大型设备等较大集中荷载时,应布置小梁,楼板遇有较大洞口时,应在其周边布置小梁。

5)应避免将主梁和次梁搁置在门窗洞口上,否则应另行设计过梁。

(3)梁格与柱网布置应力求简单、规整、统一,以便减少构件类型,便于设计和施工。为此,柱网以正方形或长方形为宜,梁板等跨最好,梁、板截面尺寸在各跨内应尽量统一。

3. 初选构件截面尺寸

初估构件截面尺寸,可按一般不作挠度验算的板、梁截面参考尺寸和工程经验确定。可查阅《建筑结构》教材和有关资料,或采用以下数据:

(1)板的最小厚度:单向板,一般楼盖取 $h \geqslant 70$mm,工业楼盖 $h \geqslant 80$mm,或按 $h/l_1 = (1/35 \sim 1/40)$;

双向板,一般取 80mm$\leqslant h \leqslant$160mm,或按 $h/l_1 = (1/45 \sim 1/50)$。

(2)次梁的梁高:$h = (1/12 \sim 1/18) l_0$,$b = (1/2 \sim 1/3) h$;

(3)主梁的梁高:$h = (1/8 \sim 1/14) l_0$,$b = (1/2 \sim 1/3) h$;

(4)梁、板尺寸必须符合模数,以 50mm 为宜。

2.2.2　设计要点和步骤

1. 板的计算

板的计算,采用考虑塑性内力重分布的方法,取 1m 宽板带为代表性计算单元。

(1)计算简图

先画出结构草图,再取多跨连续板(梁式板)的计算简图。多于五跨时,按五跨,少于五跨按实际跨数。计算跨度:中跨取 $l_0 = l_n$,边跨取 $l_0 = l_n + h/2$,和 $l_0 = l_n + a/2$ 较小者。l_0 为计算跨度,l_n 为净跨,h 为板厚,a 为支承长度。

(2)荷载计算(取 1m 宽计算板带的线荷载,kN/m)

恒载标准值 g_k = 板厚 × 重度 + 构造层厚 × 重度;

活载标准值 q_k,由《荷载规范》或《建筑结构》书中找出;

恒载设计值 $g = \gamma_G g_k$,γ_G 为恒载分项系数,一般取 1.2,对结构有利时,取 0.9;

活载设计值 $q = \gamma_Q q_k$,γ_Q 为活载分项系数,一般取 1.4,当 $q_k > 4$kN/m^2 时,取 1.3。

(3)内力计算

按公式 $M = \alpha(g+q) l_0^2$,求出各跨跨中和支座弯矩值。考虑起拱影响,第二板带中间支座及中间跨乘以 0.8 折减系数。α 为考虑塑性内力重分布方法的弯矩系数(跨差≤10%)。

α 值:边跨中为 1/11,第一内支座为 −1/14,中跨中为 1/16,中间支座为 −1/16。

(4)配筋计算

混凝土强度等级,取 C20 级或 C25 级;

钢筋强度等级取 HPB235 级或 HRB335 级;

b 取 1 000mm,h 取初算值,$h_0 = h - 20$;

根据各跨跨中及支座弯矩可列表计算各截面钢筋用量。

(5)绘制板的配筋草图

本设计采用弯起式钢筋配筋方式,具体构造见《建筑结构》教材。

编制板的钢筋表。

2. 次梁的计算

次梁的计算,采用考虑塑性内力重分布的计算方法。

(1)计算简图

次梁为多跨连续梁,当多于五跨时,取五跨;少于五跨时,按实际跨数。计算跨度:中跨取 $l_0=l_n$;边跨取 $l_0=1.025l_n$ 与 $l_0=l_n+a/2$ 较小者。

(2)荷载计算

恒载标准值 g_k:由板传来:板面恒载×次梁间距

次梁自重:次梁宽×(次梁 h - 板厚)×重度(γ_c)

次梁两侧粉刷层重:(次梁高 - 板厚)×重度(γ_c)

活载标准值 q_k　由板面传来:板面活载标准值×次梁间距

恒载设计值　$g=\gamma_G\times g_k$(kN/m)

活载设计值　$q=\gamma_Q\times q_k$(kN/m)

总荷载设计值　$p=g+q$(kN/m)

(3)内力计算

考虑塑性内力重分布,且相邻跨差≤10%,按弯矩系数 α 和剪力系数 β 计算内力。

$$M=\alpha p l_0^2$$

$$V=\beta p l_n$$

α:除 B 支座为 -1/14 外,其余皆与板相同;

β:A 支座为 0.4,B 支座左为 -0.6,其余皆为 ±0.5。

(4)配筋计算

1)正截面受弯承载力计算

次梁跨中计算截面取 T 形截面,$b'_f=l_0/3$ 与 $b'_f=s_n+b$ 较小者,h'_f 取板厚。

次梁支座计算截面取矩形截面 $b\times h$。

配筋计算可列表进行,表格形式见示例。验算 $\xi\leqslant0.35$ 及 $\rho_s\geqslant\rho_{s,min}$。

2)斜截面受剪承载力计算

首先,验算截面尺寸,$V\leqslant0.25\beta_c f_c bh_0$,是否满足要求。

然后,验算是否需要按计算要求配置箍筋,当 $V\leqslant0.7f_t bh_0$,只需按构造要求配置箍筋。

箍筋配置的计算,可按表格形式进行,见示例。验算 $\rho_{sv}\geqslant\rho_{sv,min}$。

(5)绘制次梁模板配筋草图

3. 主梁设计

主梁承受较大荷载,属重要构件,应有较大安全储备,故采用弹性理论计算方法。

(1)计算简图

当 $i_b/i_c\geqslant3$ 时,支座简化为铰支座,计算简图为多跨连续梁;

当 $i_b/i_c<3$ 时,支座简化为刚结点,计算简图为框架结构。

计算跨度的选取:

中间跨计算跨度为 $l_0=l_n+b$

边跨计算跨度为 $l_0=l_n+b/2+0.025l_n$ 与 $l_0=l_n+a/2+b/2$ 较小者。l_n 为净跨,a 为支承长度,b 为柱宽。

(2)荷载计算

次梁传来的恒载　次梁恒载×主梁间距

主梁自重　主梁宽 $b\times$(主梁高－板厚)×次梁间距×重度

主梁两侧粉刷层　粉刷层厚×(主梁高－板厚)×2×重度×次梁间距

主梁恒载标准值　G_k,为简化计算,可将主梁自重化为集中荷载

主梁活载标准值　Q_k＝次梁传来活载标准值×主梁间距

主梁恒载设计值　$G=\gamma_G\times G_k$

主梁活载设计值　$Q=\gamma_Q Q_k$

(3)内力计算

1)计算恒载作用下内力;

2)计算活载不利布置时内力;

3)计算不利内力组合值。

恒载与各种不利活载布置时的内力,内力系数可查《建筑结构》附表。

4)画内力包络图

根据内力不利组合值画出内力包络图。

(4)配筋计算

1)正截面受弯承载力计算

跨中计算截面为 T 形,支座计算截面取矩形,弯距设计值取支座边缘处的数值;$h_0=h-a_s$。一排时,$a_s=50\sim60$mm;二排时,$a_s=70\sim80$mm。计算可列表进行。

2)斜截面受剪承载力计算

首先,验算截面尺寸是否满足要求,检查是否需配腹筋,弯起钢筋应在等剪力区均匀布置,计算可列表进行。

计算附加吊筋和附加箍筋。在次梁两侧规定范围内设置附加吊筋或箍筋。具体计算方法见《建筑结构》及示例。

(5)绘制模板配筋图

1)绘制主梁纵剖面配筋图;

2)绘制主梁内力包络图;

3)绘制主梁抵抗弯矩图,确定纵筋弯起、切断位置。通过作图法,按构造要求切断支座负钢筋和弯起跨中正弯矩钢筋,跨中钢筋与支座负钢筋的直径和根数应当统筹考虑,跨中钢筋弯起后可作为支座负钢筋;

4)独立画出各类钢筋的外形及各部尺寸,并编号;

5)画出主梁横剖面配筋图。纵横剖面图应认真对照检查无误。

2.2.3　课程设计制图标准

1. 图纸幅面规格

完成 A2 图纸一张。图幅规格见图 2-1。

2. 图标

图标见图 2-2。

3. 比例

(1)结构平面图　1:100,1:200

(2)板配筋图　1:50(或 1:100)

(3)次梁、主梁配筋图　1:40,1:50

(4)梁剖面图 1∶20

10
594
25
10
图标
10
35
841
120

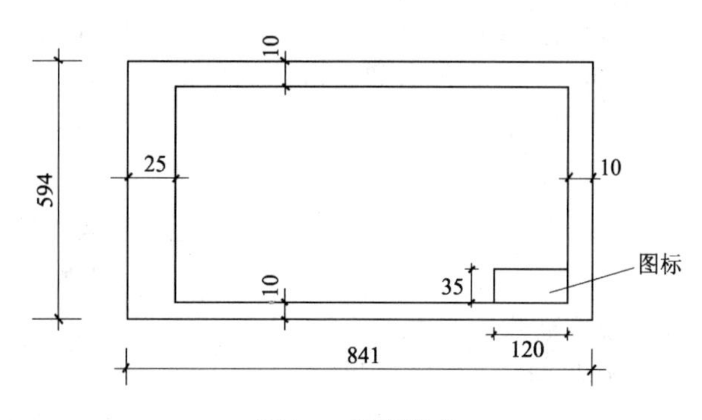

图 2-1 图幅规格

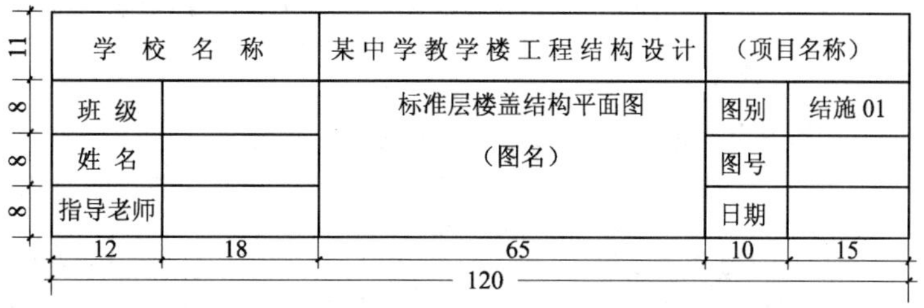

学 校 名 称
某中学教学楼工程结构设计
(项目名称)
班 级
标准层楼盖结构平面图
(图名)
图别
结施 01
姓 名
图号
指导老师
日期
11
8
8
8
12
18
65
10
15
120

图 2-2 图标

4. 字体与书写

(1)字体采用仿宋体,字迹应清楚、端正、工整;

(2)从左至右横向书写,要准确使用标点符号;

(3)字体高度不宜小于 4mm。

5. 图线及画法

(1)线型

粗线,宽 b;中粗线,宽 $b/2$;细线,宽 $b/4$。

$$b=0.8\sim1.2\text{mm}。$$

钢筋线、剖面符号用粗线宽 b;轮廓线宽为中粗 $b/2$;尺寸线、引出线用细线宽 $b/4$。

(2)定位轴线应编号

由左下角编起,由左向右水平方向用阿拉伯数字依次为 1、2、3、4…注写;由下向上垂直方向用大写汉语拼音字母注写。

轴线编号圆圈直径为 8mm。

(3)剖面的剖切线

剖面的编号用阿拉伯数字,顺序编排,编号应按剖视方向写于剖切线一侧,向左剖视应将编号写在左侧,向下剖视写在下方。如图 2-3 所示。

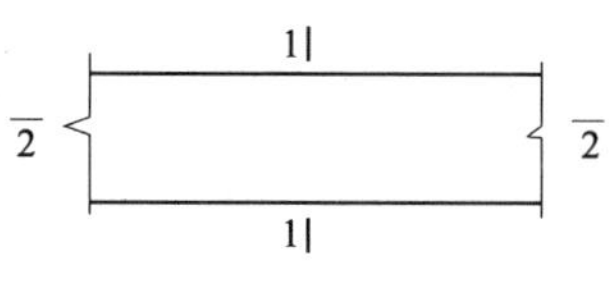

(4)结构图例

1)钢筋表示法

1
2
2
1

图 2-3 剖切线

钢筋应编号,尺寸、直径、形状不同应编写不同的序号,编号顺序宜先纵向受力筋、架立筋、箍筋、构造钢筋。编号圆圈直径 6mm。

2)结构平面一般按正投影的俯视绘图,应有折倒剖面,采用向左折倒和向上折倒的规定,画出板、梁尺寸及标高,板钢筋也应以折倒方式绘制。参见示例。

3)钢箍尺寸为内皮尺寸,一般可取梁高 $h=50$mm 和梁宽 $b=50$mm,两个弯钩不分直径,一律加长 150mm。

4)弯起钢筋弯起高度指外皮尺寸,应等于箍筋内皮尺寸。

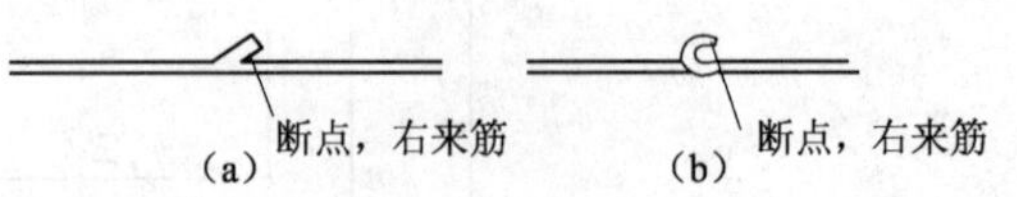

图 2-4　无弯钩与有弯钩钢筋端部

5)无弯钩钢筋端部,长短钢筋投影重叠时,断点处示意如图 2-4a 所示;有弯钩时,如图 2-4b 所示。

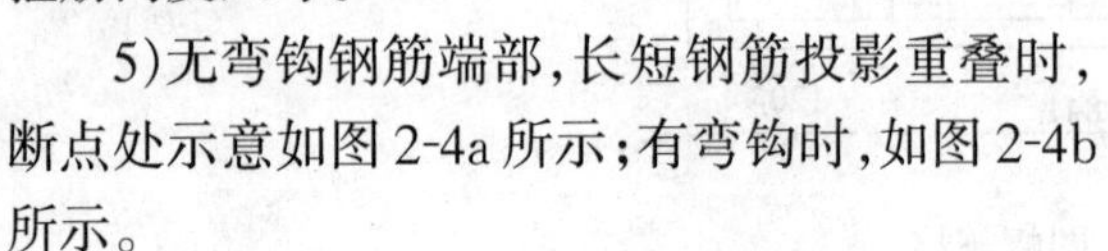

2.3　单向板肋形楼盖设计示例

单向板肋形楼盖设计见表 2-1。

表 2-1　单向板肋形楼盖设计计算书

内 容	计　　　算	结　果
一、设计资料	某建筑现浇钢筋混凝土楼盖,建筑轴线及柱网平面见图 2-5。层高 4.5m。楼面可变荷载标准值 5kN/m^2,其分项系数 1.3。楼面面层为 30mm 厚现制水磨石,下铺 70mm 厚水泥石灰焦渣,梁板下面用 20mm 厚石灰砂浆抹灰。 梁、板混凝土均采用 C25 级;钢筋直径≥12mm 时,采用 HRB335 钢,直径＜12mm 时,采用 HPB235 钢。	
二、结构布置	楼盖采用单向板肋形楼盖方案,梁板结构布置及构件尺寸见图 2-5。	

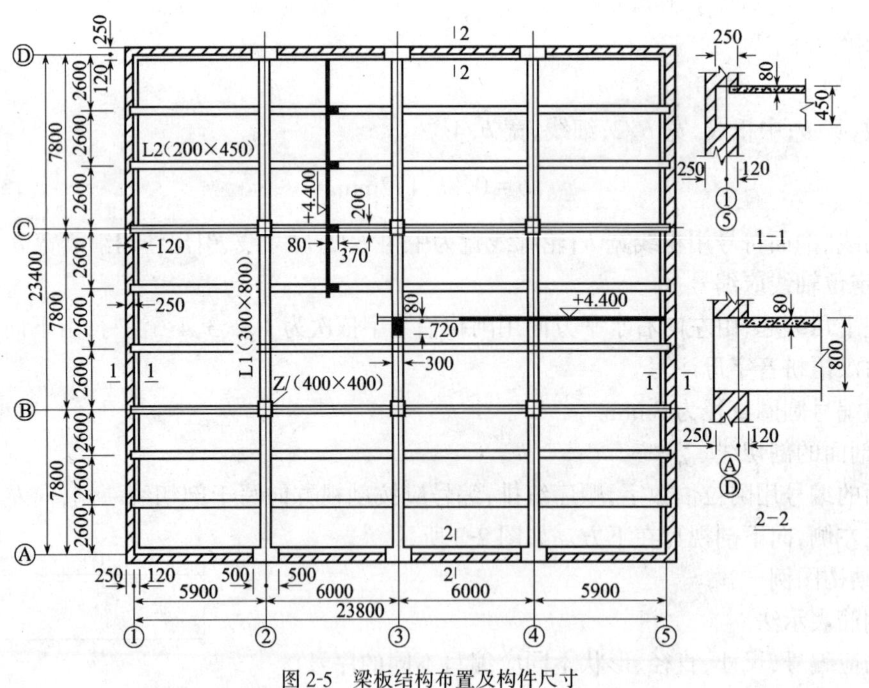

图 2-5　梁板结构布置及构件尺寸

续表

内 容	计 算	结 果
三、板的计算 板厚80mm	板按塑性内力重分布方法计算，取每米宽板带为计算单元，有关尺寸及计算简图如图 2-6 所示。	可变荷载效应起控制作用 $p=11.26\text{kN/m}$

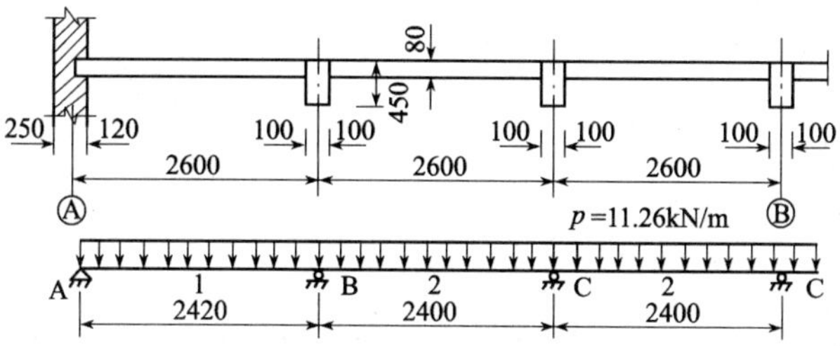

图 2-6 计算简图

1. 荷载

30mm 现制水磨石	0.65kN/m^2
70mm 水泥焦渣	$14\text{kN/m}^3\times0.07\text{m}=0.98\text{kN/m}^2$
80mm 钢筋混凝土板	$25\text{kN/m}^3\times0.08\text{m}=2\text{kN/m}^2$
20mm 石灰砂浆	$17\text{kN/m}^3\times0.02\text{m}=0.34\text{kN/m}^2$
恒载标准值	$g_k=3.97\text{kN/m}^2$
活载标准值	$q_k=5.0\text{kN/m}^2$
荷载设计值	$p=1.2\times3.97+1.3\times5.0=11.26\text{kN/m}^2$
每米板宽	$p=11.26\text{kN/m}$

2. 内力

计算跨度

板厚 $h=80\text{mm}$，次梁 $b\times h=200\text{mm}\times450\text{mm}$

边跨 $l_{01}=2\ 600-100-120+\dfrac{80}{2}=2\ 420\text{mm}$

中间跨 $l_{02}=2\ 600-200=2\ 400\text{mm}$

跨度差 $(2\ 420-2\ 400)/2\ 400=0.83<10\%$，故板可按等跨连续板计算。

板的弯矩计算如下：

截面位置	弯矩系数 α	$M=\alpha pl_0^2(\text{kN·m})$
边跨跨中	$\frac{1}{11}$	$\frac{1}{11}\times11.26\times2.42^2=5.99$
B 支座	$-\frac{1}{14}$	$-\frac{1}{14}\times11.26\times2.42^2=-4.67$
中间跨跨中	$\frac{1}{16}$	$\frac{1}{16}\times11.26\times2.4^2=4.05$
中间 C 支座	$-\frac{1}{16}$	$-\frac{1}{16}\times11.26\times2.4^2=-4.05$

3. 配筋

$b=1\ 000\text{mm}, h=80\text{mm}, h_0=80-20=60\text{mm}$

$f_c=11.9\text{N/mm}^2, f_t=1.27\text{N/mm}^2, f_y=210\text{N/mm}^2$

截面位置		$M(\text{kN·m})$	$\alpha_s=\frac{M}{f_c bh_0^2}$	$\xi=1-\sqrt{1-2\alpha_s}$	$A_s=\frac{\xi f_c bh_0}{f_y}(\text{mm}^2)$	实配钢筋
边跨跨中		5.99	0.140	0.151	513	Φ10@140，561mm²
B 支座		−4.67	0.109	0.116	394	Φ8/10@140，460mm²
中间跨跨中	①—② ④—⑤ 轴线间	4.05	0.095	0.1	340	Φ8@140，359mm²
	②—④ 轴线间	4.05×0.8	0.076	0.079	269	Φ6/8@140，281mm²

续表

内 容	计					算	结　果
三、板的计算板厚80mm	中间C支座	①—② ④—⑤ 轴线间	−4.05	0.095	0.1	340	Φ8@140,359mm^2
		②—④ 轴线间	−4.05×0.8	0.076	0.079	269	Φ6/8@140,281mm^2
	其中 ξ 均小于 0.35,符合塑性内力重分布的条件 $\rho\times\frac{281}{1\,000\times80}=0.35\%>\rho_{\min}=0.2\%$ 及 $45\times\frac{f_t}{f_y}=45\times\frac{1.27}{210}=0.27\%$ 板的模板图、配筋图及钢筋表见图 2-7 和图 2-8。						

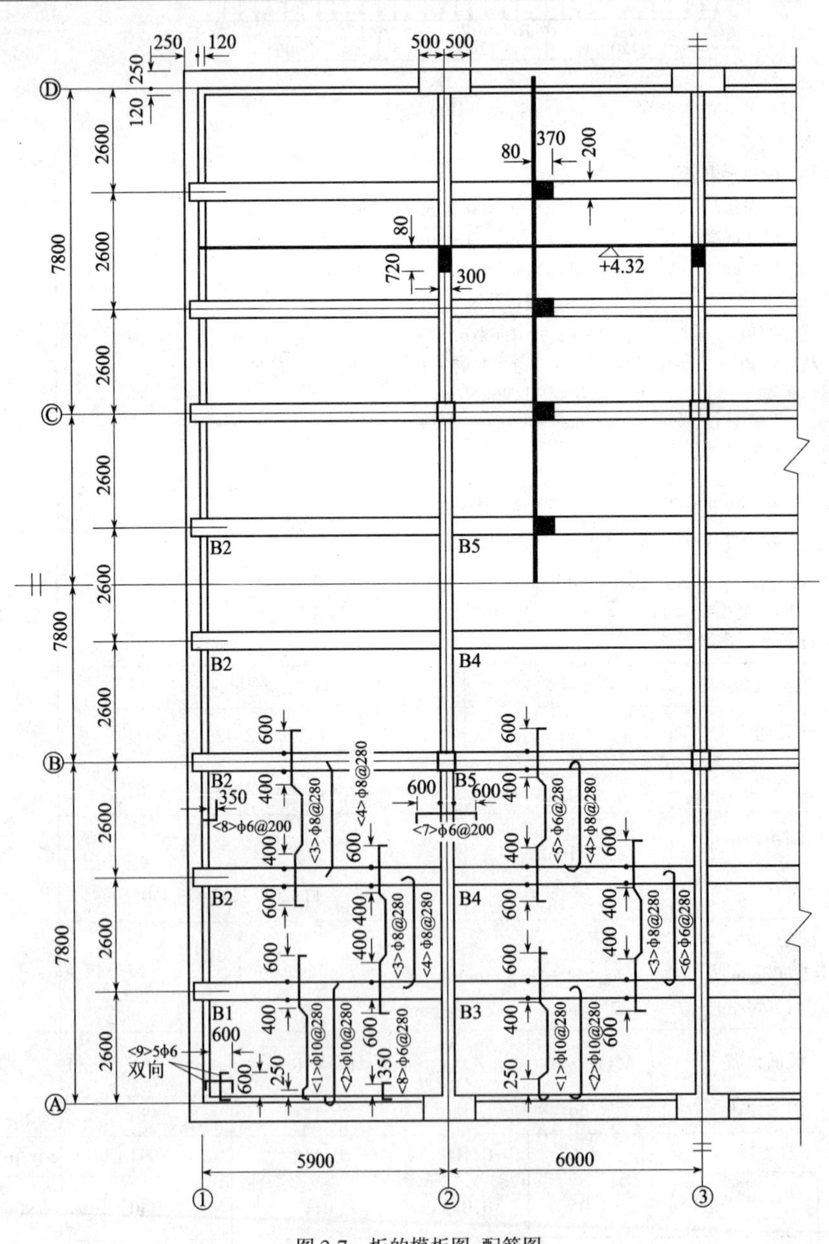

图 2-7　板的模板图、配筋图

续表

内 容	计 算	结 果

钢 筋 表

编 号	形 状 尺 寸	直径(mm)	长度(mm)	数 量	备 注
〈1〉	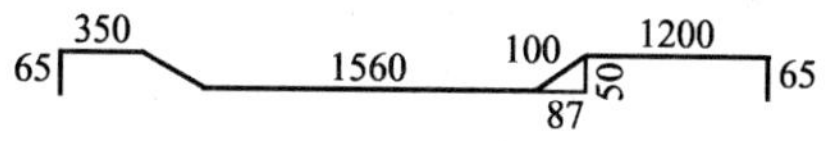 65 350 1560 100 87 50 1200 65	Φ10	3 440	168	弯起 30
〈2〉	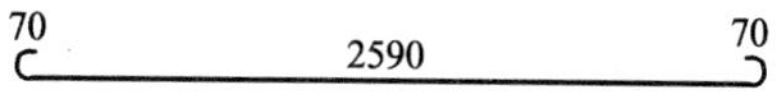 70 2590 70	Φ10	2 730	168	
〈3〉	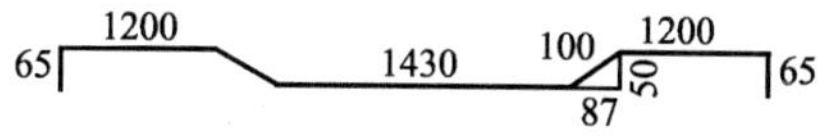 65 1200 1430 100 87 50 1200 65	Φ8	4 160	462	
〈4〉	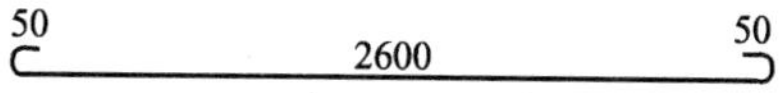 50 2600 50	Φ8	2 700	420	
〈5〉	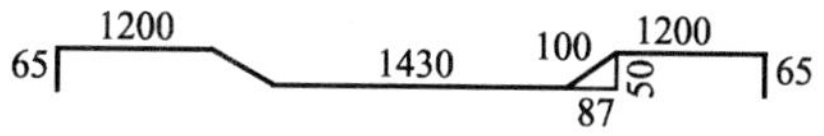 65 1200 1430 100 87 50 1200 65	Φ6	4 160	126	
〈6〉	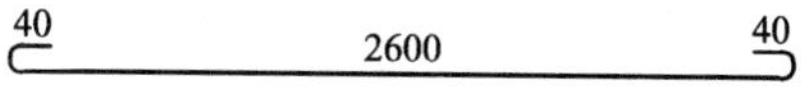 40 2600 40	Φ6	2 680	168	
〈7〉	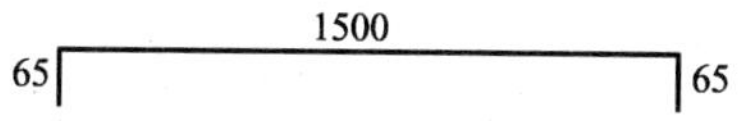 65 1500 65	Φ6	1 630	351	
〈8〉	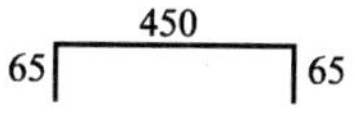 65 450 65	Φ6	580	378	
〈9〉	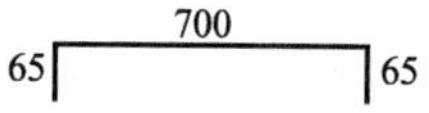 65 700 65	Φ6	830	40	

图 2-8 板的钢筋表

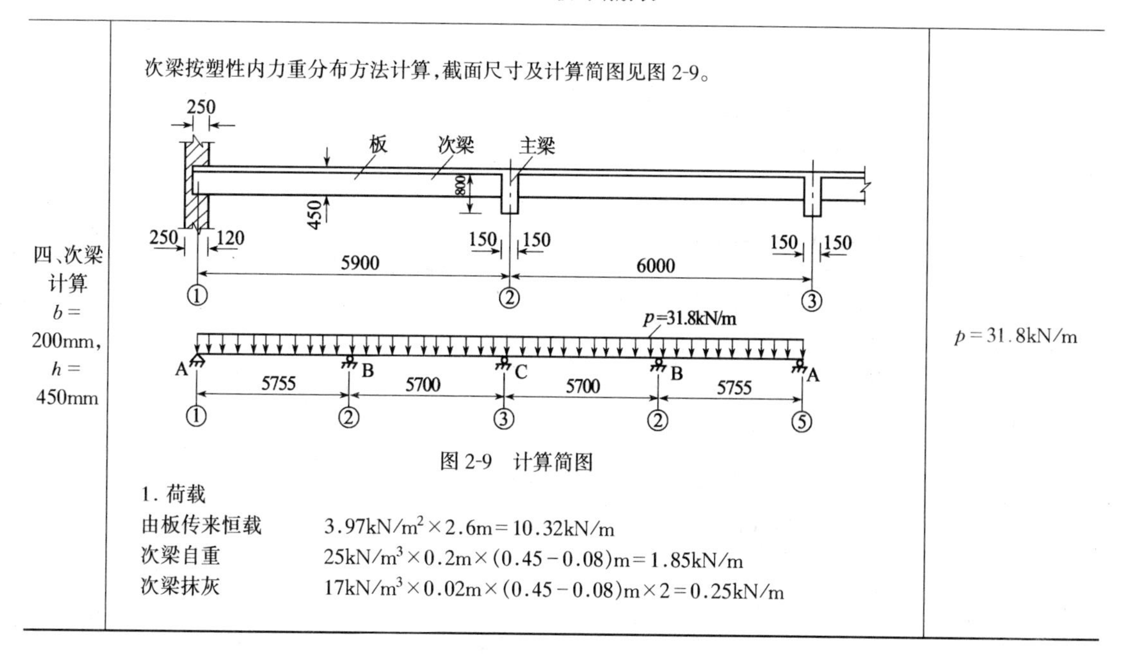

四、次梁计算 $b=200\text{mm}$，$h=450\text{mm}$

次梁按塑性内力重分布方法计算，截面尺寸及计算简图见图 2-9。

图 2-9 计算简图

1. 荷载

由板传来恒载 $3.97\text{kN/m}^2\times2.6\text{m}=10.32\text{kN/m}$

次梁自重 $25\text{kN/m}^3\times0.2\text{m}\times(0.45-0.08)\text{m}=1.85\text{kN/m}$

次梁抹灰 $17\text{kN/m}^3\times0.02\text{m}\times(0.45-0.08)\text{m}\times2=0.25\text{kN/m}$

结果：$p=31.8\text{kN/m}$

续表

内 容	计　　算	结　果
四、次梁计算 $b=200mm$，$h=450mm$	恒载标准值　$g_k=12.42kN/m$ 活载标准值　$q_k=5kN/m^2\times2.6m=13kN/m$ 荷载设计值　$p=1.2\times12.42+1.3\times13=31.8kN/m$	$p=31.8kN/m$

2. 内力

计算跨度

主梁　$b\times h=300mm\times800mm$

边跨　净跨　$l_{n1}=5\,900-120-150=5\,630mm$

计算跨度　$l_{01}=5\,630+\frac{250}{2}=5\,755mm$

中间跨　净跨　$l_{n2}=6\,000-300=5\,700mm$

计算跨度　$l_{02}=l_{n2}=5\,700mm$

跨度差　$(5\,755-5\,700)/5\,700=0.96\%<10\%$

故次梁可按等跨连续梁计算。

次梁的弯矩计算

截面位置	弯矩系数 α	$M=\alpha pl_0^2(kN\cdot m)$
边跨跨中	$\frac{1}{11}$	$\frac{1}{11}\times31.8\times5.755^2=95.75$
B 支座	$-\frac{1}{11}$	$-\frac{1}{11}\times31.8\times5.755^2=-95.75$
中间跨跨中	$\frac{1}{16}$	$\frac{1}{16}\times31.8\times5.7^2=64.57$
中间 C 支座	$-\frac{1}{16}$	$-\frac{1}{16}\times31.8\times5.7^2=-64.57$

次梁的剪力计算

截面位置	剪力系数 β	$V=\beta pl_n(kN)$
边支座 A	0.4	$0.4\times31.8\times5.63=71.6$
B 支座(左)	0.6	$0.6\times31.8\times5.63=107.4$
B 支座(右)	0.5	$0.5\times31.8\times5.7=90.63$
中间 C 支座	0.5	$0.5\times31.8\times5.7=90.63$

3. 配筋

正截面承载力计算：

次梁跨中截面按 T 形截面计算，其翼缘宽度为：

边跨　$b'_f=\frac{1}{3}\times5\,755=1\,918mm<b+s_n=2\,600mm$

中跨　$b'_f=\frac{1}{3}\times5\,700=1\,900mm<b+s_n=2\,600mm$

$h=450mm$，$h_0=450-35=415mm$

$b'_f=80mm$

$$f_cb'_fh'_f\left(h_0-\frac{h'_f}{2}\right)=11.9\times1\,900\times80\times\left(415-\frac{80}{2}\right)=678kN\cdot m>95.75kN\cdot m$$

故次梁跨中截面均按第一类 T 形截面计算。

次梁支座截面按矩形截面计算　$b=200mm$

$f_c=11.9N/mm^2$，$f_y=300N/mm^2$

截面位置	$M(kN\cdot m)$	$b'_f(mm)$(或 b)	$\alpha_s=\frac{M}{f_cbh_0^2}$	$\xi=1-\sqrt{1-2\alpha_s}$	$A_s=\frac{\xi f_cbh_0}{f_y}(mm^2)$	实配钢筋
边跨中	95.75	1 918	0.025	0.025	782	4Φ16，$804mm^2$
B 支座	−95.75	200	0.234	0.271	892	2Φ16＋2Φ18，$911mm^2$

续表

<table>
<tr><td rowspan="2">内 容</td><td colspan="6">计 算</td><td>结 果</td></tr>
<tr><td>截面位置</td><td>M(kN·m)</td><td>b'_f(mm)(或 b)</td><td>$\alpha_s=\dfrac{M}{f_c b h_0^2}$</td><td>$\xi=1-\sqrt{1-2\alpha_s}$</td><td>$A_s=\dfrac{\xi f_c b h_0}{f_y}$(mm²)</td><td>实配钢筋</td></tr>
<tr><td rowspan="9">四、次梁计算
$b=$ 200mm，$h=$ 450mm</td><td>中间跨中</td><td>64.57</td><td>1 900</td><td>0.017</td><td>0.017</td><td>532</td><td>3Φ16，603mm²</td></tr>
<tr><td>C 支座</td><td>−64.57</td><td>200</td><td>0.158</td><td>0.173</td><td>570</td><td>2Φ16+2Φ12，628mm²</td></tr>
<tr><td colspan="6">其中 ξ 均小于 0.35，符合塑性内力重分布的条件。
$\rho=\dfrac{603}{200\times450}=0.67\%>\rho_{min}=0.2\%$ 及 $45\dfrac{f_t}{f_y}=45\times\dfrac{1.27}{300}=0.19\%$
斜截面受剪承载力计算：
$b=200\text{mm},h_0=415\text{mm},f_c=11.9\text{N/mm}^2,f_t=1.27\text{N/mm}^2,f_{yv}=210\text{N/mm}^2$
$h_w/b=2.075<4$，$0.25\beta_c f_c b h_0=0.25\times11.9\times200\times415=247\text{kN}>V$，截面合适
$0.7f_t b h_0=0.7\times1.27\times200\times415=73.6\text{kN}$</td><td></td></tr>
<tr><td>截面位置</td><td>V(kN)</td><td colspan="4">$V_{cs}=0.7f_t b h_0+1.25f_{yv}\dfrac{nA_{sv1}}{s}h_0$</td><td>实配钢箍</td></tr>
<tr><td>边支座 A</td><td>71.6</td><td colspan="4">Φ6−150，73.8+41.1=114.9</td><td>Φ6@150</td></tr>
<tr><td>B 支座(左)</td><td>107.4</td><td colspan="4">Φ6−150，73.8+41.1=114.9</td><td>Φ6@150</td></tr>
<tr><td>B 支座(右)</td><td>90.63</td><td colspan="4">Φ6−190，73.8+32.5=106.3</td><td>Φ6@190</td></tr>
<tr><td>C 支座</td><td>90.63</td><td colspan="4">Φ6−190，73.8+32.5=106.3</td><td>Φ6@190</td></tr>
<tr><td colspan="6">$\rho_{sv}=\dfrac{nA_{sv1}}{b_s}=\dfrac{2\times28.3}{200\times190}=0.149\%>(\rho_{sv})_{min}=0.24\dfrac{f_t}{f_{yv}}=0.24\times\dfrac{1.27}{210}=0.145\%$
s_{max} 为 200mm，d_{min} 为 6mm。
满足构造要求。
次梁钢筋布置图见图 2-10。</td><td></td></tr>
</table>

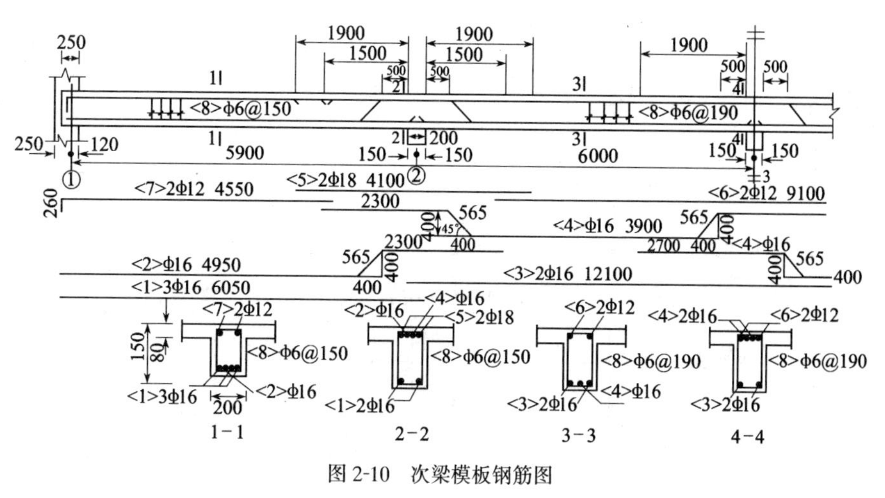

图 2-10 次梁模板钢筋图

注：跨中截面式中 b 应以 b'_f 代换。

续表

内容	计　　算	结　果
五、主梁计算 $b=$ 300mm, $h=$ 800mm	主梁按弹性理论计算	

主梁线刚度　$i_b=\frac{bh^3}{12}/l_b=\frac{30\times80^3}{12}/7\,800=1\,614\text{cm}^3$

柱线刚度 $i_0=\frac{bh^3}{12}/l_0=\frac{40\times40^3}{12}/450=474\text{cm}^3$

考虑现浇楼板的作用，主梁的实际刚度为单独梁的刚度的 2 倍，所以

$\frac{i_b}{i_0}=\frac{2\times1\,641}{474}=6.927\,5$

故主梁视为铰支在柱顶上的连续梁，截面尺寸及计算简图见图 2-11。

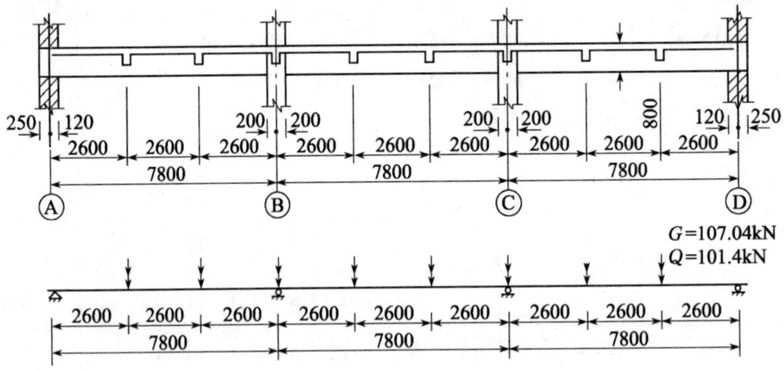

250 120 200 200 200 200 120 250 800

2600 2600 2600 2600 2600 2600 2600 2600 2600

7800 7800 7800

A B C D

G=107.04kN

Q=101.4kN

2600 2600 2600 2600 2600 2600 2600 2600 2600

7800 7800 7800

图 2-11　计算简图

结果：$G=107.04\text{kN}$，$Q=101.4\text{kN}$

1. 荷载

由次梁传来恒载　12.42kN/m×6m=74.52kN

主梁自重　$25\text{kN/m}^3\times0.3\text{m}(0.8-0.08)\text{m}\times2.6\text{m}=14.04\text{kN}$

主梁侧抹灰　$17\text{kN/m}^3\times0.02\text{m}(0.8-0.08)\text{m}\times2.6\text{m}\times2=0.64\text{kN}$

恒载标准值　$G_k=89.2\text{kN}$

活载标准值　$Q_k=13\text{kN/m}\times6\text{m}=78\text{kN}$

恒载设计值　$G=1.2\times89.2\text{kN}=107.04\text{kN}$

活载设计值　$Q=1.3\times78\text{kN}=101.4\text{kN}$

2. 内力

计算跨度

边跨净跨　$l_{n1}=7\,800-250-200=7\,350\text{mm}$

计算跨度　$l_{01}=7\,350+200+\frac{370}{2}=7\,735\text{mm}$

中间跨净跨　$l_{n2}=7\,800-400=7\,400\text{mm}$

计算跨度　$l_{02}=7\,400+400=7\,800\text{mm}$

$l_{01}\approx l_{02}$，故按等跨连续梁计算，查得内力系数 k 如下：

	计算简图	弯矩(kN·m)					剪力(kN)			
		边跨跨中		B 支座	中间跨跨中		A 支座	B 支座		
		$\frac{k}{M_1}$	$\frac{k}{M_2}$	$\frac{k}{M_B}$	$\frac{k}{M_3}$	$\frac{k}{M_4}$	$\frac{k}{V_A}$	$\frac{k}{V_{B左}}$	$\frac{k}{V_{B右}}$	←内力系数 ←内力
①	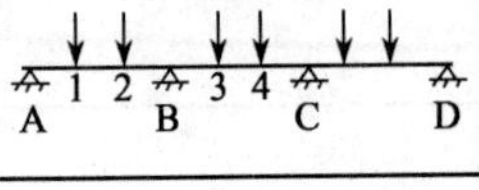 G=107.04kN（A 1 2 B 3 4 C D）	0.244	0.155	−0.267	0.067	0.067	0.733	−1.267	1.000	
		203.72	129.41	−222.92	55.94	55.94	78.46	−135.62	107.04	

续表

内 容		计 算									结 果
		计算简图	弯矩(kN·m)					剪力(kN)			
			边跨跨中		B支座	中间跨中		A支座	B支座		
			$\frac{k}{M_1}$	$\frac{k}{M_2}$	$\frac{k}{M_B}$	$\frac{k}{M_3}$	$\frac{k}{M_4}$	$\frac{k}{V_A}$	$\frac{k}{V_{B左}}$	$\frac{k}{V_{B右}}$	
	②	Q=101.4kN A 1 2 B 3 4 C D	0.289	0.244	−0.133	−0.133	−0.133	0.866	−1.134	0	
			228.58	192.98	−105.19	−105.19	−105.19	87.81	−114.99	9	
	③	Q=101.4kN A 1 2 B 3 4 C D	−0.044	−0.089	−0.133	0.200	0.200	−0.133	−0.133	1.000	
五、主梁计算 $b=$ 300mm, $h=$ 800mm			−34.8	−69.6	−105.19	158.18	158.18	−13.49	−13.49	101.4	
	④	Q=101.4kN A 1 2 B 3 4 C D	0.229	0.125	−0.311	0.096	0.170	0.689	−1.311	1.222	←内力系数
			181.12	98.87	−245.98	75.93	134.46	69.86	−132.93	123.91	←内力
	⑤	Q=101.4kN A 1 2 B 3 4 C D	−0.030	−0.059	−0.089	0.170	0.096	−0.089	−0.089	0.778	
			−23.73	−46.66	−70.39	134.46	75.93	−9.02	−9.02	78.89	
	内力不利组合	①+②	432.3	322.4	−328.1	−49.25	−49.25	166.3	−250.6	107.04	
		①+③	168.9	59.81	−328.1	214.1	214.1	64.97	−149.1	208.4	
		①+④	384.8	228.3	−468.9	131.9	190.4	148.3	−268.6	230.95	
		①+⑤	179.99	82.75	−293.3	190.4	131.9	69.44	−144.6	185.9	
	3. 内力包络图 主梁内力包络图见图 2-12。										

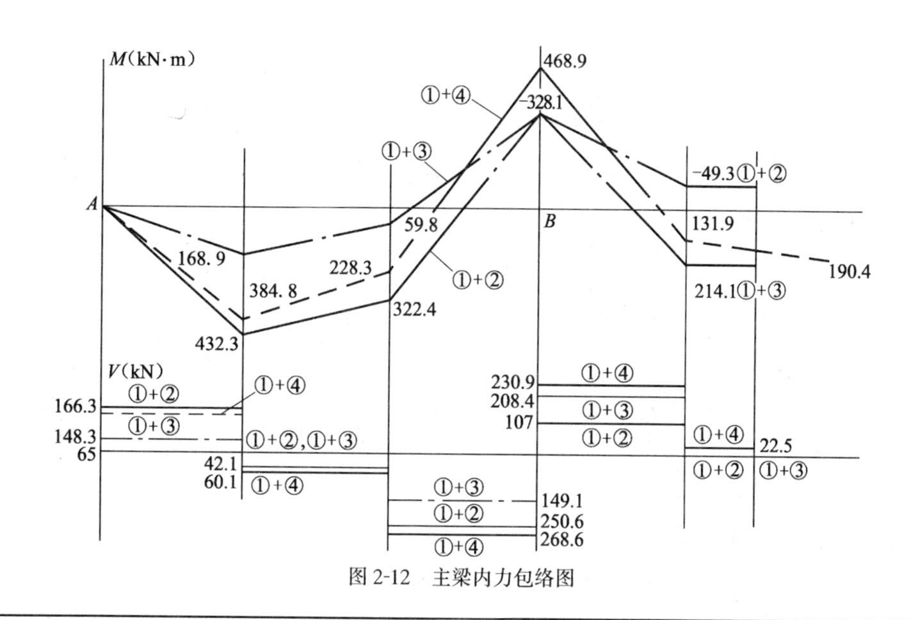

图 2-12 主梁内力包络图

续表

内容	计算	结果
五、主梁计算 $b=300mm$，$h=800mm$	（见下）	

4．配筋

正截面承载力计算：

主梁跨中截面按T形截面计算，其翼缘宽度为：

$$b'_f=\frac{1}{3}\times 7\,800=2\,600mm<b+s_n=6\,000mm$$

$$h'_f=80mm, h=800mm, h_0=760mm$$

$$f_c b'_f h'_f\left(h_0-\frac{h'_f}{2}\right)=11.9\times 2\,600\times 80\left(760-\frac{80}{2}\right)=1\,782kN\cdot m>432.3kN\cdot m$$

所以，主梁跨中截面均按第一类T形截面计算。

主梁支座截面按矩形截面计算 $b=300mm$，$h_0=800-80=720mm$

B支座边 $M=468.9-0.2\times 230.95=422.71kN\cdot m$

$f_c=11.9N/mm^2$，$f_y=300N/mm^2$

截面位置	M (kN·m)	b'_f(mm)（或 b）	h_0 (mm)	$\alpha_s=\frac{M}{f_c b'_f(或\ b)h_0^2}$	$\xi=1-\sqrt{1-2\alpha_s}$	$A_s=\frac{\xi f_c b'_f(或\ b)h_0}{f_y}$	实配钢筋
边跨中	432.3	2 600	760	0.024	0.024	1 881	5Φ22，1 900mm²
B支座	−422.71	300	720	0.228	0.262	2 245	3Φ22＋2Φ18＋2Φ20，2 277mm²
中间跨中	214.1	2 600	760	0.012	0.012	941	4Φ18，1 017mm²
	−49.25	300	745	0.025	0.025	221	2Φ20，628mm²

ξ 均小于 ξ_b

$$\rho=\frac{628}{300\times 800}=0.262\%>\rho_{min}=0.2\%$$

斜截面受剪承载力计算：

$b=300mm$，$h_0=720mm$，$f_c=11.9N/mm^2$，$f_t=1.27N/mm^2$，$f_{yv}=210N/mm^2$

$0.25\times 11.9\times 300\times 720=642.6kN>V$

所以，截面合适。

$0.7f_t bh_0=0.7\times 1.27\times 300\times 720=192kN$

截面位置	V(kN)	$V_{cs}=0.7f_t bh_0+1.25f_{yv}\frac{nA_{sv1}}{s}h_0$	实配钢筋
A支座	166.3	Φ8@230，199＋85.5＝284.5＞V	Φ8@230
B支座(左)	268.6	Φ8@230，192＋82.7＝274.7＞V	Φ8@230
B支座(右)	230.96	Φ8@230，192＋82.7＝274.7＞V	Φ8@230

5．附加箍筋计算

s_{max} 为250，d_{min} 为6mm，用Φ6@250，

$$\rho_{sv}=\frac{nA_{sv1}}{bs}=\frac{2\times 28.3}{300\times 250}=0.075\%<\rho_{min}=0.24\frac{f_t}{f_{yv}}=0.24\times\frac{1.27}{210}=0.145\%$$

改用Φ8@230，$\rho_{sv}=\frac{2\times 50.3}{300\times 230}=0.146\%>\rho_{min}$

次梁传来的集中力 $F=1.2\times 74.52+1.3\times 78=190.82kN$

用箍筋，双肢Φ8，$A_{sv}=2\times 50.3=100.6mm^2$，$f_{yv}=210N/mm^2$

$$m=\frac{F}{f_{yv}A_{sv}}=\frac{190\,820}{210\times 100.6}=9.03，取10个$$

如用吊筋，$f_y=300N/mm^2$

$$A_{sb}=\frac{F}{2f_y\sin\alpha}=\frac{190\,820}{2\times 300\times 0.707}=450mm^2，2Φ18(509mm^2)$$

结果：附加箍，次梁两侧各5个Φ8箍筋或吊筋，2Φ18

续表

内 容	计　　算	结　果
五、主梁计算 $b=300\text{mm}$，$h=800\text{mm}$	6．抵抗弯矩图及钢筋布置 抵抗弯矩图及钢筋布置图见图 2-13。	

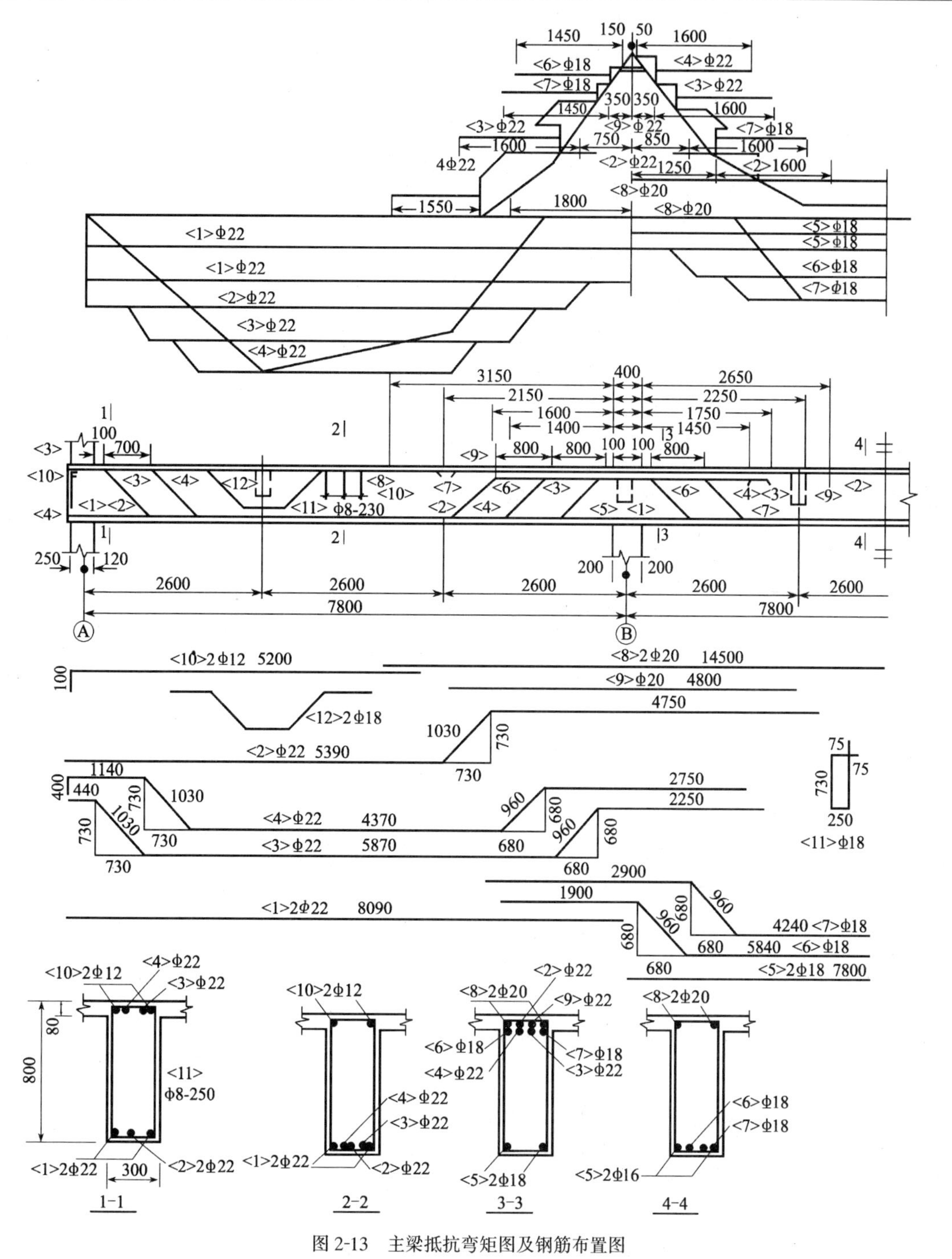

图 2-13　主梁抵抗弯矩图及钢筋布置图

续表

内 容	计　　算	结　果
五、主梁计算 $b=$ 300mm, $h=$ 800mm	①弯起钢筋的弯起点距该钢筋强度的充分利用点最近的为 $450>h_0/2$,前一排的弯起点至后一排的弯终点的距离 $<s_{max}$。 ②钢筋切断位置(B支座负弯矩钢筋) 由于切断处 V 全部大于 $0.7f_tbh_0$,故应从该钢筋强度的充分利用点外伸 $1.2l_s+h_0$,及以该钢筋的理论断点外伸不小于 h_0 且不小于20d。 $l_a=0.14\frac{f_y}{f_t}d=0.14\times\frac{300}{1.27}d=33d$ 对Φ22　$1.2l_a+h_0=1.2\times33\times22+720=1\,591$　取1 600 对Φ20　$1.2l_a+h_0=1.2\times33\times22+720=1\,572$　取1 550 对Φ18　$1.2l_a+h_0=1.2\times33\times18+720=1\,433$　取1 450 ③跨中正弯矩钢筋伸入支座长度 l_{as}应不小于 $12d$ 对Φ22　$12\times22=264$　取270 对Φ16　$12\times16=192$　取200 ④支座A,构造要求负弯矩钢筋面积 $\geqslant\frac{1}{4}$跨中钢筋,2Φ12+1Φ22, $A_s=614\text{mm}^2>\frac{1}{4}\times1\,900=475\text{mm}^2$,要求伸入支座边 $l_a=33d$,Φ12, $l_a=33\times12=396$,伸至梁端340再下弯100Φ22, $l_a=33\times22=726$,伸至梁端340再下弯400	附加箍,次梁两侧各5个Φ8箍筋或吊筋,2Φ18

2.4　双向板肋形楼盖设计示例

在肋形楼盖中,四边支承板的长边 l_2 与短边 l_1 之比 $l_2/l_1\leqslant2$ 时可按双向板设计。双向板平面为正方形或接近正方形时,一般可取梁高 $h=\frac{l}{16}\sim\frac{l}{18}$,梁宽 $b=\frac{h}{3}\sim\frac{h}{4}$, l 为房间平面的短边长度(图2-14)。

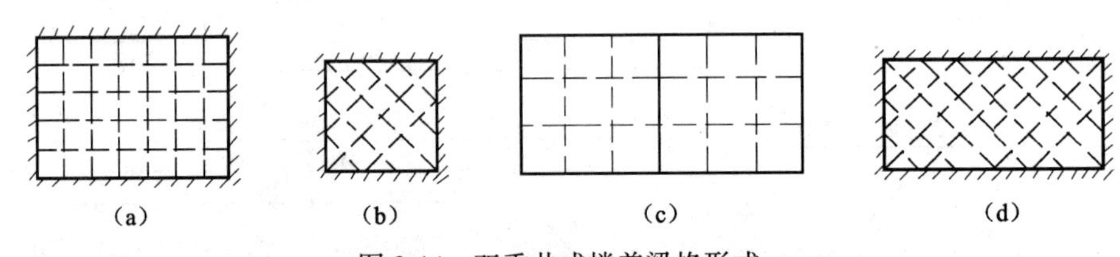

图2-14　双重井式楼盖梁格形式

双重井式楼盖可以跨越较大跨度,两个方向梁的截面尺寸较小且相同,梁格布置均匀,因而外形美观,常能满足建筑上对顶棚装修的要求,但造价相对较高。

双重井式楼盖中的板,可按双向板计算,可以不考虑梁的挠度影响。

1. 设计资料

某厂房双向板肋梁楼盖的结构布置如图2-15所示,板厚选用100mm,20mm厚水泥砂浆面层,15mm厚混合砂浆顶棚抹灰,楼面活荷载标准值 $q=5.0\text{kN/m}^2$,混凝土为C20($f_c=9.6\text{N/mm}^2$),钢筋为HPB235级($f_y=210\text{N/mm}^2$)。

2. 荷载计算

20mm水泥砂浆面层	$0.02\times20=0.40\text{kN/m}^2$
板自重	$0.10\times25=2.50\text{kN/m}^2$
15mm混合砂浆顶棚抹灰	$0.015\times17=0.26\text{kN/m}^2$
恒载标准值	$=3.16\text{kN/m}^2$
恒载设计值	$g=3.16\times1.2=3.8\text{kN/m}^2$

活荷载设计值　　　　　$q=5.0\times1.3=6.5\text{kN/m}^2$

合　计　　　　　　　　$p=g+q=10.3\text{kN/m}^2$

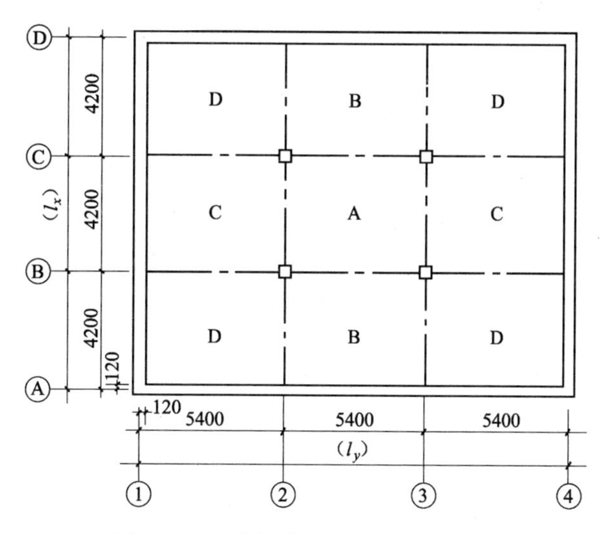

图 2-15　双向板肋形楼盖结构布置图

3. 按弹性理论计算

在求各区格板跨内正弯矩时，按恒载满布及活荷载棋盘式布置计算，取荷载：

$$g'=g+\frac{q}{2}=3.8+\frac{6.5}{2}=7.05\text{kN/m}^2$$

$$q'=\frac{q}{2}=\frac{6.5}{2}=3.25\text{kN/m}^2$$

在 g'作用下，各内支座均可视作固定，某些区格板跨内最大正弯矩不在板的中心点处；在 q'作用下，各区格板四边均可视作简支，跨内最大正弯矩则在板的中心点处，计算时，可近似取二者之和作为跨内最大正弯矩值。

在求各中间支座最大负弯矩时，按恒载及活荷载均满布各区格板计算，取荷载：

$$p=g+q=10.3\text{kN/m}^2$$

进行内力计算，计算简图及计算结果见表 2-2。

表 2-2　弯矩计算(kN·m/m)

区　格			A	B
l_x/l_y			4.2/5.4=0.78	4.13/5.4=0.77
	计算简图		g' + q'	g' + q'
跨内	$\nu=0$	m_x	$(0.0281\times7.05+0.0585\times3.25)\times4.2^2=6.85$	$(0.0337\times7.05+0.0596\times3.25)\times4.13^2=7.36$
		m_y	$(0.0138\times7.05+0.0327\times3.25)\times4.2^2=3.59$	$(0.0218\times7.05+0.0324\times3.25)\times4.13^2=4.42$
	$\nu=0.2$	$m_x^{(\nu)}$	$6.85+0.2\times3.59=7.57$	$7.36+0.2\times4.42=8.24$
		$m_y^{(\nu)}$	$3.59+0.2\times6.85=4.96$	$4.42+0.2\times7.36=5.89$

续表

区　格			A	B
l_x/l_y			4.2/5.4=0.78	4.13/5.4=0.77
支座	计算简图		$g+q$	$g+q$
	m'_x		$0.0679\times10.3\times4.2^2=12.34$	$0.0811\times10.3\times4.13^2=14.25$
	m'_y		$0.0561\times10.3\times4.2^2=10.19$	$0.0720\times10.3\times4.13^2=12.65$
区　格			C	D
l_x/l_y			4.2/5.33=0.79	4.13/5.33=0.78
	计算简图		g' + q'	g' + q'
跨内	$\nu=0$	m_x	$(0.0318\times7.05+0.0573\times3.25)\times4.2^2=7.24$	$(0.0375\times7.05+0.0585\times3.25)\times4.13^2=7.75$
		m_y	$(0.0145\times7.05+0.0331\times3.25)\times4.2^2=3.70$	$(0.0213\times7.05+0.0327\times3.25)\times4.13^2=4.37$
	$\nu=0.2$	$m_x^{(\nu)}$	$7.24+0.2\times3.70=7.98$	$7.75+0.2\times4.37=8.62$
		$m_y^{(\nu)}$	$3.70+0.2\times7.24=5.15$	$4.37+0.2\times7.75=5.92$
支座	计算简图		$g+q$	$g+q$
	m'_x		$0.0728\times10.3\times4.2^2=13.23$	$0.0905\times10.3\times4.13^2=15.90$
	m'_y		$0.0570\times10.3\times4.2^2=10.36$	$0.0753\times10.3\times4.13^2=13.23$

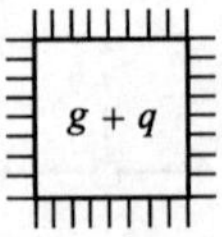

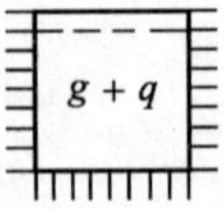

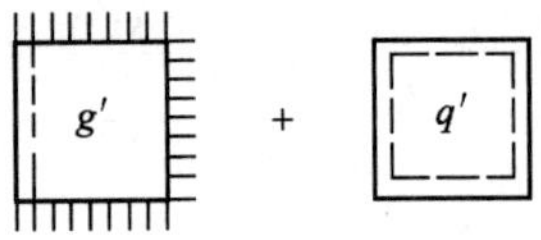

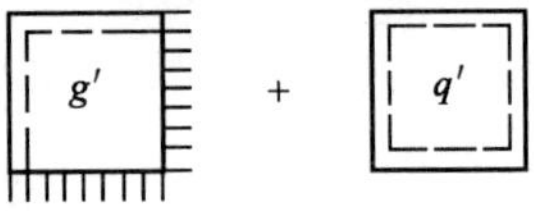

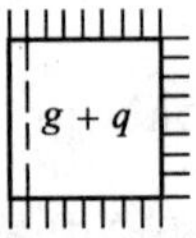

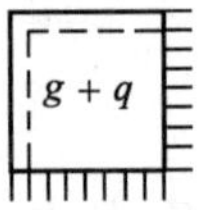

由该表可见，板间支座弯矩是不平衡的，实际应用时可近似取相邻两区格板支座弯矩的平均值，即：

A—B 支座　$m'_x=\frac{1}{2}(-12.34-14.25)=-13.30\text{kN·m/m}$

A—C 支座　$m'_y=\frac{1}{2}(-10.19-10.36)=-10.28\text{kN·m/m}$

B—D 支座　$m'_y=\frac{1}{2}(-12.65-13.23)=-12.94\text{kN·m/m}$

C—D 支座　$m'_x=\frac{1}{2}(-13.23-15.90)=-14.57\text{kN·m/m}$

各跨中、支座弯矩既已求得（考虑A区格板四周与梁整体连接，乘以折减系数0.8），即可近似按 $A_s=\frac{m}{f_y 0.95h_0}$ 算出相应的钢筋截面面积，取跨中及支座截面 $h_{0x}=80\text{mm}$，$h_{0y}=70\text{mm}$，具体计算不赘述。

4．按塑性理论计算

(1)弯矩计算

1)中间区格板 A

计算跨度 $l_x=4.2-0.2=4.0\text{m}$

$$l_y=5.4-0.2=5.2\text{m}$$

$$n=\frac{l_y}{l_x}=\frac{5.2}{4.0}=1.3\text{，取 }\alpha=0.6\approx\frac{1}{n^2}, \beta=2$$

采用弯起式配筋，跨中钢筋在距支座 $l_x/4$ 处弯起一半，故得跨中及支座塑性铰线上的总弯矩为：

$$M_x=\left(l_y-\frac{l_x}{4}\right)m_x=\left(5.2-\frac{4.0}{4}\right)m_x=4.2m_x$$

$$M_y=\frac{3}{4}\alpha l_x m_x=\frac{3}{4}\times0.6\times4.0m_x=1.8m_x$$

$$M'_x=M''_x=\beta l_y m_x=2\times5.2m_x=10.4m_x$$

$$M'_y=M''_y=\beta\alpha l_x m_x=2\times0.6\times4.0m_x=4.8m_x$$

由于区格板 A 四周与梁整结，内力折减系数为 0.8，

$$2M_x+2M_y+M'_x+M''_x+M'_y+M''_y=\frac{pl_x^2}{12}\times(3l_y-l_x)$$

$$2\times4.2m_x+2\times1.8m_x+2\times10.4m_x+2\times4.8m_x=\frac{0.8\times10.3\times4.0^2(3\times5.2-4.0)}{12}$$

故得 $m_x=3.01\text{kN}\cdot\text{m/m}$

$$m_y=\alpha m_x=0.6\times3.01=1.81\text{kN}\cdot\text{m/m}$$

$$m'_x=m''_x=\beta m_x=2\times3.01=6.02\text{kN}\cdot\text{m/m}$$

$$m'_y=m''_y=\beta m_y=2\times1.81=3.62\text{kN}\cdot\text{m/m}$$

2)边区格板 B

$$l_x=4.2-\frac{0.2}{2}-0.12+\frac{0.1}{2}=4.03\text{m}$$

$$l_y=5.2\text{m}$$

$$n=\frac{5.2}{4.03}=1.29$$

由于 B 区格为三边连续一边简支板，无边梁，内力不作折减，又由于长边支座弯矩为已知，$m'_x=6.02\text{kN}\cdot\text{m/m}$，则：

$$M_x=\left(5.2-\frac{4.03}{4}\right)m_x=4.19m_x$$

$$M_y=\frac{3}{4}\times0.6\times4.03m_x=1.81m_x$$

$$M'_x=6.02\times5.2=31.3;M''_x=0$$

$$M'_y=M''_y=2\times0.6\times4.03m_x=4.84m_x$$

$$2\times4.19m_x+2\times1.81m_x+31.3+0+2\times4.84m_x=\frac{10.3\times4.03^2}{12}(3\times5.2-4.03)$$

故得

$$m_x=6.0\text{kN·m/m}$$
$$m_y=0.6\times6=3.6\text{kN·m/m}$$
$$m'_y=m''_y=\beta m_y=2\times3.6=7.2\text{kN·m/m}$$

3)边区格板C(计算过程略)

$$m_x=4.43\text{kN·m/m}$$
$$m_y=0.6\times4.43=2.66\text{kN·m/m}$$
$$m'_x=m''_x=2\times4.43=8.86\text{kN·m/m}$$

4)角区格板D(计算过程略)

$$m_x=7.23\text{kN·m/m}$$
$$m_y=0.6\times7.23=4.34\text{kN·m/m}$$

(2)配筋计算

各区格板跨中及支座弯矩既已求得,取截面有效高度 $h_{0x}=80\text{mm}$,$h_{0y}=70\text{mm}$,即可近似按 $A_s=\frac{m}{f_y0.95h_0}$ 计算钢筋截面面积,计算结果见表2-3,配筋图见图2-16。

表2-3 双向板配筋计算

截面			m (kN·m)	h_0 (mm)	A_s (mm²)	选配钢筋	实配面积 (mm²)
跨中	A区格	l_x方向	3.01	80	189	Φ8@200	251
		l_y方向	1.81	70	130	Φ8@200	251
	B区格	l_x方向	6.00	80	376	Φ10@200	393
		l_y方向	3.60	70	258	Φ8@200	251
	C区格	l_x方向	4.43	80	278	Φ8@170	296
		l_y方向	2.66	70	191	Φ8@200	251
	D区格	l_x方向	7.23	80	453	Φ10@170	462
		l_y方向	4.34	70	311	Φ8/10@200	322
支座	A—B		6.02	80	377	Φ8/10@200 Φ8@400	447
	A—C		3.62	80	227	Φ8@200 Φ8@400	376
	B—D		7.20	80	457	Φ8/10@200 Φ8@400	447
	C—D		8.86	80	555	Φ8/10@170 Φ8@340	527

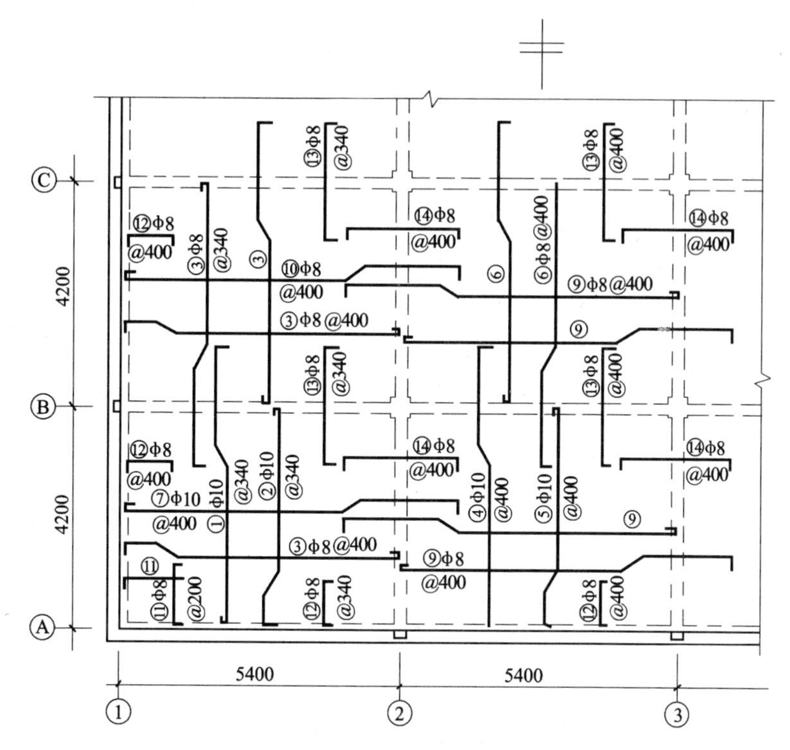

图 2-16 双向板配筋图

2.5 答辩参考题

1. 钢筋混凝土整浇楼盖结构构件布置应考虑哪些问题？
2. 什么条件下主梁能按连续梁进行内力分析？
3. 连续次梁在什么条件下可以将主梁作为其不动铰支座？如果条件不满足应怎样处理？
4. 怎样进行梁、板结构构件的截面尺寸估算？
5. 什么是结构构件的计算简图？它有什么意义？
6. 结构荷载汇集时为什么要区分永久荷载与可变荷载？对下一步计算有哪些影响？
7. 按弹性理论计算梁、板，为什么要采用折算荷载？对板及次梁各有哪些影响？
8. 如何考虑活荷载最不利分布对构件内力分析的影响？有哪些基本规律？
9. 什么是塑性铰？它有什么特点？它的转动程度主要和什么因素有关？如何控制？
10. 板和次梁按塑性理论计算采用的弯矩系数和剪力系数是根据什么原理推导而得？
11. 次梁与主梁相交处为什么主梁应设吊筋或附加箍筋？如果不设将会产生怎样的破坏形式？
12. 什么是浮筋？为什么梁中不应设浮筋？
13. 什么是弯矩包络图？什么是钢筋材料图？如何正确处理梁中钢筋的弯起和截断？
14. 砌体房屋的构造方案对墙体设计计算有何意义？为什么砌体结构房屋宜设计成刚性构造方案？
15. 外纵墙的计算单元应如何选取？计算简图应如何确定？其根据是什么？
16. 外纵墙的计算截面面积规范取窗间墙墙垛的截面面积，什么情况下、什么部位可以取窗口中线间的面积？

17. 为什么砌体构件不分轴压、偏压而按统一公式计算？

18. 什么是梁端有效支承长度？砌体规范 a_0 的两个计算公式应如何应用？

19. 梁端砌体局部受压验算应考虑哪些问题？采取哪些有效的措施给以解决？

20. 浅基础的埋置深度应考虑哪些问题？

21. 地基允许承载力是如何确定的？为什么还要进行修正？

22. 基础底面尺寸是根据什么确定的？

23. 什么情况下还必须验算下卧层地基承载力？

24. 什么是刚性角？毛石基础的刚性角与哪些因素有关？不满足刚性角要求的基础在什么部位可能发生怎样的损坏？

25. 试总结贯穿本课程设计的基本思路有哪些？

2.6　设计评分方法与标准

1. 评分方法

(1)课程设计完成后必须经指导教师检查,并由指导教师在学生的计算书和设计图纸上签字。

(2)组织教研室教师对每个学生就设计成果进行口试,即课程设计答辩。

(3)主考教师可以围绕课程设计涉及的基本理论、设计方法、构造措施、图面布置、绘图深度以及表达方法等诸方面进行考核。根据学生的理解程度和掌握的深度给予评分。

(4)评分按5级评分制确定,即优、良、中、及格、不及格。

(5)一般情况下,答辩评分即为该课程设计的最后成绩,如遇到个别不易认定时,可通过指导教师商议后决定。

2. 评分标准

(1)优秀:完成设计任务书规定的全部内容,设计思路明确,各项设计计算正确,图面布置恰当,绘图表达符合要求,答辩时回答提问流畅,对课程设计涉及的基本理论有较好的掌握深度,对相关的课程设计题外问题能举一反三,具有主动学习的积极性。

(2)良好:完成设计任务书规定的全部内容,各项设计计算基本正确,绘图表达基本符合要求,答辩时个别问题未能回答完全,对基本理论的掌握有所欠缺。

(3)中等:设计计算和图纸有些错误或计算书较潦草,图面不够规整,答辩情况不够理想,对基本理论掌握深度不够。

(4)及格:基本上完成设计计算和图面表达的要求,答辩时较多问题回答不好,对基本理论的掌握深度明显不足,但尚能达到最基本的要求。

(5)不及格:虽然基本上完成设计计算和图面表达,但设计理论中的一些基本问题未能掌握,应令其重新复习,补做课程设计。

2.7　现浇钢筋混凝土楼盖课程设计参考题目

2.7.1　楼盖课程设计任务书(一)

1. 设计题目

某仪表厂装配车间为多层内框架,现浇钢筋混凝土肋形楼盖,砖砌体承重外墙,内柱尺寸为 400mm×400mm，建筑平面尺寸如图 2-17 所示，在图示范围内，应考虑一个楼梯间。

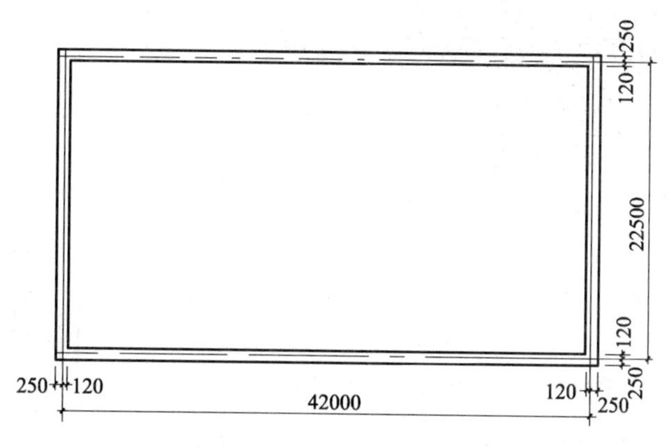

图 2-17 楼盖平面示意

2. 设计资料

(1)楼面荷载

楼面均布活荷载标准值为 $8kN/m^3$，水泥砂浆面层厚 20mm，重力密度为 $20kN/m^3$，石灰砂浆粉底厚度 15mm，重力密度为 $17kN/m^3$，钢筋混凝土重力密度为 $25kN/m^3$。永久荷载系数取 1.2，可变荷载系数取 1.3。

(2)设计用料

混凝土采用 C20～C25

钢筋采用 HPB235 级、HRB335 级(d<12mm，用 HPB235 级，其他情况用 HRB335 级)。

3. 设计内容

(1)确定柱网尺寸，布置结构构件(主梁、次梁、楼梯间)。绘制楼盖结构平面布置图(包括梁、板编号)。

(2)用塑性内力重分布的方法计算连续板的内力，进行板的配筋计算并绘制板的配筋图。

(3)用塑性内力重分布的方法计算次梁内力；进行次梁配筋计算并绘制板、次梁配筋图。

(4)用弹性方法计算主梁内力，做主梁的内力包络图、抵抗弯矩图、配筋图、钢筋明细表。

2.7.2 楼盖课程设计任务书(二)

1. 设计题目

某多层厂房，一层平面如图 2-18 所示，楼梯位于平面之外。试按现浇单向板肋梁楼盖设计此楼面，楼面周边支承于外砖墙，内部可按构造设钢筋混凝土柱。

2. 设计资料

(1)楼面做法

20mm 厚水泥砂浆地面，钢筋混凝土现浇板，20mm 石灰砂浆抹底。

(2)荷载

楼面等效均布活荷载标准值为 $7kN/m^2$，水泥砂浆重力密度为 $20kN/m^3$，石灰砂浆重力密度为 $17kN/m^3$，钢筋混凝土重力密度为 $25kN/m^3$。恒荷载系数为 1.2，活荷载系数为 1.3。

(3)材料

混凝土 C20，梁内受力纵筋为 HRB335 级，板内钢筋及箍筋为 HPB235 级。

(4)外墙厚 370mm，板在砖墙上搁置长度为 120mm，次梁在砖墙上搁置长度为 240mm，主梁在砖墙上搁置长度为 370mm，柱截面尺寸为 400mm×400mm。

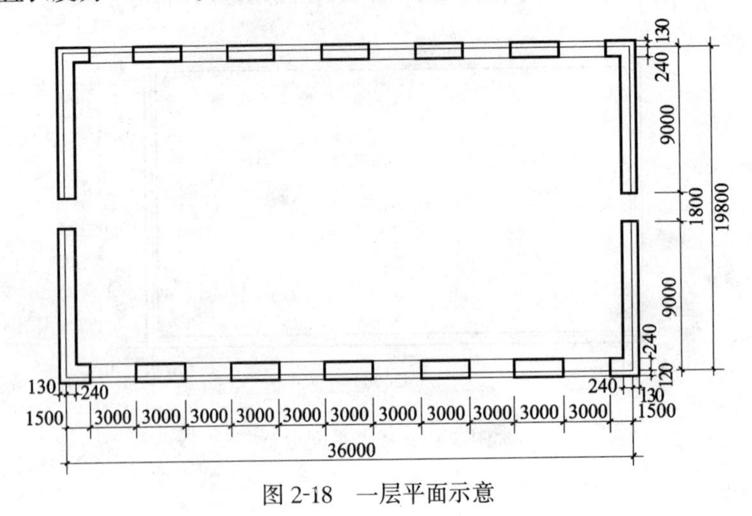

图 2-18　一层平面示意

3．设计内容

(1)确定结构布置

包括柱网布置，主梁、次梁布置，各种构件截面尺寸的选定，绘制楼盖平面图。

(2)板的设计

按考虑塑性内力重分布的方法计算。包括荷载计算，内力计算，正截面强度计算及绘制板配筋图。

(3)次梁设计

按考虑塑性内力重分布的方法计算。包括荷载计算，内力计算，正截面强度和斜截面强度计算，绘制次梁的配筋图。

(4)主梁设计

按弹性方法计算，包括荷载计算，内力计算，弯矩及剪力包络图的绘制，正截面和斜截面强度计算，绘制主梁的抵抗弯矩图，配筋图，钢筋明细表。

2.7.3　楼盖课程设计任务书(三)

1．设计题目　某多层厂房现浇钢筋混凝土单向板肋形楼盖。

2．设计资料　该楼盖标准层结构平面布置如图 2-19 所示。有关资料如下。

(1)楼面活荷载标准值 $p_k = 6\text{kN/m}^2$(或 5kN/m^2，5.5kN/m^2，7kN/m^2，9kN/m^2，11kN/m^2，由指导教师指定)。

(2)楼面面层 20mm 厚水泥砂浆抹面(或做 40mm 厚水磨石面层)，板底及梁用 15mm 厚混合砂浆粉底。

(3)混凝土强度等级为 C20(或 C25，由指导教师指定)，钢筋除主梁和次梁的纵向受力钢筋采用 HRB335 级外，直径＜12mm 的均采用 HPB235 级钢筋。

(4)板伸入墙内 120mm，次梁伸入墙内 240mm，主梁伸入墙内 370mm，柱的截面尺寸为 400mm×400mm(或 450mm×450mm，由指导教师指定)。

3．设计内容

(1)板和次梁考虑塑性内力重分布计算内力，主梁按弹性理论计算内力，并绘制出主梁的弯矩包络图及剪力包络图。

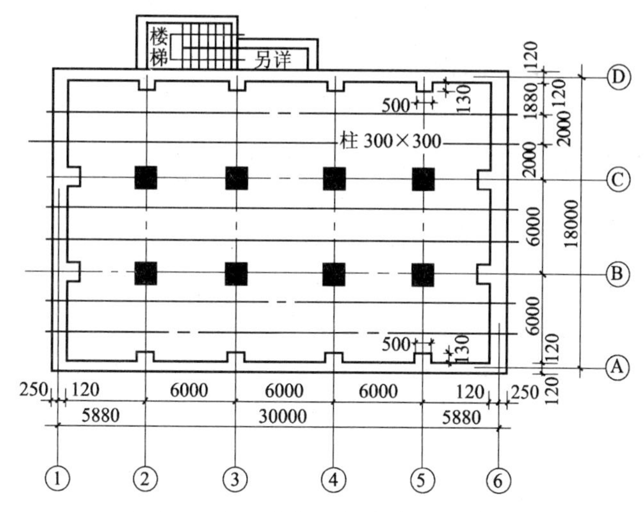

图 2-19 单向板肋形楼盖结构平面布置

(2)绘制楼盖结构施工图(一号图纸一张),内容包括:

1)楼面结构平面布置图(标注墙、柱定位轴线及编号和梁、柱定位尺寸及构件编号,标出楼面板结构标高,该标高由指导教师指定)。

2)板模板图及配筋平面图(标注板厚、板中钢筋的直径、间距、编号及其定位尺寸)。

3)次梁模板图及配筋图(标注次梁截面尺寸及几何尺寸,梁底标高,钢筋的直径、根数、编号及其定位尺寸)。

4)主梁的材料图、模板图及配筋图(按一定比例绘制出主梁的弯矩包络图、抵抗弯矩图、模板及配筋图,标注主梁截面尺寸及几何尺寸,梁底标高,钢筋的直径、根数、编号及其定位尺寸)。

此外,要求在图中列出一种构件的钢筋材料表(由指导教师指定)及其有关设计说明,如混凝土强度等级、钢筋级别、混凝土保护层厚度等。钢筋材料表格式如表 2-4 所示。

表 2-4 钢筋材料表

构件编号	钢筋编号	钢筋形式	直径(mm)	长度(m)	数量(根)	总长(m)
3L-1 (主梁)	①	500 820 3285 580 820 580 2760	Φ25	8.185	2	16.37
	②	200 580	Φ8	1.66	50	83.00
	⋮	⋮	⋮	⋮	⋮	⋮

4. 课程设计要求

(1)了解单向板肋形楼盖的荷载传递关系及其计算简图的确定;

(2)通过板及次梁的计算,熟练掌握考虑塑性内力重分布的计算方法;

(3)通过主梁的计算,熟练掌握按弹性理论分析内力的方法,并熟悉内力包络图和材料图的绘制方法;

(4)了解并熟悉现浇梁板的有关构造要求;

(5)掌握钢筋混凝土结构施工图的表达方式和制图规定,进一步提高制图的基本技能;

(6)学会编制钢筋材料表。

第3章 钢筋混凝土框架结构设计

钢筋混凝土框架结构是由梁、柱通过节点连接组成的承受竖向荷载和水平荷载的结构体系。墙体只起围护和隔断作用。框架结构具有建筑平面布置灵活、室内空间大等优点,广泛用于多层厂房、商店、办公楼、医院、教学楼及宾馆等建筑中。

由于梁、柱截面有限,侧向刚度小,在水平荷载作用下侧移大,属于柔性结构,非地震区不宜超过15～20层;地震区不宜超过7层。

3.1 钢筋混凝土框架结构设计任务书

3.1.1 题目

某中学教学楼工程框架结构设计

3.1.2 设计内容

1. 确定梁、柱截面尺寸及框架计算简图
2. 荷载计算
3. 荷载作用下的内力分析
4. 荷载组合与内力组合
5. 框架梁、柱截面配筋计算
6. 柱下单独基础设计
7. 绘制框架结构模板配筋图

3.1.3 教学要求

1. 了解多、高层框架结构布置方式及选用的依据。
2. 学会多层框架结构计算简图的选取方法。
3. 熟悉《荷载规范》,并正确计算作用在框架上的荷载值。
4. 掌握框架结构内力分析方法,学会内力组合的方法。
5. 根据控制截面的最不利内力值和截面尺寸进行配筋计算和节点构造设计。
6. 学会正确绘制框架结构施工图的方法,进一步提高绘制结构施工图的基本技能。完成结构施工图2～3张。
7. 完成框架结构计算书一份,提高计算能力和使用图表的能力。

3.2 设计指示书

3.2.1 确定结构方案

结构方案包括结构形式、结构体系,柱网尺寸,房屋的基本尺寸和变形缝的划分等内容。

1. 结构形式的确定

根据建筑物的使用要求,抗震设防等级、材料供应、施工条件和造价控制等条件,确定结构形式。本工程采用钢筋混凝土结构。

2. 结构体系的选择

承重结构体系，一般可分为混合结构、框架结构、剪力墙结构、框架-剪力墙结构和筒体结构等。根据结构形式、使用要求、荷载大小、受力特点和地质条件，经分析比较后合理选择。本工程选用框架结构承重体系。

3. 确定柱网尺寸及层高等房屋基本尺寸

根据建筑使用要求，构件供应情况，建筑模数和施工条件，确定柱网尺寸和层高等内容。

4. 选定结构承重布置方案和施工方案

结构施工方案可有现浇、装配和装配整体式三种，本工程选用现浇整体式施工方案。

框架结构是由横向框架和纵向框架组成的空间框架。一般把主要承受楼板重量的框架称为主框架。根据楼板的布置方式，可分为三种承重方案：横向承重框架方案、纵向承重框架方案和双向承重框架方案。本工程采用横向承重框架方案。

5. 估算构件的截面尺寸和确定截面形式

(1)截面形式。梁截面形式多用矩形、梯形、花篮梁。柱多用正方形、矩形和圆形。

(2)截面尺寸。框架梁高度取 $h_b=(1/8\sim1/12)l_0$，$b_b=(1/2\sim1/3)h_b$，且 $h_b\geqslant500$mm，$b_b\geqslant250$mm。框架柱长边 $h_c=(1/6\sim1/12)H_0$，$H_n/b_c\geqslant4$ 时，且 $h_c\geqslant400$mm，$b_c\geqslant350$mm。柱截面尺寸应满足轴压比要求，以保证足够的延性，安全等级为二级时，$N/bh\leqslant0.8f_c$，N 为计算截面处由上部结构传来轴力设计值。

3.2.2　确定计算简图

1. 选取计算单元

将空间结构简化为若干平面框架结构，每榀框架仅抵抗自身平面内的侧向力。由此选定若干计算单元为代表。

2. 确定计算简图

等截面梁、柱取截面几何轴线之间的距离作为框架杆件的计算跨度和高度；柱的底层高度取基础顶面到首层梁几何轴线之间距离或首层梁顶面距离。

3.2.3　荷载计算

荷载的简化原则：集中荷载允许移动 $l/20$ 范围；次梁传给主梁的荷载可不考虑其连续性；风荷载或地震等效作用可简化为节点荷载；楼面不规则活荷载可按内力等效原则简化为等效均布荷载。

3.2.4　内力计算

1. 竖向荷载作用下的内力计算

竖向荷载作用下的内力一般可采用近似法，有分层法、弯矩二次分配法和迭代法。当框架为少层少跨时，采用弯矩二次分配法较为理想。

2. 水平荷载作用下的内力和侧移计算

(1)当 $i_b/i_c>3$ 时，假定梁线刚度 i_b 为无穷大，可采用反弯点法；

(2)当 $i_b/i_c\leqslant3$ 时，可采用改进反弯点法。

(3)水平荷载作用下的侧移计算。

3. 荷载效应组合

(1)竖向活荷载的布置。当楼面活载标准值不超过 5.0kN/m^2 时，可采用满布荷载法；当楼面活载标准值超过 5.0kN/m^2 时，应考虑活载的不利组合，采用最不利荷载位置法。

(2)确定构件的控制截面及最不利内力组合的类型。

(3)先进行竖向荷载作用下的弯矩调幅,调幅后再与水平荷载作用下的内力进行组合。

(4)内力组合:

1)梁的内力不利组合。

2)柱的内力不利组合。

3.2.5 框架梁、柱截面配筋计算

1. 框架梁的截面配筋计算

根据控制截面内力设计值,利用受弯构件正截面受弯承载力计算公式和斜截面受剪承载力计算公式,即可计算出所需的纵筋和箍筋。

2. 框架柱的截面配筋计算

框架柱的内力组合较复杂,可以根据 M 和 N 的相关关系,进行分析比较,确定最不利内力组合,进行配筋计算。

3. 根据构造要求,最后确定框架梁、柱的配筋,并绘出施工图。

3.3 现浇钢筋混凝土多层框架设计示例

3.3.1 某中学教学楼工程框架结构设计

3.3.2 设计资料

该工程为教学楼,采用预制楼板,现浇横向承重框架。根据房屋的使用要求,层数为三屋,层高为 3.6m,其局部标准层建筑平面布置和剖面布置如图 3-1 所示。

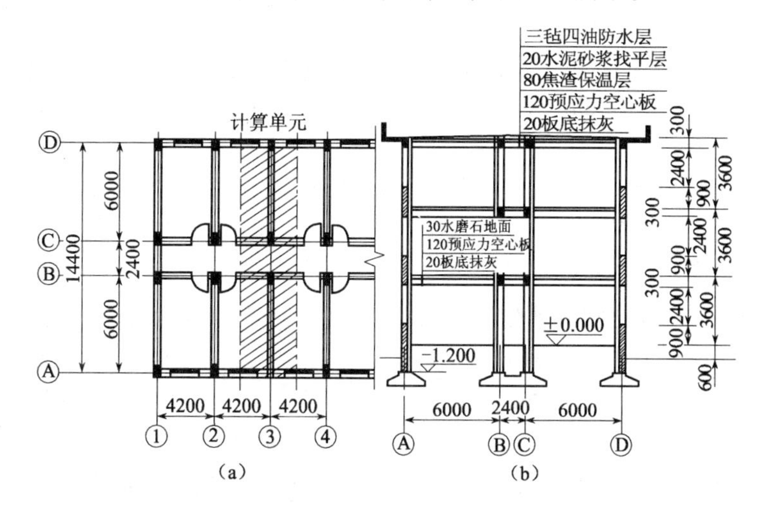

图 3-1

(a)局部标准层平面图;(b)建筑剖面图

工程地质条件,场地地势平坦,自然地表下 0.5m 内为填土,填土以下为黏土,地基承载力特征值 $f_a = 165\text{kN/m}^2$,地下水位 −18m,土壤最大冰冻深度为 0.4m。

该地区为非地震区,不考虑抗震设防。

雪载:基本雪压 0.25kN/m^2。

活荷载:楼面活荷载标准值为 2.0kN/m^2,屋面活荷载标准值为 0.7kN/m^2(按不上人的钢筋混凝土结构承重屋面)。

主要建筑做法：屋面、楼面的建筑做法见剖面图；外纵墙：2 400mm 高钢框玻璃窗，窗下900mm 高，240mm 厚黏土砖墙。所有内外墙均为 240mm 厚黏土砖墙，外墙采用水刷石饰面，内墙采用 20mm 厚混合砂浆抹面喷白。

3.3.3　确定框架计算简图

该框架柱网平面布置规则，故只选择中间位置的一榀横向框架 KJ-3 进行设计计算，该榀框架的计算单元如图 3-1a 中阴影范围，对边框架和其他位置框架，除荷载计算略有差别外，均可仿此进行。KJ-3 的计算简图(图 3-2)中，框架梁的跨度等于柱截面形心轴线之间的距离，底层柱高从基础顶面算至二层楼板底，为 4.8m，其余各层的柱高从板底算至板底，均为 3.6m。

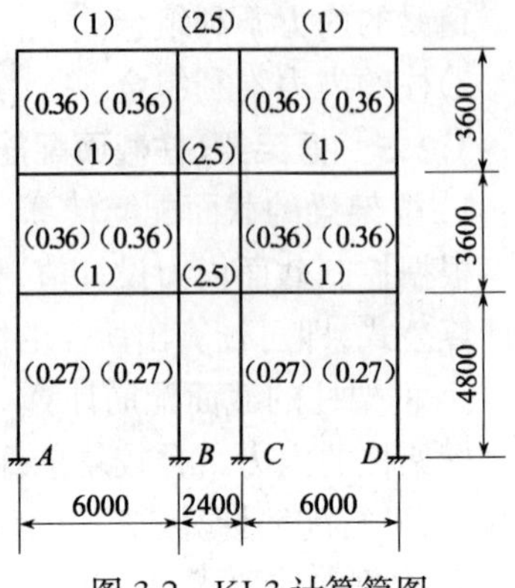

图 3-2　KJ-3 计算简图

1. 拟定梁柱截面尺寸

拟定梁 $h=\dfrac{l}{12}=\dfrac{6\,000}{12}=500\text{mm}$；取 $h=500\text{mm}$；$b=\dfrac{h}{2}=250\text{mm}$

框架柱 $b=\dfrac{H}{20}=\dfrac{4\,800}{20}=240\text{mm}$ 取 $b=250\text{mm}$；$h=1.2b=1.2\times250=300\text{mm}$；取 $h=300\text{mm}$。

纵向连系梁取 $b=250\text{mm}$，$h=300\text{mm}$，兼作纵墙窗过梁。

2. 材料选用

混凝土 C20，$E_c=25.5\times10^3\text{N/mm}^2$，$f_c=9.6\text{N/mm}^2$。

3. 荷载计算及荷载分布图

(1)屋面梁上均布荷载

三毡四油绿豆沙子	0.40
20mm 厚水泥砂浆找平	$0.02\times20=0.40$
100mm 厚焦渣保温层	$0.1\times10=1.00$
120mm 厚预应力空心板(含灌缝)缝	2.20
20mm 厚板底抹灰	$0.02\times17=0.35$
合计	4.3kN/m^2
框架横梁重	$0.25\times0.5\times25=3.13$
横梁抹灰	$(0.5\times2\times0.02+0.25\times0.02)\times17=0.425$
合计	3.56kN/m
屋面梁上均布恒载标准值	$g_{w,k}=4.34\times4.2+3.56=21.79\text{kN/m}$
屋面梁均布恒载设计值	$g_w=1.2\times21.79=26.15\text{kN/m}$

屋面活荷载：雪荷载与屋面活荷载两者不同时考虑，取较大值 0.7kN/m^2

屋面梁上均布活荷载标准值	$q_{w,k}=0.7\times4.2=2.94\text{kN/m}$
屋面梁上均布活荷载设计值	$q_w=1.4\times2.94=4.12\text{kN/m}$

(2)楼面梁均布荷载

30mm 厚水磨石地面	0.65

120mm 厚预应力空心板	2.20
20mm 厚板底抹灰	$0.02\times17=0.34$
合计	3.19kN/m
楼面梁均布恒载标准值	$g_k=3.19\times4.2+3.56=16.96$kN/m
楼面梁均布恒载设计值	$g=1.2\times16.96=20.35$kN/m
楼面梁均布活载标准值	$q_k=2.0\times4.2=8.4$kN/m
楼面梁均布活载设计值	$q=1.4\times8.4=11.76$kN/m

(3)屋面纵梁传来作用柱顶集中荷载

①屋面外纵梁传来荷载 $G_W^A=G_W^D, Q_W^A=Q_W^D$

挑檐自重	9.66kN
纵梁自重	$0.25\times0.3\times4.2\times25=7.88$kN
梁侧抹灰重	$0.3\times4.2\times0.002\times17=0.43$kN
合计	17.97kN
屋面纵梁传来恒载标准值	$G_W^A=G_W^D=17.97$kN
屋面纵梁传来恒载设计值	$G_W^A=G_W^D=1.2\times17.97=21.56$kN

挑檐活荷载(含装满水重)通过纵梁传至柱顶为:

标准值:	$Q_{W,k}^A=Q_{W,k}^D=4.91$kN
设计值:	$Q_W^A=Q_W^D=1.4\times4.91=6.87$kN

②屋面内纵梁传来荷载 $G_W^B=G_W^C$

屋面重传至纵梁	$(4.34-2.2-0.34)\times0.25\times4.2=1.89$kN
纵梁自重	8.31kN
合计	10.20kN
标准值:	$G_{W,k}^B=G_{W,k}^C=10.20$kN
设计值:	$G_W^B=G_W^C=1.2\times10.2=12.24$kN

(4)楼面纵梁传来作用柱顶集中荷载

①楼面外纵梁传来荷载 $G^A=G^D$

钢窗重	$(4.2-0.3)\times2.4\times0.45=4.21$kN
900mm 高纵墙重	$0.9\times0.24\times(4.2-0.25)\times19=16.21$kN
外纵墙粉刷重(外水刷石,内 20mm 抹灰)	$(0.9+0.3)\times4.2(0.55+0.34)=4.49$kN
纵梁自重	8.31kN
合计	33.22kN
标准值:	$G_{3k}^A=G_{3k}^D=G_{2k}^A=G_{2k}^D=33.22$kN
设计值:	$G_3^A=G_3^D=G_2^A=G_2^D=1.2\times33.22=39.86$kN

②楼面内纵梁传来荷载 $G^B=G^C$

内纵墙重	$(4.2-0.25)\times(3.6-0.3)\times0.24\times19=59.44$kN
内纵墙双面抹灰	$4.2\times3.6\times2\times0.02\times17=10.28$kN
纵梁自重	8.31kN
合计	78.03kN
标准值:	$G_{3k}^B=G_{3k}^C=G_{2k}^B=G_{2k}^C=78.03$kN

设计值： $G_3^B=G_3^C=G_2^B=G_2^C=1.2\times78=93.64kN$

(5)柱自重 G_z

底层柱 G_{1zk}自重 $0.25\times0.3\times4.8\times25=9kN$

柱重设计值 G_{1z} $1.2\times9=10.8kN$

其余各层柱 $G_{2zk}=G_{3zk}=0.25\times0.3\times3.6\times25=6.75kN$

柱重设计值 $G_{2z}G_{3z}=1.2\times6.75=8.1kN$

(6)风荷载。基本风压 $w_0=0.4kN/m^2$，风载体型变化系数 $\mu_z=1.3$，风振系数 $\beta_z=1.0$ ($H<30m$)，风载高度变化系数 μ_z，按B类地区(大城市效区)查表有：

离地面高度(m)	5	10	15
μ_z	0.8	1.0	1.14

三层柱顶高为 $3\times3.6=10.8m,\mu_z=1.02$

二层柱顶标高为 $2\times3.6=7.2m,\mu_z=0.89$

一层柱顶标高为 $3.6m,\mu_z=0.58$

计算作用于各层柱顶集中风荷设计值为：

$$F_3=1.4\times1.0\times1.3\times0.4\times4.2\times1.02\times0.5\times3.6=5.61kN$$

$$F_2=1.4\times1.0\times1.3\times0.4\times4.2\times(0.89+1.02)\times0.5\times3.6=10.51kN$$

$$F_1=1.4\times1.0\times1.3\times0.4\times4.2\times(0.89+0.58)\times0.5\times3.6=8.09kN$$

该榀框架荷载分布图如图3-3所示。

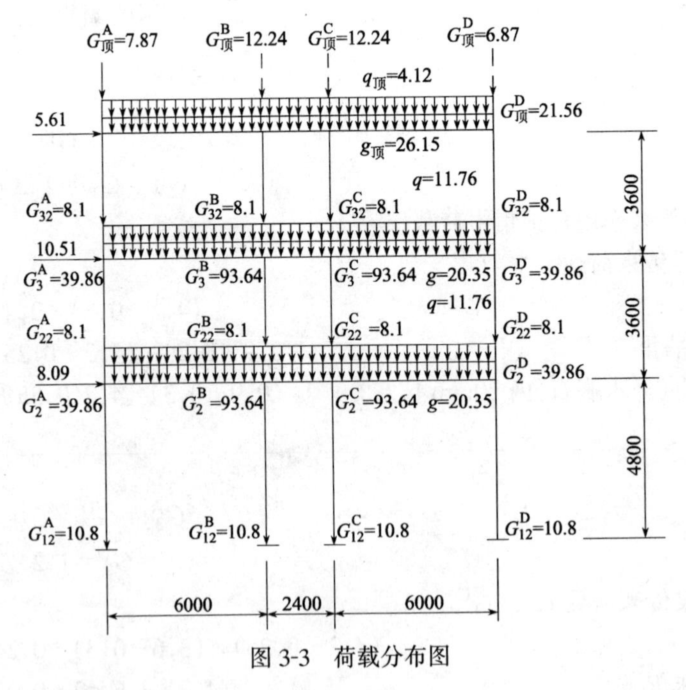

图3-3 荷载分布图

4. 梁柱初拟截面尺寸的核算

(1)框架横梁(初拟 $b\times h=250mm\times500mm$，$h_0=500-35=465mm$)。

屋面梁荷载设计值为 $26.15+4.12=30.27kN/m$

楼面梁荷载设计值为 20.35 + 11.76 = 32.11kN/m

取 $l = 6$m，荷载设计值为 0.8×32.11 = 25.69kN/m 的简支梁，则弯矩及剪力设计值为：

$$M = \frac{1}{8} \times 25.69 \times 6^2 = 115.61 \text{kN} \cdot \text{m}$$

$$V = \frac{1}{2} \times 25.69 \times 6 = 70.07 \text{kN}$$

材料选用：混凝土 C20，$f_c = 9.6\text{N/mm}^2$

钢筋为 HRB 335，$f_y = 300\text{N/mm}^2$

防上超筋破坏截面尺寸要求：

$$M_{u,\max} = \alpha_1 f_c b h_0^2 \xi_b (1 - 0.5\xi_b) = 1.0 \times 9.6 \times 250 \times 465^2 \times 0.40$$
$$= 207.58 \text{kN} \cdot \text{m} > M = 115.61 \text{kN} \cdot \text{m}$$

按斜截面抗剪承载力计算对截面尺寸要求：

$$V_{\max} = 0.25\alpha_1 f_c b h_0 = 0.25 \times 9.6 \times 250 \times 456 = 278.98 \text{kN} > V = 70.07 \text{kN}$$

故梁初拟截面尺寸可以，截面惯性矩为：

$$I_b = \frac{1}{12} b h^3 = \frac{1}{12} \times 250 \times 500^3 = 26.042 \times 10^8 \text{mm}^4$$

(2)柱。只需对受力最大的底层内柱的基础顶面截面承载力进行核算($b \times h = 250\text{mm} \times 300\text{mm}$)。

①按轴心受压核算

$$N_{\max} = [26.15 + 4.12 + 2 \times (20.35 + 11.76)] \times \frac{6 + 2.4}{2}$$
$$+ 12.24 + 2 \times (93.64 + 8.1) + 10.8 = 623.4 \text{kN}$$

$$A_c = 250 \times 300 = 75\,000 \text{mm}^2 > 1.45 N_{\max} / (f_c + 0.03 f'_y)$$
$$= 1.45 \times 623.4 \times 10^3 / (9.6 + 0.03 \times 3) = 47\,827 \text{mm}^2$$

②考虑风载，按偏心受压核算

$$N_{\max} = 623.4 \text{kN}$$

$$M_{\max} = \frac{\sum F_i}{n} \times \frac{h_1}{2} = \frac{5.61 + 10.51 + 8.09}{4 \times 2} \times 4.8 = 14.53 \text{kN} \cdot \text{m}$$

$$h_0 = h - \alpha_s = 300 - 40 = 260 \text{mm}$$

$$N_b = \alpha_1 f_c b h_0 \xi_b = 9.6 \times 250 \times 260 \times 0.55 = 343.20 \text{kN} < N_{\max} = 623.4 \text{kN}$$

故为小偏心受压。

$$e_0 = \frac{M}{N} = \frac{14.53 \times 10^3}{623.4} = 23.3 \text{mm} < 0.3 h_0 = 0.3 \times 260 = 78 \text{mm}$$

$$e_a = 20 \text{mm}$$

$$e_i = e_0 + e_a = 23.3 + 20 = 46.3 \text{mm}$$

$$e/h_0=\frac{20}{265}=0.175,\zeta_1=0.2+2.7\times0.175=0.673$$

$$l_0/h=\frac{4\ 800}{300}=16>15,\zeta_2=1.15-0.01l_0/h=0.99$$

$$\eta=1+\frac{1}{1\ 400(e_i/h_0)}(l_0/h)^2\zeta_1\zeta_2$$

$$=1+\frac{1}{1\ 400\times0.175}\times16^2\times0.673\times0.99=1.696$$

$$\xi=\frac{N-\alpha_1 f_c bh_0\xi_b}{\dfrac{Ne-0.43\alpha_1 f_c bh_0^2}{(0.8-\xi_b)(h_0-a'_s)}+\alpha_1 f_c bh_0^2}+\xi_b$$

$$=\frac{(623.40-343.20)\times10^2}{\dfrac{(623.40\times188.50-0.43\times9.6\times250\times260)}{(0.8-0.55)(260-40)}\times10^6+9.60\times250\times260}+0.55$$

$$=\frac{280.20\times10^3}{\dfrac{(117.50-69.80)\times10^6}{55}+624\times10^3}+0.55=0.738$$

故

$$A_s=A'_s=\frac{Ne-\alpha_1 f_c bh_0^2\xi(1-0.5\xi)}{f'_y(h_0-a'_s)}$$

$$=\frac{117.5\times10^6-9.6\times250\times260^2\times0.738\times(1-0.5\times0.738)}{300\times(260-40)}$$

$$=636\text{mm}^2$$

$$\sum A_s=2\times636=1\ 272\text{mm}^2>\rho_{\min}bh=0.006\times250\times300=468\text{mm}^2$$

则初拟柱截面尺寸可以为 250mm×300mm。

$$I_c=\frac{1}{12}bh^3=\frac{1}{12}\times250\times300^3=5.625\times10^8\text{mm}^4$$

5. 梁柱线刚度计算

边跨梁　　$i_b^{边}=\dfrac{E_cI}{l}=\dfrac{26.042\times10^8E_c}{6\ 000}=4.34\times10^5E_c\quad \text{N}\cdot\text{m}$

中跨梁　　$i_b^{中}=\dfrac{E_cI}{l}=\dfrac{26.042\times10^8E_c}{2\ 400}=10.85\times10^5E_c\quad \text{N}\cdot\text{m}$

底层柱　　$i_c^{底}=\dfrac{E_cI}{l}=\dfrac{5.625\times10^8E_c}{4\ 800}=1.172\times10^5E_c\quad \text{N}\cdot\text{m}$

其余各层柱　　$i_c=\dfrac{5.625\times10^8E_c}{3\ 600}=1.562\ 5\times10^5E_c\quad \text{N}\cdot\text{m}$

内力分析时只要梁柱相对线刚度比，取边跨 $i_b^{边}$ 作为基础值 1，算得各杆相对线刚度比，标于图 3-4 括号内。

边跨梁为 1，中跨梁为$\dfrac{10.85\times10^5E_c}{4.34\times10^5E_c}=2.5$

底层柱为$\dfrac{1.172\times10^5E_c}{4.34\times10^5E_c}=0.27$

其余各层柱为$\dfrac{1.562\ 5\times10^5E_c}{4.34\times10^5E_c}=0.36$

3.3.4　荷载作用下的框架内力分析

1. 风荷载作用下框架内力及侧移验算

(1)风荷载作用下框架内力。其计算简图如图3-4所示。

①(KJ-3)柱的侧移刚度，见表3-1、表3-2。

②风载荷设计值作用下内力计算(D值法)

各柱剪力计算

$$V=\frac{D}{\sum D}\sum F$$

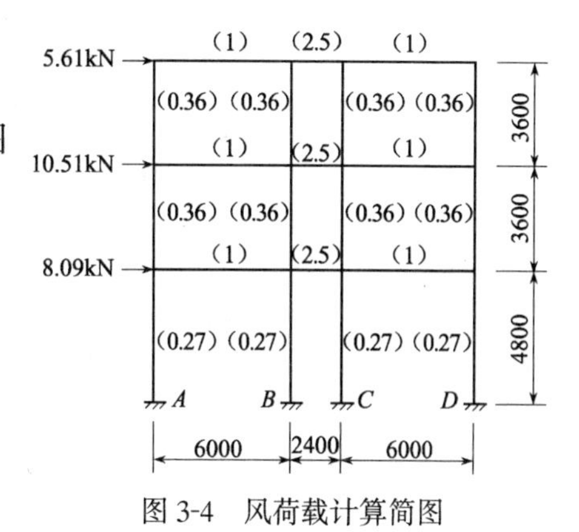

图3-4　风荷载计算简图

各柱反弯点高度

$$yh=(y_0+y_1+y_2+y_3)h$$

各柱柱端弯矩计算

$$M_c^t=(h-yh)V$$

$$M_c^b=yhV$$

表3-1　底层柱侧移刚度

柱 \ D	$\overline{K}=\dfrac{\sum i_b}{i_c}$	$\alpha_c=\dfrac{0.5+\overline{K}}{2+\overline{K}}$	$D=\dfrac{\alpha_c i_c\times12}{h^2}$	底层$\sum D$
边柱(2根)	$\dfrac{1}{277}=3.704$	$\dfrac{0.5+3.704}{2+3.704}=0.737$	$0.737\times0.27\times12/4\ 800^2$ $=0.199\times12/4\ 800^2$	$(0.199+0.243)\times2\times12/4\ 800^2$ $=0.884\times\dfrac{12}{4\ 800^2}$
中柱(2根)	$\dfrac{1+2.5}{0.27}=12.96$	$\dfrac{0.5+12.96}{2+12.96}=0.899\ 7$	$0.899\ 7\times0.27\times12/4\ 800^2$ $=0.243\times12/4\ 800^2$	

表3-2　其余层柱侧移刚度

柱 \ D	$\overline{K}=\dfrac{\sum i_b}{2i_c}$	$\alpha_c=\dfrac{\overline{K}}{2+\overline{K}}$	$D=\dfrac{\alpha_c i_c\times12}{h^2}$	每层$\sum D$
边柱(2根)	$\dfrac{1+1}{2\times0.36}=2.778$	$\dfrac{2.778}{2+2.778}=0.581\ 4$	$0.581\ 4\times0.36\times12/3\ 600^2$ $=0.209\ 3\times12/3\ 600^2$	$(0.209\ 3+0.298\ 6)\times2\times12/3\ 600^2$ $=1.015\ 8\times\dfrac{12}{3\ 600^2}$
中柱(2根)	$\dfrac{(1+2.5)\times2}{2\times0.36}=9.722$	$\dfrac{9.722}{2+9.722}=0.829\ 4$	$0.829\ 4\times0.36\times12/3\ 600^2$ $=0.298\ 6\times12/3\ 600^2$	

因结构对称，取一半计算(图3-5)。

(a)边柱

$$D/\sum D=\frac{0.209\ 3}{1.015\ 8}=0.206\quad V=0.206\times5.61=1.156$$

$$\overline{K}=2.778\quad y_0=0.438\ 9\quad M_c^t=1.156\times3.6\times0.561\ 1=2.34$$

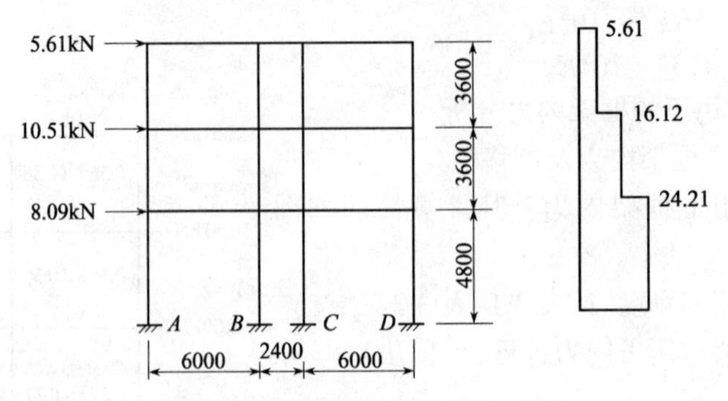

图 3-5　风载作用时柱端弯矩计算

$$M_c^b = 1.156 \times 3.6 \times 0.438\,9 = 1.83$$

$$D/\sum D = 0.206 \quad V = 0.206 \times 16.12 = 3.32$$

$$\overline{K} = 2.778 \quad y_0 = 0.488\,9 \quad M_c^t = 3.32 \times 3.6 \times 0.561\,1 = 6.11$$

$$M_c^b = 3.32 \times 3.6 \times 0.488\,9 = 5.84$$

$$D/\sum D = \frac{0.199}{0.188\,4} = 0.225 \quad V = 0.225 \times 24.21 = 5.45$$

$$\overline{K} = 3.704 \quad y_0 = 0.55 \quad M_c^t = 5.45 \times 4.8 \times 0.45 = 11.77$$

$$M_c^b = 5.45 \times 4.8 \times 0.55 = 14.39$$

(b)中柱

$$D/\sum D \frac{0.298\,6}{1.015\,8} = 0.294 \quad V = 0.294 \times 5.61 = 1.649$$

$$\overline{K} = 9.722 \quad y_0 = 0.45 \quad M_c^t = 1.649 \times 3.6 \times 0.55 = 3.27$$

$$M_c^b = 1.649 \times 3.6 \times 0.45 = 2.67$$

$$D/\sum D = 0.294 \quad V = 0.294 \times 16.12 = 4.74$$

$$\overline{K} = 9.722 \quad y_0 = 0.5 \quad M_c^t = 4.74 \times 3.6 \times 0.5 = 8.53$$

$$M_c^b = 8.53$$

$$D/\sum D = \frac{0.243}{0.884} = 0.275 \quad V = 0.275 \times 24.21 = 6.66$$

$$\overline{K} = 12.96 \quad y_0 = 0.55 \quad M_c^t = 6.66 \times 4.8 \times 0.45 = 14.39$$

$$M_c^b = 6.66 \times 4.8 \times 0.55 = 17.58$$

由节点平衡条件求出各横梁梁端弯矩,便可得到弯矩图(图 3-6)。

取梁和柱为脱离体,由平衡条件可求出梁端剪力、柱剪力和柱轴力(图 3-7)。剪力以绕杆端顺时针转为正,反之为负;轴向力以受压为正,反之为负。

(c)中节点

$$M_b^l = \frac{1}{1+2.5} \times 3.27 = 0.934$$

$$M_b^r = \frac{2.5}{3.5} \times 3.27 = 2.34$$

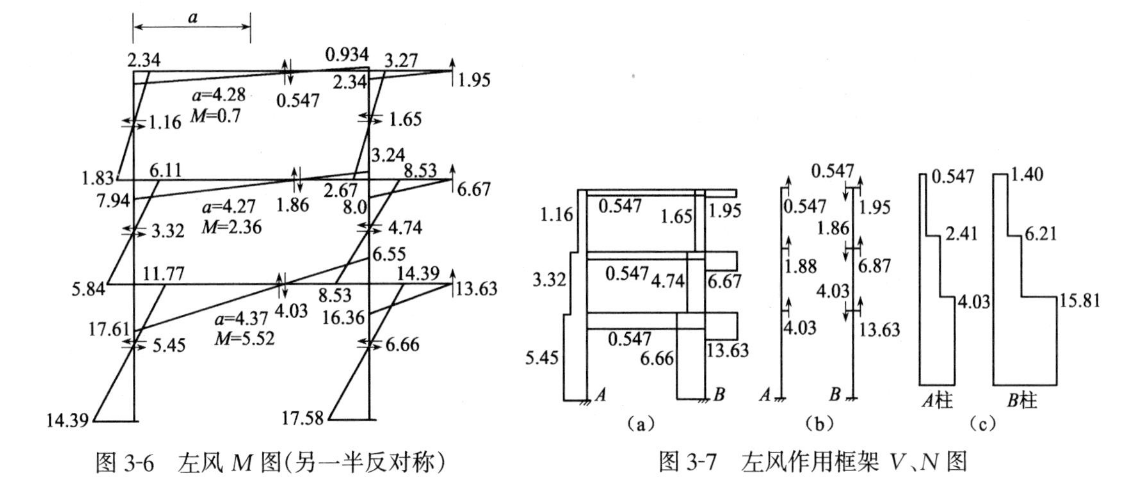

图 3-6　左风 M 图(另一半反对称)　　　图 3-7　左风作用框架 V、N 图

$$M_b^l=\frac{1}{3.5}\times(2.67+8.53)=3.2$$

$$M_b^r=\frac{2.5}{3.5}\times(2.67+8.53)=8.0$$

$$M_b^l=\frac{1}{3.5}\times(8.53+14.39)=6.55$$

$$M_b^r=\frac{2.5}{3.5}\times(8.53+14.39)=16.36$$

(d)边节点

$$M_b^r=2.34$$

$$M_b^r=1.83+6.11=7.94$$

$$M_b^r=5.84+11.77=17.61$$

框架梁、柱剪力计算,由弯矩图 3-6 可得,见表 3-3。

表 3-3　梁柱剪力计算

层数	梁剪力 (kN)		柱剪力 (kN)	
	边跨梁	中跨梁	外柱	内柱
3	$\frac{-(2.34+0.934)}{6}=-0.547$	$-2.34/1.2=-1.95$	$\frac{2.34+1.83}{3.6}=1.16$	$\frac{3.27+2.67}{3.6}=1.65$
2	$\frac{-(7.9+3.2)}{6}=-1.86$	$-8/1.2=-6.67$	$\frac{6.11+5.84}{3.6}=3.32$	$\frac{2\times 8.53}{3.6}=4.74$
1	$\frac{1-(1.76+6.55)}{6}=-4.03$	$-16.36/1.2=-13.63$	$\frac{11.77+14.38}{4.8}=5.45$	$\frac{14.39+17.58}{4.8}=6.66$

框架剪力图见图 3-7a。

框架柱的轴力计算,由剪力图可得柱的轴力计算见表 3-4。

框架柱的轴力见图 3-7c。

(2)风荷载作用下框架的侧移验算。因房屋高度小于 40m,故仅考虑框架的总体剪切变形,取刚度折减系数 $\beta_c=0.85$,便可计算出层间相对位移。计算时各层柱实际侧移刚度,等于相对侧移刚度乘以相对线刚度为 1 的边梁截面线刚度 $i_b^{边}=434\times10^5E_c$N·m,混凝土强度等级为 C20,弹性模量 $E_c=25.5\times10^3\text{N/mm}^2$。

表 3-4　柱的轴力计算(kN)

层　数	边　柱　A	中　柱　B
3	$N_1=N_2=-0.547$	$N_1=N_2=0.547-1.95=-1.40$
2	$N_3=N_4=-0.547+(-1.86)=-2.41$	$N_3=N_4=-1.4+1.86-6.67=-6.21$
1	$N_5=N_6=-2.41+(-4.03)=-6.44$	$N_3=N_6=-6.21+4.03-13.63=-15.81$

①各层柱实际总侧移刚度

底层 $\sum D_1=0.884\times\dfrac{12}{4\,800^2}\times4.34\times10^5\times25.5\times10^3=5\,095\text{N/m}$

其余层 $\sum D_2=\sum D_3=1.015\,8\times\dfrac{12}{3\,600^2}\times4.34\times10^5\times25.5\times10^3=10\,409\text{N/m}$

②侧移计算见表 3-5。

表 3-5　侧移计算表

层数	$\sum F$(kN)	$\sum D(\text{N}\cdot\text{m}^{-1})$	$\Delta=\dfrac{\sum F\times10^3}{\beta_c\sum D}$(mm)	Δ/h	$[\Delta/h]$
3	5.61	10 409	$\dfrac{5.61\times10^3}{0.85\times10\,409}=0.634$	$\dfrac{0.634}{3\,600}=\dfrac{1}{5\,678}$	
2	16.12	10 409	$\dfrac{16.12\times10^3}{0.85\times10\,409}=1.82$	$\dfrac{1.82}{3\,600}=\dfrac{1}{1\,978}$	$\dfrac{1}{550}$
1	24.21	5 095	$\dfrac{24.21\times10^3}{0.85\times5\,095}=5.59$	$\dfrac{5.59}{4\,800}=\dfrac{1}{859}$	

由上述验算可知,层间相对位移满足要求,否则应加大框架构件截面尺寸,其中以加大截面高度最有效。

2. 恒载设计值作用下的框架内力计算(弯矩二次分配法)

因为该框架的结构、荷载对称,则变形对称,中跨中点无转角和水平位移,可取其一半进行计算(图 3-8),计算步骤如下:

(1)固端弯矩

顶层:边梁:$\pm\dfrac{ql^2}{12}=\pm\dfrac{26.15}{12}\times6^2=\pm78.5\text{kN·m}$

中梁:$-\dfrac{ql^2}{3}=-\dfrac{26.15}{3}\times1.2^2=-12.6\text{kN·m}$

1、2 层:边梁:$\pm\dfrac{20.35}{12}\times6^2=\pm61.1\text{kN·m}$

中梁:$-\dfrac{20.35}{3}\times1.2^2=-9.8\text{kN·m}$

(2)弯矩分配系数

A_3 节点:$\mu_{A_3B_3}=\dfrac{4\times1.0}{4\times1.0+4+0.36}=0.735$

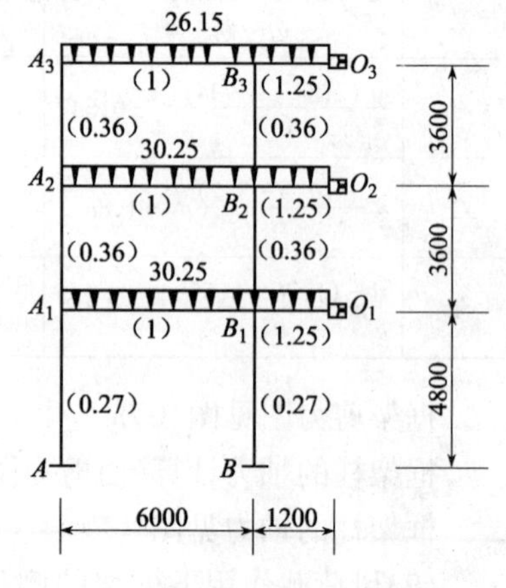

图 3-8　恒载作用下计算简图

$$\mu_{A_3A_2}=\frac{0.36}{1.36}=0.265$$

B_3 节点：$\mu_{B_3A_3}=\frac{4\times1.0}{4\times1.0+2.5\times2+4\times0.36}=0.383$

$$\mu_{B_3O_3}=\frac{2.5/2}{1+2.5/2+0.36}=0.047\ 9$$

$$\mu_{B_3B_2}=\frac{0.36}{1+2.5/2+0.36}=0.138$$

其他节点的弯矩分配系数同理可求出，填入图 3-9 各节点小方格内。

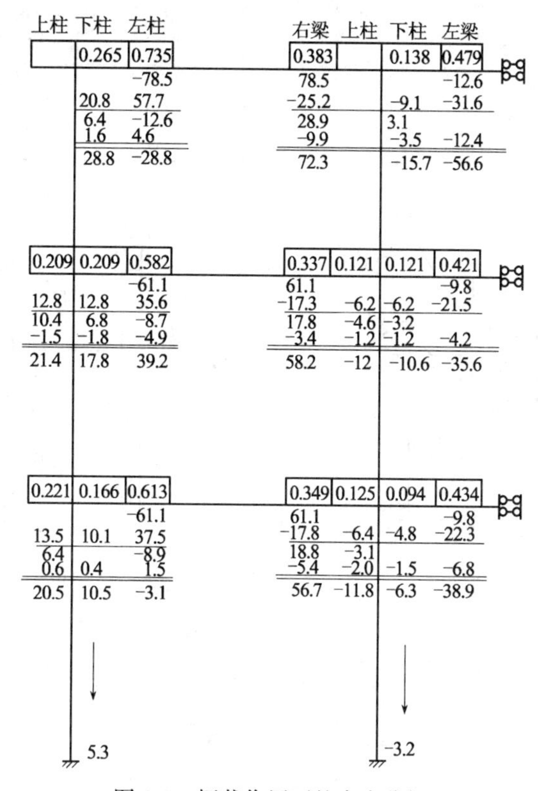

图 3-9　恒载作用下的内力分析

(3)计算杆端弯矩

①各节点进行弯矩分配；

②弯矩传递，同跨梁两端、同层柱上下端的弯矩相互传递，传递系数为$\frac{1}{2}$；

③各节点的不平衡弯矩进行第二次分配；

④将固端弯矩、分配弯矩、传递弯矩相加，得出各杆的杆端弯矩，杆端弯矩以顺时针转动为正，反之为负。

(4)横梁跨中弯矩计算。取脱离体，按简支梁则有 $M_{中}=-\frac{|M^{左}|+|M^{右}|}{2}+\frac{1}{8}ql^2$；各横梁跨中弯矩计算结果列于表 3-6。

框架在恒载作用下弯矩图见图 3-10a。

(5)梁端剪力及柱的剪力计算。取节点平衡可求得梁端及柱的剪力，计算结果列于表 3-7。

表 3-6　恒载作用下横梁跨中弯矩(kN·m)

层数	边跨梁			中跨梁		
	$\frac{\lvert M^{左}\rvert+\lvert M^{右}\rvert}{2}$	$\frac{1}{8}ql^2$	$M_{中}=\frac{1}{8}ql^2-\frac{\lvert M^{左}\rvert+\lvert M^{右}\rvert}{2}$	$\frac{\lvert M^{左}\rvert+\lvert M^{右}\rvert}{2}$	$\frac{1}{8}ql^2$	$M_{中}=\frac{1}{8}ql^2-\frac{\lvert M^{左}\rvert+\lvert M^{右}\rvert}{2}$
3	$\frac{7.23+2.88}{2}$ $=50.55$	$\frac{26.15}{8}\times6^2$ $=117.68$	$117.68-50.55$ $=67.10$	56.6	$\frac{26.15}{8}\times2.4^2$ $=18.83$	$18.83-56.6$ $=-37.8$
2	$\frac{58.2+39.2}{2}$ $=48.7$	$\frac{20.35}{8}\times6^2$ $=91.58$	$91.58-48.7$ $=42.9$	35.6	$\frac{20.35}{8}\times2.4^2$ $=14.65$	$14.65-35.6$ $=-21$
1	$\frac{56.7+31}{2}$ $=43.85$	$\frac{20.35}{8}\times6^2$ $=91.58$	$91.58-43.85$ $=47.7$	38.9	$\frac{20.35}{8}\times2.4^2$ $=14.65$	$14.65-38.9$ $=-24.2$

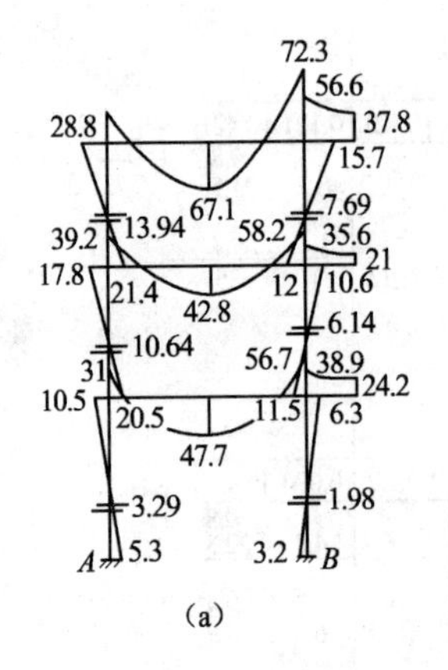

(a)

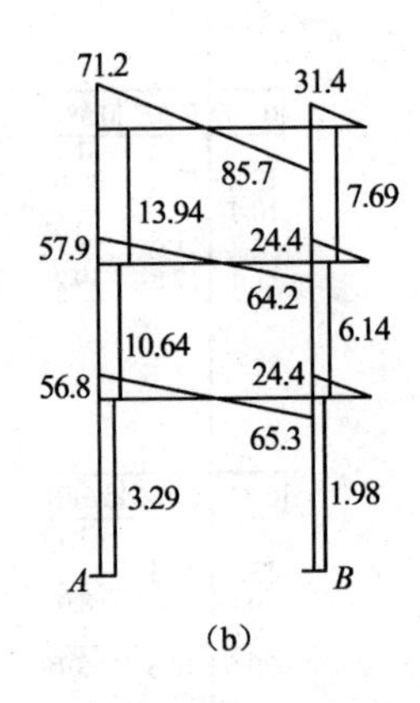

(b)

图 3-10　恒载作用下 M、V 图

表 3-7　恒载作用下梁端及柱剪力计算(kN)

层数	边跨梁端剪力				中跨梁端剪力		柱剪力 $\sum M/h$	
	$\frac{ql_1}{2}$	$\sum M/l$	$V^{左}=\frac{ql}{2}-\frac{\sum M}{l}$	$V^{右}=\frac{ql}{2}+\frac{\sum M}{l}$	$\frac{\sum M}{l}$	$V^{左}=V^{右}=\frac{ql}{2}$	外柱 A	内柱 B
3	$\frac{26.15\times61}{2}$ $=78.45$	$(72.3-28.8)/6$ $=7.25$	71.2	85.7	0	$26.15/2\times2.4$ $=31.38$	$-\frac{21.4+28.8}{3.6}$ $=-13.94$	$\frac{12+15.7}{3.6}$ $=7.69$
2	$\frac{20.35\times6}{2}$ $=61.05$	$(58.2-39.2)/6$ $=3.17$	57.9	64.2	0	$\frac{20.35}{2}\times2.4$ $=24.42$	$-\frac{20.5+17.8}{3.6}$ $=-10.64$	$\frac{11.5+10.6}{3.6}$ $=6.14$
1	61.05	$(56.7-31)/6$ $=4.28$	56.8	65.3	0	24.42	$-\frac{5.3+10.5}{4.8}$ $=-3.29$	$\frac{3.2+6.3}{4.8}$ $=1.98$

框架在恒载作用下剪力图见图 3-10b。

(6)框架柱的轴力计算。根据荷载分布图(图 3-3)及剪力图 3-10b 进行计算。

①边柱

3层：N_1 = 梁端剪力 + 纵梁传来恒载 G_W^A = 712 + 21.6 = 92.8kN

$N_2 = N_1$ + 柱自重 = 92.8 + 8.1 = 100.9kN

2层：$N_3 = N_2$ + 梁端剪力 + 纵梁传来恒载 G_3^A = 100.9 + 57.9 + 39.9 = 198.7kN

$N_4 = N_3$ + 柱自重 = 198.7 + 8.1 = 206.8kN

1层：$N_5 = N_4$ + 梁端剪力 + 纵梁传来恒载 G_2^A = 206.8 + 56.8 + 39.9 = 303.5kN

$N_6 = N_5$ + 底层柱自重 = 303.5 + 10.8 = 314.3kN

②中柱

3层：N_1 = (左 + 右)梁端剪力 + 纵梁传来恒载 G_W^B = 85.7 + 31.4 + 12.24 = 129.3kN

$N_2 = N_1$ + 柱自重 = 129.3 + 8.1 = 137.4kN

2层：$N_3 = N_2$ + (左 + 右)梁端剪力 + 纵梁传来恒载 = 137.4 + 64.2 + 24.4 + 93.64 = 319.6kN

$N_4 = N_3$ + 柱自重 = 319.6 + 8.1 = 327.7kN

1层：$N_5 = N_4$ + (左 + 右)梁端剪力 + 纵梁传来恒载 = 327.7 + 65.3 + 24.4 + 93.64 = 511kN

$N_6 = N_5$ + 底层柱自重 = 511 + 10.8 = 521.8kN

框架轴力图见图 3-11。

92.8
100.9
198.7
206.8
303.5
314.3
A
129.3
129.3
319.6
327.7
511.0
521.8
B

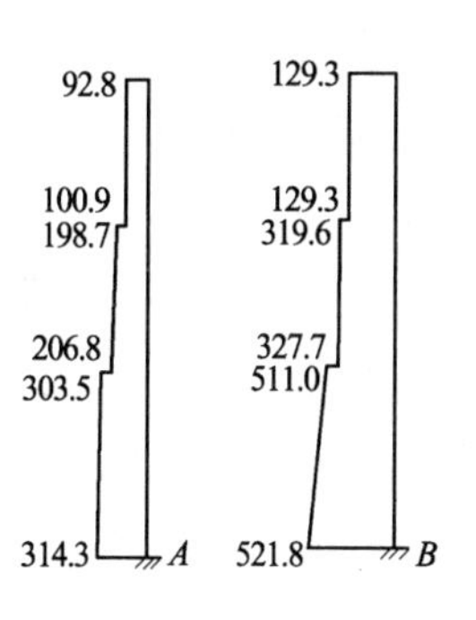

图 3-11　框架轴力

3. 活荷作用时框架内力

满布活荷载，用弯矩二次分配法，见图 3-12。

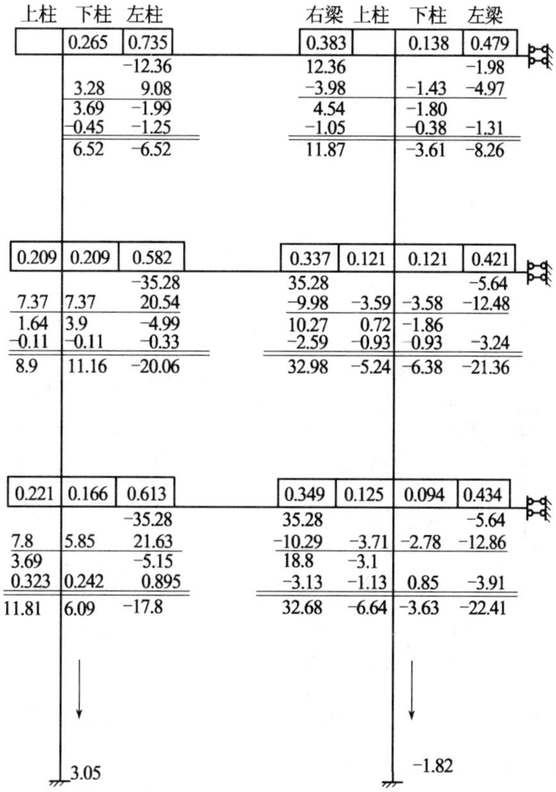

上柱　下柱　左柱
0.265　0.735
-12.36
3.28　9.08
3.69　-1.99
-0.45　-1.25
6.52　-6.52
右梁　上柱　下柱　左梁
0.383　0.138　0.479
12.36　-1.98
-3.98　-1.43　-4.97
4.54　-1.80
-1.05　-0.38　-1.31
11.87　-3.61　-8.26
0.209　0.209　0.582
-35.28
7.37　7.37　20.54
1.64　3.9　-4.99
-0.11　-0.11　-0.33
8.9　11.16　-20.06
0.337　0.121　0.121　0.421
35.28　-5.64
-9.98　-3.59　-3.58　-12.48
10.27　0.72　-1.86
-2.59　-0.93　-0.93　-3.24
32.98　-5.24　-6.38　-21.36
0.221　0.166　0.613
-35.28
7.8　5.85　21.63
3.69　-5.15
0.323　0.242　0.895
11.81　6.09　-17.8
0.349　0.125　0.094　0.434
35.28　-5.64
-10.29　-3.71　-2.78　-12.86
18.8　-3.1
-3.13　-1.13　0.85　-3.91
32.68　-6.64　-3.63　-22.41
3.05
-1.82

图 3-12　活载作用下弯矩二次分配法计算

同理取一半进行计算,各节点弯矩分配系数与恒载作用相同。固端弯矩计算见表3-8。

表3-8 固端弯矩计算

层数	楼(屋)面梁活荷载设计值(kN·m^{-1})	固端弯矩(kN·m)	
		边跨梁	中跨梁
顶层	$q_w=4.12$	$\pm\frac{q_w l^2}{12}=\pm\frac{4.12}{12}\times 6^2=\pm 12.36$	$-\frac{q_w l^2}{3}=-\frac{1}{3}\times 4.12\times 1.2^2=-1.98$
一、二层	$q_{楼面}=11.76$	$\pm\frac{1}{12}\times 11.76\times 6^2=\pm 35.28$	$-\frac{1}{3}\times 11.76\times 1.2^2=-5.64$

(1)用弯矩二次分配法计算,得出各杆杆端弯矩;

(2)取各层横梁为脱离体,便可求得框架在竖向活荷载作用下的梁端剪力及柱的剪力。

①框架横梁的跨中弯矩计算,见表3-9。框架弯矩图,见图3-13a。

表3-9 活荷载作用下横梁跨中弯矩计算

层数	边跨梁跨中			中跨梁跨中		
	$\frac{M^{左}+M^{右}}{2}$	$\frac{1}{8}ql^2$	$\frac{M^{左}+M^{右}}{2}+\frac{1}{8}ql^2$	$\frac{M^{左}+M^{右}}{2}$	$\frac{1}{8}ql^2$	$\frac{M^{左}+M^{右}}{2}+\frac{1}{8}ql^2$
3	$\frac{6.52+11.87}{2}=9.20$	$\frac{4.12}{8}\times 6^2=18.54$	$-9.2+18.54=9.34$	8.26	$\frac{4.12}{8}\times 2.4^2=2.97$	$-8.26+2.97=-5.3$
2	$\frac{20.06+32.98}{2}=26.52$	$\frac{11.76}{8}\times 6^2=52.92$	$-26.52+52.92=26.4$	21.36	$\frac{11.76}{8}\times 2.4^2=8.47$	$-21.36+8.47=-12.9$
1	$\frac{17.9+32.68}{2}=25.29$	$\frac{11.76}{8}\times 6^2=52.92$	$-25.29+52.92=27.63$	22.41	$\frac{11.76}{8}\times 2.4^2=8.47$	$-22.41+8.47=-13.9$

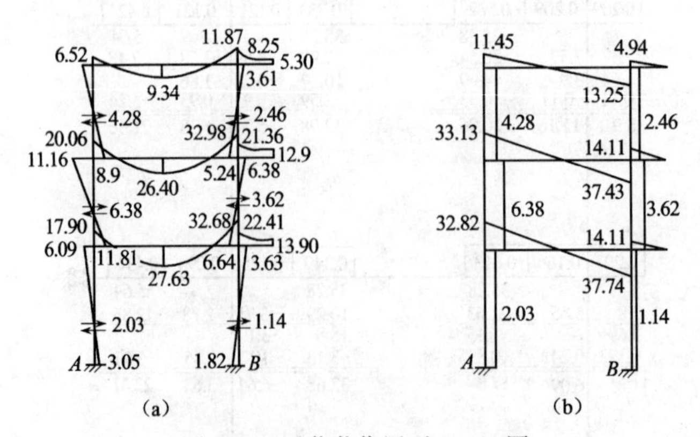

图3-13 活荷载作用下 M、V 图

②框架梁端及柱剪力计算见表3-10,框架剪力图见图3-13b。

③框架柱在活荷载作用下轴力的计算。

边柱:$N_1=N_2=Q_W^A+$梁端剪力$=6.87+11.45=18.32$kN

$N_3 = N_4 = N_2 +$ 梁端剪力 $= 18.32 + 33.13 = 51.45\text{kN}$

$N_5 = N_6 = N_4 +$ 梁端剪力 $= 51.45 + 32.82 = 84.27\text{kN}$

表 3-10 活荷载作用下框架剪力计算(kN)

层数	边跨梁端剪力				中跨梁端剪力		柱剪力 $\sum M/h$	
	$\frac{ql}{2}$	$\sum M/l$	$V^{左}=\frac{ql}{2}-\frac{\sum M}{l}$	$V^{右}=\frac{ql}{2}+\frac{\sum M}{l}$	$\frac{\sum M}{l}$	$V^{左}=V^{右}=\frac{ql}{2}$	外柱 A	内柱 B
3	$\frac{4.12\times6}{2}=12.36$	$\frac{-6.52+11.87}{6}=0.892$	11.45	13.25	0	$\frac{4.12\times2.4}{2}=4.94$	$\frac{-6.52+8.9}{-3.6}=-4.28$	$\frac{3.61+5.24}{3.6}=2.46$
2	$\frac{11.76\times6}{2}=35.28$	$\frac{20.06+32.98}{6}=2.15$	33.13	37.43	0	$\frac{11.76\times2.4}{2}=14.11$	$-\frac{11.16+11.81}{3.6}=-6.38$	$\frac{6.38+6.64}{3.6}=3.62$
1	$\frac{11.76\times6}{2}=35.28$	$\frac{-17.9+32.68}{6}=2.46$	32.82	37.74	0	14.11	$-\frac{6.69+3.05}{4.8}=-2.03$	$\frac{3.63+1.82}{4.8}=1.14$

中柱：$N_1 = N_2 =$ (左+右)梁端剪力 $= 13.25 + 4.94 = 18.19\text{kN}$

$N_3 = N_4 = N_2 +$ (左+右)梁端剪力

$= 18.19 + 37.43 + 14.11 = 69.73\text{kN}$

$N_5 = N_6 = N_4 +$ (左+右)梁端剪力

$= 69.73 + 37.43 + 14.11 = 121.58\text{kN}$

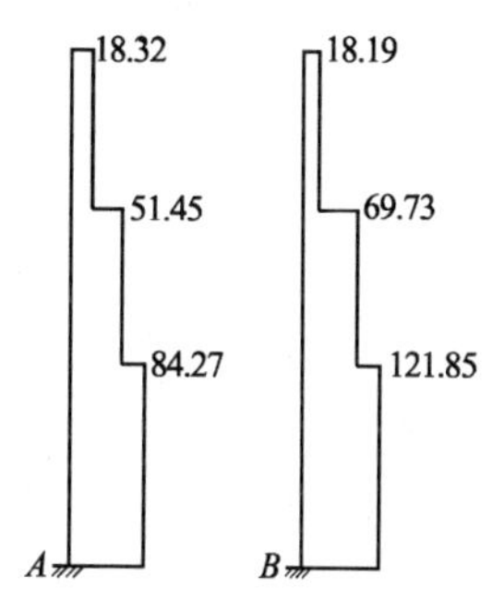

图 3-14 活载作用下 N 图(kN)

3.3.5 荷载组合和内力组合

本例考虑以下两种荷载组合：恒荷载＋活荷载；恒荷载＋0.9(活荷载＋风荷载)。

1. 框架横梁内力组合(图 3-14)

将恒载、活载及风荷载作用下，框架横梁各控制截面内力及根据各种荷载组合情况，得出横梁内力组合，见表 3-11 及表 3-12。

表 3-11 横梁内力组合表(3 层)

层数	横梁	截面	内力	恒载	活载	风载(左、右)	内力组合 恒+活 1	恒+0.90(活+风) 2	内力控制值 M'(kN·m) V'(kN)
3层	边跨梁	左	M	−28.8	−6.52	±2.34	−35.32	−36.77	$-36.77+77.46\times0.15=-25.15$
			V	71.2	11.45	∓0.547	82.65	82.0	$82.0-30.27\times0.15=+77.46$
		中	M	67.1	9.34	±0.70	76.44	76.14	76.44
		右	M	−72.3	−11.87	∓0.934	−81.47	−83.82	$-84.17+94.41\times0.15=-70.01$
			V	−85.7	−13.25	∓0.547	−98.95	−98.12	$-98.95+30.27\times0.15=-94.41$
	中跨梁	左	M	−56.6	−8.26	∓2.34	−64.86	66.14	$-66.14+33.10\times0.15=-61.18$
			V	31.4	4.94	∓1.95	36.34	37.60	$+37.60-30.27\times0.15=33.10$
		中	M	−37.8	−5.3	0	43.1	−42.57	−43.1

表 3-12　横梁内力组合表(第 2、1 层)

层数	横梁	截面	内力	恒载	活载	风载(左、右)	内力组合		内力控制值 M'(kN·m) V'(kN)
							恒+活	恒+0.9(活+风)	
							1	2	
2层	边跨梁	左支座	M	−39.2	−20.06	±7.94	−59.26	−64.4	同第一层
			V	57.9	33.13	∓1.86	91.03	89.30	同第一层
		跨中	M	42.9	26.40	±2.36	69.30	68.79	同第一层
		右支座	M	−58.2	−32.98	∓3.20	−91.18	−90.76	同第一层
			V	−64.2	−37.43	∓1.86	−101.63	−99.56	同第一层
	中跨梁	左支座	M	−35.6	−21.36	±8.6	−56.96	−62.56	同第一层
			V	24.4	14.11	∓6.67	38.51	43.10	同第一层
		跨中	M	−21.0	−12.9	0	−33.9	−32.61	同第一层
1层	边跨梁	左支座	M	−31.0	−17.9	±17.61	−48.9	−62.96	−62.96+85.15×0.15=−50.19
			V	56.8	32.82	∓4.03	89.62	89.97	89.97−32.11×0.15=85.15
		跨中	M	47.7	27.6	±5.52	75.3	77.51	77.51
		右支座	M	−56.7	−32.68	∓6.55	−89.38	−92.01	−92.01+89.07×0.15=−77.30
			V	−65.3	−37.74	∓4.03	−103.04	−102.89	−102.89+32.11×0.15=−98.07
	中跨梁	左支座	M	−38.9	−22.41	±16.36	−61.31	−73.79	−73.79+44.55×0.15=−67.11
			V	24.4	14.11	∓13.63	38.51	49.37	49.37−32.11×0.15=44.55
		跨中	M	−24.2	−13.9	0	−38.1	−36.71	−38.1

由内力组合表 3-11 及表 3-12 可看出，除屋面横梁外，各层楼面横梁的内力相近，为简化计算和便于施工，各层楼面横梁采用相同的配筋，故仅计算屋面及第一层楼面横梁支座截面内力控制值。其内力控制值计算如下：

$$b = 0.3\text{m}$$

屋面 $g + q = 26.15 + 4.12 = 30.27\text{kN/m}$

一、二层 $g + q = 20.35 + 11.76 = 32.11\text{kN/m}$

$$M' = M - 0.15V'$$

$$V' = V - 0.15(g + q)$$

2. 框架柱的内力组合

柱的内力符号规定：弯矩以柱左边受拉为正，反之为负。轴力以受压为正，反之为负。

将恒载、活载及风荷载作用下，框架柱各控制截面内力填入表 3-13，根据各种荷载组合情况，得出框架柱内力组合见表 3-13。

表 3-13 框架柱内力组合表

层数	截面	内力类别	边柱 恒荷载	边柱 活荷载	边柱 左风	边柱 右风	边柱 内力组合 恒+活	边柱 内力组合 恒+0.9(活+左风)	边柱 内力组合 恒+0.9(活+右风)	中柱 恒荷载	中柱 活荷载	中柱 左风	中柱 右风	中柱 内力组合 恒+活	中柱 内力组合 恒+0.9(活+左风)	中柱 内力组合 恒+0.9(活+右风)
							1	2	3					1	2	3
3	上	M	28.8	−6.52	−2.34	2.34	35.32	32.56	36.77	−15.7	−3.61	−3.27	3.27	−19.3	−21.89	−10.01
		N	92.8	18.32	−0.547	0.547	111.12	108.80	109.78	129.3	18.19	−1.4	1.4	147.49	144.41	146.93
	下	M	−21.4	−8.9	1.83	−1.83	−30.3	−27.76	−31.06	12	6.24	2.67	−2.67	18.24	20.02	15.21
		N	100.9	18.32	−0.547	0.547	119.22	116.96	117.88	137.4	18.19	−1.4	1.4	155.59	152.51	155.03
		V	−13.94	−4.28	1.16	−1.16	−18.22	−16.75	−18.84	7.69	2.46	1.65	−1.65	10.15	11.39	8.42
2	上	M	17.8	11.16	−6.11	6.11	28.96	22.35	33.34	−10.6	−6.38	−8.53	8.53	−16.98	−24.02	−8.67
		N	198.7	−51.45	−2.41	2.41	205.15	242.84	247.17	319.6	69.73	−6.21	6.21	389.33	376.77	387.95
	下	M	−20.5	−18.81	5.84	−5.84	−30.31	−32.17	−42.69	11.5	6.64	8.53	−8.53	18.14	25.15	9.80
		N	206.8	51.45	−2.41	2.41	258.25	250.94	255.27	327.7	69.73	−6.21	6.21	397.43	384.87	396.05
		V	−10.64	−6.38	3.32	−3.32	−17.02	−13.39	−19.37	6.14	3.62	4.74	−4.74	9.76	13.66	5.13
1	上	M	10.5	6.69	−11.77	11.77	17.19	5.93	27.11	−6.3	−3.63	−14.39	14.39	−9.93	−22.52	3.38
		N	303.5	84.27	−6.44	6.44	387.77	373.55	385.14	511	121.58	−15.8	15.81	632.58	605.29	634.65
	下	M	−5.3	−3.05	14.39	−14.39	−8.35	4.91	−21.00	3.2	1.82	17.58	−17.58	5.02	20.66	−10.98
		N	314.3	84.27	−6.44	6.44	398.57	384.35	395.94	521.8	121.58	−15.8	15.81	643.38	617.00	645.45
		V	−3.29	−2.03	5.45	−5.45	−5.32	−0.210	−10.02	1.98	1.14	6.66	−6.66	3.12	9.00	−2.99

3.3.6　框架梁、柱截面配筋计算

根据内力组合结果,即可选择各截面最不利内力进行截面配筋计算。对于框架梁,根据横梁控制截面内力设计值,利用受弯构件正截面承载力和斜截面承载力计算公式,即可计算出所需纵筋及箍筋。对于框架柱,其内力组合比较复杂。但是,可以根据 M 和 N 的相关关系进行分析比较,确定最不利内力组。一般讲,无论是大偏心受压还是小偏心受压;当 N 相近时,总是 M 较大者需要较多的配筋,而当 M 接近时,小偏心受压的配筋随 N 的增大而增大,大偏心受压的配筋随 N 的增大而减小。按照这些规律,就可以排除若干组不利内力组合,仅用不多的几组最不利内力组合值进行配筋计算。最后,考虑到构造要求后,即可确定框架梁、柱的配筋并绘制出其施工图。框架结构模板配筋可参见图 3-15。

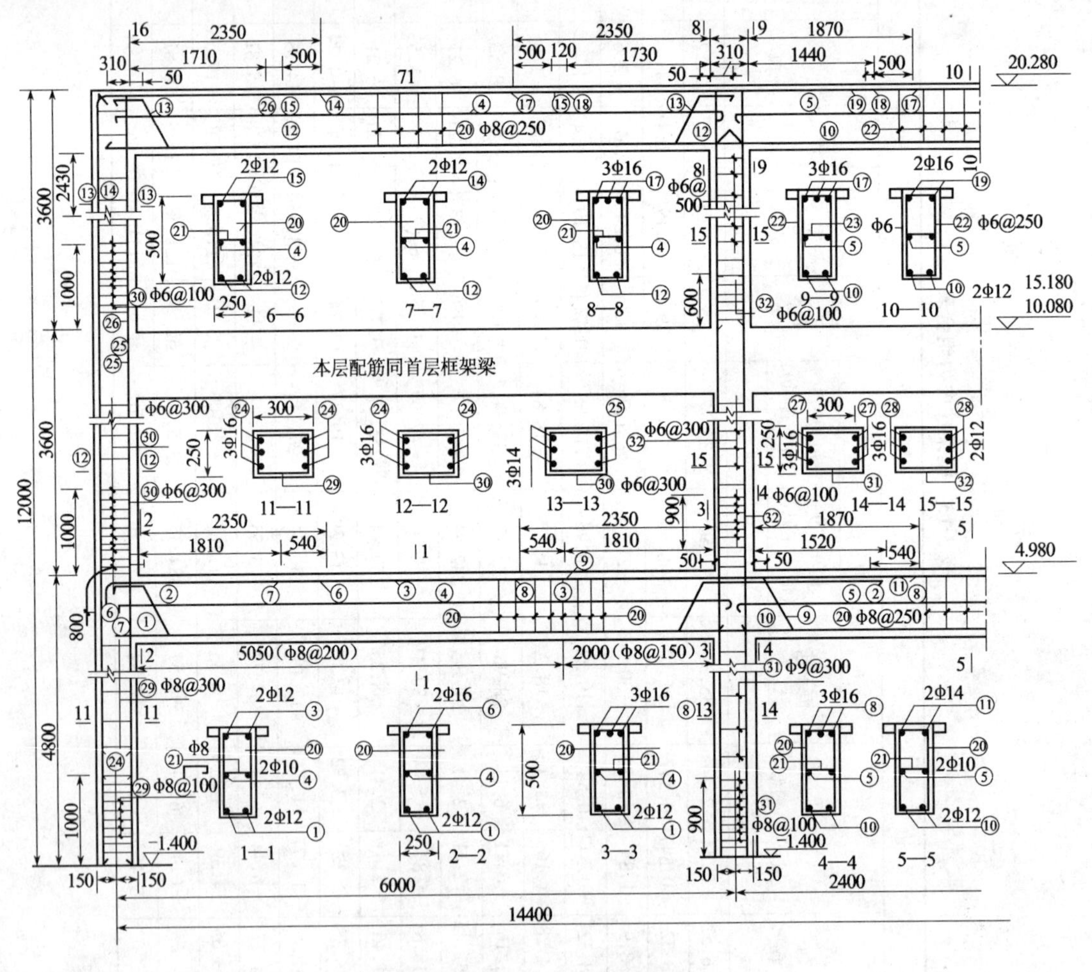

图 3-15　框架梁柱模板配筋图

本例框架梁、柱截面配筋计算如下所述。

1. 框架横梁配筋计算

横梁配筋根据控制截面内力设计值,利用受弯构件正截面和斜截面承载力计算公式,算出所需纵筋和箍筋。

(1)正截面受弯承载力计算

支座截面为单筋矩形截面，$b\times h=250\times500\text{mm}^2$，$h_0=500-35=465\text{mm}$，混凝土为C20级，$f_c=9.6\text{N/mm}^2$，$\alpha_1=1.0$；钢筋为HRB 335级，$f_y=300\text{N/mm}^2$，$\alpha_1 f_c b h_0^2=1.0\times9.6\times250\times465^2=518.94\times10^6$，$\alpha_1 f_c b'_f h_0^2=1.0\times9.6\times2\,000\times465^2=4\,151.52\times10^6$。

跨中截面，正弯矩时为T形截面，负弯矩时，仍按单筋矩形截面计算，T形截面，取翼缘宽度 $b'_f=l_0/3=6.0/3=2.0\text{m}<b+S_0=4.2\text{m}$，$M_f=\alpha_1 f_c b'_f h'_f\left(h_0-\frac{h'_f}{2}\right)=1.0\times9.6\times2\,000\times100\times(465-50)=796.8\times10^6\text{N}=796.80\text{kN·m}>M=77.51\text{kN·m}$

属第一类T形截面，计算见表3-14。

表3-14 框架横梁纵向受力钢筋计算表

跨 位	AB跨						BC跨			
截 面	左支座		跨 中		右支座		左支座		跨 中	
层 数	1、2	3	1、2	3	1、2	3	1、2	3	1、2	3
$M_{max}(\times10^6\text{N·mn})$	-50.19	-25.15	77.51	76.44	-77.30	-70.01	-67.11	-61.18	-38.10	-43.10
$\alpha_s=\frac{M}{\alpha_1 f_c b h_0^2}$	0.097	0.048	0.019	0.018	0.149	0.145	0.129	0.118	0.073	0.083
$\zeta=1-\sqrt{1-2\alpha_s}$	0.102	0.049	0.019	0.018	0.162	0.157	0.139	0.126	0.076	0.087
$A_s=\zeta b h_0 f_c/f_y(\text{mm}^2)$	379.44	182.28	70.68	67.57	602.64	584.04	517.08	468.72	282.72	323.64
实际配筋	2Φ16 402	2Φ12 226	2Φ12 226	2Φ12 226	3Φ16 603	3Φ16 603	3Φ16 603	3Φ16 603	2Φ14 308	2Φ16 402

$$bh_0 f_c/f_y=3\,720\text{mm}^2$$

$$A_{s,\min}=0.001\,5bh=0.001\,5\times250\times500=187.5\text{mm}^2$$

(2)斜截面受剪承载力计算

混凝土为C20级，$f_c=9.6\text{N/mm}^2$，$f_t=1.1\text{N/mm}^2$，钢筋为HPB 235级，$f_{yv}=210\text{N/mm}^2$

$$bh_0 f_c=250\times465\times9.6=1\,116\times10^3$$

$$V_c=0.7f_t bh=0.7\times1.1\times250\times500=96.25\times10^3\text{N}$$

$$1.25f_{yv}h_0=1.25\times210\times465=122.1\times10^3$$

箍筋计算见表3-15。

2. 框架柱配筋计算(表3-16)

表3-15 框架横梁箍筋计算表

跨 位	AB跨				BC跨	
截 面	A支座右		B支座左		B支座右	
层 数	1、2层	3层	1、2层	3层	1、2层	3层
$V(N\times10^3)$	85.15	77.46	98.07	94.41	67.11	33.10
$\frac{V}{bh_0 f_c}$	0.076 <0.25 >0.07	0.069 <0.25 <0.07	0.088 <0.25 >0.07	0.085 <0.25 >0.07	0.060 <0.25 <0.07	0.030 <0.25 <0.07
$V_c=0.7f_t bh$	96.25×10^3	96.25×10^3	96.25×10^3	96.25×10^3	96.25×10^3	96.25×10^3
$\frac{A_{sv}}{S}=\frac{V-V_c}{1.25f_{yv}h_0}$	<0	<0	≈0	<0	<0	<0
选箍筋	双肢 Φ6@300	双肢 Φ6@300	双肢 Φ6@200	双肢 Φ6@300	双肢 Φ6@300	双肢 Φ6@300

表 3-16　框架柱配筋计算表

柱　位	外　柱（A）						内　柱（B）					
层　数	1、2层			3层			1、2层			3层		
组合	$\|M_{max}\|$	N_{max}	N_{min}	$\|M_{max}\|$	N_{max}	N_{min}	$\|M_{max}\|$	N_{max}	N_{min}	$\|M_{max}\|$	N_{max}	N_{min}
M(kN·m)	42.69	−8.35	28.96	36.77	30.30	32.56	25.15	−10.98	−24.02	21.89	18.24	−19.3
N(kN)	255.27	398.57	205.15	109.78	119.22	108.80	384.87	645.45	376.77	147.49	155.59	144.41
e_0(mm)	167.0	20.9	141.0	335.0	254.0	299.0	65.0	17.0	64.0	148.4	117.0	134.0
e_a(mm)	20.0	20.0	20.0	20.0	20.0	20.0	20.0	20.0	20.0	20.0	20.0	20.0
e_i(mm)	187.0	40.9	161.0	355.0	274.0	319.0	85.0	37.0	84.0	168.0	137.0	154.0
e_i/h_0	0.706	0.154	0.608	1.340	1.034	1.204	0.321	0.140	0.317	0.634	0.517	0.581
ζ_1	1.41>1.0 (1.0)	0.903	1.755 (1.0)	3.279 (1.0)	3.020 (1.0)	3.309 (1.0)	0.935	0.558	0.955	2.44 (1.0)	2.31 (1.0)	2.49 (1.0)
l_0(mm)	4 800	4 800	4 800	4 500	4 500	4 500	4 800	4 800	4 800	4 500	4 500	4 500
l_0/h	16	16	16	15	15	15	16	16	16	15	15	15
ζ_2	1.0	1.0	1.0	1.0	1.0	1.0	0.99	0.99	0.99	1.0	1.0	1.0
η	1.25	2.072	1.3	1.120	1.155	1.133	1.527	1.722	1.545	1.253	1.311	1.277
e(mm)	348.75	199.74	324.3	512.6	431.47	476.43	244.80	178.71	244.78	325.50	294.61	311.66
ξ	0.401 <0.550 >0.264	0.627 >0.550 >0.264	0.323 <0.550 >0.264	0.173 <0.550 <0.264	0.187 <0.550 <0.264	0.171 <0.550 <0.264	0.605 >0.550	1.014 >0.550	0.592 >0.550	0.232 <0.550	0.245 <0.550 <0.264	0.227 <0.550 <0.264
判别	大	小	大	大	大	大	小	小	小	大	大	大
$A_s=A'_s$ =(mm^2)	506.59	578.26	303.38	449.62	348.11	333.38		513.19		204.14	145.68	
实配钢筋	2Φ18(509)	3Φ16(603)		3Φ14(461)				3Φ16 (603)		2Φ12 (226)	2Φ12(226)	

柱截面尺寸，$h=300\text{mm}$，$b=250\text{mm}$，$h_0=h-\alpha_s=300-35=265\text{mm}$，混凝土为C20级，$f_c=9.6\text{N/mm}^2$，$\alpha_1=1.0$，钢筋采用HRB 335级，$f_y=300\text{N/mm}^2$，采用对称配筋。计算高度：底层 $l_0=1.0H=1.0\times4.8=4.8\text{m}$，其余 $l_0=1.25H=1.25\times3.6=4.5\text{m}$，配筋计算公式详见《建筑结构》教材有关规定。框架柱箍筋按构造要求底层为Φ 8@300，其余为Φ 6@300。

3.4　现浇钢筋混凝土高层框架结构设计示例

3.4.1　设计任务书

(1)工程名称：某高校图书馆阅览室(位于该图书馆伸缩缝一侧)。

(2)建设地点：某大城市的郊区。

(3)工程概况：平面尺寸为15m×30m，8层，每层层高4.2m，室内外高差为0.6m，走廊宽度为3m。设计使用年限为50年。

(4)基本风压：$w_0=0.5\text{kN/m}^2$，地面粗糙程度为B类。

(5)基本雪压：$s_0=0.35\text{kN/m}^2$，$\mu_r=1.0$。

(6)抗震设防类别为丙类，设防烈度为7度，Ⅱ类场地土，地震分组为第一组。

要求：选择合理的结构形式，进行结构布置，并对其进行设计。只对房屋横向进行抗震结构计算。

3.4.2　结构的选型与布置

1. 结构选型

本建筑只有8层，且为阅览室，为了便于管理，采用大开间。为了使结构的整体刚度较好，楼面、屋面、楼梯、天沟等均采用现浇结构。基础为柱下独立基础。

2. 结构布置

高层框架结构应设计成双向梁柱抗侧力体系，框架梁、柱中心线宜重合。当梁、柱偏心距大于该方向柱宽的1/4时，宜采取增设梁的水平加腋等措施。

结合建筑的平面、立面和剖面布置情况，本阅览室的结构平面和剖面布置分别如图3-16和图3-17所示。

框架结构房屋中，柱距一般为5～10m，本建筑的柱距为6m。根据结构布置，本建筑平面除个别板区格为单向板外，其余均为双向板。双向板的板厚 $h\leqslant\frac{1}{50}l$（l 为区格短边边长）。本建筑由于楼面活荷载不大，为减轻结构自重和节省材料起见，楼面板和屋面板的厚度均取120mm。

本建筑的材料选用如下：

混凝土：采用C30；

钢筋：纵向受力钢筋采用热轧钢筋HRB 400，其余采用热轧钢筋HPB 235；

墙体：外墙、分户墙采用灰砂砖，其尺寸为240mm×120mm×60mm，重度 $\gamma=18\text{kN/m}^2$；

内隔墙采用水泥空心砖，其尺寸为290mm×290mm×140mm，重度 $\gamma=9.8\text{kN/m}^2$；

窗：钢塑门窗，$\gamma=0.35\text{kN/m}^2$；

门：木门，$\gamma=0.2\text{kN/m}^2$。

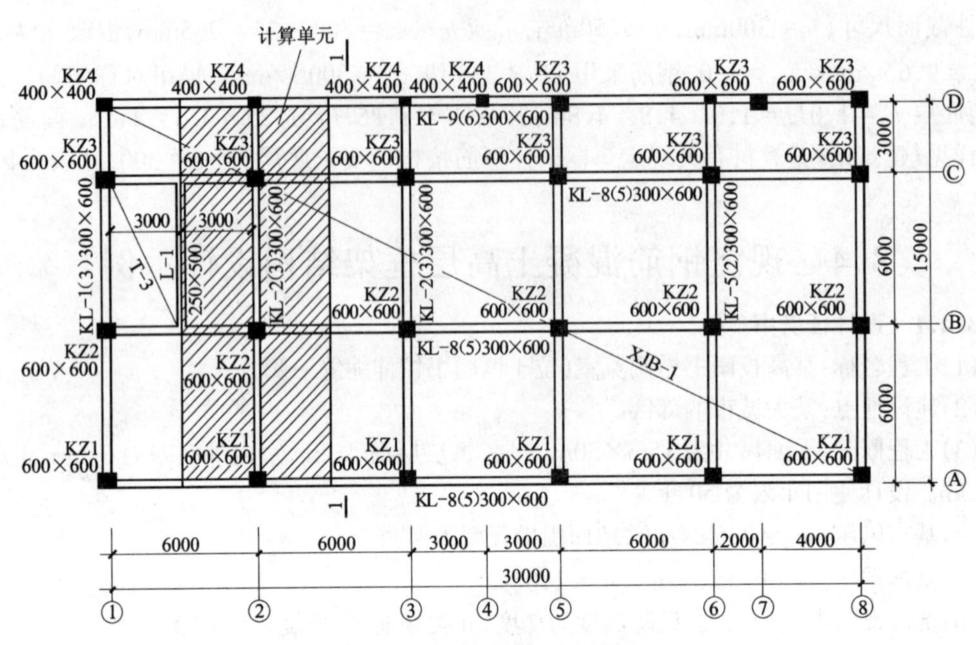

图 3-16　结构平面布置图

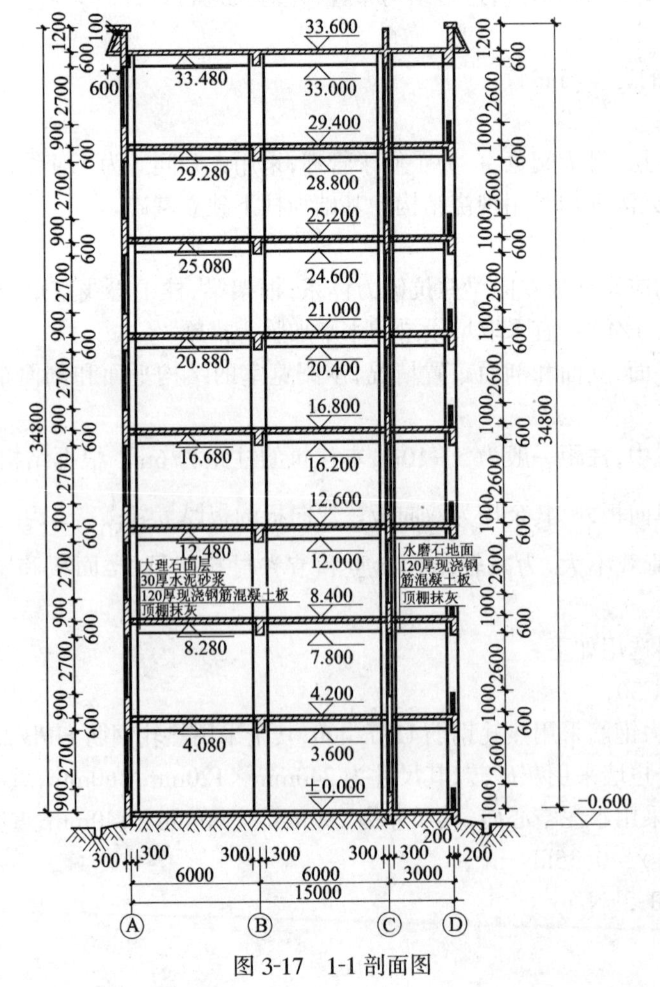

图 3-17　1-1 剖面图

3.4.3 框架计算简图及梁柱线刚度

图 3-16 所示的框架结构体系纵向和横向均为框架结构，是一个空间结构体系，理应按空间结构进行计算。但是，采用手算和借助简单的计算工具计算空间框架结构太过复杂，《高层建筑混凝土结构技术规程》(JGJ 3—2002)允许在纵、横两个方向将其按平面框架计算。本例中只作横向平面框架计算，纵向平面框架的计算方法与横向相同，故从略。

本建筑中，横向框架的间距均为 6m，荷载基本相同，可选用一榀框架进行计算与配筋，其余框架可参照此榀框架进行配筋。现以②轴线的 KJ-2 为例进行计算。

1. 梁、柱截面尺寸估算

(1)框架横梁截面尺寸

框架横梁截面高度 $h=\left(\frac{1}{18}\sim\frac{1}{8}\right)l$，截面宽度 $b=\left(\frac{1}{3}\sim\frac{1}{2}\right)h$。本结构中，取

$$h=\frac{1}{10}l=\frac{6\ 000}{10}=600\text{mm}$$

$$b=\frac{1}{2}h=300\text{mm}$$

(2)框架柱截面尺寸

底层柱轴力估算：

假定结构每平方米总荷载设计值为 12kN，则底层中柱的轴力设计值约为：

$$N=12\times6\times6\times8=3\ 456\text{kN}$$

若采用 C30 混凝土浇捣，$f_c=14.3\text{MPa}$。假定柱截面尺寸 $b\times h=600\text{mm}\times600\text{mm}$，则柱的轴压比为：

$$\mu=\frac{N}{f_cbh}=\frac{3\ 456\ 000}{14.3\times600\times600}=0.67$$

故确定取柱截面尺寸为 600mm × 600mm。Ⓓ轴柱受力较小，故一部分柱截面尺寸为 400mm×400mm(图 3-16)。

框架梁、柱编号及其截面尺寸如图 3-16 所示。为了简化施工，各柱截面从底层到顶层不改变。

2. 确定框架计算简图

框架的计算单元如图 3-16 所示。框架柱嵌固于基础顶面，框架梁与柱刚接。由于各层柱的截面尺寸不变，故梁跨等于柱截面形心轴线之间的距离。底层柱高从基础顶面算至二层楼面，室内外高差为 −0.600m，基础顶面至室外地坪通常取 −0.500m，故基顶标高至 ± 0.000 的距离定为 −1.10m，二层楼面标高为 4.20m，故底层柱高为 5.30m。其余各层柱高从楼面算至上一层楼面(即层高)，故均为 4.20m。由此可绘出框架的计算简图如图 3-18 所示。

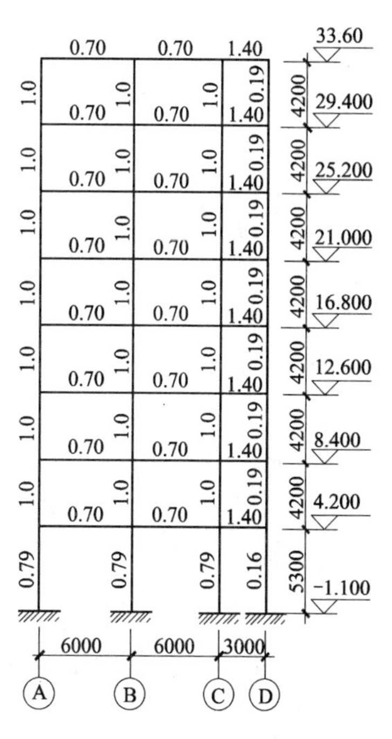

图 3-18 计算简图

3. 框架梁柱的线刚度计算

由于楼面板与框架梁的混凝土一起浇捣，对于中框架梁

取 $I=2I$。

左跨梁：
$$i_{左跨梁}=EI/l=3.0\times10^7\times2\times\frac{1}{12}\times0.3\times(0.6)^3/6=5.4\times10^4\text{kN·m}$$

中跨梁：
$$i_{中跨梁}=EI/l=3.0\times10^7\times2\times\frac{1}{12}\times0.3\times(0.6)^3/6=5.4\times10^4\text{kN·m}$$

右跨梁：
$$i_{右跨梁}=EI/l=3.0\times10^7\times2\times\frac{1}{12}\times0.3\times(0.6)^3/3=10.8\times10^4\text{kN·m}$$

Ⓐ轴～Ⓒ轴底层柱：

$$i_{左底柱}=EI/h=3.0\times10^7\times\frac{1}{12}\times(0.6)^4/5.3=6.1\times10^4\text{kN·m}$$

Ⓓ轴底层柱：

$$i_{右底柱}=EI/h=3.0\times10^7\times\frac{1}{12}\times(0.4)^4/5.3=1.2\times10^4\text{kN·m}$$

Ⓐ轴～Ⓒ轴其余各层柱：

$$i_{左余柱}=EI/h=3.0\times10^7\times\frac{1}{12}\times(0.6)^4/4.2=7.7\times10^4\text{kN·m}$$

Ⓓ轴其余各层柱：

$$i_{右余柱}=EI/h=3.0\times10^7\times\frac{1}{12}\times(0.4)^4/4.2=1.5\times10^4\text{kN·m}$$

令 $i_{右余柱}=1.0$,则其余各杆件的相对线刚度为：

$$i'_{左跨梁}=\frac{5.4\times10^4}{7.7\times10^4}=0.70$$

$$i'_{中跨梁}=\frac{5.4\times10^4}{7.7\times10^4}=0.70$$

$$i'_{右跨梁}=\frac{10.8\times10^4}{7.7\times10^4}=1.40$$

$$i'_{左底柱}=\frac{6.1\times10^4}{7.7\times10^4}=0.79$$

$$i'_{右底柱}=\frac{1.2\times10^4}{7.7\times10^4}=0.16$$

$$i'_{右余柱}=\frac{1.5\times10^4}{7.7\times10^4}=0.19$$

框架梁柱的相对线刚度如图 3-18 所示,作为计算各节点杆端弯矩分配系数的依据。

3.4.4　荷载计算

为了便于今后的内力组合,荷载计算宜按标准值计算。

1. 恒载标准值计算

(1)屋面

找平层:15mm 厚水泥砂浆	$0.015\times20=0.30\text{kN/m}^2$
防水层(刚性):40mm 厚 C20 细石混凝土防水	1.0kN/m^2
防水层(柔性):三毡四油铺小石子	0.4kN/m^2
找平层:15mm 厚水泥砂浆	$0.015\times20=0.30\text{kN/m}^2$
找坡层:40mm 厚水泥石灰焦渣砂浆 3‰找平	$0.04\times14=0.56\text{kN/m}^2$
保温层:80mm 厚矿渣水泥	$0.08\times14.5=1.16\text{kN/m}^2$
结构层:120mm 厚现浇钢筋混凝土板	$0.12\times25=3\text{kN/m}^2$
抹灰层:10mm 厚混合砂浆	$0.01\times17=0.17\text{kN/m}^2$
合计	6.89kN/m^2

(2)各层走廊楼面

水磨石地面{10mm 面层; 20mm 水泥砂浆打底; 素水泥浆结合层一道}	0.65kN/m^2
结构层:120mm 厚现浇钢筋混凝土板	$0.12\times25=3\text{kN/m}^2$
抹灰层:10mm 厚混合砂浆	$0.01\times17=0.17\text{kN/m}^2$
合计	3.82kN/m^2

(3)标准层楼面

大理石面层,水泥砂浆擦缝 30mm 厚 1∶3 干硬性水泥砂浆,面上撒 2mm 厚素水泥 水泥浆结合层一道	1.16kN/m^2
结构层:120mm 厚现浇钢筋混凝土板	$0.12\times25=3\text{kN/m}^2$
抹灰层:10mm 厚混合砂浆	$0.01\times17=0.17\text{kN/m}^2$
合计	4.33kN/m^2

(4)梁自重

$$b\times h=300\text{mm}\times600\text{mm}$$

自重:	$25\times0.3\times(0.6-0.12)=3.6\text{kN/m}$
抹灰层:10mm 厚混合砂浆	$0.01\times(0.6-0.12+0.3)\times2\times17=0.27\text{kN/m}$
合计	3.87kN/m

$$b\times h=250\text{mm}\times500\text{mm}$$

自重:	$25\times0.25\times(0.5-0.12)=2.38\text{kN/m}$
抹灰层:10mm 厚混合砂浆	$0.01\times(0.5-0.12+0.25\times2\times17)=0.21\text{kN/m}$
合计	2.59kN/m

基础梁 $b\times h=250\text{mm}\times400\text{mm}$

自重:	$25\times0.25\times0.4=2.5\text{kN/m}$

(5)柱自重

$b \times h = 600\text{mm} \times 600\text{mm}$

自重：　$25 \times 0.6 \times 0.6 = 9\text{kN/m}$

抹灰层：10mm厚混合砂浆　$0.01 \times 0.6 \times 4 \times 17 = 0.41\text{kN/m}$

合计　9.41kN/m

$b \times h = 400\text{mm} \times 400\text{mm}$

自重：　$25 \times 0.4 \times 0.4 = 4\text{kN/m}$

抹灰层：10mm厚混合砂浆　$0.01 \times 0.4 \times 4 \times 17 = 0.27\text{kN/m}$

合计　4.27kN/m

(6)外纵墙自重

标准层：

纵墙　$0.9 \times 0.24 \times 18 = 3.89\text{kN/m}$

铝合金窗　$0.35 \times 2.7 = 0.95\text{kN/m}$

水刷石外墙面　$(4.2 - 2.7) \times 0.5 = 0.75\text{kN/m}$

水泥粉刷内墙面　$(4.2 - 2.7) \times 0.36 = 0.54\text{kN/m}$

合计　6.13kN/m

底层：

纵墙(基础梁高200mm×400mm)　$(5.3 - 2.7 - 0.6 - 0.4) \times 0.24 \times 18 = 6.91\text{kN/m}$

铝合金窗　$0.35 \times 2.7 = 0.95\text{kN/m}$

水刷石外墙面　$(4.2 - 2.7) \times 0.5 = 0.75\text{kN/m}$

水泥粉刷内墙面　$(4.2 - 2.7) \times 0.36 = 0.54\text{kN/m}$

合计　9.15kN/m

(7)内纵墙自重

标准层：

纵墙　$3.6 \times 0.24 \times 18 = 15.55\text{kN/m}$

水泥粉刷内墙面　$3.6 \times 0.36 \times 2 = 2.59\text{kN/m}$

合计　18.14kN/m

(8)内隔墙自重

标准层：

内隔墙　$0.9 \times 0.29 \times 9.8 = 2.56\text{kN/m}$

铝合金窗　$0.35 \times 2.7 = 0.95\text{kN/m}$

水泥粉刷墙面　$0.9 \times 2 \times 0.36 = 0.65\text{kN/m}$

合计　4.16kN/m

底层：

内隔墙　$(5.3 - 2.7 - 0.6 - 0.4) \times 0.29 \times 9.8 = 4.55\text{kN/m}$

铝合金窗　$0.35 \times 2.7 = 0.95\text{kN/m}$

水泥粉刷墙面　$(5.3 - 2.7 - 0.6 - 0.4) \times 2 \times 0.36 = 1.15\text{kN/m}$

合计　6.65kN/m

(9)栏杆自重

$$0.24\times1.1\times18+0.05\times25\times0.24=5.05\text{kN/m}$$

2. 活荷载标准值计算

(1)屋面和楼面活荷载标准值

由《荷载规范》查得

上人屋面　　2.0kN/m^2

楼面:阅览室　2.0kN/m^2

　　走　廊　2.5kN/m^2

(2)雪荷载标准值

$$s_k=1.0\times0.35=0.35\text{kN/m}^2$$

屋面活荷载与雪荷载不同时考虑,两者中取大值。

3. 竖向荷载下框架受荷总图

(1)Ⓐ轴~Ⓑ轴间框架梁

屋面板传给梁的荷载:

确定板传递给梁的荷载时,要一个板区格一个板区格地考虑。确定每个板区格上的荷载传递时,先要区分此板区格是单向板还是双向板,若为单向板,可沿板的短跨作中线,将板上荷载平均分给两长边的梁;若为双向板,可沿四角点作45°线,将区格板分为四小块,将每小块板上的荷载传递给与之相邻的梁。板传至梁上的三角形或梯形荷载可等效为均布荷载。本结构楼面荷载的传递示意图见图3-19。

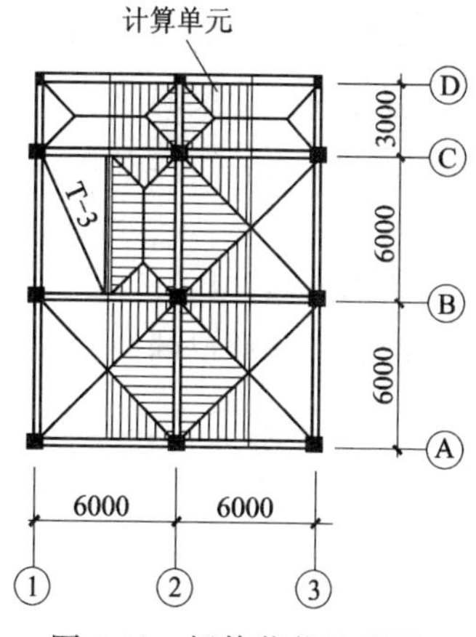

图3-19　板传荷载示意图

恒载:$6.89\times3\times\dfrac{5}{8}\times2=25.84\text{kN/m}$

活载:$2.0\times3\times\dfrac{5}{8}\times2=7.5\text{kN/m}$

楼面板传给梁的荷载:

恒载:$4.33\times3\times\dfrac{5}{8}\times2=16.24\text{kN/m}$

活载:$2.0\times3\times\dfrac{5}{8}\times2=7.5\text{kN/m}$

梁自重标准值:3.87kN/m

Ⓐ轴~Ⓑ轴间框架梁均布荷载为:屋面梁　恒载=梁自重+板传荷载

$=3.87+25.84=29.71\text{kN/m}$

活载=板传荷载

$=7.5\text{kN/m}$

楼面梁　恒载=梁自重+板传荷载

$=3.87+16.24=20.11\text{kN/m}$

活载=板传荷载

$=7.5\text{kN/m}$

(2)Ⓑ轴~Ⓒ轴间框架梁

屋面板传给梁的荷载:

恒载:$6.89\times3\times\frac{5}{8}+6.89\times1.5\times(1-2\times0.25^2+0.25^3)=22.12\text{kN/m}$

活载:$2.0\times3\times\frac{5}{8}+2.0\times1.5\times(1-2\times0.25^2+0.25^3)=6.42\text{kN/m}$

楼面板传给梁的荷载:

恒载:$4.33\times3\times\frac{5}{8}+4.33\times1.5\times(1-2\times0.25^2+0.25^3)=13.90\text{kN/m}$

活载:$2.0\times3\times\frac{5}{8}+2.0\times1.5\times(1-2\times0.25^2+0.25^3)=6.42\text{kN/m}$

梁自重标准值:3.87kN/m

Ⓑ轴～Ⓒ轴间框架梁均布荷载为:屋面梁 恒载=梁自重+板传荷载

=3.87+22.12=25.99kN/m

活载=板传荷载

=6.42kN/m

楼面梁 恒载=梁自重+板传荷载

=3.87+13.90=17.77kN/m

活载=板传荷载

=6.42kN/m

(3)Ⓒ轴～Ⓓ轴间框架梁

屋面板传给梁的荷载:

恒载:$6.89\times1.5\times\frac{5}{8}\times2=12.92\text{kN/m}$

活载:$2.0\times1.5\times\frac{5}{8}\times2=3.75\text{kN/m}$

楼面板传给梁的荷载:

恒载:$3.82\times1.5\times\frac{5}{8}\times2=7.16\text{kN/m}$

活载:$2.5\times1.5\times\frac{5}{8}\times2=4.69\text{kN/m}$

梁自重标准值:3.87kN/m

Ⓒ轴～Ⓓ轴间框架梁均布荷载为:屋面梁 恒载=梁自重+板传荷载

=3.87+12.92=16.79kN/m

活载=板传荷载

=3.75kN/m

楼面梁 恒载=梁自重+板传荷载

=3.87+7.16=11.03kN/m

活载=板传荷载

=4.69kN/m

(4)Ⓐ轴柱纵向集中荷载的计算

顶层柱

女儿墙自重:(做法:墙高1 100mm,100mm的混凝土压顶)

$$0.24\times1.1\times18+25\times0.1\times0.24+(1.2\times2+0.24)\times0.5=6.67\text{kN/m}$$

天沟自重:(琉璃瓦+现浇天沟)(图 3-20)

琉璃瓦自重: $1.05\times1.1=1.16\text{kN/m}$

现浇天沟自重: $25\times[0.60+(0.20-0.080)]\times0.08+(0.6+0.2)\times(0.5+0.36)$

$=2.13\text{kN/m}$

合计 3.29kN/m

顶层柱恒载=女儿墙及天沟自重+梁自重+板传荷载

$=(6.67+3.29)\times6+3.87\times(6-0.6)+12.92\times6$

$=158.18\text{kN}$

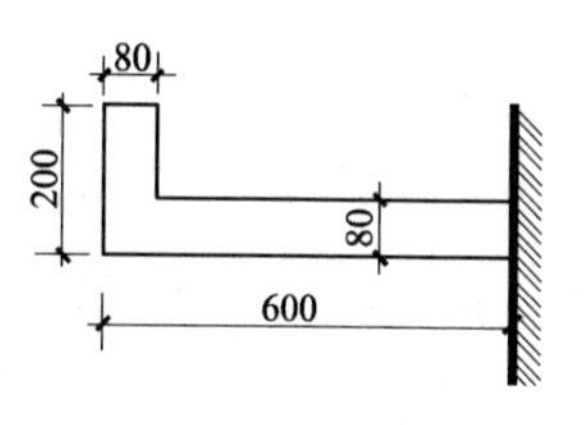

图 3-20 现浇天沟尺寸

顶层柱活载=板传活载

$=3.75\times6$

$=22.5\text{kN}$

标准层柱恒载=墙自重+梁自重+板传荷载

$=6.13\times(6-0.6)+3.87\times(6-0.6)+8.12\times6$

$=102.72\text{kN}$

标准层柱活载=板传活载

$=3.75\times6$

$=22.5\text{kN}$

基础顶面恒载=底层外纵墙自重+基础梁自重

$=9.15\times(6-0.6)+2.5\times(6-0.6)$

$=62.91\text{kN}$

(5)Ⓑ轴柱纵向集中荷载的计算

顶层柱恒载=梁自重+板传荷载

$=3.87\times(6-0.6)+12.92\times(6+3)+6.89\times1.5\times5\times3/(2\times8)$

$+6.89\times1.5\times0.89\times6/4+2.59\times6/4$

$=164.55\text{kN}$

顶层柱活载=板传活载

$=3.75\times(6+3)+2.0\times1.5\times5\times3/(2\times8)+2.0\times1.5\times0.89\times6/4$

$=40.57\text{kN}$

标准层柱恒载=梁自重+板传荷载

$=3.87\times(6-0.6)+8.12\times(6+3)+4.33\times1.5\times5\times3/(2\times8)$

$+4.33\times1.5\times0.89\times6/4+(2.59+18.14)\times6/4$

$=139.83\text{kN}$

标准层柱活载=板传活载

$=3.75\times(6+3)+2.0\times1.5\times5\times3/(2\times8)+2.0\times1.5\times0.89\times6/4$

$=40.57\text{kN}$

基础顶面恒载=基础梁自重

$=2.5\times(6-0.6)$

$=13.50\text{kN}$

(6)Ⓒ轴柱纵向集中荷载的计算

顶层柱恒载＝梁自重＋板传荷载

$=3.87\times(6-0.6)+12.92\times3+6.89\times1.5\times0.89\times6+6.89\times1.5\times5\times3/(2\times8)+6.89\times1.5\times0.89\times6/4+2.59\times6/4$

$=142.22\mathrm{kN}$

顶层柱活载＝板传活载

$=3.75\times3+2.0\times1.5\times0.89\times6+2.0\times1.5\times5\times3/(2\times8)+2.0\times1.5\times0.89\times6/4$

$=34.09\mathrm{kN}$

标准层柱恒载＝梁自重＋隔墙自重＋板传荷载

$=(3.87+4.16)\times(6-0.6)+8.12\times3+3.82\times1.5\times0.89\times6+4.33\times1.5\times5\times3/(2\times8)+4.33\times1.5\times0.89\times6/4+(2.59+18.14)\times6/4$

$=144.18\mathrm{kN}$

标准层柱活载＝板传活载

$=3.75\times3+2.5\times1.5\times0.89\times6+2.0\times1.5\times5\times3/(2\times8)+2.0\times1.5\times0.89\times6/4$

$=38.09\mathrm{kN}$

基础顶面恒载＝底层内隔墙自重＋基础梁自重

$=6.65\times(6-0.6)+2.5\times(6-0.6)=49.41\mathrm{kN}$

(7)Ⓓ轴柱纵向集中荷载的计算

顶层柱恒载＝女儿墙及天沟自重＋梁自重＋板传荷载

$=(6.67+3.29)\times6+3.87\times(6-0.6)+6.89\times1.5\times0.89\times6$

$=135.85\mathrm{kN}$

顶层柱活载＝板传活载

$=2.0\times1.5\times0.89\times6$

$=16.02\mathrm{kN}$

标准层柱恒载＝栏杆自重＋梁自重＋板传荷载

$=5.05\times(6-0.4)+3.87\times(6-0.4)+3.82\times1.5\times0.89\times6$

$=80.55\mathrm{kN}$

标准层柱活载＝板传活载

$=2.5\times1.5\times0.89\times6$

$=20.03\mathrm{kN}$

基础顶面恒载＝栏杆自重＋基础梁自重

$=5.05\times(6-0.4)+2.5\times6=43.28\mathrm{kN}$

框架在竖向荷载作用下的受荷总图如图3-21所示(图中数值均为标准值)。由于Ⓐ、Ⓓ二轴的纵梁外边线分别与该二轴柱的外边线齐平，故此二轴上的竖向荷载与柱轴线偏心，Ⓐ轴的偏心距为150mm，Ⓓ轴的偏心距为50mm。

4．风荷载标准值计算

作用在屋面梁和楼面梁节点处的集中风荷载标准值：

为了简化计算起见，通常将计算单元范围内外墙面的分布风荷载，化为等量的作用于楼面集中风荷载，计算公式如下：

$$W_k = \beta_z \mu_s \mu_z w_0 (h_i + h_j) B/2$$

式中　w_0——基本风压，$w_0 = 0.5\text{kN/m}^2$；

μ_z——风压高度变化系数，因建设地点位于某大城市效区，所以地面粗糙度为 B 类；

μ_s——风荷载体型系数，本建筑 $H/B = 34.7/15 = 2.31 < 4$，$\mu_s = 1.3$；

β_z——风振系数，基本自振周期对于钢筋混凝土框架结构可用 $T_1 = 0.08n$（n 是建筑层数）估算，大约为 0.64s>0.25s，应考虑风压脉动对结构发生顺风向风振的影响，$\beta_z = 1 + \dfrac{\xi \upsilon \varphi_z}{\mu_z}$，

h_i——下层柱高；

h_j——上层柱高，对顶层为女儿墙高度的 2 倍；

B——计算单元迎风面的宽度，$B = 6\text{m}$。

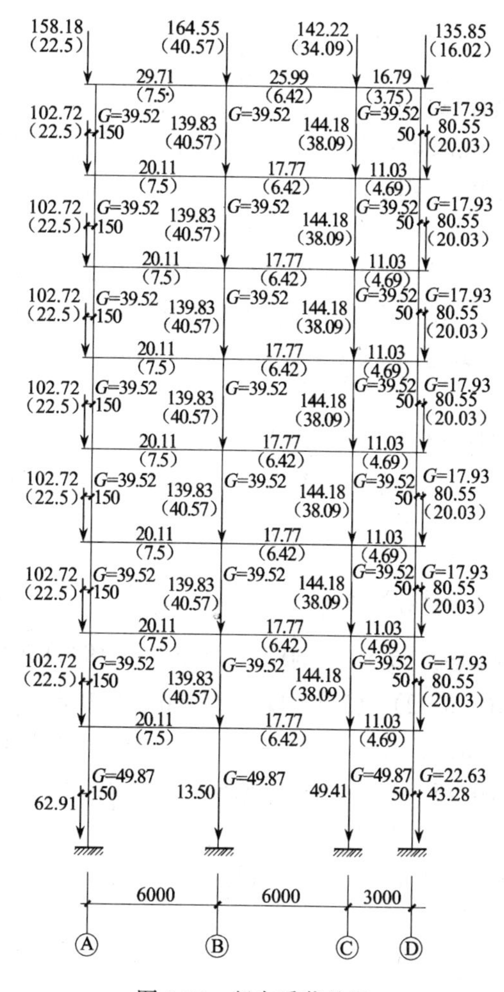

图 3-21　竖向受荷总图

注：1. 图中各值的单位为 kN；2. 图中数值均为标准值。

计算过程见表3-17。

表3-17　各层楼面处集中风荷载标准值

离地高度 z(m)	μ_z	β_z	μ_s	w_0(kN/m²)	h_i(m)	h_j(m)	W_k(kN)
34.2	1.48	1.36	1.3	0.5	4.2	2.4	25.90
30.0	1.42	1.31	1.3	0.5	4.2	4.2	30.47
25.8	1.35	1.28	1.3	0.5	4.2	4.2	28.30
21.6	1.28	1.22	1.3	0.5	4.2	4.2	25.58
17.4	1.19	1.17	1.3	0.5	4.2	4.2	22.81
13.2	1.09	1.13	1.3	0.5	4.2	4.2	20.18
9.0	1.00	1.07	1.3	0.5	4.2	4.2	17.53
4.8	1.00	1.02	1.3	0.5	4.8	4.2	17.90

注:对于框架结构自振周期还可以按下式计算:

$$T_1=0.25+0.53\times10^{-3}\frac{H^2}{\sqrt[3]{B}}=0.25+0.53\times10^{-3}\times\frac{34.2^2}{\sqrt[3]{15.24}}=0.50\text{s}$$

3.4.5　水平地震作用计算

该建筑物的高度为33.6m<40m,以剪切变形为主,且质量和刚度沿高度均匀分布,故可采用底部剪力法计算水平地震作用。

1. 重力荷载代表值的计算

屋面处重力荷载代表值=结构和构配件自重标准值+0.5×雪荷载标准值

楼面处重力荷载代表值=结构和构配件自重标准值+0.5×楼面活荷载标准值

其中结构和构配件自重取楼面上、下各半层层高范围内(屋面处取顶层的一半)的结构及构配件自重。

(1)屋面处的重力荷载标准值的计算

女儿墙和天沟的重力荷载代表值的计算(不计©轴上屋顶汉面小墙):

$$G'_{\text{女儿墙}}=(g'_{\text{女儿墙}}+g_{\text{天沟}})l=(6.67+3.29)\times(30+15)\times2=896.4\text{kN}$$

屋面板结构层及构造层自重标准值:

$$G'_{\text{屋面板}}=6.89\times(30.3\times15.3)=3\,194.14\text{kN}$$

$$\begin{aligned}G'_{\text{梁}}=&25\times0.3\times(0.6-0.12)\times(5.4\times12)+25\times0.3\times(0.6-0.12)\times(2.4\times5)+25\\&\times0.2\times(0.5-0.12)\times5.4+25\times0.3\times(0.75-0.12)\times(5.4\times15)\\&+25\times0.3\times(0.75-0.12)\times(2\times5.6+2.6+2.5+7.4+3.4)\\=&796.52\text{kN}\end{aligned}$$

$$\begin{aligned}G'_{\text{柱}}=&21\times25\times0.6\times0.6\times(2.1-0.12)+4\times25\times0.4\times0.4\times(2.1-0.12)\\=&405.9\text{kN}\end{aligned}$$

顶层的墙重:

$$G'_{\text{墙}}=\frac{1}{2}\times[6.13\times(6-0.6)\times5]+\frac{1}{2}\times[4.16\times(6-0.6)\times5]$$

$$+\frac{1}{2}\times 5.05\times[(4-0.6)+(8-0.6)+2\times(6-0.4)+2\times(3-0.4)]$$

$$+\frac{1}{2}\times 18.14\times[4\times(6-0.6)+(3-0.6)+(3-0.5)]=447.95\text{kN}$$

$$G_{顶层}=G'_{女儿墙}+G'_{屋面板}+G'_{梁}+G'_{柱}+G'_{墙}$$

$$=896.4+3\,194.14+796.52+405.9+447.95$$

$$=6\,177.06\text{kN}$$

(2)其余各层楼面处重力荷载标准值计算

$$G'_{墙}=895.9\text{kN}$$

$$G'_{楼面板}=4.33\times(30.3\times 12.6)=1\,653.10\text{kN}$$

$$G'_{走廊}=3.82\times(30.3\times 3)=347.24\text{kN}$$

$$G'_{梁}=796.52\text{kN}$$

$$G'_{柱}=21\times 25\times 0.6\times 0.6\times(4.2-0.12)+4\times 25\times 0.4$$

$$\times 0.4\times(4.2-0.12)=836.4\text{kN}$$

$$G_{标准层}=G'_{墙}+G'_{楼面板}+G'_{走廊}+G'_{梁}+G'_{柱}$$

$$=895.9+1\,653.1+347.24+796.52+836.4$$

$$=4\,529.16\text{kN}$$

(3)底层楼面处重力荷载标准值计算

$$G'_{墙}=895.9\times\frac{4.2/2+5.3/2-0.12}{4.2-0.12}$$

$$=895.9\times 1.135=1\,016.85\text{kN}$$

$$G'_{楼板}=1\,653.1+347.24=2\,000.34\text{kN}$$

$$G'_{梁}=796.52\text{kN}$$

$$G'_{柱}=836.4\times 1.135=949.31\text{kN}$$

$$G'_{底层}=G'_{墙}+G'_{楼板}+G'_{梁}+G'_{柱}$$

$$=1\,016.85+2\,000.34+796.52+949.31$$

$$=4\,763.02\text{kN}$$

(4)屋顶雪荷载标准值计算

$$Q_{雪}=q_{雪}\times S=0.35\times(30.6\times 15.6)=167.08\text{kN}$$

(5)楼面活载标准值计算

$$Q_{楼面}=q_{阅}\times S_{阅}+q_{走廊}\times S_{走廊}$$

$$=2.0\times(30.3\times 12.6)+2.5\times(30.3\times 3)$$

$$=1\,748.31\text{kN}$$

(6)总重力荷载代表值的计算

屋面处：G_{EW}=屋面处结构和构件自重+0.5×雪荷载标准值

=5 740.9+0.5×167.08=5 824.44kN(设计值为7 123kN)

楼面处：G_{Ei} = 楼面处结构和构件自重 + 0.5 × 活荷载标准值

= 4 529.16 + 0.5 × 1 748.31 = 5 403.32kN（设计值为 7 882.6kN）

2. 框架柱抗侧刚度 D 和结构基本自振周期计算

(1)横向抗侧刚度 D 值的计算

各层每一柱的 D 值见表 3-18 和表 3-19；各层柱的总 D 值见表 3-20 和表 3-21。

表 3-18　横向 2～8 层 D 值的计算

构件名称	$\bar{i}=\frac{\sum i_b}{2i_c}$	$\alpha_c=\frac{\bar{i}}{2+\bar{i}}$	$D=\alpha_c i_c \frac{12}{h^2}$(kN/m)
Ⓐ轴柱	$\frac{2\times5.4\times10^4}{2\times7.7\times10^4}=0.7$	0.259	13 567
Ⓑ轴柱	$\frac{2\times(5.4\times10^4+5.4\times10^4)}{2\times7.7\times10^4}=1.4$	0.411	21 529
Ⓒ轴柱	$\frac{2\times(5.4\times10^4+10.8\times10^4)}{2\times7.7\times10^4}=2.1$	0.051 2	26 819
Ⓓ轴柱	$\frac{2\times10.8\times10^4}{2\times1.5\times10^4}=7.2$	0.783	7 990
$\sum D$ = 135 67 + 21 529 + 26 819 + 7 990 = 69 905kN/m			

表 3-19　横向底层 D 值的计算

构件名称	$\bar{i}=\frac{\sum i_b}{i_c}$	$\alpha_c=\frac{0.5+\bar{i}}{2+\bar{i}}$	$D=\alpha_c i_c \frac{12}{h^2}$(kN/m)
Ⓐ轴柱	$\frac{5.4\times10^4}{6.1\times10^4}=0.89$	0.481	12 534
Ⓑ轴柱	$\frac{5.4\times10^4+5.4\times10^4}{6.1\times10^4}=1.77$	0.602	15 688
Ⓒ轴柱	$\frac{5.4\times10^4+10.8\times10^4}{6.1\times10^4}=2.66$	0.678	17 668
Ⓓ轴柱	$\frac{10.8\times10^4}{1.2\times10^4}=9$	0.864	4 429
$\sum D$ = 12 534 + 15 688 + 17 668 + 4 429 = 50 319kN/m			

表 3-20　横向 2～8 层 D 值计算

构件名称	D 值(kN/m)	数量	$\sum D$ (kN/m)
Ⓐ 轴 柱	13 567	6	81 402
Ⓑ 轴 柱	21 529	6	129 174
Ⓒ 轴 柱	26 819	5	134 095
Ⓒ轴 600 柱	13 567	1	13 567
Ⓓ轴 400 柱	7 990	3	23 970
Ⓓ轴 600 柱	13 567	2	27 134
$\sum D$ = 409 342kN/m			

注：未计入Ⓓ轴上没有梁与Ⓒ轴梁柱相连的两柱。

表 3-21 横向首层 D 值计算

构 件 名 称	D 值(kN/m)	数 量	$\sum D$ (kN/m)
Ⓐ 轴 柱	12 534	6	75 204
Ⓑ 轴 柱	15 688	6	94 128
Ⓒ 轴 柱	17 668	5	88 340
Ⓒ轴 600 柱	12 534	1	12 534
Ⓓ轴 400 柱	4 429	3	13 287
Ⓓ轴 600 柱	12 534	2	25 068
$\sum D=409\ 342$kN/m			

注:未计入Ⓓ轴上没有梁与Ⓒ轴梁柱相连的两柱。

(2)结构基本自振周期计算

结构基本自振周期有多种计算方法,下面将分别用假想顶点位移法、能量法和经验公式进行计算:

①用假想顶点位移 μ_T 计算结构基本自振周期

现列表计算假想顶点位移(表 3-22)

表 3-22 假想顶点位移 μ_T 计算结果

层 次	G_i(kN)	$\sum G_i$(kN)	$\sum D$(kN/m)	Δu_i(m)	u_i(m)
8	5 824.44	5 824.44	409 342	0.014 2	0.518 8
7	5 403.32	11 227.76	409 342	0.027 4	0.504 6
6	5 403.32	16 631.08	409 342	0.040 6	0.477 2
5	5 403.32	22 034.40	409 342	0.053 8	0.436 6
4	5 403.32	27 437.72	409 342	0.067 0	0.382 8
3	5 403.32	32 841.04	409 342	0.080 2	0.315 8
2	5 403.32	38 244.36	409 342	0.093 4	0.235 6
1	5 637.18	43 881.54	409 342	0.142 2	0.142 2

结构基本自振周期考虑非结构墙影响折减系数 $\psi_T=0.6$,则结构的基本自振周期为:

$$T_1=1.7\psi_T\sqrt{\mu_T}=1.7\times 0.6\times\sqrt{0.518\ 8}=0.73\text{s}$$

②用能量法计算结构的基本自振周期

计算公式为:

$$T_1=2\pi\psi_T\sqrt{\frac{\sum G_i u_i^2}{g\sum G_i u_i}}$$

$\sum G_i u_i$ 和 $\sum G_i u_i^2$ 的计算结果列在表 3-23 中。

表 3-23　能量法计算结构基本周期列表

层次	G_i(kN)	$\sum D$(kN/m)	u_i(m)	G_iu_i	$G_iu_i^2$
8	5 824.44	409 342	0.518 8	3 021.72	1 567.67
7	5 403.32	409 342	0.504 6	2 726.50	1 375.8
6	5 403.32	409 342	0.477 2	2 578.46	1 230.44
5	5 403.32	409 342	0.436 6	2 359.09	1 029.98
4	5 403.32	409 342	0.382 8	2 068.39	791.78
3	5 403.32	409 342	0.315 8	1 706.37	538.87
2	5 403.32	409 342	0.235 6	1 273.02	299.92
1	5 637.18	409 342	0.142 2	801.61	113.99
$\sum$				16 535.2	6 948.45

将数字代入上述计算公式得：

$$T_1=2\times 3.14\times 0.6\sqrt{\frac{6\ 948.45}{9.8\times 16\ 535.2}}=0.648\text{s}$$

③用经验公式计算结构基本自振周期

$$T_1=0.25+0.000\ 53\frac{H^2}{\sqrt[3]{B}}=0.25+0.000\ 53\frac{34.2^2}{\sqrt[3]{15.24}}=0.50\text{s}$$

本次计算取 $T_1=0.648\text{s}$。

3. 多遇水平地震作用计算

由于该工程所在地区抗震设防烈度为 7 度，场地土为Ⅱ类，设计地震分组为第一组，由《抗震规范》查得：

$$\alpha_{\max}=0.08 \qquad T_g=0.35\text{s}$$

$$G_{eq}=0.85G_E=0.85\times 43\ 881.54=37\ 299.31\text{kN}$$

由于 $T_g<T_1<5T_g$，故

$$\alpha_1=\left(\frac{T_g}{T_1}\right)^{\gamma}\eta_2\alpha_{\max}$$

式中　γ——衰减指数，在 $T_g<T_1<5T_g$ 的区间取 0.9；

η_2——阻尼调整系数，除有专门规定外，建筑结构的阻尼比应取 0.05，相应的 $\eta_2=1.0$。

纵向地震影响系数：

$$\alpha_1=\left(\frac{T_g}{T_1}\right)^{0.9}\alpha_{\max}=\left(\frac{0.35}{0.65}\right)^{0.9}\times 0.08=0.045\ 79$$

$$T_1=0.648\text{s}>1.4T_g=0.49\text{s}$$

需要考虑顶部附加水平地震作用的影响，顶部附加地震作用系数：

$$\delta_n=0.08T_1+0.07=0.08\times 0.65+0.07=0.122$$

如图 3-22 所示,对于多质点体系,结构底部总纵向水平地震作用标准值:

$$F_{EK}=\alpha_1 G_{eq}=0.045\,79\times 37\,299.31=1\,707.94\text{kN}$$

附加顶部集中力:

$$\Delta F_n=\delta_n F_{EK}=0.122\times 1\,707.94=208.37\text{kN}$$

$$F_i=\frac{G_iH_i}{\sum G_iH_i}F_{EK}(1-\delta_n)$$

$$F_{EK}-\Delta F_n=1\,707.94-208.37=1\,499.57\text{kN}$$

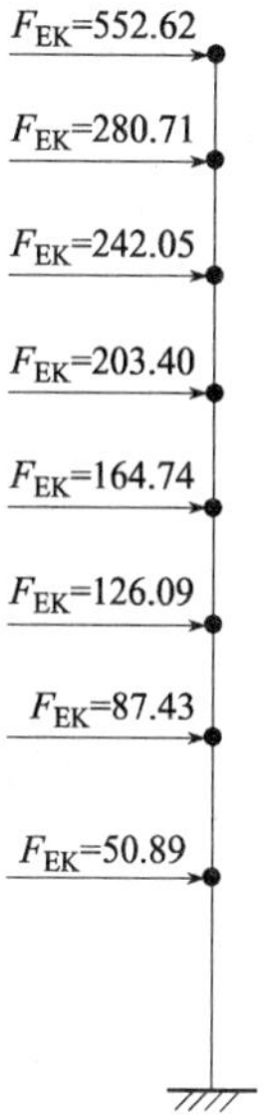

质点 i 的水平地震作用标准值,楼层地震剪力及楼层层间位移的计算过程见表 3-24。

楼层最大位移与楼层层高之比:

$$\frac{\Delta u_i}{h}=\frac{0.005\,54}{5.3}=\frac{1}{957}<\frac{1}{550}$$

满足位移要求。

$F_{EK}=552.62$
$F_{EK}=280.71$
$F_{EK}=242.05$
$F_{EK}=203.40$
$F_{EK}=164.74$
$F_{EK}=126.09$
$F_{EK}=87.43$
$F_{EK}=50.89$

图 3-22 楼层水平地震作用标准值

表 3-24 F_i,V_i 和 Δu_i 的计算

层号	G_i(kN)	H_i(m)	G_iH_i	$\sum G_iH_i$	F_i(kN)	V_i(kN)	$\sum D$	Δu_i(m)
8	5 824.44	34.7	202 108.1	880 383.5	344.25	552.62	409 342	0.001 35
7	5 403.32	30.5	164 801.3	880 383.5	280.71	833.33	409 342	0.002 04
6	5 403.32	26.3	142 107.3	880 383.5	242.05	1 075.38	409 342	0.002 63
5	5 403.32	22.1	119 413.4	880 383.5	203.4	1 278.78	409 342	0.003 12
4	5 403.32	17.9	96 719.43	880 383.5	164.74	1 443.52	409 342	0.003 53
3	5 403.32	13.7	74 025.48	880 383.5	126.09	1 569.61	409 342	0.003 83
2	5 403.32	9.5	51 331.54	880 383.5	87.43	1 657.04	409 342	0.004 05
1	5 637.18	5.3	29 877.05	880 383.5	50.89	1 707.93	308 561	0.005 54

4. 刚重比和剪重比验算

为了保证结构的稳定和安全,需分别进行结构刚重比和剪重比验算。各层的刚重比和剪重比见表 3-25。

表 3-25 各层刚重比和剪重比

层号	h_i (m)	D_i (kN/m)	D_ih_i (kN)	V_{EKi} (kN)	$\sum_{j=i}^{n}G_j$ (kN)	$\frac{D_ih_i}{\sum_{j=i}^{n}G_j}$	$\frac{V_{EKi}}{\sum_{j=i}^{n}G_j}$
8	4.2	409 342	1 719 236.4	552.62	5 824.44/7 123.00	241.36	0.095
7	4.2	409 342	1 719 236.4	833.33	11 227.76/15 005.60	114.57	0.074
6	4.2	409 342	1 719 236.4	1 075.38	16 631.08/22 888.20	75.11	0.065
5	4.2	409 342	1 719 236.4	1 278.78	22 034.40/30 770.80	55.87	0.058

续表

层号	h_i (m)	D_i (kN/m)	D_ih_i (kN)	V_{EKi} (kN)	$\sum_{j=i}^{n}G_j$ (kN)	$\frac{D_ih_i}{\sum_{j=i}^{n}G_j}$	$\frac{V_{EKi}}{\sum_{j=i}^{n}G_j}$
4	4.2	409 342	1 719 236.4	1 443.52	27 437.72/38 653.40	44.48	0.053
3	4.2	409 342	1 719 236.4	1 569.61	32 841.04/46 536.00	36.94	0.048
2	4.2	409 342	1 719 236.4	1 657.04	38 244.36/54 418.60	31.59	0.043
1	5.3	308 561	1 635 373.3	1 707.93	43 881.54/62 581.90	26.13	0.039

注：$\sum_{j=i}^{n}G_j$ 一栏中，分子为第 j 层的重力荷载代表值，分母为第 j 层的重力荷载设计值。刚重比计算用重力荷载设计值，剪重比计算用重力荷载代表值。

由表 3-24 可见，各层的刚重比 $D_ih_i/\sum_{j=i}^{n}G_j$ 均大于 20，不必考虑重力二阶效应；各层的剪重比 $V_{EKi}/\sum_{j=i}^{n}G_j$ 均大于 0.016，满足剪重比的要求。

5. 框架地震内力计算

框架柱剪力和柱端弯矩计算采用 D 值法，计算过程和结果见表 3-30～表 3-33。其中，反弯点相对高度 y 值已在表 3-26～表 3-29 中求得。

框架各柱的杆端弯矩、梁端弯矩，计算过程如表 3-30～表 3-33。

表 3-26　Ⓐ轴框架柱反弯点位置

层号	h(m)	$\bar{i}$	y_0	y_1	y_2	y_3	y	yh(m)
8	4.2	0.70	0.30	0	0	0	0.30	1.26
7	4.2	0.70	0.40	0	0	0	0.40	1.68
6	4.2	0.70	0.45	0	0	0	0.45	1.89
5	4.2	0.70	0.45	0	0	0	0.45	1.89
4	4.2	0.70	0.45	0	0	0	0.45	1.89
3	4.2	0.70	0.45	0	0	0	0.45	1.89
2	4.2	0.70	0.50	0	0	−0.015	0.49	2.04
1	5.3	0.89	0.65	0	−0.002 5	0	0.65	3.43

表 3-27　Ⓑ轴框架柱反弯点位置

层号	h(m)	$\bar{i}$	y_0	y_1	y_2	y_3	y	yh(m)
8	4.2	1.4	0.37	0	0	0	0.37	1.55
7	4.2	1.4	0.42	0	0	0	0.42	1.76
6	4.2	1.4	0.45	0	0	0	0.45	1.89
5	4.2	1.4	0.47	0	0	0	0.47	1.97
4	4.2	1.4	0.47	0	0	0	0.47	1.97
3	4.2	1.4	0.50	0	0	0	0.50	2.10
2	4.2	1.4	0.50	0	0	−0.006	0.49	2.07
1	5.3	1.77	0.573	0	−0.001 9	0	0.57	3.03

表 3-28 Ⓒ轴框架柱反弯的位置

层号	h(m)	$\bar{i}$	y_0	y_1	y_2	y_3	y	yh(m)
8	4.2	2.1	0.405	0	0	0	0.405	1.70
7	4.2	2.1	0.455	0	0	0	0.455	1.91
6	4.2	2.1	0.455	0	0	0	0.455	1.91
5	4.2	2.1	0.50	0	0	0	0.50	2.10
4	4.2	2.1	0.50	0	0	0	0.50	2.10
3	4.2	2.1	0.50	0	0	0	0.50	2.10
2	4.2	2.1	0.50	0	0	0	0.50	2.10
1	5.3	2.66	0.55	0	0	0	0.55	2.92

表 3-29 Ⓓ轴框架柱反弯点位置

层号	h(m)	$\bar{i}$	y_0	y_1	y_2	y_3	y	yh(m)
8	4.2	7.2	0.45	0	0	0	0.45	1.89
7	4.2	7.2	0.50	0	0	0	0.50	2.10
6	4.2	7.2	0.50	0	0	0	0.50	2.10
5	4.2	7.2	0.50	0	0	0	0.50	2.10
4	4.2	7.2	0.50	0	0	0	0.50	2.10
3	4.2	7.2	0.50	0	0	0	0.50	2.10
2	4.2	7.2	0.50	0	0	0	0.50	2.10
1	5.3	9.0	0.55	0	0	0	0.55	2.92

表 3-30 横向水平地震荷载作用下Ⓐ轴框架柱剪力和柱端弯矩的计算

层号	V_i (kN)	$\sum D$	D_{im}	$D_{im}/\sum D$	V_{im} (kN)	y (m)	$M_{C上}$ (kN·m)	$M_{C下}$ (kN·m)
8	552.62	409 342	13 567	0.033	18.24	0.3	53.63	22.98
7	833.33	409 342	13 567	0.033	27.50	0.4	69.30	46.20
6	1 075.38	409 342	13 567	0.033	35.48	0.45	81.96	67.08
5	1 278.78	409 342	13 567	0.033	42.20	0.45	97.48	79.76
4	1 443.52	409 342	13 567	0.033	47.64	0.45	110.05	90.04
3	1 569.61	409 342	13 567	0.033	51.80	0.45	108.78	108.78
2	1 657.04	409 342	13 567	0.033	54.68	0.49	114.83	114.83
1	1 707.93	308 561	12 534	0.041	70.03	0.65	129.90	241.25

表 3-31 横向水平地震荷载作用下Ⓑ轴框架柱剪力和柱端弯矩的计算

层号	V_i(kN)	$\sum D$	D_{im}	$D_{im}/\sum D$	V_{im} (kN)	y (m)	$M_{C上}$ (kN·m)	$M_{C下}$ (kN·m)
8	552.62	409 342	21 529	0.052 6	29.07	0.37	83.02	39.07
7	833.33	409 342	21 529	0.052 6	43.83	0.42	106.77	77.32
6	1 075.38	409 342	21 529	0.052 6	56.56	0.45	130.65	106.9

续表

层号	V_i(kN)	$\sum D$	D_{im}	$D_{im}/\sum D$	V_{im} (kN)	y (m)	$M_{C上}$ (kN·m)	$M_{C下}$ (kN·m)
5	1 278.78	409 342	21 529	0.052 6	67.26	0.47	149.72	132.77
4	1 443.52	409 342	21 529	0.052 6	75.93	0.47	169.02	149.89
3	1 569.61	409 342	21 529	0.052 6	82.56	0.50	173.38	173.38
2	1 657.04	409 342	21 529	0.052 6	87.16	0.49	183.04	183.04
1	1 707.93	308 561	15 688	0.050 8	86.76	0.57	193.13	266.70

表 3-32　横向水平地震荷载作用下Ⓒ轴框架柱剪力和柱端弯矩的计算

层号	V_i (kN)	$\sum D$	D_{im}	$D_{im}/\sum D$	V_{im} (kN)	y (m)	$M_{C上}$ (kN·m)	$M_{C下}$ (kN·m)
8	552.62	409 342	26 819	0.066	36.47	0.405	90.37	62.8
7	833.33	409 342	26 819	0.066	55.00	0.455	125.9	105.1
6	1 075.38	409 342	26 819	0.066	70.98	0.455	162.47	135.64
5	1 278.78	409 342	26 819	0.066	84.46	0.50	177.24	177.24
4	1 443.52	409 342	26 819	0.066	95.27	0.50	200.07	200.07
3	1 569.61	409 342	26 819	0.066	103.6	0.50	217.56	217.56
2	1 657.04	409 342	26 819	0.066	109.36	0.50	229.66	229.66
1	1 707.93	308 561	17 668	0.066	97.35	0.55	232.18	283.78

表 3-33　横向水平地震荷载作用下Ⓓ轴框架柱剪力和柱端弯矩的计算

层号	V_i (kN)	$\sum D$	D_{im}	$D_{im}/\sum D$	V_{im} (kN)	y (m)	$M_{C上}$ (kN·m)	$M_{C下}$ (kN·m)
8	552.62	409 342	7 990	0.02	11.05	0.45	25.53	20.88
7	833.33	409 342	7 990	0.02	16.67	0.50	35.00	35.00
6	1 075.38	409 342	7 990	0.02	21.51	0.50	45.17	45.17
5	1 278.78	409 342	7 990	0.02	25.58	0.50	53.72	53.72
4	1 443.52	409 342	7 990	0.02	28.87	0.50	60.63	60.63
3	1 569.61	409 342	7 990	0.02	31.39	0.50	65.92	65.92
2	1 657.04	409 342	7 990	0.02	33.14	0.50	69.59	69.59
1	1 707.93	308 561	4 429	0.014	24.59	0.55	58.65	71.68

横向水平地震作用下的弯矩、剪力和轴力图如图 3-23～图 3-25 所示。

3.4.6　重力荷载代表值计算

(1)作用于屋面处均布重力荷载代表值计算

$$q_{AB}=1.2\times29.71+1.2\times0.5\times0.35\times3\times\frac{5}{8}\times2=36.44\text{kN/m}$$

$$q_{BC}=1.2\times25.99+1.2\times0.5\times\left[0.35\times3\times\frac{5}{8}+0.35\times1.5\times(1-2\times0.25^2+0.25^3)\right]$$
$$=31.87\text{kN/m}$$

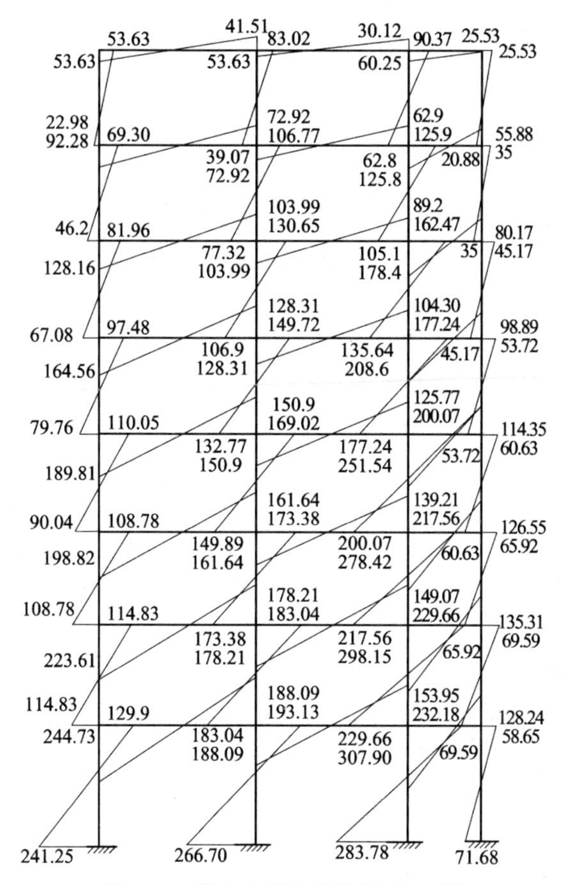

图 3-23 横向水平地震作用下 M 图

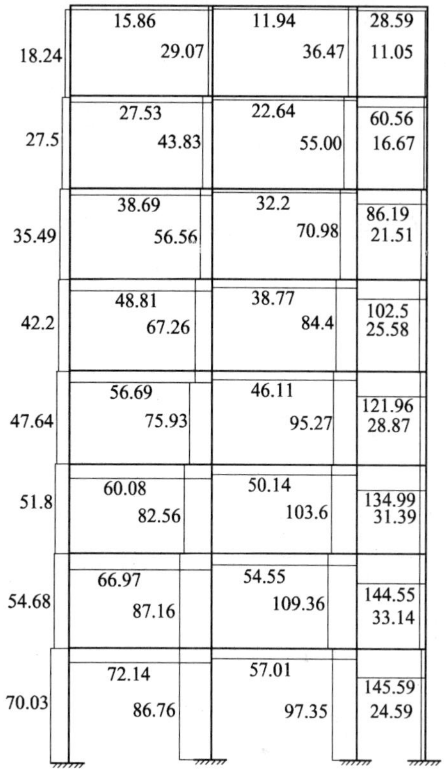

15.86 29.07 11.94 36.47 28.59 11.05 18.24
27.53 43.83 22.64 55.00 60.56 16.67 27.5
38.69 56.56 32.2 70.98 86.19 21.51 35.49
48.81 67.26 38.77 84.4 102.5 25.58 42.2
56.69 75.93 46.11 95.27 121.96 28.87 47.64
60.08 82.56 50.14 103.6 134.99 31.39 51.8
66.97 87.16 54.55 109.36 144.55 33.14 54.68
72.14 86.76 57.01 97.35 145.59 24.59 70.03

图 3-24 横向水平地震作用下 V 图(kN)

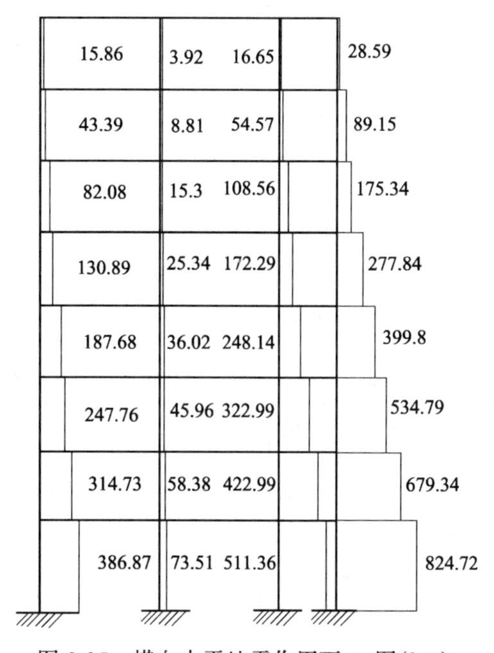

图 3-25 横向水平地震作用下 N 图(kN)

$$q_{CD}=1.2\times16.79+1.2\times0.5\times0.35\times1.5\times\frac{5}{8}\times2=20.54\text{kN/m}$$

(2)作用于楼面处均布重力荷载代表值计算

$$q_{AB}=1.2\times20.11+1.2\times0.5\times7.5=28.63\text{kN/m}$$
$$q_{BC}=1.2\times17.77+1.2\times0.5\times6.42=25.18\text{kN/m}$$
$$q_{CD}=1.2\times11.03+1.2\times0.5\times4.69=16.05\text{kN/m}$$

(3)由均布荷载代表值在屋面处引起固端弯矩

$$M^{g}_{AW,BW}=-36.44\times6^2/12=-109.32\text{kN·m}$$
$$M^{g}_{BW,AW}=109.32\text{kN·m}$$
$$M^{g}_{BW,CW}=-31.87\times6^2/12=-95.61\text{kN·m}$$
$$M^{g}_{CW,BW}=95.61\text{kN·m}$$
$$M^{g}_{CW,DW}=-20.54\times3^2/12=-15.41\text{kN·m}$$
$$M^{g}_{DW,CW}=15.41\text{kN·m}$$

(4)由均布荷载代表值在楼面处引起固端弯矩

$$M^{g}_{Ab,Bb}=-28.63\times6^2/12=-85.89\text{kN·m}$$
$$M^{g}_{Bb,Ab}=85.89\text{kN·m}$$
$$M^{g}_{Bb,Cb}=-25.18\times6^2/12=-75.54\text{kN·m}$$
$$M^{g}_{Cb,Bb}=75.54\text{kN·m}$$
$$M^{g}_{Cb,Db}=-16.05\times3^2/12=-12.04\text{kN·m}$$
$$M^{g}_{Db,Cb}=12.04\text{kN·m}$$

用弯矩分配法求解重力荷载代表值下的弯矩，首先将各节点的分配系数填在相应的方框内，将梁的固端弯矩填写在框架的横梁相应的位置，然后将节点放松，把各节点不平衡弯矩同时进行分配。假定远端固定进行传递(不向滑动端传递)：右(左)梁分配弯矩向左(右)梁传递；上(下)柱分配弯矩向下(上)传递；(传递系数均为 1/2)。第一次分配弯矩传递后，再进行第二次弯矩分配，然后不再传递。实际上，弯矩二次分配法，只将不平衡弯矩分配两次，将分配弯矩传递一次，计算图表见图 3-26、图 3-27，表 3-34～表 3-40。

(本次所进行的重力荷载代表值下的弯矩图为设计值)

表 3-34　重力荷载代表值下 AB 跨梁端剪力计算

层号	q (kN/m)	l (m)	$ql/2$ (kN)	$\sum M/l$ (kN)	$V_A=\frac{ql}{2}-\frac{\sum M}{l}$ (kN)	$V_B=\frac{ql}{2}+\frac{\sum M}{l}$ (kN)
8	36.44	6	109.32	8.7	100.62	118.02
7	28.63	6	85.89	3.19	82.70	89.08
6	28.63	6	85.89	4.01	81.88	89.08
5	28.63	6	85.89	4.01	81.88	89.08

续表

层号	q (kN/m)	l (m)	$ql/2$ (kN)	$\sum M/l$ (kN)	$V_A=\frac{ql}{2}-\frac{\sum M}{l}$ (kN)	$V_B=\frac{ql}{2}+\frac{\sum M}{l}$ (kN)
4	28.63	6	85.89	4.01	81.88	89.08
3	28.63	6	85.89	4.01	81.88	89.08
2	28.63	6	85.89	3.73	82.16	89.62
1	28.63	6	85.89	4.58	81.31	90.47

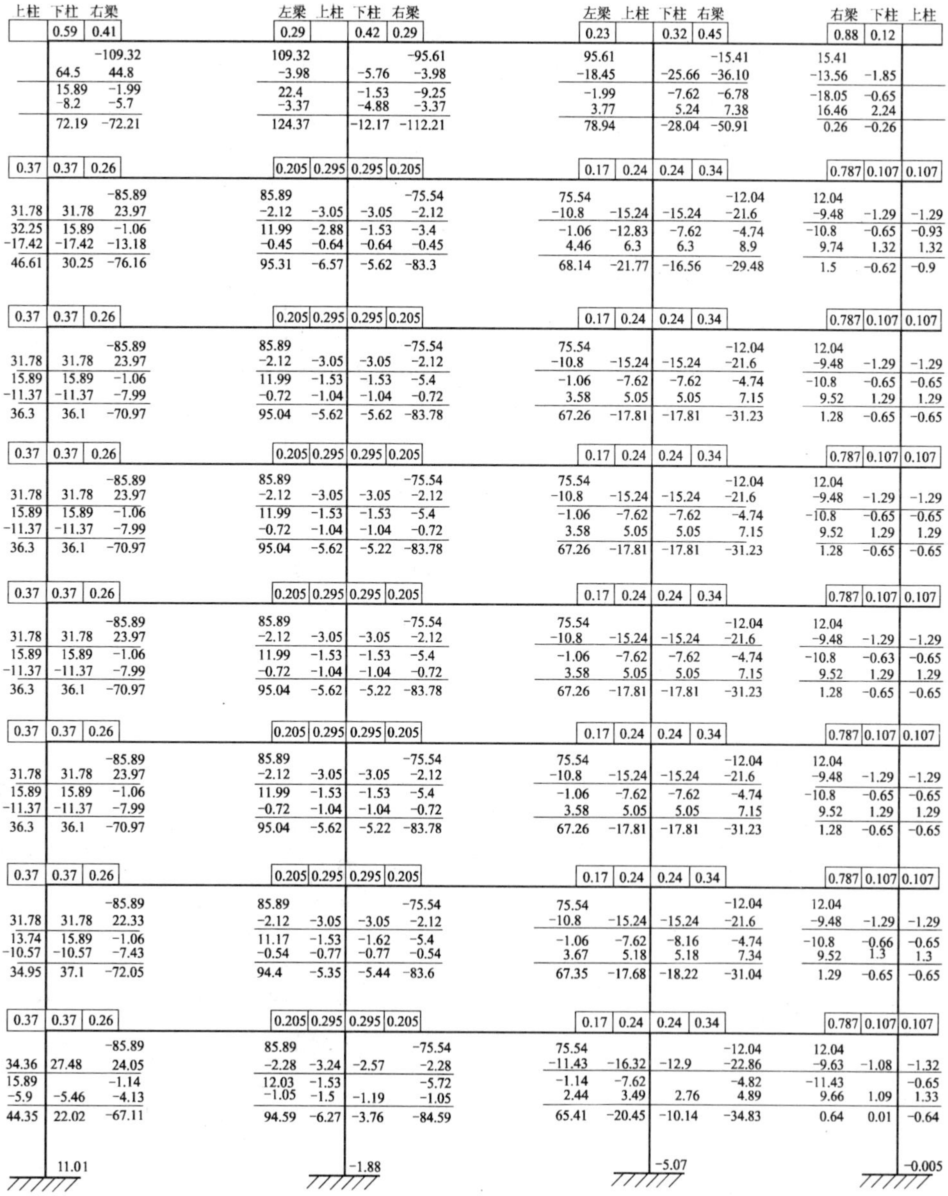

上柱 下柱 右梁　左梁 上柱 下柱 右梁　左梁 上柱 下柱 右梁　右梁 下柱 上柱
0.59 0.41　0.29 0.42 0.29　0.23 0.32 0.45　0.88 0.12
-109.32　109.32 -95.61　95.61 -15.41　15.41
64.5 44.8　-3.98 -5.76 -3.98　-18.45 -25.66 -36.10　-13.56 -1.85
15.89 -1.99　22.4 -1.53 -9.25　-1.99 -7.62 -6.78　-18.05 -0.65
-8.2 -5.7　-3.37 -4.88 -3.37　3.77 5.24 7.38　16.46 2.24
72.19 -72.21　124.37 -12.17 -112.21　78.94 -28.04 -50.91　0.26 -0.26

0.37 0.37 0.26　0.205 0.295 0.295 0.205　0.17 0.24 0.24 0.34　0.787 0.107 0.107
-85.89　85.89 -75.54　75.54 -12.04　12.04
31.78 31.78 23.97　-2.12 -3.05 -3.05 -2.12　-10.8 -15.24 -15.24 -21.6　-9.48 -1.29 -1.29
32.25 15.89 -1.06　11.99 -2.88 -1.53 -3.4　-1.06 -12.83 -7.62 -4.74　-10.8 -0.65 -0.93
-17.42 -17.42 -13.18　-0.45 -0.64 -0.64 -0.45　4.46 6.3 6.3 8.9　9.74 1.32 1.32
46.61 30.25 -76.16　95.31 -6.57 -5.62 -83.3　68.14 -21.77 -16.56 -29.48　1.5 -0.62 -0.9

0.37 0.37 0.26　0.205 0.295 0.295 0.205　0.17 0.24 0.24 0.34　0.787 0.107 0.107
-85.89　85.89 -75.54　75.54 -12.04　12.04
31.78 31.78 23.97　-2.12 -3.05 -3.05 -2.12　-10.8 -15.24 -15.24 -21.6　-9.48 -1.29 -1.29
15.89 15.89 -1.06　11.99 -1.53 -1.53 -5.4　-1.06 -7.62 -7.62 -4.74　-10.8 -0.65 -0.65
-11.37 -11.37 -7.99　-0.72 -1.04 -1.04 -0.72　3.58 5.05 5.05 7.15　9.52 1.29 1.29
36.3 36.1 -70.97　95.04 -5.62 -5.62 -83.78　67.26 -17.81 -17.81 -31.23　1.28 -0.65 -0.65

0.37 0.37 0.26　0.205 0.295 0.295 0.205　0.17 0.24 0.24 0.34　0.787 0.107 0.107
-85.89　85.89 -75.54　75.54 -12.04　12.04
31.78 31.78 23.97　-2.12 -3.05 -3.05 -2.12　-10.8 -15.24 -15.24 -21.6　-9.48 -1.29 -1.29
15.89 15.89 -1.06　11.99 -1.53 -1.53 -5.4　-1.06 -7.62 -7.62 -4.74　-10.8 -0.65 -0.65
-11.37 -11.37 -7.99　-0.72 -1.04 -1.04 -0.72　3.58 5.05 5.05 7.15　9.52 1.29 1.29
36.3 36.1 -70.97　95.04 -5.62 -5.22 -83.78　67.26 -17.81 -17.81 -31.23　1.28 -0.65 -0.65

0.37 0.37 0.26　0.205 0.295 0.295 0.205　0.17 0.24 0.24 0.34　0.787 0.107 0.107
-85.89　85.89 -75.54　75.54 -12.04　12.04
31.78 31.78 23.97　-2.12 -3.05 -3.05 -2.12　-10.8 -15.24 -15.24 -21.6　-9.48 -1.29 -1.29
15.89 15.89 -1.06　11.99 -1.53 -1.53 -5.4　-1.06 -7.62 -7.62 -4.74　-10.8 -0.63 -0.65
-11.37 -11.37 -7.99　-0.72 -1.04 -1.04 -0.72　3.58 5.05 5.05 7.15　9.52 1.29 1.29
36.3 36.1 -70.97　95.04 -5.62 -5.22 -83.78　67.26 -17.81 -17.81 -31.23　1.28 -0.65 -0.65

0.37 0.37 0.26　0.205 0.295 0.295 0.205　0.17 0.24 0.24 0.34　0.787 0.107 0.107
-85.89　85.89 -75.54　75.54 -12.04　12.04
31.78 31.78 23.97　-2.12 -3.05 -3.05 -2.12　-10.8 -15.24 -15.24 -21.6　-9.48 -1.29 -1.29
15.89 15.89 -1.06　11.99 -1.53 -1.53 -5.4　-1.06 -7.62 -7.62 -4.74　-10.8 -0.65 -0.65
-11.37 -11.37 -7.99　-0.72 -1.04 -1.04 -0.72　3.58 5.05 5.05 7.15　9.52 1.29 1.29
36.3 36.1 -70.97　95.04 -5.62 -5.22 -83.78　67.26 -17.81 -17.81 -31.23　1.28 -0.65 -0.65

0.37 0.37 0.26　0.205 0.295 0.295 0.205　0.17 0.24 0.24 0.34　0.787 0.107 0.107
-85.89　85.89 -75.54　75.54 -12.04　12.04
31.78 31.78 22.33　-2.12 -3.05 -3.05 -2.12　-10.8 -15.24 -15.24 -21.6　-9.48 -1.29 -1.29
13.74 15.89 -1.06　11.17 -1.53 -1.62 -5.4　-1.06 -7.62 -8.16 -4.74　-10.8 -0.66 -0.65
-10.57 -10.57 -7.43　-0.54 -0.77 -0.77 -0.54　3.67 5.18 5.18 7.34　9.52 1.3 1.3
34.95 37.1 -72.05　94.4 -5.35 -5.44 -83.6　67.35 -17.68 -18.22 -31.04　1.29 -0.65 -0.65

0.37 0.37 0.26　0.205 0.295 0.295 0.205　0.17 0.24 0.24 0.34　0.787 0.107 0.107
-85.89　85.89 -75.54　75.54 -12.04　12.04
34.36 27.48 24.05　-2.28 -3.24 -2.57 -2.28　-11.43 -16.32 -12.9 -22.86　-9.63 -1.08 -1.32
15.89 -1.14　12.03 -1.53 -5.72　-1.14 -7.62 -4.82　-11.43 -0.65
-5.9 -5.46 -4.13　-1.05 -1.5 -1.19 -1.05　2.44 3.49 2.76 4.89　9.66 1.09 1.33
44.35 22.02 -67.11　94.59 -6.27 -3.76 -84.59　65.41 -20.45 -10.14 -34.83　0.64 0.01 -0.64

11.01　-1.88　-5.07　-0.005

图 3-26　重力荷载代表值作用下 M 图

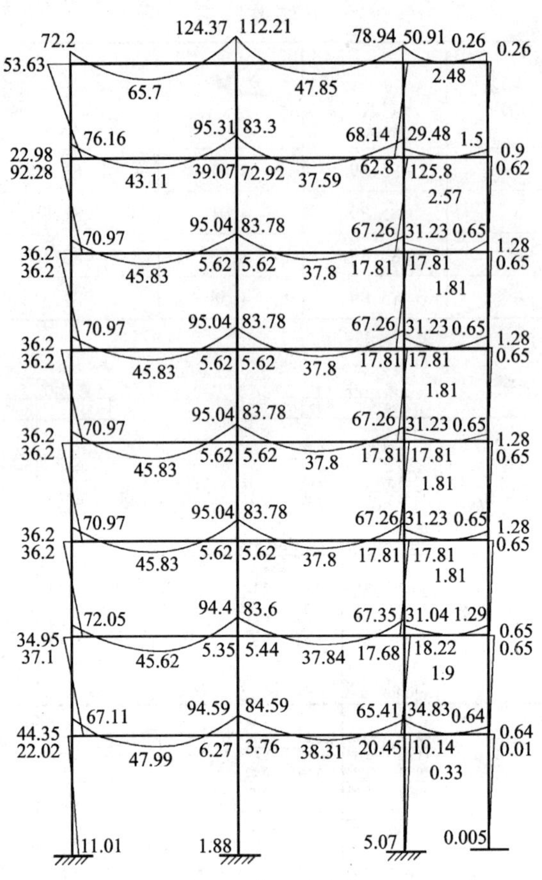

图 3-27　重力荷载代表值作用下 M 图

表 3-35　重力荷载代表值下 BC 跨梁端剪力计算

层号	q (kN/m)	l (m)	$ql/2$ (kN)	$\sum M/l$ (kN)	$V_B=\frac{ql}{2}-\frac{\sum M}{l}$ (kN)	$V_C=\frac{ql}{2}+\frac{\sum M}{l}$ (kN)
8	31.87	6	95.61	−5.55	101.16	90.06
7	25.18	6	75.54	−2.53	78.07	73.01
6	25.18	6	75.54	−2.75	78.29	72.79
5	25.18	6	75.54	−2.75	78.29	72.79
4	25.18	6	75.54	−2.75	78.29	72.79
3	25.18	6	75.54	−2.75	78.29	72.79
2	25.18	6	75.54	−2.71	78.25	72.83
1	25.18	6	75.54	−3.20	78.74	72.34

表 3-36　重力荷载代表值下 CD 跨梁端剪力计算

层号	q (kN/m)	l (m)	$ql/2$ (kN)	$\sum M/l$ (kN)	$V_C=\frac{ql}{2}-\frac{\sum M}{l}$ (kN)	$V_D=\frac{ql}{2}+\frac{\sum M}{l}$ (kN)
8	20.54	3	30.81	−16.89	47.70	13.92
7	16.05	3	24.08	−9.33	33.41	14.75

续表

层号	q (kN/m)	l (m)	$ql/2$ (kN)	$\sum M/l$ (kN)	$V_C=\frac{ql}{2}-\frac{\sum M}{l}$ (kN)	$V_D=\frac{ql}{2}+\frac{\sum M}{l}$ (kN)
6	16.05	3	24.08	−9.98	34.06	14.10
5	16.05	3	24.08	−9.98	34.06	14.10
4	16.05	3	24.08	−9.98	34.06	14.10
3	16.05	3	24.08	−9.98	34.06	14.10
2	16.05	3	24.08	−9.92	34.00	14.16
1	16.05	3	24.08	−11.40	35.48	12.68

表 3-37 重力荷载代表值下Ⓐ柱轴向力计算

层号	截 面	横梁传剪力	纵墙重	纵梁重	纵梁上板恒载	纵梁上板活载	柱 重	ΔN (kN)	柱轴力 (kN)
8	1-1	100.62	71.71 39.72	25.08	93.02	13.5	45.36	303.93	303.93
	2-2							389.01	389.01
7	3-3	82.70	39.72	25.08	58.46	13.5	45.36	179.74	568.75
	4-4							264.82	653.83
6	5-5	81.88	39.72	25.08	58.46	13.5	45.36	178.92	832.75
	6-6							264.00	917.83
5	7-7	81.88	39.72	25.08	58.46	13.5	45.36	178.92	1 096.8
	8-8							264.00	1 181.8
4	9-9	81.88	39.72	25.08	58.46	13.5	45.36	178.92	1 360.8
	10-10							264.00	1 445.8
3	11-11	81.88	39.72	25.08	58.46	13.5	45.36	178.92	1 624.8
	12-12							264.00	1 709.8
2	13-13	81.88	39.72	25.08	58.46	13.5	45.36	178.92	1 885.8
	14-14							264.00	1 973.8
1	15-15	81.88	59.29	25.08 16.2	58.46	13.5	57.24	178.92	2 152.8
	16-16							311.65	2 464.4

表 3-38 重力荷载代表值下Ⓑ柱轴向力计算

层号	截 面	左横梁传剪力	右横梁传剪力	纵梁重	纵梁上板恒载	纵梁上板活载	柱 重	ΔN (kN)	柱轴力 (kN)
8	1-1	118.02	101.16	25.08	172.27	24.34	45.36	435.96	435.96
	2-2							481.32	481.32
7	3-3	89.08	78.07	25.08	142.72	24.34	45.36	354.27	835.59
	4-4							399.63	880.95
6	5-5	89.9	78.09	25.08	137.7	24.34	45.36	355.31	1 236.3
	6-6							400.67	1 281.6

续表

层号	截　面	左横梁传剪力	右横梁传剪力	纵梁重	纵梁上板恒载	纵梁上板活载	柱　重	ΔN (kN)	柱轴力 (kN)
5	7-7	89.9	78.29	25.08	137.7	24.34	45.36	355.31	1 636.9
	8-8							400.67	1 682.3
4	9-9	89.9	78.29	25.08	137.7	24.34	45.36	355.31	2 037.6
	10-10							400.67	2 082.9
3	11-11	89.9	78.29	25.08	137.7	24.34	45.36	355.31	2 438.3
	12-12							400.67	2 483.6
2	13-13	89.64	78.25	25.08	137.7	24.34	45.36	354.99	2 838.6
	14-14							400.35	2 838.9
1	15-15	90.47	78.74	25.08 16.2	137.7	24.34	57.24	356.33	3 195.3
	16-16							413.57	3 252.5

表 3-39　重力荷载代表值下Ⓒ柱轴向力计算

层号	截　面	横梁传剪力	内墙重	纵梁重	纵梁上板恒载	纵梁上板活载	柱　重	ΔN (kN)	柱轴力 (kN)
8	1-1	90.06	29.96	25.28	145.58	20.45	45.36	328.87	328.87
	2-2	47.7						401.19	401.19
7	3-3	73.01	26.96	25.28	120.98	22.85	45.36	275.33	676.52
	4-4	33.41						347.65	748.84
6	5-5	72.79	26.96	25.28	120.98	22.85	45.36	275.76	1 024.6
	6-6	34.06						348.08	1 096.9
5	7-7	72.79	26.96	25.28	120.98	22.85	45.36	275.76	1 372.7
	8-8	34.06						348.08	1 445.0
4	9-9	72.79	26.96	25.28	120.98	22.85	45.36	275.76	1 720.8
	10-10	34.06						348.08	1 793.1
3	11-11	72.79	26.96	25.28	120.98	22.85	45.36	275.76	2 068.8
	12-12	34.06						348.08	2 141.2
2	13-13	72.83	26.96	25.28	120.98	22.85	45.36	275.74	2 416.9
	14-14	34.00						348.06	2 489.2
1	15-15	72.34	43.09	25.28	120.98	22.85	57.24	276.73	2 765.9
	16-16	35.48						377.06	2 866.3

表 3-40　重力荷载代表值下Ⓓ柱轴向力计算

层号	截　面	横梁传剪力	纵墙重	纵梁重	纵梁上板恒载	纵梁上板活载	柱　重	ΔN (kN)	柱轴力 (kN)
8	1-1	13.92	71.71 33.94	26.0	66.23	9.61	20.16	187.47	187.47
	2-2							241.57	241.57

续表

层号	截 面	横梁传剪力	纵墙重	纵梁重	纵梁上板恒载	纵梁上板活载	柱 重	ΔN (kN)	柱轴力 (kN)
7	3-3	14.75	33.94	26.0	36.72	12.01	20.16	89.48	331.05
	4-4							143.58	385.15
6	5-5	14.1	33.94	26.0	36.72	12.01	20.16	88.83	473.98
	6-6							142.93	528.28
5	7-7	14.1	33.94	26.0	36.72	13.5	20.16	88.83	616.91
	8-8							142.93	671.01
4	9-9	14.1	33.94	26.0	36.72	13.5	20.16	88.83	759.84
	10-10							142.93	813.94
3	11-11	14.1	33.94	26.0	36.72	13.5	20.16	88.83	902.77
	12-12							142.93	956.87
2	13-13	14.16	33.94	26.0	36.72	13.5	20.16	88.83	1 045.8
	14-14							142.93	1 099.9
1	15-15	12.68	33.94 18	26.0	36.72	13.5	25.44	87.41	1 187.3
	16-16							164.79	1 264.7

3.4.7 内力组合

各种荷载情况下的框架内力求得后，根据最不利又是可能的原则进行内力组合。当考虑结构塑性内力重分布的有利影响时，应在内力组合之前对竖向荷载作用下的内力进行调幅。当有地震作用时，应分别考虑恒荷载和活荷载由可变荷载效应控制的组合、由永久荷载效应控制的组合及重力荷载代表值与地震作用的组合，并比较三种组合的内力，取最不利者。由于构件控制截面的内力值应取自支座边缘处，为此，进行组合前，应先计算各控制截面处的（支座边缘处的）内力值。

梁支座边缘处的内力值按相关公式计算。

柱上端控制截面在上层的梁底，柱下端控制截面在下层的梁顶。按轴线计算简图算得的柱端内力值，宜换算成控制截面处的值。为了简化起见，也可采用轴线处内力值，这样算得的钢筋用量比需要的钢筋用量略微多一点。

因为建筑高度为 34.7m>30m，设防烈度为 7 度，根据抗震规范确定框架的抗震等级为二级。对于框架梁，其梁端截面组合的剪力设计值应按下式调整：

$$V=\eta_{Vb}(M_b^l+M_b^r)/l_n+V_{Gb}$$

式中 V——梁端截面组合的剪力设计值；

l_n——梁的净跨；

V_{Gb}——梁在重力荷载代表值作用下，按简支梁分析的梁端截面剪力设计值；

M_b^l、M_b^r——梁左、右端截面反时针或顺时针方向组合的弯矩设计值；

η_{Vb}——梁端剪力增大系数，一级取 1.3，二级取 1.2，三级取 1.1。

对于框架柱组合的剪力设计值应按下式调整：

$$V = \eta_{Vc}(M_c^b + M_c^t)/H_n$$

式中　V——柱端截面组合的剪力设计值；

H_n——柱的净高；

M_c^t、M_c^b——柱上、下端顺时针或反时针方向截面组合的弯矩设计值；

η_{Vc}——柱剪力增大系数，一级取 1.4，二级取 1.2，三级取 1.1。

一、二、三级框架结构的底层，柱下端截面组合的弯矩设计值应分别乘以增大系数 1.5、1.25 和 1.15。底层柱纵向钢筋宜按上、下端的不利情况配置。

一、二、三级框架的梁柱节点处，除框架顶层和柱轴压比小于 0.15 者及框支梁与框支柱的节点外，柱端组合的弯矩设计值应符合下式要求：

$$\sum M_c = \eta_c \sum M_b$$

式中　$\sum M_c$——节点上、下柱端截面顺时针或反时针方向组合的弯矩设计值之和，上、下柱端的弯矩设计值，可按弹性分析分配；

$\sum M_b$——节点左、右梁端截面反时针或顺时针方向组合的弯矩设计值之和，一级框架节点左、右梁端均为负弯矩时，绝对值较小的弯矩应取零；

η_c——柱端弯矩增大系数，一级取 1.4，二级取 1.2，三级取 1.1。

(1)梁端弯矩最不利内力组合(表 3-41、表 3-42)

表 3-41　第 8 层梁端控制截面弯矩不利组合

截　面	$1.3M_{EK}$	$1.2M_{GE}$	$1.0M_{GE}$	$-(1.3M_{EK}+1.2M_{GE})$	$1.3M_{EK}-1.0M_{GE}$
AB 左	63.53	42.01	35.00	105.54	28.53
AB 右	47.78	88.96	74.13	136.74	—
BC 左	49.31	81.86	62.97	131.17	—
BC 右	34.50	51.92	43.27	86.42	—
CD 左	68.37	36.6	30.5	104.97	37.87
CD 右	29.47	0.25	0.21	29.72	29.26

注：弯矩值均为梁端截面弯矩值，单位 kN·m，“—”表示不可能存在正弯矩。

表 3-42　第 1 层梁端控制截面弯矩不利组合

截　面	$1.3M_{EK}$	$1.2M_{GE}$	$1.0M_{GE}$	$-(1.3M_{EK}+1.2M_{GE})$	$1.3M_{EK}-1.0M_{GE}$
AB 左	290.01	42.72	35.6	332.73	254.41
AB 右	216.39	67.45	56.21	283.84	160.18
BC 左	222.27	60.97	50.81	283.24	171.46
BC 右	177.91	43.71	36.43	221.62	141.48
CD 左	371.92	24.19	20.16	396.11	351.76
CD 右	147.81	0.62	0.52	148.43	147.29

注：弯矩值均为梁端截面弯矩值，单位 kN·m。

(2)梁端剪力最不利内力组合(表 3-43、表 3-44)

表 3-43 第 8 层梁端控制截面剪力不利组合

截　　面	M_l (kN·m)	M_r (kN·m)	l_n (m)	V_{GE} (kN)	$V=1.2\frac{M_l+M_r}{l_n}+V_{GE}$
AB 左	105.54	—	5.4	100.62	124.07
AB 右	28.53	136.74	5.4	118.02	154.75
BC 左	131.17	—	5.4	101.16	130.31
BC 右	—	86.42	5.4	90.06	109.26
CD 左	104.97	29.26	2.5	47.7	112.13
CD 右	37.87	29.72	2.5	13.92	46.36

表 3-44 第 1 层梁端控制截面剪力不利组合

截　　面	M_l (kN·m)	M_r (kN·m)	l_n (m)	V_{GE} (kN)	$V=1.2\frac{M_l+M_r}{l_n}+V_{GE}$
AB 左	332.73	160.18	5.4	81.31	190.84
AB 右	254.41	283.84	5.4	90.47	210.08
BC 左	283.24	141.48	5.4	78.74	173.12
BC 右	171.46	221.62	5.4	72.34	159.69
CD 左	396.11	147.29	2.5	35.48	296.31
CD 右	351.76	148.43	2.5	12.68	252.77

(3)梁跨中弯矩最不利内力组合(表 3-45)

表 3-45 梁跨中弯矩最不利内力组合

截　　面	8-AB	8-BC	8-CD	1-AB	1-BC	1-CD
$1.3M_{EK}+1.2M_{GE}$	87.00	58.24	31.80	255.04	161.47	9.98

跨中截面弯矩组合过程如下,以 8-AB 为例:

$$\begin{aligned}R_A&=\frac{ql}{2}-\frac{1}{l}(M_{GB}-M_{GA}+M_{EA}+M_{EB})\\&=\frac{5.4\times36.44}{2}-\frac{1}{5.4}(88.96-42.01+63.53+47.78)\\&=69.08\text{kN}\end{aligned}$$

$$\begin{aligned}M_{max}&=\frac{R_A^2}{2q}-M_{GA}+M_{EA}\\&=\frac{69.08^2}{2\times36.44}-42.01+63.53\\&=87\text{kN}\end{aligned}$$

(4)横向水平地震作用与重力荷载代表值组合效应(Ⓑ轴柱)见表 3-46。

表 3-46 横向水平地震作用与重力荷载代表值组合效应(Ⓑ轴柱)

层号			重力荷载代表值①	重力荷载代表值②	地震作用(向右)③	地震作用(向左)④	N_{max}相应的 M		N_{min}相应的 M		$\|M\|_{max}$相应的 N	
							组合项目	值	组合项目	值	组合项目	值
4	上	M	−5.62	−4.68	−149.72	149.72	①+④	172.92	②+③	−185.28	①+③	−186.41
		N	1 636.93	1 364.11	−25.34	25.34		1 662.27		1 338.77		1 611.59
	下	M	5.62	4.68	132.77	−132.77	①+④	−152.58	②+③	164.94	①+③	166.07
		N	1 682.29	1 401.91	−25.34	25.34		1 707.63		1 376.57		1 656.95
		V	−2.68	−2.23	−75.93	75.93		108.5		−116.74		−117.49
1	上	M	−3.76	−3.13	−193.13	193.13	①+④	227.24	②+③	−235.51	①+③	−236.27
		N	3 195.3	2 662.75	−73.51	73.51		3 268.81		2 589.24		3 121.79
	下	M	1.88	1.57	266.7	−266.7	①+④	−397.23	②+③	402.4*	①+③	402.88*
		N	3 252.54	2 710.45	−73.51	73.51		3 326.05		2 636.94		3 179.03
		V	−1.06	−0.88	−86.76	86.76		159.44		−162.87		−163.19

注:1. 重力荷载代表值①、②分别为 1.2、1.0 倍 M_{GEk};

2. 地震作用③、④分别为 1.3 倍 M_{Ehk}和 1.3 倍 V_{Ehk};

3. 表中的弯矩值处理:为组合后的弯矩值直接×1.2;根据规范公式,二级抗震等级 $\sum M_c=1.2\sum M_b$,$\sum M_b$为同一节点左、右梁端,按顺时针和逆时针方向计算的两端考虑地震作用组合的弯矩设计值之和的较大值,这样的情况需要比较的弯矩值有 4 组,为简便起见,直接按柱的组合弯矩值×1.2,由文献记载这样的结果能反应真实情况,相差不大;

4. 表中剪力均为调整后的剪力,二级抗震等级由规范公式 $\sum V_c=1.2\dfrac{(M_C^t+M_C^b)}{H_n}$,其中 M_C^t 和 M_C^b 为考虑地震组合,经过调整后的框架柱上、下端弯矩设计值;

5. 带 * 的弯矩值为弯矩设计值×1.25 的放大系数;

6. 表中弯矩的单位为 kN·m,剪力的单位为 kN。

3.4.8 配筋计算

已知材料强度等级为:

混凝土强度等级 C30　　$f_c=14.3\text{N/mm}^2$　　$f_t=1.43\text{N/mm}^2$

$f_{tk}=2.01\text{N/mm}^2$

钢筋强度等级　HPB 235　　$f_y=210\text{N/mm}^2$　　$f_{yk}=235\text{N/mm}^2$

HRB 400　　$f_y=360\text{N/mm}^2$　　$f_{yk}=400\text{N/mm}^2$

1. 框架柱截面设计

该框架的抗震等级为二级。

(1)轴压比验算

底层柱　　$N_{max}=3\ 326.05\text{kN}$

轴压比　　$\mu_N=\dfrac{N}{f_cA_c}=\dfrac{3\ 326.05\times10^3}{14.3\times600^2}=0.65\leqslant0.8$

则Ⓑ轴柱的轴压比满足要求。

(2)正截面受弯承载力计算

柱同一截面分别承受正、反向弯矩,故采用对称配筋。

Ⓑ轴柱　　$N_b=\alpha_1f_cbh_0\xi_b=14.3\times600\times565\times0.35=1\ 696.7\text{kN}$

1层：从柱的内力组合表可见，$N>N_b$，为小偏压。选用 M 大 N 大的组合，最不利组合为 $\begin{cases}M=397.23\text{kN·m}\\N=3\ 326.05\text{kN}\end{cases}$。查表得 $\gamma_{RE}=0.80$，则 $\gamma_{RE}N_c=0.8\times3\ 326.05=2\ 660.84\text{kN}$。

在弯矩中由水平地震作用产生的弯矩设计值>75% M_{max}，柱的计算长度 l_0 取下列二式中的较小值：

$$l_0=[1+0.15(\psi_u+\psi_l)]H$$

$$l_0=(2+0.2\psi_{min})H$$

式中 ψ_u、ψ_l——柱的上端、下端节点处交汇的各柱线刚度之和与交汇的各梁线刚度之和的比值；

ψ_{min}——比值 ψ_u、ψ_l 中的较小值；

H——柱的高度，对底层柱为从基础顶面到一层楼盖顶面的高度；对其余各层柱为上、下两层楼盖顶面之间的高度。

在这里，$\psi_u=\dfrac{6.1\times10^4+7.7\times10^4}{5.4\times10^4\times2}=1.28\qquad\psi_l=0\qquad\psi_{min}=0$

$$l_0=[1+0.15(\psi_u+\psi_l)]H=(1+0.15\times1.28)\times5.3=6.32\text{m}$$

$$l_0=(2+0.2\psi_{min})H=2\times5.3=10.6\text{m}$$

所以，$l_0=6.32\text{m}$

$$e_0=\frac{M}{N}=\frac{397.23}{3\ 326.05}=119\text{mm}$$

$$e_a=\max\begin{cases}20\text{mm}\\600/30=20\text{mm}\end{cases}\Rightarrow e_a=20\text{mm}$$

$$e_i=e_0+e_a=119+20=139\text{mm}$$

$$\zeta_1=\frac{0.5f_cA}{\gamma_{RE}N}=\frac{0.5\times14.3\times600^2}{0.8\times3\ 326.05\times10^3}=0.97$$

因为 $\dfrac{l_0}{h}=\dfrac{6.32}{0.6}=10.53<15$，所以 $\zeta_2=1.0$

$$\eta=1+\frac{1}{1\ 400e_i/h_0}\left(\frac{l_0}{h}\right)^2\zeta_1\zeta_2$$

$$=1+\frac{1}{1\ 400\times139/565}\times\left(\frac{6\ 320}{600}\right)^2\times0.97\times1.0=1.31$$

$$e=\eta e_i+\frac{h}{2}-a=1.31\times139+\frac{600}{2}-35=447.09\text{mm}$$

$$\xi=\frac{\gamma_{RE}N-\xi_b\alpha_1f_cbh_0}{\dfrac{\gamma_{RE}Ne-0.43\alpha_1f_cbh_0^2}{(\beta_1-\xi_b)(h_0-a_s')}+\alpha_1f_cbh_0}+\xi_b$$

$$=\frac{0.8\times3\ 326.05\times10^3-0.35\times14.3\times600\times565}{\dfrac{0.8\times3\ 326.05\times10^3\times447.09-0.43\times14.3\times600\times565^2}{(0.8-0.35)(565-35)}+14.3\times600\times565}+0.35$$

$$=0.55>\xi_b$$

$$A_s = A'_s = \frac{\gamma_{RE} Ne - \alpha_1 f_c b h_0^2 \xi (1-0.5\xi)}{f'_y (h_0 - a'_s)}$$

$$= \frac{0.8 \times 3\ 326.05 \times 10^3 \times 447.09 - 14.3 \times 600 \times 565^2 \times 0.55 \times (1-0.5 \times 0.55)}{360 \times (565-35)}$$

$$= 510.89\text{mm}^2$$

最小总配筋率根据《建筑抗震设计规范》，$\rho_{min} = 0.7\%$，故

$$A_{s,min} = A'_{s,min} = 0.7\% \times 600^2 / 2 = 1\ 260\text{mm}^2$$

则每侧实配 4Φ20($A_s = A'_s = 1\ 256\text{mm}^2$)，另两侧配构造筋 4Φ16。

4 层：$N < N_b$ 为大偏压，选用 M 大 N 小的组合，最不利组合为 $\begin{cases} M = 164.94\text{kN·m} \\ N = 1\ 376.57\text{kN} \end{cases}$。

在弯矩中由水平地震作用产生的弯矩 $> 75\% M_{max}$，柱的计算长度 l_0 取下列二式中的较小值：

$$\psi_u = \frac{7.7 \times 10^4 + 7.7 \times 10^4}{5.4 \times 10^4 \times 2} = 1.43$$

$$\psi_l = \frac{7.7 \times 10^4 + 7.7 \times 10^4}{5.4 \times 10^4 \times 2} = 1.43$$

$$\psi_{min} = 1.43$$

$$l_0 = [1 + 0.15(\psi_u + \psi_l)]H$$

$$= (1 + 0.15 \times 1.43 \times 2) \times 4.2 = 6.00\text{m}$$

$$l_0 = (2 + 0.2\psi_{min})H$$

$$= (2 + 0.2 \times 1.43) \times 4.2 = 9.6\text{m}$$

所以，$l_0 = 6.00\text{m}$

$$e_0 = \frac{M}{N} = \frac{164.94}{1\ 376.57} = 120\text{mm}$$

$$e_a = \max\begin{cases} 20\text{mm} \\ 600/30 = 20\text{mm} \end{cases} \Rightarrow e_a = 20\text{mm}$$

$$e_i = e_0 + e_a = 120 + 20 = 140\text{mm}$$

$$\zeta_1 = \frac{0.5 f_c A}{\gamma_{RE} N} = \frac{0.5 \times 14.3 \times 600^2}{0.8 \times 1\ 376.57 \times 10^3} = 2.33 > 1.0，取\ \zeta_1 = 1.0$$

因为 $\frac{l_0}{h} = \frac{6}{0.6} = 10 < 15$，所以 $\zeta_2 = 1.0$

$$\eta = 1 + \frac{1}{1\ 400 e_i / h_0}\left(\frac{l_0}{h}\right)^2 \zeta_1 \zeta_2$$

$$= 1 + \frac{1}{1\ 400 \times 140 / 565} \times \left(\frac{6\ 000}{600}\right)^2 \times 1.0 \times 1.0 = 1.29$$

$$e = \eta e_i + \frac{h}{2} - a = 1.29 \times 150 + \frac{600}{2} - 35 = 458.5\text{mm}$$

$$\xi = \frac{\gamma_{RE} N}{\alpha_1 f_c b h_0} = \frac{0.8 \times 1\ 376.57 \times 10^3}{14.3 \times 600 \times 565} = 0.23 < \xi_b$$

$$A_s = A'_s = \frac{\gamma_{RE} Ne - \alpha_1 f_c b h_0^2 \xi (1-0.5\xi)}{f'_y (h_0 - a'_s)}$$

$$= \frac{0.8 \times 1\ 376.57 \times 10^3 \times 458.5 - 14.3 \times 600 \times 565^2 \times 0.23 \times (1 - 0.5 \times 0.23)}{360 \times (565 - 35)}$$

$$< 0$$

按构造配筋，最小总配筋率根据《建筑抗震设计规范》，$\rho_{min} = 0.7\%$，$A_{s,min} = A'_{s,min} = 0.7\% \times 600^2/2 = 1\ 260 mm^2$。

则每侧实配 4⏀20（$A_s = A'_s = 1\ 256 mm^2$），另两侧配构造筋 4⏀16。

(3)垂直于弯矩作用平面的受压承载力验算

垂直于弯矩作用平面的受压承载力按轴心受压计算。

一层：$N_{max} = 3\ 326.05 kN$

$l_0/b = 6.32/0.6 = 10.53$，查表 $\varphi = 0.98$

$$0.9\varphi(f_c A + f'_y A'_s) = 0.9 \times 0.98 \times (14.3 \times 600^2 + 360 \times 1\ 256 \times 2)$$
$$= 5\ 338.15 kN > N_{max} = 3\ 326.05 kN$$

满足要求。

(4)斜截面受剪承载力计算

Ⓑ轴柱

一层：最不利内力组合 $\begin{cases} M = 402.88 kN \cdot m \\ N = 3\ 179.03 kN \\ V = 163.19 kN \end{cases}$

因为剪跨比 $\lambda = H_n/2h_0 = \frac{4.7}{2 \times 0.565} = 4.16 > 3$，所以 $\lambda = 3$

因为 $0.3 f_c A = 0.3 \times 14.3 \times 600^2 = 1\ 544.4 kN < N$，所以 $N = 1\ 544.4 kN$

$$\frac{A_{sv}}{s} = \frac{\left(\gamma_{RE} V - \frac{1.05}{\lambda + 1} f_t b h_0 - 0.056 N\right)}{f_{yv} h_0}$$

$$= \frac{\left(163.19 \times 0.85 \times 10^3 - \frac{1.05}{3+1} \times 1.43 \times 600 \times 565 - 0.056 \times 1\ 544.4 \times 10^3\right)}{210 \times 565}$$

$$< 0$$

柱箍筋加密区的体积配箍率为：

$$\rho_v \geqslant \lambda_v f_c / f_{yv} = 0.13 \times 14.3/210 = 1.2\% > 0.6\%$$

取复式箍 4Φ10

$$s = \frac{n_1 A_{s1} l_1 + n_2 A_{s2} l_2}{l_1 l_2 \rho_v} = \frac{78.5 \times 4 \times (530 + 530)}{530 \times 530 \times 1.2\%} = 98.74 mm$$

加密区箍筋最大间距 min($8d$，100，165)，所以加密区取复式箍 4Φ10@100。

柱上端加密区的长度取 max(h，$H_n/6$，500mm)，取 800mm，柱根取 1 600mm。

非加密区取 4Φ10@150。

四层：最不利内力组合$\begin{cases} M=166.07\text{kN·m} \\ N=1\ 656.95\text{kN} \\ V=117.49\text{kN} \end{cases}$

剪跨比 $\lambda=H_n/2h_0=\dfrac{3.6}{2\times0.565}=3.19>3$，取 $\lambda=3$。

$0.3f_cA=0.3\times14.3\times600^2=1\ 544.4\text{kN}<N$，取 $N=1\ 544.4\text{kN}$。

$$\frac{A_{sv}}{s}=\frac{\left(\gamma_{RE}V-\dfrac{1.05}{\lambda+1}f_tbh_0-0.056N\right)}{f_{yv}h_0}$$
$$=\frac{\left(117.49\times10^3-\dfrac{1.05}{3+1}\times1.43\times600\times565-0.056\times1\ 544.4\times10^3\right)}{210\times565}$$
$$<0$$

柱箍筋加密区的体积配箍率为：

$$\rho_v\geqslant\lambda_vf_c/f_{yv}=0.13\times14.3/210=0.88\%>0.6\%$$

取复式箍 4Φ10。

$$s=\frac{n_1A_{s1}l_1+n_2A_{s2}l_2}{l_1l_2\rho_v}=\frac{78.5\times4\times(530+530)}{530\times530\times0.88\%}=134.6\text{mm}$$

加密区箍筋最大间距取 min(8d,100,165)，所以加密区仍取复式箍 4Φ10@100。

柱端加密区的长度取 max(h, $H_n/6$, 500mm)，取 600mm。

非加密区取 4Φ10@150。

2. 框架梁截面设计

(1)正截面受弯承载力计算

梁 AB(300mm×600mm)

一层：

跨中截面 $M=255.04\text{kN·m}$，$\gamma_{RE}M=0.75\times255.04=191.28\text{kN·m}$

$$\alpha_s=\frac{\gamma_{RE}M}{\alpha_1f_cbh_0^2}=\frac{191.28\times10^6}{14.3\times300\times565^2}=0.14$$

$$\xi=1-\sqrt{1-2\alpha_s}=1-\sqrt{1-2\times0.14}=0.151<0.35$$

$$A_s=\frac{\alpha_1f_cbh_0\xi}{f_y}=\frac{14.3\times300\times565\times0.151}{360}=1\ 016\text{mm}^2$$

$$\rho_{min}=\max[0.25\%,(55f_t/f_y)\%]=0.25\%$$

$$A_{s,min}=\rho_{min}bh=0.002\ 5\times300\times600=450\text{mm}^2$$

下部实配 4Φ20($A_s=1\ 256\text{mm}^2$)，上部按构造要求配筋。

梁 AB 和梁 BC 各截面的正截面受弯承载力配筋计算见表 3-47。

(2)斜截面受剪承载力计算

梁 AB(一层)：$V_b=184.12\text{kN}$，$\gamma_{RE}V_b=156.5\text{kN}$

跨高比：$l_0/h=6/0.6=10>2.5$

表 3-47 框架梁正截面配筋计算

层号	计算公式	梁 AB			梁 BC		
		支座左截面	跨中截面	支座右截面	支座左截面	跨中截面	支座右截面
8	M(kN·m)	−105.54	87.00	−136.74	−131.17	58.24	−86.42
	$\gamma_{RE}M$	−79.15	65.25	−102.56	−98.38	43.68	−64.82
	$\alpha_s=\frac{\gamma_{RE}M}{\alpha_1 f_c bh_0^2}$	0.058	0.048	0.075	0.072	0.032	0.047
	$\xi=1-\sqrt{1-2\alpha_s}$	0.060 (<0.35)	0.049 (<0.35)	0.078 (<0.35)	0.075 (<0.35)	0.033 (<0.35)	0.048 (<0.35)
	$A_s=\frac{\alpha_1 f_c bh_0\xi}{f_y}$ (mm²)	403	330	525	505	222	323
	$A_{s,min}$(mm²)	540	450	540	540	450	540
	实配钢筋 (mm²)	3Φ16 (603)	3Φ16 (603)	3Φ16 (603)	3Φ16 (603)	3Φ16 (603)	3Φ16 (603)
1	M(kN·m)	−332.73	255.04	−283.84	−283.24	161.47	−221.62
	$\gamma_{RE}M$	−249.55	191.28	−212.88	−212.43	121.10	−166.22
	$\alpha_s=\frac{\gamma_{RE}M}{\alpha_1 f_c bh_0^2}$	0.182	0.140	0.155	0.155	0.088	0.121
	$\xi=1-\sqrt{1-2\alpha_s}$	0.203 (<0.35)	0.151 (<0.35)	0.169 (<0.35)	0.169 (<0.35)	0.092 (<0.35)	0.129 (<0.35)
	$A_s=\frac{\alpha_1 f_c bh_0\xi}{f_y}$ (mm²)	1 366	1 017	1 138	1 138	619	869
	$A_{s,min}$(mm²)	540	450	540	540	450	540
	实配钢筋 (mm²)	3Φ25 (1 473)	3Φ22 (1 140)	3Φ25 (1 473)	3Φ25 (1 473)	2Φ22 (760)	3Φ25 (1 473)

$0.20\beta_c f_c bh_0=0.2\times1.0\times14.3\times300\times565=484.77\text{kN}>\gamma_{RE}V_b$，满足要求。

$$\frac{A_{sv}}{s}=\frac{(\gamma_{RE}V_b-0.42f_t bh_0)}{1.25f_{yv}h_0}=\frac{(156.5\times10^3-0.42\times1.43\times300\times565)}{1.25\times210\times565}=0.369$$

梁端箍筋加密区取双肢箍Φ 8，s 取 $\min(8d,h_b/4,100\text{mm})$，$s=100$mm

加密区的长度 $\max(1.5h_b,500\text{mm})$，取 900mm

$$\frac{A_{sv}}{s}=\frac{101}{150}=0.67>0.369$$

非加密区箍筋配置 2Φ 8@150

$$\rho_{sv}=\frac{A_{sv}}{bs}=\frac{101}{300\times150}=0.224\%>0.28\frac{f_t}{f_{yv}}=0.28\times\frac{1.43}{210}=0.191\%$$

梁 AB 和梁 BC 各截面的斜截面受剪承载力配筋计算见表 3-48。

表 3-48　框架梁斜截面配筋计算

	梁 AB		梁 BC	
层　号	8	1	8	1
V_b(kN)	154.75	210.08	130.31	173.12
$\gamma_{RE}V_b$(kN)	131.54	178.57	110.76	147.15
$0.20\beta_c f_c bh_0$ (kN)	484.77 ($>\gamma_{RE}V_b$)	484.77 ($>\gamma_{RE}V_b$)	484.77 ($>\gamma_{RE}V_b$)	484.77 ($>\gamma_{RE}V_b$)
$0.25\beta_c f_c bh_0$ (kN)	605.96 ($>V_b$)	605.96 ($>V_b$)	605.96 ($>V_b$)	605.96 ($>V_b$)
$\frac{A_{sv}}{s}=\frac{(\gamma_{RE}V_b-0.42f_t bh_0)}{1.25f_{yv}h_0}$	0.20	0.52	0.06	0.31
$\frac{A_{sv}}{s}=\frac{(V_b-0.7f_t bh_0)}{1.25f_{yv}h_0}$	<0	<0	<0	<0
加密区实配箍筋	2Φ8@100	2Φ8@100	2Φ8@100	2Φ8@100
加密区长度(mm)	900	900	900	900
实配的$\frac{A_{sv}}{s}$	1.01	1.01	1.01	1.01
非加密区实配箍筋	2Φ8@150	2Φ8@150	2Φ8@150	2Φ8@150
$\rho_{sv}=\frac{A_{sv}}{bs}$	0.224%	0.224%	0.224%	0.224%
$0.28\frac{f_t}{f_{yv}}$	0.191%	0.191%	0.191%	0.191%

3. 框架梁柱节点抗震验算

选择底层Ⓑ轴柱上节点进行验算，采用规范上如下公式，节点核心区剪力设计值：

$$V_j=1.2\left(\frac{M_b^l+M_b^r}{h_{b0}-a_s'}\right)\left(1-\frac{h_{b0}-a_s'}{H_c-h_b}\right)$$

$$M_b^l=283.84\text{kN·m}$$

$$M_b^r=283.24\text{kN·m}$$

$$h_{b0}=565\text{mm}\qquad h_b=600\text{mm}$$

$$H_c=0.42\times5.3+0.5\times4.2=4.33\text{m}$$

$$V_j=1.2\left(\frac{283.84+283.24}{0.565-0.035}\right)\left(1-\frac{565-35}{4\ 330-600}\right)=1\ 102.79\text{kN}$$

应该满足 $V_j=\frac{1}{\gamma_{RE}}(0.3\eta_j\beta_c f_c b_j h_j)$，验算梁柱节点核心区受剪能力：

$$\gamma_{RE}=0.85\qquad f_c=14.3\text{N/mm}^2\qquad \eta_j=1.5$$

$$b_j=600\text{mm}\qquad \beta_c=1.0\qquad h_j=600\text{mm}$$

$$\frac{1}{\gamma_{RE}}(0.3\eta_j\beta_c f_c b_j h_j)=\frac{1}{0.85}(0.3\times1.5\times1.0\times14.3\times600\times600)=2\ 725.42\text{kN}$$

$$>1\ 102.79\text{kN}$$

满足要求。

验算梁柱节点抗震受剪承载力，采用公式如下：

$$V_j=\frac{1}{\gamma_{RE}}\left(1.1\eta_j f_t b_j h_j+0.05\eta_j N\frac{b_j}{b_c}+f_{yv}A_{svj}\frac{h_{b0}-a'_s}{s}\right)$$

$$0.5f_c b_c h_c=0.5\times14.3\times600\times600=2\ 574\text{kN}$$

$$N=3\ 268.81\text{kN}>2\ 574\text{kN}$$

取

$$N=2\ 574\text{kN}$$

$$\frac{1}{\gamma_{RE}}\left(1.1\eta_j f_t b_j h_j+0.05\eta_j N\frac{b_j}{b_c}+f_{yv}A_{svj}\frac{h_{b0}-a'_s}{s}\right)$$

$$=\frac{1}{0.85}\left(1.1\times1.5\times1.43\times600\times600+0.05\times1.5\times2\ 574\times10^3\frac{300}{600}+210\times4\times78.5\times\frac{530}{100}\right)$$

$$=\frac{1}{0.85}(849\ 420+96\ 525+349\ 482)=1\ 524.03\text{kN}>1\ 102.79\text{kN}$$

满足要求。

框架配筋图从略。

此例参考沈蒲生编著的《高层建筑结构设计例题》。

3.4.9 钢筋混凝土框架结构设计参考题

1. 设计任务书

(1)题目　某联合办公楼工程结构设计

(2)基本条件

某外贸企业联合办公楼，建筑面积约 6 000m^2。地下一层，地上七层，采用筏片基础，钢筋混凝土框架结构。建筑平面体型为矩形，长 43.2m，宽 15m。建筑设计确定：房间开间 3.6m，进深 6m，走廊宽 3m，地下室层高 3.4m，一层层高 4.5m，其余层层高 3.6m。建筑平面柱网布置如图 3-28 所示。

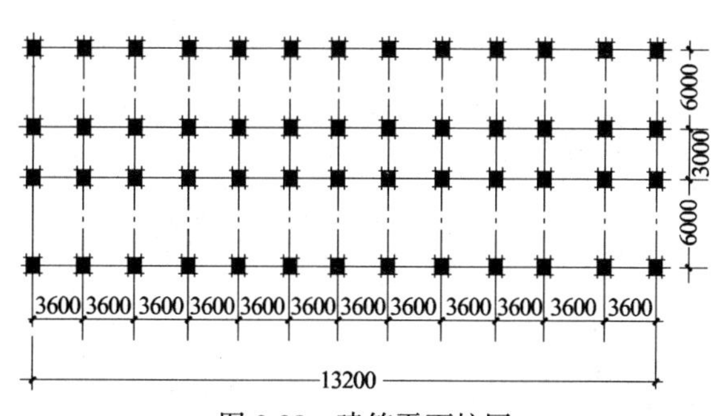

图 3-28　建筑平面柱网

(3)设计资料

1)气象条件

基本风压　　0.35kN/m^2

基本雪压　　0.2kN/m^2

2)抗震设防

8 度近震，Ⅱ类场地土

3)工程地质资料

建筑物所在场地为Ⅱ类场地。地层由素填土和黄土状土组成，地基承载力标准值为：

素填土　　　　$f_{ak}=120kPa$

黄土状土　　　$f_{ak}=180kPa$

地下水在地表下 7m。

4)屋面及楼面做法

①屋面做法

二毡三油撒绿豆砂

15mm 厚 1:3 水泥砂浆找平

30mm 厚(最薄处)1:8 水泥焦渣找坡

冷底子油热沥青各一道

20mm 厚 1:3 水泥砂浆找平

40mm 厚钢筋混凝土整浇层

预应力混凝土多孔板

吊顶

②楼面做法

水磨石地面

50mm 厚钢筋混凝土整浇层

预应力混凝土多孔板

吊顶

5)材料

混凝土采用 C30，纵筋为 HRB 335 级钢筋，箍筋为 HPB 235 级钢筋。

2. 设计内容

(1)确定梁柱截面尺寸及框架计算简图

(2)荷载计算

(3)框架纵横向侧移计算

(4)框架在水平及竖向荷载作用下的内力分析

(5)内力组合及截面设计

(6)节点验算

(7)绘制框架配筋图

3.5　现浇钢筋混凝土高层框架-剪力墙结构设计示例

3.5.1　设计任务书

1. 工程名称

某地某单位综合办公楼工程。

2. 建设地点

某大城市的近郊。

3. 工程概况

平面尺寸为15.6m×49.8m，主体高度39.9m，首层层高3.6m，2～12层高均为3.3m；地下室1层，层高4m，为箱形结构。上部为框架-剪力墙结构，剪力墙门洞高均为2.2m。内、外围护墙，采用加气混凝土。

4. 设计条件

该建筑设计使用年限为50年，属丙类建筑。抗震设防烈度为7度，场地类别Ⅱ类，设计地震分组为第一组，基本风压 $w_0=0.5\text{kN/m}^2$，地面粗糙度为B类。基本雪压 $s_0=0.35\text{kN/m}^2$，$\mu_r=1.0$。

建筑平面、剖面图详见图3-29及图3-30。

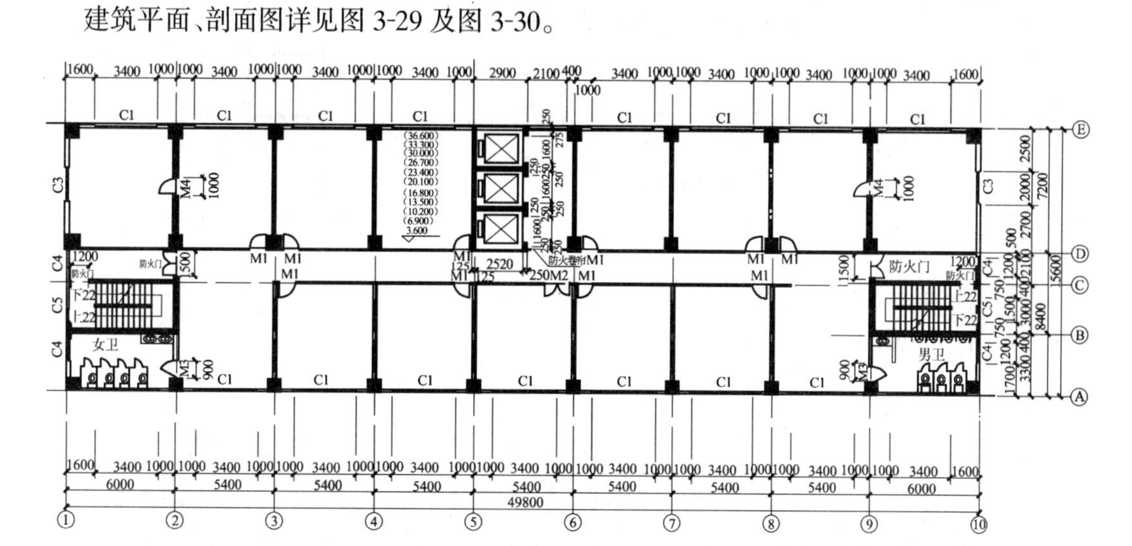

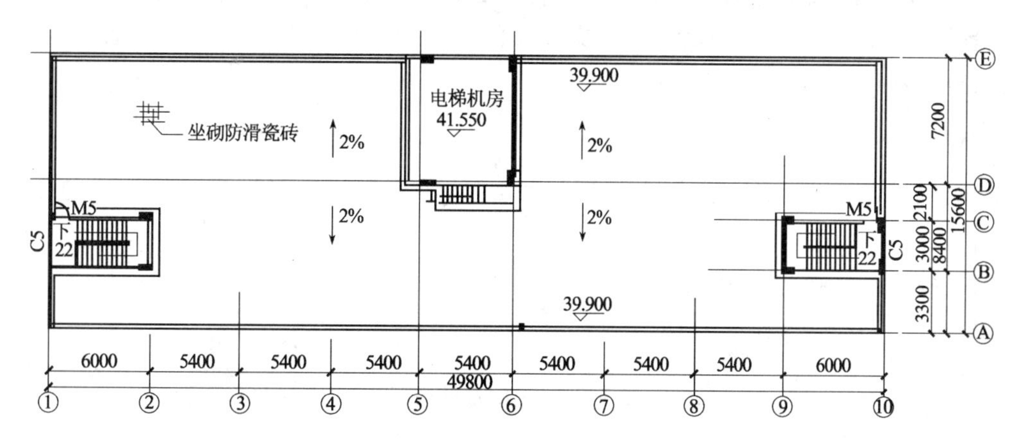

图3-29 平面图

(a)2～12层平面(一)；(b)屋面平面(二)

5. 设计要求

选择合理的结构方案，进行结构布置，对该建筑进行横向抗震设计。

3.5.2 结构布置及初选截面尺寸

该建筑经过对建筑高度、使用要求、材料用量、抗震要求、造价等因素综合考虑后，宜采用钢筋混凝土框架-剪力墙结构。

混凝土强度等级选用：梁、板为C30；墙、柱1～5层为C40，6～12层为C35。

按照建筑设计确定的轴线尺寸和结构布置的原则进行结构布置。剪力墙除在电梯井及楼梯间布置外，在②、⑥、⑨轴各设一道墙。标准层结构布置平面图如图 3-31 所示。

各构件的截面尺寸初估如下：

1. 柱截面尺寸

(1)首层中柱

按轴压比限值考虑。本结构框架抗震等级为三级，$\mu_N=0.95$；办公楼荷载相对较小，取 $q_k=12\text{kN/m}^2$；楼层数 $n=12$；弯矩对中柱影响较小，取 $\alpha=1.1$；$f_c=19.1\text{N/mm}^2$；$\bar{\gamma}=1.25$。

柱负荷面积：$A=5.4\times\left(\dfrac{7.2}{2}+\dfrac{8.4}{2}\right)=42.12\text{m}^2$

$$A_c=a^2=0.460\text{m}^2$$

于是 $a=0.68\text{m}$

首层边柱负荷面积 $A=5.4\times8.4/2=22.68\text{m}^2$，$\alpha$ 取 1.2，其余参数与中柱相同。

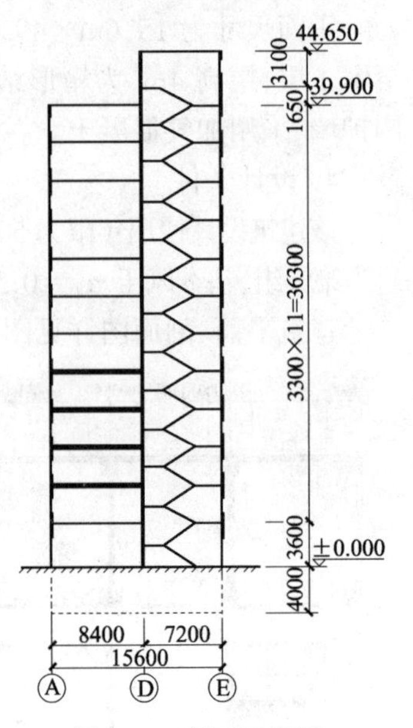

图 3-30　剖面示意图

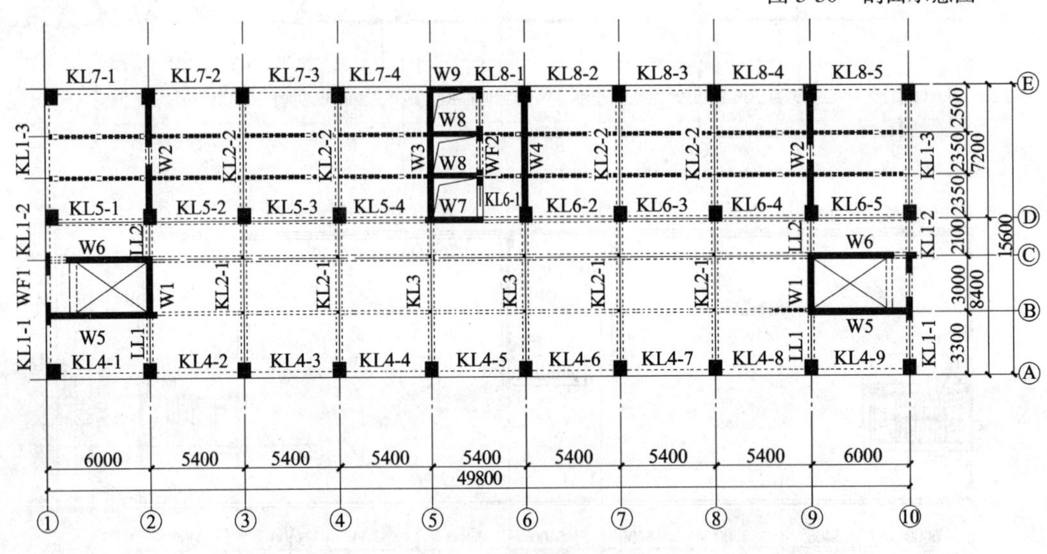

图 3-31　2～12 层结构布置

$$A_c=a^2=0.270\text{m}^2$$

则 $a=0.52\text{m}$

(2)用与首层类似的做法可得 6 层中柱：

$$A_c=a^2=0.307\text{m}^2,a=0.55\text{m}$$

边柱：

$$A_c=a^2=0.180\text{m}^2,a=0.42\text{m}$$

(3)考虑到各柱尺寸不宜相差太大以及柱抗侧移刚度应有一定保证，因此初选柱截面尺寸为：

1～5 层中柱 700mm×700mm，边柱 600mm×600mm

6～12 层中柱 600mm×600mm，边柱 500mm×500mm

以上尺寸也满足规范关于柱截面宽度和高度的最小尺寸、柱剪跨比、截面高宽比等要求。

2. 梁截面尺寸

(1)横向框架梁

计算跨度 $l_b=8.275$m，梁高取 $h_b=(1/18\sim1/10)l_b=0.460\sim0.828$m，初选 700mm；梁宽度 $b=(1/4\sim1/2)h_b$，初选 250mm。

按简支梁满载时的 $(0.6\sim0.8)M_{max}$ 验算。取 $q_k=12$kN/m²，则 $M=0.8M_{max}=0.8\times(1.25\times5.4\times12\times8.28^2)/8=555.3$kN·m。选用 HRB 335，混凝土≤C50 时，$\xi_b=0.550$。按单筋梁估算，$\alpha_1 f_c bh_0^2\xi_b(1-0.5\xi_b)=1\times14.3\times250\times665^2\times0.55\times(1-0.550/2)=630.8$kN·m>$M=555.3$kN·m。于是初选梁截面为 250mm×700mm。

(2)对纵向框架梁作与横向类似的粗略计算，可取截面尺寸为 250mm×450mm。LL1、LL2 取 250mm×400mm，其他非框架梁取 200mm×400mm。

3. 板的厚度

板的最小厚度不小于 80mm；按双向板跨度的 1/50 考虑，板厚 $h\geqslant L/50=3\ 300/50=66$mm；考虑到保证结构的整体性，初选 $h=100$mm，顶层楼板取 120mm。

4. 剪力墙数量的确定

剪力墙截面面积 A_w 与楼面面积之比按 2%～3%考虑，且纵横两个方向剪力墙截面积应大致相同，即纵、横向各应有 $A_w=(1\%\sim1.5\%)\times49.8\times15.6=7.77\sim11.65$m²。初选墙厚为 250mm，仅以②、⑤、⑥、⑨轴剪力墙粗算(未计壁式框架)，可有 $A_w=4\times7.325\times0.25+2\times3\times0.25=8.830$m²，满足要求。按图 3-30 布置的剪力墙也满足剪力墙壁率不小于 5cm/m² 的要求。

各种构件截面尺寸及混凝土强度等级详见表 3-49。

表 3-49　各种构件的截面尺寸

楼　层	梁　截　面　(mm)				柱 $b\times h$ (mm)		剪力墙厚 (mm)	混凝土强度等级	
	纵向	横向	LL1、LL2	非框架梁	边柱	中柱	W1～W8	梁、板	墙及柱
1～5	250×450	250×700	250×400	200×400	600×600	700×700	250	C30	C40
6～12	250×450	250×700	250×400	200×400	500×500	600×600	250	C30	C35

3.5.3　计算简图及刚度参数

3.5.3.1　计算简图

由图 3-30 知，横向有 6 列连梁、8 个刚接端(梁与墙的连接端)；纵向有 8 列连梁、8 个刚接端；总剪力墙与总框架之间通过连梁和楼板连接，因此，纵、横向均为刚接计算体系。由地下室顶板至顶层屋面处，主体结构高度 $H=39.9$m(高出屋面的小塔楼部分不计入主体高度内)。

限于篇幅，本例仅给出主体结构横向在荷载作用下的受力计算及截面设计。

3.5.3.2　刚度参数

1. 总剪力墙的等效抗弯刚度

(1)剪力墙类型的判别

本例横向剪力墙中 W1、W3、W4 无洞口，为整体剪力墙；W2、WF1、WF2 则需要判别它们的类型。判别时先求出各墙肢及组合截面惯性矩 I_j、I 以及连梁截面折算惯性矩 I_{bj}，并与 H、h、a、L_{bj}一起代入公式并计算，根据计算的 α 与 I/I_n 确定墙的类型。现以 W2、WF2 为例说明判别过程。

1)W2 类型的判别

W2 的几何尺寸如图 3-32 所示。

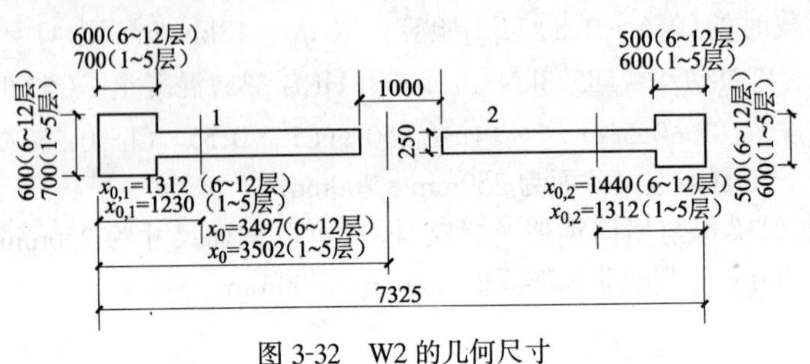

图 3-32　W2 的几何尺寸

①墙肢及组合截面形心位置

墙肢 1、2 及组合截面面积 A_1、A_2、A 和它们的形心位置计算如下：

1~5 层　墙肢 1：截面面积 $A_1 = 0.7 \times 0.7 + 0.25 \times 2.462\ 5 = 1.106\text{m}^2$

形心位置：

$$x_{0,1} = \frac{0.7 \times 0.7 \times 0.35 + 0.25 \times 2.462\ 5 \times 1.931\ 3}{1.106} = 1.230\text{m}$$

同样的做法可得墙肢 2 截面面积 $A_2 = 1.001\text{m}^2$，形心位置 $x_{0,2} = 1.312\text{m}$；组合截面面积 $A = A_1 + A_2 = 2.107\text{m}^2$，形心位置 $x_0 = 3.502\text{m}$。

6~12 层　各墙肢及组合截面的计算结果如下：

$$A_1 = 1.001\text{m}^2; A_2 = 0.916\text{m}^2; A = A_1 + A_2 = 1.917\text{m}^2$$

形心位置：$x_{0,1} = 1.312\text{m}$；$x_{0,2} = 1.44\text{m}$；$x_0 = 3.497\text{m}$；

②墙肢及组合截面的惯性矩

1~5 层：

$$I_1 = \frac{0.7 \times 0.7^3}{12} + 0.7^2 \times 0.88^2 + \frac{0.25 \times 2.462\ 5^3}{12} + 0.25 \times 2.462\ 5 \times 0.701\ 3^2 = 1.013\text{m}^4$$

$$I_2 = \frac{0.6 \times 0.6^3}{12} + 0.6^2 \times 1.012^2 + \frac{0.25 \times 2.562\ 5^3}{12} + 0.25 \times 2.562\ 5 \times 0.569\ 3^2 = 0.938\text{m}^4$$

$$I = I_1 + A_1 \times (x_0 - x_{0,1})^2 + I_2 + A_2 \times (7.325 - x_0 - x_{0,2})^2 = 13.963\text{m}^4$$

$$I_n = I - \sum I_j = 13.963 - 1.013 - 0.938 = 12.012\text{m}^4$$

类似的 6~12 层为：

$$I_1 = 0.938\text{m}^4; I_2 = 0.853\text{m}^4; I = 11.965\text{m}^4; I_n = I - I_1 - I_2 = 10.174\text{m}^4$$

I_1、I_2、I_n、I 及层高 h 的加权平均值计算如下：

$$I_1=\frac{3.6\times1.013+4\times3.3\times1.013+7\times3.3\times0.938}{39.9}=0.969\text{m}^4$$

$$I_2=\frac{3.6\times0.938+4\times3.3\times0.938+7\times3.3\times0.853}{39.9}=0.889\text{m}^4$$

$$I_n=\frac{3.6\times12.012+4\times3.3\times12.012+7\times3.3\times10.174}{39.9}=10.948\text{m}^4$$

$$I=\frac{3.6\times13.963+4\times3.3\times13.963+7\times3.3\times11.965}{39.9}=12.806\text{m}^4$$

$$h=\frac{3.6\times3.6+11\times3.3\times3.3}{39.9}=3.327\text{m}$$

③连梁截面惯性矩、计算跨度及墙肢形心间矩

首层：

连梁截面积 $A_{b1}=b\times h=0.25\times(3.6-2.2)=0.35\text{m}^2$

计算跨度 $$l_{b1}=1.0+\frac{1.4}{2}=1.7\text{m}$$

$$I_{b0}=\frac{1}{12}\times0.25\times1.4^3=0.057\text{m}^4$$

连梁截面折算惯性矩 $$I_b=\frac{I_{b0}}{1+\dfrac{28\mu I_{b0}}{A_{bj}l_{bj}^2}}=\frac{0.057}{1+\dfrac{28\times1.2\times0.057}{0.35\times1.7^2}}=0.020\text{m}^4$$

2～12层：

连梁截面积 $A_{b1}=b\times h=0.25\times(3.3-2.2)=0.275\text{m}^2$

计算跨度 $l_{b2}=1.55\text{m}$

$$I_{b0}=0.028\text{m}^4;I_b=0.012\text{m}^4$$

I_b 的加权平均值 $$I_b=\frac{3.6\times0.020+11\times3.3\times0.012}{39.9}=0.012\text{m}^4$$

连梁计算跨度的加权平均值 $$l_b=\frac{3.6\times1.7+11\times3.3\times1.55}{39.9}=1.564\text{m}$$

洞口两侧墙肢形心间距

1～5层：$a=7.325-1.312-1.230=4.783\text{m}$

6～12层：$a=7.325-1.44-1.312=4.573\text{m}$

$$a=\frac{3.6\times4.783+4\times3.3\times4.783+7\times3.3\times4.573}{39.9}=4.661\text{m}$$

④墙类型判别

$$\alpha=H\sqrt{\frac{12I_ba^2}{h(I_1+I_2)l_b^3}\times\frac{I}{I_n}}$$

$$=39.9\sqrt{\frac{12}{3.327\times(0.969+0.889)}\times\frac{0.012\times4.661^2}{1.564^3}\times\frac{12.806}{10.948}}$$

$$=15.695>10$$

$$\frac{I_n}{I}=\frac{10.948}{12.806}=0.855<\zeta=0.925$$

属小开口整体墙。

2)WF2类型的判别

WF2的截面尺寸、各肢形心位置 x_{0i}、各肢轴线距离 a_j 及组合截面形心位置如图3-33所示。

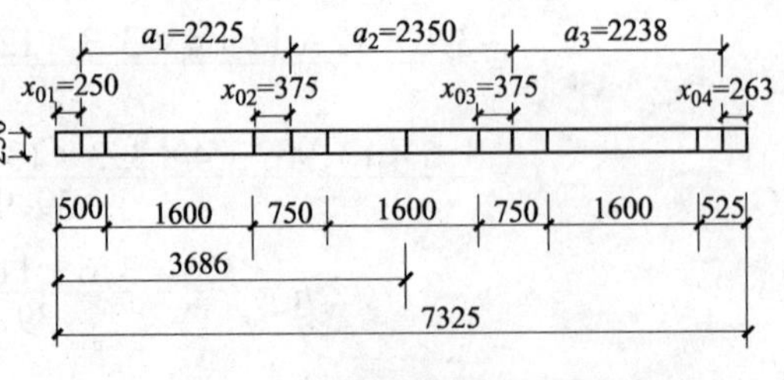

图3-33　WF2不考虑翼缘作用的截面图

①墙肢惯性矩 I_j、墙肢截面积 A_j、各墙肢形心轴与组合截面形心轴之距 a_{0j} 及组合截面惯性矩 I 的计算方法与W2相同，计算结果列于表3-50。

表3-50　WF2墙肢截面惯性矩、截面积及组合截面惯性矩

墙肢				组合截面
序号	$I_j(\mathrm{m}^4)$	$A_j(\mathrm{m}^2)$	a_{0j}	$I=\sum(I_j+A_j\times a_{0j}^2)$
1	0.003	0.125	3.436	25.994
2	0.009	0.188	1.211	
3	0.009	0.188	1.139	
4	0.003	0.131	3.377	
$\sum$	0.024	0.632		

②各列连梁惯性矩 I_{bj0}、截面积 A_{bj}、计算跨度 l_{bj} 及折算惯性矩 I_{bj} 的计算结果列于表3-51。

WF2各列连梁的 $\sum_{j=1}^{m}\frac{I_{bj}a_j^2}{l_j^3}$ 值计算见表3-52。

表3-51　WF2连梁折算惯性矩

层数	截面高 h_{bj}	截面宽 b_{bj}	$A_{bj}(\mathrm{m}^2)$	$I_{bj0}(\mathrm{m}^4)$	$l_{bj}(\mathrm{m})$	$I_{bj}(\mathrm{m}^4)$
2	1.4	0.25	0.350	0.057	2.3	0.028
3~13	1.1	0.25	0.275	0.028	2.15	0.016
加权平均					2.164	0.017

表3-52　各列连梁的 $\sum_{j=1}^{m}\frac{I_{bj}a_j^2}{l_j^3}$ 值

连梁列数	$I_{bj}(\mathrm{m}^4)$	$a_j(\mathrm{m})$	$l_j(\mathrm{m})$	$\frac{I_{bj}a_j^2}{l_j^3}(\mathrm{m}^3)$
1	0.017	2.225	2.164	0.018
2	0.017	2.350	2.164	0.022
3	0.017	2.238	2.164	0.019
$\sum$				0.059

③剪力墙类型的判别。

$$\alpha = H\sqrt{\frac{12}{\tau h\sum\limits_{j=1}^{m+1} I_j}\sum_{j=1}^{m}\frac{I_{bj}a_j^2}{l_{bj}^3}} = 39.9\sqrt{\frac{12}{0.8\times3.325\times0.024}\times0.059} = 132.8 > 10$$

$$I_n = I - \sum_{j=1}^{m+1} I_j = 25.994 - 0.024 = 25.97$$

$$\frac{I_n}{I} = \frac{25.97}{25.994} = 0.999 > \zeta = 0.887$$

该剪力墙为壁式框架。

当墙肢考虑翼缘作用时，WF2 也属壁式框架，计算从略。类似做法判断出 WF1 亦为壁式框架。壁式框架的抗侧移刚度计算与普通框架相同。

(2)等效抗弯刚度的计算

计算 W1、W2、W3、W4 等效抗弯刚度，其中小开口墙 $I_w\times0.8$。计算结果见表 3-53。

表 3-53 横向各剪力墙等效抗弯刚度计算表

墙编号	层次	E (10^6 kN/m^2)	I_w (m^4)	μ	A_w (m^2)	EI_{eq} (10^6 kN·m^2)	EI_{eq}的加权值	截面图	备注
W1	1~5	32.50	2.26	2.09	1.44	72.11	70.82	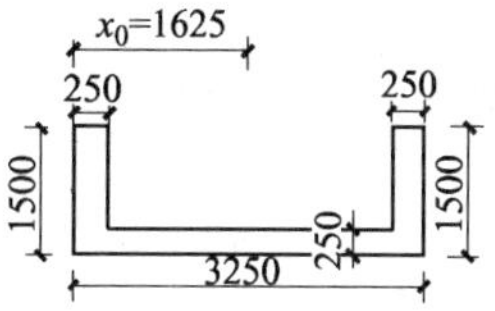x_0=1625 250 250 1500 1500 250 3250	整截面墙
	6~12	31.50	2.26	2.09	1.44	69.89			
W2	1~5	32.50	0.8×13.97	1.68	2.11	345.82	313.29	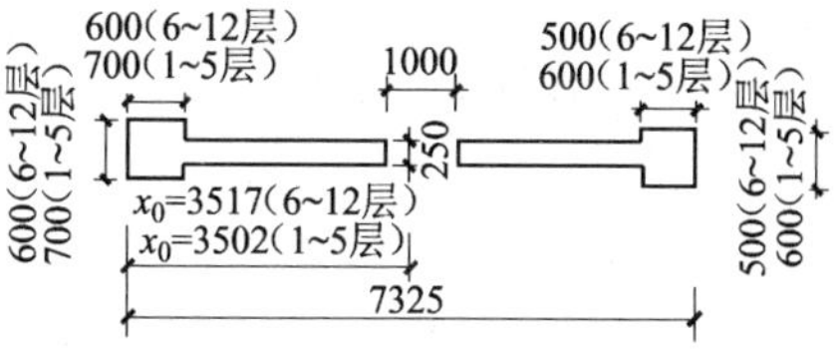600(6~12层) 700(1~5层) 1000 500(6~12层) 600(1~5层) 600(6~12层) 700(1~5层) 250 x_0=3517(6~12层) x_0=3502(1~5层) 500(6~12层) 600(1~5层) 7325	小开口墙
	6~12	31.50	0.8×11.97	1.47	1.92	289.64			
W3	1~5	32.50	14.59	1.37	2.34	452.30	444.24	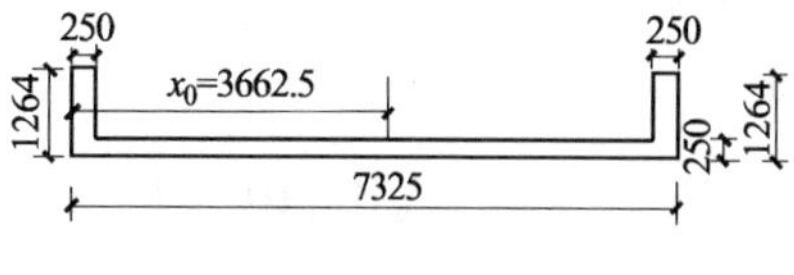250 250 1264 x_0=3662.5 250 1264 7325	整截面墙
	6~12	31.50	14.59	1.37	2.34	438.38			
W4	1~5	32.50	13.99	1.56	2.36	432.09	393.55	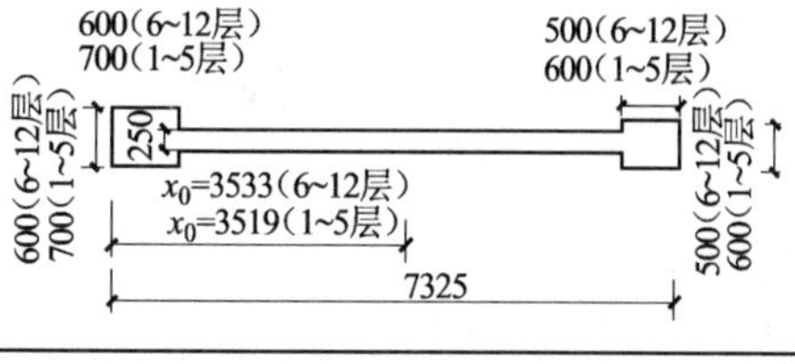600(6~12层) 700(1~5层) 500(6~12层) 600(1~5层) 600(6~12层) 700(1~5层) 250 x_0=3533(6~12层) x_0=3519(1~5层) 500(6~12层) 600(1~5层) 7325	整截面墙
	6~12	31.50	12.07	1.39	2.36	365.52			

总剪力墙等效抗弯刚度 EI_{eq}：

$$EI_{eq} = 70.82\times2 + 313.29\times2 + 444.24 + 393.55 = 1\ 606.01\times10^6\text{kN}\cdot\text{m}^2$$

2. 总框架的抗推刚度

(1)普通框架

现以③、⑤轴为例说明普通框架的抗推刚度 C_f 计算，其余各轴框架柱的 C_f 值为汇总表格的形式给出。

1)③轴框架的几何尺寸如图 3-34 所示。

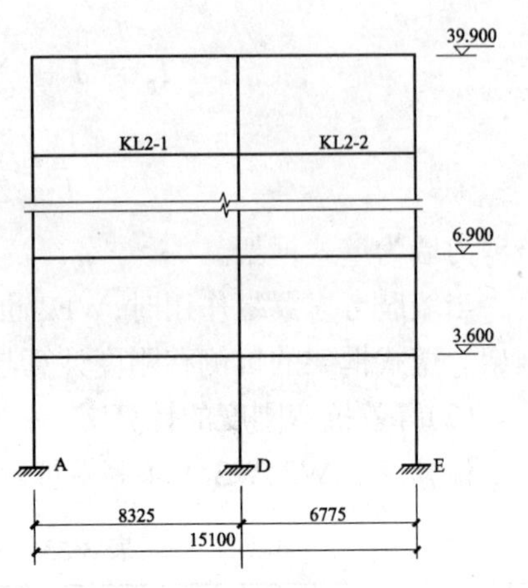

图 3-34　③轴框架示意图

①截面尺寸

KL2-1、KL2-2 的梁截面尺寸相同，均为 $b_b \times h_b = 250\text{mm} \times 700\text{mm}$。

A、E 柱的截面尺寸相同，1～5 层为 600mm×600mm；6～12 层为 500mm×500mm。

D 柱的截面尺寸 1～5 层为 700mm×700mm；6～12 层为 600mm×600mm。

柱的计算长度 l_c 为：1 层 $l_c = 3\ 600\text{mm}$；2～12 层 $l_c = 3\ 300\text{mm}$。

②梁、柱截面惯性矩 I_b、I_c

梁截面惯性矩可近似取矩形截面惯性矩的两倍：

$$I_b = 2 \times \frac{0.25 \times 0.7^3}{12} = 14.292 \times 10^{-3}\text{m}^4$$

边柱 A、E 截面惯性矩：

1～5 层　$$I_c = \frac{0.6^4}{12} = 10.8 \times 10^{-3}\text{m}^4$$

6～12 层　$$I_c = \frac{0.5^4}{12} = 5.208 \times 10^{-3}\text{m}^4$$

中柱 D 截面惯性矩：

1～5 层　$$I_c = \frac{0.7^4}{12} = 20.008 \times 10^{-3}\text{m}^4$$

6～12 层　$$I_c = \frac{0.6^4}{12} = 10.8 \times 10^{-3}\text{m}^4$$

③梁、柱的线刚度

KL2-1：

$$i_b = \frac{30 \times 10^6 \times 14.292 \times 10^{-3}}{8.325} = 51.502 \times 10^3\text{kN·m}$$

KL2-2：

$$i_b = \frac{30 \times 10^6 \times 14.292 \times 10^{-3}}{6.775} = 63.286 \times 10^3\text{kN·m}$$

边柱线刚度 i_c

1 层　$i_c = 32.5 \times 10.8 \times 10^3 / 3.6 = 97.50 \times 10^3\text{kN·m}$

2～5 层　$i_c = 32.5 \times 10.8 \times 10^3 / 3.3 = 106.364 \times 10^3\text{kN·m}$

6～12 层　$i_c = 31.5 \times 5.208 \times 10^3 / 3.3 = 49.713 \times 10^3\text{kN·m}$

中柱线刚度 i_c

1层 $i_c = 180.628\times10^3$kN·m

2～5层 $i_c = 197.048\times10^3$kN·m

6～12层 $i_c = 103.090\times10^3$kN·m

④柱的抗推刚度计算，以中柱为例

6～12层

$$k=\frac{i_1+i_2+i_3+i_4}{2i_c}=\frac{51.502+51.502+63.284+63.284}{2\times103.09}=1.113$$

$$\alpha=\frac{k}{2+k}=0.358;Dh=\alpha\cdot\frac{12i_c}{h}=134.064\times10^3\text{kN}$$

2～5层 $k=0.583;\alpha=0.226;Dh=161.626\times10^3$kN

1层 $k=\frac{i_1+i_2}{i_c}=0.635;\alpha=\frac{0.5+k}{2+k}=0.390\ 1;Dh=234.905\times10^3$kN

类似的做法可得各层边柱的抗推刚度。③、④、⑦、⑧轴柱 C_f 的计算详见表3-54。

表3-54 横向③、④、⑦、⑧轴柱 C_f 的计算表

轴号	层号	i_b(103kN·m)		③、④、⑦、⑧轴						
		左梁	右梁	i_c (10^3kN·m)	k	$\alpha=\frac{k}{2+k}$	$\alpha=\frac{0.5+k}{2+k}$	h(m)	$D=\frac{12\alpha i_c}{h_2}$ (10^3kN/m)	C_f (10^3kN)
A	13		51.502							
	6～12		51.502	49.713	1.036	0.341		3.3	18.693	61.687
	2～5		51.502	106.364	0.484	0.195		3.3	22.845	75.388
	1			97.5	0.528		0.406 7	3.6	36.716	132.177
D	13	51.502	63.284							
	6～12	51.502	63.284	103.09	1.113	0.358		3.3	40.626	134.064
	2～5	51.502	63.284	197.048	0.583	0.226		3.3	48.978	161.626
	1			180.628	0.635		0.390 1	3.6	65.251	234.905
E	13	63.284								
	6～12	63.284		49.713	1.273	0.389		3.3	21.306	70.310
	2～5	63.284		106.364	0.595	0.229		3.3	26.873	88.680
	1			97.5	0.649		0.388 1	3.6	35.041	126.148

2)⑤轴框架的几何尺寸如图3-35所示。

①截面尺寸

梁KL3截面尺寸为 $b_b\times h_b=250\text{mm}\times700\text{mm}$

A柱的截面尺寸为：1～5层600mm×600mm；6～12层500mm×500mm

A柱的计算长度 l_c 为：

1层 $l_c=3\ 600$mm

2～12层 $l_c=3\ 300$mm

②梁柱截面惯性矩 I_b、I_c

梁截面惯性矩：

$$I_b = 2\times\frac{0.25\times0.7^3}{12} = 14.292\times10^{-3}\text{m}^4$$

A 柱截面惯性矩：

1～5 层　$I_c=\frac{0.6^4}{12}=10.8\times10^{-3}\text{m}^4$

6～12 层 $I_c=\frac{0.5^4}{12}=5.208\times10^{-3}\text{m}^4$

③梁的线刚度

$$l_0 = 8\,025+\frac{h_b}{4} = 8\,025+\frac{700}{4}=8\,200\text{mm}$$

$$i_b = 30\times14.292\times10^3/8.2 = 52.288\times10^3\text{kN·m}$$

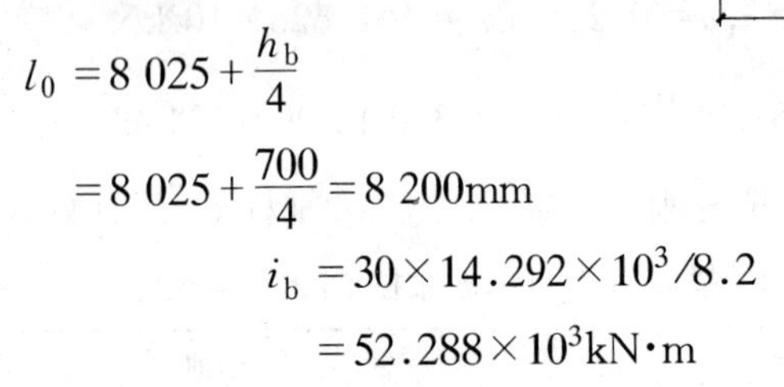

图 3-35　⑤轴框架示意图

A 柱的线刚度 i_c

1 层　$i_c=97.5\times10^3\text{kN·m}$

2～5 层　$i_c=106.364\times10^3\text{kN·m}$

6～12 层　$i_c=49.713\times10^3\text{kN·m}$

④、⑤轴柱的 C_f 值计算详见表 3-55。

表 3-55　横向⑤⑥轴柱 C_f 的计算表

轴号	层号	⑤、⑥轴							
		i_b (10^3kN·m) 右梁	i_c (10^3kN·m)	k	$\alpha=\frac{k}{(2+k)}$	$\alpha=\frac{(0.5+k)}{(2+k)}$	h(m)	$D=12\alpha i_c/h^2$ (10^3kN/m)	Dh (10^3kN)
A	13	52.288							
	6～12	52.288	49.713	1.051 8	0.344 6		3.3	18.879 900 9	62.303 673
	2～5	52.288	106.364	0.491 59	0.197 3		3.3	23.124 798 8	76.311 836
	1		97.5	0.536 29		0.408 584	3.6	36.886 084 7	132.789 9

⑥轴柱 C_f 的计算和⑤轴相同，结果见表 3-55。横向普通框架各柱抗推刚度汇总于表 3-56。

表 3-56　横向普通框架柱抗推刚度汇总表

柱 子 位 置	数量	D(10^3kN/m)			C_f(10^3kN)		
		1 层	2～5 层	6～12 层	1 层	2～5 层	6～12 层
①⑩～A	2	95.052	81.71	58.480	342.186	269.642	192.984
①⑩～D	2	114.370	114.744	73.658	411.736	378.658	243.070

续表

柱 子 位 置	数量	$D(10^3kN/m)$			$C_f(10^3kN)$		
		1 层	2～5 层	6～12 层	1 层	2～5 层	6～12 层
①⑩～E	2	71.492	42.504	35.226	257.368	140.264	116.244
②⑨～A	2	61.314	25.922	23.022	220.728	85.546	75.972
③④⑦⑧～A	4	146.864	91.38	74.772	528.708	301.552	246.748
③④⑦⑧～D	4	261.004	195.912	162.504	939.620	646.504	536.256
③④⑦⑧～E	4	140.164	107.492	85.224	504.592	354.720	281.236
⑤⑥～A	2	73.378	46.25	37.760	264.162	152.624	124.608
$\sum$		963.638	705.914	550.646	3 469.100	2 329.510	1 817.118

(2)壁式框架

现以 WF2 为例说明计算过程。

WF2 的几何尺寸如图 3-36 所示。

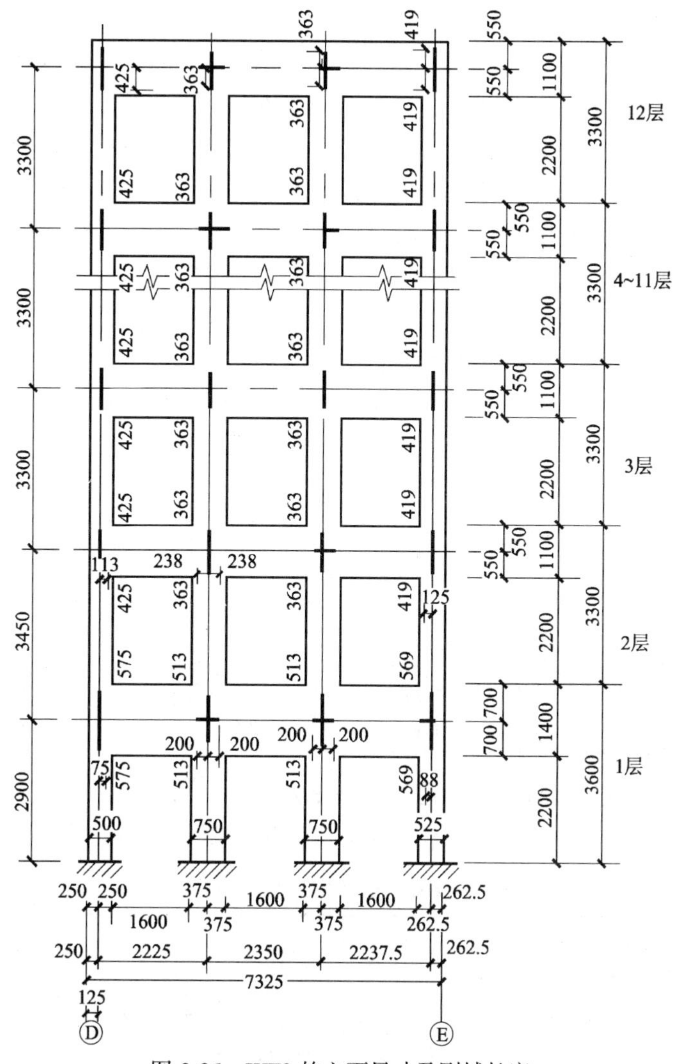

图 3-36 WF2 的立面尺寸及刚域长度

1)梁、柱的刚域长度

梁柱均按矩形截面考虑,在各层梁的净跨范围内采用双层梁,中间以油毛毡隔开。梁、柱的刚域长度计算,以首层为例,具体计算如下:

左边跨梁　$d_{b2}=\frac{0.5}{2}-\frac{1}{4}\times 0.7=0.075\text{m}$

$$d_{b1}=\frac{0.75}{2}-\frac{1}{4}\times 0.7=0.2\text{m}$$

中跨梁　$d_{b1}=d_{b2}=\frac{0.75}{2}-\frac{1}{4}\times 0.7=0.2\text{m}$

右边跨梁　$d_{b2}=\frac{0.75}{2}-\frac{1}{4}\times 0.7=0.2\text{m}$

$$d_{b1}=\frac{0.525}{2}-\frac{1}{4}\times 0.7=0.0875\text{m}$$

左边柱　$d_{c1}d_{c2}=0.7-\frac{1}{4}\times 0.5=0.575\text{m}$

中柱　$d_{c1}d_{c2}=0.7-\frac{1}{4}\times 0.75=0.513\text{m}$

右边柱　$d_{c1}d_{c2}=0.7-\frac{1}{4}\times 0.525=0.569\text{m}$

各杆件的刚域长度详见图 3-35。

2)梁、柱考虑刚域及剪切变形影响的折算线刚度

①梁柱的惯性矩。因 WF2 的梁在净跨范围内由两根高度相等的梁组成,所以双层梁的惯性矩等于各单梁惯性矩之和。梁柱的惯性矩计算详见表 3-57。

表 3-57　WF2 梁、柱惯性矩

楼层	梁			柱				
	b_b (m)	h_b (m)	$I_b=\frac{b_b h_b^3}{12}\times 2$ (m^4)	楼层	柱位	b_c (m)	h_c (m)	$I_c=\frac{b_c h_c^3}{12}$ (m^4)
2	0.25	0.7	0.014 29	1～12	左边柱	0.25	0.5	0.002 60
	0.25	0.7			中柱	0.25	0.75	0.008 79
	0.25	0.7			右边柱	0.25	0.525	0.003 01
3～13	0.25	0.55	0.006 93		左边柱	0.25	0.5	0.002 60
	0.25	0.55			中柱	0.25	0.75	0.008 79
	0.25	0.55			右边柱	0.25	0.525	0.003 01

②WF2 梁、柱折算线刚度计算分别列于表 3-58 及表 3-59,表中 $\mu=1.2, A=bh, I=bh^3/12$, $G/E\approx 0.42$。

表 3-58　壁梁折算线刚度

梁位	层号	aL (m)	bL (m)	L_0 (m)	L (m)	h_0 (m)	β	a	b	C_A	C_B	I_b (10^{-3}m^4)	E (10^6kN/m^2)	K_1	K_2
左边跨	3～13	0.113	0.238	1.875	2.225	0.55	0.258	0.051	0.107	1.254	1.403	6.932	30	117.17	131.11
	2	0.075	0.2	1.95	2.225	0.7	0.387	0.034	0.090	1.011	1.132	14.292	30	194.86	218.05

续表

梁位	层号	aL (m)	bL (m)	L_0 (m)	L (m)	h_0 (m)	β	a	b	C_A	C_B	I_b ($10^{-3}m^4$)	E ($10^6kN/m^2$)	K_1	K_2
中跨	3~13	0.238	0.238	1.875	2.35	0.55	0.258	0.101	0.101	1.565	1.565	6.932	30	138.48	138.48
	2	0.2	0.2	1.95	2.35	0.7	0.387	0.085	0.085	1.262	1.262	14.292	30	230.30	230.30
右边跨	3~13	0.238	0.125	1.875	2.238	0.55	0.258	0.106	0.056	1.419	1.283	6.932	30	131.85	119.23
	2	0.2	0.088	1.95	2.238	0.7	0.387	0.089	0.039	1.144	1.035	14.292	30	219.28	198.28

表 3-59 壁柱杆折算线刚度

柱位	层号	ah (m)	bh (m)	h_{c0} (m)	h (m)	b_{c0} (m)	β	a	b	C_A	C_B	I_c ($10^{-3}m^4$)	E ($10^6kN/m^2$)	K_1	K_2	K_c
左边柱	6~12	0.425	0.425	2.45	3.3	0.5	0.125	0.129	0.129	2.172	2.172	2.604	31.5	53.99	53.99	53.99
	3~5	0.425	0.425	2.45	3.3	0.5	0.125	0.129	0.129	2.172	2.172	2.604	32.5	55.71	55.71	55.71
	2	0.575	0.425	2.45	3.45	0.5	0.125	0.167	0.123	2.590	2.374	2.604	32.5	63.54	58.24	60.89
	1	0	0.575	2.325	2.9	0.5	0.139	0.000	0.198	1.366	2.042	2.604	32.5	39.87	59.59	49.73
中柱	6~12	0.363	0.363	2.575	3.3	0.75	0.255	0.110	0.110	1.678	1.678	8.789	31.5	140.76	140.76	140.76
	3~5	0.363	0.363	2.575	3.3	0.75	0.255	0.110	0.110	1.678	1.678	8.789	32.5	145.23	145.23	145.23
	2	0.513	0.363	2.575	3.45	0.75	0.255	0.149	0.105	2.000	1.834	8.789	32.5	165.63	151.83	158.73
	1	0	0.513	2.938	2.9	0.75	0.196	0.000	0.177	1.234	1.764	8.789	32.5	121.55	173.74	147.64
右边柱	6~12	0.419	0.419	2.463	3.3	0.525	0.136	0.127	0.127	2.118	2.118	3.015	31.5	60.95	60.95	60.95
	3~5	0.419	0.419	2.463	3.3	0.525	0.136	0.127	0.127	2.118	2.118	3.015	32.5	62.89	62.89	62.89
	2	0.569	0.419	2.463	3.45	0.525	0.136	0.165	0.121	2.525	2.315	3.015	32.5	71.72	65.74	68.73
	1	0	0.569	2.881	2.9	0.525	0.100	0.000	0.196	1.407	2.094	3.015	32.5	47.55	70.75	59.15

③壁柱的侧移刚度 D 及其 C_f 值列于表 3-60。

表 3-60 WF2 壁柱的 D 及 C_f 值

柱位	层号	梁		柱						
		左梁 K_2 ($10^3kN·m$)	右梁 K_1 ($10^3kN·m$)	K_c ($10^3kN·m$)	k	$\alpha=\frac{k}{2+k}$	$\alpha=\frac{0.5+k}{2+k}$	h (m)	$D=\frac{12\alpha K_c}{h^2}$ ($10^3kN/m$)	C_f
左边柱	13		117.17							
	6~12		117.17	53.99	2.17	0.52		3.30	30.96	102.17
	3~5		117.17	55.71	2.10	0.51		3.30	31.47	103.84
	2		194.86	60.89	1.92	0.49		3.45	30.10	103.85
	1			49.73	3.92	0.66	0.75	2.90	46.98	136.24
中柱1	13	131.11	138.48							
	6~12	131.11	138.48	140.76	1.92	0.49		3.30	75.87	250.39
	3~5	131.11	138.48	145.23	1.86	0.48		3.30	77.03	254.21
	2	218.05	230.30	158.73	1.70	0.46		3.45	73.49	253.54
	1			147.64	3.04	0.60	0.70	2.90	127.01	368.34

续表

柱位	层号	梁		柱						
		左梁 K_2 (10^3kN·m)	右梁 K_1 (10^3kN·m)	K_c (10^3kN·m)	k	$\alpha=\frac{k}{2+k}$	$\alpha=\frac{0.5+k}{2+k}$	h (m)	$D=\frac{12\alpha K_c}{h^2}$ (10^3kN/m)	C_f
中柱2	13	138.48	131.85							
	6~12	138.48	131.85	140.76	1.92	0.49		3.30	75.98	250.74
	3~5	138.48	131.85	145.23	1.86	0.48		3.30	77.14	254.58
	2	230.30	219.28	158.73	1.70	0.46		3.45	73.60	253.92
	1			147.64	3.05	0.60	0.70	2.90	127.15	368.74
右边柱	13	119.23								
	6~12	119.23		60.95	1.98	0.50		3.30	33.37	110.13
	3~5	119.23		62.89	1.91	0.49		3.30	33.89	111.85
	2	198.28		68.73	1.75	0.47		3.45	32.35	111.62
	1			59.15	3.40	0.63	0.72	2.90	53.12	154.06

类似的方法可求出 WF1 的 C_f 值。

(3)总框架的抗推刚度

横向普通框架和壁式框架柱的侧移刚度 D 和 C_f 值的计算结果汇总于表 3-61。

表 3-61 普通框架及壁式框架的 D 和 C_f 值汇总表

柱子位置	数量	D(10^3kN/m)				C_f(10^3kN)			
		1	2	3~5	6~12	1	2	3~5	6~12
普通框架汇总		963.638	705.914	705.914	550.646	3 469.100	2 329.510	2 329.510	1 817.118
WF1—边柱	2	319.600	201.180	172.820	171.580	926.840	694.060	570.320	566.240
WF2—左边柱	1	46.980	34.477	31.466	30.960	136.240	103.850	103.840	102.170
WF2—中柱1	1	127.010	84.925	77.030	75.870	368.340	253.540	254.210	250.390
WF2—中柱2	1	127.150	85.035	77.640	75.980	368.740	253.920	254.580	250.740
WF2—右边柱	1	53.120	37.137	33.289	33.370	154.060	111.620	111.850	110.130
$\sum$		1 637.498	1 148.668	1 098.159	938.406	5 423.320	3 857.001	3 624.310	3 096.788

总框架抗推刚度 C_f 可由各层普通框架、壁式框架抗推刚度之和的加权平均值求出：

$$C_f=\frac{(3.6\times1\times5\,423.320+3.3\times1\times3\,857.001+3.3\times3\times3\,624.310+3.3\times7\times3\,096.788)\times10^3}{39.9}$$

$$=3\,500.464\times10^3\text{kN}$$

3. 总连梁的等效剪切刚度 C_b

本例有连梁 LL1、LL2、KL3 各两列，8 列刚接端。

(1)现以 KL3 为例说明连梁等效剪切刚度的计算

梁截面如图 3-37 所示。这是墙、柱间的连梁，它与墙、柱的关系如图 3-35 所示。考虑到连梁与楼板现浇为整体，

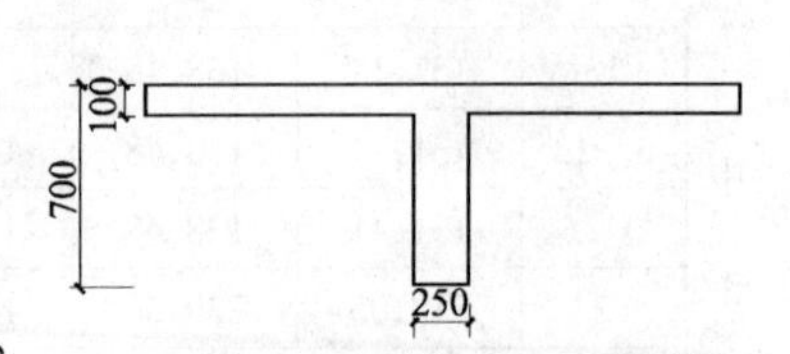

图 3-37 KL3 梁截面图

为方便计算，梁截面惯性矩 I_b 可取按矩形截面计算的惯性矩乘以 2。

1)2～6 层：

$L=11\ 637.5\text{m}$, $L_0=8\ 150\text{mm}$，与剪力墙连接端刚域长度：

$$bL=3\ 487.5\text{m},\ b=\frac{3\ 487.5}{11\ 637.5}=0.3$$

$$I_b=2\times0.25\times0.7^3/12=14.292\times10^{-3}\text{m}^4$$

$$A_b=0.25\times0.7=0.175\text{m}^2$$

$L_0/h=11.6>4$，β 值很小，可忽略不计。

$$m_{21}=\frac{1+b}{(1-b)^3}\times\frac{6EI_b}{L}=\frac{1+0.3}{(1-0.3)^3}\times\frac{6\times3.0\times14.292\times10^4}{11.637\ 5}=83.783\times10^4\text{kN·m}$$

2)7～13 层：

$$L=11\ 687.5\text{m},\quad L_0=8\ 200\text{mm},\quad b=0.298$$

$$I_b=2\times0.25\times0.7^3/12=14.292\times10^{-3}\text{m}^4$$

$$A_b=0.25\times0.7=0.175\text{m}^2$$

$L_0/h>4$，取 $\beta=0$。

$$m_{21}=\frac{1+b}{(1-b)^3}\times\frac{6EI_b}{L}=\frac{1+0.298}{(1-0.298)^3}\times\frac{6\times3.0\times14.292\times10^4}{11.687\ 5}=82.586\times10^4\text{kN·m}$$

平均约束弯矩：

$$\sum m_{ij}/\sum h_j=(5\times83.783+7\times82.586)\times10^4\div39.9=24.988\times10^4\text{kN·m/m}$$

(2)类似的做法可以求出 LL1、LL2 的平均约束弯矩，计算过程从略。

横向各列连梁的平均约束弯矩及总连梁的等效剪切刚度 C_b 汇总于表 3-62。

表 3-62 横向连梁剪切刚度汇总表

编　号	数　量	$C_b(10^4\text{kN})$	编　号	数　量	$C_b(10^4\text{kN})$
LL1	2	36.578	KL3	2	49.976
LL2	2	70.914	$\sum$		227.106
	2	69.638			

3.5.3.3 主体结构刚度特征值 λ

在计算体系基本周期时，认为体系完全处于弹性阶段工作，λ 按下式计算：

$$\lambda=H\sqrt{\frac{C_f+C_b}{EI_{eq}}}=39.9\sqrt{\frac{(3\ 500.464+2\ 271.06)\times10^3}{1\ 606.01\times10^6}}=2.39$$

在体系协同内力计算时，总连梁等效剪切刚度 C_b 可乘以考虑弹塑性变形影响的刚度折减系数，根据《高规》5.2.1 条规定折减系数不宜小于 0.5，本例取 0.55。

$$\lambda=H\sqrt{\frac{C_f+C_b}{EI_{eq}}}=39.9\sqrt{\frac{(3\ 500.464+0.55\times2\ 271.06)\times10^3}{1\ 606.01\times10^6}}=2.17$$

3.5.4　竖向荷载及水平荷载计算

3.5.4.1　竖向荷载

1. 各种构件的荷载标准值

(1)板荷载

1)天面荷载标准值

活载:	2.0kN/m²(上人屋面)
恒载:二毡三油现浇保温层	2.86kN/m²
120mm厚混凝土板	0.12×25=3kN/m²
板底粉刷	0.36kN/m²
恒载合计	6.22kN/m²

2)楼面荷载标准值

活载:	2.0kN/m²(按办公楼取值)
恒载:20mm厚花岗石面层,水泥浆抹缝	0.02×28=0.56kN/m²,近似取0.6kN/m²
30mm1∶3　干硬水泥砂浆	0.03×20=0.6kN/m²
板厚100mm	0.1×25=2.5kN/m²
板底粉刷	0.36kN/m²
恒载合计	4.06kN/m²

3)电梯机房地面

活载:	7.0kN/m²
恒载:120mm厚混凝土板	0.12×25=3kN/m²
恒载合计	3kN/m²

(2)梁、柱、剪力墙自重

梁柱自重由构件的几何尺寸和材料单位体积的自重计算。梁构件表面粉刷层重为0.36kN/m²。梁高应由梁截面高度中减去板厚。例如横梁单位长度的自重为:

$$g_k=0.25\times(0.7-0.1)\times25+0.36\times(0.7-0.1)\times2=4.182\text{kN/m}$$

各层柱净高取层高减去板厚,为了简化计算,柱单位高度的自重近似取1.1倍柱截面积和材料单位体积自重的乘积,以考虑柱面粉刷层的重量。

每层每片剪力墙自重为剪力墙体积与材料单位体积自重的乘积(有洞口时减去洞口部分重)。以5层W2为例:

$$G_k=[(3.3-0.1)\times7.325-1.0\times2.2]\times(0.25\times25+0.36\times2)=148.04\text{kN}$$

(3)内外围护墙自重

1)外围护墙(每单位面积自重)

瓷砖墙面	0.5kN/m²
190mm厚蒸压粉煤灰加气混凝土砌块	0.19×8.5=1.615kN/m²
石灰粗砂粉刷层	0.36kN/m²
合计	2.475kN/m²

2)内隔墙(每单位面积自重)

石灰粗砂粉刷层	$0.36\times2=0.72\text{kN/m}^2$
190mm 厚蒸压粉煤灰加气混凝土砌块	$0.19\times8.5=1.615\text{kN/m}^2$
合计	2.335kN/m^2
3)铝合金玻璃门、窗	0.4kN/m^2
木门	0.2kN/m^2

2. 重力荷载代表值

计算地震作用时先要计算各质点重力荷载代表值 G_i。本例计算时采用以下简化做法:各层楼面取建筑总面积计算恒载,取楼板净面积计算楼面活荷载;各根梁取梁截面高度减去板厚的尺寸计算梁自重;各根柱取净高度(层高减去板厚)计算柱自重;各墙段根据门窗的大小采用有门窗的墙体按无洞墙体重乘以相应的折减系数,外围护墙纵向乘以折减系数 0.6,外围护墙横向、内隔墙纵向乘折减系数 0.85,内隔墙横向乘以 1.0。最后将各层楼面(含梁)及上、下各半层的墙柱恒载 100%,楼面活荷载 50% 相加算得各楼层重力荷载代表值。由此求得集中于各楼层标高处的重力荷载代表值(图 3-38a):1 层为 8.23×10^3kN;2～11 层每层为 7.76×10^3kN;12 层(含女儿墙)为 7.7×10^3kN;屋面小塔楼(质点位置 42.27m)为 0.8×10^3kN。总重力荷载代表值(各层重力荷载代表值的和)为 95.53×10^3kN。

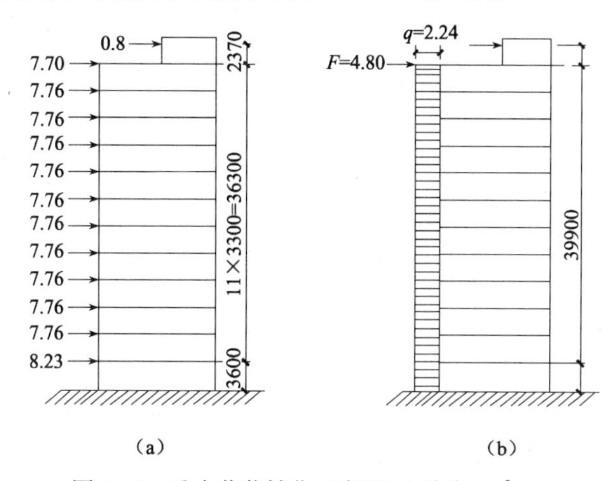

图 3-38 重力荷载转化示意图(力单位:10^3kN)

3.5.4.2 横向水平地震作用

1. 结构总水平地震作用——底部剪力标准值 F_{Ek}

(1)结构等效总重力荷载

$$G_{\text{eq}}=0.85G_{\text{E}}=0.85\times95.53\times10^3=81.20\times10^3\text{kN}$$

(2)结构基本自振周期 T_1

假想把集中在各层楼面处的重力荷载 G_i 视作水平荷载来计算结构的顶点侧移 Δ_{T},然后计算基本自振周期 T_1。为计算方便,可把重力荷载简化为水平均布荷载及顶点集中力 F,见图 3-38b。

均布荷载:

$$q=\frac{(10\times7.76+8.23)\times10^3}{38.25}=2.24\times10^3\text{kN/m}$$

集中荷载：

$$F=(7.7-1.65\times 2.24)+0.8=4.8\times 10^3\text{kN}$$

在均布荷载作用下，由总剪力墙单独承受荷载时的顶点位移为：

$$\Delta_{M0,1}=\frac{qH^4}{8EI_{eq}}=\frac{2.24\times 10^3\times 39.9^4}{8\times 1\ 606.01\times 10^6}=0.442\text{m}$$

在集中荷载 F 作用下，顶点位移为：

$$\Delta_{M0,2}=\frac{FH^3}{3EI_{eq}}=\frac{4.8\times 10^3\times 39.9^3}{3\times 1\ 606.01\times 10^6}=0.063\text{m}$$

用 $\xi=Z/H=1,\lambda=2.39$(不考虑连梁的刚度折减)，查高层建筑结构设计教材中相应的计算表图，便可得到框架-剪力墙结构在均布荷载及顶点集中荷载作用下的顶点位移系数分别为：

$$\frac{y(1)}{\Delta_{M0,1}}=0.329\ 8,\ \frac{y(2)}{\Delta_{M0,2}}=0.401\ 9$$

框架-剪力墙结构的假想顶点位移：

$$\Delta_T=0.442\times 0.329\ 8+0.063\times 0.401\ 9=0.171\text{m}$$

Δ_T 亦可由 ξ、λ 值求出。

框架-剪力墙结构的基本自振周期为：

$$T_1=1.7\times 0.75\sqrt{0.171}=0.527\text{s}$$

(3)相应于 T_1 的水平地震影响系数 α_1

本例属Ⅱ类场地，设计地震分组为第一组，由《高规》表3.3.7-2查得特征周期 $T_g=0.35$s。按烈度7度由《高规》表3.3.7-1查得水平地震影响系数最大值为：$\alpha_{max}=0.08$。

因 $5T_g>T_1=0.527>T_g$，故由《高规》3.3.8条及图3.3.8得：

$$\alpha_1=\left(\frac{T_g}{T_1}\right)^r\eta_2\alpha_{max}=\left(\frac{0.35}{0.527}\right)^{0.9}\times 1.0\times 0.08=0.055$$

(4)主体结构底部剪力标准值 F_{EK}

$$F_{EK}=\alpha_1 G_{eq}=0.055\times 81.2\times 10^3=4.47\times 10^3\text{kN}$$

2. 各层水平地震作用 F_i

本例 $T_1=0.527(\text{s})>1.4T_g=1.4\times 0.35=0.48(\text{s})$，则：

$$\delta_n=0.08T_1+0.07=0.08\times 0.527+0.07=0.112$$

计算得：

$$F_i=\frac{G_iH_i}{\sum_{j=1}^{n}G_jH_j}F_{Ek}(1-\delta_n)=\frac{G_iH_i}{\sum_{j=1}^{n}G_jH_j}\times 4.47\times 10^3\times(1-0.112)$$

$$= \frac{G_iH_i}{\sum_{j=1}^{n} G_jH_j} \times 3.97 \times 10^3 \text{kN}$$

$$\Delta F_n = 0.112 \times 4.47 \times 10^3 = 0.5 \times 10^3 \text{kN}$$

F_i 的计算结果详见表 3-63。

表 3-63　横向各层水平地震作用 F_i 计算表

层数	H_i (m)	G_i (10^3kN)	G_iH_i (10^3kN·m)	$\frac{G_iH_i}{\sum_{j=1}^{n} G_jH_j}$	F_i (10^3kN)	V_i (10^3kN)	$\sum F_iH_i$ (10^3kN·m)
14	42.27	0.80	33.82	0.016	0.07		2.76
13	39.9	7.70	307.23	0.149	0.59	0.07	23.64
12	36.6	7.76	284.02	0.138	0.55	0.66	20.05
11	33.3	7.76	258.41	0.126	0.50	1.21	16.60
10	30	7.76	232.80	0.113	0.45	1.70	13.47
9	26.7	7.76	207.19	0.101	0.40	2.15	10.67
8	23.4	7.76	181.58	0.088	0.35	2.55	8.19
7	20.1	7.76	155.98	0.076	0.30	2.90	6.05
6	16.8	7.76	130.37	0.063	0.25	3.20	4.22
5	13.5	7.76	104.76	0.051	0.20	3.45	2.73
4	10.2	7.76	79.15	0.038	0.15	3.66	1.56
3	6.9	7.76	53.54	0.026	0.10	3.81	0.71
2	3.6	8.23	29.63	0.014	0.06	3.91	0.21
1						3.97	
$\sum$			2 058.47		3.97		110.85

注：$V_i = \sum_{j=i+1}^{14} F_j$。

3.5.4.3　横向风荷载计算

1. 垂直作用在建筑物表面单位面积上的风荷载标准值 w_k 按下式计算：

$$w_k = \beta_z \mu_s \mu_z w_0 \text{ kN/m}^2$$

式中各符号取值根据以下情况考虑：

本例为一般高层建筑，根据《高规》3.2.2 条规定，由《荷载规范》附录 D.4 查出的 50 年重现期的风压值 $w_0 = 0.5\text{kN/m}^2$ 不需要再乘以 1.1 的增大系数；本建筑高宽比 $\frac{H}{B} = \frac{39.9}{15.6} = 2.56 < 4$，矩形平面建筑，其风载体型系数按《高规》3.2.5 条规定可取 $\mu_s = 1.3$；风压高度变化系数根据地面粗糙度类别（B 类）由《高规》表 3.2.3 查取；风振系数 β_z 按式 $\beta_z = 1 + \frac{\varphi_z \xi \nu}{\mu_z}$ 计算，式中，$\varphi_z = \frac{Z}{H}$，ξ 为脉动增大系数，由《高规》表 3.2.6-1 查取，查表时取结构基本自振周期 $T_1 = 0.07n = 0.84$，则 $w_0 T_1^2 = 0.5 \times 0.84^2 = 0.353$，据此由表查得 $\xi = 1.325$；ν 为脉动影响系数，由《高规》

表 3.2.6-2 查取，根据 $H/B=2.56$ 及 $H=39.9\text{m}$ 查得 $\nu=0.498$。于是

$$\beta_z=1+\frac{z_i\xi\nu}{H\mu_z}=1+\frac{z_i}{39.9}\times\frac{1.325\times0.498}{\mu_z}=1+0.0165\frac{z_i}{\mu_z}$$

横向风压为：

$$w_k=\beta_z\mu_s\mu_z w_0=\beta_z\times1.3\times\mu_z\times0.5=0.65(\mu_z+0.0165z_i)$$

2. 总风荷载计算

作用于建筑物表面高度 z 处总风荷载是沿高度变化的分布荷载。在本例中，前式可简化为 $w_z=w_k\cdot B$，式中，B 为高度 z 处建筑物长度，对主体结构 $B=49.8\text{m}$，对小塔楼 $B=7.12\text{m}$。

为计算方便，还需要将 w_z 折算为作用于各楼层标高处的集中见荷载 F_i，即：

$$F_i=w_z\left(\frac{h_i}{2}+\frac{h_{i+1}}{2}\right)$$

式中　h_i、h_{i+1}——第 i 层楼面上、下层层高。

计算顶层时，$\frac{h_{i+1}}{2}$取女儿墙高度。

以上计算过程和结果见表 3-64。

表 3-64　横向风荷载计算表

层号	z_i(m)	μ_z	w_k(kN/m²)	B(m)	h(m)	F_i(kN)	V(kN)	F_iH_i(kN·m)
14	43	1.593	1.497	7.12	1.55	16.517		710.220
13	39.9	1.560	1.442	49.8	3.2	229.786	16.517	9 168.444
12	36.6	1.512	1.375	49.8	3.3	226.023	246.302	8 272.425
11	33.3	1.466	1.310	49.8	3.3	215.292	472.325	7 169.236
10	30	1.420	1.245	49.8	3.3	204.562	687.617	6 136.866
9	26.7	1.364	1.173	49.8	3.3	192.764	892.179	5 146.794
8	23.4	1.308	1.101	49.8	3.3	180.965	1 084.943	4 234.592
7	20.1	1.250	1.028	49.8	3.3	168.953	1 265.909	3 395.964
6	16.8	1.180	0.947	49.8	3.3	155.660	1 434.862	2 615.081
5	13.5	1.098	0.858	49.8	3.3	141.084	1 590.522	1 904.632
4	10.2	1.000	0.759	49.8	3.3	124.799	1 731.606	1 272.950
3	6.9	1.000	0.724	49.8	3.3	118.983	1 856.405	820.980
2	3.6	1.000	0.689	49.8	3.45	118.310	1 975.387	425.916
1							2 093.697	50 271.300

3.5.5　水平荷载作用效应分析

3.5.5.1　水平地震作用折算及水平位移验算

1. 水平地震作用折算

为方便计算，可把各层质点处水平地震作用 F_i 和顶点附加水平地震作用 ΔF_n 折算为倒

三角形分布荷载 q_0 和顶点集中荷载 F。

水平地震作用 F_i 和 ΔF_n 产生的基底弯矩和剪力分别为：

$$M_0 = \sum F_i H_i + \Delta F_n \times H = 110.85\times10^3 + 0.5\times10^3\times39.9 = 130.8\times10^3\text{kN}\cdot\text{m}$$

$$V_0 = \sum F_i + \Delta F_n = 3.97\times10^3 + 0.5\times10^3 = 4.47\times10^3\text{kN}$$

可求得：

$$q_0 = 0.179\times10^3\text{kN/m},\quad F = 0.900\times10^3\text{kN}$$

由倒三角形荷载引起的底部剪力和弯矩为：$V_0^1 = \dfrac{q_0 H}{2} = 3\ 571\text{kN}$，$M_0^1 = \dfrac{1}{3}q_0 H^2 = 94\ 990\text{kN}\cdot\text{m}$，由顶点集中荷载产生的底部剪力和弯矩为：$V_0^2 = F = 900\text{kN}$，$M_0^2 = FH = 35\ 910\text{kN}\cdot\text{m}$。

水平地震作用下主体结构框架-剪力墙协同工作计算简图如图 3-39 所示。

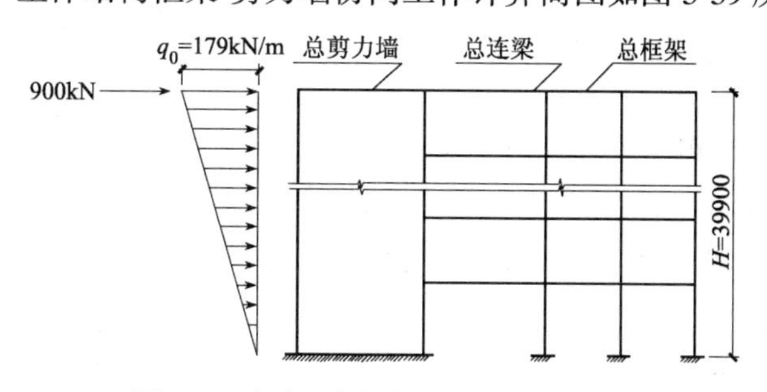

图 3-39　框架-剪力墙结构刚接计算体系

2. 水平位移验算

比较表 3-63 和表 3-64 可知，风荷载比水平地震作用小很多，因此只需进行水平地震作用下的位移验算。

将 $\lambda = 2.17$ 及各楼层标高处的 ξ 值代入计算式，可求出相应高度处的位移 y^1、y^3。

各楼层标高处的总水平位移为 $y(\xi) = y^1(\xi) + y^3(\xi)$。

各层间相对位移：$\Delta y_i = y(\xi_i) - y(\xi_{i-1})$。

以上各项计算结果见表 3-65。

表 3-65　水平地震作用下结构位移计算表

层　号	标　高 z(m)	$\xi = z/H$	倒三角形分布荷载	顶点集中荷载	总位移 $y(\xi)$	层间位移 Δy_i(mm)
12	39.9	1.000	10.624	4.736	15.4	1.6
11	36.6	0.917	9.620	4.181	13.8	1.6
10	33.3	0.835	8.579	3.631	12.2	1.6
9	30	0.752	7.546	3.093	10.6	1.6
8	26.7	0.669	6.470	2.572	9.0	1.5
7	23.4	0.586	5.380	2.075	7.5	1.6
6	20.1	0.504	4.296	1.609	5.9	1.5
5	16.8	0.421	3.246	1.182	4.4	1.3

续表

层　号	标　高 z(m)	$\xi=z/H$	倒三角形 分布荷载	顶点集 中荷载	总位移 $y(\xi)$	层间位移 Δy_i(mm)
4	13.5	0.338	2.265	0.804	3.1	1.2
3	10.2	0.256	1.396	0.483	1.9	1.0
2	6.9	0.173	0.689	0.233	0.9	0.6
1	3.6	0.090	0.202	0.067	0.3	0.3
0	0	0.000	0.000	0.000	0.0	0

层间最大位移与层高之比应满足要求，即 $\Delta y/h\leqslant 1/800$，由表3-65知：

$$\frac{\Delta y}{h}=\frac{1.6}{3\ 300}=\frac{1}{2\ 062.5}<\left[\frac{\Delta y}{h}\right]=\frac{1}{800}\quad(\text{满足要求})$$

3.5.5.2　水平地震作用下的内力计算

1. 总剪力墙、总框架和总连梁的内力

(1)总剪力墙的总弯矩

将 λ 值、各楼层标高处的 ξ 值、倒三角形荷载和顶点集中荷载 F 代入计算式，可得总剪力墙各楼层标高处的总弯矩。计算过程和结果列于表3-66。总剪力墙底部总弯矩 M_W 与水平地震作用产生的底部总弯矩 M_0 之比为 $\dfrac{M_W}{M_0}=\dfrac{66\ 565}{94\ 990+35\ 910}=50.85\%>50\%$，满足要求。

表3-66　水平地震作用下总剪力墙弯矩 $M_W(\xi)$ 计算表

层　号	标　高 z(m)	$\xi=z/H$	倒三角形荷载下	顶点集中力作用下	$M_W=M_{W1}+M_{W2}$ (kN·m)
			$M_{W1}(\xi)$ (kN·m)	$M_{W2}(\xi)$ (kN·m)	
12	39.9	1.000	0.0	0.0	0.0
11	36.6	0.917	−3 119.8	673.1	−2 446.7
10	33.3	0.835	−4 547.4	1 367.9	−3 179.5
9	30.0	0.752	−4 490.7	2 106.9	−2 383.8
8	26.7	0.669	−3 109.4	2 914.0	−195.4
7	23.4	0.586	−520.6	3 815.1	3 294.5
6	20.1	0.504	3 197.6	4 839.5	8 037.1
5	16.8	0.421	8 003.8	6 020.2	14 024.0
4	13.5	0.338	13 891.4	7 395.3	21 286.7
3	10.2	0.256	20 888.9	9 009.3	29 898.3
2	6.9	0.173	29 060.8	10 914.3	39 975.1
1	3.6	0.090	38 509.3	13 171.7	51 681.1
0	0	0.000	50 442.5	16 122.5	66 565.0

(2) $V'_W(\xi)$ 的计算

按折算的倒三角形荷载 q_0 和顶点集中荷载 F，可计算 $V_W(\xi)$。在刚接计算体系中由上述公式计算的 $V_W(\xi)$ 不是总剪力墙的总剪力。为区别起见将其记为 $V'_W(\xi)$，则 $V'_W(\xi)=$

$V'^1_W + V'^3_W$;这里 V'^1_W、V'^3_W 分别为由 q_0 和 F 计算之值。V'_W 的计算结果见表 3-67。

表 3-67 横向水平地震作用下刚结体系 $V'_W(\xi)$ 计算表

层 号	标 高	$\xi=z/H$	倒三角形荷载	顶点集中力作用	$V'_W=V'^1_W+V'^3_W$
			$V'^1_W(\xi)$	$V'^2_W(\xi)$	
13	39.9	1.000	−942.1	203.7	−738.4
12	36.6	0.917	−430.0	210.3	−219.7
11	33.3	0.835	19.2	223.6	242.8
10	30.0	0.752	420.0	244.2	664.2
9	26.7	0.669	785.4	272.7	1 058.1
8	23.4	0.586	1 127.2	310.0	1 437.2
7	20.1	0.504	1 456.5	357.3	1 813.8
6	16.8	0.421	1 783.7	416.1	2 199.8
5	13.5	0.338	2 119.6	488.4	2 608.0
4	10.2	0.256	2 475.0	576.5	3 051.5
3	6.9	0.173	2 861.3	683.2	3 544.5
2	3.6	0.090	3 311.9	818.3	4 130.2
1	0	0.000	3 571.0	900.0	4 471.0

(3)总框架的总剪力 $V_f(\xi)$、总连梁的分布约束弯矩 $m(\xi)$、总剪力墙的总剪力 $V_W(\xi)$ 可求得总框架的广义剪力,即:

$$\overline{V}_f = V_p(\xi) - V'_W(\xi)$$

$V_p(\xi)=\dfrac{1}{2}q_0H(1-\xi^2)+F$,为外荷载产生的结构任意高度 ξ 处的总剪力。再将 $\overline{V}_f$ 代入计算式,依次可求得总框架的总剪力 $V_f(\xi)$、总连梁的分布约束弯矩 $m(\xi)$、总剪力墙的总剪力 $V_W(\xi)$。计算过程和结果见表 3-68。

表 3-68 水平地震作用下 $m(\xi)$、$V_f(\xi)$和 $V_W(\xi)$计算表

层号	标 高	$\xi=z/H$	$V_P(\xi)$	$V'_W(\xi)$	$\overline{V}_f(\xi)=V_P(\xi)-V'_W(\xi)$	$m(\xi)=\overline{V}_f\times C_b/(C_f+C_b)$	$V_f(\xi)=\overline{V}_f\times C_f/(C_f+C_b)$	$V_W(\xi)=V'_W+m(\xi)$
12	39.9	1.000	900.0	−738.4	1 638.4	426.10	1 212.4	−312.4
11	36.6	0.917	1 466.3	−219.7	1 686.0	438.4	1 247.6	218.7
10	33.3	0.835	1 983.7	242.8	1 740.9	452.6	1 288.3	695.4
9	30	0.752	2 452.3	664.2	1 788.1	464.9	1 323.2	1 129.1
8	26.7	0.669	2 872.0	1 058.1	1 813.9	471.6	1 342.3	1 529.7
7	23.4	0.586	3 242.8	1 437.2	1 805.6	469.5	1 336.2	1 906.7
6	20.1	0.504	3 564.8	1 813.8	1 751.0	455.3	1 295.7	2 269.1
5	16.8	0.421	3 838.0	2 199.8	1 638.2	425.9	1 212.2	2 625.7
4	13.5	0.338	4 062.2	2 608.0	1 454.2	278.1	1 076.1	2 986.1

续表

层号	标高	$\xi = z/H$	$V_P(\xi)$	$V'_W(\xi)$	$\overline{V}_f(\xi) = V_P(\xi) - V'_W(\xi)$	$m(\xi) = V_f \times C_b/(C_f + C_b)$	$V_f(\xi) = V_f \times C_f/(C_f + C_b)$	$V_W(\xi) = V'_W + m(\xi)$
3	10.2	0.256	4 237.7	3 051.5	1 186.2	308.4	877.8	3 359.9
							894.2	
2	6.9	0.173	4 364.3	3 544.5	819.8	213.1	606.6	3 757.6
							894.2	
1	3.6	0.090	4 442.0	4 130.2	311.8	81.1	230.7	4 211.3
							894.2	
0	0	0.000	4 471.1	4 471.0	0.0	0.0	0	4 471.0
							894.2	

(4)总框架剪力 V_f 的调整

对总框架剪力 $V_f < 0.2V_0$ 的楼层，V_f 取 $0.2V_0$ 和 $1.5V_{f,max}$ 中较小值，见表3-68中有下划线的数值。各层框架总剪力调整后，按调整前后的比例放大各柱和梁的剪力和端部弯矩，柱轴力不放大。

2．各根柱、各根连梁、各片剪力墙的内力

(1)各框架柱的剪力

总框架剪力应按各框架柱的 D 值分配到各柱。第 j 层第 i 根框架柱的剪力 V_{cij} 为：

$$V_{cij} = \frac{D_i}{\sum_{i=1}^{m} D_i}(V_{f(j-1)} + V_{fj})/2$$

限于篇幅，表3-69仅列出③轴和④轴框架柱的计算结果。表中 $\sum D_i$ 由表3-61查出，各 D_i 值由表3-56查出。

表3-69　水平地震作用下③、⑥轴各柱剪力 V_{ci} 计算表

层号	$\sum D_i$ (10^3kN)	D_i(10^3kN) ③轴 A轴	D_i ③轴 D轴	D_i ③轴 E轴	D_i ⑥轴 A轴	V_f (kN)	V_{ci}(kN) ③轴 A轴	V_{ci} ③轴 D轴	V_{ci} ③轴 E轴	V_{ci} ⑥轴 A轴
12	938.406	18.693	40.626	21.306	18.88	1 212.4	24.5	53.3	27.9	24.7
11	938.406	18.693	40.626	21.306	18.88	1 247.6	25.3	54.9	28.8	25.5
10	938.406	18.693	40.626	21.306	18.88	1 288.3	26.0	56.5	29.6	26.3
9	938.406	18.693	40.626	21.306	18.88	1 323.2	26.5	57.7	30.3	26.8
8	938.406	18.693	40.626	21.306	18.88	1 342.3	26.7	58.0	30.4	26.9
7	938.406	18.693	40.626	21.306	18.88	1 336.2	26.2	57.0	29.9	26.5
6	938.406	18.693	40.626	21.306	18.88	1 295.7	25.0	54.3	28.5	25.2
5	1 098.159	22.845	48.978	26.873	23.125	1 212.2	23.8	51.0	28.0	24.1
4	1 098.159	22.845	48.978	26.873	23.125	1 076.1	20.3	43.6	23.9	20.6
3	1 098.159	22.845	48.978	26.873	23.125	877.8	18.4	39.5	21.7	18.7

续表

层号	$\sum D_i$ (10^3kN)	D_i(10^3kN)				V_f (kN)	V_{ci}(kN)			
		③轴			⑥轴		③轴			⑥轴
		A轴	D轴	E轴	A轴		A轴	D轴	E轴	A轴
						<u>894.2</u>	<u>18.6</u>	<u>39.9</u>	<u>21.9</u>	<u>18.8</u>
2	1 148.668	22.845	48.978	26.873	23.125	606.6	8.3	17.9	9.8	8.4
						<u>894.2</u>	<u>17.8</u>	<u>38.1</u>	<u>20.9</u>	<u>18.0</u>
1	1 637.498	36.716	65.251	35.041	36.886	230.7	2.6	4.6	2.5	2.6
						<u>894.2</u>	<u>10.0</u>	<u>17.8</u>	<u>9.6</u>	<u>10.1</u>

注:表中有下划线的数字为按$0.2V_0$计得的数字。

(2)各根连梁的弯矩

现以⑥轴 KL3 为例说明具体计算过程。将 $m(\xi)$代入计算式,可求得连梁第 i 个刚接端的分布约束弯矩 $m_i(\xi)$,再求该刚接端的弯矩 M_{i21},计算结果见表 3-70。表中 $\sum m_{iab}$ 及 m_{iab} 由表 3-62 查出。

表 3-70　水平地震作用下 KL3 与墙相连端弯矩

层　号	标　高	$\sum m_{iab}$ (10^3kN)	$m(\xi)$ (kN)	m_{iab}	$m_i(\xi)$	M_{i21} (kN·m)
12	39.9	2 271.06	426.0	249.88	46.87	77.34
11	36.6	2 271.06	438.4	249.88	48.23	159.16
10	33.3	2 271.06	452.6	249.88	49.80	164.35
9	30.0	2 271.06	464.9	249.88	51.15	168.80
8	26.7	2 271.06	471.6	249.88	51.89	171.24
7	23.4	2 271.06	469.5	249.88	51.65	170.46
6	20.1	2 271.06	455.3	249.88	50.09	165.30
5	16.8	2 271.06	425.9	249.88	46.86	154.65
4	13.5	2 271.06	378.1	249.88	41.60	137.29
3	10.2	2 271.06	308.4	249.88	33.93	111.98
2	6.9	2 271.06	213.1	249.88	23.45	84.41
1	3.6	2 271.06	81.1	249.88	8.92	30.79

(3)各片剪力墙的弯矩和剪力

总剪力墙各楼层标高处的 M_{Wj}和 V_{Wj}分配给各片剪力墙,亦即:

$$M_{Wij} = \frac{EI_{eqi}}{\sum\limits_i EI_{eqi}} M_{Wj},\ V_{Wij} = \frac{EI_{eqi}}{\sum\limits_i EI_{eqi}} V_{Wj}$$

以 W4 为例,M_{Wij}和 V_{Wij}的计算结果见表 3-71 中 M_{Wi}列及 V_{Wi}列的数值。

W4 与 KL3 相连,按计算式求得 W4 在各层楼盖上、下方的弯矩,计算结果见表 3-71 中 M^u_{Wi}及 M^l_{Wi}列的数值。

表 3-71　水平地震作用下 W4 弯矩和剪力计算表

层号	EI_W (10^6kN·m^2)	M_W (kN·m)	V_W (kN)	W4					
				(EI_{eqi})	$(EI_{eqi})/E_W I_W$	M_{Wi}	M_{i21}	$M^u_{Wi}M^l_{Wi}$	V_{Wi}
13	1 606.01	0.0	−312.416	365.52	0.228	0.0	77.3	77.34	−71.10
12	1 606.01	−2 446.7	218.652 9	365.52	0.228	−556.9	159.16	−479.52	49.76
								−397.69	
11	1 606.01	−3 179.5	695.431 5	365.52	0.228	−723.6	164.35	−564.48	158.28
								−559.29	
10	1 606.01	−2 383.8	1 129.094	365.52	0.228	−542.5	168.80	−378.19	256.98
								−373.74	
9	1 606.01	−195.4	1 529.704	365.52	0.228	−44.5	171.24	124.32	348.15
								126.75	
8	1 606.01	3 294.5	1 906.66	365.52	0.228	749.8	170.46	921.05	433.95
								920.27	
7	1 606.01	8 037.1	2 269.063	365.52	0.228	1 829.2	165.30	1 999.67	516.43
								1 994.52	
6	1 606.01	14 024.0	2 625.72	432.09	0.269	3 773.1	154.65	3 938.39	706.44
								3 927.74	
5	1 606.01	21 286.7	2 986.103	432.09	0.269	5 727.1	137.29	5 881.75	803.40
								5 864.38	
4	1 606.01	29 898.3	3 359.906	432.09	0.269	8 044.0	111.98	8 181.29	903.97
								8 155.98	
3	1 606.01	39 975.1	3 757.636	432.09	0.269	10 755.1	84.41	10 867.11	1 010.98
								10 839.54	
2	1 606.01	5 168.1	4 211.263	432.09	0.269	13 904.6	30.79	13 988.97	1 133.02
								13 935.35	
1	1 606.01	66 565.0	4 471.013	432.09	0.269	17 909.0	0.00	173 939.81	1 202.91

3. 框架梁、柱的内力计算

下面以③、⑥轴框架为例说明内力计算，其余框架梁柱的计算不再写出。

(1)③轴框架

1)柱的反弯点高度比

柱的反弯点高度比按下式计算：$y = y_n + y_1 + y_2 + y_3$。本例倒三角形荷载产生的剪力占总剪力的 80%，为方便计算，反弯点高度比近似取倒三角形荷载的反弯点高度比。根据梁、柱线则度比 K、总层数 n、计算层 j 及柱上、下端梁线刚度比 α_1、上、下层与本层高度比 α_2、α_3，由高层建筑结构设计教材相应表格依次查出 y_n、y_1、y_2、y_3，即得 y。表 3-72 列出了③轴 A 柱各层 y 值。③轴 D、E 柱、⑥轴 A 柱的计算方法相同，计算结果见表 3-73。

表 3-72 ③—A 柱的 y 值计算表

层号	k	α_1	α_2	α_3	y_n	y_1	y_2	y_3	y
12	1.04	1	—	1	0.352	0	—	0	0.352
11	1.04	1	1	1	0.402	0	0	0	0.402
10	1.04	1	1	1	0.45	0	0	0	0.45
9	1.04	1	1	1	0.45	0	0	0	0.45
8	1.04	1	1	1	0.452	0	0	0	0.452
7	1.04	1	1	1	0.50	0	0	0	0.50
6	1.04	1	1	1	0.50	0	0	0	0.50
5	0.48	1	1	1	0.49	0	0	0	0.49
4	0.48	1	1	1	0.50	0	0	0	0.50
3	0.48	1	1	1	0.50	0	0	0	0.50
2	0.48	1	1	1.2	0.55	0	0	0	0.55
1	0.53	—	0.83	—	0.735	—	0	—	0.735

表 3-73 横向③—D、③—E 及⑥—A 柱的 y 值结果总汇表

层号	③—D	③—E	⑥—A	层号	③—D	③—E	⑥—A
12	0.355 5	0.363 5	0.352 5	6	0.50	0.5	0.5
11	0.405 5	0.413 5	0.402 5	5	0.50	0.5	0.495
10	0.45	0.45	0.45	4	0.50	0.5	0.5
9	0.45	0.45	0.45	3	0.50	0.5	0.5
8	0.455 5	0.463 5	0.452 5	2	0.55	0.55	0.55
7	0.50	0.5	0.5	1	0.678 75	0.7	0.73

2)梁、柱端弯矩

第 i 层各柱的剪力由表 3-69 查得,该剪力乘以反弯点高度 yh_i 或 $(1-y)h_i$ 可得柱端弯矩。梁端弯矩由汇交于节点的杆端弯矩平衡条件求出。以③轴 9 层中柱上端节点为例,由表 3-69 查得节点上、下层柱剪力为 $V_{10}=56.5\text{kN}$,$V_9=57.7\text{kN}$,由表 3-73 查得 $y_{10}=0.45$,$y_9=0.45$。则 $M_{10}=56.5\times0.45\times3.3=83.9\text{kN·m}$;$M_9=57.7\times(1-0.45)\times3.3=104.7\text{kN·m}$,由表 3-54 查得节点左、右梁线刚度 $i_b^l=51.502\times10^3\text{kN·m}$;$i_b^r=63.284\times10^3\text{kN·m}$,则节点左、右梁端弯矩为:

$$M_b^l=\frac{51.502}{51.502+63.284}(83.9+104.7)=84.6\text{kN·m}$$

$$M_b^r=\frac{60.284}{51.502+63.284}(83.9+104.7)=104.0\text{kN·m}$$

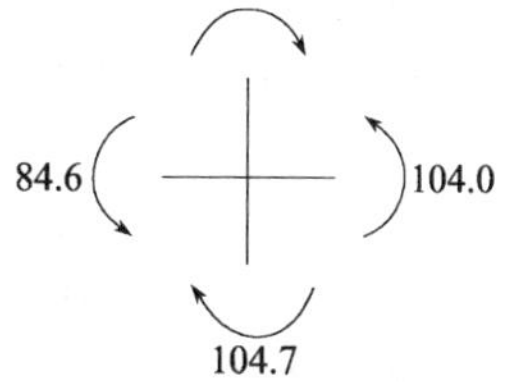

节点弯矩示意图,如图 3-40 所示。

83.9
84.6
104.0
104.7

图 3-40 节点弯矩示意图

按上述做法求得的③轴框架各梁、柱端弯矩列于表 3-74。

表 3-74　③轴梁、柱端弯矩表

<table>
<tr><th colspan="2" rowspan="2">层　次</th><th colspan="2">③—A</th><th colspan="3">③—D</th><th colspan="2">③—E</th></tr>
<tr><th>M_c</th><th>右梁 M_b^r</th><th>左梁 M_b^l</th><th>M_c</th><th>右梁 M_b^r</th><th>右梁 M_b^r</th><th>M_c</th></tr>
<tr><td rowspan="2">12</td><td>上</td><td>-52.4</td><td>52.4</td><td>50.8</td><td>-113.3</td><td>62.4</td><td>58.7</td><td>-58.7</td></tr>
<tr><td>下</td><td>-28.5</td><td rowspan="2">78.3</td><td rowspan="2">76.3</td><td>-62.5</td><td rowspan="2">93.8</td><td rowspan="2">89.2</td><td>-33.5</td></tr>
<tr><td rowspan="2">11</td><td>上</td><td>-49.8</td><td>-107.7</td><td>-55.7</td></tr>
<tr><td>下</td><td>-33.5</td><td rowspan="2">80.7</td><td rowspan="2">79.0</td><td>-73.5</td><td rowspan="2">97.1</td><td rowspan="2">93.1</td><td>-39.3</td></tr>
<tr><td rowspan="2">10</td><td>上</td><td>-47.2</td><td>-102.6</td><td>-53.8</td></tr>
<tr><td>下</td><td>-38.6</td><td rowspan="2">86.8</td><td rowspan="2">84.6</td><td>-83.9</td><td rowspan="2">104.0</td><td rowspan="2">98.9</td><td>-44.0</td></tr>
<tr><td rowspan="2">9</td><td>上</td><td>-48.2</td><td>-104.7</td><td>-54.9</td></tr>
<tr><td>下</td><td>-39.4</td><td rowspan="2">87.7</td><td rowspan="2">85.2</td><td>-85.7</td><td rowspan="2">104.7</td><td rowspan="2">98.8</td><td>-44.9</td></tr>
<tr><td rowspan="2">8</td><td>上</td><td>-48.2</td><td>-104.2</td><td>-53.8</td></tr>
<tr><td>下</td><td>-39.8</td><td rowspan="2">83.0</td><td rowspan="2">81.3</td><td>-87.1</td><td rowspan="2">99.9</td><td rowspan="2">95.8</td><td>-46.5</td></tr>
<tr><td rowspan="2">7</td><td>上</td><td>-43.3</td><td>-94.0</td><td>-49.3</td></tr>
<tr><td>下</td><td>-43.3</td><td rowspan="2">84.5</td><td rowspan="2">82.4</td><td>-94.0</td><td rowspan="2">101.2</td><td rowspan="2">96.3</td><td>-49.3</td></tr>
<tr><td rowspan="2">6</td><td>上</td><td>-41.2</td><td>-89.6</td><td>-47.0</td></tr>
<tr><td>下</td><td>-41.2</td><td rowspan="2">81.3</td><td rowspan="2">78.0</td><td>-89.6</td><td rowspan="2">95.8</td><td rowspan="2">93.2</td><td>-47.0</td></tr>
<tr><td rowspan="2">5</td><td>上</td><td>-40.5</td><td>-84.2</td><td>-46.2</td></tr>
<tr><td>下</td><td>-38.5</td><td rowspan="2">72.0</td><td rowspan="2">70.0</td><td>-84.2</td><td rowspan="2">86.1</td><td rowspan="2">85.6</td><td>-46.2</td></tr>
<tr><td rowspan="2">4</td><td>上</td><td>-33.5</td><td>-71.9</td><td>-39.4</td></tr>
<tr><td>下</td><td>-33.5</td><td rowspan="2">59.0
(64.2)</td><td rowspan="2">56.8
(61.8)</td><td>-71.9</td><td rowspan="2">69.7
(75.9)</td><td rowspan="2">69.4
(75.6)</td><td>-39.4</td></tr>
<tr><td rowspan="2">3</td><td>上</td><td>-25.5
(-30.7)</td><td>-54.6
(-65.8)</td><td>-30.0
(-36.1)</td></tr>
<tr><td>下</td><td>-25.5
(-30.7)</td><td rowspan="2">37.8
(57.1)</td><td rowspan="2">36.4
(54.9)</td><td>-54.6
(-65.8)</td><td rowspan="2">44.7
(67.5)</td><td rowspan="2">44.5
(51.6)</td><td>-30.0
(-36.1)</td></tr>
<tr><td rowspan="2">2</td><td>上</td><td>-12.4
(26.4)</td><td>-26.5
(-56.6)</td><td>-14.5
(-15.5)</td></tr>
<tr><td>下</td><td>-15.1
(-32.3)</td><td rowspan="2">17.6
(41.8)</td><td rowspan="2">16.9
(40.3)</td><td>-32.4
(-69.2)</td><td rowspan="2">20.8
(49.5)</td><td rowspan="2">20.4
(29.3)</td><td>-17.8
(-19.0)</td></tr>
<tr><td rowspan="2">1</td><td>上</td><td>-2.5
(-9.6)</td><td>-20.6
(-69.2)</td><td>-2.7
(-10.3)</td></tr>
<tr><td>下</td><td>-6.8
(-26.5)</td><td>—</td><td>—</td><td>-11.2
(-43.5)</td><td>—</td><td>—</td><td>-6.2
(-24.1)</td></tr>
</table>

3)梁的剪力及柱的轴力

各梁的剪力由梁端弯矩根据平衡条件 $V_b^l = V_b^r = -\dfrac{M_{12}+M_{12}}{l}$求出，柱的轴力由该层以上各层与柱相连的梁端剪力的和求得，计算结果见表 3-75。

(2)⑥轴框架梁

⑥轴框架梁端弯矩 M_{AD}的计算与③轴做法相同，计算结果见表 3-76。需要说明的是 KL3 的梁端弯矩 M_{bDA}由表 3-70 查得。根据梁端弯矩求得的梁端剪力亦见表 3-76 的 V_b 列。

表 3-75 水平地震作用下③轴框架柱轴力(压力为正)与 KL2-1、KL2-2 梁端剪力

层数	KL2-1			KL2-2			KL2-1	KL2-2	3-A 轴	3-D 轴	3-E 轴
	M_{12}	M_{21}	l	M_{12}	M_{21}	l	V_{AD}	V_{DE}	柱轴力 N(kN)		
	(kN·m)		(m)	(kN·m)		(m)	(kN)	(kN)	N_A	N_D	N_E
13	52.4	50.8	8.25	62.4	58.7	6.85	-12.51	-17.68	—	—	—
12	78.3	76.3	8.58	93.8	89.2	6.85	-18.74	-26.72	-12.51	-5.17	17.7
11	80.7	79.0	8.25	97.1	93.1	6.85	-19.36	-27.77	-31.25	-13.15	44.4
10	86.8	84.6	8.25	104.0	98.9	6.85	-20.78	-29.62	-50.61	-21.55	72.2
9	87.7	85.2	8.25	104.7	98.8	6.85	-20.96	-29.71	-71.38	-30.40	101.8
8	83.0	81.3	8.25	99.9	95.8	6.85	-19.92	-28.57	-92.34	-39.15	131.5
7	84.5	82.4	8.25	101.2	96.3	6.85	-20.23	-28.83	-112.25	-47.80	160.1
6	81.3	78.0	8.25	95.8	93.2	6.75	-19.31	-28.00	-132.48	-56.41	188.9
5	72.0	70.0	8.25	86.1	85.6	6.75	-17.21	-25.44	-151.79	-65.10	216.9
4	59.0	56.8	8.25	69.7	69.4	6.75	-14.04	-20.61	-169.01	-73.32	242.3
	64.2	61.8		75.9	75.6		-15.27	-22.44			
3	37.8	36.4	8.25	44.7	44.5	6.75	-8.99	-13.21	-184.28	-80.49	264.8
	57.1	54.9		67.5	51.6		-13.58	-17.64			
2	17.6	16.9	8.25	20.8	20.4	6.75	-4.18	-6.10	-197.85	-84.56	282.4
	41.8	40.3		49.5	29.3		-9.95	-11.67			
1	—	—	—	—	—	—	—	—	-207.81	-86.28	294.1

注:表内有下划线数字为放大后所得内力值,用于计算梁柱弯矩和剪力;无下划线数字为实际计算所得数字,用于计算柱的轴力。

表 3-76 水平地震作用下⑥—A 柱及右梁弯矩剪力计算表

层号	层高 h(m)	V_c	$V_c h$	y	$M_c^b=-V_c hy$ (kN·m)	$M_c^t=-V_c h(1-y)$ (kN·m)	右梁端弯矩 M_{bAD}	M_{bDA} (kN·m)	V_b (kN)
13	—	—	—	—	—	—	52.9	77.34	11.1
12	3.3	24.7	81.7	0.352 5	-28.8	-52.9	79.1	159.16	20.3
11	3.3	25.5	84.2	0.402 5	-33.9	-50.3	81.6	164.35	20.9
10	3.3	26.3	84.7	0.45	-39.0	-47.4	87.7	168.80	21.8
9	3.3	26.8	88.5	0.45	-39.8	-48.7	88.5	171.24	22.1
8	3.3	26.9	88.9	0.452 5	-40.2	-48.7	83.9	170.46	21.6
7	3.3	26.5	87.4	0.50	-43.7	-43.7	85.3	165.30	21.3
6	3.3	25.2	83.3	0.50	-41.6	-41.6	81.8	154.65	20.2
5	3.3	24.1	79.5	0.495	-39.4	-40.2	73.3	137.29	18.0
4	3.3	20.6	67.9	0.50	-33.9	-33.9	59.7	111.98	14.7
							60.0		
3	3.3	15.6	51.6	0.50	-25.8	-25.8	38.3	84.4	11.7
		15.8	52.1		-26.1	-26.1	52.8		

续表

层号	层高 h(m)	V_c	V_ch	y	$M_c^b=-V_chy$ (kN·m)	$M_c^t=-V_ch(1-y)$ (kN·m)	右梁端弯矩 M_{bAD}	M_{bDA} (kN·m)	V_b (kN)
2	3.3	8.4	27.8	0.55	−15.3	−12.5	17.8	30.8	6.3
		18.0	59.4		−32.7	−26.7	45.5		
1	3.6	2.6	9.4	0.73	−6.8	−2.5	—	—	—
		10.1	36.3		−26.5	−9.8			

3.5.5.3　横向风荷载作用下的内力计算

1. 荷载折算

作用于各楼层标高处的风荷载集中力(包括小塔楼部分)应折算为三种典型荷载(图3-41),即作用于屋面小塔楼的风荷载传至主体结构顶部,为顶点集中荷载 F,由表3-64知 $F=16.52$kN;取一层楼面的风荷载集度为均布荷载 q,由表3-64知,$q=0.689\times49.8=34.29$kN/m;倒三角形荷载最大荷载集度 q_0 由主体部分的 $\sum F_iH_i$ 值(50 271.3 − 710.22)及 q、H 计算得 $q_0=\frac{3}{39.9^2}(49\ 561.08-27\ 295.011)=41.96$kN/m。

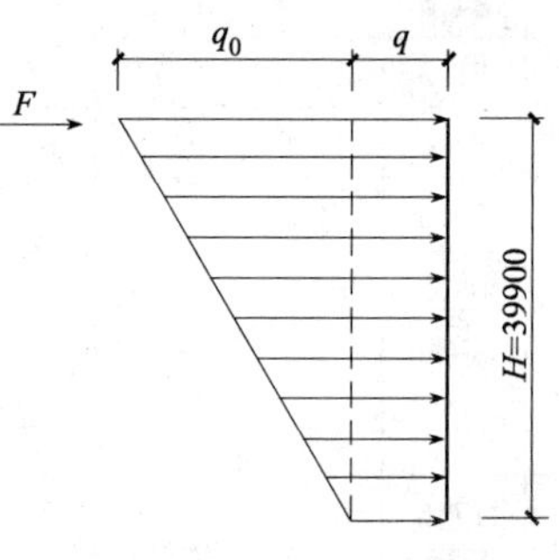

图3-41　风荷载示意图

2. 总剪力墙、总框架和总连梁的内力

风荷载作用下总剪力墙、总框架、总连梁的内力计算过程与水平地震作用下的过程相同,不同的是风荷载是三种典型荷载的组合。

按照水平地震作用下内力分析的相同做法计算风荷载作用下总剪力墙、总框架、总连梁的内力,结果见表3-77和表3-78。

表3-77　风荷载作用下总剪力墙弯矩 $M_W(\xi)$ 计算表

层号	标高	$\xi=z/H$	倒三角形荷载 $M_{W1}(\xi)$	均布荷载 $M_{W2}(\xi)$	顶点集中力 $M_{W3}(\xi)$	$M_W=M_{W1}+M_{W2}+M_{W3}$
13	39.9	1.000	0.0	0.0	0	0.0
12	36.6	0.917	−1 517.9	−343.2	0.3	−1 860.8
11	33.3	0.835	−2 212.5	−542.3	0.6	−2 754.1
10	30.0	0.752	−2 184.9	−603.5	1.0	−2 787.4
9	26.7	0.669	−1 512.8	−528.9	1.3	−2 040.4
8	23.4	0.586	−253.3	−316.2	1.8	−567.7
7	20.1	0.504	1 555.8	41.7	2.2	1 599.7
6	16.8	0.421	3 894.1	556.2	2.8	4 453.1
5	13.5	0.338	6 758.6	1 243.9	3.4	8 006.0
4	10.2	0.256	10 163.2	2 127.2	4.2	12 294.5
3	6.9	0.173	14 139.1	3 234.4	5.0	17 378.5
2	3.6	0.090	18 736.2	4 601.3	6.1	23 343.6
1	0	0.000	24 542.1	6 441.0	7.4	30 990.5

表 3-78 风荷载作用下 V'_W 计算表

层 号	标 高	$\xi=z/H$	倒三角形荷载	均布荷载	顶点集中力	$V'_W=V'^1_W+V'^2_W+V'^3_W$
			$V'^1_W(\xi)$	$V'^2_W(\xi)$	$V'^3_W(\xi)$	
13	39.9	1	−287.57	−305.86	3.72	−589.71
12	36.6	0.917	−158.75	−197.03	3.78	−351.99
11	33.3	0.835	−46.53	−94.57	3.97	−137.13
10	30	0.752	52.70	4.84	4.28	61.82
9	26.7	0.669	142.15	104.40	4.73	251.28
8	23.4	0.586	224.71	207.34	5.33	437.38
7	20.1	0.504	303.04	316.97	6.10	626.12
6	16.8	0.421	379.68	436.84	7.07	823.60
5	13.5	0.338	457.10	570.82	8.27	1 036.19
4	10.2	0.256	537.80	723.24	9.73	1 270.77
3	6.9	0.173	624.38	899.01	11.51	1 534.91
2	3.6	0.090	719.65	1 103.82	13.67	1 837.13
1	0	0.000	837.10	1 368.17	16.52	2 221.79

3. 各框架柱的剪力

将表 3-79 求得的 $V_f(\xi)$ 及各柱的 D 值代入计算式，可求得各框架柱的剪力。限于篇幅，仅列出③、⑥轴各柱剪力计算结果，见表 3-80。

表 3-79 风荷载作用下 $m(\xi)$、$V_f(\xi)$和 $V_W(\xi)$计算表

层号	标高	$\xi=z/H$	$V_P(\xi)$	$V'_W(\xi)$	$\overline{V}_f(\xi)=V_P(\xi)-V'_W(\xi)$	$m(\xi)=\overline{V}_f\times C_b/(C_f+C_b)$	$V_f(\xi)=\overline{V}_f\times C_f/(C_f+C_b)$	$V_W(\xi)=V'_W+m(\xi)$
13	39.9	1.000	16.5	−589.7	606.2	157.6	448.6	−432.1
12	36.6	0.917	262.4	−352.0	614.4	159.7	454.7	−192.2
11	33.3	0.835	496.9	−137.1	634.0	164.8	469.2	27.7
10	30	0.752	719.9	61.8	658.0	171.1	487.0	232.9
9	26.7	0.669	931.4	251.3	680.1	176.8	503.3	428.1
8	23.4	0.586	1 131.5	437.4	694.1	180.5	513.6	617.8
7	20.1	0.504	1 320.1	626.1	694.0	180.4	513.6	806.6
6	16.8	0.421	1 497.3	823.6	673.7	175.2	498.6	998.8
5	13.5	0.338	1 663.0	1 036.2	626.9	163.0	463.9	1 199.2
4	10.2	0.256	1 817.3	1 270.8	546.6	142.1	404.5	1 412.9
3	6.9	0.173	1 960.2	1 534.9	425.3	110.6	314.7	1 645.5
2	3.6	0.090	2 091.5	1 837.1	254.4	66.1	188.3	1 903.3
1	0	0.000	2 221.8	2 221.8	0.0	0.0	0.0	2 221.8

表 3-80　风荷载作用下③、⑥轴各柱剪力计算表

层号	$\sum D_i$(10^3kN)	D_i(10^3kN)				V_f (kN)	V_{ci}(kN)			
		3 轴			6 轴		3 轴			6 轴
		A 轴	D 轴	E 轴	A 轴		A 轴	D 轴	E 轴	A 轴
12	938.406	18.693	40.626	21.306	18.88	448.6	9.0	19.6	10.3	9.1
11	938.406	18.693	40.626	21.306	18.88	454.7	9.2	20.0	10.5	9.3
10	938.406	18.693	40.626	21.306	18.88	469.2	9.5	20.7	10.9	9.6
9	938.406	18.693	40.626	21.306	18.88	487.0	9.9	21.4	11.2	10.0
8	938.406	18.693	40.626	21.306	18.88	503.3	10.1	22.0	11.5	10.2
7	938.406	18.693	40.626	21.306	18.88	513.6	10.2	22.2	11.7	10.3
6	938.406	18.693	40.626	21.306	18.88	513.6	10.1	21.9	11.5	10.2
5	1 098.159	22.845	48.978	26.873	23.125	498.6	10.0	21.5	11.8	10.1
4	1 098.159	22.845	48.978	26.873	23.125	463.9	9.0	19.4	10.6	9.1
3	1 098.159	22.845	48.978	26.873	23.125	404.5	7.5	16.0	8.8	7.6
2	1 148.668	22.845	48.978	26.873	23.125	314.7	5.0	10.7	5.9	5.1
1	1 637.498	36.716	65.251	35.041	36.886	188.3	2.1	3.8	2.0	2.1

4. 各连梁刚接端(与剪力墙相连端)的弯矩

表 3-81 列出连梁(KL3)刚接端弯矩 M_{i21}的计算过程(与表 3-70 相同)及结果。其中 $\sum m_{iab}$、m_{iab}选自表 3-70，$m(\xi)$见表 3-79。

表 3-81　风荷载作用下 KL3 与剪力墙相连端弯矩计算表

层号	标　高	$\sum m_{iab}$ (10^3kN)	m_{iab}	$m_i(\xi)$ (kN)	$m_i(\xi)$	M_{i21} (kN·m)	M_{i12} (kN·m)	V (kN)
12	39.9	2 271.06	249.88	157.6	17.34	28.61	19.57	4.1
11	36.6	2 271.06	249.88	159.7	17.57	57.99	28.48	7.4
10	33.3	2 271.06	249.88	164.8	18.13	59.84	29.38	7.6
9	30.0	2 271.06	249.88	171.1	18.83	62.13	31.57	8.0
8	26.7	2 271.06	249.88	176.8	19.45	64.19	31.86	8.2
7	23.4	2 271.06	249.88	180.5	19.86	65.54	30.20	8.1
6	20.1	2 271.06	249.88	180.4	19.85	65.50	30.71	8.2
5	16.8	2 271.06	249.88	175.2	19.28	63.61	29.45	7.9
4	13.5	2 271.06	249.88	163	17.93	59.18	26.69	7.3
3	10.2	2 271.06	249.88	142.1	15.63	51.60	21.60	6.2
2	6.9	2 271.06	249.88	110.6	12.17	43.81	19.01	5.4
1	3.6	2 271.06	249.88	66.1	7.27	25.09	15.30	3.4

5. 各片剪力墙的弯矩和剪力

各片剪力墙的弯矩和剪力按计算式求出。表 3-82 给出 W4 的弯矩和剪力计算结果，其余各片墙计算从略。表中 EI_W、EI_{eqi}由表 3-71 查取，M_W 选自表 3-77，V_W 选自表 3-79，M_{i21}选自表 3-81。将表中 M_{Wi}及M_{i21}代入计算式，可得 M_{Wi}^{u}、M_{Wi}^{l}各值。

表 3-82　风荷载作用下 W4 弯矩和剪力计算表

层号	$E_W I_W$ (10^6kN·m^2)	M_W (kN·m)	V_W (kN)	W4					
				EI_{eqi}	$EI_{eqi}/E_W I_W$	M_{Wi}	M_{i21}	$M_{Wi}^{u} M_{Wi}^{l}$	V_{Wi}
13	1 606.01	0.0	−432.1	365.5	0.228	0.0	28.6	28.61	−98.34
12	1 606.01	−1 860.8	−192.2	365.5	0.228	−423.5	57.99	−452.50 −393.59	−43.74
11	1 606.01	−2 754.1	27.7	365.5	0.228	−626.8	59.84	−656.74 −595.75	6.30
10	1 606.01	−2 787.4	232.9	365.5	0.228	−634.4	62.13	−665.46 −602.30	53.01
9	1 606.01	−2 042.4	428.1	365.5	0.228	−464.4	64.19	−496.48 −431.62	97.43
8	1 606.01	−567.7	617.8	365.5	0.228	−129.2	65.54	−161.98 −96.46	140.61
7	1 606.01	1 599.7	806.6	365.5	0.228	364.1	65.50	331.33 395.89	183.58
6	1 606.01	4 453.1	998.8	432.1	0.269	1 198.1	63.61	1 166.28 1 227.68	268.72
5	1 606.01	8 006.0	1 199.2	432.1	0.269	2 154.0	59.18	2 124.39 2 179.78	322.64
4	1 606.01	12 294.5	1 412.9	432.1	0.269	3 307.8	51.60	3 281.98 3 329.69	380.13
3	1 606.01	17 398.5	1 645.5	432.1	0.269	4 681.0	43.81	4 659.09 4 693.54	442.71
2	1 606.01	23 343.6	1 903.3	432.1	0.269	6 280.5	25.09	6 267.95 6 280.49	512.07
1	1 606.01	30 990.5	2 221.8	432.1	0.269	8 337.9	0.00	8 337.86	597.77

6. 梁、柱的内力计算

在风荷载作用下，各梁（包括普通框架梁、壁梁、连梁）的梁端弯矩、剪力和柱（包括普通框架柱、壁柱）的柱端弯矩、剪力、柱轴力的计算过程均与水平地震作用下的计算过程相同。现仅将风荷载作用下③轴框架梁、柱的杆端弯矩及梁的剪力、柱的轴力列于表 3-83、表 3-84。

表 3-83　风荷载作用下③轴框架梁、柱弯矩表

层次		A		D			E	
		M_c	M_b^r	M_b^l	M_c	M_b^r	M_b^l	M_c
12	上	−19.2	19.2	18.7	−41.7	23	21.6	−21.6
	下	−10.5	28.6	27.9	−23	34.3	32.7	−12.4
11	上	−18.2			−39.2			−20.3
	下	−12.2	29.4	28.9	−26.8	35.5	34.1	−14.3
10	上	−17.2			−37.6			−19.8
	下	−14.1	32.1	31.2	−30.7	38.4	36.5	−16.2
9	上	−18			−38.8			−20.3
	下	−14.7	33	32	−31.8	39.3	37	−16.6
8	上	−18.3			−39.5			−20.4
	下	−15.1	31.9	31.3	−33.1	38.4	36.9	−17.6
7	上	−16.8			−36.6			−19.3
	下	−16.8	33.5	32.6	−36.6	40.1	38.3	−19.3
6	上	−16.7			−36.1			−19
	下	−16.7	33.5	32.1	−36.1	39.5	38.4	−19
5	上	−16.8			−35.5			−19.5
	下	−16.2	31	30.3	−35.5	37.2	37	−19.5
4	上	−14.9			−32			−17.5
	下	−14.9	27.2	26.2	−32	32.2	32	−17.5
3	上	−12.4			−26.4			−14.5
	下	−12.4	19.8	19	−26.4	23.3	23.3	−14.5
2	上	−7.4			−15.9			−8.8
	下	−9.1	11.1	10.7	−19.4	13.1	12.9	−10.7
1	上	−2			−4.4			−2.2
	下	−5.6			−9.3			−5

表 3-84　风荷载作用下③轴框架柱轴力(压力为正)与梁端剪力

层数	KL2-1			KL2-2			KL2-1	KL2-2	3-A 轴	3-D 轴	3-E 轴
	M_{12}	M_{21}	l	M_{12}	M_{21}	l	V_{AD} (kN)	V_{DE} (kN)	柱轴力 N(kN)		
	(kN·m)		(m)	(kN·m)		(m)			N_A	N_D	N_E
13	19.2	18.7	8.25	23.0	21.3	6.85	−4.59	−6.47	—	—	—
12	28.6	27.9	8.25	34.3	32.7	6.85	−6.85	−9.78	−4.59	−1.87	6.47
11	29.4	28.9	8.25	35.5	34.1	6.85	−7.07	−10.16	−11.44	−4.81	16.25
10	32.1	31.2	8.25	38.4	36.5	6.85	−7.67	−10.93	−18.51	−7.90	26.41
9	33.0	32.0	8.25	39.3	37.0	6.85	−7.88	−11.145	−26.18	−11.16	37.43
8	31.9	31.3	8.25	38.4	36.9	6.85	−7.66	−10.99	−34.06	−14.42	48.48

续表

层数	KL2-1			KL2-2			KL2-1	KL2-2	3-A 轴	3-D 轴	3-E 轴
	M_{12}	M_{21}	l	M_{12}	M_{21}	l	V_{AD}	V_{DE}	柱轴力 N(kN)		
	(kN·m)		(m)	(kN·m)		(m)	(kN)	(kN)	N_A	N_D	N_E
7	33.5	32.6	8.25	40.1	38.3	6.85	−8.01	−11.45	−41.72	−17.75	57.47
6	33.5	32.1	8.25	39.5	38.4	6.75	−7.95	−11.54	−49.73	−21.19	70.92
5	31.0	30.3	8.25	37.2	37.0	6.75	−7.43	−10.99	−57.68	−24.78	82.46
4	27.2	21.2	8.25	32.2	32.0	6.75	−5.87	−9.51	−65.11	−28.34	93.45
3	19.8	19.0	8.25	23.3	23.3	6.75	−4.70	−6.90	−70.98	−31.98	102.96
2	11.1	10.7	8.25	13.1	12.9	6.75	−2.64	−3.85	−75.68	−34.18	109.86
1	—	—	—	—	—	—	—	—	−78.33	−35.39	113.71

3.5.6 竖向荷载作用下结构的内力计算

3.5.6.1 框架内力计算

现以③轴框架为例,说明恒载作用下框架内力的计算过程,其他各轴框架的计算与此相同,不再一一列出。

框架在竖向荷载作用下的内力计算用分层法,取各层梁及其上、下柱(柱的远端作为固定端)为独立的计算单元。除底层外各柱线刚度乘以 0.9,传递系数取 1/3(底层线刚度不折减,传递系数 1/2)。分层计算所得的梁端弯矩即为最终弯矩;而柱端弯矩则需要由上、下两层所得的同一柱端的弯矩叠加而成。从分层计算的结果上来看,节点上的弯矩可能不平衡,但误差不会很大,如果需要修正,可将各节点的不平衡力矩再进行一次分配。

1. 计算简图

按照 3.5.4.1 节算得的顶面、楼面恒荷载及梁与梁上隔墙重量,得到③轴框架的荷载,如图 3-42a 所示。在计算过程中作了如下简化:开门、窗洞的墙重按无洞墙重乘 0.85 计算,忽略梁侧抹灰重。

③轴中的每一跨除框架梁自重及梁上隔墙重之外,其余荷载都不是对称荷载,应用力法分别求出它们的固端弯矩,但这样做很麻烦,同时各荷载差异并不太大,因此这里近似按对称荷载处理,再乘以相应系数,将三角形荷载化为具有相同支座弯矩的等效均布荷载,再与框架梁及隔墙的均布荷载相加,转换后在恒载下的计算简图如图 3-42b 所示。

2. 分配系数及固端弯矩

(1)梁柱线刚度

由 3.5.3 节查得③轴框架梁线刚度:

kL2−1: $i_b = 5.150 \times 10^4$kN·m

kL2−2: $i_b = 6.328 \times 10^4$kN·m

柱的线刚度见表 3-85,表中 i_c 各值选自表 3-54。

(2)分配系数

计算弯矩分配系数时,注意上层柱线刚度为 $0.9i_c$(底层柱为 i_c)。

(3)梁的固端弯矩

各梁分别受均布荷载和集中荷载作用,其固端弯矩见表 3-86。

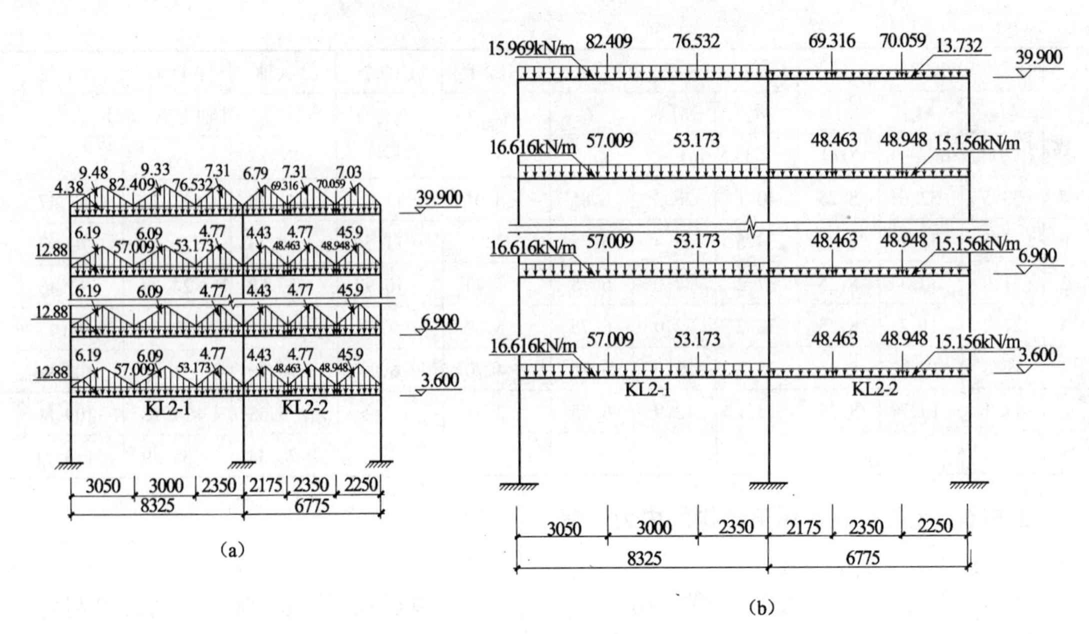

图 3-42　③轴框架在恒载作用下的示意图和计算简图

(a)示意图;(b)计算简图

表 3-85　③轴框架柱线刚度

柱　号	层　号	层高(m)	$b\times h$ (m)	E_c (10^7kN/m^2)	i_c (10^4kN·m)	$0.9i_c$ (10^4kN·m)
③—A、E	6～12	3.3	0.5×0.5	3.15	4.972	4.474
	2～5	3.3	0.6～0.6	3.25	10.636	9.573
	1	3.6	0.6×0.6	3.25	9.750	
③—D	6～12	3.3	0.6×0.6	3.15	10.309	9.278
	2～5	3.3	0.7×0.7	3.25	19.705	17.735
	1	3.6	0.7×0.7	3.25	18.063	

表 3-86　③轴在恒载作用下梁的固端弯矩

层　号	梁　号	AD(KL2-1)		DE(KL2-2)	
	固端弯矩	M_{AD}	M_{DA}	M_{DE}	M_{ED}
13	均布荷载	-92.23	92.23	-52.53	52.53
	集中荷载	-140.70	140.70	-104.47	104.47
	合　计	-232.93	232.93	-156.99	156.99
2～12	均布荷载	-95.97	95.97	-57.98	57.97
	集中荷载	-97.44	97.44	-73.02	73.02
	合　计	-193.41	193.41	-130.99	130.99

3. 分配与传递

以顶层为例,弯矩分配过程及结果见表 3-87 及图 3-43。其余各层弯矩分配与传递过程和顶层相同,计算结果见表 3-88。

表 3-87 第 13 层在恒载作用下的弯矩分配表

节点号		A		D			E	
杆件号		下柱	AD	DA	下柱	DE	ED	下柱
荷载类型	刚度系数 i_b, i_c	4.47	5.15	5.15	9.28	6.33	6.33	4.47
	分配系数	0.46	0.54	0.25	0.45	0.30	0.59	0.41
恒载	固端弯矩		-232.93	232.93		-156.99	156.99	
	分配和传递		-9.42	-18.84	-33.95	-23.15	-11.58	
		112.66	129.69	64.84		-42.59	-85.19	-60.23
			-2.76	-5.52	-9.95	-6.78	-3.39	
	$\sum$	112.66	-115.42	273.41	-43.89	-229.52	56.84	-60.23

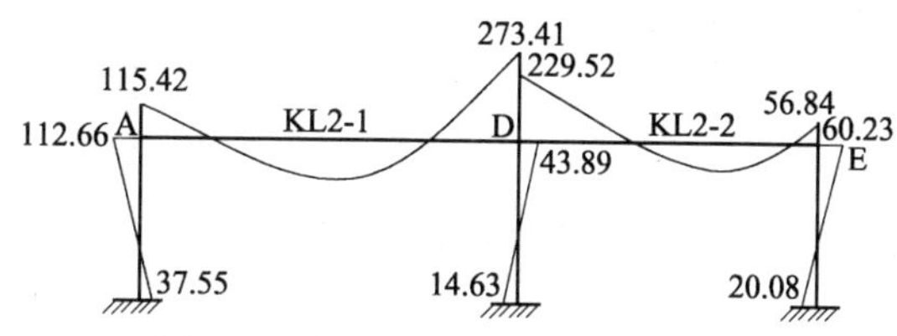

图 3-43 恒载作用下第 13 层弯矩图

表 3-88 恒荷载下的弯矩分配值表

节点号		A			D				E		
杆件号		上柱	下柱	AD	DA	上柱	下柱	DE	ED	上柱	下柱
层号	13		112.664	-115.424	273.410	0.000	-43.891	-229.519	56.836	0.000	-60.228
	7～12	63.077	63.077	-127.057	217.204	-22.537	-22.537	-172.130	71.766	-36.438	-36.438
	6	46.049	98.530	-145.045	210.631	-16.723	-31.967	-161.940	86.198	-27.636	-59.134
	3～5	77.555	77.555	-155.391	206.863	-25.512	-25.512	-155.840	94.944	-47.645	-47.645
	2	80.235	73.546	-154.084	207.317	-26.430	-24.228	-156.659	93.797	-49.132	-45.037

由于柱端弯矩取相邻两层单元对应柱端弯矩之和，此时，原来已经平衡的节点弯矩可能不再平衡，当此项弯矩较大时，应考虑再分配，以使节点弯矩取得平衡。作为示例，本例考虑了弯矩的再分配，其计算过程及结果见表 3-89。恒载作用下梁柱最终弯矩见图 3-44。

计算各跨梁端剪力时，可将梁看作简支梁，求出梁在梁端弯矩和该跨梁上的恒载作用下的支座反力即为梁端剪力；各柱端剪力根据柱端弯矩由平衡条件求出；各柱上端轴力由横向框架梁端剪力、纵向框架梁端支反力（按简支梁计算）与上层柱传来的轴力相加而得；各柱下端轴力为上端轴力加本层柱自重。按以上做法求得的③轴各梁、柱内力汇总于表 3-90、表 3-91。

活荷载作用下的弯矩分配、传递与恒载作用下的计算完全相同，不再赘述。此处仅列出③轴各梁、柱的最后内力结果，见表 3-92、表 3-93。

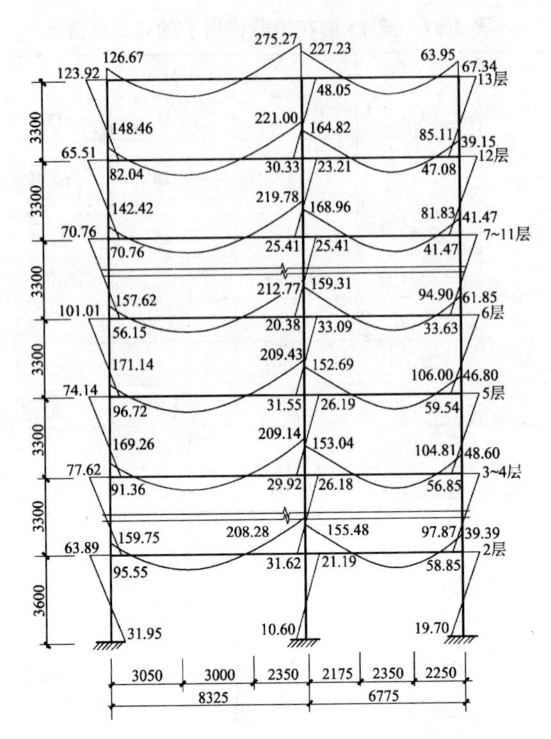

图 3-44　恒载作用下③轴梁柱弯矩图

表 3-89　节点不平衡弯矩分配计算表

层号	荷载类型	节点号	A			D				E		
		杆件号	上柱	下柱	AD	DA	上柱	下柱	DE	DE	上柱	下柱
13	恒载	分配系数		0.46	0.54	0.25		0.45	0.30	0.59		0.41
		杆端弯矩		112.66	-115.42	273.41		-43.89	-229.52	56.84		-60.23
		不平衡弯矩		21.03				-7.51				-12.15
		弯矩分配		-9.77	-11.25	1.86		3.36	2.29	7.12		5.03
		∑		123.92	126.67	275.27		-48.05	-227.23	63.95		-67.34
12		分配系数	0.32	0.32	0.37	0.17	0.31	0.31	0.21	0.41	0.29	0.29
		杆端弯矩	63.08	63.08	-127.06	217.20	-22.54	-22.54	-172.13	71.77	-36.44	-36.44
		不平衡弯矩	37.55	21.03			-14.63	-7.51			-20.08	-12.15
		弯矩分配	-18.59	-18.59	-21.40	3.80	6.84	6.84	7.31	13.35	9.44	9.44
		∑	82.04	65.51	-148.46	221.00	-30.33	-23.21	-164.82	85.11	-47.08	-39.15
7~11		分配系数	0.32	0.32	0.37	0.17	0.31	0.31	0.21	0.41	0.29	0.29
		杆端弯矩	63.08	63.08	-127.06	217.20	-22.54	-22.54	-172.13	71.77	-36.44	-36.44
		不平衡弯矩	21.03	21.03			-7.51	-7.51			-12.15	-12.15
		弯矩分配	-13.34	-13.34	-15.36	2.58	4.64	4.64	3.17	10.06	7.11	7.11
		∑	70.76	70.76	-142.42	219.78	-25.41	-25.41	-168.96	81.83	-41.47	-41.47

续表

层号	荷载类型	节点号	A			D				E		
		杆件号	上柱	下柱	AD	DA	上柱	下柱	DE	DE	上柱	下柱
6	恒载	分配系数	0.23	0.50	0.27	0.13	0.24	0.46	0.16	0.31	0.22	0.47
		杆端弯矩	46.05	98.53	−145.04	210.63	−16.72	−31.97	−161.94	86.20	−27.64	−59.13
		不平衡弯矩	21.03	25.85			−7.51	−8.50			−12.15	−15.88
		弯矩分配	−10.93	−23.38	−12.58	2.14	3.86	7.38	2.63	8.70	6.15	13.17
		$\sum$	56.15	101.01	−157.62	212.77	−20.38	−33.09	−159.31	94.90	−33.63	−61.85
5		分配系数	0.23	0.50	0.27	0.13	0.24	0.46	0.16	0.31	0.22	0.47
		杆端弯矩	77.56	77.56	−155.39	206.86	−25.51	−25.51	−155.84	94.94	−47.64	−47.64
		不平衡弯矩	32.84	25.85			−10.66	−8.50			−19.71	−15.88
		弯矩分配	−13.68	−29.27	−15.75	2.56	4.62	8.83	3.15	11.05	7.82	16.72
		$\sum$	96.72	74.14	−171.14	209.43	−31.55	−25.19	−152.69	106.00	−59.54	−46.80
3~4		分配系数	0.23	0.50	0.27	0.13	0.24	0.46	0.16	0.31	0.22	0.47
		杆端弯矩	77.56	77.56	−155.39	206.86	−25.51	−25.51	−155.84	94.94	−47.64	−47.64
		不平衡弯矩	25.85	25.85			−8.50	−8.50			−15.88	−15.88
		弯矩分配	−12.05	−25.78	−13.87	2.28	4.10	7.84	2.80	9.86	6.97	14.92
		$\sum$	91.36	77.62	−169.26	209.14	−29.92	−26.18	−153.04	104.81	−56.85	−48.60
2		分配系数	0.41	0.37	0.22	0.11	0.39	0.36	0.14	0.26	0.39	0.36
		杆端弯矩	80.23	73.55	−154.08	207.32	−26.43	−24.23	−156.66	93.80	−49.13	−45.04
		不平衡弯矩	25.85				−8.50				−15.88	
		弯矩分配	−10.53	−9.65	−5.67	0.96	3.32	3.04	1.18	4.07	6.16	5.65
		$\sum$	95.55	63.89	−159.75	208.28	−31.62	−21.19	−155.48	97.87	−58.85	−39.39

表 3-90 恒荷载作用下③轴框架梁端弯矩、剪力

荷载类型	层号	KL2-1				KL2-2			
		梁端弯矩(kN·m)		梁端剪力(kN)		梁端弯矩(kN·m)		梁端剪力(kN)	
		M_{AD}	M_{DA}	V_{AD}	V_{DA}	M_{DE}	M_{ED}	V_{DE}	V_{ED}
恒载	13	−126.67	275.27	120.481	−171.697	−227.23	63.95	140.947	−91.462
	12	−148.46	221.00	112.096	−137.407	−164.82	85.11	108.403	−87.827
	11	−142.42	219.78	111.518	−137.985	−168.96	81.83	109.500	−86.730
	10	−142.42	219.78	111.518	−137.985	−168.96	81.83	109.500	−86.730
	9	−142.42	219.78	111.518	−137.985	−168.96	81.83	109.500	−86.730
	8	−142.42	219.78	111.518	−137.985	−168.96	81.83	109.500	−86.730
	7	−142.42	219.78	111.518	−137.985	−168.96	81.83	109.500	−86.730
	6	−157.62	212.77	114.185	−135.317	−159.31	94.90	106.145	−90.085

续表

荷载类型	层号	KL2-1				KL2-2			
		梁端弯矩(kN·m)		梁端剪力(kN)		梁端弯矩(kN·m)		梁端剪力(kN)	
		M_{AD}	M_{DA}	V_{AD}	V_{DA}	M_{DE}	M_{ED}	V_{DE}	V_{ED}
恒载	5	−171.14	209.43	116.211	−133.292	−152.69	106.00	103.530	−92.700
	4	−169.26	209.14	116.020	−133.483	−153.04	104.81	103.758	−92.472
	3	−169.26	209.14	116.020	−133.483	−153.04	104.81	103.758	−92.472
	2	−159.75	208.28	114.981	−134.522	−155.48	97.87	105.142	−91.089

表 3-91　恒荷载作用下③轴柱端轴力、弯矩、剪力

层号	截面	柱轴力			柱端弯矩			柱端剪力		
		轴号			轴号			轴号		
		A	D	E	A	D	E	A	D	E
12	上	120.48	312.64	91.46	123.92	−48.05	−67.34	−62.41	23.75	34.67
	下	141.11	342.34	112.09	82.04	−30.33	−47.08			
11	上	253.20	588.15	199.91	65.51	−23.21	−39.15	−41.29	14.73	24.43
	下	273.83	617.85	220.54	70.76	−25.41	−41.47			
10	上	385.35	865.33	307.27	70.76	−25.41	−41.47	−42.88	15.40	25.13
	下	405.97	895.03	327.89	70.76	−25.41	−41.47			
9	上	517.49	1 142.52	414.62	70.76	−25.41	−41.47	−42.88	15.40	25.13
	下	538.11	1 172.22	435.25	70.76	−25.41	−41.47			
8	上	649.63	1 419.70	521.98	70.76	−25.41	−41.47	−42.88	15.40	25.13
	下	670.26	1 449.40	542.60	70.76	−25.41	−41.47			
7	上	781.77	1 696.89	629.33	70.76	−25.41	−41.47	−42.88	15.40	25.13
	下	802.40	1 726.59	649.96	70.76	−25.41	−41.47			
6	上	913.92	1 974.07	736.69	70.76	−25.41	−41.47	−39.20	14.09	23.20
	下	934.54	2 003.77	757.31	56.15	−20.38	−33.63			
5	上	1 048.73	2 245.24	667.23	101.01	−33.09	−61.85	−48.28	16.29	29.39
	下	1 078.43	2 285.66	696.93	96.72	−31.55	−59.54			
4	上	1 194.64	2 522.48	789.63	74.14	−25.19	−46.8	−45.09	15.51	27.52
	下	1 224.34	2 562.91	819.33	91.36	−29.92	−56.85			
3	上	1 340.36	2 800.15	911.80	77.62	−26.18	−48.6	−47.73	16.22	29.02
	下	1 370.06	2 840.57	941.50	91.36	−29.92	−56.85			
2	上	1 486.08	3 077.82	1 033.97	77.62	−26.18	−48.6	−62.69	20.63	38.34
	下	1 515.78	3 118.24	1 063.67	95.55	−31.62	−58.85			
1	上	1 630.76	3 357.90	1 154.76	63.89	−21.19	−39.39	25.53	8.51	15.85
	下	1 660.46	3 398.33	1 184.46	31.95	−10.6	−19.70			

表 3-92 活载作用下③轴框架梁端弯矩、剪力

荷载类型	层号	KL2-1				KL2-2			
		梁端弯矩(kN·m)		梁端剪力(kN)		梁端弯矩(kN·m)		梁端剪力(kN)	
		M_{AD}	M_{DA}	V_{AD}	V_{DA}	M_{DE}	M_{ED}	V_{DE}	V_{ED}
活载	13	−32.17	66.43	29.434	−42.220	−47.97	14.97	32.654	−22.563
	12	−44.74	64.96	31.841	−39.813	−40.22	23.55	30.243	−24.975
	11	−43.58	64.62	31.743	−39.911	−40.88	23.04	30.416	−24.802
	10	−43.58	64.62	31.743	−39.911	−40.88	23.04	30.416	−24.802
	9	−43.58	64.62	31.743	−39.911	−40.88	23.04	30.416	−24.802
	8	−43.58	64.62	31.743	−39.911	−40.88	23.04	30.416	−24.802
	7	−43.58	64.62	31.743	−39.911	−40.88	23.04	30.416	−24.802
	6	−48.04	62.86	32.490	−39.165	−37.61	27.00	29.349	−25.869
	5	−52.03	62.19	33.049	−38.605	−35.24	30.33	28.508	−26.710
	4	−51.46	62.06	32.996	−38.659	−35.40	30.00	28.581	−26.637
	3	−51.46	62.06	32.996	−38.659	−35.40	30.00	28.581	−26.637
	2	−48.58	61.53	32.714	−38.941	−36.46	27.99	29.033	−26.184

表 3-93 活荷载作用下③轴柱端轴力、弯矩、剪力

层号	截面	柱轴力			柱端弯矩			柱端剪力		
		轴号			轴号			轴号		
		A	D	E	A	D	E	A	D	E
12	上	29.43	74.87	22.56	32.2	−18.46	−15.99	−18.78	9.61	8.66
	下	50.06	104.57	43.19	23.79	−13.25	−12.59			
11	上	81.90	174.63	68.16	20.62	−11.25	−11.36	−12.80	7.01	6.99
	下	102.53	204.33	88.79	21.63	−11.87	−11.72			
10	上	134.27	274.66	113.29	21.63	−11.87	−11.72	−13.11	7.19	7.10
	下	154.89	304.36	133.92	21.63	−11.87	−11.72			
9	上	186.64	374.68	158.42	21.63	−11.87	−11.72	−13.11	7.19	7.10
	下	207.26	404.38	179.04	21.63	−11.87	−11.72			
8	上	239.00	474.71	203.54	21.63	−11.87	−11.72	−13.11	7.19	7.10
	下	259.63	504.41	224.17	21.63	−11.87	−11.72			
7	上	291.37	574.74	248.67	21.63	−11.87	−11.72	−13.11	7.19	7.10
	下	312.00	604.44	269.30	21.63	−11.87	−11.72			
6	上	343.74	674.77	293.80	21.63	−11.87	−11.72	−11.74	6.50	6.45
	下	364.37	704.47	314.42	17.12	−9.59	−9.56			
5	上	396.86	772.98	340.29	30.75	−15.06	−17.65	−18.23	9.10	10.51
	下	426.56	813.40	369.99	29.41	−14.97	−17.03			

续表

层号	截面	柱轴力			柱端弯矩			柱端剪力		
		轴号			轴号			轴号		
		A	D	E	A	D	E	A	D	E
4	上	459.60	880.52	396.70	22.52	-11.98	-13.42	-15.24	7.94	8.98
	下	489.30	920.94	426.40	27.76	-14.22	-16.2			
3	上	522.30	988.18	453.04	23.59	-12.44	-13.92	-15.56	8.08	9.13
	下	552.00	1 028.61	482.74	27.76	-14.22	-16.2			
2	上	585.00	1 095.85	509.38	23.59	-12.44	-13.92	-15.95	8.32	9.32
	下	614.70	1 136.27	539.08	29.05	-15.02	-16.85			
1	上	647.41	1 204.25	565.26	19.42	-10.06	-11.27	-8.09	4.19	4.70
	下	677.11	1 244.67	594.96	9.71	-5.03	-5.635			

3.5.6.2　连梁内力计算

现以⑥轴连梁(KL3)为例,说明竖向荷载作用下连梁的内力计算。

1. 恒载作用下的内力

(1)计算简图

KL3一端与W4相连(固定端),一端与框架柱相连(刚结端),在恒载作用下亦可用分层法,其所受荷载及梁的计算跨度均与KL2-1相同,计算简图如图3-45所示。

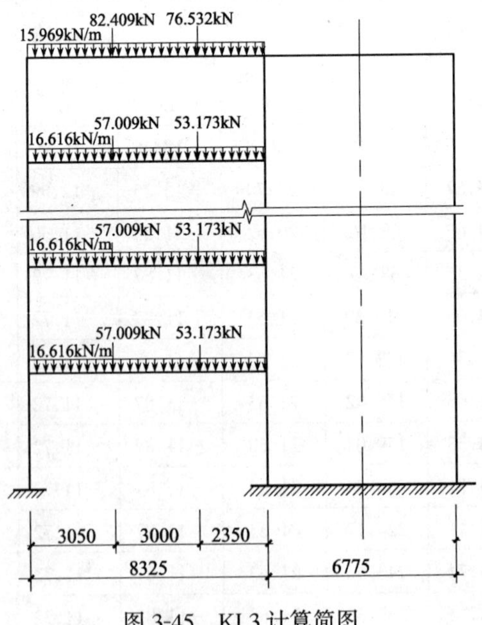

图3-45　KL3计算简图

(2)梁、柱线刚度及固端弯矩

KL3及相连的框架柱的线刚度,恒载作用下的固端弯矩均与KL2-1相同,为方便计算现将由3.4.6.1节查得的相关数据列于表3-94。

表 3-94 ⑥轴 KL3 线刚度及固端弯矩表

层号	i_b	i_c	M_{AD}^F	M_{DA}^F
	10^4kN·m	10^4kN·m	kN·m	kN·m
13	5.15		−232.93	232.93
6~12	5.15	4.97	−193.41	193.41
2~5	5.15	10.64	−193.41	193.41
1		9.75		

(3)连梁弯矩及剪力

1)弯矩计算

以第 13 层为例,分层法的计算简图如图 3-45 所示。

$$\mu_{AD}=\frac{5.15}{4.97\times0.9+5.15}=0.54$$

分配系数

$$\mu_{AA'}=1-0.54=0.46$$

力矩分配与传递过程见表 3-95。按此绘出的弯矩图示于图 3-46。

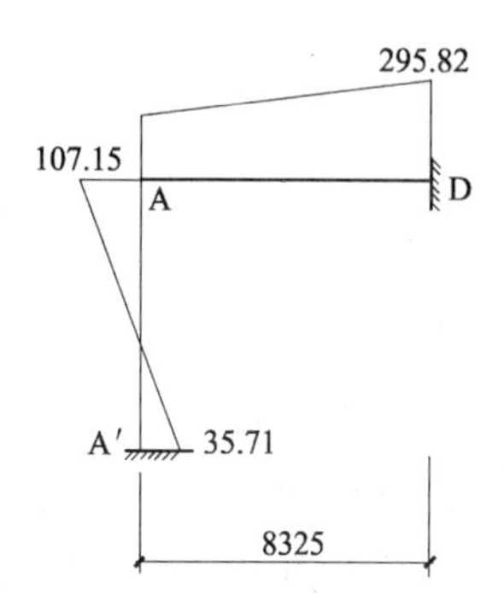

图 3-46 第 13 层弯矩图

表 3-95 第 13 层 KL3 力矩分配与传递

节点	A′	A		D
杆件	A′A	AA′	AD	DA
M^F			−232.93	232.93
μ		0.46	0.54	
分配与传递	35.71←107.15		125.78→62.89	
$\sum$	35.71	107.15	−107.15	295.82

用相同的做法可求得各层连梁和柱的杆端弯矩,计算过程从略,表 3-96 列出了各层梁的梁端弯矩。

表 3-96 KL3 的梁端弯矩、剪力表

层次	恒载				活载			
	A 端		D 端		A 端		D 端	
	M_{AD}	V_{AD}	M_{DA}	V_{DA}	M_{AD}	V_{AD}	M_{DA}	V_{DA}
13	−107.15	118.37	295.82	−173.51	−26.75	32.50	73.86	−46.53
7~12	−122.62	104.94	254.72	−143.57	−36.87	34.33	68.8	−44.7
6	−144.19	111.76	219.52	−136.75	−42.46	35.33	66.01	−43.7
3~5	−152.79	113.49	213.72	−135.02	−45.95	36.56	59.26	−42.47
2	−152.79	113.49	213.72	−135.02	−45.95	36.56	59.26	−42.27

2)剪力计算

仍以第 13 层连梁为例说明梁端剪力的计算。将梁端弯矩 M_{AD}、M_{DA}及梁上荷载作用于

梁上(图 3-47 所示),则由平衡关系有:

$$V_{\mathrm{AD}}=\frac{1}{8.325}(107.15+\frac{1}{2}\times15.969+8.325^2+82.409\times5.35+76.53\times2.35-295.82)$$
$$=118.37\mathrm{kN}$$
$$V_{\mathrm{DA}}=(15.969\times8.325+82.41+76.53-118.37)=173.51\mathrm{kN}$$

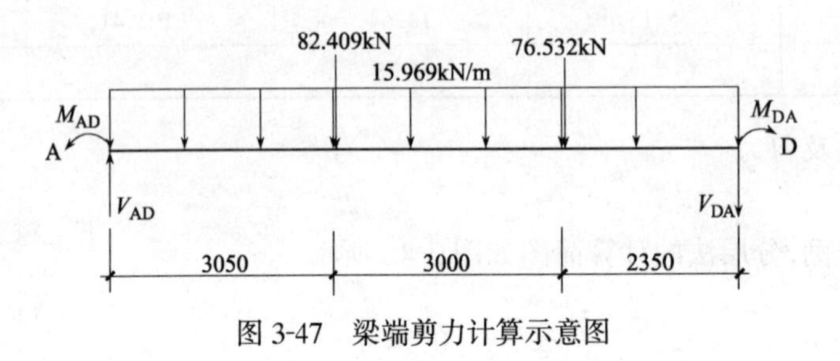

图 3-47　梁端剪力计算示意图

其余各层梁端剪力计算方法相同,计算结果见表 3-96。

2. 活荷载作用下的内力

活载作用下的连梁弯矩、剪力与恒载下的计算完全相同,现仅将 KL3 的计算结果一并列于表 3-96。

3.5.6.3　剪力墙内力计算

在竖向荷载作用下剪力墙只有轴力和弯矩,而且弯矩通常都较小,为简化计算常忽略不计。但本例⑤、⑥轴的连梁跨度大,传递给剪力墙的弯矩值不应忽视。下面以 W4 在恒载作用下的情况为例,说明内力计算过程。

1. 轴力的计算

恒载作用下 W4 的轴力有以下几部分:(1)墙肢自重;(2)墙肢两侧由楼板传来的三角形荷载;(3)纵向梁传来的集中荷载;(4)KL3 传来的梁端剪力。W4 的计算简图如图 3-48 所示。

(1)墙肢自重

q_1 为剪力墙单位长度的自重,由该层墙高×墙厚×单位体积自重求得。

12 层 $q_1=3.18\times0.25\times25=19.875\mathrm{kN/m}$

2～11 层 $q_1=20\mathrm{kN/m}$

首层 $q_1=21.875\mathrm{kN/m}$

各层 q_1 值乘墙截面长(7.325m)即得该层墙自重。

(2)楼板传来荷载

楼板传来的荷载为各三角形的面积与楼板单位面积恒载标准值的乘积。以 13 层为例,三角形荷载(q_3)的合力为$\frac{1}{2}\times2.35^2\times6.22=17.17\mathrm{kN}$。合力作用点在三角形形心处。

(3)纵向梁传来的荷载 P_1、P_2、P_3、P_4

P_2、P_3 处的纵梁(次梁)只受板传来的荷载(按梯形荷载计算)和梁自重,P_1、P_4 处的纵梁上还有围护墙(厚 190mm),此外在顶层 P_4 处的纵梁上有女儿墙。各纵梁根据 3.5.4.1 节计算的屋面、楼面、梁及梁上墙重,不考虑各跨梁的连续性,按简支梁求出支座反力,再反向加到墙上,可得各集中荷载。以标准层 P_3 计算为例(图 3-49)计算如下:

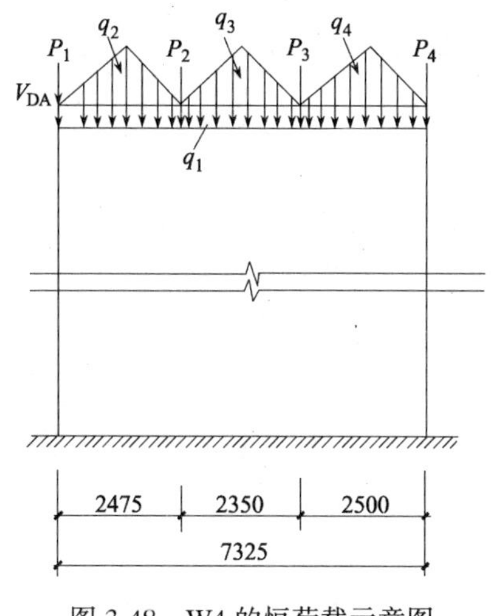

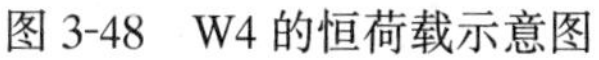
图 3-48　W4 的恒荷载示意图

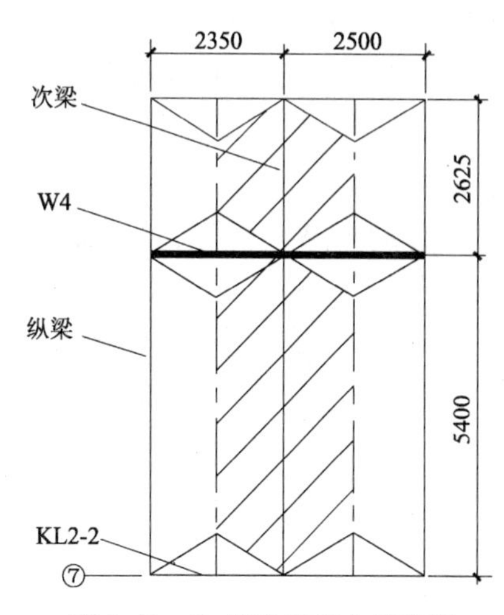

图 3-49　P_3 处次梁受力示意图

梁自重为 $0.2\times0.4\times(5.4+2.625)\times25/2=8.025\text{kN}$

次梁承受的楼板恒载传给剪力墙的合力为次梁两侧板面积之半减去板传给横向框架梁及剪力墙的三角形面积后与单位面积板重的乘积再除以 2，即：

$$\frac{1}{2}\left[(2.625+5.4)\times\frac{1}{2}(2.35+2.5)-\frac{1}{2}(2.35^2+2.5^2)\right]\times4.06=27.55\text{kN}$$

则 $P_3=8.025+27.55=35.58\text{kN}$

下面列出各层纵向梁按上述计算求得的集中荷载值：

层面：$P_1=39.79$　$P_2=49.92$　$P_3=50.23$　$P_4=51.06$

2～12 层：$P_1=52.58$　$P_2=35.1$　$P_3=35.58$　$P_4=38.69$

(4)KL3 传给 W4 的剪力

KL3 传给 W4 的剪力可由表 3-96 中的 V_{DA}反号作用于墙上。

以上四种荷载求和即得 W4 在恒载作用下的轴力，详见表 3-97。

表 3-97　恒载作用下 W4 的轴力和弯矩

层次	板 传 来		纵梁传来		KL3 传来		墙自重	本层内力		最后内力	
	N	M	N	M	N	M	N	N^t N^b	M	N^t N^b	M
12	51.88	−46.44	191.0	−58.18	173.51	883.5	145.58	416.39 561.97	778.88	416.39 561.97	778.88
6～11	33.87	−30.11	161.4	−33.88	143.57	746.99	146.5	338.84 485.34	750.56	900.81 1 047.3	1 529.44
5	33.87	−30.11	161.4	−33.88	136.75	683.91	146.5	332.38 478.88	687.48	1 379.7 1 526.2	2 216.92
2～4	33.87	−30.11	161.4	−33.88	135.02	671.03	146.5	330.29 476.79	674.60	1 856.5 2 003.0	2 891.52
1	33.84	−30.11	161.4	−33.88	135.02	671.03	160.23	330.29 490.52	674.60	2 333.3 2 493.5	3 566.12

注：KL3 传来 $M=M_{DA}+V_{DA}(3.562-0.7/4)=M_{DA}+V_{DA}\times3.387$，弯矩逆时针为正。

2. 弯矩的计算

W4 某层所承受的弯矩由两部分组成，一是 KL3 与 W4 相连处作用于剪力墙的弯矩 M_{DA}；另一是各恒载和 KL3 的剪力 V_{DA}向 W4 形心处平移所得弯矩。以上各弯矩的代数和即为 W4 该层承受的弯矩值。各层弯矩值见表 3-97。

活荷载作用下 W4 的轴力、弯矩计算方法与恒载作用下的计算方法相同。各层轴力和弯矩计算结果见表 3-98。

表 3-98　活载作用下 W4 的轴力和弯矩

层次	板　传　来		纵梁传来		KL3 传来		本层内力		最后内力	
	N	M	N	M	N	M	N	M	N	M
12	11.68	−14.94	46.34	−17.46	42.64	218.28	105.66	220.8	105.66	220.8
6～11	11.68	−14.94	46.34	−17.46	41.42	209.09	99.44	211.61	205.1	432.41
5	11.68	−14.94	46.34	−17.46	39.81	200.85	97.83	203.37	302.93	635.78
2～4	11.68	−14.94	46.34	−17.46	38.58	189.93	96.6	192.45	399.53	828.23
1	11.68	−14.94	46.34	−17.46	38.58	189.93	96.6	192.45	496.13	1 020.7

注：KL3 传来 $M=M_{DA}+V_{DA}(3.562-0.7/4)=M_{DA}+V_{DA}\times3.387$，弯矩逆时针为正。

3.5.7　荷载效应组合

根据《高规》规定，抗震设计要同时计算荷载效应组合。计算时，一种情况对由永久荷载效应控制的组合为：$S=1.35S_{GK}+S_{QK}$，式中，$S_{QK}\approx0.7\times1.4S_{QK}$；对由可变荷载效应控制的组合为：$S=1.2S_{GK}+1.4S_{QK}+0.84S_{WK}$和 $S=1.2S_{GK}+S_{QK}+1.4S_{WK}$。另一种情况，对本结构（$H<60$m，7 度抗震设计）可表示为 $S=1.2S_{GE}+1.3S_{EHK}$。对风荷载和地震作用尚需考虑正、反两个方向的荷载效应。为节省篇幅，现仅以大多数情况下对最不利内力起控制作用的上述第 1 和第 4 两种组合为例，说明计算过程。

3.5.7.1　框架梁柱的内力组合

1. 梁、柱内力调整

为了获得梁（含连梁）、柱杆端截面的弯矩和剪力，需要将节点内力标准值换算为支座边缘的内力标准值。例如对图 3-50 所示的梁，A 端支座边缘处的弯矩和剪力可近似按下式换算：

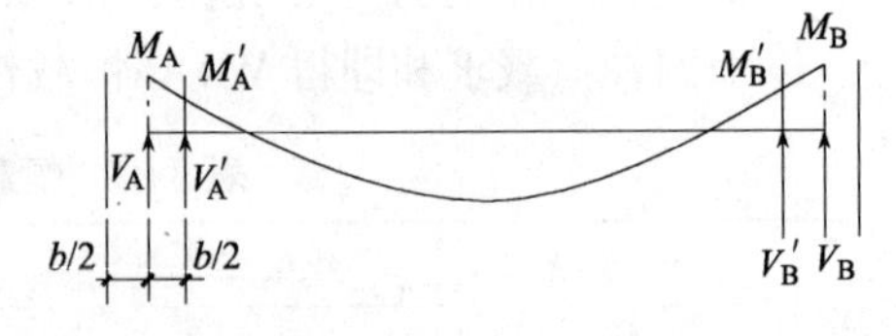

图 3-50　梁支座边缘的弯矩和剪力

$$M'_A=M_A-V_A\cdot\frac{b}{2}$$

$$V'_A=V_A-q\cdot\frac{b}{2}\quad(q\text{ 为作用在梁上的均布荷载})$$

柱支座边缘处的弯矩与梁支座边缘弯矩的换算公式相同，由于柱的弯矩图均为直线图形（图 3-51），故柱支座边缘的剪力值仍为节点处的剪力值。

另外，在内力组合前，对竖向荷载作用下梁支座边缘处的弯矩需乘以弯矩调幅系数（本例取 0.8），跨中弯矩乘 1.1。

表 3-99 给出了③轴、⑥轴梁端换算成支座边缘后的弯矩和剪力。其中，竖向荷载下的梁端弯矩值已作了塑性调幅，跨中弯矩根据调幅前的梁端弯矩、剪力和梁上实际荷载由平衡条件

求得，再乘以1.1的增大系数。各值均满足要求，计算过程从略。计算时，各原始数据分别来自表3-74、表3-75、表3-76、表3-80、表3-82、表3-86。

表3-100给出了③轴框架柱支座边缘截面和W4控制截面的内力标准值。计算时，各原始数据分别来自表3-69、表3-71、表3-74、表3-75、表3-76、表3-81、表3-83、表3-87、表3-88。

2. 框架梁、柱的内力组合

在有地震作用组合时，承载力抗震调整系数 γ_{RE} 应根据梁、柱、剪力墙各构件的不同受力状态取值。

③轴、⑥轴梁内力组合见表3-102；③轴A、D、E柱的内力组合见表3-103、表3-104、表3-105。

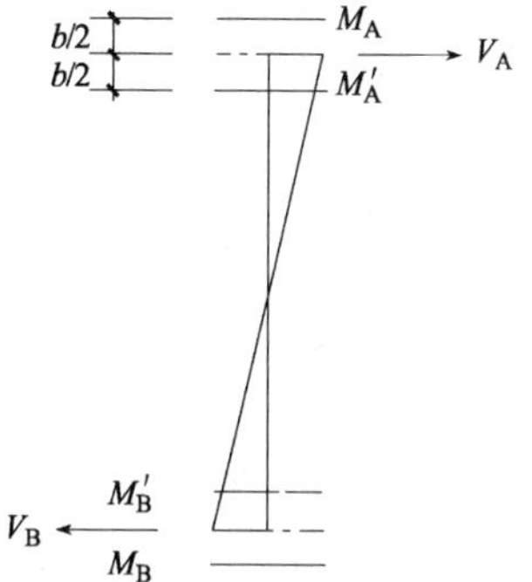

图3-51 柱支座边缘内力示意图

表3-99 ③、⑥轴框架梁控制截面内力标准值

层号	跨次	截面	恒载		活荷载		地震作用	
			M_{GK}	V_{GK}	M_{QK}	V_{QK}	M_{EHK}	V_{EHK}
13	③轴AD跨	A	−77.24	115.69	−11.57	46.06	±49.27	12.51
		D_L	−179.01	166.91	−38.83	58.63	±47.05	
		跨中	157.54	—	127.42	—	—	—
	③轴DE跨	D_R	−147.96	−136.16	−27.14	46.10	±57.1	17.68
		E	−32.87	87.47	−4.63	36.13	±54.28	
		跨中	80.70	—	57.96	—	—	—
	⑥轴AD跨	A	−62.05	117.77	−14.90	31.72	±50.13	11.10
		D	−212.36	173.09	−52.57	45.98	±36.76	
		跨中	203.65	—	60.75	—	—	—
7	③轴AD跨	A	−91.63	107.36	−20.89	73.74	±79.44	20.23
		D_L	−142.71	133.00	−32.17	81.50	±76.33	
		跨中	137.47	—	241.35	—	—	—
	③轴DE跨	D_R	−108.89	104.95	−16.58	64.25	±92.55	28.83
		E	−48.12	82.94	−6.90	59.10	±89.09	
		跨中	109.27	—	140.43	—	—	—
	⑥轴AD跨	A	−77.11	104.34	−22.63	33.55	±79.97	21.30
		D	−183.68	143.15	−48.78	44.15	±87.27	
		跨中	146.36	—	58.50	—	—	—
2	③轴AD跨	A	−104.80	110.83	−20.77	74.45	±38.81	9.95
		D_L	−134.34	128.71	−26.37	80.46	±36.82	
		跨中	142.88	—	244.76	—	—	—
	③轴DE跨	D_R	−94.94	99.32	−11.31	62.92	±45.41	11.67
		E	−56.43	86.10	−7.77	60.19	±25.8	
		跨中	114.32	—	143.29	—	—	—

续表

层 号	跨 次	截 面	恒 载		活 荷 载		地 震 作 用	
			M_{GK}	V_{GK}	M_{QK}	V_{QK}	M_{EHK}	V_{EHK}
2	⑥轴 AD 跨	A	−99.53	112.59	−29.45	35.78	±40.62	6.30
		D	−152.07	134.60	−41.46	41.92	±7.87	
		跨中	154.67	—	59.34	—	—	—

注:梁截面弯矩以下部纤维受拉为正,单位为 kN·m;各剪力只给出大小,单位为 kN。

3.5.7.2　剪力墙的内力组合

W4 上、下端截面的内力标准值见表 3-100,其内力组合见表 3-105。

表 3-100　③轴框架柱和 W4 控制截面内力标准值

层号	截面		恒 载				活 荷 载	
			A	D	E	W4	A	D
12	上端	M	119.54	−39.74	−55.21	778.88	31.63	−15.10
		N	120.48	312.64	91.46	416.39	29.43	74.87
	下端	M	58.12	−22.02	−34.95	778.88	17.22	−9.89
		N	141.11	342.34	112.09	561.97	50.06	104.57
		V	62.41	23.75	34.67	—	−18.78	9.61
6	上端	M	57.04	−20.48	−33.35	1 529.44	17.52	−9.59
		N	913.92	1 974.07	736.69	900.81	343.74	674.77
	下端	M	42.43	−15.45	25.51	1 529.44	13.01	−7.31
		N	934.54	2 003.77	757.31	1 047.30	364.37	704.47
		V	−39.20	14.09	23.20	—	−11.74	6.50
1	上端	M	52.34	−17.44	−32.48	3 566.12	16.59	−8.59
		N	1 630.76	3 357.90	1 154.76	2 333.30	647.41	1 204.25
	下端	M	21.70	−7.23	−13.47	3 566.12	6.88	−3.56
		N	1 660.46	3 398.33	1 184.46	2 493.50	677.11	1 244.67
		V	−25.53	8.51	15.85	—	−8.09	4.19

层号	截面		活 荷 载		地 震 作 用			
			E	$W4$	A	D	E	$W4$
12	上端	M	−64.31	220.80	−43.82	−94.65	−48.95	77.30
		N	22.56	105.66	−12.51	5.17	17.70	11.10
	下端	M	−44.05	220.80	−19.92	−43.85	−23.74	−479.52
		N	43.19	105.66	−12.51	5.17	17.70	11.10
		V	8.66	—	24.50	53.30	−27.70	71.00
6	上端	M	−39.21	432.41	−32.45	−70.60	−37.03	1 994.52
		N	293.80	205.10	−132.48	−56.41	188.90	139.10

续表

层号	截面		活荷载		地震作用			
			E	W4	A	D	E	W4
6	下端	M	−32.83	432.41	−32.45	−70.60	−37.03	3 938.39
		N	314.42	205.10	−132.48	−56.41	188.90	139.10
		V	6.45	—	25.00	54.30	28.50	706.44
1	上端	M	−36.39	1 020.70	−6.10	−62.97	−6.94	13 935.35
		N	565.26	496.13	−197.85	−84.56	282.30	210.00
	下端	M	−17.39	1 020.70	−23.00	−37.27	−20.74	17 939.81
		N	594.96	496.13	−197.85	−84.56	282.30	210.00
		V	4.70	—	10.00	17.80	9.60	1 202.91

表 3-101　KL2-1、KL2-2、KL3 的内力组合

层次	跨次	截面	$1.35S_{GK}+S_{QK}$		$1.2M_{GE}+1.3M_{EHK}$		$\gamma_{RE}(1.2M_{GE}+1.3M_{EHK})$		$1.2V_{GE}+1.3V_{EHK}$	
			M	V	M（从左向右）	M（从右向左）	M（从左向右）	M（从右向左）	M（从左向右）	M（从右向左）
13	③轴AD跨	A	−93.84	191.82	16.02	−144.12	12.01	−108.09	140.94	173.46
		D_L	−282.88	273.98	−301.40	179.07	−226.05	134.30	242.87	210.34
		跨中	340.10	—	265.50	265.50	199.13	199.13	—	—
	③轴DE跨	D_R	−229.11	116.76	121.59	−270.05	91.19	−202.53	160.58	206.55
		E	−50.87	145.66	−114.44	26.68	−85.83	20.01	142.02	96.05
		跨中	166.91	—	131.62	131.62	98.71	98.71	—	—
	⑥轴AD跨	A	−98.67	190.71	18.23	−148.57	13.67	−111.43	174.79	145.93
		D	−335.47	279.65	−334.16	238.59	−250.62	178.94	220.87	249.73
		跨中	335.68	—	280.83	280.83	210.62	210.62	—	—
7	③轴AD跨	A	−144.59	218.68	19.22	−225.76	14.42	−169.32	146.78	199.38
		D_L	−224.83	261.05	−289.78	91.33	−217.34	68.49	234.80	182.20
		跨中	426.93	—	309.77	309.77	232.33	232.33	—	—
	③轴DE跨	D_R	−163.58	205.93	20.30	−260.93	15.23	−195.70	127.01	201.97
		E	−71.86	171.07	−177.70	53.93	−133.28	40.45	172.47	97.51
		跨中	287.94	—	215.38	215.38	161.54	161.54	—	—
	⑥轴AD跨	A	−126.73	174.41	2.15	−210.07	1.61	−157.55	173.03	117.65
		D	−296.75	237.40	−363.14	136.23	−272.36	102.17	170.58	225.96
		跨中	256.09	—	210.73	210.73	158.05	158.05	—	—
2	③轴AD跨	A	−155.72	224.35	81.96	−182.87	61.47	−137.15	164.99	190.86
		D_L	−200.47	254.22	−218.44	122.71	−163.83	92.03	215.60	189.79
		跨中	437.65	—	318.31	318.31	238.73	238.73	—	—

续表

层次	跨次	截面	$1.35S_{GK}+S_{QK}$		$1.2M_{GE}+1.3M_{EHK}$		$\gamma_{RE}(1.2M_{GE}+1.3M_{EHK})$		$1.2V_{GE}+1.3V_{EHK}$	
			M	V	M（从左向右）	M（从右向左）	M（从左向右）	M（从右向左）	M（从左向右）	M（从右向左）
2	③轴 DE 跨	D_R	−139.48	197.70	61.68	−179.75	46.26	−134.81	142.39	172.73
		E	−83.95	177.02	−105.92	38.84	−79.44	29.13	155.13	124.79
		跨中	297.62	—	223.16	223.16	167.37	167.37	—	—
	⑥轴 AD 跨	A	−163.82	188.18	84.30	−189.91	63.23	−142.43	165.13	148.75
		D	−246.75	223.63	−260.17	154.55	−195.13	115.92	178.48	194.85
		跨中	268.14	—	221.21	221.21	165.91	165.91	—	—

注：梁截面弯矩以下部纤维受拉为正，单位为 kN·m；各剪力各给出大小，单位为 kN。

表 3-102　③轴 A 柱内力组合值

层号	截面		$1.35S_{GK}+S_{QK}$	$1.2M_{GE}+1.3M_{EHK}$		$\gamma_{RE}(1.2M_{GE}+1.3M_{EHK})$		$\|M\|_{max}$及 N	N_{max}及 M	N_{min}及 M
				从左向右	从右向左	从左向右	从右向左			
12	上端	M	193.01	105.46	219.39	79.10	164.54	193.01	193.01	79.10
		N	192.08	145.97	178.50	109.48	133.87	192.08	192.08	109.48
	下端	M	95.68	54.18	105.97	40.64	79.48	95.68	95.68	40.64
		N	240.56	183.11	215.63	144.06	161.72	240.56	240.56	144.06
		V	−111.03	−61.41	−125.11	−46.06	−93.84	111.03		
6	上端	M	94.52	36.78	121.15	29.42	96.92	96.92	94.52	29.42
		N	1 577.53	1 130.72	1 475.17	904.58	1 180.14	1 180.14	1 577.53	904.58
	下端	M	73.60	19.48	103.85	15.58	83.08	83.03	73.60	15.58
		N	1 626.00	1 167.85	1 512.29	934.28	1 209.84	1 209.84	1 626.00	934.28
		V	−64.66	−21.58	−86.58	−17.27	−69.27	73.59		
1	上端	M	87.25	64.83	80.69	51.87	64.55	87.25	87.25	51.87
		N	2 848.94	2 090.27	2 600.44	1 672.22	2 080.36	2 848.94	2 848.94	1 672.22
	下端	M	36.18	0.27	60.07	0.21	48.05	48.05	36.18	0.21
		N	2 918.73	2 143.73	2 653.90	1 714.99	2 123.12	2 123.12	2 918.73	1 714.99
		V	−42.56	−22.49	−48.49	−17.99	−38.79	42.56		

表 3-103　③轴 D 柱内力组合值

层号	截面		$1.35S_{GK}+S_{QK}$	$1.2M_{GE}+1.3M_{EHK}$		$\gamma_{RE}(1.2M_{GE}+1.3M_{EHK})$		$\|M\|_{max}$及 N	N_{max}及 M	N_{min}及 M
				从左向右	从右向左	从左向右	从右向左			
12	上端	M	−68.75	−179.79	66.30	−134.84	49.72	134.84	68.75	134.84
		N	496.93	413.37	426.81	310.03	320.11	310.03	496.93	310.03

续表

层号	截面		$1.35S_{GK}+S_{QK}$	$1.2M_{GE}+1.3M_{EHK}$		$\gamma_{RE}(1.2M_{GE}+1.3M_{EHK})$		$\|M\|_{max}$及 N	N_{max}及 M	N_{min}及 M
				从左向右	从右向左	从左向右	从右向左			
12	下端	M	−39.62	−89.36	24.65	−67.02	18.49	67.02	39.62	67.02
		N	566.73	466.83	480.27	350.12	360.20	350.12	566.73	350.12
		V	41.67	103.56	−35.02	77.67	−26.27	77.67		
6	上端	M	−37.24	−122.11	61.45	−97.69	46.09	97.69	37.24	97.69
		N	3 339.76	2 700.41	2 847.08	2 160.33	2 135.31	2 160.33	3 339.76	2 160.33
	下端	M	−29.11	−115.55	68.01	−92.44	51.01	92.44	29.11	92.44
		N	3 409.56	2 753.87	2 900.54	2 203.10	2 175.40	2 203.10	3 409.56	2 203.10
		V	25.52	91.40	−49.78	73.12	−37.34	73.12		
1	上端	M	−32.13	−44.76	−7.40	−35.81	−5.55	35.81	32.13	35.81
		N	46 237.42	4 640.18	4 863.88	3 712.14	3 647.91	3 712.14	46 237.42	3 712.14
	下端	M	−13.32	−59.26	37.64	−47.41	28.23	47.41	13.32	47.41
		N	5 832.42	4 712.95	4 936.65	3 770.36	3 702.49	3 770.63	5 832.42	3 770.36
		V	15.68	35.87	−10.41	28.69	−7.81	28.68		

表 3-104 ③轴 E 柱内力组合值

层号	截面		$1.35S_{GK}+S_{QK}$	$1.2M_{GE}+1.3M_{EHK}$		$\gamma_{RE}(1.2M_{GE}+1.3M_{EHK})$		$\|M\|_{max}$及 N	N_{max}及 M	N_{min}及 M
				从左向右	从右向左	从左向右	从右向左			
12	上端	M	−138.84	−168.46	−41.22	−126.35	−30.91	138.84	−138.84	−30.91
		N	146.03	146.30	100.28	109.72	75.21	146.03	146.03	75.21
	下端	M	−91.23	−99.23	−37.51	−74.42	−28.13	91.23	−91.23	−28.13
		N	194.51	183.43	137.41	137.57	103.06	194.51	194.51	103.06
		V	55.46	82.03	11.57	61.52	8.68	60.52		
6	上端	M	−84.23	−111.69	−15.41	−89.35	−12.33	84.23	84.23	12.33
		N	1 288.33	1 305.88	814.74	1 044.70	651.79	1 288.33	1 288.33	651.79
	下端	M	−69.24	−100.20	−3.92	−80.16	−3.14	80.16	69.24	3.14
		N	1 336.79	1 342.99	851.85	1 074.40	681.48	1 074.40	1 336.79	681.48
		V	37.77	68.76	−5.34	55.01	−4.27	55.01		
1	上端	M	−80.24	−69.83	−51.79	−55.87	−41.43	80.24	80.24	41.43
		N	2 124.19	2 091.86	1 357.88	1 673.49	1 086.30	2 124.19	2 124.19	1 086.30
	下端	M	−35.57	−53.56	0.36	−42.85	0.29	42.85	35.57	0.29
		N	2 193.98	2 145.32	1 411.34	1 716.25	1 129.07	1 716.25	2 193.98	1 129.07
		V	26.10	34.32	9.36	27.46	7.49	27.46		

表3-105　W4内力组合值

层号	截面		$1.35S_{GK}+S_{QK}$	$1.2M_{GE}+1.3M_{EHK}$		$\gamma_{RE}(1.2M_{GE}+1.3M_{EHK})$		$\lvert M\rvert_{max}$及N	N_{max}及M	N_{min}及M
				从左向右	从右向左	从左向右	从右向左			
12	上端	M	1 272.29	1 167.63	966.65	992.48	821.65	1 272.29	1 272.29	821.65
		N	667.79	585.94	540.18	498.05	459.16	667.79	667.79	459.16
		V	—	92.43		78.57		78.57		
	下端	M	1 272.29	443.76	1 690.51	377.20	1 436.94	1 272.29	1 272.29	1 436.94
		N	864.32	760.64	714.88	646.54	607.65	864.32	864.32	607.65
		V	—	64.69		54.99		54.99		
6	上端	M	2 497.15	4 687.65	−498.10	3 984.50	−423.39	3 984.50	2 497.15	423.39
		N	1 421.19	1 503.81	904.25	1 278.24	768.61	1 278.24	1 421.19	768.61
		V	—	671.36		570.66		570.66		
	下端	M	2 497.15	7 214.68	−3 025.13	6 132.48	−2 571.36	6 132.48	2 497.15	2 571.36
		N	1 618.96	1 679.60	1 080.04	1 427.66	918.03	1 427.66	1 618.96	918.03
		V	—	918.37		753.06		753.06		
1	上端	M	5 834.96	23 007.72	−13 224.19	19 556.56	−11 240.56	19 556.56	5 834.96	11 240.56
		N	3 646.09	3 547.05	2 648.23	3 014.99	2 250.99	3 014.99	3 646.09	2 250.99
		V	—	1 472.96		1 251.99		1 251.99		
	下端	M	5 834.96	28 213.52	−18 429.99	23 981.49	−15 665.49	23 981.49	5 834.96	15 665.49
		N	3 862.36	3 739.29	2 840.47	3 178.39	2 414.40	3 178.39	3 862.36	2 414.40
		V	—	1 563.78		1 329.22		1 329.22		

3.5.8　截面设计

各构件最不利内力组合完成后，即可进行截面设计。截面设计应按照抗震等级的要求进行，本结构框架的抗震等级为三级，剪力墙的抗震等级为二级。作为示例，本节仅给出③轴框架7层梁、6层A柱和⑥轴1层剪力墙的截面配筋计算。各类构件的构造要求，此处不再赘述。

3.5.8.1　框架梁

现以7层DE跨(KL2-2)为例，说明计算过程。

混凝土强度等级C30，$f_c=14.3\text{N/mm}^2$，纵筋为HRB 335，$f_y=f'_y=300\text{N/mm}^2$；箍筋HPB 235，$f_{yv}=210\text{N/mm}^2$。

1．正截面受弯承载力计算

由内力组合表3-100知，控制截面最大内力为：

跨中截面$M=287.94\text{kN·m}$；支座截面$M_{DE}=-195.7\text{kN·m}$；$M_{DE}=-133.28\text{kN·m}$；$V=205.93\text{kN}$

(1)跨中截面

按T形截面计算，$b=250\text{mm}$，$h=700\text{mm}$，$b'_f=\dfrac{1}{3}\times 8\ 325=2\ 775\text{mm}$，$h_f=100\text{mm}$，按单排布筋，$h_0=665\text{mm}$。

$$\alpha_1 f_c b'_f h'_f\left(h_0-\frac{h'_f}{2}\right)=1.0\times 14.3\times 2\ 775\times 100\times\left(665-\frac{100}{2}\right)=2\ 440\text{kN·m}>M=287.94\text{kN·m}$$

属于第Ⅰ类T形截面。

$$\alpha_s = \frac{M}{\alpha_1 f_c b'_f h_0^2} = 0.0164$$

$$\xi = 1 - \sqrt{1 - 2\alpha_s} = 0.0165$$

$$A_s = \alpha_1 f_c b'_f h_0 \xi / f_y = 1.0 \times 14.3 \times 2775 \times 665 \times 0.0165/300 = 1451.4\text{mm}^2$$

$\rho = \dfrac{A_s}{bh_0} = \dfrac{1451.4}{250 \times 665} = 0.87\% > 0.21\%$，满足最小配筋率要求。

实配钢筋4Φ22(A_s=1 519mm²)。

(2)支座截面

以支座D_R为例，按矩形截面计算，截面最大弯矩为$M_{DE} = -195.7$kN·m，将上面求出的跨中两根受拉纵筋作为受压钢筋，则A'_s=760mm²。

$$\alpha_s = \frac{M - f'_y A'_s (h_0 - \alpha'_s)}{\alpha_1 f_c b h_0^2} = \frac{195.7 \times 10^6 - 300 \times 760 \times (665 - 35)}{1.0 \times 14.3 \times 250 \times 650^2} = 0.032$$

$$\xi = 1 - \sqrt{1 - 2\alpha_s} = 0.0325 < 0.35, x = \xi h_0 = 21.6 < 2\alpha'_s = 70$$

$$A_s = \frac{M}{f_y (h_0 - \alpha'_s)} = \frac{195.7 \times 10^6}{300 \times (665 - 35)} = 1031.7\text{mm}^2$$

$\dfrac{A'_s}{A_s} = \dfrac{760}{1031.7} = 0.74 > 0.3$，满足要求。

$\rho = \dfrac{A_s}{bh_0} = 0.62\% > \rho_{min} = 0.25\%$且$\rho < 2.5\%$，满足要求。

实配钢筋4Φ20(A_s=1 256mm²)。

2. 斜截面受剪承载力计算

查内力组合表3-100，支座截面最不利剪力值V_{DE}=205.93kN。根据强剪弱弯的要求，梁端截面剪力设计值应适当调整，即：

$$V_b = 1.1 \times \frac{M_b^l + M_b^r}{l_n} + V_{Gb} = 1.1 \times \frac{260.93 + 53.93}{6.225} + 164.48 = 220.1\text{kN}$$

式中，M_b^l、M_b^r选自表3-100，V_{Gb}由表3-98的数据求出。

剪压比$\dfrac{\gamma_{RE} \cdot V_b}{\beta_c f_c b_b h_{b0}} = \dfrac{0.85 \times 220.1 \times 10^3}{1.0 \times 14.3 \times 250 \times 665} = 0.077 < 0.15$，满足最小截面尺寸要求。

箍筋选用HPB 235级钢筋，f_{yv}=210N/mm²，有：

$$\frac{A_{sv}}{s} = \frac{\gamma_{RE} V_b - 0.42 f_t b_b h_{b0}}{1.25 f_{yv} h_{b0}} = \frac{0.85 \times 220.1 \times 10^3 - 0.42 \times 1.43 \times 250 \times 665}{1.25 \times 210 \times 665} = 0.5$$

梁端箍筋加密区的箍筋最大间距和最小直径尚应满足要求，现选Φ8@150双肢箍，其$\dfrac{A_{sv}}{s} = \dfrac{100.5}{150} = 0.67 > 0.5$，满足要求。配箍率为：

$\rho_{sv} = \dfrac{A_{sv}}{bs} = \dfrac{100.5}{250 \times 150} = 0.268\% > 0.26 \times 1.43/210 = 0.177\%$(《高规》6.3.4条的要求)按构造配箍即可。

3.5.8.2　框架柱

现以6层A柱为例说明截面配筋计算过程。柱截面尺寸500mm×500mm,混凝土强度等级C35,$f_c=16.7\text{N/mm}^2$,$f_t=1.57\text{N/mm}^2$。

1. 剪跨比和轴压比

根据《高规》6.2.6条,柱剪跨比可取柱净高与计算方向2倍柱截面有效高度之比,即 $\lambda=\dfrac{(3.3-0.1)\times10^3}{2\times(500-35)}=3.44>2$,为长柱。由表3-101查得柱轴力 $N=1\ 512.29\text{kN}$,于是 $\mu=\dfrac{N}{f_cbh}=\dfrac{1\ 512.29\times10^3}{16.7\times500\times500}=0.36<0.95$,满足柱轴压比限值的要求。

2. 正截面抗弯承载力计算

从柱内力组合表3-102可见,6层A柱上、下端截面共有6组内力。为达到强柱弱梁的要求,其中,上、下端 M_{max} 及 N、N_{min} 及 M 的4组柱端弯矩设计值应按 $\sum M_c\geqslant\eta_n\sum M_b$ 调整。现以上端 M_{max} 为例,说明调整做法。

柱抗震等级为三级,系数 $\eta_c=1.1$,由表3-101查得 $\sum M_b=225.76\text{kN·m}$(边柱节点只有右梁),则 $1.1\sum M_b=248.34\text{kN·m}$。由表3-102知6层柱上端弯矩为121.15kN·m,第7层柱下端为121.49kN·m(因篇幅所限,表中未列出),同一节点上、下柱端弯矩 $121.15+121.49=242.64\text{kN·m}<248.34\text{kN·m}$,各柱端弯矩应增加3kN·m,即6层柱上端 M_{max} 的一组考虑抗震调整系数 γ_{RE} 后应为99.32kN·m。同样的做法,可得其余三组的弯矩调整为95.54kN·m(下端 M_{max})、33.83kN·m(与上端 N_{min} 相应)、18.57kN·m(与下端 N_{min} 相应)。

作为算例,现仅取 M_{max} 的一组($M=99.32\text{kN·m}$,$N=1\ 180.14\text{kN}$)和 N_{max} 的一组($M=73.60\text{kN·m}$,$N=1\ 626\text{kN}$)进行配筋计算,其余4组计算过程从略,并取其中配筋较大者。

柱计算长度　$L_0=1.25H=1.25\times3.3=4.1\text{m}$

采用对称配筋　$f'_yA'_s=f_yA_s$,选用HRB 335级钢筋($f_y=f'_y=300\text{N/mm}^2$)

$$N_b=\alpha_1f_c\xi_bbh_0=1.0\times16.7\times0.55\times500\times465=2\ 135.5\text{kN}$$

(1)M_{max} 的一组

$$e_0=\frac{M}{N}=\frac{99.32\times10^3}{1\ 180.14}=84.16\text{mm}$$

e_a 取 $h/30=500/30=16.7\text{mm}$ 及20mm中的较大者,即 $e_a=20\text{mm}$

$$e_i=84.16+20=104.16\text{mm}$$

$$\zeta_1=\frac{0.5f_cA}{N}=\frac{0.5\times16.7\times500\times500}{1\ 180.14\times10^3}=1.77>1.0,\text{取 }\zeta_1=1.0$$

$$\zeta_2=1.15-0.01\frac{L_0}{h}=1.15-0.01\times\left(\frac{4\ 100}{500}\right)=1.068>1.0,\text{取 }\zeta_2=1.0$$

$$y=1+\frac{1}{1\ 400e_i/h_0}\left(\frac{l_0}{h}\right)^2\zeta_1\zeta_2=1.021$$

$$\eta e_i=1.021\times104.16=106.24<0.3h_0=139.5\text{mm}$$

为小偏心受压。

$$e=\frac{h}{2}-\alpha_s+\eta e_i=321\text{mm}$$

对称配筋时先按下式求出 ξ 值，再代入求 A_s 的公式计算配筋面积。

$$\xi=\frac{N-\xi_b\alpha_1 f_c bh_0}{\dfrac{Ne-0.43\alpha_1 f_c bh_0^2}{(0.8-\xi_b)(h_0-\alpha_s')}+\alpha_1 f_c bh_0}+\xi_b$$

上式若 $N<\xi_b\alpha_1 f_c bh_0$ 及 $Ne<0.43\alpha_1 f_c bh_0^2$ 时为构造配筋。本例

$$N=1\ 180.14<\xi_b\alpha_1 f_c bh_0=2\ 135.5\text{kN}$$

$$Ne=1\ 180.14\times0.321=378.8<0.43\times1.0\times16.7\times500\times465^2=776.35\text{kN·m}$$

仅需按构造配筋。

(2)N_{max}的一组

$$e_0=45.26\text{mm},e_a=20\text{mm},e_i=65.26\text{mm}$$

$$\zeta_1=1.0,\zeta_2=1.0,\eta=1.34$$

$$\eta e_i=87.4<0.3h_0$$

为小偏心受压，$e=302.45\text{mm}$

同样 $N=1\ 626<\xi_b\alpha_1 f_c bh_0=2\ 135.5\text{kN}$

$$Ne=491.05<0.43\times1.0\times16.7\times500\times465^2=776.35\text{kN·m}$$

仅需按构造配筋。

根据构造要求，全部纵向配筋率不应大于5%，且不小于0.7%，每一侧不应小于0.2%。

$$0.007\times bh_0=0.007\times500\times465=1\ 628\text{mm}^2$$

实际每侧配筋 3Φ18($\rho=0.33\%>0.2\%$)，共配 8Φ18(总配筋面积为 $2\ 036\text{mm}^2>1\ 628\text{mm}^2$)。

3. 斜截面抗剪承载力计算

为保证强剪弱弯，柱剪力设计值应作调整，对本例：

$$V_c=1.1\times\frac{M_c^t+M_c^b}{H_n}=1.1\times\frac{121.15+103.85}{3.3-0.1}=77.34\text{kN}$$

$$\frac{\gamma_{RE}V_c}{\beta_c f_c b_c h_{c0}}=\frac{0.85\times77.34\times10^3}{16.7\times500\times465}=0.017<0.2\quad(\text{截面尺寸满足要求})$$

由内力组合选取与 $V_{max}=73.59\text{kN}$ 相应的轴向压力设计值 $N=1\ 209.84<0.3f_cA=1\ 252.25\text{kN}$。$\lambda=3.44>3$，取 $\lambda=3$。

$$\frac{A_{sv}}{s}=\frac{\gamma_{RE}V_c-\dfrac{1.05}{\lambda+1}f_t b_c h_{c0}-0.056N}{f_{yv}h_{c0}}$$

$$=\frac{0.85\times77.34\times10^3-\dfrac{1.05}{3+1}\times1.57\times500\times465-0.056\times1\ 209.84\times10^3}{210\times465}$$

$$=-1.002<0$$

仅需按构造配置箍筋。

根据规定，柱端加密区箍筋选用Φ 8@100，采用复合箍筋，其体积配箍率

$$\rho_{\mathrm{v}}=\frac{\sum A_{\mathrm{sv}i}l_i}{sA_{\mathrm{cor}}}=\frac{50.2\times4\times(450+318)}{100\times450^2}=0.76\%>\lambda_{\mathrm{v}}f_{\mathrm{c}}/f_{\mathrm{yv}}$$
$$=0.07\times16.7/210=0.56\%$$

满足要求。

柱非加密区采用4肢Φ 8@150，$\rho_{\mathrm{v}}=0.51\%$，且间距 $s=150<15d=270\mathrm{mm}$，满足要求。

本例框架抗震等级为三级，只需要按要求在节点核心区设置水平箍筋，配箍特征值不宜小于0.08，体积配箍率不宜小于0.4%，不必专门进行抗剪承载力的计算。

柱截面配筋见图3-51。

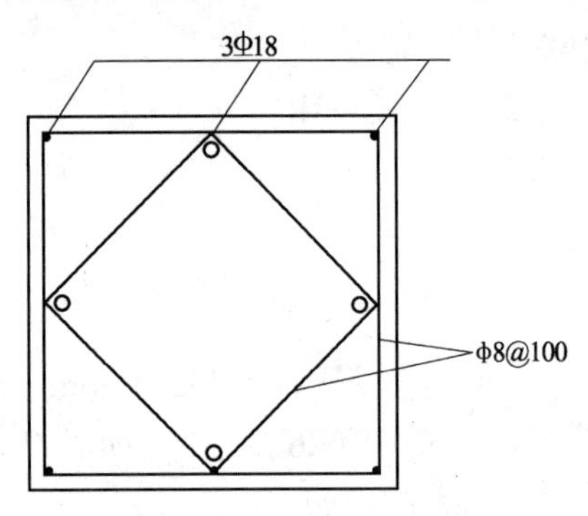

图3-51　柱截面配筋图

3.5.8.3　剪力墙

以⑥轴W4为例说明截面设计的具体做法。

1. 正截面承载力计算

剪力墙的抗震等级为二级，由内力计算结果知，W4各层受力状态均为偏心受压。底部加强部位取墙肢总高度的1/8(4.99m)和底部两层(6.9m)中的较大者，即底部加强部位取6.9m。混凝土强度等级C35，$f_{\mathrm{c}}=16.7\mathrm{N/mm^2}$；水平及竖向分布筋网片选用HPB 235级钢筋，$f_{\mathrm{yw}}=210\mathrm{N/mm^2}$，端部受力筋选用HRB 335级钢筋，$f_y=f'_y=300\mathrm{N/mm^2}$。

剪力墙截面尺寸 $h_{\mathrm{w}}=7\,325\mathrm{mm}$，$b_{\mathrm{w}}=250\mathrm{mm}$，$\alpha_{\mathrm{s}}=\alpha'_{\mathrm{s}}=300\mathrm{mm}$，$h_{\mathrm{w0}}=7\,025\mathrm{mm}$，翼缘宽度 $b'_{\mathrm{f}}=600\mathrm{mm}$，翼缘厚度 $h'_{\mathrm{f}}=600\mathrm{mm}$。

采用对称配筋，以1层为例，由内力组合表3-104取 $M_{\max}$ 最大的一组（$M=23\,981.49\mathrm{kN\cdot m}$；$N=3\,178.39\mathrm{kN}$；$V=1\,329.22\mathrm{kN}$）。

水平及竖向分布筋选用双网Φ 8@150双向，分布筋配筋率：

$$\rho_{\mathrm{w}}=\frac{2\times4^2\times3.14}{250\times150}=0.268\%>0.25\%\quad（最小配筋率）$$

先假定 $x<h'_{\mathrm{f}}$ 及 $\sigma_{\mathrm{s}}=f_y$，由《高规》式(7.2.8-5)、(7.2.8-8)代入式(7.2.8-1)可得：

$$x=\frac{N+b_{\mathrm{w}}h_{\mathrm{w0}}f_{\mathrm{yw}}\rho_{\mathrm{w}}}{\alpha_1f_{\mathrm{c}}b'_{\mathrm{f}}+1.5b_{\mathrm{w}}f_{\mathrm{yw}}\rho_{\mathrm{w}}}$$

将以上相关数据代入后得：

$$x=\frac{3\,178.39\times10^3+250\times7\,025\times210\times0.002\,68}{1.0\times16.7\times600+1.5\times250\times210\times0.002\,68}=407.7<h'_{\mathrm{f}}=600\mathrm{mm}$$

$x\leqslant\xi_{\mathrm{b}}h_{\mathrm{w0}}=3\,863.8\mathrm{mm}$，为大偏心受压，则按《高规》式(7.2.8-9)计算得分布筋承受的抵抗弯矩为：

$$M_{\mathrm{sw}}=\frac{1}{2}(h_{\mathrm{w0}}-1.5x)^2b_{\mathrm{w}}f_{\mathrm{yw}}\rho_{\mathrm{w}}=\frac{1}{2}(7\,025-1.5\times407.7)^2\times250\times210\times0.002\,68=2.89\times10^9\mathrm{N\cdot mm}$$

由《高规》式(7.2.8-6)得：

$$M_c=\alpha_1 f_c b'_f x\left(h_{w0}-\frac{x}{2}\right)=1.0\times16.7\times600\times407.7\times\left(7\ 025-\frac{407.7}{2}\right)=27.865\times10^9\text{N}\cdot\text{mm}$$

将 M_{sw}、M_c 代入《高规》式(7.2.8-2)，其中 $Ne_0=M$ 可得剪力墙端部钢筋面积：

$$A_s=A'_s=\frac{M+N(h_{w0}-h_w/2)+M_{sw}-M_c}{f'_y(h_{w0}-\alpha'_s)}=4\ 805\text{mm}^2$$

选用 6Φ22+6Φ25($A_s=5\ 223\text{mm}^2$)

2. 斜截面承载力计算

为保证剪力墙的“强剪弱弯”要求，底部加强区应按下式适当调高墙肢剪力设计值，即：

$$V=\eta_{vw}V_w=1.4\times1\ 329.22=1\ 860.9\text{kN}$$

剪跨比 $$\lambda=\frac{M}{V_w h_{w0}}=\frac{23\ 981.49\times10^6}{1\ 329.22\times10^3\times7\ 025}=2.57>2.5$$

验算截面尺寸：

$$V_w=1\ 329.22<\frac{1}{\gamma_{RE}}(0.2\beta_c f_c b_w h_{w0})$$

$$=\frac{1}{0.85}(0.2\times16.7\times250\times7\ 025)=6\ 901\text{kN}$$

截面尺寸满足要求。

偏心受压剪力墙斜截面受剪承载力：

$\lambda=2.57>2.2$，取 $\lambda=2.2$。

$N=3\ 178.39\text{kN}<0.2f_c b_w h_w=0.2\times16.7\times250\times7\ 325=6\ 116.4\text{kN}$

计算时 N 取实际值。

于是由《高规》式(7.2.11-2)有：

$$V\leqslant\frac{1}{\gamma_{RE}}\left[\frac{1}{\lambda-0.5}\left(0.4f_t b_w h_{w0}-0.1N\frac{A_w}{A}\right)+0.8f_{yh}\frac{A_{sh}}{s}h_{w0}\right]$$

即 $$\frac{A_{sh}}{s}=\frac{\gamma_{RE}V_w-\frac{1}{\lambda-0.5}\left(0.4f_t b_w h_{w0}-0.1N\frac{A_w}{A}\right)}{0.8f_{yh}h_{w0}}$$

$$=\frac{0.85\times1\ 860.9\times10^3-\frac{1}{2.2-0.5}\left(0.4\times1.57\times250\times7\ 025-0.1\times3\ 178.39\times10^3\times\frac{1.5\times10^6}{2.35\times10^6}\right)}{0.8\times210\times7\ 025}$$

$$=0.89$$

选用 2 排Φ10@150，相应的$\frac{A_{sh}}{s}=\frac{157.1}{150}=1.047>0.89$

配筋率为：$\rho_{sh}=\frac{A_{sh}}{bs}=0.42\%>0.25\%$，满足要求。

3.5.8.4 连梁

连梁 KL3 的正截面受弯承载力及斜截面受剪承载力计算均与框架梁的计算相同，具体计算从略。(此例引自梁启智等编写的《高层建筑框架-剪力墙结构设计实例》)

第4章 单层工业厂房结构设计

单层工业厂房是工业建筑中较为普遍的建筑形式,它适用于各种工业生产,尤其是产品重量大或尺寸较大的,显得更为优越。

单层厂房结构体系有排架和刚架两种。排架结构是指由屋架与柱铰接、柱与基础刚接而组成的承重结构体系;刚架则是指由屋架与柱刚接,而柱与基础铰接组成的结构体系。

本章介绍典型的钢筋混凝土排架结构。

4.1 单层工业厂房钢筋混凝土排架结构设计

4.1.1 题目

某锻工车间钢筋混凝土厂房结构设计

4.1.2 设计内容

1. 单层厂房上部结构的选型及初步确定排架柱的截面尺寸;
2. 单层厂房的结构布置,包括支撑布置;
3. 排架的荷载计算;
4. 排架的内力分析;
5. 柱及牛腿的配筋计算;
6. 绘制施工图。

(1)结构布置图,包括屋架、天窗架、屋面板、屋盖支撑布置、吊车梁、柱及柱间支撑、墙体布置等;

(2)基础施工图,包括基础平面图及配筋图;

(3)柱施工图,包括柱模板图及配筋图。

4.1.3 教学要求

1. 了解单层工业厂房的结构形式,熟悉各类受力构件的选型及其所处的位置和作用;
2. 掌握排架结构计算简图的确定方法;
3. 掌握各类荷载计算的方法及在荷载作用下的内力分析;
4. 掌握内力组合及排架柱的配筋计算及构造要求;
5. 掌握结构施工图的绘制方法及制图要求。

4.2 设计指示书

4.2.1 结构选型与结构布置

1. 结构选型

(1)单跨与多跨

跨度较大且对邻近厂房干扰较大的车间,宜采用单跨厂房;多跨可减轻自重,提高建筑面积的利用系数,应尽可能采用多跨厂房。

(2)等高与不等高

多跨等高受力明确、构件统一,应尽量采用;高差大于 2m,且低跨面积超过总厂房面积 40%~50%时,则应做成不等高。

(3)钢筋混凝土排架与砖混排架的选择

跨度在 36m 以内,檐高在 20m 以内,吊车起重量在 200t 以内的厂房可采用钢筋混凝土排架;跨度小于 15m,吊车起重量小于 5t,檐高不大于 8m 的轻型工业厂房,可采用砖混排架;超过 36m 跨度,250t 吊车起重量可采用钢屋架与钢筋混凝土柱组成的排架。

2. 结构布置

厂房结构布置主要包括屋盖布置,柱网布置,基础平面布置,屋盖和柱间支撑布置,圈梁、连系梁、基础梁、墙梁等的布置。具体详见《建筑结构》教材。

4.2.2 单层厂房排架内力分析

内力分析方法详见有关教材。

4.2.3 单层厂房柱设计

4.2.4 单层厂房预制柱基础设计

4.2.5 单层厂房构件连接构造

4.2.6 绘制结构施工图

以上内容详见《建筑结构》教材及设计示例。

4.3 钢筋混凝土单层厂房结构设计示例

4.3.1 设计示例 1

单层单跨厂房结构设计。

4.3.1.1 设计资料

1. 工程概况

某锻工车间,根据工艺要求为一单跨单层钢筋混凝土厂房,跨度为 18m,长度为 66m,柱顶标高 14.4m,轨顶标高 12.2m,厂房设有天窗,采用两台吊车。屋面采用柔性防水屋面做法,围护墙采用 240mm 厚单面粉刷砖墙,钢门窗,混凝土地面,室内外高差为 150mm。建筑尺寸见图 4-1~图 4-3。

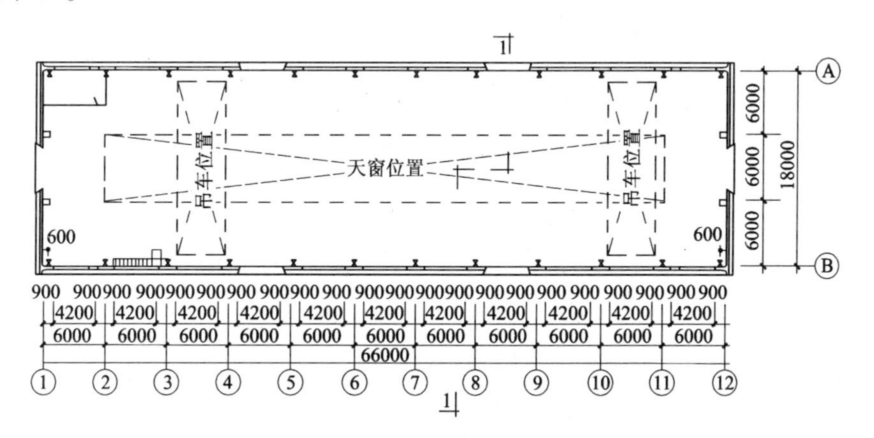

图 4-1 建筑平面图

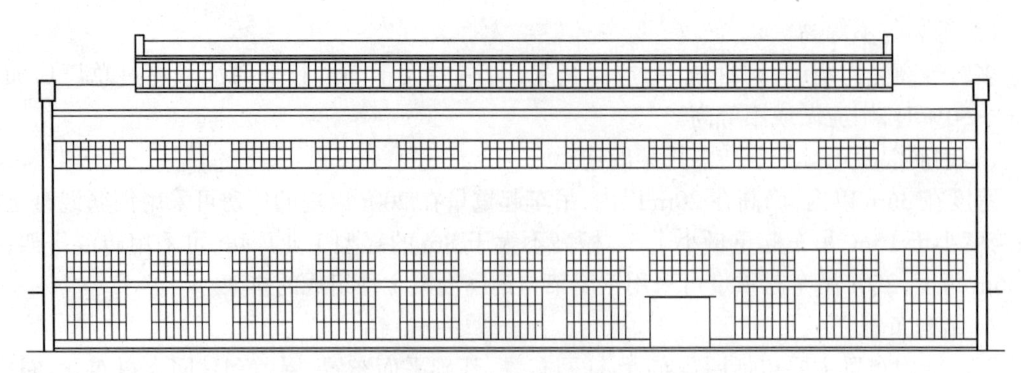

图 4-2　建筑立面图

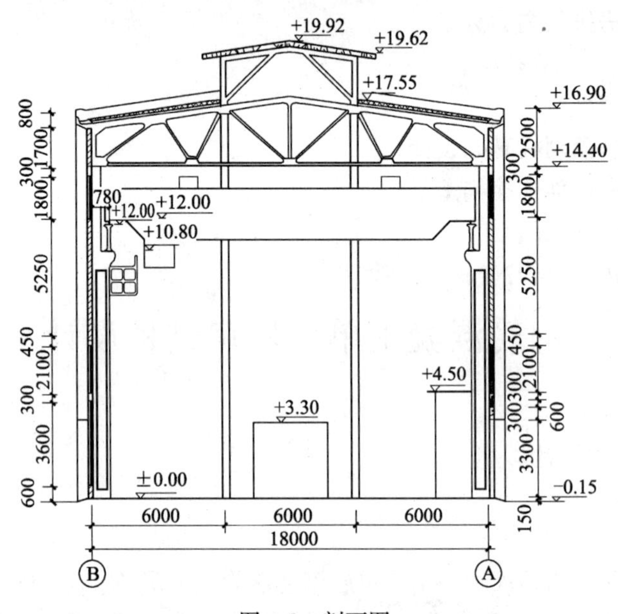

图 4-3　剖面图

2. 结构设计的原始资料

自然条件：基本风压值为 0.3kN/m^2，屋面活荷载为 0.5kN/m^2，雪活载 0.2kN/m^2，屋面积灰荷载 0.5kN/m^2。

地质条件：由勘察报告提供的资料，天然地面下 1.2m 处为老土层，修正后的地基承载力特征值为 120kN/m^2，地下水位在地面下 1.3m（标高 -1.45m）。

3. 设计要求

(1)完成上部结构的选型，初步确定排架柱的截面尺寸；

(2)进行结构布置（包括支撑的布置）；

(3)排架的荷载计算和内力分析；

(4)排架柱的配筋设计并绘制施工图。

4.3.1.2　结构选型和结构布置

1. 屋面板

采用 1.5m×6m 预应力钢筋混凝土屋面板[G410(一)、(二)]，板自重 1.3kN/m^2，嵌缝重

0.1kN/m²(均沿屋架斜面方面)。

2. 天沟板

天沟板[G410(三)]的截面尺寸见图 4-4,重 17.4kN/m²(包括积水重)。

3. 天窗架

门形钢筋混凝土天窗架(G316)的示意图见图 4-5,每根天窗架支柱传到屋架的重力荷载为 26.2kN。

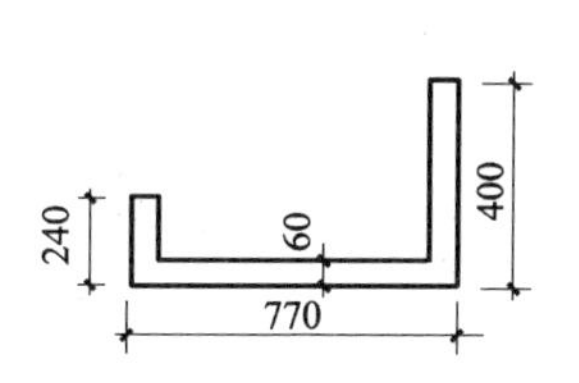

图 4-4 天沟板截面尺寸(单位:mm)

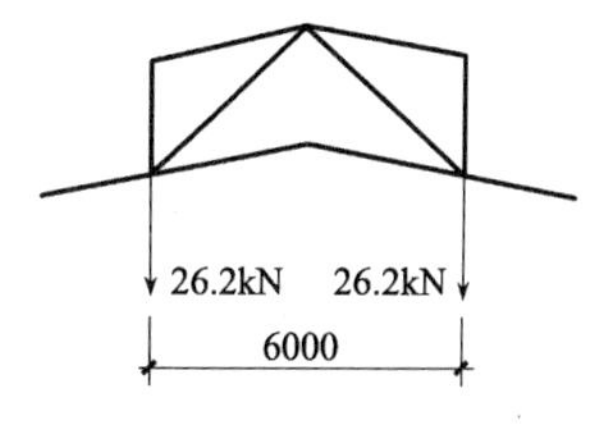

图 4-5 天窗架示意图(单位:mm)

4. 屋架

采用预应力钢筋混凝土折线形屋架[G415(一)],屋架的轴线尺寸见图 4-6,自重 60.5kN/榀。

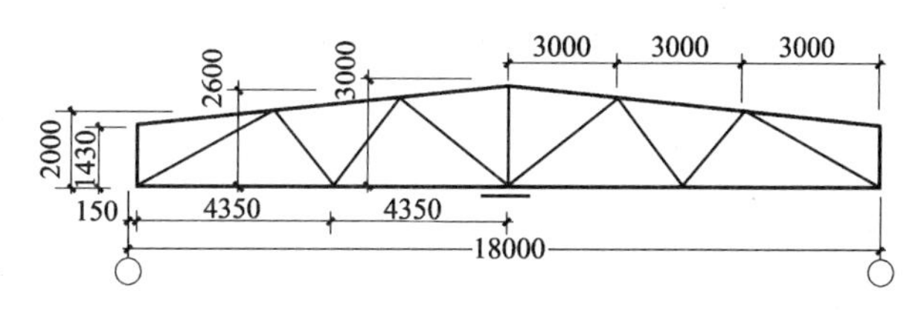

图 4-6 屋架几何尺寸

5. 屋盖支撑

屋盖支撑的自重 0.05kN/m²(沿水平面方向)。

6. 吊车梁

自重 44.2kN/根,吊车梁的截面高度为 1 200mm。

7. 连系梁、过梁

均为矩形截面,尺寸详见图 4-3。

8. 排架柱

按有关资料中的要求,可以确定上柱为 500mm×500mm 的正方形截面(见图 4-7),截面面积 $A=2.5\times10^5\text{mm}^2$,截面的惯性矩 $I_x=I_y=5.2\times10^9\text{mm}^4$;下柱为 I 形截面(见图 4-8),$b=120\text{mm}$,$h=1\ 000\text{mm}$,$b_f=b'_f=500\text{mm}$,$h_f=h'_f=200\text{mm}$,截面面积 $A=2.815\times10^5\text{mm}^2$,截面绕强轴的惯性矩 $I_x=3.58\times10^4\text{mm}^4$,截面绕弱轴的惯性矩 $I_y=4.56\times10^9\text{mm}^4$;柱的主要标高见图 4-9。

9. 定位轴线

横向定位轴线均通过柱子截面几何中心,但在两端与山墙的内皮重合,并将山墙内侧第一排柱子中心线内移 600mm。屋架端部详图见图 4-10,结构平面布置图如图 4-11 所示,柱、基础平面布置图如图 4-12 所示。

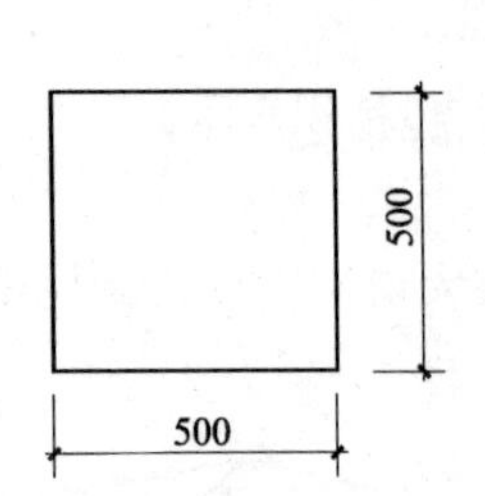

图 4-7　排架柱上柱截面

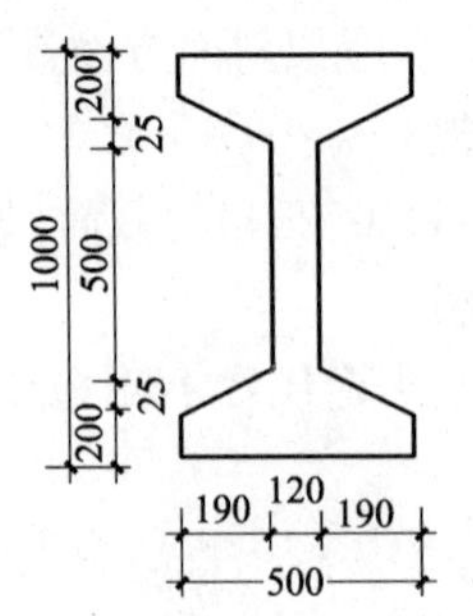

图 4-8　排架柱下柱截面

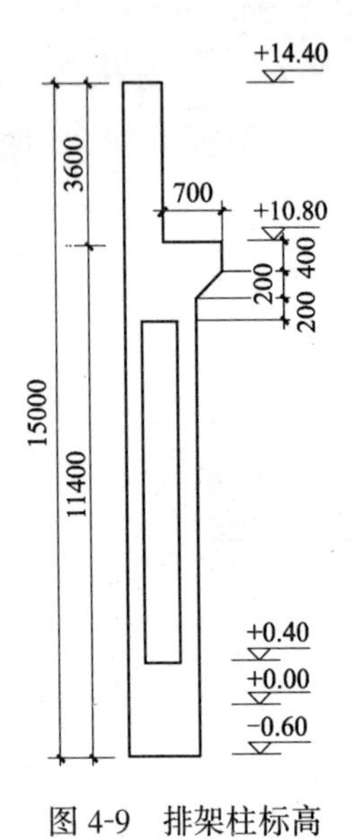

图 4-9　排架柱标高

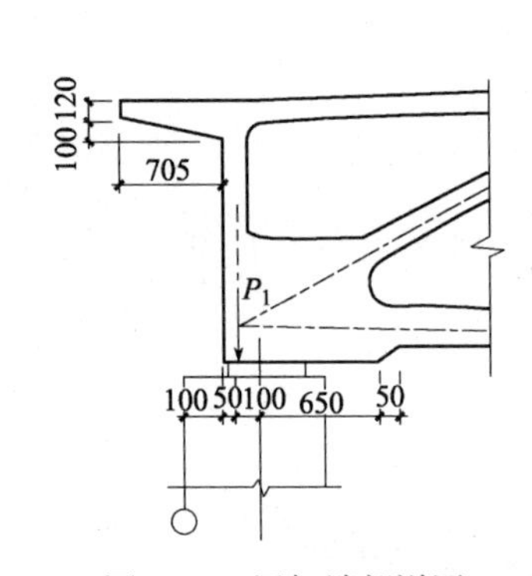

图 4-10　屋架端部详图

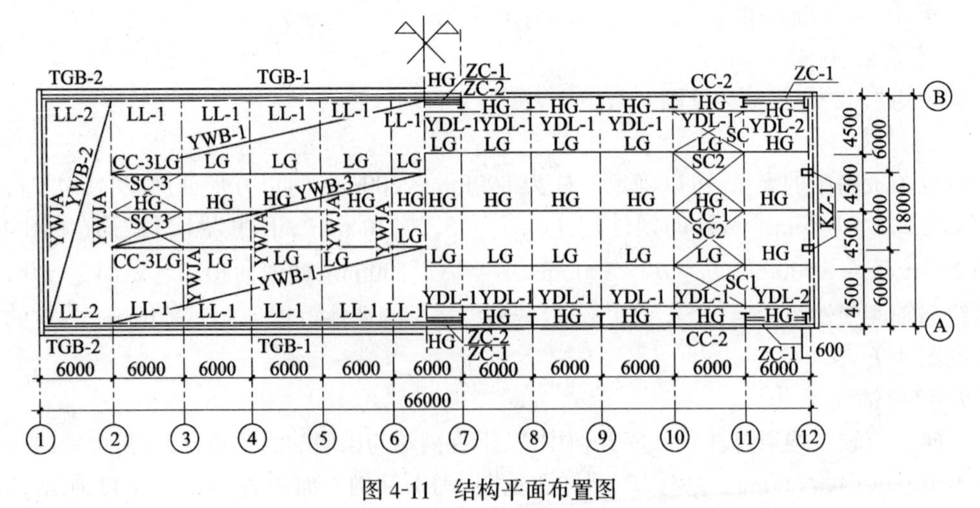

图 4-11　结构平面布置图

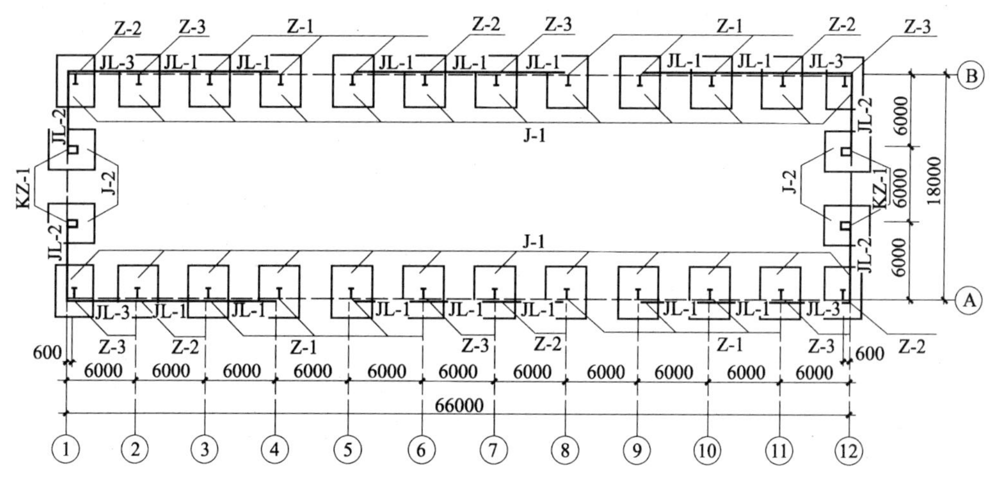

图 4-12 柱、基础平面布置图

4.3.1.3 排架的荷载计算

1. 荷载的基本数据

钢筋混凝土重度 25kN/m^3

水泥砂浆重度 20kN/m^3

砖墙重度 18kN/m^3

钢门窗自重 0.4kN/m^2

钢轨及垫层等重 0.6kN/m

二毡三油防水层自重 0.35kN/m^2(沿斜面方向)

找平层自重 0.4kN/m^2(沿水平面方向)

屋面活荷载 0.5kN/m^2(沿水平面方向)

屋面积灰荷载 0.5kN/m^2(沿水平面方向)

2. 恒荷载

(1)屋盖部分传来的恒载 F_{1p}

天窗重 $26.2\times2=52.4$kN

屋面板重 $1.3\times6\times18=140.4$kN

嵌缝重 $0.1\times6\times18=10.8$kN

防水层重 $0.35\times6\times18=37.8$kN

找平层重 $0.4\times6\times18=43.2$kN

每块天沟及积水重 350.5kN

$$F_{1p}=\frac{350.5}{2}+17.4=192.3\text{kN}$$

(2)柱自重 F_{2p}和 F_{3p}

上柱重:$F_{2p}=25\times0.5\times0.5\times3.6=22.5$kN

下柱重:柱身:$25\times[0.2815\times(10.8-0.4-0.4-0.4)+0.5\times1(0.2+0.4)]=75.1$kN

牛腿:$25\times\left(\frac{1+1.2}{2}\times0.2+1.2\times0.4\right)\times0.5=8.75$kN

$$F_{3p}=22.5+75.1+8.75=106.35\text{kN}$$

(3)混凝土吊车梁及轨道重 F_{4p}

$$F_{4p}=44.2+0.6\times1\times6=47.8\text{kN}$$

3. 活荷载

(1)屋面活荷载 F_{1Q}

雪荷载 0.2kN/m^2,屋面积灰荷载 0.5kN/m^2,屋面活荷载 0.5kN/m^2。排架计算时,屋面积灰荷载与雪荷载或屋面均布活荷载中的较大值同时考虑。

$$F_{1Q}=(0.5+0.5)\times6\times\frac{18}{2}=54\text{kN}$$

F_{1Q}作用位置同 F_{1p}。

(2)吊车荷载

采用两台中级工作制的吊车,起重量分别为 $Q=5\text{t}$,20/3t。吊车具体参数见表 4-1。

表 4-1　吊车规格表

吊车跨度 $L_k=16.5\text{m}$						
额定起重量 Q(t)	吊车宽度 B(m)	轮距 K(m)	吊车总重 G(kN)	小车重 g(kN)	最大轮压 P_{max}(kN)	最小轮压 P_{min}(kN)
5	4.3	3.4	134	22.8	74	18
20/3	5.16	4.1	225	70.1	183	29.5

注:$P_{min}=\frac{G+Q}{2}-P_{max}$。

1)竖向吊车荷载。如图 4-13 所示,其中 $\beta=0.9$。

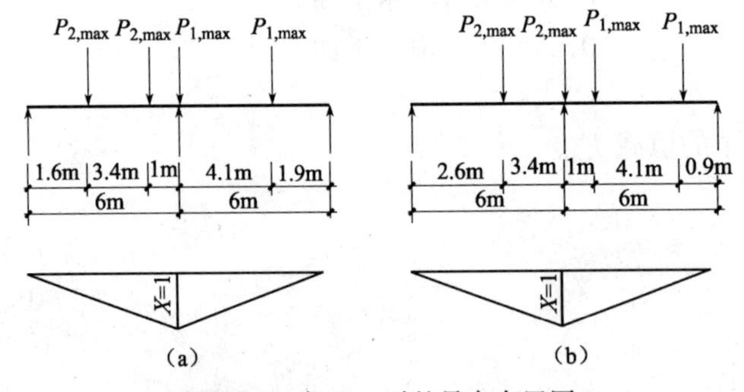

图 4-13　求 D_{max}时的吊车布置图

情况 a:$D_{max}=\beta\left[74\times\frac{1.6+5}{6}+183\times\left(1+\frac{1.9}{6}\right)\right]=290\text{kN}$

$$D_{min}=\beta\left[18\times\frac{1.6+5}{6}+29.5\times\left(1+\frac{1.9}{6}\right)\right]=52.8\text{kN}$$

情况 b:$D_{max}=\beta\left[183\times\frac{0.9+5}{6}+74\times\left(1+\frac{2.6}{6}\right)\right]=257.4\text{kN}$

$$D_{min}=\beta\left[29.5\times\frac{0.9+5}{6}+18\times\left(1+\frac{2.6}{6}\right)\right]=49.3\text{kN}$$

经过比较,设计时采用情况 a 中的荷载,作用位置同 F_{4p}。

2)水平吊车荷载。

每个轮子水平刹车力：

5t 吊车：　$T_1=\frac{1}{4}\alpha(Q+g)=\frac{1}{4}\times0.12\times(49+22.8)=2.15\text{kN}$

20/3t 吊车：$T_2=\frac{1}{4}\alpha(Q+g)=\frac{1}{4}\times0.1\times(196+70.1)=6.65\text{kN}$

产生 $T_{\max}$时吊车的作用位置与(1)中情况 a 相同，于是有：

$$T_{\max}=\beta\left[2.15\times\frac{1.6+5}{6}+6.65\times\left(1+\frac{1.9}{6}\right)\right]=10.0\text{kN}$$

$T_{\max}$作用标高为 12.10m(通过连接件传递)。

(3)风荷载

1)求均布风荷载 q

单层厂房的风荷载体型系数如图 4-14 所示，根据《建筑结构荷载规范》可得风压高度变化系数，如表 4-2 所示，框架风荷载计算简图如图 4-15 所示。

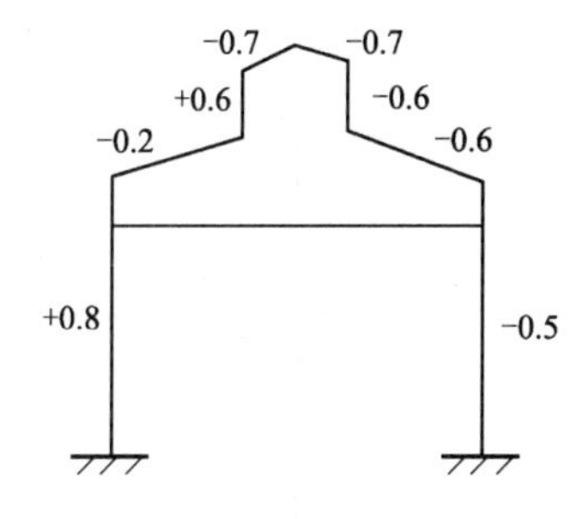

图 4-14　风载体型系数

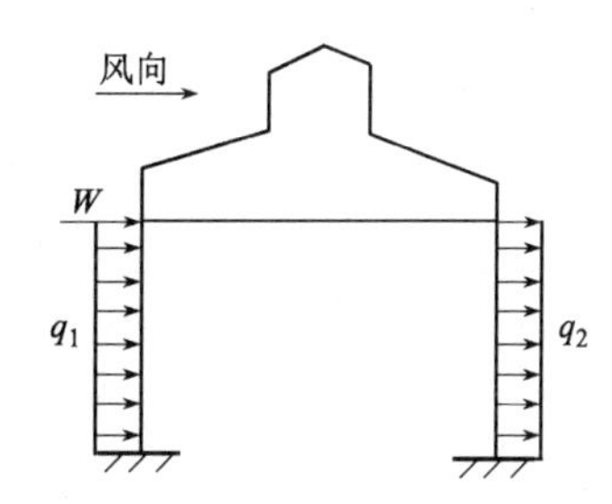

图 4-15　框架风荷载计算简图

表 4-2　风压高度变化系数 μ_z(B 类粗糙度)

标高(m)	10	15	20	30
μ_z	1.00	1.14	1.25	1.42

注：μ_z 按线性插值法求。

柱顶离室外地坪高度为 14.1＋0.15＝14.55mm，由表 4-2 得 $\mu_z=1.127\ 4$。

$$q_1=0.8\times1.127\ 4\times0.3\times6=1.63\text{kN/m}(\rightarrow)$$
$$q_2=0.5\times1.127\ 4\times0.3\times6=1.01\text{kN/m}(\rightarrow)$$

2)求集中风荷载 W

屋架檐口离室外地坪高度为 16.9－0.4＋0.15＝16.65m，故 $\mu_z=1.176\ 3$。

天窗、屋架交界处离室外地坪高度为 17.55＋0.15＝17.7m，故 $\mu_z=1.199\ 4$。

天窗檐口离室外地坪高度为 19.62＋0.15＝19.77m，故 $\mu_z=1.245\ 0$。

天窗顶离室外地坪高度为 19.92＋0.15＝20.07m，故 $\mu_z=1.251\ 2$。

按图 4-16 计算集中风荷载 W：

$$q_3=0.8\times1.176\ 3\times13.70\times6=1.70\text{kN/m}(\rightarrow)$$

$$q_4=-0.2\times1.1994\times0.3\times6=-0.43\text{kN/m}(\leftarrow)$$
$$q_5=0.6\times1.245\times0.3\times6=1.35\text{kN/m}(\rightarrow)$$

q_6 与 q_7 在水平方向相抵消。

$$q_8=0.6\times1.245\times0.3\times6=1.35\text{kN/m}(\rightarrow)$$
$$q_9=0.6\times1.1994\times0.3\times6=1.29\text{kN/m}(\rightarrow)$$
$$q_{10}=0.5\times1.1763\times0.3\times6=1.06\text{kN/m}(\rightarrow)$$
$$W=(q_3+q_{10})\times(16.65-14.55)+(q_4+q_9)\times(17.7-16.65)+(q_5+q_8)\times(19.77-17.77)$$
$$=5.79+0.91+5.59=12.29\text{kN}(\rightarrow)$$

集中风荷载 W 作用点标高为14.40m。

排架的计算简图及荷载的作用位置见图4-17、图4-18。

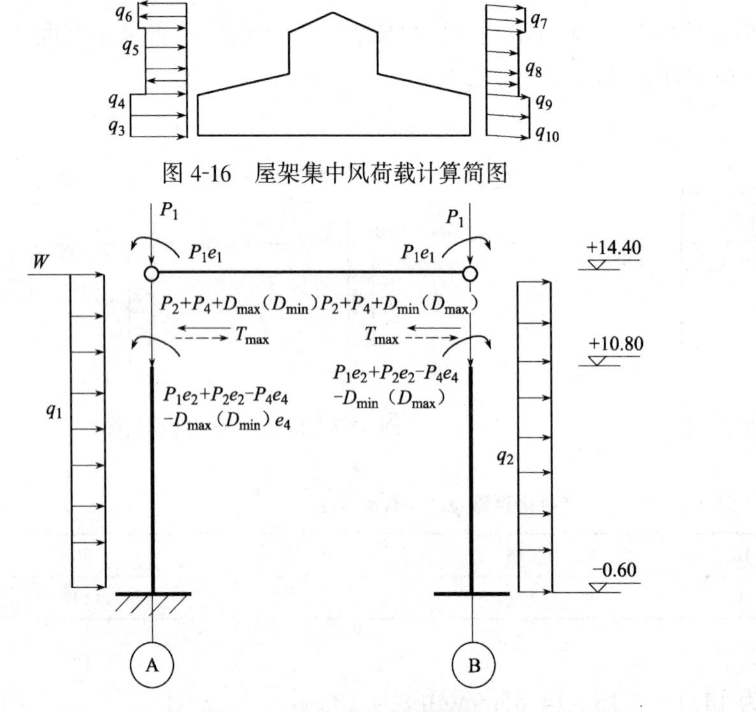

图4-16　屋架集中风荷载计算简图

图4-17　排架荷载作用简图

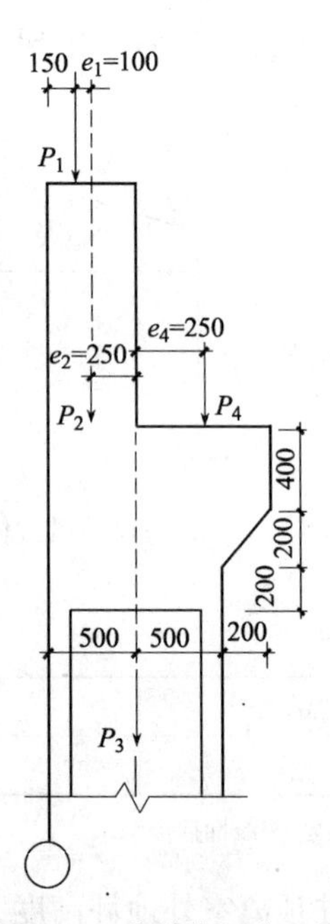

图4-18　荷载作用位置图

4.3.1.4　内力分析

1. 恒载作用下的排架内力

由于单层厂房多属于装配式结构,柱、吊车梁和轨道的自重,多是在预制柱吊装就位完毕而屋架尚未安装时施加在柱子上的,此时尚未构成排架结构。但在设计中,为了与其他荷载项的计算方法相一致,在柱、吊车梁和轨道的自重作用下仍按排架结构进行内力计算。

(1)由 F_{1p}产生的弯矩和轴力

$$F_{1p}=192.3\text{kN}$$
$$M_{11}=F_{1p}\times e_1=192.3\times100=19.23\text{kN}\cdot\text{m}$$
$$M_{12}=P_{1p}\times e_2=192.3\times250=48.08\text{kN}\cdot\text{m}$$

$$n=\frac{I_u}{I_1}=\frac{5.2\times10^9}{3.58\times10^{10}}=0.145 \qquad \lambda=\frac{H_u}{H}=\frac{3.6}{15}=0.24$$

用力学方法计算柱顶反力：

$$C_1=\frac{3}{2}\times\frac{1-\lambda^2\left(1-\frac{1}{n}\right)}{1+\lambda^3\left(\frac{1}{n}-1\right)}=\frac{3}{2}\times\frac{1-0.24^2\left(1-\frac{1}{0.145}\right)}{1+0.24^3\left(\frac{1}{0.145}-1\right)}=1.857$$

$$R_{11}=C_1\times\frac{F_{1p}e_1}{H}=1.857\times\frac{19.23}{15}=2.38\text{kN}(\rightarrow)$$

$$C_3=\frac{3}{2}\times\frac{1-\lambda^2}{1+\lambda^3\left(\frac{1}{n}-1\right)}=\frac{3}{2}\times\frac{1-0.24^2}{1+0.24^3\left(\frac{1}{0.145}-1\right)}=1.307$$

$$R_{12}=C_3\times\frac{F_{1p}e_2}{H}=1.307\times\frac{48.08}{15}=4.19\text{kN}(\rightarrow)$$

$$N_1=192.3\text{kN},R_1=R_{11}+R_{12}=2.38+4.19=6.57\text{kN}(\rightarrow)$$

(2)由柱自重产生的弯矩和轴力

1)上柱重

$$F_{2p}=22.5\text{kN},M_{22}=F_{2p}e_1=22.5\times250=5.62\text{kN}\cdot\text{m}$$

$$R_2=C_3\times\frac{F_{2p}e_2}{H}=1.307\times\frac{5.62}{15}=0.49\text{kN}(\rightarrow)$$

$$N_2=22.5\text{kN}$$

2)下柱重

$F_{3p}=83.85$kN，$N_3=83.85$kN，只产生轴力而不产生弯矩。

(3)由 F_{4p}产生的弯矩和轴力

$$F_{4p}=47.8\text{kN},M_{44}=F_{4p}e_4=47.8\times250=11.95\text{kN}\cdot\text{m}$$

$$R_4=C_3\times\frac{F_{4p}e_4}{H}=1.307\times\frac{11.95}{15}=1.04\text{kN}(\leftarrow)$$

$$N_4=47.8\text{kN}$$

恒载作用下的计算简图和内力图见图 4-19、图 4-20。

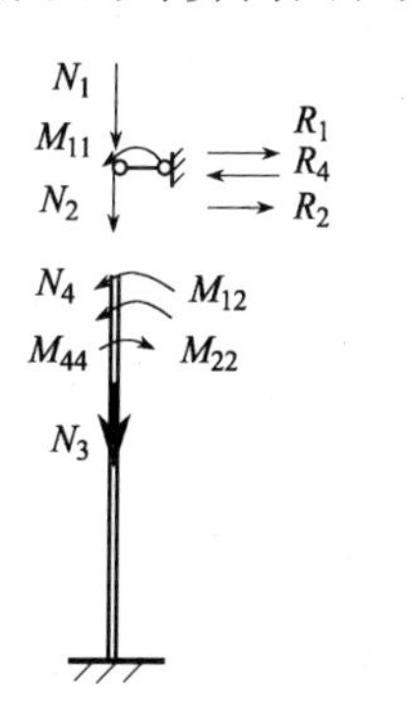

图 4-19 恒载计算简图

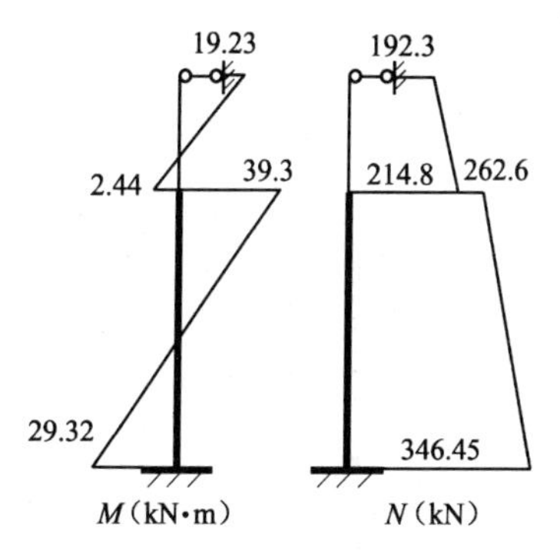

图 4-20 恒载作用下的 M、N 图

2. 屋面活载作用下的排架内力

F_Q 与 F_{1p}作用位置相同,即成比例。

$$F_{1Q}=54\text{kN}$$

$$R=6.57\times\frac{54}{192.3}=1.84\text{kN}(\rightarrow)$$

$$M_{11}=19.23\times\frac{54}{192.3}=5.4\text{kN}\cdot\text{m}$$

$$M_{12}=48.08\times\frac{54}{192.3}=13.5\text{kN}\cdot\text{m}$$

$$N=54\text{kN}$$

屋面活载作用下的计算简图和内力图见图 4-21、图 4-22。

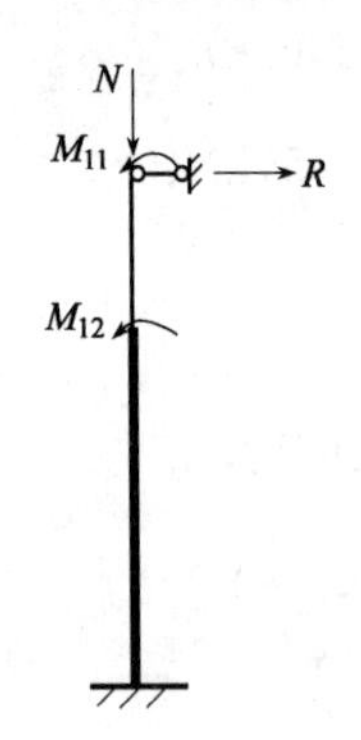

图 4-21　屋面活载计算简图

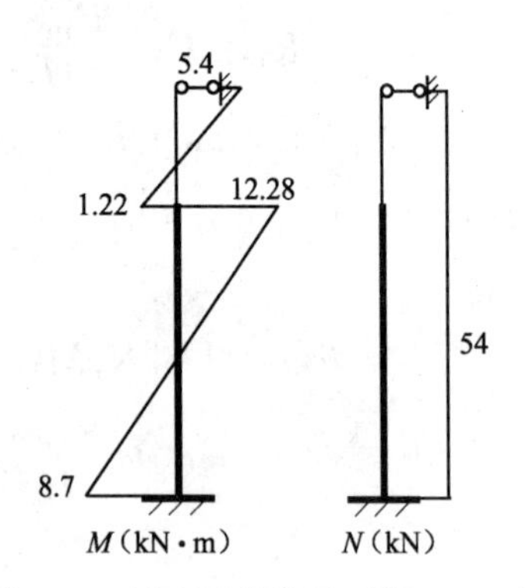

图 4-22　屋面活载作用下的 M,N 图

3. 吊车竖向荷载作用下的排架内力

(1)最大轮压作用于 A 柱时

A 柱　　$M_A=D_{max}e_4=290\times250=72.5\text{kN}\cdot\text{m}$

B 柱　　$M_B=D_{min}e_4=52.8\times250=13.2\text{kN}\cdot\text{m}$

计算简图如图 4-23 所示。与恒载计算法相同,可得 $C_3=1.307$

A 柱　　$R_A=C_3\times\dfrac{D_{max}e_4}{H}=1.307\times\dfrac{72.5}{15}=-6.32\text{kN}(\leftarrow)$

B 柱　　$R_B=C_3\times\dfrac{D_{min}e_4}{H}=1.307\times\dfrac{13.2}{15}=-1.15\text{kN}(\leftarrow)$

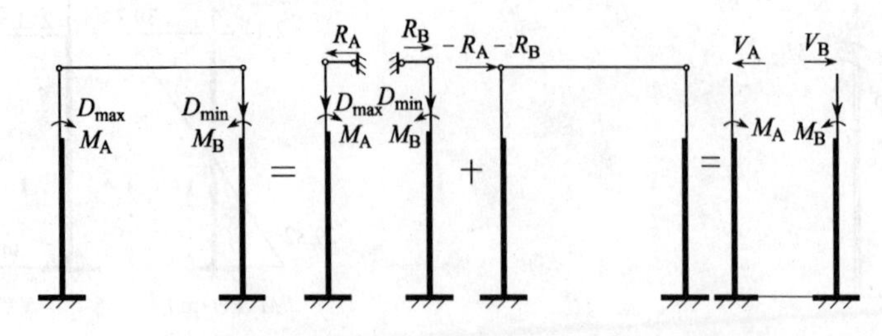

图 4-23　吊车竖向荷载作用下(D_{max}在 A 柱)计算简图

A 柱与 B 柱相同,剪力分配系数 $\eta_A=\eta_B=0.5$,则 A 柱与 B 柱柱顶的剪力为:

A 柱 $\quad V_A=R_A-\eta_A(R_A+R_B)=-6.32-0.5(-6.32+1.15)$

$=-3.74\text{kN}(\leftarrow)$

B 柱 $\quad V_B=R_B-\eta_B(R_A+R_B)=1.15-0.5(-6.32+1.15)$

$=3.74\text{kN}(\leftarrow)$

内力图示如图 4-24 所示。

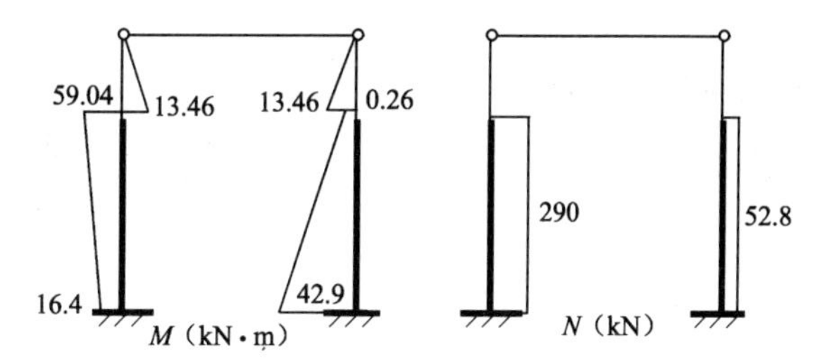

图 4-24 吊车竖向荷载作用下(D_{max}在 A 柱)M,N 图

(2)最大轮压作用于 B 柱时

由于结构的对称性,A 柱同 1 中 B 柱的情况,B 柱同 1 中 A 柱的情况。M,N 图可以参照图 4-24。

4. 吊车水平制动力作用下的排架内力

(1)T_{max}向左作用

柱中轴力为零,由前述所得 $n=0.145$,$\lambda=0.24$

A 柱 $\quad T_A=T_{max}=10.0\text{kN}$

B 柱 $\quad T_B=T_{max}=10.0\text{kN}$

$$\frac{y}{H_u}=\frac{14.4-12.1}{3.6}=0.639$$

$$C_5=\frac{2-1.8\lambda+\lambda^3\left(\dfrac{0.416}{n}-0.2\right)}{2\left[1+\lambda^3\left(\dfrac{1}{n}-1\right)\right]}=0.742$$

$$R_A=R_B=C_5T_{max}=10.0\times0.742=7.42\text{kN}(\rightarrow)$$

A 柱与 B 柱相同,剪力分配系数 $\eta_A=\eta_B=0.5$,计算简图见图 4-25,则 A 柱和 B 柱的柱顶剪力为:

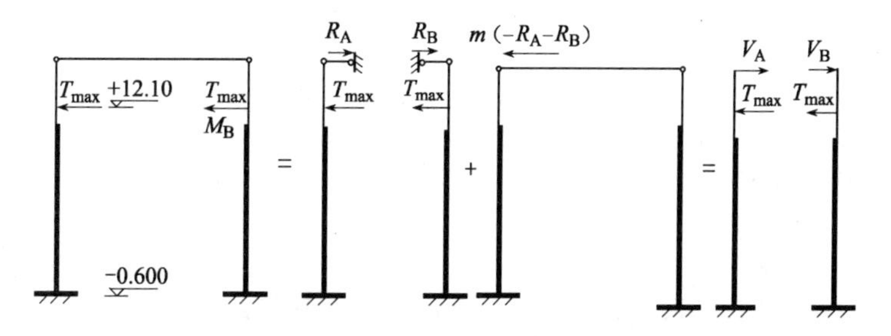

图 4-25 吊车水平力作用下排架计算简图

A 柱　　　$V_A = R_A - \eta_A(R_A + R_B) = 7.42 - 0.5 \times (7.42 + 7.42)$
$= 1.31\text{kN}(\rightarrow)$

B 柱　　　$V_B = R_B - \eta_B(R_A + R_B) = 7.42 - 0.5 \times (7.42 + 7.42)$
$= 1.31\text{kN}(\rightarrow)$

根据柱顶剪力和求得 T_{max}向左作用下排架的弯矩图，如图 4-26 中实线所示。

(2) T_{max}向右作用

由于结构对称，M 图如图 4-26 中的虚线所示。

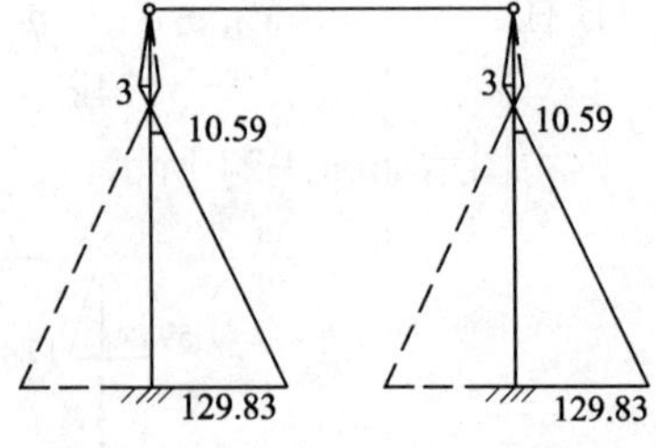

图 4-26　吊车水平力作用下 M 图

5. 风荷载作用下排架内力

(1)左来风情况

$$q_1 = 1.63\text{kN/m},\quad q_2 = 1.02\text{kN/m}$$

$$W = 12.29\text{kN}$$

$$C_{11} = \frac{3\left[1 + \lambda^4\left(\dfrac{1}{n} - 1\right)\right]}{8\left[1 + \lambda^3\left(\dfrac{1}{n} - 1\right)\right]} = 0.354$$

$$R_1 = -C_{11}q_1H = -0.354 \times 1.63 \times 15 = -8.66\text{kN}(\leftarrow)$$

$$R_2 = -C_{11}q_2H = -0.354 \times 1.01 \times 15 = -5.36\text{kN}(\leftarrow)$$

排架单元为对称结构，柱中的轴力为零，计算简图见图 4-27。

$$\eta = \frac{1}{2}$$

$$V_A = R_1 + \eta(-R_1 - R_2 + W) = 5.0\text{kN}(\rightarrow)$$

$$V_B = R_2 + \eta(-R_1 - R_2 + W) = 7.8\text{kN}(\rightarrow)$$

(2)右来风的情况

由于结构的对称性，M 图如图 4-28 中虚线所示。

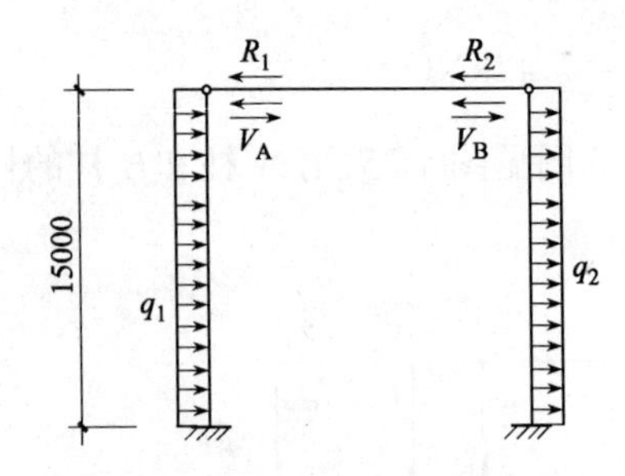

图 4-27　风荷载作用下排架计算简图

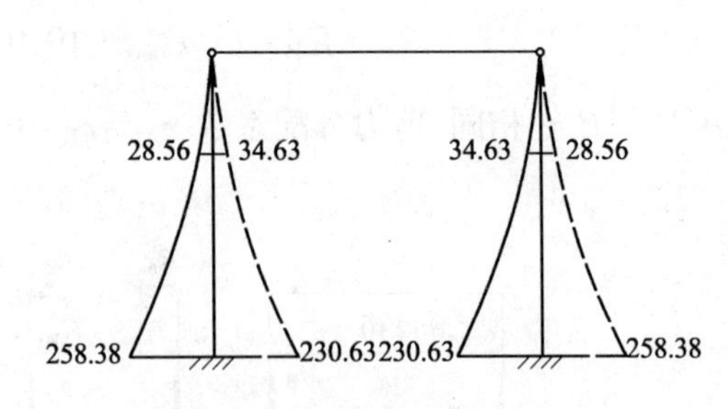

图 4-28　风荷载作用下 M 图

4.3.1.5　内力组合

排架单元为对称结构，可仅考虑 A 柱的控制截面。具体组合情况见表 4-3 和表 4-4。表 4-3 中柱截面和内力的正方向如图 4-29 所示。

表 4-3 内力组合表

截面	内力	恒载	活载	竖向吊车荷载 最大轮压作用于 A	竖向吊车荷载 最大轮压作用于 B	水平吊车荷载 水平力作用方向 向左	水平吊车荷载 水平力作用方向 向右	风荷载 左来风	风荷载 右来风
		1	2	3	4	5	6	7	7
Ⅰ-Ⅰ	M	2.44	1.22	−13.46	−13.46	−10.59	10.59	28.56	−34.63
	N	214.8	54	0	0	0	0	0	0
Ⅱ-Ⅱ	M	−39.31	−12.28	59.04	−0.26	−10.59	10.59	28.56	−34.63
	N	262.6	54	290	52.8	0	0	0	0
Ⅲ-Ⅲ	M	29.32	8.7	16.4	−42.9	−129.83	129.83	258.38	−230.63
	N	346.45	54	290	52.8	0	0	0	0
	V	6.02	1.84	−3.74	−3.74	−8.69	8.69	29.45	−22.95

表 4-4 组合内力

截面	1.2恒载+1.4×[0.9×(其他活载+风载)]								1.2×恒载+1.4×其他活载						1.2×恒载+1.4×风荷载					
	组合项	M_{max} 相应 N,V	组合项	M_{min} 相应 N,V	组合项	M_{max} 相应 M,V	组合项	M_{min} 相应 M,V	组合项	M_{max} 相应 N,V	组合项	M_{max} 相应 N,V	组合项	M_{max} 相应 N,V	组合项	M_{max} 相应 N,V	组合项	M_{max} 相应 N,V	组合项	M_{max} 相应 N,V
Ⅰ-Ⅰ	127	40.45	1358	−71.01	1238	−69.47	1358	−71.01	12	4.64	135	−30.74	1235	−29.03	135	−30.74	17	43.91	18	−44.55
		325.8		257.76		325.8		257.76		333.4		257.76		333.4		257.76		257.76		257.8
Ⅱ-Ⅱ	1367	76.55	12458	−119.95	12367	61.08			136	50.31	1245	−79.55	1236	33.12	146		17	−7.12	18	−95.65
		680.52		449.69		748.56				721.1		464.6		796.7				315.12		315.12
Ⅲ-Ⅲ	12367	555.95	1458	−473.06	12367	555.95			1236	230.39	145	−260.64	1236	230.39	145		17	396.91	18	−287.7
		849.18		482.27		849.18				897.34		489.7		897.34				415.7		415.7
		53.00		−28.15		52.89				16.74		−10.17		16.74				48.46		−24.9

注:本表中Ⅰ-Ⅰ、Ⅱ-Ⅱ和Ⅲ-Ⅲ截面以及荷载的正方向由图 4-29 确定。

4.3.1.6 排架柱设计

1.A 轴柱

(1)设计资料

截面尺寸:上柱　500mm×500mm

下柱　Ⅰ形截面　$b=120\text{mm}, h=1\ 000\text{mm}$

$b'_f=b_f=500\text{mm}, h'_f=h_f=200\text{mm}$

材料等级:混凝土 C30, $f_c=14.3\text{N/mm}^2$

钢筋:受力筋为 HRB 335 钢筋, $f_y=f'_y=300\text{N/mm}^2$

箍筋、预埋件和吊钩为 HPB 235 钢筋, $f_y=210\text{N/mm}^2$

计算长度:排架平面内　上柱:$2\times3.6=7.2\text{m}$

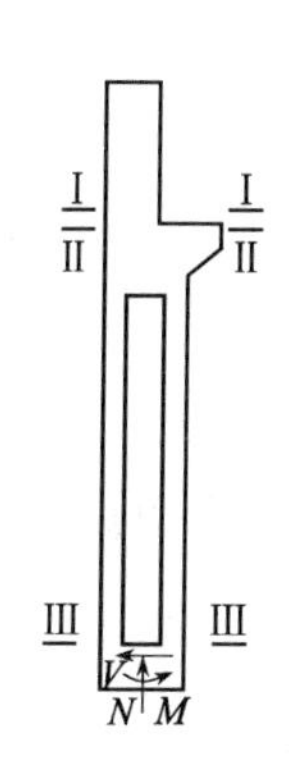

图 4-29　A 柱控制截面和内力正方向

下柱：1×11.4=11.4m

排架平面外　　上柱：1.5×3.6=5.4m

下柱：1×11.4=11.4m

(2)内力

1)上柱

$$b=500\text{mm},h_0=500-40=460\text{mm},\text{混凝土 C30 级},\alpha_1=1.0$$

$$f_c=14.3\text{N/mm}^2,\text{HRB 335 级钢},f_y=300\text{N/mm}^2,\xi_b=0.550$$

$$N_b=\xi_b f_c b h_0=14.3\times500\times460\times0.550$$
$$=1\,808.94\times10^3\text{N}=1\,808.94\text{kN}$$

内力组合表(表 4-3)中Ⅰ-Ⅰ截面的控制内力 N 均小于 N_b，则都属于大偏心受压，所以选取弯矩较大而轴力较小的情况，经比较取出下面内力组合：

$$\begin{cases}M=-71.01\text{kN}\cdot\text{m}\\N=257.76\text{kN}\end{cases}$$

2)下柱

由于下柱在长度范围内配筋相同，比较Ⅱ-Ⅱ截面及Ⅲ-Ⅲ截面的控制内力，可以看出Ⅲ-Ⅲ截面起控制作用。可以令：

$$N_b=f_c(b'_f-b)h'_f+f_c h_0\xi_b$$
$$=14.3\times(500-120)\times200+14.3\times120\times960\times0.55$$
$$=1\,986.7\text{kN}$$

内力组合表(表 4-3)中Ⅲ-Ⅲ截面的控制内力 N 均小于 N_b，则都属于大偏心受压，所以选取弯矩较大而轴力较小的情况，经比较取出下面内力组合：

$$\begin{cases}M=555.95\text{kN}\cdot\text{m}\\N=849.18\text{kN}\\V=53.00\text{kN}\end{cases}\qquad\begin{cases}M=-473.06\text{kN}\cdot\text{m}\\N=482.27\text{kN}\\V=-28.15\text{kN}\end{cases}$$

(3)配筋计算(采用对称配筋)

1)上柱

$$M=-71.01\text{kN}\cdot\text{m}\qquad N=257.76\text{kN}$$

$$x=\frac{N}{\alpha_1 f_c b}=\frac{257\,760}{14.3\times500}=36.05\text{mm}<2a'_s=80\text{mm}$$

所以属于大偏心受压，取 $x=80\text{mm}$

$$e_0=\frac{M}{N}=\frac{71.01}{257.76}=275.5\text{mm}$$

$$e_a=\frac{30}{h}=16.6\text{mm}<20\text{mm},\text{取 }e_a=20\text{mm}$$

$$e_i=e_0+e_a=275.5+20=295.5\text{mm}$$

$$\frac{l_0}{h}=\frac{7\ 200}{500}=14.4>8（l_0\text{ 为排架方向上柱的计算长度}）$$

$$\zeta_1=0.2+2.7\frac{e_i}{h_0}=0.2+2.7\times\frac{295.5}{460}=1.93>1,\zeta_1=1.0$$

$$\frac{l_0}{h}<15,\zeta_2=1.0$$

$$\eta=1+\frac{1}{1\ 400\frac{e_i}{h_0}}\left(\frac{l_0}{h}\right)^2\zeta_1\zeta_2=1.445$$

$$e=\eta e_i+\frac{h}{2}-a_s=1.445\times295.5+\frac{500}{2}-40=637\text{mm}$$

$$e'=e-h_0+a'_s=637-460+40=137\text{mm}$$

$$A_s=A'_s=\frac{Ne'}{f_y(h_0-a'_s)}=\frac{257\ 760\times137}{300(460-40)}=280\text{mm}^2$$

选用每侧 2Φ20（$A_s=620\text{mm}^2$），箍筋选用Φ6@200（图 4-30）。

垂直弯矩平面的承载力验算：

$\frac{l_0}{b}=\frac{5\ 400}{500}=10.8$（$l_0$ 为垂直排架平面的计算长度），$\varphi=0.968$。

$$N_u=\varphi(f_cA+f_yA_s)$$
$$=0.968(14.3\times500\times500+300\times620\times2)$$
$$=3\ 821\text{kN}>N=257.76\text{kN}(N_{max}=333.4\text{kN})$$

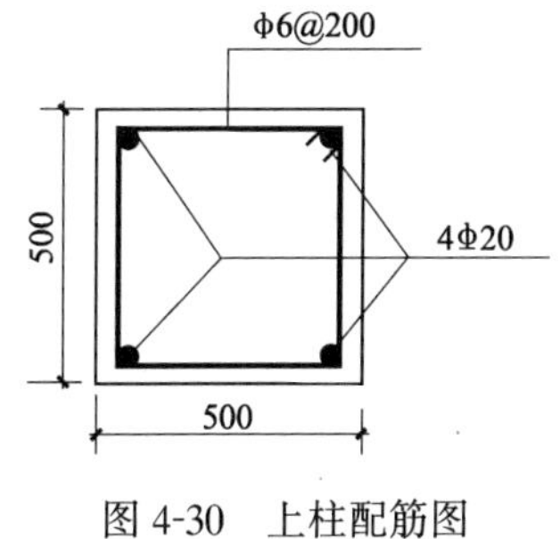

图 4-30 上柱配筋图

满足要求。

2）下柱

$$N'_f=\alpha_1f_cb'_fh'_f=14.3\times500\times200=1\ 420\text{kN}$$

内力组合(a) $M=555.95\text{kN·m}$

$$N=849.18\text{kN}<N'_f=1\ 420\text{kN}$$

所以，中和轴位于受压区翼缘部分。

$$x=\frac{N}{f_cb'_f}=\frac{849\ 180}{14.3\times500}=118.8\text{mm}$$

$$e_0=\frac{M}{N}=\frac{555.95}{849.18}=654.7\text{mm}$$

$$e_a=\frac{h}{30}=33\text{mm}>20\text{mm},\text{取 }e_a=33\text{mm}$$

$$e_i=e_0+e_a=654.7+33=687.7\text{mm}$$

$$\frac{l_0}{h}=\frac{11\ 400}{1\ 000}=11.4>8（l_0\text{ 为排架方向下柱的计算长度}）$$

$$\zeta_1=0.2+2.7\frac{e_i}{h_0}=0.2+2.7\times\frac{687.7}{960}=2.13>1,\zeta_1=1.0$$

$$\frac{l_0}{h}=11.4<15,\zeta_2=1.0$$

$$\eta=1+\frac{1}{1\ 400\frac{e_i}{h_0}}\left(\frac{l_0}{h}\right)^2\zeta_1\zeta_2$$

$$=1+\frac{1}{1\ 400\times\frac{687.7}{960}}\times 11.4^2\times 1.0\times 1.0=1.13$$

$$e=\eta e_i+\frac{h}{2}-a_s=1.13\times 687.7+\frac{1\ 000}{2}-40=1\ 237.10\text{mm}$$

$$A_s=A'_s=\frac{Ne-f_cbx(h_0-0.5x)}{f_y(h_0-a'_s)}$$

$$=\frac{849\ 180\times 1\ 237.10-14.3\times 500\times 118.8\times(960-0.5\times 118.8)}{300(960-40)}$$

$$=1\ 035\text{mm}^2$$

内力组合(b)$M=-473.06\text{kN·m}$,$N=482.27<N'_f$,所以,中和轴位于受压区翼缘部分。

$$x=\frac{N}{f_cb'_f}=\frac{482\ 270}{14.3\times 500}=67.45\text{mm}<2a'_s=80\text{mm}$$

取 $x=80\text{mm}$

$$e_0=\frac{M}{N}=\frac{473.06}{482.27}=981\text{mm}$$

$$e_a=\frac{h}{30}=33\text{mm}>20\text{mm},\text{取 }e_a=33\text{mm}$$

$$e_i=e_0+e_a=981+33=1\ 014\text{mm}$$

$$\frac{l_0}{h}=\frac{11\ 400}{1\ 000}=11.4>8(l_0\text{ 为排架方向下柱的计算长度})$$

$$\zeta_1=0.2+2.7\frac{e_i}{h_0}=0.2+2.7\times\frac{1\ 014}{960}=3.05>1,\zeta_1=1.0$$

$$\frac{l_0}{h}=11.4<15,\zeta_2=1.0$$

$$\eta=1+\frac{1}{1\ 400\frac{e_i}{h_0}}\left(\frac{l_0}{h}\right)^2\zeta_1\zeta_2=1+\frac{1}{1\ 400\times\frac{1\ 014}{960}}\times 11.4^2\times 1.0\times 1.0=1.088$$

$$e=\eta e_i+\frac{h}{2}-a_s=1.088\times 1\ 014+\frac{1\ 000}{2}-40=1\ 563\text{mm}$$

$$e'=e-h_0+a_s=1\ 563-960+40=643\text{mm}$$

$$A_s=A'_s=\frac{Ne'}{f_y(h_0-a'_s)}=\frac{482\ 270\times 643}{300(960-40)}=1\ 124\text{mm}^2$$

对两组内力进行比较,选用每侧4Φ25($A_s=1\ 964\text{mm}^2$),箍筋选用Φ6@200(图4-31)。

垂直弯矩平面的承载力验算:

$$A=2.815\times 10^5\text{mm}^2$$

$$I_y = 4.56 \times 10^9 \text{mm}^2$$

$$i = \sqrt{\frac{I_y}{A}} = 127.3$$

$$\frac{l_0}{i} = \frac{11\ 400}{127.3} = 89.6, \varphi = 0.61$$

$$\begin{aligned} N_u &= \varphi(f_c A + f_y A'_s) \\ &= 0.61(14.3 \times 2.815 \times 10^5 + 300 \times 1\ 964 \times 2) \\ &= 3\ 174\text{kN} > N = 415.7\text{kN}(N_{max} = 897.34\text{kN}) \end{aligned}$$

满足要求。

(4)牛腿计算

吊车梁与牛腿的关系如图 4-32 所示,所以牛腿面上没有水平力。

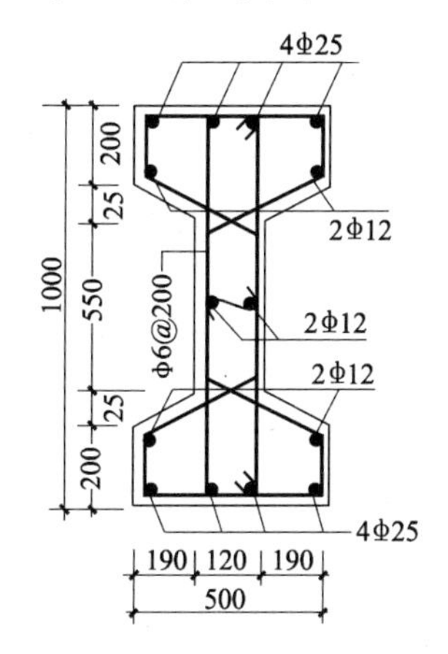

图 4-31　排架柱下柱截面的配筋图

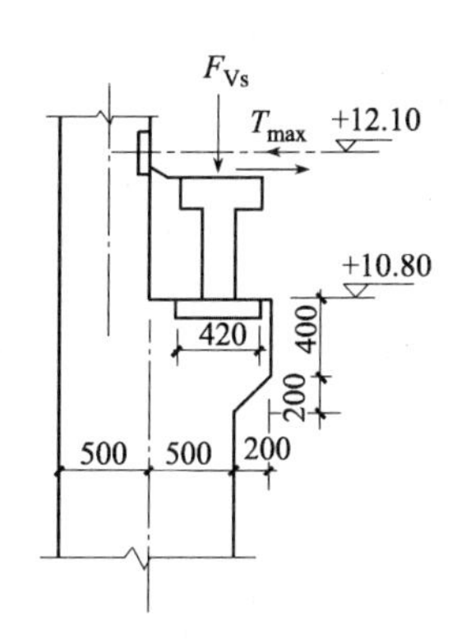

图 4-32　排架柱牛腿计算简图

作用牛腿面的竖向荷载

$$F_V = 1.2F_{4p} + 1.4D_{max} = 57.4 + 406 = 463.4\text{kN}$$

$$F_{Vs} = F_{4p} + D_{max} = 47.8 + 290 = 337.8\text{kN}$$

牛腿高度的验算:

$$f_{tk} = 2\text{N/mm}^2, a = 0, b = 500\text{mm}$$

$$h_0 = 400 - 35 + 200\cos 45° = 565\text{mm}$$

$$0.8 \times \frac{f_{tk} b h_0}{0.5 + \frac{a}{h_0}} = \frac{0.8 \times 2 \times 500 \times 565}{0.5} = 904\text{kN} > F_{Vs} = 337.8\text{kN}$$

满足要求。

纵向受拉钢筋的配置,因为竖向力作用点在下柱截面边缘内,则可以按构造配筋,$A_s \geqslant \rho_{min} bh = 0.002 \times 500 \times 600 = 600\text{mm}^2$。且 $A_s \geqslant bh \times 0.45 f_t / f_y = 500 \times 600 \times 0.45 \times 1.5/300 = 675\text{mm}^2$,纵筋不应少于 4 根,直径不应小于 12mm,所以选用 4 Φ 16($A_s = 804.4\text{mm}^2$);由于 $a/h_0 < 0.3$,则可以不设置弯起钢筋,箍筋按构造配置,牛腿上部 $h_0/3$ 范围内水平箍筋的总截

面面积不应小于承受 F_V 的受拉纵筋总面积的 1/2，箍筋选用Φ 8@100(图 4-33)。

局部承压面积近似按柱宽乘以吊车梁端承压板宽度取用：

$$A=500\times420=2.1\times10^5\text{mm}^2$$

$$\frac{F_{Vs}}{A}=\frac{337.8}{2.1\times10^5}=1.61\text{N/mm}^2<0.75f_c=10.72\text{N/mm}^2$$

满足要求。

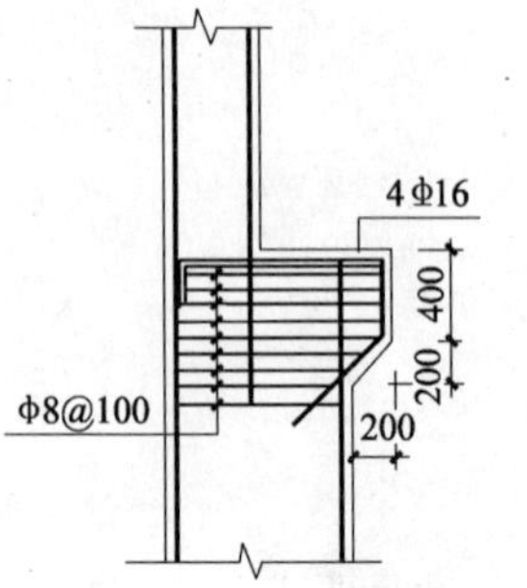

图 4-33　排架柱牛腿配筋图

(5)吊装阶段验算

采用平吊方式，吊装简图如图 4-34、图 4-35 所示。

1)荷载

上柱：$25\times0.5\times0.5=6.25\text{kN/m}$

牛腿：$25\times0.5\times1.2=15\text{kN/m}$

下柱：$25\times0.281\,5=7.04\text{kN/m}$

柱脚：$25\times0.5\times1=12.5\text{kN/m}$

考虑荷载系数 1.2，动力系数 1.5，结构重要性系数 0.9

$q_{4k}=8.44\text{kN/m}$　　$q_4=10.12\text{kN/m}$

$q_{3k}=20.25\text{kN/m}$　　$q_3=24.3\text{kN/m}$

$q_{2k}=9.5\text{kN/m}$　　$q_2=11.4\text{kN/m}$

$q_{1k}=16.88\text{kN/m}$　　$q_1=20.25\text{kN/m}$

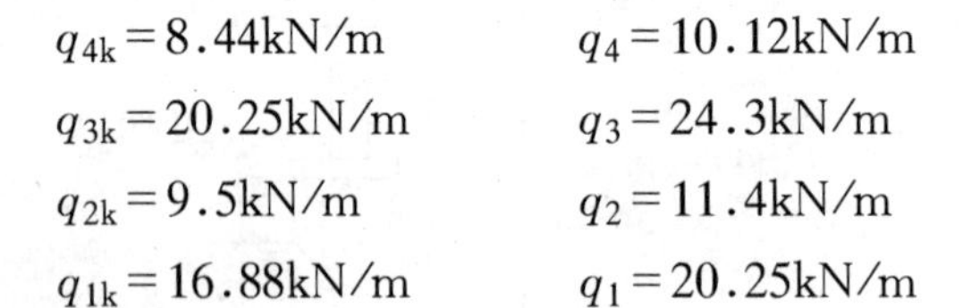

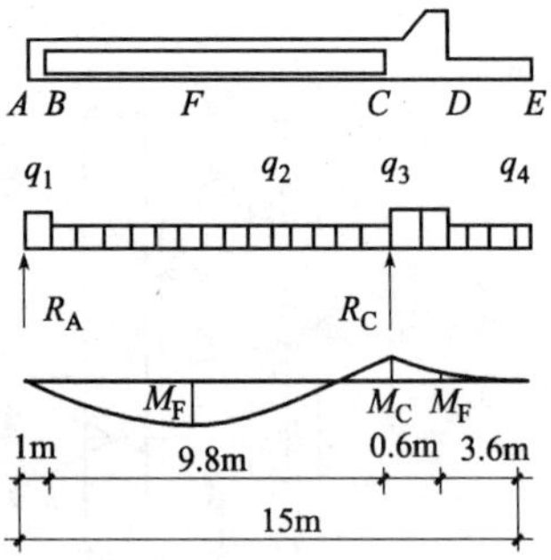

图 4-34　排架柱吊装简图

2)内力

$R_A=61.44\text{kN}$　　$R_{Ak}=51.22\text{kN}$

$R_C=121.8\text{kN}$　　$R_{Ck}=101.5\text{kN}$

$M_F=125.7\text{kN·m}$　　$M_{Fk}=104.7\text{kN·m}$

$M_C=92.46\text{kN·m}$　　$M_{Ck}=77.05\text{kN·m}$

$M_D=66.06\text{kN·m}$　　$M_{Dk}=55.05\text{kN·m}$

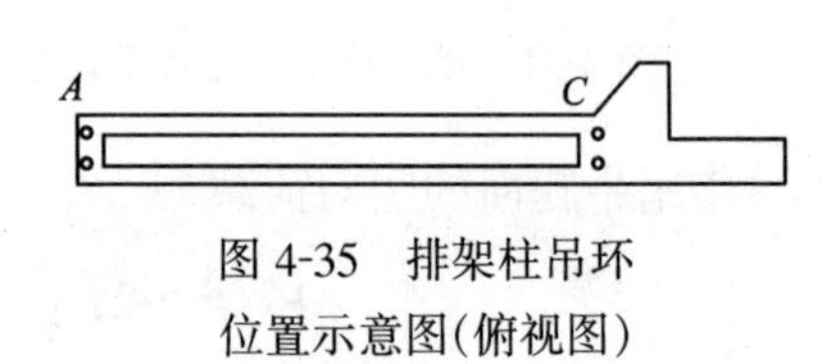

图 4-35　排架柱吊环位置示意图(俯视图)

3)配筋验算

现按平吊验算，截面按双筋截面计算，裂缝允许宽度$[w_{max}]=0.3\text{mm}$

由于用 $w_{max}=\alpha_{cr}\psi\frac{\sigma_{sk}}{E_s}\left(1.9c+0.08\frac{d_{eq}}{\rho_{te}}\right)$来计算裂缝宽度，比较繁琐。而又由上式中可以看到裂缝宽度与 σ_s 有直接关系，所以一般采用限制钢筋应力的办法来限制裂缝宽度。

在$[w_{max}]=0.3\text{mm}$，Φ 20 钢筋情况下，$[\sigma_s]$一般为 250N/mm^2；

在$[w_{max}]=0.3\text{mm}$，Φ 25 钢筋情况下，$[\sigma_s]$一般为 240N/mm^2。

①下柱跨中

$$M_F=125.7\text{kN·m},M_{Fk}=104.7\text{kN·m},h_0=460\text{mm}$$

$$A_s=\frac{M}{f_y(h_0-a'_s)}=\frac{125.07\times10^6}{300(460-40)}=993\text{mm}^2$$

已有钢筋 2Φ25+2Φ12($A_s=1\,208\text{mm}^2$)，满足要求。

裂缝验算：

$$\sigma_s=\frac{M_k}{0.87h_0A_s}=\frac{104.7\times10^6}{0.87\times460\times1\ 208}=216.5\text{N/mm}^2<[\sigma_s]=250\text{N/mm}^2$$

满足要求。

②下柱牛腿处

$$M_C=92.46\text{kN}\cdot\text{m},M_{Ck}=77.05\text{kN}\cdot\text{m},h_0=465\text{mm}$$

$$A_s=\frac{M_C}{f_y(h_0-a'_s)}=\frac{92.46\times10^6}{300(460-40)}=734\text{mm}^2$$

已有钢筋 2Φ25+2Φ12($A_s=1\ 208\text{mm}^2$)，满足要求。

裂缝验算：

$$\sigma_s=\frac{M_k}{0.87h_0A_s}=\frac{77.05\times10^6}{0.87\times460\times1.208}=159.4\text{N/mm}^2<[\sigma_s]=250\text{N/mm}^2$$

满足要求。

③上柱牛腿处

$$M_D=66.06\text{kN}\cdot\text{m},M_{Dk}=55.05\text{kN}\cdot\text{m},h_0=460\text{mm}$$

$$A_s=\frac{M_D}{f_y(h_0-a'_s)}=\frac{66.06\times10^6}{300(460-40)}=524\text{mm}^2$$

已有钢筋 2Φ20($A_s=628\text{mm}^2$)，满足要求。

裂缝验算：

$$\sigma_s=\frac{M_k}{0.87h_0A_s}=\frac{55.05\times10^6}{0.87\times460\times628}=222\text{N/mm}^2<[\sigma_s]=250\text{N/mm}^2$$

满足要求。

(6)柱中吊环的设计

由 5. 中可知：
$$R_{Ak}=51.22\text{kN},N_{Ak}=\frac{R_{Ak}}{1.5\times0.9}=37.9\text{kN}$$

$$R_{Ck}=101.5\text{kN},N_{Ck}=\frac{R_{Ck}}{1.5\times0.9}=75.2\text{kN}$$

吊环选用 HPB 235 钢筋，在考虑自重分项系数 1.2，吸附作用系数 1.2，动力系数 1.5，应力集中系数 1.4，钢丝绳角度对环的影响系数 1.4，可得到$[\sigma_s]=\frac{210}{1.2\times1.2\times1.5\times1.4\times1.4}=50\text{N/mm}^2$，若按图 4-35 布置吊环，则每个吊环承受的力为：

$$N_A=\frac{N_{Ck}}{2}=18.95\text{kN},\qquad N_C=\frac{N_{Ck}}{2}=37.6\text{kN}$$

$$A_{sA}=\frac{N_A}{2[\sigma_s]}=\frac{18.95\times10^3}{2\times50}=189.5\text{mm}^2$$

$$A_{sC}=\frac{N_C}{2[\sigma_s]}=\frac{37.6\times10^3}{2\times50}=376\text{mm}^2$$

在 A 处可以选用 1Φ16 做成一个吊环($A_s=201\text{mm}^2$)，在 C 处可以选用 1Φ22 做成一个

吊环($A_s=380mm^2$)。

2.B轴柱

由于排架单元为对称结构,所以B轴柱设计与A轴柱相同。A轴柱模板配筋图,如图4-36所示。

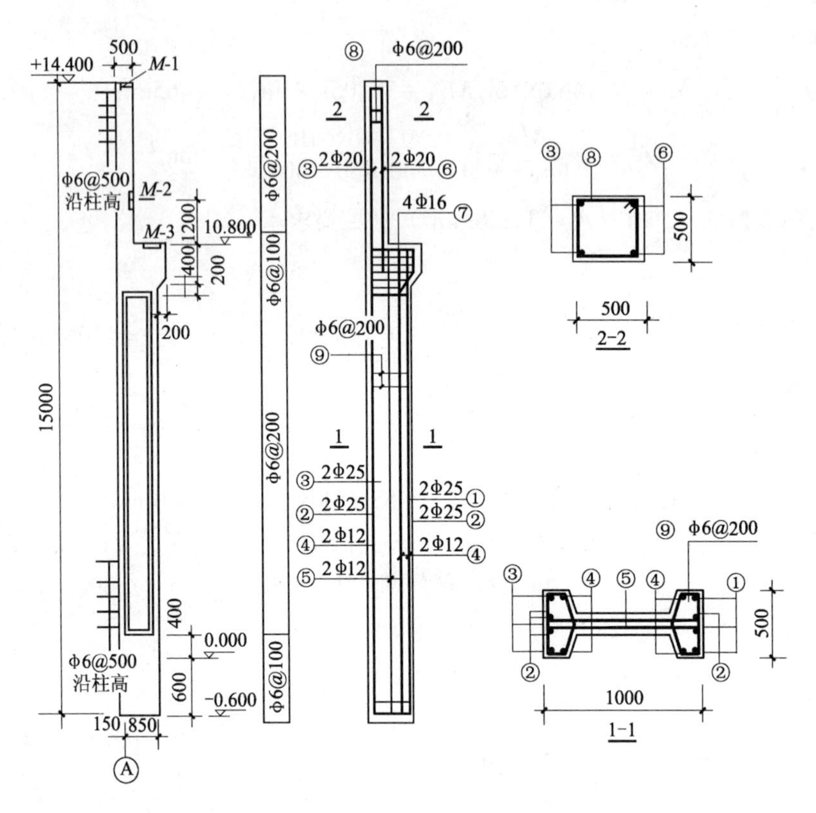

图4-36　A轴柱模板配筋图

4.3.2　设计示例2

单层双跨厂房结构设计

某工厂车间为24m双跨等高厂房,排架结构,6m柱距,每跨有工作制级别A4的30/5t及15/3t吊车各一台,轨顶标高不低于+9.000m,建筑平剖面图见图4-37。已知该厂房所在地区基本风压$w=0.35kN/m^2$,基本雪压$s_0=0.30kN/m^2$,地基承载力特征值$f_a=220kN/m^2$(持力层为细砂),不要求抗震设防。试进行排架结构设计。

以下为结构设计计算书。

1.经设计确定以下做法和相应荷载的标准值:

(1)屋面为六层油毡防水层做法,下为20mm水泥砂浆找平层,80mm加气混凝土保温层,6m跨预应力混凝土大型屋面板。算得包括屋盖支撑(按0.07kN/m²计)在内的屋面恒载为2.74kN/m²。

(2)采用24m跨折线形预应力混凝土屋架,每榀重力荷载为109.0kN;采用9m跨矩形纵向天窗,每榀天窗架每侧传给屋架的竖向荷载为34.0kN。

(3)采用专业标准(ZQ1—62)规定的30/5t和15/3t吊车的基本参数和有关尺寸。

(4)采用6m跨等截面预应力混凝土吊车梁(截面高度为1 200mm),每根吊车梁的重力荷载为45.50kN;吊车轨道连接重力荷载0.81kN/m。

(5)围护墙采用240mm厚双面清水自承重墙,钢窗(按0.45kN/m^2计),围护墙直接支承于基础梁;基础梁截面高度为450mm。

(6)取室内外高差150mm;于是,基础顶面标高为-0.700m(450+150+100=700mm)。

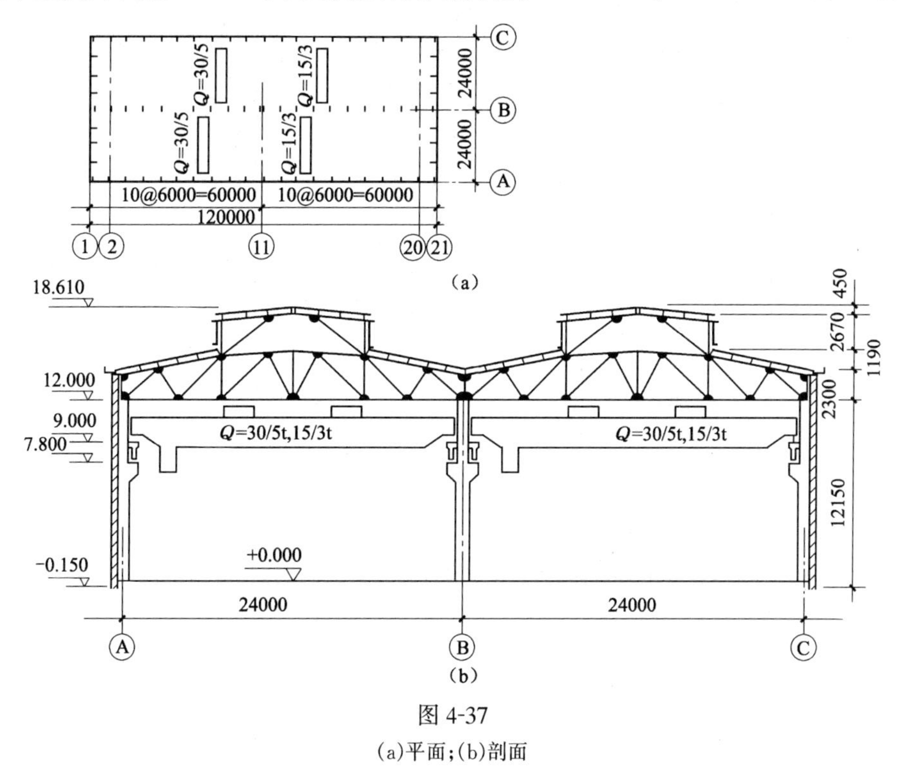

图 4-37

(a)平面;(b)剖面

2.选择柱截面尺寸,确定其有关参数

边柱可采用上柱 $b_u h_u$=400mm×500mm,下柱 $b_{il} h_{il} bh$ = 100mm×162mm×400mm×800mm;中柱可采用上柱 $b_u h_u$=400mm×600mm,下柱 $b_{il} h_{il} bh$ = 100mm×162mm×400mm×800mm。

根据《厂房建筑统一化基本规则》(TJ6—74)和(ZQ1—62)对30/5t桥式吊车有关尺寸的规定,以及选定吊车梁端部截面高度和支承吊车梁牛腿外形尺寸的要求,确定边柱和中柱沿高度和牛腿部位的尺寸见图4-38。

边、中柱有关参数见表4-5。

3.荷载计算(有关符号及数据参见图4-39,均为标准值)

(1)屋面恒载

$$P_{1A}=P_{1C}=2.74\times6\times(12+0.77)^{①}+109.0/2+34.0=298.44\text{kN}$$

$$M_{1A}=M_{1C}=P_{1A}e_{1A}=298.44\times0.05=14.92\text{kN}\cdot\text{m}$$

$$M_{2A}=M_{2C}=P_{1A}e_2=298.44\times0.15=44.77\text{kN}\cdot\text{m}$$

① 0.77为外檐天沟板宽度。

$$P_{1B}=2.74\times6\times24+109.0+2\times34.0=571.56\text{kN}$$

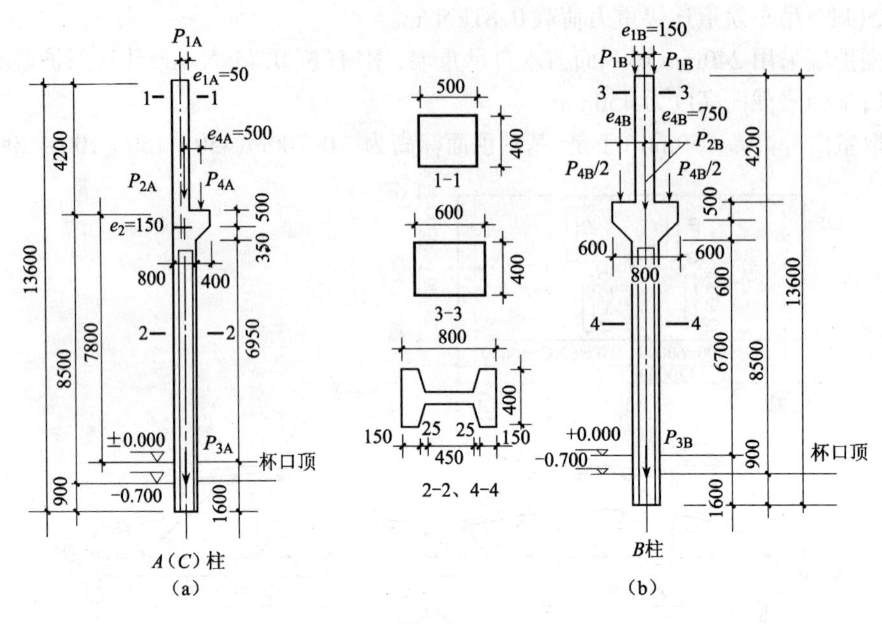

图 4-38

(a)边柱;(b)中柱

表 4-5　边、中柱参数($H=12.70\text{m},H_u=4.20\text{m},H_l=8.50\text{m}$)

参　数	边柱(A、C)	中柱(B)
$A_u(\text{mm}^2)$	2.0×10^5	2.4×10^5
$I_u(\text{mm}^2)$	4.17×10^9	7.20×10^9
$A_l(\text{mm}^2)$	1.775×10^5	1.775×10^5
$I_l(\text{mm}^4)$	14.38×10^9	14.38×10^9
$\lambda=H_u/H$	$0.331>0.3$	$0.331>0.3$
$n=I_u/I_l$	0.290	0.501
$1/\delta_i(i=a,b,c)(\text{N/mm})$	$0.0193E_c$	$0.0203E_c$
$\eta_i=\frac{1}{\delta_i}/\sum\frac{1}{\delta_i}(i=a,b,c)$	0.328	0.344
自重重力荷载(kN)(包括牛腿)	上柱 $P_{2A}=P_{2C}=21.0$ 下柱 $P_{3A}=P_{3C}=43.81$	上柱 $P_{2B}=25.20$ 下柱 $P_{3B}=52.13$

(2)屋面活载(取 0.5kN/m^2,作用于一跨)

$$P_{1A}=0.5\times6\times(12+0.77)=38.31\text{kN}$$

$$M_{1A}=P_{1A}e_{1A}=1.92\text{kN}\cdot\text{m},M_{2A}=P_{1A}e_2=5.74\text{kN}\cdot\text{m}$$

$$P_{1B}=0.5\times6\times12=36.0\text{kN}$$

$$M_{1B}=P_{1B}e_{1B}=36.0\times0.15=5.40\text{kN}\cdot\text{m}$$

(3)柱自重重力荷载(表 4-5)

边柱：　$P_{2A}=P_{2C}=21.0\text{kN},M_{2A}=M_{2C}=P_{2A}e_2=21.0\times0.15=3.15\text{kN}\cdot\text{m}$,

$$P_{3A}=P_{3C}=43.81\text{kN}$$

中柱：　$P_{2B}=25.20\text{kN}, P_{3B}=52.13\text{kN}$

(4)吊车梁及轨道连接重力荷载

$$P_{4A}=P_{4C}=45.50+0.81\times 6=50.36\text{kN}$$

$$M_{4A}=M_{4C}=P_{4A}e_{4A}=50.36\times 0.50=25.18\text{kN}\cdot\text{m}$$

$$P_{4B}=(P_{4B}/2)\times 2=50.36\times 2=100.72\text{kN}$$

(5)吊车荷载

已求得竖向荷载：D_{max}在边柱，$P_{4A}=D_{max}=505.25\text{kN}, M_{4A}=D_{max}e_{4A}=252.63\text{kN}\cdot\text{m}$

$P_{4B}=D_{max}=126.50\text{kN}, M_{4B}=D_{min}e_{4B}=94.88\text{kN}\cdot\text{m}$

D_{min}在边柱，$P_{4A}=D_{min}=126.50\text{kN}, M_{4A}=D_{min}e_{4A}=63.25\text{kN}\cdot\text{m}$

$P_{4B}=D_{max}=505.25\text{kN}, M_{4B}=D_{max}e_{4B}=378.94\text{kN}\cdot\text{m}$

已求得横向水平荷载：

一台 30/5t 一台 15/3t 吊车同时作用时，$T_{max}=17.30\text{kN}$。

一台 30/5t 吊车作用时，$T_{max}=12.54\text{kN}$。

(6)风荷载

$$q_{1k}=1.78\text{kN/m}, q_{2k}=0.89\text{kN/m}, F_{wk}=23.19\text{kN}$$

(7)荷载汇总表见表 4-6(均为标准值)

表 4-6　荷载汇总表(所列均为标准值)

荷载类型	简　　图	A(C)柱		B　柱	
		N(kN)	M(kN·m)	N(kN)	M(kN·m)
$\sum$ 恒载	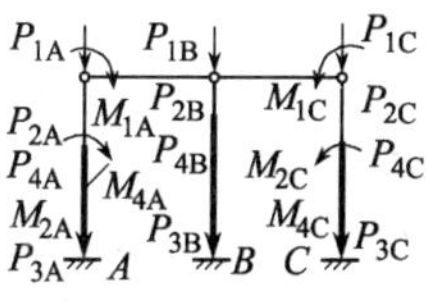	$P_{1A}=298.44$ $P_{2A}=21.0$① $P_{2A}+P_{4A}$ $=71.36$② $P_{3A}=43.81$	$M_{1A}=14.92$ $M_{2A}+M_{4A}$ $=22.74$	$P_{1B}=571.56$ $P_{2B}=25.20$① $P_{2B}+P_{4B}$ $=125.92$② $P_{3B}=52.13$	
屋面活载	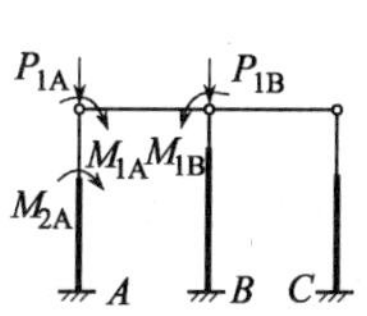	$P_{1A}=38.31$	$M_{1A}=1.92$ $M_{2A}=5.75$	$P_{1B}=36.0$	$M_{1B}=5.40$
吊车竖向荷载	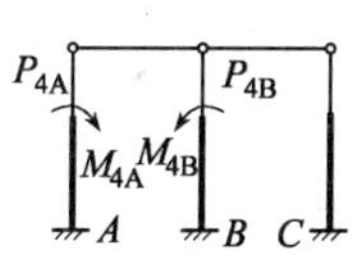	D_{max}在 A： $P_{4A}=505.25$ D_{min}在 A： $P_{4A}=126.50$	$M_{4A}=252.63$ $M_{4A}=63.25$	D_{max}在 A： $P_{4B}=126.50$ D_{min}在 A： $P_{4B}=505.25$	$M_{4B}=94.88$ $M_{4B}=378.94$

续表

荷载类型	简　　图	A(C)柱		B　柱	
		N(kN)	M(kN·m)	N(kN)	M(kN·m)
吊车横向水平荷载		$T_{max}=17.30$kN(一台 30/5,一台 15/3) $T_{max}=12.54$kN(一台 30/5)			
风 荷 载		$F_w=23.19$kN $q_1=1.78$kN/m, $q_2=0.89$kN/m			

①作用于上柱下截面;
②作用于下柱上截面。

4. 排架内力计算

以吊车竖向荷载 D_{max}在 A 柱时为例,求出边柱 A 的内力。按下述步骤进行:

(1)先在 A、B 柱顶部各附加一个不动铰支座,求出柱顶反力 R_a、R_b

查静力计算手册,即可求得柱顶反力系数 $c_{2a}=1.227$, $c_{2b}=1.289$,故[①]

$$R_a=-\frac{M_{4A}c_{2a}}{H}=-\frac{252.63\times1.227}{12.70}=-24.41\text{kN}(\leftarrow)$$

$$R_b=-\frac{-M_{4B}c_{2b}}{H}=-\frac{-94.88\times1.289}{12.70}=+9.63\text{kN}(\rightarrow)$$

(2)撤除附加不动铰并将(R_a+R_b)以反方向作用于柱顶,分配给 A 柱顶的剪力为

$$-\eta_a(R_a+R_b)=-0.328(-24.41+9.63)=+4.85(\rightarrow)$$

(3)叠加上两步的柱顶剪力 $V_a=-24.41+4.85=-19.56\text{kN}(\leftarrow)$,并以此求得 A 柱的内力图见表 4-7,D_{max}在 A 柱的 3a 栏。即 $M_{Ⅰ\text{-}Ⅰ}=-82.15\text{kN·m}$, $M_{Ⅱ\text{-}Ⅱ}=+170.48\text{kN·m}$, $M_{Ⅲ\text{-}Ⅲ}=+4.22\text{kN·m}$; $N_{Ⅰ\text{-}Ⅰ}=0$; $N_{Ⅱ\text{-}Ⅱ}=N_{Ⅲ\text{-}Ⅲ}=505.25\text{kN}$; $V_{Ⅲ\text{-}Ⅲ}=-19.56\text{kN}$。

在其他荷载作用下求边柱 A 内力的方法类似。将各分项荷载作用下算得的 A 柱内力汇总见表 4-7。

5. 排架内力组合

以 A 柱内力组合为例,列表进行内力组合,见表 4-8。表中所列组合方式栏意义如下:

A:1.2×恒载效应标准值+0.9×1.4×(活+吊车+风)荷载效应标准值

B:1.2×恒载效应标准值+0.9×1.4×(吊车+风)荷载效应标准值

① 内力计算时的"+、-"号规定: +M　+V　+N

表 4-7　A 柱内力汇总表

荷载类型			序号	简图 [M:kN·m V:kN N:kN]	Ⅰ-Ⅰ		Ⅱ-Ⅱ		Ⅲ-Ⅲ		
					M (kN·m)	N (kN)	M (kN·m)	N (kN)	M (kN·m)	N (kN)	V (kN)
恒　载			1	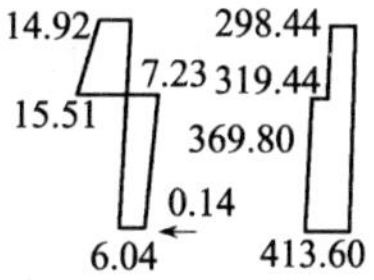 14.92 7.23 15.51 0.14 6.04 298.44 319.44 369.80 413.60	15.51	319.44	−7.23	369.80	−6.04	413.61	0.14
屋面活载	AB 跨有		2a	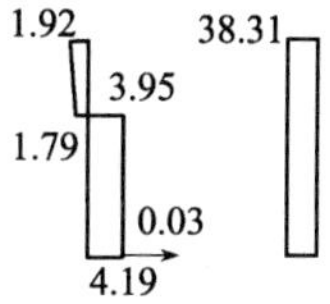 1.92 3.95 1.79 0.03 4.19 38.31	1.79	38.31	−3.95	38.31	−4.19	38.31	−0.03
屋面活载	BC 跨有		2b	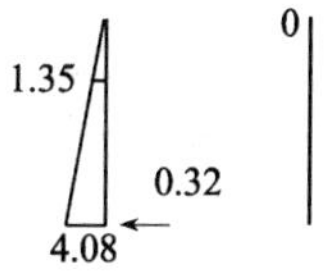 1.35 0.32 4.08 0	1.35	0	1.35	0	4.08	0	0.32
吊车竖向荷载	AB 跨	D_{max} 在 A 柱	3a	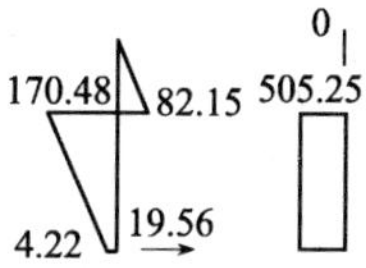 170.48 82.15 4.22 19.56 0 505.25	−82.15	0	170.48	505.25	4.22	505.25	−19.56
吊车竖向荷载	AB 跨	D_{min} 在 A 柱	3b	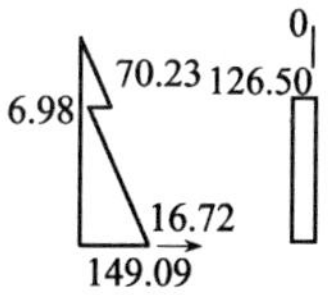 6.98 70.23 16.72 149.09 0 126.50	−70.23	0	−6.98	126.50	−149.09	126.50	−16.72
吊车竖向荷载	BC 跨	D_{max} 在 B 柱	4a	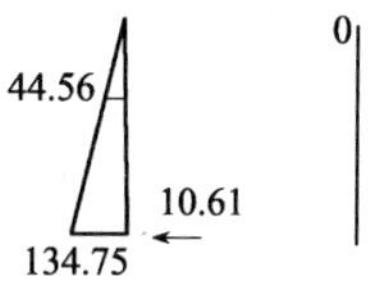 44.56 10.61 134.75 0	44.56	0	44.56	0	134.75	0	10.61
吊车竖向荷载	BC 跨	D_{min} 在 B 柱	4b	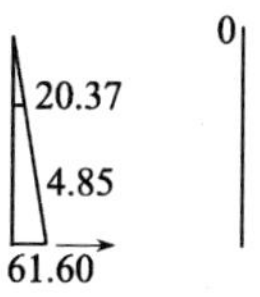 20.37 4.85 61.60 0	−20.37	0	−20.37	0	−61.60	0	−4.85

续表

荷载类型			序号	简图 [M:kN·m; V:kN; N:kN]	Ⅰ-Ⅰ		Ⅱ-Ⅱ		Ⅲ-Ⅲ		
					M (kN·m)	N (kN)	M (kN·m)	N (kN)	M (kN·m)	N (kN)	V (kN)
吊车横向水平荷载	一台30/5t 一台15/3t	作用在AB跨	5a	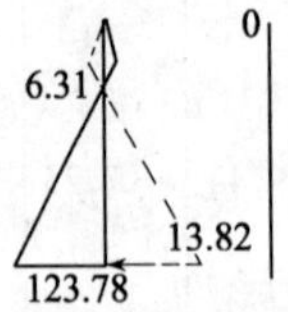 0; 6.31; 13.82; 123.78	±6.31	0	±6.31	0	±123.78	0	±13.82
		作用在BC跨	5b	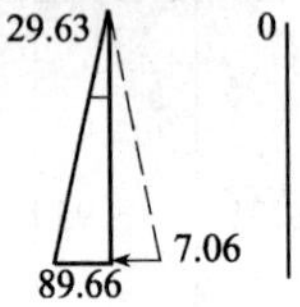 29.63; 0; 7.06; 89.66	±29.63	0	±29.63	0	±89.66	0	±7.06
	一台30/5t	作用在AB跨	6a	$(5)\times\frac{12.54}{17.30}$	±4.57	0	±4.57	0	±89.73	0	±10.02
		作用在BC跨	6b		±21.48	0	±21.48	0	±64.99	0	±5.12
风荷载	向右吹		7a	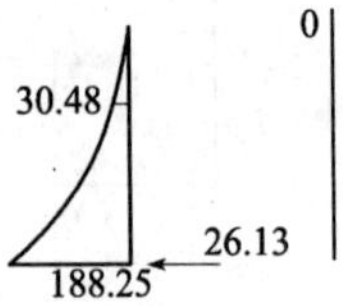 0; 30.48; 26.13; 188.25	30.48	0	30.48	0	188.25	0	26.13
	向左吹		7b	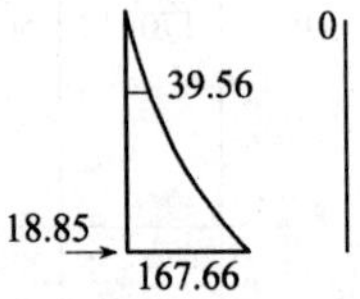 0; 39.56; 18.85; 167.66	−39.56	0	−39.52	0	−167.66	0	−18.85

表4-8　A柱内力组合表

截面	组合目的	组合方式	被组合内力项序号(见表4-7)	M (kN·m)	N (kN)	V (kN)
Ⅰ-Ⅰ	$+M_{max}$,相应N	A	1.2(1)+0.9×0.4{(2a)+(2b)+0.9[(4a)+(5b)]+(7a)}	145.10	431.60	
	$-M_{max}$,相应N	B	1.2(1)+0.9×1.4{0.8[(3a)+(4b)]+0.9(5b)+(7b)}	−168.18	383.33	
	N_{max},相应$\pm M_{max}$	A	1.2(1)+0.9×1.4{(2a)+0.8[(3a)+(4b)]+0.9(5b)+(7b)}	−165.93	431.60	
	N_{min},相应$\pm M_{max}$	B	同$-M_{max}$相应V			
Ⅱ-Ⅱ	$+M_{max}$,相应N	A	1.2(1)+0.9×1.4{(2b)+0.8[(3a)+(4a)]+0.9(5a)+(7a)}	281.79	953.05	
	$-M_{max}$,相应N	A	1.2(1)+0.9×1.4{(2a)+0.8[(3b)+(4b)]+0.9(5b)+(7b)}	−124.67	619.54	

续表

截面	组合目的	组合方式	被组合内力项序号(见表 4-7)	M (kN·m)	N (kN)	V (kN)
Ⅱ-Ⅱ	N_{max},相应 $\pm M_{max}$	A	$1.2(1)+0.9\times1.4\{(2a)+(2b)+0.9(3a)+0.9(5b)+(7a)\}$	253.38	1 064.98	
	N_{min},相应 $\pm M_{max}$	B	$1.2(1)+0.9\times1.4\{0.9[(4b)+(5b)]+(7b)\}$	−115.17	443.76	
Ⅲ-Ⅲ	$+M_{max}$,相应 N、V	A	$1.2(1)+0.9\times1.4\{(2b)+0.8[(3a)+(4a)]+0.9[(6a)+(6b)]+(7a)\}$	550.63	1 005.62	41.65
	$-M_{max}$,相应 N、V	A	$1.2(1)+0.9\times1.4\{(2a)+0.8[(3b)+(4b)]+0.9[(6a)+(6b)]+(7b)\}$	−611.61	672.11	−62.54
	N_{max},相应 $\pm M_{max}$、V	A	$1.2(1)+0.9\times1.4\{(2a)+(2b)+0.9[(3a)+(5a)]+(7a)\}$	374.96	1 117.56	26.61
		A	$1.2(1)+0.9\times1.4\{(2a)+0.9[(3a)+(5a)]+(7b)\}$	−359.36	1 117.56	−61.47
	N_{min},相应 $\pm M_{max}$、V	A	$1.2(1)+0.9\times1.4\{(2b)+0.9[(4a)+(5b)]+(7a)\}$	489.57	496.33	53.53
		B	$1.2(1)+0.9\times1.4\{0.9[(4b)+(5b)]+(7b)\}$	−390.02	496.33	−37.09

6. 柱的配筋计算(以 A 柱为例)

材料:混凝土 C30,$f_c=14.3\text{N/mm}^2$,$f_{tk}=2.01\text{N/mm}^2$,$f_t=1.43\text{N/mm}^2$

钢筋(HRB 335)$f_y=f'_y=300\text{N/mm}^2$

箍筋(HPB 235)$f_y=210\text{N/mm}^2$,$E_s=2.0\times10^5\text{N/mm}^2$(HRB 335),

柱截面参数:

上柱Ⅰ-Ⅰ截面:$b=400\text{mm}$,$h=500\text{mm}$,$A=2\times10^5\text{mm}^2$,

$a=a'=45\text{mm}$,$h_0=500-45=455\text{mm}$

下柱Ⅱ-Ⅱ、Ⅲ-Ⅲ截面:$b'_f=400\text{mm}$,$b=100\text{mm}$,$h'_f=162.5\text{mm}$

$h=800\text{mm}$,$A=bh+2(b'_f-b)h'_f=1.775\times10^5\text{mm}^2$,

$a=a'=45\text{mm}$,$h_0=800-45=755\text{mm}$

截面界限受压区高度 $\xi_b=\dfrac{\beta_1}{1+\dfrac{f_y}{E_s\varepsilon_{cu}}}=\dfrac{0.8}{1+\dfrac{300}{2.0\times10^5\times0.0033}}=0.550$

Ⅰ-Ⅰ截面 $N_b=f_c\xi_b bh_0=14.3\times0.550\times400\times455=1\,431.43\times10^3\text{N}=1\,431.43\text{kN}$

Ⅱ-Ⅱ、Ⅲ-Ⅲ截面 $N_b=f_c\xi_b bh_0+f_c(b'_f-b)h'_f$

$=14.3\times[(0.550\times100\times755)+(400-100)\times162.5]$

$=14.3\times90\,275=1\,290.93\times10^3\text{N}=1\,290.93\text{kN}$

由内力组合结果(表 4-8)看,各组轴力 N 均小于 N_b,故各控制截面都为大偏心受压情况,均可用 N 小,M 大的内力组作为截面配筋计算的依据。

故 Ⅰ-Ⅰ截面以 $M=-168.18\text{kN·m}$,$N=383.33\text{kN}$ 计算配筋;

Ⅲ-Ⅲ截面以　$M=-611.61\text{kN}\cdot\text{m}, N=672.11\text{kN}$ 计算配筋；

Ⅱ-Ⅱ截面配筋同Ⅲ-Ⅲ截面。

A 柱截面配筋计算见表 4-9

表 4-9　A 柱截面配筋计算表

截　　面		Ⅰ-Ⅰ	Ⅲ-Ⅲ
内　力	$M(\text{kN}\cdot\text{m})$	168.18	611.61
	$N(\text{kN})$	383.33	672.11
$e_0=M/N(\text{mm})$		438.73	909.98
$e_a(\text{mm})$		20	$800/30=26.67$
$l_i=e_0+e_a(\text{mm})$		458.73	936.65
$l_0=2H_u; l_0=H_1(\text{mm})$		8 400	8 500
$\zeta_1=0.5f_cA_c/N\leqslant1.0$		1.0	1.0
$\zeta_2=1.15-(0.01l_0/h)\leqslant1.0$		0.982	1.0
$\eta=1+\frac{1}{1\,400e_i/h_0}\left(\frac{l_0}{h}\right)^2\zeta_1\zeta_2$		1.196	1.065
$x=N/f_cb$ 或 $x=N/f_cb'_f(\text{mm})$		$67.02<2a'=90$	$117.50{>2a' \atop <h'_f}$
当 $x\leqslant2a'$时，$A_s=A'_s=\frac{N(\eta e_i-0.5h+a')}{f'_y(h_0-a')}(\text{mm}^2)$		1 070.96	
当 $x>2a'$、$x<h'_f$时，$A_s=A'_s=\frac{N(\eta e_i-0.5h+0.5x)}{f'_y(h_0-a')}(\text{mm}^2)$			2 070.86
$\rho_{min}A_c(\text{mm}^2)$(一侧纵向钢筋)		400.0	355.0
一侧被选受拉钢筋及其面积(mm^2)		1Φ20,2Φ22(1 074.2)	4Φ22,2Φ20(2 148)

A 柱上柱及下柱截面配筋见图 4-39a。

7. 牛腿设计计算(以 A 柱为例,图 4-39)

$$F_{vk}=P_{4A(吊车梁及轨道)}+P_{4A(D_{max})}=50.36+505.25=555.61\text{kN}$$

$$F_v=1.2\times50.36+1.4\times505.25=767.78\text{kN}$$

$$F_{hk}=T_{max}=17.30\text{kN}$$

$$F_h=1.4\times17.30=24.22\text{kN}$$

牛腿截面及外形尺寸：$b=400\text{mm}$，$h=850\text{mm}$，$h_1=500\text{mm}>h/3$，$c=400\text{mm}$，$\alpha=\arctan\frac{350}{400}=41.19°<45°$，$h_0=h_1-a_s+c\tan\alpha=500-45+400\tan41.19°=805\text{mm}$，$a=100+20=120\text{mm}$，均见图 4-39b。取 $\beta=0.65$，则验算如下：

$$\beta\left(1-0.5\frac{F_{hk}}{F_{vk}}\right)\frac{f_{tk}bh_0}{0.5+a/h_0}=0.65\left(1-0.5\frac{17.30}{555.61}\right)\frac{2.01\times400\times805}{0.5+120/805}$$

$$=638.24\times10^3\text{N}=638.24\text{kN}>F_{vk}\text{，满足要求}$$

计算纵向受拉钢筋(因为 $a=120\text{mm}<0.3h_0$,取 $a=0.3h_0=0.3\times805=241.5\text{mm}$):

$$A_s\geqslant\frac{F_va}{0.85h_0f_y}+1.2\frac{F_h}{f_y}=\frac{767.78\times10^3\times241.5}{0.85\times805\times300}+1.2\times\frac{24.22\times10^3}{300}$$

$$=903.27+96.88=1\ 000.15\text{mm}^2$$

选用 4Φ18,$A_s=1\ 017\text{mm}^2$,另选 2Φ12 作为锚筋焊在牛腿顶面与吊车梁连接的钢板下。

验算纵筋配筋率 $\rho=1\ 017/400\times850=0.3\%>0.2\%$, $>0.45\frac{f_t}{f_y}=0.45\times\frac{1.43}{300}=0.21\%$,满足要求。

验算牛腿顶面局部承压,近似取 $A=400\times420=168\ 000\text{mm}^2$,

$0.75f_cA=0.75\times14.3\times168\ 000=1\ 801.80\times10^3\text{N}=1\ 801.80\text{kN}>F_{rk}$,满足要求。

按构造要求布置水平箍筋,取Φ8@100,上部 $2/3h_0$($=\frac{2}{3}\times805=536.67\text{mm}$)范围内水平箍筋总面积

$$2\times50.3\times\frac{536.67}{100}=539.89\text{mm}^2>A_s/2(=1\ 017/2=508.5\text{mm}^2)\text{，可以。}$$

因为 $a/h_0=120/805=0.149<0.3$,可不设弯筋,见图 4-39c。

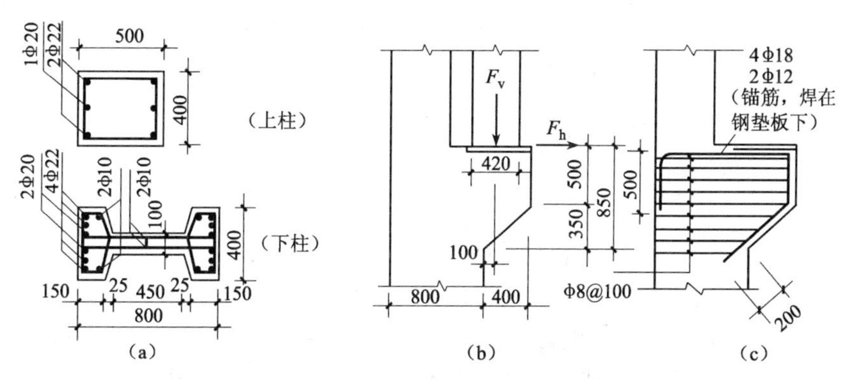

图 4-39 A 柱截面配筋和牛腿配筋

(a)上柱、下柱截面配筋;(b)牛腿外形尺寸;(c)牛腿配筋

8. 柱的吊装验算(以 A 柱为例,图 4-40)

$$q_1=(1.775\times10^5/10^6)\times25=4.44\text{kN/m}$$

$$q_2=(2.0\times10^5/10^6)\times25=5.0\text{kN/m}$$

$$q_3=(0.85\times1.2-0.5\times0.4\times0.35)\times0.4\times25/0.85=11.18\text{kN/m}$$

按伸臂梁算得 $M_D=-44.10\text{kN·m}$, $M_B=-65.99\text{kN·m}$。

进行裂缝宽度验算:

D 截面:

$$\sigma_s = M/0.87h_0A_s = 1.5^{①} \times 44.10\times10^6/0.87\times455\times1\,074.2 = 155.57\text{N/mm}^2$$

$$D\text{ 截面 }\rho_{te} = 1\,074.2/0.5\times400\times500 = 0.010\,7$$

以 $\rho_{te}=0.010\,7$ 及 $d=22$mm，得 $\sigma_{ss}=171\text{N/mm}^2>\sigma_s$，满足要求。

B 截面：

$$\sigma_s = M/0.87h_0A_s = 1.5^{①}\times65.99\times10^6/0.87\times755\times2\,148 = 70.16\text{N/mm}^2$$

$$B\text{ 截面 }\rho_{te} = 2\,148/(0.5\times100\times800+300\times162.5) = 0.024$$

以 $\rho_{te}=0.024$ 及 $d=22$mm，得 $\sigma_{ss}=190\text{N/mm}^2>\sigma_s$，满足要求。

9. 基础设计计算(以 A 柱基础为例，图4-41)

(1)地基承载力特征值和基础材料

本例地基持力层为细砂，基础埋置深度处标高设为 -1.900m，假定基础宽度小于3m，由《建筑地基基础设计规范》(GB 50007—2002)得到的修正后的地基承载力特征值 $f_a=220\text{kN/m}^2$。

基础采用C20混凝土，$f_c=9.6\text{N/mm}^2$，$f_t=1.10\text{N/mm}^2$；

钢筋采用HPB 235，$f_y=210\text{N/mm}^2$($\phi12$ 及 $\phi12$ 以下)，钢筋的混凝土保护层厚40mm；

垫层采用C10混凝土，厚100mm。

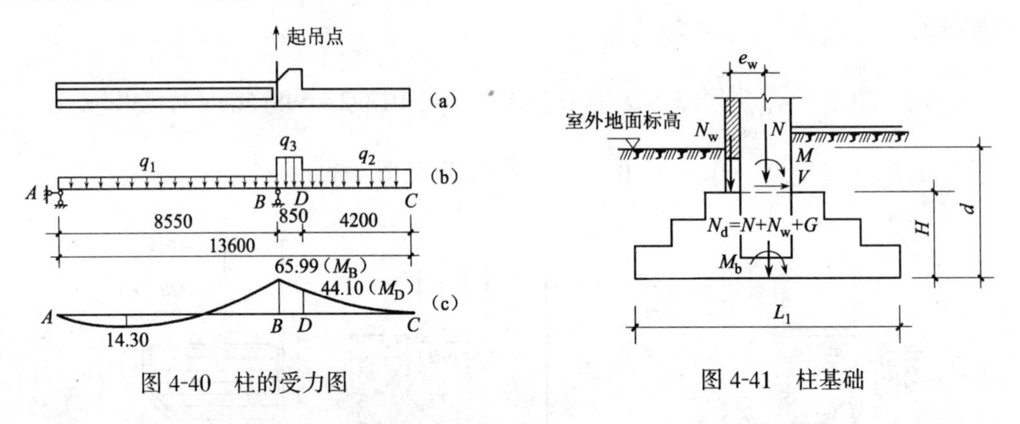

图4-40　柱的受力图　　　　图4-41　柱基础

(2)基础底面内力及基础底面积计算(图4-42)

按表4-8取柱底Ⅲ-Ⅲ截面两组相应荷载效应基本组合时的内力设计值 $-M_{max}$ 相应 N、V 与 N_{max} 相应 $-M_{max}$、V 进行基础设计，见下述甲、乙两组的内力值。但因为基础底面积计算按 $p_{kmax}\leqslant1.2f_a$ 的要求进行，故上述两组内力设计值均应改为相应荷载效应标准组合时的内力值，见下述甲、乙两组括弧内的内力值。

$$\text{甲组}\begin{cases} N=672.11\text{kN} & (541.63\text{kN}) \\ M=-611.61\text{kN·m} & (-375.60\text{kN·m}) \\ V=-62.54\text{kN} & (-37.99\text{kN}) \end{cases}$$

$$\text{乙组}\begin{cases} N=1\,117.56\text{kN} & (895.15\text{kN}) \\ M=-359.36\text{kN·m} & (-217.17\text{kN·m}) \\ V=-61.47\text{kN} & (-41.23\text{kN}) \end{cases}$$

① 此为动力系数。建筑结构荷载规范(GB 50009—2001)规定搬运和装卸重物时的动力系数可采用1.1～1.3，本例考虑到实际吊装过程中的最不利情况，取偏大值1.5。

基础杯口以上墙体荷载标准值 $N_{wk}=295.0\text{kN}$，相应设计值为 $N_w=295\times1.2=354.0\text{kN}$，它直接施加在基础顶面，对基础中心线的偏心距为 $e_w=h/2+240/2=800/2+120=520\text{mm}=0.52\text{m}$。

假设基础高度 $H=1.20\text{m}$，基础底面尺寸$(L_1\times L_2)$按以下步骤估计：

①基础顶面轴向力最大标准值 $N+N_{wk}=895.15+295=1\ 190.15\text{kN}$；基础底面至地面高度为1.90m，则基础底面以上总轴向力标准值为 $1\ 190.15+1.90\times20.0\times A_0$（这里20.0为基础自重及其上土自重的平均重力密度，A_0 为基础底面积）。

②按轴心受压状态估计 A_0；

$$1\ 190.15+1.9\times20.0\times A_0\leqslant fA_0$$

$$A_0=1\ 190.15/(f-1.9\times20.0)=1\ 190.15/(220-38)=6.54\text{m}^2$$

③按$(1.1\sim1.4)A_0$ 估计偏心受压基础底面积 A，并求出基底截面抵抗矩 W 及基底以上基础及土自重标准值G_k：

$$(1.1\sim1.4)\times6.54=7.19\sim9.16\text{m}^2，取\ A=L_1L_2=3.80\times2.20=8.36\text{m}^2$$

$$W=5.29\text{m}^3,\ G_k=24\times(3.80\times2.20\times1.20)+17\times[3.80\times2.20\times(1.90-1.20)]=240.76+99.48=340.24\text{kN}$$

④故按以上甲、乙两组分别作用了基底面的相应荷载效应标准组合的内力值为：

$$甲组\begin{cases}N_{dk}=541.63+295.0+340.24=1\ 176.87\text{kN}\\M_{dk}=-375.60-37.99\times1.20-295.0\times0.52=-574.59\text{kN·m}\end{cases}$$

$$乙组\begin{cases}N_{dk}=895.15+295.0+340.24=1\ 530.39\text{kN}\\M_{dk}=-217.17-41.23\times1.20-295.0\times0.52=-420.05\text{kN·m}\end{cases}$$

⑤基础底面压力验算：

$$甲组\quad p_{\substack{\text{kmax}\\\text{min}}}=\frac{N_{dk}}{A}\pm\frac{|M_{dk}|}{W}=\frac{1\ 176.87}{8.36}\pm\frac{574.59}{5.29}=140.77\pm108.65=\frac{249.42}{32.12}\text{kN/m}^2$$

$$乙组\quad p_{\substack{\text{kmax}\\\text{min}}}=\frac{N_{dk}}{A}\pm\frac{|M_{dk}|}{W}=\frac{1\ 530.39}{8.36}\pm\frac{420.05}{5.29}=183.06\pm79.4=\frac{262.46}{103.66}\text{kN/m}^2$$

因　$1.2f_a=264\text{kN/m}^2>p_{\text{kmax}},\ p_{\text{kmin}}>0,\ (p_{\text{kmax}}+p_{\text{kmin}})/2<f_a$

满足条件，故上述假设的基础底面尺寸合理。

(3)基础其他尺寸确定和基础高度验算（图4-42）

按构造要求，假定基础尺寸如下：$H=1\ 200\text{mm}$，分三阶梯，每阶高度400mm；$H_{0\text{I}1}=1\ 155\text{mm}$，$H_{0\text{II}1}=1\ 150\text{mm}$；柱插入深度 $H_1=900\text{mm}$，杯底厚度 $a_1=250\text{mm}$，杯壁最小厚度 $t=400-25=375\text{mm}$，$H_2=400\text{mm}$，$t/H_2=375/400=0.94>0.75$，故杯壁内可不配筋；柱截面 $bh=400\text{mm}\times800\text{mm}$。

以上述甲、乙两组相应荷载效应基本组合求得的底面基底净反力验算基础高度：

$$甲组：\begin{cases}N_d=672.11+354.0=1\ 026.11\text{kN}\\M_d=-611.61-62.54\times1.2-354.0\times0.52=-870.74\text{kN·m}\end{cases}$$

$$e=M_d/N_d=870.74/1\ 026.11=0.85\text{m},$$

基础底面 N_d 合力作用点至基础底面最大压力边缘的距离 $a=\frac{3.8}{2}-0.85=1.05\text{m}$

因为
$$N_d=\frac{1}{2}p_{n\max}\times 3a\times L_2$$

所以 $p_{n\max}=\frac{2N_d}{3aL_2}=\frac{2\times 1\,026.11}{3\times 1.05\times 2.2}=296.14\text{kN/m}^2$，按比例关系求得：

$$p_{n\,\text{I}3}=249.13\text{kN/m}^2,\ p_{n\,\text{I}2}=202.13\text{kN/m}^2,\ p_{n\,\text{I}1}=155.12\text{kN/m}^2$$

$$\text{乙组:}\begin{cases}N_d=1\,117.56+354.0=1\,471.56\text{kN}\\M_d=-359.36-61.47\times 1.2-354\times 0.52=-617.20\text{kN·m}\end{cases}$$

$$p_{\substack{\text{nmax}\\ \text{nmin}}}=\frac{N_d}{A}\pm\frac{|M_d|}{W}=\frac{1\,471.56}{8.36}\pm\frac{617.20}{5.29}=176.02\pm 116.68=\frac{292.70}{59.34}\text{kN/m}^2$$

$$(p_{\text{nmax}}+p_{\text{nmin}})/2=176.02\text{kN/m}^2$$

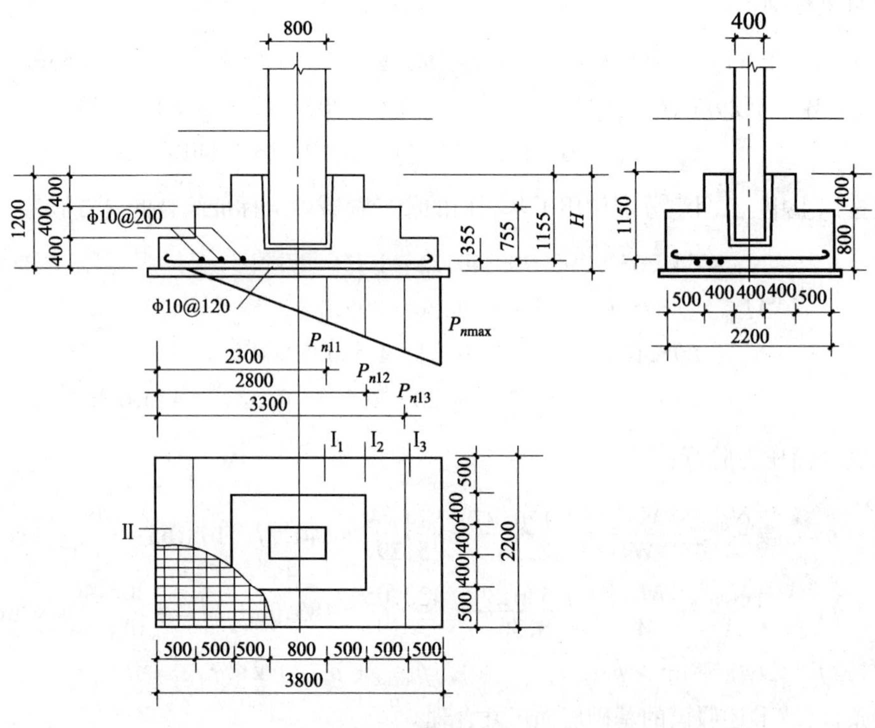

图 4-42　基础尺寸

显然应以甲组基底净反力验算：

$$H_{0\,\text{I}1}=1\,200-45=1\,155\text{mm},\ b+2H_{0\,\text{I}1}=400+2\times 1\,155=2\,710\text{mm}$$
$$b+H_{0\,\text{I}1}=400+1\,155=1\,555\text{mm}$$

属于 $(b+2H_{0\,\text{I}1})>L_2>(b+H_{0\,\text{I}1})$ 情况，

$$V_l=p_{\text{nmax}}\left[\left(\frac{L_1}{2}-\frac{h}{2}-H_{0\,\text{I}1}\right)L_2\right]=296.14\left[\left(\frac{3.80}{2}-\frac{0.80}{2}-1.155\right)\times 2.2\right]$$
$$=224.77\text{kN}$$

$$V_u = 0.7\beta_h f_t(b + H_{0\,\mathrm{I}1})H_{u\,\mathrm{I}1} = 0.7\times0.97\times1.1\times(400+1\,155)\times1\,155 = 1\,341.5\times10^3\mathrm{N}$$

$$=1\,341.5\mathrm{kN} \quad \gg V_l, \quad$$ 满足要求。(β_h 算得为 0.97)

其他各台阶高度验算均满足要求,不另赘述。

(4)基础底面配筋计算(图 4-43)

根据甲、乙两组基底净土反力进行计算,以表 4-10 格式表达。

表 4-10　基础底面配筋计算

截　面	Ⅰ1	Ⅰ2	Ⅰ3	Ⅱ
$P(\mathrm{kN/m^2})$	$(P_{nmax}+P_{n\mathrm{I}1})_{甲}=451.26$	$(P_{nmax}+P_{n\mathrm{I}2})_{甲}=498.27$	$(P_{nmax}+P_{n\mathrm{I}3})_{甲}=545.27$	$(P_{nmax}+P_{nmin})_{乙}=325.04$
$C^2(\mathrm{m^2})$	$(L_1-h)^2=(3.80-0.80)^2=9.0$	$(L_1-1.80)^2=(3.80-1.80)^2=4.0$	$(L_1-2.80)^2=(3.80-2.80)^2=1.0$	$(L_2-b)^2=(2.20-0.40)^2=3.24$
$E(\mathrm{m})$	$(2L_2+b)=2\times2.20+0.40=4.80$	$(2L_2+1.30)=2\times2.20+1.30=5.70$	$(2L_2+2.20)=2\times2.20+2.20=6.60$	$(2L_1+h)=2\times3.80+0.80=8.40$
$M=\frac{1}{48}PC^2E$ (kN·m)	406.13	236.68	74.97	199.61
$A_s=M/(0.9h_0f_y)$ (mm²)	$A_{s\mathrm{I}1}=\frac{406.13\times10^6}{0.9\times1\,155\times210}=1\,860.46$	$A_{s\mathrm{I}2}=\frac{236.68\times10^6}{0.9\times755\times210}=1\,658.64$	$A_{s\mathrm{I}3}=\frac{74.97\times10^6}{0.9\times355\times210}=1\,117.37$	$A_{s\mathrm{II}}=\frac{199.61\times10^6}{0.9\times1\,150\times210}=918.37$
实配受拉钢筋 (mm²)	18Φ12,即Φ12@=120　$A_s=2\,035.8$			19Φ10 即Φ10@200 $A_s=1\,491.5$

基底配筋情况见图 4-43。

10. 关于排架柱裂缝宽度验算问题

按《混凝土结构设计规范(GB 50010—2002)》第 8.1.2 条注②,对 $e_0/h_0\leqslant0.55$ 的偏心受压构件,可不验算裂缝宽度。本例以 A 柱 Ⅰ-Ⅰ 截面按承载力计算配筋的一组内力($M=-168.18\mathrm{kN\cdot m}, N=383.33\mathrm{kN}$)为例进行上柱截面的裂缝宽度验算:

(1)上述内力的荷载效应的标准组合为

$$M_k=-104.03\mathrm{kN\cdot m}, \qquad N_k=319.44\mathrm{kN}$$

$$e_0=M_k/N_k=0.325\,6\mathrm{m}=325.6\mathrm{mm}>0.55h_0(=0.55\times455=250.25\mathrm{mm})$$

故应进行裂缝宽度验算。

(2)应以 $\omega_{max}=\alpha_{cr}\psi\frac{\sigma_{sk}}{E_s}\left(1.9c+0.08\frac{d_{eq}}{\rho_{te}}\right)$式验算

$$\alpha_{cr}=2.1, E_s=2.0\times10^5\mathrm{N/mm^2}, f_{tk}=2.01\mathrm{N/mm^2}, l_0/h=16.80, A_s=1\,074.2\mathrm{mm^2}$$

$$\eta_s=1+\frac{1}{4\,000e_0/h_0}\left(\frac{l_0}{h}\right)^2=1+\frac{1}{4\,000\times325.6/455}\times(16.80)^2=1.099$$

$$y_s=(h/2)-a=250-45=205\mathrm{mm}$$

$$e=\eta_s e_0+y_s=1.099\times325.6+205=562.83\mathrm{mm}$$

$$z=\left[0.87-0.12\left(\frac{h_0}{e}\right)^2\right]h_0=\left[0.87-0.12\left(\frac{455}{562.83}\right)^2\right]\times455=360.17\text{mm}$$

$$\sigma_{sk}=\frac{N_k(e-z)}{A_s z}=\frac{319.44\times10^3\times(562.83-360.17)}{1\,074.2\times360.17}=167.33\text{N/mm}^2$$

$$\rho_{te}=A_s/0.5bh=1\,074.2/0.5\times400\times500=0.010\,74$$

$$\psi=1.1-0.65\frac{f_{tk}}{\rho_{te}\sigma_{sk}}=1.1-0.65\times\frac{2.01}{0.010\,74\times167.33}=0.373$$

$$d_{eq}=\frac{2\times(22)^2+1\times(20)^2}{2\times22+1\times20}=\frac{1\,368}{64}=21.38\text{mm}$$

$$c=45-22/2=34\text{mm}$$

所以
$$w_{max}=2.1\times0.373\times\frac{167.33}{2.0\times10^5}\left(1.9\times24+0.08\frac{21.38}{0.010\,74}\right)$$
$$=0.000\,655\times223.86=0.147\text{mm}<0.3\text{mm}$$，满足要求。

同理，A 柱Ⅲ-Ⅲ截面也能满足裂缝宽度的要求。

根据验算结果并结合一般工程设计的实践经验，如果排架柱的截面尺寸按照规定选用，且截面一侧纵向受力筋选用 3 根或 3 根以上时，为简化计，可不必进行裂缝宽度验算。当然，这个结论尚待工程实践的进一步验证。

4.4　答辩参考题

1. 单层厂房排架结构计算简图是采用哪些假定简化得到的？
2. 单层厂房横向平面排架和纵向平面排架各由哪些构件组成？简述其荷载传力途径。
3. 单层厂房中有哪些支撑？其作用是什么？布置原则是什么？
4. 作用在单层厂房排架结构上的荷载有哪些？试画出每种荷载单独作用下的计算简图。
5. 等高排架柱顶作用水平集中力 F 时，柱顶剪力计算公式为：

$$V_i=\frac{\frac{1}{\delta_i}}{\sum_{i=1}^{n}\frac{1}{\delta_i}}F=\eta_i F$$

试说明(1)该公式是在什么条件下建立的？

(2)公式中 $\frac{1}{\delta_i}$ 与 $\frac{\frac{1}{\delta_i}}{\sum_{i=1}^{n}\frac{1}{\delta_i}}$ 的物理意义各是什么？

6. 等高排架在任意荷载作用下，如何利用剪力分配法进行内力计算，简述其计算步骤。
7. 一阶变截面柱的控制截面有哪几个？为什么这样确定？
8. 柱最不利内力组合有几种？为什么？
9. 如何考虑荷载效应组合对柱最不利内力组合的影响？
10. 单层厂房柱的牛腿有哪几种主要破坏形态？牛腿计算公式是根据哪种破坏形态建立的？

11. 牛腿的计算简图是怎样简化得到的？试写出纵向受力钢筋的计算公式。

12. 柱下独立基础底面积应如何确定？基础高度又是如何确定的？

4.5　单层厂房钢筋混凝土结构设计参考题目

4.5.1　单层单跨厂房钢筋混凝土排架(柱与基础)设计

1. 工程名称：××厂装配车间

2. 装配车间距度 24m，总长 102m，中间设伸缩缝一道，柱距 6m，车间的平面布置见图 4-43，剖面如图 4-44 所示，车间内设有两台 200/50kN 中级工作制吊车，其轨顶标高 10.0m。

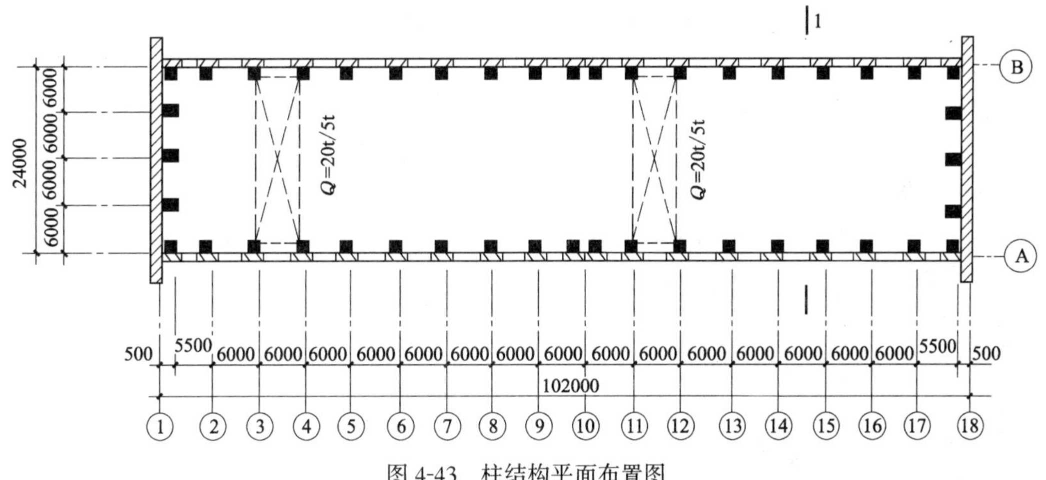

图 4-43　柱结构平面布置图

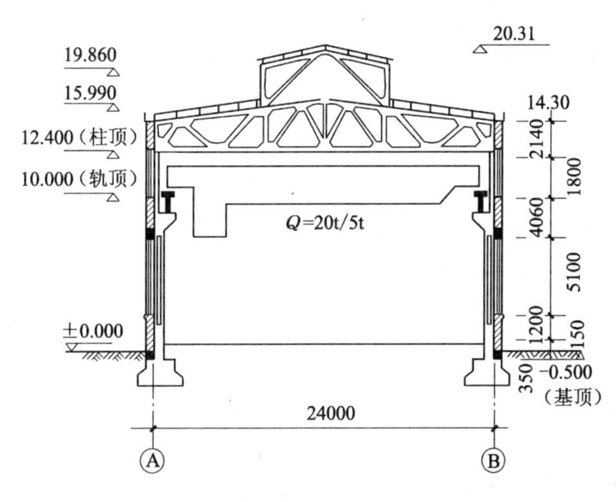

图 4-44　Ⅰ-Ⅰ剖面图

3. 建筑地点：××市郊区(暂不考虑抗震设防)

4. 车间所在场地，地坪下 1.0m 内为填土，填土下层 3.5m 内为均匀亚黏土，地基承载力设计值，$f=250\text{kN/m}^2$，地下水位为 -4.05m，无腐蚀性。基本风压 $w_0=0.35\text{kN/m}^2$，基本雪

压 $s_0 = 0.35kN/m^2$。

5. 厂房中标准构件选用情况

(1)屋面板采用 G410(一)标准图集中的预应力混凝土大型屋面板,板重(包括灌缝在内)标准值为 $1.4kN/m^2$。

(2)天沟板采用 G410(三)标准图集中的 JGB77-1 天沟板,板重标准值 2.02kN/m。

(3)天窗架采用 G316 中的Ⅱ型钢筋混凝土天窗架 CJ9-03,自重标准值 2×36kN/每榀,天窗端壁选用 G316 中的 DB9-3,自重标准值 2×57kN/每榀(包括自重、侧板、窗挡、窗扇、支撑、保温材料、天空电动天启机、消防栓等)。

(4)屋架采用 G415(三)标准图集中的预应力混凝土折线形屋架,屋架自重标准值 106kN/每榀。

(5)吊车梁采用 G425 标准图集中的先张法预应力混凝土吊车梁 YXDL6-8,吊车梁高 1 200mm,自重标准值 44.2kN/根,轨道及零件重 1kN/m,轨道及垫层构造高度 200mm。

6. 排架柱及基础材料选用情况

(1)柱

混凝土:采用 C30

钢筋:纵向受力钢筋采用 HRB 335 级钢筋,箍筋采用 HPB 235 级钢筋。

(2)基础

混凝土:采用 C20

钢筋:采用 HPB 235 级钢筋

7. 设计要求

(1)结构计算(交一份计算书)

1)确定计算排架的尺寸和计算简图(横向排架尺寸,作用在排架上的恒荷载、屋面活荷载、雪荷载、风荷载、吊车荷载及其作用位置和方向)。

2)进行排架内力分析,计算控制截面的内力,绘出各类荷载下的排架内力图。

3)对计算的排架柱进行内力组合。

4)对柱及基础作截面设计及有关的构造设计。

(2)绘施工图(交 1# 铅笔图 2 张)

1)基础、基础梁结构布置图。

2)吊车梁、柱及柱间支撑结构布置图。

3)屋盖结构布置图

4)柱、基础模板及配筋图。

4.5.2　单层双跨厂房钢筋混凝土排架(柱与基础)设计

1. 工程名称:××厂 18m+18m 双跨冷加工车间

2. 双跨冷加工车间,总长 60m,柱距 6m,车间的平面布置见图 4-45,剖面如图 4-46 所示,车间内设有两台 100kN 中级工作制吊车,其轨顶标高为 9.0m。

3. 建筑地点:××市郊区(暂不考虑抗震设防)。

4. 其他设计资料与本章例题一致。

5. 设计要求与 4.5.1 同。

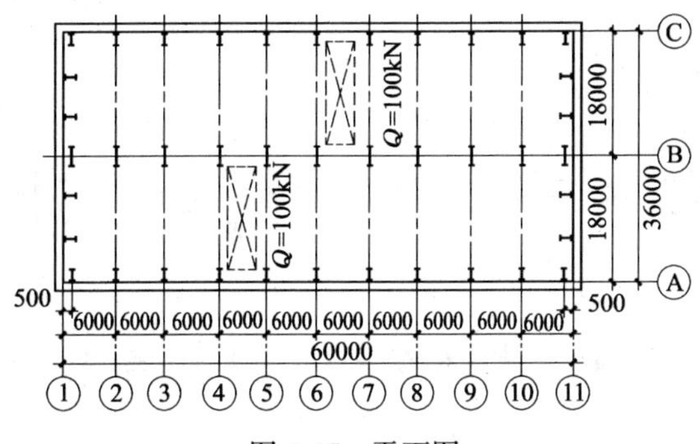

图 4-45 平面图

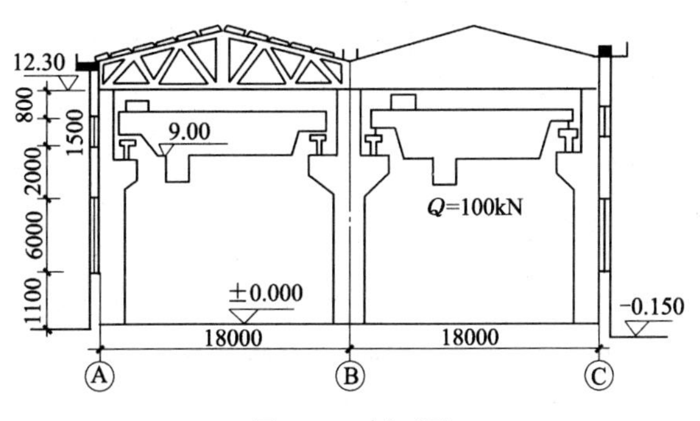

图 4-46 剖面图

第 5 章　砌体结构设计

5.1　砌体结构设计任务书

5.1.1　设计题目

某中学教学楼

5.1.2　设计资料

(1)水文地质资料

地质剖面图如图 5-1 所示：

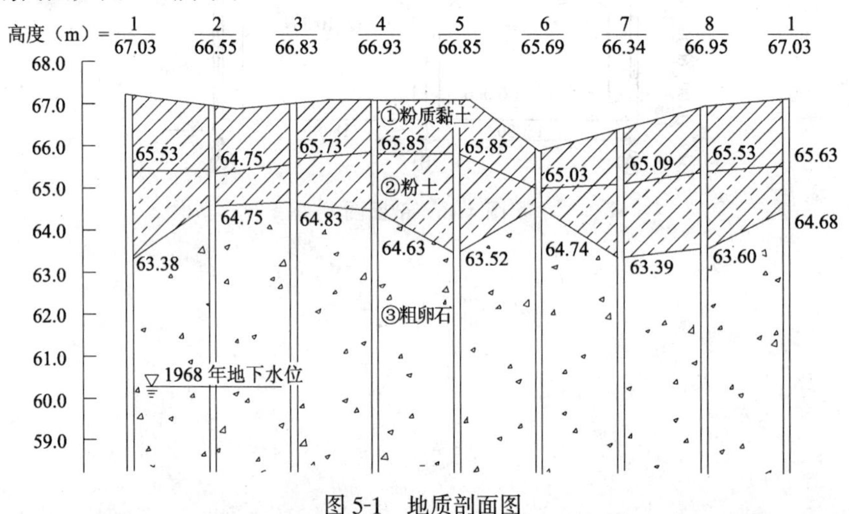

图 5-1　地质剖面图

地形概况:拟建场地地形平坦,地面标高为:66.340～67.030m。地基持力层为第四纪老土(粉土层),地基承载力标准值 $f_k = 200kN/m^2$,不考虑地基土的液化问题。

地下水位:钻探至标高为 60.00m 处未见地下水。

(2)气象资料

该地区主导风向为西北风,基本风压值 0.35kN/m²,基本雪压值 0.30kN/m²,最大冻结深度为室外地面下 0.8～1.0m。

(3)建筑等级

按 8 度近震区,Ⅱ类场地;耐久等级为Ⅲ级,设计基准期 50 年,耐火等级Ⅱ级。

(4)材料供应和施工条件,混凝土可用 C50 级以内,烧结多孔黏土砖或混凝土小砌块,用 MU7.5～MU10,砂浆用 M5～M10 级,钢筋可用 HPB 235 级、HRB 335 级及 HRB 400 级。预制构件可按通用定型产品选用,机具设备、施工技术水平均可满足工程要求。装修质量标准一般,重点部位可适当提高。

(5)工程造价控制在 1 500 元/m² 以内。

5.1.3 设计任务、内容与要求

根据所提供的建筑平面图、立面图、剖面图进行结构设计。(注:结构形式采用混合结构。由于已禁止使用实心黏土砖,须使用黏土多孔砖或小型混凝土空心砌块等作为墙体砌筑块材)。

(1)建筑设计内容包括:建筑平、立、剖面图及构造大样,并画出总平面规划示意图。

(2)结构设计内容包括:

1)结构布置与结构选型

2)结构计算

3)抗震验算

4)楼梯设计

5)雨篷设计

6)过梁设计

7)绘制施工图

①基础图

②标准层结构平面布置图及节点详图

③现浇板、现浇楼梯配筋图

(3)施工图预算书一份。

(4)施工组织设计文件一份。

5.1.4 计划安排

本次综合课程设计包括本专业主置课程,建筑、结构、施工和概预算等主要设计内容。是重要的教学环节,是一次使学生受到工程设计的基本训练,提高综合业务素质、专业技能和团结协作精神的教学安排。每人完成以下计划内容:

(1)建筑设计。根据提供的设计资料,完成平、立、剖面图,用5天时间。A2(A4)图纸1张。

(2)结构设计。计算书1份,施工图3张A2(A4)。用1.5周。

(3)施工图预算。预算书一份,5天。

(4)施工组织设计文件一份,5天。

(5)施工招投标文件一份(每组)。

(6)答辩质疑。

教学方式:教师辅导,学生独立完成,小组协作。每组可由3~4人组成。

5.1.5 成绩评定标准

(1)根据综合课程设计完成情况(图纸数量、质量、计算书优劣)、学习态度、出勤情况、平时表现以及答辩情况等综合评定每个学生的综合课程设计成绩及鉴定意见。成绩分为优、良、中、及格与不及格五级。

(2)综合课程设计集中时间3周。参加时间不足2/3者、或文献不齐全、质量过差时不得参加答辩,以不及格论处。

5.1.6 答辩参考题

(1)简要汇报和总结本次课程设计完成情况和主要收获体会。

(2)结合本次设计说明完成工程设计和施工准备的工作程序和内容。

(3)试说明本工程建筑设计的特点及要点。

(4)试说明本工程结构方案是如何确定的,为何选择该种基础方案。

(5)该基础的埋深是如何确定的？

(6)开槽后，如何验槽？为何验槽？如遇古坟、淤泥时应如何处理。

(7)刚性基础是什么？变形缝处的基础应当如何处理？

(8)试述本工程基础的设计步骤。

(9)试结合本工程说明选择预制板楼盖方案的原因及预制板的布置方法。

(10)如何区分现浇钢筋混凝土单向板和双向板？有效高度 h_0 应如何取值？

(11)简述单向板和双向板的各种构造钢筋。

(12)如何估算梁、板截面尺寸？提高钢筋混凝土梁承载力的有效措施？

(13)阳台、雨篷等悬挑构件的设计内容及应注意的问题是什么？

(14)说明现浇钢筋混凝土楼梯的配筋计算要点，及应注意的构造问题。

(15)混合结构房屋的静力计算方案是如何确定的？为何尽量采用刚性方案？

(16)何谓墙柱允许高厚比？为什么要验算？不满足时采取什么措施？

(17)多层砖房应验算哪些部位？计算简图应如何选取？

(18)局部受压验算与墙体受压计算有何区别？

(19)常见的过梁和墙梁的形式，两者有何不同？

(20)设计的房屋中哪些部位震害严重？采取什么抗震措施？

(21)构造柱的作用？设置部位？如何与墙连接？

(22)圈梁的作用？布置和构造要求？

(23)结合设计，说明多层砌体房屋抗震设计的要点？

(24)说明地震作用的特点，震级和烈度有何区别？

(25)什么是荷载标准值和设计值？

(26)等效均布荷载是什么意思？如何确定？

(27)钢筋的强度设计值是如何规定的？如何选用混凝土的强度等级？

(28)试说明设计的房屋中Ⓐ-Ⓑ、③-④轴的荷载是如何传递的？

(29)简述建筑平面图、结构平面图各应包括哪些内容？

(30)简述本工程的施工顺序和施工平面布置的内容。

(31)施工进度表中直方图和网络计划表各有什么特点？如何编制？

(32)简述本工程的概预算编制要点及经济措施？

(33)建筑安装工程的工程造价包括哪些内容？

(34)简述本工程的工程造价、经济指标及经济措施。

5.2　砌体结构课程设计指导书

砌体结构(混合结构)设计的主要内容包括结构布置与选型、墙体设计、基础设计、楼梯设计、过梁设计。

5.2.1　结构设计资料

1. 选用墙体材料。

2. 地面、楼面、内墙、外墙、屋面材料做法，按地方标准图选用。计算标准自重。

5.2.2　结构布置与选型

选择墙体承重体系。在抗震设防区，优先选用抗震性能好的横墙承重或纵横墙共同承重的结构体系。本方案采用纵横墙承重方案。

根据规范设置构造柱、圈梁。若采用混凝土空心砌块墙体，设置芯柱。验算房屋总高、层高及高宽比。

基础方案采用条形基础。

室内地坪：±0.000(67.45)

室外地坪：-0.45m(67.0)

基础底面：-2.45m(65.0)，基础埋深 $D=2.0\text{m}$

采用条形刚性砖基础，三七灰土垫层。

5.2.3 结构计算要点与步骤

1. 预制构件的选用

参照地方标准构配件图集选用，按照楼面(层面)荷载标准值、跨度进行选用。选板原则：板的允许荷载值≥楼面荷载值，允许变形值≥荷载作用下的变形值，允许裂缝宽度≥荷载作用下的裂缝宽度。

2. 确定房屋静力计算方案

根据《砌体结构设计规范(GB 50003)》表 4.2.1 确定。本设计为装配式无檩体系钢筋混凝土屋盖和楼盖。根据规范表 4.2.6，判断是否需考虑风荷载的影响。

3. 验算高厚比

4. 墙体承载力验算

步骤如下：选取计算单元，确定受荷面积，选择控制截面(在材料截面一样的情况下，选择荷载最大的截面为最不利截面)，计算荷载，计算内力，验算截面承载力。

5. 验算局部承载力

梁端搁入墙体的长度为 370mm，梁截面：200mm×550mm。根据砌体强度和截面上部结构传来的荷载大小，判断最不利截面，验算其局部承载力。若承载力不满足要求，需设置钢筋混凝土垫块。

6. 现浇进深梁设计

材料选用：混凝土采用：C25，$f_c=11.9\text{N/mm}^2$，$f_t=1.27\text{N/mm}^2$，$\alpha_1=1.0$

纵向受力钢筋为 HRB 335 级，$f_y=300\text{N/mm}^2$

箍筋为 HPB 235 级，$f_{yv}=210\text{N/mm}^2$

梁的尺寸：根据，$h=(\frac{1}{8}\sim\frac{1}{12})l=(\frac{1}{8}\sim\frac{1}{12})\times 6\,000=750\sim 500\text{mm}$

$$b=(\frac{1}{2}\sim\frac{1}{3})h=250\sim 167\text{mm}$$

取：$h=550\text{mm},b=200\text{mm},l_0=l=6\,000\text{mm}$

计算步骤：荷载计算，内力计算，正截面抗弯计算，斜截面抗剪计算。

5.2.4 基础设计

六层以下混合房屋，承重墙下的条形基础一般采用刚性条形基础。基础埋深 $D=2.0\text{m}$。

计算步骤：

①确定地基承载力设计值。查《建筑地基基础设计规范》(GB 50007—2002)，假定 $B\leqslant 3.0\text{m}$，$\eta_d=1.6$，根据地质勘探报告和基础埋深修正地基承载力特征值为：

$$f_a = f_{ak} + \eta_d \gamma_m (d - 0.5) = 200 + 1.6 \times 19(2 - 0.5) \approx 250\text{kN/m}^2$$

所以,将深修正后的地基承载力确定为:250kN/m²

②确定基础底面尺寸

取 1m 墙长为计算单元,条形基础宽度 B 表达式:

$$B = \frac{F_k}{f_a - \gamma_m d}$$

式中　F_k——相应于荷载效应标准组合时,上部结构传至基础顶面的竖向力值;

γ_m——基础底面以上土的加权平均重度,可取 20kN/m²;

d——基础埋置深度,此处取基础底到室内外设计地面的中点,即:

$$2 - \frac{0.45}{2} = 1.775\text{m。}$$

绘制基础设计图。

5.2.5　抗震验算

计算步骤:

①计算重力荷载代表值,结构等效总重力,查表求水平地震影响系数;

②计算底部总水平地震作用;

③按横向、纵向分别进行墙体剪力分配和承载力验算。

5.2.6　楼梯的设计

梯段板计算跨度 3.8m,板厚 100mm,休息平台净跨 1.8m,板厚 100mm,平台梁截面 bh = 200mm×400mm,楼梯开间 4.5m,梯段宽度 2m,楼梯采用金属栏杆,选用材料为 C20 混凝土,HPB 235 级钢筋。根据《建筑结构荷载规范》(GB 50009),教学楼楼梯荷载标准值取为 2.5kN/m²。采用板式楼梯。

设计内容:梯段板计算,休息平台板计算,平台梁计算。

5.2.7　雨篷板计算

材料选用钢筋为 HPB 235 级,混凝土为 C20。

设计内容:雨篷板计算,雨篷梁计算,雨篷抗倾覆验算。

5.2.8　过梁的设计

过梁可按标准图集选用,也可另行按钢筋混凝土受弯构件设计。选最大窗洞 C_1 进行计算。过梁在支座两端各为 250mm。

5.3　砌体结构设计示例

5.3.1　设计任务书

参见 5.1 内容。

5.3.2　建筑设计

1. 建筑设计要求

进行建筑设计时,应全面考虑功能合理、安全、适用、经济、美观的原则,以及结构、水、暖、电等专业的要求,经全面分析比较确定建筑方案后,进行建筑施工图绘制。

(1)该教学楼的建筑面积不超过 2 800m²,四层。开间 4.5m,进深 6m,走廊 2.7m,层高 3.6m,室内外高差 0.45m,首层室内地面标高 ±0.000m,相当于绝对标高 +67.45m,室外地

坪 -0.45m,相当于绝对标高 +67m。檐口标高为 +14.4m,房屋总高为 15.45m。

(2)材料及建筑作法

参考北京地区材料做法,由建筑设计确定。

1)门厅、走廊、楼梯均采用水磨石地面(地 5),其他房间采用水泥地面。楼面采用 40mm 厚细石混凝土叠合层(楼 4),标准自重为 1.0kN/m^2;厕所、卫生间采用 72mm,厚细石混凝土叠合层(楼 8),标准自重为 1.7kN/m^2。屋面采用屋 1 保温屋面,标准自重为 2.86kN/m^2。

2)墙面。内墙面采用 20 厚混合砂浆粉刷,喷 107 白色乳胶漆(内墙 4),踢脚 120mm 高,采用 25mm 厚的水泥砂浆粉刷,厕所墙裙采用 20mm 厚 1.5m 高水泥砂浆粉刷。外墙面采用 25mm 厚水泥砂浆粉刷(外墙 4),勒脚及檐口采用水刷石,勒脚作至窗台。

3)顶棚。采用 15mm 厚混合砂浆粉刷,喷 107 白色乳胶漆。

4)门窗。采用木门钢窗。

2. 建筑设计

根据设计要求,作如下比较

(1)适用性。功能合理、面积适当、布局合理,空间分配得当,结构可靠,日照通风良好,防止外界干扰等功能是否良好。

(2)经济性。从一次性投资总造价、维修管理费、能源损耗,建设工期和土地利用率等五个方面比较。

(3)美观。从建筑与地形及环境的协调性,布局合理,形式美观,有时代感和民族风格等方面分析。

作出若干建筑方案,经过反复推敲,比较修改,得出较为合理的建筑平面和形体。用总平面图、平面图、立面图、剖面图及详图表达出来,并对其具体构造作出明确处理。

3. 建筑设计施工图

(1)校园总平面位置图(图 5-2);

(2)教学楼首层平面图(图 5-3);

(3)教学楼标准层平面图(图 5-4);

(4)教学楼正立面和西立面图(图 5-5);

(5)教学楼剖面图(图 5-6)。

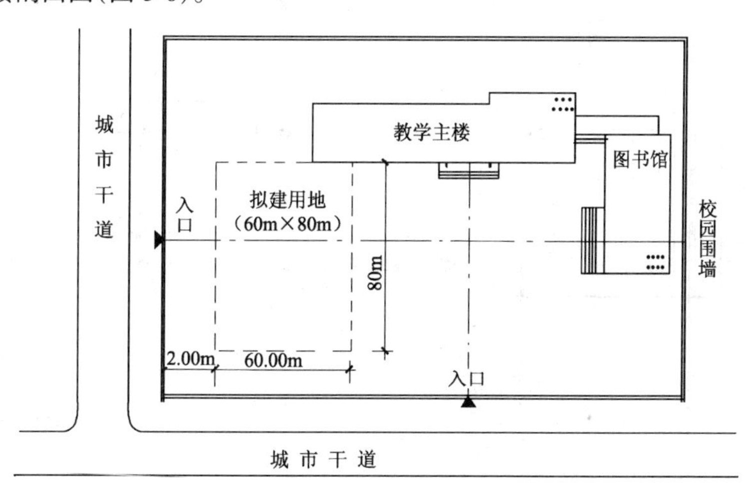

图 5-2 校园总平面位置图(1:200)

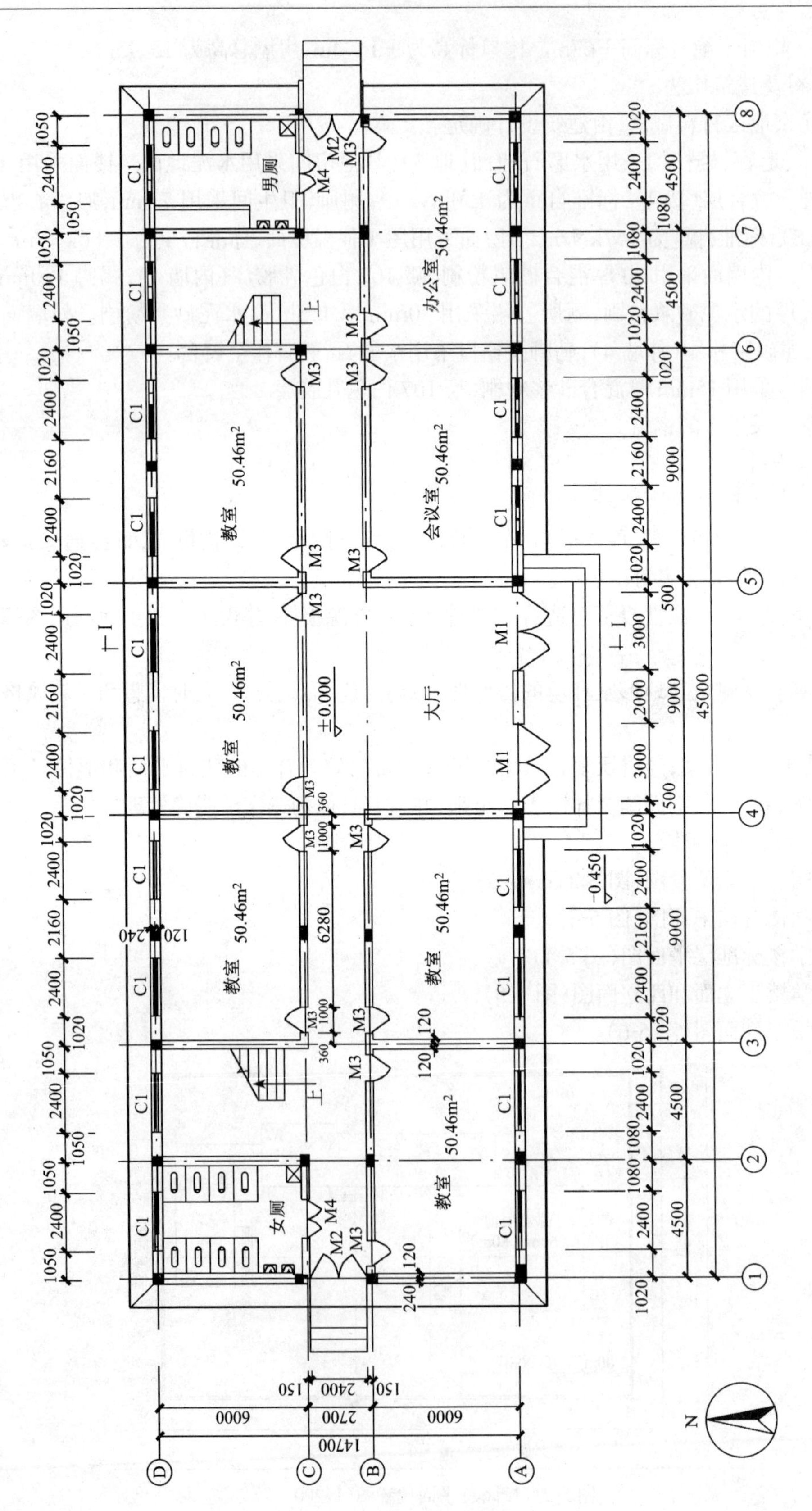

图 5-3　首层平面图（1:100）

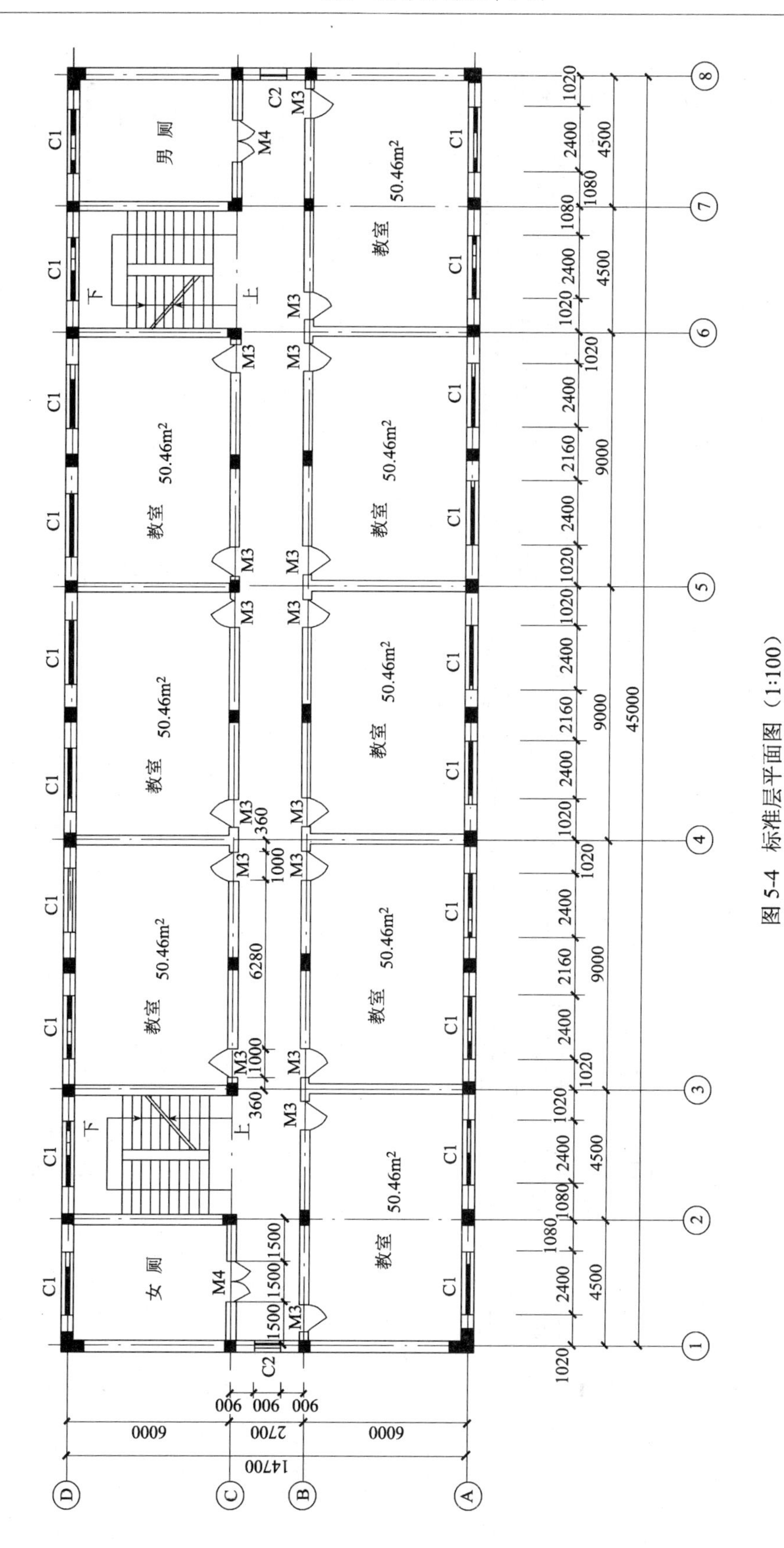

图 5-4 标准层平面图（1:100）

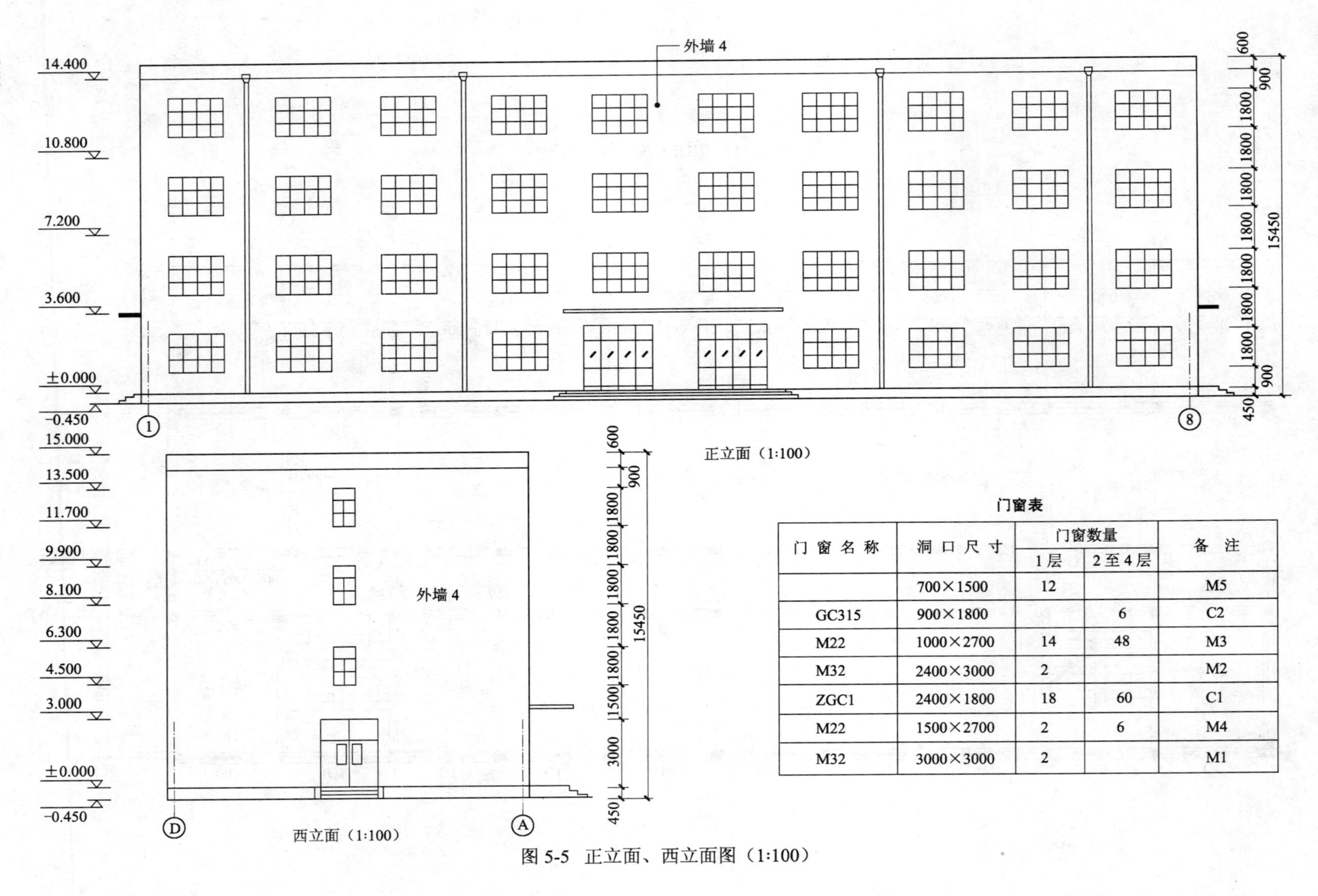

门窗表

门窗名称	洞口尺寸	门窗数量		备注
		1层	2至4层	
	700×1500	12		M5
GC315	900×1800		6	C2
M22	1000×2700	14	48	M3
M32	2400×3000	2		M2
ZGC1	2400×1800	18	60	C1
M22	1500×2700	2	6	M4
M32	3000×3000	2		M1

图 5-5　正立面、西立面图（1:100）

建筑设计具体详见第 1 章有关内容及《房屋建筑学》教材相关内容。

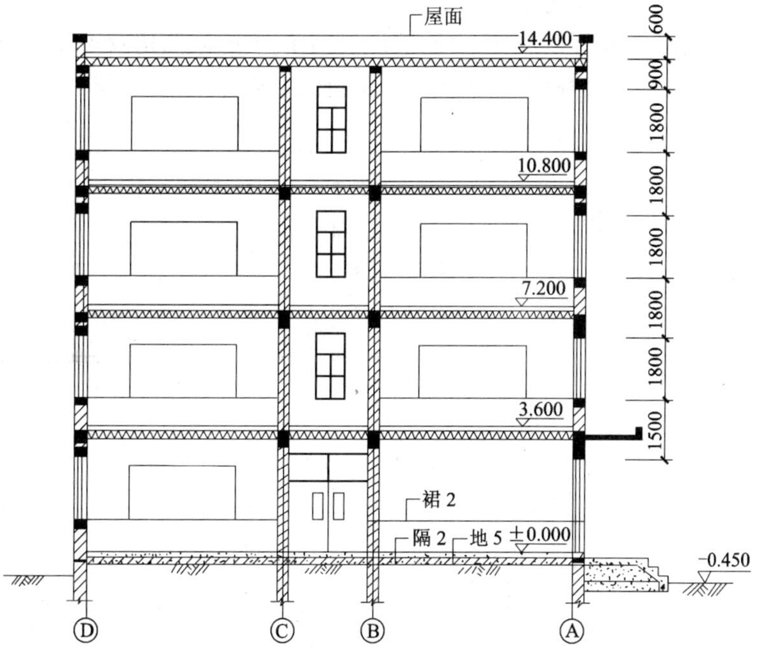

图 5-6　Ⅰ-Ⅰ剖面图(1∶50)

5.3.3　结构方案与结构布置

建筑结构方案主要经分析比较确定结构形式、承重体系、施工方案和变形缝的划分等问题。

1. 本建筑为四层教学楼,总高 15.45m,层高 3.6m＜4m,房屋高宽比 15.45m/14.7m＝1.05＜2,符合规范要求,房间面积较大,横墙数量较少。采用砌体结构形式,造价低廉、施工简单,满足使用功能要求;采用混合结构承重体系,钢筋混凝土现浇梁、预制板楼盖,普通烧结多孔黏土砖砌体,纵横墙承重,有利于抗震和结构受力。

2. 墙体材料

首层为 MU10 机制多孔黏土砖和 M7.5 混合砂浆;2 层、3 层、4 层为 MU10 机制多孔黏土砖和 M5 混合砂浆砌筑。1～2 层外墙为 370mm 厚,内墙为 240mm 厚;3～4 层外墙和内墙均为 240mm 厚。

3. 墙体布置

大房间进深梁支承在内外纵墙上,为纵墙承重;预制板支承在横墙和进深梁上,为横墙承重,故承重体系为纵横墙承重。纵横墙布置较为均匀对称,平面上前后左右拉通,竖向上下连续对齐,减小偏心;同一轴线上的窗间墙比较均匀,横墙的最大间距为 9.0m＜15m,局部尺寸也基本符合抗震要求。个别不满足处,设置构造柱,可适当放宽。

4. 变形缝的设置

(1)建筑总长度为 45.48m＜50m,按规定可不设伸缩缝。

(2)场地土质比较均匀,邻近无建筑物,建筑为教学楼,设有较大荷载差异,故可不设沉降缝。

(3)根据《建筑抗震设计规范》的规定,本建筑满足不设抗震缝的要求。

5. 构造柱的设置

构造柱设置的部位为每开间的四个角,房屋的四角,楼梯间四角及进深梁的支承处。构造柱与圈梁相连接,形成隐形柔性框架,作为第二道抗震结构体系。施工时应先砌墙后浇柱。构造柱的设置位置见图5-7。

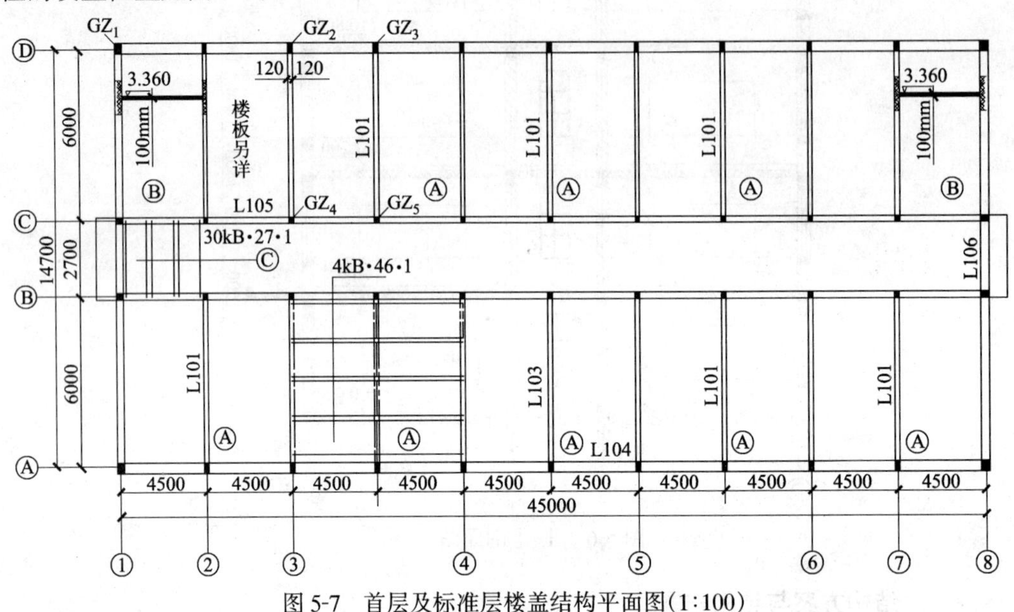

图5-7　首层及标准层楼盖结构平面图(1:100)

6. 圈梁设置

建筑各层、屋盖及基础等部位均设置钢筋混凝土圈。圈梁设在外墙楼板同一标高处,圈梁应封闭。横墙圈梁与纵墙圈梁底面应齐平。当圈梁遇有窗洞口时,可兼做过梁,但应按过梁配置钢筋。圈梁遇有洞口断开时,应设附加圈梁在洞口上侧。

7. 楼(屋)盖结构方案

楼盖结构采用大部分预制,局部现浇布置方案,进深梁采用现浇。厕所、卫生间采用现浇钢筋混凝土楼板,以利于防水和施工;楼梯采用现浇钢筋混凝土板式楼梯。

8. 基础方案

主体结构为纵横墙承重,四层,教学楼荷载较小,地下水位较低,基础地基承载力较高。基础埋深,应设在冰冻线以下(室外地坪以下0.8～1.0m),地下水位以上(60m以上),取基底标高为-2.450m,即基础埋深$D=2$m。

上部结构为纵横墙承重,采用浅埋条形刚性砖基础。砖用烧结实心黏土砖,三七灰土垫层两步(300mm厚)。可满足强度、刚度和耐久性的要求,又利用了地方性材料,造价低,施工简便。

9. 楼盖结构布置

(1)梁、板的平面位置及板的平面形状;

(2)板的型号、编号、数量及排列形式;

(3)梁的编号及位置;

(4)梁、板与墙、柱的支承关系;

(5)进深梁的截面尺寸及配筋；

(6)现浇板的配筋；

(7)预制板的选型。

首层及标准层(2～4层)楼盖结构平面图见图5-7。

10. 屋盖的结构布置

屋盖均用预制板铺盖。无现浇板和楼梯间。其布置方法同楼盖。首层及标准层楼盖结构布置图,如图5-7所示,屋盖结构布置图均按图5-7Ⓐ类板布置,走道按Ⓒ。走道板构造处板带加宽不得隔断柱。屋盖结构平面布置如图5-8所示。

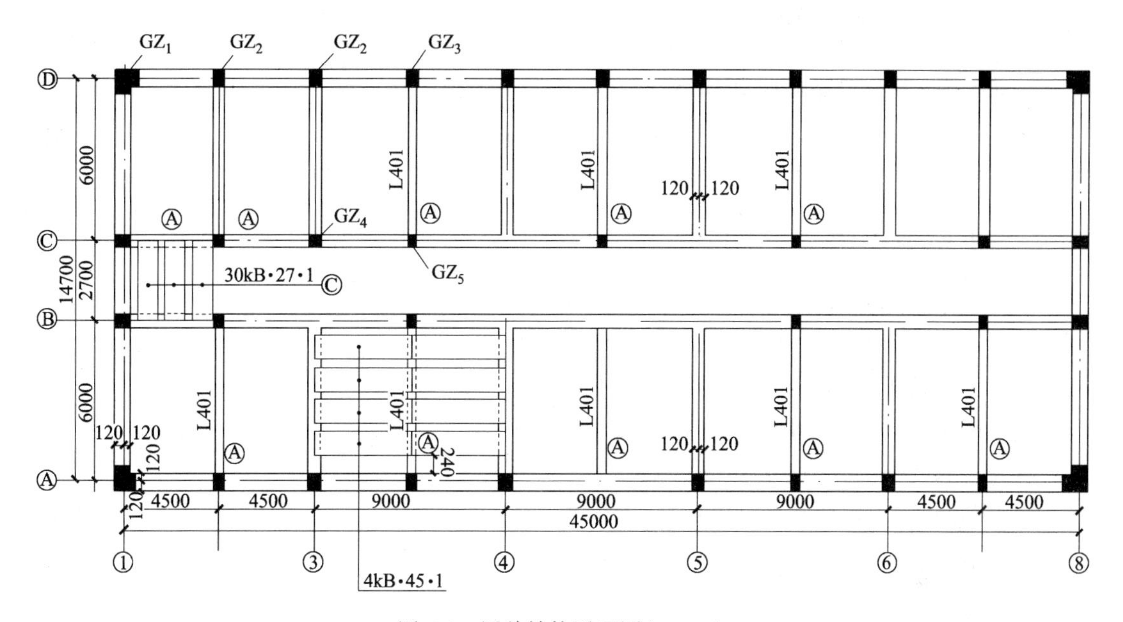

图5-8　屋盖结构平面图(1:100)

5.3.4　砌体结构计算

5.3.4.1　荷载资料

1. 女儿墙自重,按烧结多孔黏土砖计算,女儿墙厚240mm,高500mm。取4.5m长(计算单元范围),多孔黏土砖重度取4.616kN/m^2(240mm墙)女儿墙自重为$4.616\times0.5\times4.5=10.386$kN。

2. 屋面荷载(表5-1)

表5-1　屋面荷载取值

项　　目	荷载标准值(kN/m^2)
屋面层	2.9
40mm厚叠合层	1.0
预制空心板	2.86
20mm板底抹灰	0.34
屋面恒荷载标准值合计	7.1
屋面活荷载(不上人)标准值	0.5

3．楼面荷载(表5-2)

表5-2　楼面荷载取值

项　　目	荷载标准值(kN/m^2)
楼面层	1.0
40mm厚叠合层	1.0
预制空心板	2.86
20mm板底抹灰	0.34
楼面恒荷载标准值合计	5.2
楼面活荷载标准值	2.0(走道取2.5)

4．墙体荷载(外墙贴面砖、内墙粉刷)(表5-3)

表5-3　墙体荷载取值

项　目	实心砖(kN/m^2)	多孔砖(kN/m^2)
双面抹灰240mm砖墙	5.24	4.616(内墙)
双面抹灰370mm砖墙	7.61	6.748(内墙)
外墙贴面砖,内墙粉刷		6.888(外墙)

按黏土多孔砖计算

双面抹灰240墙:4.616kN/m^2(内)

双面抹灰370墙:6.748kN/m^2(内)

外墙贴面砖、内墙抹灰:6.888kN/m^2(外)

5．钢窗自重　　0.45kN/m^2

5.3.4.2　楼(屋)盖结构设计

1．荷载计算

进深梁自重(含抹面15mm厚):$0.2\times0.55\times25+20\times0.015\times(2\times0.55+0.2)=3.14$kN/m(标准值)

屋面传来竖向荷载(含梁自重)

恒荷载标准值:$7.1\times4.5\times3.0+3.14\times3.0=105.15$kN

活荷载标准值:$0.5\times4.5\times3.0=6.75$kN

楼面传来竖向荷载

恒荷载标准值(二、三、四各层)$5.2\times4.5\times3.0+3.14\times3.0=79.53$kN

活荷载标准值$2\times4.5\times3.0=27$kN

2．选板(表5-4)

表5-4　选　　板

部　　位	屋面荷载标准值(kN/m^2,不计板重)	楼面荷载标准值(kN/m^2,不计板重)
教　　室	$g_k+q_k=4.74<[g_k+q_k]=8.38$	$g_k+q_k=4.34<[g_k+q_k]=8.38$
走　　廊	$g_k+q_k=4.74<[g_k+q_k]=8.38$	$g_k+q_k=4.84<[g_k+q_k]=8.40$
	选用1级荷载等级	选用1级荷载等级

开间 4.5m,进深 6m,走廊宽 2.7m。

教室:KB·45·1(板厚 185mm)

走廊:KB·27·1(板厚 130mm)

允许荷载采用标准值,不计板自重。

3. 排板

教室:6 000 − 2×120 − 240 = 5 520mm　5 520÷1 180 = 4.7 块

　　取 4 块板　1 180×4 = 4 720mm　5 520 − 4 720 = 800mm

　　800÷4 = 200mm(缝宽)

走廊:4 500 − 2×120 = 4 260mm　4 260÷1 180 = 3.6 块

　　取 3 块板　1 180×3 = 3 540mm　4 260 − 3 540 = 720mm

　　720÷4 = 180mm(缝宽)

4. 板缝配筋计算:

按单筋矩形梁计算,内力计算及板缝配筋计算过程如下。

(1)教室板缝(图 5-9)

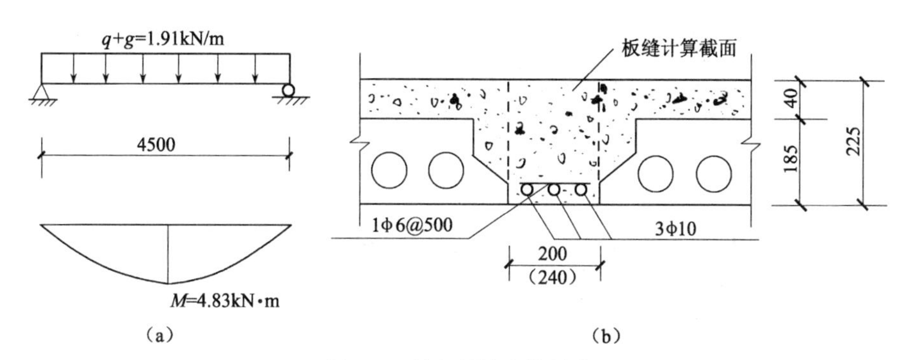

图 5-9　教室板缝配筋计算

$$g_k = 0.2\times0.225\times25 = 1.125\text{kN/m}(\text{未计建筑做法})$$

$$g = g_k\times1.2 = 1.125\times1.2 = 1.35\text{kN/m}$$

$$q_k = 2.0\times0.2 = 0.4\text{kN/m}$$

$$q = 1.4q_k = 1.4\times0.4 = 0.56\text{kN/m}$$

$$g + q = 1.35 + 0.56 = 1.91\text{kN/m}$$

$$M = \frac{1}{8}(g+q)l_0^2 = \frac{1}{8}\times1.91\times4.5^2 = 4.83\text{kN}\cdot\text{m}$$

混凝土 C20 级　$f_c = 9.6\text{N/mm}^2$　$h_0 = h - a_s = 225 - 15 - 5 = 205\text{mm}$

钢筋 HPB 235 级钢　$f_y = 210\text{N/mm}^2$

$$\alpha_s = \frac{M}{bh_0^2\alpha_1 f_c} = \frac{4.83\times10^6}{200\times205^2\times1.0\times9.6} = 0.060$$

$$\gamma_s = \frac{1+\sqrt{1-2\alpha_s}}{2} = \frac{1+\sqrt{1-2\times0.06}}{2} = 0.97$$

$$A_s = \frac{M}{\gamma_s f_y h_0} = \frac{4.83\times10^6}{0.97\times210\times205} = 115.67\text{mm}^2$$

进 3Φ10($A_s=236mm^2$)　1Φ6 钢筋焊接,间距 500mm

$$钢筋间距\frac{200-3\times10-2\times15}{2}=70mm或\frac{240-3\times10-2\times15}{2}=90mm$$

(2)走廊板缝(图 5-10)

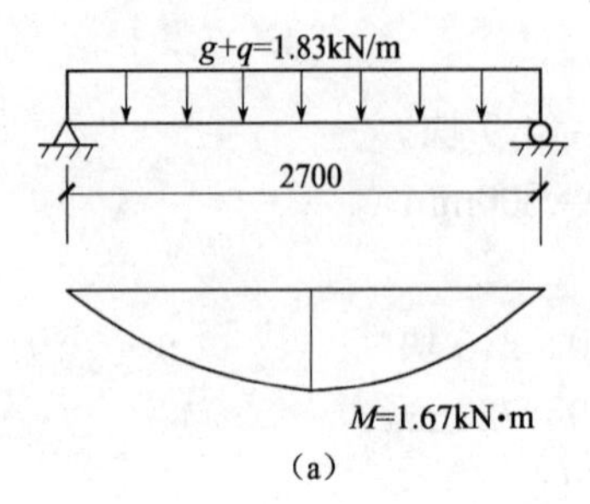

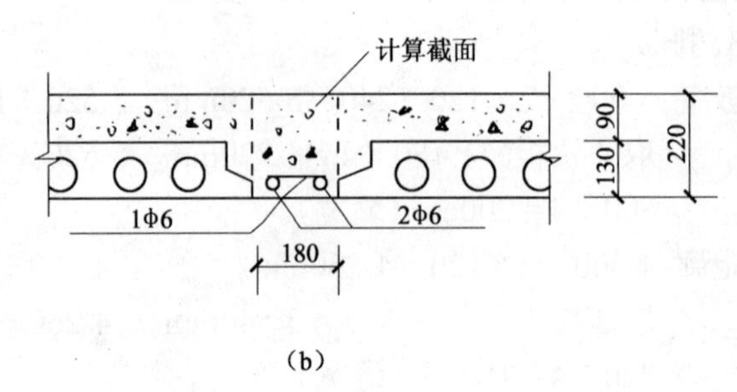

图 5-10　走廊板缝配筋

$$g_k=0.18\times0.22\times25=0.99kN/m(未计建筑做法)$$

$$g=1.2g_k=1.2\times0.99=1.188kN/m,取1.20kN/m$$

$$q_k=2.5\times0.18=0.45kN/m$$

$$q=1.4q_k=1.4\times0.45=0.63kN/m$$

$$g+q=1.20+0.63=1.83kN/m$$

$$M=\frac{1}{8}(g+q)l_0^2=\frac{1}{8}\times1.83\times2.7^2=1.67kN\cdot m$$

混凝土为 C20 级,$f_c=9.6N/mm^2$,$h_0=h-a_s=220-15-5=200mm$

HPB 235 级钢筋,$f_y=210N/mm^2$

$$\alpha_s=\frac{M}{bh_0^2\alpha_1f_c}=\frac{1.67\times10^6}{180\times200^2\times1.0\times9.6}=0.021$$

$$\gamma_s=\frac{1+\sqrt{1-2\alpha_s}}{2}=\frac{1+\sqrt{1-2\times0.021}}{2}=0.99$$

$$A_s=\frac{M}{\gamma_sf_yh_0}=\frac{1.67\times10^6}{0.99\times210\times200}=40.17mm^2$$

选 2Φ6($A_s=57mm^2$),1Φ6 钢筋焊接间距为 500mm。

$$钢筋间距\frac{180-2\times5-2\times15}{1}=140mm$$

5. 现浇板配筋计算(图 5-11)

现浇钢筋混凝土板为 100mm 厚,地面为 72mm 豆石混凝土垫层。

$$\alpha=\frac{l_x}{l_y}=\frac{4.5}{6}=0.75<2.0(双向板)\quad M_x=0.0620\quad M_y=0.0317$$

$$g_k=24\times0.07+25\times0.1=3.22kN/m^2$$

$$g=1.2g_k=1.2\times3.22=3.86kN/m^2\quad 取1m宽\ g=3.86kN/m$$

$$q_k=2.5kN/m^2\quad q=1.4q_k=1.4\times2.5=3.5kN/m^2\quad 取1m宽\ q=3.5kN/m$$

$$h_{0x}=h-20=100-20=80mm\quad h_{0y}=h-30=100-30=70mm$$

$$M_x=M_x(g+q)l_x^2=0.0620\times(3.86+3.5)\times4.5^2=9.240kN\cdot m$$

$$M_y = M_y(g+q)l_x^2 = 0.031\,7\times(3.86+3.5)\times4.5^2 = 4.725\text{kN·m}$$

$$\alpha_{sx} = \frac{M_x}{b\cdot h_{0x}^2\alpha_1 f_c} = \frac{9.24\times10^6}{1\,000\times80^2\times1.0\times9.6} = 0.150$$

$$\alpha_{sy} = \frac{M_y}{b\cdot h_{0y}^2\alpha_1 f_c} = \frac{4.725\times10^6}{1\,000\times70^2\times1.0\times9.6} = 0.100$$

$$\gamma_{sx} = \frac{1+\sqrt{1-2\alpha_{sx}}}{2} = \frac{1+\sqrt{1-2\times0.150}}{2} = 0.918$$

$$\gamma_{sy} = \frac{1+\sqrt{1-2\alpha_{sy}}}{2} = \frac{1+\sqrt{1-2\times0.100}}{2} = 0.947$$

$$A_{sx} = \frac{M_x}{\gamma_{sx}f_y h_{0x}} = \frac{9.24\times10^6}{0.918\times210\times80} = 599.13\text{mm}^2$$

$$A_{sy} = \frac{M_y}{\gamma_{sy}f_y h_{0y}} = \frac{4.725\times10^6}{0.947\times210\times70} = 339.4\text{mm}^2$$

x 方向选Φ 10@130($A_s = 604\text{mm}^2$)

y 方向选Φ 8@140($A_s = 335\text{mm}^2$)

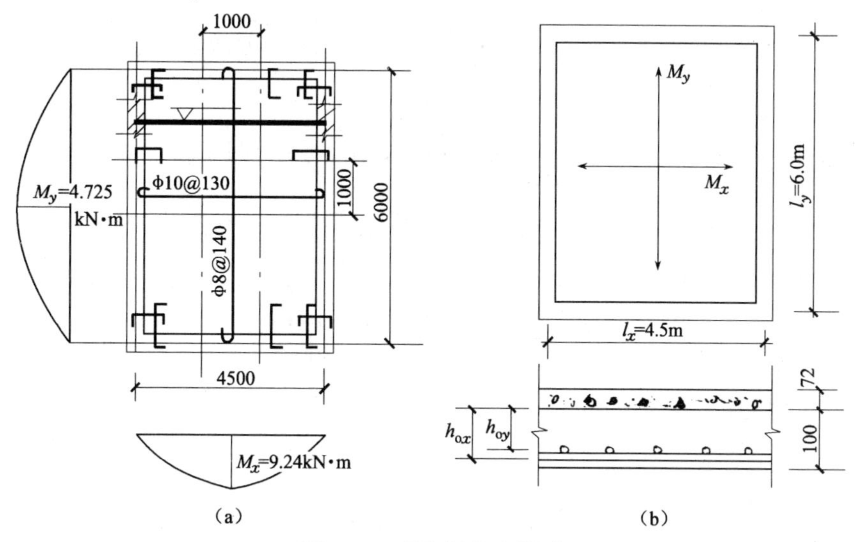

图 5-11 现浇板Ⓑ配筋图

6．现浇进深梁设计(图 5-12)

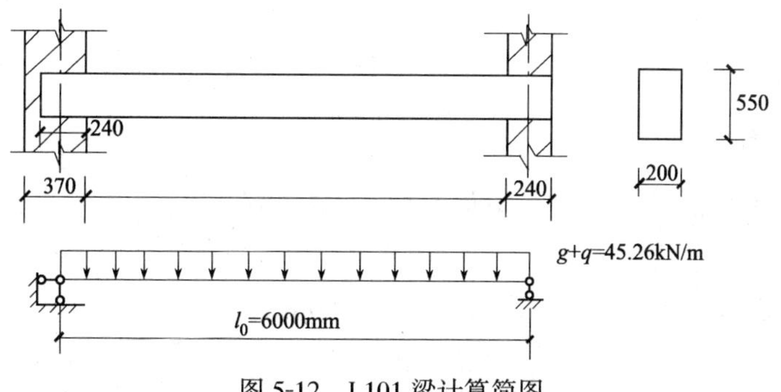

图 5-12 L101 梁计算简图

材料选用:混凝土采用C25,$f_c = 11.9\text{N/mm}^2$　纵向受力钢筋为HRB 335级,$f_y = 300\text{N/mm}^2$,箍筋 HPB 235 级,$f_{yv} = 210\text{N/mm}^2$

$$h = \left(\frac{1}{8} \sim \frac{1}{12}\right) l = \left(\frac{1}{8} \sim \frac{1}{12}\right) \times 6\,000 = 750 \sim 500\text{mm} \quad 取\ h = 550\text{mm}$$

$$b = \left(\frac{1}{2} \sim \frac{1}{3}\right) h = \left(\frac{1}{2} \sim \frac{1}{3}\right) \times 550 = 275 \sim 183\text{mm} \quad 取\ b = 200\text{mm}$$

$$l_0 = l = 6\,000\text{mm}$$

(1)荷载计算

屋面恒载设计值:$1.2 \times 7.1 = 8.52\text{kN/m}^2$

屋面活荷载设计值:$1.4 \times 0.5 = 0.70\text{kN/m}^2$

梁自重设计值:$1.2 \times 3.14 = 3.77\text{kN/m}$

总荷载设计值:$(8.52 + 0.70) \times 4.5 + 3.77 = 45.26\text{kN/m}$

(2)内力计算

$$M_{\max} = \frac{1}{8}(g+q)l_0^2 = \frac{1}{8} \times 45.26 \times 6^2 = 203.49\text{kN·m}$$

$$V_{\max} = \frac{1}{2}(g+q)l_0 = \frac{1}{2} \times 45.26 \times 6 = 135.66\text{kN}$$

(3)正截面抗弯计算:

假设钢筋为一排$h_w = h_0 = h - a_s = 550 - 35 = 515\text{mm}$(取一排 $h_0 = 550 - 35 = 515\text{mm}$)

$$\alpha_s = \frac{M_{\max}}{bh_0^2 \cdot \alpha_1 f_c} = \frac{203.49 \times 10^6}{200 \times 515^2 \times 1.0 \times 11.9} = 0.322$$

$$\xi = 1 - \sqrt{1 - 2\alpha_s} = 1 - \sqrt{1 - 2 \times 0.322} = 0.403 < \xi_b = 0.550$$

$$A_s = \frac{\xi \cdot b \cdot h_0 \cdot \alpha_1 f_c}{f_y} = \frac{0.403 \times 200 \times 490 \times 1.0 \times 11.9}{300} = 1\,566.6\text{mm}^2$$

选 2Φ28 + 1Φ20($A_s = 1\,546\text{mm}^2$)　$\dfrac{1\,566.6 - 1\,546}{1\,566.6} \times 100\% = 1.3\% < 5\%$(可以)。

(4)斜截面抗剪计算:

1)复核截面尺寸　$\dfrac{h_w}{b} = \dfrac{490}{200} = 2.45 < 4$

$$0.25 f_c b h_0 \beta_c = 0.25 \times 11.9 \times 200 \times 490 \times 1.0 = 291\,550\text{N} = 291.55\text{kN} > V_{\max} = 139.44\text{kN}$$

截面尺寸满足要求。

2)判断是否需按计算配腹筋

$$0.7 f_t b h_0 = 0.7 \times 1.27 \times 200 \times 490 = 87\,122\text{N} = 87.122\text{kN} < V_{\max} = 139.44\text{kN}$$

需要按计算配置腹筋

$$\frac{n \cdot A_{svl}}{S} = \frac{V_{\max} - 0.7 f_t b h_0}{1.25 f_{yv} h_0} = \frac{(139.44 - 87.122) \times 10^3}{1.25 \times 210 \times 490} = 0.41$$

选用Φ8 双肢箍筋　则 $n \cdot A_{svl} = 2 \times 50.3 = 100.6\text{mm}^2$

$$S = \frac{nA_{svl}}{0.41} = \frac{100.6}{0.41} = 245\text{mm}$$

取 $S=200\text{mm}$ L101 配筋如图 5-13 示。

5.3.4.3 墙体验算(图 5-14)

1. 房屋静力计算方案

根据《砌体结构设计规范》(GB 50003—2001)房屋的静力计算方案,因设计为装配式无檩体系钢筋混凝土屋盖和楼盖,最大横墙间距 9m(小于 32m),故可将房屋的静力计算方案确定为刚性方案。

根据《砌体结构设计规范》(GB 50003—2001)"外墙不考虑风荷载影响时的最大高度",本设计层高 3.6m<最大层高 4m;房屋总高 15.45m<最大高度 28m,故不考虑风荷载的影响。

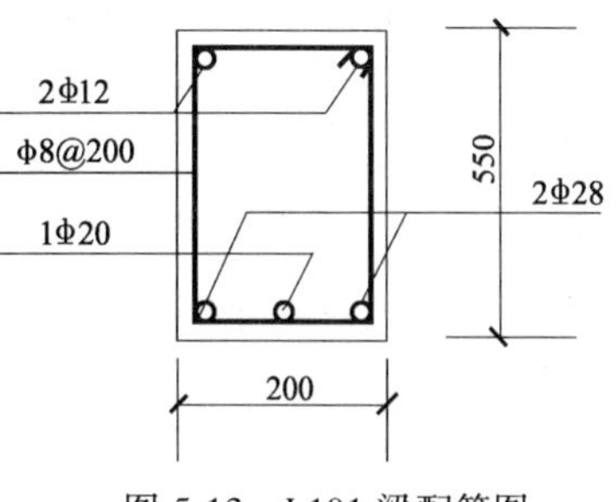

图 5-13 L101 梁配筋图

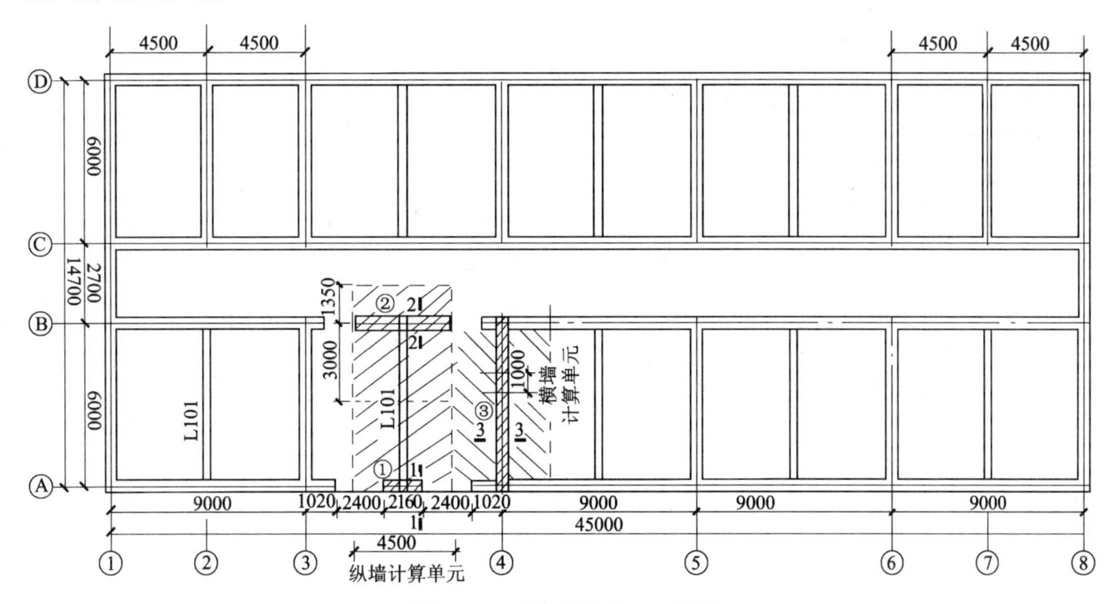

图 5-14 墙体验算平面示意图

2. 高厚比验算

(1)根据 M7.5 级混合砂浆,查得墙体的允许高厚比:首层为$[\beta]=26$;

根据 M5 级混合砂浆,查得墙体的允许高厚比:2~4 层为$[\beta]=24$。

(2)墙体高厚比验算

1)2~4 层内横墙

2~4 层横墙间距 $S=9\text{m}$;层高 $H_i=3.6\text{m}$

根据 $S=9\text{m}>2H=2\times3.6=7.2\text{m}$,查得受压构件的计算高度为 $H_0=1.0\times H=3.6\text{m}$,墙厚 $h=240\text{mm}$,承重横墙允许高厚比不提高,即 $\mu_1=1.0$。

横墙无开洞,允许高厚比降低系数为 $\mu_2=1.0$。

按《砌体结构设计规范》(GB 50003—2001)得:

$$\beta=\frac{H_0}{h}=\frac{3\,600}{240}=15<\mu_1\mu_2[\beta]=1.0\times1.0\times24=24$$

故2～4层内横墙高厚比满足要求。

2)首层内横墙

首层横墙间距 $S=9m$,层高 $H_1=3.6+0.45+0.5=4.55m$

根据 $S=9m<2H=2\times4.55=9.1m$ 且 $>3.6m$,查得受压构件的计算高度:

$$H_0=0.4S+0.2H=0.4\times9+0.2\times4.55=4.51m$$

$h=240mm$,承重横墙允许高厚比不提高,即 $\mu_1=1.0$

横墙无开洞,允许高厚比降低系数为 $\mu_2=1.0$

$$\beta=\frac{H_0}{h}=\frac{4\ 510}{240}=18.8<\mu_1\mu_2[\beta]=1.0\times1.0\times26=26$$

故首层内横墙高厚比满足要求。

3)2～4层外纵墙高厚比验算

2～4层横墙间距 $S=9m$,层高 $H_i=3.6m$

根据 $S=9m>2H=2\times3.6=7.2m$,查得受压构件的计算高度:$H_0=1.0\times H=1.0\times3.6=3.6m$

$h=240mm$,$h=370mm$,承重纵墙允许高厚比不提高,即 $\mu_1=1.0$

纵墙 $S=9m$ 范围内开窗洞两个 $b_s=2\times2.4=4.8m$

开洞后允许高厚比的降低系数为 $\mu_2=1-0.4\dfrac{b_s}{S}=1-0.4\times\dfrac{4.8}{9}=0.79>0.7$,取 $\mu_2=0.79$

所以2层高厚比 $\beta=\dfrac{H_0}{h}=\dfrac{3\ 600}{370}=10<\mu_1\mu_2[\beta]=1.0\times0.79\times24=18.96$

3～4层高厚比 $\beta=\dfrac{H_0}{h}=\dfrac{3\ 600}{240}=15<\mu_1\mu_2[\beta]=1.0\times0.79\times24=18.96$

故2～4层外纵墙高厚比满足要求。

4)首层外纵墙高厚比验算

首层横墙间距 $S=9m$,层高 $H_1=3.6+0.45+0.5=4.55m$

根据 $H_1=3.6m<4.55$　$S=9m<2H_1=2\times4.55=9.1m$　查得受压构件的计算高度:

$$H_0=0.4S+0.2H_1=0.4\times9+0.2\times4.55=4.51m$$

$h=370mm$,承重纵墙允许高厚比不提高,即 $\mu_1=1.0$

纵墙开洞后允许高厚比降低系数为:$\mu_2=1-0.4\dfrac{b_s}{S}=1-0.4\times\dfrac{4.8}{9}=0.79>0.7$,取 $\mu_2=0.79$

$$\beta=\frac{H_0}{h}=\frac{4\ 510}{370}=12.2<\mu_1\mu_2[\beta]=1.0\times0.79\times26=20.54$$

首层外纵墙高厚比满足要求。

3.外纵墙体承载力验算(Ⓐ、Ⓓ轴第①墙段)(图5-15)

(1)选取计算单元和确定受荷面积

由于内墙较外墙的受力有利,现重点计算外纵墙的承载力。取一个开间宽度的外纵墙为计算单元,其受荷范围为 $4.5m\times3.0m=13.5m^2$

(2)控制截面

二、三、四层采用 MU10 砖,M5 混合砂浆,首层为 MU10 砖,M7.5 混合砂浆砌筑。在砌体材料相同,截面尺寸一样的条件下,以荷载最大的截面为最不利,所以选择第二层的 1-1 和 2-2 截面及第一层的 3-3 和 4-4 截面分别进行承载力验算,计算简图如图 5-15 示。

外纵墙墙体计算截面积:$2.16\text{m}\times0.37\text{m}=0.799\,2\text{m}^2$

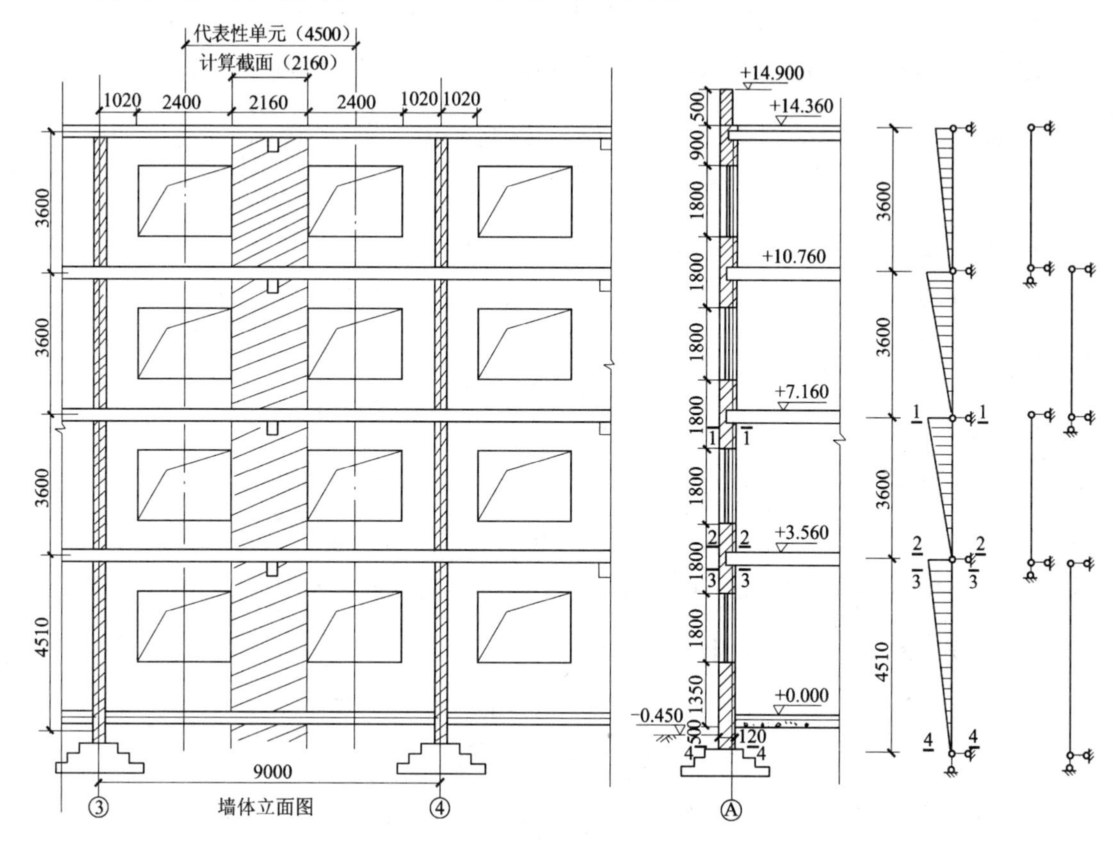

图 5-15 Ⓐ Ⓓ轴外纵墙计算简图

(3)墙体自重(外纵墙)(①墙)

首层墙体自重(含钢窗自重):$0.45\times1.8\times2.4+6.748\times(4.51\times4.5-1.8\times2.4)=109.74\text{kN}$

二层墙体自重(含钢窗自重):$0.45\times1.8\times2.4+6.748\times(3.6\times4.5-1.8\times2.4)=82.11\text{kN}$

三、四层墙体自重(含钢窗自重):$0.45\times1.8\times2.4+4.616\times(3.6\times4.5-1.8\times2.4)=56.78\text{kN}$

(4)内力计算

1)对二层 1-1 截面内力计算

三层墙体传来荷载标准值 N_{uk}(女儿墙、屋盖、三四层墙体自重、四层楼盖自重)

$$N_{uk}=10.386+2\times56.78+105.15+9.45+79.53+27=345.076\text{kN}$$

三层楼面梁传来荷载标准值 N_{lk}

$$N_{lk}=79.53\text{kN}+27\text{kN}=106.53\text{kN}$$

$$N_l=1.2\times79.53+1.4\times27=133.236\text{kN}$$

$$N_u=1.2\times(10.386+2\times56.78+105.15+79.53)+1.4\times(9.45+27)=421.38\text{kN}$$

$$N=N_l+N_u=133.26+421.38=554.62\text{kN}$$

MU10 的砖和 M5 的混合砂浆砌筑的砌体抗压强度设计值 $f=1.50\text{MPa}$，$a_b=370\text{mm}$。

已知梁高 $h=550\text{mm}$，则梁的有效支撑长度 $a_0=10\sqrt{\dfrac{h_c}{f}}=10\times\sqrt{\dfrac{550}{1.50}}=191\text{mm}<240\text{mm}$

N_l 对形心轴的偏心距 $e_l=\dfrac{a_b}{2}-0.4a_0=\dfrac{370}{2}-0.4\times191=109\text{mm}$

N_l 引起的弯矩：$M_l=N_l\times e_l=133.24\times0.109=14.52\text{kN}\cdot\text{m}$，$M_1=M_u+M_l=0+14.52\text{kN}\cdot\text{m}=14.52\text{kN}\cdot\text{m}$

$$e_l=\frac{M_1}{N_1}=\frac{M_l}{N_lN_u}=\frac{14.52}{554.62}=0.026\text{m}=26\text{mm}$$

2)对 2-2 截面进行内力计算

$$N_{2k}=N_{lk}+82.11=345.076+82.11+106.53=533.72\text{kN}$$

$$N_2=N_1+1.2\times82.11=554.62+1.2\times82.11=653.15\text{kN},M_2=0$$

3)对一层 3-3 截面进行内力计算

$$N_{3k}=N_{2k}+N_{lk}=533.72+106.53=640.25\text{kN}$$

$$N_3=N_2+N_l=653.15+133.236=786.386\text{kN}$$

MU10 的砖和 M7.5 混合砂浆砌筑的砌体其抗压强度设计值 $f=1.69\text{MPa}$

梁高 $h=550\text{mm}$ 则梁的有效支撑长度 $a_0=10\sqrt{\dfrac{h_c}{f}}=10\times\sqrt{\dfrac{550}{1.69}}=180\text{mm}<370\text{mm}$

$$e_l=\frac{a_b}{2}-0.4a_0=\frac{370}{2}-0.4\times180=113\text{mm}$$

N_l 引起的弯矩 $M_l=N_l\times e_l=133.24\times0.113=15.06\text{kN}\cdot\text{m}$

$$e_3=\frac{M_l}{N_3}=\frac{15.06}{786.39}=0.019\text{m}=19\text{mm}$$

4)对 4-4 截面

$$N_{4k}=N_{3k}+109.74=640.25+109.74=749.99\text{kN}$$

$$N_4=N_3+1.2\times109.74=786.386+1.2\times109.74=918.07\text{kN}$$

$$M_{4k}=0,M_4=0。$$

(5)验算截面承载力

1)1-1 截面

$$\beta=\frac{3\ 600}{370}=10 \quad N_1=554.62\text{kN} \quad e_1=26\text{mm} \quad f=1.50\text{MPa}$$

$$A=0.799\ 2\text{m}^2>0.3\text{m}^2 \quad \frac{e_1}{h}=\frac{26}{370}=0.07 \quad 查得\ \varphi=0.72$$

$$\varphi Af=0.72\times0.799\ 2\times1.50\times10^6=863.1\text{kN}>N_1=554.62\text{kN}$$

承载力满足要求。

2)2-2 截面

$$\beta=\frac{3\ 600}{370}=10 \quad N_2=653.15\text{kN} \quad e_2=0 \quad f=1.50\text{MPa}$$

$$A=0.799\ 2\text{m}^2>0.3\text{m}^2 \quad 查得\ \varphi=0.87$$

$$\varphi Af=0.87\times0.799\ 2\times1.50\times10^6=1\ 043.0\text{kN}>N_2=653.15\text{kN}$$

承载力满足要求。

3)3-3 截面

$$\beta=\frac{4\ 510}{370}=12.2 \quad N_3=786.386\text{kN} \quad e_3=19\text{mm} \quad f=1.69\text{MPa}$$

$$A=0.799\ 2\text{m}^2>0.3\text{m}^2 \quad \frac{e_3}{h}=\frac{19}{370}=0.05 \quad 查得\ \varphi=0.71$$

$$\varphi Af=0.71\times0.799\ 2\times1.69\times10^6=959.0\text{kN}>N_3=786.386\text{kN}$$

承载力满足要求。

4)4-4 截面

$$\beta=\frac{4\ 510}{370}=12.2 \quad N_4=918.07\text{kN} \quad e_4=0 \quad f=1.69\text{MPa}$$

$$A=0.799\ 2\text{m}^2>0.3\text{m}^2 \quad 查得\ \varphi=0.82$$

$$\varphi Af=0.82\times0.799\ 2\times1.69\times10^6=1\ 107.53\text{kN}>N_4=918.07\text{kN}$$

承载力满足要求。

(6)局部抗压承载力验算

梁端搁入墙体的长度为 240mm,由于 1-1 截面的砌体强度低,3-3 截面上部结构传来的荷载大。

故验算 1-1 截面和 3-3 截面处砌体的局部受压承载力(图 5-16)。

1-1 截面:梁截面 200×550mm　墙厚 $h=370\text{mm}$

$$A_0=(b+2h)h=(200+2\times370)\times370=347\ 800\text{mm}^2$$

$$A_l=a_0b=191\times200=38\ 200\text{mm}^2$$

$$\frac{A_0}{A_l}=\frac{347\ 800}{38\ 200}=9.1>3$$

取上部荷载折减系数 $\psi=0$

$$\gamma=1+0.35\sqrt{\frac{A_0}{A_l}-1}=2.00=2 \quad 取\ \gamma=2.0$$

$$N_l=133.236\text{kN} \quad f=1.50\text{MPa}$$

取梁端底面压应力图形完整系数 $\eta=0.7$

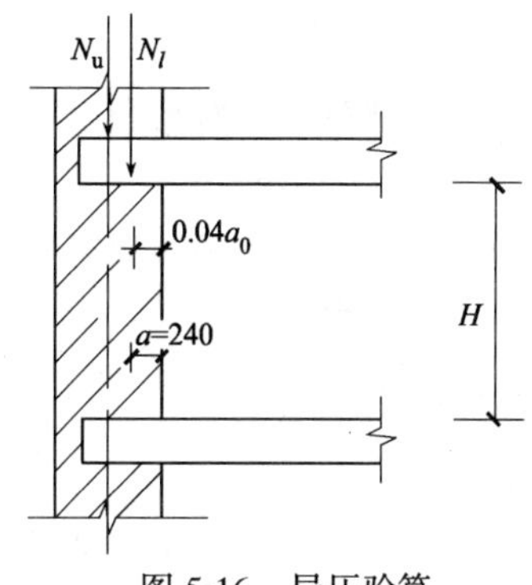

图 5-16　局压验算

$$\eta\gamma A_l f = 0.7\times2.0\times38\ 200\times1.50 = 80\ 220\text{N} = 80.2\text{kN} < N_l = 133.26\text{kN}$$

不满足要求,需设置混凝土垫块。

设预制混凝土垫块面积　$A_b = a_b\times b_b = 370\times580 = 214\ 600\text{mm}^2$　垫块高度 $t_b = 240\text{mm} > 180\text{mm}$

符合刚性垫块要求。

$$\sigma_0 = \frac{N_u}{A} = \frac{421.38\times10^3}{0.799\ 2\times10^6} = 0.53\text{N/mm}^2$$

$$N_0 = \sigma_0 A_b = 0.53\times214\ 600 = 121\ 582\text{N} = 121.582\text{kN}$$

$$N_l = 133.236\text{kN}$$

$$A_0 = (b+2h)h = (580+2\times370)\times370 = 488\ 400\text{mm}^2$$

$$\frac{\sigma_0}{f} = \frac{0.53}{1.50} = 0.35\quad \text{查表得 } \delta_1 = 5.93$$

$$a_0 = \delta_1\sqrt{\frac{h_c}{f}} = 5.93\times\sqrt{\frac{550}{1.50}} = 114\text{mm} < a = 240\text{mm}$$

$$e = \frac{N_l\left(\frac{a_b}{2}-0.4a_0\right)}{N_0+N_l} = \frac{133.236\times\left(\frac{0.37}{2}-0.4\times0.114\right)}{121.582+133.236} = 0.073\text{m} = 73\text{mm}$$

$$\frac{e}{h} = \frac{0.073}{0.37} = 0.192\quad \beta\leqslant3\quad \text{查表得 } \varphi = 0.70$$

$$\gamma = 1+0.35\sqrt{\frac{A_0}{A_b}-1} = 1+0.35\times\sqrt{\frac{488\ 400}{214\ 600}-1} = 1.39 < 2.0$$

$$\gamma_1 = 0.8\gamma = 0.8\times1.39 = 1.112$$

$$\varphi\gamma_1 A_b f = 0.7\times1.112\times214\ 600\times1.50 = 257\ 726.016\text{N}$$
$$= 257.73\text{kN} > N_0+N_l = 121.582+133.236 = 255\text{kN}$$

设置垫块后砌体局部受压满足要求。

3-3 截面:　$A_0 = (b+2h)h = (200+2\times370)\times370 = 347\ 800\text{mm}^2$

$$A_l = a_0 b = 180\times200 = 36\ 000\text{mm}^2$$

$$\frac{A_0}{A_l} = \frac{347\ 800}{36\ 000} = 9.66 > 3$$

取上部荷载折减系数 $\psi = 0$

因局部受压面积小于同等条件 1-1 截面,所以局部受压承载力不满足要求,也需要设置刚性预制垫块。设置预制混凝土垫块面积 $A_b = 370\times580 = 214\ 600\text{mm}^2$,垫块高度 240mm 符合刚性垫块要求。

$$\sigma_0 = \frac{N_3}{A} = \frac{786.386\times10^3}{0.799\ 2\times10^6} = 0.98\text{MPa}$$

$$N_0 = \sigma_0 A_b = 0.98\times214\ 600 = 210\ 308\text{N} = 210.31\text{kN}$$

$$N_l = 133.236\text{kN}$$

$$A_0 = (b+2h)h = (580+2\times370)\times370 = 488\ 400\text{mm}^2$$

$$\frac{\sigma_0}{f}=\frac{0.98}{1.69}=0.60 \quad 查得\ \delta_1=6.9$$

$$a_0=\delta_1\sqrt{\frac{h_c}{f}}=6.9\times\sqrt{\frac{550}{1.69}}=124\text{mm}<a=240\text{mm}$$

$$e=\frac{N_l\left(\frac{a_0}{2}-0.4a_0\right)}{N_0+N_l}=\frac{133.236\times\left(\frac{0.37}{2}-0.4\times0.124\right)}{210.31+133.236}=0.053\text{m}=53\text{mm}$$

$$\frac{e}{h}=\frac{0.053}{0.37}=0.14 \quad \beta\leqslant3 \quad 查得\ \varphi=0.81 \quad f=1.69\text{MPa}$$

$$\gamma_1=0.8\gamma=0.8\times0.139=1.112$$

$$\begin{aligned}\varphi\gamma_1A_bf&=0.81\times1.112\times214\,600\times1.69=363.1\text{kN}>N_0+N_l\\&=210.31+133.236=243.55\text{kN}\end{aligned}$$

设置垫块后砌体局部受压满足要求。

4. 内纵墙Ⓑ、Ⓒ轴墙段②验算

该墙计算截面为4.5m×0.24m，负荷面积为4.35m×4.5m，计算简图见图5-17。因有走道板与房间楼板传来荷载相平衡，抵消一部分弯矩，且计算截面较大，截面5-5最不利，故只需验算5-5截面。

(1)荷载与内力计算

首层墙体自重为：1.2×(4.616×4.51×4.5)＝1.2×93.68kN＝112.42kN(设计值)

二～四层墙体自重分别为：1.2×(4.616×3.6×4.5)＝1.2×74.78kN＝89.74kN(设计值)

屋盖传来恒荷载设计值　$(1.2\times7.1\times4.5+1.2\times3.14)\times3.0+1.2\times7.1\times2.7\times\frac{1}{2}=137.83\text{kN}$

屋盖传来活载设计值　$(1.4\times0.5\times4.5)\times3.0+1.4\times0.5\times2.7\times\frac{1}{2}=10.40\text{kN}$

楼盖传来恒载设计值　$(1.2\times5.2\times4.5+1.2\times3.14)\times3.0+1.2\times5.2\times2.7\times\frac{1}{2}=103.97\text{kN}$

楼盖传来活载设计值　$(1.4\times2.0\times4.5)\times3.0+1.4\times2.5\times2.7\times\frac{1}{2}=42.53\text{kN}$

对5-5截面轴向力设计值为：

$$N_5=112.42+3\times89.74+137.83+10.40+3\times103.97+3\times42.53=969.37\text{kN}$$

且　$$M_5=0$$

(2)承载力计算

按轴心受压构件验算，$N\leqslant\gamma_a\varphi fA$，烧结多孔黏土砖MU10级，混合砂浆M7.5级

$$\gamma_\beta\beta=\frac{H_{10}}{h}=1.0\times4\,510/240=18.75,\ e=0,\ f=1.69\text{N/mm}^2。$$

$$A=4.5\times0.24=1.08\text{m}^2>0.3\text{m}^2,\ \gamma_a=1.0,\ \gamma_\beta=1.0,\ \varphi=0.69。$$

$$\gamma_a\varphi fA=1.0\times0.69\times1.69\times1.08\times10^6=1.26\times10^6=1\,260\times10^3\text{N}=1\,260\text{kN}>N_5=969.37\text{kN}$$

满足要求。

5. 内横墙④轴墙段③承载力验算

该墙负荷面积为 4.5m×6.0m，计算截面为 1 000×240mm²。横墙两侧板传来荷载相平衡，故为轴心受压构件。计算简图见图 5-18。只需验算底层 6-6 截面。

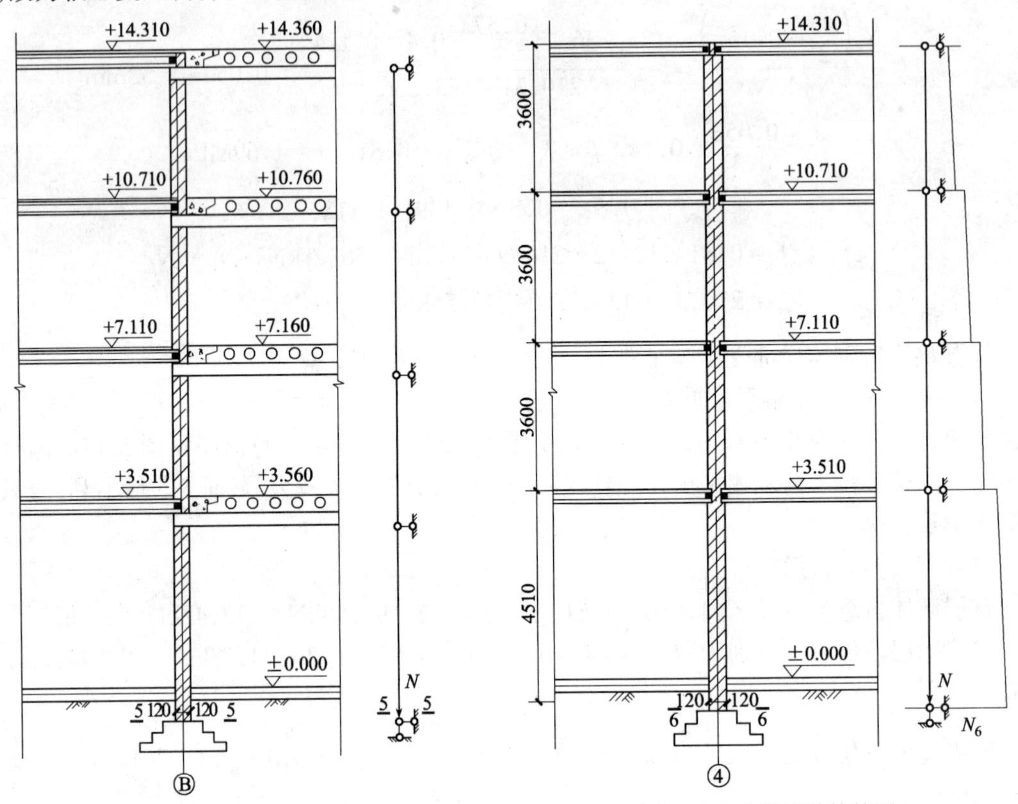

图 5-17　内纵墙计算简图

图 5-18　内横墙计算简图

(1)荷载与内力计算

首层墙体自重设计值　　$1.2\times(4.616\times4.51\times1.0)=24.98\text{kN}$

二～四层墙体自重设计值　$1.2\times(4.616\times3.60\times1.0)=19.94\text{kN}$

屋盖传来恒载设计值　　$1.2\times7.1\times4.5\times1.0=38.34\text{kN}$

屋盖传来活载设计值　　$1.4\times0.5\times4.5\times1.0=3.15\text{kN}$

楼盖传来恒载设计值　　$1.2\times5.2\times4.5\times1.0=28.08\text{kN}$

楼盖传来活载设计值　　$1.4\times2.0\times4.5\times1.0=12.60\text{kN}$

对 6-6 截面轴向力设计值为：

$$N_6=24.98+3\times19.94+38.34+3.15+3\times28.08+3\times12.60=248.33\text{kN}$$

且　$$M_6=0$$

(2)承载力计算

该墙体 6-6 截面按轴心受压验算，其中 $f=1.69\text{N/mm}^2$，$e/h=0$，$A=0.24\times1.0=0.24\text{m}^2<0.3\text{m}^2$，$\gamma_a=0.7+0.24=0.94$，$\gamma_\beta=1.0$

$$\gamma_\beta\beta=H_{10}/h=1.0\times4\ 510/240=18.75,\varphi=0.69$$

$\gamma_a \varphi f A = 1.0 \times 0.69 \times 1.69 \times 0.24 \times 10^6 = 0.29 \times 10^6 \text{N} = 280\text{kN} > N_6 = 248.33\text{kN}$

满足要求。

5.3.4.4 基础设计

1. 地基承载力特征值

假设 $B \leqslant 3\text{m}$,查《建筑地基基础设计规范》,承载力特征值修正系数 $\eta_d = 1.6$

$f_a = f_{ak} + \eta_d \gamma_0 (d - 0.5) = 200 + 1.6 \times 19 \times (2 - 0.5) = 245.6\text{kN/m}^2$,取 250kN/m^2。

根据地质勘察报告和基础埋深修正后,将地基承载力特征值确定为 $f_a = 250\text{kN/m}^2$

2. 上部荷载设计值

(1)在 4.5m 范围内,传至外纵墙首层 4-4 截面的轴力设计值为 918.07kN

$$\text{则线荷载为 } F_1 = \frac{918.07}{4.5} = 204.02\text{kN/m}$$

(2)在 4.5m 范围内传至内纵墙首层 5-5 截面的轴力设计值为 969.37kN

$$\text{则线荷载为 } F_2 = \frac{969.37}{4.5} = 215.42\text{kN/m}$$

(3)在 1.0m 范围内传至内横墙首层 6-6 截面的轴力设计值为 248.33kN

$$\text{则线荷载为 } F_3 = \frac{248.33}{1.0} = 248.33\text{kN/m}$$

3. 基础底面尺寸

室内外高差为 0.45m,γ_m 为基础底面以上的平均重力密度,取 $\gamma_m = 20\text{kN/m}^3$。

(1)外纵墙基础尺寸

$$H_1 = 2 + \frac{0.45}{2} = 2.225\text{m}$$

$$B_1 = \frac{F_1}{f_a - \gamma_m H_1} = \frac{204.02}{250 - 20 \times 2.225} = 0.99\text{m}$$

取 $B_1 = 1.13\text{m}$,设三步台阶,3∶7 灰土垫层二步(厚 $2 \times 150 = 300\text{mm}$)

(2)内纵墙基础尺寸

$$H_2 = 2 + 0.45 = 2.45\text{m}$$

$$B_2 = \frac{F_2}{f_a - \gamma_m H_2} = \frac{215.42}{250 - 20 \times 2.45} = 1.07\text{m}$$

取 $B_2 = 1.12\text{m}$,设四步台阶,3∶7 灰土垫层二步(厚 $2 \times 150 = 300\text{mm}$)

(3)内横墙基础尺寸

$$H_3 = 2 + 0.45 = 2.45\text{m}$$

$$B_3 = \frac{F_3}{f_a - \gamma_m H_3} = \frac{248.33}{250 - 20 \times 2.45} = 1.24\text{m}$$

取 $B_3 = 1.24\text{m}$,设五步台阶,3∶7 灰土垫层二步(厚 $2 \times 150 = 300\text{mm}$)

4. 基础平面图及剖面图

基础平面图,如图5-19所示;

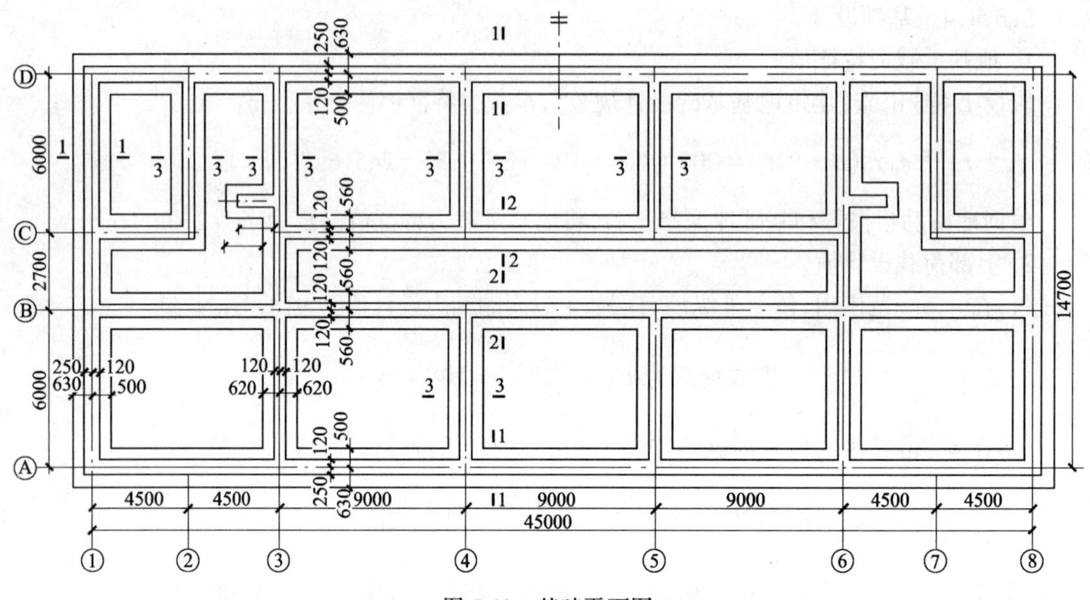

图5-19 基础平面图

外纵墙基础剖面1-1,如图5-20所示;

内纵墙基础剖面2-2,如图5-20所示;

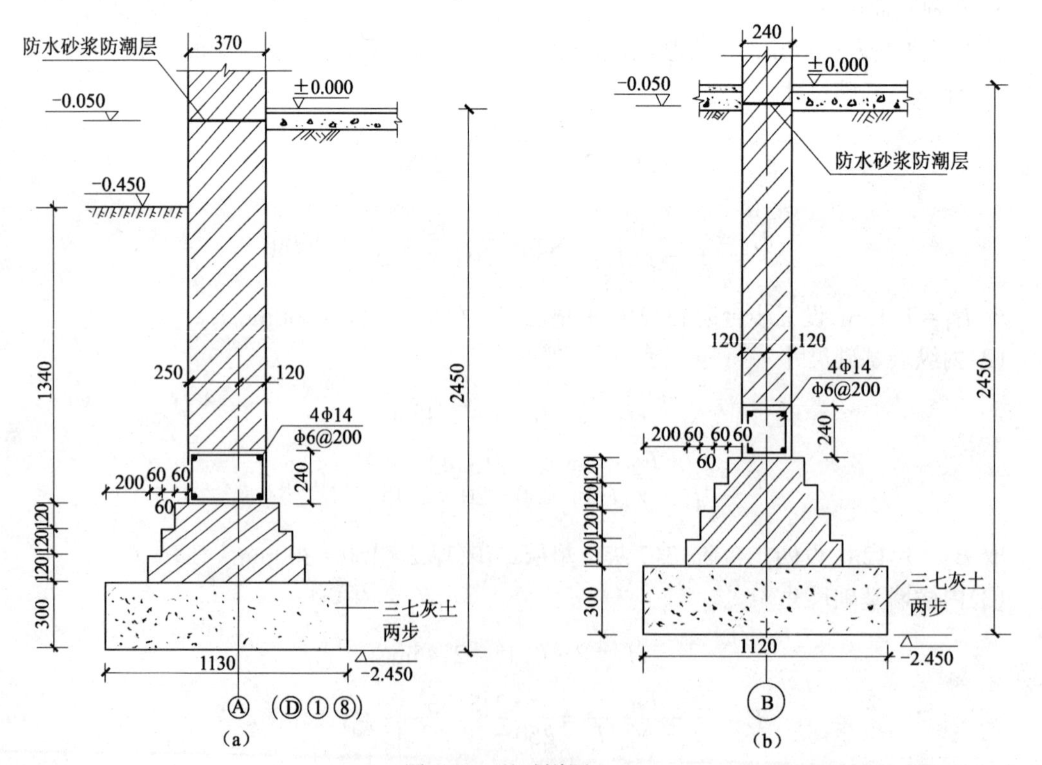

图5-20 基础详图(一)

(a)基础1-1剖面;(b)基础2-2剖面

内横墙基础剖面 3-3,如图 5-20 所示。

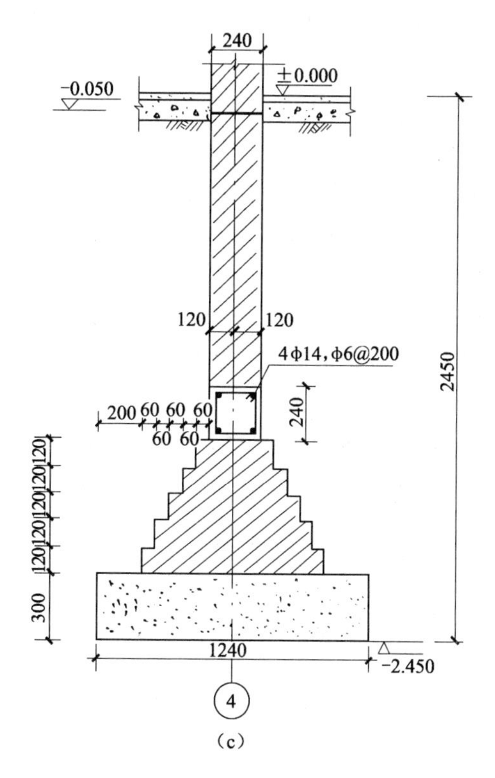

图 5-20 基础详图(二)

(c)基础 3-3 剖面

5.3.4.5 抗震验算

1. 水平地震作用计算

(1)根据《建筑抗震设计规范》规定的原则,按楼面及屋面荷载标准值和可变荷载标准值的50%计算重力荷载代表值。计算简图如图 5-21a 所示。

屋面重力荷载代表值 $7.1+0.5\times0.5=7.25\text{kN/m}^2$

楼层重力荷载代表值 $5.2+0.5\times2=6.20\text{kN/m}^2$

标准层建筑面积 $(45+0.25\times2)\times(14.7+0.25\times2)=45.5\times15.2=691.6\text{m}^2$

屋面总重力荷载代表值 $7.25\times691.6=5\ 152.42\text{kN}$

各层楼面总重力荷载代表值 $6.2\times691.6=4\ 287.92\text{kN}$

1)3~4 层墙体重力荷载标准值(烧结黏土多孔砖重度按 16.4kN/m^3 计)

外纵墙:$2\times[(45+0.25\times2)\times3.6-10\times1.8\times2.4]\times0.24\times16.4=949.36\text{kN}$

2~4 层内纵墙:$\{[45-2\times0.12-2\times(4.5-2\times0.12)]\times3.6-6\times1.0\times2.7-2\times1.5\times2.7+(45-2\times0.12)\times3.6-10\times1.0\times2.7\}\times0.24\times16.4=945.82\text{kN}$

3~4 层横墙:$[(14.7-2\times0.12)\times3.6-0.9\times1.8]\times2\times0.24\times16.4+(6-0.12\times2)\times3.6\times10\times0.24\times16.4=1\ 213.20\text{kN}$

首层外纵墙:$[(45+0.25\times2)\times4.51-10\times1.8\times2.4+(45+2\times0.25)\times4.51-8\times1.8\times2.4-2\times3\times3]\times0.37\times16.4=1\ 909.3\text{kN}$

首层内纵墙：$[(45-2\times0.12)\times4.51-2\times(4.5-2\times0.12)\times4.51-6\times1.0\times2.7-2\times1.5\times2.7+(45-2\times0.12)\times4.51-(9-0.12\times2)\times4.51-8\times1.0\times2.7]\times0.24\times16.4=1\ 101.7\text{kN}$

首层横墙：$[(14.7-2\times0.12)\times4.51-2.4\times3]\times2\times0.37\times16.4+(6-0.12\times2)\times4.51\times10\times0.24\times16.4=1\ 726.54\text{kN}$

2 层外纵墙：$2\times[(45+2\times0.25)\times3.6-10\times1.8\times2.4]\times0.37\times16.4=1\ 463.6\text{kN}$

2 层横墙：$[(14.7-0.12\times2)\times3.6-0.9\times1.8]\times2\times0.37\times16.4+(6-0.12\times2)\times3.6\times10\times0.24\times16.4=1\ 428.26\text{kN}$

纵向女儿墙重力荷载标准值：$2\times(45+2\times0.25)\times0.5\times0.24\times16.4=179.09\text{kN}$

横向女儿墙重力荷载标准值：$2\times(14.7-2\times0.12)\times0.5\times0.24\times16.4=56.91\text{kN}$

2)楼层重力荷载代表值 G_i

将楼层上下各半层墙体的重力荷载与楼层的重力荷载集中于该楼层标高处，得到各层楼盖处的重力荷载代表值 G_i：

4 层顶：$G_4=179.09+56.91+\frac{1}{2}(949.36+945.82+1\ 213.2)+5\ 152.42=6\ 942.61\text{kN}$

3 层顶：$G_3=\frac{1}{2}(949.36+945.82+1\ 213.2)\times2+4\ 287.92=7\ 396.3\text{kN}$

2 层顶：$G_2=\frac{1}{2}(949.36+945.82+1\ 213.2)+4\ 287.92+\frac{1}{2}(1\ 463.6+945.82+1\ 428.26)=7\ 760.95\text{kN}$

1 层顶：$G_1=\frac{1}{2}(1\ 463.6+945.82+1\ 428.26)+4\ 287.92+\frac{1}{2}(1\ 909.3+1\ 101.7+1\ 726.54)=8\ 575.53\text{kN}$

总重力荷载代表值：$G_E=6\ 942.61+7\ 396.3+7\ 760.95+8\ 575.53=30\ 675.39\text{kN}$

(2)结构总水平地震作用标准值

结构等效总重力　$G_{eq}=0.85G_E=0.85\times30\ 675.39=26\ 074.08\text{kN}$

水平等效地震影响系数取　　　$\alpha_1=\alpha_{max}=0.16$

底部总水平地震作用 $F_{Ek}=\alpha_1 G_{eq}=0.16\times26\ 074.08=4\ 171.85\text{kN}$

(3)各层水平地震作用(标准值)计算(图 5-21b)

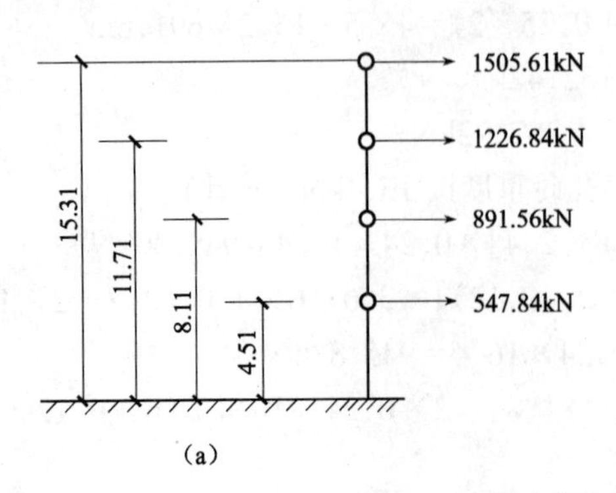

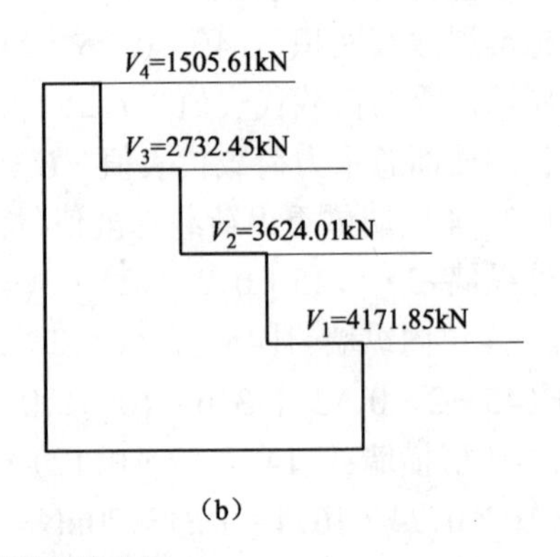

图 5-21　地震水平作用计算简图和剪力图

集中在各楼盖标高处的水平地震作用 $F_i = \dfrac{G_i \cdot H_i}{\sum\limits_{j=1}^{n} G_j \cdot H_j} \cdot F_{Ek}$

$$F_4 = \frac{6\,942.61 \times 15.31 \times 4\,171.85}{6\,942.61 \times 15.31 + 7\,396.3 \times 11.71 + 7\,760.95 \times 8.11 + 8\,575.53 \times 4.51} = 1\,505.61\text{kN}$$

$$F_3 = \frac{7\,396.3 \times 11.71 \times 4\,171.85}{6\,942.61 \times 15.31 + 7\,396.3 \times 11.71 + 7\,760.95 \times 8.11 + 8\,575.53 \times 4.51} = 1\,226.84\text{kN}$$

$$F_2 = \frac{7\,760.95 \times 8.11 \times 4\,171.85}{6\,942.61 \times 15.31 + 7\,396.3 \times 11.71 + 7\,760.95 \times 8.11 + 8\,575.53 \times 4.51} = 891.56\text{kN}$$

$$F_1 = \frac{8\,575.53 \times 4.51 \times 4\,171.85}{6\,942.61 \times 15.31 + 7\,396.3 \times 11.71 + 7\,760.95 \times 8.11 + 8\,575.53 \times 4.51} = 547.84\text{kN}$$

(4)各层地震剪力

$$V_4 = F_4 = 1\,505.61\text{kN}$$

$$V_3 = F_3 + F_4 = 1\,226.84 + 1\,505.61 = 2\,732.45\text{kN}$$

$$V_2 = F_3 + F_4 + F_2 = 1\,226.84 + 1\,505.61 + 891.56 = 3\,624.01\text{kN}$$

$$V_1 = F_1 + F_2 + F_3 + F_4 = 547.84 + 891.56 + 1\,226.84 + 1\,505.61 = 4\,171.85\text{kN}$$

2. 剪力分配及抗震承载力验算:

(1)各层墙体抗剪刚度

1)各道纵墙的刚度计算

Ⓐ轴各层纵墙的刚度

3~4 层 $\rho = \dfrac{H}{B} = \dfrac{3.6}{45 + 2 \times 0.25} = 0.08 \quad E = 2.37 \times 10^6 \text{kN/m}^2$

$t = 0.24\text{m} \quad A_0 = 10 \times 2.4 \times 0.24 = 5.76\text{m}^2$

$A_w = (45 + 2 \times 0.25) \times 0.24 = 10.92\text{m}^2$

$\mu = \dfrac{A_0}{A_w} = \dfrac{5.76}{10.92} = 0.527 \quad \eta = 1 - 1.2\mu = 1 - 1.2 \times 0.527 = 0.368$

$K_{3A} = K_{4A} = \dfrac{1}{4\rho} E \cdot t \cdot \eta = \dfrac{2.37 \times 10^6 \times 0.24 \times 0.368}{4 \times 0.08} = 6.54 \times 10^5 \text{kN/m}$

2 层 $\rho = \dfrac{3.6}{45 + 2 \times 0.25} = = 0.08 \quad E = 2.37 \times 10^6 \text{kN/m}^2$

$t = 0.37\text{m} \quad A_0 = 10 \times 2.4 \times 0.37 = 8.88\text{m}^2$

$A_w = (45 + 2 \times 0.25) \times 0.37 = 16.835\text{m}^2$

$\mu = \dfrac{A_0}{A_w} = \dfrac{8.88}{16.835} = 0.527 \quad \eta = 1 - 1.2\mu = 1 - 1.2 \times 0.527 = 0.368$

$K_{2A} = \dfrac{1}{4\rho} E \cdot t \cdot \eta = \dfrac{2.37 \times 10^6 \times 0.37 \times 0.368}{4 \times 0.08} = 10.08 \times 10^5 \text{kN/m}$

1 层 $\rho = \dfrac{H}{B} = \dfrac{4.51}{45 + 2 \times 0.25} = 0.1 \quad E = 2.685 \times 10^6 \text{kN/m}^2$

$t = 0.37\text{m} \quad A_0 = 8 \times 2.4 \times 0.37 + 2 \times 3 \times 0.37 = 9.324\text{m}^2$

$A_w = (45 + 2 \times 0.25) \times 0.37 = 16.835\text{m}^2$

$$\mu=\frac{A_0}{A_w}=\frac{9.324}{16.835}=0.554 \quad \eta=1-1.2\mu=1-1.2\times0.554=0.335$$

$$K_{1A}=\frac{1}{4\rho}E\cdot t\cdot\eta=\frac{2.685\times10^6\times0.37\times0.335}{4\times0.1}=8.32\times10^5\text{kN/m}$$

Ⓑ轴各层纵墙的刚度

2～4层 $\rho=\frac{H}{B}=\frac{3.6}{45+2\times0.25}=0.08 \quad E=2.37\times10^6\text{kN/m}^2$

$t=0.24\text{m} \quad A_0=10\times1\times0.24=2.4\text{m}^2$

$A_w=(45-0.12\times2)\times0.24=10.74\text{m}^2$

$$\mu=\frac{A_0}{A_w}=\frac{2.4}{10.74}=0.223$$

$\eta=1-1.2\mu=1-1.2\times0.223=0.73$

$$K_{2B}=K_{3B}=K_{4B}=\frac{1}{4\rho}E\cdot t\cdot\eta=\frac{2.37\times10^6\times0.24\times0.73}{4\times0.08}=13.0\times10^5\text{kN/m}$$

1层 $\rho=\frac{H}{B}=\frac{4.51}{45-2\times0.12}=0.1 \quad E=2.685\times10^6\text{kN/m}^2$

$t=0.24\text{m} \quad A_0=(8\times1+9)\times0.24=4.08\text{m}^2$

$A_w=(45-2\times0.12)\times0.24=10.74\text{m}^2$

$$\mu=\frac{A_0}{A_w}=\frac{4.08}{10.74}=0.38 \quad \eta=1-1.2\mu=1-1.2\times0.38=0.544$$

$$K_{1B}=\frac{1}{4\rho}E\cdot t\cdot\eta=\frac{2.685\times10^6\times0.24\times0.544}{4\times0.1}=8.76\times10^5\text{kN/m}$$

Ⓒ轴各层纵墙的刚度

2～4层 $\rho=\frac{H}{B}=\frac{3.6}{45-0.12\times2}=0.08 \quad E=2.37\times10^6\text{kN/m}^2$

$t=0.24\text{m} \quad A_0=[6\times1+2\times1.5+2\times(4.5-0.12\times2)]\times0.24=4.2\text{m}^2$

$A_w=(45-2\times0.12)\times0.24=10.74\text{m}^2$

$$\mu=\frac{A_0}{A_w}=\frac{4.2}{10.74}=0.39 \quad \eta=1-1.2\mu=1-1.2\times0.39=0.53$$

$$K_{2C}=K_{3C}=K_{4C}=\frac{1}{4\rho}E\cdot t\cdot\eta=\frac{2.37\times10^6\times0.24\times0.53}{4\times0.08}=9.42\times10^5\text{kN/m}$$

1层 $\rho=\frac{H}{B}=\frac{4.51}{45-2\times0.12}=0.1 \quad E=2.685\times10^6\text{kN/m}^2$

$t=0.24\text{m} \quad A_0=[6\times1+2\times1.5+2\times(4.5-2\times0.12)]\times0.24=4.2\text{m}^2$

$A_w=(45-2\times0.12)\times0.24=10.74\text{m}^2$

$$\mu=\frac{A_0}{A_w}=\frac{4.2}{10.74}=0.39 \quad \eta=1-1.2\mu=1-1.2\times0.39=0.53$$

$$K_{1C}=\frac{1}{4\rho}E\cdot t\cdot\eta=\frac{2.685\times10^6\times0.24\times0.53}{4\times0.1}=8.54\times10^5\text{kN/m}$$

Ⓓ轴各层纵墙的刚度

3～4层 $\rho=\frac{H}{B}=\frac{3.6}{45+2\times0.25}=0.08 \quad E=2.37\times10^6\text{kN/m}^2$

$t=0.24\text{m} \quad A_0=10\times2.4\times0.24=5.76\text{m}^2$

$$A_w=(45+0.25\times2)\times0.24=10.92\text{m}^2$$

$$\mu=\frac{A_0}{A_w}=\frac{5.76}{10.92}=0.527\quad \eta=1-1.2\mu=1-1.2\times0.527=0.368$$

$$K_{3D}=K_{4D}=\frac{1}{4\rho}E\cdot t\cdot\eta=\frac{2.37\times10^6\times0.24\times0.368}{4\times0.08}=6.54\times10^5\text{kN/m}$$

2 层

$$\rho=\frac{H}{B}=\frac{3.6}{45+0.25\times2}==0.08\quad E=2.37\times10^6\text{kN/m}^2$$

$$t=0.37\text{m}\quad A_0=10\times2.4\times0.37=8.88\text{m}^2$$

$$A_w=(45+0.25\times2)\times0.37=16.835\text{m}^2$$

$$\mu=\frac{A_0}{A_w}=\frac{8.88}{16.835}=0.527\quad \eta=1-1.2\mu=1-1.2\times0.527=0.368$$

$$K_{2D}=\frac{1}{4\rho}E\cdot t\cdot\eta=\frac{2.37\times10^6\times0.37\times0.368}{4\times0.08}=10.08\times10^5\text{kN/m}$$

1 层

$$\rho=\frac{H}{B}=\frac{4.51}{45+0.25\times2}=0.1\quad E=2.685\times10^6\text{kN/m}^2$$

$$t=0.37\text{m}\quad A_0=10\times2.4\times0.37=8.88\text{m}^2$$

$$A_w=(45+2\times0.25)\times0.37=16.835\text{m}^2$$

$$\mu=\frac{A_0}{A_w}=\frac{8.88}{16.835}=0.527\quad \eta=1-1.2\mu=1-1.2\times0.527=0.368$$

$$K_{1D}=\frac{1}{4\rho}E\cdot t\cdot\eta=\frac{2.685\times10^6\times0.37\times0.368}{4\times0.1}=9.14\text{kN/m}$$

各层纵墙总刚度 $K_i=\sum_{i=1}^{m}K_{im}$

$$K_4=K_3=(6.54+13+9.42+6.54)\times10^5=35.5\times10^5\text{kN/m}$$

$$K_2=(10.08+13+9.42+10.08)\times10^5=42.58\times10^5\text{kN/m}$$

$$K_1=(8.32+8.76+8.54+9.14)\times10^5=34.76\times10^5\text{kN/m}$$

2)各道横墙的刚度计算

①、⑧轴各层横墙的刚度

3~4 层

$$\rho=\frac{H}{B}=\frac{3.6}{14.7-0.12\times2}=0.249\quad E=2.37\times10^6\text{kN/m}^2$$

$$t=0.24\text{m}\quad A_0=0.9\times0.24=0.216\text{m}^2$$

$$A_w=(14.7-0.12\times2)\times0.24=3.47\text{m}^2$$

$$\mu=\frac{A_0}{A_w}=\frac{0.216}{3.47}=0.062\quad \eta=1-1.2\mu=1-1.2\times0.062=0.925$$

$$K_{3(1,8)}=K_{4(1,8)}=\frac{1}{4\rho}Et\eta=\frac{2.37\times10^6\times0.24\times0.925}{4\times0.249}=5.28\times10^5\text{kN/m}$$

2 层

$$\rho=\frac{H}{B}=\frac{3.6}{14.7-0.12\times2}=0.249\quad E=2.37\times10^6\text{kN/m}^2$$

$$t=0.37\text{m}\quad A_0=0.9\times0.37=0.333\text{m}^2$$

$$A_w=(14.7-0.12\times2)\times0.37=5.35\text{m}^2$$

$$\mu=\frac{A_0}{A_w}=\frac{0.333}{5.35}=0.062\quad \eta=1-1.2\mu=1-1.2\times0.062=0.925$$

$$K_{2(1,8)}=\frac{1}{4\rho}Et\eta=\frac{2.37\times10^{6}\times0.37\times0.925}{4\times0.249}=8.14\times10^{5}\text{kN/m}$$

1 层　$\rho=\frac{H}{B}=\frac{4.51}{14.7-0.12\times2}=0.312$　$E=2.685\times10^{6}\text{kN/m}^{2}$

$t=0.37\text{m}$　$A_0=2.4\times0.37=0.888\text{m}^2$

$A_w=(14.7-0.12\times2)\times0.37=5.35\text{m}^2$

$\mu=\frac{A_0}{A_w}=\frac{0.888}{5.35}=0.166$　$\eta=1-1.2\mu=1-1.2\times0.166=0.8$

$$K_{1(1,8)}=\frac{1}{4\rho}Et\eta=\frac{2.685\times10^{6}\times0.37\times0.8}{4\times0.312}=6.37\times10^{5}\text{kN/m}$$

②、⑦轴各层横墙的刚度

2～4 层　$\rho=\frac{H}{B}=\frac{3.6}{6}=0.6$　$E=2.37\times10^{6}\ \text{kN/m}^{2}$

$t=0.24\text{m}$　$A_0=0$

$A_w=6\times0.24=1.44\text{m}^2$

$\mu=0$　$\eta=1-1.2\mu=1.0$

$$K_{2(2,7)}=K_{3(2,7)}=K_{4(2,7)}=\frac{1}{4\rho}Et\eta=\frac{2.37\times10^{6}\times0.24\times1.0}{4\times0.6}=2.37\times10^{5}\text{kN/m}$$

1 层　$\rho=\frac{H}{B}=\frac{4.51}{6}=0.75$　$E=2.685\times10^{6}\ \text{kN/m}^{2}$

$t=0.24\text{m}$　$A_0=0$

$A_w=6\times0.24=1.44\text{m}^2$　$\mu=0$

$\eta=1-1.2\mu=1.0$

$$K_{1(2,7)}=\frac{1}{4\rho}Et\eta=\frac{2.685\times10^{6}\times0.24\times1.0}{4\times0.75}=2.15\times10^{5}\text{kN/m}$$

③～⑥轴各层横墙的刚度

2～4 层　$\rho=\frac{H}{B}=\frac{3.6}{14.7-0.12\times2}=0.249$　$E=2.37\times10^{6}\text{kN/m}^{2}$

$t=0.24\text{m}$　$A_0=2.4\times0.24=0.576\text{m}^2$

$A_w=(14.7-0.12\times2)\times0.24=3.47\text{m}^2$

$\mu=\frac{A_0}{A_w}=\frac{0.576}{3.47}=0.166$　$\eta=1-1.2\mu=1-1.2\times0.166=0.8$

$$K_{2(3\sim6)}=K_{3(3\sim6)}=K_{4(3\sim6)}=\frac{1}{4\rho}Et\eta=\frac{2.37\times10^{6}\times0.24\times0.8}{4\times0.249}=4.57\times10^{5}\text{kN/m}$$

1 层　$\rho=\frac{H}{B}=\frac{4.51}{14.7-0.12\times2}=0.312$　$E=2.685\times10^{6}\text{kN/m}^{2}$

$t=0.24\text{m}$　$A_0=2.4\times0.24=0.576\text{m}^2$

$A_w=(14.7-0.12\times2)\times0.24=3.47\text{m}^2$

$\mu=\frac{A_0}{A_w}=\frac{0.576}{3.47}=0.166$　$\eta=1-1.2\mu=1-1.2\times0.166=0.8$

$$K_{1(3\sim6)}=\frac{1}{4\rho}Et\eta=\frac{2.685\times10^{6}\times0.24\times0.8}{4\times0.312}=4.13\times10^{5}\text{kN/m}$$

各层横墙的总刚度

$$K_4=K_3=(5.28\times2+2.37\times2+4.57\times4)\times10^5=33.58\times10^5\text{kN/m}$$
$$K_2=(8.14\times2+2.37\times2+4.57\times4)\times10^5=39.3\times10^5\text{kN/m}$$
$$K_1=(6.37\times2+2.15\times2+4.13\times4)\times10^5=33.56\times10^5\text{kN/m}$$

(2)各层横墙负荷面积

由建筑平面可知④、⑤轴线负荷面积最大,故只验算④轴线即可。

$$A_{i4}=(14.7+0.25\times2)\times4.5=68.4\text{m}^2$$
$$A_i=(45+0.25\times2)\times(14.7+0.25\times2)=691.6\text{m}^2$$

(3)剪力分配及承载力验算

1)纵墙验算

只验算底层纵墙　$V_1=4\ 171.85\text{kN}$

各纵墙按刚度分配的剪力:$V_{im}=\dfrac{K_{im}}{K_i}V_i$

$$V_{1A}=\frac{K_{1A}}{K_1}V_1=\frac{8.32}{34.76}\times4\ 171.85=998.56\text{kN}$$
$$V_{1B}=\frac{K_{1B}}{K_1}V_1=\frac{8.76}{34.76}\times4\ 171.85=1\ 051.36\text{kN}$$
$$V_{1C}=\frac{K_{1C}}{K_1}V_1=\frac{8.54}{34.76}\times4\ 171.85=1\ 024.96\text{kN}$$
$$V_{1D}=\frac{K_{1D}}{K_1}V_1=\frac{9.14}{34.76}\times4\ 171.85=1\ 096.97\text{kN}$$

选Ⓐ轴纵墙验算:

查表得 $f_V=150\text{kN/m}^2$ 外纵墙女儿墙高 0.5m,首层窗间墙半高水平截面上的平均压应力 σ_0 为:

$$\sigma_0=\frac{4.616\times(3.6\times2+0.5)\times4.5+6.748\times\left(3.6+\frac{1}{2}\times4.51\right)\times4.5}{2.04\times0.37}=447.45\text{kN/m}^2$$

$$\zeta_N=\frac{1}{1.2}\cdot\sqrt{1+0.45\frac{\sigma_0}{f_V}}=\frac{1}{1.2}\times\sqrt{1+0.45\times\frac{447.45}{150}}=1.28$$
$$f_{VE}=\zeta_N\cdot f_V=1.28\times150=192\text{kN/m}^2$$
$$A_n=(45+2\times0.25-8\times2.4-2\times3)\times0.37=7.511\text{m}^2$$

$\gamma_{RE}=0.9$　水平地震作用分项系数 1.3

$$\frac{f_{VE}\cdot A_n}{\gamma_{RE}}=\frac{192\times7.511}{0.9}=1\ 602.35\text{kN}>1.3V_{1A}=1.3\times998.56=1\ 298.13\text{kN}$$

所以纵墙截面抗震承载力满足要求。

2)横墙验算

只验算④轴墙体　$V_{im}=\dfrac{1}{2}\left(\dfrac{K_{im}}{K_i}+\dfrac{A_{im}}{A_i}\right)V_i$

计算各横墙墙体受的地震剪力为

$$V_{44}=\frac{1}{2}\times\left(\frac{4.57}{33.58}+\frac{68.4}{691.6}\right)\times 1\,505.61=176.91\text{kN}$$

$$V_{34}=\frac{1}{2}\times\left(\frac{4.57}{33.58}+\frac{68.4}{691.6}\right)\times 2\,732.45=321.06\text{kN}$$

$$V_{24}=\frac{1}{2}\times\left(\frac{4.57}{39.3}+\frac{68.4}{691.6}\right)\times 3\,624.01=389.92\text{kN}$$

$$V_{14}=\frac{1}{2}\times\left(\frac{4.13}{33.56}+\frac{68.4}{691.6}\right)\times 4\,171.85=463.00\text{kN}$$

查表 MU10 砖、M7.5 混合砂浆 $f_V=150\text{kN/m}^2$ 首层墙半高水平截面上的平均压应力 σ_0

$$\sigma_0=\frac{\left[(7.1+3\times 5.2)\times 4.5+4.616\times(3.6-0.24)\times 3+4.616\times\frac{1}{2}\times(4.51-0.24)\right]\times 6}{6\times 0.24}$$

$$=660.56\text{kN/m}^2$$

$$\zeta_N=\frac{1}{1.2}\sqrt{1+0.45\frac{\sigma_0}{f_V}}=\frac{1}{1.2}\times\sqrt{1+0.45\times\frac{660.56}{150}}=1.44$$

$$f_{VE}=\zeta_N\cdot f_V=1.44\times 150=216\text{kN/m}^2$$

$$\gamma_{RE}=0.9$$

$$\frac{f_{VE}\cdot A_n}{\gamma_{RE}}=\frac{216\times(14.7+0.5-2.4)\times 0.24}{0.9}=737.28\text{kN}>1.3V_{14}=1.3\times 463.08=602.004\text{kN}$$

所以横墙承载力满足要求。

5.3.4.6　楼梯的设计

现浇板式楼梯尺寸布置见图 5-22a、b。其中梯段板计算跨度 3.8m，板厚 100mm，休息平台净跨 1.8m，板厚 100mm，平台梁截面尺寸 $bh=200\text{mm}\times 400\text{mm}$，楼梯开间 4.5m，梯段宽 2m，楼梯采用金属栏杆，选用材料为 C20 混凝土，HPB 235 级钢筋。根据《建筑结构荷载规范》教学楼荷载标准值取为 2.0kN/m^2。

1. 梯段板(TB_1)计算

(1)计算荷载设计值

取一个踏步宽 300mm 为计算单元，板厚 100mm，现计算板宽 2m 范围的荷载设计值。

踏步板自重：(Ⓐ部分)

$$\left(\frac{0.112+0.262}{2}\times 0.3\times 2.0\times 25\right)\times 1.2\times\frac{1}{0.3}=11.22\text{kN/m}$$

踏步地面重(Ⓑ部分)

$$(0.3+0.15)\times 0.02\times 2.0\times 20\times 1.2\times\frac{1}{0.3}=1.44\text{kN/m}$$

板底抹灰重(Ⓒ部分)

$$(0.336\times 0.02\times 2.0\times 17)\times 1.2\times\frac{1}{0.3}=0.91\text{kN/m}$$

栏杆重　$0.10\times1.2=0.12\text{kN/m}$

人群荷载　$2.0\times2.0\times1.4=5.6\text{kN/m}$

所以　$11.22+1.44+0.91+0.12+5.6=19.29\text{kN/m}$

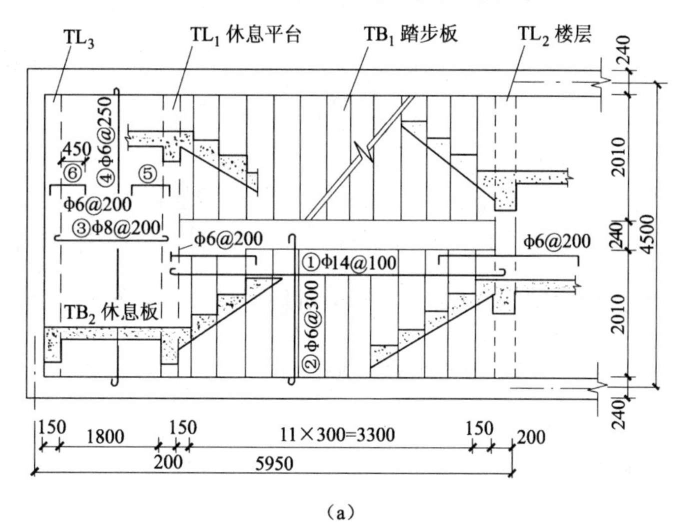

(a)

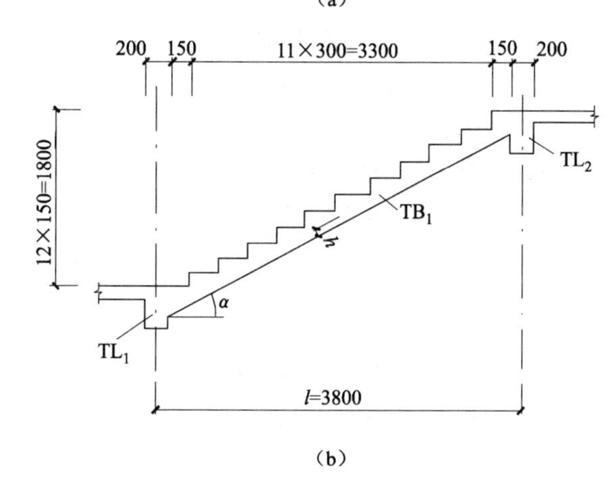

(b)

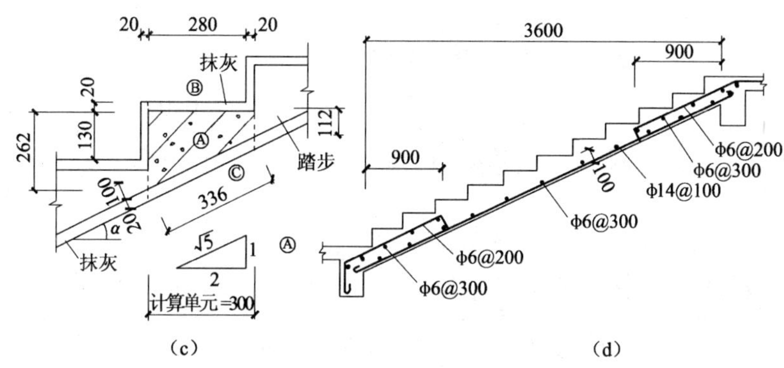

(c)　　(d)

图 5-22　楼梯布置、配筋图

(2)配筋计算

$$M_{\max}=\frac{1}{10}ql^2=\frac{1}{10}\times19.29\times3.8^2=27.85\text{kN}\cdot\text{m}$$

每米宽弯矩设计值为：$M=\frac{27.85}{2.0}=13.93\text{kN·m/m}$

$$\alpha_s=\frac{M}{\alpha_1 f_c b h_0^2}=\frac{13.93\times10^6}{1.0\times9.6\times1\,000\times(100-20)^2}=0.230$$

$$\xi=1-\sqrt{1-2\alpha_s}=1-\sqrt{1-2\times0.23}=0.270<\xi_b=0.614$$

$$A_s=\frac{\alpha_1 f_c b h_0\cdot\xi}{f_y}=\frac{1.0\times9.6\times1\,000\times(100-20)\times0.27}{210}=987\text{mm}^2$$

选受力纵向钢筋Φ 16@200（$A_s=1\,005\text{mm}^2$），分布钢筋Φ 6@300。

由于踏步板与平台梁整体现浇 TL_1 和 TL_2 对 TB_1 有一定的嵌固作用。因此，在板的支座配置Φ 6@200 负弯矩构造钢筋，以防止平台梁对板的弹性约束而产生裂缝，其长度为$\frac{1}{4}$踏步板的净跨，即　$\frac{1}{4}l_n=0.25\times(3\,800-200)=900\text{mm}$

2. 休息平台板（TB_2）计算设计

(1)计算荷载设计值

取平台板宽 1m 为计算单元，板厚 100mm

平台板自重　　　$1.2\times0.10\times25=3.00\text{kN/m}$

平台板面层重　　$1.2\times0.02\times20=0.48\text{kN/m}$

底板抹灰重　　　$1.2\times0.02\times17=0.41\text{kN/m}$

人群荷载　　　　$1.4\times2.0=2.8\text{kN/m}$

所以　　　　　　$3.00+0.48+0.41+2.8=6.69\text{kN/m}$

(2)配筋计算

平台板计算跨度为

$$l_0=1.8+0.5\times(0.15+0.20)=1.975\text{m}$$

$$M_{max}=\frac{1}{10}ql_0^2=\frac{1}{10}\times6.69\times1.975^2=2.61\text{kN·m}$$

$$\alpha_s=\frac{M_{max}}{\alpha_1 f_c b h_0^2}=\frac{2.61\times10^6}{1.0\times9.6\times1\,000\times(100-20)^2}=0.042$$

$$\xi=1-\sqrt{1-2\alpha_s}=1-\sqrt{1-2\times0.042}=0.043$$

$$A_s=\frac{\alpha_1 f_c b h_0\xi}{f_y}=\frac{1.0\times9.6\times1\,000\times(100-20)\times0.043}{210}=157\text{mm}^2$$

选受力纵向钢筋Φ 6@180（$A_s=157\text{mm}^2$），分布钢筋Φ 6@250。

由于平台板与平台梁整体现浇，TL_1 和 TL_3 对 TB_2 有一定的嵌固作用。因此在板的支座配置Φ 6@200 负弯矩构造钢筋，其长度为$\frac{1}{4}l_n=0.25\times1\,800=450\text{mm}$。

3. 平台梁（TL_1）计算设计

(1)计算荷载设计值

平台梁截面尺寸为 $bh=200\text{mm}\times400\text{mm}$，C20 混凝土，受力纵向钢筋 HRB 335 级，箍筋 HPB 235 级

踏步板传来荷载 $\frac{19.29}{2.00}\times\frac{3.80}{2}=18.33\text{kN/m}$

平台板传来荷载 $6.69\times\left(\frac{1.8}{2}+0.2\right)=7.36\text{kN/m}$

平台梁自重 $1.2\times0.2\times(0.4-0.1)\times25=1.8\text{kN/m}$

梁侧抹灰重 $1.2\times0.02\times2\times0.4\times17=0.33\text{kN/m}$

所以 $18.33+7.36+1.8+0.33=27.82\text{kN/m}$

(2)配筋计算

确定平台梁计算跨度

$$l_0=l_n+a=(4.5-0.24)+0.24=4.5\text{m}$$

$$l_0=1.05l_n=1.05\times(4.5-0.24)=4.47\text{m}$$

取计算跨度 $l_0=4.47\text{m}$

$$M_{\max}=\frac{1}{8}ql_0^2=\frac{1}{8}\times27.82\times4.47^2=69.48\text{kN·m}$$

$$V=\frac{1}{2}ql_n=\frac{1}{2}\times27.82\times(4.5-0.24)=59.26\text{kN}$$

$$\alpha_s=\frac{M_{\max}}{\alpha_1f_cbh_0^2}=\frac{69.48\times10^6}{1.0\times9.6\times200\times(400-35)^2}=0.27$$

$$\xi=1-\sqrt{1-2\alpha_s}=1-\sqrt{1-2\times0.27}=0.300$$

$$A_s=\frac{\alpha_1f_cbh_0\xi}{f_y}=\frac{1.0\times9.6\times200\times(400-35)\times0.3}{300}=700.8\text{mm}^2$$

选纵向受力钢筋 3Φ 18($A_s=763\text{mm}^2$)

$$V<0.7f_tbh_0=0.7\times1.10\times200\times(400-35)=56\ 270\text{N}=56.27\text{kN}$$

按构造配筋,选Φ 6@200。

5.3.4.7 雨篷的设计

设计对象是首层两侧旁门上的雨篷板及雨篷梁。雨篷平面及配筋图,如图 5-23 所示。

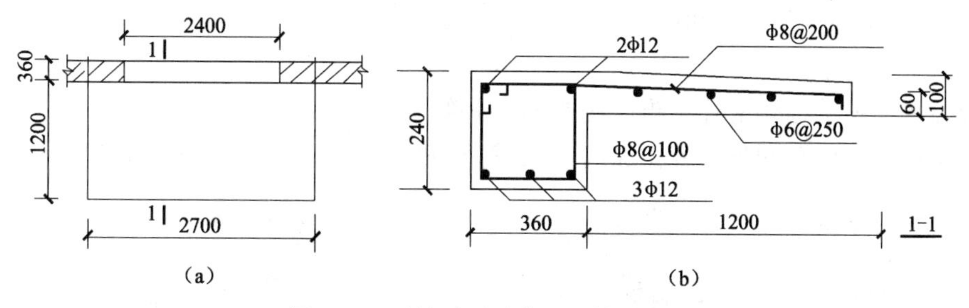

图 5-23 雨篷平面示意和配筋图

1. 雨篷板计算设计

(1)材料

材料选用钢筋 HPB 235 级 $f_y=210\text{N/mm}^2$,混凝土 C20,$f_c=9.6\text{N/mm}^2$,$f_t=1.1\text{N/mm}^2$

(2)尺寸确定

雨篷板悬挑长度　$l=1.2\text{m}=1\ 200\text{mm}$

雨篷板宽　$b=2.7\text{m}=2\ 700\text{mm}$

根部板厚按　$h=\frac{1}{12}l$ 计　$h=\frac{1}{12}\times1\ 200=100\text{mm}$

端部板厚　$h_\text{d}=60\text{mm}$

雨篷梁尺寸　$b\cdot h=360\text{mm}\times240\text{mm}$

(3)荷载计算

雨篷板端部作用施工荷载标准值,沿板宽每米 $P_\text{k}=1\text{kN/m}$。板上永久荷载标准值:

板上20mm厚防水砂浆　$0.02\times20=0.4\text{kN/m}^2$

板重(按平均80mm厚计)　$0.08\times25=2.0\text{kN/m}^2$

板下20mm水泥砂浆　$0.02\times20=0.4\text{kN/m}^2$

$g_\text{k}=0.4+2.0+0.4=2.8\text{kN/m}^2$

取板宽1m计算,则　$g_\text{k}=2.8\times1=2.8\text{kN/m}$

(4)内力计算

固定端截面最大弯矩设计值　$M=\frac{1}{2}g_\text{k}l^2\gamma_\text{G}+P_\text{k}l\gamma_\text{Q}$

$$M=\frac{1}{2}\times2.8\times1.2^2\times1.2+1\times1.2\times1.4=4.1\text{kN}\cdot\text{m}=4.1\times10^6\text{N}\cdot\text{mm}$$

(5)配筋

$$\alpha_\text{s}=\frac{M}{\alpha_1 f_\text{c}bh_0^2}=\frac{4.1\times10^6}{1.0\times9.6\times2\ 700\times80^2}=0.025$$

$$\xi=1-\sqrt{1-2\alpha_\text{s}}=1-\sqrt{1-2\times0.025}=0.025$$

$$A_\text{s}=\frac{\alpha_1 f_\text{c}bh_0\xi}{f_y}=\frac{1.0\times9.6\times2\ 700\times80\times0.025}{210}=246.86\text{mm}^2$$

选Φ 8@200($A_\text{s}=251\text{mm}^2$)将钢筋置于板的上部,并伸入支座内不小于 $30d$(锚固长度)

选分布钢筋Φ 6@250。

2.雨篷梁计算

(1)计算雨篷梁的弯矩和剪力设计值

1)荷载设计值

雨篷梁净跨为2.4m,计算跨度按2.5m计算。

由于过道上的预制板搁置在纵墙上,故雨篷梁上不承受梁、板传来的荷载。

雨篷板传来的墙体线荷载设计值,按取高度为$\frac{1}{3}$净跨范围内墙重的原则计算。即$\frac{1}{3}l_n=\frac{1}{3}\times2\ 400=800\text{mm}$范围内的墙重。

墙重设计值为　$1.2\times0.8\times6.748=6.48\text{kN/m}$

雨篷板传来的线荷载设计值为:

$$\gamma_\text{G}\cdot g_\text{k}\cdot b+\gamma_\text{Q}\cdot P_\text{k}=1.2\times2.8\times1.2+1.4\times1=5.43\text{kN/m}$$

雨篷梁上线荷载设计值为:$6.48+5.43=11.91\text{kN/m}$

2)弯矩设计值

雨篷梁弯矩设计值为 $M=\frac{1}{8}ql^2=\frac{1}{8}\times11.91\times2.5^2=9.3\text{kN·m}$

3)剪力设计值

$$V=\frac{1}{2}ql_n=\frac{1}{2}\times11.91\times2.4=14.29\text{kN}$$

(2)计算雨篷梁的扭矩设计值

1)计算由板上均布荷载在梁的单位长度上产生的力偶设计值:

$$m_{\text{q}}=\gamma_{\text{G}}\cdot g_{\text{k}}l\cdot Z=1.2\times2.8\times1.2\times\frac{1.2+0.36}{2}=3.14\text{kN·m/m}$$

其中,$g_{\text{k}}l$ 是将面荷载变为线荷载,Z 为力偶臂。

2)计算由板端施工集中线荷载在梁的单位长度上产生的力偶设计值

$$m_{\text{p}}=\gamma_{\text{Q}}P_{\text{k}}Z=1.4\times1\times\left(1.2+\frac{0.36}{2}\right)=1.93\text{kN·m/m}$$

3)计算作用在梁上的总力偶设计值

$$m=3.14+1.93=5.07\text{kN·m/m}$$

4)计算在雨篷支座截面内的最大扭矩设计值

$$T=\frac{1}{2}ml_0=\frac{1}{2}\times5.07\times2.4=6.084\text{kN·m}=6.084\times10^6\text{N·mm}$$

(3)校核雨篷梁截面尺寸

1)计算雨篷梁受扭塑性抵抗矩

根据《混凝土结构设计规范》,矩形截面受扭塑性抵抗矩 W_{t} 为

$$W_{\text{t}}=\frac{b^2}{6}(3h-b)=\frac{240}{6}\times(3\times360-240)=8.064\times10^6\text{mm}^3$$

2)计算梁的有效高度 $h_0=h-35=360-35=325\text{mm}$

3)校核截面尺寸:根据《混凝土结构设计规范》,判断截尺寸是否符合要求。

由于 $$\frac{V}{bh_0}+\frac{T}{0.8W_{\text{t}}}=\frac{14.29\times10^3}{240\times325}+\frac{6.084\times10^6}{0.8\times8.06\times10^6}=1.126\text{N/mm}^2$$

$$<0.25\beta_{\text{c}}f_{\text{c}}=0.25\times1.0\times9.6=2.4\text{N/mm}^2$$

所以截面尺寸满足要求。

(4)确定是否考虑剪力的影响

根据《混凝土结构设计规范》中的规定进行判断。

$$V=14\ 290\text{N}<0.35f_{\text{t}}bh_0=0.35\times1.1\times240\times325=30\ 030\text{N}$$

所以不考虑剪力的影响。

(5)确定是否考虑扭矩的影响

根据《混凝土结构设计规范》的规定进行判断。

$$T=6\ 084\ 000\text{N}\cdot\text{mm}>0.175f_tW_t=0.175\times1.1\times8\ 064\ 000=1\ 552\ 320\text{N}\cdot\text{mm}$$

所以需考虑扭矩的影响。

(6)确定是否进行剪扭承载力计算

根据《混凝土结构设计规范》中的要求进行判断。

$$\frac{V}{bh_0}+\frac{T}{W_t}=\frac{14.29\times10^3}{240\times325}+\frac{6.084\times10^6}{8.064\times10^6}=0.938\text{N/mm}^2$$
$$>0.7f_t=0.7\times1.1=0.77\text{N/mm}^2$$

所以需进行剪扭承载力验算。

(7)计算箍筋

1)计算剪扭构件混凝土受扭承载力降低系数 β_t

根据《混凝土结构设计规范》,计算一般剪扭构件混凝土受扭承载力降低系数 β_t,$\beta_t>1.0$ 时,取 $\beta_t=1.0$

$$\beta_t=\frac{1.5}{1+0.5\dfrac{VW_t}{Tbh_0}}=\frac{1.5}{1+0.5\times\dfrac{14.29\times10^3\times8.064\times10^6}{6.084\times10^6\times240\times325}}=1.34>1.0$$

取 $\beta_t=1.0$。

2)计算单侧受剪箍筋数量

根据《混凝土结构设计规范》中的规定,计算单侧受剪箍筋数量。

$$V=(1.5-\beta_t)0.7f_tbh_0+1.25f_{yv}\frac{A_{sv}}{S}h_0$$

$$14\ 290=(1.5-1.0)\times0.7\times1.1\times240\times325+1.25\times210\times325\times\frac{2A_{svl}}{S}$$

$$\frac{A_{svl}}{S}=-0.092$$

取$\dfrac{A_{svl}}{S}\leqslant0$,即不需考虑剪力的影响。

3)计算单侧受扭箍筋数量

根据《混凝土结构设计规范》中的规定,计算单侧受扭箍筋数量。

按 $T=0.35\beta_tf_tW_t+1.2\sqrt{\zeta}f_{yv}\dfrac{A_{stl}}{S}A_{cor}$式计算,代入数值

$$6.084\times10^6=0.35\times1.0\times1.1\times8.064\times10^6+1.2\sqrt{1.2}\times210\times58\ 900\times\frac{A_{stl}}{S}$$

$$\frac{A_{stl}}{S}=0.183\text{mm}^2/\text{mm}$$

上式中受扭构件纵向钢筋与箍筋的配筋强度比取 $\zeta=1.2$

上式中的截面核心部分的面积 $A_{cor}=b_{cor}\cdot h_{cor}=(240-2\times25)\times(360-2\times25)=58\ 900\text{mm}^2$

4)计算单侧箍筋的总数量并选用箍筋

$$\frac{A_{stl}}{S}=\frac{A_{svl}}{S}+\frac{A_{stl}}{S}=0+0.183=0.183\text{mm}^2/\text{mm}$$

选用箍筋Φ 8$A_{svl}=50.3\text{mm}^2$　间距 $S=\frac{50.3}{0.183}=275\text{mm}$　取 $S=100\text{mm}$

(8)复核箍筋率

根据《混凝土结构设计规范》中的规定

在受剪扭构件中箍筋的配筋率应不小于最小配筋率 $\rho_{sv,\min}$

$$\rho_{sv,\min}=0.24\frac{f_t}{f_{yv}}=0.24\times\frac{1.1}{210}=0.0016$$

$$\rho_{sv}=\frac{nA_{svl}}{b\cdot S}=\frac{2\times50.3}{240\times100}=0.0042>\rho_{sv,\min}=0.0016$$

所以满足最小配箍率要求。

(9)计算受扭纵筋

根据《混凝土结构设计规范》中的规定,将上述计算的单侧受扭箍筋数量 A_{stl}代入

$$\zeta=\frac{f_yA_{stl}S}{f_{yv}A_{stl}U_{cor}}$$

$$U_{cor}=2(b_{cor}+h_{cor})=2\times[(240-2\times25)+(360-2\times25)]=1\,000\text{mm}$$

$$A_{stl}=\frac{\zeta f_{yv}U_{cor}}{f_y}\cdot\frac{A_{stl}}{S}=\frac{1.2\times210\times1\,000}{300}\times0.183=153.7\text{mm}^2$$

(10)校核受扭纵筋配筋率

根据《混凝土结构设计规范》中的规定,在弯剪扭构件中,纵向钢筋的配筋率应不小于最小配筋率。

$$\frac{T}{V\cdot b}=\frac{6.084\times10^6}{14.29\times240\times10^3}=1.77<2.0$$

$$\rho_{tL,\min}=0.5\sqrt{\frac{T}{V\cdot b}}\frac{f_t}{f_y}=0.5\times\sqrt{1.77}\times\frac{1.1}{300}=0.0024$$

$$\rho_{tL}=\frac{A_{stl}}{bh}=\frac{153.7}{240\times360}=0.0018<\rho_{tL,\min}=0.0024$$

不满足构造要求,取 $\rho_{tL}=\rho_{tL,\min}=0.0024$

$$A_{stl}=\rho_{tL,\min}bh=0.0024\times240\times360=207.36\text{mm}^2$$

(11)计算受弯纵筋的截面面积

根据弯矩设计值 $M=9.95\text{kN}\cdot\text{m}$,C20 混凝土,HPB 235 级钢筋,截面尺寸 $bh=360\text{mm}\times240\text{mm}$,有效高度 $h_0=325\text{mm}$ 按正截面受弯承载力计算纵向受弯钢筋用量。

计算截面抵抗矩系数 $\alpha_s=\frac{9.95\times10^6}{1.0\times9.6\times240\times325^2}=0.04<\alpha_{sb}=0.426$(满足要求)。

计算内力臂系数 $\gamma_s=(1+\sqrt{1-2\alpha_s})/2=(1+\sqrt{1-2\times0.040})/2=0.980$

$$A_s=\frac{M}{f_y\gamma_sh_0}=\frac{9.3\times10^6}{210\times0.98\times325}=139\text{mm}^2$$

雨篷梁配筋采用叠加法,上部为$\frac{1}{2}\times A_{stl}=\frac{1}{2}\times 207.36=103\text{mm}^2$

所以其下部纵向钢筋的总面积为:$\frac{1}{2}\times A_{stl}+A_s=\frac{1}{2}\times 207.36+139=242\text{mm}^2$

故下部选用3Φ12($A_s=339\text{mm}^2$),上部选用2Φ12($A_s=226\text{mm}^2$)

(12)绘雨篷梁配筋图

3. 雨篷抗倾覆验算

(1)计算抗倾覆力矩 M_r

计算雨篷上方2.7m宽范围内墙体荷重,在标高3.6～14.9m范围内减去3个窗洞(0.9m×1.8m),故有[(14.9－2×3.6)×2.7－2×0.9×1.8]×4.616+(3.6×2.7－0.9×1.8)×6.748=135.67kN

计算倾覆力矩的支点取距外墙皮57mm处。

墙体荷载: [(14.9－3.6)×2.7－3×0.9×1.8]×6.748=173.1kN

$$M_r=135.67\times(0.5\times 0.36-0.057)=16.69\text{kN}\cdot\text{m}$$

(2)计算倾覆力矩 M_{ov}并验算

雨篷板荷载产生的力矩设计值为分项系数×板上恒荷载×板长×板宽×力臂,即:

$$1.2\times 2.8\times 1.2\times 2.7\times(0.5\times 1.2+0.057)=7.15\text{kN}\cdot\text{m}$$

施工荷载产生的力矩设计值为分项系数×活荷载×板长×力臂,即:

$$1.4\times 1\times 2.7\times(1.2+0.057)=4.75\text{kN}\cdot\text{m}$$

倾覆力矩为:$M_{ov}=7.15+4.75=11.9\text{kN}\cdot\text{m}<M_r=16.69\text{kN}\cdot\text{m}$ 满足要求。

5.3.4.8 过梁的设计

过梁可按标准图集选用,也可另行按钢筋混凝土受弯构件设计。本计算选最大窗洞C1进行计算,$l_n=2.4\text{m}$。

设过梁截面为240mm×240mm,混凝土为C20,钢筋为HPB 235级。

$$h_0=h-35=240-35=205\text{mm}$$

由计算简图知,过梁上墙体高度

$$h_w=0.9-0.24-0.24=0.42\text{m}<\frac{1}{3}l_n=\frac{1}{3}\times 2.4=0.8\text{m}$$

墙体荷载为6.748kN/m²

$$g=6.748\times 1.2\times 0.42=3.40\text{kN/m}$$

$$M_{max}=\frac{1}{8}gl_n^2=\frac{1}{8}\times 3.4\times 2.4^2=2.45\text{kN}\cdot\text{m}$$

$$V_{max}=\frac{1}{2}gl_n=\frac{1}{2}\times 3.4\times 2.4=4.08\text{kN}$$

$$\alpha_s=\frac{M_{max}}{\alpha_1 f_c bh_0^2}=\frac{2.45\times 10^6}{1.0\times 9.6\times 240\times 205^2}=0.025$$

$$\xi=1-\sqrt{1-2\alpha_s}=1-\sqrt{1-2\times 0.025}=0.025<\xi_b=0.614\text{(满足要求)。}$$

$$A_s=\frac{\alpha_1 f_c \xi h_0 b}{f_y}=\frac{1.0\times9.6\times0.025\times205\times240}{210}=56.23\text{mm}^2<A_{smin}=86.4\text{mm}^2$$

所以选配 3Φ8($A_s=150.9\text{mm}^2$),箍筋为Φ6@250,满足要求。

过梁在支座内长度两端各为 240mm。过梁计算简图及配筋,如图 5-24 所示。

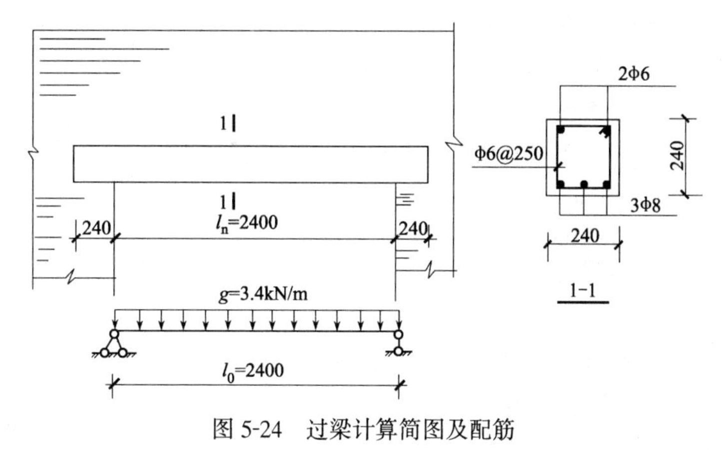

图 5-24　过梁计算简图及配筋

5.4　砌体结构设计参考题目

5.4.1　设计题目

某小学教学办公楼工程结构设计

5.4.2　设计资料

1. 水文地质条件

(1)地形地貌概述:拟建场地东高西低,场地绝对标高在 317.5~320.3m 之间。

(2)地下水情况:地下水位标高为 309m,经对地下水水质分析表明,地下水对一般建筑材料无侵蚀作用。

(3)土层情况:见地质勘探地层剖面图 5-25 所示。

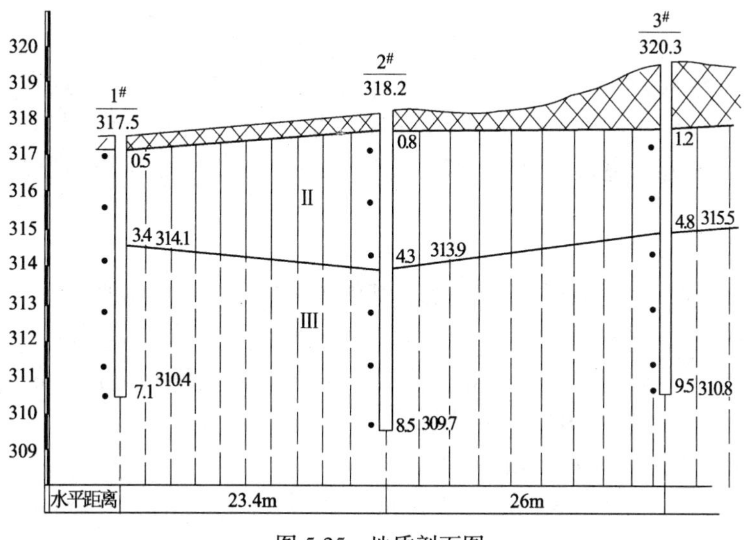

图 5-25　地质剖面图

地质勘探报告指出：

1)在该场地勘探深度内，第一层土为素填土，1 号井为 0.5m，3 号井为 1.2m；第二层土为黄土 Q_3^{eol} 黄色—黄褐色，湿—稍湿，可塑—硬型状态，针状孔隙发育，不具有湿隙性，厚度约为 3m 左右；第三层为古土壤（Q_3^{el}），呈褐黄—褐红色，块状结构，稍湿，可塑—硬塑状态，含有钙质结核，开挖井时未穿透，厚度在 3m 以上。

2)土的物理力学性质从略。

3)该场地土不具有湿陷性。

4)各层土承载力标准值建议采用如下数值。

Ⅱ　黄土　$f_k=150\text{kPa}$

Ⅲ　古土壤　$f_k=170\text{kPa}$

不考虑土的液化。

2. 气象条件

该地区主导风向为西南、西北风，基本风压 $W_0=0.4\text{kN/m}^2$；基本雪压 $s_0=0.3\text{kN/m}^2$

3. 地震设防烈度：8 度近震，Ⅱ类场地土。

4. 材料供应，施工能力均可保证。

5. 建筑设计要求

(1)该工程建筑面积控制在 3 000m² 以内，四层。总平面见图 5-26。

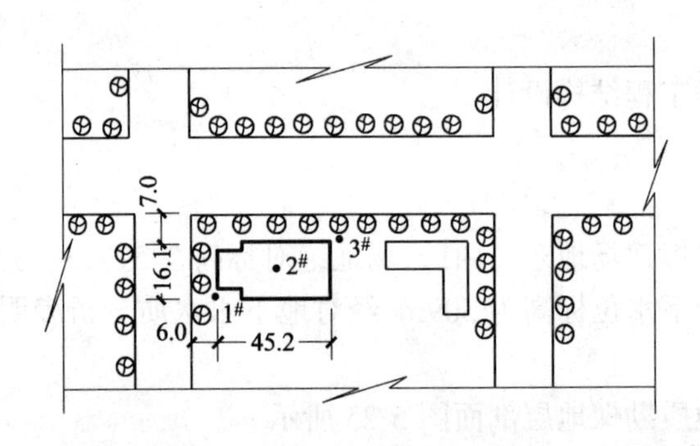

图 5-26　总平面图(单位：m)

(2)教室开间为 3.0m，进深 6.6m，三个小开间形成一个教室；办公室设在教室的一侧，开间 3.0～3.3m，进深 5.4m，室内外高差 0.45m。室内 ±0.000 相当于绝对标高 320.8m。每层设 6 个教室，其余为办公室，详见图 5-27(此部分也可以根据学生掌握的建筑学知识自行设计)。

(3)材料做法：

①门厅、走廊、实验室均采用水磨石地面，其他各房间均采用水泥地面。

②屋面做法，见图 5-28。

③内墙面采用 20mm 厚。顶棚 15mm 厚，混合砂浆粉刷。踢脚高 120mm 高，采用水泥砂浆粉刷 25mm 厚。内墙面用 107 白色涂料喷白。

④外墙面采用 25mm 厚中八厘白石子水刷石墙面。

⑤窗采用钢窗。$b\times h=1\ 800\text{mm}\times 2\ 400\text{mm}$；门采用 900mm×2 700mm 的木门。

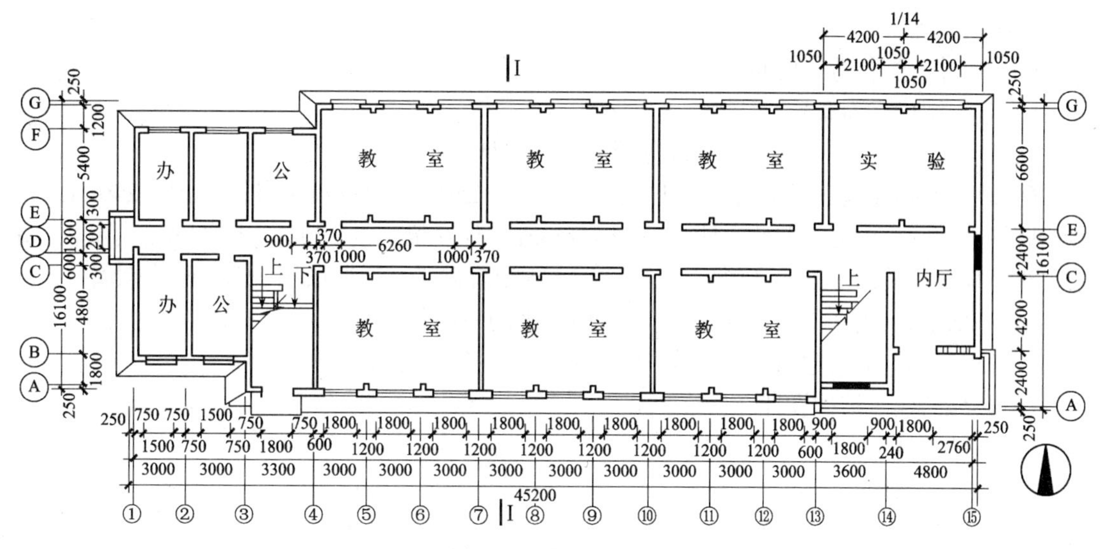

图 5-27 底层平面图

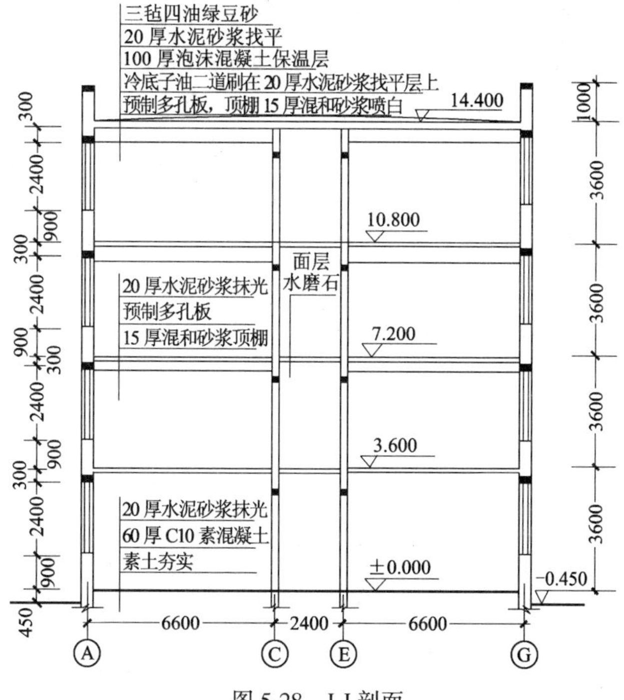

图 5-28 I-I 剖面

5.4.3 设计任务

1. 建筑设计

学生可利用建筑学的知识，在教师指导下，不受上述建筑平面、立面、剖面及材料做法的限制，按学校及办公室设计的基本要求，自行设计平、立、剖面及材料做法设计。但应当受建筑场地及总面积要求的控制。

2. 结构设计

(1)墙体布置：结合建筑设计或已给定的平面，进行墙体布置，确定采用的承重方案，初拟各墙厚度。

(2)进行圈梁、构造柱的布置。

(3)进行结构平面布置。

(4)选择楼(屋)面板,进行梁或部分现浇构件的计算。

(5)墙体的强度验算。钢筋混凝土大梁截面采用250mm×600mm,伸入墙内≥240mm,底层外墙厚370mm,二层以上及内墙均采用240mm墙体。梁下设240mm×370mm内壁柱,墙采用双面抹灰。砖用MU10;砂浆:一、二层用M5混合砂浆,三、四层用M2.5砂浆砌墙。

(6)基础设计(用3:7灰土作垫层,可看做基础的一部分)。

(7)抗震验算(需对建筑、结构的各部分有确切的了解才能进行)。

(8)楼梯的建筑结构设计。

(9)雨篷设计。

(10)过梁设计。

3. 说明

(1)一般只进行第(2)～(5)项的设计。

(2)时间安排充裕,可进行第(1)～(10)项的设计。

(3)如果建筑抗震课程已经讲授,第(7)项也可列入课程设计中。

第 6 章　建筑钢结构设计

6.1　钢屋架设计任务书

通过钢屋架课程设计要求，能掌握屋盖系统结构布置和进行构件编号的方法；能综合运用有关力学和钢结构课程所学知识，对钢屋架进行内力分析、截面设计和节点设计；掌握钢屋架施工图的绘制方法。

6.1.1　设计题目

1. 三角形钢屋架设计

2. 梯形钢屋架设计

6.1.2　设计条件和资料

1. 建筑物基本条件

厂房总长度 120m，檐口高度 15m。厂房为单层单跨结构，内设有两台中级工作制桥式吊车。

拟设计钢屋架，简支于钢筋混凝土柱上，柱的混凝土强度等级为 C20。柱顶截面尺寸为 400mm×400mm。钢屋架设计可不考虑抗震设防。

厂房柱距选择：(1)6m；(2)12m。

2. 设计资料

(1)三角形钢屋架[(A)、(B)]

1)属有檩体系：檩条采用槽钢[10，跨度为 6m，跨中设有一根拉条Φ10。

2)屋架屋面做法及荷载取值(标准荷载值)：

永久荷载：波形石棉瓦自重　　0.20kN/m^2

　　　　　檩条及拉条自重　　0.20kN/m^2

　　　　　保温木丝板重　　0.25kN/m^2

　　　　　钢屋架及支撑重　　(0.12+0.011×跨度)kN/m^2

可变荷载：雪荷载(3 组)$\begin{cases}a.0.30kN/m^2\\b.0.40kN/m^2\\c.0.55kN/m^2\end{cases}$

　　　　　屋面活荷载　　0.30kN/m^2

　　　　　积灰荷载　　0.30kN/m^2

注：1. 以上数值均为水平投影值；

2. (A)、(B)屋架的形式与尺寸见图 6-1a、b。

(2)梯形钢屋架[(C)、(D)、(E)、(F)]

1)属无檩体系：采用 1.5m×6m 的预应力混凝土大型屋面板，屋面板与钢屋架采用三点焊接。

2)屋架屋面做法及荷载取值(标准荷载值):

永久荷载:防水屋(三毡四油上铺小石子)　　0.35kN/m²

　　找平层(20mm厚水泥砂浆)　　0.02×20=0.40kN/m²

保温层(泡沫混凝土):
- d.厚40mm　　0.25kN/m²
- e.厚80mm　　0.50kN/m²
- f.厚120mm　　0.70kN/m²

　　钢屋架及支撑重　　(0.12+0.011×跨度)kN/m²

可变荷载:雪荷载(3组):
- g.0.40kN/m²
- h.0.50kN/m²
- m.0.60kN/m²

　　屋面活荷载　　0.70kN/m²

　　积灰荷载　　0.50kN/m²

注:1.以上数值均为水平投影值;

2.(C)、(D)、(E)、(F)形式及尺寸,见图6-1c~f。

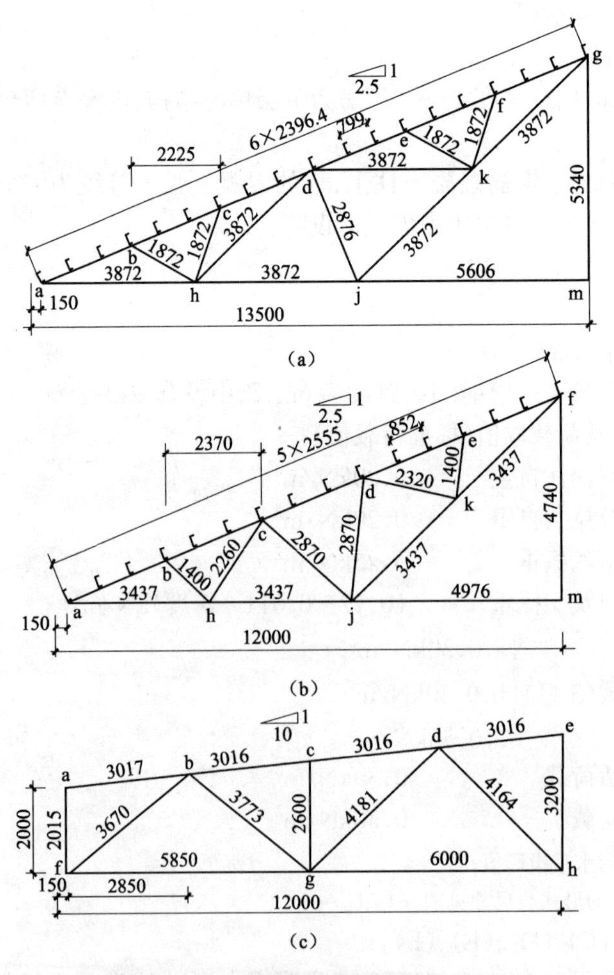

图6-1　钢屋架形式与尺寸(一)

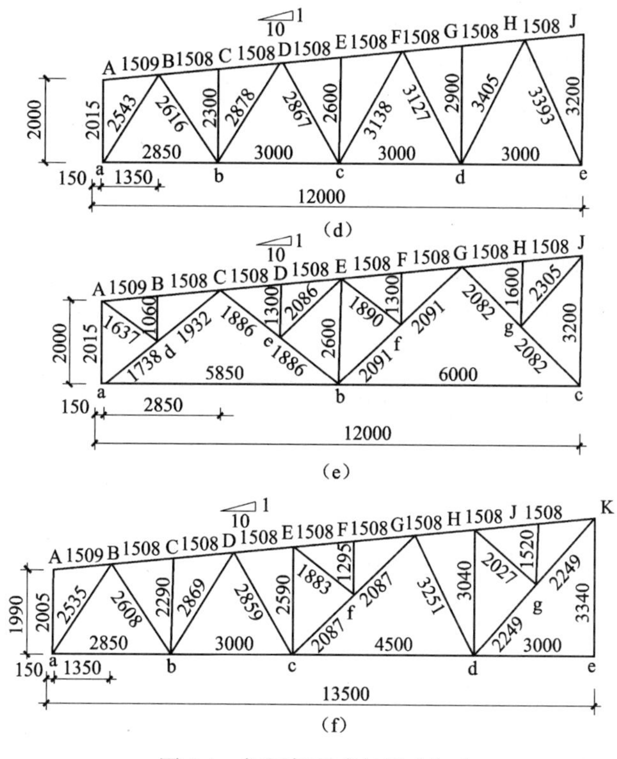

图 6-1　钢屋架形式与尺寸(二)

3．制作及安装条件

(1)钢屋架运送单元和支撑杆件均在金属加工厂制作,工地安装,采用手工焊接。

(2)预先划分钢屋架的运送单元,以便于确定屋架拼接节点的位置。一般梯形屋架为两个运送单元,三角形屋架可分为四个运送单元。如图 6-2 所示。

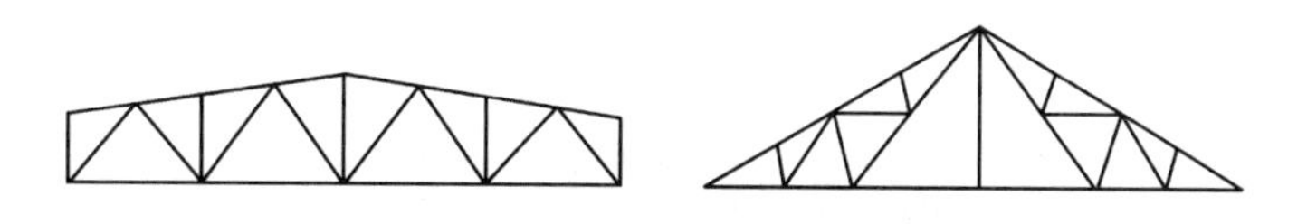

图 6-2　屋架运送单元的划分

(3)钢屋架与支撑杆件的连接采用普通螺栓。

(4)构件最大运输长度为 16m,运输高度为 3.85m。

(5)上、下弦杆为连续杆件,角钢最大长度 19m。

6.1.3　设计任务与要求

1．计算书

完成计算书一份,内容包括:

(1)选题:柱距(6m,12m)

屋架形式[(A)～(F)]

荷载取值(恒荷载,活荷载)。

(2)选择钢材。

(3)选择焊接方法及焊条型号。

(4)绘制屋盖体系支撑布置图。

(5)荷载计算及各杆件内力组合
(6)杆件截面设计 }(由教师具体指定计算要求)
(7)屋架节点设计

2. 施工图

(1)绘制与屋盖支撑相关联的钢屋架施工图一张。

(2)图纸规格:1号图纸(594mm×841mm)。

(3)图面内容:

1)屋架索引图(习惯画在图面的左上角)比例尺取1:150~1:150。

2)屋架正面图(画对称的半榀)} 轴线比例尺:1:20或1:30。
3)上、下弦杆俯视图 } 杆件比例尺:1:10或1:15。

4)必要的剖面图(端竖杆、中竖杆、托架及垂直支撑连接处)。

5)屋架支座详图及零件详图。

6)施工图说明。

7)材料表(可附在计算书中)。

8)标题栏(写明:题目、指导教师、姓名、班级、日期)。

(4)作图要求:采用铅笔绘图;图面布置合理;文字规范;线条清楚,符合制图标准;达到施工图要求。

(5)设计完成后,图纸应叠成计算书一般大小,与计算书装订一起后上交。

3. 设计时间

在钢结构课程中讲解钢屋架一章时即可开始选题,决定钢屋架的形式及尺寸、支撑布置、内力计算及荷载组合。集中设计时间为一周半:

截面及节点设计　　3天
绘制施工图　　4天
计算书整理与施工图修正　　1天

6.2 钢屋架设计指示书

6.2.1 钢屋架结构设计内容

钢屋盖结构一般由屋面板、檩条、屋架和支撑等组成,故钢屋盖结构设计通常包括以下几项主要内容:

1. 屋面材料选择

宜采用轻质高强,耐火、防火、保温和隔热性能好,构造简单,施工方便,并能工业化生产的建筑材料。目前,国内常用的屋面材料主要有压型钢板、太空板、各种石棉水泥瓦、瓦楞铁、预应力混凝土槽瓦、加气混凝土屋面板等。提出使用钢材牌号和要求,构件形式、连接方式及连接材料焊条和螺栓型号。

2. 屋盖结构体系的确定

根据屋面材料和屋面结构布置情况的不同,钢屋盖结构可分为无檩屋盖结构体系和有檩屋盖结构体系。在选用屋盖结构体系时,应综合考虑建筑物的规模、受力特点、使用要求、材料供应情况、施工和运输条件等,以确定最佳方案。一般对横向刚度要求较高的中型以上厂房和民用建筑,宜采用大型屋面板的无檩屋盖,而对于刚度要求不高的中、小型厂房和民用建筑,特别是不需要做保温层的房屋,则宜采用具有轻型屋面材料的有檩屋盖。

3. 钢屋架形式和主要尺寸的确定

主要包括钢屋架的外形选择;弦杆节间的划分和腹杆布置;确定屋架的跨度、跨中高度和端部高度(梯形屋架)等尺寸。

4. 屋盖支撑布置

为使屋架具有足够的承载力,使屋盖结构形成一个空间整体刚度较好的体系,需进行钢屋盖支撑布置。主要内容包括:确定钢屋盖支撑的形式及位置;选择支撑杆件的截面形式和尺寸;设计支撑与屋架的连接等。自选比例尺在计算书中给出屋盖支撑布置图,包括上、下弦横向水平支撑,下弦纵向水平支撑图、垂直支撑(虚线表示位置,并作剖面图),系杆,以编号方式说明各构件名称;屋架 GWJ—××,垂直支撑 CC—××,上弦支撑 SC—××,下弦支撑 XC—××,刚性系杆 GG—××,柔性系杆 LG—××。

5. 檩条设计

主要包括选择檩条形式;计算檩条所需截面尺寸;进行檩条的布置;设计檩条与屋面和屋架的连接。

6. 屋架杆件设计

主要包括:桁架受力分析和内力计算;选择屋架杆件截面形式;并根据强度、刚度和稳定性的要求计算杆件截面尺寸。

7. 桁架节点设计

要实现钢屋盖的安全、可靠,除了各杆件要具有足够的强度、刚度和稳定性外,屋架节点也应具有足够的强度。屋架节点的设计内容主要包括:计算杆件和节点板连接焊缝的焊脚尺寸和长度;确定节点板形状和尺寸;屋架拼接节点和支座节点的设计等。

8. 绘制屋架施工图

6.2.2 荷载计算与内力分析

1. 荷载计算

(1)按屋面做法、各层材料的标准荷载值,求出恒荷载的设计值。

(2)按雪荷载与屋面施工活荷载取其中最不利值的原则,求出活荷载的设计值。

(3)划分适当计算单元,求出屋架节点荷载和节间荷载设计值。

2. 内力计算

(1)确定杆件内轴力

1)计算半跨(或全跨)单位节点力作用下各杆件内轴向力——轴力系数求解方法自选,可用数解法(截面法、节点法)、图解法、利用建筑结构静力计算手册查出内力系数或使用计算机程序计算等。

2)杆件轴力 = 节点荷载 × 轴力系数。将轴力值填写在屋架简图上。

(2)确定弦杆内弯矩

当屋架弦杆有节间荷载(上弦两相邻节点的间距大于一块屋面板宽度、有檩体系、下弦节间有悬吊物等)存在时,弦杆内除有轴向力外,还有弯矩。为了简化,可近似地按简支梁计算出弯矩 M_0,然后再乘以调整系数。上弦杆端节间弯矩取为 $0.8M_0$;上弦杆其余节点、节间弯矩取为$\pm0.6M_0$。M_0可按图6-3所示方法求出。

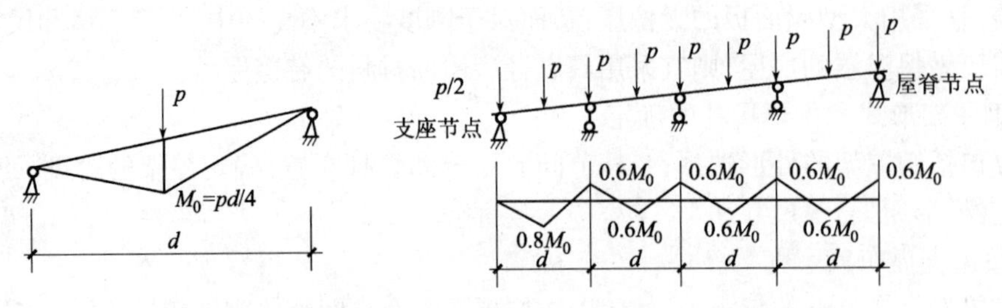

图6-3　弦杆弯矩计算简图

(其中d为节点间水平投影间距)

3.内力组合

设计屋架时,应考虑以下三种组合:

使用阶段组合一　全跨永久荷载+全跨可变荷载;

使用阶段组合二　全跨永久荷载+半跨可变荷载;

施工阶段组合三　全跨屋架及支撑自重+半跨大型屋面板重+半跨屋面活荷载。

注:如果在安装过程中,在屋架两侧对称均匀铺设屋面板,则可以不考虑组合三。

6.2.3　杆件截面设计

(1)确定钢屋架各杆件计算长度,将结果填入表格内。

(2)确定屋架节点板厚度(≥5mm):根据杆件内力大小,参考有关规定选取。中间节点板受力小,板厚可比支座处节点板减小2mm。

(3)合理选择杆件截面形式:

1)轴力杆件尽可能按等稳定性设计。优先选用等肢且肢宽壁薄的角钢,以增加截面的回转半径。

2)上、下弦杆截面选择要考虑其受力及其与支撑等构件的连接要求。有螺栓孔时,角钢肢宽应满足构造要求。放置屋面板时,上弦角钢水平肢宽应满足搁置要求。

3)连接垂直支撑的竖杆,常用两个等肢角钢组成的十字形截面,使垂直支撑在传力时竖杆不致产生偏心;并且吊装时屋架两端可以任意调动位置而竖杆伸出肢不变。

4)钢屋架杆件截面规格总计不应超过5～6种,最小角钢规格为∟45×4或∟56×36×4,轻钢结构不受此限。避免使用肢宽相同而厚度相差不大的角钢规格。

5)跨度大于24m的屋架,弦杆可根据内力变化从适当节点处改变截面,但半跨内一般只改变一次,且只改变肢宽而不改变厚度,以方便拼接的构造处理。

(4)轴心受压杆截面设计

1)选择截面

方法一:假定长细比$\lambda<[\lambda]$,由整体稳定求出所需角钢截面面积$A^*\geqslant\dfrac{N}{\varphi\cdot f}$,然后由型钢表初选角钢型号,确定角钢截面面积$A$。

方法二:由经验或资料初选角钢型号,确定角钢截面面积A。

2)截面校核

强度:$N/A_n\leqslant f$

稳定:$N/(\varphi A)\leqslant f$

刚度：$\lambda \leqslant [\lambda]$

3)调整截面

根据校核结果，调整型号使杆件截面设计达到安全可靠且经济合理。

(5)轴心受拉杆截面设计

1)选择截面：假定长细比 $\lambda < [\lambda]$，由强度条件求出所需截面面积 $A^* \geqslant \frac{N}{f}$，然后由型钢表初选角钢型号，确定角钢面积 A。

2)截面校核：强度：$N/A_n \leqslant f$

刚度：$\lambda \leqslant [\lambda]$

3)调整截面(同压杆)

(6)压弯杆件截面设计

1)选择截面：由经验或资料初选角钢型号，确定角钢面积 A(图 6-4)。

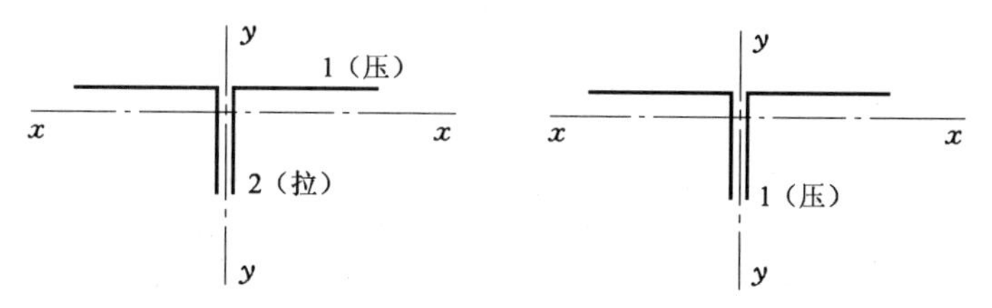

图 6-4　T 形截面计算简图

2)截面校核

①刚度条件：$\lambda_x \leqslant [\lambda]$；$\lambda_y \leqslant [\lambda]$

②强度验算：$\frac{N}{A_n} \pm \frac{M_x}{\gamma_x W_{nx}} \leqslant f$

③弯矩作用平面内杆件的稳定性：

$$\frac{N}{\varphi_x A} + \frac{\beta_{mx} M_x}{\gamma_{1x} W_{1x} \left(1 - 0.8 \frac{N}{N'_{Ex}}\right)} \leqslant f$$

$$\left| \frac{N}{A} - \frac{\beta_{mx} M_x}{\gamma_{2x} W_{2x} \left(1 - 1.25 \frac{N}{N'_{Ex}}\right)} \right| \leqslant f$$

④弯矩作用平面外杆件的稳定性

$$\frac{N}{\varphi_y A} + \eta \frac{\beta_{tx} M_x}{\varphi_b M_{1x}} \leqslant f$$

3)调整截面(同压杆)

6.2.4　节点设计

(1)计算连接焊缝。画出节点计算简图，根据钢屋架各杆件内力，计算各节点处杆件肢尖、肢背与节点板连接所需的焊缝厚度及长度。具体计算可参见教材或以下设计例题。

(2)确定节点板形状和尺寸，此项可在施工图中完成。

1)节点处各杆件形心线应交于一点，尽可能避免产生偏心受力而引起附加弯矩。为制造方便，角钢肢背到其形心轴线的距离常取5mm的倍数。例如：24.4mm取为25mm；21.4mm取为20mm。

2)节点上各杆件之间应留一定的间隙(≥20mm)，以便于施焊和避免焊缝过于集中而导致钢材变脆。

3)可根据要求的各焊缝长度按比例所作的图中确定节点板尺寸。节点板的形状应简单、规整，至少有两边平行，如：矩形、直角梯形、平行四边形等。节点板不应有凹角，以免产生严重的应力集中。节点板边缘于杆件轴线的夹角不小于15°。节点板尺寸应尽量使焊缝中心受力。

6.2.5　钢屋架施工图绘制

大多数工程设计的最后表达形式是图纸。设计者的主旨、意图都是通过图纸体现出来的。尽管计算机绘图已经相当流行，但是，作为一种基本训练环节，在课程设计中要求学生手工完成施工图绘制。制图依据的主要国家标准是《房屋建筑制图统一标准(GBJ—1)》和《建筑结构制图标准(GBJ—105)》。

1. 施工图内容

一套完整的钢结构施工图，一般包括：1)图纸目录；2)设计总说明(首页图)；3)(基础)柱脚锚栓布置图；4)纵、横、立(剖)面图；5)结构布置图；6)纵、横、立(剖)面布置图；7)构件图；8)节点详图；9)高强度螺栓表；10)钢材订货表。在某些情况下，根据建筑物的特点，上述内容可压缩合并。

课程设计要求完成的施工图限于构件图和节点详图的绘制。结构布置图、高强度螺栓表(如果有的话)及其他内容可在计算书上表示。在钢结构施工图的构件图中，原则上要求根据结构布置图的编号绘出各个构件的外形几何尺寸、截面尺寸以及内力设计值(截面控制值)。在节点详图中，要求按详图的索引号绘制构件相互之间的空间几何关系和连接关系。钢屋架课程设计一般要求在结构布置图中选取几种相关编号(譬如，相互几何对称或反对称)的屋架，将其构件图和节点详图绘制成一张A1幅面的图纸，除标题栏外，其主要内容如下：

(1)屋架的索引图：用以表示各杆件的几何长度、内力设计值以及拱度(如果需要起拱的话)。

(2)屋架的正面图：用以表示各个杆件的编号、定位尺寸、缀(塞)板的布置、各个节点的详图(包括节点板的几何尺寸、定位尺寸、各个杆件在节点板上的相互几何关系、焊缝几何尺寸)，以及支撑连接件的位置等。

(3)屋架的上、下弦平面图：分别对应于上、下弦的俯视图，用以表示上、下弦的支撑连接件的位置。

(4)屋架的侧面图：一般绘制屋架的端侧面图和中竖杆的侧面图等。

(5)屋架的剖面图：一般绘制屋架支座节点的水平剖面图、屋架垂直支撑所在的竖直剖面图等。

(6)大样图：用以表示某些特殊零件的几何尺寸。

(7)材料表：罗列所有杆件、节点板以及连接件的编号、截面形式、长度、数量和质量等。

(8)说明：用以指出制作屋架的钢材、焊条型号、涂装方式以及未标明事项。

2. 施工图绘制要点

(1)屋架施工图的图面布置灵活多样，常见的图面布置如图6-5所示。

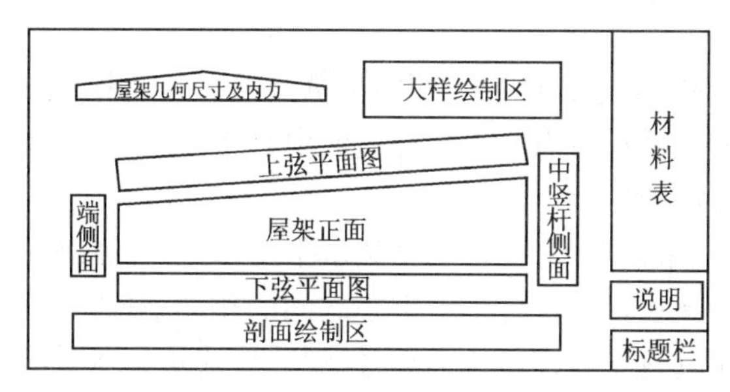

图 6-5 施工图的图面布置

(2)除了屋架索引图外,绘制施工图的其余部分都必须采用两种比例,即:用于杆件轴线方向尺寸绘制的比例一和用于垂直于杆件轴线方向尺寸绘制的比例二。而节点板在两个方向采用同一个比例,一般用比例二绘制。比例一常用范围为 1∶20～1∶50;比例二常用范围为 1∶10～1∶15。

(3)屋架的编号一般以大写的汉语拼音字母加数字组成,首字母避用 O 和 I。

(4)屋架杆件的编号依一定秩序进行,以利阅览。一般可按主次顺序,由上到下,由左到右的方式编号。要注意同一榀屋架各杆件的编号尽量连续。不要遗漏缀(塞)板的编号(通常只在每根杆件的一块缀板上标示)。

(5)屋架索引图中的杆件几何长度和内力可分别标于杆件的两侧。如果屋架几何对称,可分别将几何长度和内力标于左半跨屋架和右半跨屋架。三角形屋架和梯形屋架的跨度 L 分别不小于 15m 和 24m 时,要求起拱。一般只在下弦拼接节点处起拱,拱度采用 $L/500$。在屋架索引图中绘出起拱。

(6)在屋架正面图绘制中,先画出屋架各杆件的轴线,然后以此轴线为各杆件的截面形心轴来定位各杆件,最后标明杆件截面形心轴与杆件外缘的距离(通常是杆件截面形心轴与肢背的距离),完成各杆件的定位。由于杆件截面形心轴与杆件外缘的距离以 mm 计时并非总为整数,一般靠近取整为 5mm 的倍数标注之。

(7)各杆件端部与杆件交汇中心之间的距离应在屋架正面图中标明。

(8)节点板设计的通常步骤是:

1)沿杆件轴线标出该杆件所需的焊缝长度(注意各杆端之间的净距要求)。

2)以尽量简单的几何图形(譬如矩形、梯形)包络所有焊缝。

3)由图上量出该包络图形的大致尺寸。

4)将这些大致尺寸调整并取整作为节点板的几何尺寸。

5)分别标明节点板各边缘与杆件交汇中心之间的距离。

6)将短焊缝拉长满焊,把焊缝标注清楚。

3. 施工图绘制说明

(1)在屋架正面图中,由于节点处的标记符号密集,为图面表达清晰起见,可只在相应的节点板处画出屋架垂直支撑连接件的几何尺寸,而将编号及焊缝形式标记于屋架的相应上(下)弦平面图,尺寸在大样图(如果存在的话)和材料表中说明。

(2)在屋架正面图中,必须标明屋架剖面图的剖切位置。

(3)如果屋架对称,屋架正面图及上、下弦平面图均可只画半跨,同时在对称轴上标注对称符号。

(4)如果弦杆有拼接,在屋架正面图上要画出拼接件,并标明连接螺栓孔的位置(包括孔洞与弦杆轴线的距离、孔洞与最近节点板上杆件交汇中心之间的距离、孔洞之间的距离),但其编号可在屋架的上、下弦平面图中标示。

(5)在屋架的上、下弦平面图中,要标明屋架水平支撑连接的螺栓孔位置(包括孔洞与弦杆轴线的距离、孔洞与最近节点板上杆件交汇中心之间的距离、孔洞之间的距离)及其所对应的屋架编号;同时标明屋架垂直支撑连接件的编号、焊缝形式及其所对应的屋架编号。

(6)在屋架的侧面图和屋架的竖直剖面图中,除要标明杆件与节点板之间的几何投影关系外,还要标明垂直支撑连接件的螺栓孔位置及切角斜度。

6.3 钢屋架设计示例

6.3.1 三角形钢屋架设计示例

1. 设计资料

某工程为跨度18m的单跨双坡封闭式厂房,采用三角形角钢屋架,屋面坡度为 $i=1/3$,屋架间距为6m,无吊车。屋架铰支于钢筋混凝土柱柱顶,无吊顶,外檐口采用自由排水,屋架下弦标高为10m,屋面材料采用波形石棉中波瓦或小波瓦,油毡、木望板、Z形檩条,地面粗糙度类别为B类,结构重要性系数为 $\gamma_0=1.0$,基本风压 $w_0=0.50\text{kN/m}^2$,基本雪压 $s_0=0.30\text{kN/m}^2$。屋架采用Q235B钢,焊条采用E43型。

2. 屋架形式及几何尺寸

屋架形式及几何尺寸如图6-6所示。檩条支承于屋架上弦节点及节间内中点。屋架坡角(上弦与下弦之间的夹角)为 $\alpha=\arctan\dfrac{1}{3}=18°26'$,檩距为0.778m。

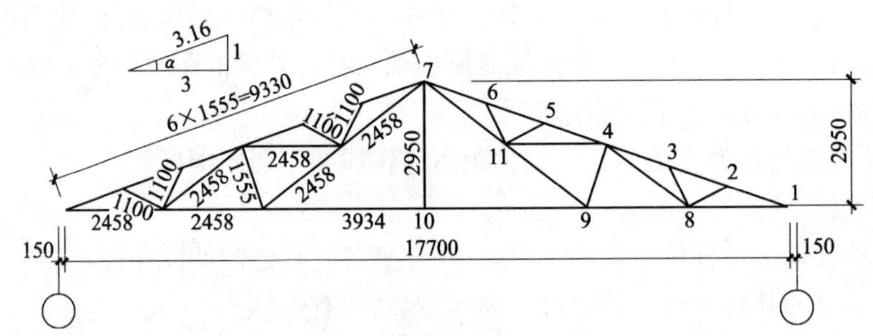

图6-6 屋架形式及几何尺寸

3. 支撑布置

据《建筑抗震设计规范》,支撑布置见图6-7,上弦横向水平支撑设置在房屋两端及伸缩缝处第一开间内,并在相应开间屋架跨中设置垂直支撑,在其余开间屋架下弦跨中设置一通长水平柔性系杆,上弦横向水平支撑在交叉点处与檩条相连。故上弦杆在屋架平面外的计算长度等于其节间几何长度;下弦杆在屋架平面外的计算长度为屋架跨度的一半。

4. 荷载标准值

(1)永久荷载(恒荷载)(对水平投影面)

波形石棉瓦自重(小波或中波) $0.20/\cos18°26'=0.21\text{kN/m}^2$

油毡、木望板自重	$0.18/\cos18°26'=0.19\text{kN/m}^2$
檩条自重	0.10kN/m^2
屋架及支撑自重	0.15kN/m^2
管道等	0.05kN/m^2
合计	0.70kN/m^2

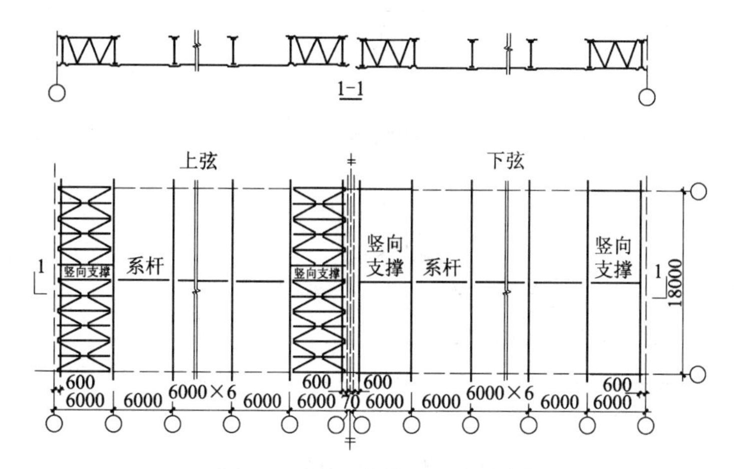

图 6-7 屋架、支撑平面布置图

(2)可变荷载(活荷载)(对水平投影面)

1)屋面活荷载 0.30kN/m^2(按《建筑结构荷载规范》第 2.2.1 条,轻型屋面的构件或结构,当仅有一个可变荷载且受荷水平投影面积为 $18\times6=108\text{m}^2$,超过 60m^2,屋面均布活荷载标准值宜取为 0.3kN/m^2)。

2)雪荷载

基本雪压:$s_0=0.30\text{kN/m}^2$。据《建筑结构荷载规范》表 6.2.1,考虑积雪全跨均布均匀分布情况,由于 $\alpha=18°26'<25°$,$\mu_r=1.0$。雪荷载标准值 $s_k=\mu_r s_0=0.30\text{kN/m}^2$。由该表注 1 可知,$\alpha=18°26'<20°$,可不考虑全跨不均匀分布积雪情况。

3)风荷载

基本风压:$w_0=0.50\text{kN/m}^2$

(3)荷载组合

1)恒荷载 + 活(或雪)荷载

2)恒荷载 + 半跨活(或雪)荷载

3)恒荷载 + 风荷载

4)屋架、檩条自重 + 半跨(屋面板 + 0.30kN/m^2 安装荷载)

(4)上弦的集中恒荷载及节点恒荷载

由檩条传给屋架上弦的集中恒荷载和上弦节点恒荷载分别见图 6-8、图 6-9。

由檩条传给屋架上弦的集中活荷载和上弦节点活荷载分别见图 6-10、图 6-11。

具体计算过程如下:

1)全跨屋面恒荷载作用下

上弦集中恒荷载标准值 $p'_1=0.70\times6\times0.778\times\dfrac{3}{\sqrt{10}}=3.10\text{kN}$

上弦节点恒荷载 $p_1 = 2p'_1 = 2\times3.10 = 6.20\text{kN}$

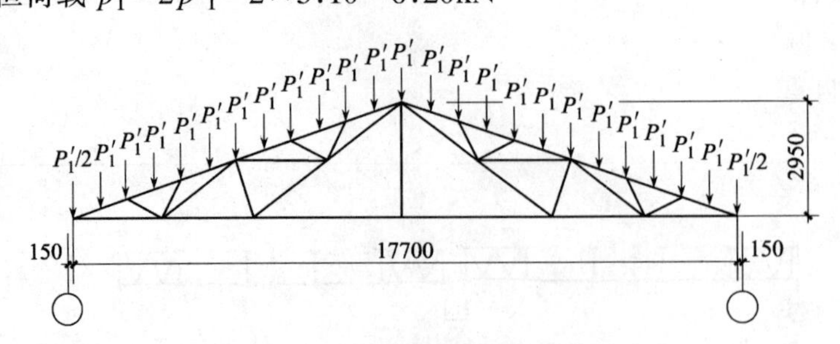

图 6-8　上弦集中恒荷载计算简图

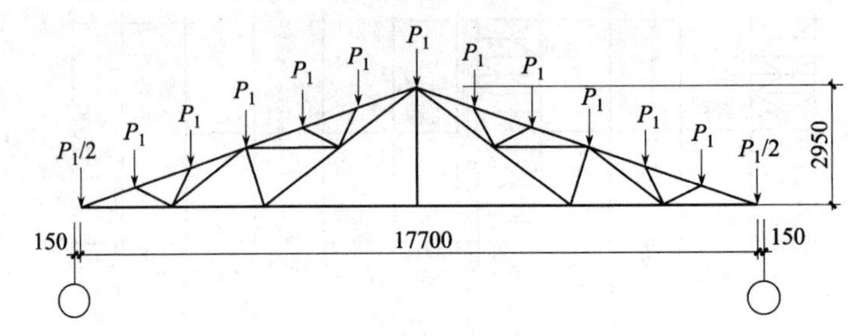

图 6-9　上弦节点恒荷载计算简图

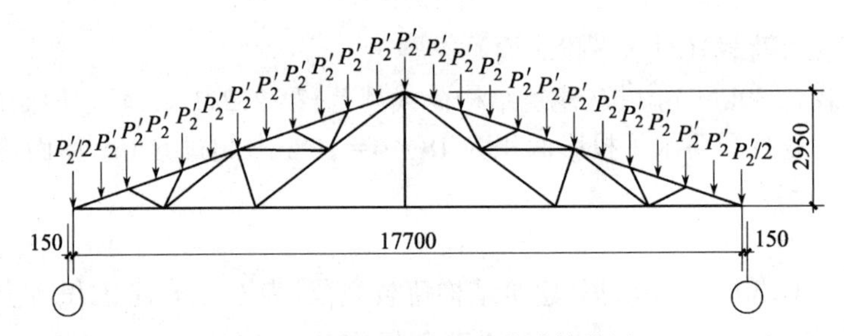

图 6-10　上弦集中活荷载计算简图

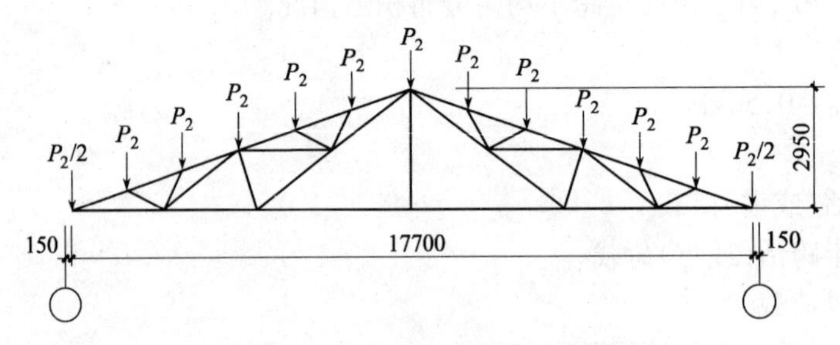

图 6-11　上弦节点活荷载计算简图

2)全跨雪荷载荷载作用下

上弦集中雪荷载标准值 $p'_2 = 0.30\times6\times0.778\times\dfrac{3}{\sqrt{10}} = 1.33\text{kN}$

上弦节点雪荷载 $p_2 = 2p'_2 = 2\times1.33 = 2.66\text{kN}$

假定基本组合由可变荷载效应控制，则上弦节点荷载设计值为 $1.2\times6.20 + 1.4\times2.66 = 11.16\text{kN}$；若基本组合由永久荷载效应控制，则上弦节点荷载设计值为 $1.35\times6.20 + 1.4\times0.7\times$

2.66=10.98kN。综上可知,本工程屋面荷载组合由可变荷载效应控制。

3)风荷载标准值

风载体型系数:背风面 $\mu_s=-0.5$,

迎风面 $\mu_s=-0.47\approx-0.5$,

风压高度变化系数 μ_z,(本例设计地面粗糙度为B类),屋架下弦标高为10.0m,$H=10+\frac{2.95}{2}=11.5$m,坡度为 $i=1/3$,$\alpha=18°26'$,风压高度变化系数,$\mu_z=1.04\approx1.0$,$\beta_z=1.0$。

计算主要承重结构:$w_k=\beta_z\mu_s\mu_z\omega_0$

背风面:$w_k=1.0\times(-0.5)\times1.0\times0.50=0.25\text{kN/m}^2$(垂直于屋面),为风吸力

迎风面:$w_k=1.0\times(-0.5)\times1.0\times0.50=0.25\text{kN/m}^2$(垂直于屋面),为风吸力

由檩条传给屋架上弦的集中风荷载标准值 $P_3'=-0.25\times0.778\times6=-1.17$kN,上弦节点风荷载标准值 $P_3=2P_3'=2\times(-1.17)=-2.34$kN。

风荷载计算简图见图6-12、图6-13。

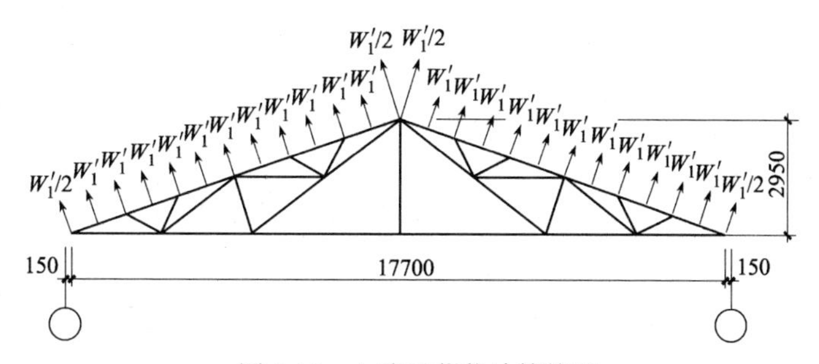

图6-12 上弦风荷载计算简图

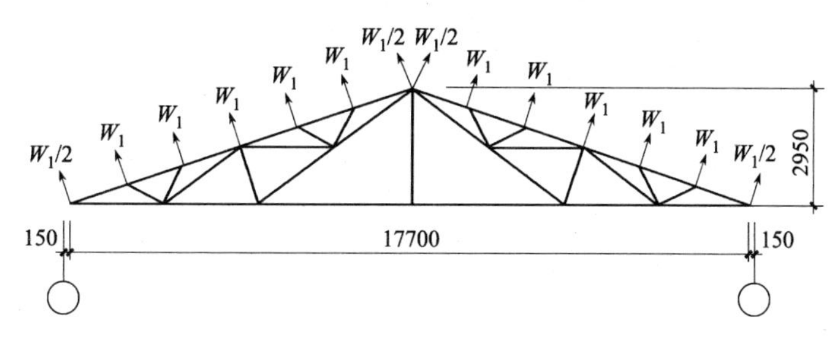

图6-13 上弦节点风荷载计算简图

5. 内力计算

(1)内力组合见表6-1

假定杆件受拉符号为正,受压符号为负。

(2)上弦杆弯矩计算

上弦杆的弯矩为:$M_0=\frac{1}{4}\times(3.10\times1.2+1.33\times1.4)\times\frac{3}{\sqrt{10}}\times1.555=2.06\text{kN·m}$

端节间跨中正弯矩:$M_1=0.8M_0=0.8\times2.06=1.65\text{kN·m}$

中间节间跨中正弯矩和中间节点负弯矩:

$$M_2=0.6M_0=0.6\times2.06=1.24\text{kN·m}$$

表6-1 屋架杆件内力组合表

杆件名称	杆件编号	全跨荷载				半跨荷载		风荷载		内力组合			
		内力系数	恒载标准值1 $P_{1k}=6.20$(计支撑自重)	恒载标准值2 $P_{1k}=5.67$(不计支撑自重)	活载标准值 $P_{2k}=2.66$	内力系数	半跨活(或雪)荷载内力标准值 $s_k=2.66$	内力系数	风荷载内力标准值 $P_{3k}=-2.34$	1.2恒2+1.4活	1.2恒2+1.4半跨活	1.0恒2+1.4风	最不利内力
上弦	1—2	−17.39	−107.82	−98.60	−46.26	−12.65	−33.65	16.55	38.73	−194.14	−176.49	−44.38	−194.14
	2—3	−16.13	−100.01	−91.46	−42.91	−11.40	−30.32	15.50	36.27	−180.08	−162.46	−40.68	−180.08
	3—4	−16.76	−103.91	−95.03	−44.58	−12.05	−32.05	16.55	38.73	−187.11	−169.57	−40.81	−187.11
	4—5	−16.44	−101.93	−93.21	−43.73	−11.70	−31.12	16.55	38.73	−183.54	−165.88	−39.00	−183.54
	5—6	−15.18	−94.12	−86.07	−40.38	−10.45	−27.80	15.50	36.27	−169.47	−151.86	−35.29	−169.47
	6—7	−15.81	−98.02	−89.64	−42.05	−11.10	−29.53	16.55	38.73	−176.50	−158.96	−35.42	−176.50
下弦	1—8	16.50	102.30	93.56	43.89	12.00	31.92	−17.34	−40.58	184.21	167.45	36.75	184.21
	8—9	13.50	83.70	76.55	35.91	9.00	23.94	−14.32	−33.51	150.71	133.96	29.63	150.71
	9—10	9.00	55.80	51.03	23.94	4.50	11.97	−9.48	−22.18	100.48	83.72	19.97	100.48
腹杆	2—8	−1.34	−8.31	−7.60	−3.56	−1.34	−3.56	1.41	3.30	−14.96	−14.96	−2.98	−14.96
	3—8	−1.34	−8.31	−7.60	−3.56	−1.34	−3.56	1.41	3.30	−14.96	−14.96	−2.98	−14.96
	4—8	3.00	18.60	17.01	7.98	3.00	7.98	−3.16	−7.39	33.49	33.49	6.66	33.49
	4—9	−2.85	−17.67	−16.16	−7.58	−2.85	−7.58	3.00	7.02	−31.82	−31.82	−6.33	−31.82
	4—11	3.00	18.60	17.01	7.98	3.00	7.98	−3.16	−7.39	33.49	33.49	6.66	33.49
	5—11	−1.34	−8.31	−7.60	−3.56	−1.34	−3.56	1.41	3.30	−14.96	−14.96	−2.98	−14.96
	6—11	−1.34	−8.31	−7.60	−3.56	−1.34	−3.56	1.41	3.30	−14.96	−14.96	−2.98	−14.96
	9—11	4.50	27.90	25.52	11.97	4.50	11.97	−4.47	−10.46	50.24	50.24	10.87	50.24
	7—11	7.50	46.50	42.53	19.95	7.50	19.95	−7.90	−18.49	83.73	83.73	16.64	83.73
	7—10	0	0.00	0.00	0.00	0	0.00	0	0.00	0.00	0.00	0.00	0.00

注:1. 表中1.0恒+1.4风组合中,为安全起见,恒载取不计支撑自重的较小值。
2. 除表中内力组合外,另外进行了屋架、檩条自重+半跨(屋面板+0.3kN/m²)和安装荷载的组合验算不控制。

6. 截面选择

(1)上弦杆截面选择

上弦杆采用相同截面,以节间1-2的最大轴力N_{1-2}来选择:

$$N_{1-2}=-194.14\text{kN}, M_{max}=1.65\text{kN·m}(\text{跨中})$$

$$M_{max}=-1.24\text{kN·m}(\text{节点2处}), l_{0x}=l_{0y}=155.5\text{cm}$$

选用截面 ˥˥ 75×6。

截面的几何特性:

截面面积: $A=17.59\text{cm}^2$

截面抵抗矩：$W_{1x}=45.37\text{cm}^3$，$W_{2x}=17.27\text{cm}^3$

回转半径：　$i_x=2.31\text{cm}$，$i_y=3.31\text{cm}$

长细比：　$\lambda_x=\dfrac{l_{0x}}{i_x}=\dfrac{155.5}{2.31}=67.3$，属 b 类截面。

$\lambda_y=\dfrac{l_{0y}}{i_y}=\dfrac{155.5}{3.31}=47.0$，属 b 类截面。

$$b/t=\frac{75}{6}=12.5>0.58l_{0y}/b=0.58\times\frac{1\ 555}{75}=12.0$$

由下式得：

$$\lambda_{yz}=3.9\frac{b}{t}\left(1+\frac{l_{0y}^2t^2}{18.6b^4}\right)=3.9\times\frac{75}{6}\times\left(1+\frac{1\ 555^2\times6^2}{18.6\times75^4}\right)=56.0$$

查表得 $\varphi_x=0.767$，$\varphi_{yz}=0.828$

$$N'_{Ex}=\frac{\pi^2EA}{1.1\lambda_x^2}=\frac{\pi^2\times2.06\times10^5\times16.32\times10^2}{1.1\times67.3^2}=666.0\text{kN}$$

塑性系数 $\gamma_{x1}=1.05$，$\gamma_{x2}=1.2$

1)弯矩作用平面内的稳定验算

此端节间弦杆相当于两端支承的杆件，其上作用弯矩和横向荷载使构件产生反向曲率，故取等效弯矩系数 $\beta_{mx}=0.85$

用跨中最大正弯矩 $M_{x1}=1.65\text{kN}\cdot\text{m}$ 验算，由下式得：

$$\frac{N}{\varphi_xA}+\frac{\beta_{mx}M_{x1}}{\gamma_{x1}W_{1x}\left(1-0.8\dfrac{N}{N'_{Ex}}\right)}=\frac{194.14\times10^3}{0.767\times17.59\times10^2}+\frac{0.85\times1.65\times10^6}{1.05\times45.37\times10^3\times\left(1-0.8\times\dfrac{194.14}{666.0}\right)}=$$

$182.3\text{N/mm}^2<f=0.95\times215=204.3\text{N/mm}^2$（0.95 系考虑原规范轻型钢结构应力降低的折减系数，下同。）

由下式得：

$$\left|\frac{N}{A}-\frac{\beta_{mx}M_x}{\gamma_{x2}W_{2x}\left(1-1.25\dfrac{N}{N'_{Ex}}\right)}\right|=\left|\frac{194.14\times10^3}{17.59\times10^2}-\frac{0.85\times1.65\times10^6}{1.2\times17.27\times10^3\times\left(1-1.25\times\dfrac{194.14}{666.0}\right)}\right|$$

$$=3.9\text{N/mm}^2<f$$

$$=0.95\times215=204.3\text{N/mm}^2$$

故平面内的稳定性得以保证。

2)弯矩作用平面外的稳定验算

由下式得：

$$\varphi_b=1-0.001\ 7\lambda_y\sqrt{\frac{f_y}{235}}=1-0.001\ 7\times47.0\times\sqrt{\frac{235}{235}}=0.920$$

由下式得：

$$\frac{N}{\varphi_yA}+\frac{\eta\beta_{tx}M_x}{\varphi_bW_{1x}}=\frac{194.14\times10^3}{0.828\times17.59\times10^2}+\frac{1.0\times0.85\times1.65\times10^6}{0.920\times45.37\times10^3}$$

$$=166.9\text{N/mm}^2 < f=0.95\times215=204.3\text{N/mm}^2$$

在节点“2”处，按下式计算的强度（此处截面无孔眼削弱）为：

$$\frac{N}{A_n}+\frac{M_{x2}}{\gamma_{x2}W_{x\min}}=\frac{194.14\times10^3}{17.59\times10^2}+1.0\times\frac{1.24\times10^6}{1.2\times17.27\times10^3}=170.2\text{N/mm}^2$$
$$< f=0.95\times215=204.3\text{N/mm}^2$$

(2)下弦杆截面选择

下弦杆也采用相同截面，以节间 1-8 的最大轴力 $N_{1\text{-}8}$来选择：

$$N_{\max}=N_{1\text{-}8}=184.21\text{kN}, l_{0x}=393.4\text{cm}, l_{0y}=885.0\text{cm}$$

选用截面 ⫍⫎ 56×5。

截面面积：$A=A_n=10.83\text{cm}^2$

回转半径：$i_x=1.72\text{cm}, i_y=2.54\text{cm}$

长细比： $\lambda_x=\frac{l_{0x}}{i_x}=\frac{393.4}{1.72}=228.7<[\lambda]=400$

$$\lambda_y=\frac{l_{0y}}{i_y}=\frac{885.0}{2.54}=348.4<[\lambda]=400$$

由下式得：

$$\sigma=\frac{N_{\max}}{A_n}=\frac{184.21\times10^3}{10.83\times10^2}=170.1\text{N/mm}^2<f=0.95\times215=204.3\text{N/mm}^2$$，满足要求。

(3)杆件 5-11、6-11、2-8、3-8 截面选择

$$N_{2\text{-}8}=N_{3\text{-}8}=N_{5\text{-}11}=N_{6\text{-}11}=-14.96\text{kN}, l_y=0.9l=0.9\times110=99.0\text{cm}$$

选用截面∟40×4。

截面的几何特性：

截面面积：$A=3.09\text{cm}^2$

回转半径：$i_y=0.79\text{cm}$

长细比 $\lambda_y=\frac{l_y}{i_y}=\frac{99.0}{0.79}=125.3<[\lambda]=150$，属 b 类截面。

$$b/t=\frac{40}{4}=10<0.54l_{0y}/b=0.54\times\frac{990}{40}=13.4$$

由下式得：

$$\lambda_{yz}=\lambda_y\left(1+\frac{0.85b^4}{l_{0y}^2t^2}\right)=125.3\times\left(1+\frac{0.85\times40^4}{990^2\times4^2}\right)=142.7$$

$$\varphi_{yz}=0.334$$

由下式得：

$$\sigma=\frac{N}{\varphi_{yz}A}=\frac{14.96\times10^3}{0.334\times3.09\times10^2}=145.0\text{N/mm}^2<f=0.95\times215=204.3\text{N/mm}^2$$，满足要求。

注：也可按表算得，单面连接单角钢的强度折减系数 $\alpha_y=0.6+0.0015\lambda=0.6+0.0015\times125.3=0.788$。

$\lambda_y = 125.3$,查表得,$\varphi_y = 0.409$,$\alpha_y \varphi_y = 0.788 \times 0.409 = 0.322 < \varphi_{yz} = 0.33$。

$\sigma = \dfrac{N}{\alpha_y \varphi_{yz} A} = \dfrac{14.96 \times 10^3}{0.322 \times 3.09 \times 10^2} = 150.4\text{N/mm}^2 < f = 204.3$,满足要求。

(4)杆件 4-9 截面选择

$$N_{4\text{-}9} = -31.82\text{kN}, l_{0x} = 0.8l = 0.8 \times 155.5 = 124.0\text{cm}, l_{0y} = 155.5\text{cm}$$

选用截面 ⅂⌈ 36×4。

截面的几何特性:

截面面积:$A = 5.51\text{cm}^2$

回转半径:$i_x = 1.09\text{cm}, i_y = 1.73\text{cm}$

长细比: $\lambda_x = \dfrac{l_{0x}}{i_x} = \dfrac{124.0}{1.09} = 113.8 < [\lambda] = 150$,属 b 类截面。

$\lambda_y = \dfrac{l_{0y}}{i_y} = \dfrac{155.5}{1.73} = 89.9 < [\lambda] = 150$,属 b 类截面。

$$b/t = \frac{36}{4} = 9 < 0.58 l_{0y}/b = 0.58 \times \frac{1\,555}{36} = 25.1$$

由下式得:

$$\lambda_{yz} = \lambda_y \left(1 + \frac{0.475 b^4}{l_{0y}^2 t^2}\right) = 89.9 \times \left(1 + \frac{0.475 \times 36^4}{1\,555^2 \times 4^2}\right) = 91.8$$

查表得 $\varphi_x = 0.471, \varphi_{yz} = 0.609$

由下式得:

$\sigma = \dfrac{N}{\varphi_{\min} A} = \dfrac{31.82 \times 10^3}{0.471 \times 5.51 \times 10^2} = 122.6\text{N/mm}^2 < f = 0.95 \times 215 = 204.3\text{N/mm}^2$,满足要求。

(5)杆件 4-8、4-11 截面选择

$$N_{4\text{-}8} = N_{4\text{-}11} = 33.49\text{kN}, l_{0x} = 0.8l = 0.8 \times 245.7 = 196.6\text{cm}, l_{0y} = 245.7\text{cm}$$

选用截面 ⅂⌈ 30×4。

截面面积:$A = A_n = 4.55\text{cm}^2$

回转半径:$i_x = 0.90\text{cm}, i_y = 1.49\text{cm}$

长细比: $\lambda_x = \dfrac{l_{0x}}{i_x} = \dfrac{196.6}{0.90} = 218.4 < [\lambda] = 400$

$\lambda_y = \dfrac{l_{0y}}{i_y} = \dfrac{245.7}{1.49} = 164.9 < [\lambda] = 400$

由下式得:

$\sigma = \dfrac{N}{A_n} = \dfrac{33.49 \times 10^3}{4.55 \times 10^2} = 73.6\text{N/mm}^2 < f = 0.95 \times 215 = 204.3\text{N/mm}^2$,满足要求。

(6)杆件 7-11 截面选择

$$N_{7\text{-}11} = 83.73\text{kN}, l_{0x} = 245.8\text{cm}, l_{0y} = 491.6\text{cm}$$

选用截面 ┐┌ 36×4

截面面积：$A = A_n = 5.51\text{cm}^2$

回转半径：$i_x = 1.09\text{cm}, i_y = 1.73\text{cm}$

长细比：$\lambda_x = \dfrac{l_{0x}}{i_x} = \dfrac{245.8}{1.09} = 225.5 < [\lambda] = 400$

$$\lambda_y = \frac{l_{0y}}{i_y} = \frac{491.6}{1.73} = 284.2 < [\lambda] = 400$$

由下式得：

$$\sigma = \frac{N}{A_n} = \frac{83.73 \times 10^3}{5.51 \times 10^2} = 152.0\text{N/mm}^2 < f = 0.95 \times 215 = 204.3\text{N/mm}^2，满足要求。$$

杆件 9-11 采用相同截面，具体计算从略。

(7)杆件 7-10 截面选择

$$N_{7-10} = 0, l_0 = 0.9 \times 295 = 265.5\text{cm}$$

选用截面 ┼ 36×4

截面面积：$A = A_n = 5.51\text{cm}^2$

回转半径：$i_y = 1.38\text{cm}$

长细比：$\lambda_x = \dfrac{l_0}{i_y} = \dfrac{265.5}{1.38} = 193 < [\lambda] = 200$

将以上计算结果汇总列表见表 6-2。

表 6-2　屋架杆件截面选用表

杆件名称	杆件编号	内力 (kN)	截面规格 (mm)	截面面积 (cm²)	计算长度 l_{0x} (cm)	计算长度 l_{0y} (cm)	回转半径 i_x (cm)	回转半径 i_y (cm)	长细比 λ_x	长细比 λ_y	长细比 λ_{yz}	稳定系数 φ_{min}	强度 N/A (N/mm²)	稳定性 $\dfrac{N}{\varphi_{min}A}$ (N/mm²)	容许长细比 [λ]	强度设计值 f (N/mm²)
上弦杆	1—2	−194.14	┳75×6	17.59	155.5	155.5	2.31	3.31	67.3	47.0	56.0	0.767		182.3	150	204.3
下弦杆	1—8	184.21	┘└56×5	10.83	393.4	885.0	1.72	2.54	228.7	348.4			170.1		400	204.3
腹杆	2—8 3—8 5—11 6—11	−14.96	└40×4	3.09	99.0		0.79		125.3		142.7	0.334		150.4	150	204.3
	4—9	−31.82	┳36×4	5.51	124.0	155.5	1.09	1.73	113.8	89.9	91.8	0.471		122.6	150	204.3
	4—8 4—11	33.49	┳30×4	4.55	196.6	245.7	0.90	1.49	218.4	164.9			73.6		150	204.3
	7—11	83.73	┳36×4	5.51	245.8	491.6	1.09	1.73	225.5	284.2			152.0		400	204.3
	7—10	0	┼36×4	5.51	265.5		1.38		193.0						200	204.3

注：1. 上弦杆 1—2 中已考虑弯矩影响。

2. λ_x 和 λ_y 均小于[λ]。

3. 7—10 杆其主要为减小下弦杆的长细比和竖向支撑的端竖杆，故取[λ] = 200。

7. 节点连接计算

(1)一般杆件连接焊缝

设焊缝厚度 $h_f=4$mm,焊缝长度可由公式求得。同时按规定,角焊缝强度设计值 f_f^w 应予折减,再考虑轻型钢结构乘以 0.95 的系数。具体计算列表见表 6-3。

表 6-3 屋架杆件连接焊缝表

杆件名称	杆件编号	截面规格(mm)	杆件内力(mm)	肢背焊脚尺寸 h_{f1}(mm)	肢背焊缝长度 l'_w(mm)	肢尖焊脚尺寸 h_{f2}(mm)	肢尖焊缝长度 l_w(mm)
下弦杆	1—8	⅃L 56×5	184.21	4	160	4	75
斜腹杆	2—8	L 40×4	−14.96	4	45	4	45
	3—8	L 40×4	−14.96	4	45	4	45
	4—8	ㄱㄱ 30×4	33.49	4	45	4	45
	4—9	ㄱㄱ 36×4	−31.82	4	45	4	45
	4—11	ㄱㄱ 30×4	33.49	4	45	4	45
	5—11	L 40×4	−14.96	4	45	4	45
	6—11	L 40×4	−14.96	4	45	4	45
	7—11	ㄱㄱ 36×4	83.73	4	80	4	45
	9—11	ㄱㄱ 36×4	50.24	4	55	4	45
竖腹杆	7—10	┘┌ 36×4	0	4	45	4	45

注:表中焊缝计算长度 l_w,$l'_w=l_w+2h_f$

(2)上弦节点连接计算

1)支座节点“1”(见图 6-14)

为了便于施焊,下弦杆肢背与支座底板顶面的距离取 125mm,锚栓用 2M20,栓孔位置尺寸见图 6-14。在节点中心线上设置加劲肋,加劲肋高度与节点板高度相等。

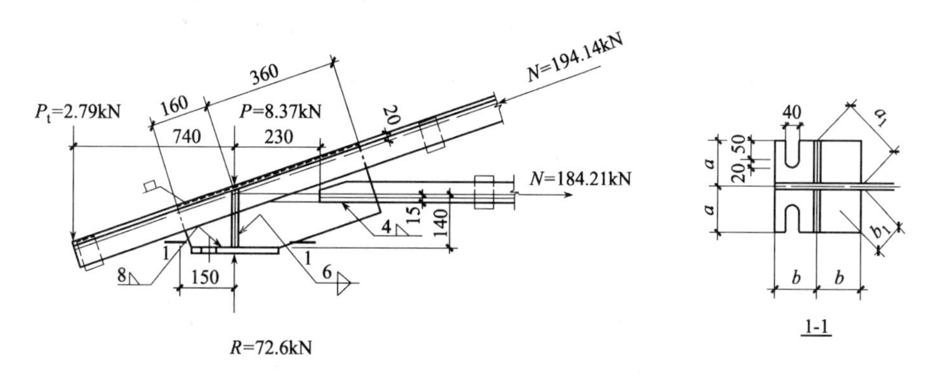

图 6-14 支座节点“1”

A. 支座底板计算

支座反力：$R=6\times11.16+(1.2\times0.7+1.4\times0.3)\times0.74\times6=72.6\text{kN}$

设 $a=b=120\text{mm}$，$a_1=\sqrt{2}\times120=169.7\text{mm}$，$b_1=\frac{a_1}{2}=84.8\text{mm}$

支座底板承压面积为

$$A_n=240\times240-\pi\times20^2-2\times40\times50=52\ 300\text{mm}^2$$

由公式验算柱顶混凝土的抗压强度：

$$\frac{R}{A_n}=\frac{72.6\times10^3}{52\ 300}=1.39\text{N/mm}^2<\beta_c f_c$$

$$=\sqrt{\frac{A_b}{A_l}}f_c=\sqrt{\frac{240\times240}{52\ 300}}\times9.6$$

$$=10\text{N/mm}^2（\text{C20 混凝土}，f_c=9.6\text{N/mm}^2）。$$

支座底板的厚度按屋架反力作用下的弯矩计算，由公式得

$$M=\beta qa_1^2$$

式中
$$q=\frac{R}{A_n}=\frac{R}{A-A_0}=1.39\text{N/mm}^2$$

$$b_1/a_1=\frac{84.8}{169.7}=0.5$$

查表得
$$\beta=0.060$$

$$M=\beta qa_1^2=0.060\times1.39\times169.7^2=2\ 401.8\text{N/mm}^2$$

支座底板厚度由公式得

$$t\geqslant\sqrt{6M/f}=\sqrt{6\times2\ 401.8/215}=8.2\text{mm 取 12mm。}$$

B. 加劲肋与节点板的连接焊缝

假定一块加劲肋承受屋架支座反力的四分之一，即：

$$\frac{1}{4}\times72.6=18.2\text{kN}$$

焊缝受剪力 $V=18.2\text{kN}$，弯矩 $M=18.2\times\frac{120-20}{2}=900\text{kN·mm}$，设焊缝 $h_f=6\text{mm}$，焊缝计算长度 $l_w=160-20\times2-2h_f=160-40-2\times6=108\text{mm}$

焊缝应力由公式得

$$\sqrt{\left(\frac{V}{2\times0.7\cdot h_f\cdot l_w}\right)^2+\left(\frac{6M}{2\times0.7\cdot\beta_f h_f\cdot l_w^2}\right)^2}$$

$$=\sqrt{\left(\frac{18.2\times10^3}{2\times0.7\times6\times108}\right)^2+\left(\frac{6\times900\times10^3}{2\times0.7\times1.22\times6\times108^2}\right)^2}$$

$$=49.4\text{N/mm}^2<f_f^w=160\text{N/mm}^2$$

C. 支座底板的连接焊缝

假定焊缝传递全部支座反力 $R=72.6\text{kN}$，设焊缝 $h_f=8\text{mm}$，支座底板的连接焊缝长度为

$$\sum l_w = 2\times(240-2h_f)+4\times(120-4-2h_f)$$
$$=2\times(240-2\times8)+4\times(120-4-10-2\times8)=808\text{mm}$$

由公式得

$$\tau_f=\frac{R}{0.7\beta_f h_f\sum l_w}=\frac{72.6\times10^3}{0.7\times1.22\times8\times808}$$
$$=13.2\text{mm}<f_f^w=0.95\times160=152N/\text{mm}^2$$，满足要求。

D. 上弦杆与节点板的连接焊缝

节点板与上弦的连接焊缝：节点板与上弦角钢肢背采用槽焊缝连接，假定槽焊缝只承受屋面集中荷载 P，$P=11.16\text{kN}$。节点板与上弦角钢肢尖采用双面角焊缝连接，承担上弦内力差 ΔN。节点“1”槽焊缝 $h_{f1}=0.5t_1=4\text{mm}$，其中 t_1 为节点板厚度。$l_w=520-2h_{f1}=520-2\times4=512\text{mm}$，由公式得

$$\sigma_f=\frac{P}{2\times0.7h_{f1}l_w}=\frac{11.16\times10^3}{2\times0.7\times4\times512}=3.9\text{N/mm}^2<f_f^w=0.95\times160=152\text{N/mm}^2$$

可见，塞焊缝一般不控制，仅需验算肢尖焊缝。

上弦采用不等边角钢，短肢相并，肢尖角焊缝的焊脚尺寸 $h_{f2}=5\text{mm}$，则角钢肢尖角焊缝的计算长度 $l_w=520-2\times5=510\text{mm}$，

上弦杆内力差 $N=-194.14\text{kN}$，偏心弯矩 $M=N\cdot e$，$e=55\text{mm}$，则由公式得

$$\sigma_f=\frac{6M}{2\times0.7h_{f2}l_w^2}=\frac{6\times194.14\times10^3\times55}{2\times0.7\times5\times510^2}=35.2\text{N/mm}^2$$

$$\tau_f=\frac{N}{2\times0.7h_{f2}l_w}=\frac{194.14\times10^3}{2\times0.7\times5\times510}=54.4\text{N/mm}^2$$

$$\sqrt{\left(\frac{\sigma_f}{\beta_f}\right)^2+\tau_f^2}=\sqrt{\left(\frac{35.2}{1.22}\right)^2+54.4^2}=61.6\text{N/mm}<f_f^w=0.95\times160=152\text{N/mm}^2$$

可见，肢尖焊缝安全。

2)上弦节点“2”(见图 6-15)

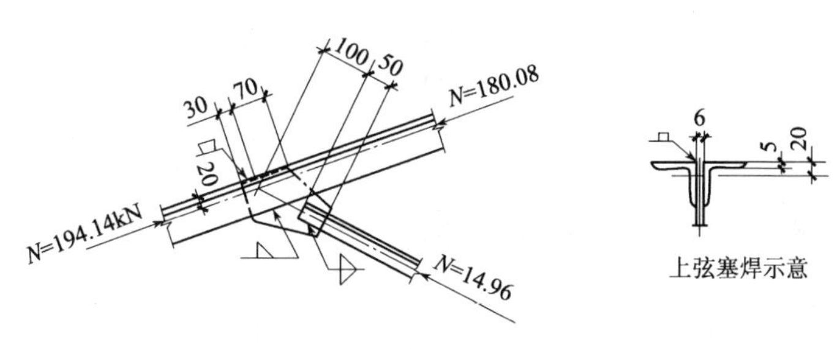

图 6-15 上弦节点“2”

节点板与上弦的连接焊缝:节点板与上弦角钢肢背采用槽焊缝连接,假定槽焊缝只承受屋面集中荷载 P,$P=11.16\text{kN}$。节点板与上弦角钢肢尖采用双面贴角焊缝连接,承担上弦内力差 ΔN。节点“2”的塞焊缝不控制,仅需验算肢间焊缝。

上弦采用等边角钢,肢尖角焊缝的焊脚尺寸 $h_{f2}=5\text{mm}$,则角钢肢尖角焊缝的计算长度 $l_w=130-2h_f=130-2\times5=120\text{mm}$。

弦杆相邻节间内力差 $\Delta N=-194.14-(-180.08)=-14.06\text{kN}$,偏心弯矩 $M=\Delta N\cdot e$,$e=55\text{mm}$,则由公式得

$$\sigma_f=\frac{6M}{2\times0.7h_{f2}l_w^2}=\frac{6\times14.06\times10^3\times55}{2\times0.7\times5\times120^2}=46.0\text{N/mm}^2$$

$$\tau_f=\frac{\Delta N}{2\times0.7h_{f2}l_w}=\frac{14.06\times10^3}{2\times0.7\times5\times120}=16.7\text{N/mm}^2$$

$\sqrt{\left(\dfrac{\sigma_f}{\beta_f}\right)^2+\tau_f^2}=\sqrt{\left(\dfrac{46.0}{1.22}\right)^2+16.7^2}=41.2\text{N/mm}^2<f_f^w=0.95\times160=152\text{N/mm}^2$ 可见,肢尖焊缝安全。

3)上弦节点“4”(见图 6-16)

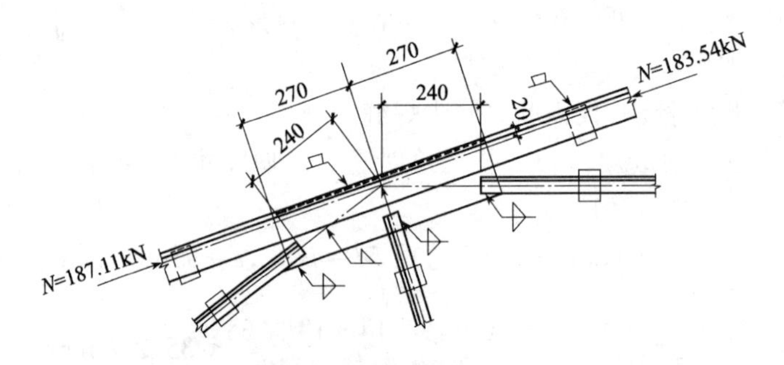

图 6-16　上弦节点“4”

因上弦杆间内力差小,节点板尺寸大,故不需要再验算。

4)屋脊节点“7”(图 6-17)

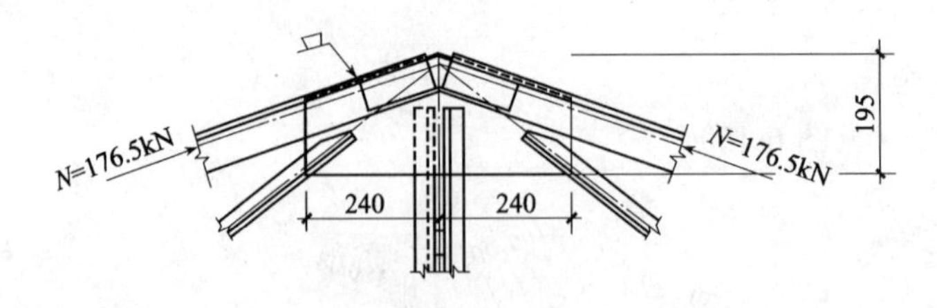

图 6-17　屋脊节点“7”

上弦杆节点荷载 P 假定由角钢肢背的塞焊缝承受,同上按构造要求考虑,即可满足,计算从略。

根据公式,上弦杆件与拼接角钢之间在接头一侧的焊缝长度为

$$l'_{w}=\frac{N}{4\times0.7h_{f}f_{f}^{w}}+2h_{f}=\frac{176.50\times10^{3}}{4\times0.7\times4\times0.95\times160}+2\times4=111.7\text{mm},取120\text{mm}。$$

采用拼接角钢长 $l=2\times120+10=250$mm,实际拼接角钢总长可取为300mm。

拼接角钢竖肢需切肢,实际切肢 $\Delta=t+h_{f}+5=12+8+5=25$mm,切肢后剩余高度 $h-\Delta=110-25=85$mm,水平肢上需设置安装螺栓。

上弦杆与节点板的连接焊缝按肢尖焊缝承受上弦杆内力的15%计算。角钢肢尖角焊缝的焊脚尺寸 $h_{f2}=4$mm,则角钢肢尖角焊缝的计算长度 $l_{w}=240\times\frac{3.16}{3}-2\times4-10=235$mm,$\Delta N=15\%\times176.50=26.5$kN,偏心弯矩 $M=\Delta N\cdot e$,$e=55$mm,则由公式得

$$\sigma_{f}=\frac{6M}{2\times0.7h_{f2}l_{w}^{2}}=\frac{6\times26.5\times10^{3}\times55}{2\times0.7\times4\times235^{2}}=28.2\text{N/mm}^{2}$$

$$\tau_{f}=\frac{\Delta N}{2\times0.7h_{f2}l_{w}}=\frac{26.5\times10^{3}}{2\times0.7\times4\times235}=20.1\text{N/mm}^{2}$$

$$\sqrt{\left(\frac{\sigma_{f}}{\beta_{f}}\right)^{2}+\tau_{f}^{2}}=\sqrt{\left(\frac{28.2}{1.22}\right)^{2}+20.1^{2}}=30.6/\text{mm}^{2}<f_{f}^{w}=0.95\times160=152\text{N/mm}^{2}$$

可见,肢尖焊缝安全。

5)下弦拼接节点“10”(图6-18)

拼接角钢与下弦杆用相同规格,选用⅃∟56×5,下弦杆与拼接角钢之间的角焊缝的焊脚尺寸采用 $h_{f}=4$mm。根据公式得下弦杆件与拼接角钢之间在接头一侧的焊缝长度为

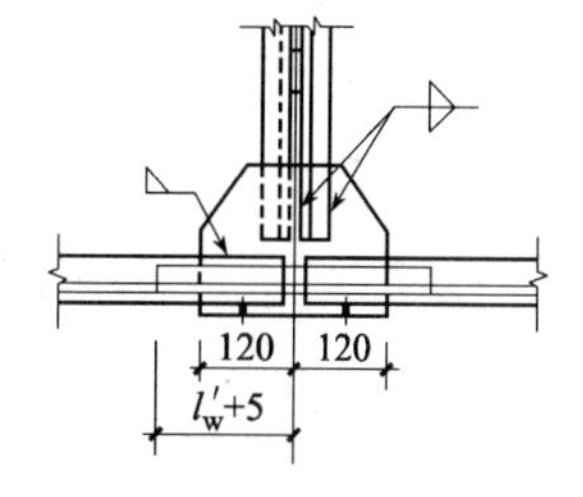

图6-18 下弦拼接节点“10”

$$l'_{w}=\frac{N}{4\times0.7h_{f}f_{f}^{w}}+2h_{f}$$

$$=\frac{Af}{4\times0.7h_{f}f_{f}^{w}}+2h_{f}$$

$$=\frac{10.83\times10^{2}\times0.95\times215}{4\times0.7\times4\times0.95\times160}+2\times4=137.9\text{mm},$$ 取140mm,拼接角钢的长度取为 $2l'_{w}+10=290$mm。

接头的位置视材料长度而定,最好设在跨中节点处,当接头不在节点时,应增设垫板。

下弦杆与节点板的连接焊缝按杆件内力的15%计算。设肢背焊缝的焊脚尺寸 $h_{f}=4$mm,由公式得焊缝长度为

$$l'_{w1}=\frac{0.70\times0.15\times100.48\times10^{3}}{2\times0.7\times4\times0.95\times160}+2\times4=20.4\text{mm},取100\text{mm}$$

设肢尖焊缝的焊脚尺寸 $h_{f}=4$mm,由公式得焊缝长度为

$$l'_{w1}=\frac{0.30\times0.15\times100.48\times10^{3}}{2\times0.7\times4\times0.95\times160}+2\times4=13.3\text{mm}$$

由以上计算可知,下弦角钢与节点板的连接焊缝长度是按构造要求确定的,取100mm。

屋架、支撑平面布置图见图6-19安装节点见图6-20,屋架详图见图6-21和图6-22。檩条ZL为Z120×50×20×2.5,拉条 T 为Φ12,撑杆 G 为 $D30\times2$ 圆钢管,SC为∟56×4,CC弦杆为2∟63×4,腹杆为∟50×4系杆XG为∟63×4。

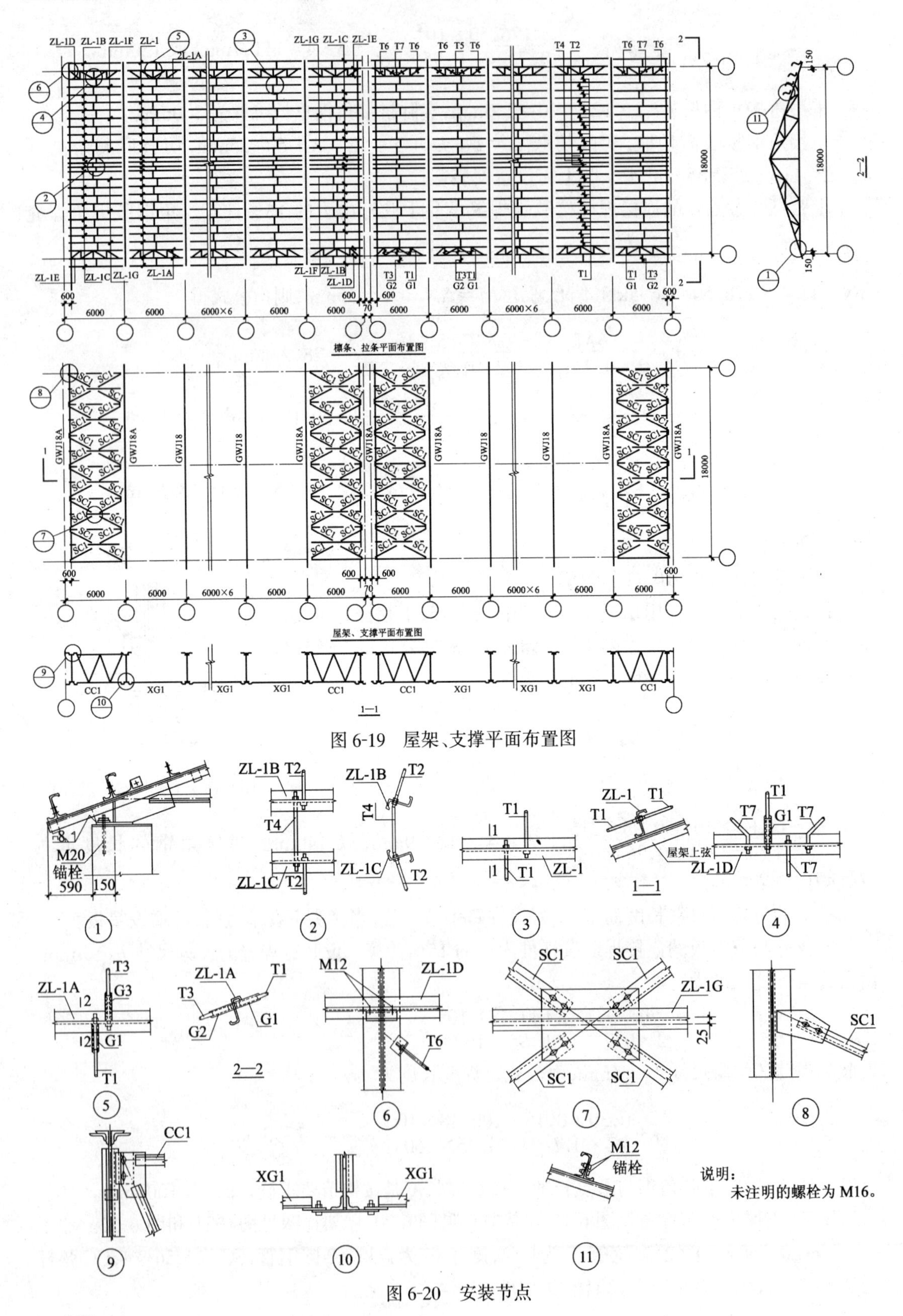

图6-19　屋架、支撑平面布置图

图6-20　安装节点

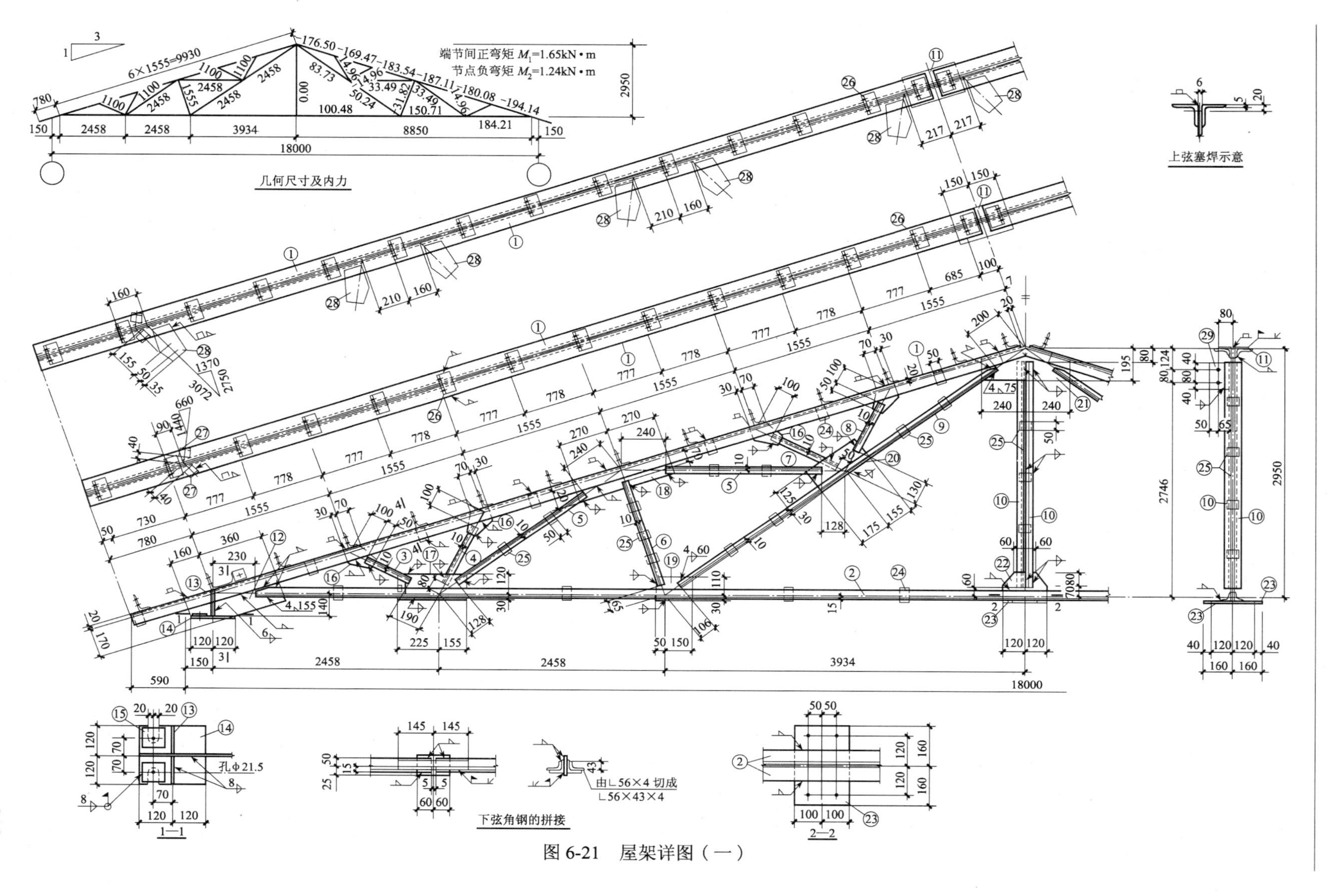
端节间正弯矩 M_1=1.65kN·m
节点负弯矩 M_2=1.24kN·m
6×1555=9930
18000
几何尺寸及内力
上弦塞焊示意
孔ϕ21.5
1—1
下弦角钢的拼接
由∟56×4 切成
∟56×43×4
2—2

图 6-21 屋架详图（一）

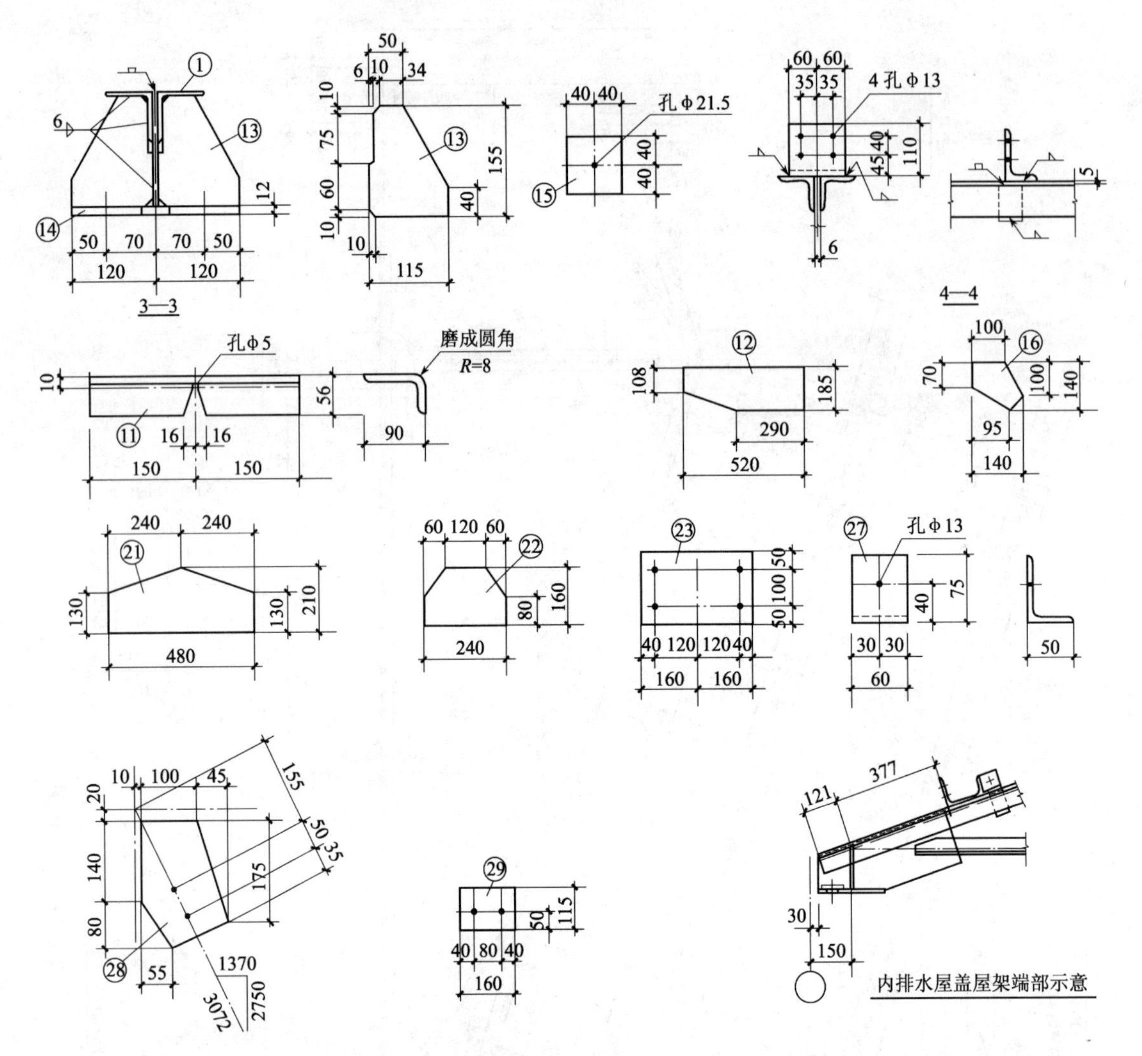

图 6-22　屋架详图(二)

材　料　表

构件编号	零件号	断　　面	长度(mm)	数　量		质量(kg)		
				正	反	每个	共计	合计
GWJ18	1	∟75×6	10 090	4		69.7	278.8	644.6
	2	∟56×5	17 240	2		73.3	146.6	
	3	∟40×4	810	2		2.0	4.0	
	4	∟40×4	920	2		2.2	4.4	
	5	∟30×4	2 090	8		3.7	29.6	
	6	∟36×4	1 420	4		3.1	12.4	
	7	∟40×4	950	2		2.3	4.6	
	8	∟40×4	870	2		2.1	4.2	
	9	∟36×4	4 600	2	2	9.9	39.6	

续表

构件编号	零件号	断　　面	长度(mm)	数　　量		质量(kg)		
				正	反	每个	共计	合计
GWJ18	10	└36×4	2 810	2		6.8	13.6	644.6
	11	└90×56×6	300	2		2.0	4.0	
	12	－185×8	520	2		6.0	12.0	
	13	－115×8	155	4		1.1	4.4	
	14	－240×12	240	2		5.4	10.8	
	15	－80×14	80	4		0.7	2.8	
	16	－150×6	150	8		0.9	7.2	
	17	－150×6	380	2		2.7	5.4	
	18	－135×6	540	2		3.4	6.8	
	19	－140×6	200	2		1.3	2.6	
	20	－155×6	330	2		2.4	4.8	
	21	－210×6	480	1		4.7	4.7	
	22	－160×6	240	1		1.8	1.8	
	23	－200×6	320	1		3.0	3.0	
	24	－50×6	80	22		0.2	4.4	
	25	－50×6	60	29		0.1	2.9	
	26	└110×70×6	120	28		1.0	28.0	
	27	└75×50×6	60	4		0.3	1.2	
GWJ18A	1～27 同 GWJ18							663.5
	28	－145×6	220	12		1.5	18.0	
	29	－115×6	160	1		0.9	0.9	

附注:1. 钢材采用 Q235B,焊条采用 E43 型。
2. 未注明的角焊缝焊脚尺寸为 4mm,一律满焊。
3. 未注明的螺栓为 M16,孔为ϕ17。
4. 下弦角钢的拼接位置,按材料长度确定,尺量位于下弦内力较小节间。如在节点处拼接,可利用节点板兼作垫板;当屋架运输单元需按半榀考虑时;下弦角钢的拼接位置可在跨中或其相邻节点处,并在上、下弦角钢拼接处设置安装螺栓和安装焊缝。

6.3.2 梯形钢屋架设计示例

1. 设计要求

根据所给设计资料,进行屋架支撑布置,屋架杆件、节点设计,并绘制屋架施工图。

2. 设计资料

某车间跨度为 30m,总长度为 102m,柱距 6m,车间内设有两台 30/5t 中级工作制桥式吊车。屋面采用 1.5×6m 预应力钢筋混凝土大型屋面板和卷材屋面,屋面坡度 $i=1:10$,采用梯形屋架。屋架支承在钢筋混凝土柱上,上柱截面 400×400mm,混凝土标号为 C20。屋面活荷载标准值为0.7kN/m^2,雪荷载标准值 0.5kN/m^2。

屋架钢材选用 Q235,焊条采用 E43 型,手工焊。

屋架形式及几何尺寸如图6-23所示。

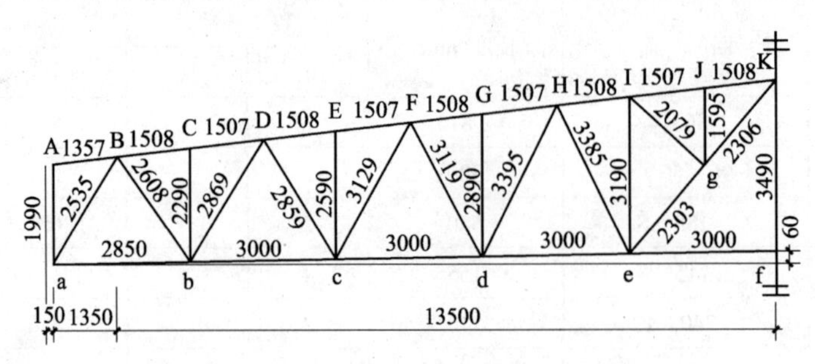

图6-23 屋架形式及几何尺寸

3. 支撑布置

支撑布置如图6-24所示。

车间总长102m,大于60m,共设置三道上、下弦横向水平支撑。因车间两端为山墙,故横向水平支撑设在第二柱间,在第一柱间的上弦平面设置刚性系杆,以保证安装时上弦的稳定,在第一柱间的下弦平面也设置刚性系杆传递山墙的风荷载;在设置横向水平支撑的同一柱间,分别在屋架的两端和跨中共设置垂直支撑三道;屋脊节点及屋架支座处设置通长刚性系杆,屋架下弦跨中设一道通长柔性系杆。

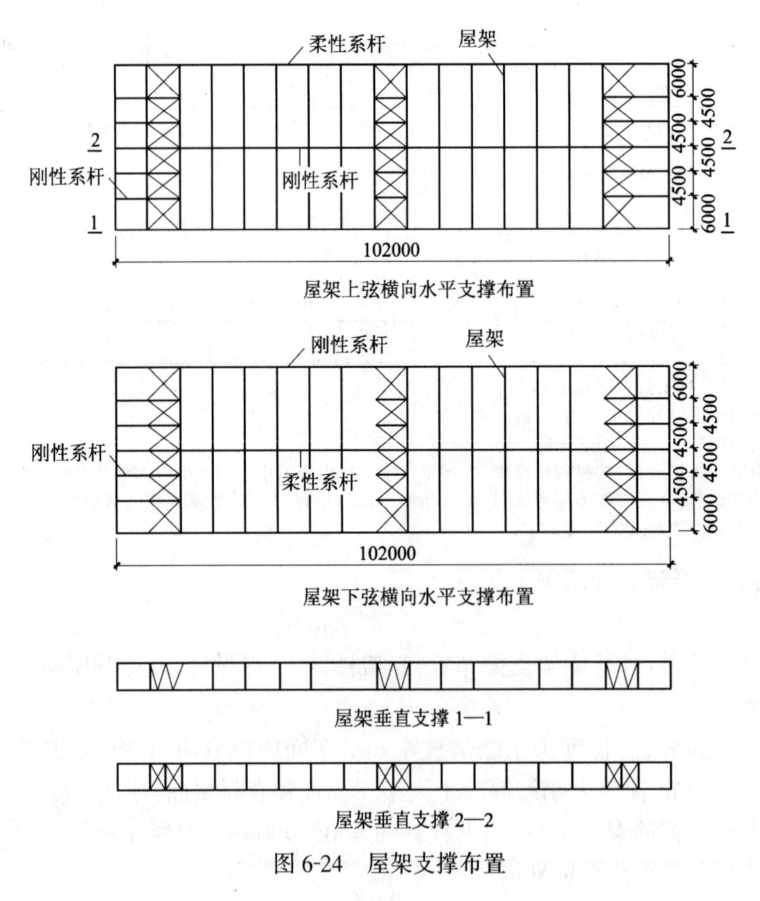

图6-24 屋架支撑布置

4. 荷载计算

屋面活荷载与雪荷载不同时考虑，从资料可知屋面活荷载大于雪荷载，故取屋面活荷载计算。

永久荷载：

预应力钢筋混凝土大型屋面板(包括灌缝)	$1.4\times1.35=1.89\text{kN/m}^2$
防水层(三毡四油，上铺小石子)	$0.4\times1.35=0.54\text{kN/m}^2$
20mm 厚水泥砂浆找平层	$20\times0.02\times1.35=0.54\text{kN/m}^2$
屋架和支撑自重	$(0.12+0.011\times30)\times1.35=0.61\text{kN/m}^2$
	3.58kN/m^2

可变荷载：

屋面活荷载　　$0.7\times1.4=0.98\text{kN/m}^2$

设计屋架时，应考虑以下 3 种荷载组合：

①全跨永久荷载＋全跨可变荷载

全跨节点永久荷载及可变荷载　　$P=(3.58+0.98)\times1.5\times6=41.04\text{kN}$

②全跨永久荷载＋半跨可变荷载

全跨节点永久荷载：　　$P_1=3.58\times1.5\times6=32.22\text{kN}$

半跨节点可变荷载：　　$P_2=0.98\times1.5\times6=8.82\text{kN}$

③全跨屋架和支撑自重＋半跨屋面板重＋半跨屋面活荷载

全跨节点屋架和支撑自重：　　$P_3=0.61\times1.5\times6=5.49\text{kN}$

半跨节点屋面板自重及活荷载：　　$P_4=(1.89+0.98)\times1.5\times6=25.83\text{kN}$

5. 内力计算

屋架在上述 3 种荷载组合作用下的计算简图见图 6-25。

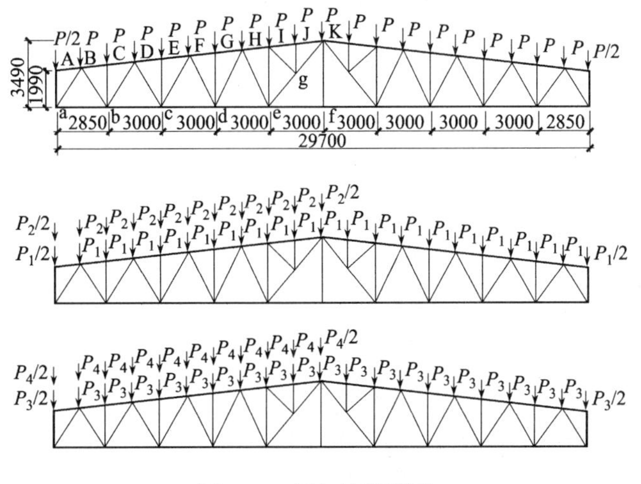

图 6-25　屋架计算简图

由电算或手算(图解法或数解法)先解得全跨和半跨单位节点荷载作用下的杆件内力系数，然后乘以实际的节点荷载，可求出各种荷载组合下的杆件内力。本例以图解法为例，计算过程如图6-26所示，计算结果见表 6-4。

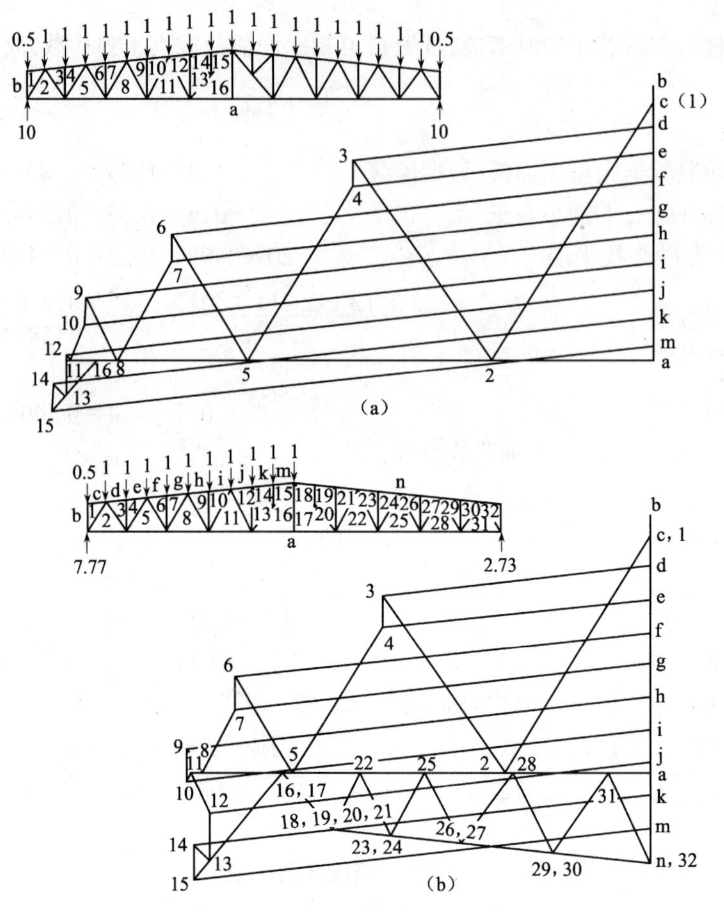

图 6-26　图解法求解桁架杆件内力系数

表 6-4　屋架杆件计算内力

杆件名称		内力系数($P=1$)			第 1 种组合 $P\times$①	第 2 种组合		第 3 种组合		计算杆件内力(kN)
		全跨①	左半跨②	右半跨③		$P_1\times$①+$P_2\times$②	$P_1\times$①+$P_2\times$③	$P_3\times$①+$P_4\times$②	$P_3\times$①+$P_4\times$③	
上弦	AB	0	0	0	0	0	0	0	0	0
	BC、CD	−11.25	−8.13	−3.12	−461.70	−434.18	−389.99	−271.76	−142.35	−461.70
	DE、EF	−18.07	−12.45	−5.62	−741.59	−692.02	−631.78	−420.79	−244.37	−741.59
	FG、GH	−21.42	−13.80	−7.62	−879.08	−811.87	−757.36	−474.05	−314.42	−879.08
	HI	−22.24	−13.00	−9.24	−912.73	−831.23	−798.07	−457.89	−360.77	−912.73
	IJ、JK	−22.69	−13.45	−9.24	−931.20	−849.70	−812.57	−471.98	−363.24	−931.20
下弦	ab	6.02	4.45	1.57	247.06	233.21	207.81	147.99	73.60	247.06
	bc	15.13	10.68	4.45	620.94	581.69	526.74	358.93	198.01	620.94
	cd	20.01	13.37	6.64	821.21	762.65	703.29	455.20	281.37	821.21
	de	21.97	13.54	8.43	901.65	827.30	782.23	470.35	338.36	901.65
	ef	21.08	10.54	10.54	865.12	772.16	772.16	387.98	387.98	865.12

续表

杆件名称		内力系数($P=1$)			第1种组合 $P\times$①	第2种组合		第3种组合		计算杆件内力(kN)
		全跨①	左半跨②	右半跨③		$P_1\times$①+$P_2\times$②	$P_1\times$①+$P_2\times$③	$P_3\times$①+$P_4\times$②	$P_3\times$①+$P_4\times$③	
斜腹杆	aB	−11.25	−8.32	−2.93	−461.70	−435.86	−388.32	−276.67	−137.44	−461.70
	Bb	8.94	6.31	2.63	366.90	343.70	311.24	212.07	117.01	366.90
	Db	−7.49	−4.95	−2.54	−307.39	−284.99	−263.73	−168.98	−106.73	−307.39
	Dc	5.52	3.27	2.25	226.54	206.70	197.70	114.77	88.42	226.54
	Fc	−4.23	−2.04	−2.19	−173.60	−154.28	−155.61	−75.92	−79.79	−173.60
	Fd	2.70	0.74	1.96	110.81	93.52	104.28	33.94	65.45	110.81
	Hd	−1.48	0.44	−1.92	−60.74	−43.80	−64.62	3.24	−57.72	−64.62(3.24)
	He	0.36	−1.38	1.74	14.77	−0.57	26.95	−33.67	46.92	−33.67(46.92)
	eg	1.60	3.65	−2.05	65.66	83.75	33.47	103.06	−44.17	−44.17(103.06)
	Kg	2.32	4.37	−2.05	95.21	113.29	56.67	125.61	−40.21	−40.21(125.61)
	ig	0.65	0.65	0	26.68	26.68	20.94	20.36	3.57	26.68
竖腹杆	Aa	−0.50	−0.50	0	−20.52	−20.52	−16.11	−15.66	−2.75	−20.52
	Cb	−1.00	−1.00	0	−41.04	−41.04	−32.22	−31.32	−5.49	−41.04
	Ec	−1.00	−1.00	0	−41.04	−41.04	−32.22	−31.32	−5.49	−41.04
	Gd	−1.00	−1.00	0	−41.04	−41.04	−32.22	−31.32	−5.49	−41.04
	Ie	−1.50	−1.50	0	−61.56	−61.56	−48.33	−46.98	−8.24	−61.56
	Jg	−1.00	−1.00	0	−41.04	−41.04	−32.22	−31.32	−5.49	−41.04
	Kf	0	0	0	0	0	0	0	0	0

6. 杆件设计

(1)上弦杆

整个上弦采用等截面，选用两个不等肢角钢短肢相并，按弦杆最大内力 $N_{IK}=-931.2\text{kN}$（见表6-4）设计。

根据腹杆最大内力 $N=461.7\text{kN}$，选用支座节点板厚 $t=12\text{mm}$，其他节点板厚 $t=10\text{mm}$，节点板的强度验算及稳定性验算略。

上弦杆计算长度：根据支撑布置情况，屋架平面外计算长度取 $l_{0y}=301.5\text{cm}$，屋架平面内为节间轴线长度，即 $l_{0x}=150.8\text{cm}$。

假定 $\lambda=60$，则查表得 $\varphi=0.807$。

所需截面面积　$A=N/\varphi f=931\,200/(0.807\times215)=5\,366.99\text{mm}^2$

所需回转半径　$i_x=l_{0x}/\lambda=150.8/60=2.51\text{cm}$　$i_y=l_{0y}/\lambda=301.5/60=5.03\text{cm}$

根据需要的 A、i_x、i_y 查角钢规格表，选用 2∟160×100×12（短肢相并），见图6-27a。$A=60.108\text{cm}^2$，$i_x=2.82\text{cm}$，$i_y=7.74\text{cm}$。

按所选角钢进行长细比及稳定性验算：

$$\lambda_x=l_{0x}/i_x=150.8/2.82=53.48<[\lambda]=150$$

$$\lambda_y=l_{0y}/i_y=301.5/7.74=38.95<[\lambda]=150$$

由 $\lambda_x=53.48$ 查表得 $\varphi_x=0.84$,则

$$\sigma=N/\varphi A=931\ 200/(0.84\times6\ 010.8)=184.43\text{N/mm}^2<f=215\text{N/mm}^2$$

所选截面合适。

(2)下弦杆

整个下弦采用等截面杆件,按下弦杆最大内力 $N_{de}=901.65$kN(见表 6-4)进行设计,平面内计算长度 $l_{0x}=300$cm,平面外计算长度 $l_{0y}=1\ 485$cm。

所需截面面积为 $A_n=N/f=901\ 650/215=4\ 193.72\text{mm}^2=41.94\text{cm}^2$

选用 2∟140×90×10(短肢相并),见图 6-27b,$A=44.52\text{cm}^2$,$i_x=2.56$cm,$i_y=6.77$cm,验算长细比:

$$\lambda_x=l_{0x}/i_x=300/2.56=117.19<[\lambda]=350$$
$$\lambda_y=l_{0y}/i_y=1\ 485/6.77=219.35<[\lambda]=350$$

截面满足要求。

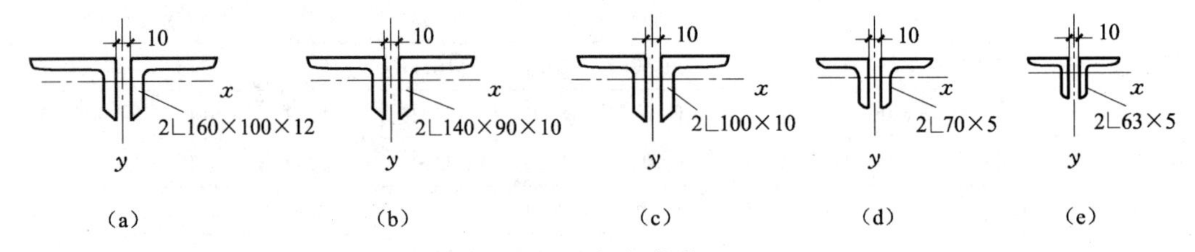

图 6-27　屋架杆件截面

(3)端斜杆 Ba

杆件轴力 $N_{Ba}=-461.70$kN,计算长度 $l_{0x}=l_{0y}=253.5$cm。

选用 2∟100×10,见图 6-27c,$A=38.52\text{cm}^2$,$i_x=3.05$cm,$i_y=4.52$cm,验算长细比及稳定性:

$$\lambda_x=l_{0x}/i_x=253.5/3.05=83.11<[\lambda]=150$$
$$\lambda_y=l_{0y}/i_y=253.5/4.52=56.08<[\lambda]=150$$

由 $\lambda_x=83.11$,查表得 $\varphi=0.667$,

$$\sigma=N/\varphi A=461\ 700/(0.667\times3\ 852)=179.70\text{N/mm}^2<f=215\text{N/mm}^2$$

截面满足要求。

(4)斜腹杆 eg—gK

此杆在 g 节点处不断开,采用通长杆件。杆件内力:拉力 $N_{gK}=125.61$kN,$N_{eg}=103.06$kN,压力 $N_{gK}=-40.21$kN,$N_{eg}=-44.17$kN,分别按最大拉力和最大压力进行杆件设计。

桁架平面外的计算长度,取节点中心间距,即 $l_{0x}=230.6$cm;桁架平面外的计算长度按下式计算:

$$l_{0y}=l_1\left(0.75+0.25\frac{N_2}{N_1}\right)=461.1\times\left(0.75+0.25\times\frac{40.21}{44.17}\right)=451\text{cm}$$

选用 2∟70×5,见图 6-27d,$A=13.75\text{cm}^2$,$i_x=2.16$cm,$i_y=3.24$cm,验算长细比、稳定性

及抗拉强度：

$$\lambda_x = l_{0x}/i_x = 230.6/2.16 = 72.97 < [\lambda] = 150$$

$$\lambda_y = l_{0y}/i_y = 451/3.24 = 139.2 < [\lambda] = 150$$

由 $\lambda_x = 139.2$，查表得 $\varphi = 0.348$

$$\sigma = N/\varphi A = 44\ 170/(0.348 \times 1\ 375) = 92.31\text{N/mm}^2 < f = 215\text{N/mm}^2$$

拉应力　　$\sigma = N/A = 125\ 610/1\ 375 = 91.35\text{N/mm}^2 < f = 215\text{N/mm}^2$

截面满足要求。

(5)竖杆 Ie

轴力 $N_{\text{Ie}} = -61.56\text{kN}$，平面内计算长度 $l_{0x} = 0.8l = 0.8 \times 319 = 255.2\text{cm}$，平面外计算长度 $l_{0y} = 319\text{cm}$。由于内力较小，选用 2∟63×5 图 6-27e，$A = 12.28\text{cm}^2$，$i_x = 1.94\text{cm}$，$i_y = 2.96\text{cm}$，验算其长细比及稳定性：

$$\lambda_x = l_{0x}/i_x = 255.2/1.94 = 131.55 < [\lambda] = 150$$

$$\lambda_y = l_{0y}/i_y = 319/2.96 = 107.77 < [\lambda] = 150$$

由 $\lambda_x = 131.55$，查表得 $\varphi = 0.38$

$$\sigma = N/\varphi A = 61\ 560/(0.38 \times 1\ 228) = 131.92\text{N/mm}^2 < f = 215\text{N/mm}^2$$

截面满足要求。

其余各杆件的截面选择计算过程不一一列出，其计算结果见表 6-5。

表 6-5　屋架杆件截面选择

名称	杆件编号	内力(kN)	计算长度(cm)		截面规格	截面面积(cm^2)	回转半径(cm)		长细比		[λ]	稳定系数	计算应力(N/mm^2)
			l_{0x}	l_{0y}			i_x	i_y	λ_x	λ_y			
上弦	IK	−931.20	150.80	301.60	2∟160×100×12	60.11	2.82	7.74	53.48	38.95	150	0.840	184.43
下弦	de	901.65	300.00	1 485.00	2∟100×90×10	44.52	2.56	6.77	117.19	219.35	350		202.53
斜腹杆	Ba	−461.70	253.50	253.50	2∟100×10	38.52	3.05	4.52	83.11	56.08	150	0.667	179.70
	Bb	366.90	208.60	260.80	2∟90×6	21.20	2.79	4.05	74.77	64.40	350		173.07
	Db	307.39	229.50	286.90	2∟90×6	21.20	2.79	4.05	82.26	70.84	150	0.673	215.00
	Dc	226.54	228.70	285.90	2∟63×5	12.30	1.94	2.96	117.89	96.59	350		184.18
	Fc	173.60	250.30	312.90	2∟90×6	21.20	2.79	4.05	89.71	77.26	150	0.623	131.44
	Fd	110.81	249.50	311.90	2∟50×5	9.60	1.53	2.46	163.07	126.79	350		115.43
	Hd	−64.62	271.60	339.50	2∟63×5	12.30	1.94	2.96	140.00	114.70	150	0.345	152.28
	He	46.92 −33.67	270.80	338.50	2∟63×5	12.30	1.94	2.96	139.59	114.36	150	0.347	78.89
	Ke	125.6 −44.17	230.60	451.00	2∟70×5	13.75	2.16	3.24	72.97	139.20	150	0.348	92.31
	Ig	26.68	166.30	207.90	2∟50×5	9.60	1.53	2.46	108.69	84.51	350		27.79

续表

名称	杆件编号	内力(kN)	计算长度(cm)		截面规格	截面面积(cm^2)	回转半径(cm)		长细比		[λ]	稳定系数	计算应力(N/mm^2)
			l_{0x}	l_{0y}			i_x	i_y	λ_x	λ_y			
竖腹杆	Aa	20.52	199.00	199.00	2∟50×5	9.60	1.53	2.46	130.07	80.89	150	0.387	55.23
	Cb	−41.04	183.20	229.00	2∟50×5	9.60	1.53	2.46	119.74	93.09	150	0.438	97.60
	Ec	−41.04	207.20	259.00	2∟50×5	9.60	1.53	2.46	135.42	105.28	150	0.363	117.77
	Gd	−41.04	231.20	289.00	2∟50×5	9.60	1.53	2.46	151.11	117.43	150	0.304	140.63
	Ie	−61.56	255.20	319.00	2∟63×5	12.28	1.93	2.96	131.55	107.77	150	0.380	131.92
	Jg	−41.04	127.60	159.50	2∟50×5	9.60	1.53	2.46	83.40	64.84	150	0.665	64.00
	Kf	0.00	314.10	314.10	2∟63×5	12.30	$i_{min}=24.5$		$\lambda_{max}=128$				

7. 节点设计

(1)下弦节点“b”(图6-28)

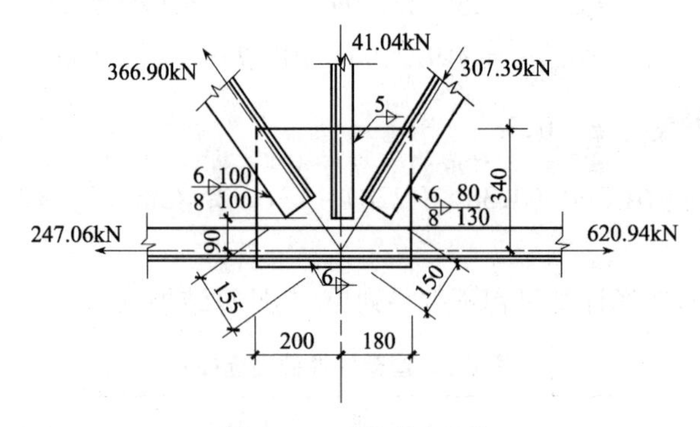

图6-28　下弦节点“b”

1)腹杆与节点板间连接焊缝长度计算

Bb杆:肢背和肢尖焊缝焊角尺寸分别采用8mm和6mm,则所需焊缝长度为:

肢背　$$l'_w=\frac{k_1N}{2\times0.7h_f f_f^w}=\frac{0.7\times366\ 900}{2\times0.7\times8\times160}=143.32\text{mm},取160\text{mm}$$

肢尖　$$l''_w=\frac{k_2N}{2\times0.7h_f f_f^w}=\frac{0.3\times366\ 900}{2\times0.7\times6\times160}=81.90\text{mm},取100\text{mm}$$

Db杆:肢背和肢尖焊缝焊角尺寸分别采用8mm和6mm,则所需焊缝长度为:

肢背　$$l'_w=\frac{k_1N}{2\times0.7h_f f_f^w}=\frac{0.7\times307\ 390}{2\times0.7\times8\times160}=120\text{mm},取130\text{mm}$$

肢尖　$$l''_w=\frac{k_2N}{2\times0.7h_f f_f^w}=\frac{0.3\times307\ 390}{2\times0.7\times6\times160}=68.61\text{mm},取80\text{mm}$$

Cb杆:由于内力很小,焊缝尺寸按构造要求确定,取$h_f=5$mm。

2)确定节点板尺寸

根据上面求得的焊缝长度,按构造要求留出杆件间应有的间隙并考虑制作和装配误差,按比例绘出节点大样,从而确定节点板尺寸为375mm×380mm。

3)下弦杆与节点板间连接焊缝的强度验算

下弦杆与节点板间连接焊缝长度为380mm,取 $h_f=6$mm,焊缝所受的力为左右两个弦杆的内力差 $\Delta N=620.94-247.06=373.88$kN,对受力较大的肢背处焊缝进行强度验算:

$$\tau_f=\frac{k_1\cdot\Delta N}{2\times0.7h_f l_w}=\frac{0.75\times373\ 880}{2\times0.7\times6\times(380-10)}=90.22\text{N/mm}^2<160\text{N/mm}^2$$

焊缝强度满足要求。

(2)上弦节点“B”(图6-29)

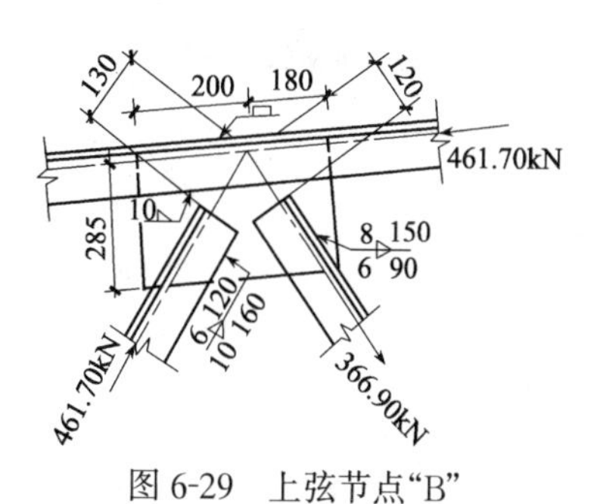

图6-29　上弦节点“B”

1)腹杆与节点板间连接焊缝长度计算

Bb杆与节点板的连接焊缝尺寸和“b”节点相同。

Ba杆:肢背和肢尖焊缝分别采用 $h_f=10$mm 和 $h_f=6$mm,则所需焊缝长度为:

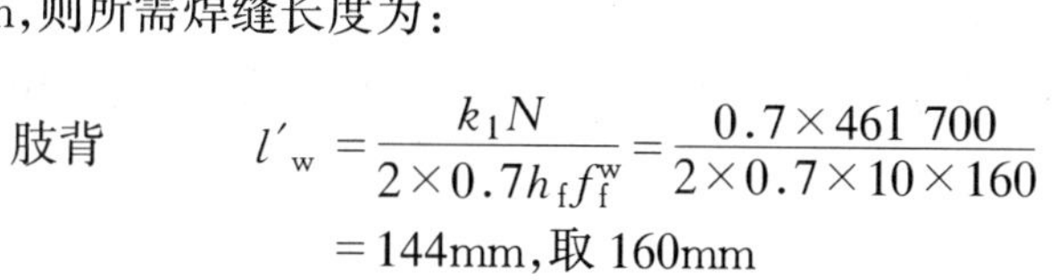

肢背　$$l'_w=\frac{k_1N}{2\times0.7h_f f_f^w}=\frac{0.7\times461\ 700}{2\times0.7\times10\times160}=144\text{mm},取160\text{mm}$$

肢尖　$$l''_w=\frac{k_2N}{2\times0.7h_f f_f^w}=\frac{0.3\times461\ 700}{2\times0.7\times6\times160}=103\text{mm},取120\text{mm}$$

2)确定节点板尺寸(方法同下弦节点“b”)

确定节点板尺寸为285mm×380mm。

3)与节点板间连接焊缝的强度验算

应考虑节点荷载 P 和上弦相邻节间内力差 ΔN 的共同作用,并假定角钢肢背槽焊缝承受节点荷载 P 的作用,肢尖角焊缝承受相邻节间内力差 ΔN 及其产生的力矩作用。

肢背槽焊缝强度验算:

$h_f=0.5t=0.5\times12=6$mm(t 为节点板厚度),$l'_w=l''_w=380-10=370$mm,节点荷载 $P=37.44$kN,则

$$\tau_f=\frac{P}{2\times0.7h_f l_w}=\frac{37\ 440}{2\times0.7\times6\times370}=12\text{N/mm}^2<160\text{N/mm}^2$$

肢尖角焊缝强度验算:

弦杆内力差 $\Delta N=461.7-0=461.7$kN,轴力作用线至肢尖焊缝的偏心距为 $e=100-25=75$mm,偏心力矩 $M=\Delta N\cdot e=461.7\times0.075=34.63$kN·m,$h_f=8$mm,则

$$\tau_{\Delta N}=\frac{P}{2\times0.7h_f l_w}=\frac{461\ 700}{2\times0.7\times8\times370}=111.41\text{N/mm}^2<160\text{N/mm}^2$$

$$\sigma_M=\frac{M}{W_W}=\frac{6\times34\ 630\ 000}{2\times0.7\times8\times370^2}=135.51\text{N/mm}^2$$

$$\sqrt{\tau_{\Delta N}^2+\left(\frac{\sigma_M}{1.22}\right)^2}=\sqrt{111.41^2+\left(\frac{135.51}{1.22}\right)^2}=157.32\text{N/mm}^2<160\text{N/mm}^2$$

满足强度要求。

(3)屋脊节点“K”(图6-30)

1)腹杆与节点板连接焊缝计算方法与以上几个节点相同,计算过程略,结果见图6-31

2)确定节点板尺寸为 420mm×250mm

3)计算拼接角钢长度

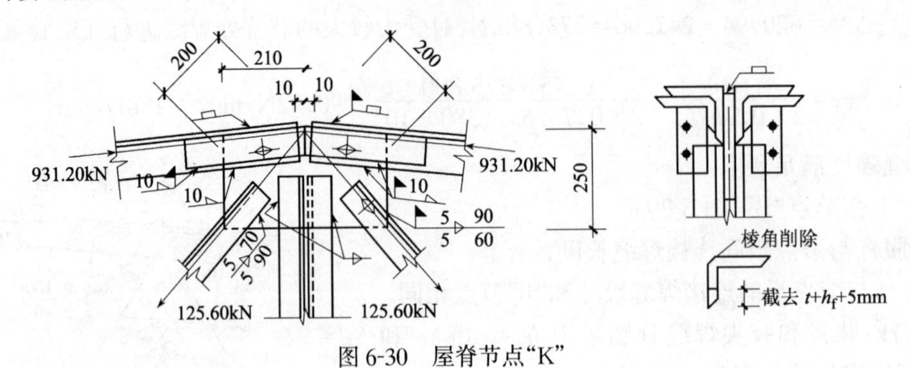

图 6-30　屋脊节点“K”

拼接角钢规格与上弦杆相同,长度取决于其与上弦杆连接焊缝要求,设焊缝 $h_f=10\text{mm}$,则所需焊缝计算长度为(一条焊缝):

$$l_w=\frac{N}{4\times0.7\times h_f f_f^w}=\frac{931\ 200}{4\times0.7\times10\times160}=208\text{mm}$$

拼接角钢总长度 $L=2\times208+10+20=446\text{mm}$,取 520mm。竖肢需切去 $\Delta=10+8+5=23\text{mm}$,取 $\Delta=25\text{mm}$,并按上弦坡度热弯。

4)上弦杆与节点板连接焊缝强度验算

上弦角钢肢背与节点板之间的槽焊缝承受节点荷载 P,焊缝强度验算同上弦节点“B”,计算过程略。

上弦角钢肢尖与节点板的连接焊缝强度按上弦内力的 15%验算。设 $h_f=10\text{mm}$,节点板长度为 420mm,节点一侧焊缝的计算长度为 $l_w=210-10-10=190\text{mm}$,则

$$\tau_f=\frac{0.15N}{2\times0.7h_f l_w}=\frac{0.15\times931\ 200}{2\times0.7\times10\times190}=52.51\text{N/mm}^2$$

$$\sigma_f=\frac{6M}{2\times0.7h_f l_w^2}=\frac{6\times0.15\times931\ 200\times75}{2\times0.7\times10\times190^2}=124.37\text{N/mm}^2$$

$$\sqrt{(\tau_f)^2+\left(\frac{\sigma_f}{1.22}\right)^2}=\sqrt{52.51^2+\left(\frac{124.37}{1.22}\right)^2}=114.67\text{N/mm}^2<160\text{N/mm}^2$$

焊缝强度满足要求。

因屋架的跨度较大,需将屋架分为两个运输单元,在屋脊节点和下弦跨中节点设置工地拼接,左半跨的上弦杆、斜腹杆和竖腹杆与节点板连接用工厂焊缝,右半跨的上弦杆、斜腹杆与节点板连接用工地焊缝。

(4)支座节点“a”(图 6-31)

为了便于施焊,下弦杆轴线至支座底板的距离取 160mm,在节点中心线上设置加劲肋,加劲肋的高度与节点板高度相等,厚度为 12mm。

1)支座底板的计算

支座底板尺寸按采用 280mm×400mm,承受支座反力 $R=10\times37.44=374.4\text{kN}$,若仅考

虑有加劲肋部分的底板承受支座反力作用,则柱顶混凝土的抗压强度按下式验算:

$$\sigma=\frac{R}{A_N}=\frac{374\ 400}{280\times212}=6.31\text{N/mm}^2<f_c=9.6\text{N/mm}^2$$

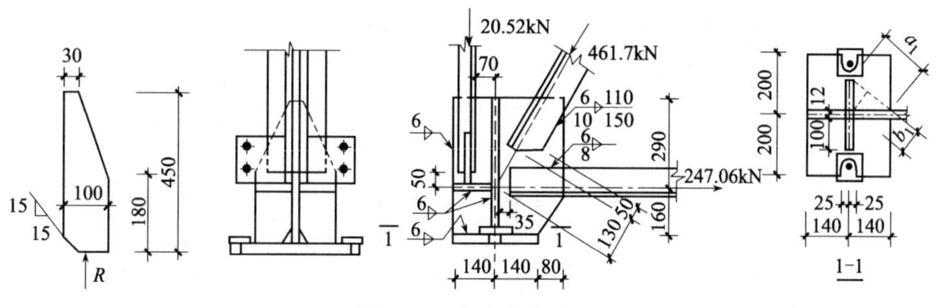

图 6-31 支座节点“a”

节点板和加劲肋将底板分成 4 块,每块板为两相邻边支承而另两相邻边自由的板,见图 6-31。板的厚度由均布荷载作用下板的抗弯强度确定:

$$a_1=\sqrt{\left(140-\frac{12}{2}\right)^2+100^2}=172\text{mm},\text{由相似三角形关系得}:b_1=100\times\frac{134}{172}=78\text{mm}$$

$b_1/a_1=78/172=0.454$,查表得 $\beta=0.051$,则每块板单位宽度的最大弯矩为

$$M=\beta qa_1^2=0.051\times6.31\times172^2=9\ 520.43\text{N}\cdot\text{mm}$$

底板厚度为 $t=\sqrt{\frac{6M}{f}}=\sqrt{\frac{6\times9\ 520.43}{215}}=16.3\text{mm}$,取 $t=20\text{mm}$。

底板尺寸为:$-400\text{mm}\times280\text{mm}\times20\text{mm}$。

2)加劲肋与节点板的连接焊缝计算

设 $h_f=8\text{mm}$,焊缝计算长度 $l_w=450-10=440\text{mm}$。加劲肋与节点板间的竖向焊缝可根据 $V=R/4=374.4/4=93.6\text{kN}$,并考虑其偏心弯矩 $M=V\cdot e=93.6\times0.05=4.68\text{kN}\cdot\text{m}$($e$ 为加劲肋宽度的一半),按下列公式验算:

$$\sqrt{\left(\frac{6M}{2\times0.7\beta_f h_f l_w^2}\right)^2+\left(\frac{V}{2\times0.7h_f l_w}\right)^2}=\sqrt{\left(\frac{6\times4\ 680\ 000}{2\times0.7\times1.22\times8\times440^2}\right)^2+\left(\frac{93\ 600}{2\times0.7\times8\times440}\right)^2}$$
$$=21.76\text{N/mm}^2<160\text{N/mm}^2$$

焊缝强度满足要求。

3)节点板、加劲肋与底板的连接焊缝计算:

实际的焊缝总长为 $\sum l_w=2\times(280-10)+4\times(100-15-10)=840\text{mm}$,设焊缝传递全部支座反力 $R=374.4\text{kN}$,设 $h_f=6\text{mm}$,焊缝强度按下式验算:

$$\sigma_f=\frac{R}{0.7h_f\sum l_w}=\frac{374\ 400}{0.7\times6\times840}=106.12\text{N/mm}^2<\beta_f f_f^w=1.22\times160=195.2\text{N/mm}^2$$

焊缝强度满足要求。

其余节点详见施工图(图 6-32)。

(5)绘制屋架施工图,如图 6-32 所示

材　料　表

构件编号	零件号	编　号	长度(mm)	数　量		质量(kg)		
				正	反	每个	共计	合计
GWJ	1	L160×100×12	15 070	2	2	355.53	1 422.13	3 778
	2	L140×90×10	14 810	2	2	258.0	1 035.22	
	3	L50×5	1 840	4		6.94	27.75	
	4	L100×10	2 275	2	2	34.4	137.59	
	5	L90×6	2 333	4		19.48	77.92	
	6	L50×5	2 100	4		7.92	31.67	
	7	L90×6	2 589	4		21.62	84.47	
	8	L63×5	2 589	4		12.48	49.94	
	9	L50×5	2 400	4		9.05	36.19	
	10	L50×5	2 809	4		10.59	42.36	
	11	L50×5	2 859	4		10.78	43.11	
	12	L50×5	2 700	4		10.18	40.72	
	13	L63×5	3 055	4		14.73	58.92	
	14	L63×5	3 125	4		15.07	60.28	
	15	L63×5	2 985	4		14.39	57.57	
	16	L50×5	1 899	4		7.16	28.64	
	17	L50×5	1 385	2		5.22	10.44	
	18	L70×5	4 239	2		22.88	45.76	
	19	L63×5	4 239	1	1	20.44	40.88	
	20	L63×5	3 280	2		15.82	31.63	
	21	L160×100×12	520	2		12.27	24.54	
	22	L140×90×10	700	2		12.23	24.47	
	23	－150×10	190	2		2.24	4.47	
	24	－360×12	450	2		15.26	30.52	
	25	－280×20	400	2		17.14	34.29	
	26	－100×12	450	4		4.24	16.96	
	27	－80×20	115	4		1.44	5.78	
	28	－100×20	100	4		1.57	6.28	
	29	－285×10	360	2		8.05	16.11	
	30	－380×10	380	2		11.34	22.67	
	31	－178×10	180	8		2.52	20.12	
	32	－228×10	300	2		5.37	10.74	
	33	－300×10	480	2		11.3	22.61	
	34	－235×10	240	2		4.43	8.85	
	35	－290×10	330	2		7.51	15.02	

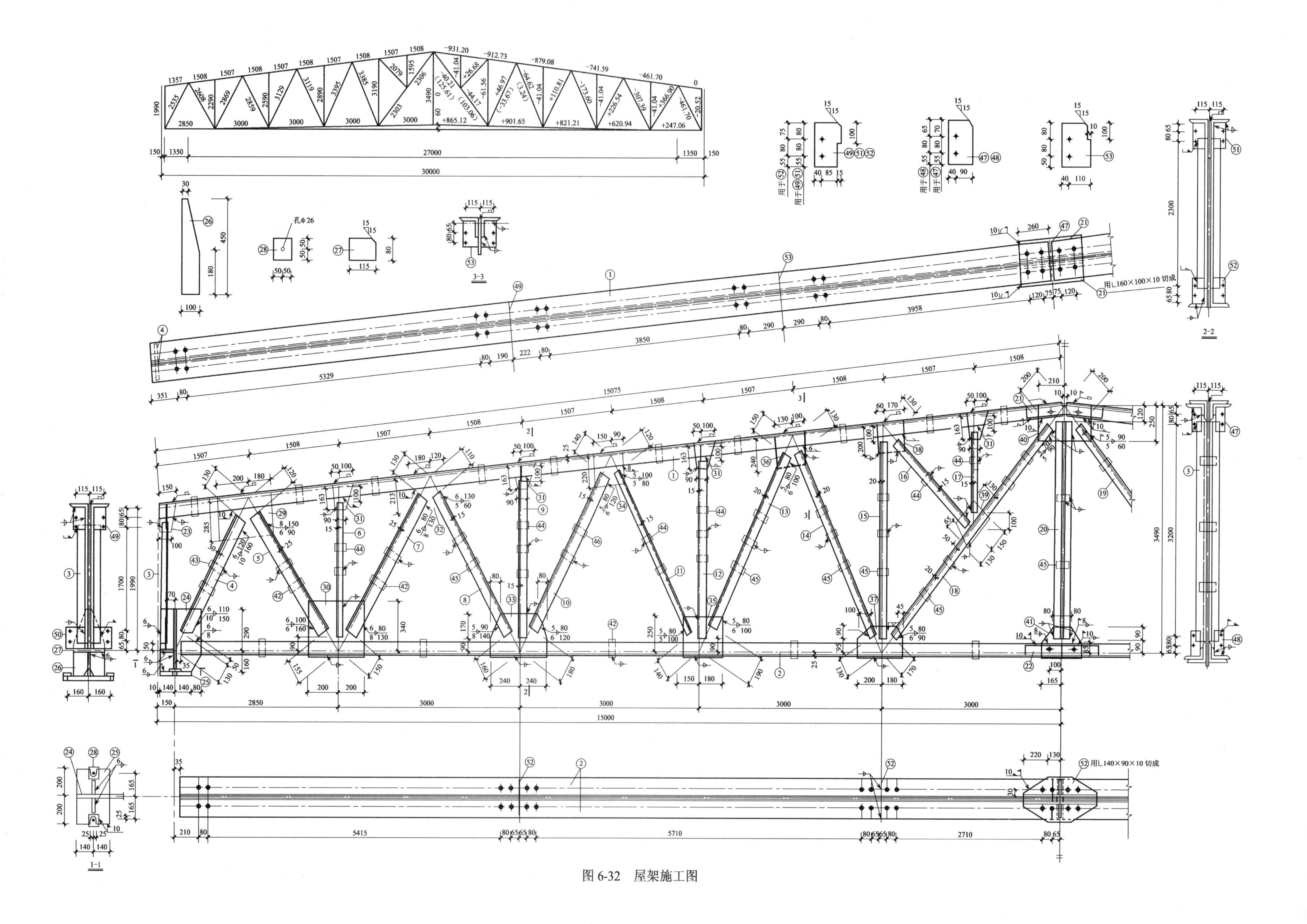

图 6-32　屋架施工图

续表

构件编号	零件号	编　　号	长度(mm)	数　　量		质量(kg)		
				正	反	每个	共计	合计
GWJ	36	－255×10	230	2		4.6	9.21	3 778
	37	－225×10	380	2		6.71	13.42	
	38	－215×10	230	2		3.88	7.76	
	39	－118×10	380	2		5.61	11.22	
	40	－240×10	420	1		7.91	7.91	
	41	－220×10	330	1		5.7	5.70	
	42	－60×10	110	18		0.52	9.33	
	43	－60×10	120	24		0.57	13.56	
	44	－60×10	70	28		0.33	9.23	
	45	－60×10	85	35		0.4	14.01	
	46	－60×10	95	4		0.45	1.79	
	47	－130×8	205	2		1.67	3.35	
	48	－130×8	200	2		1.63	3.27	
	49	－140×8	215	4		1.89	7.56	
	50	－138×8	195	4		1.65	6.61	
	51	－140×8	215	4		1.89	7.56	
	52	－140×8	210	8		1.85	14.77	
	53	－150×8	210	4		1.98	7.91	

说明:1. 未注明的角焊缝焊角尺寸为5mm;
2. 未注明长度的焊缝一律满焊;
3. 未注明螺栓为M20,孔径为φ21.5;
4. 钢材采用Q235,焊条采用E43型。

6.4　钢屋架课程设计参考题目

6.4.1　钢屋架设计参考题目

1. 钢屋架设计参考题目及设计资料,详见6.1节任务书

2. 题目选定参考,参考表6-6

表6-6　钢屋架课程设计选题表

恒　　载						*d*			*e*			*f*		
活　载 / 屋架形式			*a*	*b*	*c*	*g*	*h*	*m*	*g*	*h*	*m*	*g*	*h*	*m*
6m柱距	三角形	*A*												
		B												
	梯形	*C*												
		D												
		E												
		F												

续表

恒载 活载 屋架形式						d			e			f		
			a	b	c	g	h	m	g	h	m	g	h	m
12m柱距	三角形	A												
		B												
	梯形	C												
		D												
		E												
		F												

注:在空白格内填学号或姓名。

6.4.2 设计选题说明

(1)本设计题目可以组合出84种不尽相同的设计类型,教师可根据所指导的学生数量而具体指定设计内容,使每个学生都有不完全相同的设计数据及结构类型。

(2)教师在讲授钢结构课程屋架一章时,即可布置设计任务。使学生边学习,边以作业的形式完成结构方案布置、荷载计算及内力组合。集中设计时间可从杆件截面设计开始进行。

(3)因时间或图面内容所限,建议材料表可附在计算书后。

(4)杆件截面设计部分,可要求学生在计算书内详细写出以下杆件设计过程,其余则填表即可。

梯形屋架:上弦杆、下弦杆、端斜杆、中竖杆。

三角形屋架:上弦杆、下弦杆、内力较大的拉杆和压杆。

(5)屋架节点设计部分,可要求学生在计算书内对以下节点详细写出计算过程,并画出计算简图。节点板形状和尺寸可放在施工图中确定。

1)一般上弦节点

2)一般下弦节点

3)中央上弦拼接节点

4)下弦拼接节点

5)端部支座节点

6.5 评分办法与标准

1. 质量要求

结构计算基本正确,且应能满足使用安全、经济合理的要求,计算内容较全面。图面应整洁、布局合理,符合制图规范;尺寸标注正确,节点构造合理,能满足施工图要求。设计期间,对于口试问题回答基本正确。

2. 评分标准

评分标准应根据计算书、施工图、口试、考勤四个方面考虑。成绩可先按百分制判分,然后再换为优、良、中、及格、不及格五个等级(表6-7)。

表6-7 评分标准

	优 100~90	良 89~80	中 79~70	及格 69~60	不及格 <59
1. 学习态度	刻苦、守纪律	认真、守纪律	较认真	应付、纪律一般	经常不在教室
2. 结构概念	清晰	清楚	较清楚	尚可	模糊
3. 理论计算	准确	正确	较正确	无原则性错误	问题很多
4. 图面质量	整洁、全面	整洁、较全面	较整洁、较全面	一般	错误较多

6.6 答辩参考题

6.6.1 结构布置及选型

1. 屋面材料的常见类型及特点；
2. 屋面材料与屋盖结构的制约关系；
3. 无檩和有檩方案的比较；
4. 试区分纵向天窗、横向天窗和井式天窗并指出它们的特点；
5. 在屋盖结构的选型中主要考虑的因素；
6. 确定屋架间距时要考虑的主要因素；
7. 屋盖支撑布置的宗旨；
8. 试区分各种屋盖支撑及其设置的基本原则；
9. 屋盖支撑截面设计方法，屋盖支撑节点板厚度的常用值；
10. 屋架的类型及特点。

6.6.2 荷载及内力分析

1. 屋架荷载的类型；
2. 风荷载和雪荷载的计算；
3. 需要考虑积灰荷载的情形；
4. 计算单元的划分；
5. 内力组合的基本原则及类型；
6. 屋架内力分析的力学模型；
7. 端部刚接屋架的分析方法；
8. 设有悬吊装置时屋架的内力分析；
9. 施工荷载的处理；
10. 试讨论屋架次内力的特点。

6.6.3 杆件及节点设计

1. 杆件平面内外计算长度确定的原则；
2. 需要考虑拉杆屋架平面外长细比的情形；
3. 不等边角钢的长肢相拼方案和短肢相拼方案的比较；
4. 用缀(填)板连接两肢件而成的构件作为实腹式构件处理的前提；
5. 不考虑弦杆由于孔洞削弱的截面面积的情形；
6. 节间荷载在杆件设计中的处理；

7. 忽略不同型号角钢拼接弦杆引起偏心的条件；
8. 节点板设计步骤及用于控制节点板稳定的一般条件；
9. 节点板缩进弦杆方案和伸出弦杆方案的计算特点；
10. 拼接节点和支座节点的设计方法。

6.6.4　施工图绘制

1. 完整的钢结构构件图包含的内容；
2. 绘制屋架施工图所用比例的特点；
3. 屋架正面图中可不标明的内容；
4. 杆件和节点板定位尺寸的标注方法；
5. 杆件编号的要求及标注方法；
6. 拼接节点的标注内容；
7. 材料表内容；
8. 板件切角和角钢斜切的注意事项；
9. 起拱的标注方法；
10. 文字说明的内容。

6.7　钢平台结构设计

6.7.1　概述

1. 钢平台结构的组成和应用

(1)钢平台结构的组成。建筑平台与楼盖钢结构主要由铺板、次梁与主要梁等组成。铺板或楼板搁置在次梁上,次梁搭放在主梁上,主梁则与柱相连接,或直接支承于承重墙体上。荷载的传递途径为:铺板→次梁→主梁→柱(墙)→基础→地基。

铺板与次梁、次梁与主梁、主梁与柱、柱与基础的连接为焊接连接,也可用螺栓连接。可以形成刚节点或铰节点,为了减少平台用钢量,一般设计成铰接,形成便于安装的单体构件,铺板则可设计成局部整体构件。为了保证平台结构的整体稳定,应布置柱间支撑,并与梁、柱及铺板组成稳定的结构体系。

(2)建筑平台钢结构的应用。钢平台的应用广泛,主要用于工业生产中设备支承平台、走道平台、检修平台、操作平台、海上采油平台、桥梁、水工闸门及起重机等平台结构。立体车库和民用建筑中的楼盖应用也日益增多。

工作平台钢结构的组成,如图 6-33 所示。

2. 梁格布置形式

梁格是由次梁与主梁按不同方式排列而成的平面结构体系。梁格的布置可分为三种典型的排列形式:

(1)简单梁格。简单梁格的布置,只有主梁,适用于主梁跨度较小或铺板长度较大的情况,如图 6-34a 所示。梁多采用型钢梁,缺点是耗钢量较大。

(2)普通梁格。普通梁格的布置,是在主梁上设置次梁,次梁上铺设铺板的布置形式。它适用于大多数梁格尺寸的情况,应用最广泛,如图 6-34b 所示。

(3)复式梁格。复式梁格是指在主梁间设置纵向次梁,纵向次梁间再设置横向次梁,横向次梁上铺设铺板的梁格布置形式,如图 6-34c 所示。该种梁格构造复杂,荷载传递层次多,多用于主梁跨度大和荷载重的情况。

梁格布置方案的选择,主要依据柱网尺寸和总体用钢量最小的原则,一般情况下,普通梁格和复式梁格两种布置形式较经济。

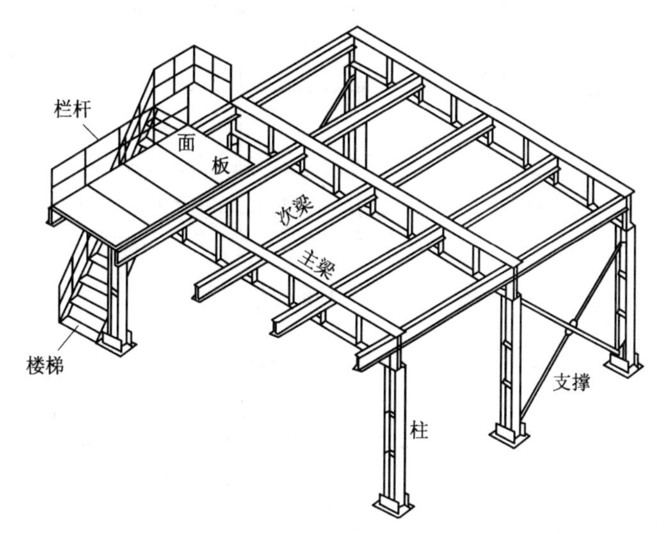

图 6-33　平台结构布置

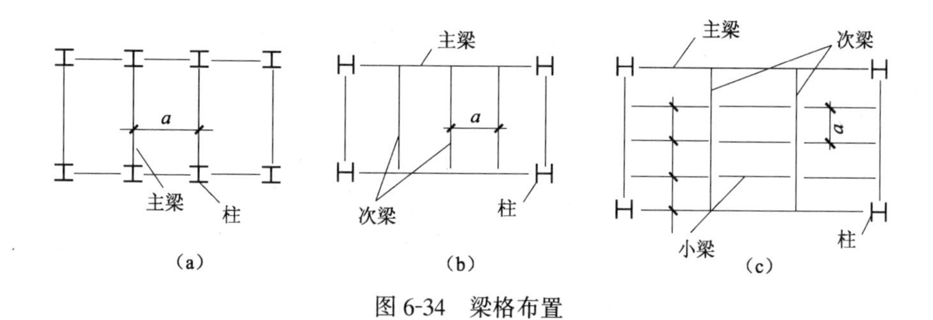

图 6-34　梁格布置

3. 主、次梁的连接

对普通梁格和复式梁格布置,次梁多做成连续梁,搁置在主梁上,构成主次梁的叠接连接。有时由于结构高度的限制,也可做成次梁上翼缘与主梁平接连接。

4. 柱和柱间支撑

平台结构由柱和柱间支撑作为竖向承重构件和侧向支撑构件。主梁一般简支于柱顶,也可支撑于承重墙体。当平台面积较大时,可设中柱,主梁可做成连续梁,可取得较好的经济效益和较大的建筑使用空间。

当主梁与柱铰接时,必须布置纵向和横向柱间支撑,以承受水平荷载,保证结构的整体稳定。

平台柱多为轴心受压柱,柱脚为铰接,梁、柱节点也多为铰接连接。平台柱可为实腹柱,也可选用格构柱,可根据技术经济分析选用。柱间支撑通常布置成交叉体系,用角钢或槽钢制作,按拉杆计算。

柱网布置如图 6-35 所示,支撑形式如图 6-36 所示。

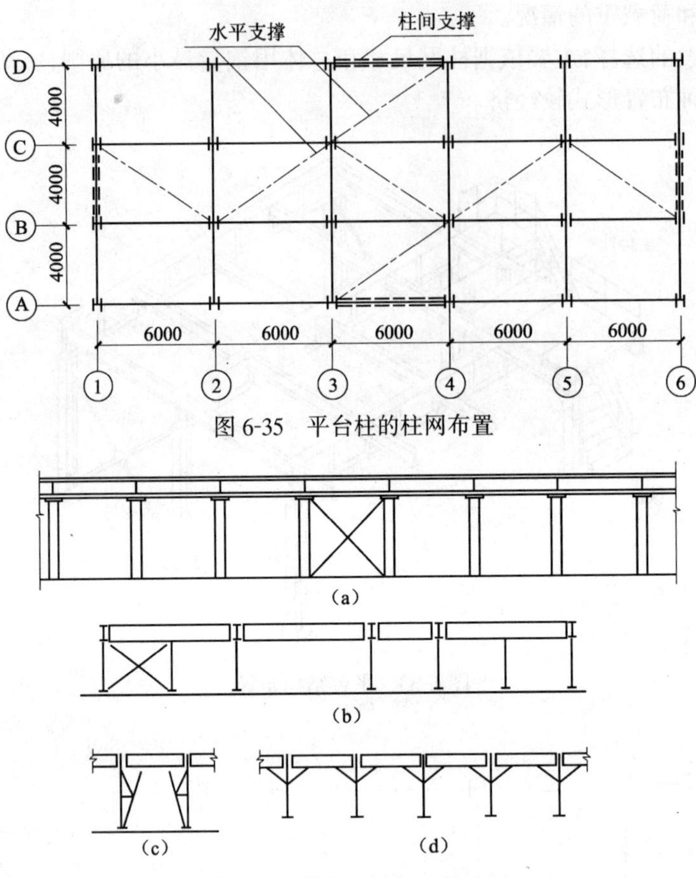

图 6-35　平台柱的柱网布置

图 6-36　平台柱间支撑的布置

(a)交叉型;(b)交叉型(端部);(c)门架型;(d)角隅型

5. 钢平台结构设计内容

(1)平台柱的柱网布置。平台柱的柱网布置首先要满足工艺使用要求,要考虑平台下的通行和设备布置;柱列和柱距应均匀相等;结构用钢量最省。

(2)平台梁格布置。平台梁格应从简式、普通式和复式三种方案中进行分析比较,确定一种合理的形式。

(3)平台铺板设计。

(4)平台梁的设计。首先进行次梁的设计,然后进行主梁的设计。梁可选用型钢梁或组合梁。梁的拼接,主、次梁的连接,梁的支座形式的确定是平台梁设计的重要内容。

(5)平台柱和柱间支撑的设计。平台柱可采用实腹柱和格构柱两种形式,应经技术经济分析后确定,柱间支撑的设置是保证结构稳定的重要构造措施。柱头和柱脚的设计是平台柱设计的重要内容。

(6)楼梯和栏杆的设计。楼梯和栏杆虽然是平台结构的次要构件,但对平台的使用和安全有重要影响,应认真对待。

6.7.2　平台铺板设计

1. 平台铺板构造

平台铺板按生产工艺要求可分为固定式和可拆式两种;按构造要求可分为轻型钢铺板、混凝土预制板、压型钢板与混凝土组合楼板等，如图6-37所示。

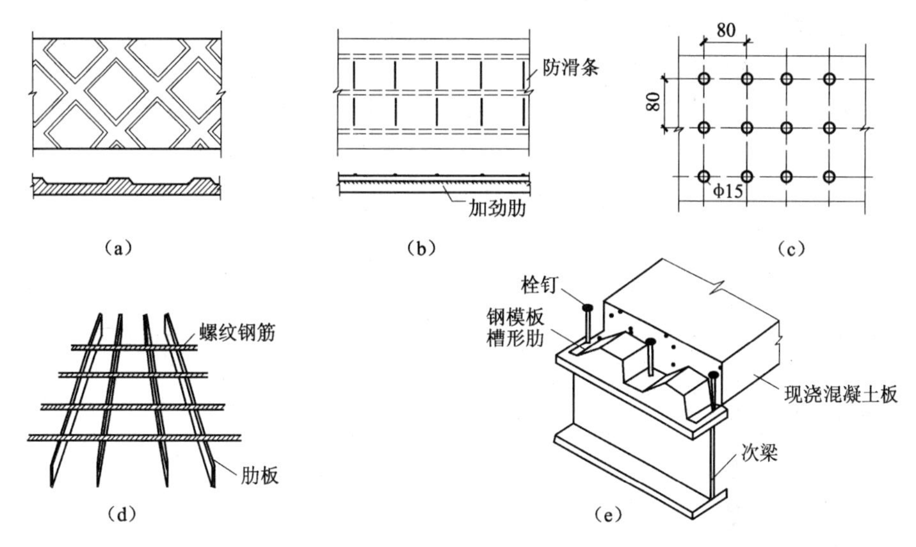

图6-37 平台铺板的构造

(a)花纹钢板;(b)平钢板带肋;(c)平钢板加工冲泡;(d)箅条式;(e)组合楼板

(1)轻型钢铺板。轻型钢铺板是平台结构常用的铺板形式。通常有花纹钢板、防滑带肋钢板和冲泡钢板;室外平台有时可考虑箅条工铺板和网格板，以减少积灰和节约钢材。

轻型钢板应与梁牢固连接，以增强平台的整体稳定性。

(2)预制混凝土板。采用预制钢筋混凝土板或预制预应力混凝土板，支承于已焊有栓钉连接件的钢梁上，用细石混凝土浇灌槽口与板件缝隙。这种楼板刚度大，承载能力强，使用方便，整体性好。可用于旅馆及公寓等建筑和大型平台结构。

(3)压型钢板与混凝土组合板。这种组合板适用于受荷较大的重型平台，也是目前多、高层建筑钢结构楼盖中采用最多的一种形式。

2. 平台铺板计算

(1)平台铺板的荷载计算。轻型钢板的行走和检修荷载一般取2.0kN/m^2;普通操作平台的使用荷载，可取4.0～8.0kN/m^2。

重型操作平台的使用荷载，可取≥100kN/m^2。

平台铺板一般按承受均布荷载计算。

(2)无肋铺板计算。铺板可按仅承受弯矩的单向受弯构件计算，并按下列公式计算

$$M=\frac{1}{8}ql_0^2$$

$$\sigma=\frac{6M}{t^2}\leqslant f$$

$$w=q_k l_0^4/(6.4Et^3)\leqslant[w]$$

式中 q——板单位宽度上的均布荷载(含自重)的设计值;

q_k——板单位宽度上的均布荷载(含自重)的标准值;

l_0,t——铺板的计算跨度和厚度;

$[w]$——铺板的容许挠度，一般为 $l_0/150$；

E——铺板材料弹性模量；

f——铺板材料强度设计值。

(3)有肋铺板计算。有肋铺板可按周边简支板计算。均布荷载作用下的内力和挠度可按表6-8计算。

表6-8　周边简支板的内力和挠度表

简　图	b/a	$M_x=\alpha_1 qa^2$	$M_y=\alpha_2 qa^2$	$W_{max}=\beta\frac{q_k a^4}{Et^3}$
		α_1	α_2	β
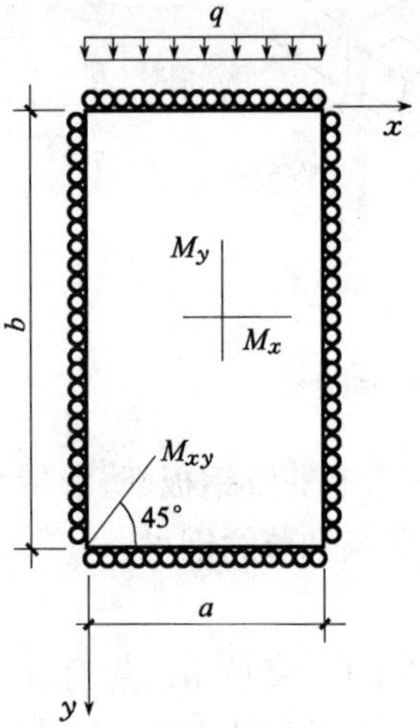	1.0	0.047 9	0.047 9	0.043 3
	1.1	0.055 3	0.049 4	0.053 0
	1.2	0.062 6	0.050 1	0.061 6
	1.3	0.069 3	0.050 4	0.069 7
	1.4	0.075 3	0.050 6	0.077 0
	1.5	0.081 2	0.049 9	0.084 3
	1.6	0.086 2	0.049 3	0.090 6
	1.7	0.090 8	0.048 6	0.096 4
	1.8	0.094 8	0.047 9	0.101 7
	1.9	0.098 5	0.047 1	0.106 4
	2.0	0.101 7	0.046 4	0.110 6
	>2.0	0.125 0	0.037 5	0.142 2

注：q 为荷载设计值；q_k 为荷载标准值。

铺板的强度和挠度验算，则可按上述公式计算。

加劲肋的计算可按折算荷载作用下的简支梁验算，折算荷载 q_1 可按下式计算：

$$q_1=ql_1$$

式中　q——铺板上的均布荷载(含自重)设计值；

l_1——加劲肋间距。

加劲肋计算时，可按T形截面计算，翼缘计算宽度可考虑铺板 $30t$ 宽度参加工作。

加劲肋的挠度不宜大于 $l_0/250$。

当铺板加劲肋的间距大于两倍铺板跨距，或仅按构造设置加劲肋时，可按无肋铺板计算。

6.7.3　平台梁设计

1. 一般设计要求

(1)平台梁宜采用轧制I形钢、槽钢、窄翼缘H形钢或焊接I形组合截面。

(2)为防止扭转，可采用钢筋混凝土或组合楼板等刚性楼面；也可在横梁间设置侧边支撑以保证侧向稳定。

(3)平台梁应进行强度、稳定和刚度的验算。

2. 型钢梁设计

(1)平台结构的次梁多采用型钢梁。双轴对称I形钢梁应优先选用；槽钢梁在弯矩平面外不对称,多用于平台边梁。型钢梁加工简单,安装方便应尽量采用。

(2)型钢梁的截面选择。

1)首先按支承条件确定梁的类型:简支梁或连续梁。

2)计算荷载。对次梁荷载,包括板传来的荷载和次梁自重;对主梁荷载包括次梁传来的集中荷载和主梁的自重。主梁均布荷载可简化成集中荷载。

3)梁的内力计算。简支梁的内力计算比较简单,在均布荷载作用下弯矩,当梁上有$(n-1)$个集中荷载F时,可按下式计算:

$$M_{max}=k_M F l_0$$

式中 k_M——最大弯矩计算系数,按表6-9采用;

F——集中荷载设计值,包括次梁传来及主梁自重;

l_0——梁的计算跨度。

表6-9 单跨简支梁的计算系数

多跨连续梁跨数 n	2	3	4	5	6	7	8	9
k_M	0.25	0.33	0.50	0.60	0.75	0.86	0.98	1.11
K_W	1/48	1/28	1/20	1/16	1/13	1/11	1/10	1/9

对连续梁的内力计算,可用结构力学的方法进行。由于支座负弯矩的卸荷作用,跨中弯矩和挠度均减小,为了计算简便,也可偏于安全地取受力最大的单跨进行计算。

4)净截面抵抗矩 W_{nx} 的计算。根据初选型钢材料确定抗弯强度设计值 f,按下式计算 W_{nx} 值。

$$W_{nx}=M_{max}/(\gamma_x f)$$

式中 M_{max}——梁的弯矩最大设计值;

γ_x——梁的塑性发展系数。

5)选择型钢的型号。根据所需的 W_{nx} 值,从型钢规格表中选择型钢的型号。

6)对所选的型钢梁截面进行强度、刚度和整体稳定验算。

(3)梁的变形控制。梁的变形应加以控制,确保满足受弯构件的容许挠度要求,即

$$w_{max}\leqslant[w]$$

$$w_{max}=K_w\frac{F_k l_0^3}{EI}$$

式中 F_k——集中荷载标准值;

K_w——最大挠度计算系数,可按表6-9取值;

$[w]$——梁的容许挠度值。

3. 组合梁设计

平台结构的组合梁,一般采用三块钢板拼焊成I形截面,多用于主梁,梁截面可以采用对称或不对称的,对称截面居多。

组合梁截面设计包括两部分内容,一是初选截面尺寸,即估算梁的高度、腹板厚度和翼缘尺寸;二是对初选截面进行强度、稳定和刚度验算。

6.7.4　平台柱和柱间支撑设计

平台柱按构造可分为实腹柱和格构柱。实腹柱构造简单,制作省工,与梁连接方便,但较费钢材。格构柱由两肢加上联系两肢的缀板或缀条组成。调整肢间距离可增加惯性矩,增强刚度和稳定性,并节约钢材,平台柱一般设计成轴心受压柱。

1. 实腹柱的设计

(1)实腹柱的截面形式有 I 形、管形、箱形等。比较理想的截面形式是 H 形钢,钢板焊成的 I 形截面组合灵活、面积分布合理、制作简单,便于采用自动焊接,且较型钢截面省料。钢管截面抗扭刚度大,两个方向的回转半径相等,缺点是连接困难,两端需密封,以防潮气侵入而锈蚀。

(2)实腹柱截面选择的步骤,强度、刚度和稳定验算的方法,详见《钢结构》有关章节。

(3)实腹柱截面经验算不满足要求时,可以采用纵向加劲肋加强,也可加厚腹板,增加腹板局部稳定。为防止腹板在施工和运输中发生变形可采用横向加劲肋加强。大型实腹柱的端部应设置横隔,横隔间距不得大于截面较大宽度的 9 倍或 8m。

2. 格构柱设计

平台结构承受较大荷截时,可采用格构柱。轴心受压格构柱,一般采用双轴对称截面。常用的截面形式是两根槽钢或 I 形钢作为肢件,有时也可用四个角钢或三个圆管作为肢件。缀条式格构柱常用角钢作为缀条,布置成三角形体系;缀板式格构柱常采用钢板作为缀板。

平台柱承受主梁传来的轴向力,按轴心受压构件计算。

格构柱的截面选择和强度、刚度和稳定性验算详见《钢结构》有关章节。

3. 柱头设计和柱脚设计

平台柱上部承受梁格传来的荷截,下端则把荷载传递给基础,为有效地实现这一目的,除柱本身应设计合理可靠外,尚应设计合理的柱头和柱脚。

6.7.5　楼梯与栏杆

平台结构的竖向交通通常采用楼梯或爬梯。常用的钢楼梯形式有直梯、斜梯和旋转楼梯。

1. 钢直梯

直梯多用于不经常使用或场地受限制的平台。净宽度为 500mm,高度不超过 8m,当超过 8m 时,应在中部设休息平台。直梯侧边应设护栏,护栏距地面 2m,上端连于平台扶手。直梯边梁截面不小于∟50mm×5mm,踏棍可采用不小于Φ18 的圆钢,间距 300mm。如图 6-38 所示。

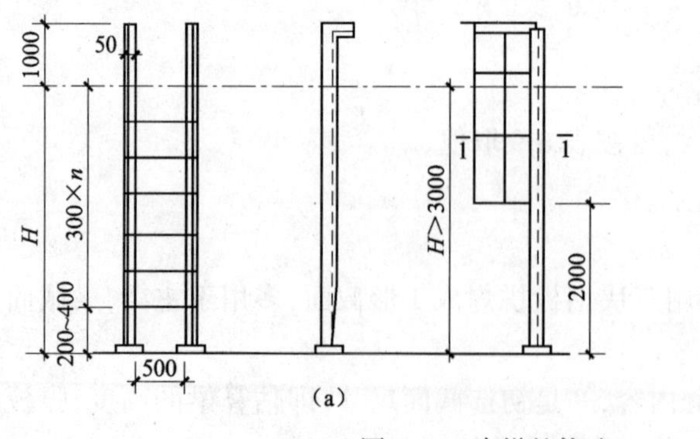

图 6-38　直梯的构造

2. 钢斜梯和旋转楼梯

钢斜梯应用最多。斜梯的倾角一般为45°～60°，以45°为宜。楼梯宽度不宜小于700mm，高度一般为4m，超过5m应设休息平台。踏步板采用厚度不小于4mm的花纹钢板或经过防滑处理的平钢板，踏步层间距为200～250mm，楼梯扶手用钢管或圆钢制作，扶手高度不小于900mm。如图6-39所示。

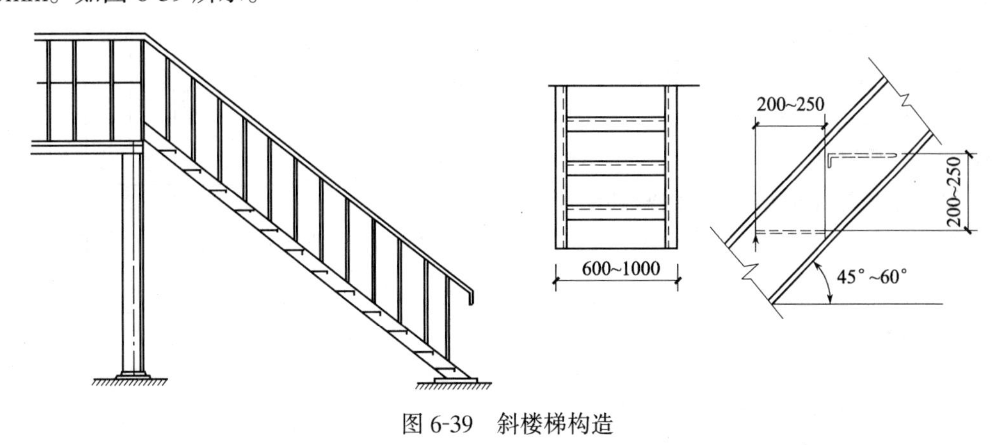

图6-39　斜楼梯构造

旋转楼梯的构造和斜梯类似，一般用于空间受限制的平台。

3. 栏杆

平台上设置的栏杆，可采用钢管、圆钢或角钢做成，如图6-40a所示。栏杆的高度一般为1 000～1 200mm。栏杆扶手和立柱选用外径为Φ33.5～Φ45.0的钢管或∟50×4的角钢制作。主柱间距不大于1m，采用不低于Q235钢制成。固定栏杆按在扶手处承受0.5kN/m的水平荷载设计。

平台上的活动栏杆如图6-40b所示。

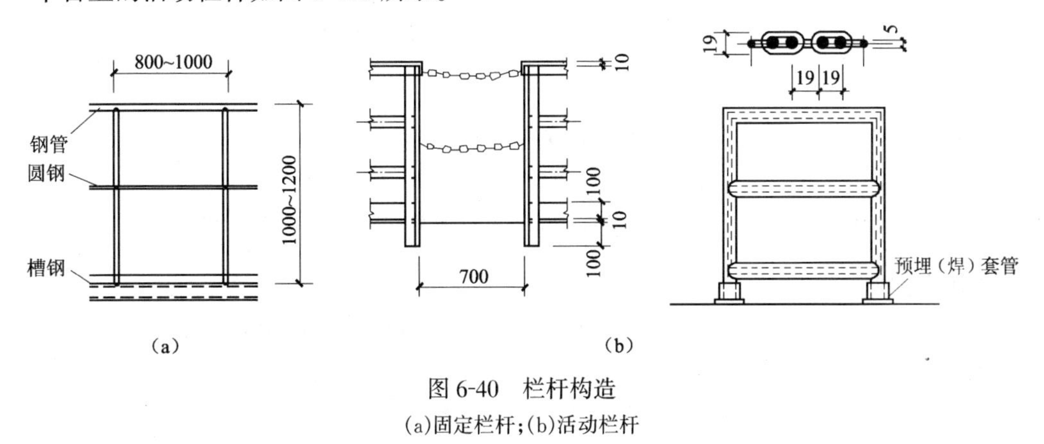

图6-40　栏杆构造

(a)固定栏杆；(b)活动栏杆

平台结构中的楼梯和栏杆设计直接影响人员的安全，栏杆和楼梯与平台的连接应采用焊接，连接要可靠，踏步要牢固。

6.7.6　钢平台结构设计实例

一钢结构工作平台，梁格布置如图6-41所示。次梁简支于主梁，主、次梁等高相连，平台面标高5.5m，平台下要求净空高度3.5m。主梁跨度为12m；间距为5.5m，跨内布置5根次梁,即次梁跨度为5.5m,间距为2m。次梁拟选用I形钢,钢材采用16Mn。楼面荷载设计值$(g+q)=28\text{kN/m}^2$,为静载。主梁采用I形组合梁,改变截面一次。Q235钢,焊条为E43系列,手工焊。试设计该梁格的主、次梁。

平台铺板采用100mm厚预制钢筋混凝土板,与次梁焊接连接,由预埋板三点施焊。预制板可在现场预制。钢筋混凝土预制板的设计,按单向板计算,参考《混凝土设计规范》或有关文献设计。板面抹20mm水泥砂浆面层。平台铺板构造如图6-41所示。

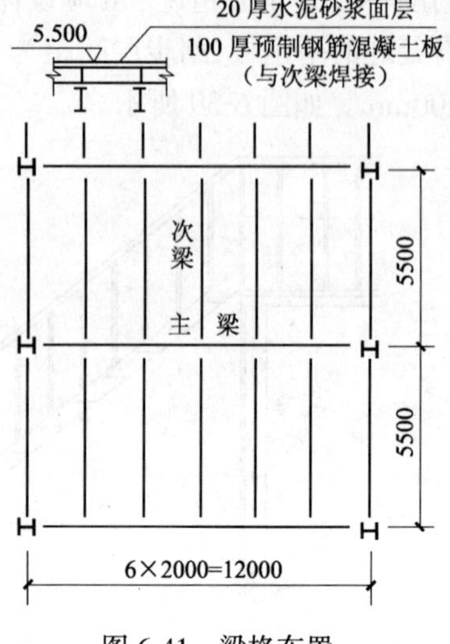

图6-41 梁格布置

解:1. 次梁设计

次梁采用轧制I形钢,且采用密铺钢筋混凝土预制板焊于次梁和跨中无支点两种方案,并分析比较后选定次梁方案。

(1)选用热轧I形钢。次梁简支于主梁,采用16Mn钢,$f=310\text{N/mm}^2$,次梁间距$a=2.0\text{m}$,平台板传到次梁的均布荷载$(g+q)a=28\times2=56\text{kN/m}$,次梁跨度$l_0=5.5\text{m}$,最大弯矩为:

$$M_{\max}=\frac{1}{8}(g+q)al_0^2=\frac{1}{8}\times56\times5.5^2=211.75\text{kN·m}$$

$$W_{nx}=M_{\max}/\gamma_x f=211.75\times10^6/(1.05\times310)=650\ 538\text{mm}^3=651\text{cm}^3$$

选用I32a,自重$g_1=516\text{N/m}$,$W_x=692\text{cm}^3$,$I_x=11\ 080\text{cm}^4$

$$\begin{aligned}M_{\max}&=\frac{1}{8}[(g+q)a+g_1\gamma_G]l_0^2\\&=\frac{1}{8}(28\times2+0.516\times1.2)\times5.5^2\\&=214\text{kN·m}\end{aligned}$$

1)强度验算(I形钢抗剪强度可不必验算):

$$\sigma=\frac{M_{\max}}{\gamma_x W_{nx}}=\frac{214\times10^6}{1.05\times692\times10^3}=295\text{N/mm}^2<f=310\text{N/mm}^2$$

2)刚度验算:

$$(g_k+q_k)=28\times2/1.3+0.516=43.593\text{kN/m}=43.60\text{N/mm}$$

$$w_{\max}=\frac{5}{384}\times\frac{(g_k+q_k)l_0^4}{EI_x}=\frac{5}{384}\times\frac{43.6\times5\ 500^4}{206\times10^3\times1\ 108\times10^4}$$

$$=22.76\text{mm}\approx\frac{l_0}{250}=\frac{5\ 500}{250}=22\text{mm},相差3.4\%,尚可。$$

满足刚度要求。

3)支座局部受压验算:

$$F=\frac{1}{2}\times(2\times28+0.516\times1.2)\times5.5=155.7\text{kN}$$

所选 I 形钢，截面几何特性：半径 $r_0=11.5$mm，$t=15$mm，$t_w=9.5$mm，次梁支承长度 $a=100$mm，则 $h_y=r_0+t=11.5+15=26.5$mm，$l_z=a+2.5h_y=100+66.25=166.25$mm

$$\sigma_c=\frac{\psi F}{t_w l_z}=\frac{1.0\times155.7\times10^3}{9.5\times166.25}=98.6\text{N/mm}^2<f=310\text{N/mm}^2$$

由于 σ_c 和 τ 均较小，且支座处 $\sigma=0$，故支座处折算应力不予验算。若采用钢筋混凝土板密铺于次梁，且与之焊牢时，可不必计算整体稳定性。若无侧向支点时，应验算次梁的整体稳定性，但对型钢梁局部稳定可不必验算。

(2)无侧向支承点方案。所选 I 形钢型号为 I32a，在 22～40 范围内，自由长度 $l_1=5.5$m，由表查得 $\varphi_b=0.67$

$$\varphi_b=\frac{0.67\times235}{345}=0.456<0.6$$

$$W_{nx}=M_{max}/(\varphi_b f)=214\times10^6/(0.456\times310)=1\ 513\ 865\text{mm}^3$$

选用 I45b，自重 874N/m，$W_x=1\ 500\text{cm}^3$，$I_x=33\ 760\text{cm}^4$

考虑自重：$M_{max}=\frac{1}{8}(2\times28+0.874\times1.2)\times5.5^2=215.72\text{kN·m}$

验算整体稳定性：

$$\frac{M_x}{\varphi_b W_x}=\frac{215.72\times10^6}{0.456\times1\ 500\times10^3}=315.37\text{N/mm}^2$$

$$\approx f=310\text{N/mm}^2$$

相差 1.7%，满足要求。

(3)比较。无侧向支点较有侧支点增加用钢量为$\frac{874-516}{874}\times100\%=41\%$，故采用次梁为 I32a，并用钢筋混凝土板密铺且焊牢其上翼缘。

2. 主梁设计

(1)荷载与内力计算。主梁承受次梁传来的集中荷载为：

$$F_Q+F_G=(2\times28+0.516\times1.2)\times5.5=56.62\times5.5=311.4\text{kN}$$

$$F_{RA}=F_{RB}=5\times(F_Q+F_G)/2=5\times311.41/2=778.53\text{kN}$$

$$M_{max}=778.53\times(2\times3)-311.41\times(4+2)=2\ 802.72\text{kN·m}$$

$$F_{Vmax}=778.53\text{kN}$$

(2)截面选择。

1)腹板高度 h_0：

$$W_x=M_{max}/(\gamma_x f)=2\ 802.72\times10^6/(1.05\times215)=12.415\times10^6\text{mm}^3$$

经济高度 $h_e=2W_x^{\frac{2}{5}}=2\times(12.415\times10^6)^{\frac{2}{5}}=1\ 376$mm

或 $h_e=7\sqrt[3]{W_x}-300=7\times\sqrt[3]{12.415\times10^6}-300=1\ 321$mm

刚度要求 $[w/l]=1/400$

$$h_{min}\geqslant\frac{\sigma_x l_0}{12.85\times10^5}\left[\frac{l_0}{w}\right]=\frac{215\times12\times10^3}{12.85\times10^5}\times400=803\text{mm}$$

取腹板高度 $h_0=1\ 300\text{mm}$，梁高 $h=1\ 340\text{mm}$

2)腹板厚度 t_w：

$$t_w \geqslant 1.2\frac{F_{\text{Vmax}}}{h_0 f_V}=1.2\times\frac{778.53\times10^3}{1\ 300\times125}=5.75\text{mm}$$

及

$$t_w=\sqrt{h_0}/3.5=10.30\text{mm}$$

取 $t_w=10\text{mm}$

3)翼缘宽度 b：

所需翼缘面积

$$\begin{aligned}A_1&=\frac{W_x}{h_0}-\frac{1}{6}t_w h_0\\&=\frac{12.415\times10^6}{1\ 300}-\frac{1}{6}\times10\times1\ 300\\&=9\ 550-2\ 167=7\ 383\text{mm}^2\end{aligned}$$

构造要求 $$b=\left(\frac{1}{3}\sim\frac{1}{5}\right)h=\left(\frac{1}{3}\sim\frac{1}{5}\right)\times1\ 340=446.7\sim268\text{mm}$$

取 $b=400\text{mm}, t=20\text{mm}, A_t=400\times20=8\ 000\text{mm}^2>7\ 383\text{mm}^2$

外伸宽度与厚度比按弹塑性设计，$b_1/t=195/20=9.75<13\sqrt{235/f_y}=13\sqrt{235/215}=13.28$

所选截面如图 6-42 所示。

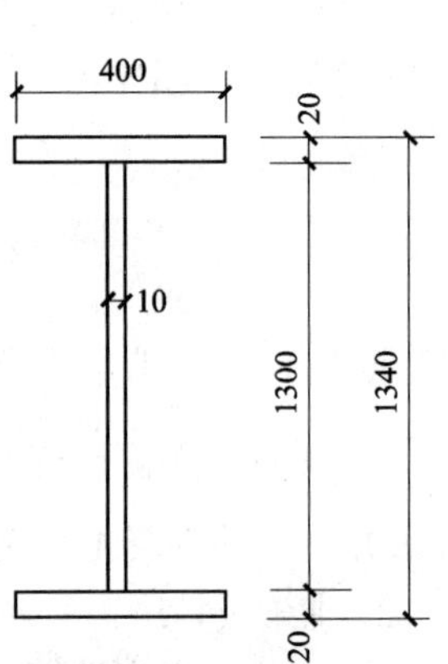

图 6-42　截面示意

(3)截面强度验算。

1)内力计算：

梁截面面积

$$A=1\ 300\times10+2\times400\times20=29\ 000\text{mm}^2=0.029\text{m}^2$$

梁自重

$$g_1=\gamma_s A=76.98\times0.029=2.232\text{kN/m}$$

剪力设计值

$$F_{\text{Vmax}}=\frac{1}{2}(5\times311.41+1.2\times2.232\times12)=794.6\text{kN}$$

弯矩设计值

$$M_{\max}=2\ 802.72+\frac{1}{8}\times1.2\times2.232\times12^2=2\ 851\text{kN}\cdot\text{m}$$

2)截面特征：

$$I_x=\frac{1}{12}\times1\times130^3+2\times40\times2\times66^2=880\ 043\text{cm}^4$$

$$W_x=2I_x/h=2\times880\ 043/134=13\ 135\text{cm}^3$$

3)抗弯强度验算：

$$\frac{M_x}{\gamma_x W_x}=\frac{2\ 851\times10^6}{1.05\times13\ 135\times10^3}=206.72\text{N/mm}^2<f=215\text{N/mm}^2$$

4)整体稳定性验算：

$$l_1/b=2\ 000/400=5<[l_1/b]=16$$

(4)截面改变处强度验算。截面改变处取距梁端为 $x=l/b=12\ 000/6=2\ 000\text{mm}$

1)内力计算：

$$M_1=794.2\times2-1.2\times2.232\times2^2/2=1\ 589.2-5.36=1\ 584\text{kN·m}$$

$$F_{\text{V1}}=794.6-1.2\times2.232\times2=789.24\text{kN}$$

2)几何特征：

$$W_1=M_1/(\gamma_x f)=1\ 584\times10^6/(1.05\times200)=7\ 920\times10^3\text{mm}^3$$

$$A_1=\frac{W_1\dfrac{h}{2}-I_{\text{w}}}{(h_{\text{t}}/2)^2\times2}=\frac{670\times7\ 920\times10^3-\dfrac{1}{12}\times10\times1\ 300^3}{660^2\times2}=3.989\times10^3\text{mm}^2$$

$$b_1t_1=200\times20=4\ 000\text{mm}^2>3\ 989\text{mm}^2$$

$$I_1=\frac{1\times130^3}{12}+2\times20\times2\times66^2=531\ 563\text{cm}^4$$

$$W_{1x}=\frac{2\times I_1}{h}=2\times531\ 563/134=7\ 934\text{cm}^3$$

3)抗弯强度验算：

$$\sigma_1=\frac{M_1}{\gamma_x W_{1x}}=\frac{1\ 584\times10^6}{1.00\times7\ 934\times10^3}=200\text{N/mm}^2<f=215\text{N/mm}^2$$

$$\sigma'_1=\sigma_1\frac{h_0}{h}=200\times\frac{1\ 300}{1\ 340}=194.0\text{N/mm}^2$$

$$S_1=20\times200\times660=2\ 640\times10^3\text{mm}^3$$

$$\tau_1=\frac{F_{\text{V1}}S_1}{I_1t_{\text{w}}}=\frac{789.24\times10^3\times2\ 640\times10^3}{531\ 563\times10^4\times10}\text{N/mm}^2=3\ 920\text{N/mm}^2$$

4)折算应力验算：

$$\sqrt{\sigma_1^2+3\tau_1^2}=\sqrt{194.0^2+3\times39.2^2}=205.2\text{N/mm}^2<1.1\times200\text{N/mm}^2=220\text{N/mm}^2$$

5)抗剪强度验算：

$$S=S_1+S_{\text{w}}=2\ 640\times10^3+650\times10\times325=4\ 752.5\times10^3\text{mm}^3$$

$$\tau=\frac{F_{\text{Vmax}}S}{I_1t_{\text{w}}}=\frac{794.6\times10^3\times4\ 752.5\times10^3}{531\ 563\times10^4\times10}=71.0\text{N/mm}^2<f_{\text{V}}=115\text{N/mm}^2$$

6)整体稳定性验算：

$$l_1/b_1=2\ 000/200=10<16\text{,不需验算。}$$

7)刚度验算：

荷载标准值产生的弯矩为

$$M_{\text{k}}=\left(2\times\frac{28}{1.3}+0.516\right)\times5.5\times\left(\frac{5.0}{2}-1\right)\times6+\frac{1}{8}\times2.232\times12^2$$
$$=2\ 157.84+40.176=2\ 198\text{kN·m}$$

$$w/l = \frac{M_k l}{10EI_x}\left(1+\frac{3}{25}\times\frac{I_x - I_1}{I_x}\right)$$

$$=\frac{2\ 198\times10^6\times12\times10^3}{10\times206\times10^3\times880\ 043\times10^4}\times\left[1+\frac{3\times(880\ 043-531\ 563)\times10^4}{25\times880\ 043\times10^4}\right]$$

$$=\frac{1}{687.3}(1+0.047\ 52)=\frac{1}{656}<\frac{1}{400}\text{(满足要求)}$$

(5)翼缘与腹板的连接焊缝。

$$h_f \geqslant \frac{F_{V1}S_1}{1.4I_1 f_f^w}=\frac{789.24\times2\ 640\times10^3}{1.4\times531\ 563\times10^4\times160}=1.75\text{mm}$$

且 $h_f \geqslant 1.5\sqrt{20}=6.7\text{mm}$，取 $h_f=8\text{mm}<1.2t_w=1.2\times10=12\text{mm}$

(6)腹板加劲肋和端部支承加劲肋的设置。

1)腹板加劲肋设计：

梁截面尺寸为：腹板 − 1 300mm×10mm；翼缘板为 2 − 400mm×20mm(跨中)，变截面处为 2 − 200mm×20mm。

$$h_0/t_w=1\ 300/10=130>80\sqrt{235/f_y}=80$$

$$<170\sqrt{235/f_y}=170$$

故需设横向加劲肋。

取 $a=200\text{mm}<2\times h_0=2\ 600\text{mm}$

考虑腹板屈曲后的强度，

$$\frac{a}{h_0}=\frac{2\ 000}{1\ 300}=1.5>1.0$$

$$\lambda_s=\frac{h_0/t_w}{41\sqrt{5.34+4(h_0/a)^2}}\sqrt{\frac{f_y}{235}}=\frac{1\ 300/10}{41\sqrt{5.34+4\left(\frac{1\ 300}{2\ 000}\right)^2}}=1.2$$

所以

$$V_u=h_w t_w f_V[1-0.5(\lambda_s-0.8)]$$

$$=1\ 300\times10\times125\times(1-0.2)=1\ 300\text{kN}$$

$$0.5V_u=650\text{kN}$$

$$\lambda_b=\frac{2h_c/t_w}{177}\sqrt{\frac{f_y}{235}}=\frac{1\ 300/10}{177}=0.734<0.85$$

所以

$$\rho=1.0$$

$$\alpha_e=1-\frac{(1-\rho)h_c^3 t_w}{2I_x}=1.0$$

支座处：

$$M=0，取\ M=M_f$$

$$M_{eu}=\gamma_x\alpha_e W_x f=1.05\times1.0\times13\ 135\times215\times10^3=2\ 965\text{kN·m}$$

$$M_f=\left(A_{f1}\frac{h_1^2}{h_2}+A_{f2}h_2\right)f$$

$$=20\times400\times2\times\left(\frac{1\ 300}{2}+10\right)\times215=2\ 270.4\text{kN·m}$$

$$\left(\frac{F_V}{0.5V_u}-1\right)^2=\left(\frac{794.6\times10^3}{650\times10^3}-1\right)^2=0.05<1$$

截面改变处：

$$M=1\ 584\text{kN}\cdot\text{m},F_V=789.2\text{kN}$$

$$M_f=\left(A_{f1}\frac{h_1^2}{h_2}+A_{f2}h_2\right)f=20\times200\times2\times\left(\frac{1\ 300}{2}+10\right)\times215$$

$$=1\ 135.2\text{kN}\cdot\text{m}$$

$$M_{cu}=\gamma_x\alpha_e W_x f=1.05\times1.0\times7\ 934\times215\times10^3=1\ 791.1\text{kN}\cdot\text{m}$$

$$\left(\frac{F_V}{0.5V_u}-1\right)^2+\frac{M-M_f}{M_{cu}-M_f}=\left(\frac{789.2}{650}-1\right)^2+\frac{1\ 584-1\ 135.2}{1\ 791.1-1\ 135.2}=0.73<1$$

满足要求。

2)横向加劲肋的截面尺寸(图 6-43)：

因(F_Q+F_G)较小，可按刚度条件选择截面尺寸

$$b_s=h_0/30+40=1\ 300/30+40=83.3\text{mm}$$

$$t_s=b_s/15=83.3/15=5.56\text{mm}$$

取 $b_s\times t_s=85\text{mm}\times6\text{mm}$，并切角

3)端部支承加劲肋设计采用突缘加劲板，尺寸为 1－170mm×16mm(图 6-43)。

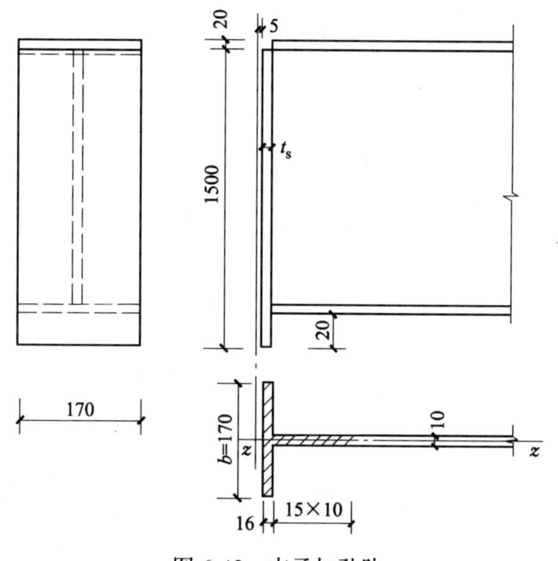

图 6-43 支承加劲肋

①腹板平面外的整体稳定性：

$$I_z=\frac{1}{12}t_s b^3=\frac{1}{12}\times16\times170^3=655\times10^4\text{mm}^4$$

$$A=bt_s+150\times10=170\times16+150\times10=4\ 220\text{mm}^2$$

$$i_z=\sqrt{I_z/A}=\sqrt{655\times10^4/4\ 220}=39.4\text{mm}$$

$$\lambda = h_0 / i_z = 1\,300/39.4 = 32.99$$，查表得 $\varphi = 0.885$，c 类。

$$F/\varphi A = 794.6 \times 10^3 / (0.885 \times 4\,220) = 212.76\text{N/mm}^2 < f = 215\text{N/mm}^2$$

②端面承压强度验算：

$$\sigma_{ce} = F/A_{ce} = 794.6 \times 10^3 / 170 \times 16 = 292.13\text{N/mm}^2 < f_{ce} = 320\text{N/mm}^2$$

③支承加劲肋与腹板的连接焊缝计算：

$$h_f = \frac{F}{2 \times 0.7 l_w f_f^w} = \frac{794.6 \times 10^3}{2 \times 0.7 \times 1\,290 \times 160} = 2.75\text{mm}$$

取 $$h_f = 6\text{mm} \geqslant 1.5\sqrt{t} = 1.5 \times \sqrt{16} = 6\text{mm}$$

横向加劲肋焊缝按构造确定，取 $h_f = 1.5\sqrt{t} = 1.5 \times \sqrt{10} \approx 5\text{mm}$

3. 施工图

施工图如图 6-44 所示。

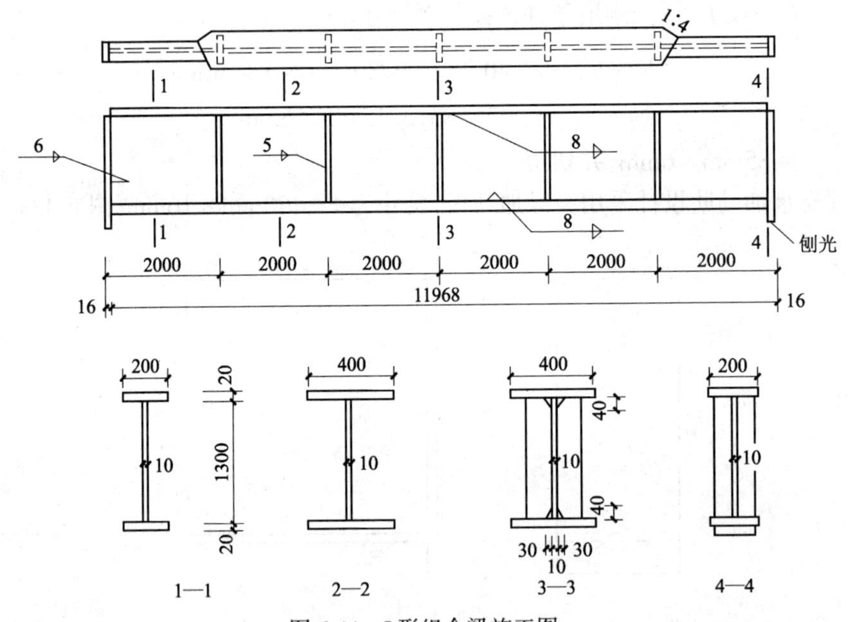

图 6-44　I 形组合梁施工图

4. 平台柱的设计

平台柱一般可按轴心受压柱设计，支撑可按轴心受拉杆计算。具体计算方法及参考例题此处从略。

5. 楼梯和栏杆设计

本工作平台采用斜楼梯和固定栏杆。具体计算可参考有关资料。

6. 梁柱连接及柱头和柱脚基础设计

梁柱连接、柱头、柱脚和基础设计（略）。

6.7.7　答辩参考题

1. 梁在弯矩作用下，截面上正应力发展的三个阶段是什么？

2. 截面塑性设计的适用范围？截面塑性发展系数的意义及取值是什么？

3. 梁的局部承压强度验算的意义及方法?
4. 什么是梁的丧失整体稳定? 整体稳定性系数 φ_b 的意义是什么? 影响梁整体稳定的因素有哪些? φ_b 值怎么取用?
5. 保证梁局部稳定的措施有哪些?
6. 什么是加劲肋? 如何设置加劲肋?
7. 梁的拼接有几种类型?
8. 梁的连接有哪几种? 梁的支座有几种形式? 各有何特点?
9. 简述型钢梁与组合梁的设计要点。

6.7.8 设计参考题

一平台梁格的布置如图 6-45 所示。预制钢筋混凝土平台板 100mm 厚(板与次梁焊牢)和豆石混凝土面层 30mm 厚,共重 $1.2\times3.22\text{kN/m}^2$,静力活荷载为 $1.3\times30\text{kN/m}^2$。次梁用热轧 I 形钢,与主梁等高连接,钢材为 16Mn,焊条用 E50 型。试选择次梁截面。

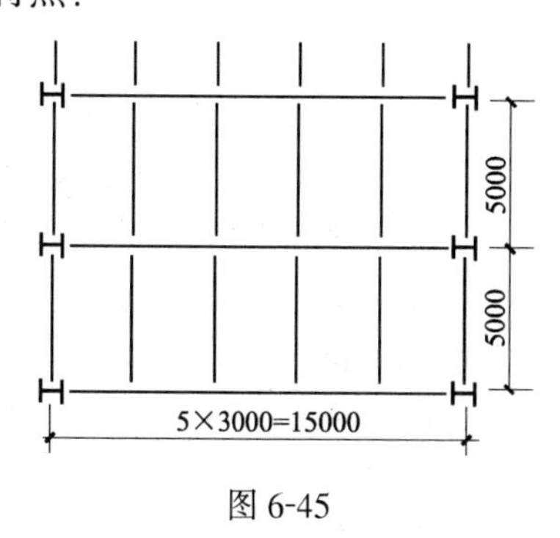

图 6-45

第7章　地基基础课程设计

7.1　教学大纲

7.1.1　课程的性质和任务

建筑物基础设计是地基基础课程的重要实践教学环节。通过本次课程设计，巩固相应的理论知识，了解实际工程中基础设计的方法、内容、步骤。

7.1.2　课程教学目标

1. 知识目标

(1)能运用岩土工程勘察报告。

(2)掌握基础设计步骤及方法。

(3)熟悉基础的构造要求。

2. 能力目标

(1)能根据勘察报告、上部结构资料及所学的理论知识，顺利进行基础设计。

(2)提高应用规范和绘制施工图的能力。

7.1.3　课程设计内容与基本要求

1. 设计内容

(1)给定条件

1)地基勘察报告；

2)上部结构资料。

(2)作业内容

1)基础类型、材料、埋深。

2)基础底面、台阶平面尺寸、剖面尺寸。

3)底板配筋。

4)基础平面图、详图及设计说明。

2. 基本要求

(1)提交成果

1)设计计算书；

2)施工图。

(2)成果要求

施工图采用A3图幅，铅笔线，仿宋字。

计算书采用设计用纸书写，清楚、工整，并应装订成册。

7.1.4　时间安排

设计时间共5天，分配如下：

第一天：熟悉资料，进行基础及地层情况分组，确定基础类型、材料、埋深。

第二天:确定基底面积。

第三天:确定基底剖面尺寸。

第四天:基础平面图绘制。

第五天:基础详图绘制。

7.1.5 说明

1. 根据学生实际水平和不同的程度选择适当的基础类型。

2. 有条件时,可采用实际题目进行设计。

3. 本章所选示例仅为箱形基础和桩基础,对于配筋扩展基础,参见第4章例题;对于无筋扩展基础可参见第5章例题。

7.2 工程地质勘察报告

7.2.1 工程地质勘察报告的内容

地质勘察的最终成果是以报告书的形式表现的。勘察报告书的编制必须配合相应的勘察阶段,针对场地地质条件和建筑物的性质、规模以及设计和施工的要求,提出选择地基基础方案的依据和设计计算数据,指出存在的问题及解决问题的途径和办法。下面以某院所办公楼工程地质勘察报告为例来说明建筑地基勘察报告的主要内容。

(1)勘察的目的、任务和要求及勘察工作概况。本次勘察工作的目的和要求是:查明场地内的地层类别、厚度、岩性及分布特征、构造、岩土物理力学性质以及地下水特征;提出设计所需的岩土参数;对建筑地基做出岩土工程分析评价;对基础设计、地基处理、不良地质现象的防治等具体方案做出论证和建议。

(2)拟建工程概述。拟建某院办公楼,主楼高9层,该院各自两侧的联体群楼为3层楼。框架结构,占地面积1 300m^2。本建筑安全等级为二级,场地等级为二级,属详细勘察,勘察成果直接为施工图设计服务。

(3)勘察方法和勘察工作布置。本次勘察以钻探为主,配合重型动力触探,并进行地下水位观测,外业工作从8月22日开始,至9月6日结束,累计完成的勘察工作量见表7-1。

表7-1 勘察工作量汇总表

序号	项目	单位	数量	备注
1	钻孔放样	个	19	
2	钻探进尺及孔数	m/孔	338.69/10	
3	其中控制性钻孔及孔数	m/孔	201.5/10	
4	地下水位观测	次/孔	38/19	
5	重型动力触探	段/孔	509/10	

(4)场地位置、地形、地貌、地层、地质构造、岩土性质、不良地质现象的描述与评价以及地震设计烈度。

拟建建筑物位于某县新城的屈原大道东侧,长宁大道的南侧。交通方便。场区南侧是已建7层楼及浆砌石挡墙,东侧为已建3层楼及浆砌石挡墙。场区平整后的地面高程230.00m。

勘探资料表明,场区原始地形是北高南低,北部最高高程为236.40m,南部最低高程为

214.80m,相对高差20多米。原始地形坡度15°～18°,斜交主楼有一条近南北向的冲沟,场区西侧邻区有一条北北西至南南东的冲沟,两冲沟向南在场区外汇合。地貌单元为流水地貌,属侵蚀剥蚀类。地下所埋冲沟成为今后地下水的集中排泄途径。

场区无大的不良地质现象,只是沟脊相间的基底(原始)地形,使人工填筑层厚度变化大,可能形成地基土层的不均匀沉陷,应引起注意。

场区基岩为晋宁期侵入岩体,属于古老地质构造,场区及其附近没有较大的活动性断层,地质构造简单,区域稳定性好。

根据《中国地震烈度区划图》,工程所处区域地震基本烈度为Ⅵ度。依据《建筑抗震设计规范》和本场地地层条件分析,综合评定本工程场地土类型为中软场地上,场地类别为Ⅱ类。勘察资料还表明,场区未见可能产生地震液化的土层分布。

(5)场地的地层分布、岩石和土的均匀性、物理力学性质、地基承载力和其他设计计算指标。

场区岩土的构成及特征。场区的岩土构成是2层土(人工填筑层和残坡积层)和3层(强风化、中风化、微风化)英云闪长岩。

1)人工填筑层。人工填筑层(Q^{ml})为素填土,是由高原处开挖坡体运来,其组成物为沙土夹少量块石,粗砂、砾砂含量高。土层大多为松散状,少部分为稍密状。填筑时间大于2年,应有一定密实性,但触探显示土体结构疏密不均,有时上部较密,下部仍是松散状,除西北角外,整个场区有其分布。该层厚0～15.6m。

2)残坡积层。残坡积层(Q^{cl+dl})由黏土夹砾砂、粗砂及少量中细砂和碎石组成,表层为10～20cm深色腐殖土,分布在整个场区。从上而下土体密实度可分为松散(表面)、稍密、密实三种,层厚0.3～2.6m,ZK14钻孔处,由于开挖扰动,土体呈松散状。

3)英云闪长岩。英云闪长岩(δ_2)是晋宁期侵入岩体。区测资料显示属中至粗粒闪长岩,呈灰白色,该岩体的矿物质组成:斜长石54%～60%,石英20%～25%,角闪石15%～30%,黑云母及绿泥石10%。呈中至细粒花岗结构,粒径一般为2～6mm,个别达10mm。

①强风化英云闪长岩(δ_2^1)。呈褐色,其上部岩体结构破坏严重,颜色较深,几乎呈土状,与残积层不易区别,主要是靠重型动力触探来定其上界线。每段(10cm)30多击或呈反弹,那就是残积层结束,进入强风化英云闪长岩的标志。其下段,岩体结构较好,呈块状岩体。下界与中风化岩体分界的界定原则是已取到中风化岩心,就是强风化岩体的结束位置。分布于整个场区。层厚2.1～8.5m。

②中风化英云闪长岩(δ_2^2)。其界定指标有两条:第一,岩样能成岩心,从钻孔中取出;第二,呈不同程度的风化,岩心表面及裂面都风化成不同深度的黄色。岩石坚硬,强度较高。分布在整个场区。层厚1.0～3.3m。

③微风化英云闪长岩(δ_2^3)。呈灰白色,新鲜,只是裂面有轻微风化,坚硬完整,强度很高。整个场区地下深处都是这种岩石。

场区岩土的物理力学性质。根据现场重型动力触探成果,查阅《工程地质手册》,类比该县及邻区数处类似工程的资料,将本场区岩土层的物理力学指标列于表7-2。

(6)地下水的埋藏条件和腐蚀性以及土层的冻结深度。场区地下水类型为孔隙性潜水,埋藏较深,天然降水补给。由于场区北面是有一定高度的坡体地形,可以汇集一定数量的降水补给地下。

表 7-2 岩土层物理力学指标表

岩土层名称	状 态	孔隙比 e	内摩擦角(°)	压缩模量 E_s(MPa)	承载力(f_{ak}/kPa)
人工填筑层	松散 稍密	>0.65 0.65~0.5	32 35	3~4 6~7	100~150 200~250
残坡积层	松散 稍密 密实	>0.65 0.65~0.5 <0.45	32 35 38	3~4 6~7 8~10	100~150 200~250 300~400
英云闪长岩	强风化 中风化 微风化				400~500 1 500~2 000 4 000

人工填筑层(Q^{ml})为砾砂土,结构松散,透水性好,残坡积层除表面10~20m较松散外,其下部土层密实性较好,可以起到相对隔水作用。所以,地下水位就位于残坡积层中,由于场区为坡地地形,排水条件较好,地下水位变动较小。其变动随着降水量的大小变动而变动。

区域水文地址资料表明:地下水 pH 6.3;HCO_3^- 1.205mmol/L;侵蚀性 CO_2 0.00mg/L;Cl^- 6.00mg/L;SO_4^{2-} 30.00mg/L。据《岩土工程勘察规范》所列环境水对混凝土侵蚀性判定方法和指标判定,该场区地下水对建筑物混凝土无侵蚀性。

(7)对建筑场地及地基进行综合的工程地质评价,对场地的稳定性和适宜性给出结论。桩基持力层放在中风化英云闪长岩上是非常好的,很稳当。但是,强风化英云闪长岩厚度大,强度也较高,不用可惜。经再三研究,认为利用强风化英云闪长岩的中下部作为桩基持力层比较合理,比较经济,稳定性也能满足要求。

拟建建筑物场区无不良工程地质现象,场地稳定,适宜本工程建设;本场地土类属中软土,场地类别属Ⅱ类;地下水对混凝土无侵蚀性;建筑物地基基础选用在充分考虑经济、技术、工期等因素,经综合比较后推荐采用人工挖孔灌注桩。

(8)工程施工和使用期间可能发生的岩土问题的预测及监控、预防措施的建议。

第一,挖孔状孔周的稳定问题。人工填筑层呈松散状,挖孔过程中很容易产生崩塌现象,应采用分段挖,挖一段衬砌一段,又往下挖一段;残坡积层也要采用这方法为好。

第二,地下水的影响。由于人工填筑层为砾砂,松散状,透水性好,坡体地形排水通畅。所以,地下水不可能在土体中大量积存,水量较少,有利于桩基的开挖;当挖到一定深度以后,上面的有利条件就会转变为不利条件,场区北面高坡底下的地下水,就可通过临空面走捷径,就会在孔壁上冒出来。特别是位于原冲沟边的桩孔,当挖到残积层地下水位线附近时,地下水就会沿相对隔水层较集中地排向孔井内,并将该层位以上较松散的中细砂、粉细砂带到孔井内,形成"流砂"。当发现这种现象,要及时封堵,以免流态扩大。

第三,施工验槽。施工期间,应及时通知设计单位人员参与验槽工作。

(9)所附的图表。该工程地质勘察报告附图7张,其附图目录如表7-3所示。

表 7-3 附 图 目 录

序 号	图 名	比 例 尺	图 号
1	钻孔平面布置图	1:500	ZJFB-D11-01
2	Ⅰ-Ⅰ′工程地质剖面图	1:200	ZJFB-D11-02

续表

序　号	图　　名	比　例　尺	图　　号
3	Ⅱ-Ⅱ′工程地质剖面图	1:200	ZJFB-D11-03
4	Ⅲ-Ⅲ′、Ⅳ-Ⅳ′Ⅴ工程地质剖面图	1:200	ZJFB-D11-04
5	Ⅴ-Ⅴ′、Ⅵ-Ⅵ′工程地质剖面图	1:200	ZJFB-D11-05
6	Ⅶ-Ⅶ′、Ⅸ-Ⅸ′工程地质剖面图	纵1:100 横1:200	ZJFB-D11-06
7	Ⅷ-Ⅷ′、Ⅹ-Ⅹ′工程地质剖面图	纵1:100 横1:200	ZJFB-D11-07

附表1张,即钻孔各岩土层厚度一览表。

以上内容并不是每一项勘察报告都必须全部具备的,而应视具体要求和实际情况有所侧重并加以充分说明问题为准。对于地质条件简单和勘察工作量小且无特殊设计及施工要求的工程,勘察报告可以酌情简化。

7.2.2　工程地质勘察报告的阅读与使用

为了充分发挥勘察报告在设计和施工中的作用,必须重视对勘察报告的阅读和使用。阅读时应先熟悉勘察报告的主要内容,了解勘察结论和计算指标的可靠程度,进而判断报告中的建议对该项工程的适用性,做到正确使用勘察报告。这里,需要把场地的工程地质条件与拟建建筑物具体情况和要求联系起来进行综合分析。下面,我们再通过前面的实例来说明建筑场地和地基工程地质条件综合分析的主要内容及其重要性。

1. 持力层及基础形式的选择

对不存在可能威胁场地稳定性的不良地质现象的地段,地基基础设计应在满足地基承载力和沉降这两个方面基本要求的前提下,尽量采用比较经济的天然地基上浅基础。这时,地基持力层的选择应该从地基、基础和上部结构的整体性出发,综合考虑场地的土层分布情况和土层的物理力学性质,以及建筑物的体型、结构类型和荷载的性质与大小等情况。

通过阅读勘察报告,在熟悉场地各土层的分布和性质(层次、状态、压缩性和抗剪强度、土层厚度、埋深及其均匀程度等)的基础上,初步选择适合上部结构特点和要求的土层作为持力层,经过试算或方案比较后做出最后的决定。

该工程的人工填筑层,由于结构松散,厚度大,基底不平,存在较严重的不均匀沉陷性,不能作为地基持力层;残坡积层,尤其是其下部砾砂土较密实,是较好的地基持力层。但层积厚只有0.3～2.6m,实际工程意义小,也不宜作为地基持力层;英云闪长岩,力学强度大幅增加,厚度大,稳定性好,是较好的地基持力层。

勘察资料表明,场区原始地形较为复杂,填土厚度不一,工程地质性状较差,建议采用桩基础。根据场地岩土工程条件、水文地质条件及建筑物的特点,并考虑到该县城一带比较成熟的施工技术经验,桩基采用人工挖孔灌注桩应较为合适。

地基基础主要持力层选择在强风化英云闪长岩的中下部块状岩体部位。其上部是碎裂状岩体,可用十字镐开挖,采用人工挖孔桩可以降低造价;块状岩体稳定性好,使地基土从不同的角度发挥并利用其优点。

块状硬质岩体强度较高,其下整体性较好的中风化英云闪长岩强度更高,不可能产生沉桩事件。所以,对周围环境不会造成影响。

2. 场地稳定性评价

地质条件复杂的地区，综合分析的首要任务是评价场地的稳定性，其次才是地质的强度和变形问题。

场地的地质构造(断层、褶皱等)、不良地质现象(泥石流、滑坡、崩塌、岩溶、塌陷等)、地层成层条件和地震等都会影响场地的稳定性。在勘察中必须查明其分布规律、具体条件、危害程度。

拟建建筑物所在区域毗邻某重要水利工程。长期以来，该工程及邻区积累了大量的区域构造稳定性研究成果，其中的人工地震测探、布格重力异常、航磁测量及近20年区域地形变测量资料等反映本工程所在区域地壳(深部)结构完整，属地壳变化平缓的稳定区。

场地地质构造简单，无不良工程地质现象，稳定性较好，适宜于修建拟建建筑物。

7.3 箱形基础设计

7.3.1 箱形基础课程设计任务书

1. 工程概况

某行政办公楼采用钢筋混凝土框架-剪力墙结构，地上10层，±0.00以上高度为39.60m，地下一层，采用箱形基础。上部结构及箱形基础条件见图7-1～图7-3。

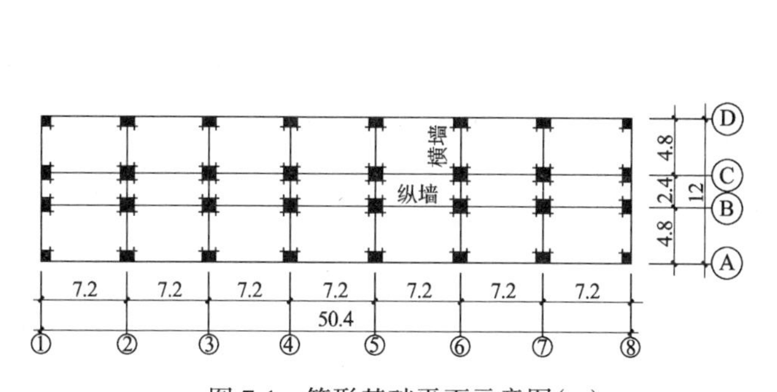

图7-1 箱形基础平面示意图(m)

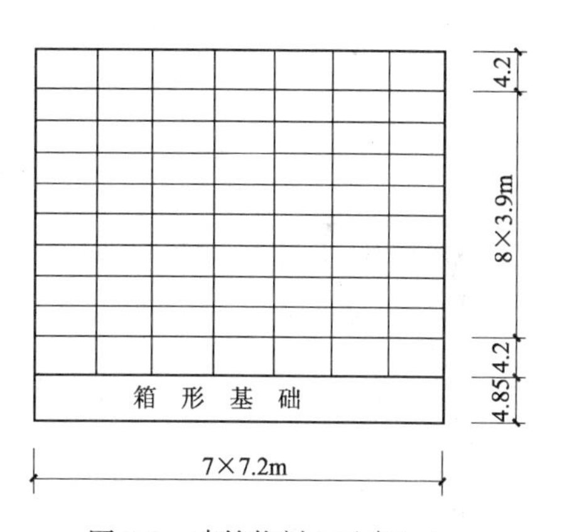

图7-2 建筑物剖面示意(m)

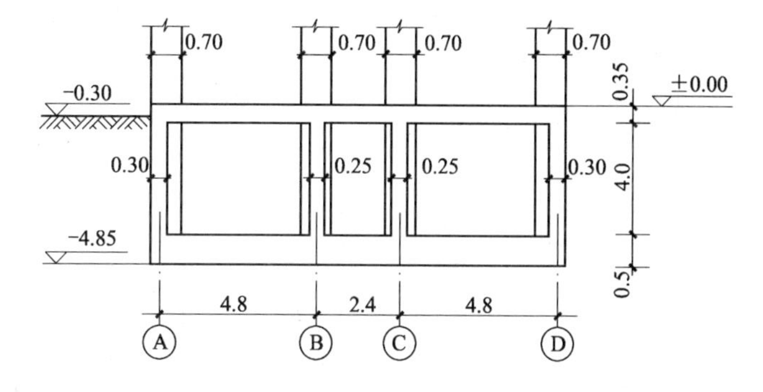

图7-3 箱形基础横剖面示意(m)

2. 设计资料

(1)抗震设防:8 度近震。

(2)工程地质条件:见表 7-4 和表 7-5。

表 7-4　场地工程地质条件

层　次	名称及代号	层　厚　(m)	地表以下深度(m)	状　　态
Ⅰ	杂填土 Q_4^{ml}	0.40	0.40	硬塑
Ⅱ	黄土状土 Q_4^{al+pl}	1.85	2.25	可塑
Ⅲ	黄土 Q_3^{eol}	2.30	4.55	可塑
Ⅳ	古土壤 Q_3^{el}	4.20	8.75	硬塑
Ⅴ	细砂 Q_2^{al}	5.0(未穿透)		密实

注:地下水位位于地表以下 25.00m。

表 7-5　地基土的主要物理力学指标

层次	名　称	含水量 w(%)	天然重度 γ(kN/m³)	孔隙比 e	塑性指数 I_p	压缩模量 E_s(MPa)	承载力特征值 f_{ak}(kPa)
Ⅱ	黄土状土	19.9	15.3	0.901	12.9	3.74	150.0
Ⅲ	黄土	17.4	15.4	0.852	15.8	4.38	170.0
Ⅳ	古土壤	16.9	19.7	0.690	12.8	4.75	220.0
Ⅴ	细砂		19.0			240.0	

注:细砂的贯入击数 $N=36$。

(3)材料:混凝土,±0.00 以上 C30,箱形基础顶板为 C20 级,底板为 C30 级,侧墙为 C25 级采用防水混凝土,抗渗等级为 0.6MPa,纵向受力筋为 HRB335 级,箍筋为 HPB235 级。

(4)上部结构有关尺寸及荷载

框架纵梁截面:0.3m×0.5m

框架横梁截面:0.35m×0.5m

框架柱截面:0.7m×0.7m

上部结构荷载见表 7-6～表 7-8。

表 7-6　±0.00 处竖向集中恒荷载标准值 N_{GK}(kN)

轴线号	A	B	C	D	合　计
1	1 060.3	1 289.8	1 289.8	1 060.3	4 703.2
2	1 826.9	2 204.1	2 401.4	2 171.0	8 603.4
3	1 820.6	2 175.8	2 448.0	2 219.0	8 663.4
4	1 839.8	2 162.9	2 833.9	2 401.9	9 238.5
5	1 720.3	2 209.9	2 444.2	2 209.4	8 583.8
6	1 830.7	2 209.4	2 209.4	1 830.7	8 080.2
7	1 873.0	2 281.0	2 281.0	1 873.0	8 307.9
8	1 201.9	1 336.8	1 393.4	1 244.6	5 176.7
合计	13 176.5	15 869.7	17 301.0	15 009.9	61 357.1

表 7-7 ±0.00 处竖向集中活荷载标准值 N_{QK}(kN)

轴线号	A	B	C	D	合 计
1	172.8	259.2	259.2	172.80	864.0
2	346.5	518.4	518.4	346.5	1 729.8
3	346.5	518.4	518.4	346.5	1 729.8
4	346.5	518.4	518.4	346.5	1 729.8
5	346.5	518.4	518.4	346.5	1 729.8
6	346.5	518.4	518.4	346.5	1 729.8
7	346.5	518.4	518.4	346.5	1 729.8
8	172.8	259.2	259.2	172.8	864.0
合计	2 424.6	3 628.8	3 628.8	2 424.6	12 106.8

表 7-8 各层水平地震力(kN)

层 号	1	2	3	4	5	6	7	8	9	10
水平地震力 F_i	114.2	224.4	311.6	412.0	505.8	600.4	700.5	720.1	800.1	850.2

注:表中地震力为横向水平地震力。

(5)土压力计算指标

计算箱形基础外纵墙及外横墙土压力时,取填土的黏聚力 $c=0$,内摩擦角 $\phi=20°$,地表均布活荷载 $q_k=10kN/m^2$。

(6)基础埋深

根据使用要求、建筑物总高度及工程经验,箱形基础底面标高定为 -4.85m,其下做 100mm 厚的素混凝土垫层。

3. 设计任务

(1)验算箱形基础的尺寸及构造

(2)验算箱形地基的承载力及变形

(3)箱形基础结构设计

1)确定基底反力分布,计算上部结构的折算刚度,箱形基础的刚度。

2)箱形基础的顶板,底板计算(内力配筋及抗剪承载力验算),顶板和底板横向只考虑局部弯曲作用,底板纵向考虑整体弯曲和局部弯曲的共同作用。

3)箱形基础的内、外墙体计算(内力,配筋及抗剪承载力验算)。

4)绘制箱形基础的底板配筋图。

7.3.2 箱形基础地基计算

1. 验算箱形基础的尺寸及构造

(1)箱形基础尺寸

箱形基础构造尺寸如下

墙体厚度:外墙 300mm

内墙 250mm

板厚：顶板　350mm

　　　底板　500mm

其他尺寸详见图 7-3。

(2)箱形基础水平截面积验算

纵墙水平截面积：$(0.3\times7\times7.2+0.25\times7\times7.2)\times2=55.44\text{mm}^2$

横墙水平截面积：$0.3\times(4.8+2.4+4.8)\times2+0.25\times4.8\times12=21.6\text{m}^2$

墙体总面积：$55.4+21.60=77.04\text{m}^2$

基础面积：$(7\times7.2+0.3)\times(4.8+2.4+4.8+0.3)=623.61\text{m}^2$

$$\frac{\text{墙体水平截面积}}{\text{基础面积}}=\frac{77.04}{623.61}=0.124>\frac{1}{10}\text{(满足要求)}$$

$$\frac{\text{纵墙水平截面积}}{\text{墙体总水平截面积}}=\frac{55.44}{77.04}=0.720>\frac{3}{5}\text{(满足要求)}$$

(3)基础高度验算

箱形基础高度(总高)

$$h=0.35+4.0+0.5=4.85\text{m}>3.0\text{m},\text{且}>\frac{1}{20}L=\frac{1}{20}\times50.4=2.52\text{m}$$

$$\frac{\text{箱基高度}}{\text{建筑物高度}}=\frac{4.85}{39.6}=\frac{1}{8.16},\text{在}\frac{1}{8}\sim\frac{1}{12}\text{之间,满足要求。}$$

$$\frac{\text{箱基高度}}{\text{箱基长度}}=\frac{4.85}{7\times7.2}=\frac{1}{10.4}>\frac{1}{18},\text{满足要求。}$$

(4)基础埋深及验算

对于箱形基础，基础埋深 d 从室外地面算起，即

$$d=4.85-0.3=4.55\text{m}>\frac{1}{10}\text{建筑物高度}=\frac{1}{10}\times39.6=3.96\text{m 满足要求。}$$

(5)偏心距验算

1)结构竖向长期荷载合力作用点位置

$$\text{长期荷载}=1.0\text{ 恒载}+0.5\text{ 活载}$$

在实际偏心距计算中，应计入箱形基础自重的影响，对于本题，把箱形基础自重视为均匀对称分布，不产生偏心，只考虑上部荷载产生的偏心，不计基础对偏心的影响。

如图 7-4 所示的坐标系，上部结构竖向长期荷载合力作用点位置为：

$$x_0=\frac{\sum N_i x_i}{\sum N_i}\text{，其中 } i \text{ 表示 }1,2,3,\cdots,8\text{ 轴线}$$

$$y_0=\frac{\sum N_i y_i}{\sum N_i}\text{，其中 } i \text{ 表示 A,B,C,D 轴线}$$

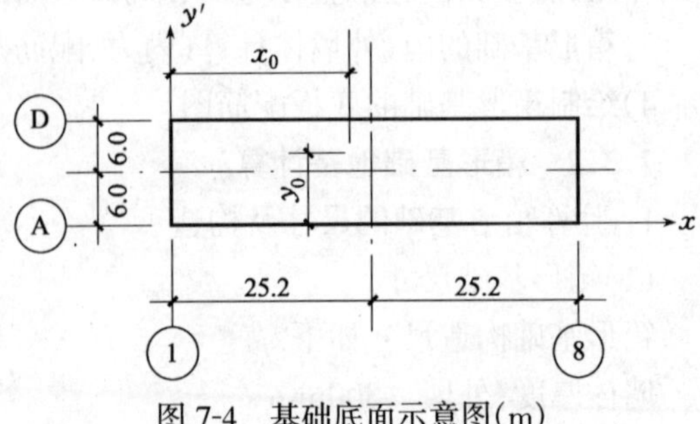

图 7-4　基础底面示意图(m)

式中　N_i——第 i 轴竖向长期荷载总和；

　　x_i, y_i——第 i 轴与 x，y 轴的距离。

代入得

$$\sum N_i x_i = (8\ 603.4+0.5\times1\ 729.8)\times7.2+(8\ 663.4+0.5\times1\ 729.8)\times14.4+(9\ 238.5+0.5\times1\ 729.8)\times21.6+(8\ 583.8+0.5\times1\ 729.8)\times28.8+(8\ 080.2+0.5\times1\ 729.8)\times36.0+(8\ 307.9+0.5\times1\ 729.8)\times43.2+(5\ 176.7+0.5\times864)\times50.4 = 1\ 696\ 676.40\text{kN}\cdot\text{m}$$

$$\sum N_i y_i = (15\ 869.7+0.5\times3\ 628.8)\times4.8+(1\ 730.10+0.5\times3\ 628.8)\times7.2+(15\ 009.9+0.5\times2\ 424.6)\times12.0 = 410\ 649.12\text{kN}\cdot\text{m}$$

$$\sum N_i = 61\ 357.1+0.5\times12\ 106.8=67\ 410.5\text{kN}$$

$$x_0=\frac{1\ 696\ 676.4}{67\ 410.5}=25.12\text{m}$$

$$y_0=\frac{410\ 649.12}{67\ 410.5}=6.09\text{m}$$

2)基础底面形心位置

$$x=25.2\text{m}, y=6.0\text{m}$$

3)验算

偏心距

纵向:$e_x=|x_0-x|=|25.12-25.2|=0.08\text{m}$

横向:$e_y=|y_0-y|=|6.09-6.0|=0.09\text{m}$

$$e_y=0.09<\frac{\text{基础宽度}}{60}=\frac{12.0}{60}=0.20\text{m},\text{满足要求。}$$

2. 验算地基的承载力及变形

(1)地基承载力验算

箱形基础的顶面积:$(50.4+0.3)\times(12+0.3)=623.61\text{m}^2$

箱形基础底面积为:623.61m^2

1)箱形基础自重及其上活荷载的标准值与设计值

①恒载标准值 P_{GK}

顶板:$623.61\times0.35\times25=5\ 456.6\text{kN}$

底板:$632.61\times0.5\times25=7\ 795.1\text{kN}$

垫层:$623.61\times0.1\times25=1\ 559.0\text{kN}$

纵墙:$55.44\times4.0\times25=5\ 544.0\text{kN}$

横墙:$21.6\times4.0\times25=2\ 160.0\text{kN}$

合计 $P_{GK}=22\ 514.7\text{kN}$

②活载标准值 P_{QK}

$$P_{QK}=1.5\text{kN/m}^2\times623.61\times2=1\ 870.8\text{kN}(\text{包括顶、底板})$$

$$P_K=P_{GK}+P_{QK}=22\ 514.7+1\ 870.8=24\ 385.5\text{kN}$$

$$P=P_G+P_Q=1.2\text{恒载}+1.4\text{活载}$$

$$=1.2\times22\ 514.7+1.4\times1\ 870.8=29\ 636.8\text{kN}$$

2)上部竖向荷载标准值与设计值

$$N_K=N_{GK}+N_{QK}=61\ 357.1+12\ 106.8=73\ 463.9\text{kN}$$
$$N=1.2\times61\ 357.1+1.4\times12\ 106.8=90\ 578.0\text{kN}$$

3)基础底面荷载标准值与设计值

$$P_K+N_K=24\ 385.5+73\ 463.9=97\ 849.4\text{kN}$$
$$P+N=29\ 636.8+90\ 578.0=120\ 214.8\text{kN}$$

4)竖向荷载偏心产生的力矩

$$M_{K横}=N_K\cdot e_y=73\ 463.9\times0.09=6\ 611.75\text{kN}\cdot\text{m}$$
$$M_{K纵}=N_K\cdot e_x=73\ 463.9\times0.08=5\ 877.11\text{kN}\cdot\text{m}$$

5)水平地震力对基底的力矩(横向)

$$M_{K地震}=850.2\times44.45+800.1\times40.25+720.1\times36.35+700.5\times32.45+600.4\times28.55+505.8\times24.65+412.0\times20.75+311.6\times16.85+224.4\times12.95+114.2\times9.05=166\ 250.6\text{kN}\cdot\text{m}$$

6)基底反力

$$p_K=\frac{N_K+P_K}{b\cdot l}$$
$$p_{K\min}^{\max}=p_K\pm\frac{M_{K横}}{W_{横}}\pm\frac{M_{K纵}}{W_{纵}}$$

式中　p_K——基底反力平均值；

N_K+P_K——基础底面荷载标准值；

l,b——基础底面长度和宽度；

$p_{K\min}^{\max}$——基底反力的最大、最小值；

$M_{K纵},M_{K横}$——竖向荷载偏心产生的力矩；

$W_{纵},W_{横}$——基础底面纵横方向的抵抗矩。

对于本题

$$p_K=\frac{97\ 849.4}{623.61}=156.91\text{kPa}$$
$$W_{纵}=\frac{\frac{1}{12}\times12.3\times50.7^3}{25.35}=5\ 269.5\text{m}^3$$
$$W_{横}=\frac{\frac{1}{12}\times50.7\times12.3^3}{6.15}=1\ 278.4\text{m}^3$$

$$p_{\mathrm{Kmin}}^{\max}=156.91\pm\frac{7\,246.3}{5\,269.5}\pm\frac{8\,152.1}{1\,278.4}=\frac{164.71}{149.11}\mathrm{kPa}$$

考虑水平地震力时

$$p'_{\mathrm{Kmax}}=p_{\mathrm{K}}+\frac{1.3M_{\mathrm{K地震}}^{[5-6]}+M'_{\mathrm{K}}}{W_{横}}$$

式中 p'_{Kmax}——考虑地震作用时的基底最大压力；

$M_{\mathrm{K地震}}$——水平地震力对基底产生的力矩；

M'_{K}——与地震力组合时，上部荷载在横向偏心引起的力矩，取值为 $M'_{\mathrm{K}}=1.2$(恒载 $+0.5$ 活载)$e_y=1.2\times(61\,357.1+0.5\times12\,106.8)\times0.09=7\,280.3\mathrm{kN\cdot m}$

代入得：

$$p'_{\mathrm{Kmax}}=156.91+\frac{1.3\times166\,250.6+7\,280.3}{1\,278.4}=331.71\mathrm{kPa}$$

(2)地基承载力特征值

根据场地地质条件，地基承载力特征值按《建筑地基基础设计规范》(GB 50007—2002)确定，其修正值为

$$f_{\mathrm{a}}=f_{\mathrm{ak}}+\eta_{\mathrm{b}}\gamma(b-3)+\eta_{\mathrm{d}}\gamma_{\mathrm{m}}(d-0.5)$$

式中 f_{a}——修正地基承载力特征值；

f_{ak}——地基承载力特征值；

$\eta_{\mathrm{b}}, \eta_{\mathrm{d}}$——地基承载力修正系数，基底以上土类按《湿陷性黄土地区建筑地基基础设计规范》规定由表 7-9 查得；

γ——基底以下土的重度，地下水位以下取浮重度；

γ_{m}——基础底面以上土的加权平均重度，地下水位以下取浮重度；

b——基础底面宽度，当 $b<3\mathrm{m}$ 时，按 3m 计；当 $b>6\mathrm{m}$ 时，按 6m 计；

d——基础埋置深度，对于箱形基础，从室外地面标高算起，当 $d<1.5\mathrm{m}$ 时，按 1.5m 计。

表 7-9 基础的承载力修正系数 $\eta_{\mathrm{b}}, \eta_{\mathrm{d}}$

地基土类别	有关物理指标	η_{b}	η_{d}
晚更新世(Q_3) 全新世(Q_4)	$W<24\%$	0.2	1.25
湿陷性黄土	$W>24\%$	0	1.10
饱和黄土	$e<0.85, I_1<0.85$ $e>0.85, I_1>0.85$ $e>1.0, I_1>1.0$	0.2 0 0	1.25 1.10 1.00
新近堆积黄土(Q_4^2)		0	1.00

注：表中 I_1 为液性指数。

查表7-5及表7-8,得

$$f_{ak}=220\text{kPa}$$
$$\eta_b=0.2,\eta_d=1.25$$
$$\gamma=19.7\text{kN/m}^3$$
$$d=12.3\text{m}>6\text{m},按\ b=6.0\text{m}\ 计$$
$$\gamma_m=\frac{\sum\gamma_ih_i}{\sum h_i}=\frac{15.3\times2.25+15.4\times2.3}{2.3+2.25}=15.4\text{kN/m}^3$$
$$d=4.85-0.3=4.55\text{m}(见图7\text{-}3)$$

代入得

$$f_a=220+0.2\times19.7\times(6-3)+1.25\times15.4\times(4.55-1.5)=290.5\text{kPa}$$

(3)验算

$$p_K=156.91\text{kPa}<f_a=290.5\text{kPa}(满足要求)$$
$$p_{Kmax}=164.71\text{kPa}<1.2f_a=1.2\times290.5=384.6\text{kPa}(满足要求)。$$
$$p_{Kmin}=149.11\text{kPa}>0(满足要求)$$
$$p'_{Kmax}=331.71\text{kPa}<1.2f_{aE}=1.2\times\varepsilon_a^{[5-7]}f_a$$
$$=1.2\times1.3\times290.5=453.2\text{kPa}(满足要求)$$

上式中 f_a 为地基土抗震承载力设计值。ε_a 为地基土抗震承载力调整系数。

3. 地基变形验算

地基变形采用分层总和法计算,根据《建筑地基基础设计规范》(GB 5007—2002),沉降计算公式为

$$s=\psi_s\sum_{i=1}^{n}\frac{p_0}{E_{si}}(z_i\bar{\alpha}_i-z_{i-1}\bar{\alpha}_{i-1})$$

式中 s——地基最终沉降量,mm;

ψ_s——沉降计算经验系数,根据地区沉降观测资料及经验确定,也可采用表7-10值,对埋深5m左右的箱形基础,也可按表7-10;

p_0——对应于荷载效应准永久组合时的基底附加压力,$p_0=p'-\gamma_m d$,其中 p' 为荷载效应准永久组合时对应的基底压力,γ_m、d 意义同前,kPa;

表7-10 沉降计算经验系数 ψ_s

基底附加压力	基底下土的压缩模量 $\bar{E}_s$(MPa)(当量值)				
	2.5	4.0	7.0	15.0	20.0
$p_0>f_{ak}$	1.4	1.3	1.0	0.4	0.2
$p_0\leqslant0.75f_{ak}$	1.1	1.0	0.7	0.4	0.2

注:$\bar{E}_s$为变形计算深度范围内压缩模量的当量值,$\bar{E}_s=\sum A_i/\left(\sum A_i/E_{si}\right)$,$A_i$ 为第 i 层土附加应力系数沿土层厚度的积分值。

E_{si}——基础底面下第 i 层土的压缩模量，MPa；

z_i、z_{i-1}——基础底面至第 i 层土、第 $i-1$ 层底面的距离，m；

$\overline{\alpha}_i$、$\overline{\alpha}_{i-1}$——基础底面计算点至第 i 层土，第 $i-1$ 层土底面范围内的平均附加应力系数，可按《地基基础规范》附录 K 采用。

n——地基沉降计算深度内所划分的土层数。

对于本题

$$p' = \frac{61\ 357.1 + 12\ 106.8 + 22\ 514.7 + 1\ 870.8}{623.61} = 156.9\text{kPa}$$

$$p_0 = p' - \gamma_m d = 156.9 - 15.4 \times 4.55 = 86.8\text{kPa}$$

$$\psi_s = 0.5(\text{查表 7-11})$$

$$E_{si} = 4.75\text{MPa}$$

表 7-11 沉降计算经验系数 ψ_s

土的类别	基底附加压力 p_0(kPa)					
	≤40	40～60	60～80	50～100	100～150	150～200
淤泥、淤泥质土	0.5～0.7	0.7～1.0	1.0～1.2			
粉质粘土			0.6～0.9	0.6～0.9		
一般第四纪土			0.3～0.5	0.3～0.5	0.5～0.7	0.7～0.9

细砂层以下土的密度较大，变形较小，忽略其引起的沉降，取受压层厚度为 4.2m($n=1$)。计算图 7-5 所示基础 o、a、b 点的沉降。

(1)o 点的沉降 s_0

将基础分为 4 块，按部分综合角点法计算 s_0。

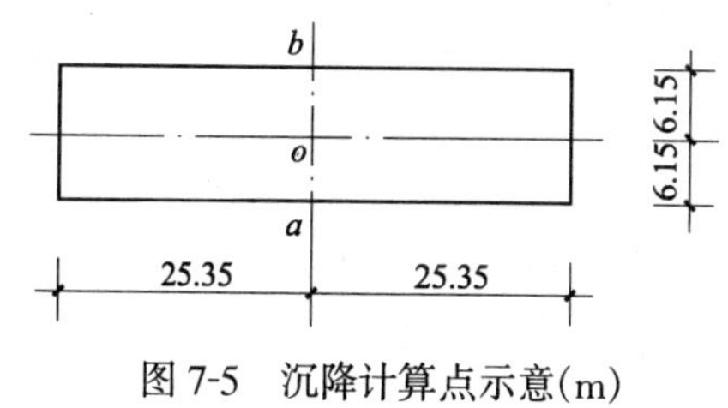

图 7-5 沉降计算点示意(m)

$$\frac{l}{b} = \frac{25.35}{6.15} = 4.12$$

$$\frac{z}{b} = \frac{4.2}{6.15} = 0.68$$

查表得：

$$\overline{\alpha}_i = 0.243\ 7$$

代入得

$$s_0 = \psi_s \frac{p_0}{E_{s1}}(z_1\overline{a}_1 \times 4 - 0)$$

$$= 0.5 \times \frac{86.8}{4.75}(4.2 \times 0.243\ 7 \times 4 - 0)$$

$$= 37.4\text{mm}$$

(2)a、b 点的沉降 s_a、s_b

如图 7-6 所示，a、b 两点由荷载效应准永久值组合产生的基底压力 p_a，p_b 为

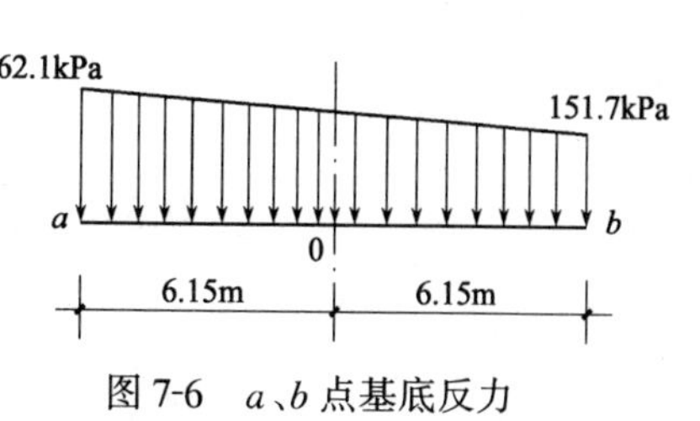

图 7-6 a、b 点基底反力

$$p_{\text{b}}^{\text{a}} = p' \pm \frac{M'_{\text{K横}}}{W_{\text{横}}}$$

式中 p'——意义同前；

$M'_{K横}$——上部竖向静荷载偏心在基础横方向产生的力矩标准值；

$W_{横}$——基础横向抵抗矩。

对于本题

$$M'_{K横}=(61\ 357.1+12\ 106.80)\times 0.09=6\ 611.8\text{kN·m}$$

代入得

$$p_{b}^{a}=156.9\pm\frac{6\ 611.8}{1\ 278.4}=\frac{162.1}{151.7}\text{kPa}$$

基底附加压力为

$$p_{0a}=p_{a}-\gamma_{m}d=162.1-15.4\times 4.55=92.0\text{kPa}$$

$$p_{0b}=p_{b}-\gamma_{m}d=151.7-15.4\times 4.55=81.6\text{kPa}$$

1)a 点的沉降 s_a

s_a = 均布荷载引起的沉降 s_{a1} + 三角形分布荷载引起的沉降 s_{a2}

将基础分为 2 块,按分部结合角点法求 s_{a1},s_{a2}。

对于 s_{a1}，$\frac{l}{b}=\frac{25.35}{12.3}=2.1,\frac{z}{b}=\frac{4.2}{12.3}=0.34$

查表得 $\bar{\alpha}_1=0.248\ 8$

代入得

$$s_{a1}=0.5\times\frac{81.6}{4.75}(4.2\times 0.248\ 8\times 2-0)=18.0\text{mm}$$

对于 s_{a2}，$\frac{l}{b}=\frac{25.35}{12.3}=2.1,\frac{z}{b}=\frac{4.2}{12.3}=0.34$

查表得 $\bar{\alpha}_1=0.222\ 9$

$$s_{a2}=0.5\times\frac{92-81.6}{4.75}(4.2\times 0.222\ 9\times 2-0)=2.0\text{mm}$$

$$s_a=s_{a1}+s_{a2}=18.0+2.0=20.0\text{mm}$$

2)b 点的沉降 s_b

s_b = 均布荷载引起的沉降 s_{b1} + 三角形分布荷载引起的沉降 s_{b2}

$$s_{b1}=s_{a1}=18.0\text{mm}$$

对于 s_{b2}，$\frac{l}{b}=\frac{25.35}{12.3}=2.1,\frac{z}{b}=\frac{4.2}{12.3}=0.34$

查表得 $\bar{\alpha}_1=0.025\ 6$

$$s_{b2}=0.5\times\frac{92-81.6}{4.75}(4.2\times 0.025\ 6\times 2-0)=0.2\text{mm}$$

$$s_b=s_{b1}+s_{b2}=18.0+0.2=18.2\text{mm}$$

(3)箱形基础横向倾斜 α

$$\alpha=\frac{s_a-s_b}{B}=\frac{20.0-18.2}{12\ 300}=0.000\ 15$$

(4)横向倾斜验算

$$\frac{B}{100H}\sim\frac{B}{150H}=\frac{12.3}{100\times39.6}\sim\frac{12.3}{150\times39.6}=0.003\sim0.002$$
$$>\alpha=0.000\ 15(\text{满足要求})$$

7.3.3 箱形基础结构设计

根据《高层建筑箱形与筏形基础技术规范》(JGJ 6—99),当箱形基础符合构造要求时,结构设计可不考虑风载及地震作用的影响。

1. 顶板计算

(1)地下室房间顶板

局部弯曲产生的弯矩采用根据弹性薄板理论公式编制的实用表格进行计算,地下室顶板可视为支承在箱形基础墙体上的连续板,其内区格板边界可视为固定,边角区格的外边界根据墙对板的实际约束情况确定,本例近似按固定边考虑,计算简图如图 7-7 所示。

荷载

板自重 $0.35\times25=8.8\text{kN/m}^2$

活荷载 1.5kN/m^2

荷载设计值 $1.2\times8.8+1.4\times1.5=12.7\text{kN/m}^2$

$$\frac{l_x}{l_y}=\frac{4.8}{7.2}=0.67>0.5$$

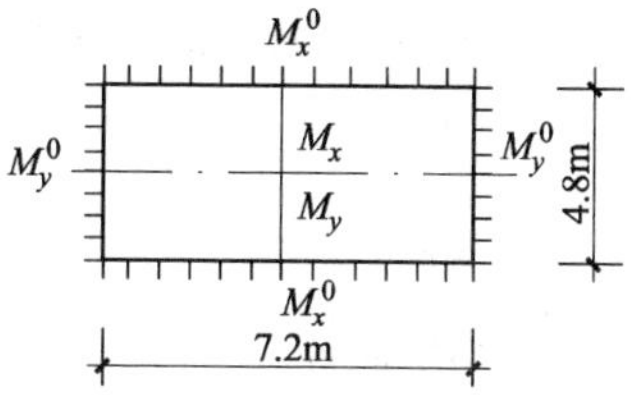

图 7-7 地下室房间顶板计算简图

按四边固定的双向板计算。由双向板计算系数表得

$$M_x=0.033\ 5\times12.7\times4.8^2=9.8\text{kN·m}$$
$$M_x^0=-0.075\ 4\times12.7\times4.8^2=-22.1\text{kN·m}$$
$$M_y=0.010\ 2\times12.7\times4.8^2=3.0\text{kN·m}$$
$$M_y^0=-0.057\times12.7\times4.8^2=-16.7\text{kN·m}$$

地下室顶板配筋见表 7-12,表中板宽 $b=1\ 000\text{mm}$,板的有效高度 $h_0=350-35=315\text{mm}$,混凝土轴心抗压强度设计值 $f_c=9.6\text{N/mm}^2$,钢筋抗拉强度设计值 $f_y=300\text{N/mm}^2$。

表 7-12 地下室房间顶板配筋

位置	M (N·mm)	$\alpha_1 bh_0^2 f_c$ (N·mm)	$\alpha_s=\frac{M}{bh_0^2 f_c}$	$\gamma_s=0.5(1+\sqrt{1-2\alpha_s})$	$A_s=\frac{M}{\gamma_s h_0 f_y}$ (mm²)	配 筋	实配面积 (mm²)
M_x	9.8×10^6	0.953×10^9	0.010 3	0.995	108.59	Φ12@200	565
M_x^0	-22.1×10^6	0.953×10^9	0.023 2	0.988	204.75	Φ12@200	565
M_y	3.0×10^6	0.953×10^9	0.003 15	0.998	31.92	Φ12@200	565
M_y^0	-16.7×10^6	0.953×10^9	0.017 5	0.991	178.32	Φ12@200	565

注:实际配筋按构造要求配置。

(2)走道顶板

按两端固定的单向板计算,取 $b=1\ 000\text{mm}$,h_0、f_c、f_y 及荷载取值与房间顶板相同,计算简图如图 7-8 所示。

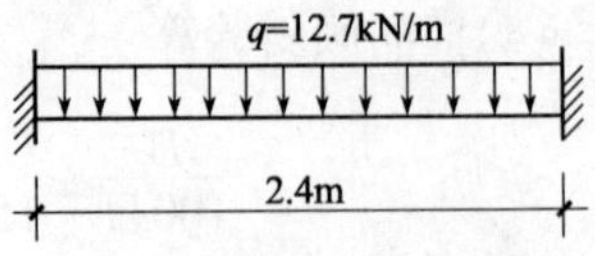

$$M_{跨中}=\frac{1}{24}ql_0^2=\frac{1}{24}\times12.7\times2.4^2=3.1\text{kN·m}$$

$$M_{支座}=-\frac{1}{12}ql_0^2=-\frac{1}{12}\times12.7\times2.4^2=-6.2\text{kN·m}$$

图 7-8　走道顶板计算简图

配筋:跨中、支座均选Φ 12@200,$A_s=565\text{mm}^2$,按构造配筋。

(3)顶板斜截面抗剪承载力验算

对钢筋混凝土板,一般不配置抗剪钢筋,由混凝土抵抗剪力,因此顶板厚度要满足下式要求。

$$V\leqslant0.7f_tbh_0$$

式中　V——板所受的剪力减去刚性角范围内的荷载(图 7-9);

f_t——混凝土轴心抗拉强度设计值;

b——计算所取的板宽度;

h_0——板的有效高度。

其中:

$$f_t=1.1\text{N/mm}^2,b=4\ 800\text{mm},h_0=350-35=315\text{mm}$$

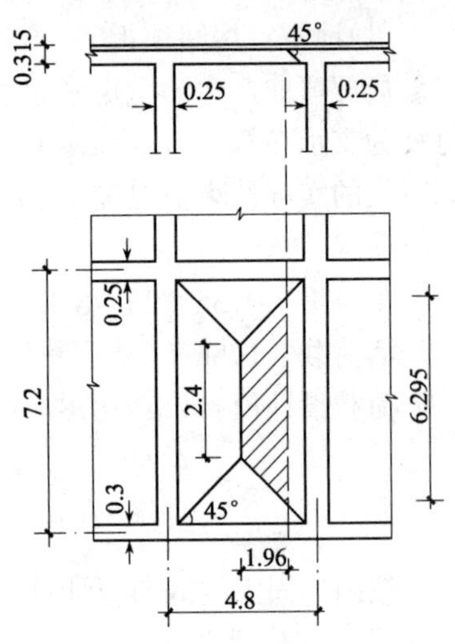

图 7-9　顶板剪力取值范围(m)

图 7-9 中的阴影面积:

$$s=\frac{1}{2}(2.4+6.295)\times(2.4-0.44)=8.52\text{m}^2$$

$$V=12.7\times8.52=108.2\text{kN}$$

$$0.7f_tbh_0=0.7\times1.1\times4\ 800\times315=1\ 164\ 240\text{N}$$

$$=1\ 164.24\text{kN}>V=108.2\text{kN}(满足要求)$$

2. 底板计算

(1)底板斜截面抗剪承载力验算及抗冲切承载力验算

1)斜截面抗剪承载力验算

按下式验算:　$V_s\leqslant0.7\beta_{hs}f_t(l_{n2}-2h_0)h_0$

$$\beta_{hs}=(800/h_0)^{1/4},h_0\leqslant800\text{mm},取\ h_0=800\text{mm}$$

荷载设计值　$p=156.91\text{kPa}$

图 7-10 中的阴影面积为:

$$s=\frac{1}{2}(2.4+5.995)\times(2.4-0.59)=7.6\text{m}^2$$

$$V_s=156.91\times7.6=1\ 192.52\text{kN}\quad\beta_{hs}=(800/h_0)^{1/4}=1.0$$

$$0.7\beta_{hs}f_t(l_{n2}-2h_0)h_0=0.7\times1\times1.43\times3\ 620\times(500-35)$$

$$=1\ 684\ 983\text{N}=1\ 684.98\text{kN}>1\ 192.52\text{kN}(满足要求)$$

2)抗冲切承载力验算

底板抗冲切承载力应满足以下式要求：

$$F_l \leqslant 0.7\beta_{hp} f_t u_m h_0$$

式中 F_l——墙体对底板 45°刚性角以外阴影部分面积 S 上的地基土平均净反力设计值，$F_e = p_s \cdot S$，其中 p_s 为扣除箱底板自重后的基底净反力，S 为图 7-11 中阴影部分图形面积；

f_t——混凝土抗拉强度设计值；

u_m——距墙边$\dfrac{h_0}{2}$处的周长(图 7-11)；

h_0——冲切破坏锥体的有效高度。双向板时，$h_0 = \dfrac{(l_{n1}+l_{n2})-\sqrt{(l_{n1}+l_{n2})^2-\dfrac{4pl_{n1}l_{n2}}{p+0.7\beta_{hp}f_t}}}{4}$；

β_{hp}——受冲切承载力截面高度影响系数，当 $h \leqslant 800$ 时，β_{hp}取 1.0；$h \geqslant 200$ 时，取 $\beta_{hp} = 0.9$；

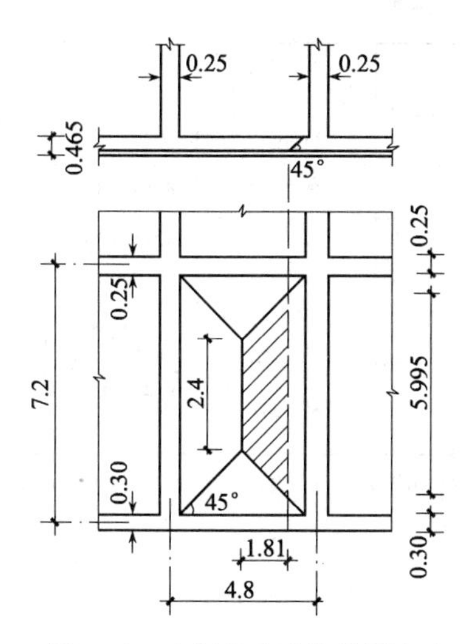

图 7-10 底板剪力取值范围(m)

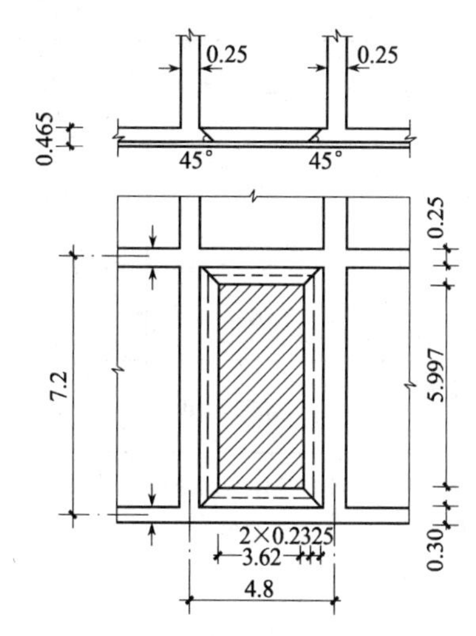

图 7-11 计算底板抗冲切承载力的截面位置(m)

其中 $p_s = p - $底板自重及活载设计值$= 156.91 - \dfrac{1.2\times 7\ 795.1 + 1.4\times\dfrac{1\ 870.8}{2}}{623.62}$

$= 139.81\text{kPa}$

$$S = 5.997\times 3.62 = 21.7\text{m}^2$$

$$u_m = 2\times(4.8-0.25-0.465) - 2\times(7.2-0.125-0.15-0.465) = 21.1\text{m}$$

$$f_t = 1.43\text{N/mm}^2,\ f_c = 14.3\text{N/mm}^2$$

$$h_0 = 500 - 35 = 465\text{mm}$$

代入得

$$F_l = p_s S = 139.81\times 21.7 = 3\ 033.88\text{kN}$$

$$0.7\beta_{hp} f_t u_m h_0 = 0.7\times 1.0\times 1.43\times 21\ 100\times 465 = 9.828\times 10^6\text{N}$$

$$= 9\ 828.00\text{kN} > F_l = 3\ 033.88\text{kN}(\text{满足要求})$$

(2)局部弯曲及整体弯曲计算

1)局部弯曲计算

计算简图如图7-12所示,扣除底板自重及其上活载,荷载设计值为139.81kPa。

$l_x/l_y=4.8/7.2=0.67>0.5$,按四边固定的双向板计算。

由表得

$$M_x=0.0335\times139.81\times4.8^2=107.91\text{kN·m}$$

$$M_x^0=-0.0754\times139.81\times4.8^2=-242.88\text{kN·m}$$

$$M_y=0.0102\times139.81\times4.8^2=32.86\text{kN·m}$$

$$M_y^0=-0.057\times139.81\times4.8^2=-138.61\text{kN·m}$$

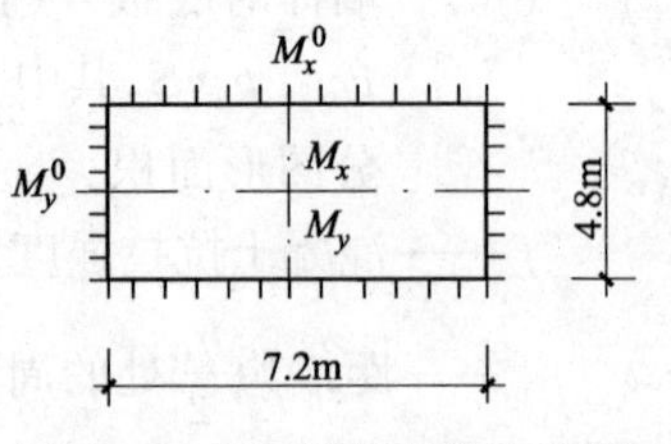

图7-12　底板局部弯曲计算简图

底板局部弯曲配筋计算见表7-13,表中 $b=1\ 000\text{mm}$, $h_0=500-35=465\text{mm}$, $\gamma_s h_0 f_y=\gamma_s\times139\ 500$

表7-13　底板局部弯曲配筋计算

位置	M (N·mm)	$\alpha_1 bh_0^2 f_c$ (N·mm)	$a_s=\dfrac{M}{\alpha_1 bh_0^2 f_c}$	$\gamma_s=0.5(1+\sqrt{1-2\alpha_s})$	$A_s=\dfrac{M}{r_s h_0 f_y}$ (mm²)	配　筋	实配面积 (mm²)
M_x	107.91×10^6	3.092×10^9	0.035	0.982	787.73	Φ18@150	1 700
M_x^0	-242.88×10^6	3.092×10^9	0.079	0.959	1 815.51	Φ22@150	2 533
M_y	$32.86\times0.8=26.29\times10^6$	3.092×10^9	0.009	0.995	189.41	与整体弯曲一起考虑(叠加)	
M_y^0	$-138.61\times0.8=-110.89\times10^6$	3.092×10^9	0.036	0.982	809.48		

注:当考虑局部弯曲与整体弯曲叠加时,局部弯曲产生的弯矩 M_y, M_y^0 乘系数0.8(当仅考虑局部弯曲时,不乘折减系数)。

2)整体弯曲计算

①基底反力

该法来自实测统计资料,没有对地基作简化假定,因此可靠性较好,且适用条件和范围也有所扩大,本题将该法拓宽应用到框架-剪力墙结构。

箱形基础底面的长宽比为:

$$\frac{\text{箱形基础底面长度}L}{\text{箱形基础底面宽度}B}=\frac{50.4+0.3}{12.0+0.3}=4.12$$

纵向基底反力系数 $\overline{p_i}$ 值见表7-14中,表中数值为5个横向基底反力系数的平均值。

表7-14　基底反力系数 $\overline{p_i}$(纵向)

$\frac{L}{B}$	$\overline{p}_1$	$\overline{p}_2$	$\overline{p}_3$	$\overline{p}_4$	$\overline{p}_5$	$\overline{p}_6$	$\overline{p}_7$	$\overline{p}_8$
4~6	1.146	0.972	0.946	0.935	0.935	0.946	0.972	1.146

各区段的基底反力 p_{si}(沿纵向分布的线荷载),其中 $p=(p+N)/bl=120\ 214.8/623.61=192.77\text{N/mm}^2$

$$p_{si}=\overline{p}_i pB=\overline{p}_i\times 192.77\times 12.3=2371.44\overline{p}_i$$

计算结果见表 7-15。

表 7-15 各区段基底反力

区 段	1	2	3	4	5	6	7	8
基底反力 p_{si} (kN/m)	2 717.7	2 305.0	2 243.3	2 217.3	2 243.3	2 305.0	2 717.7	2 717.7

箱形基础自重及其上的活荷载作为均布荷载作用在地基上,对其自身不产生内力,因此在基底反力中的将其扣除

$$p_{si}'=p_{si}-\text{箱基自重的设计值}=p_{si}-\frac{29\ 636.8}{50.7}=p_{si}-584.6$$

扣除箱形基础自重后的基底反力见表 7-16。

表 7-16 扣除箱形基础自重后的基底反力

区 段	1	2	3	4	5	6	7	8
p_{si}(kN/m)	2 133.1	1 720.4	1 658.7	1 632.7	1 632.7	1 658.7	1 720.4	2 133.1

与竖向荷载产生的基底反力相比,纵向弯矩产生的地基反力很小(参见"地基强度验算"一节),故在箱基内力计算时将其忽略。

根据上述计算,得到整体弯曲内力计算简图如图 7-13 所示。图中各轴线荷载为横向荷载设计值(=1.2 恒载+1.4 活载)的叠加,例如对于 1 轴

$$P_1=1.2\times 4\ 703.2+1.4\times 864.0=6\ 853.4\text{kN}$$

其他轴线荷载由此类推。

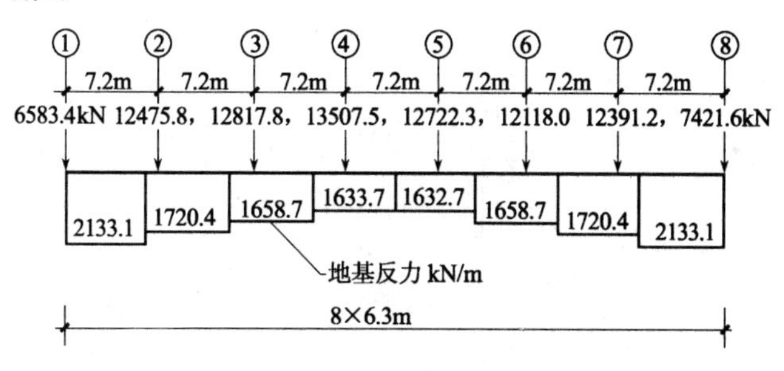

图 7-13 整体弯曲内力计算简图

②整体弯曲产生的弯矩及剪力

根据图 7-13,用静力平衡法求弯矩和剪力。

各轴线处的弯矩为

①轴线 $M_1=0$

②轴线 $M_2=-6\ 854.3\times 7.2+2\ 133.1\times 6.3\times[6.3/2+(7.2-6.3)]+$

$$1\ 720.4\times\frac{(7.2-6.3)^2}{2}=5\ 771.85\text{kN}\cdot\text{m}$$

由此类推,可得到各轴线处的 M 值。

由于基底反力计算属近似方法,因此自左和自右起算所得的 M 值有差异,应取两者的大值。

表 7-17 为弯矩的计算结果,其值为左右两边起算 M 值的大者。

表 7-17　整体弯曲产生的弯矩

轴线号	1	2	3	4	5	6	7	8
M(kN·m)	0.0	16 695.0	17 062.5	22 850.4	16 283.6	12 739.0	10 703.6	0.0

各轴线处剪力为

①轴线　$V_{1左}=0$

$V_{1右}=-6\ 853.4\text{kN}$

②轴线　$V_{2右}=-6\ 853.4+21\ 331\times6.3+(7.2-6.3)\times1\ 720.4$

$=8\ 403.5\text{kN}$

$V_{2右}=-12\ 745.8+8\ 403.5=-4\ 342.3\text{kN}$

由此类推,其他各轴线处的剪力计算结果见表 7-18。

表 7-18　整体弯曲产生的剪力

轴线号	1	2	3	4	5	6	7	8
$V_{左}$(kN)	0.0	8 403.5	7 663.5	6 718.2	4 965.7	6 170.2	4 825.9	7 421.6
$V_{右}$(kN)	-6 854.3	-4 342.3	-5 154.3	-6 789.8	-7 756.6	-5 947.8	-7 565.3	0.0

整体弯曲产生的弯矩、剪力图如图 7-14 所示。

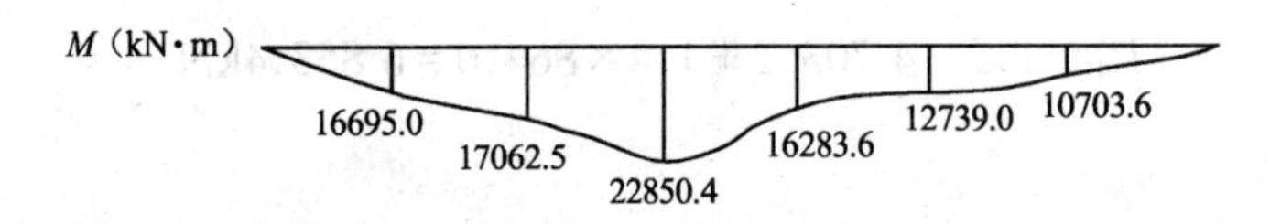

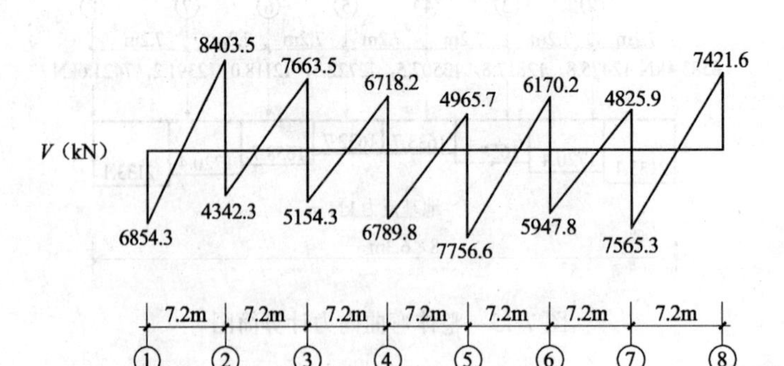

图 7-14　整体弯曲内力图

③上部结构的总折算刚度 E_BI_B

按下式计算

$$E_BI_B=\sum_{i=1}^{n}\left[E_bI_{bi}\left(1+\frac{K_{ui}+K_{li}}{2K_{bi}+K_{ui}+K_{li}}\right)\right]+E_wI_w$$

式中　　E_b——梁、柱的混凝土弹性模量;

I_{bi}——第 i 层梁的截面惯性矩；

K_{ui},K_{li},K_{bi}——第 i 层上、下柱和梁的线刚度，其值为$\frac{I_{ui}}{h_{ni}},\frac{I_{ei}}{h_{ei}},\frac{I_{bi}}{h_{bi}}$；

I_{ui},I_{li},I_{bi}——第 i 层上、下柱和梁的截面惯性矩；

l,L——上部结构弯曲方向的柱距和总长度；

E_w——在弯曲方向与箱形基础相连的连续钢筋混凝土墙混凝土的弹性模量；

I_w——在弯曲方向与箱形基础相连的连续钢筋混凝土墙的截面贯性矩，$I_w=\frac{bh^3}{12}$；

b,h——墙体的厚度和高度；

h——弯曲方向的节间数；

n——建筑物层数。

上式适用于等柱距的框架结构，对柱距相差不超过20%的框架也可适用，此时取 $m=\frac{L}{l}$，对于本题将其拓宽应用到框-剪结构。

$$E_b=3.0\times10^7\text{kN/m}^2$$

各层纵梁的截面惯性矩(每层4根纵梁)为：

$$I_{bi}=\frac{1}{12}\times0.3\times0.5^3\times4=0.012\ 5\text{m}^4$$

各层上、下柱的截面惯性矩(一榀有4根柱)为：

$$I_{li}=I_{ui}=\frac{1}{12}\times0.7\times0.7^3\times4=0.080\ 0\text{m}^4$$

各层上、下柱及纵梁的线刚度

顶、底层柱 $$K_{ui}=K_{li}=\frac{0.08}{4.2}=0.019\ 0$$

一般层柱 $$K_{ui}=K_{li}=\frac{0.08}{3.9}=0.020\ 5$$

纵梁 $$K_{bi}=\frac{0.012\ 5}{7.2}=0.001\ 7$$

E_BI_B 的计算过程及结果见表7-19。

表7-19 上部结构总折算刚度 E_BI_B 计算

层号	1	2	3	4	5	6	7	8	9	10
E_bI_{bi}(kN·m²)	3.75×10^5	3.75×10^5	3.75×10^5	3.75×10^5	3.75×10^5	3.75×10^5	3.75×10^5	3.75×10^5	3.75×10^5	3.75×10^5
I_{ui}(m⁴)	0.080 0	0.080 0	0.080 0	0.080 0	0.080 0	0.080 0	0.080 0	0.080 0	0.080 0	0.080 0
I_{li}(m⁴)	0.080 0	0.080 0	0.080 0	0.080 0	0.080 0	0.080 0	0.080 0	0.080 0	0.080 0	0.080 0
I_{bi}(m⁴)	0.012 5	0.012 5	0.012 5	0.012 5	0.012 5	0.012 5	0.012 5	0.012 5	0.012 5	0.012 5
h_{ui}(m)	3.9	3.9	3.9	3.9	3.9	3.9	3.9	3.9	4.2	0.0
h_{li}(m)	4.2	3.9	3.9	3.9	3.9	3.9	3.9	3.9	3.9	4.2
l(m)	7.2	7.2	7.2	7.2	7.2	7.2	7.2	7.2	7.2	7.2
$K_{ui}=\frac{I_{ui}}{h_{ui}}$	0.020 5	0.020 5	0.020 5	0.020 5	0.020 5	0.020 5	0.020 5	0.020 5	0.019 0	0.0

续表

层　号	1	2	3	4	5	6	7	8	9	10
$K_{li}=\dfrac{I_{li}}{h_{li}}$	0.019 0	0.020 5	0.020 5	0.020 5	0.020 5	0.020 5	0.020 5	0.020 5	0.020 5	0.019 0
$2K_{bi}=\dfrac{2I_{bi}}{l_i}$	0.003 4	0.003 4	0.003 4	0.003 4	0.003 4	0.003 4	0.003 4	0.003 4	0.003 4	0.003 4
m^2	$7^2=49$	49	49	49	49	49	49	49	49	49
E_wI_w	0	0	0	0	0	0	0	0	0	0
$E_bI_b(1+\dfrac{k_{ui}+k_{li}}{2k_{bi}+k_{ui}+k_{li}}\times m^2)+E_wI_w$	1.61×10^7	1.73×10^7	1.73×10^7	1.73×10^7	1.73×10^7	1.73×10^7	1.73×10^7	1.73×10^7	1.61×10^7	1.39×10^7
$E_BI_B=1.672\times10^8\text{kN}\cdot\text{m}^2$										

注：在纵向无与箱形基础相连的连续钢筋混凝土墙，故 $E_wI_w=0$。

3)箱形基础的惯性矩 I_g

将箱形基础简化为工字梁，简化后的截面尺寸如图7-15所示。

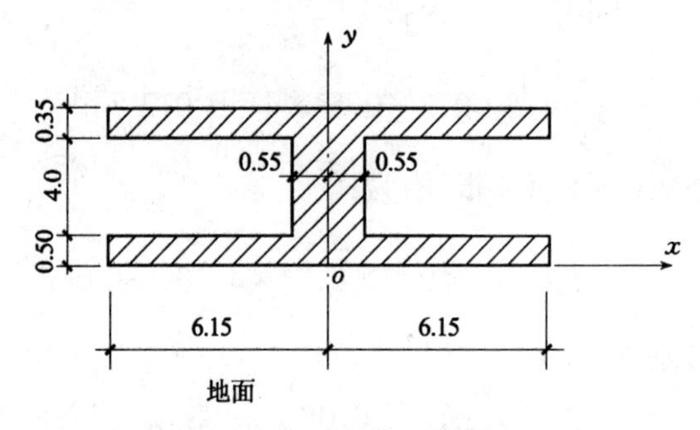

图7-15　箱形基础换算截面(m)

在图7-15的坐标系中，截面的形心位置为：

$$x_0=0$$

$$y_0=\frac{0.5\times12.3\times0.25+4.0\times1.1\times\left(\dfrac{4}{2}+0.5\right)+12.3\times0.35\times\left(\dfrac{0.35}{2}+4+0.5\right)}{0.5\times12.3+4\times1.1+0.35\times12.3}$$

$$=2.20\text{m}$$

截面对中性轴的惯性矩为：

$$I_g=\frac{1}{12}\times12.3\times0.5^3+0.5\times12.3\times(2.2-0.25)^2+\frac{1}{12}\times1.1\times4.0^3\times1.1\times4.0\times(2.5-2.2)^2+\frac{1}{12}\times12.3\times0.35^3+12.3\times0.35\times(4.675-2.2)^2$$

$$=56.18\text{m}^4$$

4)箱形基础承担整体弯曲产生的弯矩为

$$M_g=\frac{E_gI_g}{E_gI_g+E_BI_B}M$$

式中 M 为整体弯曲产生的弯矩，见表 7-17，代入得

$$M_g=\frac{2.55\times10^7\times56.18}{2.55\times10^7\times56.18+1.672\times10^8}M=0.893M$$

5)底板配筋计算

顶、底板沿每米宽所受的压、抗力 N(图 7-16)为

$$N=\frac{M_g}{B\cdot z}$$

式中　M_g——箱形基础承担的整体弯矩；

z——顶、底板中心线的距离，$z=H-\frac{1}{2}(h_1+h_2)$(图 7-16)；

B——箱形基础的宽度。

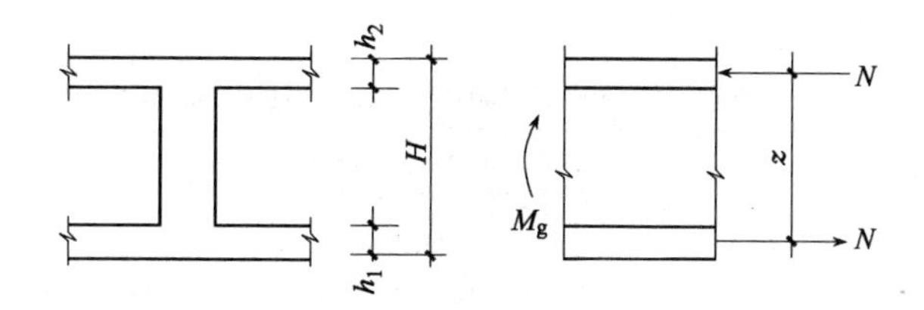

图 7-16　底板拉力计算示意

每米板宽受拉钢筋面积 A_s 为

$$A_s=\frac{N}{f_y}=\frac{M_g}{B\cdot z\cdot f_y}$$

式中　f_y——钢筋抗拉强度设计值。

代入得

$$A_s=\frac{M_g\times10^6}{12.3\times\left[4\,850-\frac{1}{2}(350+500)\right]\times300}=0.059\,3M_g$$

式中 M_g 的单位为 kN·m，A_s 的单位为 mm^2。

考虑整体弯曲和局部弯曲叠加后，底板的总配筋量按下列公式计算：

跨中　　上网 $=\frac{A_{s2}}{2}+A_{s1}$

　　　　下网 $=\frac{A_{s2}}{2}$

支座　　上网 $=\frac{A_{s2}}{2}$

　　　　下网 $=\frac{A_{s2}}{2}+A'_{s1}$

式中　A_{s1}——局部弯曲所需的跨中截面钢筋面积；

A'_{s1}——局部弯曲所需的支座截面钢筋面积；

A_{s2}——整体弯曲所需的钢筋面积。

整体弯曲和局部弯曲叠加后底板的纵向配筋见表 7-20，横向配筋仅考虑局部弯曲，配筋见表 7-12。

表 7-20　底板纵向配筋计算

<table>
<tr><td colspan="2">轴　　号</td><td colspan="2">1</td><td colspan="2">2</td><td colspan="2">3</td><td colspan="2">4</td><td colspan="2">5</td><td colspan="2">6</td><td colspan="2">7</td><td colspan="2">8</td></tr>
<tr><td colspan="2">$M_g = 0.893M$ (kN·m)</td><td colspan="2">0.0</td><td colspan="2">14 908.6</td><td colspan="2">15 236.8</td><td colspan="2">20 405.4</td><td colspan="2">14 541.3</td><td colspan="2">11 375.9</td><td colspan="2">9 558.3</td><td colspan="2">0.0</td></tr>
<tr><td colspan="2">$A_{s2} = 0.059\ 3M_g$ (mm^2)</td><td colspan="2">0.0</td><td colspan="2">884.1</td><td colspan="2">903.5</td><td colspan="2">1 210.0</td><td colspan="2">862.3</td><td colspan="2">674.6</td><td colspan="2">566.8</td><td colspan="2">0.0</td></tr>
<tr><td colspan="2">$\frac{A_{s2}}{2}$ (mm^2)</td><td colspan="2">0.0</td><td colspan="2">442.1</td><td colspan="2">451.8</td><td colspan="2">650.0</td><td colspan="2">431.2</td><td colspan="2">337.3</td><td colspan="2">2 834.4</td><td colspan="2">0.0</td></tr>
<tr><td rowspan="4">上网跨中</td><td>A_{s1} (mm^2)</td><td></td><td colspan="2">230.7</td><td colspan="2">230.7</td><td colspan="2">230.7</td><td colspan="2">230.7</td><td colspan="2">230.7</td><td colspan="2">230.7</td><td colspan="2">230.7</td><td></td></tr>
<tr><td>$A_{s1} + \frac{1}{2}A_{s2}$ (mm^2)</td><td></td><td colspan="2">672.8</td><td colspan="2">682.5</td><td colspan="2">835.7</td><td colspan="2">835.7</td><td colspan="2">661.9</td><td colspan="2">568.0</td><td colspan="2">514.1</td><td></td></tr>
<tr><td>配　筋</td><td></td><td colspan="2">Φ 12/14@150</td><td colspan="2">Φ 12/14@150</td><td colspan="2">Φ 12/14@150</td><td colspan="2">Φ 12/14@150</td><td colspan="2">Φ 12/14@150</td><td colspan="2">Φ 12/14@150</td><td colspan="2">Φ 12/14@150</td><td></td></tr>
<tr><td>实配面积(mm^2)</td><td></td><td colspan="2">890</td><td colspan="2">890</td><td colspan="2">890</td><td colspan="2">890</td><td colspan="2">890</td><td colspan="2">890</td><td colspan="2">890</td><td></td></tr>
<tr><td rowspan="3">上网支座</td><td>$\frac{1}{2}A_{s2}$ (mm^2)</td><td colspan="2"></td><td colspan="2">44.2</td><td colspan="2">451.8</td><td colspan="2">605.0</td><td colspan="2">431.2</td><td colspan="2">337.3</td><td colspan="2">283.4</td><td colspan="2"></td></tr>
<tr><td>配　筋</td><td colspan="2">Φ 12@150</td><td colspan="2">Φ 12@150</td><td colspan="2">Φ 12@150</td><td colspan="2">Φ 12@150</td><td colspan="2">Φ 12@150</td><td colspan="2">Φ 12@150</td><td colspan="2">Φ 12@150</td><td colspan="2">Φ 12@150</td></tr>
<tr><td>实配面积(mm^2)</td><td colspan="2">754</td><td colspan="2">754</td><td colspan="2">754</td><td colspan="2">754</td><td colspan="2">754</td><td colspan="2">754</td><td colspan="2">754</td><td colspan="2">754</td></tr>
<tr><td rowspan="3">下网跨中</td><td>$\frac{1}{2}A_{s2}$ (mm^2)</td><td></td><td colspan="2">442.1</td><td colspan="2">451.8</td><td colspan="2">605.0</td><td colspan="2">605.0</td><td colspan="2">431.2</td><td colspan="2">337.2</td><td colspan="2">283.4</td><td></td></tr>
<tr><td>配　筋</td><td></td><td colspan="2">Φ 12@150</td><td colspan="2">Φ 12@150</td><td colspan="2">Φ 12@150</td><td colspan="2">Φ 12@150</td><td colspan="2">Φ 12@150</td><td colspan="2">Φ 12@150</td><td colspan="2">Φ 12@150</td><td></td></tr>
<tr><td>实配面积(mm^2)</td><td></td><td colspan="2">754</td><td colspan="2">754</td><td colspan="2">754</td><td colspan="2">754</td><td colspan="2">754</td><td colspan="2">754</td><td colspan="2">754</td><td></td></tr>
<tr><td rowspan="4">下网支座</td><td>A'_{s1} (mm^2)</td><td colspan="2">1 335.4</td><td colspan="2">1 335.4</td><td colspan="2">1 335.4</td><td colspan="2">1 335.4</td><td colspan="2">1 335.4</td><td colspan="2">1 335.4</td><td colspan="2">1335.4</td><td colspan="2">1335.4</td></tr>
<tr><td>$\frac{1}{2}A_{s2} + A'_{s1}$ (mm^2)</td><td colspan="2">1 335.4</td><td colspan="2">1 777.5</td><td colspan="2">1 793.5</td><td colspan="2">1 940.4</td><td colspan="2">1 766.4</td><td colspan="2">1 672.7</td><td colspan="2">1 618.8</td><td colspan="2">1 335.4</td></tr>
<tr><td>配　筋</td><td colspan="2">Φ 18@150</td><td colspan="2">Φ 20@150</td><td colspan="2">Φ 20@150</td><td colspan="2">Φ 20@150</td><td colspan="2">Φ 20@150</td><td colspan="2">Φ 20@150</td><td colspan="2">Φ 20@150</td><td colspan="2">Φ 18@150</td></tr>
<tr><td>实配面积(mm^2)</td><td colspan="2">1 700</td><td colspan="2">2 093</td><td colspan="2">2 093</td><td colspan="2">2 093</td><td colspan="2">2 093</td><td colspan="2">2 093</td><td colspan="2">2 093</td><td colspan="2">1 700</td></tr>
</table>

注：整体弯矩在轴线之间为变化值，其趋势是由边到中逐渐增大，故在上网跨中钢筋叠加时，简单近似取跨间最大值(即支座处)。例①～②轴间，取用②轴处整体弯矩配筋。在⑤～⑥轴线之间，取用⑤轴线处的整体弯矩配筋。

3. 箱形基础外墙计算

(1)外纵墙计算

1)内力计算

外纵墙可视为支承于顶板、底板及横墙上的双向板(四边固定)，承受水平方向的土压力及纵向整体弯曲产生的剪力，如图 7-17 所示。

①土压力计算

由于箱形基础顶、底板对外墙约束较强，因此土压力按静止土压力计算。静止土压力系数 K_0 用下式计算：

$$K_0 = 1 - \sin\phi'$$

式中的 ϕ' 为土的有效内摩擦角，这里近似取 $\phi'=\phi=20°$，则

$$K_0=1-\sin20°=0.66$$

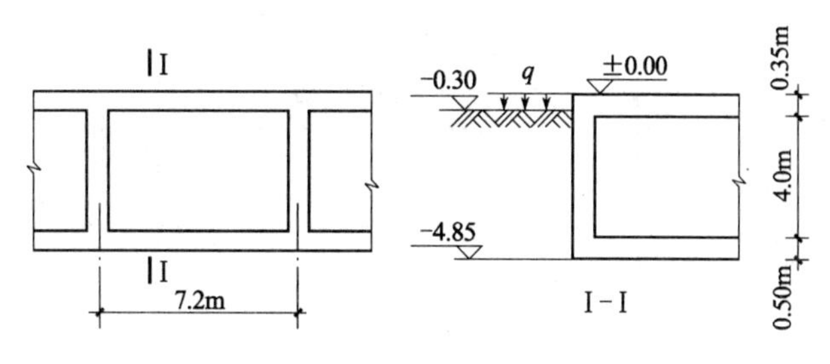

图 7-17 外纵墙计算简图示意

A. 墙顶以上覆土产生的土压力

$$q_1'=\gamma_1 hK_0$$

式中 γ_1——上覆土的天然重度；

h——墙顶以上填土高度。

对于本题

$$\gamma_1=15.4\text{kN/m}^3$$

$$h=0.35-0.3=0.05$$

代入得 $$q_1'=15.4\times0.05\times0.66=0.5\text{kPa}$$

设计值 $$q_1=1.2q_1'=1.2\times0.5=0.6\text{kPa}$$

B. 地面均布活荷载产生的土压力

$$q_{k2}'=p_k K_0$$

式中 q_k 为地面均布活荷载，对于本题 $q_k=10\text{kPa}$

因此

$$q_{k2}=10\times0.66=6.6\text{kPa}$$

设计值 $$q_2=1.4q_{k2}'=1.4\times6.6=9.2\text{kPa}$$

C. 墙体高度范围内填土的土压力

墙顶 $$q_{k3上}'=0$$

墙底 $$q_{k3下}'=\gamma hK_0$$

式中 γ——墙后填土的天然重度；

h——墙高。

对于本题，由于墙后填土重度相差不大，故取平均值计算。取

$$\gamma=15.4\text{kN/m}^3$$

$$h=4.85-\frac{1}{2}(0.5+0.35)=4.425\text{m}$$

$$K_0=0.66$$

因此 $$q_{k3下}'=15.4\times4.425\times0.66=45.0\text{kPa}$$

设计值　　　　　　$\overline{q}_{k3下}=1.2q'_{k3下}=1.2\times45.0=54.0kPa$

由上计算得土压力沿墙高的分布如图 7-18 所示。

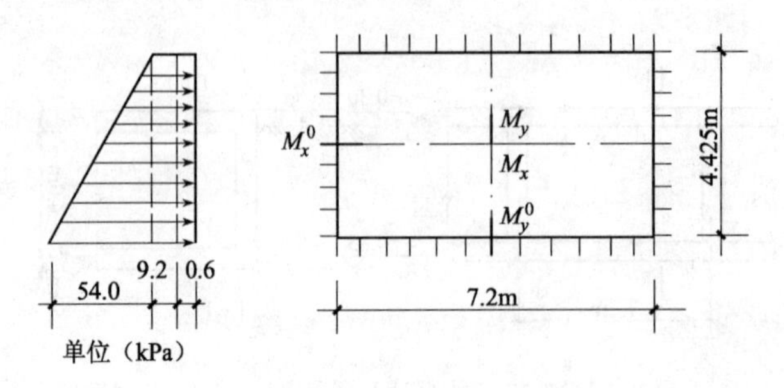

图 7-18　外纵墙内力计算简图

②内力计算

计算简图如图 7-18 所示,内力按弹性理论双向板计算,将荷载分为均匀荷载及三角形分布荷载。

对于均布荷载：　　　　　$q_z=9.2+0.6=9.8kPa$

$$l_x/l_y=4.425/7.2=0.61>0.5$$

$$M_{x1}=0.008\times9.8\times4.425^2=1.5kN\cdot m$$

$$M_{x1}^0=-0.0571\times9.8\times4.425^2=-11.0kN\cdot m$$

$$M_{y1}=0.0363\times9.8\times4.425^2=7.0kN\cdot m$$

$$M_{y1}^0=-0.0788\times9.8\times4.425^2=-15.1kN\cdot m$$

对于三角形 $q_s=54.0kPa, l_x/l_y=0.61$

$$M_{x2}=0.0053\times54\times4.425^2=5.6kN\cdot m(M_{x\max})$$

$$M_{x2}^0=-0.028\times54\times4.425^2=-29.6kN\cdot m$$

$$M_{y2}=0.0186\times54\times4.425^2=19.7kN\cdot m(=M_{y\max})$$

$$M_{y2}^0=-0.0477\times54\times4.425^2=-50.4kN\cdot m=(M_{y\max}^0)$$

叠加得

$$M_x=M_{x1}+M_{x2}=1.5+5.6=7.1kN\cdot m$$

$$M_{0x}=M_{x1}^0+M_{x2}^0=-11+(-29.6)=-40.6kN\cdot m$$

$$M_y=M_{y1}+M_{y2}=7.0+19.7=26.7kN\cdot m$$

$$M_{0y}=M_{y1}^0+M_{y2}^0=-15.1+(-50.4)=-65.4kN\cdot m$$

2)正截面承载力计算

正截面计算见表 7-21,表中 $b=1000mm, h_0=300-35=265mm$,考虑墙体的构造要求,将支座、跨中钢筋全部拉通,形成双面筋。侧墙混凝土强度等级为 C25,$f_t=1.27N/mm^2, f_c=11.9N/mm^2, \alpha_1=1.0$,受力筋为 HRB335 级,$f_y=300N/mm^2$。

表 7-21　外纵墙正截面配筋计算

位置	M (N·mm)	$bh_0^2f_c$ (N·mm)	$\alpha_s=\frac{M}{\alpha_1 bh_0^2 f_c}$	$\gamma_s=0.5(1+\sqrt{1-2\alpha_s})$	$A_s=\frac{M}{r_s h_0 f_y}$ (mm²)	配　筋	实配面积 (mm²)
M_x	7.1×10^6	8.36×10^8	0.008 5	0.996	89.7	Φ12@200	565
M_x^0	-40.6×10^6	8.36×10^8	0.048 6	0.975	523.8	Φ12@200	565
M_y	26.7×10^6	8.36×10^8	0.031 9	0.984	343.3		
M_y^0	-65.4×10^6	8.36×10^8	0.078 2	0.959	857.81		

注：M_y 方向的竖向钢筋待与斜截面抗剪竖向钢筋叠加后再配置。

3)斜截面抗剪承载力计算

①墙体剪力计算

墙体总剪力取纵向整体弯曲的最大剪力值(图 7-14)，即 $V=8\ 403.5\text{kN}$(2 轴左边的剪力)。总剪力按下式分配给各道纵墙：

$$\overline{V}_{ij}=\frac{V_j}{2}\left(\frac{b_i}{\sum b_i}+\frac{N_{ij}}{\sum N_{iy}}\right)$$

式中　$\overline{V}_{ij}$——第 i 道纵墙 j 支座处所分配的剪力值；

V_i——j 支座截面的总剪力；

b_i——第 i 道纵墙的宽度；

$\sum b_i$——各道纵墙宽度的总和；

N_{ij}——第 i 道纵墙 j 支座处柱子的竖向荷载；

$\sum N_{ij}$——横向同一柱列中各道柱子竖向荷载的总和。

上式计算的 $\overline{V}_{ij}$ 没有考虑到箱基横墙在剪切过程中的分担作用，计算结果偏大，故按下式进行修正：

$$V_{ij}=\overline{V}_{ij}-p_z(A_1+A_2)$$

式中　V_{ij}——修正后第 i 道纵墙 j 支座处的剪力值；

p_z——扣除箱形基础底板自重后的基底反力；

A_1,A_2——图 7-19 中阴影部分面积，对于外纵墙 $A_2=0$

对于本题，取 $i=D$ 纵墙，$j=2$ 横墙，则有

$$V_j=V_2=8\ 403.5\text{kN}$$

$$b_i=0.3\text{m}$$

$$\sum b_i=2\times0.3+2\times0.25=1.1\text{m}$$

$$N_{ij}=1.2\times2\ 171+1.4\times346.5=3\ 090.3\text{kN}(\text{设计值})$$

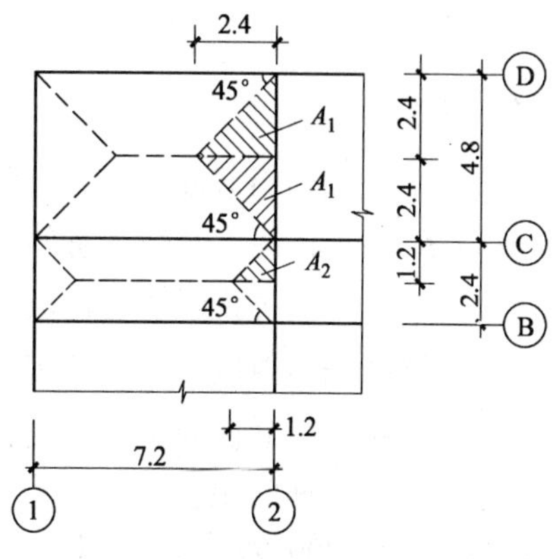

图 7-19　底板局部面积示意(纵向 m)

$$\sum N_{ij} = 1.2\times 8\ 603.4 + 1.4\times 1\ 729.8$$
$$= 12\ 745.8\text{kN}(\text{设计值})$$
$$P_z = 175.7\text{kPa}$$
$$A_1 = \frac{1}{2}\times 2.4\times 2.4 = 2.88\text{m}^2$$

代入得
$$\overline{V}_{D2} = \frac{8\ 403.5}{2}\left(\frac{0.3}{1.1} + \frac{3\ 090.3}{12\ 745.8}\right) = 2\ 186.7\text{kN}$$
$$V_{D2} = 2\ 186.7 - 175.7\times 2.88 = 1\ 680.7\text{kN}$$

②墙体斜截面承载力验算

A. 墙体截面验算

墙体截面尺寸应满足下式要求

$$V \leqslant 0.3 f_c b h_0$$

式中　V——墙身竖向截面剪力；

b——墙体厚度；

h_0——墙体截面有效高度。

对于本题

$$V = V_{D2} = 1\ 680.7\text{kN}$$
$$b = 300\text{mm}$$
$$h_0 = 4\ 850 - 35 = 4\ 815\text{mm}$$

代入得

$$0.3 f_c b h_0 = 0.3\times 11.9\times 300\times 4\ 815 = 4.34\times 10^6\text{N}$$
$$= 4\ 340.0\text{kN} > V = 1\ 680.7\text{kN}\quad 满足要求。$$

B. 竖向抗剪钢筋计算

竖向抗剪钢筋按下式计算

$$V_{cs} = 0.7 f_t b h_0 + 1.25 f_{yv} \frac{n A_{sv1} h_0}{s}$$

式中　V_{cs}——墙体斜截面上混凝土和竖筋的受剪承载力设计值；

b, h_0——墙体厚度及截面有效高度；

f_{yv}——竖筋抗拉强度设计值；

A_{sv1}——墙体单肢竖筋截面积；

h——同一截面内竖筋肢数；

s——箍筋间距。

试选竖筋Φ 10@200，双面配筋，则

$$\frac{n A_{sv1}}{s} = 0.785\text{mm}^2/\text{mm}$$

代入得:

$$\begin{aligned}V_{cs} &= 0.7\times1.27\times300\times4\ 815+1.25\times300\times0.785\times4\ 815\\&=2\ 760\text{kN}>V_{D2}=1\ 680.7\text{kN}\end{aligned}$$

因此,选Φ 10@200 可以,$A_s=393\text{mm}^2$(每面面积)

将抗弯竖筋面积(表 7-20)与抗剪竖筋面积叠加,即得外纵墙竖筋面积。

外纵墙外侧竖筋面积 $=831.9+393=1\ 224.9\text{mm}^2$

外纵墙内侧竖筋面积 $=329.3+393=722.3\text{mm}^2$

外侧选Φ 14@125,$A_s=1\ 231.0\text{mm}^2$;内侧选Φ 12@125,$A_s=905.0\text{mm}^2$

外纵墙横向钢筋配置见表 7-20。

(2)外横墙计算

外横墙计算方法除墙体剪力计算外,其余同外纵墙。横墙墙体剪力计算详见《高层建筑箱形与筏形基础技术规范》(JGJ 6—99)规定。这里从略。

4. 箱形基础内墙计算

(1)内纵墙计算

1)墙体剪力计算

分给内纵墙的剪力为(取©纵墙②横墙计算)

$$\overline{V}_{c2}=\frac{V_2}{2}\left(\frac{b_i}{\sum b_i}+\frac{N_{ij}}{\sum N_{ij}}\right)$$

式中　b_i——内纵墙厚度;

N_{ij}——第©道纵墙第②道横墙处柱子的竖向荷载;

其余符号意义同前。

对于本题

$$b_i=0.25\text{m}$$

$$N_{ij}=2\ 401.4\times1.2+518.4\times1.4=3\ 607.4\text{kN}(\text{设计值})$$

代入得

$$\overline{V}_{c2}=\frac{8\ 403.5}{2}\left(\frac{0.25}{1.1}+\frac{3\ 607.4}{12\ 745.8}\right)=2\ 168.1\text{kN}$$

修正后的剪力值为

$$\begin{aligned}V_{c2} &= \overline{V}_{c2}-p_z=(A_1+A_2)\\&=2\ 168.1-175.7\times(2.88+0.72)\\&=1\ 535.6\text{kN}(A_1、A_2\text{ 见图 7-19})\end{aligned}$$

2)墙体斜截面承载力验算

①墙体截面验算

$$\begin{aligned}0.3f_cbh_0 &= 0.3\times10\times250\times4\ 815=3.61\times10^6\text{N}\\&=3\ 610.0\text{kN}>V_{c2}=1\ 535.6\text{kN}\quad\text{满足要求。}\end{aligned}$$

②竖向抗剪钢筋计算

试选Φ 12@200,双面配筋,代入下式

$$V_{cs}=0.7f_tbh_0+1.25f_{yv}\frac{nA_{sv1}}{s}h_0$$

$$V_{c2}=0.7\times1.1\times250\times4\ 815+1.25\times300\times1.13\times4\ 815$$
$$=3.37\times10^6\text{N}=3\ 370.0\text{kN}>V_{c2}=1\ 535.6\text{kN}$$

因此选Φ 12@200竖筋,双面配置。

按构造要求,内纵墙横向钢筋也选Φ 10@200双面配置。

(2)内横墙计算

1)墙体剪力计算

墙体剪力按下式计算

$$V_{横}=p_sA$$

式中　$V_{横}$——横墙截面剪力值;

　　A——图7-20中阴影部分面积;

对于本题

$$p_s=175.7\text{kPa}$$

$$A=\frac{1}{2}\times2.4\times2.4\times2=5.76\text{m}^2$$

代入得　$V_{横}=175.7\times5.76=1\ 012.0\text{kN}$

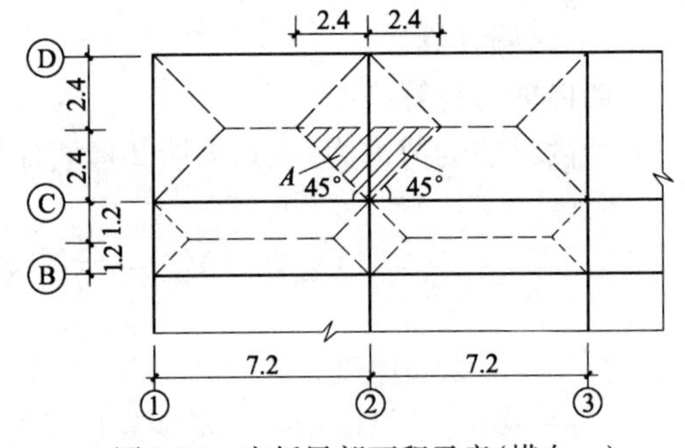

图7-20　底板局部面积示意(横向m)

2)墙体斜截面承载力验算

$$0.3f_cbh_0=0.3\times10\times250\times4\ 815=3.61\times10^6\text{N}$$
$$=3\ 610\text{kN}>V_{横}=1\ 012.0\text{kN}\quad 满足要求。$$

3)竖向抗剪钢筋计算

计算方法同内纵墙,此处从略。最后内横墙竖、横筋均选Φ 12@200,双面配置。

5. 箱形基础洞口上、下过梁验算

以上过梁为例,计算简图如图7-21所示。

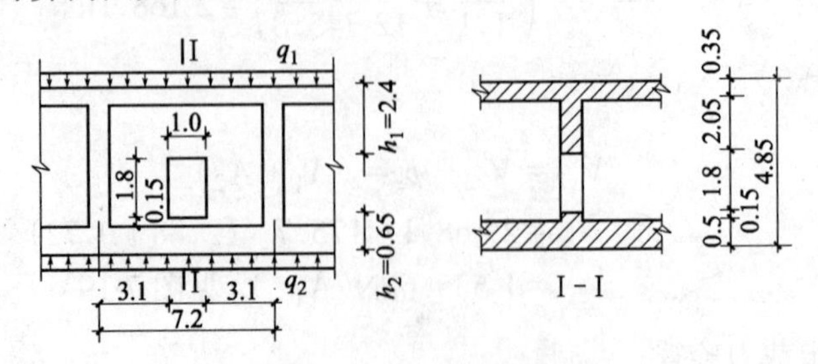

图7-21　洞口过梁示意(m)

(1)开口系数γ验算

洞口位于开间的中部(每开间一个洞口),宽1.0m,高1.8m,因此

$$开口面积 = 1 \times 1.8 = 1.8\text{m}^2$$

$$墙体面积 = 柱距 \times 箱基全高 = 7.2 \times 4.85 = 34.92\text{m}^2$$

$$洞边到柱中心距离 = \frac{7.2}{2} - 0.5 = 3.10\text{m} > 1.2\text{m} \quad 满足要求。$$

开口系数

$$\gamma = \sqrt{\frac{开口面积}{墙体面积}} = \sqrt{\frac{1.8}{34.92}} = 0.22 < 0.4 \quad 满足要求。$$

(2)斜截面承载力计算

1)剪力计算

$$V_{上} = \mu V + \frac{1}{2} q_1 l$$

$$V_{下} = (1 - \mu) V + \frac{q_2 l}{2}$$

式中 $V_{上}, V_{下}$——上、下梁所受的剪力;

V——洞口中点处的剪力;

q_1, q_2——作用在上、下过梁上的均布荷载;

l——洞口净宽;

μ——剪力分配系数,按下式计算

$$\mu = \frac{1}{2}\left(\frac{h_1}{h_1 + h_2} + \frac{h_1^3}{h_1^3 + h_2^3}\right);$$

h_1, h_2——上、下过梁的截面高度(图 7-21)

V 由图 7-14 中的①轴及②轴的分配剪力(内纵墙)按比例求出。

①轴内纵墙分配剪力 $\overline{V}_1$ 为

$$\overline{V}_1 = \frac{V_{1右}}{2}\left(\frac{b_i}{\sum b_i} + \frac{N_{ij}}{\sum N_{ij}}\right)$$

式中

$$V_{1右} = -6\ 853.3\text{kN};$$

$$b_i = 0.25\text{m};$$

$$\sum b_i = 1.1\text{m};$$

$$N_{ij} = 1.2 \times 1\ 289.8 + 1.4 \times 259.2 = 1\ 910.6\text{kN};$$

$$\sum N_{ij} = 1.2 \times 4\ 703.2 + 1.4 \times 864.4 = 6\ 854.0\text{kN}。$$

代入得

$$\overline{V}_1 = \frac{-6\ 854.3}{2}\left(\frac{0.25}{1.1} + \frac{1\ 910.6}{6\ 854.0}\right) = -1\ 734.0\text{kN}$$

修正后的剪力 V_1 为

$$V_1 = \overline{V}_1 - p_z(A_1 + A_2)$$

式中　　$A_1=2.88\text{m}^2, A_2=0.72\text{m}^2$(图 7-19)

则　　$V_1=1\,734.0-175.7(2.88+0.72)=1\,101.5\text{kN}$

由前求得②轴内纵墙的剪力 $V_2=1\,536.6\text{kN}$,据此得到图 7-22,因此洞口中点的剪力为

$$V=\frac{V_1+V_2}{2}-V_1$$

$$=\frac{1}{2}(1\,101.5+1\,536.6)-1\,101.5$$

$$=217.6\text{kN}$$

$$q_1=12.7\times(2.4+1.2)$$

$$=45.7\text{kN/m}(\text{顶板荷载})$$

$$l=1\text{m}(\text{洞口净宽})$$

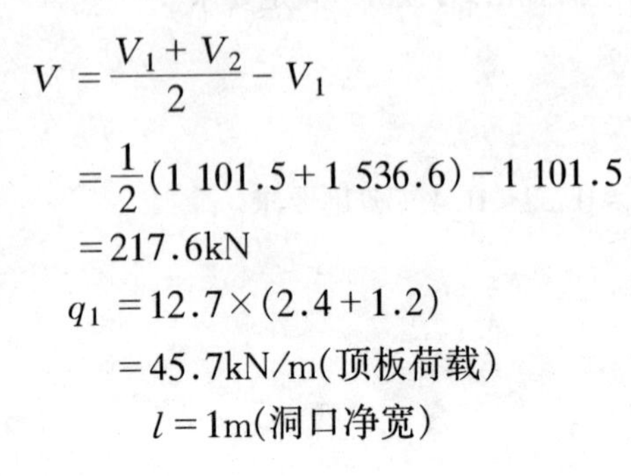

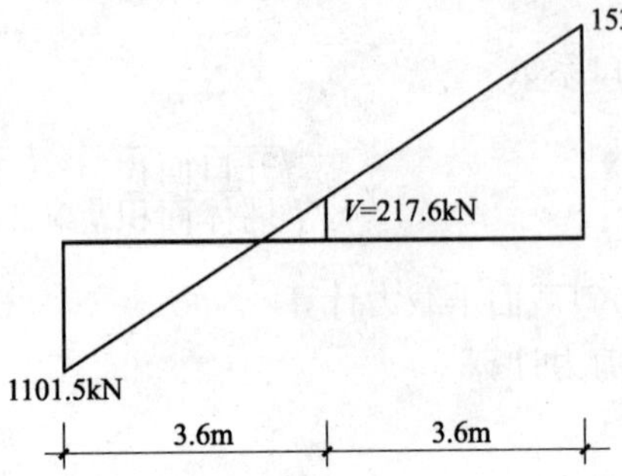

图 7-22　洞口中点剪力计算示意

由图 7-21 得:

$$h_1=0.35+2.05=2.40\text{m}, h_2=0.5+0.15=0.65\text{m}$$

则　　$$\mu=\frac{1}{2}\left(\frac{2.4}{2.4+0.65}+\frac{2.4^3}{2.4^3+0.65^3}\right)=0.884$$

因此上过梁的剪力 $V_上$ 为

$$V_上=\mu V+\frac{1}{2}q_1 l=0.884\times217.6+\frac{1}{2}\times45.7\times1=215.2\text{kN}$$

2)截面尺寸验算

过梁截面尺寸应满足下列要求

$$V_上\leqslant 0.3f_cA_1$$

式中 A_1 为图 7-23 中阴影部分面积。

$$A_1=0.25\times(2.05+0.35-0.035)$$

$$=0.591\text{m}^2$$

$$A_1=(0.35-0.035)\times[0.25+2(0.35-0.035)]$$

$$=0.277\text{m}^2$$

取大值:　$A_1=0.591\text{m}^2$

则 $0.3f_cA_1=0.3\times10^4\times0.591=1\,773.0\text{kN}$

$$>V_上=215.2\text{kN}(\text{满足要求})$$

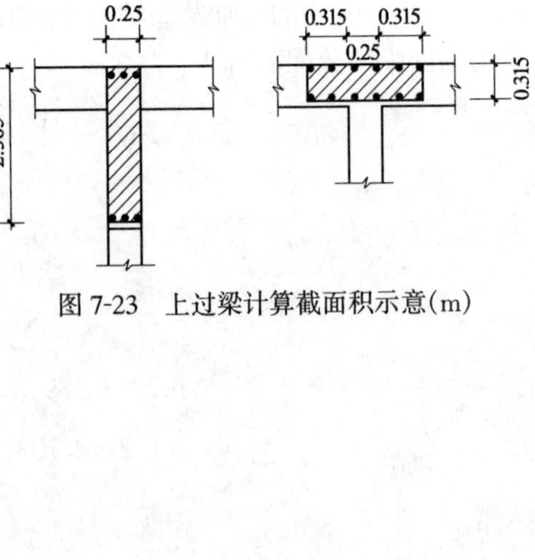

图 7-23　上过梁计算截面积示意(m)

3)抗剪承载力设计

上过梁选竖筋ф 12@100,双面配置,验算如下

$$V_{cs}=0.7f_tbh_0+1.25f_{yv}\frac{nA_{sv1}}{s}h_0=0.7\times1.1\times250(2\,050+350-35)+$$

$$1.25\times300\times\frac{2\times113.1}{100}\times(2\,050+350-35)$$

$$=2.90\times10^6\text{N}=2\,900.0\text{kN}>V_上=344.0\text{kN}\text{ 满足要求。}$$

4)正截面承载力计算

上过梁弯矩 $M_{上}$ 为

$$M_{上}=\mu V_{上}\frac{l}{2}+\frac{1}{12}q_1 l^2=0.884\times215.5\times\frac{1}{2}+\frac{1}{12}\times45.7\times1^2=98.9\text{kN·m}$$

$$\alpha_s=\frac{M_{上}}{bh_0^2 f_c}=\frac{98.9\times10^6}{250\times(2\ 050+350-35)^2\times10}=0.006$$

$$\gamma_s=0.5(1+\sqrt{1-2\alpha_s})=0.5(1+\sqrt{1-2\times0.006})=0.996$$

$$A_s=\frac{M_{上}}{\gamma_s h_0 f_y}=\frac{98.9\times10^6}{0.996\times(2\ 050+350-35)\times310}=135.4\text{mm}^2$$

上、下各选 3Φ12,$A_s=339\text{mm}^2$

6. 箱形基础的主要构造要求

(1)为避免不均匀沉降,箱形基础的平面形状要力求简单规整,同一建筑单元中,不宜采用局部箱形基础。在同一箱形基础中不宜采用不同高度或不同的基底标高。

(2)为保证箱形基础具有足够的刚度和整体性,其高度一般应大于箱形基础长度的 1/18,且不宜小于 3.0m,箱形基础的外墙沿建筑物的四周布置,内隔墙一般沿结构柱网或剪力墙纵横均匀布置。

(3)箱形基础的顶、底板厚度按计算确定,顶板厚度一般取 20～40cm,底板一般取 40～100cm。

(4)箱形基础墙体厚度按实际受力进行抗剪和抗弯验算,但一般情况下外墙厚不应小于 25cm,内墙不宜小于 20cm,采用双面配筋,每面不宜少于Φ10@200,并适当在顶、底加筋。

(5)顶底板配筋按结构类型不同,分别考虑整体与局部弯曲计算配筋,注意配置部位,以充分发挥各截面钢筋的作用。对现浇剪力墙体系可仅考虑局部弯曲配筋,考虑到整体弯曲的影响,钢筋配置量除符合计算要求外,纵横方向支座钢筋应分别有 0.15%,0.10%配筋率连通配置,跨中钢筋按实际配筋率全部连通。

(6)当底层柱与箱形基础按触处局部承压强度不满足时,应增加墙体局部承压面积,且墙边和柱边及柱角与八字角之间净距不宜小于 5cm。

(7)箱形基础底层柱主筋伸入箱形基础的深度,应保证主筋直通基底,其余钢筋伸入顶板底皮以下的长度不应小于 $45d$。对预制长柱应设置杯口,按高杯口基础设计要求处理。

(8)箱形基础混凝土强度等级不应低于 C20,抗渗强度等级不应低于 S_6

(9)当箱形基础长度超过 40m 时,可设置后浇施工缝,缝宽不宜小于 80cm,钢筋必须贯通,后浇时间应根据沉降分析确定。

7 箱形基础的底板配筋图(略)。

7.3.4 箱形基础课程设计参考题目

1. 工程概况

某 12 层建筑上部采用钢筋混凝土框架-剪力墙结构,±0.00 以上高度 39.0m,标准层高 3.2m,顶层高 3.8m(±0.00 相当于箱形基础顶面标高,室内外高差 0.5m),框架结构,纵向梁截面为 0.35m×0.45m,柱截面为 0.7m×0.7m。地下一层,采用箱形基础,上部结构及箱形基础条件如图 7-24～图 7-26 所示。

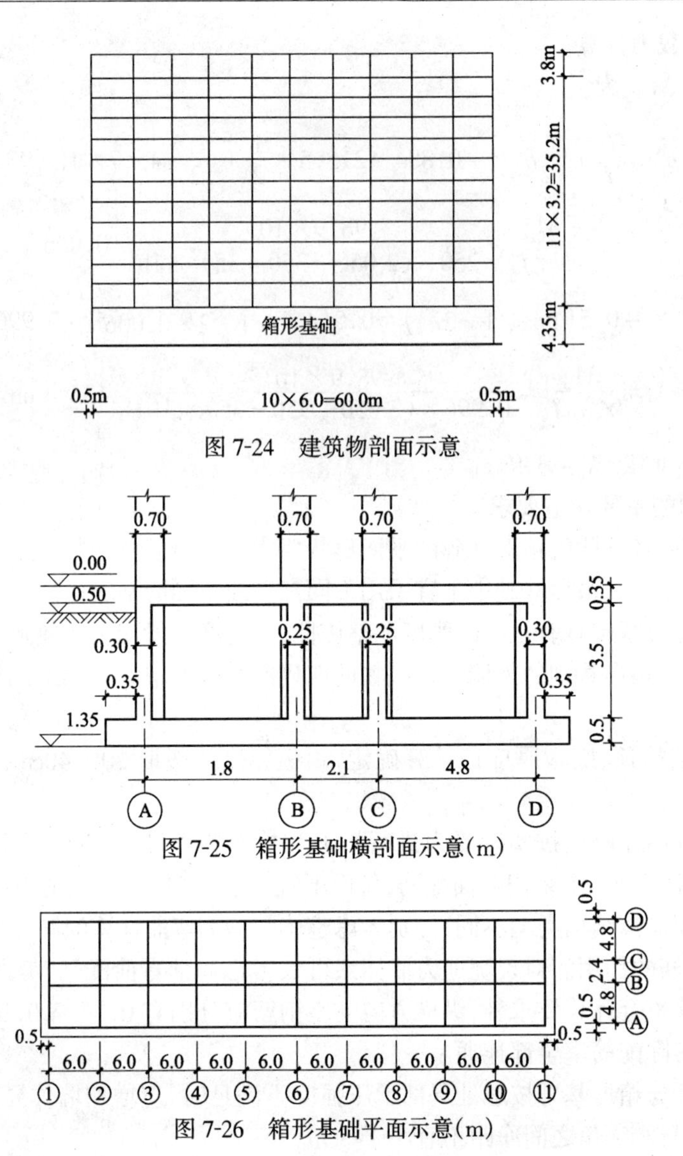

图 7-24 建筑物剖面示意

图 7-25 箱形基础横剖面示意(m)

图 7-26 箱形基础平面示意(m)

2. 设计资料

(1)抗震设防:8 度近震。

(2)工程地质条件:如图 7-27 所示。

(3)上部结构荷载:见表 7-22 和表 7-23。

(4)土压力计算指标:填土的黏聚力 $c=0$,内摩擦角 $\phi=20^{\circ}(\approx\phi')$,天然重度 $\gamma=19.0\mathrm{kN/m^3}$,地表均布活荷载 $q=10\mathrm{kN/m^2}$。

(5)材料:混凝土 ±0.00 以上 C30,以下 C20,抗渗强度等级 $>S_6$。

3. 设计任务

(1)验算箱形基础的尺寸及构造

(2)验算地基的强度及变形

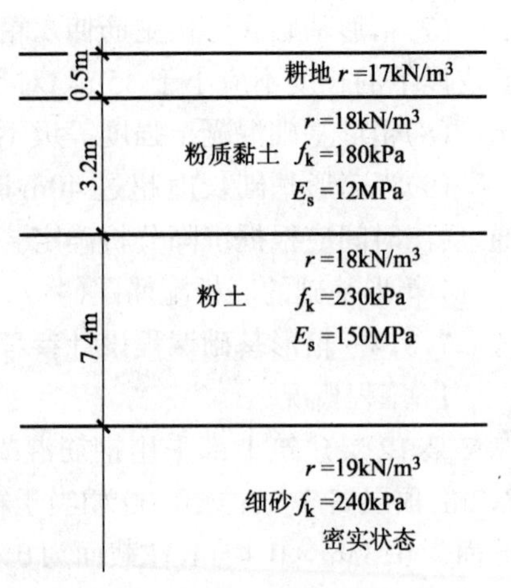

图 7-27 工程地质剖面图

表 7-22 ±0.00 处竖向集中荷载标准值(kN)

轴线号	A		B		C		D	
	恒 载	活 载	恒 载	活 载	恒 载	活 载	恒 载	活 载
1	1 166.3	190.1	1 418.8	258.1	1 418.9	258.1	1 767.6	190.1
2	2 009.6	381.2	2 424.5	570.2	2 692.2	570.2	2 388.1	381.2
3	2 002.6	381.2	2 393.4	570.2	2 692.8	570.2	2 440.9	381.2
4	2 023.8	381.2	2 379.2	570.2	3 117.3	570.2	2 642.1	381.2
5	1 892.3	381.2	2 430.9	570.2	2 688.6	570.2	2 430.3	381.2
6	2 013.7	381.2	2 430.3	570.2	2 430.3	570.2	2 013.8	381.2
7	2 060.6	381.2	2 209.1	570.2	2 509.1	570.2	2 060.3	381.2
8	1 301.9	381.2	1 470.5	570.2	1 532.7	570.2	1 369.1	381.2
9	2 003.8	381.2	2 390.1	570.2	2 680.7	570.2	2 441.8	381.2
10	2 010.3	381.2	2 435.5	570.2	2 650.5	570.2	2 380.1	381.2
11	1 174.2	190.1	1 425.1	258.1	1 420.1	258.1	1 759.6	190.1

表 7-23 各层水平地震力(横向)(kN)

层 号	1	2	3	4	5	6	7	8	9	10	11	12
水平地震力 F_i	100.2	190.5	295.3	400.2	495.2	550.1	650.2	680.3	750.3	800.2	810.3	860.2

(3)箱形基础结构设计

1)确定基底反力分布,计算上部结构物的折算刚度,箱形基础的刚度。

2)箱形基础的顶板、底板计算(内力、配筋及抗剪强度验算),顶板和底板横向只考虑局部弯曲作用,底板纵向考虑整体弯曲和局部弯曲的共同作用。

3)箱形基础的内、外墙体计算(内力、配筋及抗剪强度验算)。

4)绘制箱形基础的底板配筋图。

7.4 桩基础设计

7.4.1 桩基础课程设计任务书

1. 题目

某多层教学实验楼工程桩基础设计

2. 设计依据和资料(详见实例)

3. 设计任务和要求

根据教学大纲要求,通过《土力学地基基础》课程的学习和桩基础的课程设计,使学生能基本掌握主要承受竖向力的桩基础的设计步骤和计算方法。

本课程设计拟结合上部结构为钢筋混凝土框架结构的多层、高层办公楼,已知其柱底荷载、框架平面布置、工程地质条件、拟建建筑物的环境及施工条件进行桩基础设计计算,并绘制施工图,包括桩位平面布置图、承台配筋图、桩配筋图及施工说明。

桩基设计依据为《建筑桩基技术规范》(IGJ 94—94)与《混凝土结构设计规范》(GB 50010—2002)。

7.4.2 桩基础设计指示书

1. 桩基础设计的基本原则

根据承载能力极限状态和正常使用极限状态的要求,对主要受竖向力的桩基应进行以下的计算和验算：

(1)桩基础竖向承载力计算：对桩数超过3根的非端承桩宜考虑由桩群、土、承台作用产生的承载力群桩效应。

(2)对桩身及承台承载力进行计算：对于桩侧为可液化土、极限承载力小于50kPa(或不排水抗剪强度小于10kPa)土层中的细长桩尚应进行桩身压屈验算；对于钢筋混凝土预制桩尚应按施工阶段的吊装、运输、堆放和锤击作用进行强度验算。

(3)当桩端平面以下存在软弱下卧层时，应验算软弱下卧层的承载力。

(4)对位于坡地、岸边的桩基础应验算整体稳定性。

(5)按现行《建筑抗震设计规范》规定，对应进行抗震验算的桩基，应验算其抗震承载力。

(6)桩端持力层为软弱土的一、二级建筑桩基础以及桩端持力层为黏性土、粉土或存在软弱下卧层的一级建筑桩基础应验算沉降。

2. 桩基础设计的基本资料

(1)工程地质勘察资料：包括土层分布及各土层物理力学指标、地下水位、试桩资料或邻近类似桩基工程资料、液化土层资料等。

(2)建筑物情况：包括建筑物的荷载、建筑物平面布置、结构类型、安全等级、对变形的要求、抗震设防烈度等。

(3)建筑环境条件和施工条件：包括相邻建筑物情况、地下管线与地下构筑物分布、施工机械设备条件、施工对周围环境的影响等。

3. 桩基础的一般构造要求

(1)混凝土预制桩

1)混凝土预制桩的截面边长不应小于200mm；预应力混凝土预制桩的截面边长不宜小于350mm；预应力混凝土离心管桩的外径不宜小于300mm。

2)预制桩的最小配筋率不宜小于0.8%，有采用静压法沉桩时，其最小配筋率不宜小于0.4%。桩的主筋直径不宜小于Φ14，打入桩桩顶$2\sim3d$(d为桩径或边长)长度范围内箍筋应加密，并设置钢筋网片。

3)预制桩的混凝土强度等级不宜低于C30，采用静压法沉桩时，可适当降低，但不宜低于C20；预应力混凝土桩的混凝土强度等级不宜低于C40。预制桩纵向钢筋的混凝土保护层厚度不宜小于30mm。

(2)混凝土灌注桩

1)桩的长径比应符合以下规定：穿越一般黏性土、砂土的端承桩宜取$l/d\leqslant60$；穿越淤泥、自重湿陷性黄土的端承桩宜取$l/d\leqslant40$。

2)对主要受竖向力作用的桩基础，当桩顶轴向压力符合下式规定时，桩身可按构造要求配筋，即

$$\gamma_0 N \leqslant \psi_c A f_c \tag{7-1}$$

式中　γ_0——建筑桩基重要性系数，对一、二、三级桩基础分别取$\gamma_0=1.1$、1.0、0.9；对于柱下单桩按提高一级考虑，一级桩基取$\gamma_0=1.2$；

N——桩顶轴向压力设计值；

f_c——混凝土轴心抗压强度设计值；

A——桩身截面面积；

ψ_c——桩的施工工艺系数，对于干作业非挤土灌注桩 $\psi_c=0.9$；泥浆护壁和套管护壁非挤土灌注桩、部分挤土灌注桩、挤土灌注桩 $\psi_c=0.8$。

灌注桩桩身构造配筋要求如下：

①一级建筑桩基础，应配置桩顶与承台的连接钢筋笼，其主筋采用 6～10 根Φ 12～14，配筋率不小于 0.2%，锚入承台 30 倍主筋直径，伸入桩身长度不小于 10 倍桩身直径，且不小于承台下软弱土层层底深度。

②二级建筑桩基础，根据桩径大于配置 4～8 根Φ 10～12 的桩顶与承台连接钢筋，锚入承台至少 30 倍主筋直径且伸入桩身长度不小于 5 倍桩身直径；对于沉管灌注桩，配筋长度不应小于承台下软弱土层层底深度。

③三级建筑桩基础可不配构造钢筋。

3）桩顶轴向力不满足式（7-1）的灌注桩，应按下列规定配筋：

①当桩身直径为 300～2 000mm，截面配筋率可取 0.65%～0.20%（小直径取高值，大直径取低值），对嵌岩端承桩根据计算确定配筋率。

②端承桩宜沿桩身通长配筋；对于单桩竖向承载力较高的摩擦端承桩宜沿深度分段变截面配通长或局部长度钢筋；对承受负摩阻力和位于坡地岸边的基桩应通长配筋。

③对抗压桩，主筋不应少于 6 Φ 10，纵向主筋应沿桩身周边均匀布置，其净距不应小于 60mm，并尽量减少钢筋接头。

④箍筋采用Φ 6～8@200～300mm，宜采用螺旋式箍筋；受水平力较大的桩基础和抗震桩基础，桩顶 3～5 倍桩身直径范围内箍筋应适当加密；当钢筋笼长度超过 4m 时，应每隔 2m 左右设一道Φ 12～18 焊接加劲筋。

4）混凝土强度等级不得低于 C15，水下灌注混凝土时不得低于 C20，混凝土预制桩尖不得低于 C30。

5）主筋的混凝土保护层厚度不应小于 35mm，水下灌注混凝土不得小于 50mm。

（3）承台

1）承台尺寸：

①承台最小宽度不应小于 500mm，承台边缘至边桩中心的距离不宜小于桩的直径或边长，且边缘挑出部分不应小于 150mm。对于条形承台边缘挑出部分不应小于 75mm。

②条形承台和柱下独立桩基础承台的厚度不应小于 300mm。

③承台埋深应不小于 600mm，且应满足冻胀等要求。

2）承台的混凝土：承台混凝土强度等级不宜小于 C15，采用 HRB 335 级钢筋时混凝土强度等级不宜小于 C20；承台底面钢筋的混凝土保护层厚度不宜小于 70mm，当设素混凝土垫层时，保护层厚度可适当减小；垫层厚度宜为 100mm，强度等级宜为 C7.5。

3）承台构造配筋要求：

①承台梁纵向主筋直径不宜小于Φ 12，架立筋直径不宜小于Φ 6。

②柱下独立桩基承台的受力钢筋应通长配筋。矩形承台板配筋宜按双向均匀布置，钢筋直径不宜小于Φ 10，间距应满足 100～200mm；三桩承台按三向板带均匀配置，最里面三根钢筋围成的三角形应位于柱截面范围以内。

③筏形承台板分布构造筋采用Φ 10～12，间距 150～200mm。当仅考虑局部弯曲作用按倒

楼盖法计算内力时，考虑到整体弯曲的影响，纵横两方向的支座钢筋应有1/2～1/3，且配筋率不小于0.15%贯通全跨配置；跨中钢筋按计算配筋率全部连通。

④箱形承台顶、底板的配筋应综合考虑承受整体弯曲钢筋的配筋部位，以充分发挥各截面钢筋的作用。当仅按局部弯曲作用计算内力时，考虑到整体弯曲的影响，纵横两方向支座钢筋尚应有1/2～1/3且配筋率分别不小于0.15%、0.10%贯通全跨配置；跨中钢筋应按实际配筋率全部连通。

4)桩与承台的连接

①桩顶嵌入承台的长度，对大直径桩不宜小于100mm，对中等直径桩不宜小于50mm。

②桩顶主筋伸入承台内的锚固长度不宜小于30倍主筋直径；对预应力混凝土桩可采用钢筋与桩头钢板焊接连接；钢桩可采用在桩头加焊锅型板或钢筋与承台连接。

4．桩基础的设计与计算

(1)桩型与成桩工艺选择

桩型与成桩工艺选择应根据建筑结构类型、荷载性质与大小、桩的使用功能、穿越土层的性质、桩端持力层土类、地下水位、施工设备、施工环境、施工经验、制桩材料供应条件等，选择经济合理、安全适用的桩型和成桩工艺。选择时可参考《建筑桩基技术规范》(JGJ 94—94)附录A。

(2)桩基础持力层的选择

一般应选择压缩性低而承载力高的较硬土层作为持力层，同时考虑桩所负荷载特性、桩身强度、沉桩方法等因素，根据桩基承载力、桩位布置、桩基沉降的要求，并结合有关经济指标综合评定确定。

桩端全断面进入持力层的深度，对于黏性土、粉土不宜小于$2d$，砂土不宜小于$1.5d$，碎石类土不宜小于$1d$，当存在软弱下卧层时，桩基以下硬持力层厚度不宜小于$4d$(d为桩径)。

同一结构单元宜避免采用不同类型的桩。同一基础相邻桩的桩底标高差，对于非嵌岩端承桩不宜超过相邻桩的中心距，对于摩擦型桩，在相同土层中不宜超过桩长的1/10。

当持力层较厚且施工条件许可时，桩端全断面进入持力层的深度宜达到桩端阻力的临界深度。砂与碎石类土的临界深度为$(3\sim10)d$，随其密度提高而增大；粉土、黏土的临界深度为$(2\sim6)d$，随土的孔隙比和液性指数的减小而增大。

(3)桩截面的选择

桩截面的选择主要根据上部荷载的情况、桩型、楼层数、地基土的性质、现场施工条件及经济指标等初步确定截面尺寸，然后验算其截面的抗压强度。常用的桩截面与楼层数的经验关系可参考表7-24。

表7-24　楼层数与桩截面(mm)的经验关系

楼层数 / 桩型	<10	10～20	20～30	30～40
预制桩	300～400	400～500	450～550	500～550(预应力) Φ800(钢管桩)
灌注桩	Φ500～800	Φ800～1 000	Φ1 000～1 200	大于Φ1 200

(4)桩基础竖向承载力

1)单桩竖向极限承载力标准值Q_{uk}：应按下列规定确定：一级建筑桩基采用现场静载荷试验，并结合静力触探、标准贯入等原位测试方法综合确定；二级建筑桩基根据静力触探、标准贯入、经验公式等估算，并参照地质条件相同的试桩资料综合确定，当缺乏可参照的试桩资料或地质条件复杂时应由现场静载荷试验确定；对三级建筑桩基，如无原位测试资料时，可利用承载力经验参数估算。

①根据静载荷试验确定单轴竖向极限承载力标准值 Q_{uk}；其方法见《建筑桩基技术规范》(JGJ 94—94)附录 C。采用该方法确定 Q_{uk}时，在同一条件下的试桩数量不宜小于总桩数的1%，且不应小于 3 根，当总桩数不超过 50 根时，试桩数可为 2 根。

②根据现场静力触探资料确定混凝土预制桩单桩极限承载力标准值 Q_{uk}可按下式计算

$$Q_{uk}=Q_{sk}+Q_{pk} \tag{7-2}$$

其中 Q_{sp}、Q_{pk}分别为单桩总极限侧阻力标准值和总极限端阻力标准值，可按单桥探头或双桥探头静力触探资料分别进行计算。

根据单桥头静力触探资料，Q_{sk}与 Q_{pk}按下式计算

$$Q_{sk}=u\sum q_{sik}l_i \tag{7-3}$$

$$Q_{pk}=\alpha_p p_{sk}A_p \tag{7-4}$$

式中 u——桩身周长；

q_{sik}——用静力触探比贯入阻力值估算的桩周第 i 层土的极限侧阻力标准值；

l_i——桩穿越第 i 层土的厚度；

α_p——桩端阻力修正系数，按表 7-25 查取；

p_{sk}——桩端附近的静力触探比贯入阻力标准值(平均值)；

A_p——桩端面积。

表 7-25 桩端阻力修正系数 α_p 值

桩入土深度	$H<15$	$15\leqslant h\leqslant30$	$30<h\leqslant60$
α_p	0.75	0.75～0.90	0.90

注：桩入土层深度 $15\leqslant h\leqslant30$ 时，α 值按 h 值线性内插；h 为基底至桩端全断面的距离。

q_{sik}值应结合土工试验资料，依据土的类别、埋藏深度、排列次序，按图 7-28 折线取值，当桩端穿越粉土、粉砂、细砂及中砂层底面时，折线 D 估算的 q_{sik}值需乘以表 7-26 中系数 ξ_s 值。

p_{sk}可按下式计算：

当 $p_{sk1}\leqslant p_{sk2}$时

$$p_{sk}=\frac{1}{2}(p_{sk1}+\beta p_{sk2}) \tag{7-5}$$

当 $p_{sk1}>p_{sk2}$时

$$p_{sk}=p_{sk2} \tag{7-6}$$

式中 p_{sk1}——桩端全截面以上 8 倍桩径范围内的比贯入阻力平均值；

p_{sk2}——桩端全截面以下 4 倍桩径范围内的比贯入阻力平均值，如桩端持力层为

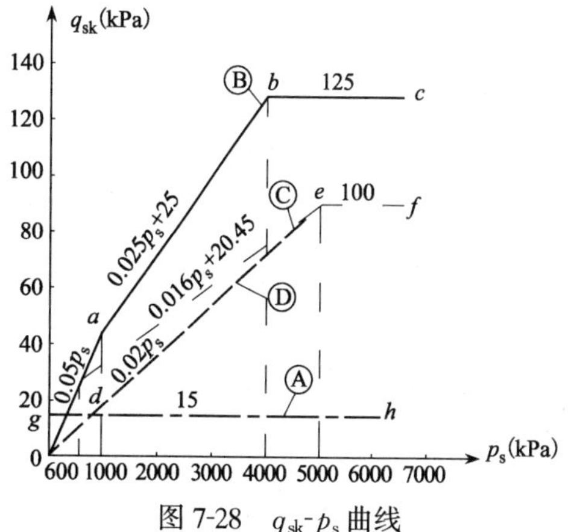

图 7-28 q_{sk}-p_s 曲线

注：图中，直线Ⓐ(线段 gh)适用于地表下 6m 范围内的土层；折线Ⓑ(线段 $0abc$)适用于粉土及砂土土层以上(或无粉土及砂土土层地区)的黏性土；折线Ⓒ(线段 $0def$)适用于粉土及砂土土层以下的黏性土；折线Ⓓ(线段 $0ef$)适用于粉土、粉砂、细砂及中砂。

密实的砂土层，其比贯入阻力平均值 p_s 超过 20MPa 时，则需乘以表 7-27 中系数 C 予以折减后，再计算 p_{sk2} 及 p_{sk1} 值；

β——折减系数，按 p_{sk2}/p_{sk1} 值从表 7-28 中选用。

表 7-26　系 数 ξ_s 值

p_a/p_{sl}	≤5	7.5	≥10
ξ_s	1.00	0.50	0.33

注：1. p_s 为桩端穿越的中密一密实砂土、粉土的比贯入阻力平均值；p_{sl} 为砂土、粉土的下卧软土层的比贯入阻力平均值；

2. 采用的单桥探头，圆锥底面积为 1 500mm²，底部带 70mm 高滑套，锥角 60°。

表 7-27　系　数　C

p_a(MPa)	20～30	35	>40
系数 C	5/6	2/3	1/2

表 7-28　折减系数 β

p_a/p_{sl}	≤5	7.5	12.5	≥15
β	1	5/6	2/3	1/2

注：表 7-27、表 7-28 可内插取值。

③根据土的物理指标与承载力参数之间的经验关系确定 Q_{uk}，其经验公式为：

$$Q_{uk} = Q_{sk} + Q_{pk} = u\sum q_{ski}l_i + q_{pk}A_p \tag{7-7}$$

式中　q_{ski}，q_{pk}——桩侧第 i 层土的极限阻力标准值、极限端阻力标准值，一般按地区经验取值，当无当地经验时可按《建筑桩基技术规范》取值；

u——桩身周长；

l_i——桩穿越第 i 层土的厚度；

A_p——桩端截面积。

2）桩基竖向承载力设计值：

①按土层支承力计算：

对于桩数不超过 3 根的桩基，基桩的竖向承载力设计值为

$$R = \frac{Q_{sk}}{\gamma_s} + \frac{Q_{pk}}{\gamma_p} \tag{7-8}$$

当根据静载荷试验确定竖向极限承载力标准值时基桩竖向承载力设计值为

$$R = \frac{Q_{uk}}{\gamma_{sp}} \tag{7-9}$$

对于桩数超过 3 根的非端承桩宜考虑桩群、土、承台的相互作用效应，其复合基桩的竖向承载力设计值为

$$R = \eta_s\frac{Q_{sk}}{\gamma_s} + \eta_p\frac{Q_{pk}}{\gamma_p} + \eta_c\frac{Q_{ck}}{\gamma_c} \tag{7-10}$$

当根据静载荷试验确定竖向极限承载力标准值时，基桩竖向承载力设计值为

$$R=\eta_{sp}\frac{Q_{sk}}{\gamma_{sp}}+\eta_c\frac{Q_{ck}}{\gamma_c} \tag{7-11}$$

上述各式中　Q_{sk}、Q_{pk}——单桩总极限侧阻力和总极限端阻力标准值；

Q_{uk}——单桩竖向极限承载力标准值；

Q_{ck}——相当于任一复合基桩的承台底地基土总极限阻力标准值

$$Q_{ck}=q_{ck}A_c/n \tag{7-12}$$

q_{ck}——承台底$\frac{1}{2}$承台宽度深度范围(≤5m)内地基土极限阻力标准值；

A_c——承台底地基土净面积；

η_s,η_p,η_{sp}——桩侧阻群桩效应系数、桩端阻群桩效应系数及桩侧阻端阻综合群桩效应系数，按表7-29取值。

η_c——承台底土阻力群桩效应系数，

$$\eta_c=\eta_c^i\frac{A_c^i}{A_c}+\eta_c^e\frac{A_c^e}{A_c} \tag{7-13}$$

A_c^i,A_c^e——承台内区(外围桩边包络线)和外区的净面积，$A_c=A_c^i+A_c^e$，见图7-29；

η_c^i,η_c^e——承台内、外区土阻力群桩效应系数，按表7-30取值；

$\gamma_s,\gamma_p,\gamma_{sp},\gamma_c$——桩侧阻抗力分项系数、桩端阻抗力分项系数、桩侧阻端阻综合阻抗力分项系数，以及承台底土阻抗力分项系数，按表7-31取值。

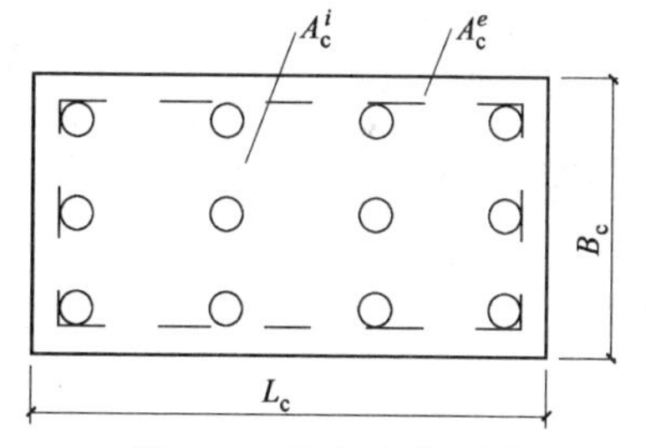

图7-29　承台底分区图

表7-29　侧阻、端阻群桩效应系数及侧阻端阻综合群桩效应系数

效应系数	B_c/l	S_a/d(黏性土)				S_a/d(粉土、砂土)			
		3	4	5	6	3	4	5	6
η_s	≤0.20	0.80	0.90	0.96	1.00	1.20	1.10	1.05	1.00
	0.40	0.80	0.90	0.96	1.00	1.20	1.10	1.05	1.00
	0.60	0.79	0.90	0.96	1.00	1.09	1.10	1.05	1.00
	0.80	0.73	0.85	0.94	1.00	0.93	0.97	1.03	1.00
	≥1.00	0.67	0.78	0.86	0.93	0.78	0.82	0.89	0.95
η_p	≤0.20	1.64	1.35	1.18	1.06	1.26	1.18	1.11	1.06
	0.40	1.68	1.40	1.23	1.11	1.32	1.25	1.20	1.15
	0.60	1.72	1.44	1.27	1.16	1.37	1.31	1.126	1.22
	0.80	1.75	1.48	1.31	1.20	1.41	1.36	1.32	1.28
	≥1.00	1.79	1.52	1.35	1.24	1.44	1.40	1.36	1.33

续表

效应系数	B_c/l	S_a/d(黏性土)				S_a/d(粉土、砂土)			
		3	4	5	6	3	4	5	6
η_{sp}	≤0.20	0.93	0.97	0.99	1.01	1.21	1.11	1.06	1.01
	0.40	0.93	0.97	1.00	1.02	1.22	1.12	1.07	1.02
	0.60	0.93	0.98	1.01	1.02	1.13	1.13	1.08	1.03
	0.80	0.89	0.95	0.99	1.03	1.01	1.03	1.07	1.04
	≥1.00	0.84	0.89	0.94	0.97	0.88	0.91	0.96	1.00

注:1. B_c、l 分别为承台宽度和桩的入土长度,S_a 为桩中心距,当不规则布桩时按规范规定计算。

2. 当 $S_a/d>6$ 时,取 $\eta_s=\eta_p=\eta_{sp}=1$;桩基两向的 S_a 不等时,S_a/d 取均值。

3. 当桩侧为成层土时,η_s 可按主要土层或分别按各土层类别取值;

4. 对于孔隙比 $e>0.8$ 的非饱和黏性土和松散粉土、砂类土中的挤土群桩,表列系数可提高 5%,对于密实粉砂、砂类土中的群桩,表列系数宜降低 5%。

表 7-30　承台内、外区土阻力群桩效应系数

B_c/l \ S_a/d	η_c^i				η_c^c			
	3	4	5	6	3	4	5	6
≤0.20	0.11	0.14	0.18	0.21	0.63	0.75	0.88	1.00
0.40	0.15	0.20	0.25	0.30				
0.60	0.18	0.25	0.31	0.37				
0.80	0.21	0.29	0.36	0.43				
≥1.00	0.24	0.32	0.40	0.48				

注:B_c 为承台宽度,l 为桩的入土长度。

表 7-31　桩基承载力抗力分项系数

桩　型　与　工　艺	$\gamma_s=\gamma_p=\gamma_{sp}$		γ_c
	静载试验法	经验参数法	
预制桩、钢管桩	1.60	1.65	1.70
大直径灌注桩(清底干净)	1.60	1.65	1.65
泥浆护壁钻(冲)孔灌注桩	1.62	1.67	1.65
干作业钻孔灌注桩($d>0.8$m)	1.65	1.70	1.65
沉管灌注桩	1.70	1.75	1.70

当承台底面以下存在可液化土、湿陷性黄土、高灵敏度软土、欠固结土、新填土,或可能出现震陷、降水、沉桩过程产生高孔隙水压和土体隆起时,不考虑承台效应,即取 $\eta_c=0$,η_s、η_p、η_{sp}取表 7-29 中 $B_c/l=0.2$ 一栏的对应值。

②按桩身强度计算:

将桩视作轴心受压构件,则桩身强度为:

对预制桩
$$R=\varphi(\psi f_c A+f'_y A'_s) \tag{7-14}$$

对灌注桩
$$R=\varphi\psi f_c A \tag{7-15}$$

式中　φ——稳定系数,低承台桩在一般情况下考虑土的侧压力作用,取 $\varphi=1.0$;

ψ——桩基施工工艺系数；

f_c——混凝土轴心抗压强度设计值；

f'_y——钢筋抗压强度设计值；

A——桩身截面面积。

A'_s——受压钢筋面积。

(5)确定桩数、桩的平面布置

桩数 n 可根据荷载情况按下面的公式初步确定：

中心荷载
$$n \geqslant \frac{F+G}{R} \tag{7-16}$$

偏心荷载
$$n \geqslant (1.1 \sim 1.2)\frac{F+G}{R} \tag{7-17}$$

式中 F——作用于桩基础承台顶面的竖向力设计值；

G——桩基础承台和承台上土自重设计值(自重荷载分项系数当其效应对结构不利时取 1.2;有利时取 1.0),对地下水位以下部分应扣除水的浮力。

桩的平面布置应根据上部结构形式与受力要求,结合承台平面尺寸情况布置成矩形或梅花形等形式,其最小中心距应符合表 7-32 的要求。

表 7-32 桩的最小中心距

土类与成桩工艺		排数不少于 3 排且桩数不少于 9 根的摩擦型桩基	其他情况
非挤土和部分挤土灌注桩		$3.0d$	$2.5d$
挤土灌注桩	穿越非饱和土	$3.5d$	$3.0d$
	穿越饱和软土	$4.0d$	$3.5d$
挤土预制桩		$3.5d$	$3.0d$
打入式敞口管桩和 H 型钢桩		$3.5d$	$3.0d$

布桩时,须使群桩重心与上部竖向力的重心尽量重合。

(6)桩基础中各桩受力验算

1)荷载效应基本组合

①中心荷载作用

单桩受力
$$N = \frac{F+G}{n} \tag{7-18}$$

设计要求
$$\gamma_0 N \leqslant R \tag{7-19}$$

②偏心荷载作用

各桩受力
$$N_i = \frac{F+G}{n} \pm \frac{M_x y_i}{\sum y_i^2} \pm \frac{M_y x_i}{\sum x_i^2} \tag{7-20}$$

设计要求
$$\gamma_0 N_{\max} \leqslant 1.2R \tag{7-21}$$
$$\gamma_0 \overline{N} \leqslant R \tag{7-22}$$

式中 $N_{\max}, \overline{N}$——单桩受力的最大值和平均值；

γ_0——桩基础重要性系数；当上部结构内力分析中所考虑的 γ_0 取值与桩基础规

范中的规定一致时，则荷载效应项中不再代入 γ_0 计算，不一致时，应乘以桩基与上部结构 γ_0 的比值；

R——桩基础中复合基桩或基桩的竖向承载力设计值。

2)地震作用效应组合

中心荷载作用设计要求

$$N \leqslant 1.25R \tag{7-23}$$

偏心荷载作用设计要求

$$\bar{N} \leqslant 1.25R \tag{7-24}$$

$$N_{max} \leqslant 1.5R \tag{7-25}$$

(7)软弱下卧层验算

当桩端持力层厚度有限，其下具有软弱下卧层时，应验算软卧层的承载力，要求冲剪锥体底面压应力设计值不超过下卧层的承载力设计值(图7-30)：

$$\sigma_z + \gamma_z z \leqslant f_z \tag{7-26}$$

对于桩距 $s_a \leqslant 6d$ 的群桩基础(图7-30a)

$$\sigma_z = \frac{\gamma_0(F+G) - 2(A_0+B_0) \cdot \sum q_{sik} l_i}{(A_0 + 2t \cdot \tan\theta)(B_0 + 2t \cdot \tan\theta)} \tag{7-27}$$

对于桩距 $s_a > 6d$、且硬持力层厚度 $t < (s_a - D_e) \cdot \cot\dfrac{\theta}{2}$ 的群桩基础(图7-30b)，以及单桩基础

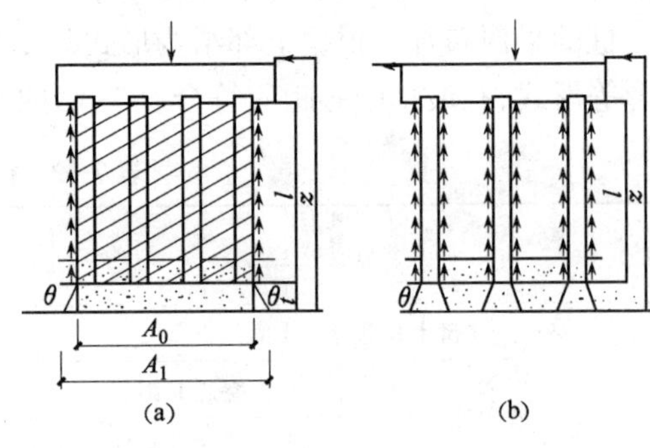

图7-30　软弱下卧层承载力验算

$$\sigma_z = \frac{4(\gamma_0 N - u\sum q_{sik} l_i)}{\pi(D_e + 2t \cdot \tan\theta)^2} \tag{7-28}$$

式中　σ_z——作用于软卧层顶面处的附加应力；

γ_z——软卧层顶面以上各土层的加权平均重度；

z——地面至软卧层顶面的深度；

f_z——软卧层经深度修正的地基承载力设计值；

F——作用于桩基础承台顶面的竖向力设计值；

G——桩基础承台和承台上土自重设计值；

N——桩顶轴向压力设计值；

t——桩端平面至软卧层顶面的深度；

A_0, B_0——桩群外缘矩形面积的长、短边长；

q_{ski}——桩侧第 i 层土的极限侧阻力标准值；

l_i——第 i 层土的厚度；

γ_0——桩基础重要性系数；

D_e——桩端等代直径，对于圆形桩端，$D_e=D$；方桩，$D_e=1.13b$（b 为桩的边长）；按表 7-32确定 θ 时，$B_0=D_e$；

θ——桩端硬持力层压力扩散角，按表 7-33 取值。

表 7-33　桩端硬持力层压力扩散角 θ

E_{s1}/E_{s2}	$t=0.5B_0$	$T\geqslant0.50B_0$
1	4°	12°
3	6°	23°
5	10°	25°
10	20°	30°

注：1. E_{s1}、E_{s2}为硬持力层、软下卧层的压缩模量；
2. 当 $t<0.25B_0$ 时，θ 降低取值。

（8）群桩的沉降计算

当桩中心距 $s_a\leqslant6d$ 时，可采用等效作用分层总和法（计算模式见图 7-31）计算桩基础内任意点的最终沉降量 s：

$$s=\psi\psi_e\sum_{j=1}^{m}p_{0j}\sum_{i=1}^{n}\frac{z_{ij}\bar{\alpha}_{ij}-z_{(i-1)j}\bar{\alpha}_{(i-1)j}}{E_{si}} \tag{7-29}$$

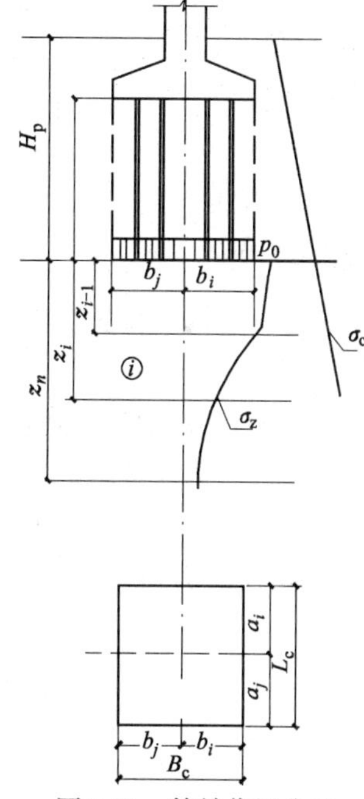

图 7-31　等效作用分层总和法计算简图

式中　ψ——桩基础沉降计算经验系数，当无当地经验时，对于非软土地区和软土地区桩端有良好持力层时取 $\psi=1$；对于软土地区且桩端无良好持力层时，则当桩长 $l\leqslant25$m 时，取 $\psi=(5.9l-20)/(7l-100)$；

ψ_e——桩基础等效沉降系数，根据《建筑桩基技术规范》确定；

m——角点法计算点对应的矩形荷载分块数；

E_{si}——桩端平面以下第 i 层土的压缩模量（MPa）；

z_{ij}，$z_{(i-1)j}$——桩端平面第 j 块荷载至第 i 层土、第 $i-1$ 层土底面的距离（m）；

$\bar{\alpha}_{ij}$，$\bar{\alpha}_{(i-1)j}$——桩端平面第 j 块荷载计算点至第 i 层土、第 $i-1$ 层土底面深度范围内平均附加应力系数，按《建筑桩基技术规范》附录 G 采用。

桩端平面下压缩层厚度 z_n 可按应力比法确定，即 z_n 处附加应力 σ_z 与土的自重应力 σ_{cz} 应符合下式要求：

$$\sigma_2\leqslant0.2\sigma_c \tag{7-30}$$

$$\sigma_2=\sum_{j=1}^{m}\alpha_j'p_{0j} \tag{7-31}$$

式中　α_j'——附加应力系数，根据角点法划分的矩形长宽比及深宽比查《建筑桩基技术规范》附录 G。

(9)桩身结构强度验算

1)混凝土预制桩:混凝土预制桩的桩身结构强度除需满足使用荷载下桩的承载力外,还需要验算桩在施工过程中起吊、运输、吊立时可能产生的最大内力,对一级建筑桩基、桩身有抗裂要求和处于腐蚀性土中的打入桩还需验算锤击打入时的锤击拉、压应力。

①预制桩起吊、运输、吊立时的桩身内力:桩在起吊、运输和置于打桩机的吊立过程中,桩身所受的荷载仅为自重,可将桩视为受弯构件。桩在起吊时一般采用 2 个吊点,桩在吊立时只有一个吊点,因桩内主筋通常都是沿桩长均匀布置的,所以吊点位置应按桩身正负弯矩相等的原则确定(图 7-32)。

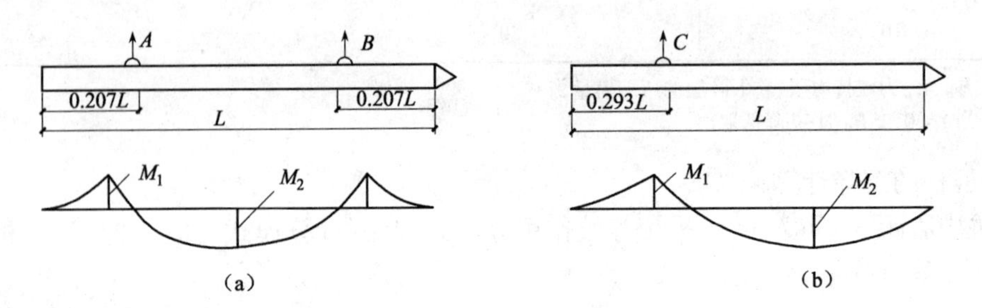

图 7-32　预制桩的吊点位置和弯矩图

(a)两点起吊时;(b)单点吊立时

两点起吊　　$M_1 = M_2 = 0.021\,4Kql^2$　　(7-32)

单点吊立　　$M_1 = M_2 = 0.042\,9Kql^2$　　(7-33)

式中　q——桩单位长度的重量;

l——桩长;

K——考虑吊运过程中桩可能受到冲撞和振动而取的动力系数,一般取 $K = 1.3$。桩在运输或堆放时的支点应放在起吊吊点处。

②打入桩的锤击位、压应力:

锤击压应力可按下式计算

$$\sigma_{\mathrm{p}} = \frac{\alpha\sqrt{2eE\gamma_{\mathrm{p}}H}}{\left[1+\frac{A_{\mathrm{c}}}{A_{\mathrm{H}}}\sqrt{\frac{E_{\mathrm{C}}\gamma_{\mathrm{C}}}{E_{\mathrm{H}}\gamma_{\mathrm{H}}}}\right]\left[1+\frac{A}{A_{\mathrm{C}}}\sqrt{\frac{E\gamma_{\mathrm{p}}}{E_{\mathrm{C}}\gamma_{\mathrm{C}}}}\right]} \tag{7-34}$$

式中　α——锤型系数,自由落锤,$\alpha = 1$;柴油锤,$\alpha = \sqrt{2}$;

e——锤击效率系数,自由落锤,$e = 0.6$;柴油锤 $e = 0.8$;

$A_{\mathrm{H}}, A_{\mathrm{C}}, A$——锤、桩垫、桩的实际断面积;

$E_{\mathrm{H}}, E_{\mathrm{C}}, E$——锤、桩垫、桩的纵向弹性模量;

$\gamma_{\mathrm{H}}, \gamma_{\mathrm{C}}, \gamma_{\mathrm{p}}$——锤、桩垫、桩的重度;

H——锤的落距。

锤击拉应力包括桩身轴向最大拉应力和与最大锤击压力相应的某一横截面的环向拉应力(圆形或环形截面)或侧向拉应力(方形或矩形截面)。当无实测资料时,可按《建筑桩基技术规范》的建议取值(表 7-34)。

表 7-34 混凝土预制桩锤击拉应力建议值

应力类别	建议值 (kPa)	出现部位
桩轴向拉应力	$(0.25\sim0.33)\sigma_p$	1. 桩刚穿越软土层时 2. 距桩尖$(0.5\sim0.7)l$处 l——桩入土深度； σ_p——锤击压应力值
桩截面环向拉应力或侧向拉应力	$(0.22\sim0.25)\sigma_p$	最大锤击压应力相应的截面

要求锤击压应力应小于桩身材料的轴心抗压强度设计值，锤击轴向最大拉应力值应小于桩身材料的抗拉强度设计值。

在设计中，各类预制方桩的配筋和构造详图可根据桩的截面与长度直接从标准图集JSJT—89《全国通用建筑标准设计结构试用图集预制钢筋混凝土桩》中选用。

2)灌注桩：对于灌注桩主要进行使用荷载下的桩身结构承载力的验算。

(10)承台设计计算

1)受弯计算：多桩矩形承台的计算截面取在柱边和承台高度变化处，垂直于 y 轴和垂直于 x 轴方向计算截面的弯矩设计值分别为

$$M_x = \sum Q_i y_i \tag{7-35}$$

$$M_y = \sum Q_i x_i \tag{7-36}$$

式中 Q_i——扣除承台和承台上土自重设计值后第 i 桩竖向净反力设计值，当不考虑承台效应时，则为第 i 桩竖向总反力设计值；

x_i, y_i——分别为第 i 桩轴线至垂直于 y 轴方向计算截面和垂直于 x 轴方向计算截面的距离(图 7-33)。

三桩三角形承台弯矩计算截面取在柱边(图 7-34)，其弯矩设计值按下式计算

$$M_{\mathrm{I}} = M_y = Q_x \cdot x \tag{7-37}$$

$$M_{\mathrm{II}} = M_x = Q_y \cdot y \tag{7-38}$$

钢筋截面面积为

$$A_s \approx \frac{M}{0.9 f_y h_0} \tag{7-39}$$

式中 M——计算截面处的弯矩设计值；

f_y——钢筋抗拉强度设计值；

h_0——承台有效高度。

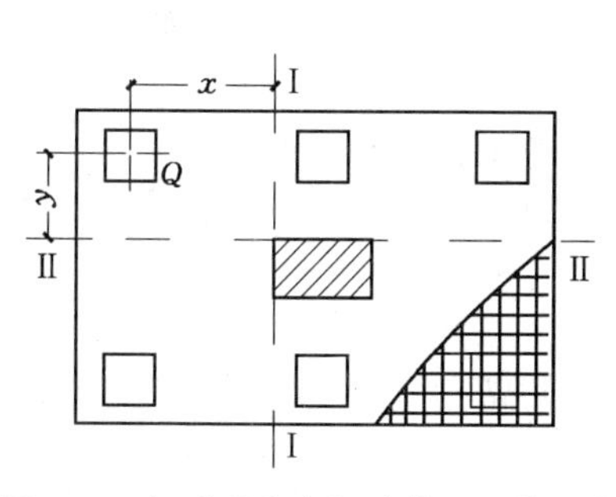

图 7-33 矩形承台弯矩计算及配筋示意

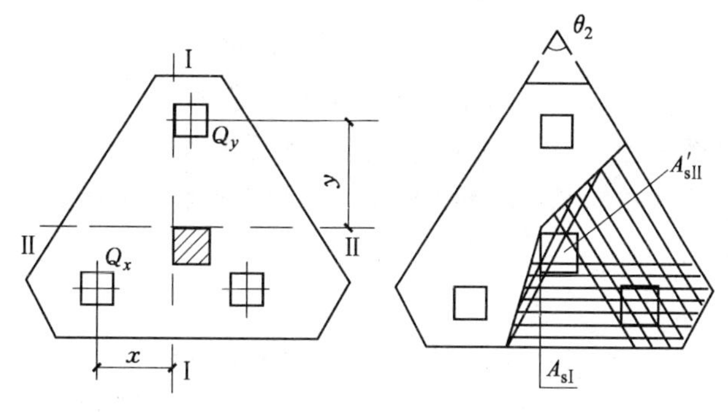

图 7-34 三桩承台弯矩计算及配筋示意

对于三桩三角形承台计算弯矩截面不与主筋方向正交时,须对主筋方向角进行换算。

即
$$A_{S\mathrm{I}}=\frac{M_{\mathrm{I}}}{0.9f_yh_0} \tag{7-40}$$

$$A'_{S\mathrm{II}}=\frac{A_{S\mathrm{II}}}{2\cos\frac{\theta_2}{2}}=\frac{M_{\mathrm{II}}}{2\times0.9f_yh_0\cos\frac{\theta_2}{2}} \tag{7-41}$$

2)冲切验算

①柱对承台的冲切验算:冲切破坏锥体采用自柱(墙)边和承台变阶处至相应桩顶边缘连线所构成的截锥体,且锥体斜面与承台底面夹角≥45°(图7-35)。

冲切承载力按下列公式计算

$$\gamma_0F_l\leqslant\alpha f_tu_mh_0 \tag{7-42}$$

$$F_l=F-\sum Q_i \tag{7-43}$$

$$\alpha=\frac{0.72}{\lambda+0.2} \tag{7-44}$$

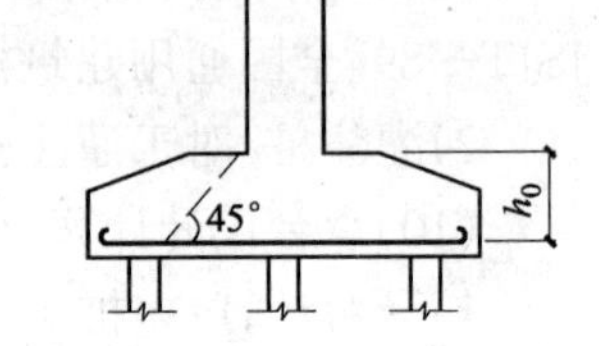

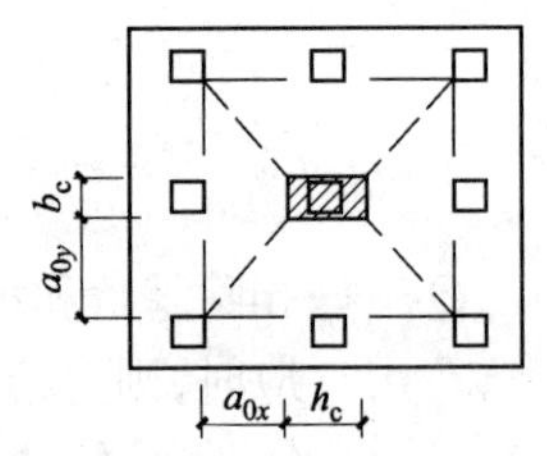

图7-35 柱对承台的冲切验算

式中 F_l——作用于冲切破坏锥体上的冲切力设计值;

f_t——承台混凝土抗拉强度设计值;

u_m——冲切破坏锥体一半有效高度处的周长;

h_0——承台冲切破坏锥体的有效高度;

α——冲切系数;

F——作用于柱(墙)底的竖向荷载设计值;

$\sum Q_i$——冲切破坏锥体范围内各基桩的净反力设计值之和;

λ——冲跨比,$\lambda=\alpha_0/h_0$,α_0为冲跨,即柱(墙)边或承台变阶处到桩边的水平距离;当$\alpha_0<0.2h_0$时,取$\alpha_0=0.2h_0$,当$\alpha_0>h_0$时,取$\alpha_0=h_0$,λ满足0.2~1.0。

对于圆柱及圆桩,计算时应将截面换处成方柱及方桩,即取换算柱截面边宽$b_c=0.8d_c$,换算桩截面边宽$b_p=0.8d$。

对柱下矩形独立承台受柱冲切的承载力可按下式计算

$$\gamma_0F_e\leqslant2[\alpha_{0x}(b_c+a_{0y})+\alpha_{0y}(h_c+a_{0x})]f_th_0 \tag{7-45}$$

式中 α_{0x},α_{0y}——冲切系数,分别用$\lambda_{0x}=a_{0x}/h_{0y}$,$\lambda_{0y}=a_{0y}/h_0$代入式(7-44)求得;

h_c,b_c——柱截面长、短边尺寸;

a_{0x}——自柱长边到最近桩边的水平距离;

a_{0y}——自柱短边到最近桩边的水平距离。

当有变阶时,将变阶处截面尺寸看作为扩大了的柱截面尺寸,计算方法相同。

②角桩对承台的冲切验算:四桩(含四桩)以上承台受角桩冲切(图7-36)的承载力按下列公式计算

$$\gamma_0N_l=\left[\alpha_{1x}\left(c_2+\frac{a_{1y}}{2}\right)+\alpha_{1y}\left(c_1+\frac{a_{1x}}{2}\right)f_th_0\right] \tag{7-46}$$

$$\alpha_{1x}=\frac{0.48}{\lambda_{1x}+0.2}$$

$$\alpha_{1y}=\frac{0.48}{\lambda_{1y}+0.2} \tag{7-47}$$

式中　N_l——作用于角桩顶的竖向压力设计值；

α_{1x}, α_{1y}——角桩冲切系数；

$\lambda_{1x}, \lambda_{1y}$——角桩冲跨比，$\lambda_{1x}=a_{1x}/h_0$，$\lambda_{1y}=a_{1y}/h_0$，其值满足 0.2～1.0；

c_1, c_2——角桩的内边缘至承台外边缘的距离；

a_{1x}, a_{1y}——从承台底角桩内边缘引 45°冲切线与承台顶面相交点至桩内边缘的水平距离，当柱或承台变阶处位于该 45°线以内时，则取由柱边或变阶处与桩内边缘连线为冲切锥体的锥线；

h_0——承台外边缘的有效高度。

对三桩三角形承台(图 7-37)可按下列公式验算：

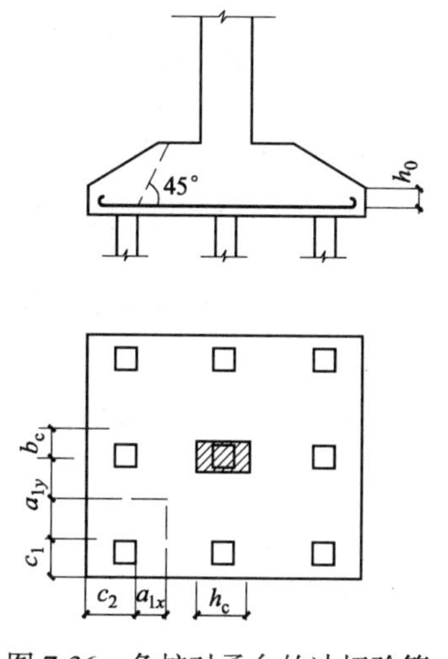

图 7-36　角桩对承台的冲切验算

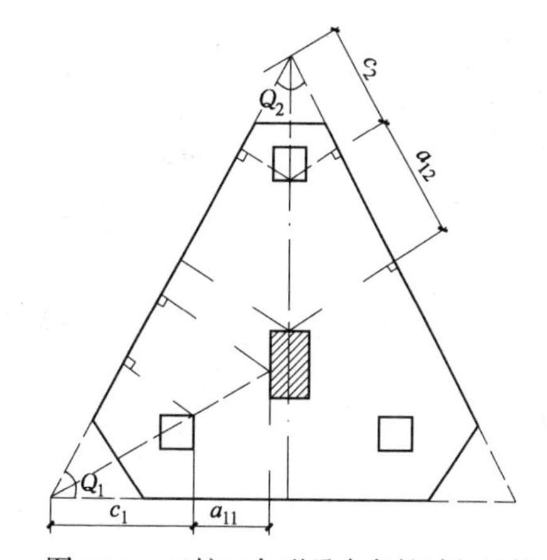

图 7-37　三桩三角形承台角桩冲切验算

底部角桩

$$\gamma_0 N_l \leqslant \alpha_{11}(2c_1+a_{11})\tan\frac{\theta_1}{2}f_t h_0 \tag{7-48}$$

$$\alpha_{11}=\frac{0.48}{\lambda_{11}+0.2} \tag{7-49}$$

顶部角桩

$$\gamma_0 N_l \leqslant \alpha_{12}(2c_2+a_{12})\tan\frac{\theta_2}{2}f_t h_0 \tag{7-50}$$

$$\alpha_{12}=\frac{0.48}{\lambda_{12}+0.2} \tag{7-51}$$

式中　$\lambda_{11}, \lambda_{12}$——角桩冲跨比，

$$\lambda_{11}=\frac{a_{11}}{h_0}, \lambda_{12}=\frac{a_{12}}{h_0}$$

a_{11}, a_{12}——从承台底角桩内边缘向相邻承台边引 45°冲切线与承台顶面相交点至角桩

内边缘的水平距离，当柱位于该45°线以内时，则取柱边与桩内边级连线为冲切锥体的锥线。

3)斜截面抗剪验算：抗剪承载力的验算截面为通过柱边（墙边）和桩边连线形成的斜截面（图7-38），验算公式为

$$\gamma_0 V \leqslant \beta f_c b_0 h_0 \tag{7-52}$$

当$0.3 \leqslant \lambda < 1.4$时　$\beta = \dfrac{0.12}{\lambda + 0.3}$　　(7-53)

当$1.4 \leqslant \lambda \leqslant 3.0$时　$\beta = \dfrac{0.2}{\lambda + 1.5}$　　(7-54)

式中　V——斜截面的最大剪力设计值；

f_c——混凝土轴心抗压强度设计值；

h_0——承台计算截面处的有效高度；

b_0——承台计算截面处的计算宽度；

λ——计算截面的剪跨比，$\lambda_x = \dfrac{a_x}{h_0}$，$\lambda_y = \dfrac{a_y}{h_0}$，其中$a_x$、$a_y$为柱边（墙边）或承台变阶处至$x$、$y$方向一排桩的桩边的水平距离，当$\lambda > 3$时，取$\lambda = 3$。

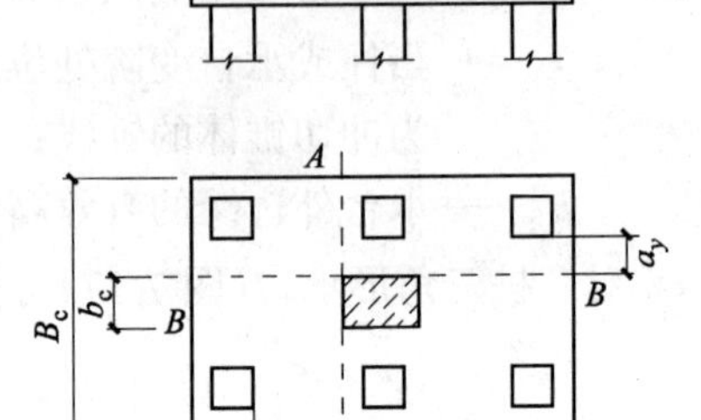

图7-38　承台的斜截面抗剪验算

当柱边（墙边）外有多排桩形成多个剪切斜截面时，对每一个斜截面都应进行受剪承载力计算。

对于锥形承台应对Ⅰ—Ⅰ及Ⅱ—Ⅱ两个截面进行受剪承载力计算，其截面有效高度均为h_0，截面的计算宽度（即折算宽度）分别取（图7-39）：

Ⅰ—Ⅰ截面　$b_{y0} = \left[1 - 0.5\dfrac{h_1}{h_0}\left(1 - \dfrac{b_{c1}}{B_c}\right)\right] B_c$　　(7-55)

对 Ⅱ—Ⅱ截面　$b_{x0} = \left[1 - 0.5\dfrac{h_1}{h_0}\left(1 - \dfrac{b_{c1}}{L_c} L_c\right)\right]$　　(7-56)

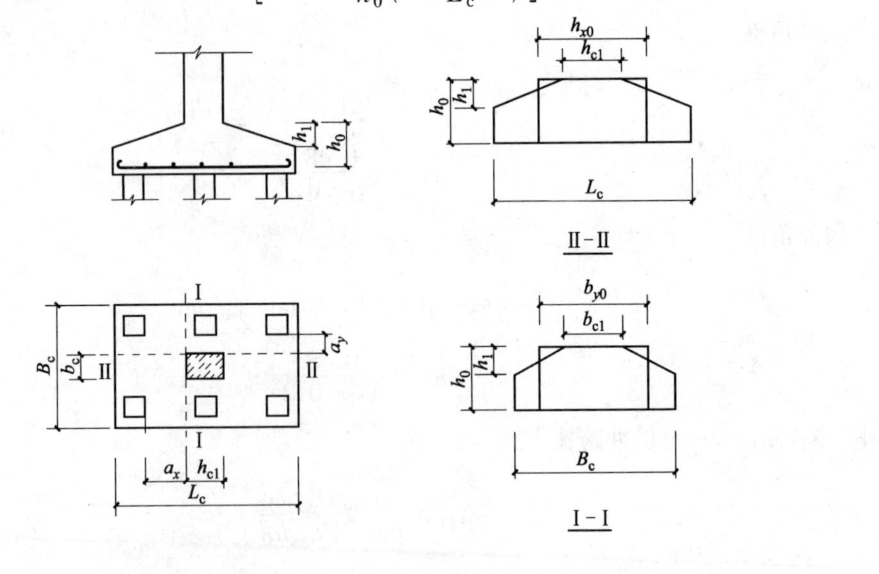

图7-39　锥形承台受剪计算

然后分别用 b_{y0}、b_{x0}代替式(7-52)中的 b_0 进行计算。

对阶梯形承台应分别在变阶处(A_1-A_1,B_1-B_1)及柱边外(A_2-A_2,B_2-B_2)进行斜截面受剪计算(图 7-40)。

计算变阶处截面 A_1-A_1,B_1-B_1 的斜截面受剪承载力时,其截面有效高度均为 h_{01},截面计算宽度分别为 b_{y1}和 b_{x1}。

计算柱边截面 A_2-A_2 和 B_2-B_2 处的斜截面受剪承载力时,其截面有效高度均为 $h_{01}+h_{02}$,截面计算宽度分别为

$$对\ A_2-A_2\qquad b_{y0}=\frac{b_{y1}h_{01}+b_{y2}h_{02}}{h_{01}+h_{02}}\tag{7-57}$$

$$对\ B_2-B_2\qquad b_{x0}=\frac{b_{x1}h_{01}+b_{x2}h_{02}}{h_{01}+h_{02}}\tag{7-58}$$

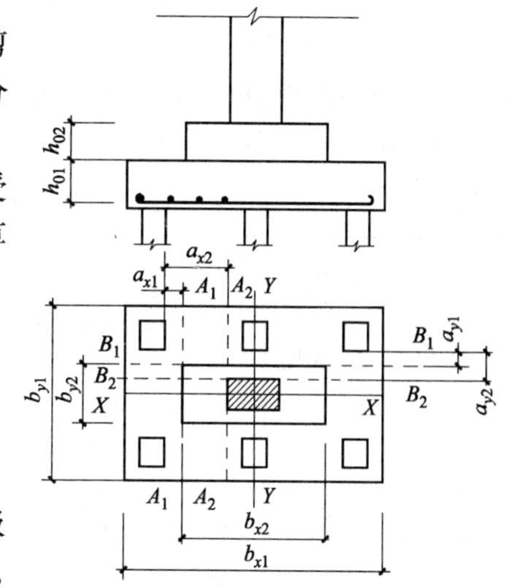

图 7-40　阶形承台斜截面受剪计算

4)承台的局部受压验算:当承台混凝土强度等级低于柱的强度等级时,应验算承台的局部受压承载力,验算方法可按《混凝土结构设计规范》(GB 50010—2002)的规定进行。

桩基础设计框图见图 7-41。

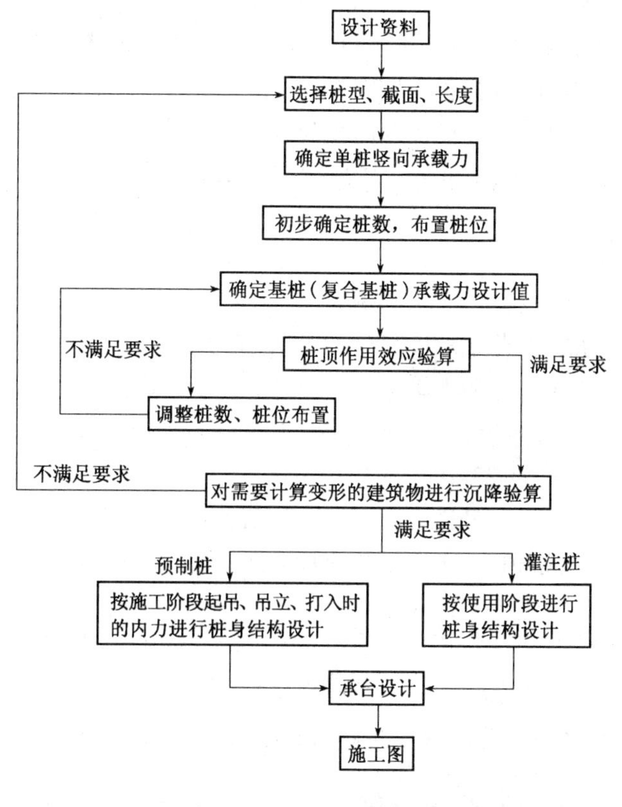

图 7-41　桩基础设计框图

7.4.3　桩基础设计示例一

1. 设计资料

某多层建筑一框架柱截面为400mm×800mm，承担上部结构传来的荷载设计值为：轴力$F=2800$kN，弯矩$M=420$kN·m，剪力$H=50$kN。经勘察地基土层依次为：0.8m厚人工填土；1.5m厚黏土；9.0m厚淤泥质黏土；6m厚粉土。各土层物理力学性质指标如表7-35所示，地下水位离地表1.5m。试设计该桩基础。

表7-35　各土层物理力学指标

土层号	土层名称	土层厚度(m)	含水量(%)	重力密度(kN/m³)	孔隙比	液限指数	压缩模量(MPa)	内摩擦角(°)	凝聚力(kPa)
①	人工填土	0.8		18					
②	黏土	1.5	32	19	0.864	0.363	5.2	13	12
③	淤泥质黏土	9.0	49	17.5	1.34	1.613	2.8	11	16
④	粉土	6.0	32.8	18.9	0.80	0.527	11.07	18	3
⑤	淤泥质黏土	12.0	43.0	17.6	1.20	1.349	3.1	12	17
⑥	风化砾石	5.0							

2. 设计计算

(1)桩基持力层、桩型、承台埋深和桩长的确定

从勘察资料可知，地基表层填土和1.5m厚的黏土层以下为厚度达9m的软土层，而不太深处就有一层性状较好的粉土层。分析表明，在柱荷载作用下天然地基难以满足要求时，考虑采用桩基础。根据地质情况，选择粉土层作为桩端持力层。

根据工程地质情况，在勘察深度范围内无较好的持力层，故桩为摩擦型桩。选用钢筋混凝土预制桩，边长350mm×350mm，桩承台底埋深为1.2m，桩进入④层粉土层下$2d$，伸入承台100mm，则桩长为10.9m。

(2)单桩竖向承载力的确定

1)单桩竖向极限承载力标准值Q_{uk}的确定。

桩侧极限摩擦阻力标准值q_{sik}由《土力学与地基基础》教材中查得，由于桩承台埋深为1.2m，所以q_{sik}由第②层黏土层算起。

第②层黏土层：　　$q_{sik}=75\text{kPa}, l_i=(0.8+1.5)-1.2=1.1(\text{m})$

第③层黏土层：　　$q_{sik}=23\text{kPa}, l_i=9.0(\text{m})$

第④层粉土层：　　$q_{sik}=55\text{kPa}, l_i=2\text{d}=2\times0.35=0.7(\text{m})$

桩端极限摩擦阻力标准值由《土方学与地基基础》教材中查得：$q_{pk}=1\,800\text{kPa}$

$$Q_{sk}=u\sum q_{sik}l_i=4\times0.35\times(75\times1.1+23\times9.0+55\times0.7=459.2(\text{kN})$$

$$Q_{pk}=q_{pk}A_p=1\,800\times0.35\times0.35=220.5(\text{kN})$$

$$Q_{uk}=Q_{sk}+Q_{pk}=459.2+220.5=679.7(\text{kN})$$

2)桩基竖向承载力设计值R。桩数超过3根的非端承桩复合桩基，应考虑桩群、土、承台的互相作用效应，由下式计算：

$$R = \eta_s Q_{sk}/\gamma_s + \eta_p Q_{pk}/\gamma_p + \eta_c Q_{ck}/\gamma_c$$

查表 7-30，$\gamma_s = \gamma_p = 1.65$，$\gamma_c = 1.70$。

因承台下有淤泥质黏土，不考虑承台效应，即 $\eta_c = 0$，η_s、η_p、η_{sp}查表时取 $B_c/l \leqslant 0.2$ 一栏的对应值。因为桩数未知，桩距 S_a 也未知，先按 $S_a/l = 3$ 查表 7-28，待确定桩数及桩距后，再验算基桩的承载力设计值是否满足要求。

$$\eta_s = 0.80 \quad \eta_p = 1.26 \quad \eta_{sp} = 0.93$$

$$R = 0.8 \times 459.2/1.65 + 1.26 \times 220.5/1.65 = 391.0(\text{kN})$$

(3)桩数、布置及承台尺寸

1)桩数 n。桩数 n 由 $n = \mu \dfrac{F+G}{R}$ 计算，$F = 2\,800\text{kN}$，$R = 391.0\text{kN}$，G 为承台底以上承台连同土体的质量。由于桩数未知，承台尺寸未知，先不考虑承台质量，初拟桩数 n，待布置完桩后，再计入承台质量 G，验算桩数是否满足要求。

$$n = (1.1 \sim 1.2) \times \frac{2\,800}{391.0} = 7.87 \sim 8.59\text{，取 } n = 8$$

2)桩距 S_a。根据规范规定，摩擦型桩的中心距 S_a，不宜小于桩身直径的 3 倍，又考虑到桩穿过饱和软土，相应的最小中心距为 $4.0d$，故取 $S_a = 4.0d = 4.0 \times 350 = 1400\text{mm}$，边距取 350mm。

3)桩布置形式采用长方形布置，承台尺寸如图 7-42 所示。

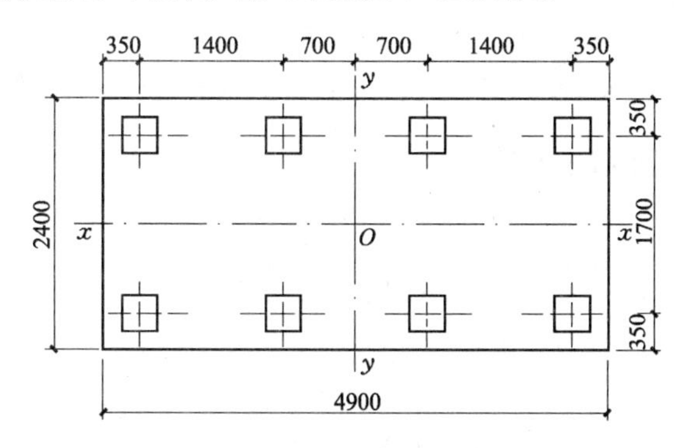

图 7-42 承台尺寸图

4)基桩承载力设计值 R 验算

$$S_a/d = 1.4/0.35 = 4$$

查表 7-28 得

$$\eta_s = 0.90 \quad \eta_p = 1.18 \quad \eta_{sp} = 0.97$$

$$\begin{aligned} R &= 0.9 \times 459.2/1.65 + 1.18 \times 220.5/1.65 \\ &= 408.2(\text{kN}) > 391.0(\text{kN}) \quad \text{满足要求。} \end{aligned}$$

(4)计算单桩承受的外力

1)桩数验算。承台及上覆土重

$$G=\gamma_G Ad=20\times2.4\times4.9\times1.2=282.2(\text{kN})$$

$$\frac{F+G}{R}=\frac{2\,800+282.2}{408.2}=7.55<8\quad 满足要求$$

2)桩基竖向承载力验算。

①基桩平均竖向荷载设计值

$$N=\frac{F+G}{n}=\frac{2\,800+282.2}{8}=385.3(\text{kN})$$

②基桩最大竖向荷载设计值

作用在承台底的弯矩

$$M_x=M+H\cdot d=420+50\times1.2=480(\text{kN}\cdot\text{m})$$

$$N_{max}=\frac{F+G}{n}+\frac{M_x y_{max}}{\sum y_i^2}=\frac{2\,800+282.2}{8}+\frac{480\times2.1}{4\times(0.7^2+2.1^2)}=436.7(\text{kN})$$

基桩最小竖向荷载设计值

$$N_{min}=\frac{F+G}{n}-\frac{M_x y_{max}}{\sum y_i^2}=\frac{2\,800+282.2}{8}-\frac{480\times2.1}{4\times(0.7^2+2.1^2)}=333.9(\text{kN})$$

③在基本荷载组合、受偏心荷载作用下

$$N=385.3\text{kN}<R=391.0\text{kN}$$

$$N_{max}=436.7\text{kN}<1.2R=1.2\times391.0=469.2(\text{kN})\quad 均满足要求$$

(5)桩基软弱下卧层承载力验算

因为

$$S_a=1.4\text{m}<6d=2.1\text{m}$$

按如下公式验算：

$$\sigma_z=\frac{\gamma_0(F+G)-2(A_0+B_0)\sum q_{sik}l_i}{(A_0+2t\cdot\tan\theta)(B_0+2t\cdot\tan\theta)}$$

$$\sigma_z+\gamma_i z\leqslant q_{uk}^{w}/\gamma_q$$

各参数确定如下：$E_{s1}=11.07\text{MPa}$，$E_{s2}=3.1\text{MPa}$，$E_{s1}/E_{s2}=11.07/3.1=3.57$；持力层厚度 $t=6-0.7=5.3\text{m}$；A_0、B_0 分别为桩群外缘矩形面积的长和宽。

$$A_0=4.9-0.35=4.55(\text{m})\quad B_0=2.4-0.35=2.05(\text{m})$$

$$t=5.3\text{m}>0.5B_0=0.5\times2.05=1.03(\text{m})$$

由《建筑地基基础设计规范》查得 $\theta\approx23.57°$。

$$\sum q_{sik}l_i=Q_{sk}/u=459.2/(4\times0.35)=328.0(\text{kPa})$$

下卧软土层顶以上土的加权平均有效重度，本例题 $\gamma_i=9.01\text{kN/m}^3$，下卧软土层埋深 $d=17.3\text{m}$。

$$\sigma_z+\gamma_i z=\frac{(2800+282.2)-2\times(4.55+2.05)\times328.0}{(4.55+2\times5.3\tan23.57^\circ)(2.05+2\times5.3\tan23.57^\circ)}+9.01\times17.3=135.5(\text{kPa})$$

软弱下卧层经深度修正的地基承载力标准值 q_{uk}^{ω} 按下式计算：

$$q_{uk}^{\omega}=f_k+\gamma_1\eta_b(b-3)+\gamma_2\eta_d(d-0.5)$$

本题中地基承载力标准值取 84kPa，基础底面以下土的重度取浮容重 $\gamma_1=7.8\text{kN/m}^3$，基础底面以上土的加权平均重度 γ_2 取 9.01kN/m^3，基础宽度和埋深的地基承载力修正系数查《建筑地基基础设计规范》中的表 5-4，取 $\eta_b=0$，$\eta_d=1.0$，地基承载力分项系数 $\gamma_q=1.65$，基础底面宽度 $b=B_0+2l\tan\dfrac{\varphi_0}{4}$，净桩长 $l=10.8-1.2=9.6\text{m}$ 内摩擦角 $\varphi_0=18^\circ$，则

$$b=2.05+2\times9.6\tan\frac{18^\circ}{4}=3.56(\text{m})$$

$$q_{uk}^{\omega}=84+7.8\times0\times(3.56-3)+9.01\times1.0\times(17.3-0.5)=235.4(\text{kPa})$$

$$\sigma_z+\gamma_i Z=135.5\text{kPa}<q_{uk}^{\omega}/\gamma_q=235.4/1.65=142.6(\text{kPa})\quad \text{满足要求}$$

(6)承台板设计

承台的平面尺寸为 4 900mm×2 400mm，厚度由冲切、弯曲、剪切、局部承压等因素综合确定，初步拟定承台厚 800mm，其中边缘厚 600mm，承台顶平台边缘离柱边距离 300mm，混凝土采用 C30，保护层取 100mm，钢筋采用 HRB 335 级钢筋。其下做 100mm 厚 C7.5 素混凝土垫层，如图 7-43 所示。

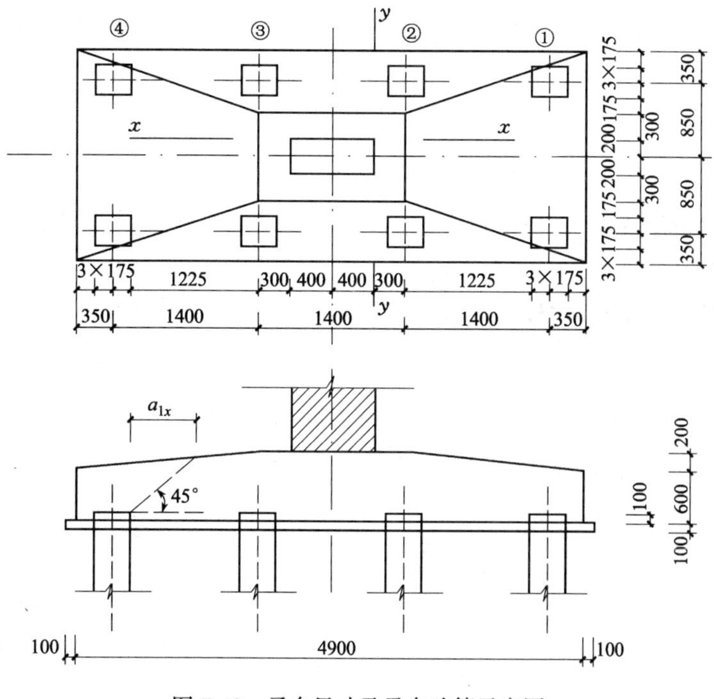

图 7-43　承台尺寸及承台验算示意图

1)抗弯验算。计算各排桩竖向反力及净反力

①号桩：　$N_1=\dfrac{2\,800+282.2}{8}+\dfrac{480\times2.1}{4\times(0.7^2+2.1^2)}=436.7(\text{kN})$

净反力 $N'_1=N_1-G/n=436.7-282.2/8=401.4(\text{kN})$

②号桩：　$N_2=\dfrac{2\,800+282.2}{8}+\dfrac{480\times0.7}{4\times(0.7^2+2.1^2)}=402.4(\text{kN})$

净反力 $N'_2=N_2-G/n=402.4-282.2/8=367.1(\text{kN})$

③号桩：　$N_3=\dfrac{2\,800+282.2}{8}-\dfrac{480\times0.7}{4\times(0.7^2+2.1^2)}=368.1(\text{kN})$

净反力 $N'_3=N_3-G/n=368.1-282.2/8=332.9(\text{kN})$

④号桩：　$N_4=\dfrac{2\,800+282.2}{8}-\dfrac{480\times2.1}{4\times(0.7^2+2.1^2)}=333.8(\text{kN})$

净反力 $N'_4=N_4-G/n=333.8-282.2/8=298.6(\text{kN})$

因承台下有淤泥质土,即不考虑承台效应,故 x-x 截面桩边缘处最大弯矩应采用桩的净反力计算：$M_x=\sum N_iy_i=(436.7+402.4+368.1+333.8)\times(0.85-0.4/2-0.35/2)=732.0(\text{kN·m})$

承台计算截面处的有效高度 $h_0=700\text{mm}$,有

$$A_s=\gamma_0M_x/(0.9f_yh_0)=732.0\times10^6/(0.9\times310\times700)=3\,748(\text{mm}^2)$$

配置 8Φ25 钢筋($A_s=3\,927\text{mm}^2$)。

y-y 截面柱边缘处承台最大弯矩：

$$\begin{aligned}M_y&=\sum N_ix_i=2\times436.7\times(2.1-0.8/2)+2\times402.4\times(0.7-0.8/2)\\&=1\,726.2(\text{kN·m})\\A_s&=\gamma_0M_y/(0.9f_yh_0)=1\,726.2\times10^6/(0.9\times310\times700)\\&=8\,839(\text{mm}^2)\end{aligned}$$

配置 9Φ36 钢筋($A_s=9\,161\text{mm}^2$)。

2)冲切验算。

①柱对承台的冲切验算。柱的截面尺寸为 400mm×800mm,柱短边到最近桩内边缘的水平距离为

$$a_{0x}=2\,100-800/2-350/2=1\,525\text{mm}>h_0=700\text{mm},取\ a_{0x}=h_0=700\text{mm}$$

柱长边到最近桩内边缘水平距离

$$\begin{aligned}a_{0y}&=850-400/2-350/2=475(\text{mm})>0.2h_0\\&=0.2\times700=140(\text{mm})\end{aligned}$$

冲跨比

$$\lambda_{0x}=a_{0x}/h_0=700/700=1.000$$

$$\lambda_{0y}=a_{0y}/h_0=475/700=0.679$$

λ_{0x}、λ_{0y}满足0.2～1.0。

冲切系数

$$\beta_{0x}=0.84/(\lambda_{0x}+0.2)=0.84/(1.0+0.2)=0.700$$
$$\beta_{0y}=0.84/(\lambda_{0y}+0.2)=0.84/(0.679+0.2)=0.956$$

柱截面短边 $b_c=400$mm，长边 $h_c=800$mm。

根据《建筑地基基础设计规范》，受冲切承载力截面高度影响系数 β_{hp}在 h 不大于800mm时取1.0，查《混凝土结构设计规范》$f_t=1.43$MPa，作用于柱底竖向荷载设计值 $F=2\ 800$kN，冲切破坏锥体范围内各基桩净反力设计值之和 $\sum N_i=367.1+332.9=700$kN，作用于冲切破坏锥体上冲切力设计值

$$F_l=F-\sum N_i=2\ 800-700=2\ 100\text{kN}$$

$$\begin{aligned}&2[\beta_{0x}(b_c+a_{0y})+\beta_{0y}(h_c+a_{0x})]\beta_{hp}f_th_0\\&=2\times[0.700\times(400+475)+0.956\times(800+700)]\times1.0\times1.43\times700\\&=4\ 097\ 093(\text{N})=4\ 097.1(\text{kN})>F_l=2\ 100\text{kN}\quad\text{满足设计要求}\end{aligned}$$

②角桩对承台的冲切验算。角桩内边缘至承台外缘距离 $c_1=c_2=350+350/2=525$mm。在 x 方向，从角桩内缘引45°冲切线，与承台顶面交点到角桩内缘水平距离 $a_{1x}=632$mm；在 y 方向，因柱子在该45°冲切线以内，取柱边缘至角桩内缘水平距离 $a_{1y}=475$mm。

角桩冲跨比

$$\lambda_{1x}=a_{1x}/h_0=632/700=0.903,\lambda_{1y}=a_{1y}/h_0=475/700=0.679$$

角桩冲切系数

$$\beta_{1x}=0.56/(\lambda_{1x}+0.2)=0.56/(0.903+0.2)=0.508$$
$$\beta_{1y}=0.56/(\lambda_{1y}+0.2)=0.56/(0.679+0.2)=0.637$$

角桩竖向净反力 $F_l=401.4$kN，有

$$\begin{aligned}&[\beta_{1x}(c_2+a_{1y}/2)+\beta_{1y}(c_1+a_{1x}/2)]\beta_{hp}f_th_0\\&=[0.508\times(525+475/2)+0.637\times(525+632/2)]\times1.0\times1.43\times700\\&=923\ 990(\text{N})=924.0(\text{kN})>F_l=401.4\text{kN}\quad\text{满足要求}\end{aligned}$$

3)承台斜截面抗剪强度验算。

①y-y 截面：柱边至边桩内缘水平距离 $a_x=1\ 525$mm，承台计算宽度 $b_0=2\ 400$mm，计算截面处的有效高度 $h_0=700$mm，剪跨比 $\lambda_x=a_x/h_0=1\ 525/700=2.179$，剪切系数 $\beta=1.75/(\lambda+1.0)=1.75/(2.179+1.0)=0.550$，受剪承载力截面高度影响系数 $\beta_{hs}=(800/h_0)^{1/4}=(800/700)^{1/4}=1.034$，查规范混凝土C30的 $f_t=1.43\text{MP}_\text{a}$。

斜截面最大剪力设计值

$$V = 2 \times 401.4 + 2 \times 367.1 = 1\ 537(\mathrm{kN})$$

$$\beta_{hs}\beta f_t b_0 h_0 = 1.034 \times 0.550 \times 1.43 \times 2\ 400 \times 700 = 1\ 366\ 245(\mathrm{N})$$
$$= 1\ 366.2(\mathrm{kN}) < V = 1\ 537\mathrm{kN}$$

不满足斜截面抗剪强度要求。说明承台厚度不足或者承台混凝土等级不够,可采用以下两种方案:一是承台厚度不变,增加混凝土等级,如改为 C40,则

$$f_t = 1.71\mathrm{MPa}$$

$$\beta_{hs}\beta f_t b_0 h_0 = 1.034 \times 0.550 \times 1.71 \times 2\ 400 \times 700$$
$$= 1\ 633.7\ (\mathrm{kN})) > V = 1\ 537\mathrm{kN}$$

二是混凝土等级不变,增加承台厚度,如厚度增加为 900mm,则有

$$h_0 = 900 - 100 = 800(\mathrm{mm}), \lambda_x = a_x / h_0 = 1\ 525/800 = 1.906$$

$$\beta = 1.75/(1.906 + 1.0) = 0.602, \beta_{hs} = (800/800)^{1/4} = 1.0$$

则

$$\beta_{hs}\beta f_t b_0 h_0 = 1.0 \times 0.602 \times 1.43 \times 2\ 400 \times 800 = 1\ 652\ 851(\mathrm{N})$$
$$= 1\ 652.9(\mathrm{kN}) > V = 1\ 537\mathrm{kN}$$

两种方案均满足斜截面抗剪强度要求,可通过技术经济比较确定采用何种方案。

②x-x 截面:柱边至边桩内缘水平距离 $a_y = 475\mathrm{mm}$,承台计算宽度 $b_0 = 4\ 900\mathrm{mm}$,$h_0 = 700\mathrm{mm}$,剪跨比 $\lambda_x = a_x/h_0 = 475/700 = 0.679$,剪切系数 $\beta = 1.75/(\lambda + 1.0) = 1.75/(0.679 + 1.0) = 1.042$,受剪承载力截面高度影响系数 $\beta_{hs} = (800/h_0)^{1/4} = (800/700)^{1/4} = 1.034$。

斜截面最大剪力设计值

$$V = 401.4 + 367.1 + 332.9 + 298.6 = 1\ 400(\mathrm{kN})$$

$$\beta_{hs}\beta f_t b_0 h_0 = 1.034 \times 1.042 \times 1.43 \times 4\ 900 \times 700 = 5\ 284\ 677(\mathrm{N})$$
$$= 5\ 284.7(\mathrm{kN}) > V = 1\ 400\mathrm{kN} \quad 满足要求$$

4)承台的局部受压验算。

①承台在柱下局部受压。柱子局部受压面积边长 $b_x = 800\mathrm{mm}$,$b_y = 400\mathrm{mm}$,根据规定:局部受压面积的边至相应的计算底面积的边的距离,其值不应大于各柱的边至承台边最小距离,且不大于局部受压面积的边长,因此 c 取柱边至承台边的最小距离,即 $c = 300\mathrm{mm}$。

计算底面积:

$$A_b = (b_x + 2c)(b_y + 2c) = (800 + 2 \times 300) \times (400 + 2 \times 300)$$
$$= 1\ 400\ 000(\mathrm{mm}^2)$$

受压面积:

$$A_l = 800 \times 400 = 320\ 000(\mathrm{mm}^2)$$

局部受压时的强度提高系数：

$$\beta=\sqrt{\frac{A_b}{A_l}}=\sqrt{\frac{1\ 400\ 000}{320\ 000}}=2.092 \quad 查\ f_c=14.3\text{MPa}$$

$$0.95\beta f_c A_l=0.95\times2.092\times14.3\times320\ 000=9\ 094\ 342(\text{N})$$
$$=9\ 094.3(\text{kN})>2\ 800\text{kN}\quad 满足要求$$

②承台在边桩上局部受压。方桩边长 $b_p=350\text{mm}$，桩的外边至承台边缘的距离

$$c=350-350/2=175(\text{mm})$$

承台在边桩上局部受压时计算面积：

$$A_b=3b_P(b_p+2c)=3\times350\times(350+2\times175)=735\ 000(\text{mm}^2)$$

局部受压时的强度提高系数：

$$\beta=\sqrt{\frac{A_b}{A_l}}=\sqrt{\frac{735\ 000}{350\times350}}=2.449$$

局部荷载设计值

$$F_l=401.4\text{kN}$$
$$0.95\beta f_c A_l=0.95\times2.449\times14.3\times350^2=4\ 075\ 534(\text{N})$$
$$=4\ 075.5(\text{kN})>401.4\text{kN}\quad 满足要求$$

③承台在角桩上局部受压

$$c=300\text{mm},A_b=(b_p+2c)^2=(350\times2+175)^2=765\ 625(\text{mm}^2)$$
$$\beta=\sqrt{\frac{A_b}{A_l}}=\sqrt{\frac{765\ 625}{350\times350}}=2.5$$

$0.95\beta f_c A_l=0.95\times2.5\times14.3\times350^2=4\ 160\ 406(\text{N})=4\ 160.4(\text{kN})>401.4\text{kN}$ 满足角桩局部受压要求。

7.4.4　桩基础设计示例二

1．设计资料

(1)上部结构资料

某教学实验楼，上部结构为七层框架，其框架主梁、次梁、楼板均为现浇整体式，混凝土强度等级C30。底层层高3.4m(局部10m，内有10t桥式吊车)，其余层高3.3m，底层柱网平面布置及柱底荷载见图7-44。

(2)建筑物场地资料

拟建建筑场地位于市区内，地势平坦，建筑物平面位置见图7-45。

建筑场地位于非地震区，不考虑地震影响。

场地地下水类型为潜水，地下水位离地表2.1m，根据已有分析资料，该场地地下水对混凝土无腐蚀性。

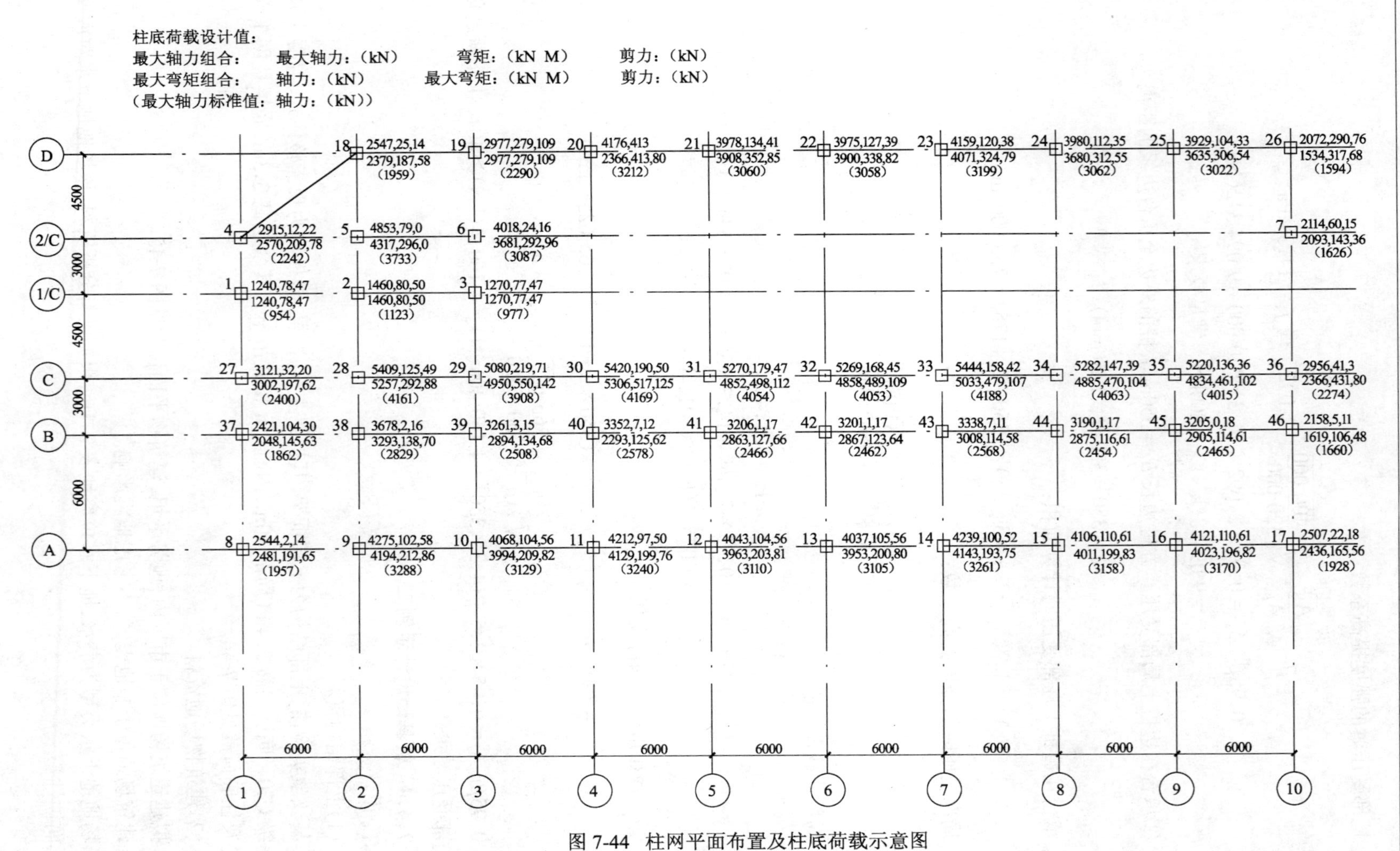

图 7-44　柱网平面布置及柱底荷载示意图

建筑地基的土层分布情况及各土层物理、力学指标见表7-36。

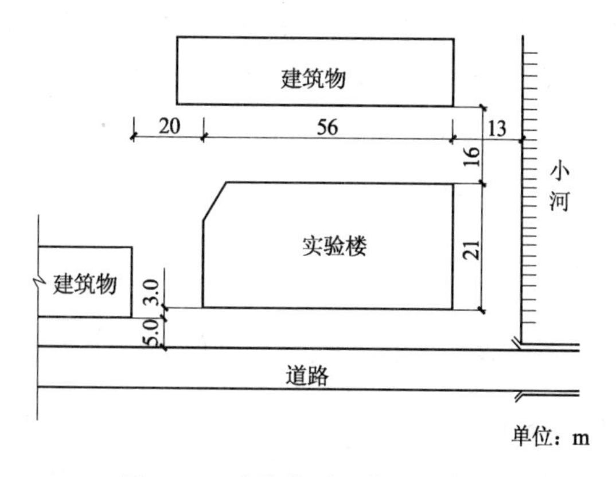

图7-45　建筑物平面位置示意图

表7-36　地基各土层物理、力学指标

土层编号	土层名称	层底埋深(m)	层厚(m)	γ (kN/m^3)	e	ω (%)	I_L	c (kPa)	φ (°)	E_s (MPa)	f_k (kPa)	P_s (MPa)
1	杂填土	1.8	1.8	17.5								
2	灰褐色粉质黏土	10.1	8.3	18.4	0.90	33	0.95	16.7	21.1	5.4	125	0.72
3	灰色淤泥质粉质黏土	22.1	12.0	17.8	1.06	34	1.10	14.2	18.6	3.8	95	0.86
4	黄褐色粉土夹粉质黏土	27.4	5.3	19.1	0.88	30	0.70	18.4	23.3	11.5	140	3.44
5	灰-绿色粉质黏土	>27.4		19.7	0.72	26	0.46	36.5	26.8	8.6	210	2.82

2. 选择桩型、桩端持力层、承台埋深

(1)选择桩型

因框架跨度大而且不均匀，柱底荷载大，不宜采用浅基础。

根据施工场地、地基条件以及场地周围的环境条件，选择桩基础。因钻孔灌注桩泥水排泄不便，为了减小对周围环境的污染，采用静压预制桩，这样可较好地保证桩身质量，并在较短施工工期完成沉桩任务，同时，当地的施工技术力量、施工设备及材料供应也为采用静压桩提供了可能性。

(2)选择桩的几何尺寸及承台埋深

依据地基土的分布，第④层土是较合适的桩端持力层。桩端全断面进入持力层1.0m(>2d)，工程桩入土深度为23.1m。

承台底进入第②层土0.3m，所以承台埋深为2.1m，桩基的有效桩长即为21m。

桩截面尺寸选用450mm×450mm，由施工设备要求，桩分为两节，上段长11m，下段长11m(不包括桩尖长度在内)，实际桩长比有效桩长大1m，这是考虑持力层可能有一定的起伏以及桩需嵌入承台一定长度而留有的余地。

桩基及土层分布示意图见图7-46。

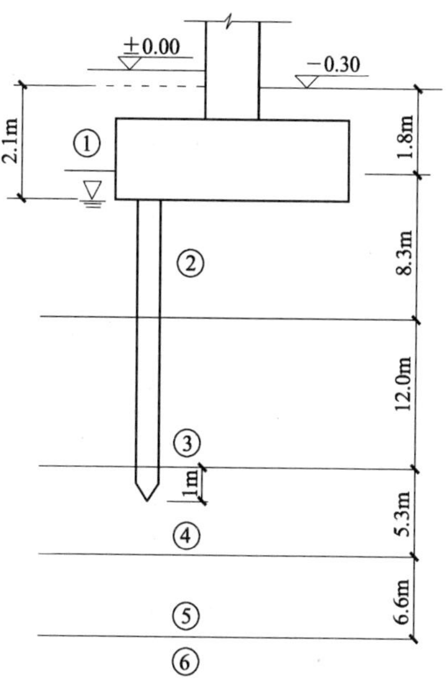

图7-46　桩基及土层分布示意图

3. 确定单桩极限承载力标准值

本设计属二级建筑桩基,采用经验参数法和静力触探法估算单桩极限承载力标准值。

根据单桥探头静力触探资料 p_s 按图7-25确定桩侧极限阻力标准值:

$$p_s < 1\,000\text{kPa 时}, q_{sk} = 0.05p_s$$
$$p_s > 1\,000\text{kPa 时}, q_{sk} = 0.025p_s + 25$$

桩端阻力的计算公式为

$$p'_{sk} = a_p p_{sk} = a_p \frac{1}{2}(p_{sk1} + \beta p_{sk2})$$

根据桩尖入土深度($H = 23.1$m),由表7-25取桩端阻力修正系数 $a_p = 0.83$;p_{sk1}为桩端全断面以上8倍桩径范围内的比贯入阻力平均值,计算时,由于桩尖进入持力层深度较浅,并考虑持力层可能的起伏,所以这里不计持力层土的 p_{sk},p_{sk2}为桩端全断面以下4倍桩径范围内的比贯入阻力平均值,故 $p_{sk1} = 860$kPa,$p_{sk2} = 3\,440$kPa;β为折减系数,因为 $p_{sk2}/p_{sk1} < 5$,取 $\beta = 1$。

依据静力触探比贯入阻力值和按土层及其物理指标查表法估算的极限桩侧,桩端阻力标准值列于表7-37。

表7-37 极限桩侧、桩端阻力标准值

层	序	静力触探法		经验参数法	
		q_{sk}(kPa)	αp_{sk}(kPa)	q_{sk}(kPa)	p_{pk}(kPa)
②	粉质黏土	15($h \leqslant 6$) 36		35	
③	淤泥质粉质黏土	43		29	
④	粉质黏土	111	1 784.5	55	2 200

按静力触探法确定单桩竖向极限承载力标准值

$$\begin{aligned}Q_{uk} &= Q_{sk} + Q_{pk}\\ &= 4\times0.45\times(15\times3.9 + 36\times4.1 + 43\times12 + 111\times1) + 0.45^2\times1\,784.5\\ &= 1\,500 + 361 = 1\,861\text{kN}\end{aligned}$$

估算的单桩竖向承载力设计值($\gamma_s = \gamma_p = 1.60$)

$$R_1 = \frac{Q_{sk}}{\gamma_s} + \frac{Q_{pk}}{\gamma_p} = \frac{1\,861}{1.6} = 1\,663\text{kN}$$

按经验参数法确定单桩竖向极限承载力标准值

$$\begin{aligned}Q_{uk} &= Q_{sk} + Q_{pk}\\ &= 4\times0.45\times(35\times8 + 29\times12 + 55\times1) + 0.45^2\times2\,200\\ &= 1\,229 + 446 = 1\,675\text{kN}\end{aligned}$$

估算的单桩竖向承载力设计值($\gamma_s = \gamma_p = 1.65$)

$$R_2 = \frac{1\,675}{1.65} = 1\,015\text{kN}$$

最终按经验参数法计算单桩承载力设计值，采用 $R_2=1\ 015\text{kN}$，初步确定桩数。

4. 确定桩数和承台底面尺寸

以下各项计算均以轴线⑦为例。

(1)A 柱

最大轴力组合的荷载：$F_A=4\ 239\text{kN}$，$M_{XA}=100\text{kN·m}$，$Q_{YA}=52\text{kN}$

初步估算桩数：

$$n\geqslant\frac{F}{R_2}\times1.1=\frac{4\ 239}{1\ 015}\times1.1=4.6(\text{根})$$

取 $n=5$，桩距 $s_a\geqslant3d=1.35\text{m}$。

桩位平面布置见图 7-47，承台底面尺寸为 2.9m×2.9m。

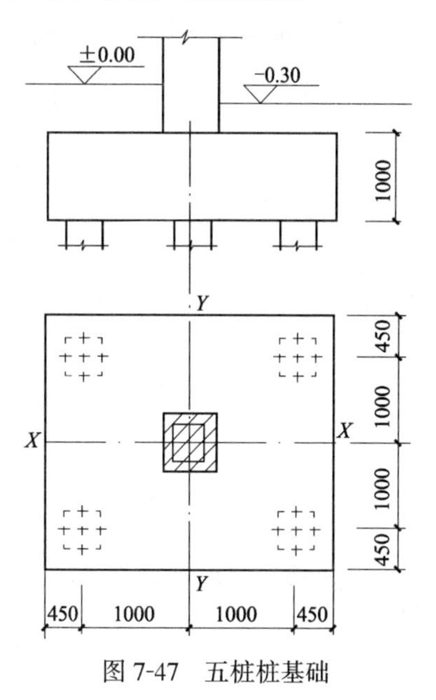

图 7-47 五桩桩基础

(2)B、C 柱

因两柱间距较小，荷载较大，故将此做成联合承台。

B 柱荷载：$F_B=3\ 338\text{kN}$，$M_B=7\text{kN·m}$，$Q_B=11\text{kN}$

C 柱荷载：$F_C=5\ 444\text{kN}$，$M_C=158\text{kN·m}$，$Q_C=42\text{kN}$

合力作用点距Ⓒ轴线的距离

$$x=\frac{3\ 338\times3}{3\ 338+5\ 444}=1.15\text{m}\quad 取\ x=1.2\text{m}$$

$$桩数\ h\geqslant\frac{3\ 338\times5\ 444}{1015}\times1.1=9.5(\text{根})$$

取 $n=10$，$s_a=1.4\text{m}$，承台底尺寸为 6.5m×2.3m，桩位平面布置见图 7-48。

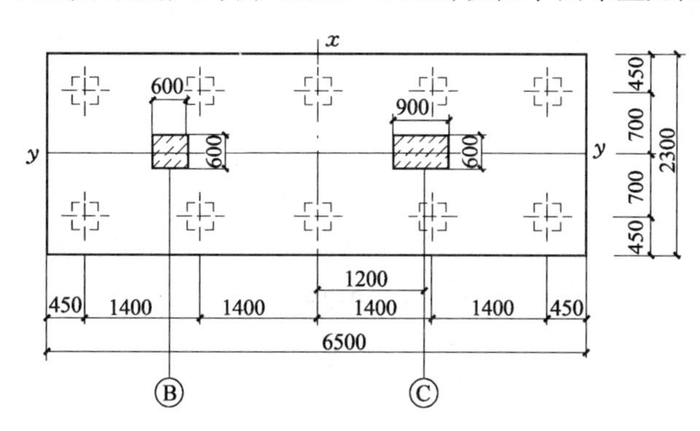

图 7-48 联合承台

(3) D 柱

荷载：$F_D=4\ 159\text{kN}$，$M_D=120\text{kN·m}$，$Q_D=38\text{kN}$，桩位布置同 A 柱。

5. 确定复合基桩竖向承载力设计值

该桩基属非端承桩，并 $n>3$，承台底面下并非欠固结土、新填土等，故承台底不会与土脱离，所以宜考虑桩群、土、承台的相互作用效应，按复合基桩计算竖向承载力设计值。

(1)五桩承台

承台净面积：　　　　　$A_c = 2.9\times2.9 - 5\times0.45^2 = 7.4\text{m}^2$

承台底地基土极限阻力标准值　$q_{ck} = 2f_k = 2\times125 = 250\text{kPa}$

所以　　　　　　$Q_{ck} = q_{ck}A_c/n = \dfrac{250\times7.4}{5} = 370\text{kN}$

$$Q_{sk} = u\sum q_{ski}l_i = 1\ 229\text{kN}$$

$$Q_{pk} = A_p q_p = 446\text{kN}$$

分项系数：　　　　　$\gamma_s = \gamma_p = 1.65, \gamma_c = 1.70$

因布桩不规则，所以

$$\frac{s_a}{d} = 0.886\frac{\sqrt{A_c}}{\sqrt{n}b} = 0.886\times\frac{\sqrt{2.9\times2.9}}{\sqrt{5}\times0.45} = 2.55$$

$$\frac{B_c}{l} = \frac{2.9}{21} = 0.138$$

查表 7-29 得群桩效应系数　　　$\eta_s = 0.8, \eta_\rho = 1.64$

承台外区净面积　$A_c^e = 2.9\times2.9 - (2.9-0.45)(2.9-0.45) = 2.41\text{m}^2$

承台内区净面积　　　$A_c^i = A_c - A_c^e = 7.4 - 2.41 = 4.99\text{m}^2$

查表 7-30 得　　　　　　$\eta_c^i = 0.11, \eta_c^e = 0.63$

$$\eta_c = \eta_c^i\frac{A_c^I}{A_c} + \eta_c^e\frac{A_c^e}{A_c} = 0.11\times\frac{4.99}{7.4} + 0.63\times\frac{2.41}{7.4} = 0.28$$

复合基桩竖向承载力设计值

$$R = \eta_s\frac{Q_{sk}}{\gamma_s} + \eta_p\frac{Q_{pk}}{\gamma_p} + \eta_c\frac{Q_{ck}}{\gamma_c}$$

$$= 0.8\times\frac{1\ 229}{1.65} + 1.64\times\frac{446}{1.65} + 0.28\times\frac{370}{1.70} = 1\ 100\text{kN}$$

(2) B 柱与 C 柱的联合承台

$$A_c = 6.5\times2.3 - 10\times0.45^2 = 12.93\text{m}^2$$

$$A_c^e = 6.5\times2.3 - (6.5-0.45)(2.3-0.45) = 3.76\text{m}^2$$

$$A_c^e = 12.93 - 3.76 = 9.17\text{m}^2$$

$$\frac{s_a}{d} = \frac{1.4}{0.45} = 3.1 \quad \frac{B_c}{l} = \frac{2.3}{21} = 0.11$$

查表得　　　　　　　　$\gamma_s = \gamma_p = 1.65 \quad \gamma_c = 1.70$

$$\eta_s = 0.81 \quad \eta_p = 1.61 \quad \eta_c^i = 0.11 \quad \eta_c^e = 0.63$$

$$\eta_c = 0.11\times\frac{9.17}{12.93} + 0.63\times\frac{3.76}{12.93} = 0.26$$

$$Q_{ck} = \frac{2\times125\times12.93}{10} = 323.25\text{kN}$$

所以　　$R = 0.81\times\dfrac{1\ 229}{1.65} + 1.61\times\dfrac{446}{1.65} + 0.26\times\dfrac{323.25}{1.70} = 1\ 088\text{kN}$

6. 桩顶作用效应验算

(1)五桩承台

1)荷载取 A 柱 N_{max}组合：$F=4\ 239\text{kN}\quad M=100\text{kN}\cdot\text{m}\quad Q=52\text{kN}$

设承台高度 $H=1.0\text{m}$(等厚)，荷载作用于承台顶面处。

本工程安全等级为二级，建筑物重要性系数 $\gamma_0=1.0$。

因该柱为边柱，故承台埋深 $d=\frac{1}{2}(2.4+2.1)=2.25\text{m}$

作用在承台底形心处的竖向力

$$F+G=4\ 239+20\times2.9\times2.9\times2.25\times1.2=4\ 239+454=4\ 693\text{kN}$$

作用在承台底形心处的弯矩：

$$\sum M=100+52\times1=152\text{kN}\cdot\text{m}$$

桩顶受力

$$N_{max}=\frac{F+G}{n}+\frac{\sum M\cdot y_{max}}{\sum y_i^2}=\frac{4\ 693}{5}+\frac{152\times1.0}{4\times1.0^2}=938.6+38=976.6\text{kN}$$

$$N_{min}=938.6-38=900.6\text{kN}$$

$$\overline{N}=\frac{F+G}{n}=938.6\text{kN}$$

$$\gamma_0N_{max}=976.6\text{kN}<1.2\text{R}$$

$$\gamma_0\overline{N}=938.6\text{kN}<R=1\ 100\text{kN}$$

$$\gamma_0N_{min}>0$$

2)荷载取 D 柱 M_{max}组合：$F=4\ 071\text{kN}\quad M=324\text{kN}\cdot\text{m}\quad Q=79\text{kN}$

$$F+G=4\ 071+454=4\ 525\text{kN}$$

$$\sum M=324+79\times1=403\text{kN}\cdot\text{m}$$

$$\gamma_0N_{max}=\frac{4\ 525}{5}+\frac{403+1.0}{4\times1.0^2}=905+101=1\ 006\text{kN}<1.2R$$

$$\gamma_0\overline{N}=905\text{kN}<R$$

$$N_{min}=905-101=804\text{kN}>0\quad\text{满足要求}$$

(2)联合承台

1)荷载取 N_{max}组合

B 柱：$F=3\ 338\text{kN}\quad M=7\text{kN}\cdot\text{m}\quad Q=11\text{kN}$

C 柱：$F=5\ 444\text{kN}\quad M=158\text{kN}\cdot\text{m}\quad Q=42\text{kN}$

承台厚度 $H=1.0\text{m}$，埋深 $d=2.4\text{m}$。

$$F+G=3\ 338+5\ 444+20\times6.5\times2.3\times2.4\times1.2=8\ 782+861=9\ 643\text{kN}$$

$$\sum M=7+158+(11+42)\times1.0=211\text{kN}\cdot\text{m}$$

$$\sum y_i^2=4(2.8^2+1.4^2)=39.2\text{m}^2$$

$$\gamma_0 N_{\max}=\frac{9\ 643}{10}+\frac{211\times 2.8}{39.2}=964.3+15.1=979.4\text{kN}<1.2R$$

$$\gamma_0 \overline{N}=964.3\text{kN}<R=1\ 088\text{kN}$$

$$\gamma_0 N_{\min}=964.3-15.1=949.2\text{kN}>0\quad \text{满足要求。}$$

2)荷载取 $M_{\max}$组合

B柱　$F=3\ 008\text{kN}$　$M=114\text{kN}\cdot\text{m}$　$Q=58\text{kN}$

C柱　$F=5\ 033\text{kN}$　$M=479\text{kN}\cdot\text{m}$　$Q=107\text{kN}$

$$\text{F}+\text{G}=3\ 008+5\ 003+861=8\ 902\text{kN}$$

$$\sum M=114+497+(58+107)\times 1.0=758\text{kN}\cdot\text{m}$$

$$\gamma_0 N_{\max}=\frac{890.2}{10}+\frac{758\times 2.8}{39.2}=890.2+54.1=944.3\text{kN}<1.2R$$

$$\gamma_0 \overline{N}=890.2\text{kN}<R=1\ 088\text{kN}$$

$$\gamma_0 N_{\min}=890.2-54.1=836.1\text{kN}<0\quad \text{满足要求}$$

7. 桩基础沉降计算

采用长期效应组合的荷载标准值进行桩基础沉降计算。

因本桩基础的桩中心距小于 $6d$,可采用等效作用分层总和法计算最终沉降量。

(1)A 柱

竖向荷载标准值　　　　$F=3\ 261\text{kN}$

基底压力　　$p=\dfrac{F+G}{A}=\dfrac{3\ 261+454}{2.9\times 2.9}=441.7\text{kPa}$

基底附加压力　$p_0=p-\bar{\gamma}_0 d=441.7-\dfrac{17.5\times 1.8+18.4\times 0.3}{2.1}=404.7\text{kPa}$

桩端平面下土的自重应力 σ_c 和附加应力 $\sigma_z(\sigma_z=4\alpha' p_0)$计算结果见表 7-38。

表 7-38　σ_c,σ_z 的计算结果(五桩桩基础)

z(m)	σ_c(kPa)	l/b	$2z/b$	α'_i	σ_z(kPa)
0	206.9	1	0	0.250	404.7
4.3	246.0	1	3.0	0.045	7.28
5.5	257.7	1	3.8	0.030	48.6

在 $z=5.5$m 处,$\sigma_z/\sigma_c=48.6/257.1=0.19<0.2$,本基础取 $z_n=5.5$m。计算沉降量 s'的计算结果见表 7-39。

表 7-39　计算沉降量(五桩桩基础)

z (mm)	l/b	$2z/b$	α_i	$\alpha_i z_i$ (mm)	$\alpha_i z_i-\alpha_{i-1}z_{i-1}$ (mm)	E_{si} (kPa)	$\Delta s_i=4\dfrac{p_0}{E_{si}}(\alpha_i z_i-\alpha_{i-1}z_{i-1})$
0	1	0	0.250 0	0			
4 300	1	3.0	0.136 9	588.7	588.7	11 500	82.3
5 500	1	3.8	0.115 8	636.9	48.2	8 600	9.0

$$s' = 82.3 + 9.0 = 91.3\text{mm}$$

桩基础持力层土性能良好，取沉降经验系数 $\psi = 1.0$。

短边方向桩数 $n_b = \sqrt{nB_c/L_c} = \sqrt{5} = 2.24$，由等效距径比 $s_a/d = 2.55$，长径比 $l/d = 21/0.45 = 46.7$，承台长宽比 $L_c/B_c = 1.0$，查表得：$c_0 = 0.039$，$c_1 = 1.755$，$c_2 = 14.256$，所以桩基础等效沉降系数为：

$$\psi_e = c_0 + \frac{n_b - 1}{c_1(n_b - 1) + c_2} = 0.039 + \frac{2.24 - 1}{1.755 \times (2.24 - 1) + 14.256} = 0.114$$

故五桩桩基础最终沉降量 $s = \psi\psi_e s' = 1.0 \times 0.114 \times 91.3 = 10.4\text{mm}$，能满足设计要求。

(2)联合承台

荷载：$F_B = 2\ 568\text{kN}$　$F_C = 4\ 188\text{kN}$

$$p_0 = \frac{2\ 568 + 4\ 188}{6.5 + 2.3} - (17.5 \times 1.8 + 18.7 \times 0.3) = 509.5 - 37.11 = 472.4\text{kPa}$$

$B_c = 2.3\text{m}$，$L_c = 6.5\text{m}$，自重应力和附加应力计算见表 7-40。

表 7-40　σ_c，σ_z 的计算结果(联合桩基础)

z(m)	σ_c(kPa)	l/b	$2z/b$	α'_i	σ_z(kPa)
0	206.9	2.8	0	0.250	472.4
4.3	246.0	2.8	3.7	0.064	120.9
5.5	257.7	2.8	4.8	0.044	83.1
7.5	277.1	2.8	6.5	0.027	51.0

取 $z_n = 7.5\text{m}$，在该处 $\sigma_z/\sigma_c = 51.0/277.1 = 0.18 < 0.2$。计算沉降量的计算结果见表 7-41。

表 7-41　计算沉降量(联合桩基础)

z (mm)	l/b	$2z/b$	α_i	$\alpha_i z_i$ (mm)	$\alpha_i z_i - \alpha_{i-1} z_{i-1}$ (mm)	E_{si} (kPa)	$\Delta s'_i = 4\frac{p_0}{E_{si}}(\alpha_i z_i - \alpha_{i-1} z_{i-1})$
0	2.8	0	0.250 0	0			
4 300	2.8	3.7	0.150 5	647.2	647.2	11 500	106.3
7 500	2.8	6.5	0.103 9	779.3	132.1	8 600	29.0

$$s' = 106.3 + 29.0 = 135.3\text{mm}$$

$$n_b = 2, s_a/d = 1.4/0.45 = 3.1, l/b = 46.7, L_c/B_c = 2.8$$

查表得 $C_0 = 0.096$，$C_1 = 1.768$，$C_2 = 8.745$，故

$$\psi_e = 0.096 + \frac{2 - 1}{1.768 \times (2 - 1) + 8.745} = 0.191$$

$$\psi = 1.0$$

$$s = 1.0 \times 0.19 \times 135.3 = 25.8\text{mm}\quad \text{满足要求}$$

两桩基础的沉降差　　$\Delta = 25.8 - 10.4 = 15.4\text{m}$

两桩基础的中心距离　　$l_0 = 7\ 800\text{mm}$

变形容许值　$[\Delta]=0.002l_0=15.6\text{mm}>\Delta=15.4\text{mm}$　满足设计要求

8. 桩身结构设计计算

两段桩长各 11m，采用单点吊立的强度计算进行桩身配筋设计。吊点位置在距桩顶、桩端平面 $0.293L(L=11\text{m})$ 处，起吊时桩身最大正负弯矩 $M_{max}=0.042\,9KqL^2$，其中，$K=1.3$；$q=0.45^2\times25\times1.2=6.075\text{kN/m}$，为每延长米桩的自重（1.2 为恒荷载分项系数）。桩身长采用混凝土强度等级 C30，HRB 335 级钢筋，故

$$M_{max}=0.042\,9\times1.3\times6.075\times11^2=41.0\text{kN}\cdot\text{m}$$

桩身截面有效高度　　　　$h_0=0.45-0.04=0.41\text{m}$

$$\alpha_s=\frac{M}{f_{cm}bh_0^2}=\frac{41.0\times10^6}{16.5\times450\times410^2}=0.033$$

查《混凝土结构设计规范》，$\gamma_s=0.98$，桩身受拉主筋配筋量

$$A_s=\frac{M}{\gamma_s f_y h_0}=\frac{41.0\times10^6}{0.98\times310\times410}=329.2\text{mm}^2$$

选用 2Φ18，因此整个截面的主筋为 4Φ18（$A_s=1\,017\text{mm}^2$），其配筋率 $\rho=\frac{1\,017}{450\times410}=0.55\%>\rho_{min}=0.4\%$。其他构造钢筋见施工图。

$$\begin{aligned}\text{桩身强度}\ \varphi(\psi_c f_c A+f_y A_s)&=1.0\times(1.0\times15\times450\times410+310\times1\,017)\\&=3\,352.8\text{kN}>R\quad\text{满足要求}\end{aligned}$$

9. 承台设计计算

承台混凝土强度等级采用 C20。

(1)五桩承台

由单桩受力可知，桩顶最大反力 $N_{max}=1\,006\text{kN}$，平均反力 $\overline{N}=938.6\text{kN}$，故桩顶的净反力为

$$N_{j\max}=N_{max}-\frac{G}{n}=1\,006-\frac{454}{5}=915.2\text{kN}$$

$$\overline{N}_j=\overline{N}-\frac{G}{n}=938.6-\frac{454}{5}=847.8\text{kN}$$

1)柱对承台的冲切：由图 7-49，$a_{0x}=a_{0y}=475\text{mm}$。承台厚度 $H=1.0\text{m}$，计算截面处的有效高度

$h_0=1.0-0.08=0.92\text{m}$，（承台底主筋的保护层厚度取 7cm）

冲跨比　$\lambda_{0x}=\lambda_{0y}=\frac{a_{0x}}{h_0}=\frac{475}{920}=0.516$

冲切系数　$\alpha_{0x}=\alpha_{0y}=\frac{0.72}{\lambda_{0x}+0.2}$

$$=\frac{0.72}{0.516+0.2}=1.006$$

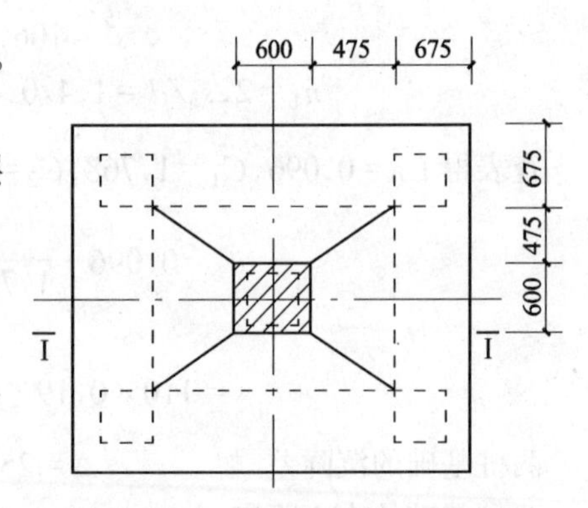

图 7-49　五桩承台结构计算简图

A 柱截面尺寸 $b_c \times a_c = 600\text{mm} \times 600\text{mm}$。

混凝土的抗拉强度设计值 $f_t = 1\ 100\text{kPa}$。

冲切力设计值 $F_l = F - \sum Q_i = 4\ 239 - 847.8 = 3\ 391.2\text{kN}$

$$u_m = 4 \times (600 + 475) = 4\ 300\text{mm} = 4.3\text{m}$$

由式(7-42) $\alpha f_t u_m h_0 = 1.006 \times 1\ 100 \times 4.3 \times 0.92$

$$= 4\ 378\text{kN} > \gamma_0 F_l = 3\ 391.2\text{kN} \quad 满足要求$$

2)角桩对承台的冲切:由图 7-49,$a_{1x} = a_{1y} = 475\text{mm}$,$c_1 = c_2 = 675\text{mm}$,

角桩冲跨比 $\lambda_{1x} = \lambda_{1y} = \dfrac{a_{1x}}{h_0} = \dfrac{475}{920} = 0.516$

角桩冲切系数 $\alpha_{1x} = \alpha_{1y} = \dfrac{0.48}{\lambda_{1x} + 0.2} = \dfrac{0.48}{0.516 + 0.2} = 0.670$

由式(7-46), $\left[\alpha_{1x}\left(c_2 + \dfrac{a_{1y}}{2}\right) + \alpha_{1y}\left(c_1 + \dfrac{a_{1x}}{2}\right)\right] f_t h_0$

$$= 2 \times 0.67 \times \left(0.675 + \frac{0.475}{2}\right) \times 1\ 100 \times 0.92$$

$$= 1\ 237.4\text{kN} > \gamma_0 N_{j\max} = 915.2\text{kN} \quad 满足要求$$

3)斜截面抗剪验算:计算截面为Ⅰ—Ⅰ,截面有效高度 $h_0 = 0.92\text{m}$,截面的计算宽度 $b_0 = 2.9\text{m}$,混凝土的轴心抗压强度 $f_c = 10\ 000\text{kPa}$,该计算截面上的最大剪力设计值 $V = 2N_{j\max} = 2 \times 915.2 = 1\ 830.4\text{kN}$。

由图 7-48,$a_x = a_y = 475\text{mm}$

剪跨比 $\lambda_x = \lambda_y = \dfrac{a_x}{h_0} = \dfrac{0.475}{0.92} = 0.516$

剪切系数 $\beta = \dfrac{0.12}{\lambda_x + 0.3} = \dfrac{0.12}{0.516 + 0.3} = 0.147$

由式(7-52) $\beta f_c b_0 h_0 = 0.147 \times 10\ 000 \times 2.9 \times 0.92 = 3\ 922\text{kN} > \gamma_0 V$ 满足要求

4)受弯计算:由图 7-49,承台Ⅰ—Ⅰ截面处最大弯矩为

$$M = 2N_{j\max} y = 1\ 830.4 \times 0.7 = 1\ 281.3\text{kN}\cdot\text{m}$$

混凝土弯曲抗压强度设计值 $f_{cm} = 11 \times 10^3\text{kPa}$,HRB335 级钢 $f_y = 310\text{N/mm}^2$,故

$$A_s = \frac{M}{0.9 f_y h_0} = \frac{1\ 281.3 \times 10^6}{0.9 \times 310 \times 920} = 4\ 992\text{mm}^2$$

采用 20Φ18(双向布置)。

5)承台局部受压验算:已知 A 柱截面面积 $A_t = 0.6 \times 0.6 = 0.36\text{m}^2$,混凝土局部受压净面积 $A_{1n} = A_t = 0.36\text{m}^2$,局部受压时的计算底面积 $A_b = 3 \times 0.6 \times 3 \times 0.6 = 3.24\text{m}^2$,混凝土局部受压时的强度提高系数

$$\beta = \sqrt{\frac{A_b}{A_t}} = \sqrt{\frac{3.24}{0.36}} = 3$$

$$1.5 \beta f_c A_{1n} = 1.5 \times 3 \times 10\ 000 \times 0.36 = 16\ 200\text{kN} > F_A = 4\ 239\text{kN} \quad 满足要求$$

(2)联合承台

C 柱截面尺寸 900mm×600mm，B 柱截面尺寸 600mm×600mm。

1)柱对承台的冲切

①按图 7-50，对每个柱分别进行冲切验算。

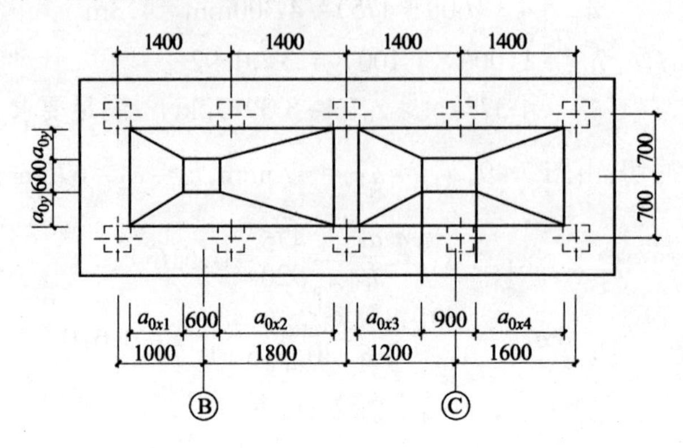

图 7-50　两柱脚下的冲切破坏锥体

对 B 柱：$h_c = b_c = 0.6\text{m}$

$$a_{0x1} = 1.0 - 0.3 - 0.225 = 0.475\text{m}$$

$$a_{0x2} = 1.8 - 0.3 - 0.225 = 1.275\text{m} > h_0 \quad 取\ a_{0x2} = 0.92\text{m}$$

$$a_{0y} = 0.7 - 0.3 - 0.225 = 0.175\text{m}$$

$$F_l = F_B = 3\ 338\text{kN}$$

冲跨比
$$\lambda_{0x1} = \frac{a_{0x1}}{h_0} = \frac{0.475}{0.92} = 0.516$$

$$\lambda_{0x2} = \frac{a_{0x2}}{h_0} = \frac{0.92}{0.92} = 1.0$$

$$\lambda_{0y} = \frac{a_{0x}}{h_0} = \frac{0.175}{0.92} = 0.19 < 0.2 \quad 取\ \lambda_{0y} = 0.2$$

冲切系数
$$\alpha_{0x1} = \frac{0.72}{0.516 + 0.2} = 1.006$$

$$\alpha_{0x2} = \frac{0.72}{1.0 + 0.2} = 0.6$$

$$\alpha_{0y} = \frac{0.72}{0.2 + 0.4} = 1.8$$

所以
$$\begin{aligned}
&[\alpha_{0x1}(a_{0y} + b_c) + \alpha_{0x2}(a_{0y} + b_c) + \alpha_{0y}(2h_c + a_{0x1} + a_{0x2})]f_t h_0 \\
&= [1.006 \times (0.175 + 0.6) + 0.6 \times (0.175 + 0.6) + \\
&\quad 1.8 \times (2 \times 0.6 + 0.475 + 0.92)] \times 1\ 100 \times 0.92 \\
&= 5\ 987\text{kN} > \gamma_0 F_l = 3\ 338\text{kN}
\end{aligned}$$

对 C 柱：$b_c = 0.6\text{m} \quad h_c = 0.9\text{m}$

$$a_{0x3} = 1.2 - 0.225 - 0.45 = 0.525\text{m}$$

$$a_{0x4}=1.6-0.225-0.45=0.925\text{m}>0.92\text{m}\quad 取\ a_{0x4}=0.92\text{m}$$

$$a_{0y}=0.175\text{m}$$

$$F_1=F_c=5\ 444\text{kN}$$

冲跨比 $$\lambda_{0x3}=\frac{0.525}{0.92}=0.571\quad \lambda_{0x4}=1.0$$

$$\lambda_{0y}=\frac{0.175}{0.92}=0.19<0.2\quad 取\ \lambda_{0y}=0.2$$

冲切系数 $$\lambda_{0x3}=\frac{0.72}{0.571+0.2}=0.934\quad \alpha_{0x4}=0.6$$

$$\alpha_{0y}=1.8$$

所以 $$[a_{0x3}(b_c+\alpha_{0y})+a_{0x4}(b_c+a_{0y})+\alpha_{0y}(2h_c+a_{0x3}+a_{0x4})]f_t h_0$$

$$=[0.934\times(0.6+0.175)+0.6\times(0.6+0.175)+1.8\times(2\times0.9+0.525+0.92)]\times1\ 100\times0.92$$

$$=7\ 114\text{kN}>\gamma_0F_l=5\ 444\text{kN}\quad 满足要求$$

②对双柱联合的承台,除应考虑在每个柱脚下的冲切破坏锥体外,尚应按图 7-51 考虑在两个柱脚的公共周边下的冲切破坏情况。

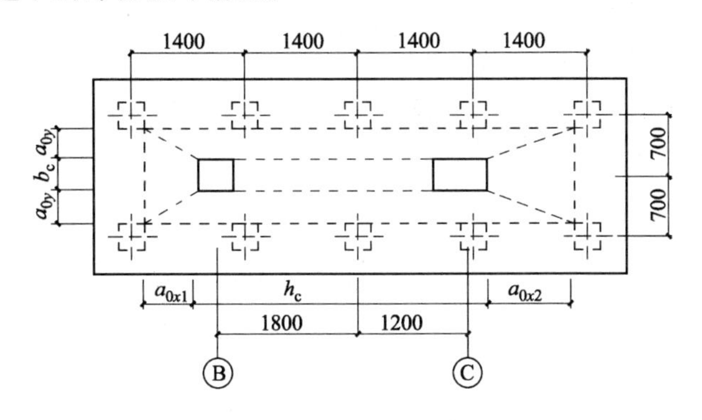

图 7-51　双柱下公共周边的冲切破坏锥坏

由图 7-51 知, $$h_c=0.3+0.45+3.0=3.75\text{m}$$

$$b_c=0.6\text{m}$$

$$a_{0x1}=0.475\text{m}$$

$$a_{0x2}=0.925\text{m}>0.92\text{m}\quad 取\ a_{0x2}=0.92\text{m}$$

$$a_{0y}=0.175\text{m}$$

冲切力 $$F_l=F_B+F_C=3\ 338+5\ 444=8\ 782\text{kN}$$

冲跨比 $$\lambda_{0x1}=0.516\quad \lambda_{0x2}=1.0\quad \lambda_{0y}=0.2$$

冲切系数: $$\alpha_{0x1}=1.006\quad \alpha_{0x2}=0.6\quad \alpha_{0y}=1.8$$

所以 $$[\alpha_{0x1}(b_c+a_{0y})+\alpha_{0x2}(b_c+a_{0y})+\alpha_{0y}(2h_c+a_{0x1}+a_{0x2})]f_t h_0$$

$$=[1.006\times(0.6+0.175)+0.6\times(0.6+0.175)+1.8\times(2\times3.75+0.475+0.92)]\times1\ 100\times0.92$$

$$=17\ 463\text{kN}>\gamma_0F_l=8\ 782\text{kN}\quad 满足要求$$

2)角桩对承台的冲切(图 7-52)

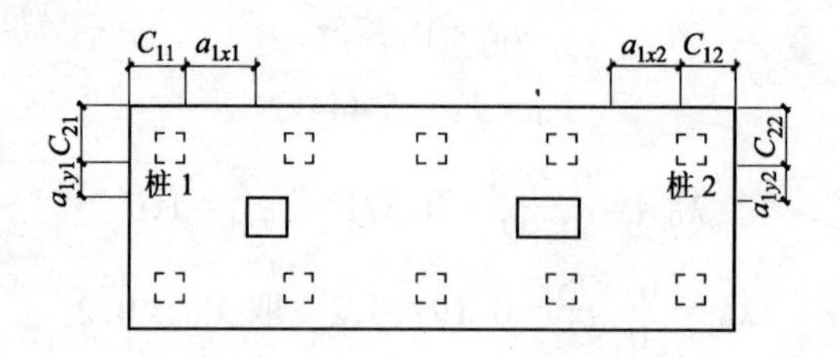

图 7-52　双柱下的角柱冲切

冲切力　$$F_l = N_{j\max} = N_{\max} - \frac{G}{n} = 979.4 - \frac{861}{10} = 893.3\text{kN}$$

对桩 1

$$a_{1x1} = 0.475\text{m} \quad a_{1y1} = 0.175\text{m} \quad c_{11} = c_{21} = 0.45 + \frac{1}{2} \times 0.45 = 0.675\text{m}$$

冲跨比　$$\lambda_{1x} = \frac{a_{1x1}}{h_0} = 0.516$$

$$\lambda_{1y} = \frac{a_{1y1}}{h_0} = 0.19 < 0.2 \quad 取\ \lambda_{1y} = 0.2$$

冲切系数　$$\alpha_{1x} = \frac{0.48}{\lambda_{1x} + 0.2} = 0.670 \quad \alpha_{1y} = 1.2$$

所以

$$\left[\alpha_{1x}(c_{21} + \frac{1}{2}a_{1y1}) + \alpha_{1y}(c_{11} + a_{1x1})\right] f_t h_0$$

$$= \left[0.67 \times \left(0.675 + \frac{1}{2} \times 0.175\right) + 1.2 \times \left(0.675 + \frac{1}{2} \times 0.475\right)\right] \times 1\,100 \times 0.92$$

$$= 1\,625.1\text{kN} > \gamma_0 F_l = 893.3\text{kN}$$

对桩 2

$$a_{x2} = 0.925\text{m} > 0.92\text{m} \quad 取\ a_{1x2} = 0.92\text{m}$$

$$a_{1y} = 0.175\text{m}$$

$$a_{12} = c_{22} = 0.675\text{m}$$

冲跨比　$$\lambda_{1x} = 1.0 \quad \lambda_{1y} = 0.2$$

冲切系数　$$\alpha_{1x} = 0.4 \quad \alpha_{1y} = 1.2$$

$$\left[\alpha_{1x}\left(c_{22} + \frac{1}{2}a_{1y2}\right) + \alpha_{1y}\left(c_{12} + \frac{1}{2}a_{1x2}\right)\right] f_t h_0$$

$$= \left[0.4 \times \left(0.675 + \frac{1}{2} \times 0.175\right) + 1.2 \times (0.675 + 0.92)\right] \times 1\,100 \times 0.92$$

$$= 1\,687.0\text{kN} > \gamma_0 F_l = 893.3\text{kN} \quad 满足要求$$

3)斜截面抗剪验算:将承台沿长向视作一静定梁,其上作用柱荷载和桩净反力,梁的剪力值见图 7-53c、d,可知柱边最不利截面为Ⅰ—Ⅰ和Ⅰ′—Ⅰ′,另一方向的不利截面为Ⅱ—Ⅱ(图 7-53)。

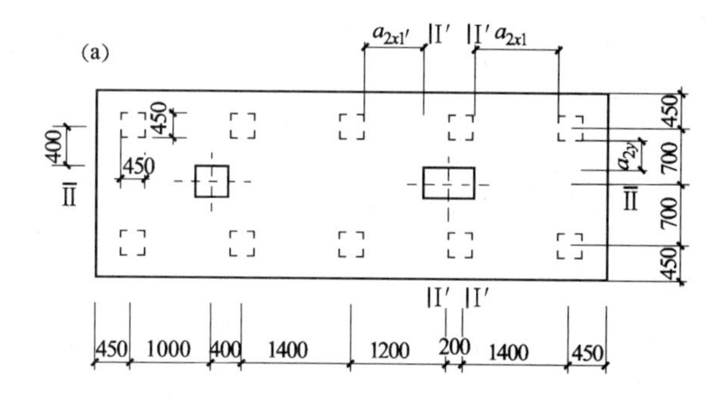

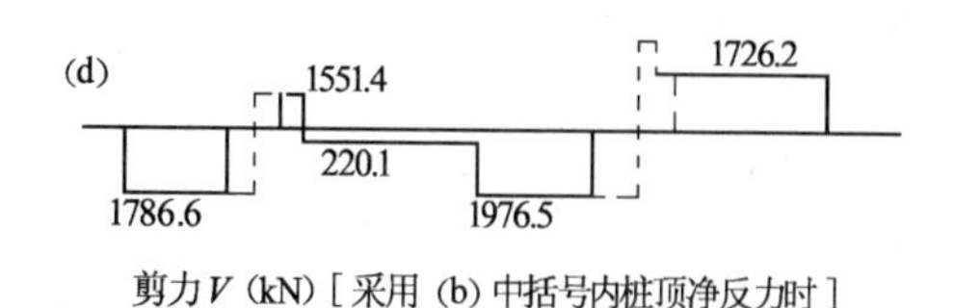

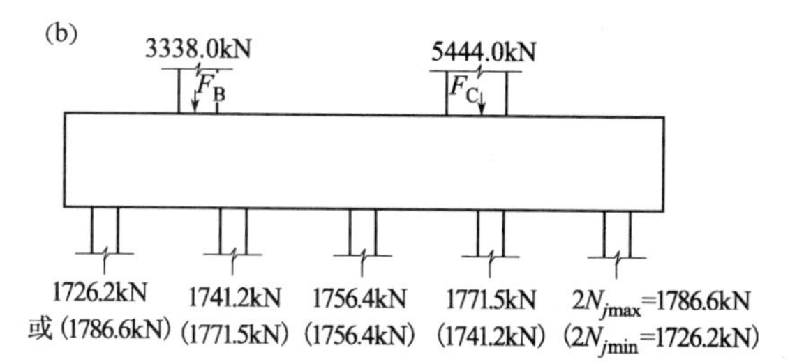

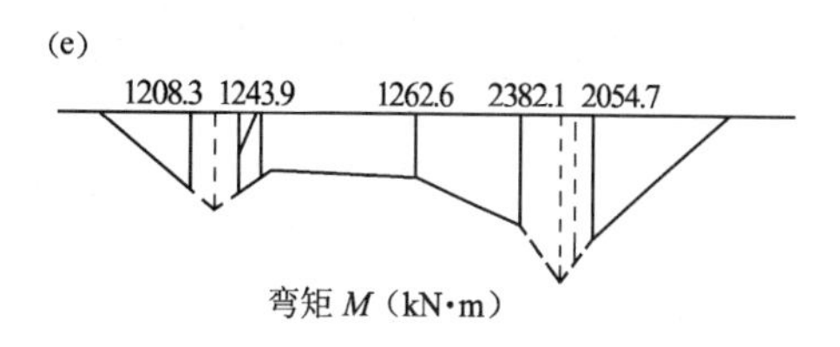

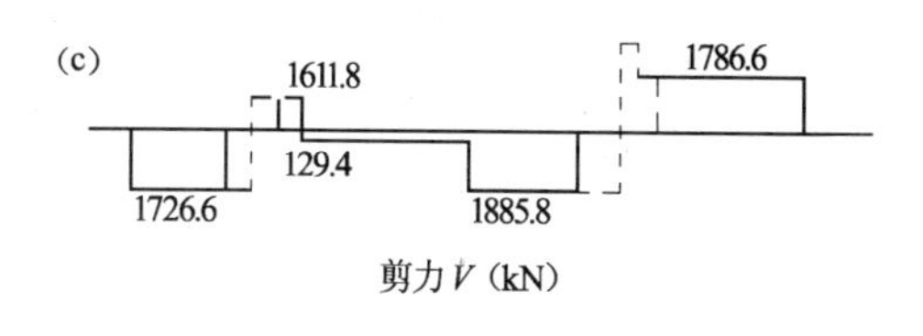

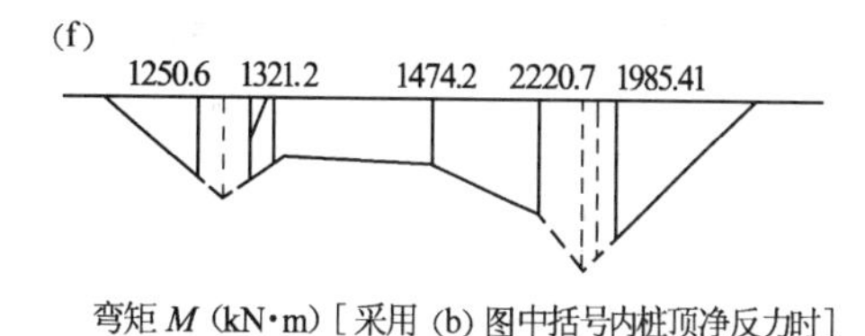

图 7-53 双柱承台的剪力和弯矩计算示意图

对Ⅰ—Ⅰ截面

剪力
$$V=2N_{j\max}=1786.6\text{kN}$$
$$a_{2x\text{I}}=0.925\text{m}$$

剪跨比
$$\lambda_{2x}=\frac{a_{2x\text{I}}}{h_0}=\frac{0.925}{0.92}=1.005\quad \begin{matrix}<1.4\\>0.3\end{matrix}$$

剪切系数
$$\beta_x=\frac{0.12}{\lambda_{2x}+0.3}=\frac{0.12}{1.005+0.3}=0.09$$

所以，$\beta f_c b_0 h_0=0.09\times10\times10^3\times2.3\times0.92=1\ 904\text{kN}>\gamma_0 V=1\ 786.6\text{kN}$

对Ⅰ′—Ⅰ′截面

剪力
$$V=1\ 976.5\text{kN}$$
$$a_{2x\text{I}'}=1.2-0.225-0.45=0.525\text{m}$$

剪跨比
$$\lambda_{2x}=\frac{0.525}{0.92}=0.571$$

剪切系数
$$\beta_x=\frac{0.12}{0.571+0.3}=0.138$$

$$\beta f_c b_0 h_0 = 0.138 \times 10 \times 10^3 \times 2.3 \times 0.92 = 2\ 920.1\text{kN} > \gamma_0 V$$

对Ⅱ—Ⅱ截面

剪力 $$V = 5\overline{N}_j = 5 \times \left(\overline{N} - \frac{G}{n}\right) = 5 \times \left(964.3 - \frac{86.1}{10}\right) = 4\ 391\text{kN}$$

$$a_{2y} = 0.175\text{m}$$

剪跨比 $$\lambda_{2y} = \frac{0.175}{0.92} = 0.19 < 0.3 \quad 取\ \lambda_{2y} = 0.3$$

剪切系数 $$\beta_y = \frac{0.12}{0.3 + 0.3} = 0.2$$

所以，$$\beta f_c b_0 h_0 = 0.2 \times 10 \times 10^3 \times 6.5 \times 0.92 = 11\ 960\text{kN} > \gamma_0 V$$

故抗剪强度能满足要求，不需配箍筋。

4)受弯计算：配置长向钢筋取图7-53e中截面Ⅰ′—Ⅰ′处的弯矩值，$M_{\text{I}'} = 2\ 382.1\text{kN·m}$

$$A_s = \frac{M_{\text{I}'}}{0.9 h_0 f_y} = \frac{2\ 382.1 \times 10^6}{0.9 \times 930 \times 310} = 9\ 180.6\text{mm}^2$$

选用19Φ25($A_s = 9\ 327.1\text{mm}^2$)

配置短向钢筋取用Ⅱ—Ⅱ处截面的弯矩。

$$M_{\text{II}} = 5\overline{N}_j \times 0.4 = 5 \times 1\ 756.4 \times 0.4 = 3\ 512.8\text{kN·m}$$

$$A_s = \frac{M_{\text{II}}}{0.9 f_y (h_0 - d)} = \frac{3\ 512 \times 10^6}{0.9 \times 310 \times (930 - 25)} = 13\ 912.4\text{mm}^2$$

选用45Φ20($A_s = 14\ 139.0\text{mm}^2$)

(5)承台局部受压验算

对B柱 $$A_{1n} = A_t = 0.36\text{m}^2 \quad A_b = 3.24\text{m}^2 \quad \beta = 3$$

$$1.5\beta f_c A_{1n} = 16\ 200\text{kN} > F_B = 3\ 338\text{kN}$$

对C柱：$$A_{1n} = A_t = 0.9 \times 0.6 = 0.54\text{m}^2$$

$$A_b = 3 \times 0.9 \times 3 \times 0.6 = 4.86\text{m}^2$$

$$\beta = \sqrt{\frac{A_b}{A_t}} = \sqrt{\frac{4.86}{0.54}} = 3$$

$$1.5\beta f_c A_{1n} = 16\ 200\text{kN} > F_c = 5\ 444\text{kN}$$

其他桩基础的计算从略。

连系梁 LL 尺寸取600mm×400mm，计算从略。

桩基施工图见图7-54、图7-55。图7-54为桩的构造及平台；图7-55为桩位平面布置图。

本课程设计的使用说明：

学生在做本桩基础课程设计时，可以根据所给的荷载采用其他桩型或选择不同的桩长、桩径进行桩位布置，然后按自己的设计方案选择2～3个柱下桩基进行计算；也可按本课程设计选择其他(2～3个)桩位组成不同的选题组合，供学生使用。

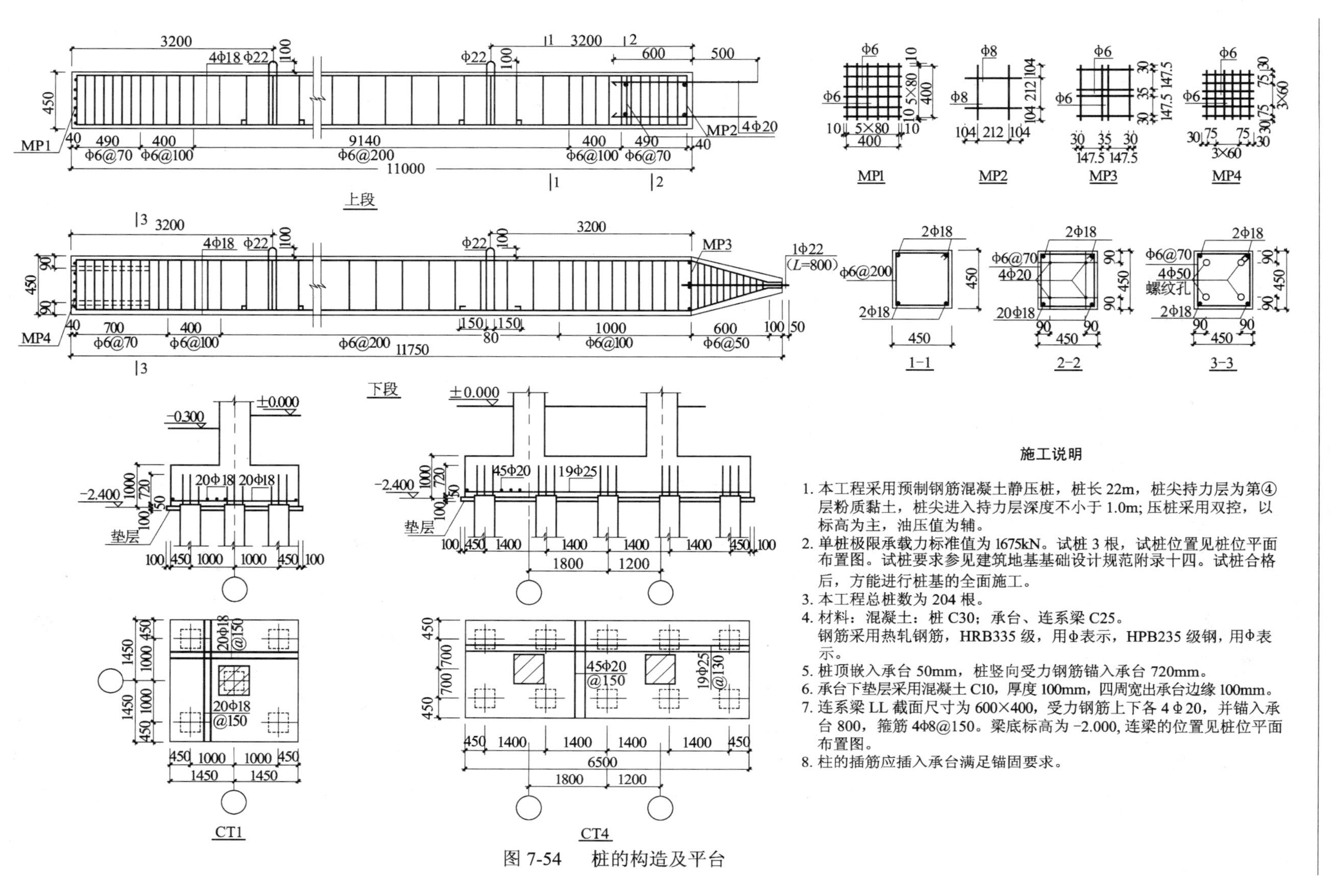

图 7-54　桩的构造及平台

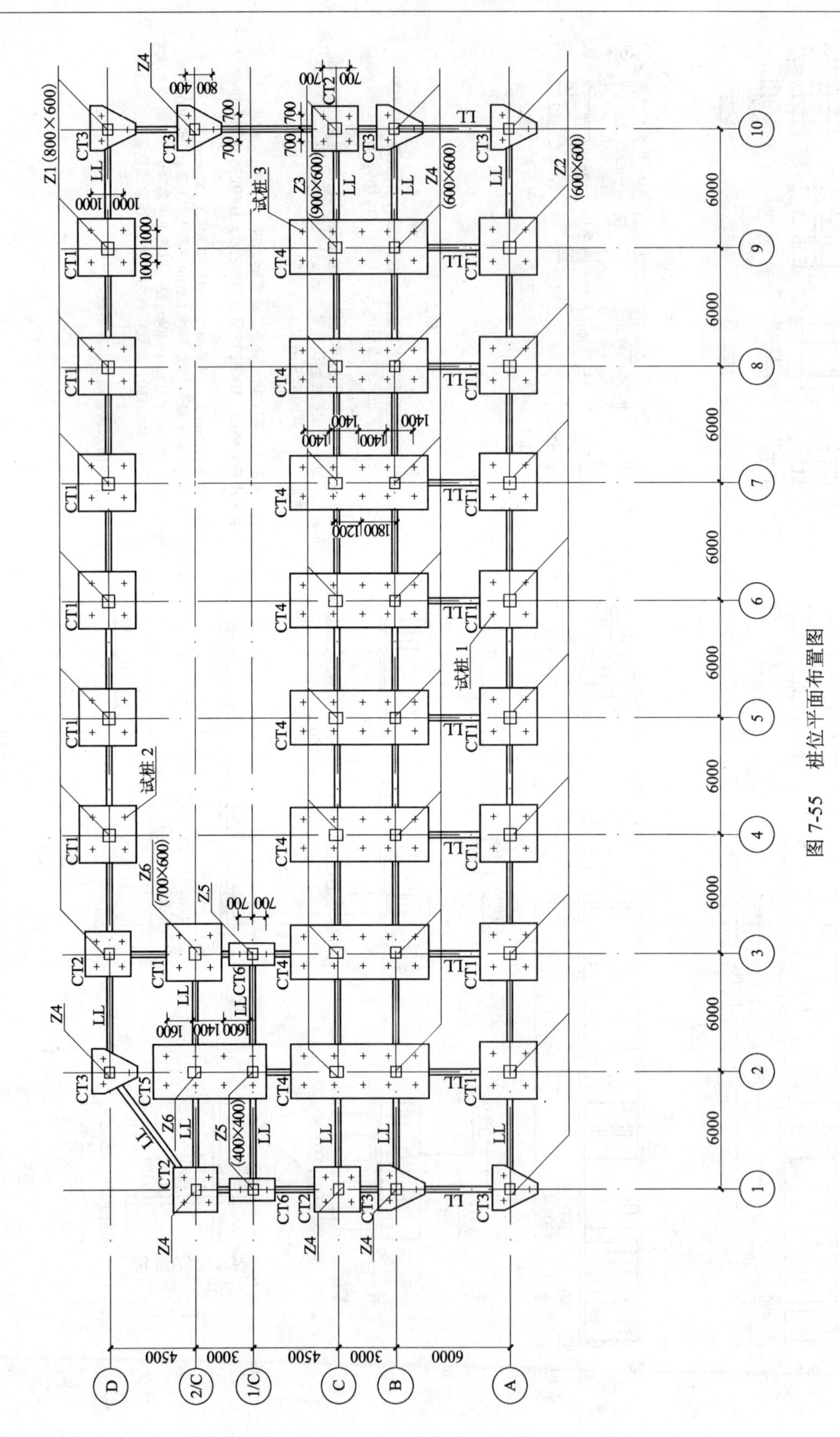

图 7-55　桩位平面布置图

7.4.5 答辩参考题

1. 什么情况下可以采用桩基础?

2. 桩基础设计时应具备哪些资料?

3. 简述桩基础设计的基本原则和主要内容。

4. 如何选择桩型、桩长、桩径?

5. 单桩竖向承载力如何确定?

6. 桩位布置时应符合哪些要求?

7. 试述单桩、基桩、复合基桩的区别?

8. 在计算桩的竖向承载力设计值时,什么情况下宜考虑群桩效应?

9. 在计算桩的竖向承载力设计值时,什么情况下不考虑承台效应?

10. 桩基础沉降计算与浅基础沉降计算有何不同?

11. 在哪些情况下,应验算桩基础沉降?

12. 在哪些情况下应进行群桩基础软弱下卧层验算?

13. 当软弱下卧层承载力验算满足要求时是否可以不进行桩基础沉降验算?

14. 钢筋混凝土预制桩桩身强度如何确定?

15. 承台的设计有哪些内容?

16. 如何进行承台冲切验算?

17. 承台剪切破坏面如何确定?

18. 桩与承台连接的构造要求是什么?

7.4.6 成绩评定办法与标准

课程设计的成绩由平时成绩和评阅成绩两部分组成,按优、良、中、及格、不及格五个等级进行评定:

课程设计成绩可按下列标准进行评定:

1. 优

(1)能熟练地综合运用所学知识,全面完成设计任务;

(2)设计计算正确,数据可靠;

(3)图面质量完美,能很好地表达设计意图;

(4)计算书表达清楚,文理通顺,书写工整。

2. 良

(1)能综合运用所学知识,全面完成设计任务;

(2)设计计算基本正确;

(3)图面质量整洁,能很好地表达设计意图;

(4)计算书表达清楚,文理通顺,书写工整,仅个别之处不够完全确切。

3. 中

(1)能运用所学知识,按期完成设计任务;

(2)能基本掌握设计计算方法;

(3)图面质量一般,能较好表达设计意图;

(4)计算书表达尚可,有少数不够确切之处。

4. 及格

(1)尚能运用所学知识,按期完成设计任务;

(2)设计无原则性错误,计算无重大错误;

(3)图面质量不够完整,能一般表达设计意图;

(4)计算书表达一般,有少数错误之处。

5. 不及格

(1)运用所学知识能力差,不能按期完成设计任务;

(2)设计计算中有严重错误;

(3)图面不整洁,表达不清楚;

(4)计算书不完整,且有不少错误之处。

7.4.7　桩基础课程设计参考题目使用说明

(1)学生可以根据所给荷载选用不同的桩型或不同的桩长、桩径进行桩位布置,然后按自己的设计方案选择2~3个柱下桩基进行计算。

(2)选择不同的桩位组成不同的选题组合,进行设计。

第8章　单项(位)工程施工组织设计

8.1　教学大纲

8.1.1　课程的性质和任务

单项(位)工程施工组织设计是建筑施工组织与进度控制课程重要的实践环节。通过实训,使学生加深对课堂内容的理解,培养学生编制单位工程施工组织设计文件的能力和运用单位工程施工组织设计文件组织建筑施工的能力和方法。

8.1.2　课程的教学目标

1. 知识目标

进一步使学生加深对建筑施工组织课程教学内容的理解和认识。

2. 能力目标

培养学生编制单位工程施工组织设计文件的能力和运用单位工程施工组织设计文件组织建筑施工的能力和方法。

3. 德育目标

培养学生独立工作能力和严谨认真的工作作风。

8.1.3　课程内容与基本要求

1. 设计内容

(1)设计条件

某框架结构工程施工图一套(含建筑、结构、水电施工图);岩土工程勘察报告一份;施工条件(由指导老师拟定)。

(2)提交成果

工程概况;施工准备工作;施工方案;施工进度计划;施工平面图;资源及资金计划;安全文明施工措施及环境保护措施;主要技术经济指标。

2. 基本要求

(1)学生必须独立完成设计任务;

(2)学生必须按照单项(位)工程施工组织设计指导书的规定完成全部设计内容。

8.1.4　时间安排

在学生独立完成单项(位)工程施工组织设计基础上,组织学生就该单位工程施工组织设计文件进行讨论(作业进度计划见表8-1)。

表8-1　作业进度计划

作　业　项　目	作　业　进　度　计　划													
	星期一		星期二		星期三		星期四		星期五		星期六		星期日	
	上午	下午	上午	下午	上午	下午	上午	下午	上午	下午	上午	下午	上午	下午
熟悉图纸	——													

续表

作业项目	作业进度计划													
	星期一		星期二		星期三		星期四		星期五		星期六		星期日	
	上午	下午	上午	下午	上午	下午	上午	下午	上午	下午	上午	下午	上午	下午
工程概况及施工准备工作														
施工方案														
施工进度计划														
施工平面图														
资源资金计划														
安全文明施工环境保护措施														
主要技术经济指标														
整理汇编施工组织设计文件														
讨　论														

8.2　单项(位)工程施工组织设计指示书

8.2.1　概述

1. 单项(位)工程施工组织设计的作用与任务

单项(位)工程施工组织设计是以单体工程为对象而编制的,用以指导现场施工活动的技术经济文件。它对落实施工准备,保证施工有组织、有计划、有秩序地进行,实现质量好、工期短、成本低的良好效果,均起着重要作用。

单项(位)工程施工组织设计的任务主要有以下几个方面:

(1)贯彻施工组织总设计对该工程的规划精神。

(2)选择施工方法、施工机械,确定施工顺序。

(3)编制施工进度计划,确定各分部、分项工程间的时间关系,保证工期目标的实现。

(4)确定各种物资、劳动力、机械的需要量计划、为施工准备、调度安排及布置现场提供依据。

(5)合理布置施工现场,充分利用空间,减少运输和暂设费用,保证施工顺利、安全地进行。

(6)制定实现质量、进度、成本和安全目标的具体措施,为施工管理提出技术和组织方面的指导性意见。

2. 单项(位)工程施工组织设计的内容

由于不同工程对象的性质、结构及规模,施工的地点、时间与条件,施工管理的形式与水平等方面的差异,单项(位)工程施工组织设计的内容也略有差异,但一般应包括以下主要内容:

(1)工程概况。包括工程建设概况、设计概况、建设地点特征、施工条件及工程特点分析等。

(2)施工方案。包括确定施工展开程序和施工起点流向,划分流水段,选择主要施工过程的施工方法和施工机械,确定施工顺序。

(3)施工进度计划。包括划分施工项目,计算工程量、劳动量和机械台班量,确定各施工项目的持续时间和流水节拍,绘制进度计划图表。

(4)施工准备工作计划。包括技术准备,现场准备,机械、设备、工具、材料、构件、加工品、劳动力的准备等。

(5)各项资源需用量计划。包括劳动力、材料、构件、机具等的需用量计划及供应计划。

(6)施工平面图。反映一个或几个主要施工阶段现场平面规划布置,包括各种主要材料、构件、半成品堆放安排,施工机械、加工场地、临时房屋、水电管线、道路等的安排布置。

(7)各项技术与组织措施。包括保证质量、安全防火、降低成本、季节性施工和保护环境等方面的措施。

(8)技术经济指标。

以上各项内容中,施工方案、施工进度计划和施工平面图分别突出了施工中的技术、时间和空间三大要素,是施工组织设计的重点内容。

3. 单项(位)工程施工组织设计的编制程序

编制程序见图 8-1。

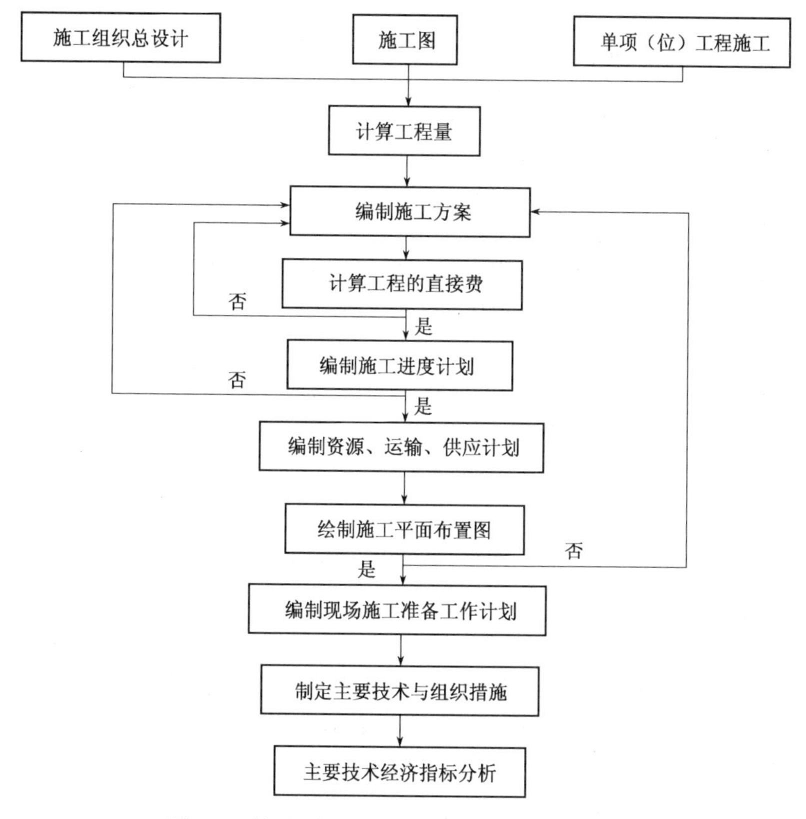

图 8-1 单项(位)工程施工组织设计的编制程序

4. 单项(位)工程施工组织设计的编制依据

编制单项(位)工程施工组织设计的依据是:

(1)上级领导机关对该工程的有关批示文件和要求;建设单位的意图和要求;工程承包合同等。

(2)施工组织总设计和施工图。

(3)年度施工计划对该工程的安排和规定的各项指标。

(4)预算文件提供的有关数据。

(5)劳动力配备情况;各种材料、构件、加工品的来源及供应条件;施工机械的配备及生产能力。

(6)水、电供应及交通运输条件。

(7)设备安装进场时间及对土建施工和所需场地的要求。

(8)建设单位可提供的施工场地,临时房屋、水、电、道路等条件。

(9)施工现场的具件情况。如地形、工程与水文地质、周围环境、水准点、气象条件、地上地下障碍物等。

(10)建设用地征购、拆迁情况、施工执照、国家有关规定、规范、规程和定额等。

5. 工程概况的编写

工程概况是对拟建工程的基本情况、施工条件及工程特点做概要性介绍和分析,是施工组织设计的第一项内容。其编写目的,一是可使编制者进一步熟悉工程情况,做到心中有数,以便使设计切实可行、经济合理;也可使审批者能较正确、全面地了解工程的设计与施工条件,从而判定施工方案、进度安排、平面布置及技术措施等是否合理可行。

工程概况的编写应力求简单明了,常以文字叙述或表格形式表现,并辅之以平、立、剖面简图。工程概况主要包括以下内容:

(1)工程建设概况

主要包括:拟建工程的名称;建造地点;建设单位;工程的性质、用途;资金来源及工程造价;开竣工日期;设计单位,监理单位,施工总、分包单位;上级有关文件或要求;施工图纸情况(齐全否、会审情况等);施工合同签订情况等。

(2)工程设计概况及主要工作量

主要包括建筑、结构、装饰、设备等设计特点及主要工作量。如建筑面积及层数、层高、总高、平面形状及尺寸,功能与特点;基础的种类与埋深、构造特点,结构的类型,构件的种类、材料、尺寸、重量、位置特点,结构的抗震设防情况等;内外装饰的材料、种类、特点;设备的系统构成、种类、数量等。

对新材料、新结构、新工艺及施工要求高、难度大的施工过程应着重说明。对主要的工作量、工程量应列出数量表,以明确工程施工的重点。

(3)建设地点的特征

包括:建设地点的位置。地形、周围环境,工程地质,不同深度的土壤分析,地下水位、水质;当地气温、主导风向、风力、雨量、冬雨期时间、冻结期与冻层厚度,地震烈度等。

(4)施工条件

包括:三通一平情况,材料、构件、加工品的供应情况,施工单位的建筑机械、运输工具、劳动力的投入能力,施工技术和管理水平等。

通过对工程特点、建设地点特征及施工条件等的分析,找出施工的重点、难点和关键问题,以便在选择施工方案、组织物资供应、配备技术力量及进行施工准备等方面采取有效措施。

8.2.2 施工方案的编制

施工方案是施工组织设计的核心,它包括施工方法和施工机械的选择,流水段划分,工程展开程序确定和施工顺序安排等。施工方案合理与否直接关系到工程的质量、成本和工期,因此,选择施工方案必须在认真熟悉图纸、明确工程特点和施工任务、充分研究施工条件、正确进行技术经济比较的基础上作出抉择。

1. 确定施工展开程序及起点流向

(1)确定施工展开程序

施工展开程序是指单项或单项工程中各分部工程、各专业工程或各施工阶段的先后施工关系。

1)一般工程的施工展开程序

一般工程的施工应遵循“先准备、后开工”,“先地下、后地上”,“先主体、后围护”,“先结构、后装饰”,“先土建、后设备”的程序要求。但施工程序并非一成不变,其影响因素很多,特别是随着建筑工业化的发展和施工技术的进步,有些施工程序将发生变化。

①“先准备、后开工”是指正式施工前,应先做好各项准备工作,以保证开工后施工能顺利、连续地进行。

②“先地下、后地上”是指在地上工程开始前,尽量把地下管线和设施、土方及基础等做好或基本完成,以免对地上施工产生干扰或影响质量,造成浪费。地下工程施工还应本着先深后浅的程序,管线施工应本着先场外后场内、先主干后分支的程序。

③“先主体、后围护”主要指排架、框架或框架-剪力墙结构的房屋,其围护结构应滞后于主体结构,以避免相互干扰,利于提高质量、保护成品和施工安全。

④“先结构、后装饰”是指装饰装修工程应在结构全部完成或部分完成后进行。对多层建筑,结构与装饰以不搭接为宜;而高层应尽量搭接施工,以缩短工期。有些构件也可做好装饰层后再行安装,但应确实能保证装饰质量、缩短工期、降低成本。

⑤“先土建、后设备”是指土建施工先行,水电暖卫燃等管线及设备随后进行。施工中土建与设备管线常进行交叉作业,但前者需为后者创造施工条件。在装饰装修阶段,还要从保证质量和保护成品的角度处理好两者的关系。

2)厂房的工艺设备安装与土建施工的程序

工业厂房施工,应根据厂房的类型及生产设备的性质、安装方法和要求等因素,安排土建施工与设备安装间的合理施工程序,使其能相互创造工作面,减少干扰或重复施工,以缩短工期、提高质量。一般有以下三种施工程序:

①“先土建、后设备”

一般机械工业厂房,当土建主体结构完成后,即可进行设备安装;有精密设备的工业厂房,应在土建和装饰工程全部完成后才能进行设备安装。

这种施工程序称为“封闭式施工”。其优点是土建施工的工作面不受设备影响,构件可就地预制、组拼和吊装,起重机械开行方便;设备在“封闭”的厂房内安装,不受气候影响,并可利用厂房的桥式吊车为设备基础施工和设备安装服务。缺点是工期长;有大型设备时,其基础需重复挖土且不便于机械开挖,过深时还需对柱基加以保护。

②“先设备、后土建”

对某些重型工业厂房,如冶金、发电厂房等,一般应先安装工艺设备,然后再建造厂房。由于设备需露天安装,故这种施工程序称为“敞开式施工”。

③土建与设备安装平行施工

某些厂房,当土建施工为设备安装创造了必要条件后,同时又可采取措施防止设备污染时,设备安装与土建施工可同时进行,两者相互配合,互相创造施工条件,可缩短工期、节约费用,尽早发挥投资效益。如建造水泥厂时,平行施工最为经济。

(2)确定施工起点流向

施工起点流向是指在平面空间及竖向空间上,施工开始的部位及其流动方向。它将确定单个建筑物或构筑物在空间上的合理施工顺序。

对单层建筑物要确定出各区、段或跨间在平面上的施工流向;对多高层建筑物,除了应确定每层平面上的流向外,还应确定出各楼层间在竖向上的施工流向。特别是装饰装修工程阶段,不同的竖向流向可产生较大的质量、工期和成本差异。

确定施工起点流向时应考虑以下因素:

1)车间的生产工艺过程。先试车投产的段、跨先施工,按生产流程安排施工流向。

2)建设单位的要求。建设单位对生产使用要求在先的部位应先施工。

3)施工的难易程度。技术复杂、进度慢、工期长的部位或层段应先施工。

4)构造合理、施工方便。如基础施工应"先深后浅",抹灰施工应"先硬后软",高低跨单厂的结构吊装应从并列处开始,屋面卷材防水层应由檐口铺向屋脊,有外运土的基坑开挖应从距大门的运端开始等。

5)保证质量和工期。如室内装饰施工及室外装饰的面层施工一般宜自上至下进行(外墙石材除外),有利于成品保护,但工期较长;当工期极为紧张时,某些施工过程也可自下至上,但应与结构施工保持一层以上的安全间隔;对高层建筑,也可采取自中至下,自上至中的装饰施工流向,既可缩短工期,又易于保证质量和安全。自上至下的流向还应根据建筑物的类型、垂直运输设备及脚手架的布置等,选择水平向下或垂直向下的流向,如图8-2所示。

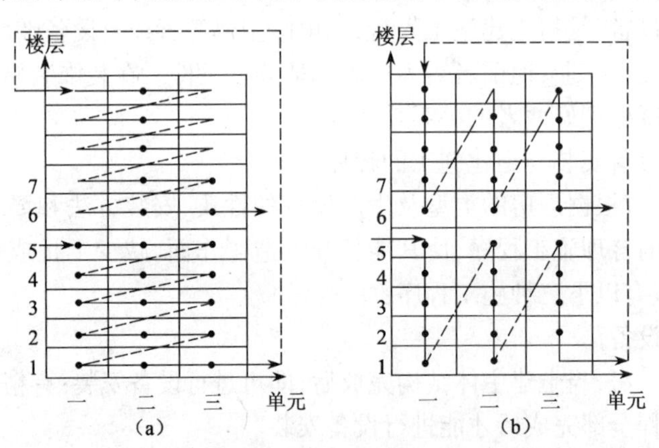

图8-2 室内装修装饰工程自中而下再自上而中的流向

(a)水平向下;(b)垂直向下

2. 划分施工段

划分施工段是将建筑物划分成多个施工区域,以适应流水施工的要求,使多个专业队组能在不同的施工段上平行作业,并可减少机具、设备(如模板)的配备量。从而缩短工期、降低成本,使生产连续、均衡地进行。分段时应考虑以下几个主要问题:

(1)各段的工程量或同一工种的工作量应大致相等,以便组织等节奏流水。

(2)保证结构的整体性及装饰的外观效果。尽量利用结构变形缝或抗震缝、装饰装修的分格缝,或在留槎不影响质量处作为分段界限。

(3)施工段数应与主导施工过程数相协调。要以主导施工过程为主形成工艺组合,在满足各主导施工过程都有工作面的条件下,尽量减少施工段,以避免工期延长或工作面狭窄。

(4)每段的大小要与劳动组织相协调,以保证工人有足够的工作面、机械能发挥其能力。

(5)不同施工阶段的流水组织方法、主导施工过程数及机具设备的配备均可能不同,应采用不同的分段。

3. 施工方法与施工机械的选择

施工方法与施工机械的选择,是根据建筑物(或构筑物)的建筑结构特征、工程量的大小、工期长短、资源供应情况及施工地点特征等因素,选择和确定各主要分部分项工程的施工方法和施工机械。它是施工方案的核心内容。

(1)选择施工方法和施工机械的基本要求

1)以主要的分部分项工程为主。

拟定施工方法时,应着重考虑主要分部分项工程的施工方法和所采用的机械,对于按照常规做法和工人熟悉的分项工程则不必详细拟定,只要提出应该注意的一些特殊问题即可。主要的分部分项工程一般指:

①工程量大,占施工工期长,在单项(位)工程中占据重要地位的分部(分项)工程。如砖混结构的砌筑工程。

②施工技术复杂的或采用新技术、新工艺、新结构及对工程质量起关键作用的分部(分项)工程。如现浇预应力楼板、地下室防水等。

③不熟悉的特殊结构工程或由专业施工单位施工的特殊专业工程。如网架结构、升板结构的楼板提升、深基坑的护坡与降水等。

对以上重要的分部(分项)工程,施工方法拟定应详细而具体,必要时应编制单独的分部(分项)工程方案或作业设计。

2)符合施工组织总设计的要求。

若施工的单项(位)工程是建设项目或群体建筑中的某一工程,则其施工方法与机械选择应遵循施工组织总设计对该工程的部署及规划的要求。

3)满足施工工艺及技术要求。

选择和确定的施工方法与机械必须满足施工工艺及其技术要求。如结构构件的安装方法、预应力结构的张拉方法及机具均应能够实施,并能满足质量、安全、进度等诸方面要求。

4)提高工厂化、机械化程度。

单项(位)工程施工,应尽可能实现和提高工厂化、机械化的施工程度,以利于建筑工业化的发展,同时也是降低造价、缩短工期、节省劳动力、提高工效的有效手段。如钢筋混凝土构件、钢结构构件、门窗及幕墙、预制磨石、钢筋加工等尽量采用工厂化预制,减少现场加工;各主要施工过程尽量采用机械化施工,并充分发挥各种机械设备的效率。

5)符合可行、合理、经济、先进的要求。

选择和确定施工方法与施工机械,首先要满足其在本工程中的可行性,即能够满足施工的需要并能够实施。如所选的机械应能符合作业的要求并有获得的可能性。其次要考虑其经济合理性和先进性。必要时应做技术经济分析。

6)符合工期、质量和安全要求。

(2)选择施工方法应围绕的对象

一般情况下,选择主要项目的施工方法应围绕以下项目和对象:

1)土石方工程:是否采用机械开挖,开挖方法,放坡要求或土壁支撑方法,排降水方法及所需设备,石方的爆破方法及所需机具、材料,土石方和调配、存放及处理等。

2)混凝土及钢筋混凝土工程:钢筋加工、连接、运输及安装的方法,模板选择和安装、拆除方法,隔离剂的选用,混凝土搅拌和运输方法,混凝土的浇筑顺序和方法,施工缝位置,分层高度,工作班次,振捣方法和养护制度等。

在选择施工方法时,应特别注意大体积混凝土、防水混凝土等的施工,模板的工具化和钢筋、混凝土施工的机械化。

3)结构吊装工程:根据选用的机械设备确定吊装方法,安排吊装顺序、机械位置、行驶路线、构件的制作、拼装方法,构件的运输、装卸、堆放方法及场地要求,所需的机具,设备型号、数量和对道路的要求。

4)现场垂直、水平运输:确定垂直运输量(有标准层的要确定标准层的运输量),选择垂直运输方式,脚手架的选择及搭设方式,水平运输方式及设备的型号、数量,配套使用的专用工具设备(如砖车、砖笼、混凝土车、灰浆车和吊斗等),确定地面和楼层上水平运输的行驶路线,合理地布置垂直运输设施的位置,综合安排各种垂直运输设施的任务和服务范围,混凝土后台上料方式。

5)装饰装修工程:确定采用工厂化、机械化施工方法并提出所需机械设备,确定工艺流程和劳动组织、流水方法与工艺要求,确定装饰材料逐层配套堆放的数量和平面布置及运输方法。

6)特殊项目:如采用新结构、新材料、新技术、新工艺或高耸或大跨结构、重型构件,以及水下施工、深基础和软弱地基等项目,应单独选择施工方法,阐明工艺流程,需要的平面、剖面示意图,施工方法、劳动组织,技术要求,质量、安全注意事项,施工进度,材料、构件和机械设备需要量。

4. 确定施工顺序

施工顺序是在已定的施工展开程序和流向的基础上,安排各分部工程及各分项工程(施工过程)施工的先后关系。确定施工顺序就是要按照施工的技术规律和合理的组织关系,解决各分部分项工程之间在时间上的先后和搭接问题,以期达到工艺合理、保证质量、安全施工、充分利用工作面、争取时间、缩短工期的目的。

(1)确定施工顺序的基本原则

1)符合施工工艺及构造要求

在安排各分部分项施工过程的先后顺序时,必须符合施工的工艺顺序及建筑物的构造要求。如:支模板后方可浇筑混凝土;安装塔吊后方可吊装构件;基础结构未完,其上部主体结构不能进行;钢、木门窗框未安,墙地面抹灰不能开始。

2)与施工方法及采用的机械协调

如:砖混结构在圈梁钢筋、模板安装后,一般施工方法为"浇圈梁混凝土",而采用硬架支模施工方法则为"安装预制楼板"。地下防水"外贴法"与"内贴法"顺序不同。单厂结构吊装时,如果采用分件吊装法,选用履带式起重机时,则吊装的施工顺序为:全部承重柱→全部吊车梁、连系梁→全部屋盖系统;如果使用桅杆式起重机,就要采用综合吊装法,则吊装的施工顺序为:第一个节间的全部构件→第二节间全部构件→……

3)考虑施工组织的要求

有些施工过程可能有多种顺序安排,这时应考虑便于施工,有利于人员、机械安排,可缩短工期的组织方案来安排施工顺序。如:砖混住宅的地面灰土垫层,可在基础及房心回填后立即铺压,也可在装饰阶段的地面面层施工前铺压,显然前者利于运输,便于人员和机械安排,而后者则可给予水、暖管线较长的施工期。又如单厂柱基旁有深于柱基的大型设备基础时,先施工设备基础较厂房完工后再做设备基础更安全、节约,易于组织,但预制场地及吊装将受到设备基础的影响。

4)保证施工质量

确定施工顺序应以保证施工质量为前提。例如:在确定楼地面与顶棚、墙面抹灰的顺序时,先做水泥砂浆楼地面,虽然工期较长,但可防止由于顶棚、墙面落地灰(白灰砂浆或混合砂浆)清理不净而造成的楼地面空鼓。又如白灰砂浆墙面与水泥砂浆墙裙相连接,先抹墙裙就有利于其黏结牢固,防止空鼓剥落。

5)有利于成品保护

成品保护直接关系到产品质量,施工顺序是否合理又是成品保护的关键一环。特别在装饰装修阶段,施工顺序必须有利于成品保护。如:抹灰先室外后室内,室内楼地面先房间、后楼道、再楼梯,上层楼面抹灰完成后再抹下层的顶棚和墙面。又如吊顶内的设备管线经检验试压合格后,再安装面板封闭;门窗油漆后再贴壁纸,地毯应最后铺设。

6)考虑气候条件

例如:在雨季到来之前,先做完屋面防水及室外抹灰,再做室内装饰装修;在冬季到来前,先安装门窗及玻璃,以便在有保温或供暖条件下,进行室内施工操作。

7)符合安全施工的要求

例如:装饰装修施工与结构施工至少要隔一层进行;脚手架、护身栏杆、安全网等应配合结构施工及时搭设;现浇楼盖模板的支撑拆除,不但要待混凝土达到拆模强度要求,还应待楼盖能够承受上部传递来的施工荷载后方可进行,一般应与结构施工层隔 2～3 层以上。

(2)多层砖混结构住宅的施工顺序

这种住宅建筑施工,一般可分为 5 个分部工程,即基础工程、主体结构工程、屋面工程、内外装饰工程、水电暖卫气等管线与设备安装工程。施工顺序及安排要求如下:

1)基础工程

一般施工顺序为:定位放线→挖土(槽或坑)→打钎、验槽→(地基处理)→做垫层→砌基础→地圈梁→暖气沟→回填土及室外管线。

地基处理应根据地基土的实际情况,若打钎中发现地下障碍物、坟穴、古墙古道、软弱土层等,按验槽时确定的处理方法处理,不需处理则无此项。挖土和做垫层的施工安排要紧凑,当可能有冻、泡或晾槽时,挖土应留保护层,待做垫层时清底,以防地基土受到破坏。当地圈梁位于砖基础大放脚内时,应先将大放脚砌至圈梁上皮高度,再扎圈梁及构造柱筋、浇圈梁混凝土,经一定养护后继续砌筑大放脚及基础墙,即以砖大放脚做地圈梁模板,不但可节约模板,还可增加结构的整体性。基坑(槽)回填应在基础做好后及时进行,以避免雨水浸泡,并为后续工程施工创造条件。室内地面垫层下的房心土宜与基坑(槽)回填同时填筑,但要注意水、暖、卫管沟处的填筑高度,或与管沟施工配合进行。

2)主体结构工程

对有构造柱、圈梁、使用预制楼板的砖混住宅,常采用“硬架支撑”的施工方法,其每层的施

工顺序一般为:

放线、立皮数杆→扎构造柱筋→砌墙(搭脚手架、安过梁等)→扎圈梁筋→支构造柱、圈梁模板→安装楼板、阳台板、楼梯构件→支现浇板及板缝模→扎现浇板及板缝筋→浇构造柱、圈梁、现浇板及板缝混凝土→养护→拆模。

其中砌墙、安板、构造柱和圈梁的支模与浇筑为主要施工过程。半层处的楼梯休息平台板需在砌墙中安装。当采用现浇钢筋混凝土楼梯时,应与现浇板的施工配合进行。当墙体较薄,稳定性较差时,可在砌墙后先支构造柱模板、浇筑其混凝土。每层施工后,混凝土达到上人施工的强度即可进行上层的施工作业,该层拆模需待混凝土有足够的承载能力后方可进行。

3)装饰装修工程

装饰装修工程应待主体结构完成并经验收合格后开始进行。其主要工作包括门窗安装、砌筑隔墙、抹灰勾缝、玻璃油漆、喷涂喷浆等分项工程。其中抹灰是主导施工过程,包括内部抹灰和外部抹灰。内抹灰又包括墙面和楼地面抹灰等。安排装饰工程的施工顺序,关键在于确定其施工的空间顺序,以保证施工质量和安全、保护成品、缩短工期为主目要目的,组织好立体交叉和平行流水作业。

室内与室外装饰装修的施工干扰一般较小,确定其顺序时,应主要考虑施工质量、成品保护及季节气候。一般说来,先室外后室内有利于脚手架的及时拆除并周转,有利于室内成品的保护(室外抹灰等材料一般均由室内运输)。但室外装饰要特别注意气候条件,避开雨季和冬季。当室内有现制水磨石楼地面时,应先于外装饰。以避免墙面渗水而影响外装饰效果和质量。

室外装饰可自上而下先施工里层;再自上而下进行面层施工,并随面层施工逐步或逐层拆除脚手架,最后完成勒脚、台阶、散水。

室内抹灰工程在同一层内的顺序一般为:楼地面→天棚→墙面。这样楼地面的基层易于清理,可有效防止楼地面空鼓;便于收集墙面和天棚的落地灰。但楼地面做完后需经养护,使天棚、墙面及其他后续工序推迟,工期拉长;也不利于楼地面的保护。当工期较紧时,也可按天棚→墙面→楼地面的顺序施工,但做楼地面前,一定要将其基层上的落地灰等清扫洗净,否则将导致楼地面与基层黏结不牢而空鼓、起壳。底层地面常在各层墙面、楼面做好后进行。楼梯间和踏步易在施工期间受到破坏,故常在其他部位抹灰完成后,自上而下统一进行。

室内装饰施工顺序一般为:砌隔墙→安木或钢门框→窗台、踢脚抹灰→楼(地)面抹灰→天棚抹灰→墙面抹灰→楼梯间及踏步抹灰→墙、地贴面砖→安门及塑料窗→木装饰→顶墙涂料→木制品油漆→铺装木地板→检查整修。

4)屋面工程

屋面工程在主体结构完成后应立即开始,并尽快完成,以避免屋面板的温度变形而影响结构,也为顺利进行室内装饰装修创造条件。

屋面工程可以和粗装修工程平行施工。常见施工顺序按屋面构造依次为:铺设找坡层→铺保温层→铺抹找平层→涂刷基层处理剂→铺防水层及保护层。屋面工程开始前,需先做好屋面上的水箱间、天窗、烟道、排气孔等设施;找平层充分干燥后方可铺设防水层。

5)水电暖卫燃等与土建的关系

水电暖卫燃等工程需与土建工程中有关分部分项工程交叉施工,且应紧密配合。其配合关系如下:

①在基础工程施工时,应将上下水管沟和暖气管沟的垫层、墙体做好后再回填土。

②在主体结构施工时,应在砌墙和现浇钢筋混凝土楼板的同时,预留上下水、燃气、暖气立管的孔洞及配电箱等设备的孔洞,预埋电线管、接线盒及其他预埋件。

③在装饰装修施工前,应完成各种管道、设备箱体的安装及电线管的穿线。各种设备的安装应与装饰装修工程穿插配合进行,以保证质量、便于施工操作、有利于成品保护为确定配合关系的原则。

④室外上下水及暖燃等管道工程可安排在基础工程之前或主体结构完工之后进行。

以上阐述了一般多层砖混住宅的施工顺序,但建筑工程施工是一个复杂的过程,不同的结构和构造、不同的现场条件、不同的施工程环境、不同的施工方案,均可对施工过程的划分及施工顺序的确定产生不同的影响,从而有不同的施工顺序安排。同时,随着建筑工业化的发展及新材料、新结构的出现,其施工内容及施工顺序也将随之变化。

8.2.3 施工进度计划的编制

在单项(位)施工组织设计中需要编制的施工计划,主要包括施工进度计划、资源需要量计划和施工准备工作计划等。

1. 施工进度计划

单项(位)工程施工进度计划是以施工方案为基础,根据规定的工期和资源供应条件,遵循各施工过程合理的工艺顺序,统筹安排各项施工活动而篇制,以指导现场施工的安排,确保施工进度和工期。同时也可作为编制劳动力、机械及各种物资需要量计划的依据。

单项(位)工程施工进度计划根据工程规模大小、结构和复杂程度、工期长短及工程的实际需要,一般可分为控制性进度计划和指导性进度计划。控制性进度计划是以分部工程作为施工项目划分的对象,用以控制各分部工程的施工时间及它们之间互相配合、搭接关系的一种进度计划,常用于工程结构较为复杂、规模较大、工期较长或资源供应不落实、工程设计可能变化的工程。指导性进度计划是以分项工程作为施工项目划分对象,具体确定各主要施工过程的施工时间及相互间搭接、配合的关系。对于任务具体而明确、施工条件基本落实、各种资源供应基本满足、施工工期不太长的工程均应编制指导性进度计划;对编制控制性进度计划的单项(位)工程,当各分部工程或施工条件基本落实后,也应在施工前编制出指导性进度计划,不能以"控制"代替"指导"。

单项(位)工程施工进度计划通常用横道图或网络图形式表达。横道图能较为形象直观地表达各施工过程的工程量、劳动量、使用工种、人(机)数、起始时间、延续时间及各施工过程间的搭接、配合关系。而网络图能表示出各施工过程之间相互制约、相互依赖的逻辑关系,能找出关键工序和关键线路,能优化进度计划,更便于用计算机管理。

单项(位)工程施工进度计划编制应依据以下资料:施工总进度计划、施工方案、预算文件、施工定额、资源供应状况、开竣工日期及工期要求、气象资料及有关规范等。编制进度计划的程序与要求如下:

(1)划分施工项目

施工项目是包括一定工作内容的施工过程,它是进度计划的基本组成单元。划分时应注意以下要求:

1)项目的多少,划分的粗细程度,取决于进度计划的类型及需要。对于控制性的施工进度计划,其项目划分应较粗些,一般以一个分部工程作为一个项目,如基础工程、主体结构工程、屋面工程、装饰工程等。对于指导性的施工进度计划,其项目划分应细些,要将每个分部工程包括的各主要分项工程(施工过程)均一一列出,如基础工程中的挖土、验槽、地基处理、垫层施工等。

2)适当合并、简明清晰。项目划分过细、过多,会使进度图表庞杂、重点不突出。故在绘制图表前,应对所列项目分析整理、适当合并。如对工程量较小的同一构件的几个项目应合为一项(如地圈梁的扎筋、支模、浇筑混凝土、拆模可合并为"地圈梁施工"一项,女儿墙的砌筑、构造柱及压顶施工可合并为"女儿墙施工"一项);对同一工种同时或连续施工的几个项目可合并为一项(如砌内墙、砌外墙可合并为"砌内外墙",预制楼板安装后的板缝支模、局部现浇板支模及楼梯支模可合并为"板缝、局部现浇板、楼梯支模"一项等);对工程量很小的项目可合并到邻近项目中(如墙体防潮层施工可合并到砌砖基础中或主体结构的砌墙中)。

3)列项要结合施工方案。即要结合施工方案中所确定的施工方法和施工顺序列项,不应违背。项目排列的顺序也应符合施工的先后顺序,并编排序号、列出表格。

4)不占工期的间接施工过程不列项。如加工厂预制构件及其运输过程,可不列入施工进度计划内,只要求使用前运入现场。

5)列项要考虑施工组织的形式。对专业施工单位或大包队组所承担的部分项目有时可合为一项。如住宅工程中的水暖电卫等设备安装,在土建施工进度计划中可列为一项,只表明其与土建施工的配合关系。

6)工程量及劳动量很小的项目可合并列为"其他工程"一项。如零星砌筑、零星混凝土、零星抹灰、局部油漆、测量放线、局部验收、少量清理等。其劳动量可作适当估算,现场施工时,灵活掌握,适当安排。

(2)计算工程量

项目划分后,应计算出每个施工项目包括的各个施工内容的工程量。计算应依据施工图纸及有关资料、工程量计算规则及已确定的施工方法进行,计算时应注意以下几个问题:

1)工程量的计量单位要与所用定额一致。

2)要按照方案中确定的施工方法计算。如挖土是否放坡、坡度大小、是否留工作面、是挖单坑、还是挖槽或大开挖,不同方案其工程量相差甚大。

3)分层分段流水者,若各层段工程量相等或出入很小时,可只计算出一层或一段的工程量,再乘以其层段数而得出该项目的总的工程量。

4)利用预算文件时,要适当摘抄和汇总,对计算单位、计算规则和项目包括内容与施工定额不符的项目,应加以调整、更改、补充或重新计算。

5)合并项目中各项应分别计算,以便套用定额,待计算出劳动量后再予以合并。

6)"其他项目"及"水暖电卫设备安装"等可不算,或由其承包单位计算并安排详细计划。

(3)计算劳动量及机械台班量

计算出各项目的工程量并查找、确定出该项目定额后,可按下式计算出其劳动量或机械台班量:

$$P_i = Q_i / S_i = Q_i H_i$$

式中　P_i——某施工项目所需的劳动量(工日)或机械台班量(台班);

Q_i——该施工项目的工程量(实物量单位);

S_i——该施工项目的产量定额(单位工日或台班完成的实物量);

H_i——该施工项目的时间定额(单位实物量所需工日或台班数)。

采用定额时应注意以下问题：

1)应参照国家或本地区的劳动定额及机械台班定额，并结合本单位的实际情况(如工人技术等级构成、技术装备水平、施工现场条件等)，研究确定出本工程或本项目应采用的定额水平。

2)合并施工项目有如下两种处理方法：

①将合并项目中的各项分别计算劳动量(或台班量)后汇总，将总量列入进度表中；

②合并项目中的各项为同一工种施工(或同一性质的项目)时，可采用各项目的平均定额。符合本合并项目的平均定额可按下式计算：

$$\text{平均时间定额} \qquad \overline{H} = \frac{\sum_{i=1}^{n} P_i}{\sum_{i=1}^{n} Q_i} = \frac{Q_1H_1 + Q_2H_2 + \cdots + Q_nH_n}{Q_1 + Q_2 + \cdots + Q_n}$$

(4)确定施工项目的延续时间

施工项目的延续时间最好是按正常情况确定，以降低工程费用。待编制出初始计划后再结合实际情况作必要调整，可有效地避免盲目抢工而造成浪费。具体确定方法有以下两种：

1)根据可供使用的人员或机械数量和正常施工的班制安排，计算出施工项目的延续时间。公式如下：

$$T_i = \frac{P_i}{R_i b_i}$$

式中 T_i——某施工项目的延续时间(天)；

P_i——该施工项目的劳动量(工日)或机械台班量(台班)；

R_i——为该施工项目每天提供或安排的班组人数(人)或机械台数(台)；

b_i——该施工项目每天采用的工作班制数(1～3班工作制)。

在安排某一施工项目的施工人数或机械台数时，除了要考虑可能提供或配备情况外，还应考虑工作面大小、最小劳动组合要求、施工现场及后勤保障条件及机械的效率、维修和保养停歇时间等因素，以使其数量安排切实可行。

在确定工作班制时，一般当工期允许、劳动力和施工机械周转使用不紧迫、施工项目的施工方法和技术无连续施工要求的条件下，通常采用一班制。当某些项目有连续施工的技术要求(如基础底板浇筑、滑模施工等)，或组织流水的要求以及经初排进度未能满足工期要求时，可适当组织二班制或三班制工作，但不宜过多，以便使进度计划留有充分的余地，并缓解现场供应紧张和避免费用增加。

2)根据工期要求或流水节拍要求，确定出某个施工项目的施工延续时间，再按照采用的班制配备施工人员数或机械台数。即：

$$R_i = \frac{P_i}{T_i b_i}$$

式中符号意义同前。所配备的人员数或机械数应符合现有情况或供应情况，并符合现场条件、工作面条件、最小劳动组合及机械效率等诸方面要求，否则应进行调整或采取必要措施。

不管采用上述哪种方法确定延续时间,当施工项目是采用施工班组与机械配合施工时,都必须验算机械与人员的配合能力,否则其延续时间将无法实现或造成较大浪费。

(5)绘制施工进度计划图表

在作完以上各项工作后,即可绘制施工进度计划表(横道图)或网络图。

1)横道图

指导性进度计划横道图表的表头形式如表8-2所示,绘制的步骤、方法与要求如下:

表8-2　施工进度计划表

序号	工程名称		工程量		时间定额	劳动量		机械量		工作班制	每班人数	延续时间	施工进度														
													××××年×月														×月
	分部	分项	数量	单位		工种	工日数	型号	台班数				2	4	6	8	10	12	14	16	18	20	22	24	26	28	…
1																											
2																											
3																											
…																											

①填写施工项目名称及计算数据

填写时应按照分部分项工程施工的顺序依次填写。垂直运输机械的安装、脚手架搭设及拆除等项目也应按照需用日期或与其他项目的配合关系顺序填写。填写后应检查有无遗漏、错误或顺序不当等。

②初排施工进度

根据施工方案及其确定的施工顺序和流水方法以及计算出的工作延续时间,依次画出各施工项目的进度线(经检查调整后,以粗实线段表示)。初排时应注意以下要求:

A. 按分部分项工程的施工顺序依次进行,一般总体上采用分别流水法,力争在某些分部工程或某一分部工程的几个分项工程中组织节奏流水。

B. 分层分段施工的项目应分层分段地画进度线,并标注其层段名称,以明确其施工的流向。

C. 据工艺上、技术上及组织安排上的关系,确定各项目间是连接施工、搭接施工,还是间隔施工。

D. 尽量使主要工种连续作业,避免出现同一组劳动力(或同一台机械)在不同施工项目中同时使用的冲突现象,最好能通过带箭头的虚线明确主要专业班组人员的流动情况。

E. 注意某些施工过程所要求的技术间歇时间。如混凝土浇筑与拆模间的养护时间;屋面水泥砂浆找平层抹后需养护和干燥方可铺设防水层等。

F. 尽量使施工期内每日的劳动力用量均衡。

③检查与调整

初排进度后难免出现较多的矛盾和错误,必须认真地检查、调整和修改。

A. 注意检查以下内容:

a. 总工期。工期不得超出规定,但也不宜过短,否则将造成浪费且影响质量和安全;

b. 从全局出发,检查各施工项目在技术上、工艺上、组织上是否合理;

c. 检查各施工项目的延续时间及起、止时间是否合理,特别应注意那些对工期起控制作用的施工项目。如果工期不符合要求,则需首先修改这些主导项目的延续时间或起止时间,即通过调整其施工人数(或机械台数)、班制或改变与其他施工项目的搭接配合关系,而达到调整工期之目的;

d.有立体交叉或平行搭接施工的项目,在工艺上、质量上、安全上有无问题;

e.技术上与组织上的间歇时间是否合理,有无遗漏;

f.有无劳动力、材料、机械使用过分集中,或出现冲突的现象;施工机械是否能得到充分利用;

g.冬雨期施工项目的质量、安全有无保证,其持续时间是否合理。

B.对不合要求的部分进行调整和修改:

调整主要是针对工期和劳动力、材料等的均衡性及机械利用程度。调整的方法一般有:增加或缩短某些分项工程的施工延续时间;在施工顺序允许的情况下,将某些分项工程的施工时间向前或向后移动;必要时,还可以改变施工方法和施工组织。调整或修改时需注意以下问题:

a.调整或修改某一项可能影响若干项,因此必须从全局性要求和安排出发进行调整与修改,避免安排中的片面性;

b.修改或调整后的进度计划,其工期要合理,各施工项目间的施工顺序要符合工艺、技术要求;

c.进度计划应积极可靠,并留有充分余地,以便在执行中能根据情况变化加以修改与调整。

通过调整的进度计划,其劳动力、材料等需要量应较为均衡,主要施工机械的利用应较为合理。这样,可避免或减少短期的人力、物力的过分集中。无论对整个单项(位)工程,还是对各个分部工程,劳动力消耗均应力求平衡。否则,在高峰时期,工人人数过分集中,势必造成劳动力紧张、各种临时设施增加、场地拥挤、材料供应紧张、施工费用大大增加的局面。劳动力消耗情况可用劳动力动态曲线图表示,其消耗的均衡性可用劳动力不均衡系数(高峰人数与平均人数的比值)判别。正常情况下,劳动力不均衡系数不应大于2,最好控制在1.5以内。

2)网络图

为了提高进度计划的科学性,便于用计算机进行优化和管理,应使用网络计划形式。编制要求如下:

①根据列项及各项之间的关系,先绘制无时标的网络计划图,经调整修改后,最好绘制时标网络计划,以便于使用和检查。

②对较复杂的工程可先安排各分部工程的计划,然后再组合成单项(位)工程的进度计划。

③安排分部工程进度计划时应先确定其主导施工过程,并以它为主导,尽量组织节奏流水。

④施工进度计划图编制后要找出关键线路,计算出工期,并判别其是否满足工期目标要求,如不满足,应进行调整或优化。然后绘制资源动态曲线(主要是劳动力动态曲线),进行资源均衡程度的判别,如不满足要求,再进行资源优化,主要是“工期规定、资源均衡”的优化。

⑤优化完成后再绘制出正式的单项(位)工程施工进度计划网络图。

值得注意的是,在编制施工进度计划图表时,最好使用计划管理应用程序软件,利用计算机进行编制。不但可大大加快编制速度、提高计划图表的表现效果,还能使计划的优化得以实现,更有利于在计划的执行过程中进行控制与调整,以实现计划的动态管理。

2. 资源需要量计划

资源需要量计划是根据单项(位)工程施工进度计划要求编制的,包括劳动力、材料、构配件、加工品、施工机具等的需要量计划。它是组织物资供应与运输、调配劳动力和机械的依据,是组织有秩序、按计划顺利施工的保证,同时也是确定现场临时设施的依据。

(1)劳动力需要量计划

劳动力需要量计划主要用于调配劳动力和安排生活福利设施。其编制方法,是将单位工程施工进度计划表内所列各施工过程每天(或每旬、每月)所需的工人人数按工种进行汇总,即可得出每天(每旬、每月)所需各工种人数。表格形式见表8-3。

表8-3　单项(位)工程劳动力需要量计划

序　号	工种名称	总需要量(工日)	需　要　工　人　人　数　及　时　间												
			×月			×月			×月			×月			…
			上旬	中旬	下旬	上旬	中旬	下旬	上旬	中旬	下旬	上旬	中旬	下旬	…

(2)主要材料需要量计划

材料需要量计划,主要用以组织备料、确定仓库或堆场面积和组织运输。其编制方法是将进度表或施工预算中所计算出的各施工过程的工程量,按材料名称、规格、使用时间及消耗定额和储备定额进行计算汇总,得出每天(或旬、月)材料需要量。其表格形式见表8-4。

表8-4　主要材料需要量计划

序　号	材料名称	规　格	需要量		供应时间	备　注
			单　位	数　量		

(3)构配件和半成品需要量计划

构配件和加工半成品需要量计划主要用于落实加工订货单位,组织加工、运输和确定堆场或仓库。应根据施工图纸及进度计划、储备要求及现场条件编制。其表格形式见表8-5。

表8-5　构配件和半成品需要量计划

序　号	品　名	规　格	图号、型号	需要量		使用部位	加工单位	供应日期	备　注
				单位	数量				

(4)施工机具、设备需要量计划

施工机具、设备是指施工机械、主要工具、特殊和专用设备等。其需要量计划主要用以确定机具、设备的供应日期、安排进场、工作和退场日期。可根据施工方案和进度计划进行编制。计划表的格式见表8-6。

表 8-6 施工机具、设备需要量计划

序号	机具、设备名称	类型、型号或规格	需要量		货源	进场日期	使用起止时间	备注
			单位	数量				

8.2.4 单项(位)工程施工平面图设计

单项(位)工程施工平面图是一幢建筑物(或构筑物)的施工现场布置图。它是施工组织设计的主要组成部分,是布置施工现场的依据,是施工准备工作的重要依据,也是实现文明施工、节约土地、降低施工费用的先决条件。其绘制比例一般为1∶200～1∶500。当单项(位)工程为拟建建筑群的一部分时,其施工平面图将受到全工地性施工总平面图的约束。

1.设计的内容

单项(位)工程施工平面图上应包含的内容有:

(1)建筑总平面图上标出的已建和拟建的地上和地下的一切房屋、构筑物及管线的位置和尺寸。

(2)测量放线标桩、地形等高线和取舍土方的地点。

(3)起重机的开行路线、控制范围及垂直运输设施的位置。

(4)构件、材料、加工半成品及施工机具的堆场。

(5)生产、生活用临时设施。包括搅拌站、高压泵站、各种加工棚、仓库、办公室、道路、供水管线、供电线路、宿舍、食堂、消防设施、安全设施及其他需搭建或建造的各种设施。

(6)必要的图例、比例尺、方向及风方标记。

2.设计的依据

单项(位)工程施工平面图应依据以下资料进行设计:建筑总平面图;施工图;现场地形图;气象水文资料;现有水源电源;场地形状与尺寸;可利用的已有房屋和设施情况;施工组织总设计;本单项(位)工程的施工方案、进度计划、施工准备及资源供应计划;各种临时设施及堆场设置的定额与技术要求;国家的有关规定等。

设计时,应对材料堆场、临时房屋、加工场地及水电管线等进行适当计算,以保证其适用性和经济性。

3.设计原则

(1)布置紧凑、少占地

在确保施工安全及施工能较为顺利地进行的条件下,要尽量紧凑布置与规划,少征施工用地,不占或少占农田。

(2)最大限度地缩短场内的运输距离,尽可能避免二次搬运

各种材料、构件等要根据施工进度并能保证连续施工的前提下,有计划地组织分期分批进场,充分利用场地;合理安排生产流程,将材料、构件尽可能布置在使用地点附近,需进行垂直运输者,尽可能布置在运输机械附近或有效控制范围内,以达到节约用工和减少材料损耗之目的。

(3)尽量少建临时设施,所建临时设施应方便生产和生活使用

在能保证施工顺利进行的前提下,应尽量减少临时建筑物或有关设施的搭设,以降低临时

设施费用;应尽量利用已有的或拟建的房屋和各种管线为施工服务;对必须修建的房屋尽可能采用装拆式或临时固定式;布置时不得影响正式工程的施工,避免二次或多次拆建;各种临时设施的布置应便于工人生产和生活使用。

(4)要符合劳动保护、安全、防火等要求

布置时,应尽量将生产区与生活区分开;要保证道路畅通,机械设备的钢丝绳、缆风绳以及电缆、电线、管道等不得妨碍交通;易燃设施(如木工棚、易燃品仓库)和有碍人体健康的设施,应布置在下风向处并远离生活区;依据有关要求设置各种安全、消防设施。

根据上述原则并结合施工现场的具体情况,可设计出几个不同的平面布置方案。这些方案在技术与经济上可能互有长短,应进行分析比较,取长补短,选择或综合出一个最合理、安全、经济、可行的布置方案。

进行布置方案的比较时,可依据以下技术经济指标:施工用地面积;施工场地利用率;场内运输量,临时设施及临时建筑物的面积及费用;施工道路的长度及面积;水电管线的敷设长度;安全、防火及劳动保护是否能满足要求;且应重点分析各布置方案满足施工要求的程度。

4. 设计的步骤与要求

(1)场地的基本情况

根据建筑总平面图、场地的有关资料及实际状况,绘出场地的形状尺寸;已建和拟建的建筑物或构筑物;已有的水源、电源及水电管线、排水设施;已有的场内、场外道路;围墙;施工需预以保护的树木、房屋或其他设施等。

(2)起重及垂直运输机械的布置

起重及垂直运输机械的布置位置,直接影响到现场施工道路的规划、构件及材料堆场的位置、搅拌机械的布置及水电管线的安排。因此,它的平面位置的选择和布置是施工现场全局的中心一环,所以应首先考虑。

1)塔式起重机的布置

轨道行走式塔吊一般应布置在场地较宽的一侧,且轨道平行于建筑物的长度方向,以便于堆放构件和布置道路,充分利用塔吊的有效服务范围。当建筑物宽度尺寸较大,需两侧布塔,应使两塔臂的安装高度差不小于5m,以防止相互干扰和发生安全事故。

塔吊轨道距离建筑物的尺寸,取决于轨道一侧凸出建筑物墙面的雨篷、阳台、挑檐尺寸及外脚手架的宽度,且应保持足够的安全距离。

塔吊布置后,要绘出其服务范围。原则上建筑物的平面均应在塔吊服务范围以内,尽量避免出现“死角”。塔吊的服务范围及服务范围内的布置示例如图8-3所示。

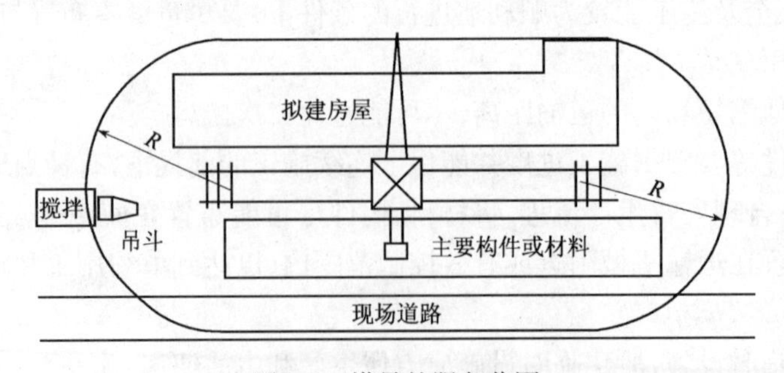

图8-3　塔吊的服务范围

2)自动式起重机

采用履带吊、轮胎吊或汽车吊等起重机时,应绘制出其开行路线、吊装作业时的停位点及控制范围。

3)固定式垂直运输设备

布置井架、门架、外用电梯等垂直运输设备,应根据机械性能、建筑平面的形状和大小、施工段划分情况、材料来向和运输道路情况而定。其目的是充分发挥机械的能力并使地面及楼面上的水平运距最小或运输方便。当建筑物各部位高度相同时,宜布置在流水段的分界线附近;当建筑物各部位高度不同时,宜布置在高低分界处,以使各段的楼面水平运输互不干扰。如有可能,垂直运输设备应布置在窗洞口处,以减少砌墙时留槎和拆除垂直运输设备后的修补工作。

垂直运输设备离开建筑物外墙的距离,应视屋面檐口挑出尺寸及外脚手架的搭设宽度而定;卷扬机的位置应尽量使钢丝绳不穿越道路,距井架或门架的距离不宜小于15m,也不宜小于吊盘上升的最大高度(使司机的视仰角不大于45°),同时距拟建工程也不宜过近,以确保安全。

当垂直运输设备与塔吊同时使用时,应避开塔吊布置,以免设备本身及其缆风绳影响塔吊作业,保证施工安全。

(3)搅拌站、加工棚、仓库和材料、构件的布置

现场搅拌站、仓库和材料、构件堆场的位置应尽量靠近使用地点且在垂直运输设备有效控制范围内,并考虑到运输和装卸料的方便。布置时,应根据用量大小分出主次。

1)搅拌站

现场搅拌站包括混凝土(或砂浆)搅拌机、砂石堆场、水泥库(罐)、称量设施等,有些工程还在搅拌机旁设置混凝土输送泵或吊斗坑等运输设施。

为了减少混凝土及砂浆的运距,搅拌站应尽可能布置在垂直运输机械附近。当用塔吊运输时,搅拌机的出料口宜在塔吊的服务范围之内,以便就地吊运。

围绕搅拌机布置砂、石、水泥、白灰等材料。这些材料的堆场或库房应布置在道路附近,以方便材料进场。同时根据上料及称量方式,确定其与搅拌机的关系。

有大体积混凝土基础时,搅拌站可布置在基坑边缘附近,待混凝土浇筑后再转移。

搅拌站应搭设搅拌机棚,并设置排水沟和污水沉淀池。

2)加工棚、场

钢筋加工棚及加工场、木加工棚、水电及通风加工棚均可离建筑物稍远些,尽量避开塔吊,否则应搭设防护棚。各种加工棚附近应设有原材料及成品堆放场(库),原材料堆放场地应考虑来料方便而靠近道路,成品堆放应便于向使用地点运输。

3)构件

根据起重机类型和吊装方法确定构件的布置。采用塔吊安装的多层结构,应将构件布置在塔吊服务范围内,且应分门别类均匀布置,保证运输和使用方便。成垛堆放构件时,其高度应符合强度及稳定性要求,各垛间应保留检查、加工及起吊所要求的间距。

各种构件应根据施工进度安排,分期分批配套进场,但现场存放量不宜少于两个流水段或一个楼层的用量。

4)材料和仓库

仓库和材料堆场的面积应经计算确定,以适应各个施工阶段的需要。布置时,可按照材料布置时应注意以下几点:

①对大宗的、重量大的和先期使用的材料,应尽可能靠近使用地点和起重机及道路,少量的、轻的和后期使用的可布置在稍远些。

②对模板、脚手架等需周转使用的材料,应布置在装卸、取用、整理方便且靠近拟建工程的地方。

③对受潮、污染、阳光辐射后易变质或失效的材料和贵重、易丢失、易损坏、有毒的材料及工具、小型机械等必须入库保管,或采取有效堆放措施,其位置应利于保管、保护和取用。

④对易燃、易爆和污染环境的材料(如沥青锅、沥青堆场、油毡库、油漆库、木材场、石灰库及淋灰池等)应远离火源且设置在下风向处。

(4)布置运输道路

现场主要道路应尽可能利用已有道路,或先建好永久性道路的路基,待施工结束时再铺路面,以上均不能满足要求时应铺设临时道路。

现场道路应按材料、构件运输的需要,沿仓库和堆场进行布置。为使其畅行无阻,宜采用环形或"U"形布置,否则应在尽端处留有车辆回转场地。路面宽度应符合规定,单行道不小于3~3.5m,双车道不小于5.5~6m,消防车道不小于3.5m。转弯半径应符合要求。路基应经过设计,路面要高出施工场地10~15cm,雨季还应起拱。道路两侧设排水沟。

(5)布置行政管理及文化、生活、福利用临时设施

这类临时设施包括:各种生产管理办公用房、会议室、警卫传达室、宿舍、食堂、开水房、医务、浴室、文化文娱室、福利性用房等。在能满足生产和生活的基本需求下,尽可能减少。如有可能,尽量利用已有设施或正式工程,以节约临时设施费用。必须修建时应经过计算确定面积。

布置临时设施时,应保证使用方便,不妨碍施工,并符合防火及安全的要求。

(6)布置水电管网及设施

1)供水设施

临时供水要经过计算、设计,然后进行布置,其中包括水源选择,取水设施、贮水设施、用水量计算(据生产用水、机械用水、生活用水、消防用水),配水布置,管径的计算等。单项(位)工程施工组织设计的供水计算和设计可以简化或根据经验进行安排。一般5 000~10 000m^2的建筑物施工用水主管径为50mm,支管径为40mm或25mm。消防用水一般利用城市或建设单位的永久性消防设施。如自行安排,应符合以下要求:消防水管线直径不小于100mm;消火栓间距不大于120m,每个消火栓的服务范围不应大于5 000m^2;消火栓宜靠近十字路口或转弯处布置,距道边不大于2m,距房屋不少于5m也不应大于25m。高层建筑施工用水要设置蓄水池和高压水泵。管线布置应使线路长度最短,消防水管和生产、生活用水管可合并设置。管线宜暗埋,在使用点引出,并设置水龙头及阀门,管线宜沿路边布置,且不得妨碍在建或拟建工程施工。

2)排水设施

为了便于排除地面水和地下水,要及时修通永久性下水道,并结合现场地形和排水需要,设置明或暗排水沟。当场地条件允许时,也可采取自然排水法。

3)供电设施

临时供电设计,包括用电量计算、电源选择,电力系统选择和配置。用电量包括施工用电

(电动机、电焊机、电热器等)和照明用电。如果是扩建的单项(位)工程,可计算出总用电数,由建设单位解决,不另设变压器;独立的单项(位)工程施工,应根据计算出的用电量选择变压器、配置导线和配电箱等设施。

变压器应布置在现场边缘高压线接入处,离地应大于50cm,在四周1m以外设置高度大于1.7m的围栏,并悬挂警告牌。配电线宜布置在围墙边或路边,架空设置时电杆间距为25~35m,架空高度不小于4m(橡皮电缆不小于2.5m),跨车道处不小于6m,离开建筑物或脚手架不小于4m,距塔吊所吊物体的边缘不得小于2m。不能满足上述距离要求或在塔吊控制范围内,宜埋设电缆,深度不小于0.6m,电缆上下均铺设不少于50mm厚软土或细砂,并覆盖砖等硬质保护层后再覆土,穿越道路或引出处加设防护套管。

各用电器应单独设置开关箱。开关箱距用电器不得超过3m,距分配电箱不超过30m。

5. 注意问题

建筑施工是一个复杂多变的生产过程,随着工程的进展,各种机械、材料、构件等陆续进场又逐渐消耗、变动。因此,施工平面图应分阶段进行设计,但各阶段的布置应彼此兼顾。施工道路、水电管线及各种临时房屋不要轻易变动,也不应影响室外工程、地下管线及后续工程的进行。

8.2.5 技术与组织措施、技术经济指标

1. 技术与组织措施的制定

制定技术与组织措施,是为保证质量、安全、节约和季节性施工,提出在技术、组织方面所采用的方法和要求。它是施工组织设计编制者带有创造性的工作,也是使工程获得良好的经济效益和社会效益的重要保证。

在单项(位)工程中,应从具体工程的建筑、结构特征、施工条件、技术要求和安全生产的需要出发,拟订出具体明确、针对性强、切实可行且行之有效的措施。

(1)保证质量措施

保证质量的关键是对该类工程经常发生的质量通病制订防治措施,并建立质量保证体系。保证质量措施一般应考虑以下内容:

1)有关建筑材料的质量标准、检验制度、保管方法和使用要求;

2)主要工种工程的技术要求、质量标准和检验评定方法;

3)对可能出现的技术问题或质量通病的改进办法和防范措施;

4)新工艺、新材料、新技术和新结构以及特殊、复杂、关键部位的专门质量措施等。

(2)安全施工措施

安全施工措施应贯彻安全操作规程和安全技术规范,对施工中可能发生安全问题的环节进行预测,从而提出预防措施。安全施工措施主要包括:

1)高空作业、立体交叉作业的防护和保护措施;

2)施工机械、设备、脚手架、上人电梯的稳定和安全措施;

3)防火防爆措施;

4)安全用电和机电设备的保护措施;

5)预防自然灾害(防台风、防雷击、防洪水、防地震、防暑降温、防冻、防寒、防滑等)的措施;

6)新工艺、新材料、新技术、新结构及特殊工程的专门安全措施等。

(3)降低成本措施

降低成本措施主要针对工程施工中降低成本潜力大的(工程量大、有采取措施的可能性、有条件)项目,在不影响工程质量、易于实施且能保证安全的前提下,提出节约劳动力、材料及节约机械设备费、工具费、临时设施费、间接费和其他资金的措施,并计算出经济效果和指标。制定措施时,要正确处理降低成本与提高质量、缩短工期三者的关系,以取得较好的综合效益。

例如:提高施工的机械化程度;改善机械的利用情况;采用新机械、新工具、新工艺、新材料和同效价廉的代用材料;采用先进的施工组织方法;改善劳动组织以提高劳动生产率;减少材料运输距离和储运损耗等。

(4)季节性施工措施

当工程施工跨越冬季和雨季时,就要制定冬季、雨季施工措施。其目的是保证工程的施工质量、安全、工期和节约。

雨季施工措施要根据当地的雨量、雨季及雨季施工的工程部位和特点进行制定。要在防淋、防潮、防泡、防淹、防质量安全事故、防拖延工期等方面,分别采用"遮盖"、"疏导"、"堵挡"、"排水""防雷"、"合理储存"、"改变施工顺序"、"避雨施工"、"加固防陷"等措施。

冬季施工措施要根据工程所处地区的气温、降雪量、工程部位、施工内容及施工单位的条件,按有关规范及《冬期施工手册》等有关资料,制订保温、防冻、改善操作环境、保证质量、控制工期、安全施工、减少浪费的有效措施。

(5)防止环境污染的措施

为了保护环境、防止污染,应严格遵守施工现场及环境保护的有关规定,并主要制订以下几方面的措施:

1)防止废水污染的措施。如搅拌机冲洗废水、油漆废液、磨石废水等。

2)防止废气污染的措施。如熬制沥青、熟化石灰、某些装饰或防水涂料的喷刷等。

3)防止垃圾、粉尘污染的措施。如土方与垃圾的运输、水泥、白灰等散装材料的装卸与堆放等。

4)防止噪声污染的措施。如打桩、搅拌与振捣混凝土、锯割材料等。

2.技术经济指标

在单项(位)工程施工组织设计基本完成后,要计算各项技术经济指标,并反映在施工组织设计文件中,作为对施工组织设计进行评价和决策的依据。单项(位)工程施工组织设计的技术经济指标应包括:工期指标、劳动生产率指标;质量指标;安全指标;降低成本率,机械化施工程度;主要材料节约指标等。其中主要指标及计算方法如下:

(1)总工期

从破土动工至竣工的全部日历天数,它反映了施工组织能力与生产力水平。可与定额规定工期或同类工程工期相比较。

(2)单方用工

指完成单位合格产品所消耗的主要工种、辅助工种及准备工作的全部用工。它反映了施工企业的生产效率及管理水平,也可反映出不同施工方案对劳动量的需求。

$$单方用工=\frac{总用工数(工日)}{建筑面积(m^2)}$$

(3)质量优良品率

这是施工组织设计中确定的重要控制目标。主要通过保证质量措施实现,可分别对单位工程、分部分项工程进行确定。

(4)主要材料(如三大材)节约指标

亦为施工组织设计中确定的控制目标。靠材料节约措施实现。可分别计算主要材料节约量和主要材料节约率。

$$\text{主要材料节约量}=\text{预算用量}-\text{施工组织设计计划用量}$$

$$\text{主要材料节约率}=\frac{\text{主要材料计划节约额(元)}}{\text{主要材料预算金额(元)}}\times 100\%$$

(5)大型机械耗用台班数及费用:反映机械化程度和机械利用率,通过以下两式计算。

$$\text{单方耗用大型机械台班数}=\frac{\text{耗用总台班(台班)}}{\text{建筑面积}(\text{m}^2)}$$

$$\text{单方大型机械费用}=\frac{\text{计划大型机械台班费(元)}}{\text{建筑面积}(\text{m}^2)}$$

(6)降低成本指标

$$\text{降低成本额}=\text{预算成本}-\text{施工组织设计计划成本}$$

$$\text{降低成本率}=\frac{\text{降低成本额(元)}}{\text{预算成本(元)}}\times 100\%$$

预算成本是根据施工图按预算价格计算的成本,计划成本是按施工组织设计所确定的施工成本。降低成本率的高低可反映出不同施工组织设计所产生的不同经济效果。

8.3 单项(位)工程施工组织设计实例一

8.3.1 单项(位)工程施工组织设计任务书

1. 题目:某多项功能综合楼工程施工组织设计

2. 设计条件

(1)建设与设计概况

本工程为一座多功能综合楼,用地面积为 7 500m^2,建筑物占地面积为 1 934m^2。采用现浇框架-剪力墙结构,墙体采用陶粒混凝土砌块,加气混凝土块及 GY 板。

(2)场地情况

场地地形平坦,无障碍物。建筑物基础下卧层为黏质粉土,地基承载力特征值 $f_{ak}=$ 220kPa,地下水位埋深 1.3～2.5m,无腐蚀性,冰冻深度为 0.8m。

(3)施工工期

本工程于 2004 年 3 月 28 日开工,要求在 2005 年 6 月 30 日前竣工。

(4)气象条件

施工期间主导风向偏东,雨季为 8 月,冬期从 11 月中旬至第二年 1 月和 2 月。

(5)施工条件及工程特点

本工程场地狭小,建筑物占地面积与场地面积比为 1:3,工程紧迫,施工难度较大。

(6)主要项目实物工程量和主体结构工程量明细表另评。

3. 设计内容和要求

(1)建设与设计概况的编写

(2)施工部署的编制

(3)主要项目的施工方法

(4)施工进度计划的编制

(5)施工准备工作安排

(6)劳动力及主要机具计划

(7)施工平面布置的设计

(8)各项技术与管理措施的制定

8.3.2　某多功能综合楼单项(位)工程施工组织设计示例

1. 工程概况

(1)建设及设计概况

本工程是一座多功能综合楼,用地面积为 7 500m^2,建筑物占地面积为 1 934m^2。平面为缺角正方形,南北及东西向长度均为 50.4m,地下 2 层,地上 14 层。总建筑面积为 3 324m^2,其中地下 5 300m^2,地上 27 940m^2。±0.000 相当于绝对标高 49.600m,基底标高为 -11.600m,建筑物最高点 52.10m,自然地坪绝对标高约为 47.2m。

地下 1 层为地下停车场及其他备用房,层高 3.9m;地下 2 层为变配电间及其他备用房,层高 5.0m。首层为展厅及办公用房,层高 4.5m,2 层为电话机房及办公用房,3～12 层为办公用房,14 层(顶层)设有电梯机房及水箱间,其中 2～11 层层高为 3.6m,其余层层高分别为 3.4m、3.3m、3.5m。

外墙面装饰为蓝色玻璃幕墙、灰色磨光花岗岩及灰白色面砖,玻屋顶及首层门厅外檐为蓝色琉璃瓦。

建筑物内设有 4 部电梯、4 部现浇楼梯。

本工程为现浇框架-剪力墙结构,按 8 度抗震设防,基础采用筏形基础。钢筋为 HPB 235 级和 HRB 335 级;混凝土:基底垫层为 100 厚 C10 混凝土,±0.000 以下采用掺 UEA 防水剂的 C30 混凝土,±0.000 以上为 C30 混凝土。墙体材料为陶粒混凝土砌块,加气混凝土块及 GY 板。

(2)场地情况

拟建场地地形比较平坦,场区内无障碍物。根据地质勘察报告,地表以下有 1.2～4.0m 回填土,再往下是黏质粉土和粉质黏土,建筑物基础落在黏质粉土上,承载力 $f_{ak}=220$kPa。静止水位埋深为 1.3～2.5m,标高为 46.21～45.32m,地下水类型为上层滞水,补给来源主要为大气降水及地表水渗入,对混凝土无腐蚀性。含水层渗透系数 $K=1.87$m/d。

(3)施工条件及工程特点

本工程场地狭小,建筑物占地面积与场地面积比为 1∶3;工期紧迫,图纸提供较晚;建筑物较高,垂直运输困难;基础较深,有两层地下室,总挖土量达 2 万多立方米;建筑物北立面与东立面临街,与街边人行道距离很小。因此,施工难度较大。

2. 施工部署

(1)原则要求

按先地下后地上的原则,将工程划分为基础、主体结构、内外装修和收尾竣工 4 个阶段。

基础工程:护坡桩、降水、挖土完成后,浇混凝土垫层,做底板防水层,浇筏形基础混凝土,再做外墙防水层以及外墙、柱、梁、板钢筋混凝土工程。布置护坡桩应考虑不回填土为原则。

主体结构:要紧密围绕模板、钢筋、混凝土这三大工序组织施工,注意计算好支模材料量及钢筋供应量。

内外装修:要在结构进行到一定高度插入墙体砌筑和内部粗装修,在结构完成后全面进入外装修。组织立体交叉作业,安排好各工序的搭接,尽量不甩或少甩破活。

收尾竣工:要抓紧收尾工作,抓好破活修理、收头,并做好成品保护。

总之,土建、水、暖、动、电、卫及设备安装等各工种、工序之间要密切配合,合理安排,组织流水施工,做到连续均衡生产。

(2)施工顺序

1)基础工程

定位放线→降水→护坡桩施工→挖土方→钎探、验槽→混凝土垫层→底板防水层、保护层→底板及反梁钢筋→底板混凝土→反梁模板、混凝土→防水层保护墙、防水层(至地下二层顶板上 50cm)→地下二层墙及柱的钢筋、模板、混凝土→拆模养护→地下二层顶板及梁的模板、钢筋、混凝土→防水层保护墙、防水层(至地面)→地下一层墙及柱的钢筋、模板、混凝土→拆模养护→地下一层顶板及梁的模板、钢筋、混凝土→养护→拆梁板模。

2)结构工程

标准层顺序:放线→柱子、剪力墙钢筋绑扎→柱墙支模→柱墙混凝土浇筑→梁底模→梁钢筋→梁侧模、顶板模→顶板钢筋(水电管预埋)→梁板混凝土浇筑→混凝土养护→拆模。

3)装饰装修工程

①室内装修:结构处理→放线→贴灰饼冲筋→立门窗口→水、电、设备管线安装→搭脚手架→吊顶龙骨→炉片后抹灰→安装炉片→墙面抹灰→拆脚手架→铺花岗石、地砖等→吊顶板、窗帘盒→挂镜线安装、门窗扇及五金、木装饰工程→粉刷油漆→灯具安装→清理→竣工。

②室外装修:屋面工程→安装吊篮架子→结构处理→由二层向上抹底灰→从屋顶向下做面层→首层装饰项目→台阶散水→清理。

(3)任务划分

根据本工程特点,成立现场项目经理部,由经理部总承包并承担土建施工,分公司各业务科室配合。水电队承包水暖卫动电工程,装饰处承包装修及装饰工程。电梯由建设单位委托生产厂家进行安装调试,玻璃幕墙及铝合金门窗、不锈钢扶手等由项目经理部委托生产厂家制作并安装,防水工程由项目经理部委托生产厂家施工。一切工序必须按照总包安排的综合进度计划合理穿插作业。

(4)主要工期控制

1)开工奠基定于 2004 年 3 月 28 日。

2)护坡桩、降水、土方工程控制在 2004 年 5 月 25 日完成。

3)±0.000 以下控制在 2004 年 7 月底完成。

4)主体结构工程控制在 2005 年 1 月 31 日前完成。

5)装修工程控制在 2005 年 6 月 30 日前完成。

(5)流水段划分

按对角线对称分为Ⅰ、Ⅱ两大段(图 8-4),两段工程量均等。筏基施工不分段,主体可考虑按框架与剪力墙再分成两个流水段。

3. 主要项目施工方法

(1)测量工程

1)本工程的位置由设计单位绘制的总平面图及规划局所给的红线桩确定。现场设标高控制网和轴线控制网,以保证场区内各项目工程及地下设施标高的统一和建筑物位置的准确。标高控制网应根据复核后的水准点和已知高程引测,闭合差不应超过 $\pm 5\sqrt{n}$ (mm)或 $\pm 20\sqrt{L}$ (mm)。经有关部门验收后方可使用。

2)对于本工程的竖向控制,将在每层设4个主控点,用经纬仪向上投测,各层均应由首层±0.000为初始控制点。层间垂直度测量偏差不应超过3mm,建筑物全高测量偏差不应超过 $3H/10\,000 \approx 15$mm。

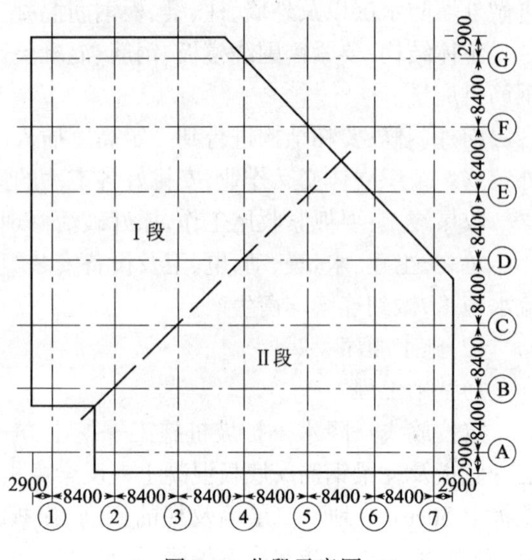

图8-4　分段示意图

3)验线手续:位置线应经甲方、设计及规划局共同验收,其余的可由公司内部有关人员验收即可。

(2)降水、护坡桩工程

详见降水、护坡桩方案。

(3)土方工程

1)由于基础深度大、土方量大、场地狭小,土方开挖不能放坡,四周打护坡桩,护坡桩内皮与混凝土外墙皮间距留足15cm(做防水层及保护砖墙)。

2)现场配备两台挖掘机,土方分两步开挖,第一步挖至-8.60m(自然地坪为-2.600m),然后做护坡桩连梁。第二步挖至槽底,留20cm左右人工清槽,以达到不扰动基础下老土为目的。若挖土超过设计槽底,不允许回填,由勘察部门、设计部门验槽处理。

3)挖土机下车的坡道,利用原设计的两条地下停车场下车坡道。

4)清槽后,按技术部门提供的钎探平面布置图进行钎探,并请勘察、设计、甲方共同验槽。

(4)筏形基础施工

1)大体积混凝土施工

本工程人防地下室施工正处于5、6月,昼夜温差较大,对大体积混凝土施工非常不利,应严格按以下措施施工:

①基础分底板、墙、顶板三次浇筑,筏形基础底板采取分段分层连续浇筑方案,筏梁再浇二次。采用商品混凝土,浇底板时的运输量不少于 $30m^3/h$。

②最大限度地降低混凝土入模温度和减少水化热。为此确定基础施工选用水化热较低的32.5级矿渣硅酸盐水泥来配制C30防水混凝土,内掺UEA防水剂,掺木质磺酸钙及缓凝剂以延长凝固时间并改善混凝土的和易性。施工前应严格选材并做好试配。

③减少环境温度差,提高混凝土抗裂能力。在基坑四周采用砖模,浇筑混凝土后要及时覆盖一层塑料薄膜、一层草帘,防止混凝土表面水分急剧蒸发和散热过快,以防止混凝土干裂和内外温差过大而开裂。

④加强施工管理。大体积混凝土必须严格按操作规程施工,严格控制材料用量,保证配比及坍落度准确,搅拌时间不得少于2min;浇筑时加强振捣,保证混凝土密实,并预先考虑中途停水、停电或降雨的应急措施。

2)基础模板

采用组合钢模板拼制,因净空高,顶板采用钢支柱排架支模,外墙模板用空腹型钢龙骨支设。

3)变形缝止水带用夹板与钢筋牢固固定,接头处采用焊接连接。振捣混凝土时不得碰撞、触动止水带。外墙的穿墙管道处,先预埋带止水环和法兰的套管。

4)卷材防水层施工

采用内贴法施工。找平层应抹压密实,阴阳角要抹成圆孤状。卷材要按规范要求做附加层,搭接长度不小于100mm,与基层粘贴牢固。卷材进场必须有产品合格证,经现场取样复试合格后方可在工程上使用。卷材铺贴后经检查验收合格方可做保护层。在底板、墙体施工时,要防止损坏保护层及防水层,发现破损要及时修补。

5)防水混凝土养护

防水混凝土保湿养护不得少于14昼夜。车库的车道为一次抹面,可先覆盖一层塑料薄膜,待混凝土强度达到1.2MPa后,再改用湿草袋养护14昼夜。墙体大模拆除后,应派专人喷水养护,保持湿润。

(5)钢筋工程

本工程钢筋用量大,主要由分公司加工厂统一配料成型,现场只设少量小型加工设备做零星加工。

1)本工程所用钢筋原材料的合格证由加工厂提供。凡加工中采用焊接接头的钢筋由加工厂负责工艺试验,并提供试验单。在现场焊接的钢筋由现场取样送试验室作机械性能试验。凡在施工中发现钢筋脆断等异常现象时,由现场取样送试验室作化学分析。

2)钢筋翻样由现场负责。钢筋的规格不符合设计要求时,应与设计人员洽商处理,不得任意代用。

3)直径在20mm以上的钢筋采用剥肋滚压直螺纹连接。所有钢筋均为散绑成型。

4)筏基底板、顶板钢筋较密,上下层钢筋应分两次隐检。

5)墙体钢筋横筋在外,竖筋在内,接头上下错开50%。

6)地下室的防水混凝土,钢筋顶杆加止水板。

7)顶板钢筋绑扎时,注意与预埋于楼板内的水电管配合,保证钢筋绑扎到位。

8)为减轻塔吊压力,钢筋的运输可安排在夜间进行。

9)浇筑混凝土时,必须派专人整理钢筋,防止变形、移位、开扣或垫块脱落。

(6)模板工程

本工程为现浇钢筋混凝土框架-剪力墙结构,模板量大、选型变化多。为适应多变条件,梁、柱及墙体采用灵活性较强的60系列钢模体系。楼板使用12mm厚覆膜竹胶合板模板。所有模板接缝处必须粘贴海绵条挤紧。

1)柱模板

按柱子的尺寸拼成每面一片(每片一侧带角模),安装就位后先用铅丝与柱筋绑扎临时固定,用U形卡将两侧模连接卡紧,再安装另外两面模板。柱子每边设两根拉杆,固定于事先预埋在楼板内的钢筋环上,用经纬仪控制,用花篮螺栓调节校正模板垂直度。拉杆与地面板夹角宜为45°左右,预埋的钢筋环距柱宜为3/4柱高。

2)梁模板

梁模板采用双排碗扣架子支柱,间距80cm左右。支柱上面垫100mm×100mm木枋,支柱中间或下边加剪刀撑和水平拉杆。按设计标高调整支柱高度,然后安装梁底模板,梁底跨中起拱高度宜为跨长的0.2%。绑扎完梁钢筋清除杂物后安装侧模板,用U型卡连接侧模与底模,用三角架支撑固定梁侧模板,梁模板上口用定型卡子固定。当梁高超过600mm时,侧模中间穿扁钢拉板,间距不大于600mm,防止胀模。

3)楼板模板

支柱下垫通长脚手板,从边跨一侧开始安装支柱,同时安装100mm×100mm木枋大龙骨,最后调节支柱高度将大龙骨找平并适当起拱。小龙骨采用50mm×100mm木枋,间距300mm。构造见图8-5。

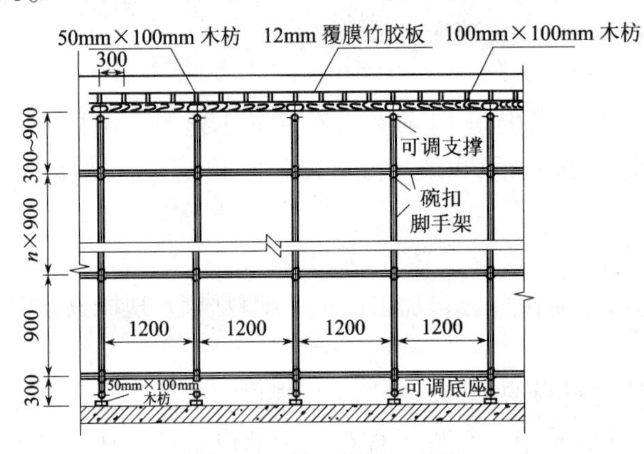

图8-5　楼板模板构造图

胶合板模板从一侧开始铺设,与小龙骨钉接固定,拼缝应严密。铺完后,用水准仪测量模板标高,进行校正。

4)圆柱模板

本工程圆形柱较少,采用玻璃钢圆柱模板。由于重量轻,两人即可竖立,然后顺着模板接口由上往下用手逐渐扒开,套在柱筋外,再逐个拧紧接口螺栓。

柱箍分上、中、下三道,由L40×4角钢制成。中箍安于柱高2/3处,其上安装三根拉筋(Φ10钢筋),拉筋下端固定在楼板上,用花篮螺栓紧固拉筋,调整柱模的垂直度。三根拉筋在平面投影应互成120°夹角,其延长线均应通过圆柱中心,与地面夹角宜为45°~60°,以保证柱模不扭转、不倾斜。

玻璃钢模板拆除时,应先卸拉筋、柱箍,再卸下接口螺栓,然后用撬棍由上而下松动接口,并由两人拉开接口而拆下。

5)剪力墙模板

按位置线安装门洞口模板,下预埋件或木砖后,把预先拼好的一面模板按位置线就位,然后安装拉杆或斜撑、安装塑料套管和穿墙螺栓,清扫墙内杂物,再安另一侧模板,调整斜撑(拉杆)使模板垂直后,拧紧穿墙螺栓。模板安装完毕后,检查扣件、螺栓是否紧固,接缝及下口是否严密,再办预检手续。

(7)混凝土工程

地下室防水混凝土采用集中搅拌的商品混凝土。主体结构混凝土在现场集中搅拌。应注意以下几个方面:

1)材料配比准确,砂石应过磅称,加水采用划格计量桶,附加剂以标准勺计量,冬施防冻剂以定量包装按掺加比例投入。

2)不同品种、标号、厂别的袋装水泥应分别堆放,同一构件不得混用水泥。

3)搅拌时间和拌合物坍落度应符合规定。按规定取样做混凝土试块,送试验室作性能试验。

4)现浇混凝土表面按抄定的标高控制,构件外露面应用抹子抹平。施工缝接浇混凝土应按规定工艺处理。

5)常温时混凝土养护时间为7～14d。

6)本工程混凝土量约为10 000m^3。施工时采取掺加粉煤灰和减水剂等,以保证质量并节约水泥。

(8)砌筑工程

1)填充墙砌筑前,应根据设计要求和框架施工结果,在允许偏差范围内,适当调整墙的内外皮线,以提高外墙面和高大空间内墙面的垂直度和平整度。并可减薄抹灰基层厚度。

2)填充墙的皮数画在柱子面上,砌筑时应拉线控制。拉墙钢筋每两皮砌块设置一道,预先与结构埋件焊接,不得遗漏,钢筋端部加弯钩。墙顶处用小砖斜砌,与梁底或板底顶紧,并按设计要求加抗震铁卡。

3)砌筑加气混凝土墙时,墙根砌三皮黏土砖,保证踢脚基层不空;门窗洞口加砌包砖,并与加气混凝土块接槎咬合。

(9)架子工程

在结构施工阶段,采用活动悬挑工具式脚手架、倒料平台与安全防护隔离层。装修阶段将结构施工用的脚手架改装成吊篮架子。

详细做法见架子工程方案。

(10)垂直运输及水平运输方法

1)结构施工时选用H3/36B塔式起重机,臂长60m,覆盖整个建筑物及混凝土搅拌棚、钢筋场、模板场等。

2)装修阶段选用两部施工电梯,高度57m。

3)现场材料、构件倒运,用汽车与塔吊或汽车吊配合作业。现场水平运输采用翻斗车、手推车。

(11)装饰装修工程

在结构施工至5层时,插入装修工程,需协调好立体交叉作业。详细施工方法将另作装修工程方案。

(12)水电暖卫工程

结构施工中,水、暖、电、卫、通风、设备安装及电梯安装工程,均应和土建项目密切配合,各专业施工单位均应派专人负责,不得遗漏。在室内装修前,要将所有立管做好。

4. 施工进度计划

本工程按定额工期为32个月,但应甲方要求压缩到18个月。故此,在主体结构施工至五层时插入墙体砌筑工程,随后插入内部粗装修。待结构封顶后,全面展开屋面及内外装修工程。综合控制计划见图8-6。

5. 施工准备

抓好施工现场的“三通一平”工作,即水通、电通、道路通和场地平整;搭好生产和生活设施,落实好生产和技术准备工作。

(1)技术准备

1)在接到施工图纸后,各级技术人员、施工人员要认真熟悉图纸,技术部门负责组织好图纸会审,会审时应特别注意审查建筑、结构、上下水、电气、热力、动力等图纸是否矛盾,发现问题及时提出,争取在施工前办好一次性洽商,同时确定各工程项目的做法、材料、规格,为翻样和加工订货创造条件。

2)摸清设计意图,编制施工组织设计和较复杂的分项工程施工方案。

3)根据规划局提供的红线和高程,引入建筑物的定位线和标高。

4)根据现场情况,分阶段做好现场的平面布置。

5)提出大型机具计划,编制加工订货计划。

(2)生产准备

1)平整场地:场地自然地坪为 46.90～47.16m,与建筑物室外标高 49.00m 尚有 2m 左右差距,施工前期不能填土,开挖时应计算好以后回填土方量。但开挖前应有统一的竖向设计,以利雨季排水。原则上雨水向北排至大街下水道。

在平整场地的同时,按施工平面布置图(图 8-7)完成现场道路施工,采用级配砂石或焦渣路面。

2)测量定位:本工程结构形状复杂,要计算好必要的定位点,根据甲方所提供的红线桩测设,标高由甲方提供的水准点引入。定位点和标高必须经甲方核验,并办理好验收手续。

3)工地临时供水

①用水量计算

A. 现场施工用水量 q_1,以用水量最大的楼板混凝土浇筑用水量计算:

$$q_1 = K_1 \cdot \frac{\sum Q_1 N_1 K_2}{8 \times 3\,600}$$

式中　K_1——未预计的施工用水系数(取 1.15);

Q_1——工程量(取 $100m^3$/班);

N_1——施工用水定额(取 2 000L/m^3);

K_2——现场施工用水不均衡系数(取 1.5)。

则

$$q_1 = 1.15 \times \frac{100 \times 2\,000 \times 1.5}{8 \times 3\,600} = 12.0L/s$$

B. 施工现场生活用水量 q_2,按施工高峰期人数 $P_1 = 400$ 人计算:

$$q_2 = \frac{P_1 N_2 K_3}{8 \times 3\,600 b}$$

式中　N_2——施工现场生活用水定额(取 30L/人·日);

K_3——施工现场生活用水不均衡系数(取 1.3);

b——每天工作班数(取 1.5)。

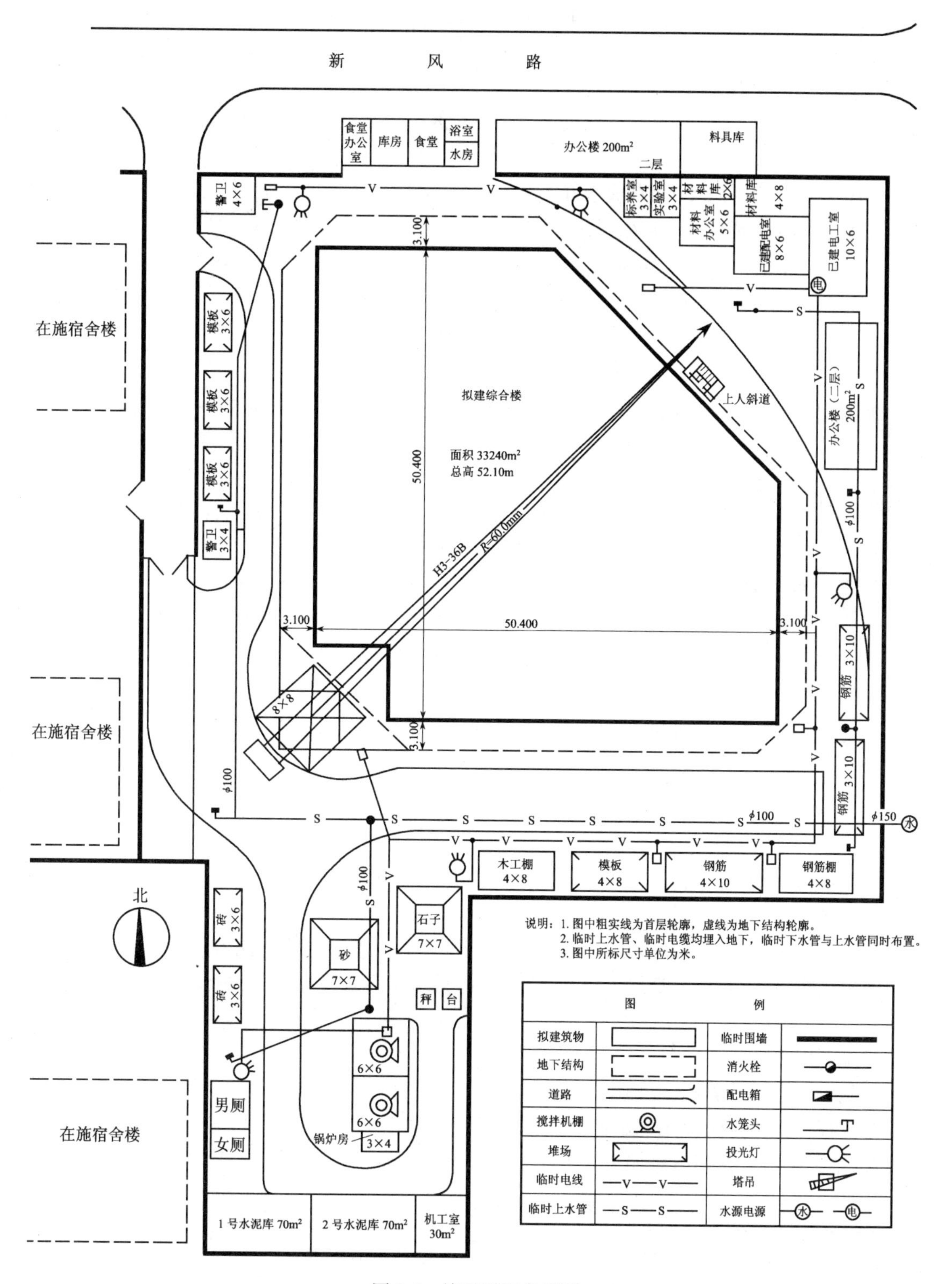
新 风 路
食堂办公室
库房
食堂
浴室
水房
办公楼 200m2
二层
料具库
警卫 4×6
标养室 3×4
实验室 3×4
材料库 2×6
材料库 4×8
材料办公室 5×6
已建配电室 8×6
已建电工室 10×6
在施宿舍楼
模板 3×6
模板 3×6
模板 3×6
警卫 3×4
拟建综合楼
面积 33240m2
总高 52.10m
50.400
50.400
3.100
3.100
3.100
3.100
上人斜道
办公楼（二层）200m2
H3-36B
R=60.0mm
8×8
φ100
φ100
φ100
φ100
φ150
钢筋 3×10
钢筋 3×10
在施宿舍楼
木工棚 4×8
模板 4×8
钢筋 4×10
钢筋棚 4×8
北
砖 3×6
砖 3×6
砂 7×7
石子 7×7
秤
台
6×6
6×6
锅炉房 3×4
男厕
女厕
在施宿舍楼
1 号水泥库 70m2
2 号水泥库 70m2
机工室 30m2
说明：1. 图中粗实线为首层轮廓，虚线为地下结构轮廓。
2. 临时上水管、临时电缆均埋入地下，临时下水管与上水管同时布置。
3. 图中所标尺寸单位为米。
图 例
拟建筑物
临时围墙
地下结构
消火栓
道路
配电箱
搅拌机棚
水笼头
堆场
投光灯
临时电线
塔吊
临时上水管
水源电源
水
电

图 8-7 施工平面布置图

则

$$q_2=\frac{400\times30\times1.3}{1.5\times8\times3\ 600}=0.36\text{L/s}$$

C. 生活区生活用水量 q_3:

$$q_3=\frac{P_2N_3K_4}{24\times3\ 600}$$

式中　P_2——生活区居民人数(取 500 人);

N_3——生活区昼夜全部生活用水定额(取 80L/人·d);

K_4——生活区用水不均衡系数(取 1.3)。

则

$$q_3=\frac{500\times80\times1.3}{24\times3\ 600}=0.60\text{L/s}$$

D. 消防用水量 q_4:因施工现场面积在 $2.5\times10^5\text{m}^2$ 以内,居民区在 5 000 人以内,所以

$$q_4=10+10=20\text{L/s}$$

E. 总用水量 Q:

因为　$q_1+q_2+q_3=12.96<q_4=20$,且工地面积小于 $5\times10^4\text{m}^2$

所以　$Q=q_4$,再增加 10%以补偿水管漏水损失,即:取 $Q=1.1\times20=22\text{L/s}$。

②管径的选择

$$d=\sqrt{\frac{4Q}{1\ 000\pi v}}$$

式中　v——管网中水流速度,取 $v=1.3\text{m/s}$,

则

$$d=\sqrt{\frac{4\times22}{3.14\times1.3\times1\ 000}}=0.147\text{m}$$

给水干管选用 150mm 管径的铸铁水管,满足现场使用要求。

③管线布置

从原有供水干管接进 ϕ150mm 临时供水干管,引入现场后分为两路各 ϕ100mm 管线。其中一路引入暂设泵房,作为高层消防和施工用水;另一路引入现场,作为场地消防及生产、生活用水。

4)施工用电

①施工用电量计算

本工程结构施工阶段用电量最大,故按该阶段计算。

A. 主要机电设备用电量如表 8-7 所示。

表 8-7　主要机电设备用电量

名　　称	单　位	数　量	单台用电量(kW)	用电量(kW)
H3/36B 塔式起重机	台	1	88.3	88.3
外用电梯	台	1	15	15

续表

名　　称	单　　位	数　　量	单台用电量(kW)	用电量(kW)
400L 搅拌机	台	3	11	33
电焊机	台	4	28	112
木工电锯	台	1	3	3
木工电刨	台	1	3	3
高压水泵	台	1	20	20
套丝机	台	2	5	10
砂轮锯	台	2	3	6
钢筋弯曲机	台	1	3	3
钢筋切断机	台	1	5.5	5.5
振捣器	台	4	1.5	6
合计	$\sum P_1 = 304.8\text{kW}$			

B. 室内照明:5W/m^2,共计 10 000m^2。

$$\sum P_2 = 5 \times 10\,000 = 50\text{kW}$$

C. 室外照明:1W/m^2,共计 20 000m^2

$$\sum P_3 = 1 \times 20\,000 = 20\text{kW}$$

D. 总用电量 P:

$$P = 1.05 \sim 1.1\left(K_1 \frac{\sum P_1}{\cos\phi} + K_2 \sum P_2 + K_3 \sum P_3\right)$$

式中　　$\cos\phi$——电动机的平均功率因数(取 0.75);

K_1、K_2、K_3——分别为动力设备、室内照明、室外照明的需要系数(K_1 取 0.5,K_2 取 0.8,K_3 取 0.8),则:

$$P = 1.05 \times \left(0.5 \times \frac{304.8}{0.75} + 0.8 \times 50 + 0.8 \times 20\right) = 272.16\text{kVA}$$

②电源选择

甲方可提供 560kVA 变压器供电,满足施工要求。

③场内干线选择

用电电流　　$I = \dfrac{P}{\sqrt{3}U\cos\phi} = \dfrac{272.16 \times 1\,000}{\sqrt{3} \times 380 \times 0.75} = 551\text{A}$

按导线截面容许电流选用 185mm 铜芯橡皮线。

④布置线路

施工用电直接从甲方提供的 560kVA 变压器室接用,按施工平面图布置架设,各用电处设分配电箱。

5)搭设临时用房

办工、卫生所、工具房、仓库、水泥库、搅拌站、锅炉房、钢筋棚、木工棚、厕所等均需按平面布置搭设。

6)做好各种材料、构件、建筑配件成品及半成品的加工订货准备工作,根据生产安排,提出加工订货计划,明确进场时间。

6. 劳动力及主要机具计划

(1)劳动力安排

由于工期紧、工程量大,预计用20万个工日,工期18个月,故需劳动力充足。

1)结构施工期间,按4个混合班组共320人考虑。

2)装修施工期间,按6个混合班组,共420人考虑。

正常情况下,每天安排两班轮流施工,充分利用工作面,达到缩短工期的目的。

(2)主要机具计划

主要施工机械及工具需用计划见表8-8。

表8-8　主要机械及工具计划表

序号	名称	规格型号	单位	数量	备注
1	塔式起重机	H3/36B	台	1	臂长60m
2	反铲挖土机	WK—2	台	2	挖土
3	自卸汽车	4～6t	辆	20	运土
4	混凝土搅拌机	JD—250	台	3	结构、装修
5	插入式振捣器	HZ—70 HZ—50	台	2 4	
6	电焊机	BX_3—300	台	4	
7	对焊机	UN_1—100	台	1	
8	电渣压力焊机	KDZ—1 000	台	2	
9	施工电梯		台	2	垂直运输
10	电锯		台	1	
11	电刨		台	1	
12	空压机		台	1	
13	蛙式夯机		台	2	回填、平整场地
14	吊篮		米	200	装修工程用
15	轻钢龙骨吊顶工具		套	4	
16	钢筋弯曲机		台	1	
17	钢筋切断机		台	1	
18	套丝机		台	1	
19	高压水泵	60m扬程	台	1	高层
20	砂轮锯		台	2	
21	螺旋钻机	ϕ800	台	3	护坡桩施工
22	小翻斗车	1t	台	2	水平运输
23	推土机		台	1	平整场地
24	混凝土料斗	0.7m^3	个	2	
25	潜水泵	25m扬程	台	30	降水工程
26	卷扬机	1t	台	1	钢筋调直

7. 施工平面布置

现场场地狭窄,施工用房和材料堆放场地要周转使用,各种构件、材料、成品、半成品均需分期、分批进场。工程装修阶段,可用首层作为施工班组用房和库房。

主体结构阶段的施工平面布置详见图 8-7。

8. 各项技术与管理措施

(1)保证质量的措施

1)建立多层次的质量保证体系,动员全体人员参加群众性的质量管理活动。

2)根据工程部位及月度计划,由项目技术质量负责人提出质量管理重点项目与具体实施要求,并及时总结工作,做到重点把关,消除隐患。

3)认真贯彻执行施工验收规范中各项质量要求和质量标准的规定,以及专项工程施工要点的具体要求。

4)做好质量预控设计,搞好质量成本,真正做到多快好省。

5)各分部分项工程施工前,主管工长必须做好技术交底、质量交底。施工过程中执行三检(自检、互检、交接检),发现问题及时纠正。

6)凡分包单位,必须承担工程质量的全面责任,保证验收合格,办好验收手续。

7)按施工部位进度要求,认真做好隐预检工作,检查资料及时归档。

8)对构成质量事故的处理,要严格按有关规定执行,凡造成重大经济损失、影响工程进度的恶性事故,必须追究责任,严肃处理。

9)坚持“样板制”。各分项工程,尤其是装修工程,必须先做好样板,经有关人员确认之后,方能进行全面施工。

10)各项工程必须严格办理隐检、预检及分项分部验收手续。项目经理部及有关分包单位,要列出各项验收计划,明确检验内容及负责人。

(2)技术资料管理措施

1)认真执行有关技术资料管理的规定,做好各种技术资料的收集和管理工作。

2)洽商:所有技术性变更,必须通过洽商签证才能生效。技术性洽商必须由项目经理统一办理,由项目工程师签认,其他人签认无效。

3)在施工组织设计原则下,排出工程进度的安排,经理部提前编好分项工程施工方案、工艺卡,并组织实际施工。

4)材料试验和资料管理:配备必要的试验人员,做好混凝土试块管理工作。对各项材料的试验,按有关要求和规定办理,并及时将资料归档备查。

5)施工图:将所有洽商变更及时反映在一份图纸上,以利指导施工,并为编制竣工图创造条件。

6)凡承担分项工程的分包单位,其技术管理的内容、范围,应根据分包合同的有关条款执行。竣工后,分包单位负责整理全部竣工枝术资料,以便汇总。分项工程材料的材质证明、设备出厂合格证明等必须齐全无误。

(3)安全措施

1)建立以项目经理为核必的现场安全生产、文明施工领导小组,组织做好以安全为核心的现场施工活动,做好宣传、教育工作。

2)护坡柱、降水井施工成孔后,盖好井口,以防施工人员落入。

3)临时用电采用三相五线制,做保护接零,接地电阻不大于 4Ω。

4)电气设备应加强管理和检查,防止漏电、触电事故,雨季应采取防雨防雷措施。

5)基坑四周搭设护身栏。

6)搭设脚手架前作好架子方案,施工中严格按架子方案及安全规定执行。各种架子及安全设施必须经过安全部门检查验收后方可使用。

7)电梯井、楼梯均应设防护栏杆及安全网。施工现场一切孔洞必须加门、加盖、设围栏和警告标志。

8)进入现场必须戴安全帽。

(4)消防措施

1)现场成立义务消防队,配备适用的消防器材,随时做好灭火准备。

2)施工现场设四个临时消火栓,消火栓周围3m内不准堆放任何物料,并设置明显标志牌。

3)施工现场严禁吸烟。各种临时用火必须向有关部门领取用火证,并配备专人看火。

4)电闸箱、电焊机、砂轮机、变压器等电器设备的附近,不得堆放易燃物品。

5)北、西两侧大门不得停放车辆,保证现场道路通畅。

(5)场容及环保措施

1)施工现场平面布置必须执行施工组织设计的平面布置图。

2)严格执行分片包干和个人岗位责任制,使整个现场做到清洁、整齐、文明。

3)施工现场道路和场地必须平整、坚实,并有排水措施,道路通畅。现场经常洒水,防止扬尘。

4)各种材料、构件要分规格码放整齐。

5)水泥、白灰粉设封闭库房。

6)搅拌机采用喷雾装置,搅拌站设沉淀池。

7)高层施工设置封闭竖向垃圾道。

(6)降低成本技术措施和成品保护措施

1)本工程设计标准较高,必须采取强有力的技术和管理措施,千方百计降低工程成本,以确保工程顺利完成,取得较好的社会、经济效益。

2)竖向钢筋采取电渣压力焊和剥肋滚压直螺纹连接技术,预计节约钢筋10万元,其他钢筋集中在工厂对焊、冷拉、下料,预计节约7万元。

3)混凝土掺用减水剂,节约水泥250t。

4)确实保证结构工程质量,保证结构几何尺寸准确,避免内外装修面抹灰加厚以及剔凿用工。

5)组织好工序搭接,防止工序倒置损坏成品。

6)对后期门窗、玻璃、墙面、吊顶、灯具、设备等,根据具体情况制订保护措施。

7)设专人负责现场保卫及成品保护,减少丢失和损坏。

(7)冬季、雨季施工措施

本工程施工期间,将经历两个雨季、一个冬季,为了保证工期和工程质量,必须采取有效措施,搞好季节性施工。

季节性施工将另编施工方案。

8.4　单项(位)工程施工组织设计示例二

8.4.1　设计任务书

1. 题目:编制某百货商店(单位工程)施工组织设计

2. 工程概况

(1)建筑、结构概况

1)建筑设计特点

本工程为某城镇区级小型百货商店,建筑面积为2 658.10m^2,底层层高为5.10m,二、三层层高为4.8m,建筑物总高为15.90m,总长为40.34m,总宽为27.14m,柱网尺寸为6.6m×6.6m。建筑施工图见图1-32~图1-35。

2)结构设计特点

本工程结构采用内框架结构,柱截面350mm×350mm,主梁为300mm×650mm,次梁为200mm×450mm,现浇楼屋面板厚度为80mm,按单向板布置。

外墙采用红砖砌筑,砖强度等级MU10,混合砂浆M5。

外墙按抗震设防烈度为6度进行构造设计,每层设圈梁,并设构造柱。

基础采用墙下条形毛石基础和柱下独立基础,基础埋深为-2.25m,室外设计地坪标高为-0.45m,墙下基础宽度为1.5m,柱下独立基础尺寸为2.4m×2.4m。

本设计混凝土采用C20,钢筋采用HPB 235级、HPB 335级。

(2)屋面、装饰工程概况

本工程采用铝合金门窗,室内天棚轻钢龙骨吊顶,水磨石地面层,预制水磨石窗台板。室外贴白色面砖,蓝色玻璃幕墙。

屋面采用1:3水泥砂浆找平,涂配套防水涂料,沥青珍珠岩保温层最薄为150mm厚,三元乙丙防水卷材。

(3)施工条件

1)工期:5~10月。

2)自然条件:施工期间各月平均气温为:5月,≈14℃;6月,≈20℃;7月,≈28℃;8月,≈23℃;9月,≈14℃;10月,≈5℃。

3)土质:为多年素填土,地下水位为-3.25m。

4)风向:该地区常年主导风向为西南风。

(4)技术经济条件

工程所在位置,地形不太复杂,南侧为市区街道,施工中所用建筑材料可经公路直接运到工地。

施工中所用各种建筑材料由公司材料科按需要计划供用。

施工中所用机械设备类型不受限制,可任意选择。

施工中用水、用电,均可以从附近已有的电路、水管网接入现场。施工中所需劳动力满足要求。

8.4.2 施工方案

本工程施工可分为四个阶段:基础工程阶段、主体结构阶段、屋面施工阶段和装饰工程阶段。

1. 施工起点流向和施工段划分

考虑本工程地理条件、周围环境等因素,确定其施工起点流向为从①~⑦轴,并按①~④轴,④~⑦轴划分两个施工段组织流水施工。如图1-32~图1-35所示。

2. 施工顺序

为了确保工程质量,贯彻“百年大计,质量第一”的方针,特安排如下施工顺序:基础工程→

框架结构、砌体砌筑→屋面防水→门窗安装→内外装饰。

其中,基础施工顺序:一段→二段

框架结构施工顺序:柱钢筋绑扎→柱模板安装→柱混凝土浇筑→支梁板模板→绑扎梁板钢筋→浇筑梁板混凝土→下一层柱钢筋绑扎……

砌体结构施工顺序:一层砌体砌筑→二层砌体砌筑→三层砌体砌筑→零星砌体砌筑

3. 施工方案的确定

根据本工程的特点,柱子模板采用定型钢模板,梁板模板采用钢木结合,梁模板为钢模板,现浇板为定型胶合木大模板。模板支撑体系采用钢脚手架。梁、板、柱混凝土采用商品混凝土浇筑。钢筋模板及其他主要材料、工具的垂直运输采用塔吊;砌筑阶段的材料垂直运输配以龙门架;装修阶段的材料及工具的垂直运输采用龙门架。外墙砌筑采用内脚手架,外檐抹灰采用双排钢脚手架。

4. 施工准备

(1)现场三通一平

1)施工现场场地基本平整,按建设单位所给的水源、电源进行线路设置,并在现场内搭设一些临时建筑作为生产、生活设施。

2)现场施工道路根据现场所处的位置利用城市永久道路,进场入口留置在永久道路旁。

3)根据施工现场需用机械设备的额定功率和数量,并考虑施工高峰时机械设备同时使用的情况,照明用电按施工用电量的10%考虑,总用电量为二者之和。

4)经计算施工用水量和生活用水量之和小于消防用水量 $q_s=15L/s$,故总用水量按消防用水量考虑:$Q=15L/s$。

(2)机械设备的准备

施工需用机械设备,见主要机具用量计划表8-9。决定起重机械时可参考表8-10。

表8-9　主要机具用量计划

序　号	设备名称	单　位	数　量
1	塔吊	台	1
2	电动卷扬机	台	1
3	钢筋切断机	台	2
4	钢筋弯曲机	台	2
5	木工圆锯	台	1
6	木工平刨	台	4
7	无齿锯	台	4
8	搅拌机	台	1
9	插入式振捣器	台	2
10	门　架	台	1
11	空压机	台	2
12	喷浆机	台	1
13	电焊机	台	1
14	平板振捣器	台	2

表 8-10　TQ 60/80 塔式起重机技术规格性能

塔　　级	起重臂长度(m)	幅 度 (m)	起重量(t)	起重高度(m)
高塔60(t·m)	30	30	2	50
		14.6	4.1	68
	25	25	2.4	49
		12.3	4.9	65
	20	20	3	48
		10	6	60
	15	15	4	47
		7.7	7.8	56
中塔70(t·m)	30	30	2	40
		14.6	4.1	58
	25	25	2.8	39
		12.3	5.7	55
	20	20	3.5	38
		10	7	50
	15	15	4.7	37
		7.7	9	46
低塔80(t·m)	30	30	2	30
		14.6	4.1	48
	25	25	3.2	29
		12.3	6.5	45
	20	20	4	28
		10	8	40
	15	15	5.3	27
		7.7	10.4	36

对所有的机械设备,在安装使用前都要集中维修和保养,以保证机械处于完好状态。根据施工计划安排要建立统一的机械设备集中管理机构,统筹进场、安装、使用、维修和保养,并建立相应健全的岗位责任制度。

(3)劳动力的准备

根据工程结构和工期要求,对各种人员、数量分期分批进场。首先进场的是与主体结构相关工种和少数砌筑粉刷工种,所有进场人员都要经过严格的工种培训,具备良好的施工操作技术和身体素质,以适应施工现场高节奏的工作。

(4)原材料的准备

本工程所需的原材料,在工程开工前要组织材料供应部门认真落实货源和材料质量,做到优质优价。对大宗材料(如混凝土、钢材、水泥等)要根据施工进度安排和货源情况,组织分批进场。施工用模板和架设材料要先期进场。

(5)技术准备

1)认真组织阅看和熟悉图纸,了解设计意图,进行图纸会审,组织各级施工人员的技术交底工作,绘制有关施工大样图(如模板、钢筋)。

2)编制施工组织设计,制定先进的施工方法和有效的组织措施,确保工程质量、安全文明施工和施工总进度。

3)复核建设单位提供的资料,并对已建工程进行测量定位和放线。

4)编制模板以及混凝土浇筑施工方案,绘制模板品质大样图。

5)根据 ISO 9002 标准施工图,以及公司的《质量保证手册》、《程序文件》编制质量保证计划,确保工程质量。

5. 主要分部、分项工程施工方法

(1)主体钢筋混凝土施工

1)模板工程:模板采用钢模板和木模板,模板支撑采用钢管排架支撑

①柱模板:柱采用15mm厚九夹板或钢模拼制,支柱模前,先用1∶2.5水泥砂浆找平板面,找平厚度不大于10mm,6小时以后便可支模,阴阳角处必须先支设阴阳角模,保证大角方正,采用间距500mm的柱箍,柱下部第一道距楼面200mm。

②梁模板:梁截面尺寸较多,挑耳较多,故采用钢木模板组合,满堂架子搭设好后,在架子上标出控制标高。经核实无误通过复检且在柱混凝土达到一点强度然后支梁模,将梁底控制标高翻上,支梁底模及侧模。支设时应从两头向中间铺设,将不符合组合钢模模数的缝隙留在跨中,并用木模拼合。梁侧与侧梁底交接处需采用阴角模拼组,不得用小木枋镶拼,以防跑浆,并用48×3.5@600(mm)的钢管做抱箍。施工时先支设底模及一半侧模并校正固定。在梁钢筋绑扎完毕后再封合另一半侧模。梁底模按规范起拱。

③板模板:板底模采用木胶板拼装,利用满堂脚手架上的标高控制点翻侧板底标高,然后500mm×110mm的木搁栅摆放于满堂脚手架上,搁栅间距450mm,上铺15mm厚定型木胶板做底模。板底模铺好后,开始安装板面留洞模板,留洞用木模支设,并用铁钉钉牢。

④楼梯:普通现浇楼梯按常规支模,采用木方、钢(木)脚手架支撑与主体结构施工同时进行,以方便上下交通运输。

⑤模板支撑系统:现浇楼板的模板采用木胶板,支撑部分采用碗扣式脚手架,支撑间距不大于600mm×600mm。支撑部分必须牢固,支撑杆中间必须不小于3道横向连接杆,确保架子的牢固。模板下的龙骨采用60mm×100mm的木枋,间距600mm×600mm。支模时一定要控制好标高,模板拼接严密,表面平整,保证模板有足够的刚度和稳定性。

模板的拆除,墙模必须等混凝土达到设计强度的15%~30%时,方可拆除模板(拆模期限详见混凝土结构施工验收规范)。拆模时严禁破坏混凝土表面。模板拆除后,立即清理、校正、刷隔离剂,堆放整齐。基础外墙对螺栓不取下,内墙可提前放塑料套管以便取出,模板拆除后,丝杆可再用。模板拆除时,严禁乱拆、乱砸,破坏模板表面。木胶板四边将采取1mm厚黑铁皮做包边保护,保证它的周转次数。

2)钢筋工程

①柱钢筋:柱纵向钢筋采用绑扎接头,接头位置按图纸要求。柱箍均按设计规定布置,应在施工层的上一层留出不小于40d的柱纵筋。在进入上一层施工时,先套入箍筋,然后再接长纵筋,纵筋接长后,应立即按设计要求将柱箍筋上移就位并绑扎好,以防止纵筋移位。为防止浇注混凝土时钢筋移位,要求将柱顶及柱中两处箍筋与纵筋焊接,柱顶箍筋还要与主筋焊牢,封柱模时每边按每1m间距设两块混凝土钢筋保护层垫块。

与承重墙相交的框架甩出Φ 8@500 长 1 000mm 的钢筋与砖墙拉结。

②梁、板钢筋:梁的纵向钢筋采用绑扎接头或闪光对焊,梁的上部钢筋接头位置在跨中区(1/3 跨长),下部钢筋宜在支座处,同一截面内接头的钢筋面积受拉区不大于钢筋总面积的 25%,受压区不大于 50%。

在完成梁底模及 1/2 侧模且通过质检员验收之后,便可施工梁钢筋,按图纸要求先放置纵筋再套箍筋。严禁斜扎梁箍筋,保证其相互间距。梁筋绑扎好经检查后可全面封板底模,板上预留洞留好之后可开始绑扎板下排钢筋网,绑扎时先在平台底板上用墨线弹出控制线,并用粉笔标示出每根钢筋位置,待底排钢筋、预埋管件及预埋件就位后交质检员复查,再清理模板面、绑扎上排钢筋,按设计保护层厚度制作对应垫块和马凳,板底按 1 000mm 间距绑扎垫块,梁底及两侧每 100mm 在各面垫上两块垫块。

③钢筋的连接:水平筋Φ 16 以上采用水平对接,墙体暗柱竖向钢筋采用电渣压力焊。各种钢筋焊接,都必须先进行试焊,经试验合格后方能进行批量试焊。从事焊接施工的焊工必须要有合格证、操作证,严禁无证上岗。钢筋的焊接部位,严格按设计及规范要求施工,特别是受压区严禁在支座处断筋焊接,在受拉区严禁在弯矩最大处进行搭接钢筋。

④钢筋验收:钢筋绑扎好,经施工班组自检合格,即报专职质量检验员、工长、项目工程师,由三人共同检查验收合格后,再由项目工程师邀请建设方、质量监督部门共同验收并办理钢筋隐蔽验收手续,经验收合格后才能进行下道工序。

3)混凝土工程

柱采用分层浇筑,第一层浇筑 300mm,振捣密实后,第二层起可每层浇筑 500mm,每层混凝土施工间隔应控制在混凝土初凝前,柱混凝土浇筑时留出斜槎,再浇筑梁板。梁板浇筑完毕后对柱及时进行二次校正,在混凝土浇筑过程中应派专人看模,若有异常现象应立即停止浇筑,对模板进行加固。

混凝土分层浇筑振捣密实,不得漏振。特别应注意梁柱交接处钢筋密集部位的振捣。

采用 ϕ30 振捣棒,当振到混凝土表面上出现泛浆或不再沉落时就不要振捣,振捣时要快插慢拔,板面采用平板振动器进行振捣。梁柱施工缝按图纸要求设置。

混凝土浇筑后必须加强浇水养护,做到专人负责,轮班养护,保证混凝土的强度增长。

(2)砌筑工程

1)抄平弹线:用水准仪将标高从底层逐层引投,在混凝土柱上定出标高控制线,按图纸放出墙体控制线,用砂浆找平楼面,找平厚度不超过 20mm。

2)摆砖样盘脚、挂线,采用“三一”操作方法砌砖。

3)砌砖同时根据结构施工要求在柱与承重墙连接处凿出柱内预埋拉接筋,当砌筑承重墙长度大于 5m 时,应在中间的窗间墙自设置构造柱或墙顶的梁板底部上甩Φ 6@1500 的拉筋。

4)门窗洞口要在洞口边设置木砖,设置时要求在洞底以上三皮砖处和洞顶以上三皮砖处各放一块,中间等距设置一块或两块。

5)墙体内埋设管线时,要与安装工作同时进行。

6)填充墙砌筑时,可将梁底一皮砖按 45°斜砌,并与梁底填紧塞实。

(3)屋面、装饰工程(从略)

8.4.3　施工进度计划

本设计例题的施工进度计划采用施工进度计划横道图,其形式见图 8-8。

施　工　进

	序号	分部分项工程名称	工程量 单位	工程量 数量	每天工作班数	每天工作人数	工作天数	5月 2 4 6 8 10 12 14 16 18 20 22 24 26；6月 2 4 6 8 10 12 14 16 18 20 22 24 26
土方工程	1	人工挖土方	m^3	1042.8	1	33	6	
	2	混凝土垫层	m^3	80.7	1	30	8	
	3	毛石基础	m^3	0.797	1	12	8	
	4	砖基础	m^3	63.23	1	25	2	
	5	钢筋混凝土独立基础	m^3	30.0	1	15	4	
	6	回填土	m^3	1095.8	1	27	8	
主体工程	7	钢筋混凝土柱	m^3	35.71	1	42	12	
	8	钢筋混凝土梁	m^3	41.54	1	6	6	
	9	钢筋混凝土板	m^3	323	1	63	36	
	10	钢筋混凝土圈梁	m^3	45.52	1	5	2	
	11	钢筋混凝土楼梯	m^3	146.00	1	15	18	
	12	370 外墙	m^3	794.4	1	32	30	
	13	搭脚手架	m^3	2145.90	1	16	6	
	14	240 内墙	m^3	379.50	1	14	30	
	15	木门框安装	m^2	73.70	1	2	3	
	16	现浇过梁	m^3	20.0	1	30	6	
	17	底层地面混凝土垫层	m^3	53.69	1	19	2	
	18	楼地面找平层	m^2	2432	1	17	6	
	19	水磨石楼面	m^3	2432	1	75	24	
	20	预制水磨台板	m^3	24.5	1	12	3	
屋面工程	21	屋面找平层	m^2	822.7	1	18	2	
	22	屋面隔气层	m^2	822.7	1	18	1	
	23	屋面保温层	m^3	260.00	1	60	8	
	24	屋面找平层	m^2	838	1	22	2	
	25	三元乙丙防水卷材	m^2	928.64	1	26	2	
装饰工程	26	轻钢龙骨吊顶	m^2	2468	1	60	14	
	27	轻钢龙骨面层	m^2	2468	1	30	14	
	28	外墙瓷砖	m^2	1869.6	1	60	18	
	29	玻璃幕墙	m^2	36.87	1	12	6	
	30	铝合金窗	m^2	373.06	1	25	12	
	31	内墙抹灰	m^2	5576.33	1	30	19	
	32	内墙涂料	m^2	5576.33	1	8	8	
	33	散水垫层	m^3	6.48	1	4	1	
	34	散水面层	m^2	108	1	4	1	

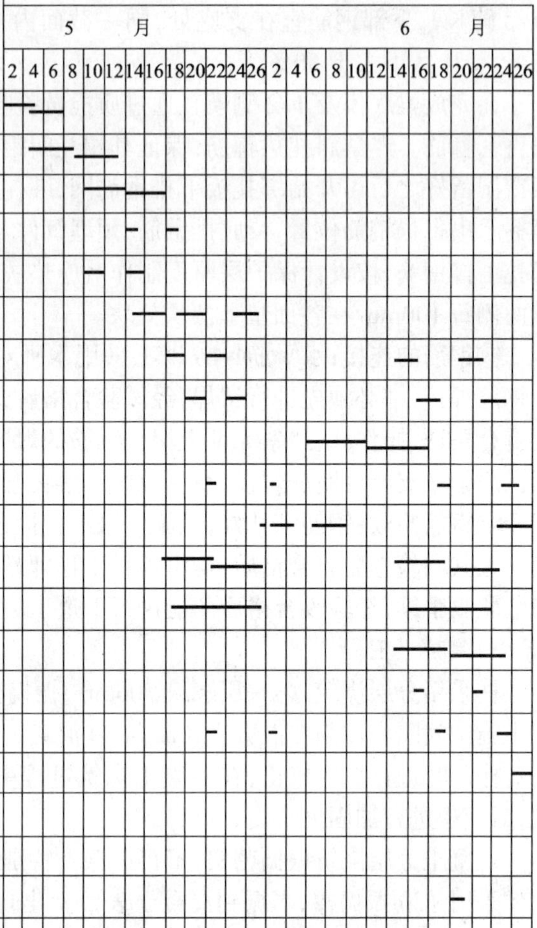

图 8-8　某百货商店施工横

度 计 划

施 工 进 度 计 划

7月													8月													9月													10月												
2	4	6	8	10	12	14	16	18	20	22	24	26	2	4	6	8	10	12	14	16	18	20	22	24	26	2	4	6	8	10	12	14	16	18	20	22	24	26	2	4	6	8	10	12	14	16	18	20	22	24	26

道进度计划

图中各分部、分项工程量,其劳动量、施工天数和每天工作人数是按施工横道进度编制步骤之公式计算后,结合施工段划分情况、实际施工经验等因素确定。而施工人数的确定,主要是根据各施工段工作面的大小、各分部分项工程的性质,以及工程量的多少等因素确定。

8.4.4　施工平面图

本设计例题的施工平面图,见图 8-9。

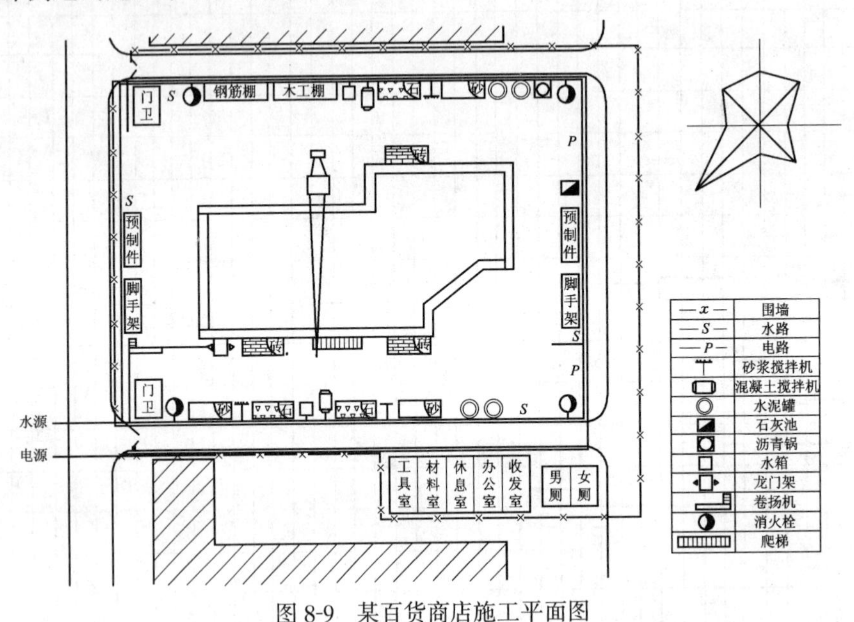

图 8-9　某百货商店施工平面图

其中垂直运输机械的布置,主要是考虑施工方案中机械的选择和施工段的划分确定的;现场各种为施工服务的生产性、生活性临时设施(搅拌站、仓库、材料、构件堆场、运输道路、办公室、休息室和各种加工棚等)的布置,是按照施工平面图设计步骤的要求进行设计布置的。

8.4.5　主要技术组织措施

1. 质量保证措施

(1)施工前做好技术交底,并认真检查执行情况。

(2)贯彻自检、互检、交接检制度。

(3)严格执行原材料检验和混凝土试配制度,混凝土、砂浆配合比要准确并按要求留足试块。回填土、房心填土要分步作干密度实验。

(4)工具模板要先进行验收检查,合格后方能使用。

(5)做好成品保护,屋顶作防水后小车用胶皮包铁脚。在屋面上铺的脚手板不得钉铁钉,铺豆石后不得再走车。

(6)作好测量放线,严格控制各轴线的位置和水平标高。

(7)基槽的长度不小于设计尺寸,土方放坡的坡度不得陡于规定尺寸。

(8)毛石砌体宜分段进行,每个作业段内的内外墙基础应同时砌筑,砌筑时,每个操作人员的作业面不得小于 4m。

(9)毛石表面有泥垢水锈时应刷洗干净后使用,当遇到尖棱或裂缝时,应将尖端打掉,将不平的石块和黏结的砂浆产平清理干净。毛石基础每天砌筑高度不应超过1.2m,以免砂浆未充分凝固而造成砌体鼓肚倒塌。

(10)皮数杆立于墙的转角处和适宜地点,最大距离不超过25m,并用水准仪抄平,以控制砌体的竖向尺寸。

(11)砌筑砂浆试块的平均强度不得低于设计强度等级规定的强度值,任何一组试块的最低强度值不得低于设计强度等级规定强度的85%。

(12)组砌形式应符合规定,不得有通缝;拐角处和纵横墙交接处接槎要密实,直槎应按规定留设拉结钢筋。

(13)预埋件和预留孔洞位置要准确,并符合规范规定和设计要求。

(14)砌体的总质量要求是:横平竖直,灰浆饱满,内外搭接,上下错缝。

(15)砖砌体允许偏差要满足规范要求。

(16)过梁及梁垫的位置、高度、型号应正确无误,坐浆应饱满。

(17)浇筑混凝土前,对模板、钢筋应进行全面检查,合格后方准浇筑,其允许偏差:轴线为±10mm,标高为±5mm。

(18)在浇筑混凝土过程中,设专人看模,如发现支撑和模板变形、松动和胀模时,须采取加固措施。

(19)浇筑后的混凝土要有专人养护两周(一周后可减少浇水)。

2.安全保证措施

(1)土方施工按规定坡度放坡,松软部位要加支撑以防塌方。

(2)经常检查土壁稳定情况,如发现有土裂倒塌的危险,操作人员应立即离坑。

(3)在基槽的边缘和边坡土的自然坡角内,不准进行机械运输,必须进行时要计算土的承载能力。

(4)在同一垂直面内进行上下交叉作业时,必须设置防护隔离层避免坠物伤人。

(5)现场管线要按规定架空,橡胶绝缘的电线电缆线通过道路时要加套管以免压裂触电,并严禁挂在钢脚手架上;井架要安装避雷针。

(6)进入现场必须戴安全帽。

(7)坚持班前安全交底制。

(8)设有固定的安全出入口,供人员进出使用,该出入口要搭设护头棚。

(9)高空作业时,系好安全带,挂好安全网。

8.5 答辩参考题

1.什么是单位工程施工组织设计?它包括哪些内容?

2.施工方案选择应包括哪些内容?

3.什么是施工起点流向?确定施工起点流向时应考虑哪些因素?

4.施工段划分应依据哪些原则?

5.选择施工机械时应注意哪些原则?

6.单位工程施工应遵循哪些施工程序?

7.确定施工顺序时应注意考虑哪些因素?

8. 施工进度计划有什么作用?

9. 编制施工进度计划时应包括哪些内容?

10. 编制施工进度计划有哪些步骤?

11. 施工进度计划的表达方式有哪些?

12. 如何进行劳动量的计算?

13. 如何进行各分部、分项工程施工天数的确定?

14. 劳动力需要量计划有什么作用?

15. 主要材料、构配件需要量计划有什么作用?

16. 如何进行单位工程施工机械需要量计划的编制?

17. 施工平面图的设计包括哪些内容?

18. 施工平面图的设计依据有哪些?

19. 施工平面图的设计原则是什么?

20. 如何进行垂直运输机械的布置?

21. 固定式垂直运输机械的服务范围有多大?

22. 对生产性和生活性临时设施布置时,应考虑什么原则? 如何进行布置?

23. 工地设置消火栓时应尽量满足什么要求?

8.6　施工组织设计参考题目

8.6.1　施工组织课程设计任务书

1. 设计题目

某公司办公楼工程施工组织设计

2. 设计条件

(1)建筑物概况

本工程为某省××公司的办公楼,位于××市效××公路边,总建筑面积为6 262m^2,平面形式为L形,南北方向长61.77m,东西方向总长为39.44m。该建筑物大部分为五层,高18.95m,局部六层,高22.45m,附楼(F~L轴)带地下室,在⑪轴线处有一道温度缝,在F轴线处有一道沉降缝。其总平面、立面、平面如图8-10、图8-11所示。

本工程承重结构除门厅部分为现浇钢筋混凝土半框架外,皆采用砖混结构。基础埋深1.9m,在C15素混凝土垫层上砌条形砖基础,基础中设有钢筋混凝土地圈梁,实心砖墙承重,每层设现浇钢筋混凝土圈梁;内外墙交接处和外墙转角处设抗震构造柱;除厕所、盥洗室采用现浇楼板外,其余楼盖和屋面均采用预制钢筋混凝土多孔板,大梁、楼梯及挑檐均为现浇钢筋混凝土构件。

室内地面除门厅、走廊、试验室、厕所、后楼梯、踏步为水磨石面层外,其他皆采用水泥砂浆地面。室内装修主要采用白灰砂浆外喷106涂料,室外装修以马赛克为主。窗间墙为干粘石,腰线、窗套为贴面砖。散水为无筋混凝土一次抹光。

屋面保温为炉渣混凝土,上做二毡三油防水层,铺绿豆砂。上人屋面部分铺设预制混凝土板。

设备安装及水、暖、电工程配合土建施工。

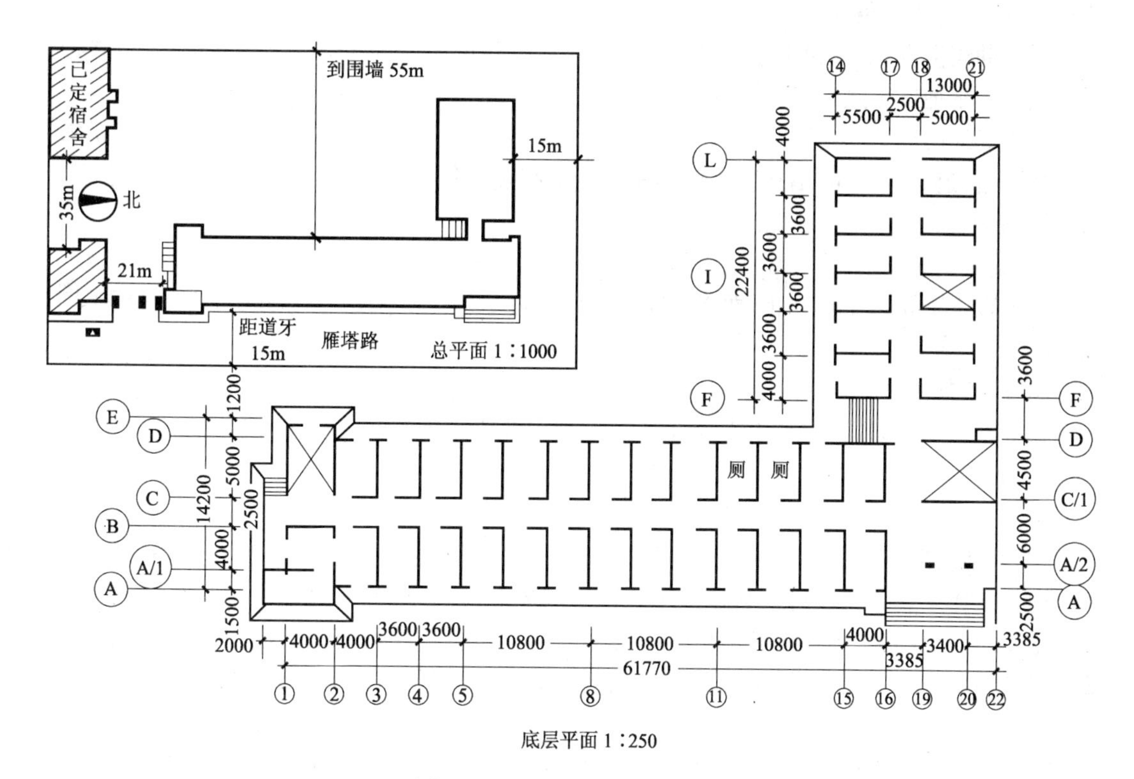

图 8-10 总平面及底层平面图

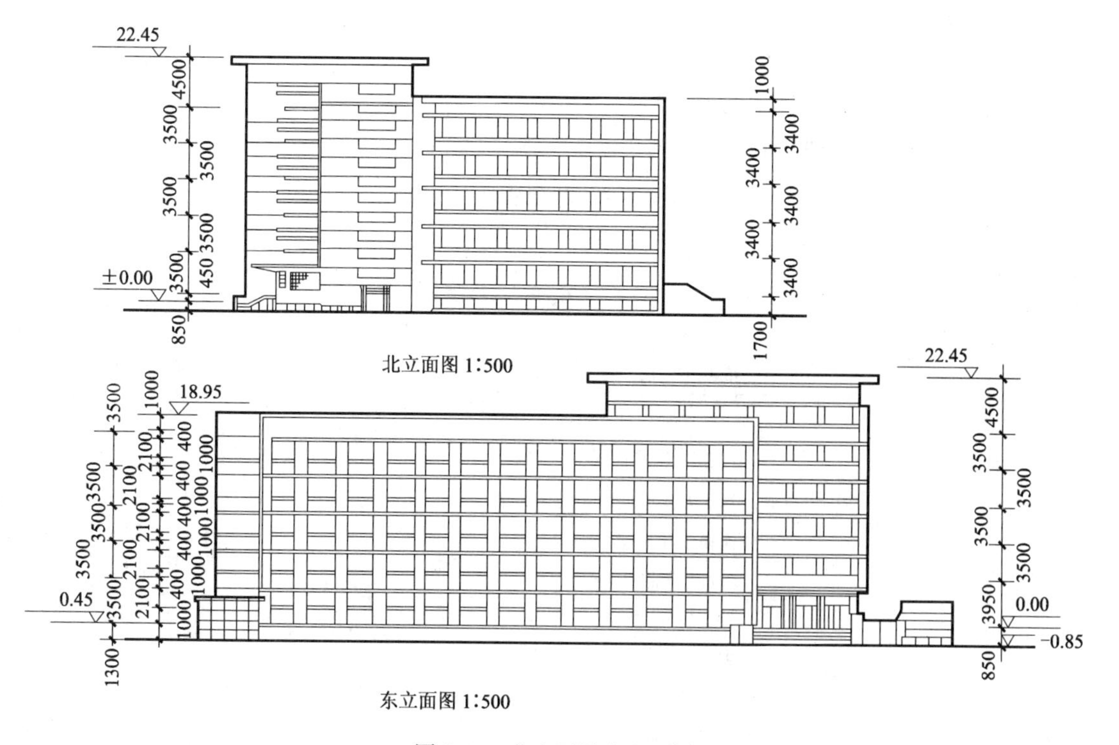

图 8-11 北立面及东立面图

(2)地质及环境条件

根据勘测报告:土壤为Ⅰ级大孔性黄土,天然地基承载力为 150kN/m^2,地下水位在地表下 7~8m。本地区土壤最大冻结深度为 0.5m。

建筑场地南侧为已建成建筑物,北侧西侧为本公司地界的围墙,东侧为××公路,距道牙 3m 内的人行道不得占用,沿街树木不得损伤。人行道一侧上方尚有高压输电线及电话线通过(见总平面图)。

(3)施工工期

本工程定于 4 月 1 日开工,要求在本年 12 月 30 日竣工。限定总工期 9 个月,日历工期为 225 天。

(4)气象条件

施工期间主导风向偏东,雨季为 9 月,冬季为 12 月到第二年的 1 月和 2 月。

(5)施工技术经济条件

施工任务由市建××公司承担,该公司分派一个施工队负责。该队瓦工 20 人,木工 16 人,以及其他辅助工种工人如钢筋工、机工、电工及普工等共计 140 人。根据施工需要有部分民工协助工作。装修阶段可从其他施工队调入抹灰工,最多调入 70 人。

施工中需要的电、水均从城市供电供水网中接引。建筑材料及预制品件可用汽车运入工地。多孔板由市建总公司预制厂制作(运距 10km)。木制门窗由市木材加工厂制作(运距 7km)。

临建工程除工人宿舍可利用已建成的家属宿舍楼外,其他所需临时设施均应在现场搭建。

可供施工选用的起重机有 QT1—6 型塔吊,QT1—2 型塔吊。汽车除解放牌(5t)外,尚有黄河牌(8t)可以使用。卷扬机、各种搅拌机、木工机械、混凝土震捣器、脚手架、板可根据计划需要进行供应。

(6)主要项目实物工程量(见表 8-11)

(7)主体结构工程量明细表(见表 8-12)

表 8-11　主要项目实物工程量

分部分项工程名称		工程量	
		单位	数量
基础工程	机械挖土	m^3	4 032
	混凝土垫层	m^3	289
	砖基础	m^3	368
	基础圈梁、构造柱	m^3	94
	基础回填土及房心回填土	m^3	2 450
屋面工程	屋面板上找平层	m^2	1 425
	冷底子油	m^2	1 425
	两道热玛瑶脂	m^2	1 425
	炉渣保温层	m^3	116
	保温层上砂浆找平层	m^2	1 465
	卷材防水层	m^2	1 465
	上人屋面混凝土板	m^2	334

续表

分部分项工程名称		工程量	
		单位	数量
楼地面工程	地下室混凝土地面垫层	m^3	160
	水泥砂浆楼地面	m^2	4 320
	水磨石地面	m^2	1 866
装饰工程	内墙面抹灰	m^2	19 933
	顶棚抹灰	m^2	5 287
	外墙贴马赛克	m^2	6 424
	干粘石	m^2	520
	贴面砖	m^2	435
	室内喷白	m^2	20 470
其他	厕所木隔断	m^2	250
	木门窗安装	m^2	1 897
	木门窗油漆	m^2	1 897
	玻璃安装	m^2	1 270
	台阶散水	m^2	362
	搭(拆)外脚手架	m^2	4 500

表 8-12 主体结构工程量明细表

前楼(1—11 轴线)工程项目	工程量							
	单位	一层	二层	三层	四层	五层	屋顶	总计
1. 砌砖墙	m^3	205	205	185	185	185	34	999
2. 现浇柱								
模板	m^2	66	66	50	50	50		282
钢筋	t	0.78	0.78	0.6	0.6	0.6		3.36
混凝土	m^3	5.92	5.92	4.48	4.48	4.48		25.28
3. 现浇楼梯								
模板	m^2	51	51	51	51			204
钢筋	t	0.61	0.61	0.61	0.61			2.44
混凝土	m^3	5	5	5	5			20
4. 现浇圈、大梁、挑檐、楼板								
模板	m^3	233	222	155	155	155		920
钢筋	t	2.8	2.67	1.86	1.86	1.86		11.05
混凝土	m^3	28.6	22.2	15.5	15.5	15.5		97.3
5. 安装楼板	块	253	253	262	262	278		1 308
6. 楼板灌缝	m^3	13.2	13.2	13.2	13.2	14.6		67.4

续表

前楼(11—22 线) 工程项目	工程量						
	单位	一层	二层	三层	四层	五层	六层	总计
1. 砌砖墙	m^3	154	157	157	157	157	126	908
2. 现浇柱								
模板	m^2	138	111	110	110	110	115	694
钢筋	t	1.89	1.33	1.3	1.3	1.3	1.38	8.5
混凝土	m^3	12.4	9.13	9.12	9.12	9.12	9.48	58.37
3. 现浇楼梯								
模板	m^2	63.2	63.2	63.2	63.2	63.2		316
钢筋	t	0.75	0.75	0.75	0.75	0.75		3.75
混凝土	m^3	6.2	6.2	6.2	6.2	6.2		31
4. 现浇圈、大梁、挑檐、楼板								
模板	m^2	243	193	170	170	170	206	1 152
钢筋	t	2.66	2.3	1.94	1.94	1.94	2.38	13.16
混凝土	m^3	24	18.8	15.5	15.5	15.5	20	109.3
5. 安装楼板	块	91	91	91	91	91	129	584
6. 楼板灌缝	m^3	9.6	9.6	9.6	9.6	9.6	11.5	59.5

后楼 工程项目	工程量								
	单位	地下室	一层	二层	三层	四层	五层	屋顶	总计
1. 砌砖墙	m^3	220	190	182	151	151	135	20	1 049
2. 现浇柱									
模板	m^2	48	32	32	22	22	22		178
钢筋	t	0.57	0.37	0.37	0.26	0.26	0.26		2.09
混凝土	m^3	4.34	2.86	2.86	1.95	1.95	1.95		15.91
3. 现浇圈、大梁挑檐									
模板	m^2	158	134	134	120	130	154		820
钢筋	t	1.9	1.61	1.61	1.44	1.44	1.85		9.85
混凝土	m^3	5.8	13.4	13.4	13.4	12	14		82
4. 现浇楼梯									
模板	m^2	36.7							36.7
钢筋	t	0.43							0.43
混凝土	m^3	3.6							3.6
5. 安装楼板	块	141	149	149	149	149	149		886
6. 楼板灌缝	m^3	12.3	12.4	12.4	12.4	12.4	12.4		74.3

8.6.2　设计内容和要求

1. 施工方案的选择

(1)划分施工段,确定施工中的流水方向;

(2)选择施工用起重机械的类型及台数,并校核其技术性能;

(3)选择脚手架的类型并安排其位置；

(4)确定特殊部分的施工方法和技术措施；

(5)确定施工总程序和施工顺序。

2. 施工进度计划的编制

按所确定的施工顺序和可提供的各项资源，分工种分段组织流水施工，编制出单位工程施工进度计划。

3. 施工平面图的设计。

第9章　建筑工程概预算与工程量清单计价文件编制

9.1　教学大纲

9.1.1　课程的性质和任务

建筑工程计价实训是建筑工程计价与投资报价课程的重要实践教学环节。通过实训促使学生将所学知识融会贯通，能正确进行建筑工程计价的方法、步骤，掌握建筑工程计价的基本程序。了解施工图预算在工程建设、企业管理、项目管理和工程监理中的作用。

9.1.2　课程教学目标

1.知识目标

掌握建筑工程定额的应用；掌握建筑工程费用的测算；掌握建筑工程施工图预算和工程计价的编制依据、内容、方法与程序；掌握工程量计算及工程量清单计价的基本方法。

2.能力目标

能正确应用消耗量定额；能正确计算工程量；能正确计算工程造价；能进行工程量清单投标报价；能运用基本知识和有关技术经济政策，合理编制单位工程施工图预算。

3.德育目标

培养学生良好的职业道德、独立工作能力和严谨的工作态度。

9.1.3　实训内容与基本要求

1.实训内容

(1)给定条件

1)建筑工程施工图一套(建筑面积约800m^2)。

2)建设工程工程量清单计价规范(GB 50500—2003)。

3)建筑工程消耗定额。

4)当地市场人工单价及材料价格。

5)建筑工程施工组织设计。

(2)作业内容

1)计算工程量。根据编制依据，列出工程量项目名称及项目编号，完整地计算出建筑工程各项工程量。

2)计算综合单价。

3)计算建筑工程的人工工日数量及各项材料消耗量。

4)计算工程总造价及单位造价。

5)写编制说明及封面，装订成册。内容包括：工程概况、编制依据(图纸、定额、材料预算价格等等)、图纸中相关问题的处理以及待处理的问题，编制人姓名、编制日期等。

2.基本要求

为达到实训目标,学生必须在规定的时间内,完成本大纲规定的内容,且内容完整、数据正确、书写工整。

3. 教师可根据教学实际,选择以下实训内容:

(1)完成建设工程工程量清单计价实训。

(2)完成建筑工程施工图预算实训。

(3)完成(1)、(2)两项内容。

9.1.4 时间分配

序　　号	内　　容	时间安排(天)
(一)	计算工程量	3.0
(二)	综合单价组合	1.0
(三)	计算工程总造价及人工、材料	0.5
(四)	写编制说明、写封面、装订	0.5
	合　　计	5.0

9.2 单位工程施工图预算编制

9.2.1 施工图预算的编制程序

1. 施工图预算的编制依据

建筑工程一般都是由土建、采暖、给排水、电气照明、燃气、通风等多专业单位工程所组成。因此,各单位工程预算编制要根据不同的预算定额及相应的费用定额等文件来进行。一般情况下,在进行施工图预算的编制之前应掌握以下主要文件资料:

(1)设计资料

设计资料是编制预算的主要工作对象。它包括经审批、会审后的设计施工图,设计说明书及设计选用的国标、市标和各种设备安装、构件、门窗图集、配件图集等。

(2)建筑工程预算定额及其有关文件

预算定额及其有关文件是编制工程预算的基本资料和计算标准。它包括已批准执行的预算定额、费用定额、单位估价表、该地区的材料预算价格及其他有关文件。

(3)施工组织设计资料(施工方案)

经批准的施工组织设计是确定单位工程具体施工方法(如打护坡桩、进行地下降水等)、施工进度计划、施工现场总平面布置等的主要施工技术文件,这类资料在计算工程量、选套定额项目及费用计算中都有重要作用。

(4)工具书等辅助资料

在编制预算工作中,有一些工程量直接计算比较繁琐也较易出错,为提高工作效率简化计算过程,预算人员往往需要借助于五金手册、材料手册,或把常用各种标准配件预先编制成工具性图表,在编制预算时直接查用。特别对一些较复杂的工程,收集所涉及的辅助资料不应忽视。

(5)招标文件

招标文件中招标工程的范围决定了预算书的费用内容组成。

2. 施工图预算的编制程序

编制施工图预算应在设计交底及会审图纸的基础上按以下步骤进行,如图 9-1 所示。

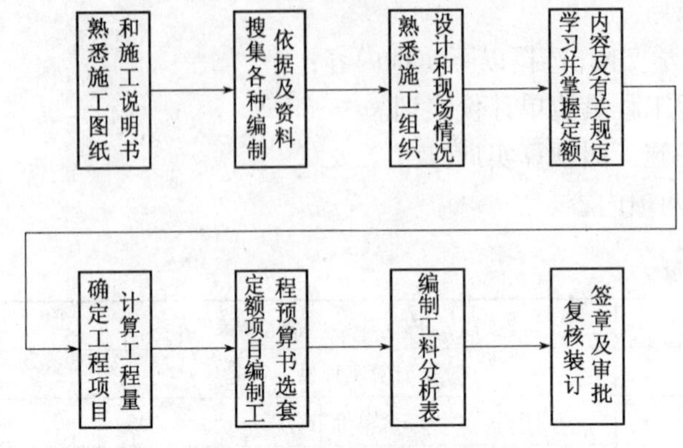

图 9-1　施工图预算编制程序

(1)熟悉施工图纸和施工说明书

熟悉施工图纸和施工说明书是编制工程预算的关键。因为设计图纸和设计施工说明书上所表达的工程构造、材料品种、工程做法及规格质量,是为编制工程预算提供并确定了所应该套用的工程项目。施工图纸中的各种设计尺寸、标高等,为计算每个工程项目的数量提供了基础数据。所以,只有在编制预算之前,对工程全貌和设计意图有了较全面、详尽地了解后,才能结合定额项目的划分原则,正确地划分各分部分项的工程项目,才能按照工程量计算规则正确地计算工程量及工程费用。如在熟悉设计图纸过程中发现不合理或错误的地方,应及时向有关部门反映,以便及时修改纠正。

在熟悉施工图纸和施工说明时,除应注意以上所讲的内容外,还应注意以下几点:

1)按图纸目录检查各类图纸是否齐全,图纸编号与图名是否一致,设计选用的有关标准图集名称及代号是否明确。

2)在对图纸的标高及尺寸的审查时,建筑图与结构图之间、主体图与大样图之间、土建图与设备图之间及分尺寸与总尺寸之间这些较易发生矛盾和错误的地方要特别注意。

3)对图纸中采用有防水、吸声、散声、防火、耐酸等特殊要求的项目要单独进行记录,以便计算项目时引起注意。如采用了防射线混凝土、中空玻璃等特殊材料的项目及采用了进口材料、新产品材料、新技术工艺、非标准构配件等项目。

4)如在施工图纸和施工说明中遇有与定额中的材料品种和规格质量不符或定额缺项时,应及时记录,以便在编制预算时进行调整、换算,或根据规定编制补充定额及补充单价并送有关部门审批。

(2)搜集各种编制依据及资料

(3)熟悉施工组织设计和现场情况

施工组织设计是施工单位根据工程特点及施工现场条件等情况编制的工程实施方案。由于施工方案的不同则直接影响工程造价,如需要进行地下降水、打护坡桩、机械的选择、模板类型的选择或因场地狭小引起材料多次搬运等都应在施工组织设计中确定下来,这些内容与预算项目的选用和费用的计算都有密切关系。因此预算人员熟悉施工组织设计及现场情况对提高编制预算质量是十分重要的。

(4)学习并掌握工程定额内容及有关规定

预算定额、单位估价表及有关文件规定是编制预算的重要依据。随着建筑业新材料、新技术、新工艺的不断出现和推广使用,有关部门还常常对已颁布的定额进行补充和修改。因此预算人员学习和掌握所使用定额内容及使用方法,弄清楚定额项目的划分及各项目所包括的内容、适用范围、计量单位、工程量计算规则以及允许调整换算项目的条件和方法等,以便在使用时能够较快地查找并正确地应用。

另外由于材料价格的调整,各地区也需要根据具体情况调整费用内容及取费标准,这些资料将直接体现在预算文件中。因此,学习掌握有关文件规定也是搞好工程预算工作不可忽视的一个方面。

(5)确定工程项目,计算工程量

根据设计图纸、施工说明书和定额的规定要求,先列出本工程的分部工程和分项工程的项目顺序表,逐项计算,遇有未预料的项目要随时补充调整,对定额缺项需要补充换算的项目要注明,以便另作补充单位估价或换算计算表。

(6)整理工程量

套用定额并计算定额直接费和主要材料用量,把计算好的各分项工程数量和计量单位按定额分部顺序分别填写到工程预算表中,然后再从定额或单位估价表中查出相应的分项工程定额编号、单价和定额材料用量。将工程量分别与单价、材料定额用量相乘,即可得出各分项工程的直接费和主要材料用量。然后按分部工程汇总,最后汇总单位工程的直接费和主要材料用量。

(7)计算其他各项费用、预算总造价和技术经济指标

直接费汇总后,即可计算现场管理费、间接费、计划利润和税金,最后进行工程总造价的汇总,一般应遵照当地主管部门规定的统一计算程序表进行。总造价计算出来后,再计算出各单位工程每平方米建筑面积的造价指标。

(8)对施工图预算进行校核、填写编制说明、装订、签章及审批

工程预算书计算完毕首先经自审校核后,可根据工程的具体情况填写编制说明及预算书封面,装订成册,经复核后加盖公章送交有关部门审批。

3. 预算专业人员的职责

建筑工程预算是决定建筑产品价格的依据。它为基本建设计划管理、设计管理和施工生产管理提供了科学的依据。它对推进经济责任制,合理使用国家资金,提高基本建设投资效果,都有十分重要的意义。因此预算专业人员应做到以下几点:

(1)预算人员在工作中必须坚持四项基本原则,树立全心全意为人民服务的观念,工作中尽职尽责,忠于职守、加强法制观念,敢于反对和抑制不正之风。在工作中应以身作则,谦虚谨慎,团结协作,开拓进取,加强自身的职业道德建设。

(2)根据国家基本建设方针、政策和地方基本建设主管部门对预算方面的具体规定,及时准确地编制工程预算。

(3)做好预算基础资料的积累,对工程项目设计和施工进行技术经济分析,为选择最优设计和最佳施工方案提供科学依据。

(4)按规定的程序审查预算文件,向有关单位进行预算文件内容以及编制依据、方法的交底。

(5)深入施工现场,进行有关预算方面的调查研究,合理地补充缺项子目及单价,为企业各

部门搞好经济核算和经济活动分析提供基础资料。

(6)坚持原则,实事求是,反对弄虚作假和高估冒算,使国家建设资金得到合理使用,合理组织企业收入,提高投资效益。

9.2.2　单位工程施工图预算书的编制方法

单项工程预算书是由土建工程、给排水、采暖、燃气工程、电气设备安装工程等几个单位工程预算书组成,现仅将土建工程单位工程预算书的编制方法叙述如下。

1. 填写工程量计算表

工程量计算(表 9-1)可先列出分项工程名称、单位、计算公式等。

表 9-1　工程量计算表

工程名称:

序　号	工程项目	计　算　式	单　位	数　量
	建筑面积			
一	土石方工程			
1	平整场地			

(1)列出分项工程名称。根据施工图纸及定额规定,按照一定计算顺序,列出单位工程施工图预算的分项工程项目名称。

(2)列出计量单位、计算公式。按定额要求,列出计量单位和分项工程项目的计算公式。计算工程量,采用表格形式进行,可使计算步骤清楚,部位明确,便于核对,减少错误。

(3)汇总列出工程数量,计算出的工程量同项目汇总后,填入工程数量栏内,作为取工程直接费的依据。

2. 填写分部分项工程材料分析表和汇总表

以分部工程为单位,编制分部工程材料分析表,然后汇总成为单位工程工料分析表(表 9-2)。

表 9-2　分部分项工程材料分析表

工程名称:

定额编号	分项工程名称	单位	数量										
				单价	合计	单价	合计	单价	合计	单价	合计	单价	合计

按工程预算书中所列分部分项工程中的定额编号,分项工程名称、计算单位、数量及预算定额中分项工程定额编号对应栏的材料费单量填入材料分析表中,计算出各工程项目消耗的材料用量,然后将材料按品种、规格等分别汇总合计(表 9-3),从而反映出单位工程全部分项工程材料的预算用量,以满足施工企业各项生产管理工作的需要。

3. 填写分部分项工程造价表

分部分项工程造价表见表 9-4。

表 9-3 材料汇总表

工程名称：

序 号	材 料 代 码	材 料 名 称	数 量	单 位
1				
2				
3				
4				
5				
6				

表 9-4 分部分项工程造价表

工程名称：

定额编号	工程项目	单 位	工 程 量	预算(元)		其中:人工(元)	
				单价	合价	单价	合价
	建筑面积	m^2					
一	土石方工程						
1-1	平整场地	m^2					

4．填写建筑工程直接费汇总表

将建筑工程各分部工程直接费小计及人工费汇总于表格中(表 9-5)。作为计取现场管理费和其他各项费用的依据。

表 9-5 建筑工程直接费汇总表

工程名称：

序 号	工 程 项 目	直接费(元)	其中:人工费(元)
	直接费汇总		
一	土石方工程		
二	桩基及基坑支护工程		
三	降水工程		
四	砌筑工程		
五	现场搅拌混凝土工程		
六	预拌混凝土工程		
七	模板工程		
八	钢筋工程		
九	构件运输工程		
十	木结构工程		
十一	构件制作安装工程		
十二	屋面工程		

续表

序　号	工　程　项　目	直接费(元)	其中:人工费(元)
十三	防水工程		
十四	室外道路、停车场及管道工程		
十五	脚手架工程		
十六	大型垂直运输机械使用费		
十七	高层建筑超高费		
十八	工程水电费		

5. 填写建筑工程预算费用计算程序表

建筑工程预算费用计算程序表见表 9-6。

表 9-6　建筑工程预算费用计算程序表

工程名称:

序　号	项目名称	计　算　公　式		金额(元)
		文字说明	数字算式	
1	直接费			
2	现场管理费	含临时设施费和现场经费	(1)×费率	
3	企业管理费		(1+2)×费率	
4	利润		(1+2+3)×7%	
5	税金		(1+2+3+4)×3.4%	
6	建筑工程造价		1+2+3+4+5	

6. 施工图预算的编制说明

(1)工程概况

1)简要说明工程名称、地点、结构类型、层数、耐火等级和抗震等级;

2)建筑面积、层高、檐高、室内外高差;

3)基础类型及特点;

4)结构构件(柱、梁、板等)的断面尺寸和混凝土强度等级;

5)门窗规格及数量表(包括窗帘盒、窗帘轨和窗台板的做法);

6)屋面、楼地面(包括楼梯装修)、墙面(外、内、女儿墙)、天棚、散水、台阶、雨罩的工程做法;

7)建筑配件的设置及数量;

8)参考图集:如《建筑构造通用集 88J1 或 88J1-X1》、《88J5》等。

(2)编制依据

1)工程建筑图纸和施工图纸;

2)北京市(2001 年)建设工程预算定额及费用定额;

3)北京市建设工程造价管理处有关文件。

7. 填写建筑工程预算书的封面

建筑工程预算书的封面见表 9-7。

表 9-7　封　　面

<table>
<tr><td colspan="2">建筑安装工程
(　　)工程(　　)算书</td></tr>
<tr><td>建设单位:__________
施工单位:__________
工程名称:__________
建筑面积:__________ m^2
檐　　高:__________ m

工程总造价:__________元

建设单位:
(公章)</td><td>

工程结构:__________

工程地处:(　　)效区

单方造价:__________元/m^2
施工单位:
(公章)</td></tr>
<tr><td>负责人:__________

经手人:__________

开户银行:__________

年　　月　　日</td><td>审核人:__________
证　号:__________
编制人:__________
证　号:__________
开户银行:__________

年　　月　　日</td></tr>
</table>

9.2.3　土建工程施工图预算的编制实例

9.2.3.1　封面(表 9-8)

表 9-8　施工图预算书封面

<table>
<tr><td colspan="2">建筑安装工程
(建筑)工程(预)算书</td></tr>
<tr><td>建设单位:×××公司
施工单位:×××建筑公司
工程名称:××混合结构办公楼工程
建筑面积:154.93m^2
檐　　高:6.45m

工程总造价:90 370.33 元

建设单位:
(公章)</td><td>

工程结构:混合结构

工程地处:四环以外
单方造价:583.30 元/m^2

施工单位:
(公章)</td></tr>
<tr><td>负责人:__________

经手人:__________

开户银行:__________

年　　月　　日</td><td>审核人:__________
证　号:__________
编制人:__________
证　号:__________
开户银行:__________

年　　月　　日</td></tr>
</table>

9.2.3.2　图纸说明

本工程为某二层办公楼，混合结构，该工程位于北京市海淀区颐和园旁。建筑面积 154.93m^2，檐高 6.45m，砖带形基础。

1. 建筑工程

(1)土方施工方案采用人工挖土方；

(2)基础采用红机砖，M5 水泥砂浆砌筑；墙体采用 KP1 黏土空心砖，M7.5 混合砂浆砌筑；

(3)本工程混凝土均采用现场搅拌混凝土，混凝土强度等级除图纸另有注明外，均为 C25；

(4)构造柱起点为 ±0.000 标高处，女儿墙内不设构造柱；

(5)外墙中圈梁断面尺寸为 360mm×240mm，内墙中圈梁断面尺寸为 240mm×240mm；

(6)过梁长度为门窗洞口两侧各加 200mm，外墙过梁断面尺寸为 360mm×180mm，内墙过梁断面尺寸为 240mm×180mm；

(7)室外设计地坪与自然地坪高差在 ±0.3m 以内；

(8)混凝土台阶做法为：C20 混凝土、100 厚 3∶7 灰土、素土夯实。

(9)屋面做法为：着色剂保护层；SBS 改性沥青油毡防水卷材(3mm)；20 厚 1∶3 水泥砂浆找平层，卷起 150mm；平均 35mm 厚 1∶0.2∶3.5 水泥粉煤灰页岩陶粒找坡层；200 厚的加气混凝土保温层(干铺)；隔汽层 1.5mm 厚水乳型聚合物水泥基复合防水涂料；20 厚 1∶3 水泥砂浆找平层；现浇混凝土板。

2. 装饰工程

(1)散水为混凝土散水。

(2)混凝土台阶装修做法为：8mm 厚铺地砖、6 厚建筑胶水泥砂浆结合层、20 厚 1∶3 水泥砂浆找平、素水泥浆结合层一道、C20 混凝土台阶。

(3)首层地面做法为地 9。地 9 做法(184mm 厚)为：8mm 厚铺地砖、6 厚建筑胶水泥砂浆结合层、20 厚 1∶3 水泥砂浆找平、素水泥浆结合层一道、50 厚 C10 混凝土垫层、100 厚 3∶7 灰土、素土夯实。

二层楼面做法为楼 8D。楼 8D(49mm 厚)做法为：8mm 厚铺地砖、6 厚建筑胶砂浆粘贴、素水泥浆一道、35 厚细石混凝土找平层(现场搅拌)。

地面砖每块规格为 400mm×400mm×8mm，踢脚材质为地砖。

(4)外墙面、墙裙均抹底灰，外墙为凹凸型涂料，外墙裙为水刷石，墙裙高度为 900mm。

(5)室内墙面为抹灰耐擦洗涂料；顶棚为棚 6B，其构造层次为：粉刷石膏、耐擦洗涂料。

(6)C1 为单玻平开塑钢窗，外窗口侧壁宽为 200mm，内窗口侧壁宽为 80mm，M1 为松木带亮自由门、M2 为胶合板门，门框位置居中，框宽 100mm。预制水磨石窗台板长为 1 620mm，宽为 210mm。松木窗帘盒(单轨)长度为 2 000mm。木材面油漆为底油一遍，调和漆二遍。

(7)门窗表见表 9-9。

表 9-9　门　窗　表

型　　号	洞口尺寸(宽×高)	框外围尺寸(宽×高)	数　　量
C1	1 500×1 500	1 470×1 470	9
M1	1 200×2 400	1 180×2 390	3
M2	900×2 100	880×2 090	5

(8)楼梯踏步装修采用地砖,楼梯底部装修采用粉刷石膏、耐擦洗涂料。楼梯栏杆采用烤漆钢管栏杆、松木扶手,不带托板,底油一遍,调和漆二遍。

(9)阳台栏板外装修采用水刷石;地面装修采用地砖。

(10)雨罩、阳台下表面装修采用耐水腻子、合成树脂乳液。

(11)瓷砖面拖布池。

9.2.3.3 编制依据及说明

1.编制依据

(1)2001年《北京市建设工程预算定额》(建筑工程分册)。

(2)2001年《北京市建设工程费用定额》。

(3)北京市建设工程造价管理部门的有关规定。

2.编制说明

(1)本工程预算模板工程及钢筋工程部分均按照定额参考用量进行编制,在招投标及结算时应按照要求进行实际用量计算。

(2)本工程预算价格及各种费率完全按照定额价套用,在应用过程中应按照定额量、市场价、竞争费的原则按实调整。

此工程施工及预算图表分别见表9-8~表9-14和图9-2~图9-8。

9.2.3.4 建筑工程费用表(表9-10)

表9-10 建筑工程费用表

项目名称:某单位办公楼(建筑工程)

行号	序号	费用名称	取费说明	费率(%)	费用金额(元)
[1]	一	定额直接费	套定额		71 951.90
[2]		其中:人工费	人工费合计	17 633.71	
[3]	二	措施费	分别计算求和		5 324.44
[4]	三	直接费	[1]+[3]		77 276.34
[5]	四	间接费	[4]×费率	5.7	4 404.75
[6]	五	利润	[4]+[5]×费率	7.0	5 717.68
[7]	六	税金	[4]+[5]+[6]×费率	3.4	2 971.56
[8]	七	工程造价	[4]+[5]+[6]+[7]		90 370.33

9.2.3.5 建筑工程预算表(表9-11)

9.2.3.6 建筑工程人材机汇总表(表9-12)

9.2.3.7 建筑工程三材汇总表(表9-13)

9.2.3.8 建筑工程工程量计算表(表9-14)

表 9-11　建筑工程预算表

项目文件:某单位办公楼(建筑工程)

序号	定额编号	子目名称	工程量		价值(元)		其中							
							人工				材料费(元)		机械费(元)	
			单位	数量	单价	合价	单价(元)	合价(元)	单位工日	合计工日	单价	合价	单价	合价
一		人工土石方工程				5 034.83		4 224.57		180.065		4.43		805.83
1	1-1	场地平整	m²	107.07	0.75	80.30	0.75	80.30	0.032	3.426	0	0	0	0
2	1-4	人工挖土沟槽	m³	224.32	12.67	2 842.13	12.67	2 842.13	0.540	121.133	0	0	0	0
3	1-7	回填土夯填	m³	168.31	6.82	1 147.87	6.10	1 026.69	0.26	43.761	0	0	0.72	121.18
4	1-13	灰土垫层 3:7	m³	0.20	41.68	8.34	19.03	3.81	0.811	0.162	22.14	4.43	0.51	0.10
5	1-14	房心回填土	m³	17.13	9.80	167.87	9.08	155.54	0.387	6.629	0	0	0.72	12.33
6	1-15	余土运输	m³	38.70	20.37	788.32	3.00	116.10	0.128	4.954	0	0	17.37	672.22
二		砌筑工程				1 7437.7		3 557.91		121.889	0	13 481.14		398.64
1	4-1	砖基础	m³	32.27	165.13	5 328.75	34.51	1 113.64	1.183	38.175	126.57	4 084.41	4.05	130.69
2	4-17	365 厚 KP1 黏土空心砖外墙	m³	51.57	169.01	8 715.85	34.58	1 783.29	1.185	61.110	130.68	6 739.17	3.75	193.39
3	4-19	240 厚 KP1 黏土空心砖内墙	m³	15.41	166.83	2 570.85	32.94	507.61	1.127	17.367	130.22	2 006.69	3.67	56.55
4	4-24	240 厚 KP1 黏土空心砖女儿墙	m³	5.06	162.50	822.25	30.31	153.37	1.035	5.237	128.63	650.87	3.56	18.01
三		现场搅拌混凝土工程				16 664.47		2 613.26		91.107		12 721.86		1 329.35
1	5-1	C10 混凝土垫层	m³	21.33	195.45	4 168.95	24.02	512.35	0.827	17.640	157.640	3 369.29	13.47	287.32
2	5-21	C25 现浇构造柱	m³	9.07	279.41	2 534.25	50.96	462.21	1.788	16.217	206.48	1 872.27	21.97	199.27
3	5-24 换	C25 现浇梁	m³	0.48	257.87	123.78	30.97	14.87	1.061	0.509	205.00	98.40	21.90	10.51
4	5-27	C25 现浇过梁、圈梁	m³	19.30	281.39	5 430.83	52.85	1 020.01	1.856	35.821	206.64	3 988.15	21.90	422.67
5	5-28	C25 现浇板	m³	11.48	254.78	2 924.87	26.53	304.56	0.904	10.378	206.36	2 369.01	21.89	251.30
6	5-40	现浇 C25 整体直形楼梯	m²	14.17	73.31	1 038.80	15.31	216.94	0.540	7.652	49.63	703.26	8.37	118.60

续表

序号	定额编号	子目名称	工程量		价值(元)		其中							
							人工				材料费(元)		机械费(元)	
			单位	数量	单价	合价	单价(元)	合价(元)	单位工日	合计工日	单价	合价	单价	合价
7	5-44	现浇 C25 阳台	m^3	0.38	291.81	110.89	51.52	19.58	1.805	0.686	206.00	78.28	34.29	13.03
8	5-46	现浇 C25 雨罩	m^3	0.21	286.17	60.10	47.96	10.07	1.677	0.352	206.02	43.26	32.19	6.76
9	5-51	现浇 C25 栏板	m^3	0.37	273.52	101.20	55.70	20.61	1.962	0.726	204.64	75.72	13.18	4.88
10	5-53	现浇 C20 混凝土台阶	m^3	0.1612	260.95	42.07	45.41	7.32	1.590	0.256	192.14	30.97	23.40	3.77
11	5-54	现浇 C20 混凝土压顶	m^3	0.49	262.71	128.73	50.49	24.74	1.775	0.870	189.28	92.75	22.94	11.24
四		模板工程				11 670.12		5 726.19		174.03		5 245.93		698.02
1	7-1	C10 混凝土垫层	m^2	29.50	12.42	366.39	4.30	126.85	0.130	3.835	7.41	218.60	0.71	20.95
2	7-17	C25 现浇构造柱	m^2	54.42	19.55	1 063.91	10.90	593.18	0.332	18.067	7.81	425.02	0.84	45.71
3	7-28	C25 现浇梁	m^2	4.61	26.94	124.19	16.34	75.33	0.498	2.296	8.52	39.28	2.08	9.59
4	7-28	C25 现浇过梁	m^2	16.07	26.94	432.93	16.34	262.58	0.498	8.003	8.52	136.92	2.08	33.43
5	7-38	C25 现浇圈梁	m^2	50.66	21.42	1 085.14	11.86	600.83	0.361	18.288	8.58	434.66	0.98	49.65
6	7-27	C25 现浇基础梁	m^2	78.52	21.70	1 703.88	11.15	875.50	0.339	26.618	9.10	714.53	1.45	113.85
7	7-45	C25 现浇平板	m^2	85.41	27.61	2 358.17	12.00	1 024.92	0.364	31.089	14.51	1 239.30	1.10	93.95
8	7-54	现浇 C25 整体直形楼梯	m^2	30.08	61.42	1 847.51	35.21	1 059.12	1.072	32.246	21.23	638.60	4.98	149.80
9	7-56	现浇 C25 阳台	m^2	36.19	31.41	1 136.73	12.41	449.12	0.376	13.607	16.69	604.01	2.31	83.60
10	7-56	现浇 C25 雨罩	m^2	20.00	31.41	628.20	12.41	248.20	0.376	7.520	16.69	333.80	2.31	46.20
11	7-60	现浇 C25 栏板	m^2	12.54	14.83	185.97	9.93	124.52	0.303	3.800	3.93	49.28	0.97	12.16
12	7-66	现浇 C20 混凝土台阶	m^2	9.83	21.76	213.90	8.52	83.75	0.258	2.536	12.77	125.53	0.47	4.62
13	7-65	现浇 C20 混凝土压顶	m^2	14.94	35.02	523.20	13.54	202.29	0.410	6.125	19.17	286.40	2.31	34.51

续表

序号	定额编号	子目名称	工程量		价值(元)		其中							
							人工				材料费(元)		机械费(元)	
			单位	数量	单价	合价	单价(元)	合价(元)	单位工日	合计工日	单价	合价	单价	合价
五		钢筋工程				9 876.97		610.68		17.463		9 253.29		13.01
1	8-1	Φ10 以内	t	1.259	2 832.29	3 565.85	183.97	231.62	5.292	6.663	2 644.59	3 329.54	3.73	4.70
2	8-2	Φ10 以外	t	2.210	2 855.71	6 311.12	171.52	379.06	4.887	10.800	2 680.43	5 923.75	3.76	8.31
六		屋面工程				3 764.01		410.36		13.163		3 279.43		74.22
1	12-2	干铺加气混凝土保温层	m^3	13.61	183.75	2 500.84	13.33	181.42	0.429	5.839	168.05	2 287.16	2.37	32:26
2	12-18	水泥粉煤灰陶粒找坡层	m^3	2.38	285.13	678.61	24.11	57.38	0.809	1.925	246.45	586.55	14.57	34.68
3	12-35	着色剂面层	m^2	78.3	1.07	83.78	0.75	58.73	0.024	1.879	0.31	24.27	0.01	0.78
4	12-55	屋面排水，塑料雨水管 $\phi100$	m	13.4	28.50	381.90	5.88	78.79	0.183	2.452	22.25	298.15	0.37	4.96
5	12-61	屋面排水，$\phi100$ 铸铁下水口	套	2	23.78	47.56	7.41	14.82	0.233	0.466	16.06	32.12	0.31	0.62
6	12-64	屋面排水，塑料雨水斗	套	2	35.66	71.32	9.61	19.22	0.301	0.602	25.59	51.18	0.46	0.92
七		防水工程				4 835.01		222.06		16.973		4 194.85		86.05
1	13-1	20厚1:3水泥砂浆找平层	m^3	146.34	6.56	959.99	0.75	109.76	0.063	9.219	4.33	633.65	0.25	36.59
2	13-98	SBS改性沥青防水卷材 3mm	m^2	78.3	39.67	3 106.16	12.67	992.06	0.066	5.168	36.87	2 886.92	0.51	39.93
3	13-126	2mm水乳型聚合物水泥基复合防水涂料	m^2	68.04	11.90	809.68	6.10	415.04	0.040	2.722	10.44	710.34	0.15	10.21
4	13-127	水乳型聚合物水泥基复合防水涂料减0.5厚	m^2	68.04	0.60	40.82	19.03	1 294.80	0.002	0.136	0.53	36.06	0.01	0.68

表 9-12 建筑工程人材机汇总表

项目文件:某单位办公楼(建筑工程)

序 号	名 称 及 规 格	单 位	数 量	市场价(元)	合计(元)
一	人工类别				
1	综合工日	工日	180.065	23.46	4 224.32
2	综合工日	工日	121.899	28.24	3 442.15
3	综合工日	工日	91.107	27.45	2 500.89
4	综合工日	工日	174.03	32.45	5 647.27
5	综合工日	工日	17.463	31.12	543.45
6	综合工日	工日	13.163	29.26	385.15
7	综合工日	工日	16.973	30.81	522.94
8	综合工日	工日	9.083	28.43	258.23
9	其他人工费	元	109.31	1	109.31
	小 计				17 633.71
二	配合比类别		0		0.00
1	1:2 水泥砂浆	m^3	0.28	251.02	70.29
2	1:3 水泥砂浆	m^3	0.02	204.11	4.08
3	3:7 灰土	m^3	0.202	21.92	4.43
4	M5 水泥砂浆	m^3	7.62	135.21	1 030.30
5	M7.5 混合砂浆	m^3	13.81	159.33	2 200.35
6	C10 普通混凝土	m^3	21.65	148.81	3 221.74
7	C20 普通混凝土	m^3	0.66	183.00	120.78
8	C25 普通混凝土	m^3	45.11	197.91	8 927.72
9	C20 豆石混凝土	m^3	0.006	185.38	1.11
三	材料类别				
1	钢筋Φ10 以内	kg	1 293.93	2.43	3 144.25
2	钢筋Φ10 以外	kg	2 265.25	2.50	5 663.13
3	水泥综合	kg	29 038.51	0.366	10 628.09
4	加气混凝土块	m^3	14.56	155.00	2 256.80
5	红机砖	块	17 362.57	0.177	3 073.17
6	KP1-P 砖 240×115×90	块	22 272.43	0.28	6 236.28
7	KP1-P 砖 178×115×90	块	2 611.32	0.28	731.17
8	页岩陶粒	m^3	3.43	100.00	343.00
9	石灰	kg	929.49	0.097	90.16
10	粉煤灰	kg	122.57	0.089	10.91
11	砂子	kg	121 708.78	0.036	4 381.52

续表

序　号	名称及规格	单　位	数　量	市场价/元	合计/元
12	石子综合	kg	45 966.97	0.032	1 470.94
13	豆石	kg	7.27	0.034	0.25
14	膨胀螺栓Φ6	套	14.07	0.42	5.91
15	铁件	kg	1.93	3.10	5.98
16	SBS 改性沥青油毡防水卷材 2mm 厚	m^2	0.484	15.00	7.26
17	SBS 改性沥青油毡防水卷材 3mm 厚	m^2	99.68	17.00	1 694.56
18	水乳型聚合物水泥基复合防水涂料	kg	245.35	3.00	736.05
19	聚氨酯防水涂料	kg	22.86	9.50	217.17
20	1:3 聚氨酯	kg	14.25	19.00	270.75
21	嵌缝膏 CSPE	支	25.29	17.00	429.93
22	乙酸乙酯	kg	3.99	20.00	79.80
23	着色剂	kg	15.82	1.50	23.73
24	密封胶 KS 型	kg	0.44	15.61	6.87
25	雨水口 ϕ100	个	2.02	10.00	20.20
26	塑料水落管 ϕ100	m	14.03	19.66	275.83
27	塑料雨水斗	个	2.02	23.88	48.24
28	水费	t	132.00	3.20	422.40
29	电费	度	1 325.74	0.54	715.90
30	钢筋成型加工及运费Φ10 以内	kg	1 290.48	0.135	174.21
31	钢筋成型加工及运费Φ10 以外	kg	2 265.25	0.101	228.79
32	脚手架租赁费	元	984.61	1.00	984.61
33	材料费	元	3 053.96	1.00	3 053.96
34	模板租赁费	元	1 164.19	1.00	1 164.19
35	其他材料费		2 131.53		2 131.53
	小计				50 727.54
四	机械类别				
1	机械费		1 385.19	1.00	1 385.19
2	其他机具费		2 058.18	1.00	2 058.18
	小计				3 443.37
	合计				71 804.62

表 9-13　建筑工程三材汇总表

项目文件:某单位办公楼(建筑工程)

序　号	材料名称	单　位	数　量	序　号	材料名称	单　位	数　量
1	钢材	t	3.559	3	木材	m^3	0
2	其中钢筋	t	3.559	4	水泥	t	29.039

表 9-14 建筑工程工程量计算表

序号	定额编号	项目名称	工程量计算式	单位	数量
		建筑面积	(10.38×7.68－2.7×1.2)×2＋2.82×1.4/2	m^2	154.93
一		土方工程			
1	1-1	平整场地	76.48×1.4	m^2	107.07
2	1-4	人工挖沟槽	(1.5＋0.2×2＋0.59)×(34.2＋12)×1.95 其中: 1-1 中心线长(9.9＋7.2)×2＝34.2(m) 2-2 净长线(6＋7.2＋4.5)－(0.75＋0.2)×6＝12(m)	m^3	224.32
3	1-13	3:7 灰土垫层	$[0.2+0.15+(0.6^2+0.4^2)^{1/2}]\times0.1\times(1.5+0.2\times2)$	m^3	0.20
4	1-7	沟槽回填土夯填	224.32－21.33－34.68 其中: (1)挖沟槽:224.32m^3 (2)C10 混凝土垫层:21.33m^3 (3)砖基础室外地面以下毛体积: 26.35＋8.33＝34.68(m^3) 其中: 1-1 中心线长(9.9＋0.12＋7.2＋0.12)×2＝34.68(m) 2-2 净长线 17.7－0.12×6＝16.98(m) 1-1 剖:0.365×34.68×(1.65＋0.432)＝26.35(m) 2-2 剖:0.24×16.98×(1.65＋0.394)＝8.33(m)	m^3	168.31
5	1-14	房心回填土	59.91×0.286 其中: (1)房屋净面积:(9.9－0.24)×(7.2－0.24)－2.7×1.2－16.98×0.24＝59.91(m^2) (2)回填土厚度: 0.45－(0.1＋0.05＋0.014)＝0.286(m)	m^3	17.13
6	1-15	余土运输	224.32－168.31－17.13－0.9×0.20	m^3	38.70
二		现场搅拌混凝土工程			
1	5-1	C10 混凝土垫层	1.5×(34.2＋13.2)×0.3 2-2 净长线 17.7－0.75×6＝13.2(m)	m^3	21.33
2	5-21	C25 现浇构造柱	8.29＋0.41＋0.37 其中: (1)外墙构造柱: [0.36×(0.36＋0.03×2)×7＋0.36×(0.24＋0.03×2)×3]×6＝8.29(m^3) (2)内墙构造柱: 首层:[0.24×0.03×4＋0.24×(0.36＋0.03×3)]×3＝0.41(m^3) 二层:[0.24×0.03×3＋0.24×(0.36＋0.03×2)]×3＝0.37(m^3)	m^3	9.07
3	5-24 换	C25 现浇梁	0.25×0.45×4.26	m^3	0.48

续表

序号	定额编号	项目名称	工 程 量 计 算 式	单位	数量
4	5-27	C25 现浇过梁、圈梁	1.30+0.36+5.99+1.71+9.94 其中： (1)外墙过梁： 0.36×0.18×[(1.5+0.4)×9+(1.2+0.4)+4]=1.30(m^3) (2)内墙过梁： 0.24×0.18×[(1.2+0.4)×2+(0.9+0.4)×4]=0.36(m^3) (3)外墙圈梁： 0.36×0.24×34.68×2=5.99m^3 (4)内墙圈梁： 0.24×0.24×(16.98×2−4.26)=1.71(m^3) (5)基础内圈梁： (0.36×0.36+0.36×0.24)×34.68+(0.24×0.36+0.24×0.24)×16.98=9.94m^3	m^3	19.30
5	5-28	C25 现浇板	5.49+5.99 其中： 首层：(59.91−14.17)×0.12=5.49m^3 二层：[59.91−(0.25−0.24)×4.26]×0.1=5.99(m^3)	m^3	11.48
6	5-40	现浇 C25 整体直形楼梯	2.46×5.76	m^2	14.17
7	5-44	现浇 C25 阳台	1.4×2.82×(0.07+0.12)×0.5	m^3	0.38
8	5-46	现浇 C25 雨罩	1.2×1.8×(0.06+0.12)×0.5+1.8×0.19×0.06	m^3	0.21
9	5-51	现浇 C25 栏板	(1.4×2+2.8)×1.1×0.06	m^3	0.37
10	5-53	现浇 C20 混凝土台阶	[(0.25×0.15)×0.5×3+0.2×0.04+$(0.45^2+0.75^2)^{1/2}$×0.040+(0.15×0.11)×0.5]×1.5	m^3	0.161 2
11	5-54	现浇 C20 混凝土压顶	35.16×0.05×0.28 其中： 中心线长：(9.9+0.24+7.2+0.24)×2=35.16(m^3)	m^3	0.49
三		模板工程			
1	7-1	C10 混凝土垫层	21.33×1.383	m^2	29.50
2	7-17	C25 现浇构造柱	9.07×6.00	m^2	52.42
3	7-28	C25 现浇梁	0.48×9.606	m^2	4.61
4	7-28	C25 现浇过梁	(1.30+0.36)×9.618 其中： (1)外墙过梁：1.30(m^2) (2)内墙过梁：0.36(m^2)	m^2	16.07
5	7-38	C25 现浇圈梁	(5.99+1.71)×6.579 其中： (1)外墙圈梁：5.99(m^2) (2)内墙圈梁：1.71(m^2)	m^2	50.66
6	7-27	C25 现浇基础梁	9.94×7.899	m^2	78.52
7	7-45	C25 现浇平板	11.48×7.440	m^2	85.41

续表

序号	定额编号	项目名称	工程量计算式	单位	数量
8	7-54	现浇 C25 整体直形楼梯	14.17×2.123	m^2	30.08
9	7-56	现浇 C25 阳台	0.38×95.238	m^2	36.19
10	7-56	现浇 C25 雨罩	0.21×95.238	m^2	20.00
11	7-60	现浇 C25 栏板	0.37×33.898	m^2	12.54
12	7-66	现浇 C20 混凝土台阶	0.1612×60.976	m^2	9.83
13	7-65	现浇 C20 混凝土压顶	0.49×30.488	m^2	14.94
四		钢筋工程			
1	8-1	Φ10 以内		t	1.259
		C25 现浇构造柱	9.07×18.70	kg	169.61
		C25 现浇梁	0.48×24.40	kg	11.71
		C25 现浇过梁	1.66×34.70	kg	57.60
		C25 现浇圈梁	7.7×26.30	kg	202.51
		C25 现浇板	11.48×50.90	kg	584.33
		现浇 C25 整钵直形楼梯	14.17×6.50	kg	92.11
		现浇 C25 阳台	0.38×119.00	kg	45.22
		现浇 C25 雨罩	0.21×119.00	kg	24.99
		现浇 C25 栏板	0.37×71.00	kg	26.27
		现浇 C20 混凝土压顶	0.49×92.00	kg	45.08
2	8-2	Φ10 以外		t	2.210
		C25 现浇构造柱	9.07×103.30	kg	936.93
		C25 现浇梁	0.48×87.60	kg	42.05
		C25 现浇过梁	1.66×67.20	kg	111.55
		C25 现浇圈梁	7.7×99.00	kg	762.30
		C25 现浇板	11.48×15.40	kg	176.79
		现浇 C25 整体直形楼梯	14.17×12.70	kg	179.96
五		砌筑工程			
1	4-1	砖基础	32.05+10.16−9.94 其中： 1-1 中心线长(9.9+0.12+7.2+0.12)×2=34.68(m) 2-2 净长线 17.7−0.12×6=16.98(m) (1)毛体积 1-1 剖：0.365×34.68×[0.45+(1.65+0.432)]=32.05(m^3) 2-2 剖：0.24×16.98×[0.45+(1.65+0.394)]=10.16(m^3) (2)基础内圈梁：9.94m^3	m^3	32.27

续表

序号	定额编号	项目名称	工 程 量 计 算 式	单位	数量
2	4-17	365 厚 KP1 黏土空心砖外墙	(34.68×6－24.1)×0.365－15.58 其中： (1)外墙含门窗框外围面积：19.44＋2.82＋1.84＝24.1(m^2) 9C1：1.47×1.47×9＝19.44(m^2) 1M1：1.18×2.39＝2.82(m^2) 1M2：0.88×2.09＝1.84(m^2) (2)外墙含混凝土体积：8.29＋1.30＋5.99＝15.58(m^3) 外墙构造柱：8.29m^3 外墙过梁：1.30m^3 外墙圈梁：5.99m^3	m^3	51.57
3	4-19	240 厚 KP1 黏土空心砖内墙	[(16.98×2－4.26)×3－13.0]×0.24－2.85 其中： (1)内墙含门窗面积：5.64＋7.36＝13.0(m^2) 2Ml：1.18×2.39×2＝5.64(m^2) 4M2：0.88×2.09×4＝7.36(m^2) (2)内墙含混凝土体积：0.78＋0.36＋1.71＝2.85(m^3) 内墙构造柱：0.41＋0.37＝0.78(m^3) 内墙过梁：0.36m^3 内墙圈梁：1.71m^3	m^3	15.41
4	4-24	240 厚 KP1 黏土空心砖女儿墙	35.16×0.6×0.24 其中： 中心线长：(9.9＋0.24＋7.2＋0.24)×2＝35.16(m^3)	m^3	5.06
六		屋面工程			
1	12-2	干铺加气混凝土保温层	68.04×0.2 其中： 女儿墙内净面积：9.9×7.2－2.7×1.2＝68.04(m^3)	m^3	13.61
2	12-18	水泥粉煤灰陶粒找坡层	68.04×0.035	m^3	2.38
3	12-35	着色剂面层	68.04＋34.2×0.30 其中： 女儿墙内周长：(9.9＋7.2)×2＝34.2(m)	m^2	78.3
4	12-55	屋面排水，塑料雨水管 ϕ100	(6.25＋0.45)×2	m	13.4
5	12-61	屋面排水，ϕ100铸铁下水口	2	套	2
6	12-64	屋面排水，塑料雨水斗	2	套	2
七		防水工程			

续表

序号	定额编号	项目名称	工程量计算式	单位	数量
1	13-1	20厚1:3水泥砂浆找平层	68.04+78.3 其中: (1)隔汽层下找平层:68.04m^2 (2)防水层下找平层:78.3m^2	m^2	146.34
2	13-98	SBS改性沥青防水卷材3mm厚	68.04+34.2×0.30	m^2	78.3
3	13-126	2mm水乳型聚合物水泥基复合防水涂料	9.9×7.2−2.7×1.2	m^2	68.04

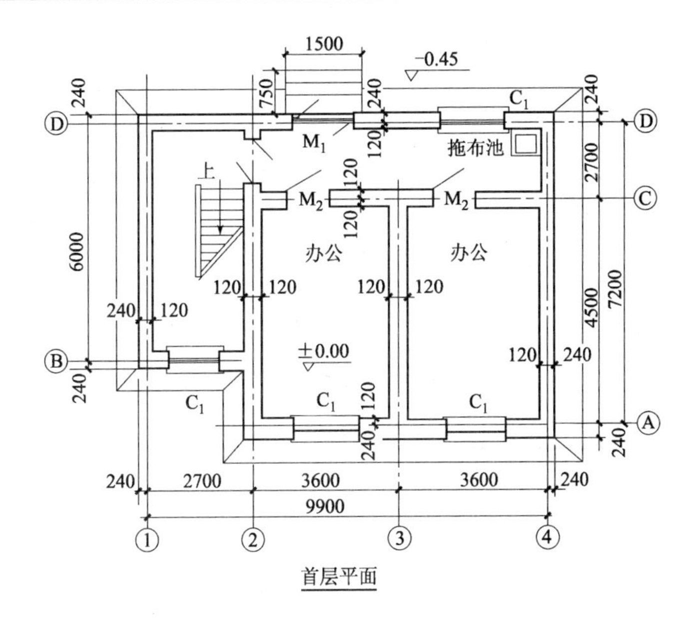

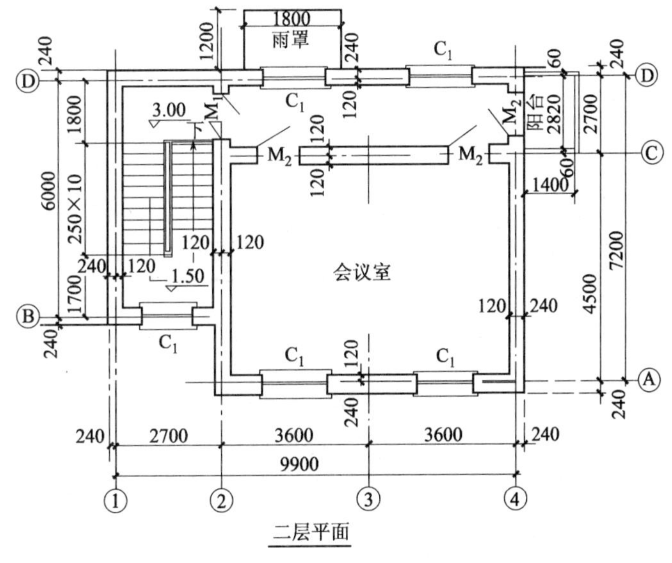

图 9-2 ××办公楼建筑平面图

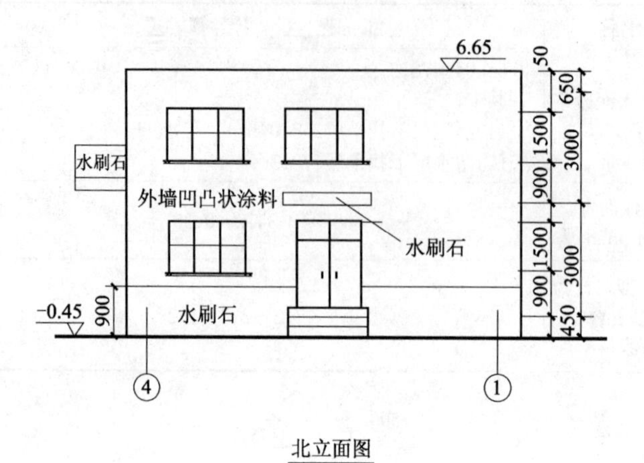

北立面图

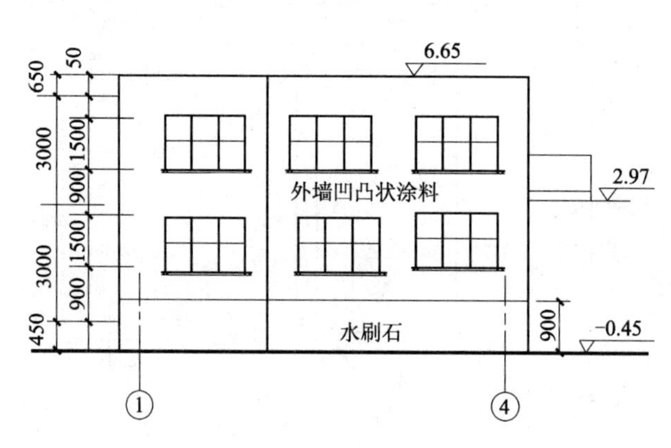

南立面图

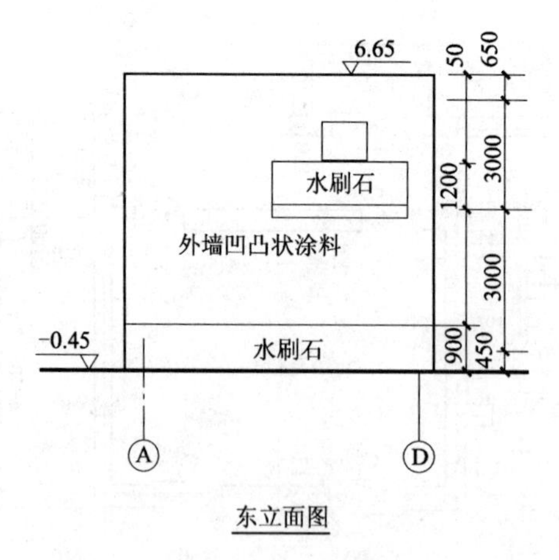

东立面图

图9-3　××办公楼建筑立面图

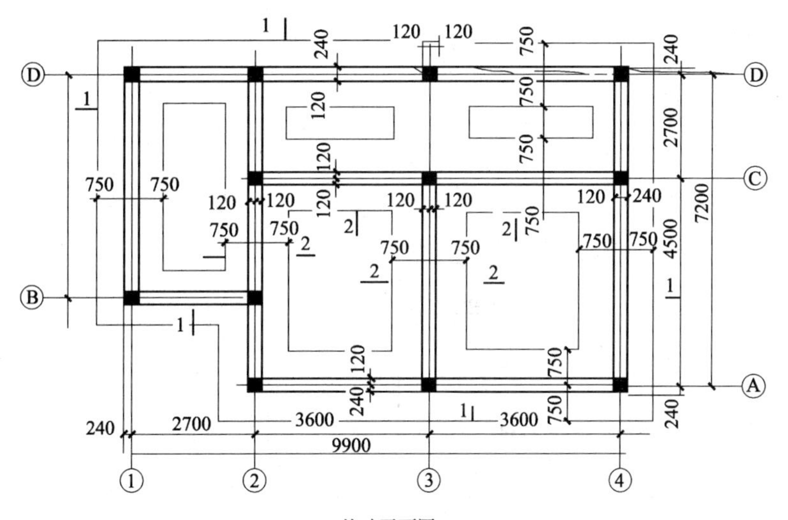

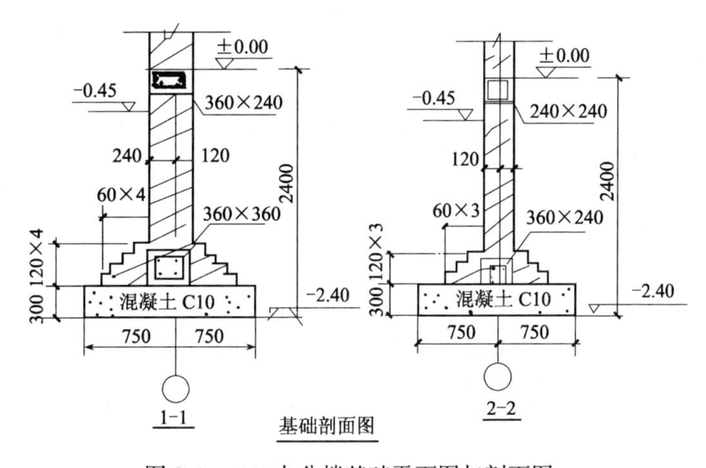

图 9-4 ××办公楼基础平面图与剖面图

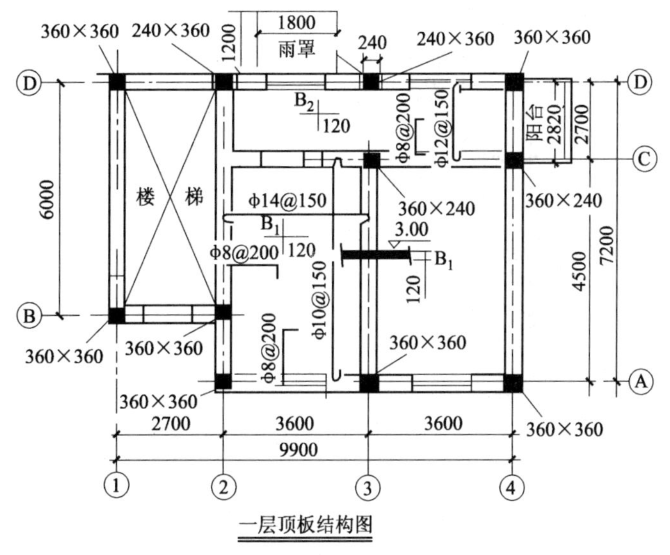

图 9-5 ××办公楼结构平面图(一)

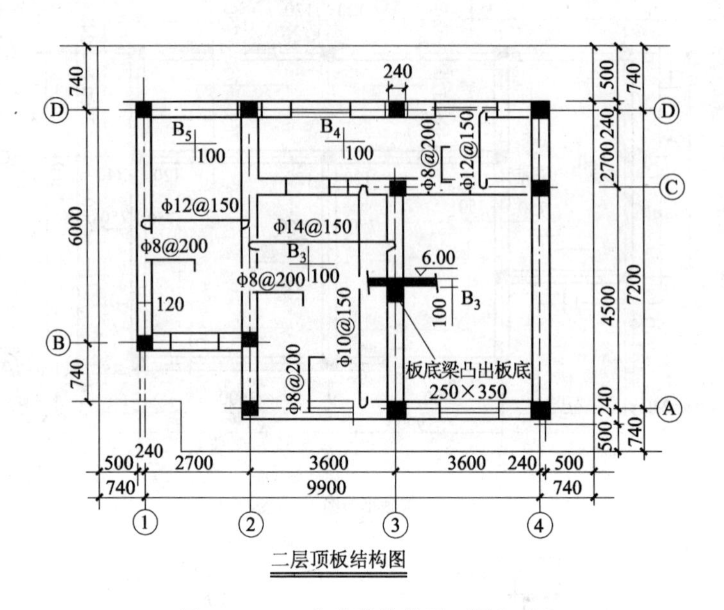

图 9-5　××办公楼结构平面图(二)

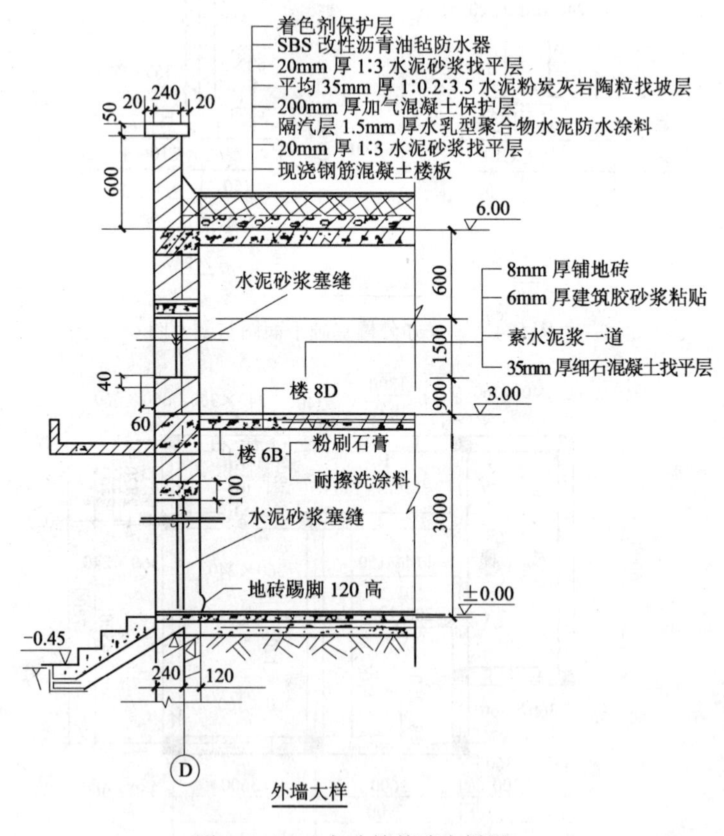

图 9-6　××办公楼外墙大样图

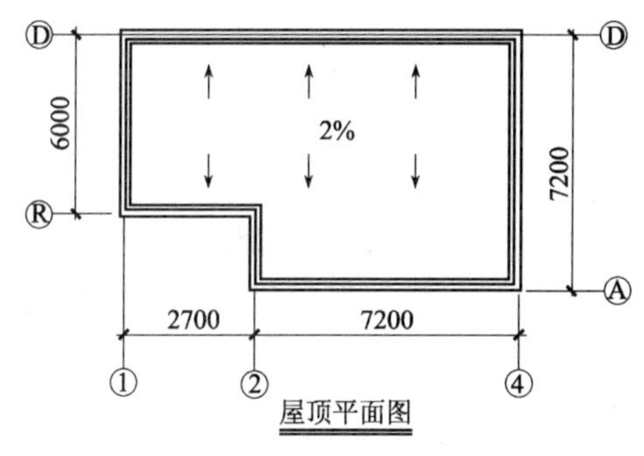

图 9-7 屋顶平面图

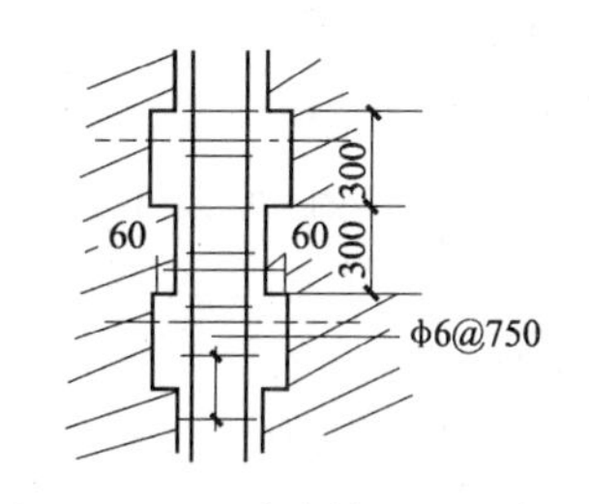

图 9-8 KP1 砖墙构造柱示意图

9.2.4 答辩参考题

1. 编制单位工程施工图预算的依据有哪些?
2. 应在何时进行单位工程施工图预算的编制?
3. 现阶段,直接工程费包括哪些内容?
4. 如何计算土建工程的其他直接费和间接费?
5. 如何计算多层建筑物的建筑面积?
6. 直接工程费由哪几部分组成?
7. 直接费包括哪些内容?
8. 什么是人费工费? 它包括哪些内容?
9. 其他直接费包括哪些内容? 对土建工程如何进行计算?
10. 编制单位工程施工图预算应计算哪些费用?
11. 区分:平整场地、挖土方、挖地(沟)槽、挖地(基)坑。
12. 如何确定基础与墙身的分界线?
13. 如何计算现浇梁、板、柱的工程量?
14. 如何计算现浇楼梯的工程量?
15. 单位工程施工图预算应包括哪些内容? 如何进行计算?
16. 什么是工料分析? 它包括哪些内容?
17. 你认为对一个单位工程应如何进行工料分析?
18. 你认为工料分析有什么作用?
19. 单位工程施工图预算中的税金包括哪几项?
20. 你认为编制单位工程施工图预算应收集哪些资料?

9.3 建筑工程工程量清单的编制

工程量清单由有编制招标文件能力的招标人或受其委托具有相应资质的工程造价资询机构、招标代理机构严格按照《建设工程工程量清单计价规范》(GB 50500—2003),依据有关计价办法、招标文件的要求、设计文件和施工现场实际情况进行编制。在编制工程量清单时,应根据规范和设计图纸及其他有关要求对清单项目进行准确详细的描述,以保证投标企业正确理解各清单项目的内容,合理报价。

9.3.1 工程量清单的项目设置

工程量清单的项目设置规则是为了统一工程量清单项目名称、项目编码、计量单位和工程量计算而制定的,是编制工程量清单的依据。在《建设工程工程量清单计价规范》中,对工程量清单的项目设置作了明确的规定。

1. 项目编码

项目编码以五级编码设置,用十二位阿拉伯数字表示。一、二、三、四级编码统一;第五级编码由工程量清单编制人区分具体工程的清单项目特征而分别编码。各级编码代表的含义如下:

(1)第一级表示分类码(分两位)。建筑工程为 01、装饰装修工程为 02、安装工程为 03、市政工程为 04、园林绿化工程为 05;

(2)第二级表示章顺序码(分两位);

(3)第三级表示节顺序码(分两位);

(4)第四级表示清单项目码(分三位);

(5)第五级表示具体清单项目码(分三位)。

项目编码绍构如图 9-9 所示(以建筑工程为例)。

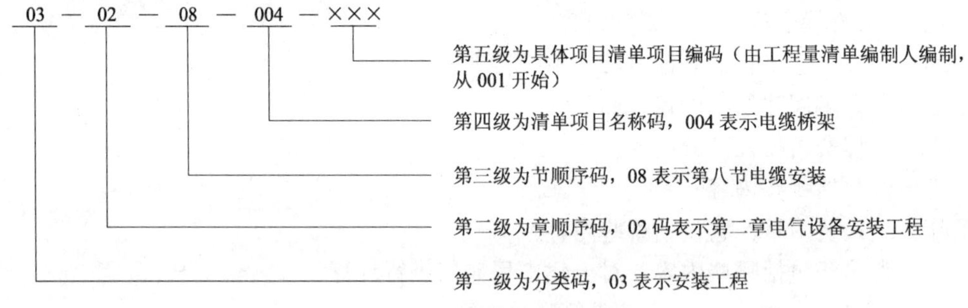

图 9-9　工程量清单项目编码结构

2. 项目名称

项目名称原则上以工程实体命名。项目名称如有缺项,招标人可按相应的原则进行补充,并报当地工程造价管理部门备案。

3. 项目特征

项目特征是对项目的准确描述,是影响价格的因素和设置具体清单项目的依据。项目特征按不同的工程部位、施工工艺或材料品种、规格等分别列项。凡项目特征中未描述到的独有特征,由清单编制人视项目具体情况确定,以准确描述清单项目为准。

4. 计量单位

计量单位应采用基本单位,除各专业另有特殊规定外,均按以下单位计量:

(1)以重量计算的项目单位——吨或千克(t 或 kg);

(2)以体积计算的项目单位——立方米(m^3);

(3)以面积计算的项目单位——平方米(m^2);

(4)以长度计算的项目单位——米(m);

(5)以自然计量单位计算的项目单位——个、套、块、樘、组、台……

(6)没有具体数量的项目单位——系统、项……

5. 工程内容

工程内容是指完成该清单项目可能发生的具体工程,可为招标人确定清单项目和投标人投标报价提供参考。以建筑工程的砖墙为例,可能发生的具体工程有搭拆内墙脚手架、运输、砌砖、勾缝等。

凡工程内容中未列全的其他具体工程，由投标人按招标文件或图纸要求编制，以完成清单项目为准，综合考虑到报价中。

9.3.2 工程数量的计算

工程数量的计算应按工程量的计算规则进行。工程量计算规则是指对清单项目工程量的计算规定。除另有说明外，所有清单项目的工程量应以完成后的净值计算；投标人投标报价时，应在单价中考虑施工中的各种损耗和需要增加的工程量。

工程量的计算规则按主要专业划分，包括建筑工程、装饰装修工程、安装工程、市政工程和园林绿化工程五个部分。

1. 建筑工程

建筑工程包括土石方工程，地基与桩基础工程，砌筑工程，混凝土及钢筋混凝土工程，厂库房大门、特种门、木结构工程，金属结构工程，屋面及防水工程，防腐、隔热、保温工程。

2. 装饰装修工程

装饰装修工程包括楼地面工程，墙柱面工程，天棚工程，门窗工程，油漆、涂料、裱糊工程，其他装饰工程。

3. 安装工程

安装工程包括机械设备安装工程，电气设备安装工程，热力设备安装工程，炉窑砌筑工程，静置设备与工艺金属结构制作安装工程，工业管道工程，消防工程，给排水、采暖、燃气工程，通风空调工程，自动化控制仪表安装工程，通信设备及线路工程，建筑智能化系统设备安装工程，长距离输送管道工程。

4. 市政工程

市政工程包括土石方工程，道路工程，桥涵护岸工程，隧道工程，市政管网工程，地铁工程，钢筋工程，拆除工程，厂区、小区道路工程。

5. 园林绿化工程

园林绿化工程包括绿化工程，园路、园桥、假山工程，园林景观工程。

9.3.3 招标文件中提供的工程量清单的标准格式

1. 封面

封面由招标人填写、签字、盖章(表 9-15)。

表 9-15 封　　面

____________________工程 **工程量清单** 招标人：________________(单位签字盖章) 法定代表人：________________(签字盖章) 中介机构 法定代表人：________________(签字盖章) 造价工程师 及注册证号：________________(签字盖执业专用章) 编制时间：________________

2. 填表须知

填表须知主要包括下列内容：

(1)工程量清单及其计价格式中所要求的签字、盖章的地方，必须由规定的单位和人员签字、盖章。

(2)工程量清单及其计价格式中的任何内容不得随意删除或涂改。

(3)工程量清单计价格式中列明的所有需要填报的单价和合价，投标人均应填报，未填报的单价和合价，视为此项费用已包含在工程量清单的其他单价和合价中。

(4)明确金额的表示币种。

3. 总说明

总说明应按下列内容填写：

(1)工程概况。包括建设规模、工程特征、计划工期、施工现场实际情况、交通运输情况、自然地理条件、环境保护要求等。

(2)工程招标和分包范围。

(3)工程量清单编制依据。

(4)工程质量、材料、施工等的特殊要求。

(5)招标人自行采购材料的名称、规格型号、数量等。

(6)其他项目清单中招标人部分的(包括预留金、材料购置费等)金额数量。

(7)其他需说明的问题。

4. 分部分项工程量清单(表9-16)

表9-16 分部分项工程量清单

工程名称： 第 页 共 页

序 号	项目编码	项目名称	计量单位	工程数量

分部分项工程量清单应包括项目编码、项目名称、计量单位和工程数量四个部分。

(1)项目编码按照计量规则的规定，编制具体项目编码。即在计量规则9位全国统一编码之后，增加三位具体项目编码。这三位具体项目编码由招标人针对本工程项目具体编制，并应自001起顺序编制。

(2)项目名称按照计量规则的项目名称，结合项目特征中的描述，根据不同特征组合确定。项目名称的表达应详细、准确。计量规则中的项目名称如有缺陷，招标人可作补充，并报当地工程造价管理机构(省级)备案。

(3)计量单位按照计量规则中的相应计量单位确定。

(4)工程数量按照计量规则中的工程量计算规则计算，其精确度按下列规定：

1)以“t”为单位的，保留小数点后三位，第四位小数四舍五入；

2)以“m^3”、“m^2”、“m”为单位的，应保留两位小数，第三位小数四舍五入；

3)以“个”、“项”等为单位的，应取整数。

5. 措施项目清单

措施项目清单应根据拟建工程的具体情况,参照表9-17列项。

表9-17 措施项目一览表

序号	项目名称
1. 通用项目	
1.1	环境保护
1.2	文明施工
1.3	安全施工
1.4	临时设施
1.5	夜间施工
1.6	二次搬运
1.7	大型机械设备进出场及安拆
1.8	混凝土、钢筋混凝土模板及支架
1.9	脚手架
1.10	已完工程及设备保护
1.11	施工排水、降水
2. 建筑工程	
2.1	垂直运输机械
3. 装饰装修工程	
3.1	垂直运输机械
3.2	室内空气污染测试
4. 安装工程	
4.1	组装平台
4.2	设备、管道施工安全,防冻和焊接保护措施
4.3	压力容器和高压管道的检验
4.4	焦炉施工大棚
4.5	焦炉烘炉、热态工程
4.6	管道安装后的充气保护措施
4.7	隧道内施工的通风、供水、供气、供电、照明及通讯设施
4.8	现场施工围栏
4.9	长输管道临时水工保护措施
4.10	长输管道施工便道
4.11	长输管道跨越或穿越施工措施
4.12	长输管道地下管道穿越地上建筑物的保护措施
4.13	长输管道工程施工队伍调遣
4.14	格架式抱杆

续表

序号	项目名称
5. 市政工程	
5.1	围堰
5.2	筑岛
5.3	现场施工围栏
5.4	便道
5.5	便桥
5.6	洞内施工通风管路、供水、供气、供电、照明及通讯设施
5.7	驳岸块石清理

措施项目清单格式如表9-18所示。

表9-18　措施项目清单

工程名称：　　　　　　　　　　　　　　　　　　　　　　第　页　共　页

序号	项目名称

6. 其他项目清单

其他项目清单(表9-19)应根据拟建工程的具体情况，参照下列内容列项：

(1)招标人部分。包括预留金、材料购置费等。其中预留金是指招标人为可能发生的工程量变更而预留的金额。

(2)投标人部分。包括总承包服务费、零星工作费。其中总承包服务费是指为配合协调招标人进行的工程分包和材料采购所需的费用；零星工作费是指完成招标人提出的、不能以实物量计量的零星工作项目所需的费用。

表9-19　其他项目清单

工程名称：　　　　　　　　　　　　　　　　　　　　　　第　页　共　页

序号	项目名称
1	招标人部分
2	投标人部分

9.3.4　工程量清单计价

工程量清单计价包括编制招标标底、投标报价、合同价款的确定与调整和办理工程结算等。

9.3.4.1　工程量清单计价的工作范围

1. 招标投标的工程量清单计价

工程量清单计价是与现行的定额计价方式共存于招标投标计价活动中的另一种计价方

式,主要适用于建设工程招标投标的工程量清单计价活动。

2. 全部使用国有资金投资或以国有资金投资为主的大中型建设工程应执行《建设工程工程量清单计价规范》

"国有资金"是指:(1)国家财政性的预算内或预算外资金;(2)国家机关、国有企事业单位和社会团体的自有资金及借贷资金;(3)国家通过对内发行政府债券或向外国政府及国际金融机构举借主权外债所筹集的资金。国有资金投资为主的工程是指国有资金占总投资额的50%以上,或不足50%,但国有资产投资者实质上拥有控股权的工程。大、中型建设工程的界定按国家有关部门的规定执行。

9.3.4.2 工程量清单计价的相关规定

1. 实行工程量清单计价招标投标的建设工程,其招标标底、投标报价的编制、合同价款确定与调整、工程结算均应执行《建设工程工程量清单计价规范》,还应符合国家有关法律、法规及标准、规范的规定,主要是指《建筑法》、《合同法》、《价格法》、《招标投标法》和建设部第107号令《建筑工程施工发包与承包计价管理办法》及直接涉及工程造价的工程质量、安全及环境保护等方面的工程建设强制性标准规范。

2. 工程量清单计价应包括按招标文件规定完成工程量清单所列项目需要的全部费用即:分部分项工程费、措施项目费、其他项目费和规费、税金。

3. 工程量清单应采用综合单价计价,综合单价包括除规费、税金以外的全部费用。

4. 分部分项工程量清单的综合单价,应根据规范规定的综合单价组成,按设计文件或参照规范附录A、附录B、附录C、附录D、附录E中的"工程内容"确定,不得包括招标人自行采购材料的价款。

5. 措施项目清单的金额应根据拟建工程的施工方案或施工组织设计,参照规范规定的综合单价组成确定。投标人可以根据本企业的实际情况增加措施项目内容报价。

6. 其他项目清单的金额应按下列规定确定:

(1)招标人部分的金额可按估算金额确定。

(2)投标人部分的总承包服务费应根据招标人提出要求所发生的费用确定,零星工作项目费应根据"零星工作项目计价表"确定。

(3)零星工作项目的综合单价应参照规范规定的综合单价组成填写。

其他项目清单中的预留金、材料购置费和零星工作项目费,均为估算、预测数量,虽在投标时计入投标人的报价中,但不应视为投标人所有。竣工结算时,应按承包人实际完成的工作内容结算,剩余部分仍归招标人所有。

7. 招标工程如设标底,标底应根据招标文件中的工程量清单和有关要求、施工现场实际情况、合理的施工方法以及省、自治区、直辖市建设行政主管部门制定的有关工程造价计价办法进行编制。

8. 投标报价应根据招标文件中的工程量清单和有关要求、施工现场实际情况及拟定的施工方案或施工组织设计并依据企业定额和市场价格信息,或参照建设行政主管部门发布的社会平均消耗量定额进行编制。

投标人的报价应在满足招标文件要求的前提下实行人工、材料、机械消耗量自定,价格费用自选,全面竞争、自主报价的方式。

9. 工程量变更调整

(1)合同中的综合单价因工程量变更需调整时,除合同另有约定外,应按照下列办法确定:

1)由工程量清单漏项或设计变更引起的工程量清单项目的增减,其相应综合单价由承包人提出,经发包人确认后作为结算的依据。

2)由于工程量清单的工程数量有误或设计变更引起的工程量增减,属于合同约定幅度以内的,应执行原有的综合单价;属于合同约定幅度以外的,其增加部分的工程量或减少后剩余部分的工程量的综合单价由承包人提出,经发包人确认后,作为结算的依据。

(2)由于工程量的变更,且实际发生了除(1)中规定的费用以外的损失,承包人可提出索赔要求,与发包人协商确认后,可获补偿。

10. 工程量清单计价应采用统一格式并随招标文件发至投标人。工程量清单计价格式应由下列内容组成:

(1)封面。

(2)投标总价。

(3)工程项目总价表。

(4)单项工程费汇总表。

(5)单位工程费汇总表。

(6)分部分项工程量清单计价表。

(7)措施项目清单计价表。

(8)其他项目清单计价表。

(9)零星工作项目计价表。

(10)分部分项工程量清单综合单价分析表。

(11)措施项目费用分析表。

(12)主要材料价格表。

9.3.4.3 工程量清单报价编制应注意的问题

1. 单价分析

(1)计算并核对工程量,要以单位项目划分为依据,重点对工程量进行核查,如发现有出入,应按规定做必要的调整和补充。

(2)工程量清单的工作内容包含的项目,是按建筑物的实体量来划分的,有很多的施工工序。因此进行单价分析时,不能按过去的传统定额只套一个定额子目,而要套用多个定额子目。

(3)工程量清单没有考虑施工过程的施工损耗,在编制综合单价时要在材料消耗量中加以考虑。

(4)传统的预算定额综合了模板的制作、安装和人工、材料、机械费用,脚手架搭拆费,垂直运输机械费,而模板的制作、安装费,脚手架搭拆费和垂直运输机械费属于项目措施费,不能在综合单价中计算,而应列入项目措施费中。

对较大的土建招标工程,在确定单价时要作专题分析,不能套常用定额。因为每个工程的现场情况、气候条件、地貌与地质、工程的复杂程度、有利条件和不利条件、合同价格是否因工资和物价的变动而调整、工期长短、对设备和材料的特殊要求、投标人的情况及当前自己的状况等都各不相同,需要周密考虑。在确定标价上,一方面要对工资、材料价格、施工机构、管理费、利润、临时设施等问题,结合初步的施工方案提出原则意见,并确定初步的、总体的投标框架；另一方面要对工程量清单中的项目及技术规范中的有关规定与要求，逐项进行分析研究，确定工程材料消耗量。另外，还应对工效、材料来源和当前价格以及施工期间发生的浮动幅度作深入的调查研究，做出全面的考虑。对于有些材料和设备，应及时询价，从而分别定出比较适当的材料、设备单价，然后再逐一确定各项单价。

2. 综合汇总分析

在“分部分项工程量清单计价表”、“措施项目清单计价表”、“其他项目清单计价表”计价完毕后，即可以计算“单位工程费汇总表”，从而计算出工程造价，然后再进行一次全面的自校，查验计算有无误差，并从总价上权衡报价是否合理。

具体的测算方法是通过各项综合单价的指标如平均每立方米土方单价、每立方米钢筋混凝土单价、每吨钢筋及钢结构单价等，与各种不同建筑施工的单价指标及类似工程的造价指标进行比较，判断孰高孰低，是否合理。如果出现总价或其中一部分单价偏高或偏低，就应进行调整。

3. 标底与报价的基本原则

(1)标底编制。

1)标底应根据国家建设行政主管部门颁发的计价办法进行编制。

2)人工、材料、施工机械台班单价根据建设行政主管部门发布的市场指导价格(信息)进行计算。

3)人工、材料、施工机械台班的消耗量根据国家制定的定额计算。

4)项目措施费根据工程特点和需要，按照建设行政主管部门颁发的参考规定计算。

5)标底是控制最高限价的控制线，各投标单位的报价不能超过这个控制线。

(2)报价编制。

1)人工、材料、施工机械台班的消耗量根据企业定额或参照建设行政主管部门颁发的定额计算。

2)人工、材料、施工机械台班单价由企业根据市场的价格情况自主确定。

3)项目措施费由企业根据自己的技术力量、管理水平和工程的实际情况、施工方案、风险程度自主确定。

4)投标人的报价不得低于本企业的成本。

9.3.4.4 综合单价计算示例

某二层砖混办公楼土方工程，土壤类别为三类土，基础为大放脚带形砖基础，基础沟槽总长为46.2m，垫层宽度为1.5m，挖土深度为1.95m，弃土运距4km。

1. 业主根据基础施工图和《建设工程工程量清单计价规范》附录A中的土石方工程工程量计算规则计算：

基础挖土截面积为：$1.5\times1.95=2.925(m^2)$

基础总长度为：46.2m

土方挖方总量为：$2.925\times46.2=135.14(m^3)$

2. 经投标人根据地质资料和施工方案计算：

(1)基础挖土截面为：

$(1.5+0.3\times2+1.95\times0.33)\times1.95=5.35(m^2)$(工作面宽度各边0.3m，放坡系数为0.33)

基础总长度为:46.2m

土方挖方总量为:$5.35\times46.2=247.17(m^3)$

(2)采用人工挖土,挖方量为247.17m^3。根据施工方案,除沟边堆土外,现场堆土110.5m^3,运距60m,采用人工运输。另有土方量38.7m^3采用装载机装、自卸汽车运,运距4km。

(3)人工挖土、运土(60m内),基底打夯:

1)人工费:$247.17\times8.4+110.5\times7.38=2\,891.72$(元)

2)机械费(电动打夯机):

$$8\times0.001\,8\times(1.5\times46.2)=1.00(元)$$

3)合计:$2\,891.72+1.00=2\,892.72$(元)

(4)装载机装、自卸汽车运土(4km):

1)人工费:$25\times0.006\times38.7\times2=11.61$(元)

2)材料费:$1.8\times0.012\times38.7=0.84$(元)

3)机械费:

装载机(轮胎式1m^3):

$$280\times0.003\,98\times38.7=43.13(元)$$

自卸汽车(3.5t):

$$340\times0.049\,25\times38.7=648.03(元)$$

推土机(75kW):

$$500\times0.002\,96\times38.7=57.28(元)$$

洒水车(400L)

$$300\times0.000\,6\times38.7=6.97(元)$$

机械费小计:755.41元

4)合计:$11.61+0.84+755.41=767.86$(元)

(5)综合:

1)直接费合计:3 660.58(元)

2)管理费:$3\,660.58\times34\%=1\,244.59$(元)

3)利润:$3\,660.58\times8\%=292.85$(元)

4)总计:$3\,660.58+1\,244.59+292.85=5\,198.02$(元)

5)综合单价:$5\,198.02/135.14=38.46$(元/m^3)

(6)大型机械进出场费计算(列入工程量清单措施项目费):

1)推土机进出场按平板拖车(15t)1个台班计算为:600元

2)装载机(1m^3)进出场按1个台班计算为:280元

3)自卸汽车进出场费(1台)按1台班计算为:340元

4)机械进出场费总计:1 220元

分部分项工程量清单计价见表9-20,分部分项工程量清单综合单价计算见表9-21。

表 9-20 分部分项工程量清单计价表

工程名称:某二层砖混办公楼工程　　　　第　页　共　页

序　号	项　目	项　目　名　称	计量单位	工程数量	金额(元)	
					综合单价	合价
	010101003001	A.1 土(石)方工程 挖基础土方 土壤类别:三类土 基础类型:砖大放脚带形基础 垫层深度:1 500mm 挖土深度:1.95m 弃土运距:4km	m^3	135.14	38.46	5 198.02

表 9-21 分部分项工程量清单综合单价计算表

工程名称:某二层砖混办公楼工程

项目编码:010101003001　　　　工程数量:135.14m^3

项目名称:挖基础土方　　　　综合单价:38.46 元

序号	定额编号	工程内容	单位	数量	其中:(元)					
					人工费	材料费	机械费	管理费	利润	小计
	1-8	人工挖土方(三类土 2m 以内)	m^3	1.829	15.36		0.007	5.22	1.23	21.82
	1-49	人工运土方(60m)	m^3	0.818	6.04			2.05	0.48	8.57
	1-174、1-195	装载机自卸汽车运土方(4km)	m^3	0.286	0.086	0.006	5.59	1.93	0.45	8.07
		合　计			21.486	0.006	5.59	9.2	2.16	38.46

注:参考《全国统一建筑工程基础定额》。

9.3.5 建筑工程工程量清单计价编制实例

9.3.5.1 建筑工程工程量清单编制

建筑工程工程量清单内容参见表 9-22~表 9-27。

表 9-22 工程量清单封面

××楼土建工程

工程量清单

招　标　人:＿＿(略)＿＿(单位盖章)

法定代表人:＿＿(略)＿＿(签字盖章)

中 介 机 构:＿＿(略)＿＿(单位盖章)

法定代表人:＿＿(略)＿＿(签字盖章)

造价工程师及注册证号:＿＿(略)＿＿(签字盖执业专用章)

编制时间:＿＿(略)＿＿

表9-23　填表须知

填表须知

1. 工程量清单及其计价格式中所有要求签字、盖章的地方，必须由规定的单位和人员签字、盖章。
2. 工程量清单及其计价格式中的任何内容不得随意删除或涂改。
3. 工程量清单计价格式中列明的所有需要填报的单价和合价，投标人均应填报。未填报的单价和合价，视为此项费用已包含在工程量清单的其他单价和合价中。
4. 金额（价格）均应以__人民币__表示。
5. 投标报价必须与工程项目总价一致。
6. 投标报价文件一式三份。

表9-24　总　说　明

工程名称：××楼土建工程　　　　第　页　共　页

1. 工程概况：该工程建筑面积450m²，其主要使用功能为商住楼，层数3层，混合结构，建筑高度10.8m，基础为钢筋混凝土独立基础和条形钢筋混凝土基础，屋面为刚柔防水。

2. 招标范围：土建工程

3. 工程质量要求：优良工程

4. 工程量清单编制依据：

4.1　由××市建筑工程设计事务所设计的施工图1套；

4.2　由××房地产开发公司编制的《××楼建筑工程施工招标书》、《××楼建筑工程招标答疑》；

4.3　工程量清单计量按照国标《建设工程工程量清单计价规范》编制；

5. 因工程质量要求优良，故所有材料必须持有市以上有关部门颁发的《产品合格证书》及价格在中档以上的建筑材料。

表9-25　分部分项工程量清单

工程名称：××楼土建工程　　　　第　页　共　页

序　号	项目编码	项　目　名　称	计量单位	工程数量
		A.1　土石方工程		
1	010101001001	平整场地，二类土，5m运距以内	m^2	150.00
2	010101003001	挖基础土方J-1，二类土，挖土深度1.60m，垫层底面积2.89m²，运距5m以内	m^3	9.08
3	010101003002	挖基础土方J-2，二类土，挖土深度1.60m，垫层底面积1.36m²，运距5m以内	m^3	4.21
4	010101003003	挖基础土方DL-1，二类土，挖土深度1.60m，垫层底宽0.70m，运距5m以内	m^3	27.52
5	010101003004	挖基础土方DL-2，二类土，挖土深度1.10m，垫层底宽0.80m，运距5m以内	m^3	6.63
6	010101003005	……	…	…
7	010101003006	……	…	…
8	010101003007	土方外运50m	m^3	35.79
9	010103001001	土石方回填，人工夯填，运距5m，挖二类土	m^3	12.65

续表

序 号	项目编码	项 目 名 称	计量单位	工程数量
A.2 桩与地基基础工程				
10	010201003001	混凝土灌注桩(桩间净距小于4倍桩径),人工成孔桩桩径300mm,三类土,55根,桩长4.5m	m	250.25
11	010201003002	混凝土灌注桩(桩间净距大于4倍桩径),人工成孔桩桩径300mm,三类土,6根,桩长4.5m	m	27.30
A.3 砌筑工程				
12	010301001001	砖基础,C10混凝土垫层,MU10黏土砖,M10水泥砂浆,$h=0.65$m	m^3	11.20
13	010302001001	实心砖墙,一、二层一砖墙,MU10黏土砖,M7.5混合砂浆,$h=3.6$m	m^3	93.67
…	…	……	…	…
A.4 混凝土及钢筋混凝土工程				
…	010401001001	带形基础(DL-1、DL-2),C20砾40,C10混凝土垫层	m^3	15.38
…	…	……	…	…
A.5 钢构件工程				
…	…	……	…	…
A.6 屋面及防水工程				
…	010701001001	瓦屋面,木檩条:ϕ120mm杉原木,水泥波瓦	m^2	120.50
…	…	……	…	…
B.1 楼地面工程				
…	020101001001	一层营业大厅花岗石地面,混凝土垫层C10砾40,厚0.08m,0.80m×0.80m花岗石面层	m^2	81.23
…	…	……	…	…
B.2 墙柱面工程				
…	020201001…	……	…	…
B.3 天棚工程				
…	020301001…	……	…	…
B.4 门窗工程				
…	020401001…	……	…	…
B.5 油漆工程				
…	020501001…	……	…	…

表 9-26 措施项目清单

工程名称:××楼土建工程　　　　第 页 共 页

序 号	项 目 名 称	计量单位	工程数量
1	综合脚手架多层建筑物(层高在3.6m以内),檐口高度在20m以内	m^2	450
2	综合脚手架外墙脚手架翻挂安全网增加费用	m^2	450

续表

序　号	项　目　名　称	计量单位	工程数量
3	安全过道	m^2	76
4	垫层混凝土基础垫层模板摊销费	m^2	15.96
5	现浇矩形支模超高增加费超过 3.6m 每增加 3m	m^3	0.39
6	现浇单梁、连续梁支模超高增加费超过 3.6m 每增加 3m	m^3	1.35
7	现浇有梁板支模超高增加费超过 3.6m 每增加 3m	m^3	15.04
8	现浇平板支模超高增加费超过 3.6m 每增加 3m	m^3	1.96
9	桩试压	根	2
10	构件模板费用	按某省市建筑工程预算定额计算	
11	垂直运输机械	按某省市建筑工程预算定额计算	

表 9-27　零星工作项目表

工程名称:××楼土建工程　　　　第　页　共　页

序　号	名　称	计量单位	数　量
1	人　工		
2	材　料		
3	机　械		

9.3.5.2　建筑工程工程量计算表

1. 土建工程工程量计算表(表 9-28)

表 9-28　土建工程工程量计算表

序　号	工程项目及名称	单　位	数　量
	建筑面积 (11.76+0.24)×(12.76+0.24)×3=450.00(m^2)	m^2	450.00
1	场地平整 (11.76+0.24)×(12.76+0.24)=150(m^2)	m^2	150
2	挖基槽、基坑土方 1 轴 ……(略)…… 2 轴 ……(略)……		

2. 土建钢筋用量计算表

(1)钢筋用量计算表(表 9-29)

表 9-29 钢筋用量计算表

构件名称	顺序号	形状尺寸简图	直径	计算长度(m)	一个构件根数	构件数量	总根数	总长度(m)	每米重量(kg)	合计重量(kg)	计算式
桩											
	(1)	(略)	$\phi12$	3.56	6	61	366	1 302.96	0.888	1 157.03	$L=0.4+0.3+6.25d\times2$
…	(2)	…	…	…	…	…	…	…	…	…	…
柱											
…	(1)	…	…	…	…	…	…	…	…	…	…

(2)钢筋用量汇总表(表 9-30)

表 9-30 钢筋用量汇总表 kg

序号	工程名称	Φ4	Φ6.5	Φ8	Φ10	Φ12	Φ12	Φ14	…	Φ22
1	J-1					125.21			…	
2	J-2					56.04			…	
3	DL-1		235.69				471.72			
…	……	…	…	…	…	…	…	…	…	…

9.3.5.3 建筑工程工程量清单计价

1. 招标标底编制实例(表 9-31～表 9-34)

(1)封面

表 9-31 工程量清单计价(标底)封面

××楼土建工程

工程量清单计价表

(标 底)

招 标 人:____(略)____(单位盖章)
法定代表人:____(略)____(签字盖章)
中 介 机 构:____(略)____(单位盖章)
法定代表人:____(略)____(签字盖章)
造价工程师及注册证号:____(略)____(签字盖执业专用章)
编制时间:____(略)____

(2)总说明

表9-32　总　说　明

工程名称:××楼土建工程　　　　第　页　共　页

1. 工程概况:该工程建筑面积720m^2,其主要使用功能为商住楼,层数4层,混合结构,建筑高度14.1m,基础为钢筋混凝土独立基础和条形钢筋混凝土基础,屋面为刚柔防水。

2. 招标范围:土建工程

3. 工程质量要求:优良工程

4. 工期:100天

5. 工程量清单编制依据:

5.1　由××市建筑工程设计事务所设计的施工图1套;

5.2　由××房地产开发公司编制的《××楼建筑工程施工招标书》、《××楼建筑工程招标答疑》;

5.3　工程量清单计量按照国标《建设工程工程量清单计价规范》编制;

5.4　工程量清单计价中的工、料、机数量参考当地建筑工程预算定额;其工、料、机的价格参考省、市造价管理部门有关文件或近期发布的材料价格,并调查市场价格后取定。

5.5　工程量清单计费列表参考如下:

序号	工程名称	费率名称(%)						
		规费			施工管理费	利润	措施费	
		不可竞争费	养老保险费	安全文明费			临时设施费	冬雨季施工增加费
1	土建工程	2.22	3.50	0.98	7.00	5.00	2.20	1.80

注:规费为施工企业规定必须收取的费用,其中不可预见费项目有:工程排污费、工程定额测编费、工会经费、职工教育经费、危险作业意外伤害保险费、职工失业保险费、职工医疗保险费等。

5.6　税金按3.413%计取。

5.7　人工工资按40元/工日计。

5.8　垂直运输机械采用卷扬机,费用按某省市定额估价表中的规定计费。未考虑卷扬机进出场费。

5.9　脚手架采用钢脚手架。

5.10　模板中人工、材料用量按当地土建工程预算定额用量计算。如果当地定额中模板制作、安装与混凝土捣制合在一个定额子目内,则参照建设部颁发的《全国统一建筑工程预算工程量计算规则》GJDGZ—101—95。

(3)单位工程费汇总

表9-33　单位工程费汇总表

工程名称:土建工程(标底)　　　　第　页　共　页

序号	项目名称	金额(元)
1	分部分项工程量清单计价合计	288 571.69
2	措施项目清单计价合计	50 650.17
3	其他项目计价合计	0.00
4	规　费	22 719.72
5	税前造价	361 941.58
6	税　金	12 353.07
	合　计	374 294.65

(4)分部分项工程量清单计价

表 9-34 单位工程汇总表

工程名称:土建工程(标底) 第 页 共 页

序号	项目编码	项目名称	计量单位	工程数量	金额(元)	
					综合单价	合价
		A.1 土石方工程				
1	010101001001	平整场地 二类土,5m运距以内	m^2	150.00	1.60	240.00
2	010101003001	挖基础土方 J-1,二类土,挖土深度1.60m,垫层底面积2.89m^2,运距5m以内	m^3	9.08	17.09	155.18
3	010101003002	挖基础土方 J-2,二类土,挖土深度1.60m,垫层底面积1.36m^2,运距5m以内	m^3	4.21	17.57	73.97
4	010101003003	挖基础土方 DL-1,二类土,挖土深度1.60m,垫层底宽0.70m,运距5m以内	m^3	27.52	15.04	413.90
5	010101003004	挖基础土方 DL-2,二类土,挖土深度1.10m,垫层底宽0.80m,运距5m以内	m^3	6.63	15.48	102.63
6	010101003005	……	…	…	…	…
7	010101003006	……	…	…	…	…
8	010101003005	土方外运 50m	m^3	35.79	5.48	209.01
9	010103001001	土石方回填,人工夯填,运距5m,挖二类土	m^3	12.65	9.38	118.66
		A.2 桩与地基基础工程				
10	010201003001	混凝土灌注桩(桩间净距小于4倍桩径),人工成孔桩桩径300mm,三类土,55根,桩长4.5m	m	250.25	33.25	8320.81
11	010201003002	混凝土灌注桩(桩间净距大于4倍桩径),人工成孔桩桩径300mm,三类土,6根,桩长4.5m	m	27.30	31.18	851.21
		A.3 砌筑工程				
12	010301001001	砖基础,C10混凝土垫层,MU10黏土砖,M10水泥砂浆,$h=0.65$m	m^3	11.20	186.57	2 089.58
13	010302001001	实心砖墙,一、二层一砖墙,MU10黏土砖,M7.5混合砂浆,$h=3.6$m	m^3	93.67	188.77	17 682.09
…	…	……	…	…		
		A.4 混凝土及钢筋混凝土工程				
…	010401001001	带形基础(DL-1、DL-2),C20砾40,C10混凝土垫层	m^3	15.38	244.73	3 763.95
…	…	……	…	…		

续表

序　号	项目编码	项　目　名　称	计量单位	工程数量	金额(元)	
					综合单价	合价
A.6　钢构件工程						
…	…	……	…	…		
A.7　屋面及防水工程						
60	010701001001	瓦屋面,木檩条:ϕ120mm 杉原木,水泥波瓦	m^2	120.50	37.46	4 513.93
…	…	……	…	…		
B.1　楼地面工程						
66	020101001001	一层营业大厅花岗石地面,混凝土垫层 C10 砾 40,厚 0.08m,0.80m×0.80m 花岗石面层	m^2	81.23	233.16	18 939.59
…	…	……	…	…		
B.2　墙柱面工程						
…	020201001…	……	…	…		
B.3　天棚工程						
…	020301001…	……	…	…		
B.4　门窗工程						
…	020401001…	……	…	…		
B.5　油漆工程						
…	020501001…	……	…	…		
		合　　计				288 571.69

(5)措施项目清单计价

表 9-35　措施项目清单计价表

工程名称:土建工程(标底)　　　　第　页　共　页

序　　号	项　　目　　名　　称	金　　额(元)
1	综合脚手架多层建筑物(层高在 3.6m 以内),檐口高度在 20m 以内	3 589.18
2	综合脚手架外墙脚手架翻挂安全网增加费用	576.30
3	安全过道	1 394.37
4	垫层混凝土基础垫层模板摊销费	425.08
5	现浇矩形支模超高增加费超过 3.6m 每增加 3m	13.66
6	现浇单梁、连续梁支模超高增加费超过 3.6m 每增加 3m	89.52
7	现浇有梁板支模超高增加费超过 3.6m 每增加 3m	1 026.19
8	现浇平板支模超高增加费超过 3.6m 每增加 3m	110.94
9	桩试压 2 根	3 368.00
10	构件模板费用	24 473.72

续表

序　号	项　目　名　称	金　额(元)
11	混凝土构件垂直运输机械(卷扬机)	2 536.78
12	冬雨季施工费	5 869.34
13	临时设施费	7 177.09
	合　计	50 650.17

(6)其他项目清单计价

表 9-36　其他项目清单计价表

工程名称:土建工程(标底)　　第　页　共　页

序　号	项　目　名　称	金　额(元)
1	招标人部分	
1.1	不可预见费	
1.2	工程分包和材料购置费	
1.3	其　他	
2	投标人部分	
2.1	总承包服务费	
2.2	零星工作项目计价表	
2.3	其　他	
	合　计	

(7)零星工作项目计价

表 9-37　零星工作项目计价表

工程名称:土建工程(标底)　　第　页　共　页

序　号	名　称	计量单位	数　量	金　额(元)	
				综合单价	合　价
1	人　工				
	小　计				
2	材　料				
	小　计				
3	机　械				
	小　计				
	合　计				

(8)分部分项工程量清单综合单价分析

表 9-38　分部分项工程量清单综合单价分析表

工程名称:土建工程(标底)　　　　第　页　共　页

序号	项目编码	项目名称	定额编号	工程内容	单位	数量	综合单价组成(元)					合价(元)	综合单价(元)
							人工费	材料费	机械费	管理费	利润		
1	010101003001	挖基础土方 J-1			m^3	9.08						155.18	17.09
			01003(换)人工乘以1.25系数	人工挖二类土	$100m^3$	0.090 8	1 075.53			80.21	57.15	110.13	
			02068	凿桩头	$10m^3$	0.023	1 745.56	…	…	123.69	89.41	45.05	…
2	…	…	…	…	…	…	…	…	…	…	…	…	…

(9)主要材料价格

表 9-39　主要材料价格表

工程名称:土建工程(标底)　　　　第　页　共　页

序　号	名 称 规 格	单　位	数　量	单　价(元)	合　价(元)
1	圆钢 ϕ10 以内	kg	6.205	2.69	16.69
2	圆钢 HRB335ϕ10 以上	kg	1.256	2.70	3.39
3	冷拔低碳钢丝	kg	9.216	3.30	30.41
…	…	…	…	…	…
…	…	…	…	…	…

2. 投标报价编制实例(表 9-40～表 9-48)

(1)封面

表 9-40　工程量清单计价(报价)封面

××楼土建工程

工程量清单报价表

投　标　人:＿＿(略)＿＿(单位盖章)

法定代表人:＿＿(略)＿＿(签字盖章)

造价工程师及注册证号:＿＿(略)＿＿(签字盖执业专用章)

编制时间:＿＿(略)＿＿

(2)编制总说明

表 9-41 总 说 明

工程名称:××楼土建工程 第 页 共 页

1. 编制依据:

1.1 由建设方提供的××楼土建工程施工图、招标邀请书、招标答疑等一系列招标文件。

2. 编制说明:

2.1 经核算建设方招标书中发布的“工程量清单”中的工程数量基本无误。

2.2 我公司编制的该工程施工方案,基本与标底的施工方案相似,所以采用的措施项目与标底一致。

2.3 经我公司实际进行市场调查后,建筑材料市场价格确定如下:

2.3.1 钢材:据我方掌握的市场信息,该材料价格呈上涨趋势,故钢材报价在标底价的基础上上涨1%。

2.3.2 砂、石材料:因该工程在远郊,且工程附近100m处有一砂石场,故砂、石材料报价在标底价的基础上下调10%。

2.3.3 其他所有材料均在×市建设工程造价主管部门发布的市场材料价格的基础上下调3%。

2.3.4 按我公司目前资金和技术能力,该工程各项施工费率值取定如下:

序号	工程名称	费率名称(%)						
		规费			施工管理费	利润	措施费	
		不可竞争费	养老保险费	安全文明费			临时设施费	冬雨季施工增加费
1	土建	2.22	3.50	0.98	6.40	4.50	2.00	1.70

(3)单位工程费汇总

表 9-42 单位工程费汇总表

工程名称:土建工程(投标) 第 页 共 页

序号	项目名称	金额(元)
1	分部分项工程量清单计价表	282 420.68
2	措施项目清单计价表	49 038.27
3	其他项目计价表	—
4	规费	22 210.36
5	税前造价	353 669.31
6	税金	12 070.73
	合计	365 740.04

(4)分部分项工程量清单报价

表 9-43 分部分项工程量清单报价表

工程名称:土建工程(投标) 第 页 共 页

序号	项目编码	项目名称	计量单位	工程数量	金额(元)	
					综合单价	合价
A.1 土石方工程						
1	010101001001	平整场地 二类土,5m运距以内	m^2	150.00	1.59	238.50

续表

序　号	项目编码	项　目　名　称	计量单位	工程数量	金额(元)	
					综合单价	合价
2	010101003001	挖基础土方 J-1,二类土,挖土深度 1.60m,垫层底面积 2.89m^2,运距 5m 以内	m^3	9.08	15.69	142.47
3	010101003002	挖基础土方 J-2,二类土,挖土深度 1.60m,垫层底面积 1.36m^2,运距 5m 以内	m^3	4.21	17.39	73.21
4	010101003003	挖基础土方 DL-1,二类土,挖土深度 1.60m,垫层底宽 0.70m,运距 5m 以内	m^3	27.52	14.68	403.99
5	010101003004	挖基础土方 DL-2,二类土,挖土深度 1.10m,垫层底宽 0.80m,运距 5m 以内	m^3	6.63	15.33	101.64
6	010101003005	……	…	…	…	…
7	010101003006	……	…	…	…	…
8	010101003005	土方外运 50m	m^3	35.79	5.78	206.87
9	010103001001	土石方回填,人工夯填土,运距 5m,挖二类土	m^3	12.65	9.29	117.52
A.2　桩与地基基础工程						
10	010201003001	混凝土灌注桩(桩间净距小于 4 倍桩径),人工成孔桩桩径 300mm,三类土,55 根,桩长 4.5m	m	250.25	33.25	8 070.56
11	010201003002	混凝土灌注桩(桩间净距大于 4 倍桩径),人工成孔桩桩径 300mm,三类土,6 根,桩长 4.5m	m	27.30	30.19	824.19
A.3　砌筑工程						
12	010301001001	砖基础,C10 混凝土垫层,MU10 黏土砖,M10 水泥砂浆,$h=0.65$m	m^3	11.20	176.84	1 980.61
13	010302001001	实心砖墙,一、二层一砖墙,MU10 黏土砖,M7.5 混合砂浆,$h=3.6$m	m^3	93.67	182.50	17 094.78
…	…	……	…	…		
A.4　混凝土及钢筋混凝土工程						
…	010401001001	带形基础(DL-1、DL-2),C20 砾 40,C10 混凝土垫层	m^3	15.38	230.81	3 549.86
…	…	……	…	…		
A.5　钢构件工程						
…	…	……	…	…		
A.8　屋面及防水工程						
60	010701001001	瓦屋面,木檩条:ϕ120mm 杉原木,水泥波瓦	m^2	120.50	36.06	4 345.23

续表

序号	项目编码	项目名称	计量单位	工程数量	金额(元)	
					综合单价	合价
…	…	……	…	…		
B.1 楼地面工程						
66	020101001001	一层营业大厅花岗石地面,混凝土垫层 C10 砾 40,厚 0.08m,0.80m×0.80m 花岗石面层	m^2	81.23	203.75	16 550.61
…	…	……	…	…		
B.2 墙柱面工程						
…	020201001…	……	…	…		
B.3 天棚工程						
…	020301001…	……	…	…		
B.4 门窗工程						
…	020401001…	……	…	…		
B.5 油漆工程						
…	020501001…	……	…	…		
		合计				282 420.68

(5)措施项目清单报价

表 9-44 措施项目清单报价表

工程名称:土建工程(投标)　　　　第 页 共 页

序号	项目名称	金额(元)
1	综合脚手架多层建筑物(层高在 3.6m 以内),檐口高度在 20m 以内	3 550.38
2	综合脚手架外墙脚手架翻挂安全网增加费用	566.87
3	安全过道	1 378.11
4	垫层混凝土基础垫层模板摊销费	418.29
5	现浇矩形支模超高增加费超过 3.6m 每增加 3m	13.44
6	现浇单梁、连续梁支模超高增加费超过 3.6m 每增加 3m	86.83
7	现浇有梁板支模超高增加费超过 3.6m 每增加 3m	1 012.69
8	现浇平板支模超高增加费超过 3.6m 每增加 3m	109.80
9	桩试压 2 根	3 328.20
10	构件模板费用	24 230.76
11	混凝土构件垂直运输机(卷扬机)	2 515.90
12	冬雨季施工费	5 431.82
13	临时设施费	6 395.18
	合计	49 038.27

(6)其他项目清单报价

表 9-45　其他项目清单报价表

工程名称:土建工程(投标)　　　　第　页　共　页

序　号	项　目　名　称	金　额(元)
1	招标人部分	
1.1	不可预见费	
1.2	工程分包和材料购置费	
1.3	其　他	
2	投标人部分	
2.1	总承包服务费	
2.2	零星工作项目计价表	
2.3	其　他	
	合　计	

(7)零星工作项目报价

表 9-46　零星工作项目报价表

工程名称:土建工程(投标)　　　　第　页　共　页

序　号	名　称	计量单位	数　量	金　额(元)	
				综合单价	合　价
1	人　工				
	小　计				
2	材　料				
	小　计				
3	机　械				
	小　计				
	合　计				

(8)分部分项工程量清单综合单价分析

表 9-47　分部分项工程量清单综合单价分析表

工程名称:土建工程(投标)　　　　第　页　共　页

序号	项目编码	项目名称	定额编号	工程内容	单位	数量	综合单价组成(元)					合价(元)	综合单价(元)
							人工费	材料费	机械费	管理费	利润		
1	010101003003	挖基础土方DL-1			m^3	27.52						403.99	14.68
			01003(换)人工乘以1.25系数	人工挖二类土	$100m^3$	0.2752	1064.25			68.11	47.89	324.80	

续表

序号	项目编码	项目名称	定额编号	工程内容	单位	数量	综合单价组成(元)					合价(元)	综合单价(元)
							人工费	材料费	机械费	管理费	利润		
			02068	凿桩头	$10m^3$	0.041	1741.52			111.46	78.37	79.19	
2	…	…	…	…	…	…	…	…	…	…	…	…	…
…	…	…	…	…	…	…	…	…	…	…	…	…	…

(9)主要材料价格

表 9-48 主要材料价格表

工程名称:土建工程(投标) 第 页 共 页

序 号	名 称 规 格	单 位	数 量	单价(元)	合价(元)
1	圆钢 ϕ10 以内	kg	6.205	2.59	16.07
2	圆钢 HRB335ϕ10 以上	kg	1.256	2.68	3.37
3	冷拔低碳钢丝	kg	9.216	3.30	30.41
…	…	…	…	…	…
…	…	…	…	…	…

9.3.6 答辩参考题

1. 什么是工程量清单？如何编制分部分项工程量清单？
2.《建设工程工程量清单计价规范》编制的指导思想和原则是什么？
3.《建设工程工程量清单计价规范》的特点是什么？
4. 什么是综合单价计价？什么是工程量清单计价？
5. 如何编制措施项目清单？
6. 如何编制其他项目清单？
7. 合同中综合单价因工程量变更需调整时,除合同另有约定外,应按照什么办法确定？

第 10 章　毕业实习指导

毕业实习大纲是由专业主任编制经学校教务主管部门通过颁发的指导性文件，是各专业毕业实习教学活动的主要依据。毕业实习(论文)任务书是由专业主任同意毕业实习(论文)指导教师下达给每位毕业生的毕业实习(论文)的工作任务和具体要求。上述文件每位毕业生必须认真学习和深刻理解。在毕业实习过程中严格执行。

10.1　毕业实习(论文)大纲

10.1.1　毕业实习(论文)大纲的目的和作用

1. 毕业实习(论文)大纲的目的

毕业实习(论文)大纲的编制目的是指导毕业生进行毕业实践教学活动的全过程的全面要求，包括毕业实习的目的、题目、任务、计划安排、答辩和考核成绩，以及实习纪律规定与注意事项等方面。指导教师也要根据毕业实习大纲制定毕业实习任务书。教学主管部门检查各专业的毕业实习工作也是一个重要依据。因此，毕业实习大纲的编制目的就是为了保证毕业实习工作的顺利完成。

2. 毕业实习大纲的作用

(1)提供搞好毕业实习工作的依据，明确实习的目的和任务。

(2)明确课题的性质、难度和工作量及完成时间，供指导教师编制毕业实习(论文)任务书的依据和毕业生自选课题与实习单位的标准。

(3)毕业实习大纲是毕业实习动员大会上专业负责人动员报告的中心内容。专业负责人可依据大纲对毕业实习(论文)的要求作详细深入的说明和解释，并回答学生提出的有关问题。

(4)大纲中给出参考题目，可供学生选用。

(5)大纲给出了有关政策性规定是学校与用人单位协议的依据。

10.1.2　有关专业毕业实习(论文)大纲的示例

10.1.2.1　土木工程专业毕业设计大纲

1. 毕业设计的目的

毕业设计的目的是培养学生综合运用所学的知识分析和解决本专业实际工程问题的能力，使学生受到一次工程设计的基本训练，巩固和提高理论知识和专业技能；培养学生团结协作精神和集体主义观念。

2. 题目和任务

(1)题目：中型工业民用建筑工程的建筑与结构设计

(2)要求：

1)建筑设计：完成主要建筑平、立、剖面图 3 张(A2 图张)及门窗和工程做法表。

2)结构设计：完成主要结构楼(屋)盖平面、基础平面、梁柱模板配筋图及楼梯结构图 5～6

张。完成结构计算书一份。

3)完成施工图概算书及施工平面布置总图各一份。

4)结构计算要求用手算进行,电算校核。制图要求手画或计算机出图。

3. 计划安排

(1)毕业设计安排在第6学期进行,共15周。

(2)分组进行,每人独立完成上述规定任务。

(3)设计准备和建筑设计3周,结构内力分析及构件承载力验算4周,绘制结构施工图3.5周,工程概算和施工组织3周,计算机出图,总结答辩0.5周。

4. 成绩评定

根据任务完成情况、学习态度、出勤情况、平时表现及答辩情况综合评定,分为优、良、中、及格和不及格5级。

10.1.2.2　建筑工程与高级装修专业毕业设计大纲

毕业实习是毕业前的最后一个教学环节,是修完全部课程及经过生产实习、课程设计等工程实践训练后进行的一次教学与生产相结合的综合训练。并带有工作岗位试用的性质,因而是学生走向工作岗位的重要准备环节。

1. 实习目的

(1)运用所学的专业知识和基本理论解决工程实际问题,提高分析问题和解决问题的能力。

(2)在工程技术人员的指导下,独立承担并完成一定的实际工程任务,从而得到实际工作锻炼,增强工作责任心和自信心。

(3)通过深入实际,调查研究,学习总结、实习报告和专题论文的写作,掌握科技论文和工作报告的写作方法,提高文字表达能力。

(4)通过毕业答辩,深入总结毕业实习的成果,加深对毕业论文和实习报告内容的理解,培养口头表达能力和应变能力。

(5)通过调研与观察,了解我国建设形势和建筑业的状况、发展前景,增强爱国意识、历史责任感和对专业的热爱。

(6)培养劳动观点、群众观点、集体主义思想、艰苦奋斗的科学作风和职业道德。

2. 实习内容与要求

(1)完成与本专业相关的一定的实际工作任务,这些工作任务可为:

1)工程建设监理工作;

2)建设工程概预算工作;

3)建筑工程施工生产工作;

4)建筑工程设计工作;

5)房地产开发工作;

6)室内设计与装修工作。

以上工作可在工程监理公司、建筑施工企业、建筑设计院所、房地产开发公司等完成。

(2)要求

1)在指导教师和工程技术人员的帮助下,独立完成一、两项工作任务,要求取得一定的成果,并以直接用于生产实际为佳。

2)参与复杂技术与管理问题的处理,应运用所学的知识提出自己的解决办法和处理意见,以被采纳为佳。

3)调查研究新技术、新工艺、新材料的应用情况和新经验的总结工作,并应有书面总结材料。

4)对入世后建筑业所面临的新形势及各类企业的对策应密切关注,并应提出自己的见解。

5)在工作实践和认真思考的基础上,提交毕业论文的选题和写作大纲,交专业主任审批后,完成撰写工作。

6)实习后期,在全面总结实习工作和收获的基础上,完成毕业实习报告。报告应全面简要叙述参加实际工作的情况、收获体会、思想总结。

7)答辩工作为最后考核学生对毕业实习大纲所要求内容的完成情况,是判别学生取得毕业实习成绩的水平和真实性的重要环节。学生应认真对待此教学环节。

3. 实习时间安排

(1)实习从第5学期16周正式开始至第6学期5月20日止。

(2)第5学期16周前落实毕业实习单位。应注意选择技术力量较强,有指导实习能力,工程情况合适,能把就业与实习结合为宜。所选实习单位应经专业主任批准。

(3)第5学期16周至第6学期3月中旬,参加实习单位的实际工作,熟悉情况,提交毕业论文的选题,经审查后进行修改(课题另详)。

(4)3月中旬至4月下旬,实习工作深入开展阶段。应完成“2·2”中2、3、4项内容,中间尚应安排中期汇报工作。

(5)4月下旬至5月20日,应进行总结、撰写论文、实习报告等工作。

4. 答辩

(1)5月20日至6月1日为准备答辩及论文答辩阶段。

(2)实习文件及考核:

完成毕业实习文件有:

1)完成所承担任务的阶段成果,如设计图纸、计算书、概预算书、建筑施工技术与管理文件、工程监理文件资料等。

2)毕业论文。2万字到2.5万字,要求打印稿。

3)毕业实习报告(含思想总结、参考报告、日志等)。1.5万字到2万字。

4)实习自我鉴定及单位鉴定意见。

5. 考核成绩

毕业实习成绩分优、良、中、及格和不及格五级。根据毕业论文、毕业实习报告、实习表现、出勤情况及单位鉴定意见。答辩情况综合给出评语及成绩。毕业答辩成绩不及格者不予毕业。

10.1.2.3 建设工程监理专业毕业实习大纲

毕业实习是毕业前的最后一个教学环节,是修完全部课程及经过生产实习、课程设计等工程实践训练后进行的一次教学与生产相结合的综合训练。并带有工作岗位试用的性质,因而是学生走向工作岗位的重要准备环节。

1. 实习目的

(1)运用所学的专业知识和基本理论解决工程实际问题,提高分析问题和解决问题的能力。

(2)在工程技术人员的指导下,独立承担并完成一定的实际工程任务,从而得到实际工作锻炼,增强工作责任心和自信心。

(3)通过深入实际,调查研究,学习总结,实习报告和专题论文的写作,掌握科技论文和工作报告的写作方法,提高文字表达能力。

(4)通过毕业答辩,深入总结毕业实习的成果,加深对毕业论文和实习报告内容的理解,培养口头表达能力和应变能力。

(5)通过调研与观察,了解我国建设形势和建筑业的状况、发展前景,增强爱国意识、历史责任感和对专业的热爱。

(6)培养劳动观点、群众观点、集体主义思想、艰苦奋斗的科学作风和职业道德。

2. 实习内容与要求

(1)完成与本专业相关的一定的实际工作任务,这些工作任务可为:

1)工程建设监理工作;

2)建设工程概预算工作;

3)建筑工程施工生产工作;

4)建筑工程设计工作;

5)房地产开发工作;

6)室内设计与装修工作。

以上工作任务可在工程监理公司、建筑施工企业、建筑设计院所、房地产开发公司等完成。

(2)要求

1)在指导教师和工程技术人员的帮助下,独立完成一、两项工作任务,要求取得一定的成果,并以直接用于生产实际为佳。

2)参与复杂技术与管理问题的处理,应运用所学的知识提出自己的解决办法和处理意见,以被采纳为佳。

3)调查研究新技术、新工艺、新材料的应用情况和新经验的总结工作,并应有书面总结材料。

4)对加入 WTO 后建筑业所面临的新形势及各类企业的对策应密切关注,并应提出自己的见解。

5)在工作实践和认真思考的基础上,提交毕业论文的选题和写作大纲,交专业主任审批后,完成撰写工作。

6)实习后期,在全面总结实习工作和收获的基础上,完成毕业实习报告。报告应全面简要叙述参加实际工作的情况、收获体会、思想总结。

7)答辩工作为最后考核学生对毕业实习大纲所要求内容的完成情况,是判别学生取得毕业实习成绩的水平和真实性的重要环节。学生应认真对待此教学环节。

3. 实习时间安排

(1)实习从第 5 学期 16 周正式开始至第 6 学期 5 月 20 日止。

(2)第 5 学期 16 周前落实毕业实习单位。应注意选择技术力量较强,有指导实习能力,工程情况合适,能把就业与实习结合为宜。所选实习单位应经专业主任批准。

(3)第 5 学期 16 周至第 6 学期 3 月中旬,参加实习单位的实际工作,熟悉情况,提交毕业论文的选题，经审查后进行修改(课题另详)。

(4)3月中旬至4月下旬，进入实习工作深入开展阶段。应完成“2·2”中2、3、4项内容，中旬尚应安排中期汇报工作。

(5)4月下旬至5月20日，应进行总结、撰写论文、实习报告等工作。

4. 答辩

(1)5月20日至6月1日为准备答辩及论文答辩阶段。

(2)实习文件及考核。

完成毕业实习文件有：

1)完成所承担任务的阶段成果，如设计图纸、计算书、概预算书、建筑施工技术与管理文件、工程监理文件资料等。

2)毕业论文。2万字到2.5万字，要求打印稿。

3)毕业实习报告(含思想总结、参考报告、日志等)。1.5万字到2万字。

4)实习自我鉴定及单位鉴定意见。

5. 考核成绩

毕业实习成绩分优、良、中、及格和不及格五级。根据毕业论文、毕业实习报告、实习表现、出勤情况及单位鉴定意见，答辩情况综合给出评语及成绩。毕业答辩成绩不及格者不予毕业。

6. 实习纪律规定及注意事项

(1)严格遵守校方及实习单位的实习纪律、劳动安全规定和规章制度。

(2)注意身体健康、饮食卫生和交通安全。

(3)一切安全事故均由学生本人负责。

(4)违反以上规定时，给予纪律处分，直至停止实习。

10.1.2.4　城市建设工程与管理专业毕业设计大纲

1. 目的

毕业设计是本专业最后一个重要的实践教学环节，对同学们毕业后参加工作有较大影响。通过参加道桥工程施工第一线的生产实习，编制道桥工程的施工组织设计，使自己对本专业第一线的工程师工作有进一步的了解。

2. 毕业设计内容

(1)工程概况：工程设计单位、总投资额、工程应达到质量标准、施工单位情况、开竣工日期、工程特点及监理单位情况。

(2)施工方案：施工方法、施工起点流向、施工机械选择、施工段划分。

(3)施工进度计划：计算工程量，划分施工过程，确定流水节拍，确定所需劳动力、物资资源供应情况。

(4)施工平面图：按比例绘制施工现场施工平面布置、各种材料堆场、临时设施布置、运输道路等。

(5)保证质量、安全、节约等技术措施。

(6)主要经济技术指标。

(7)冬、雨季施工技术措施。

(8)有关施工组织设计的评价。

3. 要求

(1)在实习中应勤奋学习,认真实践,掌握第一手资料。

(2)熟悉工程中有关设计文件,能熟悉审查图纸。

(3)熟悉国家有关施工规范及有关工程验评标准。

(4)遵守有关规章制度,保证实习安全。

(5)施工进度计划画出水平进度表,施工平面布置图应按比例绘制,要图文并茂。

4.时间安排

毕业实习安排在第六学期进行,共15周。

5.实习纪律规定及注意事项

(1)严格遵守校方及实习单位的实习纪律、劳动安全规定和规章制度。

(2)注意身体健康、饮食卫生和交通安全。

(3)一切安全事故均由学生本人负责。

(4)违反以上规定时,给予纪律处分直至停止实习。

10.1.2.5 房地产管理与评估专业毕业实习与毕业设计大纲

1.毕业设计的目的

毕业实习与毕业设计的目的是培养学生综合运用所学的知识分析和解决实际问题的能力。通过到房地产公司或中介服务机构的为期10周的实习,使同学们进一步掌握有关我国房地产产业政策、房地产开发基本程序、房地产评估方法以及房地产管理、中介服务的主要业务,并通过调研、分析,撰写出具有一定深度的毕业设计论文,使自己能具有一个房地产专业评估和管理人员所必须掌握的业务素质和工作能力。

2.实习的内容与要求

(1)房地产前期开发工作

与房地产公司或中介机构专业人员接触,掌握房地产开发前期工作。能进行房地产开发项的项目建议书和可行性研究报告的编制,进行项目论证、技术分析、财务分析、投资风险分析,进行项目策划、项目规划及主要工作程序。包括项目土地使用权获得途径及项目资金筹措、规划许可证获得等问题。

(2)市场调研和策划

市场调研对房地产运作是十分重要的。通过调研,掌握房地产供求关系,了解竞争对手,为公司的开发目标、商品房售价等定位,对市场作出科学预测。可使学生受到很大锻炼,提高自己的公关能力、分析能力和独立思考能力。

(3)房地产评估

房地产评估是本专业学生必须掌握的一种专业技术。通过对实习单位房地产项目基本情况调查、分析,选用适当评估方法,计算分析评估结果,写出评估报告,也可以进行项目后评价,检测项目实施所取得实际效果和预期效果的偏差,总结投资项目管理经验,为今后项目决策与策划提供依据。

(4)房地产营销

营销是房地产流通的主要环节。房地产营销策划成功与否将直接影响房地产项目本身。房地产预测计划的制定,房地产营销宣传、广告、房地产营销策略与技巧,通过营销策划能提高学生独立工作的能力。

通过上述实习使同学们得到一次很好的实践锻炼,毕业后很快适应相关工作岗位,在毕业

实习中,要求同学们必须锻炼提高自己的能力:

1)社会调查能力。一定要实事求是、严肃认真,确保数据准确无误。

2)分析问题解决问题的能力。运用所学专业知识分析问题、解决问题,作出科学决策或结论。

3)协调能力。善于与人合作,处理各方面人际关系,提高自己与人协作及团队意识,能很好地与人相处。通过毕业实习写出论点鲜明,具有一定特色、水平较高的论文(报告)。

4)好学精神。勤学好问,把有关专业人员的知识经验学到手。

通过毕业实习,写出一份不少于15 000字的实习报告,要求理论水平较高。

10.1.2.6 房地产经营与管理专业毕业实习大纲

本专业毕业实习以毕业论文写作的形式为主,也可以结合参加房地产经营与管理的其他实际工作进行。这是毕业前最后一个重要教学环节,它对本专业理论知识和业务能力的总结提高与实际应用具有重要作用。

1. 毕业实习的目的

(1)运用所学的专业知识和基本理论解决专业实际问题,提高分析问题和解决问题的能力。

(2)通过深入实际、调查研究、学习总结、写作论文等环节,掌握撰写经济技术与管理论文的方法,提高研究问题和文字表达能力。

(3)通过毕业论文答辩,深入总结学习成果,加深对毕业论文和毕业实习内容的理解,培养口头表达能力和应变能力。

(4)通过毕业实习和毕业论文的写作,阅读文献资料和调查研究了解房地产业和物业管理业的现状和前景,存在的问题和经验,加深对本专业实际工作情况的了解,以便更好地适应未来工作的要求。

(5)通过参加房地产企业的项目评估、可行性研究、工程招标投标、工程概预算、合同管理、市场调查、营销方案与集资方案的编制等实践环节,提高业务水平和实际工作能力

2. 毕业实习教学要求

(1)认真完成毕业论文选题。

在认真阅读和学习本专业若干篇(2~3篇)文献资料的基础上,初步拟定论文题目,也可参考本大纲列出的参考题目作为初步课题。

题目是全文的主旨和高度概况,应确切、恰当、鲜明、简练醒目和引人入胜,但首先要自己感兴趣。

(2)针对选题收集文献资料和社会调查研究。

有针对性地阅读与本课题有关的文献资料3~5篇,精读1~2篇,并作摘要。同时要深入实际调查2~3个房地产公司或物业管理公司,收集第一手的资料,并写出调查报告或笔记。

(3)开题报告。

写出论文写作大纲,并向指导教师汇报,根据指导教师的意见进行修改。

(4)毕业论文写作。

用一个月的时间完成论文写作工作。毕业论文应内容充实、论点正确、有新意、有创见,材料丰富,论据充足,能给人以启发和借鉴。文字应生动、鲜明、确切、通顺;结构要层次分明,章、

节有序,逻辑性强。毕业论文数字为1万字,使用A4纸,用计算机打印后装订成册。

(5)毕业答辩。

毕业答辩工作分为个别答辩和公开答辩两种形式。

个别答辩每位学生均需进行。主要内容是讲述自己毕业实习和论文写作的简要过程与体会,介绍自己论文的论点和结论,回答答辩委员会(小组)成员的提问,毕业答辩的目的是审查论文的水平、真实性以及陈述与答辩能力。

公开答辩是在个人答辩的基础上,选择优秀论文或优秀毕业生在全体毕业生大会上进行公开答辩,以起到交流提高、表彰先进的示范作用。

3. 时间安排

(1)下达毕业实践任务书。

(2)开题报告,汇报选题情况。

(3)写作毕业论文。

(4)个别答辩。

(5)公开答辩及毕业典礼。

4. 成绩评定

根据毕业实践的表现,毕业论文的水平及答辩情况综合给出毕业实践成绩。分优、良、中、及格和不及格5级。

毕业答辩成绩不及格,不予毕业。

5. 毕业论文选题参考

(1)论我国房地产业的现状与发展中的新特点。

(2)论加入WTO后我国房地产业与国际接轨中应解决的几个问题。

(3)关于物业管理发展中若干问题的探讨。

(4)论目前经济适用房求大于供的原因与对策。

(5)对房地产经济“泡沫论”的质疑。

(6)关于北京近期房地产营销新态势的分析预测。

(7)关于房地产营销策划与运作的成功案例分析。

(8)关于我国房地产融资形式的特点及其发展趋势。

(9)浅谈房地产价格的特征及其特殊作用。

(10)关于国内外房地产税收的比较分析。

(11)论政府对房地产市场调控的有效途径。

(12)关于房地产消费信贷的现实条件及其作用。

(13)关于征地拆迁安置中的若干政策问题的探讨。

(14)关于房地产开发项目中招投标存在的问题及其对策。

(15)关于目前物业管理中的矛盾纠纷。

(16)关于房地产评估方法的评价。

(17)关于住宅消费补贴的方式的比较分析。

(18)关于涉外房地产开发中存在的若干问题及对策。

(19)关于运用金融政策手段调控房地产目标体系的评价。

(20)关于北京地区房地产布局的几点看法。

10.1.3　毕业论文课题参考(含土木工程、建筑工程与高级装修、建设监理和房地产等专业)

1. 某小区的规划设计
2. 某别墅建筑设计
3. 某招待所结构设计
4. 某宿舍楼结构设计
5. 建筑单体的设计程序
6. 某综合服务楼方案设计
7. 某小区环境设计
8. 建筑工程设计及其评价
9. 论加入WTO对建筑业的影响
10. 加入WTO后,建筑企业应如何与国际建筑市场接轨
11. 加入WTO后,建筑业面临的形势与对策
12. 高新技术改造建筑施工传统技术的思考
13. 谈IT在建筑施工中的应用
14. 钢结构施工管理信息系统应用
15. 如何争创建筑工程"长城"杯奖项
16. 浅谈ISO 9000《质量管理和质量保证》系列标准
17. 浅析工程技术管理的特点
18. 施工组织设计的编制方法
19. 某危改工程施工组织及现场施工遇到问题的具体处理
20. 谈电气安装工程与土建施工的配合问题
21. 某8#楼结构施工技术管理的特点
22. 某科技会展中心三期工程施工方案
23. 冬季施工中的土方工程施工的技术特点
24. 钢筋混凝土独立柱基础设计
25. 某危改项目基础结构工程施工防水工程的质量问题
26. 地下防水工程的新技术及其应用实例
27. 地下防水工程的应用技术和质量问题的解决
28. 影响建筑防水工程质量的因素及对策
29. 某危改项目B座箱形基础模板工程工艺
30. 某危改项目B座模板工程方案
31. 组合式大模板在清水混凝土工程中的应用
32. 模板工程的施工新工艺应用
33. 某危改项目B座楼基础施工中钢筋工程方案
34. 某危改项目B座钢筋工程施工质量问题
35. 某危楼改造工程B座底板钢筋工程
36. 无黏结预应力技术在建筑工程中的应用
37. 浅谈无黏结预应力在施工中的应用

38. 钢筋工程中翻样的实用计算方法
39. 钢筋剥筋滚压直螺纹连接技术的应用
40. 钢筋的施工工艺及质量控制
41. 某办公楼模板施工及钢筋施工方案
42. 高强混凝土在建筑工程中的应用
43. 大体积混凝土的综合应用技术
44. 某政府办公楼工程大体积混凝土施工方案
45. 某科研楼装修工程施工方案
46. 某科研楼装修工程中的施工方法及技术措施
47. 某酒店首层室内游泳馆及三层会议厅装修
48. 新型材料、新工艺在装修工程中的应用
49. 某售楼处装饰工程工艺
50. 工程建设监理的现状及发展趋势
51. 我国工程建设监理和国际工程建设监理的比较分析
52.“入世”后我国工程建设监理业面临的形势与对策
53. 试论 FIDIC 合同条件在我国工程建设监理工作中的应用问题
54. 浅谈工程建设监理的原则及其运用
55. 从我国工程建设中发生的事故,看监理工作的重要性
56. 当前我国工程监理工作中存在的问题及改进意见
57. 谈 IT 在工程监理工作中的应用
58. 监理投标书、监理大钢等监理文件编制及应用——某大厦内装修工程监理实践
59. 论装修阶段的工程监理的特点
60. 论监理的组织协调工作的重要性
61. 房地产项目评估的可行性研究
62. 房改对市场经济的影响
63. 房地产开发及其营销策略
64. 房地产营销新态势
65. 近期北京市房地产营销新态势
66. 某大学生公寓工程可行性研究的实践
67. 写字楼产品划分
68. 房地产营销策划与运作
69. 论房地产市场的潜力
70. 浅谈工程项目成本管理与控制
71. 浅谈承包商的索赔管理
72. 工程概预算编制及其经济技术分析
73. 浅谈某二期工程的投标报价与成本控制
74. 室内采暖、给排水和煤气安装工程施工图概预算的编制
75. 工程管理与工程造价的实践与总结
76. 某工程 ±0.000 以下工程概算书的编制与分析

10.2　毕业实习(论文)任务书

毕业实习(论文)任务书是指导教学根据实习大纲的要求和实习单位的实际情况,以及学生的具体情况,下达给每个学生的实习任务和工作安排,是毕业实习(论文)指令性文件。该文件经专业主任审查同意后交教务行政主管部门备案。

10.2.1　毕业实习(论文)任务书的内容及作用

1. 毕业实习(论文)任务书的内容

毕业实习(论文)任务书的内容,包括题目、主要内容和进程安排等项内容。进程安排应有分段的时间和内容。编制任务书应在学生调研、查阅文献资料及在实习单位工作实践的基础上,提出选题方向,以及完成该选题的主要工作内容的要点和指标,实施步骤和计划。

2. 毕业实习(论文)任务书的作用

毕业实习(论文)任务书是毕业实习大纲的具体化和指令化,具有预见性和可操作性,是学生经过初期实习准备阶段可行性研究和立项选题的工作成果,是在教师指导下完成的战略部署性思考。因此,是对毕业生的一次计划性写作的训练。

选题方向的确立非常重要,而选题要成功,必须要对本专业的业务知识和专业领域有较全面的了解,对热点、难点和关键技术有足够认识,对最新进展和发展方向有概括掌握,才能完成。

毕业实习(论文)任务书的编制关系到毕业实习任务是否能成功,成果是否突出,毕业实习成绩是否优秀。

毕业实习任务书是毕业生在指导教师指导下,反复修改、研究完成的第一项任务。毕业生应学会工作,学会与指导老师的配合。

10.2.2　毕业实习任务书的格式与示例

1. 毕业任务书的格式

毕业任务书的格式,详见表 10-1。

2. 毕业任务书的示例

(1)示例一

××××大学××学院毕业设计(论文)任务书

1. 题目:大型钢筋混凝土拱结构施工方案设计

2. 主要内容:

(1)介绍工程概况。重点介绍大型钢筋混凝土拱结构的构造和特点。

(2)拱的施工准备工作。包括拱的分段设计、预留拱度等内容。

(3)拱的施工方法。包括施工测量、模板工程、钢筋工程、混凝土工程和拱体支撑架等内容。

(4)小结。简要说明毕业实习的过程、工作内容、收获体会。

3. 进程安排(有具体分段的时间和内容):

例如:2004.12.15～2005.2.28　调研、查阅文献资料

　　2005.3.1～2005.3.31　开题报告及第一阶段×××工作

(1)2004.12.15～2005.2.28 参加综合课程设计,毕业实习大纲和任务书的学习,根据学

校要求,寻求毕业实习单位。

(2)2005.3.1～2005.3.31 开题报告的编写和汇报及第一阶段熟悉工程情况及施工图纸等项工作。

(3)2005.4.1～2005.5.15 参加基础施工准备和体育馆的模型制作,参加拱脚承台板大体积混凝土施工。为论文写作准备和搜集资料。

(4)2005.5.16～6.5 撰写毕业论文,参加毕业答辩。

4. 实习单位名称:中建二局三公司清华大学综合体育中心工程项目经理部

地址:________________________________电话:____________

指导教师姓名:________________指导教师职称:________________

指导教师签名:________________________________

学生姓名:________________________________

(2)示例二

表 10-1　××××大学毕业设计(论文)任务书

内容、基本要求、重点研究问题,主要技术指标及其他要说明的问题	题目:《国际服务贸易在我国经济中的特殊作用》 本文是关于国际服务贸易在一国国民经济中作用的文章,应重点研究国际服务贸易在一国国民经济中的一般作用及在我国国民经济中的特殊作用,并在此基础上提出发展我国服务贸易的措施。 此文要求概念清楚,言之有据,在分析"史"的基础上,进行"趋势"的预测,确实充分分析其"特殊性"。 指导教师签字__________ 2005 年 2 月 26 日 学生签字__________ 2005 年 2 月 28 日

10.3　毕业实习中期汇报与毕业实习报告

10.3.1　中期汇报

中期汇报是学生在毕业实习中期或某一阶段对指导教师和专业负责人进行的工作汇报,主要说明实习进展情况,完成的工作任务情况,收获体会和存在的问题,以及下一步实习的打算和对学校的要求等问题。

毕业实习"中期汇报"属报告文体类中的口头工作汇报,也就是采用口头报告形式,但应写出汇报提纲。中期汇报从内容来讲属进度报告,从形式来讲属口头报告形式。通过中期汇报,学生可以得到两方面的训练,既可得到写作进度报告的文字表达能力的锻炼,又可得到口头表达能力的锻炼。同时,也是学校了解学生实习进展情况,并适时予以指导的重要环节;当然,也起到毕业答辩预演的效果。

10.3.1.1　中期汇报提纲的编写方法

1. 汇报提纲的构成

汇报提纲作为进度报告可由三部分构成:

(1)这段时间里工作进行的次序。

(2)这段时间内自己是如何进行工作的,取得了哪些工作成果,工作表现如何,反映怎样。

(3)下阶段的工作任务,如何安排,预期的结果,保证任务完成的措施,有何困难和要求。

2. 汇报提纲的撰写方法

编写进度报告的方法,可归纳为"三T"法,即时间法(Time Method),任务法(Task Method)和题目法(Title Method).

(1)时间法。毕业实习课题以时间为序,依次完成的工作任务为:以前完成的工作;本阶段完成的工作;下阶段工作计划;再下阶段的工作计划。该法可展示出整个工作过程,具有动态特征和积进效果,给人以某课题在稳步完成的印象。

(2)任务法。毕业实习的任务是由多项组成,毕业实习大纲和课题任务书均已列出实习期间应完成的各种任务。任务法就是将各项任务用大标题形式表示出来,予以简要说明其内容和进展情况,可表示为:任务一,任务二,任务三……任务法较为实际、客观、直观,易于体现完成的工作量和未完成的工作量,当有多项任务同时执行时,此法最为适用。

(3)题目法。毕业实习的课题的各项任务代表不同的主题范围,可采用独立的标题予以界定。题目法较为醒目,内容清晰。

(4)综合法。将任意两种方法结合使用,可达到综合效果,称为综合法。

【例一】

1. 以前完成的工作

1.1　任务一

1.2　任务二

1.3　任务三

1.4　任务四

2. 本阶段完成的工作

2.1　任务一

2.2　任务二

2.3　任务三

【例二】

1. 任务一

1.1　以前完成的工作

1.2　本阶段完成的工作

1.3　下阶段完成的工作

2. 任务二

2.1　以前完成的工作

2.2　本阶段完成的工作

2.3　下阶段完成的工作

3. 任务三

……

10.3.1.2　“中期汇报”编写注意事项

“中期汇报”属于报告文体，在编写时应注意以下事项：

1. 叙述应轻松明确，行文要严谨而有条理。“中期汇报”为实习进度情况的汇报，阐明问题时应做到有根据，有数据，达到以事实说服人的效果，重点应叙述阶段成果、工作成绩；同时，也应客观地说明存在的缺点和问题。

2. 恰当地评估已取得的成绩，审慎地预计下阶段的工作目标。应避免不切实际的工作安排，这样才能通过中期汇报达到总结成绩、指导未来的目的。

3. 中期汇报是动态性的进展过程的报告，要求进展过程与事实叙述要协调，并以自身的生动和内容的丰富向专业负责人传递信息。因此，事实内容部分至少要占20%，事实内容要包括数量、数字、名称、日期、规格和实例，切忌空泛和浮浅。“中期汇报”既可用前述的方法表述，也可用图表形式表达。

10.3.1.3　口头汇报的技巧

1. 脱稿汇报比照稿宣读效果好。

脱稿报告能与听者交流，观察对方的情绪，及时解释、重复重点，具有较强的灵活性。

2. 口头汇报的开头或引言很重要。

要达到三个效果：

(1)为发言建立一个较好的气氛；

(2)使听者对话题产生兴趣；

(3)指明报告的主题、目的、范围以及展开程序。

为此，在汇报开始，可用一些有趣的事实、材料引起听众的注意和兴趣，这是汇报成功的良好开端。如果汇报开始就过分地恭维和自谦，会导致适得其反的效果。

3. 运用好表达方式和技巧。

中期汇报是运用口头形式面对少数人陈述自己的观点、意见并汇报工作进展情况。其方法可有两种：

(1)陀螺旋转法。就是用较短的时间、简明的语言概括中心内容，使用讲话艺术，如音调、音速、神态和动作等引起对方的兴趣与关注，并对中心内容有一基本理解；然后，再用简洁明快的语调，逐一陈述汇报内容。汇报内容好像陀螺的中心，汇报人的表达艺术就像抽陀螺的鞭子。要使陀螺平稳旋转，开头要用力紧抽，然后再慢抽，才能使之匀速平稳旋转。

(2)逐层深入法。该法是先叙述表层事项，再逐层深入，最后介绍关键问题和核心内容。所述每项问题应控制时间，切忌冗长，每一问题不宜超过3分钟，并应不断变换陈述方式，制造悬念，激起兴趣，引人入胜，这是汇报成功的技巧。

4. 汇报结尾应给人留下深刻印象。

结尾可选择几种方式：

(1)概括全篇主要内容的方式，即结论性；

(2)一系列建议收尾；

(3)用一句客气话结尾，如“不妥之处请指正”等。

10.3.2　毕业实习报告

10.3.2.1　概述

毕业实习报告是在毕业实习后期对毕业实习工作完成情况全面的综合的报告，它既是中期汇报的延续，又是对毕业实习工作全面的总结，也是毕业实习收获体会的总结。毕业实习报告应属报告文体，它的写作应在毕业实习期间所做的实习工作日记、文献资料摘要、参观调研报告、思想收获体会等的基础上，按照毕业实习大纲的要求进行系统全面的编写。

毕业实习报告比中期汇报要全面系统和深入细致，但又应有重点，切忌平淡浮浅，面面俱到。毕业实习报告又不同于毕业论文。首先，毕业实习报告是为了向主管部门和专业负责人报告自己实习工作的经过、进展、最终成果和收获体会；毕业论文则是讨论和表述对某一课题的研究成果，带有学术文章性质，专业性很强，属于科技论文、经济论文或人文论文等领域。实习报告比毕业论文叙述要详细，也可以复述别人的成果、方法和结论，也可详细地说明本人参与或承担工作的内容、过程、操作程序、数据处理、论证方法、课题来历、意义、经验教训等；毕业论文则要简炼概括，直叙主题，毕业论文不同于学术论文，也可综述课题的前人成果和相关知识，但主要是自己的工作成果。

毕业实习报告适用于工程技术类毕业实习的总结汇报，在实习报告的基础上，再撰写毕业论文效果较好；经济类和文史类的毕业文件更适宜直接采用论文形式。

10.3.2.2　毕业实习报告的主要内容

毕业实习报告的主要内容，应当围绕毕业实习大纲和课题任务书的实习要求撰写。对理工科学生，一般应包括以下内容：

1. 概述。应用简明的文字概括说明毕业实习的一般情况，包括实习地点、单位、工程项目或课题的名称、规模、意义；本人参加的工作内容、所起的作用、完成情况，简要说明自己的实习成绩、成果、收获、体会和实习单位的反映或评价。

2. 重点叙述在指导教师和工程技术人员帮助下，独立完成的 1～2 项工作任务的情况。这部分内容应力求详细具体，有数据、有记录、有图表。如有图纸、计算书或照片等也可作为附件加以说明或提示。如取得一定的经济效益或社会效果应突出指出，这能充分表现工作能力和业务水平，应下功夫撰写。

3. 参与或接触的复杂的技术问题和工作的难点，特别应着重介绍，运用所学的基本理论和专业知识提出的解决办法与处理意见，若被采纳更应说明。

4. 调查和了解到的新技术、新工艺、新材料、新设备以及新经验应予以反映和叙述。

5. 加入 WTO 后，企业面临的新形势和对策应密切关注并提出自己的建议或见解，在毕业实习报告中加以说明。

6. 毕业实习中的思想小结、收获体会与建议。

10.3.2.3　毕业实习报告的写作方法

1. 写作前，对实习大纲和任务书再次阅读和思考，明确目的和要求，确定主要内容和提纲。

2. 有计划地搜集实习中的有关资料，认真汇集所有资料。对所表达的内容来说，笔记、数据、图表、观察、记录、照片及搜集的其他资料或说明，均可称为底稿。

3. 认真推敲底稿，决定叙述的顺序和层次，考虑报告的结构和论点，从平易性和可读性考虑，明确报告的用词和语气。对报告全文应有一明朗的轮廓和清晰的思路，列出大纲和目录。

4. 起草报告应注意的事项。

(1)题目恰当,论述集中;

(2)广泛参考和运用文献资料,很好地消化和吸收;

(3)材料要为内容服务,论点和论据要统一;

(4)组织结构清楚,层次分明,逻辑性强;

(5)语气统一,表达明确、平易;

(6)标题的引用要醒目和简洁;

(7)利用图表要简明易懂,有效果。

5. 认真修改草稿。

(1)反复阅读草稿,认真推敲,最好朗读两遍,删去多余的字句和段落,修改不顺畅的语句。

(2)调整标题和内容,使之协调一致。

(3)论述形式要统一,名词术语要统一,图表公式要统一。

10.3.2.4 毕业实习报告的格式

毕业实习报告的格式应能很好地容纳内容要求,和论文有相似之处,具有如下各项:

(1)前言

(2)目录

(3)概述

(4)自己独立承担的工作

(5)参与的复杂技术问题和处理的工作难题

(6)参观调查报告

(7)工作成果、收获体会、思想总结

(8)实习日志

(9)附录

(10)鉴定意见

(11)参考文献

(12)致谢

10.3.2.5 撰写毕业实习报告应注意的事项

毕业实习报告内容广泛,每一部分都可独立成篇,综合性较强,应根据内容变换各部分表达形式,但又应互相联系和达到内在统一。

1. 要认真研究报告审阅者的关注点和阅读兴趣。

毕业实习报告的审阅者一般是指导教师或专业教师,他们审阅毕业实习报告的目的是考察学生在实习过程中的表现、出勤情况、工作能力、业务水平和实习成果,以及毕业文献的写作能力;特别是学生运用所学的知识解决工程或专业实际问题的能力,创新能力;对当前本行业的现状、国内外先进技术和新鲜经验的应用情况也颇感兴趣。实习报告的撰写要针对审阅者的这些关注点予以回应。

2. 前言要精练有趣味。

前言是实习报告全文的象征和精华,要简明易懂,引人入胜,叙述宜生动活泼,对前述审阅者的关注点不应遗漏。前言是作者介绍正文的重要部分和关键问题的前导性文字,应反复推敲、提炼修改,达到满意为止。

3. 内容摘要应概括简要。

读了摘要就可了解报告的主要内容和全貌，找出重点阅读的内容或对读者有价值的部分。摘要的写作应避免重复、含混；摘要应在初稿完成后写出。

4. 目录要详细。

目录是报告全文的纲领和脉络，应列出章节后的小标题，也就是列出章、节、款、细目，并用数字编号，数字后注上标题。

5. 标题要生动。

标题是构思的基础，要简明概括，生动巧妙，应注意以下事项：

(1)章的标题，要与报告的总标题呼应，紧密联系，格调一致，并能概括本章的内容。

(2)节的标题，要与本章的标题相联系，并能把本节的内容明确地表达出来。

(3)款以下的小标题，要用具体的词句或文章中的重要名词术语表达。

标题起画龙点睛作用，应反复推敲，通盘考虑，寻找最佳用语。

6. 提纲要具体。

正文的写作要列出写作提纲。题纲有“一般型”和“提示型”两种。

(1)“一般型”提纲的编写方法。

1)把与报告有关的平时积累的材料，如调查、试验、观察、测定、计算、收集的信息资料等，建立一个系统，把小标题和项目条款写在卡片和笔记本上，然后按次序加以整理，形成纲目系列。

2)写出大纲后，进行认真检查审核，使之更加严密和符合内在规律。

3)报告的成功在于提纲的分量，提纲的分量取决于材料的广度和深度，材料的深度在于平时的搜集、分析、观察和发现，还应勤于动手，做记录和写作。

(2)“提示型”大纲的编写方法。

“提示型”大纲是在整理“报告”过程中，将已解决和未解决的问题，以提问的形式罗列出来，以便逐项研究和解决，使报告趋于完善。“提示型”大纲的编写方法，可参照以下各项：

1)提出实验或观测数据不足或结果不明确的技术问题；

2)用数据和资料不能正确判断和解决的问题；

3)基本理论与实际情况出现矛盾的问题；

4)列举各项疑难问题和可引起读者兴趣的问题。

总之，毕业实习报告应注意事实、情况和结果的陈述，切勿故弄玄虚和华而不实。一个学期的实习工作可写的东西很多，但应善于选择关键内容和重要事实加以介绍，平铺直叙、面面俱到也不能写出好报告。毕业实习报告篇幅可在 1.5 万字至 2.0 万字之间。

第 11 章　毕业论文写作

11.1　毕业论文的选题

高等院校的毕业论文有四个特点:一是对学生学业综合考核;二是对学生进行科学研究的独立工作能力的训练;三是时间短;四是学生们一般都是初次搞科研。因此,毕业论文的选题有其特具的基本要求、基本途径与方式方法。

11.1.1　选题的基本要求

(1)要与专业对口。就是选择的课题不要超出所学专业课程内容的范围。高校学生撰写毕业论文的目的,是总结和考核在校期间的学习成果,培养学生综合运用本学科的基础理论、专门知识和基本技能去分析和解决实际问题的能力,并使学生受到科学研究的初步训练。如果选题离开了专业,这个目的就不能达到。

(2)要有一定的理论意义和现实意义。也就是选题要有一定的价值。缺乏学术理论价值与实用价值的课题,写出来的论文文笔再好也没有什么意义。因此,要尽量选择下述范围中有价值的课题:生产或科研中亟待解决的问题,事关国计民生的问题,人类社会所面临的共同问题,学科的现状及发展等前沿性问题,中外古今学术观点的异同问题等。

(3)难易和大小要适度。选题既要有一定的难度,又要考虑到自己的知识水平与解决问题的实际能力。难度太大,力不从心;偏于容易,难以达到锻炼、提高科研能力的目的。此外,论文的题目不宜太大,宁可选小一点的题目。只要能抓住重点,找出研究课题的难点和问题的症结,分析、论述深刻透彻,并能提出自己的独立见解,这样的毕业论文就很有价值。初写论文者常犯的毛病是选题宽泛,大而不当;论述面面俱到,泛泛而谈;不能深入研究,切中要害。因此,要用限制题目外延的办法,真正把课题缩小到适合完成的程度为止。例如:试论亚洲金融风暴对我国的影响→试论亚洲金融风暴对我国贸易的影响→试论亚洲金融风暴对我国民用商品贸易的影响。

(4)要兼顾主客观条件。选题时要考虑到进行课题研究的客观条件,如实验场所、实验条件、文献资料及时间、费用等;同时要考虑自身的学术水平、实际能力、特长兴趣等主观条件。这样才能既保证课题如期完成,又充分发挥自身优势,扬长避短,取得理想的效果。如果脱离主客观实际去选题,即使选择方向很好,也很难完成课题研究,毕业论文自然难以写好。

11.1.2　选题的基本途径

(1)从业务强项或兴趣出发进行选题。术业有专攻,人多有偏好;而对某一问题感兴趣,就易于钻研并取得成绩。因此,选择自己在专业学习中的强项或自己最感兴趣的专业问题作为自己的课题方向,有利于提高论文撰写质量。

(2)从实习或实践中寻找课题。现实工作或生产实践中总会遇到一些应当解决但尚未解决的问题,其中有些属于微观范畴、比较有可能找到对策或解决办法的问题,就可以作为毕业论文的课题。因此,在实习或社会实践中要当个“有心人”,细心观察,认真思考,注重总结,努力从中寻找适合自己的课题。

(3)从学过的课程中寻找课题。从所学的专业课程中选题,有符合专业要求、熟悉课程内容、易于完成等优点。而且专业课程众多,许多课程内容有待丰富和深化,并不乏课题的“生发点”。因此,从专业课程中寻找课题,也是选题的一条重要途径。

(4)从文献资料中寻找课题。科学技术总在不断发展,学术问题也总是在或修正错误、或扩大应用领域、或与其他学科知识相结合中不断发展。因此,大量阅读文献资料,善于学习并系统地研究已有成果,寻找前人刚刚接近而没有提出、或提出而没有解决的问题,以及有必要进行补充或纠正的问题,作为自己毕业研究的课题,也是选择毕业论文课题的一条成功之路。不过这样去选题耗时很多,必须较早着手进行。

11.1.3 选题的具体方式

由于学生大多是第一次接触科研和生产实际,缺乏选题经验,所以具体选题需要教师的指导。在撰写毕业论文的过程中,有三个环节特别需要得到教师的指导:一是选题,二是制定研究计划,三是拟定写作提纲。抓住这三个关键环节,对论文的写作最有益。因此,目前高等院校毕业论文的选题,多数是以下三种方式结合进行:

(1)命题与自选题相结合。先由指导教师拟定一些题目,经教研室讨论确定,然后向全体学生公布,由他们自己选作。对多数学生来说,这是一种合适的办法。

(2)自选题。少数学习成绩优秀并有一定研究能力的学生,能独立地选题,应该允许并鼓励他们自己选题。

(3)引导性命题。当指导教师拟出的题目公布之后,少数学习成绩较差、缺乏科研能力、不能独立选题的同学可能会感到迷惑,心中无数,难以确定下来。这时,指导教师不应简单地为他们圈定一个题目了事,而是要很好地了解学生专业课的学习情况、他们的兴趣爱好及所关心的方面,逐步引导他们确定一个题目。

就学生本人来说,无论是采用上述的哪一种选题方式,也无论自己的学习成绩、科研能力如何,在选题过程中除了自己独立地进行探索之外,都要积极主动地争取教师的指导。

毕业论文选题是大学生从学习阶段向研究阶段、创新阶段转化的重要标志,因此,教师在指导优秀学生选题的时候,应该考虑其今后发展的方向。如果指导优秀学生首次选题就选准具有广阔前景的创新性课题,不仅能帮助该生写出一篇有较大价值的毕业论文,而且从长远来说,当一个年轻的科技工作者在科研的道路上起步的时候就引导他走进一个将来大有发展的科学领域,那么他就有可能获得较大的成功,作出较大的贡献。

11.2 开题报告

开题报告、中期报告和实习报告均为报告文体的写作形式,毕业答辩提纲也应归于此类形式。

11.2.1 报告文体的特点

报告文体可以书面形式或口头形式表达。该类文件的最大特点是报告性。所谓报告性,就是把结果、经验、情况、建议、方案用文字的方式报道和公布于众。报告文体要求反映及时,讲究时效性;另外,要求具有客观性,所用事实、数据、材料必须是客观情况的真实反映。

报告文体的另一个特点是规范性。撰写时应按固定格式表述。

鉴于报告文体的特点,要求作者在写作时,应敏锐观察、实事求是、深入细致、科学严谨、准确规范。在撰写开题报告、中期汇报和毕业实习报告时，应遵循上述特点及要求。

11.2.2 开题报告的含义与作用

可行性研究报告是指课题没正式确定前，对该课题项目进行的可行性论述，而开题报告则是在该课题确定以后，对所开课题的准备情况、进度计划作出的概括反映。可行性报告是解决“能不能立项”的问题，而开题报告是解决立项后“如何实施”的问题。前者具有“探索性”，后者体现“实施性”。

撰写开题报告对项目或课题的顺利开展十分重要。审题者可以根据开题报告的内容及时作出判断，此课题能否实施；申报者也可以在批准后按开题报告的安排沿着既定目标开展工作。

撰写开题报告是一项重要的科技活动内容，专家评审委员会要依此来评议开题报告，判断能否拨款实施。美国科学家每年要用两个月时间从事开题报告的起草工作，我国科学工作者也要撰写“科研开题报告”；研究生要撰写“学位论文开题报告”，大学生要写“毕业论文开题报告”。开题报告的写作方法，是大学生应当掌握的一种重要的报告文体。

11.2.3 开题报告的写作内容和形式

1. 一般科研课题开题报告的内容

(1)课题的名称；

(2)研究的根据；

(3)研究的途径；

(4)预期的结果；

(5)完成时间。

2. 一般大学生的开题报告内容

(1)学号、姓名、专业、导师；

(2)毕业论文题目；

(3)文献综述；

(4)选题的目的和意义；

(5)研究方案与进度计划安排；

(6)预期结果与成文时间。

3. 重大科研课题的开题报告内容

(1)项目名称、单位、项目负责人、项目起止年限；

(2)目的和意义，国内外研究状况；

(3)主要研究、试验内容及技术关键；

(4)准备工作情况及主要措施；

(5)试验地点、规模和进度安排；

(6)经费概算；

(7)主要设备、仪器和材料；

(8)承担单位和协作单位及其分工。

4. 开题报告的形式

(1)采用按内容逐项列出的文字表达方法，如上述格式，该法内容齐全、充分，缺点是不够简明。

(2)采用表格形式,把报告内容换成相应的栏目,此法的优点是可使主管部门和审题者一目了然;缺点是有些内容不能从栏目中反映出来。

11.2.4 撰写开题报告的注意事项

(1)无论是文字表达还是表格形式,内容要简洁、明确、具体、概括,文字表达要准确,书写要工整,让人一目了然。

(2)在“课题的目的和意义”项目中,要阐明课题的具体内容和针对性,以及对经济建设、社会效益和工程技术的作用和影响,要体现出开题的迫切性。

(3)“预期结果”和“国内外状况”的项目里,应通过与国内外同类课题分析比较,阐明其学术价值和应用价值,体现课题的创造性。

(4)要体现课题的科学性和可行性。要阐明课题的事实根据和理论根据;研究者的知识和能力;人力、物力和财力的条件;时间安排是否合理等。

11.2.5 开题报告示例

××××**大学毕业设计**(论文)

开题报告

学号		姓名		专业	国际经贸
题目	国际服务贸易在我国外贸经济中的特殊作用				
文献综述、选题的目的和意义、研究方案、计划进度	一、文献综述 有关国际服务贸易方面的文献多集中论述了其定义和分类、产生和发展历史;世界各国,尤其是发达国家的服务贸易的概况,WTO中服务贸易总协定的主要内容,我国服务贸易现状及其对国民经济发展的作用等,但对服务贸易在外贸经济发展中的特殊作用进行全面深入研究的有关文献尚属少见。 二、选题的目的和意义 鉴于国际服务贸易的快速发展,并凸显在国民经济发展中的特殊作用和战略地位,以及人们在这方面的研究和认识尚显不足的状况,本文旨在通过对已有文献资料进行高度概括和深入总结的基础上,进行深层的发掘和研究,以求对该领域在理论和实践方面有所裨益。 三、研究方案和进度计划 1. 广泛收集文献资料,初步确定选题方向、核心内容和要点(3月份)。 2. 深入研究重点文献,对有创见的论点深入调查研究(4月份)。 3. 课题论文写作、修改和定稿(5月份)。 4. 毕业答辩(6月初)。				
指导教师意见	签字:________ ____年____月____日				

注:本栏由学生填写

11.3 毕业论文的写作

毕业论文属于论述文体,表达方式是用逻辑推理和分析综合方法,提出自己的见解,用充足的论据证明自己的观点或论点的正确,达到论点和论据的统一。在这里,要对客观事实和某种现象或规律做如实的客观的表述和总结。

毕业论文是大学学习训练的最后一个环节,通过论文的撰写可以反映学生运用所学的专业知识分析与解决实际问题的能力,检查学生独立研究问题的能力,这种形式被广泛使用。

11.3.1 毕业论文的选题与题目

毕业论文的选题至关重要,题目选得好,就等于论文成功了一半。毕业论文选题是指研究课题的选择方向,题目是指论文的标题名称,它是论文最重要的核心内容的逻辑组合的最恰当、最简明的表达。

1. 题目不宜过大,要简练醒目

初学写作论文的同学切勿贪大求全,望题生义,超越自己的能力和水平。选题要量力而行,考虑主、客观条件,掌握本学科的发展状况"小题大做"——选择小题目作大文章是易于成功的途径。题目大了,把握不住,堆砌素材,把新鲜观点和见解淹没在材料堆里,难以给人留下深刻印象。相反,从实际出发,抓住某一论点深入研究,透彻阐述,更易于成功。

2. 课题要选准突破口,题目要画龙点睛,准确、突出

选准突破口,就是选准主攻目标,像军队打仗一样,集中兵力向主攻目标猛攻,才能取得胜利。突破口应选取难度小,具有普遍意义而又长期被人忽视的问题。恩格斯说,"科学在两门学科的交界处是最有前途的。"在学科边缘处,涉足人少,新课题多,竞争对手少,因而是易于突破的领域。题目则应准确,突出起到画龙点睛的作用。

3. 课题应在研究和实习实践基础上确定

毕业论文的课题,应在毕业实习或课题研究进行一个阶段以后选定,当然,以后还可修改。只有对某一领域或某一问题有一定的认识和了解,对一定的文献资料有了理解并对实际工作有心得体会,才能初选课题。以后,随着资料的查阅,知识的积累,涉猎的范围由宽而深,题目的确定日趋明朗。

4. 选题要主观兴趣和客观条件结合,题目要有趣味,有磁性

选题要从自己有准备、感兴趣的问题出发,连自己都不熟悉、无兴趣的问题,岂能打动别人,给读者以启发。当然仅凭个人的好恶也不能写出好文章,在兴趣的基础上,根据客观条件抓住本学科中的重要的理论和实际问题,深入展开,才有可能做出有益的探讨。题目要有吸引力,引人入胜。

日本若诚之德在《毕业论文,调查报告的写作方法——从准备到提出》一文中提出:搞课题研究,写学术论文这要有非常强烈的忍耐力与克制精神,……这种冲动是写作论文的重要前提。当然,兴趣是在实践中产生的,有兴趣的课题,往往是自己已经了解或初步了解的课题。选择有兴趣的课题不仅会带来研究的热情和不达目的不罢休的积极性,也能使作者有个较好的研究基础,为论文顺利完成提供支持。

5. 选题要考虑客观需要和主观可能条件,题目要有新意和创见

要选择具有现实意义和学术价值的课题,如学科的热点问题,工程实际中急需解决的技术关键问题,对人民生活、科技发展和建设速度有较大影响的实际问题等均可作为选题,有爱国精神和责任感的青年学生也会因此而激发创作热情。

在选题时,还应充分分析是否具备完成此课题的客观条件。要解决某一具体课题,要有足够的信息资料,要有较完备的技术手段和配置,如果不具备某些客观条件,就难于胜任和完成既定的任务。当然在研究过程中有些条件还可以逐步创造,但应准确地估计是否能与研究工作合拍同步。

6. 要勇于走自己的路,题目要有个性

在选题时要有自己的主见,走自己的路,勇于探索,一旦"摸到了门"就能够取得成果,在为

社会作出贡献的同时,享受艰苦探索的乐趣。导师的指导、朋友的建议是很重要的,但最了解情况的还是自己,路还得自己走。李政道说:"要完成开创性的课题,就像一个人关在屋子里找门,你就得动手去摸,这里摸一摸,那里摸一摸。同时,你的头脑必须是很清醒的,有很强的判断力。摸得不对,及时离开。摸到了苗头,就认定不放。这样,一旦摸到了门,打开它就并不十分困难了。而打开大门之后,必然是山清水秀。这也是科学研究工作者探索客观世界奥妙的无穷乐趣。"这段生动的比喻,恰当地指出了选题的道理和方法,值得借鉴。

11.3.2　毕业论文的选材

毕业论文的题目选好后,正确选择与运用材料是论文成功的关键,处理大量搜集来的素材,正确合理地组织和运用这些材料,应遵照三条原则:一熟悉,二取舍,三提炼。

1. 熟悉材料

熟悉材料是写作毕业论文的基础,是取舍和提炼的前题。阅读材料是熟悉材料的有效方式,阅读材料可采用以下办法。

(1)先读中文资料,后读外文资料;

(2)先读综合资料,后读专题资料;

(3)先读近期资料,后读远期资料;

(4)先读文摘,后读全文;

(5)先粗读,后精读;

(6)先读已学过的知识,后读新知识;

(7)重要的材料,反复阅读思考;次要资料,一般浏览。

2. 取舍材料

经过阅读,熟悉了材料,边读边分析,明确哪些是重要的,哪些是次要的;哪些是有价值的,哪些是无关的;哪些材料可以说明哪个问题,哪些材料可以证明哪个观点。把材料分析比较后,即可决定其取舍。

3. 提炼材料

对大量的材料进行取舍之后,还应对留存的这部分材料进行进一步的研究、提炼和加工。材料的提炼就是要寻找最能揭示事物本质、最能反映事物特点的材料,从大量的复杂的材料中,抓住特点,发掘精华,加以概括和综合,上升到理论高度。

4. 避免重复别人的观点和照抄现成的材料

避免重复别人的观点,就必须扩大视野,阅读新材料,增加材料的宽度和深度。要避免照搬现成的材料,就要下功夫对已有材料进行一番加工改造。

11.3.3　毕业论文的论证方法

选题确定,材料提炼之后,应研究论证方法。即用材料说明题目,用论据证明论点的正确。为此,应遵循下述论证方法和逻辑规则。

1. 论据必须真实可靠

论证是论证的基石,必须真实可靠。论据来源于客观实际,是经过去粗取精,去伪存真的客观事实,是反复推敲,无懈可击的真货。任何浮光掠影、金玉其外的材料是绝对不可取的。

2. 不得采用循环论证法

循环论证就是用某个命题的自身来证明这个命题,自己证明自己,只是换个说法,这是不合逻辑规则的。例如,用"人吃饭为了不饿"这条道理来证明"人饿了就要吃饭"这种现象,就是循环论证。

3. 论证要合乎逻辑

论据和论点存在着内在联系，文章应当揭示这种联系，得出合乎规律性的结论。这种规律就是事物发展的必然性，这种必然性就是真理。揭示真理就是论文的使命。如文章只凭观察和经验，将偶然的表面现象推断出某种论点或观点，则这种论点或观点是缺乏可靠性和可信性的。例如，人们看到目前经济适用房销售情况很好，就说明今后销售情况也会好，这种凭表面观察来说问题就缺乏可信性。只有论述了人民的生活质量的提高、收入增加之后，再说明今后的销售前景才是合乎逻辑的、可信的。

4. 论据要充足

顾炎武说，"孤证不立"，对写作论文是很有参考价值的。因为根据单独的或少数的事实来证明论题，说服力是不强的，从各角度和多方面来说明或论证某个论点就会令人信服，也更加严密。

11.3.4　毕业论文撰写的格式

毕业论文的格式，一般采用以下格式：

(1)封面

(2)毕业实习任务书

(3)内容摘要

(4)关键词

(5)目录

(6)前言

(7)正文

(8)结论

(9)参考文献

(10)致谢

(11)评语

格式规范是毕业论文的一项重要的评定标准。格式规范是论文写作的一个技术要求，也是实现论文内涵和写作目的的形式要求，因此，应当严格按格式完成。以下对各环节和项目加以说明。

1. 题目

题目是封面上的主要项目，最先映入读者眼帘的是论文的题目，人们在浏览书刊时，也是先从题目来判断是否可读；毕业论文的题目也是评阅教师最先审检的内容和至关重要的第一印象，可见毕业论文题目的重要性非同一般。

毕业论文的题目要简练、醒目、准确，使读者一看题目就知道写作的中心内容。切忌笼统晦涩。拟题要正面、直接地提出问题，少用或不用华丽的修饰语。题目不宜过长，如果不能概括其内容，可用副标题来补充。

美国数学学会要求数学论文一条标题不要超过12个词，并要求用词质朴、明确、实事求是，避免用广告式的冗长夸大的字眼，这种意见可供参考。如果题目太短，不易容纳中心内容，可以采用副标题加以补充说明，引申主题。

封面一般均有固定格式，除题目外，在题目下面应有作者姓名与指导教师姓名，其他项次应认真依次填写。毕业论文任务书由学校专业主任或指导教师下达，学生应认真抄写阅读。

2. 内容摘要

内容摘要是毕业论文内容基本思想的缩影，是主要观点的集中概括，应力求简明、准确和畅达。摘要是论文的重要组成部分，其内容应包括与正文同样多的情报信息，能使读者在较短时间内阅读摘要后，就能准确地了解论文的主要内容和结果，因而，要求简短扼要，概括准确。

内容摘要不是章节目录的简单摘抄，它应独自成文，主要说明为什么从事此项课题，回答该项研究工作的主旨、目的、范围和效用；研究的对象、内容和过程，也就是做了哪些工作，取得什么新成果和新经验；最后，还应说明得到的结论及其价值和意义。

内容摘要编排在正文前面的称为摘要（abstract）或称提要（synopsis），排在正文后面的叫摘录（summary）。

内容摘要的字数，无确定要求，一般约为正文全文字数的 5% 左右。ISO5966 建议不少于 250 字（词）最多不超过 500 字。总之，应以正确、精练、具体、完备和精彩为宜。

摘要的写作应在正文成稿之后撰写。故应在正文的基础上精心提炼、琢磨，写出独到之处，形式上可改变章法，润饰词句，写成精彩的短文，使读者读后产生强烈的阅读正文的欲望和要求。

3. 关键词

关键词（key words）是将论文中起关键作用的、最能说明问题的、代表论文内容特征或最有意义的词选出来，列在摘要部分之后，便于情报信息检索系统存入存储器，以供计算机检索的需要，也有助于读者掌握本论文的主旨。

关键词一般来源论文题目，也可从论文内容中抽出。美国《Chemical Abstracts》，从 1963 年第 58 卷起开始采用计算机编制关键词索引，提供快速检索文献资料主题的索引。选出来的关键词一篇论文约三、五个，它不考虑文法上的结构，不一定表达一个完整的意思，仅仅将一个或数个关键字简单地组合在一起。每一关键词可以作为检索论文的信息。关键词应用显著字体排在摘要之下方，两词之间空一字距，不用标点符号。

选择的关键词一定要准确，如果选词不当，将影响检索效果。同义词不要并列为关键词，化学分子式不能用作关键词，对于复杂有机化合物，一般以其基本结构的名称作为关键词，例如，一篇题为“用阴离子交换色层法从水溶液中回收胺”的论文，就可以抽出“阴离子交换色层法”“和水溶液胺反应”作为关键词。

毕业论文带有学术论文的性质，提供关键词作为撰写论文的格式要求，也是一种训练，同时，也有助于审阅者对学生掌握论文实质的程度进行考察。

4. 目录

如果毕业论文的篇幅较长，为了审查者的方便，应编写目录，并标出页码，以便查找。列出目录，可从中看出论文内容的梗概，论点的安排，整体的布局，各章节的联系，给人以清晰的轮廓。阅读者可根据需要直接从目录中查找有关章节。

目录应列出通篇论文各组成部分的大小标题，分出层次，逐项标注页码，并应包括参考文献、附录，图版、索引等附属部分的页次，以便于读者查找。

5. 前言

前言是论文的开场白。前言部分主要说明写作意图，论文的主旨、目的、缘起、背景、前人工作和知识空白、预期目的和采用的方法等内容，言简意赅，一目了然。

一般在前言中简要地说明进行本课题的理由，希望解决的问题，具有什么效用和意义，并介绍前人有关的工作和进展，尚存在什么问题，以及本课题的特点与涉及的范围。前言中切忌夸夸其谈，冗长拖沓，应力求简洁实在；对人所共知或显而易见的效用和意义，应保持谦逊严谨的态度；当然也无需过于自谦，因读者自有公论。此外，在学术论文上更不允许作商业广告和商业宣传。

对于一般毕业论文，前言500字至1 000字即可。长篇论文的前言自成一章，章内可分若干小节，内容更为齐全，大体有：论文的主旨与目的；缘起和提出研究要求的现实情况；课题涉及问题的分析、工作范围、与其他工作的关联；历史回顾、背景材料、前人工作综述；基本理论和原则，以及有关政策、方针和法规；预期结果和采用的方法；实验材料与资料及其有关情况；研究途径、研究工作的方案论证；规划及其内容，概念和术语的定义；其他需要交待的问题。以上内容，可酌情选用，不宜面面俱到。

6. 正文

正文是论文的主体部分，占论文的绝大部分篇幅。正文也称本论，是全篇的核心，对所研究的问题进行分析、论证，阐明观点。这部分的内容较长，一定要注意条理性和逻辑性，结构严谨，行文洗练。其材料运用和论证方法已在前面做了说明。下面再强调几点：

(1)正文应突出正确性、客观性、公正性和可读性，要达到数据可靠、论点明确、实事求是、文字简练等写作基本准则。

(2)研究成果只有经过科学的、逻辑的和文字上的再创造，才能成为论文，实践的材料须经过加工提炼而形成观点，反过来又应使观点统率材料，观点和材料统一，以基本观点为脉络贯穿全文，思路清晰，逻辑严密。

(3)正文部分的体裁格局，既有惯例章法可循，又不应拘泥于形式，准确、鲜明、生动、可读性强才能吸引人。

写好正文，首先要有材料，有内容，然后有概念、判断、推理，最终形成观点。撰写正文要做到合乎逻辑，顺理成章，注意章词，表达简明精练，通顺易懂。美国麻省理工学院 Rabinowicz 对论文提出四个字的要求：clarity，accuracy，completeness，neatnes，即明晰、准确、完备、典雅。以上可作为撰写论文的基本要求。

(4)正文的写法，大体可分为两种。

一种写法是按研究工作的进程时间顺序，即认识问题的先后，一个问题一个问题地叙述。开始可先对整个工作过程的层次略加交代；然后，一个问题作为一层，层层有实验结果或解题成果，有小结，有导出下一层次工作的引子；再叙述下一个问题作为第二层次……最终，有综合，有分析，有总的观点和结论性的结果。例如，某一产品开发和研制的课题或建筑材料的实验研究课题的技术论文或毕业论文，第一层次是在实验室设计实验，实验所用的原财料、样品、添加物和试剂等，实验试件的加工制作，试件的检测，实验现象的观测记录等，从中抽象出某种现象产生的条件；第二层次是研究某种现象产生的原因、机理与本质；第三层次是研究防止、修正某现象的措施；第四层次是在生产中验证或试用，并改革生产工艺。这类研究课题论文的撰写，每一层次有明确的小结，同时，提出下一层次的研究方向，从感性认识到理性认识，螺旋上升，层次分明，段落清楚，自然流畅。

另一种写法，不按实验或研究工作的原有时间顺序，而按认识规律由低级向高级阶段发展的演变过程叙述。一般先介绍实验原材料、设备、实验经过、结果；在实验过程中将庞杂的数据和观察的现象,加以综合整理,再在这些实验材料的基础上,进行判断、推理,形成概念,加以必要的讨论,最后归结出结论,完成推理的高级阶段。

比较完整系统的课题成果可采用上述任一种写法撰写论文;对内容集中而简短的论文,则可以开门见山,一气呵成,不拘一格,效果较好。

(5)实验过程的论述。只写关键性、代表本研究工作特点的仪器、设备、观察和操作条件;应科学地、准确地表达必要的实验结果,摒弃不必要的部分。精选必要的表、图和照片,且应尽量用图,少用表格。

(6)论文中的数学符号、物理量符号、化学符号、各学科的符号,必须按照规定和国际惯例,不能自创;论文中应全面采用国际单位制(SI制),对有效数字、数据处理、准确度和精度等基本规定也应注意。

正文字数应尽量精简,毕业论文一般为1万字至1.5万字为宜。

7.结论

结论是论文的最后部分,是正文阐述的必然结果,既要考虑与前言部分的照应,还要考虑与正文的联系。结论对全篇论文起画龙点睛的作用。结论的内容不只是前面实验结果部分分层结果的简单重复,而且是全面的概括与归纳。结论应该完整、准确、鲜明、简明扼要。

结论部分可包括作者的建议,下一步工作的设想,仪器设备的改进,遗留问题等;如果结论难于明确表述,也可不写结论,只作一番讨论。

写结论切忌表面或片面,不分主次;也不应疏漏失察;更不能先有结论,再用材料证明。这种搞科学研究,却用"反科学"的学风是非常危险的。

8.致谢

任何研究成果通常不是一个人或几个人完成的,为了尊重提供帮助的人,感谢他们的帮助和支持,一般在论文后面用书面文字致谢。

首先,应感谢直接作过贡献的人,比如,参加过部分工作、承担过某项测试任务,提出过有益的建议,指导过某项工作或论文撰写,以及绘制插图的人等,此外,还有提供物质或资料的协作单位等。

其次,应讲究良好的学风,避免假借名人之名掩饰论文中的缺点和错误,或抬高论文的身价。

9.参考文献

论文中凡引用前人的文章、数据、论点、材料等,均应按出现的先后顺序标明数码,依次列出参考文献的出处。引用文献所标明的数码,注在引证文献的作者姓名后右上角;如未写明文献作者,只引用具体内容,则注在内容文句后右上角处。用小括号和阿拉伯数字标注。

文献来源计有:

(1)一般期刊(journal);

(2)会议记录和资料汇编(proceedings,edited-collections);

(3)技术报告(technical report);

(4)档案资料(deposited document);

(5)学位论文(dissertation);

(6)书(book);

(7)专利(patent);

(8)未发表资料(unpublished);

(9)私人通讯(private communication)。

毕业论文在卷末列出参考文献,其好处还在于,一旦发现引文的差错,便于查找;也可审查作者阅读资料的范围和努力程度,判断作者信息来源的宽窄和文章的质量。

10. 毕业论文的装订

毕业论文要认真装订成册。其装订顺序为:封面、毕业实习任务书、内容摘要、关键词、目录、前言、正文、结论、参考文献、致谢、评语。

毕业论文装订顺序或项目要求各校规定可不尽相同。但作为一种写作训练和知识应以全面为宜。

11.3.5 毕业论文写作的准备工作

不打没准备的仗,不作没积累的文章。毕业论文要写好,必须作充分准备。

1. 研究计划的制定

毕业论文的课题确定后,就应尽快制定研究计划。研究计划制定好了,能使整个课题的研究工作(含论文写作)有步骤、有次序地进行,避免盲目和混乱。

研究计划一般应包含以下内容:确定课题、搜集资料、实验研究、整理资料、决定主题、拟定提纲、撰写论文、推敲修改、誊印装订、论文答辩,同时作出相应的日程安排。

由于多数院校都把毕业论文的写作安排在最后一个学期,时间非常有限,因此每位学生必须从自己的实际情况出发制订好研究计划,什么时候做什么工作,应达到什么要求,都要明白列出。这样行动起来才会做到心中有数,才能保证按照规定时间提交毕业论文。

国外有的高校规定,撰写毕业论文之前要先写出研究计划(包括写作日程安排),不提交者没有写毕业论文的资格。我国虽无这样的规定,但由于写毕业论文是一项复杂的研究工作,没有一个好的计划、盲目地去做是不可能写好的,因此制订研究计划是每个同学撰写毕业论文前必不可少的重要步骤,而且制订后的计划应请指导教师审阅、指正。

2. 资料搜集

搜集资料是具体研究问题的开始,没有资料就无从分析问题,所以搜集资料是写好毕业论文的基础。

毕业论文的选题和资料搜集紧密相关。首先,如果平时没有一定的资料积累,不了解学科动向,就不好确定论文的选题;其次,只有确定了选题,才能按照选题方向去搜集更多的资料;最后,在搜集资料的进程中,有时也会因新资料的影响,产生新的看法,从而修订甚至更改选题。

现在有不少学生是在学校具体布置毕业论文工作后才开始搜集论文资料的,这种被动学习的态度极不利于科学素质和论文撰写能力的提高。因为此前没有任何准备,平时没有积累,临近毕业时还有毕业实习,撰写论文的时间只有两三个月,非常紧迫,就给资料搜集工作带来了一定困难。据了解,相当多的优秀毕业论文作者,是从大学二年级下学期开始就有目的地去思考问题,搜集资料。这些成功的范例,不仅表明作者具有学习的主动性和探索问题的积极性,更说明占有丰富的资料是写好毕业论文的前提。

直接调查是获得资料的重要途径。调查研究所得材料是第一手资料,反映的是现实实际情况,对认识课题的现实意义有重要作用。因此,应根据选题的研究内容、要求,到相关现场去调查搜集资料(如数据、实例、问题等)。调查的形式是多种多样的;但对于学生来说,主要还是通过直接观察、个别访谈、查阅有关档案、抽样发放问卷等方式进行。

更多的资料搜集工作是通过图书馆、档案馆、互联网进行。利用图书馆、档案馆、互联网查阅、搜集文献资料，可以获得多方面的有用信息：

(1)提供课题的研究状况。通过查阅资料，可了解自己的课题是否有人已经研究过。如果有人研究过，可以了解他们的观点是什么，他们的资料来源于何处，从中分析比较他们的研究得失，吸取经验，提高对本课题的认识；如无人研究，则可以考虑有哪些相关资料可供借鉴，了解自己的选题究竟新在何处，有什么意义，迫使自己思考研究本课题的方法和途径。

(2)获得二手基础资料。已发表的论文或历史文献中具有大量的有用资料。某些基础性资料可帮助我们重新认识问题，因为同样的资料站在不同的角度可以得到不同的认识。我们可以为证明自己的观点去摘抄、引用一些基础资料；但要注意，对任何资料的引用都不能断章取义。

(3)学习研究方法和论文的撰写方法。在搜集、研究资料的过程中，可以学习其他学者研究问题和撰写论文的方法。通过分析这些论文，找出作者的思路，学习他们的研究方法，从而达到拓展自己思路的目的。

搜集资料的方式，一般是用笔摘录在卡片上。如果是仅为毕业论文写作准备而不打算保存的资料，也可分条摘录在普通纸上，待写作前再逐条裁成小片分类。整段、整篇的资料，可以复印下来。若条件许可，通过电脑来存储资料则更加便捷。在搜集资料的过程中，自己脑子里涌现出的一些有价值的想法，也应该随时记录下来。这是最值得重视和珍惜的材料，哪怕只是一句两句。如果我们对它把握和发挥得好，这或许正是我们所写论文的亮点和独特价值所在。同时，搜集的所有材料都应尽可能地标明其所属类别，以便整理和分类。

除了搜集资料之外，实验研究也是撰写毕业论文的前期工作中的一个重要环节，许多理、工类毕业论文的水平就取决于这个时期的工作。做好实验研究的关键是要善于设计实验，筹集实验用的设备和器材，按科学、规范、周密的步骤做好每一项实验。实验中要善于观察，勤于记录。要忠于实验结果，对结果要善于进行分析和讨论，以求得明确的结论。

3. 资料整理与总体构思

写作素材准备完成后，面对占有的一大堆材料，该如何取舍于安排？这就涉及到正式动笔撰写毕业论文时首要的工作：整理资料，安排结构，提炼主题。

(1)整理资料

对搜集的资料(含实验研究所得结果)进行全面的分类与分析，并作出必要的处理。

1)将资料分类。资料分类是资料分析的重要步骤，分类标准要以资料反映的主要思想(内容)为依据。

2)分析资料并从中导出结论。要分析每类资料能够导出的结论并把这些结论写出来，形成自己的见解。

3)给每类资料拟写标题。概据对资料的分析，拟写每类资料的标题。标题是资料中心思想的概括和结论的提示，将为我们取舍资料及安排资料在论文中的位置做准备。

(2)分析研究，安排结构

对已经分类整理好的资料作进一步分析研究，并对论文的内容与结构作全面的思考。

1)根据拟定的论题，进一步分析各类资料的意义或关系。可从以下两方面进行：①资料和论题的关系。通常有如下三种：其一，资料反映了论题的背景、历史或现状；其二，资料揭示了论题的原因或结果;其三,资料反映了论题的子类问题或局部问题。②资料之间的关系通常有如下几种:其一,同一问题的不同方面的认识;其二,同一问题的不同程度的认识;其三,同一问题的局部认识;其四,同一问题的对比认识等。

通过对资料的这种进一步分析,可能从中找出与论题毫无关联的材料,或者发现某资料与其他资料没有内容上、逻辑上的联系或联系程度甚低,应舍弃此类材料。

2)根据资料的情况和它们之间的逻辑关系,分析资料的总体结论并予写出。总体结论主要靠推理和比较、综合等方法得出。具体是:①归纳法。即资料A、资料B、资料C……都证明的共同性问题。这个问题可以是总论点,也可以是分论点。②演绎法。即资料A是资料B的前提,资料B是资料C的前提,根据C最终证明了论点。这种形式适合因果关系。③比较取舍。即资料A与资料B相互比较,A利B弊,取A舍B,A证明了论点。这个论点可以是总论点,也可以是分论点。④分析与综合。即资料A是某论点的要素之一,资料B是某论点的要素之一,资料C是某论点的要素之一……根据要素A、B、C等,综合为完整的论点。这个论点可以作分论点,更适合作总论点。

3)根据初步研究结果,确定主题结构。完成了上一步骤的分析研究,有了分论点,有了总的结论,就可以安排全文的结构了。只要将各个分论点按照内在的逻辑关系排列起来,就能够构成论文的主体。在这一过程中,要根据论文的主题和思路进一步审查和筛选材料。对所备的材料要充分利用,将其有效地纳入论文的思维领域,然后决定取舍;不能让材料牵着鼻子走,不要因不忍割爱而堆砌材料,让其削弱或损害、淹没了自己的观点。最能表现论文主题的材料要详写,一般的材料应略写,关系甚少的要剔除。要注意从自己的调查、实验中选取材料,对未经详核精审或理解不深的材料,使用时要慎之又慎,最好不用,因为材料的芜杂和失当都会影响主题的突出和思路的清晰。此外,如果发现某一方面材料不足或对文章整体考虑尚不成熟,则须继续充实材料,完善构思,直至可以确定全文结构为止。

(3)进一步提炼主题

在研究材料过程中分析出来的论点或结论,还需要结合论文的整体进一步提炼,使之达到认识上升的新水平。

1)观点与材料要统一。要分析论文整体所包括的内涵是否大于或小于总论题。一篇论文,其观点能否被材料所证实是至关重要的。这就要求所要论证的问题和材料必须一致,二者高度统一。如果所要论证的问题大于材料,那么受材料的限制,就应当缩小论题;反之,则应当扩大论题。

2)结论应当升华。论文的结论应当体现作者认识的升华。有了基本的结论之后,对这个结论还存在哪些问题没有解决、有什么发展前景等问题,可进行再分析,以上升认识。

4.拟定论文提纲

在整理资料、总体构思的同时,就要按思路编拟写作提纲。大学生初涉研究领域,写作毕业论文前特别强调对论文进行总体设计,而提纲就是论文的总体设计蓝图,是作者有条理、有规律的思维进程的概括记录。构思时在提纲上多下工夫,确立全文骨架,明确层次重点,理清思路,安排详略,做到“胸有成竹”,写作起来就可以有所依托,得心应手,避免随想随写而造成遗漏、谬误和详略失调、条理不清等弊病。因此,认真拟定写作提纲既是写作态度严肃的表现,更是提高毕业论文质量的重要步骤之一。

提纲写好后,要不断修改、推敲。一是推敲题目是否恰当,是否适合;二是推敲提纲的结构是否能阐明中心论点或说明主要议题；三是检查划分的部分、层次、段落是否合乎逻辑；四是验证材料是否能充分说明问题。这些工作完成后，便可开始动笔写初稿。

拟好了写作提纲，应尽早同指导教师沟通，以便于指导教师对自己进行比较具体的指导，保证论文写作的顺利进行。有些学生不拟提纲，或者拟了提纲不请老师指导，直到写完数千、近万字的草稿后才找指导教师，结果老师一看，论文的基本构思不行，只能推倒重来，这极大地耽误了时间，浪费了精力。

正因为写作提纲是要给指导教师看的，所以应该写得很详细，应包括：论文题目，基本论点（一级标题），各个分论点（二级标题），各个小论点（三级标题），一些准备使用的主要材料，一些主要层次拟采用的论证方法等。此外，还可以把毕业论文的前言（绪论）单写出来，交代研究该课题的理由、意义，说明本人对所研究的问题有哪些补充、纠正和发展，以及论证这一问题时将要使用的方法等。把提纲与前言一起送指导教师审阅，有助于指导教师对论文的准确全面把握。

(1)论文提纲的结构层次安排方法

1)并列法。各观点、问题、事件并列，无主次和先后之分，但各层次之间有内在联系。

2)递进法。事情内容层次按发展过程的先后顺序，逐层深入的相互关系安排。该法有明确的严密的逻辑关系，易于为人们理解和接受。

3)因果法。根据事物发生的前因后果所做的层次安排。

上述常用的几种方法应根据论述的方便灵活地综合运用。

(2)论文提纲的形式

论文提纲依详略程度不同可有以下形式。

1)标题式提纲。

用简要的语句概括内容，以标题的形式列出。这种写法简明扼要，一目了然。

2)句子式提纲。

用一个能表达完整意思的句子概括内容，为论文提供各段落层次的主体句，明确具体，便于起草论文。

3)段落式提纲。

段落式提纲是句子式提纲的扩充，是用一段话来表达一详细完整的意思，也称详细提纲。它为一段成文提供了坚实的基础。

以上形式可依具体需要综合、灵活使用。

(3)编写提纲的方法与步骤

1)先拟标题。拟定标题时，应力求简单、具体、醒目，或揭示论点，或揭示论题。需注意的是，编写提纲的标题一般是最后确定的标题。

2)用主题句子列出全文的基本论点，以明确论文中心，统领全文。

3)合理安排论文各大部分的逻辑顺序，用标题或主题句的形式列出，设计出论文的结构和框架。

4)对于论文中的各大部分，逐层展开，扩展深化，设制细项目，结合搜集到的材料，进一步构思层次，形成近似论文概要的详细提纲。

5)将每个层次分成若干段落，写出每个段落的论点句子，并依次整理出需要参考的资料，如卡片、笔记等，标上序号，排列备用。

6)检查整个论文提纲,作出必要的修改,即增加、删除、调整等。

11.3.6　撰写初稿和定稿

1. 撰写初稿

根据指导教师的意见修订或确定了写作提纲后,就可以撰写毕业论文初稿了。根据编写的论文提纲撰写论文初稿。初稿撰写有两种方法:一是从头到尾、不间断、不停顿,一气呵成写完初稿,然后再从头仔细推敲加工修改;二是根据文章的层次结构,一部分一部分地撰写、推敲、加工修订,全文分部分写完后,再合并起来通读,最后统稿完成。

毕业学生撰写毕业论文时,在充分搜集材料的前提下,撰写论文初稿应适度把握论文的写作速度,不宜求快,应始终保持充沛的精力和敏捷的思维,做到纲举目张,顺理成章,井然有序,详略得当。

2. 推敲修改

一般说来,好文章都是修改出来的。论文初稿完成后,往往存在不成熟、疏漏、重复、有误、用词不当等问题,需要反复推敲修改。修改前,应重新阅读有关参考文献和资料,虚心听取论文指导教师的意见。修改论文,也是培养严谨的治学态度和良好学风的难得机会,因此要认真、严肃、不厌其烦地反复修改。

3. 改稿的内容

(1)检查观点。应侧重检查观点(包括题目)是否正确,是否站得住脚,是否有新意,是否表达清楚了。重要提法是否有片面之处,是否貌似惊人而实则捡拾他人的成见,是否故作肆意极端之言,是否步人后尘毫无新意。

(2)验证材料。要验证材料是否确凿、有力,是否能相互配合说明论点,是否发挥了论证力量,是否合乎逻辑。

(3)调整结构。中心是否突出,层次与部分是否清楚,段落划分是否合适,开头、结尾、过渡、照应如何,全文是否构成一个完整而严密的整体。

(4)修改语言。一要改得通顺;二要改得精练(把可有可无的字句删去);三要合乎文体,注意文题相符;四要检查行文格式,文字书写(笔迹清楚、没有错别字)、标点符号等有无差错。

实际修改论文时,要做到边吟边改,边抄边改。反复修改,抄改结合,抄写一稿、二稿、三稿……直到圆满完成。

4. 修改论文的方法

(1)读改法。"写完后至少看两遍",而且最好是朗读或默读,边读边思考,遇有语意不畅的地方随手改定,"竭力将可有可无的字、句、段删去"(鲁迅《答北斗杂志社问》);"自己觉得拗口的,就增删几个字,一定要它读得顺口;……只有自己懂得或连自己也不懂,生造出来的字句,是不大用的。"(鲁迅《我怎么做起小说来》)鲁迅这种仔细斟酌、认真推敲的作风,也是现在许多优秀论文作者、优秀编辑修改文章的重要法宝。

(2)求助法。"当事者迷,旁观者清"。人们对自己辛苦写成的东西往往偏爱,而旁人则能从比较客观的角度去评价,从而发现问题。因此,可以向人求助,请他或直接对初稿进行修改,或提出修改意见,然后自己修改。当然,虚心求教、博采众家意见之后还得胸有主见,对别人的意见也要进行分析,对的就改,不对就不改。

(3)搁置法。写完之后如果一时改不好,可以暂时放一放,过几天再修改。刚写完初稿,往往因大功告成而自我感觉良好,不容易对自己的文章采取比较客观、审慎的态度。放一放,人的观念、思想会时过境迁,重新过目时就比较能冷静客观地对待自己的文章了,当然,训练有素的写作者可以像资深编辑一样,写好初稿即能修改,而且能够改好;不过对初涉此道的绝大多数毕业论文作者来说,则需要一天以上的时间间隔对稿件作搁置后再修改。

修改的范围,包括修改主题、观点、材料、结构、语言、标点符号等,根据当前大多数学生的写作实际,下面仅谈谈语言文字的修改。

现在许多学生的文章仍然没过语言关,往往词不达意,文句不通,标点混乱,句读不分。有的用语不准确,不恰当;有的一句话中夹杂两种句式;有的常常写半截句子,前言不搭后语。要解决这些问题,还是要采用读改法,找出读不通的句子,反复修改,直到读通为止。在通读全文的过程中还要注意检查标点,有的人整段一"逗"到底,分不清句子和段落;有的人不懂得使用分号,不管句子之间是什么关系,一律用逗号。解决的办法除了要熟悉常用标点的用法之外,关键还是靠"认真"二字。只要认真,即使原来水平差一些,也可以在反复通读中凭语感判定标点使用是否正确,并予以修改。

文从字顺、标点正确这只是最基本的要求。在此基础上,对论文的语言还应进行删削、补易、调改、推敲、润色。①删削。思考问题及写文章时,常会出现语义重复的现象。要对重复的语句或内容进行选择,删除多余字句,尽量做到文字简练。②补易。写文章时由于思考的间断,可能造成文字不连贯,需要在句子中补上必要的词语,在段落之间补上必要的过渡句。如果有个别地方交代不清或探讨不够深入,则需要少量补写。易就是换,包括更换语词,更换局部内容,使表达更为准确、恰当,使内容更为完整、全面。③调改。句与句之间、段与段之间孰先孰后,要讲究逻辑关系,需要认真思考。因此,对值得考虑、应当调整的地方,可用移动语词、移动分句、调整段落前后位置的方法予以解决。④推敲。对每一段落里关键词语的选择是否恰当进行斟酌,力求用最合适的词语来表达。当语义需要重复递进时,为了避免语言呆板,使表达更为准确生动,可选用同义词或近义词替代重复的词语。⑤润色。修饰语句,使语句更具表现力,包括调整句式、增添修饰语或限定语等。

总之,推敲修改是撰写毕业论文的重要步骤之一,直接影响到论文的质量,写作者一定要养成认真修改文章的好习惯。

5. 誊清定稿

论文写作经拟定写作大纲、撰写初稿、推敲修改以后,即可进入最后誊清定稿。誊清定稿是毕业论文写作的最后一道工序。应认真细心完成。

11.4　毕业论文答辩与评审

毕业论文答辩是毕业实习工作的最后环节,既是对学生教学训练和素质培养的重要步骤,也是全面考核学生完成实习大纲和实习任务的情况,以及判别学生毕业论文真实性和评定毕业论文成绩的重要依据。

大学本科(含本科)以上学历的学生,包括硕士、博士研究生,在毕业前的一段时间内(学历不同,所给的时间也不尽相同),要向自己的指导教师提交毕业论文、论文摘要和学位申请书。指导教师对论文经过认真的审查之后,写出评语,并在教研室作介绍。经过系学位评定委员会或答辩小组的审定,作出是否可以参加论文答辩的决定。通过论文答辩的毕业生,才有资格获得相应的学位。因此,毕业论的文答辩和评审,不仅是保证论文质量的重要措施,也是衡量教学水平和教学质量的重要环节。有些院校的专科生也有毕业论文写作和答辩的要求,并且作为毕业成绩的主要依据。

11.4.1　毕业论文答辩的含义和作用

1. 毕业论文答辩的含义

答辩，即有问、有答、有辩。毕业论文答辩，可以说是由问、答、辩构成的一种有目的、有计划、学生与教师面对面的、立体型的动态教学考核形式。导师对论文的评语对于评价论文的质量，有不可忽视的作用。但是，由于这种形式单向性、静态性、个体性的局限，对论文的考核往往疏于全面。而论文答辩，是在特设的答辩环境里，由3～5个教师组成答辩委员会或答辩小组，学生面对面地回答不同教师提出的不同问题。这种形式，学生既可以答，又可以辩；既便于学术交流，又便于感情交流。教师不仅可以考核论文的质量，还可以考核学生的口头表达能力、思维能力和应变能力。

2. 毕业论文答辩的作用

(1)提高论文的质量。一篇毕业论文完成之后，由于学生所处的环境和经验、阅历等方面的局限，不管是论文的内容，还是论文的形式；不管是论述分析，还是材料的运用，难免会有疏漏之处。比如，论点是否贴切，论据是否充分，论证是否有力等，通过教师的提问，可以给学生提供一次再思考、再修正、再补充的机会。

(2)辨别论文的真伪。科学研究来不得半点虚假。高等院校、科研机构应该是不受污染的一片净土。但是，近年来由于种种原因，这片“净土”或多或少也受到一些不同程度的干扰，毕业论文找人代写，电脑下载拼凑，抄袭、剽窃等也时有发生。

答辩中辨别真伪的途径和方法主要有两种：一是听取论文作者的论文自述报告。听其能否简明扼要、重点突出、熟练流畅地表述全文的论点和主要内容。如有不畅，或语无伦次，或模糊不清，教师可记下，以待下一步的提问。二是提问、质疑。提问、质疑的内容和范围比较广泛，如选题的初衷和背景，与论题有关的国内外的研究信息，材料的引用，谋篇布局的逻辑关系，结论的科学价值和实践运用价值，论证方法是否科学严谨等。教师一般不提与论文所研究课题无关的问题。只要论文是自己亲自动手写的，对教师提出的问题都能回答出来。如果不是自己的研究成果，作者在答辩中自然不可能流畅地回答。

(3)审核学生对所学知识的理解、掌握程度和运用能力。如果说毕业论文的撰写是作者综合能力和知识的结晶的话，那么，论文答辩就是审核作者对所学知识的理解、掌握和运用能力的重要环节。大学生在校所学的知识主要有两大门类，一是专业知识；二是文化知识。学习专业知识的目的，就是掌握本专业的基本理论(学位越高，要求越高)，用所学理论解决实际问题。学生科学文化知识的目的，是为了提高学生的综合素质。毕业论文是理论联系实际的载体，就是作者物化劳动的成果，也是作者综合能力的体现。从选题到分析论述，从选材到用材，从拟写提纲到撰写成文，从提炼观点到标点符号的运用等，每一个环节无不反映着作者知识、理论功底的强弱和能力的高低。通过几年的学习，教师对学生学习成绩的高低有一个初步了解，但是，对学生分析问题、解决问题能力的高低、强弱，却很难划分。通过毕业论文的撰写，特别是答辩，则会区分得清清楚楚。

11.4.2　毕业论文答辩的特点

1. 直观性

论文答辩是高等院校考核学生的一种特殊方式，这种方式的特点之一就是直观性。所谓直观性，是指论文作者与答辩教师是面对面的，既有直接的感情交流，也有直接的思想交流和学术交流。教师可直观地提问、质疑,学生也可直观地回答或辩解。这种方式的优越性体现在时间短,见效快,立即解决问题,减少了一些繁文缛节,而且可提高论文的质量,加深教师对学生的全面了解。

2. 面试性

在答辩过程中,对教师提出的问题虽然也给学生一定的思考、准备时间,但是由于时间短暂,也可以说是即兴的。这种即兴地提问、即兴地回答方式,有助于锻炼、提高学生的口头表达能力、思维能力和应变能力;有助于发挥集体的智慧,对论文作出公正的评价;有助于检查、解决论文中存在的问题;也有助于考核学生的整体素质。学生在几年的学习、考试中,除学年论文、社会实践考察报告在写作方面能和指导教师有所接触、交流以外,大多以笔试为主,很少有论文答辩这样的机会。因此,作为学生,应该百倍珍惜论文答辩这样的交流与检测机会。

3. 立体性

所谓立体性,是指论文答辩的全过程不是平面的、单向的,而是有动有静,有理有节有序,有深有浅,有深沉,有生动,有教师,有学生,又有论文。有动有静,是指教师提问、学生思考和答辩,是静动结合。有理有节有序,是指教师有礼貌地提问,学生有礼貌地回答。如教师提问时常用“请你回答”这样的短句;学生回答完毕之后,常道声“谢谢”,秩序井然,有条不紊。有深有浅,是指教师所提问题有深奥的有浅显的。有深沉,有生动,是指学生在思考问题时的那种严肃认真的形象和态度,以及回答完毕得到教师的称赞时那种兴高采烈的感人画面。

论文答辩,可以说是教师、学生、论文三位一体的“交响乐队”,这一“交响乐队”所演奏的是一曲无比美妙、有特殊教学效果的交响乐。

11.4.3　毕业论文答辩的准备工作

1. 建立论文答辩机构

论文答辩机构,一般是指论文答辩委员会或答辩小组。如果学生人数较少。可组成论文答辩委员会,直接领导并参与论文答辩。如果学生人数较多,可在答辩委员会之下设若干答辩小组负责答辩。学士学位论文答辩委员会(或小组),由 3～5 名讲师职称以上的教师组成。硕士学位论文答辩委员会,由 5 名副教授职称以上的教师组成。设主席一人,副主席一人,秘书一人(讲师职称以上的教师担任)。论文答辩委员会的委员及其秘书,论文指导教师不得担任。答辩会议应由秘书作详细记录。如果有一名答辩教师因故缺席,应留下意见,并将其意见在答辩会上宣读;如果有两名答辩教师因故缺席,则不能组织答辩。

2. 学生应该做的准备工作

(1)答辩申请。在学校(或系)指定的时间内,将定稿的毕业论文(一式×份)、论文提纲、原始材料以及修改草稿,一并呈交给自己的指导教师。指导教师审阅后,写出评语并提出书面成绩建议,由班主任或指导教师在答辩前 7～10 天内,将论文送交答辩委员会,申请答辩。答辩委员会进行初审,决定是否批准申请答辩。申请答辩批准后,答辩委员会应提前 3 天将答辩的时间、地点通知学生。

(2)编写论文自述报告。论文自述报告,是接受答辩的学生在答辩开始时,向答辩委员会(或答辩小组)所作的论文写作情况汇报。论文自述报告的内容主要包括:选题的初衷、中心论点和主要内容、论文写作的简要过程、导师的指导情况、论文的修改情况。如果自己发现论文的薄弱环节或不妥之处,在自述报告中也可补充修正。总之,自述报告应该反映论文的写作目的、概况、特点、创新及其理论价值和实践运用价值。

论文自述报告的时间一般是10～20分钟。由于时间有限,语言要精练明快,言简意赅,重点突出,提纲挈领。

(3)草拟论文答辩提纲。答辩提纲是为回答答辩教师的问题而准备的文字材料。答辩教师的答辩题是保密的,学生事前不可能知道。那么,答辩提纲的意义何在呢?拟写答辩提纲的主要目的有二:一是对论文撰写的全过程及其主要内容在自己的思想中进一步条理化。比如对选题的目的、意义,中心论点的表述,材料的选择和运用,论述分析的方式、方法,论述是否有力,引文的目的和出处,成果的继承和创新,成果的理论意义和现实意义等,有一个全方位的梳理。二是"手中有粮,心中不慌"。肃穆的答辩环境,严谨、冷静、一丝不苟的答辩教师,自然或不自然地会使学生产生一种紧张情绪。这个时候,最需要的是沉着、冷静的"中流砥柱",就是"手"中的论文答辩提纲。有了答辩提纲,对答辩教师的提问自然会沉着应对。尽管不知道教师所提的问题,但原则和范围是了解的。也就是说,教师的提问是离不开论文所涉及的内容的,答辩提纲将论文所涉及的主要内容和问题全都考虑进去,起码在大的问题上不会翻船。

3. 论文答辩委员会应该做的准备工作

(1)认真审阅论文。论文答辩委员会(或小组)的主答辩教师(或答辩组长),收到答辩委员会分发的论文以后,手中留一份,将其他几份交给另外的答辩教师。接到论文的答辩教师,在仔细阅读、掌握论文基本要点的基础上,审查的重点应该是:①论文的真实性;②结论(即中心论点)是否符合、揭示或反映了经济规律;③掌握和运用基本理论知识的情况;④见解和创新;⑤篇章结构的逻辑关系;⑥语言和格式;⑦指导教师的评语是否公正等。

(2)拟出问题和参考答案。主答辩教师(或答辩组长)根据校方的答辩原则要求和论文的具体情况,拟出2～4个问题和参考答案,交答辩委员会或答辩小组讨论通过。

11.4.4 毕业答辩提纲的写作方法

1. 毕业答辩主要以口头报告的形式进行,但在答辩前应做好充分准备,准备的方式就是撰写答辩提纲。答辩提纲仅作为答辩时汇报的发言提纲,但准备好则是答辩成功的重要条件。

答辩时应准备回答的问题:

(1)所研究课题的历史和现状,别人取得了哪些成果,有哪些主要观点,自己有何发展,提出和解决了什么问题。

(2)毕业论文的基本观点和主要依据,参考了哪些观点及这些材料的出处。

(3)论文有哪些不足的地方或因条件限制而不能深入论述的问题,对论述薄弱或根据不足的地方应认真准备,思考对策。

(4)对毕业实习中从事的工作或课题研究中接触到的专业知识和提到的人名、术语、概念、年代、地点等常识性的问题,也应掌握。

(5)毕业实习取得了哪些成果和结论,有无取得社会效益与经济效益,有哪些创新的业绩。

2. 答辩提纲的撰写

答辩提纲既然属口头报告文体,其内容的组织过程与撰写毕业实习报告类似。主要由引言、正文和结尾三部分组成。

(1)引言,即开场白,应实现三个目标:其一,为发言建立一个较好的气氛;其二,使听众对话题发生兴趣;其三,指明报告的主题、目的、范围以及展开程序。开头用一些有趣的事实和解说性的材料引起大家对汇报内容的注意,但应紧扣主题,正确引导听众的注意力。

(2)正文。正文的内容已如前述,只是口头汇报时,务必记住一点,听众易于"走神",注意力集中的时间有限，一个话题应控制在2～3分钟，要谈的问题不能超过3个。

口头汇报的另一个表达技巧是制造悬念激发听众兴趣，先抛出吸引人的事实材料，然后引导听众思考将说明什么问题，作出什么结论。毕业答辩的评委虽然人数不多，但不能让他们产生厌烦情绪。

口头汇报的另一个表达技巧是将话题与听众的切身利益联系起来。评委们最关心的是专业的热点问题，有关技术的最新进展，生产第一线的产品或工艺的技术关键问题等，把这些与论题有关的信息，用生动的事例传达给评委，显然会受到欢迎。

利用视觉辅助器材，如屏幕投影显示，利用幻灯、醒目的图表等可以调动听众的兴趣，有益于证明问题。口头报告可以充分利用和发挥视觉、听觉的效力，使对方容易理解报告内容，比书面报告更直接及时。

脱稿讲和照稿读相结合的办法，对口头汇报是一种可取的形式。汇报提纲的内容应充分准备，不应照本宣科，其方法已在"中期汇报"中作过说明。

11.4.5　毕业答辩

毕业生完成了毕业实习大纲和毕业实习任务书规定的全部内容(包括毕业实习的工作任务，出勤情况良好，请假未超过教务处规定的时数，开题报告、中期汇报、毕业实习报告和毕业论文等均完成较好)，可申请参加毕业答辩。

1. 毕业答辩的形式。

毕业答辩可分个别答辩和公开答辩两种形式。

(1)个别答辩每人均须进行，主要方式是毕业生逐一汇报自己毕业实习和写作毕业论文的简要过程与体会，介绍自己毕业论文的主要论点和结论，并回答答辩委员会(小组)成员的提问，以审查论文的学术水平及其真实性，以及学生的口头表达能力与应变能力。

(2)公开答辩是在个人答辩的基础上，选择优秀论文或优秀毕业生在全体毕业生大会上进行答辩，有时也在事前进行公开答辩，选取优秀论文或优秀毕业生进行，两者的目的均是达到交流提高，表彰先进的示范作用。放在答辩工作之前，可以为个人答辩起引导作用，更有利答辩工作顺利进行。放在后面进行，答辩质量可较高。

2. 毕业答辩的程序

(1)由论文答辩委员会主任或答辩小组组长，宣布答辩委员会或小组的组成人员名单，介绍接受答辩学生的姓名、身份(出示并检查学生证)，以及指导教师的姓名和职称；宣读答辩纪律；公布答辩的先后顺序(最好是将平时学习较好，论文水平较高，答辩准备比较充分的学生安排在前边，以便给其他学生留有多一点时间思考。当然，也可由学生协商排列先后顺序)。

(2)学生作说明性汇报，可按答辩提纲表述。一般5～10分钟。

(3)主答辩教师将事先研究好的2～4个问题交给学生，给学生大约10～15分钟左右的准备时间。然后，毕业答辩小组提问。

(4)学生答辩。一定要正面回答问题或作出辩解，一般允许准备10～20分钟。

(5)小结与点评。学生答辩完毕，由指导教师进行小结，肯定成绩，指出不足，提出修改意见和努力方向，并征询学生意见。学生表态后，方可退席。

3. 毕业答辩学生应注意事项

(1)带上自己的论文、资料和笔记本。

(2)注意开场白、结束语的礼仪。

(3)答辩时坦然镇定,声音洪亮而准确,使在场的所有人都能听到。

(4)听取答辩小组成员的提问时精神要高度集中,同时,要将答辩老师所提的问题一一记在本上。

(5)对答辩老师提出的问题,要在短时间内迅速做出反应,以自信而流畅的语言,肯定的语气,不慌不忙地一一做出回答。

(6)对答辩老师提出的疑问,要审慎地回答,对有把握的疑问要回答或辩解、申明理由:对拿不准的问题,可不进行辩解,实事求是地做出回答,回答时态度要谦虚。

(7)回答问题要注意的几点:

1)正确、准确。正面回答问题,不转换论题,更不要答非所问,

2)重点突出。抓住主题、要领,抓住关键词语,言简意赅。

3)清晰明白。开门见山,直接入题,不绕圈子。

4)有答有辩。有坚持真理、修正错误的勇气。既敢于阐发自己独到的新观点和真知灼见,维护自己的正确观点,反驳错误的观点,又敢于承认自己的不足,虚心接受意见,积极修正错误之处。

5)辩才技巧。要讲普通话,用词要准确,要声音洪亮吐字清楚,语调要抑扬顿挫,可辅以手势说明问题;用词力求深刻生动,要有说服力、感染力,力争给教师和听众留下良好的印象。

11.4.6 毕业论文答辩的评审

1.评定成绩

(1)讨论、研究答辩情况。待每个学生答辩完毕,答辩暂时休会。答辩委员会(或答辩小组)举行会议,对答辩学生的论文逐个评审。首先宣读指导教师对论文的评语;然后,结合论文对评语进行评议。

(2)通过决议。根据学生的论文和导师的评语,认真研究学生的答辩情况,并作出评价。根据大家的评价意见,答辩委员会或答辩小组,就学生的论文和答辩情况,写出全面评审意见。成绩以优、良、中、及格、不及格五等表示。最后,以无记名投票的方式对论文是否通过答辩和是否建议授予学位进行表决。表决结果须经三分之二答辩委员会或答辩小组的成员通过方能生效。答辩委员会主席或答辩小组组长在决议上签字。

在论文答辩过程中,如遇有争议的问题,应及时向有关领导汇报,由领导裁定。在论文答辩和评审过程中,如果发现抄袭或他人代写的疑点,当时又难以作出结论的论文,可宣布暂缓通过。应由教研室负责认真调查核实,待调查核实之后再作结论。

(3)宣布结果。在评语、成绩以及论文是否通过答辩和是否建议授予学位的决议生效之后,可向学生宣布结果。

2.收尾工作

按照学校的要求,认真整理评审和答辩意见,填好毕业论文答辩表格,妥善整理在答辩过程中所形成的材料,交资料室保管,

以上几个方面的要求和程序大致上是就本科毕业生而说的,各高等院校的专业不同,程序和要求也无须划一。硕士研究生、博士研究生毕业论文答辩的程序和要求国家有统一规定,这里不再赘述。

11.4.7 毕业论文评定标准

论文成绩评定,分优秀、良好、中等、及格与不及格五等。

1. 专科毕业生论文评定标准

(1)优秀。符合以下标准:①观点正确,中心突出,能密切联系实际;②论据充分、准确,论证符合推理,分析问题全面、深刻,逻辑性强,层次分明,结构严谨;③文笔流畅,书写符合格式。

(2)良好。符合以下标准:①观点正确,中心明确,能联系实际;②能抓住实质问题,分析较为全面、中肯、有理有据,层次分明,结构完整;③语句通顺,书写符合格式;④科学性较强,有自己的见解,有一定的现实意义。

(3)中等。符合以下标准:①观点正确,中心较明确,能联系实际;②分析时基本能用论据说明论点,结构比较完整;③语句基本通顺,书写一般符合格式。

(4)及格。属于以下情况:①观点基本正确,有中心;②分析时注意用论据说明论点,但欠全面、准确,层次尚清楚;③书写基本符合格式,但文句有语病。

(5)不及格。凡属以下情况之一者,成绩均以不及格论:①观点有明显错误;②理论上有原则性错误,或基本上没有掌握已学的专业知识、技能;③文章无中心,主要论据失真或论据、论点、结论不相一致,文字表达能力差;④文章无中心,逻辑混乱,文字表达能力差,书写潦草以致看不明白;⑤抄袭他人成果,或由他人代笔。

2. 本科毕业生论文评定标准

(1)优秀。符合下列标准:①论文选题好,内容充实,能综合运用所学的专业知识,以正确观点提出问题,能进行精辟透彻的分析,并能紧密地结合我国经济形势及企业的实际情况,有一定的应用价值和独特的见解和鲜明的创新;②材料典型真实,既有定量分析,又有定性分析;③论文结构严谨,文理通顺,层次清晰,语言精练,文笔流畅,书写工整,图表正确、清晰、规范;④答辩中回答问题正确、全面,比较深刻,并有所发挥,表达清晰、流利。

(2)良好。符合下列标准:①论文选题较好,能运用所学的专业理论知识联系实际,并能提出问题,分析问题,对所论述的问题有较强的代表性,有一定的个人见解和实用性,并有一定的理论深度;②材料真实具体,有较强的代表性,对材料的分析较充分,比较有说服力,但不够透彻;③论文结构严谨,层次清晰,行文规范,条理清楚,文字通顺,书写工整,图表正确、清楚,数字准确;④在答辩中回答问题基本正确、中肯,表达比较清晰。

(3)中等。符合下列标准:①论文选题较好,内容较充实,具有一定的分析能力;②独立完成,论点正确,但论据不充分或说理不透彻,对问题的本质论述不够深刻;③材料较具体,文章结构合理,层次比较清晰,有逻辑性,表达能力也较好,图表基本正确,运算基本准确;④在答辩中回答问题基本清楚,无原则性错误。

(4)及格。符合下列标准;①论文选题一般,基本上做到了用专业知识去分析解决问题,观点基本正确,基本上是独立完成的,但内容不充实,缺乏自己的见解;②材料较具体,初步掌握了调查研究的方法,能对原始资料进行初步加工;③文章有条理,但结构有缺陷,论据能基本说明问题,能对材料作出一般分析,但较单薄,对材料的挖掘缺乏应有的深度,论据不够充分,不够全面;④文字表达基本清楚,文字基本通顺,图表基本正确,无重大数据错误;⑤在答辩中回答问题尚清楚,经提示后能修正错误。

(5)不及格。凡论文存在以下问题之一者,一律以不及格论:①文章的观点有严重错误;②有论点而无论据,或死搬硬套教材和参考书上的观点,未能消化吸收;③离题或大段抄袭别人的文章,并弄虚作假;④缺乏实际调查资料,内容空洞,逻辑混乱,表达不清,语句不通;⑤在答辩中回答问题有原则性错误,经提示不能及时纠正。

11.5 土建类专业毕业论文精选与点评

11.5.1 建筑装饰工程方案设计型论文

这是一篇工程方案设计型论文。该类论文是一种初步设计的说明。根据使用功能要求和质量标准,做出多种方案,进行技术经济分析比较后,确定一两个方案,经反复修改后确定。本文是高恺同学经过工程总结,绘制施工图后所撰写的毕业论文。可供写作同类论文者参考。

盈地大厦"空中花园"装饰工程设计方案

建筑工程与高级装修专业2004届　　高　恺

【摘要】"空中花园"是盈地大厦写字楼部分的一个重要卖点,其装饰装修在功能上不但要满足写字楼商业办公的要求,还要满足相应的休闲娱乐、商业洽谈、会客接待等要求;在装饰风格上介于室内装饰与室外装饰之间,既有景观小品、铁艺旋梯,又有仿真乔木、自然植物,并有瀑布水景伫立其中,从而形成了名副其实的室内花园式景观。本文从"空中花园"装饰工程设计的方案论证,装饰工程地面、立面和景观的施工方法以及装饰工程质量验收三个部分进行了详细的论述和分析。

【关键词】 装饰设计　使用功能　精神功能　施工工艺　质量验收

引　　言

"人要衣装,佛要金装"。对于建筑来说,也必须通过装饰才能使外表更美,建筑的个性和性格特征更鲜明,使其更富有艺术感染力。

建筑艺术的表现力主要应当通过空间、体形的巧妙组合,整体与局部之间良好的比例关系,色彩与质感的妥善处理等来获得。但建筑艺术的表现力要得到很好的发挥,却离不开装饰的作用。装饰是建筑的继续、深化和发展。在科学技术迅速发展的今天,室内外装饰已演进为室内外设计的概念,装饰已不限于对建筑的外表及内部空间的围护表面进行绘画、雕刻和涂脂抹粉的装点修饰,已发展成为不单纯依附于建筑主体而相对独立的部分了。室内设计、室外设计属于环境艺术的范畴,已形成一门综合性的学科,包括了空间形象的设计、室内装修设计及室内外物理环境设计三个方面。从建筑的室内外空间的使用性质和所处环境,运用物质技术及艺术手段,创造出功能合理,舒适美观,符合人的生理、心理要求,使人心情愉快,便于生活、工作、学习、活动的理想场所的室内外空间环境。

建筑装饰必须与建筑的功能和结构巧妙地结合,避免繁琐的、矫揉造作的做法。为了求得整体的和谐统一,应合理地确定装饰的形式(如雕刻、绘画、景点,外立面的材质、线条、纹样等),花饰的构图、色彩、质感的精心选择。建筑装饰还必须满足采光、通风、空调、隔声等要求,不仅要创造优美的环境,而且要使环境舒适卫生。从而达到优化人们生产、工作、学习、生活环境的目的。

第1章　“空中花园”装饰方案论证

1.1　项目概况

盈地大厦位于朝阳门大街与东四大街交汇处，建筑面积约48 000m^2，结构形式为框架－剪力墙，地上九层，地下三层，从功能上分为地下车库(B2～B3)、商场(B1～F6)及商务写字楼(F7～F9)三大部分，是一座集商场、商务办公为一体的高档综合楼。

“空中花园”位于盈地大厦七层中厅，是借助于贯通盈地大厦七、八、九层配有采光通风窗的阳光天井设计的花园式公共办公休闲区(见图1阴影部分)，是盈地大厦写字楼部分的一个重要卖点。其装饰定位介于室内装饰与室外装饰之间，无论是装饰设计，还是装饰施工都具有特别的独创性。

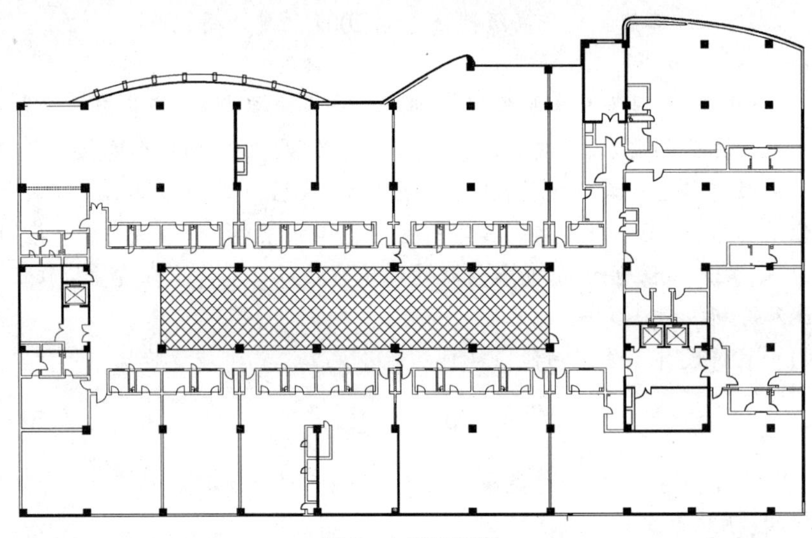

图1　七层平面图

1.2　“空中花园”装饰方案论证

室内外装设计属于环境艺术的范畴，是一门涵盖了建筑美学、人类心理学、人体工程学、建筑构造学等多个门类的综合学科，而要论证一个装饰设计方案是否可行同样要从使用功能、精神功能、工程造价和结构施工可行性等多个层面进行综合的衡量。

1.2.1　使用功能

室内设计以创造良好的室内环境为宗旨，把满足人们在室内进行生产、学习、工作、休息的要求放在首位。而在室内设计中充分地注意使用功能，概括地说就是要使内部环境舒适化与科学化。为此，除了要妥善处理空间的尺度、比例与组合外，还要考虑人们的活动规律，合理配置家具设备，选择适宜的色调，解决好通风、采光、采暖、照明、通信、视听装置、消防、卫生等问题。

在考虑功能问题时，首先要明确建筑的性质、使用对象和空间的特定用途。“空中花园”是借助于贯通七、八、九层配有采光通风窗的阳光天井设计的花园式公共办公休闲区，作为商务写字楼的公共部分，功能上不但要迎合写字楼商务办公的特点，还要满足相应的休闲娱乐、商业洽谈、会客接待等要求。因此，“空中花园”在装饰方案论证中对上述功能要求给予了充分考虑。

精品书吧和咖啡吧布置在“空中花园”两侧，为办公之余的休闲小憩，提供了惬意的场所，“花园”中分组布置的沙发座既可满足洽谈、会客的要求，也可用作茶余饭后同事之间谈笑风生的娱乐空间。“花园”顶部的采光通风窗很好地承担起了“花园”采光、通风的重任，并且以其所用的树脂材料，在保证了较高透光率的同时，又有效屏蔽了阳光中的紫外线。由于“空中花园”所处的位置无法布置自动喷淋装置，为此为了满足防火规范要求，“空中花园”四周设置了可以将“花园”完全封闭的电控防火卷帘门，以使这一空间同样满足大厦整体的甲级防火要求。

1.2.2 精神功能

建筑装饰的发展受人类意识形态的影响，而建筑装饰一旦成型，又反过来影响人们的精神生活。因此，室内设计在考虑使用功能的同时，还必须考虑精神功能，而且随着人们生活水平的不断提高和精神文明的不断深化，人们对建筑装饰尤其是室内装饰所体现出的精神功能要求也随之不断提高；同时在建筑装饰工艺与建筑装饰材料日益发展的今天，单纯的满足一般的使用功能要求已经不是难事，判断一个装饰方案的成败，更多的取决于在满足使用功能的同时如何更好的展现精神功能。室内环境对精神生活的影响主要表现在三个方面：一是可以给人以美感；二是可以形成某种气氛；三是可以体现某种意境或思想。

1. 关于美感

室内环境能否给人以美感，首先要看这个设计是否切合空间的用途和性质。不合用的设计很难使人感到美，适于某个环境的设计搬到一个性质完全不同的环境中，未必能为人们所欢迎。一盏豪华的水晶灯悬挂于宾馆的大厅中会使人感到华美，如搬到一个小卧室中，则可能会让人啼笑皆非，成为空间的累赘。

在切合空间的用途和性质的前提下，室内设计能否给人以美感，关键在于是否符合构图原则。实践证明，凡是尺度宜人、比例恰当、陈设有序、色彩和谐的室内设计，即使没有强烈的感染力，也能使人感到很舒服。为了达到给人美感的目的，首先要注意空间感，设法改进和弥补建筑设计提供的空间存在的缺陷，注意陈设品的选择和布置，品种要精选，体量要适度，配置要得体，力求做到有主有次、有聚有散、层次分明。最后，要注意色彩的运用。对于室内色彩关系影响较大的家具、织物、墙壁、顶棚和地面的颜色，要强调统一性，使之沉着、稳定与和谐。对于体量和面积较大的部分，可以强调对比性，使之成为活跃气氛的角色。

2. 关于气氛

气氛就是内部环境给人的总印象，但这里所说的总印象则更加近似于个性，是能够多少体现这个环境与别的环境具有不同性格的东西。通常所说的轻松活泼、庄重肃穆、安静亲切、欢快热烈、朴实无华、富丽堂皇、古朴典雅、新颖时髦等就是用来表示气氛的。内部环境需要一种什么样的气氛，主要由空间的用途和性质所决定。用途、性质和使用对象不同的空间，应给人以不同的感受

从概念上讲，内部环境应该呈现什么样的气氛是容易决定的，如起居室和会客室应该呈现亲切、和谐的气氛，卧室应该具有安静平和的气氛，宴会厅应给人以热烈欢快的感觉，会议厅应该是一个庄重、严肃的环境等。但是，设计实践中遇到的问题就会复杂得多。以餐厅为例，大型宴会厅需要一种热烈欢快的气氛；而举行私人便宴的小餐厅则应成为亲切平和、陈设典雅的处所，使主客之间的关系更显融洽与和谐。不同的纪念堂(馆)，由于纪念的对象不同，内部环境的气氛往往也不甚相同。内部环境的气氛一定要与空间的用途和性质相一致，而要做到这一点，绝不能只从概念出发，还需要进行认真的思考和分析。

3. 关于意境

所谓意境就是内部环境要集中体现的某种意图、思想和主题。与气氛相比较，意境不仅能

够被人所感受，还能引人联想、发人深思、给人以启示或教益。内部环境的意境，是室内设计精神功能的高度概括。以北京故宫太和殿为例，中间的高台上陈设着雕龙画凤的宝座，宝座的后面树立着镏金镶银的大屏风，整个宫殿金碧辉煌、华贵无比。其意图是要以此显示皇帝的无上权利与地位。

美感、气氛和意境都是精神功能的表现，但是它们给人的感觉是不同的。从认识论的观点看，美感的产生偏重于感性阶段，气氛、特别是意境的体验则近于理性阶段。对于一座建筑，看到它的体积大小、形状、比例、色彩、装饰和陈设，感觉到美或不美。这种感觉就是一个初步的印象，偏重于感性认识。如果进而领略到空间环境总的气氛，觉得这个环境非常豪华或朴素，这在认识上就前进了一步，因为豪华或朴素的印象是综合了许多感觉之后进一步抽象出来的结论。上升到意境，需要经过联想和想象，因此属于理性认识的阶段。如果室内环境能够突出地表现出某种意境，那么，就会产生强烈的艺术感染力，也就能更好地发挥它在精神方面的作用。

建筑的类型、用途、性质是多种多样的。有些建筑，如住宅、学校、车间等，使用功能很明确，精神功能不突出，内部环境只在美观或呈现出一种与用途性质相应的气氛就够了，至于一些精神功能比较突出的建筑，如纪念性建筑等，由于它们本来就是要表现某种意图和思想的，其内部环境不仅要给人以美感，呈现出某种气氛，还要集中地表现出主题，给人以启发和教益。

总之，任何一个室内设计都要符合形式美的原则，都要使人感到美，如果可能，还要形成一定的气氛，至于是否需要表现出某种意境，则要根据建筑的用途和性质来决定。

4.“空中花园”的精神功能体现

鉴于以上三个方面的综合考虑，“空中花园”装饰方案，意在营造一种贴近于自然，安静详和的办公休闲氛围，使人感受到一种走出办公室，便置身花园中的唯美意境。因此“空中花园”虽然位于室内，在风格上却更近乎于街心公园。在空间布置上既有景观小品、铁艺旋梯，又有仿真乔木、自然植物，并有瀑布水景伫立其中，即使是“空中花园”两侧的精品书吧和咖啡吧在装饰风格上也更像是街边开放式的摊位而非一般意义上的经营店面。

青色的天然花岗岩与米色玻化通体砖的搭配，使地面色彩稳中求变，加之绿色植物的点缀和柱面银色铝塑板的衬托，使整体色彩给人以自然的美感。铁艺悬梯和瀑布水景在“花园”两端交相辉映，增加了花园整体的空间质感；瀑布水景中顺着玻璃壁流下的潺潺水流又与寂静的“花园”形成了动静的结合，仿真乔木四季常绿的宽大树冠，为树下的沙发座提供了惬意的阴凉，而花坛中天然的绿色植物，又为“花园”提供了洁净的空气；“花园”中悄无声息的水流在炎炎夏日中为人们带去一丝凉意，严寒冬日“空中花园”所处的阳光天井又形成了天然的温室；清晨“花园”中一缕晨辉带给人们充沛的工作热情，傍晚“花园”中一束夕阳摸去一天的疲惫沧桑，工作闲暇，与几个同事在“花园”中漫步，加班之余，端上一杯咖啡，尽享宁静与安详。图2为“空中花园”的立面效果图。图3为“空中花园”的平面效果图。

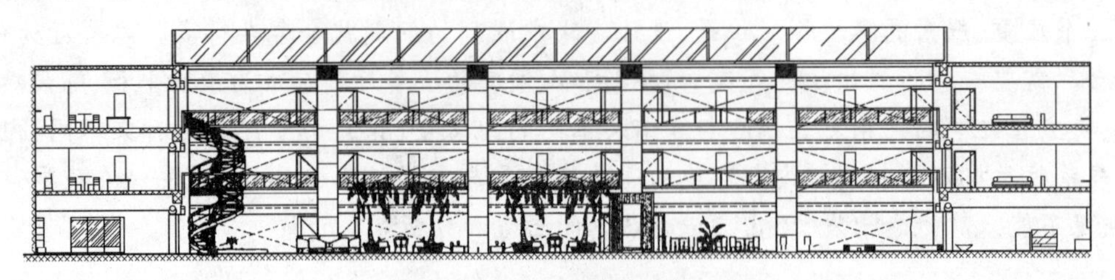

图2　“空中花园”立面效果图

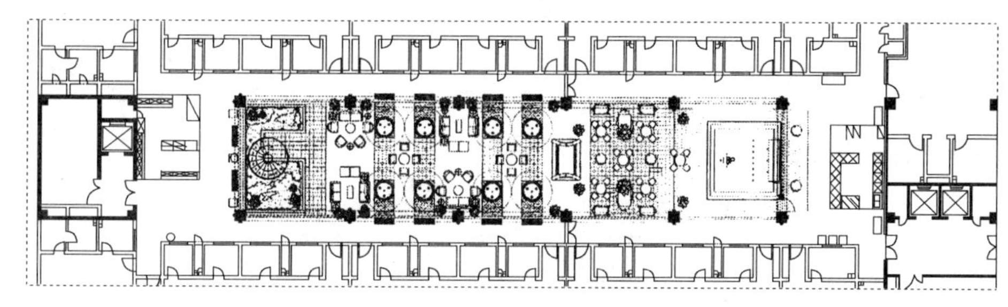

图3 “空中花园”平面效果图

1.2.3 工程造价

建筑装饰工程施工是一种物质生产与装饰艺术再创造的活动过程。在这一过程中,不仅要消耗一定的装饰材料、装饰施工机械与机具等物化劳动,还要消耗一定从事装饰工程设计与施工的工程技术人员与工人所付出的活劳动。因此,建筑装饰工程造价的概念可表述为:用货币价值的形式所体现的某一合格建筑装饰产品,在其完成过程中所需消耗的活劳动与物化劳动的价值,以及活劳动为社会新创造价值的总价值。

而换句话说,工程造价的高低直接关系到企业的投资回报率,因此如何在达到同等使用功能和精神功能要求,并且保证工程质量的同时,尽可能地降低工程造价才是装饰方案论证在工程造价方面需要考虑的问题。

“空中花园”装饰方案经过周密论证,计划工程总造价为53万元。

1.2.4 结构构造

再好的装饰设计,在工程上无法得以实施,也只是纸上谈兵,无法满足任何功能要求,美感无从体现,更谈不上营造什么氛围,表达什么意境。因此,在装饰方案论证的过程中,同样要对施工可行性进行必要的论证。

在对“空中花园”装饰方案论证中发现,原有设计有两处景观荷载超出了原有建筑结构的承载力要求,即原设计中“水景”直接布置在楼板的中央,经建筑设计单位计算发现“水景”注水后,楼板中部承受的荷载已接近楼板的承载设计值,若不做加固处理,可能存在安全隐患,经论证决定采用碳纤维材料对水景下楼板进行加固;原设计中的无中柱铁艺悬梯由于缺乏竖向支撑,钢板强度无法满足外侧承载力要求,而增加钢板厚度又不易加工曲面造型,改用合金钢又会增加近一倍的工程造价,取消悬梯又会影响整体的空间效果,最终经多方论证决定在屋面梁上增设一型钢构件,将悬梯改为吊挂式。

第2章 “空中花园”装饰施工方法

“空中花园”装饰施工主要包含三大部分:地面、立面和景观的装饰施工。

2.1 地面装饰施工

“空中花园”地面采用天然花岗岩与米色玻化通体砖相间铺设,天然花岗岩采用密缝干铺法施工,玻化通体砖采用湿铺法施工。

2.1.1 地面装饰材料质量检验

1. 天然花岗石板材

(1)普型板材规格尺寸允许偏差应符合表1规定;

(2)平面度允许极限公差应符合表2规定;

(3)普型板材角度允许极限公差应符合表 3；

(4)外观质量：

①同一批板材的色调花纹应基本调和；

②板材正面的外观缺陷应符合表 4。

表 1　花岗石普型板材尺寸允许偏差(mm)

分　类		细面和镜面板材			粗　面　板　材		
等级		优等品	一等品	合格品	优等品	一等品	合格品
长度 宽度		0 −1.0	0 −1.5		0 −1.0	0 −2.0	0 −3.0
厚度	≤15	±0.5	±1.0	+1.0 −2.0	—		
	>15	±1.0	±2.0	+2.0 −3.0	+1.0 −2.0	+2.0 −3.0	+2.0 −4.0

表 2　花岗石平面度允许极限公差(mm)

板材长度范围	细面和镜面板材			粗　面　板　材		
	优等品	一等品	合格品	优等品	一等品	合格品
≤400	0.20	0.40	0.60	0.80	1.00	1.20
>400～<1 000	0.50	0.70	0.90	1.50	2.00	2.20
≥1 000	0.80	1.00	1.20	2.00	2.50	2.80

表 3　花岗石普型板材角度允许极限公差(mm)

板材宽度范围	细面和镜面板材			粗　面　板　材		
	优等品	一等品	合格品	优等品	一等品	合格品
≤400	0.40	0.60	0.80	0.60	0.80	1.00
>400			1.00		1.00	1.20

表 4　花岗石板材正面外观缺陷

名　称	规　定　内　容	优等品	一等品	合格品
缺　棱	长度不超过 10mm(长度小于 5mm 不计)，周边每米长(个)	不允许	1	2
缺　角	面积不超过 5mm×2mm(面积小于 2mm×2mm 不计)，每块板(个)			
裂　纹	长度不超过两端顺延至板总长度的 1/10(长度小于 20mm 的不计)，每块板(个)			
色　斑	面积不超过 20mm×30mm(面积小于 15mm×15mm 不计)，每块板(个)			
色　线	长度不超过两端顺延至板总长度的 1/10(长度小于 40mm 的不计)，每块板(条)		2	3
坑　窝	粗面板材的正面出现坑窝		不明显	出现，但不影响使用

2. 玻化通体地砖

(1)尺寸允许偏差应符合表 5 规定；

(2)表面与结构质量要求；

①表面质量应符合表 6 规定，在产品的侧面和背面，不允许有妨碍粘结的明显附着釉及其

他影响使用的缺陷。

②变形：玻化通体砖的最大允许变形应符合表7的规定。

(3)分层：各级玻化通体砖均不得有结构分层缺陷存在。

表5 玻化通体砖尺寸允许差(mm)

基本尺寸		允许偏差
边长	<150	±1.5
	150～250	±2.0
	>250	±2.5
厚度	<12	±1.0

表6 玻化通体砖表面质量要求

缺陷名称	优等品	一级品	合格品
缺釉、斑点、裂纹、落脏、棕眼、熔洞、釉缕、釉泡、烟熏、开裂、磕碰、波纹、剥边、坯粉	距离砖面1m处目测，有可见缺陷数不超过5%	距离砖面2m处目测，有可见缺陷数不超过5%	距离砖面3m处目测，缺陷不明显
色差	距离砖面3m目测不明显		

表7 玻化通体砖最大允许变形(%)

变形种类	优等品	一级品	合格品
中心弯曲度	±0.50	±0.60	+0.80
			−0.60
翘曲度	±0.50	±0.60	±0.70
边直度	±0.50	±0.60	±0.70
直角度	±0.60	±0.70	±0.80

(4)理化性能：

①吸水率不大于10%。

②耐急冷急热性：经三次急冷急热循环不出现炸裂或裂纹。

③抗冻性能：经20次冻融循环不出现破裂、剥落或裂纹。

④弯曲强度：弯曲强度平均值不低于24.5MPa(250kgf/cm^2)。

2.1.2 密缝干铺天然花岗岩地面施工

(1)基层施工：铺前先将花岗岩板块对色，拼花并编号，然后浸水湿润、阴干。将基层清扫并湿润。

(2)地面找好标高，取中拉十字线或中线。

(3)涂刷水灰比为1:(0.4～0.5)的水泥浆一道，随刷随铺水泥沙浆找平层。找平层为1:3干硬性水泥砂浆。

(4)铺1:2的水泥砂浆于花岗岩板块底面上，将板块镶铺好。

(5)用木锤或皮锤敲击，找平找直。

(6)施工要点：

①基层处理要干净，高低不平处要先凿平和修补，基层应清洁，不能有砂浆，尤其是白灰砂浆灰、油渍等，并用水湿润地面。

②铺装花岗岩时必须安放标准块,标准块应安放在十字线交点,对角安装。

③铺装操作时要每行依次挂线,石材必须浸水湿润,阴干后擦净背面。

④花岗岩地面铺装完24小时后必须洒水养护。

2.1.3　玻化通体砖地面施工

(1)基层凿毛,浇水湿润。

(2)将玻化通体砖浸水湿润、阴干。

(3)地面找好标高,取中拉十字线或中线。

(4)铺贴:扫素水泥浆一道,然后铺1:2水泥砂浆,将进行玻化通体砖镶铺拍实。

(5)擦缝:铺完2～3h后,用1:1水泥砂浆灌缝2/3高,再用白水泥浆擦缝,最后用棉丝将玻化通体砖表面擦净。

(6)施工要点:

①混凝土地面应将基层凿毛,凿毛深度5～10mm,凿毛痕的间距为30mm左右。之后,清净浮灰、砂浆、油渍。

②铺贴前应弹好线,在地面弹出与门道口成直角的基准线,弹线应从门口开始,以保证进口处为整砖,非整砖置于阴角,弹线应弹出纵横定位控制线。

③铺贴玻化通体砖地面砖前,应先将玻化通体砖浸泡阴干。

④铺贴时,水泥砂浆应饱满地抹在玻化通体砖背面,铺贴后用橡皮锤敲实,同时,用水平尺检查校正,擦净表面水泥砂浆。

⑤铺贴完2～3h后,用白水泥擦缝,用1:1水泥砂浆,缝要填充密实,平整光滑。再用棉丝将表面擦净。

2.2　立面装饰施工

"空中花园"立面实体装饰采用单面铝塑板包裹,围栏采用不锈钢框架配加胶玻璃的做法。

2.2.1　单面铝塑板柱面包裹施工

(1)木制基层调整处理,检查铝塑板有无划痕、磨损。

(2)按设计要求分格,弹线,下料。

(3)阳角处打槽深度需适宜,过深、过浅会造成折边开裂,最好拿罗机先用废料调试,打孔需用模板放样。

(4)粘贴铝塑板时不能有空鼓、翘角、脱胶、开裂,不能用硬质材料锤敲。

(5)钢结构贴铝塑板时,焊接点打磨平整,要用铝塑板专用结构胶。

(6)铝塑板的缝两边用美纹纸粘贴,清理缝内胶,并用纱布打磨后方可上玻璃胶,填缝需深浅、粗细均匀、流畅。

"空中花园"虽处于室内,但由于其所处特殊位置(阳光天井),因此为防止其因光照变色,特采用表面涂有变色保护层的外用铝塑板进行安装。

2.2.2　不锈钢玻璃围栏施工

(1)60mm×60mm方钢外包0.8mm厚不锈钢型形成中柱。

(2)中柱两侧用Φ10螺栓配2mm厚胶垫、Φ18不锈钢装饰帽锚固10mm不锈钢板。

(3)中柱一面焊接成品不锈钢玻璃爪件。

(4)将中柱与地面预埋件焊接。

(5)安装(6+6)mm加胶玻璃栏板。

详细构造见图4。

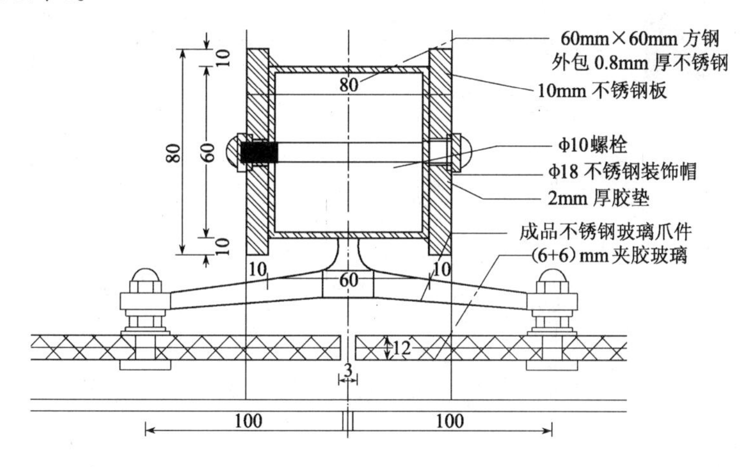

图4 栏杆节点大样

2.3 景观装饰施工

“空中花园”景观包括瀑布水景、仿真乔木、自然花坛、拱门、铁艺旋梯以及玻璃展柜。

2.3.1 瀑布水景装饰施工

(1)水景池:

①先用红机砖砌筑水景池主体。

②做30mm厚1:3水泥砂浆找平层,上涂基层处理剂。

③在PVC防水卷材表面涂刷胶粘剂。

④铺贴PVC防水卷材,应彻底排除黏结层内的残余空气,不得出现空鼓现象。

⑤做抿石子贴面。

⑥在水景池外侧要预留导水槽,下接溢水管。

构造布局如图5和图6所示。

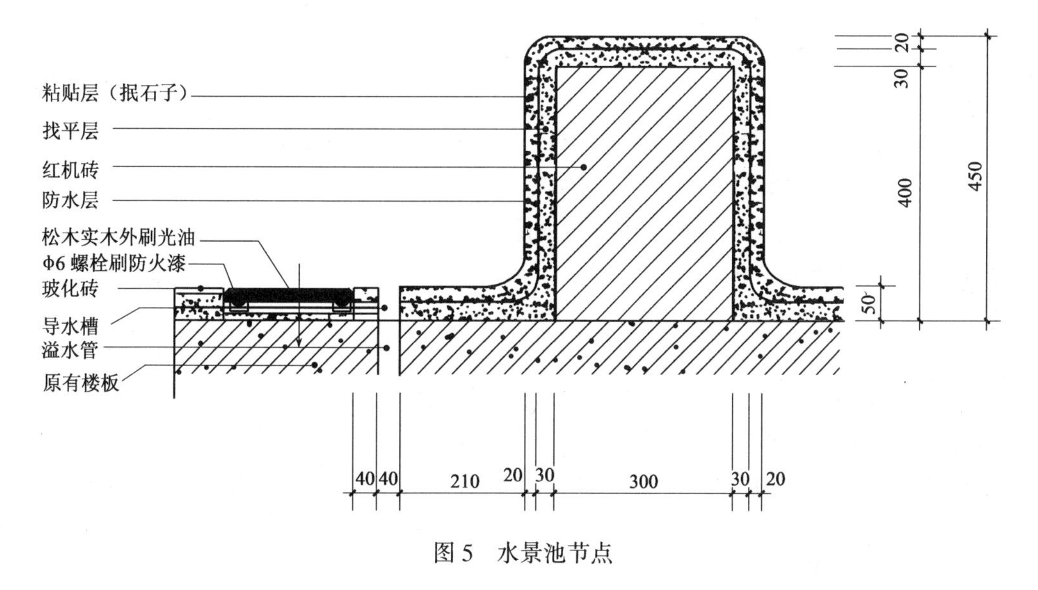

图5 水景池节点

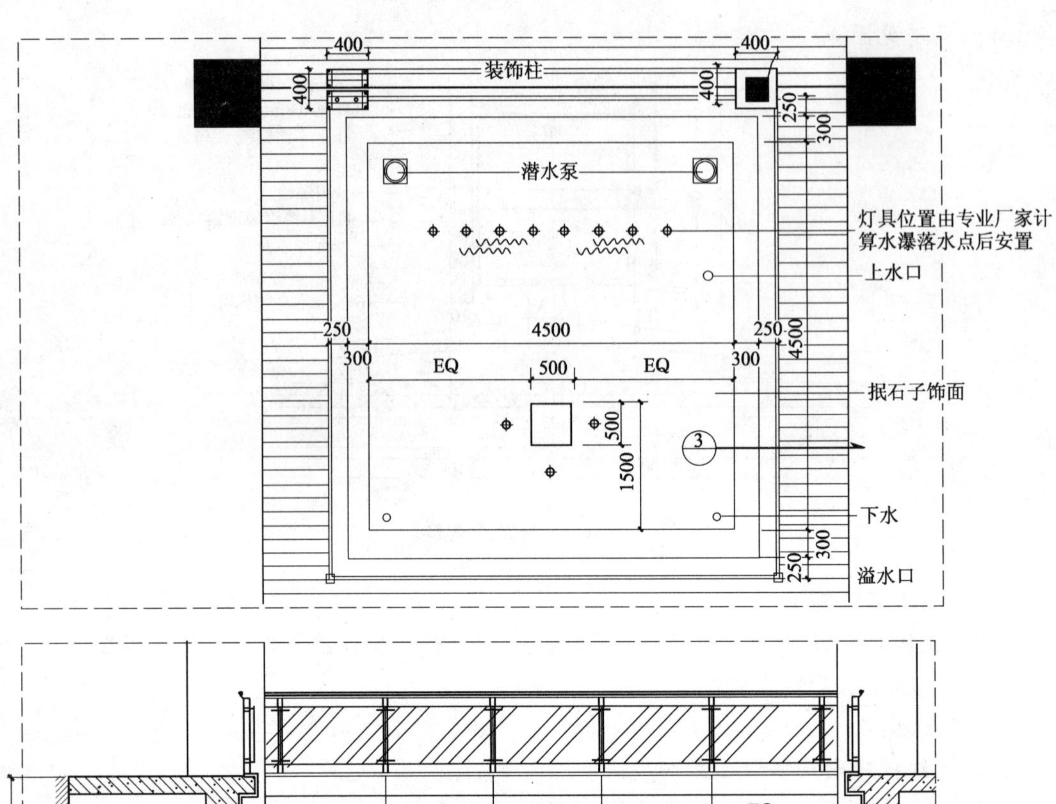

图6　水景平面、立面图

(2)水幕：由专业厂家制作现场组装。

2.3.2　仿真乔木装饰施工

由专业厂家成品制作，现场安装详细构造做法如图7所示。

2.3.3　自然花池装饰施工

构造做法与水景池类似。

(1)先用红机砖砌筑花池主体。

(2)做30mm厚1∶3水泥砂浆找平层，上涂基层处理剂。

(3)在PVC防水卷材表面涂刷胶粘剂。

(4)铺贴PVC防水卷材，应彻底排除黏结层内的残余空气，不得出现空鼓现象。

(5)做抿石子贴面。

(6)需预埋通气管，以满足自然植物对土壤换气的要求。

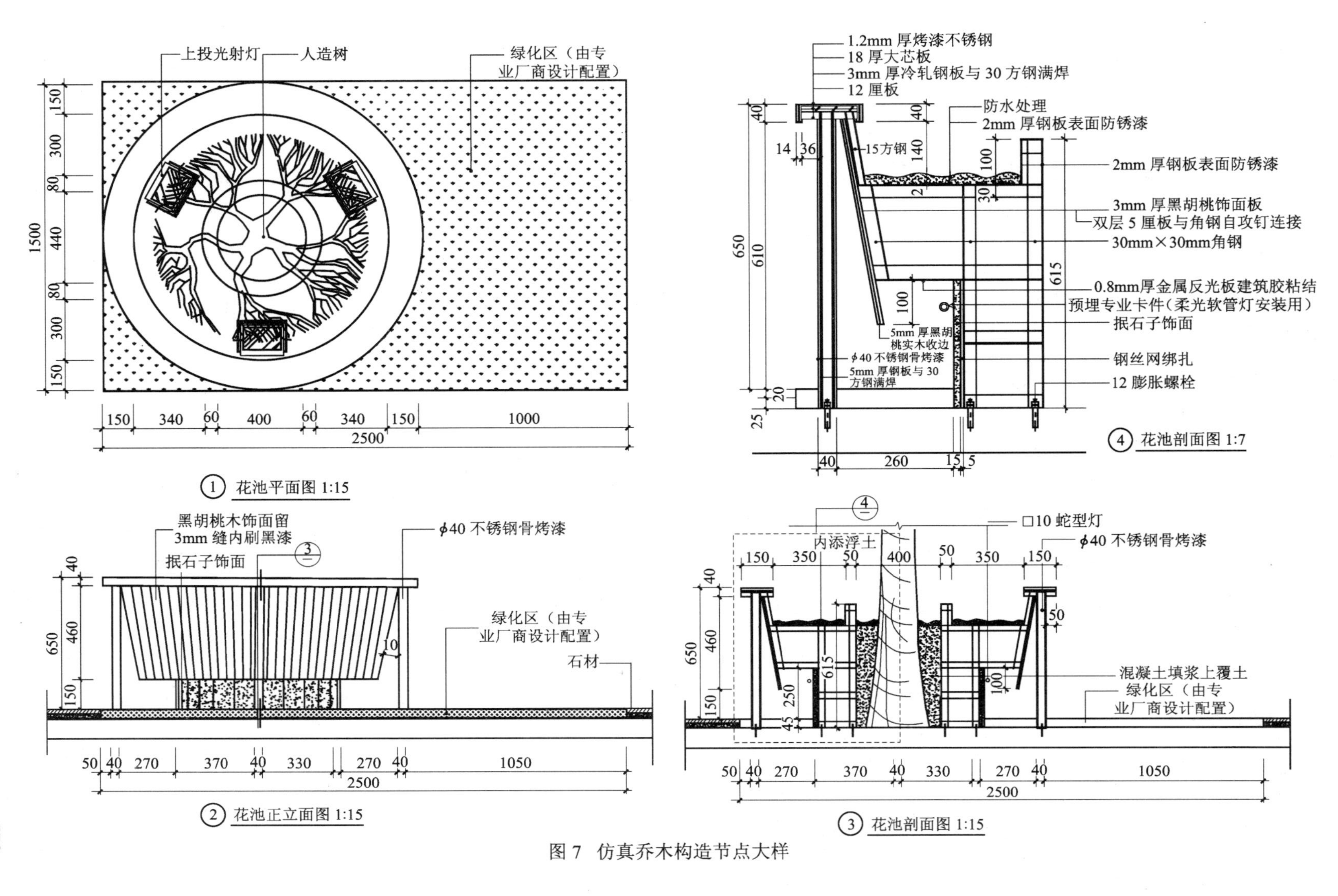

图 7　仿真乔木构造节点大样

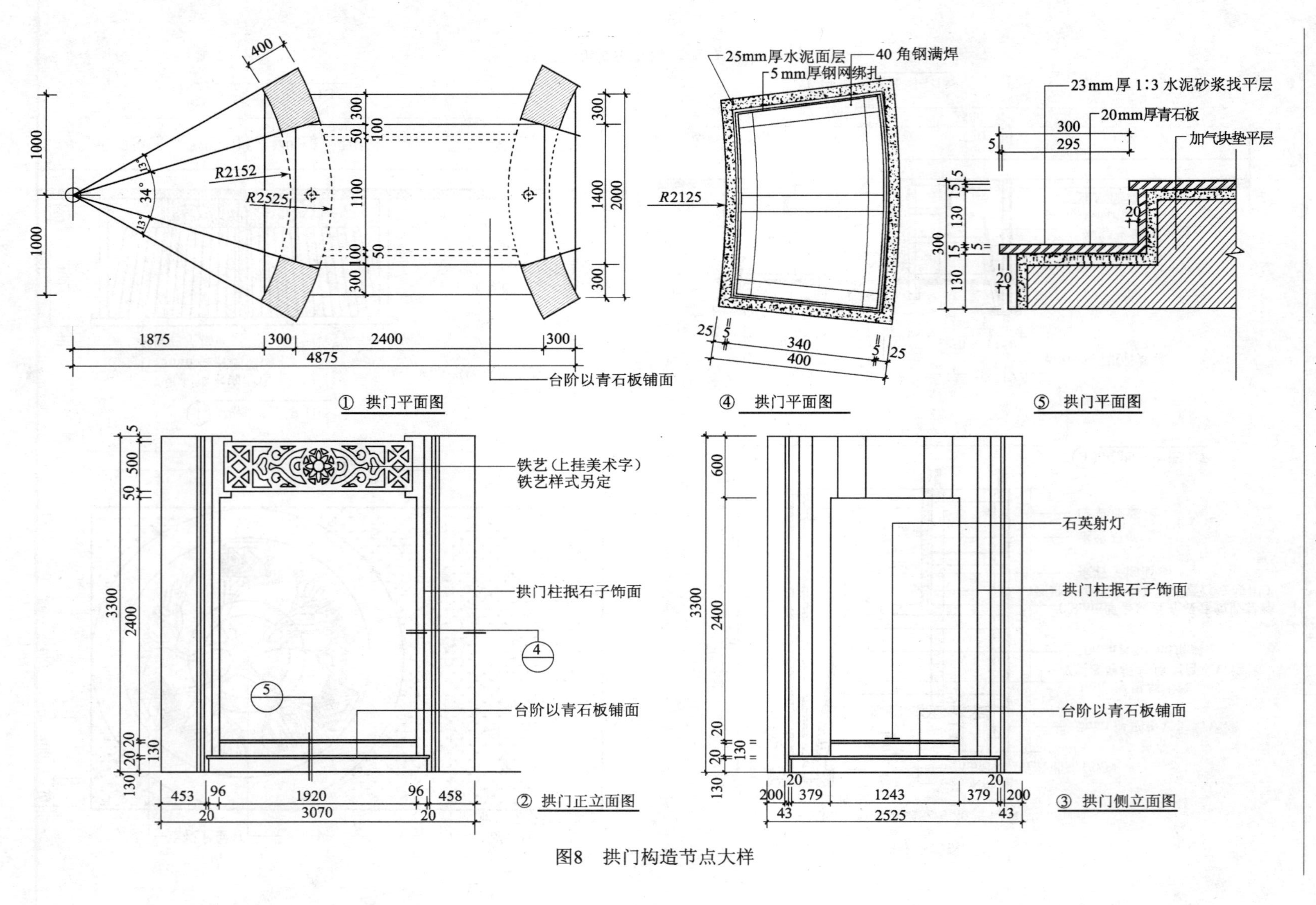

R2152
R2525
34°
13°
1875
300
2400
4875
1000
1100
1400
2000
台阶以青石板铺面
① 拱门平面图
25mm厚水泥面层
40 角钢满焊
5 mm厚钢网绑扎
R2125
340
400
④ 拱门平面图
23 mm厚 1∶3 水泥砂浆找平层
20mm厚青石板
加气块垫平层
295
⑤ 拱门平面图
铁艺（上挂美术字）
铁艺样式另定
拱门柱抿石子饰面
台阶以青石板铺面
3300
453
96
1920
458
3070
② 拱门正立面图
石英射灯
拱门柱抿石子饰面
台阶以青石板铺面
600
379
1243
2525
③ 拱门侧立面图

图8　拱门构造节点大样

2.3.4 拱门装饰施工

(1)拱门底部石阶:

①基层凿毛,作30mm厚1:3水泥砂浆垫层。

②以加气混凝土砌块作基层。

③上铺25mm厚1:3水泥砂浆找平层。

④铺1:2的水泥砂浆于青石板块底面上,将板块镶铺好。

⑤用木锤或皮锤敲击,找平找直。

(2)拱门立柱(图8):

①拱门以40角钢满焊形成拱门框架。

②在钢架外围绑扎5mm厚钢网。

③钢网表面作25mm厚1:2.5水泥砂浆面层。

④做抿石子贴面。

⑤上部悬挂铁艺。

2.3.5 铁艺旋梯装饰施工

铁艺旋梯由专业厂家现场制作安装,由于强度要求,将原设计改为悬吊式,因此在屋面梁上增加一型钢吊挂件(图9)。

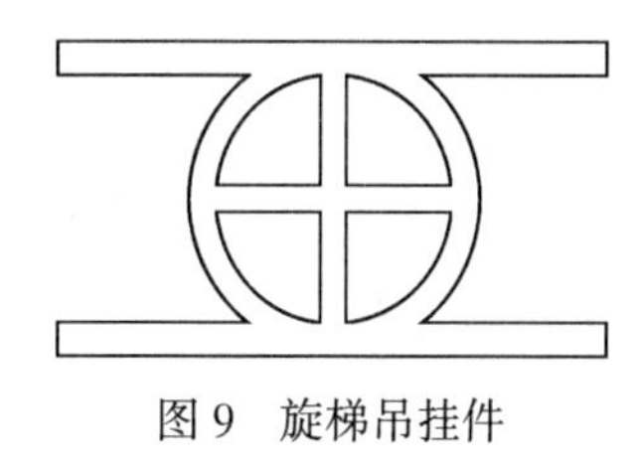

图9 旋梯吊挂件

第3章 "空中花园"装饰质量验收

3.1 地面装饰工程施工验收

3.1.1 密缝干铺花岗石地面质量验收

(1)检察数量

室内按有代表性的自然间抽查20%,过道按10延长米。礼堂、大厅等大间按两轴线为1间,但不少于3间。

(2)保证项目

①面层所用板块的品种、规格、级别、形状、光洁度、颜色和图案必须符合设计要求。

检验方法:观察,检查产品合格证书。

②面层与基层必须结合牢固,无空鼓。

检验方法:观察检查,用小锤轻击检查。

(3)基本项目

①花岗石板块面层表面的质量应符合以下规定:

合格:板块挤靠严密,无错缝,表面平整洁净,图案清晰,周边顺直。

优良:板块挤靠严密,无缝隙,缝痕通直无错缝,表面平整洁净,图案清晰,无磨划痕,周边顺直方正。

检验方法:观察,用脚着力趟扫无挡脚感。

②板块镶贴的质量应符合以下规定。

合格:任何一处独立空间的花岗石板颜色应一致,无明显色差,花纹近似,花岗石板缝隙与花岗石板颜色接近,擦缝饱满、平整洁净。

优良:任何一处独立空间的花岗石板颜色一致,花纹通顺,基本一致,花岗石板缝痕与花岗石板颜色一致,擦缝饱满与花岗石板齐平、洁净、美观。

检验方法:观察检查。

③踢脚板铺设的质量应符合以下规定:

合格:踢脚板接缝严密,表面洁净,出墙高度、厚度一致,结合牢固。

优良:踢脚板排列有序,挤靠严密不显缝隙,表面洁净,颜色一致,结合牢固,出墙高度、厚度一致,上口平直。

检验方法:观察,尺量,用小锤轻击检查。

④地面镶边铺设质量应符合以下规定:

合格:用料尺寸准确,边角整齐,拼接严密。

优良:用料尺寸准确,边角整齐,拼接严密,接缝顺直。

检验方法:观察,尺量检验。

⑤花岗岩地面上蜡质量应符合以下规定:

合格:花岗岩地面烫硬蜡、擦软蜡,蜡洒布均匀不露底,色泽一致,表面洁净。

优良:花岗岩地面烫硬蜡、擦软蜡,蜡洒布均匀不露底,色泽一致,厚薄均匀,图纹清晰,表面洁净。

检验方法:观察检查。

(4)允许偏差项目

板块地面面层的允许偏差和检测方法应符合表8规定。

表8　石板块地面面层的允许偏差和检测方法

项　次	项　目	允计偏差(mm)		检验方法
		大理石板	花岗岩板	
1	表面平整度	1	1	用2m靠尺、楔形塞尺检查
2	缝格平直	1	0.5	拉5m线(不足5m拉通线)尺量检查
3	接缝高低差	0.5	0.5	用直尺和塞尺检查
4	踢脚线上口平直	1	1	拉5m线(不足5m拉通线)尺量检查
5	板块间隙宽度	≤0.5	≤0.5	用塞尺量检查

3.1.2　玻化通体砖地面质量验收

(1)检查数量:室内按有代表性的自然间抽查20%,过道按10延长米,礼堂、大厅等大间按两轴线为1间,但不少于3间。

(2)保证项目:

①面层所用板块的品种、规格、级别、形状、光洁度、颜色和图案必须符合设计要求。

检验方法:观察,检查产品合格证书。

②面层与基层必须结合牢固,无空鼓。

检验方法:观察检查,用小锤轻击检查。

(3)基本项目:

①玻化通体砖表面应平整、洁净、色泽一致,无裂痕和缺损。

检验方法:观察。

②玻化通体砖接缝应平直、光滑,填嵌应连续、密实;宽度和深度应符合设计要求。

检验方法:观察;尺量检查。

3.2　立面装饰工程施工验收

3.2.1　铝塑板墙面质量验收

铝塑板施工常见质量问题分析:

(1)铝塑板的变色、脱色:引起这些问题的原因多为阳光照射引起,而“空中花园”所处位置阳光充足,为此在施工选材上已经加以考虑,采用了外墙用铝塑板。

(2)铝塑板的开胶、脱落:此类问题多为黏结剂选用不当造成,需在选料上加以考虑。

(3)铝塑板表面的变形、起鼓:此类问题主要出在粘贴铝塑板的基层板材上,因此要求基层板材要完全干燥。

(4)铝塑板胶缝补整齐:在施工中应用纸胶带来保证打胶的整齐、规距。

3.2.2　围栏质量验收

(1)检查数量:全数检查。

(2)保证项目:

①栏杆、扶手、栏板所用材料品种、规格、型号、颜色、壁厚及玻璃的厚度必须符合设计规范要求和国家现行相应的技术标准规定。

检验方法:观察,尺量、检查产品合格证书及材料现场验收记录。

②栏杆、扶手、栏板的制作尺寸应准确,安装位置符合设计要求,安装必须牢固可靠。

检验方法:观察;尺量、手扳检查。

(3)基本项目:

①不锈钢制品外观质量应符合以下规定:

合格:不锈钢扶手表面应光滑,表面无划痕,直拐角及接头处焊口应吻合、密实,弯拐角圆顺光滑,弧形扶手弧线自然,无硬弯、折角,不锈钢栏杆、扶手连接处的焊口色泽同连接件一致。

优良:不锈钢扶手表面应光滑细腻,无变形,表面无划痕,拐角及接头处焊口应吻合、密实,弯拐角圆顺光滑,弧形扶手弧线自然流畅,不锈钢栏杆、扶手连接处的焊口表面、形状、平整度、光洁度、色泽同连接件一致。

检查方法:观察,手摸检查。

②不锈钢栏杆安装质量应符合以下规定:

合格:栏杆排列均匀、竖直有序,尺寸符合设计要求,栏杆与埋件及扶手连接处焊接牢固,露明部位接缝严密,打磨光滑,扶手安装平直。

优良:栏杆排列均匀、竖直有序,尺寸符合设计要求,栏杆与埋件及扶手连接处焊接牢固,露明部位接缝严密,打磨光滑,无明显痕迹,光结度一致,扶手安装平直顺滑。

检验方法:观察,手摸和手扳检查。

③玻璃栏板安装应符合以下规定:

合格:玻璃栏板安装应与周围固定件吻合,无缝隙、扭曲,接头处理严密。

优良:玻璃栏板安装应与周围固定件吻合,无缝隙、扭曲,接头处理严密,表面平直光滑,洁净美观,造型符合设计要求。

检查方法:观察检查。

(4)允许偏差项目:

不锈钢栏杆、扶手、玻璃栏板安装允许偏差和检验方法应符合表9规定。

表9 不锈钢栏杆、扶手、玻璃栏板允许偏差和检验办法(mm)

项 次	项 目	允 许 偏 差	检 测 方 法
1	扶手直线度	0.5	拉通线,尺量检查
2	栏杆及玻璃栏板垂直度	1	吊线,尺量检查
3	栏杆间距	2	尺量检查
4	玻璃栏板平直	1	拉线尺量检查
5	玻璃栏板接缝平直	1	拉线尺量检查
6	玻璃栏板、栏杆阳角方正	1	用方尺和楔形塞尺检查
7	弧形扶手栏杆与设计轴心位置差	2	拉线尺量检查

3.3 景观质量验收

根据各分部分项工程进行验收。

小 结

我在中冶世纪房地产公司“盈地”大厦项目部的实习从今年1月初开始,由于实习开始时“盈地”大厦已进入工程收尾阶段,而且正值春节前夕的年终总结阶段,因此,我先被安排整理竣工资料,这对于我熟悉工程概况,了解工程进度有很大帮助。春节后,我被安排到项目部,主要负责为装饰项目方案论证的需要绘制CAD图纸,由于我对CAD制图软件比较熟悉,而且操作比较熟练,因此总体上说,工作还算顺利,同时也接触了大量的装饰施工构造,本文中所用图片均为这一时期所绘制,但由于图片格式转换问题,图片不很清晰,望老师予以谅解。

通过此次实习,我体会到了理论知识与实际工程运用之间的巨大差距,学到了很多课堂上学不到的知识,并且逐步积累了工作经验,为今后的工作提供了很大帮助。在今后的学习和工作中,我将继续努力学习知识,积累经验,为祖国的建设做出贡献。

参 考 文 献

1. 中国建筑装饰协会编. 建筑装饰实用手册. 北京:中国建筑工业出版社,2000
2. 高级建筑装饰工程质量检验评定手册. 北京:中国建筑工业出版社,1999
3. 建筑装饰装修工程质量验收规范. GB 50210—2001
4. 建筑工程施工质量验收统一标准. GB 50328—2001
5. 建筑地面工程施工质量验收规范. GB 50207—2002

11.5.2 建筑施工技术方案设计型论文

建筑工程施工方案是施工生产的重要指导性文件,也是重要的实践教学环节。钢筋混凝土工程施工方案设计要求完成施工准备工作、模板配板设计、模板安装与拆除方案、钢筋配料计算、混凝土浇筑方案、质量保证措施和安全文明施工措施等内容。郝欣同学的毕业实习在中建二局三公司的清华大学综合体育中心所做的工作包括施工现场平面图绘制、钢筋绑扎和接头的质量检查、模板支设的检查、施工方法的落实、施工质量的检查、对出现的问题及时制定有效的解决方案等。该同学毕业论文是其在施工现场,直接面对现场的各类施工问题,经过将近半年实践做出的,有较为丰厚的实践基础。

大型钢筋混凝土拱结构施工方案

建筑工程与高级装修专业2000届 郝 欣 指导教师 徐占发

【摘要】 大型钢筋混凝土拱结构是清华大学综合体育中心工程施工中的重点和难点。本文介绍了该工程大型钢筋混凝土拱的施工段划分的原则、方法,对施工预留拱度进行了计算。本文重点为模板工程、钢筋工程、混凝土工程的施工方案,对于该工程模板工程、钢筋工程、混凝土工程等的施工工艺、质量控制的要点,本文进行了详细的叙述和分析。此外,本文还简要介绍了拱体支撑架的方案选择和施工要点,最后,对施工机械需用量、混凝土工程量进行了汇总。

【关键词】 大型钢筋混凝土拱 预留拱度 施工方案 拱体支撑架

引 言

我毕业实习的工程是清华大学综合体育中心工程,位于清华大学院内东侧,清华主楼北面。该工程主要为迎接2001年大学生运动会及清华建校90周年而建。由清华建筑设计院设计,中建二局三公司承建,清华华建负责监理。于2000年3月开工,定于2001年2月完工。该工程为地上三层,屋顶高度15.00m,二层以上建筑平面为椭圆形,东西方向长轴长82.5m(轴距),南北方向短轴长64.5m(轴距)。采用全现浇钢筋混凝土框架结构,屋顶采用钢筋混凝土拱与钢网架组合结构。主体框架结构及钢筋混凝土拱采用桩基础,连廊采用独立柱基础。抗震烈度8度,框架抗震等级为3级,场地为3类。建筑面积12 600m^2,共有4 747个座位,造价7 834万元。

根据设计图纸,有两道平行的现浇钢筋混凝土拱结构纵向跨越体育中心的东西上空,用以支撑其屋盖系统。故大型钢筋混凝土拱就成为该工程结构设计的特点,也是施工的重点与难点,见图1。拱的中心跨度为110.016m,拱顶标高为29.000m。拱的断面为箱形变截面矩形断面,壁厚均为250mm,断面外形尺寸为:宽×高=1 200mm×(1 800～4 500)mm,空腔断面尺寸为:宽×高=700mm×(1 300～4 000)mm。两道拱轴线距离为18m,两拱之间由14榀现浇钢筋混凝土桁架连接,两道拱和14榀桁架形成空间组合体系,拱的南、北面均有钢网架与之连系。拱结构示意见图2。拱脚为高6.5m,厚2.2m的实心体;拱脚下的承台,长×宽×高=33m×21m×2m,拱脚、承台均属大体积混凝土。每个承台下有74根灌注桩,桩直径为1 000mm,长度为17.1m。桩全部由京冶建设工程承包公司施工。

第1章 拱的施工准备

1.1 拱的分段

该工程拱的施工由于其跨度大、结构复杂,故不能一次施工完成,因此将拱分为29个施工段。其分段原则为:

①混凝土拱应沿拱跨方向分段浇筑。

②分段位置应能使拱的支撑受力对称、均匀和变形小为原则。

③各段的接缝面应与拱轴线垂直。

④分段浇筑顺序应按预先设计的程序进行。

具体分段方法为:

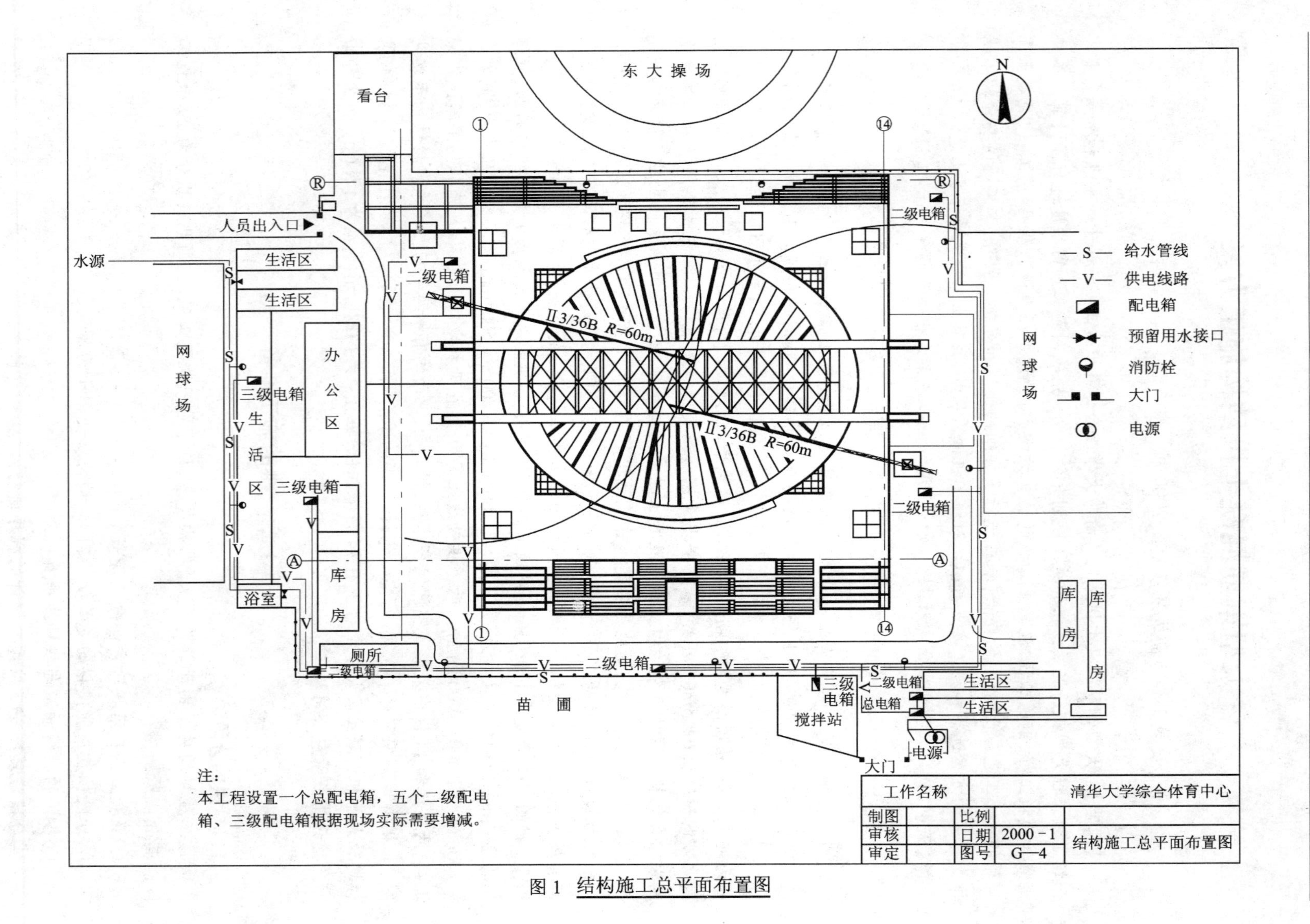

注：
本工程设置一个总配电箱，五个二级配电箱、三级配电箱根据现场实际需要增减。

图 1　结构施工总平面布置图

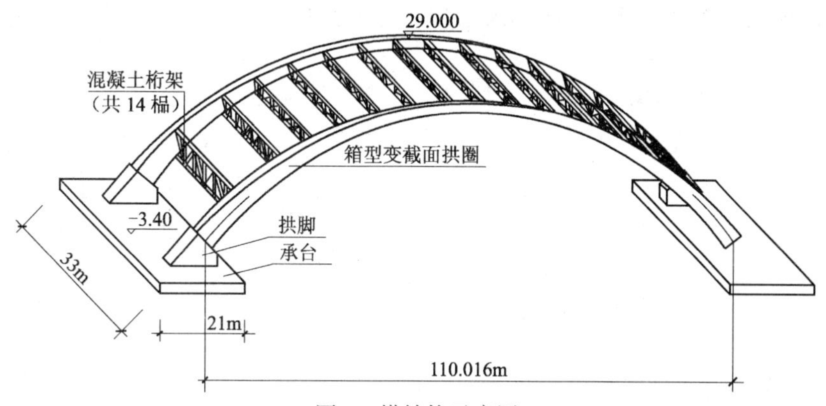

图2　拱结构示意图

第一个施工缝位置设置在拱脚处，其余施工缝设置在拱的加劲肋(即桁架)左右1 600mm处，这样每道拱分为$(A_1 \sim A_7) \times 2 + (B_1 \sim B_7) \times 2 + A_8 = 29$个段。

1.2　预留拱度

1.2.1　影响预留拱度的因素

为保证拱结构的设计矢高，施工时，拱结构应预留拱度，影响预留拱度的因素如下：

①拱的支架在施工荷载作用下引起弹性变形。

②拱结构由于混凝土收缩、徐变及温度变化而引起的挠度。

③由于承台的水平位移所引起的拱圈挠度。

④由结构重力引起的拱圈挠度。

⑤受荷载后由于支架杆接头的挤压而产生的非弹性变形。

⑥拱的支架基础在受载后的非弹性沉降。

1.2.2　预留拱度的计算

预留拱度按经验值确定，起拱高度为全跨长的0.9/1 000，即$110.016 \times 9 \times 10^{-4} \approx 100$mm。

1.2.3　起拱后圆弧半径的计算

如图3所示，在拱顶处为最大起拱值$h = 100$mm，在拱脚处设置为零，其余各点的预留拱度h_x可按起拱以后的圆弧计算。计算过程如下：

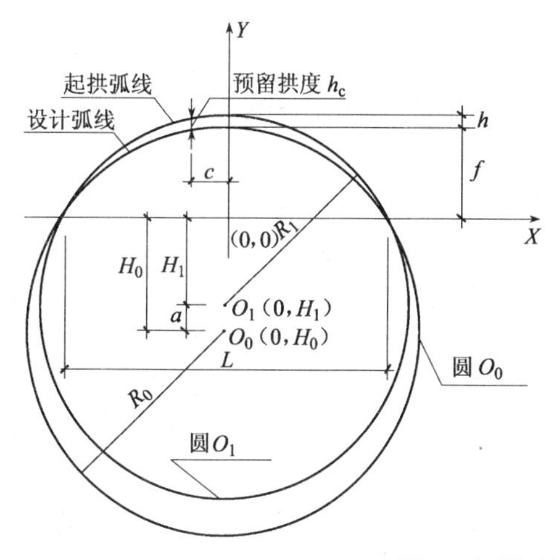

图中：h_x——任意点的预加高度；
L——拱圈跨径(拱内侧跨度$l = 106.486$m)；
h——拱顶总预加高度(100mm)；
c——任意点至跨中的距离；
f——设计矢高(拱内侧$f = 27.204$m)；
H_0——O_0点到(0,0)点的距离；
H_1——O_1点到(0,0)点的距离；
R_0——圆O_0的半径；
R_1——圆O_1的半径；
a——H_0到H_1的距离。

图3　起拱后圆弧半径的计算

已知原拱的内圆弧半径 $R_0=65.704$m，圆心为$(0,H_0)$点，如图所示圆 O_0 的方程为：

$$x^2+(y_0+H_0)^2=R_0^2 \quad ①$$

起拱后的圆 O_1 方程为：

$$x^2+(y_1+H_1-a)^2=R_0^2 \quad ②$$

由已知可得：

$$R_0-a+0.1=R_1 \Rightarrow R_1=65.704+0.1-a$$
$$\Rightarrow R_1=65.804-a \quad ③$$

由①②可得：

$$y_0=\sqrt{R_0^2-x^2}-H_0$$
$$y_1=\sqrt{R_1^2-x^2}-(H_0-a)$$

由已知推出：

$$y_1-y_0=h_c \Rightarrow \left[\sqrt{R_1^2-x^2}-(H_0-a)\right]-\left[\sqrt{R_0^2-x^2}-H_0\right]=h_c$$
$$\Rightarrow \sqrt{R_1^2-x^2}-\sqrt{R_0^2-x^2}+a=h_c \quad ④$$

当 $x=0$ 时，$h_c=0.1$ ④式得 $R_1=R_0+a=0.1$ 代入③式得恒等式。

当 $x=\dfrac{L}{2}$时，$h_c=0$ ④式得

$$\sqrt{R_1^2-(L/2)^2}-\sqrt{R_0^2(L/2)^2}+a=0$$

与③式相加得

$$\sqrt{R_1^2-(L/2)^2}-\sqrt{R_0^2-(L/2)^2}+65.804=R_1$$

代入数据得

$$\sqrt{R_1^2\text{-}\left(\frac{106.486}{2}\right)^2}-\sqrt{(65.704)^2-\left(\frac{106.486}{2}\right)^2}+65.804=R_1 \Rightarrow$$
$$\sqrt{R_1^2-2\,834.817}-\sqrt{4\,317.016-2\,834.817}+65.804=R_1 \Rightarrow$$
$$\sqrt{R_1^2-2\,834.817}=R_1-65.804+380\,499 \Rightarrow \sqrt{R_1^2-2\,834.817}=R_1-27.205$$

两边平方

$$R_1^2-2\,834.817=R_1^2-54.51R_1+745.563 \Rightarrow R_1=65.563$$

起拱后的内圆弧半径 $R_1=65.563$m，拱中心圆弧半径 $R_{01}=70.008$m，拱外弧半径 $R_{02}=74.603$m。同理计算可知，起拱后，拱中心圆弧半径 $R_{11}=69.839$m，拱外弧半径 $R_{12}=74.402$。

第2章 施 工 方 法

2.1 施工测量

(1)拱结构施工时,上部因无稳定的仪器架设载体,致使无法在上部进行标高的统一抄测,根据现场施工条件,该部位的标高控制是利用吊挂钢尺进行标高抄测的。

(2)吊挂钢尺水准抄测步骤:

①将30m钢尺从上至下抽出,垂直悬挂,将尺寸零点朝下并悬挂重物。

②调整钢卷尺高度,使尺寸零点略低于仪器视线,并在上部支撑架杆件上按设计标高做一水平标志。

③水准仪后视首层水准基线,前视钢尺尺面,取一读数,得出下部尺面读数与水准仪视线标高之差 Δ_1,结构设计标高与 Δ_1 之差 Δ 即为上部钢尺度数。

(3)拱底支模标高控制。

2.2 模板工程

由于拱体结构为长期外露构件,其内在质量及外观质量至关重要,为此必须使其达到清水混凝土的效果,做好模板设计是达到清水混凝土效果的关键。

2.2.1 模板选择

(1)根据现场实际情况,承台模板采用砖模。

(2)拱脚及拱体采用18mm厚的木胶合板,背楞采用100mm×100mm木方。预先在现场制作成型。脱模剂采用水性脱模剂。

(3)拉梁模板选用55系列组合钢模。

2.2.2 承台模板施工

(1)先在垫层上弹出承台边线及砖模控制线。

(2)按弹好的线沿基坑四周砌240mm厚的砖墙,作为承台模板。砖模高为2.2m,以方便以后蓄水。

(3)砖模内侧抹10mm厚水泥砂浆,外侧用素土回填至-3.50m,并夯实,以防止因混凝土侧压力过大使砖模倒塌。

(4)砖模一侧底部预留5个100mm×100mm的清扫孔,以便采用空压机把基坑内的杂物彻底清除干净。

2.2.3 拱脚模板施工

(1)先在垫层上弹出拱脚中线、边线、角钢架控制线和模板控制线。

(2)在承台内用角钢架设支撑架,用以支撑拱脚模板,支架立杆的角钢背面(平面)要朝向拱脚。支撑架搭设图见附图(略)。

(3)拱脚侧模板为1#板,横肋间距为600mm,纵肋间距为40mm。

(4)拱脚背侧模板为2#模板,横肋间距为900mm,纵肋间距为425mm。

(5)拱脚内侧模板为3#模板,横肋间距为500mm,纵肋间距为425mm。

(6)拱脚顶板由于有拱的斜插筋,故模板均留出45mm深的槽口。*D*-1,*D*-2各有一块不留槽口,其余均留槽口。详细做法见附图(略)。

(7)横纵肋与20mm厚的木板相连,再与18mm厚的竹胶板钉在一起。

(8)拱脚外用钢管搭设双排操作架,立杆与角钢架焊接牢固,横距1.2m,纵距1.5m,大横杆步距 1.5m,并设剪刀撑,作业小横杆上满铺脚手板,设置护身栏杆。

2.2.4　拉梁模板施工

(1)侧模选用系列组合钢模,其纵横肋拼接用 U 形卡、插销等连接件,拼接牢固、不松动、不遗漏。遇有钢模板不符合模数时,可用木模补缝。背楞和支撑采用 ϕ48mm×3.5mm 钢管,内横双排@300mm,外竖楞双排@600mm。

(2)梁模板定位通过拉线通长控制,在施工缝处严防两段错台。

2.2.5　拱圈底模配制原则

起拱后内圆弧长为 124.27m,从拱脚 $D_1 \sim D_{26}$点,每段弧长为 2 401mm,$D_{26} \sim D_{27}$点的弧长为 2 000mm,$D_{27} \sim D_{28}$点为剩余尺寸,整跨拱圈剩余尺寸约为 220mm,剩余尺寸部分待到封拱时再支模并浇筑混凝土(属 A_8 段)。拱圈底模各点编号依次为 $D_1, D_2, D_3, \cdots, D_{26}, D_{27}, D_{28}$。拱圈底模每块加工长度为 2 400mm,拱顶处一块底模加工长度为 2 000mm。拱圈底模板分块及支模标高见附图(略)。

2.2.6　拱体模板施工

(1)拱体外模板

①拱体外模采用大块底模、侧模及顶模,均在现场加工成型。

②底模及顶模均为标准模板,底模配制全部数量,一次按设计弧度支设完毕,但在拱顶处要预留 220mm 的空当,待封拱时补起。

③顶模按 A_1、B_2 段所需数量配制,并可直接周转使用。

④侧模为非标准模板,根据 A_1、A_2、B_1、B_2 段的所需数量配制。并可在现场裁剪加工后周转使用,周转顺序为:$A_1 \to A_2 \to A_5 \to A_7$ 和 $A_2 \to A_4 \to A_6 \to A_8$ 以及 $B_1 \to B_3 \to B_5 \to B_7$ 和 $B_2 \to B_4 \to B_6$。模板若因周转次数多而损坏时,可及时在现场加工或修补。拱体外模安装见附图(略)。

(2)拱体内模板

拱体内模均采用 50mm×10mm 木方和 20mm 厚的裁口木板制作,预制成定型大模板,现场拼装。拆模时采用逐块散拆的方法。A_1 段内模预先加工制成,以后在现场加工周转使用。为观察拱底模板混凝土是否浇筑密实,在内底模上钻 ϕ14mm 孔,若水泥从孔中溢出,则证明混凝土已充满。

(3)桁架模板

①桁架上下模板尺寸均为 800mm×25mm,腹杆截面尺寸为 400mm×250mm,模板采用 20mm 厚木夹板和 50mm×100mm 木方制作。

②桁架上弦下弦的顶面模板先不安装,待混凝土浇筑到一定高度后再安装顶面模板,且在模板上留浇筑口,下弦每个节间留两个浇筑口,上弦每节间留三个浇筑口。浇筑口尺寸为 500mm×400mm,呈喇叭口,高度不小于 300mm。在斜腹杆中部顶面模板上留门字板洞(400mm×500mm),以便振捣器从此处插入,振捣斜腹杆下部混凝土。

③安装腹杆模板时,先装两端腹杆,校正固定后,再拉通线校正中间各段腹杆模板,就位后用钢管箍加固,钢管箍间距为 600mm。

2.2.7　拱体模板拆模要求

(1)拱体模板拆模时对混凝土强度的要求:外模(不包括底模)不小于 2.4MPa,内模不小于 10MPa。外底模待混凝土强度达 100%时方可拆除。

(2)桁架模板折模时对混凝土强度的要求:底模为100%,其余均不小于2.4MPa。

(3)拆除拱的外底模时,是先从拱顶开始,向两个拱脚方向依次对称拆除。同时要与拆除桁架底模板统一安排,先拆除桁架底模板,再拆除拱底模板。桁架折模时,要先拆除上弦底模板,后拆下弦底模板,且均从中间开始,向两边对称拆除。

2.3　钢筋工程

2.3.1　一般要求

(1)钢筋在加工厂加工好后,随施工运至现场。

(2)该工程钢筋骨架成型采用现场人工模内绑扎。

(3)横向放置的钢筋采用冷挤压套筒连接,竖向放置钢筋采用电渣压力焊连接。

(4)冷挤压套筒连接要求:

①先将钢筋端头及套筒的锈皮、泥砂、油污等杂物清理干净;

②对钢筋与套筒进行试套,如钢筋有弯折或纵肋尺寸过大者,预先矫正或打磨;钢筋和套筒要配套,不同直径钢筋的套筒不得相互串用;

③在钢筋连接端画出明显定位标记和检查标记,并按标记检查钢筋插入套筒内的深度,钢筋端头离套筒长度中点不超过10mm;

④冷挤压时冷挤压机与钢筋轴线保持垂直,防止偏心和弯折;

⑤冷挤压从套筒中央开始,依次向两端挤压;

⑥先挤压一端套筒,在施工作业区插入待接钢筋后再挤压另一端套筒;

⑦操作时采用的挤压力、压模宽度、压痕直径或冷挤压后套筒长度的波动范围以及挤压道数均要符合技术规程要求。

2.3.2　拱脚承台板钢筋施工

(1)拱脚承台板采用Φ25、Φ28的2级钢筋,钢筋接头采用冷挤压套筒连接,拱脚钢箍采用焊接连接。

(2)施工作业条件

①桩基施工完成后,按设计要求开挖至-5.500m,而且办完桩基施工验收记录。

②剔凿超浇桩顶混凝土,将桩顶无粗骨料的软弱混凝土全部剔除。如桩顶低于设计标高-5.30m时,须用同级混凝土接高,在达到桩强度的5%以上后,再将埋入承台的桩顶部分剔毛,冲净。如桩顶高于设计标高-5.30m时,要预先剔凿,使桩顶进入承台应为100mm。

③浇筑100mm厚混凝土垫层,找平初凝后采用蓄热养护法覆盖垫层表面。

④桩内主筋要锚入承台770m(从桩顶算起)。钢筋长度不够时,要予以接长。

(3)施工要点

①绑扎钢筋前,先在垫层上按图纸放线。

②钢筋铺设时,先铺下铁,后铺上铁,从一端向另一端逐次绑扎。钢筋交叉点均要绑扎牢。

③接头位置要错开,应符合设计和规范要求,同一截面内冷挤压钢筋接头数量不超过50%。

④承台板下网筋的保护层为100mm,采用100mm×100mm×100mm的混凝土预制垫块,其间距为1 000mm,呈梅花型布置。其余钢筋保护层采用塑料垫块。

⑤在承台板上下网片之间架设Φ25mm、间距1 000mm的钢筋马凳,马凳长度为1m,两端

为三角形支脚，马凳架在下层网筋上。

⑥由于拱脚和拱插筋是倾斜的，在插筋前采用 ϕ48mm 钢管搭设支撑架和钢筋定位箍，使拱脚钢筋支承于支撑架上，并在插筋的顶部、中部、下部加三道定位箍筋。拱脚插筋支撑架见附图(略)。

2.3.3　拱体钢筋施工

(1)钢筋混凝土拱中，纵向受力主筋均采用冷挤压连接，Ⅱ形箍筋采用搭接焊接。由于拱的纵向受力主筋是呈弧形的，施工中严格按设计图、规范及操作规程施工，加强过程控制，严把钢筋工程质量关，以此来保证结构工程的质量。

(2)由于拱的箍筋呈放射状布置，所以事先按中心线长度和设计的间距，计算箍筋数量，在上下纵筋上画好分档位置线，以保证箍筋间距均匀并垂直于拱中心轴线。

(3)拱的所有纵向钢筋配料时均采用砂轮切割机切割，以便满足冷挤压套筒连接的要求。

(4)在东西两端 +15.000m 标高处，有框架柱、梁、板穿过拱体，此外的柱、梁、板主筋要在拱体上预先埋入插筋，以便主筋连接。

(5)因考虑到拱的底板、顶板纵向主筋粗而密，故在浇筑混凝土时，施工缝外 250mm 处设置钢筋定位框，待混凝土浇筑完毕后拆除。钢筋定位框首先要焊在Φ 48mm 钢管上，再依靠此钢管固定在支撑架立杆上。定位框做法及安装示意图见图 4、图 5。

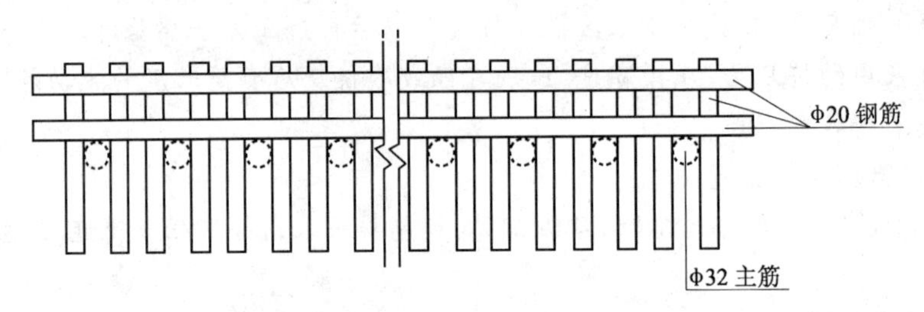

图 4　定位框做法示意图

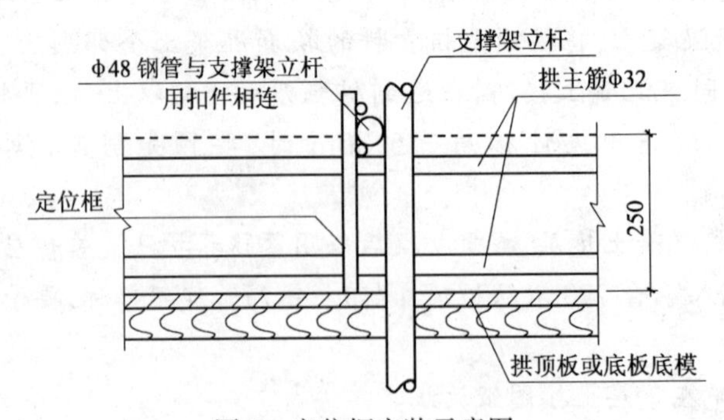

图 5　定位框安装示意图

2.3.4　桁架钢筋施工

(1)桁架选用Φ 16mm、Φ 20mm 钢筋，下弦钢筋采用对焊或帮条焊接头，上下弦箍筋为Φ 8@200mm，腹杆及立杆箍筋为Φ 8@200mm。

(2)施工方法

①在上下弦模板上画出箍筋间距，摆放下弦箍筋。

②先穿下弦的纵向受力钢筋，将箍筋按已画好的间距逐个分开。下弦端部的第一根箍筋拱边缘50mm，钢筋绑扎采用套扣法，防止钢筋位移。

③下弦钢筋连接采用对焊或帮条焊接头，钢筋接头错开$52d$，且≥500mm，在接头长度的任一区段内的受力钢筋截面面积占受力钢筋总截面面积的百分率，受拉区不大于50%。

④绑扎腹杆钢筋时，立好腹杆的竖向钢筋，并标出箍筋间距线。用缠扣绑扎箍筋，箍筋与主筋要垂直，钢筋交点处均要绑扎。

⑤钢筋绑扎完后安装25mm厚PVC塑料垫块，缓缓放下钢筋，并使其准确就位。

⑥桁架上弦钢筋绑扎方法同下弦钢筋。

2.3.5　拉梁钢筋工程

(1)该工程在两个承台板间有四根拉梁，长度为97.65m，截面尺寸为1 200mm×1 000mm。拉梁分三段施工，即先施工中间一段，再施工与承台相连部分。事先在承台混凝土中预留插筋。

(2)拉梁施工要点

①在垫层上画出箍筋间距。

②放入主筋，套好箍筋，并调整好箍筋间距。

③用钢管架起上部主筋，先绑扎箍筋上方，再绑扎箍筋下方，绑扎完毕，套上50mm厚PVC塑料垫块，拆去钢管架，缓缓放下钢筋骨架，并使其就位。梁端第一根箍筋距离承台边50mm。

④拉梁为受拉构件，主筋采用冷挤压连接，钢筋接头错开$52d$，且≥500mm，接头钢筋截面面积占受力钢筋总截面面积的百分率，受拉区不大于50%。

2.4　混凝土工程

2.4.1　混凝土浇筑原则

(1)拱体要分段浇筑，各段内的混凝土要一次连续浇筑完毕，不得另留施工缝，分段施工缝应垂直于拱轴线。

(2)拱顶的预留部分在最后封拱时方可支模并浇筑混凝土。封拱温度要符合设计要求。该工程拟订于6月进行封拱。

(3)所有分段混凝土均从两道拱圈的4个拱脚开始对称浇筑。

(4)承台、拱脚、拉梁、拱及桁架均采用现场搅拌混凝土。

(5)拱脚承台板尺寸为：长×宽×高＝33m×21m×2m，故按大体积混凝土施工。

(6)拱脚承台板的混凝土浇筑定于5月上旬进行。

2.4.2　拱脚承台板施工

拱脚承台板作为拱的基础，是工程能否如期建成的关键，具有很重要的意义。拱脚为高6.5m，厚2.2m的实心体，每个拱脚混凝土方量为84.94m^3。拱脚下的承台尺寸为长×宽×高＝33m×21m×2m，每个承台板混凝土方量为1 386m^3。拱脚承台板均按大体积混凝土施工，采用现场搅拌混凝土，强度等级为C30，施工时间在5月上旬。

(1)由于拱脚承台板混凝土方量大，在施工时就需要防止出现裂缝。裂缝是由于水泥的水化热量大，使内部温度升高，而结构表面散热较快，导致内外温差增大在混凝土表面产生裂缝。还有一种裂缝是当混凝土内部散热后，体积收缩，由于基底或前期浇筑的混凝土与其不能同步收缩，而造成对上部混凝土的约束，接触面处会产生很大的拉应力，当超过混凝土的极限拉应力时,混凝土结构会产生裂缝。

(2)防止承台混凝土裂缝的主要措施

①选用水化热较低的32.5级矿渣硅酸盐水泥,在满足设计强度要求的前提下,尽可能减少水泥用量以减少水泥的水化热。

②控制石子和砂子的含泥量不超过1%和3%。

③因承台混凝土施工在夏季,需降低混凝土入模温度,故采用凉水搅拌。

④采用斜面分层法浇筑混凝土。分层振捣密实以使混凝土水化热尽快散失。

⑤在混凝土中掺入NF-2外加剂和2级粉煤灰。外加剂量为水泥用量的1.5%;粉煤灰掺量为水泥用量的22%,取代水泥率为≤10%。

⑥做好测温工作,控制混凝土的内部温度与表面温度,以及表面温度与环境温度之差均不超过25℃。

(3)混凝土浇筑要点

①每个拱脚承台板混凝土浇筑总量为1 556m^3,施工时间在5月上旬。现场布置6台JSY-350型强制搅拌机,每台搅拌产量约为4.2m^3/h。3台HBJ30型混凝土输送泵,每小时混凝土供应量为25m^3。每个拱脚承台板混凝土浇筑时间为:

$$(1\ 386+85\times 2)/25=62.24\text{h}$$

②混凝土采用斜面分层、循序渐进、一次到顶的浇筑方法。分层厚度为振捣棒有效高度的1.25倍(约为500mm),斜面坡度约为1:7。见图6。

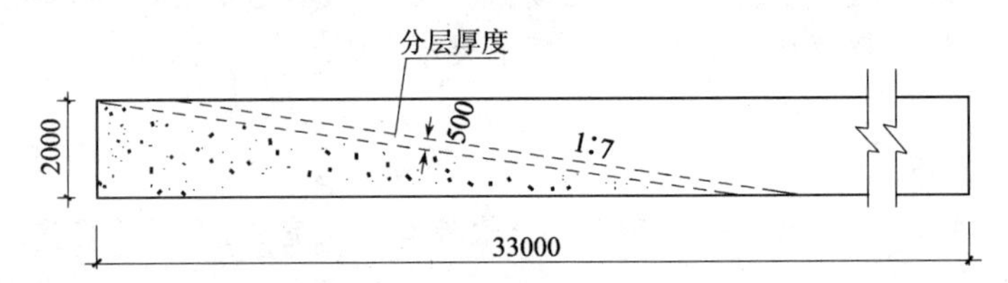

图6 混凝土浇筑斜面示意

③浇筑拱脚混凝土时,必须要控制好浇筑速度,以免因浇筑速度过快而引起对拱脚模板的侧压力过大以及承台混凝土的上冒。

④浇筑拱脚混凝土时,操作人员需要进入到模板里面进行操作,重点振实拱脚根部、小阴角等易出现漏振的地方,并随混凝土的逐层浇筑及时绑扎拱脚的拉勾钢筋。

⑤浇筑时要注意观察模板、支模、钢筋情况,当发现有变形、位移时,要及时采取措施进行处理。

⑥混凝土振捣采用插入式振捣器,在下料处和斜面底部分别设置两组振捣器。对分层混凝土进行振捣时,插入式振捣器快插慢拔,插点要均匀排列,逐点移动,按顺序进行,不得漏插,做到均匀振实。每点振捣时间一般为15~30s,应视混凝土表面不再有明显下沉,不再出现气泡,表面泛出灰浆为宜。采用木抹子对混凝土表面进行搓平压光三遍。

⑦振捣时,振捣器移动间距约为400mm,振捣上层混凝土时须在下层混凝土初凝前进行,并插入下层混凝土500mm,以消除两层间接缝,保证两层混凝土的结合可靠。振捣器距离模板不能大于作用半径的0.5倍,且不许紧靠模板振捣。

(4)混凝土施工配合比的优选

①混凝土配合比由中建二局三公司实验室确定，砂率控制在38%～45%，水灰比控制在0.4～0.6，坍落度控制为16～18cm，混凝土初凝时间为10h，终凝时间为12h。

②为减少水泥水化热，降低混凝土的升温值，在满足设计强度和混凝土可靠性前提下，32.5级矿渣硅酸盐水泥用量不大于400kg/m^3。

③掺加适量粉煤灰，减少水泥用量，降低水泥水化热。粉煤灰采用各项品质指标符合2级的粉煤灰，其掺用量为基准混凝土水泥用量的22%，取代水泥率为≤10%。另加入NF-2型减水缓凝外加剂，其掺量为水泥用量的1.5%。

④混凝土配合比为：

项　目	水泥(kg)	水(kg)	砂子(kg)	石子(kg)	NF-2外加剂(kg)	粉煤灰(kg)
每1m^3	370	175	881	892	5.4	80
每盘	150	52.5	371	365	2.2	32.4

(5)混凝土的养护

由于拱脚承台板为大体积混凝土工程，必须使混凝土内外温差小于25℃，以防止混凝土因内外温差过大而出现裂缝。因此混凝土养护保温工作的好坏，对减小混凝土内外温差起着至关重要的作用。

①拱脚承台板混凝土的养护要做到保温保湿。混凝土浇筑完后要及时用黑色塑料布覆盖严密，再覆盖一层阻燃稻草被，既防止热量过快散失，又防止水分蒸发。拱脚混凝土应在模板外进行覆盖。

②混凝土全部浇筑完后，在拱脚混凝土模板外挂满麻布袋片并进行浇水，然后覆盖一层塑料布、一层阻燃稻草被，使麻袋片始终保持湿润状态。承台板进行蓄水养护，蓄水厚度为100mm。养护时间不得少于14d。

③采用便携式电子测温仪观测温度，预埋式测温线与主机插接，可测大体积混凝土内部和表层温度，避免留测温孔，测温误差小，有高低温报警功能。测温仪数字显示准确、直观、快捷。

④测温点布置图见附图(略)，埋设测温点，每个测温点分表面点和中间点，其间距≤300mm。中间点埋设深度为1 000mm。测温工作随混凝土养护的开始而开始，每2h一次，5d后每4h一次。

⑤现场指定专人昼夜测温，内外温差控制在25℃以内，及时做好原始记录。如发现内外温差值接近或超过25℃时，要报告工长并及时采取覆盖保温措施。

⑥每天由测温人员做好大气温度记录，每隔4h测温一次。

(6)混凝土内外温差计算

混凝土在浇筑完毕后3d时起水化热达到最高峰，释放的热量最大，温度最高，所以按$t=$3d时混凝土蓄热养护的内外温度，来验证混凝土内外温差是否小于25℃。

内外温差计算如下：

北京地区5月份平均气温为20℃，根据经验公式

$$T_{\mathrm{t}}=\frac{WQ}{c\times\rho}(1-e^{-\mathrm{mt}})$$

式中　T_t——在3d时混凝土的绝热温度,℃;

W——每$1m^3$混凝土水泥用量,取$400kg/m^3$;

Q——每1kg水泥水化热量,取335kJ/kg;

c——混凝土的比热,取0.97J/(kg·K);

t——混凝土的龄期,取3d;

ρ——混凝土的密度,取$2\,400kg/m^3$;

m——与水泥品种、比表面积及浇筑温度有关,取0.34;

e——常数,为2.718,则$1-e^{-mt}=0.639$。

$$T_t=\frac{400\times335}{0.97\times2\,400}\times0.639=36.78℃$$

$T=3d$时混凝土内部实际最高温度为:

$$T_{max}=T_j+T_t\times\zeta$$

式中　T_{max}——混凝土内部实际最高温度,℃;

T_j——混凝土的入模温度,按20℃计算;

T_t——3d时混凝土的绝热温升,℃;

ζ——不同的浇筑块厚度,不同龄期时的降温系数,取0.57。

故　$$T_{max}=20℃+36.78℃\times0.57=40.965℃$$

混凝土表面温度为:

$$T_{b(t)}=T_q+4h'(H-h')\Delta T_{(t)}/H^2$$

式中　$T_{b(t)}$——龄期t时,混凝土的表面温度;

T_q——龄期t时,大气的表面温度,取20℃;

H——混凝土的计算厚度,$H=h+2h$;

h——混凝土的实际厚度,取2m;

h'——混凝土的虚厚度,$h'=K\lambda/\beta$;

K——计算折减系数,取0.666;

λ——混凝土的导热系数,取2.33W/(m·K);

β——模板及保温层的传热系数,$W/(m^2\cdot K)$。

$$\beta=\frac{1}{\sum\delta_i/\lambda_i+1/\beta_i}$$

δ_i——各种保温材料的厚度,一层稻草被取0.03m,模板取0.23m;

λ_i——各种保温材料的导热系数,$W/(m^2\cdot K)$,稻草被取0.14,模板取0.23;

β_i——空气层传热系数,取$23W/(m^2\cdot K)$;

$\Delta T_{(t)}$——龄期时,混凝土内的最高温度与外界气温之差,$\Delta T_{(t)}=T_{max}-T_q$。

经计算得:$B=2.36$;$h=0.658$;$H=3.316$

$$\Delta T_{(t)}=T_{max}-T_q=40.956-20=20.965℃$$

$$
\begin{aligned}
\Delta T_{b(t)} &= T_q + 4h'(H-h')\Delta T_{(t)}/H^2 \\
&= 20 + 4\times 0.658\times(3.316-0.658)\times 20.965/3.316^2 \\
&= 33.34℃
\end{aligned}
$$

$$
T_{max} - T_{b(t)} = 40.965 - 33.34 = 7.626℃
$$

经计算可知,混凝土内部实际最高温度和混凝土表面温度之差为7.62℃,未超过25℃的规定。表面温度与大气温度之差为 $T_{b(T)} - T_q = 33.34 - 20 = 13.34$℃,亦未超过25℃的规定,故可保证质量。

2.4.3 拱体及桁架混凝土施工

(1)两道钢筋混凝土拱及14榀钢筋混凝土桁架施工时,采用两道拱同时浇筑,先从4个拱脚开始,逐段向拱顶推进的施工方法。拱分为 $A_1 \sim A_8$(15段)和 $B_1 \sim B_8$(14段)共29个段。施工B段时,连同桁架一起浇筑,从桁架两端开始向中间推进。拱混凝土强度等级为C40。拱桁架混凝土要求为清水混凝土现场搅拌。

(2)混凝土坍落度控制在14～16cm,分层下料分层振实,分层下料高度不超过500mm,采用Φ50的插入式振捣器振捣,侧板混凝土要左右对称下料,对称振捣。

(3)桁架与两侧混凝土连续浇筑,从桁架的两头向桁架中间浇筑。先浇下弦,后浇腹杆,再浇上弦,从设置的浇筑口对称下料。

(4)由于节点处钢筋较密,故选用Φ30的振捣器,插入式振捣。

2.4.4 拉梁混凝土施工

拉梁混凝土强度等级为C30,分三段浇筑。先浇筑中间一段,再浇筑与承台相连两段。浇筑混凝土时,施工缝处以浇筑混凝土强度不小于1.2MPa。清除混凝土表面的水泥薄膜和松动的石子以及软弱混凝土层,并加以充分湿润和冲洗干净,但不得有积水。混凝土要细致振捣,使新旧混凝土结合紧密。

2.5 拱体支撑架

2.5.1 方案选择

钢筋混凝土拱跨度大、高度高、施工荷载大,施工中对支撑体系的刚度、稳定性有很高的要求。拱模板支撑架采用Φ48mm×3.5mm钢管搭设满堂架。

2.5.2 施工要点

(1)地面做法

①从自然地坪回填至－0.265标高处,并碾压密实。

②浇筑厚混凝土地面作为架子基础。

(2)支撑架搭设

①拱下采用单立杆,横向间距600mm,纵向间距800mm,水平杆步距1 500mm。在两拱之间桁架位置采用单立杆,横向间距600mm,纵向间距1 200mm,水平杆步距1 500mm。支撑架兼做施工脚手架。拱及拱间桁架模板支撑架的搭设见附图(略)。

②每根立杆底部须设扫地杆并加100mm×150mm×150mm钢板底座,搭设架子按要求设连续剪刀撑。

表1为施工机械需要量,表2为混凝土工程量。

表1 施工机械需要量表

序号	名 称	数量	型 号	序号	名 称	数量	型 号
1	塔吊	2台	H3/36B (R=60)	8	木工手电锯	4台	
				9	木工电刨	1台	MIB103A
2	混凝土搅拌机	6台	JSY-350	10	木工手电锯	8台	
3	混凝土输送泵	3台	HBJ30	11	小翻斗车	6辆	
4	插入式混凝土振动器	16台		12	空压机	1台	
5	平板式混凝土振动器	2台		13	压路机	1台	
6	电焊机	8台	BX3-500-2				
7	钢筋冷挤压机	4套		14	蛙式打夯机	4台	

表2 混凝土工程量表

序 号	部位或施工段			强度等级	混凝土来源	数 量 (m^3)	小计(m^3)
1	垫 层	承台板下		C10	现场搅拌混凝土	70.4×2=140.8	189.2
2		拉 梁 下				12.1×4=48.4	
3	承 台 板			C30		1 386×2=2 772	3 595.12
4	拉 梁					120.84×4=483.36	
5	拱 脚					84.94×4=339.76	
6	拱及桁架	A_1段		C40		23.245×4=92.98	512.848
7		B_1段	拱 体			3.186×4=15.264	
			HJ-7			10.71×2=21.42	
8		A_2段				16.27×4=65.08	
9		B_2段	拱 体			3.406×4=13.624	
			HJ-6			10.06=2×20.12	
10		A_3段				7.293×4=29.172	
11		B_3段	拱 体			3.168×4=12.672	
			HJ-5			9.725×2=19.45	
12		A_4段				6.57×4=26.28	
13		B_4段	拱 体			2.988×4=11.952	
			HJ-4			9.45×2=18.9	
14		A_5段				5.98×4=23.92	
15		B_5段	拱 体			2.844×4=11.376	
			HJ-3			9.25×2=18.5	
16		A_6段				5.98×4=23.92	
17		B_6段	拱 体			2.754×4=11.016	
			HJ-2			99.119×2=19.238	
18		A_7段				5.31×2.4=21.24	
19		B_7段	拱 体			2.706×4=10.824	
			HJ-1			9.05×2=18.1	
20		A_8段				2.62×4=10.48	
						合 计	4 297.168

第3章 小　　结

我在清华工地实习是从今年2月底开始的。刚到那里的头几天，我主要翻阅了该工程的设计施工图纸，了解了该工程的概貌。当桩基施工完毕后，我被指定负责监督基础开挖的工作，每天在基坑边指挥铲车司机及工人将埋入地下的桩挖出。这个工作有一定的困难，因桩全部埋在地下，稍有不慎，桩就有被挖断的可能。开始我有些紧张，就仔细地阅读桩位图，记熟桩位，小心地指挥。4月时，3区的土方开挖工作已基本完工，开始对地面修整。因为该工程要创北京市文明样板工地，所以地面道路全部用混凝土浇筑，并在大门口设了一个模型台，上面放置的是综合体育中心的建成模型。而我则负责模型的制作。模型的比例为1:50。别看只是做外观，但该工程的主要结构全包括了，如拱、桁架、柱等，虽是一个模型，但也能使我对工程有更深的了解。说是我制作的，其实我只是在塑料板上画出形状，由工人负责剪裁、拼装。5月份是拱脚承台板混凝土浇筑的时候，整个工地上的人全部被分派了任务。我与两个清华的实习生一起，负责监督北台混凝土的下料情况。由于拱脚承台板是大体积混凝土，必须一次浇筑完成，不能留施工缝，所以要连续浇筑三天。我们三人分为三班，8小时一班。我是从8:00～16:00，那几天天气很热，看着工人推着近400千克的砂石料工作，我深刻体会到了工人的艰苦和伟大。

在实习期间，我在几位工长的指导下，还参与了如：施工现场平面图的绘制、钢筋绑扎和接头的质量检查、模板支设的检查等工作。对施工工长的工作有了一定的了解。

由于我是在工程部进行实习，会直接面对现场的各类施工问题。如施工方法的落实、施工质量的检查、对出现的问题及时制定有效的解决方案等，这些都是课堂上学不到的。这次实习无疑增加了我的实践经验，对我今后的工作有很大帮助。在今后的学习和工作中，我将继续努力学习知识，积累经验，为祖国的建设做出贡献。

点　　评

郝欣同学的毕业论文是以实际工程(清华大学综合体育中心工程)施工为背景而进行的大型钢筋混凝土拱结构的施工方案设计，属于施工技术类论文。

1. 论文标题简短、明确，有概括性，题目字数适当(一般不宜超过20字)。论文的内容和学科范畴通过看标题便一目了然。

2. 这一完整的毕业论文修改后，内容包括了题目(封面)、论文摘要、目录、引言(前言)、正文(分若干章)、结论或结束语、鸣谢、参考文献，另外根据需要还加了附录、附表。

3. 摘要概括地介绍了课题的主要内容，主要成果和结论，字数适当。在摘要结束后单列了一行不超过8个词的关键词，便于检索。

4. 引言部分对工程概况尤其是工程结构特点作了具体说明，明确了钢筋混凝土拱结构施工方案的技术难点。

5. 本文正文部分对拱的分段、预留拱度、起拱后圆弧半径进行了分析、计算，明确了施工测量的方法和步骤，详细论述了拱脚承台板、拱脚、拱体、桁架、拉梁等部位的模板选择、模板施工、钢筋工程及混凝土工程施工的的工艺流程、施工要点、质量控制要点，简要介绍了拱体支撑架的方案选择及施工要点。

本文立论正确，能抓住关键，有见解，有条理，图文并茂，文字流畅，文章结构严谨。理论分析部分概念准确,数据处理方法及计算结果准确可靠。能理论联系实际,运用科学的研究方法,对方案的论证、特点、施工要点等交待清楚。具有一定的工程技术实际问题的分析能力、设计能力。

所附图纸数量多,充分表达了设计意图,布图均匀,美观简洁,并有必要的数据和说明,符合制图标准的基本要求。

11.5.3　材料类科研实验型论文

科学实验是培养大学生创新能力的重要手段,掌握实验技能、学会写作实验研究报告则是大学生应具备的基本功。应当创造条件支持学生参与科研实验性的毕业实习课题。

科学实验报告的格式和写法,包括标题、作者及单位、摘要引言、材料与方法、结果与分析、讨论等项目。写报告(论文)应注意态度要严肃认真,说明要准确,层次要清楚、语言要严谨规范、要采用图表,并符合实验研究报告的特定格式。该论文较规范,可供写作时参考。

超细粉煤灰高强度大流动性混凝土研究

工民建专业 2000 届　孙海超　指导教师　赵若鹏

【摘要】　本文主要对“粉煤灰配制高性能混凝土”进行了大量的试验研究,分析、总结了混凝土的强度与粉煤灰的掺量和细度之间的关系。

通过大量的对比试验,采用正交设计的方法,考察了在一定细度下,水灰比和粉煤灰掺量对混凝土强度及坍落度的影响;并在水灰比一定的情况下,对粉煤灰掺量和细度对高性能混凝土强度的影响进行了试验研究。

通过线性回归分析,建立了混凝土 28d 的抗压强度与水灰比、粉煤灰掺量之间的定量关系。对掺粉煤灰混凝土的强度化、工作性改善机理进行了分析,揭示了掺粉煤灰混凝土的强度变化规律。

【关键词】　高性能混凝土　强度　工作性　粉煤灰掺量　粉煤灰细度

一、引　　言

我国国民经济和社会发展“九五”计划和 2010 年远景目标纲要将建筑业与建材工业列为支柱产业,并确定建材工业应以“调整结构、节能、节地及减少污染”为重点,大力增加优质产品,发展商品混凝土,积极利用工业废渣等方针。然而,1995 年,我国生产的 4.5 亿 t 水泥中,生产熟料 3 亿 t,需耗煤 6 000 万 t;同时,生产 3 亿 t 熟料又会向大气中排放 3 亿 tCO_2 气体,这不仅耗费了巨大的能量,而且造成了严重的环境污染。另一方面,我国发电以火电为主,目前,电厂年平均粉煤灰排放量多达 8 000 万 t,占地 20 多万亩,预计到 2000 年粉煤灰排放量将达到 1.6 亿 t,如果不加大粉煤灰利用的力度和范围,不但会造成资源的浪费,而且会加重环境污染的程度。

目前,在一些混凝土工程中,为了提高混凝土的和易性,也掺入了少量的粉煤灰,但这种小规格的利用极其有限,因此,开展大掺量粉煤灰的研究工作不仅具有良好的社会效益,而且具有很好的经济效益。首先,从社会意义看,它能更充分地利用粉煤灰这种具有潜在活性的资源,大大减少配制混凝土所需的水泥用量,从而减少水泥生产量,这样,既减少了生产水泥熟料时对环境造成的污染,又控制了由于电厂排放大量粉煤灰对环境造成的污染。其次,这种研究具有很好的经济效益，它可以变废为宝，化害为利，降低生产混凝土的成本；同时，又可节约堆放粉煤灰所占用的大量宝贵的土地；第三，在混凝土中掺入大量的粉煤灰，还可改善混凝土的某些性能。如使混凝土的水化热降低，使其更适用于大体积混凝土工程；使混凝土的耐化学腐蚀性更好，以及避免由于混凝土中使用活性集料造成碱—骨料反应等。当然，用大掺量粉煤灰配制混凝土有许多问题值得探索。建筑是百年大计，混凝土是建筑的结构材料，不能有半点侥幸心理，因此，必须对大掺量粉煤灰混凝土的所有性能及所使用的环境等作深入而细致的研究。

1. 粉煤灰用于生产高强度高性能混凝土

1.1 高强、高性能混凝土方面

高强、高性能混凝土由于水灰比低，总胶凝材料用量大，若仅用水泥作为胶凝材料，则水化热高，水泥不完全水化率大，且 $Ca(OH)_2$ 含量高，容易引起开裂，浪费水泥，及耐腐蚀性差，且难于满足泵送施工等工作性要求。高强、高性能混凝土需要使用矿物质掺合料。

1.2 矿物质掺合料方面

虽然目前可使用的矿物质掺合料有硅粉、粉煤灰、磨细矿渣、沸石粉、稻壳灰或几种复合，但各种掺合料情况不同，并且，各地的产量不同，分布也不均匀，因此对各种掺合料的选择，应因地制宜。本文研究的粉煤灰，作为工业废料，量大，加工费用低，比较适宜作为高性能混凝土的优良掺合料。

1.3 粉煤灰方面

国家早有作为混凝土掺合料使用的粉煤灰标准(GB 1596—91)，其中1级灰可用于预应力钢筋混凝土以及高强、高性能混凝土；3级灰用于素混凝土。

粉煤灰在高强、高性能混凝土中的良好作用，主要涉及如下作用机理。

1.3.1 活性作用

粉煤灰的化学成分主要为 SiO_2、Al_2O_3、Fe_2O_3、CaO、MgO、SO_3 等，$SiO_2+Al_2O_3+Fe_2O_3$ 含量一般在75%以上，SiO_2、Al_2O_3 及 Fe_2O_3 在液相中可与 $Ca(OH)_2$ 发生二次反应。

1.3.2 微集料作用

用于高强与高性能混凝土的1级灰或超细灰颗粒与水泥颗粒相近或更细，能置换出微小空隙中的水并填充空隙，起微集料作用，提高混凝土的密实度。

1.3.3 滚珠轴承作用

粉煤灰中含有大量的玻璃微珠，其表面光滑，在混凝土中有滚珠轴承作用，改善混凝土的工作性。

1.3.4 优势场所

应用粉煤灰的高强、高性能混凝土，可以实现废料利用与环保，降低工程造价的目的，在以下方面具有更大的优势，如大体积混凝土工程、要求泵送工程、高层建筑、耐腐蚀工程等。

1.4 在用粉煤灰作为配制高性能混凝土掺合料的过程中仍有一些问题尚需进一步研究

如早期强度低不利于施工，可考虑加激活剂；粉煤灰混凝土配合比设计也不尽合理，目前比较统一的观点是“选择水胶比”，借助计算机辅助分析。如何有效利用粉煤灰的关键在于建立粉煤灰生产厂，使其成为名副其实的一种产品，在原始粉煤灰各项技术指标达不到要求时，可在磨细时掺入各种掺合料改性，使其成为合格的产品，从而能够作为一种特殊的胶凝材料，像水泥一样可以在混凝土工程和HPC工程中直接使用，改变传统的简单的废料利用范畴。例如:通过增钙处理可生产高钙灰,它将有利于提高粉煤灰的掺量。

2. 粉煤灰高性能混凝土发展前景

HPC是一种新型混凝土材料,从发展需要来看,体现出它在现代建筑中具有广阔的使用前景。

2.1　生存环境的需要

随着人口骤增,生产力发展,自然资源日趋减少,人类生存已受到威胁。粉煤灰作为一种工业废渣,我国每年排灰在1.4亿t以上,充分利用粉煤灰发展HPC可节约资源和能源,改善环境,减少污染,从而获得良好的经济效益和社会效益。HPC是一种绿色高性能混凝土,是中国混凝土发展的主要途径之一,其推广应用有利于实现可持续发展战略目标。

2.2　发展高性能混凝土的需要

从现代建筑和可持续发展看,发展HPC以及高流动度、高强度和高耐久性混凝土,提高建筑物耐久性,延长建筑物的使用寿命是极其重要的。据报道,建筑业需消耗世界资源和能源的40%。如果建筑物的寿命延长一倍,那么,资源能源的消耗和环境污染将减少一半。

2.3　修筑江河湖海堤坝的需要

我国海岸线长约18 000多公里,现有海堤12 000km,而标准堤仅3 000km,今后海平面还将继续上升,我国江、河、湖堤将远大于海坝,估计总长将达数十万公里,建造永久坚固性堤坝来保护几百万平方公里的土地面积,对水土流失和保护人民生命财产安全,造福后代子孙等具有十分重大的意义。

3.80MPa高强度大流动性混凝土的配制宜采用活性掺合料,本文研究的活性掺合料为粉煤灰,用粉煤灰等量取代部分水泥,则混凝土前期强度下降,但掺粉煤灰混凝土具有较高的后期强度,这对延长混凝土的使用寿命很有意义,尤其是对那些考虑后期强度的工程更有意义。本文主要研究用磨细粉煤灰的方法来配制高性能混凝土,并解释混凝土的强度与粉煤灰的掺量和细度之间的关系,同时进一步揭示掺粉煤灰混凝土的强度规律。

二、原 材 料

1.1　水泥

试验使用河北冀东水泥厂生产的盾石牌42.5R级普通硅酸盐水泥,其力学性能如下表:

凝结时间(h:min)		标准稠度用水量(%)	安 定 性	抗压强度(MPa)			抗折强度(MPa)		
初凝	终凝	28	合格	3d	7d	28d	3d	7d	28d
3	5:50			35.9	46.1	57.8	7.03	8.46	10.68

1.2　砂石

试验用砂为昌平龙凤山的河砂,含泥量0.8%,泥块含量0.1%,细度模数2.9中砂,试验用石为5~20mm南口碎石。

1.3　外加剂

清华华迪公司生产的NF-2-6缓凝高效减水剂。

1.4　粉煤灰

试验选用了赤峰元宝山1级粉煤灰。

三、试验结果及分析

1. 在一定细度下水灰比和FA掺量对强度及坍落度的影响

为了对实验结果进行分析，采用了正交设计的方法，其因素和水平的安排见表1；根据试验结果列出正交设计计算见表2；根据方差分析计算的结果列出方差分析表，见表3；多重比较的结果见表4。

表1 因素和水平

水平	因素	
	W/C	FA掺量(%)
1	0.275	10
2	0.30	2
3	0.33	30
4	0.367	40

表2 正交设计计算表

序号		W/C	FA掺量	SL	R_3	R_7	R_{28}
1		1	1	4.0	58.4	70.1	85.0
2		1	2	17.0	43.1	63.3	83.6
3		1	3	23.5	38.6	55.4	74.4
4		1	4	24.0	30.1	46.2	68.9
5		2	1	12.5	45.3	66.7	78.4
6		2	2	18.5	34.7	59.4	74.9
7		2	3	20.0	30.1	54.3	70.1
8		2	4	20.5	29.1	56.4	66.5
9		3	1	18.5	41.0	63.0	74.6
10		3	2	23.0	35.8	53.2	64.8
11		3	3	23.0	24.1	49.7	67.9
12		3	4	25.5	17.1	40.6	58.9
13		4	1	16.0	27.7	42.0	53.5
14		4	2	23.5	17.7	39.4	51.3
15		4	3	23.0	18.7	39.9	51.3
16		4	4	23.0	11.9	31.7	49.2
龄期		3d	7d	28d	3d	7d	28d
抗压强度	K_1	170.1	235.0	31.9	172.4	240.8	297.5
	K_2	139.2	235.8	289.9	131.2	215.3	277.3
	K_3	118.0	200.5	266.1	111.4	199.3	263.7
	K_4	76.0	153.0	214.0	88.2	174.9	243.5
	μ_1	42.5	58.8	78.0	43.1	60.2	74.4
	μ_2	34.8	59.0	72.5	32.8	53.8	69.3

续表

序　号		W/C	FA掺量	SL	R_3	R_7	R_{28}
	μ_3	29.5	51.6	66.5	27.8	49.8	65.9
	μ_4	19.0	38.2	53.5	22.0	43.7	68.9
抗压强度	K_1		68.5			82.0	
	K_2		71.5			89.5	
	K_3		90.0			93.0	
	K_4		85.5			93.0	
	μ_1		17.1			12.8	
	μ_2		17.9			20.5	
	μ_3		22.5			22.4	
	μ_4		21.4			23.2	

表3　方差分析表

考查指标	方差来源	平方和	自由度	均方	F	显　著　性
R_3	W/C	1 177.022 5	3	392.340 8	30.69	★★$F_{0.01}(3.9)=6.99$
	FA掺量	955.46	3	318.486 7	24.91	★★$F_{0.01}(3.9)=6.99$
	S_e	105.047 5	9	12.783 1		
	S	2 247.53	15			
R_7	W/C	1 132.091 9	3	377.364 0	25.09	★★$F_{0.01}(3.9)=6.99$
	FA掺量	574.926 9	3	191.643 2	12.74	★★$F_{0.01}(3.9)=6.99$
	S_e	135.350 6	9	15.039 0		
	S	1 842.369 4	15			
R_{28}	W/C	1 331.957 5	3	437.739 2	54.72	★★$F_{0.01}(3.9)=6.99$
	FA掺量	387.62	3	129.206 7	16.17	★★$F_{0.01}(3.9)=6.99$
	S_e	76.932 5	9	7.992 5		
	S	1 771.51	15			
SL	W/C	82.421 9	3	27.474 0	2.74	(★)$F_{0.01}(3.9)=1.63$
	FA掺量	274.766 9	3	91.599 0	9.13	★★$F_{0.01}(3.9)=6.99$
	S_e	90.265 6	9	10.029 5		
	S	447.796 9	15			

表4　FA掺量的多重比较

考查指标	水平数K	重复试验数n	误差自由度ϕ	误差平均值S_e	q_Φ^K (0.05)	q_Φ^K (0.01)	显著性临界值$T_{0.05}$	特别显著临界值$T_{0.01}$	水平间差值大于$T_{0.05}$	水平间差值大于$T_{0.01}$者
R_3	4	4	9	18.717 8	4.41	5.96	9.54	12.89	$u_{f1}-u_{f2}=10.3$	$u_{f1}-u_{f2}=15.3$
										$u_{f1}-u_{f4}=21.1$
										$u_{f2}-u_{f4}=10.8$
R_7	4	4	9	4.681 7	4.41	5.96	4.77	6.45	$u_{f1}-u_{f3}=10.4$	$u_{f1}-u_{f4}=16.5$
R_{28}	4	4	9	5.312 3	4.41	5.96	5.08	6.87	$u_{f2}-u_{f4}=8.4$	$u_{f1}-u_{f3}=8.5$
SL	4	4	9	10.360 1	4.41	5.96	7.30	9.87	$u_{f2}-u_{f1}=7.7$	$u_{f3}-u_{f1}=9.6$
										$u_{f4}-u_{f1}=10.4$

注：$T_{0.05}=q_\Phi^K(0.05)\sqrt{\frac{S_e}{n}}$；$T_{0.01}=q_\Phi^K(0.01)\sqrt{\frac{S_e}{n}}$。

(1)在细度为389m²/kg 的情况下；

(2)在细度为440m²/kg 情况下；

计算过程及结果见表5～表7。

表5 正交设计计算表

序 号	W/C	FA掺量	SL	R_3	R_7	R_{28}
1	1	1	4.0	58.4	70.1	85.0
2	1	2	17.0	46.7	63.2	81.7
3	1	3	23.0	38.5	57.5	74.9
4	1	4	24.5	23.3	49.7	73.9
5	2	1	12.5	45.3	65.7	78.4
6	2	2	18.0	34.7	62.2	74.1
7	2	3	20.0	32.8	56.4	74.4
8	2	4	24.0	21.5	50.6	66.7
9	3	1	18.5	41.0	63.0	74.6
10	3	2	21.0	40.4	57.3	70.6
11	3	3	23.0	29.4	51.6	65.6
12	3	4	24.0	21.8	43.7	58.4
13	4	1	16.0	27.7	42.0	59.5
14	4	2	21.5	19.8	40.8	60.5
15	4	3	20.0	18.8	39.2	54.8
16	4	4	23.5	13.6	31.7	53.4
龄 期	3d	7d	28d	3d	7d	28d
K_1	166.9	240.5	315.5	172.4	240.8	297.5
K_2	134.3	234.9	292.6	141.6	223.5	286.9
K_3	132.6	215.6	269.2	119.5	204.7	209.7
K_4	79.9	153.7	228.2	80.2	175.7	251.4
μ_1	41.7	60.1	78.9	42.1	60.2	74.4
μ_2	33.6	58.7	73.2	35.4	55.9	71.7
μ_3	33.2	53.9	67.3	29.9	51.2	67.4
μ_4	20.0	38.4	57.0	20.0	43.9	62.8
K_1		68.5			51.0	
K_2		74.5			77.5	
K_3		86.5			86.0	
K_4		81.0			96.0	
μ_1		17.1			12.8	
μ_2		18.6			19.4	
μ_3		21.6			21.5	
μ_4		20.2			24.0	

表 6　方差分析表

考查指标	方差来源	平方和	自由度	均方	F	显　著　性
	W/C	971.736 9	3	323.912 3	17.31	★★$F_{0.01}(3.9)=6.99$
R_3	FA 掺量	1 128.171 9	3	376.057 3	20.09	★★$F_{0.01}(3.9)=6.99$
	S_e	168.460 4	9	18.717 8		
	S	2 268.369 4	15			
	W/C	1 186.446 9	3	395.482 3	84.47	★★$F_{0.01}(3.9)=6.99$
R_7	FA 掺量	582.486 9	3	102.112 3	19.22	★★$F_{0.01}(3.9)=6.99$
	S_e	42.135 6	9	4.681 7		
	S	1 811.069 4	15			
	W/C	1 041.581 9	3	347.194 0	65.36	★★$F_{0.01}(3.9)=6.99$
R_{28}	FA 掺量	306.336 9	3	102.112 3	19.22	★★$F_{0.01}(3.9)=6.99$
	S_e	47.810 6	9	5.312 3		
	S	1 395.729 4	15			
	W/C	45.796 9	3	15.265 6	1.39	(★)$F_{0.25}(3.9)=1.63$
SL	FA 掺量	279.171 9	3	93.057 3	8.49	★★$F_{0.01}(3.9)=6.99$
	S_e	98.640 6	9	10.960 1		
	S	423.609 4	15			

表 7　FA 掺量的多重比较

考查指标	水平数 K	重复试验数 n	误差自由度 ϕ	误差平均值 S_e	q_{Φ}^{K} (0.05)	q_{Φ}^{K} (0.01)	显著性临界值 $T_{0.05}$	特别显著临界值 $T_{0.01}$	水平间差值大于 $T_{0.05}$	水平间差值大于 $T_{0.01}$
R_3	4	4	9	7.879 4	4.41	5.96	9.54	16.19	$u_{f3}-u_{f4}=9.9$	$u_{f1}-u_{f4}=13.2$
										$u_{f1}-u_{f4}=23.1$
										$u_{f2}-u_{f4}=15.4$
R_7	4	4	9	11.507 0	4.41	5.96	4.77	10.11		$u_{f1}-u_{f4}=16.3$
										$u_{f1}-u_{f3}=11$
										$u_{f2}-u_{f4}=12$
										$u_{f3}-u_{f4}=7.3$
R_{28}	4	4	9	3.024 7	4.41	5.96	3.83	5.18		$u_{f1}-u_{f3}=7.3$
										$u_{f1}-u_{f4}=11.6$
SL	4	4	9	12.474 0	4.41	5.96	7.79	10.52	$u_{f3}-u_{f1}=8.7$	$u_{f2}-u_{f4}=8.9$
										$u_{f4}-u_{f1}=11.2$

注：$T_{0.05}=q_{\Phi}^{K}(0.05)\sqrt{\dfrac{S_e}{n}}$；$T_{0.01}=q_{\Phi}^{K}(0.01)\sqrt{\dfrac{S_e}{n}}$。

(3)在细度为 486m^2/kg 的情况下；

计算过程见表 8~表 10。

表 8　正交设计计算表

序　号	W/C	FA 掺量	SL	R_3	R_7	R_{28}
1	1	1	4.0	58.4	70.1	85.0
2	1	2	17.0	45.6	61.3	80.0
3	1	3	23.0	39.0	57.8	80.9

续表

序　　号	W/C	FA 掺量	SL	R_3	R_7	R_{28}
4	1	4	25.0	30.9	53.0	76.6
5	2	1	12.5	45.3	65.7	78.4
6	2	2	14.0	35.5	60.6	76.0
7	2	3	21.5	28.8	58.0	72.5
8	2	4	22.0	18.8	52.1	67.0
9	3	1	18.5	41.0	63.0	74.6
10	3	2	22.5	33.9	68.6	73.3
11	3	3	23.5	27.6	49.1	66.2
12	3	4	23.0	20.9	41.8	64.1
13	4	1	16.0	27.7	42.0	59.5
14	4	2	22.0	22.2	37.7	59.7
15	4	3	24.0	19.2	40.8	55.4
16	4	4	22.0	14.1	35.2	53.4
龄　　期	3d	7d	28d	3d	7d	28d
K_1	173.9	242.2	322.5	172.4	240.8	297.5
K_2	128.4	236.3	293.9	137.2	218.2	289.0
K_3	123.4	121.5	278.2	114.6	205.7	275.0
K_4	83.2	155.7	228.0	84.7	182.1	261.1
μ_1	43.5	60.6	80.6	43.1	60.2	74.4
μ_2	32.1	59.1	73.5	34.3	54.6	72.2
抗 μ_3	30.8	53.1	69.6	28.6	51.4	68.8
压 μ_4	20.8	38.9	57.0	21.2	45.5	65.3
强 K_1		69.0			51.0	
度 K_2		70.0			75.5	
K_3		87.5			92.0	
K_4		84.0			92.0	
μ_1		11.2			12.8	
μ_2		17.5			18.9	
μ_3		21.9			23.0	
μ_4		21.0			23.0	

表 9　方差分析表

考查指标	方差来源	平方和	自由度	均方	F	显　著　性
R_3	W/C	1 033.191 9	3	344.397 3	43.71	★★$F_{0.01}(3,9)=6.99$
	FA 掺量	1 027.011 9	3	342.337 5	43.45	★★$F_{0.01}(3,9)=6.99$
	S_e	70.905 6	9	7.878 4		
	S	2 131.109 4	15			
R_7	W/C	1 186.011 9	3	389.337 3	33.83	★★$F_{0.01}(3,9)=6.99$
	FA 掺量	460.889 4	3	153.629 8	13.35	★★$F_{0.01}(3,9)=6.99$
	S_e	103.563 1	9	11.507 0		

续表

考查指标	方差来源	平方和	自由度	均方	F	显　著　性
	S	1 732.464 4	15			
	W/C	1 176.252 5	3	392.084 2	129.63	★★$F_{0.01}(3,9)=6.99$
R_{28}	FA 掺量	191.942 5	3	63.980 8	21.15	★★$F_{0.01}(3,9)=6.99$
	S_e	27.222 5	9	3.024 7		
	S	1 395.417 5	15			
	W/C	67.671 9	3	22.557 3	1.81	(★)$F_{0.25}(3,9)=1.63$
SL	FA 掺量	281.671 9	3	22.557 3	1.81	★★$F_{0.01}(3,9)=6.99$
	S_e	112.265 6	9	12.474 0		
	S	461.609 4	15			

表 10　FA 掺量的多重比较

考查指标	水平数 K	重复试验数 n	误差自由度 ϕ	误差平均值 S_e	q_{Φ}^{K} (0.05)	q_{Φ}^{K} (0.01)	显著性临界值 $T_{0.05}$	特别显著临界值 $T_{0.01}$	水平间差值大于 $T_{0.05}$	水平间差值大于 $T_{0.01}$
R_3	4	4	9	7.879 4	4.41	5.96	9.54	16.19	$u_{f3}-u_{f4}=7.4$	$u_{f1}-u_{f3}=14.5$
										$u_{f1}-u_{f4}=21.9$
										$u_{f2}-u_{f4}=13.1$
										$u_{f1}-u_{f3}=8.8$
R_7	4	4	9	11.507 0	4.41	5.96	4.77	10.11	$u_{f1}-u_{f3}=8.8$	$u_{f1}-u_{f4}=16.3$
										$u_{f1}-u_{f4}=16.3$
									$u_{f2}-u_{f4}=9.1$	$u_{f1}-u_{f3}=11$
										$u_{f2}-u_{f4}=12$
										$u_{f3}-u_{f4}=7.3$
R_{28}	4	4	9	3.024 7	4.41	5.96	3.83	5.18		$u_{f1}-u_{f3}=7.3$
										$u_{f1}-u_{f3}=6.6$
										$u_{f2}-u_{f4}=6.9$
										$u_{f1}-u_{f4}=9.1$
SL	4	4	9	12.474 0	4.41	5.96	7.79	10.52	$u_{f3}-u_{f1}=10.2$	$u_{f2}-u_{f4}=8.9$
									$u_{f4}-u_{f1}=10.2$	$u_{f4}-u_{f1}=11.2$

注：$T_{0.05}=q_{\Phi}^{K}(0.05)\sqrt{\frac{S_e}{n}}$；$T_{0.01}=q_{\Phi}^{K}(0.01)\sqrt{\frac{S_e}{n}}$。

(4)在细度为 492m^2/kg 的情况下；

计算过程及结果见表 11～表 13。

表 11　正交设计计算表

序　号	W/C	FA 掺量	SL	R_3	R_7	R_{28}
1	1	1	4.0	58.4	70.1	85.0
2	1	2	19.0	50.4	67.1	84.1
3	1	3	21.0	38.0	61.4	80.4
4	1	4	23.0	30.2	49.7	75.7
5	2	1	12.5	45.3	65.7	78.4
6	2	2	15.5	36.3	62.1	77.9

续表

序号	W/C	FA掺量	SL	R_3	R_7	R_{28}
7	2	3	21.0	29.8	56.2	75.4
8	2	4	22.5	21.4	53.5	64.6
9	3	1	18.5	41.0	63.0	74.6
10	3	2	21.0	34.7	58.3	74.1
11	3	3	23.0	26.9	48.2	65.6
12	3	4	22.0	20.4	47.2	61.4
13	4	1	16.0	27.7	42.0	59.5
14	4	2	22.0	20.4	38.0	60.3
15	4	3	21.5	17.6	38.5	59.4
16	4	4	22.0	15.5	34.4	57.2
龄期	3d	7d	28d	3d	7d	28d
K_1	173.9	248.0	325.2	172.4	240.8	297.5
K_2	132.8	237.5	296.3	141.8	228.5	296.4
K_3	123.0	216.7	275.7	112.6	204.0	280.8
K_4	81.2	152.9	236.4	87.5	184.8	258.9
μ_1	44.3	62.0	81.3	43.1	60.2	74.4
μ_2	33.2	59.4	74.1	35.4	56.4	74.1
抗 μ_3	30.8	54.2	68.9	28.2	51.0	70.2
压 μ_4	20.3	38.2	59.1	21.9	46.2	65.7
强 K_1		67.0			51.0	
度 K_2		71.5			77.5	
K_3		84.5			86.5	
K_4		81.5			89.5	
μ_1		16.8			12.8	
μ_2		17.9			19.4	
μ_3		21.1			21.6	
μ_4		20.4			22.4	

表 12 方差分析表

考查指标	方差来源	平方和	自由度	均方	F	显著性
R_3	W/C	1 166.861 9	3	388.954 0	36.51	★★$F_{0.01}(3,9)=6.99$
	FA掺量	1 009.471 9	3	336.490 6	31.58	★★$F_{0.01}(3,9)=6.99$
	S_e	95.885 6	9	10.654 0		
	S	2 272.219 4	15			
R_7	W/C	1 362.136 9	3	454.045 6	43.81	★★$F_{0.01}(3,9)=6.99$
	FA掺量	450.731 9	3	150.244 0	14.50	★★$F_{0.01}(3,9)=6.99$
	S_e	93.270 6	9	10.363 4		
	S	1 906.139 4	15			
R_{28}	W/C	1 045.485	3	348.595	46.95	★★$F_{0.01}(3,9)=6.99$
	FA掺量	243.705	3	91.235	10.94	★★$F_{0.01}(3,9)=6.99$

续表

考查指标	方差来源	平方和	自由度	均方	F	显　著　性
	S_e	66.83	9	7.425 6		
	S	1 356.02	15			
	W/C	509.219	3	16.974 0	1.57	(★)$F_{0.25}(3,9)=1.63$
SL	FA 掺量	229.921 9	3	76.640 6		★★$F_{0.01}(3,9)=6.99$
	S_e	97.390 6	9	10.821 2		
	S	378.234 4	15			

表 13　FA 掺量的多重比较

考查指标	水平数 K	重复试验数 n	误差自由度 ϕ	误差平均值 S_e	q_{Φ}^{K} (0.05)	q_{Φ}^{K} (0.01)	显著性临界值 $T_{0.05}$	特别显著临界值 $T_{0.01}$	水平间差值大于 $T_{0.05}$	水平间差值大于 $T_{0.01}$
R_3	4	4	9	10.654 0	4.41	5.96	7.20	9.72	$u_{f1}-u_{f2}=7.7$	$u_{f1}-u_{f3}=14$
									$u_{f2}-u_{f3}=7.2$	$u_{f1}-u_{f4}=21$
										$u_{f2}-u_{f4}=13$
R_7	4	4	9	10.363 4	4.41	5.96	7.10	9.59	$u_{f1}-u_{f3}=9.2$	$u_{f1}-u_{f4}=14$
										$u_{f2}-u_{f4}=10$
R_{28}	4	4	9	7.425 6	4.41	5.96	6.01	8.12		$u_{f1}-u_{f4}=9.7$
										$u_{f2}-u_{f4}=9.4$
SL	4	4	9	10.821 9	4.41	5.96	7.25	9.80		$u_{f3}-u=9.6$
										$u_{f3}-u_{f2}=8.8$

注：$T_{0.05}=q_{\Phi}^{K}(0.05)\sqrt{\frac{S_e}{n}}$；$T_{0.01}=q_{\Phi}^{K}(0.01)\sqrt{\frac{S_e}{n}}$。

由方差分析和多重比较的结果表明：

由上述各细度下水灰比和 FA 掺量对混凝土 3d、7d、28d 的强度都有特别显著的影响，但水灰比对坍落度看不出有较大影响，而 FA 掺量却对坍落度有特别显著的影响，具体分析如下：

1）当 FA 掺量为 10% 时，其 7d、28d 强度与空白混凝土基本相当。但对 3d 强度而言，在 FA 比表面积为 389m²/kg 下其强度有显著的降低，在比表面积为 486m²/kg 时强度有特别显著的降低，而在比表面积为 440m²/kg 时没有显著性的降低；对坍落度来讲比表面积为 389m²/kg时有显著性增大，但在比表面积为 440m²/kg、486m²/kg、492m²/kg 情况下坍落度没有显著性增大。

2）内掺 FA 为 20% 时与空白混凝土相比 3d 强度在上述各细度下都有特别显著的降低。其 7d 强度在细度为 389m²/kg、486m²/kg、492m²/kg 时有显著性降低，而在细度为 440m²/kg 时则没有显著性降低，对 28d 强度在比表面积为 389m²/kg、440m²/kg、486m²/kg 时有特别显著性降低，但对在比表面积为 492m²/kg 时则没有明显降低。对坍落度来讲，在比表面积为 389m²/kg 时坍落度有特别显著的增大，而在比表面积为 440m²/kg、486m²/kg 下有显著性增大。

3）当 FA 掺量为 30% 时与空白混凝土相比其 3d、7d、28d 强度都有特别显著的降低；对坍落度而言在比表面积为 389m²/kg、440m²/kg 时有特别显著的增大，在比表面积为 486m²/kg 时有显著性增大，而比表面积为 492m²/kg 时则没有显著增大。

4)对在上述不同程度下FA掺量为30%与10%相比较来看,3d强度有特别显著性差异,对7d强度在FA比表面积为389m²/kg、486m²/kg时有显著性差异,在比表面积为440m²/kg、492m²/kg时有特别显著差异,对28d强度两者没有明显差异,强度也没有明显差异。

5)由FA掺量为30%与20%相比较来看,在比表面积为389m²/kg时,其3d、7d、28d、*SL*都无明显差异,在比表面积为440m²/kg时3d强度有显著差异,7d有特别显著性差异,但28d强度及坍落度无明显差异,在比表面积为486m²/kg时3d强度有显著差异,7d、28d强度及坍落度无明显差异,对在比表面积为492m²/kg时,其3d、7d、28d强度及坍落度都无明显差异。

2. 在水灰比一定的情况下考查FA掺量和细度对其强度的影响,下面主要考查 $W/C=0.33$ 情况下FA掺量和细度对强度的影响,为了对试验结果进行分析也采用了正交设计的方法,其因素和水平的安排见表14,根据试验结果列出正交计算见表15,根据方差分析计算的结果列出方差分析表见表16,多重比较的结果见表17。

表14 因素和水平

水平	因素	
	FA掺量(%)	FA细度(m²/kg)
1	40	492
2	20	486
3	20	440
4	10	389

表15 正交设计计算表($W/C=0.33$)

序号		FA掺量	FA细度	*SL*	R_3	R_7	R_{28}	R_{90}
1		1	1	23.0	10.6	30.4	49.1	
2		1	2	25.5	14.2	38.0	54.5	
3		1	3	24.5	14.7	37.0	57.0	
4		1	4	23.0	15.8	34.5	52.2	
5		2	1	25.5	17.1	40.6	58.9	
6		2	2	24.0	21.8	43.7	58.4	
7		2	3	23.0	20.9	41.8	64.1	
8		2	4	22.0	20.4	47.2	61.4	
9		3	1	23.0	24.1	49.7	67.9	
10		3	2	23.0	29.4	51.6	65.6	
11		3	3	23.5	27.6	49.1	66.2	
12		3	4	23.0	26.9	48.2	65.6	
13		4	1	23.0	35.8	53.2	64.8	
14		4	2	21.0	40.4	57.3	70.6	
15		4	3	22.5	33.9	58.6	73.3	
16		4	4	21.0	34.7	58.3	74.1	
龄期		3d	7d	28d	3d	7d	28d	
强度	K_1	55.3	139.9	213.0	87.6	173.9	240.7	
	K_2	80.2	173.3	242.8	105.8	190.6	249.1	
	K_3	108.0	198.6	165.3	97.1	186.5	260.8	

续表

序号		FA掺量	FA细度	SL	R_3	R_7	R_{28}	R_{90}
强度	K_4	144.8	227.4	282.8	97.8	18.82	253.3	
	μ_{f1}	13.8	35.0	53.2	21.9	43.5	60.2	
	μ_{f2}	20.0	43.3	60.7	26.4	47.6	62.3	
	μ_{f3}	27.0	49.6	66.3	24.3	46.6	65.2	
	μ_{f4}	36.2	56.8	70.7	24.4	47.0	63.3	
坍落度	K_1		96.0			94.5		
	K_2		94.5			93.5		
	K_3		92.5			89.0		
	K_4		87.5			89.3		
	μ_{f1}		24.0			23.6		
	μ_{f2}		23.6			23.4		
	μ_{f3}		23.1			23.4		
	μ_{f4}		21.9			22.2		

表16　方差分析表

考查指标	方差来源	平方和	自由度	均方	F	显著性
R_3	FA掺量	1 106.736 9	3	368.912 3	127.26	★★$F_{0.01}(3,9)=6.99$
	FA细量	41.606 9	3	13,869 0	4.78	★★$F_{0.05}(3,9)=3.86$
	S_e	26.606 9	9	2.899 0	4	
	S	1 174.434 4	15			
R_7	FA掺量	1 038.365	3	346.121 7	73.31	★★$F_{0.01}(3,9)=6.99$
	FA细度	41.725	3	12.908 3	2.95	★★$F_{0.25}(3,9)=1.63$
	S_e	42.49	9	4.721 1		
	S	1 122.58	15			
R_{28}	FA掺量	681.741 9	3	227.247 3	34.02	★★$F_{0.01}(3,9)=6.99$
	FA细度	52.756 9	3	17.285 6	2.63	★★$F_{0.01}(3,9)=6.99$
	S_e	60.000 6	9	6.679 1		
	S	794.499 4	15			
SL	FA掺量	10.296 9	3	3.432 3	3.08	(★)$F_{0.25}(3,9)=1.63$
	FA细度	4.546 9	3	1.515 6	1.36	
	S_e	10.015 6	9			
	S	24.859 4	15			

表17　FA掺量的多重比较

考查指标	水平数K	重复试验数n	误差自由度ϕ	误差平均值S_e	q_Φ^K (0.05)	q_Φ^K (0.01)	显著性临界值$T_{0.05}$	特别显著临界值$T_{0.01}$	水平间差值大于$T_{0.05}$	水平间差值大于$T_{0.01}$
R_3	4	4	9	2.899 0	4.41	5.96	3.75	5.07		$u_{f3}-u_{f1}=13.2$
										$u_{f2}-u_{f1}=6.2$
										$u_{f3}-u_{f2}=7.0$
										$u_{f4}-u_{f1}=22.3$
										$u_{f4}-u_{f2}=16.2$

续表

考查指标	水平数 K	重复试验数 n	误差自由度 ϕ	误差平均值 S_e	q_{Φ}^{K} (0.05)	q_{Φ}^{K} (0.01)	显著性临界值 $T_{0.05}$	特别显著临界值 $T_{0.01}$	水平间差值大于 $T_{0.05}$	水平间差值大于 $T_{0.01}$
R_7	4	4	9	4.721 1	4.41	5.96	4.79	6.47	$u_{f3}-u_{f2}=6.3$	$u_{f4}-u_{f3}=9.2$ $u_{f2}-u_{f1}=8.3$ $u_{f3}-u_{f4}=14.6$ $u_{f3}-u_{f1}=21.8$ $u_{f4}-u_{f2}=13.5$
R_{28}	4	4	9	6.679 1	4.41	5.96	5.70	7.70	$u_{f2}-u_{f1}=7.5$	$u_{f4}-u_{f3}=7.2$ $u_{f3}-u_{f1}=13.1$ $u_{f4}-u_{f1}=17.5$ $u_{f4}-u_{f2}=10.0$
SL	4	4	9	1.112 8	4.41	5.96	2.23	3.14		

注：$T_{0.05}=q_{\Phi}^{K}(0.05)\sqrt{\dfrac{S_e}{n}}$；$T_{0.01}=q_{\Phi}^{K}(0.01)\sqrt{\dfrac{S_e}{n}}$。

方差分析和多重比较的结果表明：

在 $W/C=0.33$ 情况下FA掺量对混凝土3d、7d、28d强度都有特别显著的影响，对坍落度有一定的影响。FA细度对混凝土3d强度有显著的影响，对7d强度有一定的影响但不显著，对28d强度及坍落度有明显的影响，具体如下：

1)当FA掺量为40%时其3d、7d强度与掺量30%混凝土相比有特别显著的降低，其28d的强度仅有显著降低，但坍落度之间无明显差异。

2)掺量20%与40%相比较来看，其3d、7d、28d强度之间有特别显著性差异，即表明掺20%比掺40%的粉煤灰强度有明显提高，但坍落度则无明显差异。

3)掺量为10%与40%的相比较来看，其3d、7d、28d强度之间有特别显著性差异，其水平间值比20%与40%比较的更大，表明其强度有特别显著的提高，但坍落度依然没有明显差异。

4)掺量为10%同30%相比较看，其3d、7d、28d强度有着特别明显的提高，但坍落度没有明显差异。

5)对掺量为10%同20%的相比较，对3d、7d强度有特别显著的提高，坍落度没有明显差异。

四、混凝土的强度规律

为了实际工程的应用方便，尚需建立混凝土28d的抗压强度与水灰比、粉煤灰掺量之间的定量关系。试验数据见表18。

表18 试验结果(比表面积：289m²/kg)

序　号	C/W	FA(%)	R_{28}
1	2.73	0	59.5
2	2.73	10	54.0
3	2.73	20	57.3
4	2.73	30	49.2
5	2.73	40	43.4
6	3.03	0	74.6

续表

序　　号	C/W	FA(%)	R_{28}
7	3.03	10	64.8
8	3.03	20	67.9
9	3.03	30	58.9
10	3.03	40	49.1
11	3.33	0	78.4
12	3.33	20	74.9
13	3.33	20	70.1
14	3.33	30	66.5
15	3.33	40	58.4
16	3.64	0	85.0
17	3.64	10	83.6
18	3.64	20	74.4
19	3.64	30	68.9
20	3.64	40	56.4
$\sum$	63.65	400	1 289.3

表 19　试验结果(比表面积:440m^2/kg)

序　　号	C/W	FA(%)	R_{28}
1	2.73	0	59.5
2	2.73	10	60.5
3	2.73	20	54.8
4	2.73	30	53.4
5	2.73	40	50.4
6	3.03	0	74.6
7	3.03	10	70.6
8	3.03	20	65.6
9	3.03	30	58.4
10	3.03	40	54.5
11	3.33	0	78.4
12	3.33	20	74.1
13	3.33	20	74.4
14	3.33	30	65.7
15	3.33	40	54.6
16	3.64	0	85.0
17	3.64	10	81.7
18	3.64	20	74.9
19	3.64	30	73.9
20	3.64	40	63.3
$\sum$	63.65	400	1 328.3

表 20 试验结果(比表面积:486m²/kg)

序号	C/W	FA(%)	R_{28}
1	2.73	0	59.5
2	2.73	10	59.7
3	2.73	20	55.4
4	2.73	30	53.4
5	2.73	40	49.4
6	3.03	0	74.6
7	3.03	10	73.3
8	3.03	20	66.2
9	3.03	30	64.1
10	3.03	40	57.2
11	3.33	0	78.4
12	3.33	20	76.0
13	3.33	20	72.5
14	3.33	30	67.0
15	3.33	40	56.8
16	3.64	0	85.0
17	3.64	10	80.9
18	3.64	20	76.6
19	3.64	30	76.6
20	3.64	40	66.7
$\sum$	63.65	400	135.27

根据表 18～表 20 所列数据进行回归分析。计算时粉煤灰掺量只代入数字,不代入百分号,如 20%,只代入 20,得到如下回归方程式(表 21)。

表 21 回归分析结果

FA 细度	回归方程式	相关系数	离差
0#	$R_{28}=24.1C/W0.536FA-1.5$	0.96	3.6
1#	$R_{28}=24.4C/W0.462FA+7.6$	0.96	2.9
2#	$R_{28}=24.1C/W0.407FA+2.1$	0.96	3.0
3#	$R_{28}=24.4C/W-0.494+14.7$	0.98	1.8

注:3#的回归方程式使用范围为 FA 掺量在 10%～30%,其余为 0～40%。

根据回归方程式,结合配合比参数即可计算出不同强度等级混凝土的水泥用量和粉煤灰掺量。具体关系见表 22。

表 22 混凝土强度与水泥用量、粉煤灰用量的关系

强度等级	强度(MPa)	用水量(kg/m³)	FA 掺量(%)	386m²/kg			440m²/kg			486m²/kg			492m²/kg		
				配制强度	C	FA	配制强度	C	FA	配制强度	C	FA	配制强度	C	FA
C80		165	10	85.9	—	—	84.8	—	—	84.9	—	—	83.0	533	69
		165	20	85.9	—	—	84.8	—	—	84.9	—	—	83.0	—	—
		165	30	85.9	—	—	84.4	—	—	84.9	—	—	83.0	—	—

续表

强度等级	强度(MPa)	用水量(kg/m^3)	FA掺量(%)	$386m^2/kg$			$440m^2/kg$			$486m^2/kg$			$492m^2/kg$		
				配制强度	C	FA	配制强度	C	FA	配制强度	C	FA	配制强度	C	FA
		165	40	85.9	—	—	84.4	—	—	84.9	—	—	83.0	—	—
		165	10	80	535	59	80	534	59	80	527	58	80	511	57
	80	165	20	80	—	—	80	—	—	80	—	—	80	—	—
		165	30	80	—	—	80	—	—	80	—	—	80	—	—
		165	40	80	—	—	80	—	—	80	—	—	80	—	—
		165	10	75.9	510	57	748	499	55	74.9	494	55	73.0	460	51
C70		165	20	75.9	—	—	74.8	471	118	74.9	463	116	73.0	441	110
		165	30	75.9	—	—	74.8	—	—	74.9	—	—	73.0	414	177
		165	40	75.9	—	—	74.8	—	—	74.9	—	—	73.0	414	177
		165	10	65.9	449	50	64.8	429	48	64.9	430	48	63.0	388	43
C60		165	20	65.9	428	107	64.8	410	102	64.9	405	101	63.0	376	94
		165	30	65.9	399	171	64.8	384	164	64.9	375	161	63.0	357	153
		165	40	65.9	—	—	64.8	350	233	64.9	340	227	63.0	—	—

注：上述数据是$1m^3$混凝土水泥及粉煤灰的用量体(kg)。

根据表21回归方程式及表22数据可以看出：

1)采用42.5级硅酸盐水泥，内掺10%的粉煤灰，在水泥细度为$492m^2/kg$的情况下，胶结料总量在$600kg/m^2$以内可以配制出C80高强度大流动性混凝土。而其他细度$386m^2/kg$、$440m^2/kg$、$486m^2/kg$下却配制不出来，但在这一范围内上述各个细度点下都可以配制出80MPa的高强度大流动性混凝土。对于掺量为20%、30%、40%时，则无论在上述哪一个细度点下都不能配制出80MPa的高强度大流动性混凝土。

2)采用42.5级硅酸盐水泥，内掺10%的粉煤灰，在上述各细度点下可以配制出C70高强度大流动性混凝土。内掺20%的粉煤灰，除$386m^2/kg$细度外其他上述各细度点都可以很容易配制出C70高强度大流动性混凝土。而对于掺量为30%、40%时，除细度为$492m^2/kg$情况下可以配制出C70的高强度大流动性混凝土，其余上述各细度点下都不能配制出C70高强度大流动性混凝土。

3)采用42.5级硅酸盐水泥，内掺10%、20%、30%粉煤灰在上述各细度点下都可以很容易配制出C60高强度大流动性混凝土，并且，可较大幅度地降低胶结料的用量。对于掺量为40%，细度为$440m^2/kg$、$486m^2/kg$的情况下也可以配制出C60高强度大流动性混凝土。

五、掺粉煤灰混凝土强度的有关机理分析

1. 粉煤灰掺量对混凝土强度影响的分析

混凝土的强度取决于成分和结构，具体地说，主要取决于三个层次界面的结构，即粗骨料-水泥石界面、细骨料-水泥石界面和水泥颗粒-水泥颗粒界面，而对三个层次界面的粘结起决定作用的是CSH凝胶，也就是说CSH凝胶的数量及分布决定了混凝土的强度。

粉煤灰取代部分水泥后，作为掺合料的粉煤灰，本身不能进行水化硬化，其水化硬化是靠与水泥水化反应生成的氢氧化钙发生二次反应。当FA掺量为10%是由于二次水化，使其早期强度3d、7d强度明显降低，但可能由于掺量相对较少，其二次水化反应相对充分均匀，使其后期强度及28d强度与空白混凝土基本相当，但对于掺20%、30%的，则由于其二次水化反应

相对不够充分，生成的CSH凝胶不足以弥补由水泥用量减少而减少的凝胶的量，致使其3d、7d、28d强度都明显降低。

2. 掺粉煤灰对改善混凝土工作性的机理分析

粉煤灰的容重较水泥来说相对较小，即同样重量的粉煤灰的体积大于水泥的体积，用等量的粉煤灰取代部分水泥后相应的凝胶材料的浆体体积增大，而浆体体积的增加将使混凝土具有较好的塑性和较好的黏性；另一方面磨细的粉煤灰的细小颗粒由于粒径的减小而具有更好的滚珠轴承的作用，起到了良好的润滑作用，促使其拌合物流动性增强。

六、结　论

1. 采用内掺粉煤灰配制高性能混凝土，粉煤灰对其强度和工作都有一定的影响。

对于内掺FA为10%时其3d、7d强度有明显降低，但28d强度却与空白混凝土基本相当，并且其工作性大为改善，流动性增强。对掺量为20%的其3d、7d强度有显著或特别显著的降低，对28d强度来讲在比表面积为389m^2/kg、440m^2/kg时有特别显著降低，但对在比表面积为492m^2/kg时则没有明显降低，并且在各个细度下流动性也不相同，在比表面积为389m^2/kg、492m^2/kg时坍落度有特别显著的增大，而在比表面积为440m^2/kg、486m^2/kg时有显著性增大，对掺量为30%与空白混凝土相比其3d、7d、28d强度都有特别显著的降低，对坍落度而言随着表面积的增加对其坍落度的影响逐渐减弱。

2. 采用525号硅酸盐水泥配制具有较高流动性的80MPa混凝土，可采用内掺细粉煤灰的技术措施，就本文研究所用粉煤灰的细度下掺量不宜高于10%即可在适宜的细度和掺量下配制出80MPa高强度大流动性混凝土。

3. 本文研究所总结的强度经验公式，可供配制80MPa高强度大流动性混凝土时参考。控制水灰比为0.275，用水量为165kg/m^3，粉煤灰掺量为10%，细度为389m^2/kg、440m^2/kg、486m^2/kg、492m^2/kg都可配制出80MPa高强度大流动性混凝土。

说明：本文研究所做的实验及最后的成文有幸得到了赵若鹏、郭自力等老师的指导及帮助，在此一并表示感谢。

参 考 文 献

1. 赵若鹏. C80高强度大流动性混凝土的试验研究. 工业建筑，1997；27，10

2. 赵若鹏，郭自力等. 80MPa高强度自流平混凝土的研究与应用. 水泥及复合材料科学与技术

3. 混凝土学

4. 赵若鹏，吴佩刚，郭自力等. 低水泥用量的高强度大流动性混凝土研究. 工业建筑，1996；26.6

5. 杨静，覃维祖. 粉煤灰对高性能混凝土强度的影响. 建筑材料学报，1999；2，3

点　评

孙海超同学的毕业论文是在清华大学土木系建材试验室赵若鹏教授指导下完成的。本篇论文属于专题研究型。主要研究了超细粉煤灰配制高性能混凝土时混凝土的强度、工作性能与磨细粉煤灰的掺量和细度之间的关系，揭示了掺粉煤灰混凝土强度变化规律。本项试验采

用了较为先进的方法和技术，其研究成果具有较高的实用价值。

孙海超同学的论文较好地体现了科研论文的特点：

1. 论文标题一目了然。

2. 经修改论文摘要简明扼要，关键词重点突出。

3. 引言部分对粉煤灰在混凝土中应用已有的研究成果有简要的综述，对本课题国内外研究现状有较全面的了解，对要解决的问题目标清楚，能抓住关键。

4. 正文部分简要介绍了原材料情况，列出了若干组试验结果，并对试验结果进行了科学的分析，在此基础上总结了混凝土强度规律，对掺粉煤灰混凝土强度有关机理进行了深入分析等。理论分析概念准确，立论正确。试验结果分析有很强的说服力，精练概括。公式推导前提合理，推演严密。表和公式表达规范化，文字流畅。不足之处：科研论文应在正文前面加入“试验方案设计”的内容。

5. 本文结论部分对课题所得成果作了概括性总结，说明了应用限制条件，还可在此指出尚需进一步研究的问题。本文结论简单明确可靠，用词准确，能够实事求是，有独立见解。

本篇论文的撰写体现了下列原则：

1)正确性：即试验数据切实可靠，有足够的精确度。公式推导前提正确，推导无误。内容、论点、结论经得起实际的检验。

2)客观性：即客观真实，实事求是，不主观臆断，不想当然下结论。

3)公正性：不以主观偏向决定数据取舍。

4)确证性：即论文经得起反复论证，试验结果有可重复再现性。

5)可读性：论文表述系统性强，组织严密，条理清楚，重点突出，语言流畅、简练、易读、好懂。

11.5.4　建筑经济型论文(一)

市场营销是企业生存发展的关键和热门话题，其地位和作用正引起人们的重视。该论文属论证性的议论文，其写作方法可参考本文。

浅析房地产市场营销的地位和作用

房地产管理专业2002届　马　征　指导教师　陈乃佑

【摘要】 伴随着我国社会主义经济的迅猛发展，消费者更多地选择自由冲破金钱与产品之间传统的营销观念和方式。随之兴起的是以“情”、高品质、优服务、好形象接近、争取消费者的全方位营销理念。它的起点是适应消费者的要求，终点是使消费者满意、企业获利，这是当今中国企业生存和发展的基本准则。当然营销者也应处理好消费者的要求、欲望及企业自身利益与社会长远利益的关系，方能取得长远的发展。

但是目前我国的房地产开发商对营销的意义、价值、作用大都不甚了解，重视程度远远不够。因此在房地产开发中有必要引入营销概念，对房地产营销加以研究，从而规范营销行为、提高营销水平，使营销策划真正成为房地产开发销售的先行者和组织者，而不是销售的代名词。现代营销理论就是在发展商和客户间架起桥梁，使发展商去了解市场、去了解客户“以人为本”的需求，以客户的需求(包括潜在需求)来生产产品，从而使其生产的产品能够为市场青睐。但由于房地产产品的异质性、稀缺性、位置的固定性等有别于一般商品的特性，使其营销手段更复杂，也更具挑战性。

每一个人都希望自己赢，商品经济则将一个相对的更为公开、更为公平的角逐场摆在了我们面前，我希望通过自己的实践、自己的思考能够架构起房地产营销思路的基本体系，并为大家所共同分享、共同探讨。当然，因为才学和经验的不足，文中有些地方可能会有所疏漏和欠缺，所以还恳请大家能予以诚挚的批评和指正。

【关键词】 市场营销　营销企划　营销经营　代理

前　　言

自从北京申奥成功，一夕之间北京更顺理成章地成为来自全国和国际之间最红火的关注焦点，国内外无论是商业、娱乐、IT电子、建筑、旅游业……强强联手，纷纷热烈地急欲用具体的行动，来迎接这个充满无限爆发力的关键时刻。中国加入WTO，标志着我国对外开放进入一个新的阶段，此时北京市政府加速更多的地方建设来满足市民的需求。据有关资料分析，在房地产方面，随着都市日趋国际商业化，北京市民的生活圈已经对外逐渐扩大，呈现由内向外扩张的趋势，尤其对一些已经具备较成熟生活圈的区块，开发商发展推案不久，就有了不错的销售业绩。入世之后，北京房地产会面临更多的机会，也会面临更多的挑战，比如海外人士看中物业而忽略房间朝向、在意小区规划价值而舍弃华而不实的空架子，因此未来房地产规划将着重体现专业化、国际化、人性化的建筑思维。

随着我国房地产市场的建立，特别是中央深化住房制度改革政策的出台及住宅业作为国民经济新的增长点，房地产业在国民经济中的作用将日益显现出来。然而，目前我国房地产市场的状况是：一方面约有8 000多万m^2的商品房空置；另一方面，许多房地产企业仍然还是以产定销、企业规模偏小、不注重质量与品牌、忽视市场调研，致使开发的产品继续与市场脱节。我国房地产市场已由原来的卖方市场向买方市场转变，因此竞争将更趋激烈。房地产企业更想在市场竞争中立于不败之地，这很大程度上取决于是否能生产适销对路并且吸引客户的产品，从而把握住市场。

正　　文

美国市场营销专家菲利普·科特勒指出："销售不是市场营销的最重要部分，销售只是'市场营销的冰山'的顶端。销售是企业的市场人员的职能之一，但不是其最重要的职能。这是因为：如果企业的营销人员搞好市场营销研究，了解购买者的需求，按照购买者的需求设计和生产适销对路的产品，同时合理定价，搞好分配、促进销售等市场营销工作，那么这些产品就能轻而易举地销售出去。"美国企业家彼得·杜鲁克也论述："市场营销的目的在于使推销成为不必要。"

我们知道，市场是由卖方、买方、商品三大要素构成，三者缺一不可。而营销则是将三者有机联系在一起的有效手段，营销在三大要素中起到联系与催化剂的作用。

一、我国房地产业的发展及发展房地产业的作用

建国以后近30年间，在我国所实施计划经济体制条件下，政府宣布土地实行国有化、非商品化，因此实际上并不存在真正意义的房地产业。中共十一届三中全会后，经济体制改革使得我国的房地产业从无到有、从小到大、逐渐兴起，尤其在1988年以后，随着土地有偿使用制度的建立以及住房制度改革的全面推行，给房地产市场的发育完善提供了有利的条件和强大的动力，使我国的房地产业获得了空前的发展。由于上涨空间大、利润丰厚，在1992年以前，我

国的房地产市场急剧升温,投资额、开发量与利税每年均有大幅上升,增长率甚至在100%以上,一时间成为最炙手可热的行业。1992年全国约有房地产开发企业一万余家,完成工作量366亿元人民币,施工房屋面积1.25亿m^2,总收入283亿元人民币。房地产"热"给国民经济的发展和城镇居民生活的改善带来了前所未有的冲击和活力,而在1992年出现了房地产过热的情况,这对房地产业乃至整个国民经济的发展都是不利的。1993年下半年,国家果断地做出了加强宏观调控的决策,自此,"过热"得到了有效的控制,房地产进入了平稳发展阶段。至1994年底,全国房地产开发企业已增至近三万家,开始投资800亿元,1995年增至1 600亿元。受1992年、1993年"房地产热"的巨大惯性影响,房地产开发的建筑规模仍然偏大。虽然近几年国家力图扭转房地产开发规模快速增长的趋势,但由于惯性作用和市场反应机制不够灵敏,尽管1994、1995年以来房地产开发投资的增长速度明显回落,但市场做出的负向调整较慢,开发规模仍然较大。这一趋势持续作用于1997年以后的房地产市场。

近来,我国房地产市场处于内部消化及自我完善的低速增长期,开发的重点逐渐以"开发区热"、"高档化热"转向成为城镇居民服务的普通住宅建筑。我国拥有世界上最为庞大的城镇人口群体,目前住房仍十分短缺,因此在这方面我国有很迫切的社会需要,仍存在着潜力巨大的市场。1997年是我国经济发展中重要的一年,香港的胜利回归和中国共产党十五大的胜利召开,为我国房地产业的发展提供了良好的发展机遇。1996年底的中共中央经济工作会议确定了要把住宅建设培育成为带动整个国民经济发展的新的经济增长点和消费热点的重大决策。

住宅消费的启动对房地产市场,尤其是住房市场的复苏和回升已经产生并将进一步产生积极的影响。随着城市进程的加快,中小城市房地产的发展具有较大的潜力,二、三级市场的联动将进一步给房地产市场带来活力,并促进空置商品房的消化;旧城改造的加快、基础设施的建设、用地结构的调整以及国有企业的改革都从不同角度推动房地产开发与存量房地产的置换和搞活,会给房地产发展带来新的机遇。

江泽民总书记在党的十五大报告中提出,"在改善物质生活的同时,充实精神生活、美化生活环境、提高生活质量。特别要改善居住、卫生、交通和通信条件,扩大服务性消费",同时,还提出振兴支柱产业,积极培育新的经济增长点,刺激消费,启动市场的需求。最近国家发布的经济预测表明,从1998下半年开始,随着住房体制转换的完成,住房全部实行商品化、社会化,我国的房地产业将再次进入新的高速增长时期。当前的工作重点是发展住宅金融、完善公积金制度、建立住房保障制度、启动住宅消费市场,使房地产业成为"九五"期间和今后10年新的消费热点和经济增长点。

我国房地产业走过了10年的风雨历程,取得了光辉成就,但是由于起步较晚,原有基数很低,尽管发展速度惊人,在整体上仍处于复苏阶段,比较弱小,主要表现在房地产市场发育不够、交易额较小。与许多国家相比,房地产业总产值占国民生产总值的比重较小,这个比例在各国一般为6%～12%。日本在1985年已经达到8%,而我国到2000年才达到5%,到2020年将达到10%。

房地产业是第三产业的重要组成部分,中国以及其他发展中国家,虽然第三产业有了一定的发展,但与第一、第二产业相比,仍然显得极不适应。国外初步实现工业化的国家,第三产业的产值一般占国民生产总值30%～35%左右,发达国家高达50%～65%左右,而我国只占20%多。房地产业的发展,既能为第三产业提供房屋和场所,又能增加第三产业的比重,有利于结构合理调整和协调发展。此外,房地产业的发展还可以带动建材、建筑、能源、冶金、机械制造、化工与交通等许多行业的发展。同时,也直接有利于改善和提高人民的物质文化生活水平。

总之,房地产业在当今世界诸多经济比较发达的国家和地区非常受重视,是大力扶持、优先发展的重要经济支柱产业。我国的房地产业必将获得更加迅速和长远的发展,但是,这将有赖于政府改善宏观调控、严格金融纪律、控制土地供应方式、完善市场规则、规范开发行为、控制商品房价格构成、建立市场监督机制等一系列管理行为和配套政策的出台。

二、关于房地产市场营销的若干问题初论

(一)营销的重要性及市场营销的内涵

营销帮助卖方去分析、理解买方(消费者)的心理需求,保护并诱导消费者的心理需求,协调买卖双方,使卖方提供的产品,能够充分满足消费者的要求。营销是以消费者的需求为起点,也以消费者最终满足为归宿。它必须在房地产还未动工前就开始介入,从投资决策地块的选择、配套、前期设计、施工、销售乃至物业管理一系列问题进行全程跟踪,充分体现以销定产,最大限度地满足消费者的需求。企业对产品定位的正确与否,决定着产品进入市场的成效。现代房地产市场的竞争将是品牌的竞争,营销策略是产品定位、创品牌的重要途径,营销水平的高低将直接影响着企业的生存。市场是买、卖双方交换关系的总和,而市场营销关系也是由买卖双方共同组成的,市场营销者认为卖方组成行业,买方组成市场,而买卖双方两者之间形成市场营销系统。事实上,人们对市场营销的认识十分深刻,而且也在不断发展,早期人们把市场营销简单地理解为销售;随着市场的发展和扩大,人们的市场行为也日趋复杂化、多元化,于是人们对市场营销的理解加入了适销对路的产品、合理的定价、顺畅的分销以及有效的促销等内容;而在现代市场营销活动中人们对市场营销的理解也不只是局限于个别企业在市场上的活动范畴,而是已经扩展到整个社会的大范围了。由此可见,市场营销是个人和群体通过创造及同其他个人和群体交换产品和价值而满足需求和欲望的一个社会和管理的过程,其中包括分析、规划、执行和控制,涉及理念、商品、服务等领域,并以满足行业、市场双方的需求为目标的市场交换为基础。因而,市场营销以市场为起点,以顾客需求为中心,以整体市场营销为手段,从用户的满足中获利,并将用户的满足程度作为可持续市场营销的基础。

(二)房地产市场营销的三个形态

所谓房地产市场营销是指房地产开发经营企业开展的创造性适应动态变化着的房地产市场的活动,以及由这些活动综合形成的房地产商品、服务和信息,从房地产开发经营流向房地产购买者的社会和管理过程。

和其他商品的市场营销一样,房地产营销也是关于构思、货物和劳务的观念、定价、促销和分销的策划实施过程,即为了实现个人和组织目标而进行的交换过程。纵览房地产发展历程,房地产营销观念的形成也不是一蹴而就的,依其不同的深入层次,大致有以下三个形态:

1. 促销活动

促销活动就是简单的产品推广活动,它是通过硬性的市场开拓,以扩大销售来获利的。市场预期是什么可以茫然无知,企业产品原来是什么就推销什么,不同部门间也很少有协调与配合。这个层面上的营销行为,因为观念、组织和经费上的断裂,不可能也没有必要对产品进行修改什么或增加什么,完全是一种被动的现有产品推销行为。

有的促销活动比一般的产品推销稍具市场意识,往往表现得更为有组织性。它们会涉及一个市场兴奋点,譬如买房子——送冰箱;定楼盘——享受质量保证卡;先租后买——以租金付房款等。具体推销安排就以此为中心,通过客户感兴趣的活动,强力开展。这个市场点的搜寻,这个活动的组织也就是平时所讲的出点子、想绝招。房地产市场形成之初,大多数营销行为就是停留在这个层面上。出点子、想绝招应该说是长期经验的感悟，也许在某种情况下，拍拍脑子、出个点子、想个绝招，问题是可以迎刃而解的。但出点子、想绝招，充其量也不过是一种技巧手法，是局部的修饰举措，它的成功是带有偶然性的，它的典范也仅限于它本身。1995～1998年上海房地产市场，大多数点子和绝招都是变相的让利行为，它的耀眼也大多是昙花一现。由此可见，企业通过出点子、想绝招，虽然可以碰巧暂时解决燃眉之急，但若将自己的长远利益维系于此，则必定以悲剧告终。

2. 营销企划

营销企划称为狭义上的营销策略，是指在工作过程中的任何一个节点，如何正确运用市场营销的观点，在可控制的方位内，配合长期战略制定短期战术，以便将短期内的房地产销售工作做到极致。换句话说，营销企划也设计有各种各样的促销活动，其表现形式也类似于出点子、想绝招，但它是在产品整体意识下的有针对性的促销安排，是缜密计划中的有机一环，而不是零敲碎打的投机行为。

营销企划是相对有组织、有系统的营销行为，一般根据市场需求，在原有的基础上对产品进行修正和包装，制定缜密的广告计划和销售计划，并予以强力贯彻执行。这在一些专业代销公司表现得更为明显。目前，有相当一部分成熟的房地产企业，也是以这种方式来运作的。它通过自身的专业努力，在一定程度上满足消费者的需求和欲望，来促进房屋成交并获得企业的合理利润。

区别于促销活动的局部游击战，营销企划更类似一个完整的战役，它的第一步市场调研类似敌情侦察，第二步营销策划好比作战司令部的决策酝酿，第三步中的广告执行则等同于飞机轰炸和炮火支援，销售执行就是士兵的冲锋陷阵。这三个步骤相互配合，一气呵成。因为涉及方方面面的细枝末节，它的工作好比一项系统工程，它的成功也是建立在适应市场的各项资源的最优化配置基础上的。

实践证明，成功的营销企划往往贯穿于企业经营行为的始终，而且实施越早，效果越好。但在不太成熟的房地产市场，营销企划和企业的经营行为往往不是合二为一的，而是断断续续的，它对企业经营行为的切入点也是或早或晚、不尽相同的，客观上便产生了不同的实施效果。但无论如何，营销企划相对于促销活动而言，是一个质的飞跃，是向成熟房地产市场前进的标志。

3. 营销经营

营销经营是房地产营销的最高层次。它不单单是指企业的营销决策和营销执行要起始于地块的选择、房型的设计等初始阶段，而且更着重于营销观念是否贯穿于企业经营行为的每一个环节和每一个过程的始终，包括它的经营理念、组织架构、奖惩制度……此外，营销观念也不仅仅是指要通过满足消费者的需求和欲望来获得企业的利润，而且还包含着要尽可能地符合消费者自身和整个社会的长远利益的达观理念，例如物业管理和环境生态，房型设计与邻里沟通……这时候，企业已不是一个单纯的盈利机构，而是一个活跃的、健康的、良性循环的社会机体。它的工作是通过对购房者的需求和欲望、购房者的利益、企业的利益和社会的利益的综合考虑，仔细研究，拟订出最佳的营销计划，并加以贯彻实施。

全方位、立体的房地产营销经营是企业成熟的标志，更是适应现代市场的产物。在具体实践中房地产营销的三大形态是相互并存、共同发展的。营销企划的某个局部会有各种各样的促销活动，营销经营的某个阶段也需要有独立的营销企划的强力贯彻。三个形态在不同程度上服务于房地产企业,其中营销经营无疑更符合时代发展的趋势。但一个企业要完完全全走上营销经营之路,绝不可能一蹴而就,它需要不断地接受市场搏杀的教育,否则的话就会弄巧成拙。

(三)房地产市场营销的特性

1. 产品生产周期长。与一般日用百货、家电电器不同,生产几百套房子,建几栋大楼所需耗费的时间要长得多,通常要2～3年。

2. 所需投入金额大,风险性高。房地产投入金额少则几百万,多则几亿甚至上百亿元。连续巨额的资金投在未来几年后才能得到回报,因此所面临的风险性大。

3. 产品独特性极强,几乎没有相同的产品。与一般产品可以大量相同的从生产线制造不同,房地产因区位、建筑设计等因素,常具有独一无二的特性。产品的这种特性使得购买行为具有全新性,即每次购买所面临的环境都是新的,消费者都要重新做出购买决策;同时,房地产销售人员几乎每次所面对的客户都是新的,可以说不存在"老客户"的问题。

4. 需要多种行业的企业协同作战。房地产营销是一门综合的学问和综合的艺术,任何一家企业都无法单独完成整个营销过程。房地产营销需要多兵种协同作战,它是企业间的协同经营而绝不是个人之间的合作。按照次序,其社会分工大致为:投资咨询机构、市场调研机构、项目策划机构、建筑设计机构、建筑施工机构、工程监理机构、销售推广机构、物业管理机构。因此,它是一个多领域专家共同谋划的大事业。

(四)房地产营销全过程

美国市场营销大师科特勒在《市场营销管理》一书中指出,市场营销程序是指分析市场机会,研究与选择目标市场,设计营销战略,制定营销计划以及组织、实施和控制营销活动。房地产开发活动具有其特殊性,主要表现为房地产开发以项目为单元,其市场营销过程也具有特殊性。

三、房地产市场营销应注意的问题

营销虽不是万能的钥匙,但房地产市场却不能没有市场营销。我国房地产市场已经发展到这样一个阶段;从市场短缺到市场过剩,从卖方市场过渡到买方市场。早些年许多房地产商一夜暴富的现象已成为过眼烟云。现实的市场环境迫使房地产企业研究市场营销、重视营销问题,把企业营销管理上升到企业发展的战略高度,从研究消费者的需求出发实行全过程的营销。要实现这一点并非易事,甚至要比物业设计、建造还困难。营销至今还是一个概念,没有固定的模式,需要进行不断地摸索、创新与发展。

(一)房地产开发要以人为本

房地产营销的基础是按客户的需求而不是按房地产商的主观创意去开发产品。商品房的市场概念,应该先有商品的属性再有房地产的属性。就是说要以商品概念看待房地产,绝不是造了房以后把它当做商品去出售。前者是融入了营销成分,后者是简单的买卖关系。

我们常说:"客户是上帝"。但在房地产实际开发中并非如此。房地产企业开发商品房的目的是:出售产品,获得赢利。房地产产品是商品,而不是艺术作品,因此,片面地按照发展商的意愿去构筑的商品房,又尽力想去引导某种潮流和观念,让客户适从市场,则往往会适得其反。内行引导外行本是天经地义之事,面对众多未接触过房地产的市民、原始客户群,许多发展商过于强化了这种引导概念,结果反而使产品积压、闲置,这种例子已举不胜举。任凭一个开发商只能创造出某种买点,但绝不可能替代客户意愿。营销是一种相对的现实性,无人问津的物业再好,也不能称之为优秀的商品房。就比如一件设计、制作都很精良的服装,只要永远挂在店堂,就不具备商品性能。

客户是圆心,开发是圆弧,营销仅仅是一种途径、一条线路,开发中一定要引入"以人为本"的概念,离开这一观念而自行其事,"跟着感觉走",就不可能去发展营销的思路及效应。

(二)营销不是销售,要实行全程营销

房地产营销和开发不可能分离,营销是开发的龙头又相对服务于开发。就目前的现实性状况分析,涉及房地产销售的三种模式为:企业自产自销、代理销售、营销指导或分销。开发和销售的分离是流于一种形式,实际上不可能分离,完全分离的销售,不是真正意义上的房地产营销,或者称之为第一代营销。而现代营销的目的是通过前期介入,实行全过程营销,最终使销售成为多余的。

我国一些房地产开发商往往在物业开发以后,甚至在取得预售证以后再来研究销售问题,使销售人员处于被动位置。当前,没有一个行业像房地产业如此轻视市场问题!当成千上亿资金进入投资领域,市场化意识还未建立、形成;或者即使有所谓的市场调查和可行性报告,也都建立在许多个人意志或简单的形式过场基础上。那么,其所带来的市场问题就日益明显。专业营销公司近几年能够生存并飞速发展,这说明一个问题:营销有其特有的运作方式和空间,是一门专业学科。

房地产营销,使个人和集体针对特定的楼盘,通过创造性劳动来挖掘市场的兴奋点,在获得购房者认同的前提下实现买卖并提供服务。发展商较多关心产品本身,而营销商侧重于产品前提下的某种服务和产品的推广、包装,注意市场需求的水平和时机。因此,专业营销商在房地产产品走向市场、进入流通领域时,有着其巨大的空间,包括其成熟的运作模式和运作技巧。

(三)注意产品定位,避免出现营销近视症

急于求成的"营销近视症",左右了房地产营销的发展。营销的过程是一个产品推销、引导过程,是一种提炼。急于求成的心理追求,使发展商常常把营销和热销等同,这是一种十分明显的误区,或者说是"营销近视症"。

从动态市场来看,购房者市场有区域市场、价格市场、产品市场、品牌市场及非市场化市场,产品在特性化、个性化之间寻找节点,其所引起的销售效应是动销。但作为一种特殊形态的商品——房地产,又有着特别的市场群体,需要具备营销的条件和前提才有可能热销。这就要求注意产品的定位。

制约营销的因素很多,诸如总量因素、区域因素、社会因素、政策因素、文化因素、需求因素和购买力因素。需求量很大但实际支付力不强,激发有效购买力和扩大购买力,在不同的时间段所产生的效力和效应不尽相同。一般企业易犯的营销近视症有:

(1)价格迫视症:为求利润最大化,忽略了房地产的增值空间。

(2)节奏近视症:楼盘同时上市,结果剩下的"四角层"无人问津。

(3)效应近视症:片面地运用花色销售来产生效应,物业面世无计划,前后矛盾。

营销近视症的关键原因在于:开发商仅仅注意到了成交销量区域,而忽略了客户培养区域,难以产生市场恒稳效应。

(四)要有市场理念

我们无法回避这样一个事实:房地产开发从社会学起步,最后回归于市场学。多年前卖方市场中靠政府调研、集团购买的模式,随着房地产市场的建立而不再重现。难以适应市场化的开发模式,就不能有经济效益产生,而适应市场化的开发模式,则需要通过房地产营销来实现。

我们知道即使在同一座城市、同一个地区、同一条街道，也不会有完全相同的物业出现，所以也就不存在完全一样的营销。因此，所谓营销不是万能的，某种意义上说，就是没有一个完全相同的营销案会同时完全适应于两个物业的推广之中。这就要求房地产企业在开发产品中，处处要以市场为导向。

归纳起来，我国房地产营销应注意解决好以下问题：

(1)名称化营销。每个房地产在销售过程中会出现许多不同概念，可以把此理解为名称。名称化操作简单、直接、易于传播、操作性强，从形式上来说，名称化更代表一种经营理念。

(2)全过程营销。营销从前期介入，实行全程营销，使开发和营销相辅相成。

(3)认识营销地位。房地产企业对自身楼盘营销地位的认识，直接左右了该企业营销水平的好与坏。选址开发的目的是为了尽快实现销售并获得利润，只有按照市场需求去组织生产，企业才能立于不败之地。营销在当前房地产开发的地位十分重要。从选址、设计、施工到竣工销售，房地产营销本应贯穿于楼盘开发全过程，但现实的情况是，开发前期却与营销无缘。企业凭直观的市场感觉或几个人的意见为依据进行投资选择，具有极大的市场盲目性。即使比较注重市场的一些企业，采用的也是一种在已定开发地块和内容后的反证法。有些总面积在几十万平方米的大型基地，已经开始取得预售许可证，但还未建立销售部，此物业卖什么价、如何卖等最一般的概念还未形成，而企业老总们正在忙于和金融机构之间融资，而根本未能顾及市场问题。

(4)营销人员。房地产企业营销成功与否，除了与企业自身优势和楼盘的品质、定位息息相关外，最重要的是人才问题。以为建立了销售部或营销部就拥有了营销人才，这是一个错误。同样是一个营销部，同样是一组人员，不同的营销者会有截然不同的营销结果。营销人才至关重要。

(5)掌握营销节奏。房地产营销一个极其重要的问题就是如何掌握楼盘的销售节奏。一般意义上，每一个楼盘的销售可划分为四个阶段：第一阶段为开盘亮相期；第二阶段为开盘初期；第三阶段为销售中期；第四阶段为收盘期。

(6)营销价格确定。房地产营销最实质的内容是价格控制。价格的有序设置应预先慎重安排，一般的方案是设置这四个价格：开盘价、封顶价、竣工价和入住价，并要有与此价格相适应的销售比例和以小幅频涨逐步实施的价格策略。

(7)把握营销时机。房地产营销必然会受到营销环境的影响，营销环境可分为宏观环境和微观环境。正是由于各楼盘同时面临各种营销环境的制约，所以常常会出现各不相同的营销时机、机遇。发现机会、把握机会，会从根本上改变一个楼盘的销售业绩及前景。类似这样的成功实例已在房地产营销中出现多次。

(8)营销组织与控制。房地产营销方案的制定及过程控制直接影响到市场效果。要进行营销方案的最有效控制，首先要认识以下几个规律性问题：

①楼宇市场的反应常常呈先升后降的起伏性曲线。

②楼盘消化过程有明显的规律性。

四、房地产的代理与中介

北京房地产市场中，营销策划公司不少。说到北京协成房地产咨询有限责任公司的社会知名度，有些开发商甚至还不知道，但提起协成公司策划及代理销售的一些项目，业界或许就不陌生了，如：城市之光、九龙山庄、兴涛社区、九龙家园(Townhouse 项目)、顶天立地、天鸿东润枫景、星岛嘉园、知春·时代、日坛·晶华、宝星园之动感之都……

协成公司代理的项目大多地处城南,是前些年开发商、代理商都不愿意触及的区位,按房地产开发的箴言“地段、地段、还是地段”的定义,可谓既不占天时,也没有地利,但九龙山庄、城市之光、兴涛社区、九龙家园(Townhouse项目)、顶天立地、星岛嘉园这些城南项目都创下了非常好的销售业绩,同时也在营销策划领域里得到了业界的瞩目与首肯。其中星岛嘉园获北京市居住区规划设计优秀方案奖,天鸿东润枫景被北京晚报评为2000年度十大明星楼盘。

房地产的策划营销是房地产项目大运作中分工细化的一个环节,开发商、投资商是主体,策划营销公司提供多种专业服务,如市场定位及市场经验方面的咨询,由市场理念而指导项目规划设计的产品定位,配合开发商打造好产品及随后的营销推广,其中包括对项目主导精神的提炼及广告宣传策略、营销手段的创意与实施,以及最后销售群体的培训管理与销售任务的实施推进。而策划本身却不是什么概念炒作,也不应该将其视为什么玄妙的致命武器,如走到那一步,就有愚弄客户的嫌疑。其实,房地产策划是一种准确的科学方法和精确的操作规律,甚至是对看起来传统的操作工艺上的娴熟掌握或是一点点创新。我认为,这些城南项目的成功,就是基于因地制宜的对郊区化住宅的市场定位之准确判断以及对郊区化产品本身品质的执意追求与精工细作。因此,一个称职的策划代理公司所提供的服务水平应体现在其对市场定位、对产品的规划设计、对市场推广、对业务推进等房地产开发业务各要素上的专业度与创新精神。

申奥成功与我国加入WTO,这股强劲的“东风”将推动京城房地产业的蓬勃发展。由于房地产市场的不断成熟与规范,这就要求房地产开发企业自身专业化的程度不断提高,以适应竞争要求的需要。又由于社会分工的细化,房地产开发公司的角色正由开发商向投资商转变。在市场机制成熟的条件下,房地产开发公司的职能是完成资本市场与经营市场的整合,实现利润回报。而在经营市场中,房地产代理公司则将承担着更多、更细的工作,并服务于整个开发过程。

那么,代理与中介的区别是什么呢?

在日常生活中,人们往往把房屋代销与中介混为一谈,其实二者虽然都从属于房屋流通领域的专职房地产销售工作,但却有着明显的区别。正确区分它们的不同,有助于我们深刻地理解房地产营销的概念。

可以说,房屋代销是台湾房地产市场的显著特征,1969年,华美建设在台北市建设华美联合大厦时,由当年刚刚创设的众利投资有限公司负责企划销售,它的销售成功便开了“专业代销”“预售制度”风气之先。改革开放后的中国,随着房地产业的蓬勃发展,房屋代销也作为一个新兴行业而引人注目。作为房地产业的新锐,专业代销公司最能体现现代的营销观念,它在奠定产销分工,促进销售、引导产品适应市场变化的方面发挥着越来越重要的作用。它与传统意义上的中介有着天壤之别。

(一)服务的市场不同

一般而言,代销公司多数服务于房产二级市场,一个公司每年受理的楼盘是屈指可数的,但它们所受理的对象往往都是正在建设中的一栋或几栋大楼,有的甚至是十几栋、几十栋楼宇所组成的整个小区。而中介公司主要服务于房产的三组市场,受理的对象是零碎的单套独间的现有房屋。一个好的中介公司常常拥有大量的房源信息,即使一个普通的销售人员也可以一下子提供数十个房屋供您选择。

(二)作业深度不同

正因为代销楼盘品种单一,数量庞大,类似中介的单一推销行为就显得杯水车薪了。加之整体包装的费用摊到每套单元上是微乎其微的，一定投入的前期企划在成本上也是可行的。同时，因为在客观上，代销的楼盘都是期房，看不见，摸不着，也的确需要整体包装后才便于销售。所以无论是在提供服务的广度还是深度方面，代销都要超过中介。系统的代销除了包括前期的市场调研、地块选择和产品规划外，还包括后期的广告包装、销售执行。既是一个各方面已经定型的半成品楼宇，它的代销服务依旧包括竞争楼盘分析、产品规划修正、广告形象重塑和最终的销售执行这几个方面。

除了不投资建设以外，一个全面的房产代销公司几乎穷尽房产开发公司所要完成的所有工作内容。事实上，一个越早介入的代销行为，也就能将市场的反馈及时运用到产品的规划和修正之上，引导新推出的产品更适合市场的需求特征。而中介就没有这么复杂，在强化销售执行的同时，它对产品的主动性行为仅表示在为客户提供更多的房源信息上，一起能对号入座。它的作业成本也主要在于店铺的租金，产品包装几乎没有。

(三)公司内部结构不同

反映在公司内部结构上，市场部、广告部、业务部是代销公司不可少的三个部门，其市场部和广告部甚至可以作为一个独立的公司而存在，而中介一般只是业务部，其他部门即便有，也并不具有很强的作战能力。代销公司往往在楼盘现场搭一售楼处，多则一年，少则三个月，以瞬间的歼灭战来达到它的计划目标，销售结束便班师回朝，其总部一般不面街朝市。而中介公司往往是店铺式的，通过不同区域各临街店的不断设立来建立它的销售网络。

(四)销售方式不同

在销售执行中，代销是团体作战，整队人员服务的是仅有的一个楼盘，大家可以相互配合，分工协作，而且一线的销售人员可利用的销售工具也多，灯箱、看报、海报、华丽的售楼处和精美的样板间。也正因为投入多，准备充分，所以代销作业可以在短时间内创作出比中介高得多的销售率。而中介则是单兵独斗，除了倚重个人能力外，提供更多的楼盘信息，给客户较多的选择余地，是其成功的秘诀。

(五)委托方式不同

就销售委托而言，因为房产代销的大量工作是在销售以前完成的，前期的质量决定了后期销售业绩的高低，它的利益也在后期销售中得以实现，为了避免这些利益的损失，代销公司与房地产公司都是签订独家总代理合约的。任何一个一般代理合约，都是可能导致前期工作在替人作嫁衣。实践证明，在销售执行过程中，独家总代理也便于销售的总体控制。特别是数十套以上的楼盘的销售，在统一的协调下，将会创造较高的销售率，从而避免一般委托所带来的内耗与纷争。

代销是为特定的顾客特定的楼盘，而中介则偏重于为特定的顾客选择特定的房源。他们都从不同的角度为房地产市场的蓬勃发展贡献着自己的智慧。

尽管市场调节是自发的，也难免有盲目性，但营销决策者却不能害怕市场，不能回避竞争。因为市场是舞台，竞争是动力，决策者就是导演。为了争取观众(消费者)，在资产经营中决策者理应遵循“二八”法则；为了达到营销目标，不仅应了解自己产品的最终消费者的姓名、地址、喜好以及满意度等，而且必须借助一定的科学、艺术的方法和创造技巧，为企业的产品、开发、生产、营销、管理和战略决策制定出有效的方案。这就要求决策者要具有复合型知识和能力，能够策划、营销、创新、广告、谈判、形象、谋略和公关，再加上较强的判断能力和策略水平，才能冲破竞争品牌，并以诚心和超前的高附加值服务吸引广大消费者成为自己品牌的忠实用户。而实现中介营销者常常感到苦恼，市场旺了，往往是愁货源，市场软了，又是愁销路，苦于没有好对策，殊不知营销者自己陷入了市场和产品推销的误区，而缺乏整体策划，更忽略了品牌营销、理念营销。资产经营是这样，资本运营也不例外。因为资本只是实力，而智力才是本领。时代呼唤企业拥有自己的营销策划师，因为只有这些精于谋略、不断推出创新的营销和管理策略的大师们，才能给企业带来几何级数提升的社会效益和经济效益。

政府部门现在要培养五个消费热点，第一就是住宅，第二是汽车，第三是旅游，第四是教育，第五是与信息资源有关的服务。住房作为第一增长点、第一消费热点，很有成效。这几年住宅商品化、货币化分配已经取得了很大的进展，但从目前的情况来看，住房消费方面的支出占城镇居民收入的支出的比重还是偏低的，前几年住宅支出占城镇居民收入的比重大概只有7%，现在可能达到10%。住宅支出在城镇居民收入的比重随着收入水平的提高而提高，像发达国家，住房支出在居民收入支出结构里都占到25%甚至更多。按照这样一个规律，城镇居民消费支出结构里，住房支出的比重应当比农民高才符合经济规律，才符合消费结构升级的规律。而我们国家城镇三亿多人和农村的八亿人，城镇居民反而比农民低了五个百分点，原因很清楚，农民的住房是自己个人的消费，城镇的消费还是没有完全进入个人消费支出的领域。怎样通过住房制度的改革把老百姓口袋里的钱拿出来，用于改善住房，增加住房支出的消费的比重，任务是非常艰巨的，我们现在的收入状况，城镇已经达到一千多美元了，上海四千多美元，北京也三千多美元，像这样一个水平，住房支出的比重在居民消费支出的比重达到20%都不为过，也不算多，因为城镇居民收入是农村居民收入的两倍多，城镇至少达到20%，把现在的10%再翻一番，这个比例不算高，按这样的比例来算，住房消费还是大有潜力的。

中国经济1997年实现了软着陆以后，由于受到东南亚经济危机的影响，出现了通货紧缩的趋势；1998年开始中国政府连续四年实施了扩大内需的宏观调控政策，取得了显著的成绩；2000年中国开始出现了好转，当年GDP增长率恢复到8%，扭转了多年来经济增长持续下滑的趋势，但是2001年初以来，受到世界经济增长总体显著放慢的不利影响，经济回升的势头再一次受到影响。

由于国际经济以及国际贸易增长迅速减缓，去年中国外贸进出口增长速度比上年大幅降低，在外需增长受到严峻制约的情况下，去年中国继续实施扩大内需为主的拉动政策，对拉动全年经济增长起了关键的作用，内需增长在相当程度上弥补了外需的不足。

2001年中国投资增长迅速，特别是由于继续实施积极的财政政策，国有投资增长势头强劲，虽然下半年增幅有所下降，但是全年的全社会固定资产投资增长了12.1%，增幅高于上一年1.8个百分点。国家统计局公布我国GDP去年增长了7.3%，低于上一年0.7个百分点，但是这是一个在2000年较高的基础上来之不易的较快的增长。

根据发达国家的市场经验，经济不太景气时期，往往是企业充足的频发时期，这个时候的企业重组很多，所以我们也应该抓住时机推进企业的战略性重组，加快建立现代企业制度的步伐。有与市场经济相适应的经营机制和富有创新精神的民营中小企业，是中国经济发展中极具活力的因素，民营中小企业的发展在我国一些地区已经取得显著的成效。

从经济角度来讲，房地产对世界经济是一个大的产业，如果研究经济，忽视了房地产，大体上就少了一个角，即少了三分之一的内容。像美国，多少年来，房地产是它的经济发展的支柱之一，其他的支柱可以换，唯独房地产几十年兴盛不衰，这就说明一个基本的人类生存道理，衣食住行不可缺。

现在我们所需要做的工作一方面要遵守WTO的原则，另一方面要充分利用这些原则为我所用,同时我们也要通过立法,通过修法废除一部分过时的法律,使得我们更方便地执行这些承诺,更方便地维护我们国家大的经济利益。因为从现在开始,国内国际两大市场的界限没有了,北京、上海以及整个中国就是世界大市场的一部分。国外投资者可能看上了我们的市场,看上了我们的劳动力的素质高,也可能看上我们一个什么地区的技术人才多,到我们这来经营。那么,我们为什么不到他们那里去经营呢?作为市场经济主体的企业,我们为什么不从市场的角度研究这些问题呢?也许哪一年美国的波士顿给我们提供它什么地方搞建设的机遇,我们有没有这种魄力?国外还有其他的资源,如信贷资源、技术资源、各种人才资源等。总而言之,我们可以请外国人来,给他们当助手,给他们打工,也可以到外国去当他们的老板。在WTO的形势下,要学会请进来,走出去,我们要学会到国外去利用各种资源发展自己的事业,实际上也是帮助我们国家提早实现第三步现代化的发展战略目标,2050年实现我们中等发达国家经济生活水平的目标。

这几年北京市有几件事,第一件事是240km^{2}城市绿化隔离地区的绿化建设,市政府要求在三年之内把这件事完成。第二件大事在五年内实施旧城改造,主要针对四个城区居住条件和房屋质量不足的要进行改造。第三件事要加强社区以及郊区的城市道路建设。2001年6月份四环路通车,今年左右把五环路修通,市内主要的放射线道路修通,对城市的外围地区建设的影响都是比较大的。

绿化隔离地区的实施,对四环影响比较大,北京市的240km^{2}绿化隔离带大体在四环和五环左右,新增加的建设项目包括区域改造都是沿着四环路左右形成的,旧城改造迁出大量的城市居民,按照城市规划域区内180万人降为120万人,迁出60万人,自然要有安置的地方,有的到远郊(大兴、通州),有的还要在近郊地区,近郊各边缘及四环这一线是比较好的居住场所。此外,旧城的改造对四环的影响也是比较大的。

老百姓有这样一句话,要想富先修路,对于房地产商来说也是一样的,如果市政府或地方政府能够有条件帮你先把路修通,地产项目可以获得较大的成功。

北京北边建设比较成熟,南边比较荒凉,跟规划和条件有很大关系,因为现在的社会或者城市的结构、构架太纷杂了,没有预先统筹的照顾,将来真是要出很大的问题。我们现在实施绿化隔离地区的建设,就是为了保证北京有一个比较清新的空气质量,有一个好的置业投资环境,这样才能促进城市的发展。

北京沿着有轻轨的方向拓展城市,这种形式给四环带来商机,从一定程度上理解,是四环变成城区的结束。

三环有时候比不过四环,有时候比不过二环,三环地价不低,跟二环相比离地铁远点,靠近市中心的优势可能会被某一个二环里面的项目取代,四环后面有很大的绿化带,有很好的交通,加上有更大的地块,地价更低,五环只是交通的联系,不会形成第二个四环这样一种概念。四环是城区住宅的结束,往外不属于城市住宅的概念,可能属于郊区住宅的概念,这比三环有更大的优势。

四环本身有一个比较顺畅自我的联系。可以带动城市均衡发展,可以给真正能够细化市场的发展商提供一个很大的空间、很大的机会,可以充分利用四环的优势来突出项目本身的特点,服务于一个特定的市场。

在这个圈子里面,有可能出现一些更具有活力的产品。三环基本上已经比较固化了,从规划来讲,它的容积率、它跟城市设施的关系是比较固定的,只有在四环没有形成固定的模式,它有很多可以发挥创造的机会,是一个比较有活力的区域。另外,因为地价比较低,所以有比较大的空间实现不同价格、不同类型、不同特点的产品。

我觉得可能比较重要的手段是两个，一是改变产品提供方式，先做市场调查，找到一些没有提供的产品，北京每年的供应量一千万到一千五百万，细分的机会很大，房地产定位和产品升级也都有很多机会。第二是要采用新的营销手段，如开发比较低一点的产品，同年投入，同年可以入住，这对客户吸引力是很大的，今年初开盘，今年底就入住，客户看到实际的东西，根据他的需要来定做，这样一种方式很可能在四环这种低价格和交通条件下实现。

我相信，北京的新四环成为本世纪至少在十年之内最有潜力，最有发展前景，最适合北京人居住的区域。

附　录

①市场营销程序

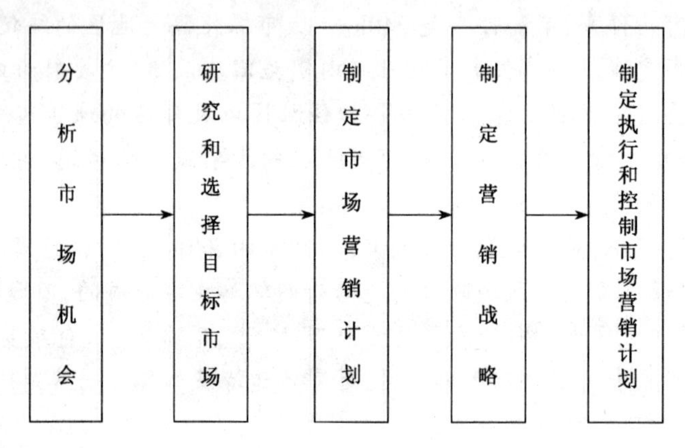

②房地产市场营销程序图

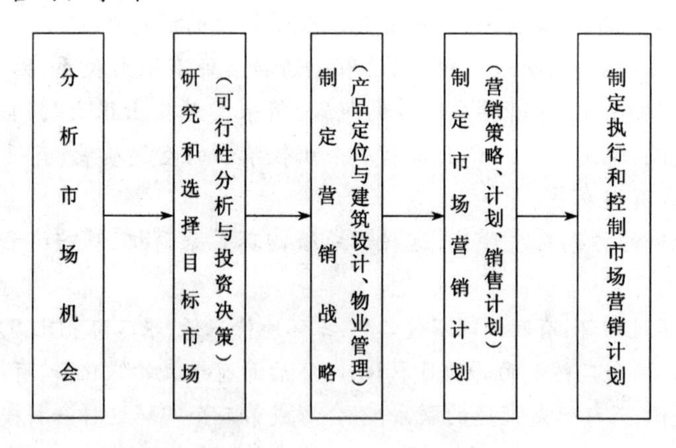

参考文献

1. 屈云波，牛海鹏主编．房地产营销．北京：企业管理出版社，1996
2. 叶敛平编著．房地产市场营销．北京：中国人民大学出版社，2000
3. 曹春尧著．房地产营销策划．上海：上海财经大学出版社，2001
4. 王洪卫，黄贤金主编．房地产市场营销．上海：上海财经大学出版社，2000
5. 菲力普·科特勒(美)．市场营销管理．北京：科学技术文献出版社，1993
6. 北京晚报·楼宇周刊/楼市．2001.8.23，第 44 版

点 评

这是一篇较全面地论述房地产市场营销的论文。论文对房地产营销地位和作用、营销策略等方面论述较为深刻,文字清新流畅。

改革开放以来,我国的房地产业得到迅速发展,拉动我国国民经济新的增长点,并带动建筑、建材、钢铁等产业的发展。但由于我国房地产业发展的时间较短,房地产市场还不十分健全,房地产营销中还有很多亟待解决的问题,需要我们去研究、认识和解决。该论文也由此而产生。

本论文的优点是:

1. 论文内容充实,资料丰富,分析正确;
2. 语言流畅,文字生动;
3. 论据正确,逻辑清晰;
4. 对房地产营销中应注意的问题论述较为深刻;
5. 对北京市房地产市场定位和预测分析较为准确。

本文不足之处:

1. 受认识水平限制,对房地产市场营销问题分析不够全面;
2. 没有很好地联系自己的营销工作实践,没有列举有力案例;
3. 对问题分析的深度还不够。

总之,作为一名房地产管理与评估专业的学生,能通过毕业实习的实践活动,进行大量的调查研究,参与房地产营销策划,写出这样有一定深度的论文,对北京市房地产营销有一定参考价值的文章,令人可喜。

11.5.5 建筑经济型论文(二)

审计是一项重要的建筑经济工作。本文是 2002 届毕业生沈洁同学在中润达会计师事务所实习,并独立做"饮食集团便宜坊烤鸭店"四号和"都一处"方庄店审计工作,并被正式批准后所做的毕业论文。

浅谈建筑装饰工程预结算审计

建设工程监理与概预算专业 2002 届 沈 洁 指导教师 徐占发

【摘要】 随着我国经济体制改革工作的不断深入,市场经济体系日益完善,投资规模不断扩大,建设项目审计工作也越发显得重要。造价审计,尤其是建筑装饰工程造价审计,必将成为我国项目审计重点之一。

审计工作以它的独立性、客观性、公正性和权威性,在建筑行业体系中扮演着重要角色。建筑装饰工程的审计,维护了装饰工程市场经济秩序,保证投资的合理使用,并依法对行业的不正之风,及时予以揭露和制止。

建筑装饰工程的审计包括了工程量审计、定额应用审计、材料用量审计、材料价差审计、工程造价审计等。通过对这几个方面的审计,我们能从中发现许多而且是普遍存在的问题。针对这些问题,审计人员不仅要具备过硬的专业知识和业务能力,而且要具备良好的素质修养和职业道德。

总之,审计工作任重而道远。正如屈原所讲:路漫漫其修远兮,吾将上下而求索。

【关键词】 审计　建筑装饰工程　工程造价　装饰工程审计

引　言

长期以来,我国对建筑产品的基本方针是“适合,经济,适当美观。”增加建筑物的美观和舒适的工程就称为建筑装饰工程,或称之为建筑装饰装修工程,也常称为装饰工程。建筑装饰工程是建筑工程的重要组成部分。它是在建筑主体结构工程完成之后,对建筑物进行的美化、装饰工作,满足人们对建筑产品的物质要求和精神需要。从建筑学上讲,装饰是一种建筑艺术,是一种艺术创作活动,是建筑物三大基本要素之一。从一定意义上说,建筑装饰工程是建筑工程的重要组成部分,建筑装饰工程预决算是确定建筑装饰造价的主要方式,因此,对建筑装饰工程预决算审计实际上就是对建筑工程造价审计的延伸。自从国家审计署成立以来,我国的建设项目审计工作发展较快,在短短的十余年时间内,经历了从无到有、从小到大、从浅到深的发展过程,即建设项目审计已经从基本建设审计延伸到固定资产投资审计,从财务审计延伸到工程造价审计,从工程造价审计延伸到项目投资效益和项目管理审计。

近几年以来,我国经济体制改革工作不断深入,市场经济体系日益完善,投资规模不断扩大,社会各界都十分关注固定资产投资项目的建设情况,因此,建设项目审计工作也越发显得重要。造价审计,尤其是建筑装饰工程造价审计必将成为我国项目审计的重点之一。加强对建筑装饰工程造价的管理,正确界定建设项目投资额度,是建设项目主管部门、建设单位、施工单位、监理公司、设计单位和审计机构等有关部门的共同任务。我们所说的建筑装饰工程预决算审计,是指由独立的审计机构,依据党和国家在一定时期颁发的方针、政策、法律、法规以及相关的技术经济指标对建筑装饰工程预算编制的准确性和合理性进行的审核与监督。

第1章　建筑装饰工程审计概述

1.1　建筑装饰工程审计的意义

1.1.1　有利于落实项目建设计划,合理确定工程造价,提高经济效益

按照建设项目的建设程序要求,建设单位在正式开工之前,应编制项目建议书,并报送上级主管部门或国家、地方的有关有权部门审批,经批准后,进行可行性研究,编写可行性研究报告,经上级主管部门或国家、地方的有关有权部门批准后即可进行勘察设计,做好前期各项准备工作,以待开工。在此阶段,先后完成投资估算、设计概算和施工图预算文件,批准的设计概算是建设单位筹集建设资金确定投资计划的直接依据,施工图预算在设计概算的控制下完成,以作为建筑装饰工程招标投标时确定标底、投标报价的主要依据,并为签订施工合同服务。因此,审计建筑装饰工程预算的实质就是把握项目投资计划,以保证建筑装饰工作顺利进行;竣工决算应在建筑装饰工程初步验收之后,正式验收之前编制完成,竣工决算是建筑装饰工程真实造价的直观反映,也是建筑装饰工程预算标准的具体检验,其计算过程是否正确,直接影响建筑装饰工程建造目标的实现。

1.1.2　有利于建筑装饰工程招标投标工作的顺利开展

市场经济体制要求建筑市场引进招标投标的竞争机制,这是合理选择施工企业的有效途

径,《中华人民共和国招标投标法》的出台,更加明确地揭示了这一点,它标志建筑市场日趋完善。从这一客观要求上看,审计建筑装饰工程预决算的深远意义已远远超过了预决算审计本身,按照我国有关部门的规定,建设招标工作的标底和投标报价应依据建设项目施工图预算的编制要求完成,所以,审计施工图预算是有助于保证招标投标工作顺利开展。从这个意义上谈建筑装饰工程预算审计是招标投标审计工作的延伸。

1.1.3　有利于建设单位顺利筹集建设资金,施工单位合理安排人力、物力和财力

建筑装饰工程的成本是通过施工图预算确定的,毋庸置疑,它是建设单位筹集建设资金的主要依据。同时,通过建筑装饰工程预算,合理计算工程施工时所需的人工用量、材料用量和机械台班用量,施工企业据此进行内部核算,安排施工,组织人力、物力与财力,兼顾施工企业的管理水平和技术能力,编制施工进度计划,完整的施工组织设计文件,促进建筑装饰工作更加规范,保证建筑装饰企业以最小的投入实现最大的产出,达到最佳的建造效益。

1.1.4　有利于正确评价建筑装饰工程的投资效益

在投资决策阶段,可行性研究的主要内容是围绕建筑装饰项目的经济性与技术性的可行性分析而展开。在这个过程中,建筑装饰工程预算是最重要的基础数据之一,其准确性程度直接影响投资效益指标的真实性。搞好建筑装饰工程预算审计,也为进一步深入进行项目投资效益审计打下良好的基础。

1.2　建筑装饰工程审计的特点

1.2.1　建筑装饰工程审计,是固定资产投资审计的重要组成内容,是我国审计体系的构成部分,因此,具有与其他专业审计相同的共性特征,主要表现为:

(1)建筑装饰工程预算审计,必须在《中华人民共和国审计法》的统一指导下,在宪法规定的范围内,展开审计工作;

(2)建筑装饰工程预算审计与其他专业审计一样,具有独立性;

(3)我国审计是由国家授权审计机关来执行,代表国家和人民利益,具有较高的权威性,因此,建筑装饰工程预算审计也具有较高的权威性特征;

(4)由审计独立性产生了审计工作的公正性,这也是建筑装饰工程预算审计与其他专业审计所共有的显著特征。

1.2.2　在与其他专业审计具有共性的基础上,又具有自身特点:

(1)建筑装饰工程具有单件性和固定性的特点,这就决定了建筑装饰工程计价的单一性和完整性,使建筑装饰工程预决算审计具有较强的独立性。

(2)建筑装饰工程施工过程较长,按照建筑装饰工程的建设程序要求,建筑装饰工程预算和决算分别在建筑装饰施工前和竣工阶段编制完成,因此,建筑装饰工程预决算审计具有动态性和长期性的特征。

(3)由于建筑工程的使用目的和要求不同,所以,建筑装饰标准和做法也因工程不同而不同,致使建筑装饰工程计价过程是一个技术经济综合性的计算过程,必须区别于其他专业审计,必须反映项目建筑装饰的基本特点,采用灵活多样的审计方法,力求体现建筑装饰工程预决算审计效果的完整性要求。

1.3　建筑装饰工程审计的依据

1.3.1　党和国家在一定时期颁发的方针、政策:党和国家有关部门在一定时期颁发的宏观调控政策、产业政策、中长期发展规划等;除此之外,与建筑装饰工程密切相关的地方、行业

或国家的各项规定,直接影响建筑装饰工程预算的编制方法和计算标准,例如,材料价格信息(包括实际价格和预算价格)、各项费用的计算标准、计价程序及相关规定等。

1.3.2　法律、法规:常常依据的法律有:《中华人民共和国审计法》、《建筑法》、《招标投标法》、《税法》、《经济合同法》等,常见的法规有:《中国审计规范》、地方或行业乃至国家的管理规定等。

1.3.3　相关的技术资料:主要是指与建筑装饰设计、施工和技术管理有关的资料,这些资料主要有:经过图纸会审的设计图纸(它是计算工程量的重要依据);施工组织设计文件,施工企业的资质、级别证明资料(是施工企业计算其他直接费、现场经费和间接费及计划利润、税金的直接依据);建筑装饰工程施工合同(明确了建设单位和施工单位的责、权、利,明确了建筑装饰工程的承包方式)。

1.3.4　建筑技术经济指标:主要指预算定额,单位造价指标,材料用量指标等。单位造价指标和材料用量指标,一般通过审计经验或我国权威部门的统计资料所取得,它是评价建筑装饰工程预算报价标准的主要数据之一。

1.3.5　建筑装饰工程预算资料:它既是审计的依据,又是审计的对象。

1.4　建筑装饰工程审计的程序

1.4.1　审前准备阶段

(1)确定审计项目;

(2)成立审计小组,编制审计工作方案。

1.4.2　审计实施阶段

(1)下达审计通知书;

(2)按照审计工作方案要求,采用合适的审计方法,进行具体的审计工作,并完成审计工作底稿;

(3)形成初步审计结论,并与被审的有关单位(主要是建设单位和施工单位)交换审计意见;

(4)征求被审单位对审计报告初稿的意见;

(5)审计组将审计报告和被审计单位的书面意见提交审计机关审定,审计机关在审定的基础上依法提出审计意见书,作出审计决定。

1.4.3　审计终结阶段

(1)审计小组整理审计工作资料和审计底稿,归还由被审单位提供的审计资料,如图纸、预算书、施工合同、施工组织审计文件、施工企业的营业执照等;

(2)撤离审计现场,整理审计工作档案。

1.5　审计工作在建筑装饰工程中的作用及对工程造价的控制作用

建筑装饰工程审计在现实经济中发挥的作用,归纳起来有两种:控制作用和促进作用。控制作用是通过审计,揭露被审计单位与项目有关单位和部门的舞弊与错误,制止违法违纪行为,维护经济秩序,保证投资的合理使用。审计的促进作用是通过审计,对项目管理活动进行评价,提出审计意见和建议,促进项目管理的加强,对束缚项目管理的法规和制度,提出宏观修改建议,推动项目管理体制改革向纵深发展,具体地说,其作用表现在以下几个方面:

1. 保证和促进党和国家的方针、政策、法律、法规、计划和各项制度规定的正确实施。党和国家方针、政策、法律、法规等是国家建设顺利进行的保证。对于所有政策、法规等的实施,如果没有对实施结果进行监督反馈,不知道实施的结果,就不可能对规定中不符合实际或不够严密的部分作出修改和完善,审计机关应监督各审计单位执行党和国家的政策和法规,并且要积极为党和国家的决策提供信息,以不断地完善党和国家的一切规范性文件。

2. 促进宏观投资经济效益的提高。宏观投资经济效益是以每一个建设项目的投资效益为前提的,但并非等于各个建设项目经济效益的简单相加。通过建筑装饰工程审计,及时发现项目管理过程中的薄弱环节和弊端,及时提出改进意见,有利于提高项目投资效益。还可以对项目开展行业性审计,发现行业在项目管理中存在的问题,为改进一个行业的项目管理提出审计意见,并发现投资结构和投资布局上的问题,及时提出调整投资结构和投资布局的意见和建议。

3. 保证国家宏观经济信息的可靠性和准确性。

4. 对业务管理部门具有制约作用。通过审计检查,审计人员可以发现业务管理部门存在的各种问题,及时提出审计意见,要求业务部门予以纠正,若发现行业不正之风,则可及时予以揭露和制止。

第2章 建筑装饰工程的审计内容和方法

2.1 装饰工程量的审计

2.1.1 正确计算工程量的意义

计算工程量是编制装饰工程预算造价的基础工作,是预算文件的重要组成部分。装饰工程预算造价主要取决于两个基本因素:一是工程量;二是工程单价(即定额基价)。工程量是按照图纸规定的尺寸与工程量计算规则计算的,工程量工程单价是按定额规定确定的。为了准确计算工程造价,这两者的数量都得正确,缺一不可。因此工程量计算的准确与否,将直接影响定额直接费,进而影响整个装饰工程的预算造价。工程量又是施工企业编制施工组织计划、确定工程工作量、组织劳动力、合理安排施工进度和供应装饰材料、施工机具的重要依据。因此,正确计算工程量,对建设单位、施工企业和工程项目管理部门,对正确确定装饰工程造价都具有重要的现实意义。

2.1.2 装饰工程量计算的依据

1. 经审定的设计施工图纸及设计说明;

2. 装饰工程量计算规则;

3. 装饰施工组织设计与施工技术措施方案。

2.1.3 工程量的计算方法

这里所说的工程量计算方法主要是讨论计算顺序问题:

1. 装饰工程预算定额分部分项顺序计算;

2. 从下到上逐层计算;

3. 按顺时针顺序计算,适用于楼地面、墙柱面、踢脚线、天棚;

4. 按先横后竖计算,适用于计算内墙或隔墙装饰;

5. 按构件编号顺序计算,按图纸所示各构件、配件的编号顺序进行计算。

2.2 定额应用与审计

2.2.1 审计定额子目的选套是否正确:首先要审计选套的定额子目是否既根据工程项目内容,又符合定额的规定分别套用子目;同时要审计工程项目的内容是否按照图纸规定的构造、做法和所用材料来确定的。

2.2.2 审计定额是否应该换算:对造价文件中已换算的子项目应按照定额换算的条件,审查其工程项目施工内容是否与定额子目内容部分不相符,定额是不是允许换算,以判断定额项目是否应该进行换算,不该换算的项目不得换算。

2.2.3 审查定额换算方法是否合规:审查有无将按反比例换算的改变为按正比例换算,或者出现相反的情况;审查是否在加进换入材料价值的同时,扣除了应换出材料的价值,有无不扣除的;审查有无多加或少减减项子目,导致基价增加的现象。

2.2.4 审计换算内容和范围是否符合规定:审查定额换算的内容和范围是否按规定执行,有无恣意扩大的现象,也是换算审计的重要内容。

2.2.5 审计换算结果是否正确:定额换算包括人工、材料和机械台班耗用量以及基价的换算值,审计其各项计算是否准确无误,有无失真现象。

2.3 装饰工程材料用量审计

2.3.1 材料用量审计的必要性:

1. 材料用量分析是预决算文件的重要组成部分;

2. 材料用量审计是甲乙双方核定工程材料用量,计算材料价差的需要;

3. 在建设单位供应部分或大部分主要装饰材料的工程中,既有计算差价问题,也有计算甲供料返还款的问题,为正确计算甲供材料返还款,审计工程材料消耗量和甲供材料数量,确定全供、超供或欠供量,同样是计算材料价差和计算返还款的一项重要的基础工作;

4. 做好材料用量分析为施工企业材料计划、供应部门及时备料,保证供应创造条件,以使装饰工程的施工能保质、保量、按期顺利完成。因此,材料分析是装饰施工企业确保施工和进行工程成本核算的要求。

2.3.2 材料用量审计的主要内容和审计方法:

1. 审计装饰工程项目所用材料种类是否符合设计图纸要求;审计各种材料的规格、型号、材质是否符合设计图纸和定额规定;审计各种材料用量的计算方法、计算结果是否正确,有无增加材料品种、改变规格和多计材料用量的情况。

2. 材料用量审计方法:有重点地审查主要材料的用量、甲供材的用量,特别要审查高档材料和新型材料的用量;用普查和抽查相结合的方法,将会得到满意的效果;按工程实际测量加损耗计算材料用量,是审计某些装饰项目的又一种有效而实用的方法。

3. 审查直接套用定额,按定额含量计算的材料用量,是否有多算、少算或错算的现象。

4. 工程项目的要求与定额规定不同时,根据定额允许可以换算的,其材料用量应按换算后的定额含量计算。

5. 工程设计与定额规定不符,定额允许按设计用量加损耗调整定额含量时,应审计工料分析表中的材料是否按设计图纸规定的材料品种、规格计算材料用量,结果是否正确,有无增加材料品种和多算材料数量的情况。

6. 项目变更,出现增减项时,应审计材料用量是否符合实际,有无扣除原设计的材料用量。

7. 花岗岩、大理石遇有弧形或复杂图案镶贴时,石材加工损耗的调整是否符合定额要求和实际,有无增加损耗过多等不合理的情况。

8. 审计装饰施工企业有无在材料分析中,加大材料损耗率,提高定额材料耗用标准的行为。

2.4　材料价差审计

2.4.1　材料价差的审计内容

1. 装饰工程项目材料消耗量审计:有些施工企业利用工料分析多算材料用量,多计材料差价时有发生。对主要材料消耗量进行审查,是准确计算材差的重要前提,特别是对价格高或用量大的材料要逐项核实,以减少材料差价中的虚假现象。

2. 材料预算价格和实际价格的审查:材料价差计算中,预算价格应按《建筑装饰工程预算》附录中《材料预算价格取定表》取定,审查有无错取或高冒取价的现象。

材料价格审计的方法或途径可有多种:

(1)按当地造价管理部门的有关规定,严格审计材料价格;

(2)进行市场调查,了解实际价格行情;

(3)掌握材料品种、规格、等级与价格的差异关系,有利于判定价格的真实性,防止施工时用低等级材料,而结算按高等级材料计价,牟取高额差价。

3. 审计材料价格与装饰施工时间段的一致性:在市场经济条件下,材料价格是具有时间性的,材料价格应与工程施工的时间段基本吻合,也就是说,不得用项目施工前或项目竣工之后一段时间的材料价格作为计算材差的取价标准。

4. 审计有无甲供材料,有无将甲供材料也计算材差,列入工程造价的情况。

5. 审计材差系数:按材差系数调整材差的部分,应审计三个方面:

(1)审计计算基数的取定是否符合规定;

(2)审查材差系数值是否正确,有无高套行为;

(3)审查材差系数的执行时间是否与工程项目施工期相吻合,有无超出适用时段而高套系数的情况。

6. 审计施工合同或招标文件中有关材差计算办法的规定条款,不论是按招投标承包的建设项目,或按施工图预算承包的建设项目,在招标文件或施工合同等承发包文件中,均列明关于材料价格及材差的计算范围和计算依据。审计时,必须审查预决算是否按有关工程合同执行,有无违背合同,自行其事的行为。

2.4.2　甲供材料审计的内容

1. 审计工程材料用量的取值是否正确。

2. 审计甲供材料数量、规格及材质。

3. 审计超供或欠供材料数量计算是否正确,有无多计欠供材料、少算超供材料的现象。

4. 审计返还款金额的计算是否正确。

5. 审计有无重复计算材差的现象,审计时应区别不同情况分别处理:

(1)若甲供材超供,则该项材料不再计材差;

(2)若为欠供,则欠供部分应按单项材差计算办法计算材差,并进入工程造价;

(3)若甲供量恰好等于工程材料消耗量,也无材差可计。

6. 若甲乙双方在财务结算时扣还甲供材料款,应审计其返还款的计算是否正确,超供、欠供部分的财务处理是否合规。

2.5　工程造价审计

2.5.1　审计直接工程费:

1. 审计定额直接费:

①审计直接费时,应首先审计人工费。重点注意审计人工费的计算标准是否正确,费用内容是否完整,工日数量的确定是否合理等相关内容,同时,还应注意,计算人工费时所涉及到的工日用量为定额消耗量,不是施工企业实际发生的人工用量。定额在确定定位基价时,考虑了本定额使用区域内的物价水平、工资标准、施工技术能力、施工条件以及施工企业的资质、级别标准等众多因素,在综合测定的基础上确定了人工费标准和用工数量,因此,定额的人工费用标准在一定的范围内具有普遍的实用价值和指导实践的现实意义,它具有较强的法令性,建筑装饰工程预决算的编审人员必须严格执行这一标准。

②审计材料费的重点是审计材料用量和材料价格的构成。

③审计机械费应从以下几个方面着手进行,一是审计施工机械的类型、规格和数量;二是审计施工机械费用计算的过程是否正确,注意施工单位是否把不该计入的有关费用列入决算。

2. 审计其他直接费:

①其他直接费是指从性质上来看属于直接费,但在定额中又未包含进去的一些费用;

②审计其他直接费时,应注意各地区关于其他直接费的计算规定,同时注意在项目施工过程中其他直接费是否真正发生。

3. 审计现场经费:现场经费包括临时设施费和施工现场管理费两大主要部分。按照规定要求,这部分费用也为固定费用,包干使用。审计时,应注意施工单位是否按照工程的类别、装饰企业的级别和装饰工程的设计标准来确认该项费用,同是注意是否发生了重复计算。

2.5.2　审计间接费

审计间接费的关键是正确确定工程的类别和施工企业的资质、级别。

2.5.3　审计独立费用

所谓的独立费是指未含在直接工程费和间接费之内但属于工程造价的一些费用。主要包括:误工费、点工费、包干费、施工配合费等。

2.5.4　审计计划利润和税金

1. 计划利润是指按规定应计入建筑装饰工程造价的利润。按照国家规定,依据不同投资来源或工程类别实行差别利(润)率。

2. 税金是指按国家税法规定的应计入建筑装饰工程造价内的营业税、城市建设维护税及教育费附加。

第3章　审计工作中经常出现的问题

第2章中已经介绍过了审计工作的主要内容,在这些内容中,审计工作人员会从中发现很多问题。我们经常碰到的问题主要有:

1. 高套定额子目,提高基价:按规定,确定基价而选套的定额子目应与工程项目设计的内容和做法一致。实际上,有些结算书中,对于相近的项目或相似的项目,不按要求套取基价,而是往高处套,借机提高定额直接费。例如:内墙瓷砖规格 $0.09m^2$ 以内与 $0.09m^2$ 以外;大理石、花岗岩的挂贴和粘贴。

2. 不应换算的换算,提高基价:有些项目本来可以直接套用定额,确定基价,而施工单位决算书却通过换算来提高基价。

3. 该换算的不换算,多套基价:有些定额子目中规定了工作内容,设计项目不做或少做,要通过换算调整定额基价,有的施工单位不进行换算,其结果也是高套基价。

4. 定额换算不合规:定额换算失实,不符合定额规定的现象也相当普遍。

5. 重复套定额基价:重复套定额子目,就造成重复计取基价。重复套用基价原于重复列项,一旦重复列了项目,随之而来的就是重复计算工程量,套基价,直至重复计算直接费。要熟练地审计重复计价,应从两方面着手,一是要熟悉图纸,了解项目的具体构造做法;二是掌握定额子目的工作内容和组成。审计时,通过对比分析,就会发现是否重复计取基价或者少算定额基价。

6. 多套定额基价:为适应装饰工程构造复杂、做法多样的特点,定额往往采取分别列项的编制方法,以便于预决算时根据工程项目内容、做法,选择定额子目组合使用。如:墙裙或木踢脚线设计不做压条,预决算增加阴角线或压顶线基价。

7. 项目变更,应减项不扣除:施工单位往往利用项目变更虚增工程造价。一般有两种情况:(1)原设计标准高,项目变更调低,其决算仍套用高定额;(2)项目变更标准提高,则决算高套变更项目,原设计亦不减。

第4章 搞好审计工作的几点建议

为了有效地治理当前工程结算中存在的高估冒算、虚报冒领等侵噬国家建设资金的行为,审计部门必须坚持开展工程结算审计。在实施审计时要处理好工程结算审计中的环节问题和关系处理问题。

4.1 应抓住三个环节

1. 调查环节。主要是调查研究基建项目全过程,了解、熟悉与工程建设相关的各种情况,通过此环节的调查研究能够取得较完整的工程建设、工程技术资料,并能直接发现工程结算中的问题,确定工程结算审计的重点。审计部门在具体实施调查环节时,主要分三步进行:第一步,利用审前调查或进行碰头会搜集项目立项、招标投标、预结算、施工图纸、施工合同、施工组织设计及与工程建设有关的政府配套政策、会议纪要等文件资料;第二步,全面审阅文件、资料,并记录工程结算有关的内容;第三步,将记录内容与工程结算作对比分析,审查符合情况,对施工日志、隐蔽工程记录、现场签证对应分析,审查相符性、真实性。

2. 勘察环节。主要是深入现场掌握实际情况,核实工程实际与工程资料的一致性,通过此环节主要是保证工程技术资料的可利用程度,为下一步的结算审查做技术和数据的准备。在实际操作时,审计人员必须组织建设、监理、施工单位相关人员,深入施工现场对建设工程实物对照施工图纸进行核查,查明增、减、变更设计的建设项目、部位及建筑结构做法等情况,做好观测记录,并标注在施工图的相应部位;对技术资料不齐全的附属零星工程,必须现场核实结构建筑做法,详细测量各项数据,做好测量记录;对有疑问的建筑结构做法、材料配合比等项,应采取解剖、钻研取样等技术手段予以确认。

3. 复算环节。根据审计方案确定的详略程度,结合前两个环节所发现的问题确定审计重点。主要通过对工程结算进行详细或判断样本审查。在实际操作时主要审查四个方面:一是工程量审查。主要是依据预算定额工程计算规则和工程图纸对全部工程子项或判断抽样选取的工程子项逐项计算工程量,与原工程结算进行比较,查找差异,并做到与勘察环节的成果相结合,确保工程量计算的真实性正确性。二是定额套用的审查。主要是对审定工程量的工程项目套用定额外负担的正确性审查和复核。三是费用审查。建筑工程费用标准是按工程类别、施工企业工程取费许可证等级来划分的,因此,费用审查主要是审查验证施工企业工程取费许可证等级、工程类别，并结合调查环节发现的有关取费标准问题，按取费程序计取各项费用。四是材料差价的审查。主要是查材料差价计取的真实性与是否准确作出材料用量分析、合理确定材料差价密切相关。审计人员必须通过细心计算，取得真实、准确的材料用量，并结合调查环节确定的材料预算价格调整期和价差调整系数，计算各调整期政策性材料差价。

4.2　应处理好三个关系

1. 处理好审计单位和建设单位、施工单位的关系。首先，要处理好与建设单位的关系。审计部门要积极争取建设单位的工作配合，对审计中遇到的问题要尽可能与他们交换意见，并重视他们的意见，争取得到他们的支持。其次，要处理好审计部门与施工企业的关系。在实际工作中，一些施工企业在经济利益驱动下，在编制预决算时故意多计工程量，高套定额，取费就高不就低；在施工时偷工减料，抬高工程造价。因此，审计人员在审计中应主动与施工企业交换意见，消除分歧，取得共识，并本着实事求是的原则，认真核对工程量，审查定额及取费的套用情况，对高估冒算的要坚决核减，对漏项少算的要增补。

2. 处理好审计重点内容与非重点内容的关系。在实际工作中，审计力量不足和审计时间长是制约工程结算审计覆盖面的两个主要因素。为了提高审计工作效率，缩短审计工作时间，扩大工程结算审计覆盖面，在实施审计时，必须正确处理重点内容与非重点审计内容的关系。一般而言，应将工程造价比重较大、容易出现错误的项目定为重点审计内容，其他工程造价比重小的项目，可列为非重点审计内容，并以此为根据，科学地分配审计力量，达到提高审计工作效率的目的。

3. 处理好原则性与灵活性的关系。各种定额外负担及取费标准是审计人员开展工程结算审计的依据，但由于施工工艺和材料替代及价格不断变化，而各项定额及取费标准的变动在时间上具有滞后性，不可能及时变更，也不可能面面俱到，定标准只能解决当时及以后一定时间内带共性的问题，一些特殊问题及新材料、新工艺的使用往往与现有定额外负担规定内容不相符合或不能完全吻合。因此在实施审计时，对有规章规定的要坚持按章办事；对无章可循的，要根据实际情况，灵活处理；需要编制补充定额或单位估价表的，要做到手续合法，资料可靠，编制合理；对于取费问题，除了施工企业所出具的取费外，还应按其所承建工程类别和技术要求灵活对待。

4.3　提高审计人员的素质

我国社会主义条件下的审计工作，从总体上讲，还处于初创阶段和探索前进的过程。审计工作同国家实行的经济体制是紧密联系在一起的。党中央提出，我国要到2010年形成比较完善的社会主义市场经济体制，它要求审计工作必须与之相适应，在这个过程中，审计工作需要不断深化，不断开拓，逐步认识和掌握其规律。要经过今后十几年的艰苦工作逐步走出一条适应我国社会主义现代化建设的审计工作路子。这一历史重任已经落到了我们新中国第一代审计人员特别是年轻审计人员的肩上，确实是任重而道远。正如屈原讲的：路漫漫其修远兮，吾将上下而求索。

1. 做好审计工作必须有高度的责任感。责任感来源于事业心。这是审计工作的一种要求。工作中一要严格依法办事，依照规定的程序办事，不得有任何随意性。二要一丝不苟，扎扎实实，一步一个脚印，经得起历史的检验。三是在完成一件审计任务或领导交办事项时，精益求精。四要抛掉依赖思想。五要有一日事一日逼，事有未成夜不能寐的精神。六要有争做第一流工作的精神。

2. 做好审计工作还必须有勇于开拓、实事求是、精心探索的精神。审计人员要有过硬的审计业务知识,有独立工作的能力,实事求是,严格执法。

3. 审计人员应遵守的职业道德是:忠于职守,勤奋工作;依法审计,实事求是;廉洁奉公,遵纪守法;努力学习,积极进取;谦虚谨慎,平等待人。

参考文献

1. 中国建设项目审计指南. 北京:中国计划出版社,1999

2. 建筑装饰工程造价与审计. 北京:中国建材工业出版社,2001

3. 建筑装饰工程预决算审计. 北京:人民交通出版社,1999

4. 新编建设项目审计实务. 北京:中国物价出版社,1997

5. 基本建设工程项目概预算审计. 北京:中国审计出版社,1998

6. 论审计人员的修养. 北京:中国审计出版社,1997

7. 建设项目预决算编制与审计. 南京:东南大学出版社,1996

点 评

从总体上看,沈洁同学的这篇有关建筑装饰工程预结算审计的毕业论文思路清晰,论述翔实,文章层次明确,针对性强。

1. 文章摘要概括了本文的研究内容。经修改添加了“关键词:审计、建筑装饰工程、工程定额”,便于检索查阅。

2. 文章正文部分重点介绍了建筑装饰工程审计的特点、程序、内容和方法。叙述准确、全面。本文对审计工作中常出现的问题有一些阐述,但对审计工作在建筑装饰工程中常出现问题及如何避免方面阐述不够,针对性有些欠缺。

3. 文章结论部分谈了作者对审计工作的一些认识,视角独特,见解正确。文章文笔流畅,条理性强。

附　　录

附表 1　混凝土强度设计值及等效应力图形系数

强度种类		轴心抗压强度(MPa)	轴心抗拉强度(MPa)	应力系数	高度系数
符　　号		f_c	f_t	α	β
混凝土强度等级	C15	7.2	0.91	1.0	0.8
	C20	9.6	1.10	1.0	0.8
	C25	11.9	1.27	1.0	0.8
	C30	14.3	1.43	1.0	0.8
	C35	16.7	1.57	1.0	0.8
	C40	19.1	1.71	1.0	0.8
	C45	21.2	1.80	1.0	0.8
	C50	23.1	1.89	1.0	0.8
	C55	25.3	1.96	0.99	0.79
	C60	27.5	2.04	0.98	0.78
	C65	29.7	2.09	0.97	0.77
	C70	31.8	2.14	0.96	0.76
	C75	33.8	2.18	0.95	0.75
	C80	35.9	2.22	0.94	0.74

注:①计算现浇钢筋混凝土轴心受压及偏心受压构件时,如截面的长边或直径小于 300mm,则表中混凝土的强度设计值应乘以系数 0.8;当构件质量(如混凝土成型、截面和轴线尺寸等)确有保证时,可不受此限制;
②离心混凝土的强度设计值应按有关规定取用。

附表 2　混凝土强度标准值和弹性模量(MPa)

强度种类		轴心抗压强度	轴心抗拉强度	弹性模量($\times 10^4$)
符　　号		f_{ck}	f_{tk}	E_c
混凝土强度等级	C15	10.0	1.27	2.20
	C20	13.4	1.54	2.55
	C25	16.7	1.78	2.80
	C30	20.1	2.01	3.00
	C35	23.4	2.20	3.15
	C40	26.8	2.40	3.25
	C45	29.6	2.51	3.35
	C50	32.4	2.65	3.45
	C55	35.5	2.74	3.55
	C60	38.5	2.85	3.60
	C65	41.5	2.93	3.65
	C70	44.5	3.00	3.70
	C75	47.4	3.05	3.75
	C80	50.2	3.10	3.80

附表 3　普通钢筋强度设计值(MPa)

种类		符号	f_y	f'_y
热轧钢筋	HPB235(Q235)	Φ	210	210
	HRB335(20MnSi)	Φ	300	300
	HRB400(20MnSiV,20MnSiNb,20MnTi) RRB400(20MnSi)	Φ	360	360

注:①在钢筋混凝土结构中,轴心受拉和小偏心受拉的钢筋抗拉强度设计值大于 300MPa 时,仍应按 300MPa 取用。

②构件中配有不同种类的钢筋时,每种钢筋根据其受力情况应采用各自的强度设计值。

附表 4　预应力钢筋强度设计值

种类		符号	直径 d(mm)	f_{ptk}(MPa)	f_{py}(MPa)	f'_{py}(MPa)
钢绞线	1×3	$Φ^S$	8.6～12.9	1 860	1 320	390
				1 720	1 220	
				1 570	1 110	
	1×7		9.5～15.2	1 860	1 320	390
				1 720	1 220	
消除应力钢丝	光面	$Φ^P$	4～9	1 770	1 250	410
				1 670	1 180	
	螺旋肋	$Φ^H$		1 570	1 110	
	刻痕	$Φ^I$	5,7	1 570	1 110	410
热处理钢筋	$40Si_2Mn$	$Φ^{HT}$	6～10	1 470	1 040	400
	$48Si_2Mn$					
	$45Si_2Cr$					

注:①钢绞线直径 d 系指钢绞线外接圆直径(公称直径);

②各种直径钢筋、钢丝、钢绞线的公称截面面积见附表 14～附表 16。

附表 5　普通钢筋强度标准值(MPa)

种类		符号	f_{yk}
热轧钢筋	HPB235(Q235)	Φ	235
	HRB335(20MnSi)	Φ	335
	HRB400(20MnSiV,20MnSiNb,20MnTi)RRB400(20MnSi)	Φ	400

附表 6　预应力钢筋强度标准值

种类		符号	直径 d(mm)	f_{ptk}(MPa)
钢绞线	1×3	$Φ^S$	8.6,10.8	1 860,1 720,1 570
			12.9	1 720,1 570
	1×7		9.5,11.1,12.7	1 860
			15.2	1 860,1 720
消除应力钢丝	光面螺旋肋	$Φ^P$　$Φ^H$	4,5	1 770,1 670,1 570

续表

种类		符号	直径 d(mm)	f_{ptk}(MPa)
消除应力钢丝	光面螺旋肋	ϕ^P	6	1 670,1 570
		ϕ^H	7,8,9	1 570
	刻　痕	ϕ^I	5,7	1 570
热处理钢筋	$40Si_2Mn$	ϕ^{HT}	6	1 470
	$48Si_2Mn$		8.2	
	$45Si_2Cr$		10	

注:钢绞线直径 d 系指钢绞线外接圆直径(公称直径)。

附表 7　钢筋的弹性模量(MPa)

种类	E_s	种类	E_s
HPB235 级钢筋	2.1×10^5	消除应力钢丝、螺旋肋钢丝、刻痕钢丝	2.05×10^5
HRB335 级钢筋、HRB400 级钢筋、RRB400 级钢筋、热处理钢筋	2.0×10^5	钢绞线	1.95×10^5

注:必要时钢绞线可采用实测的弹性模量。

附表 8　纵向受力钢筋混凝土最小保护层厚度(mm)

环境类别		板、墙、壳			梁			柱	
		≤C20	C25～C45	≥C50	≤C20	C25～C45	≥C50	C25～C45	≥C50
一		20	15	15	30	25	25	30	30
二	*a*	—	20	15	—	30	25	30	30
	b	—	25	20	—	35	30	35	30
三		—	30	25	—	40	35	40	35

注:①基础的保护层厚度不小于 40mm,当无垫层时不小于 70mm;
②处于一类环境且由工厂生产的预制构件,当混凝土强度等级不低于 C25 时,其保护层厚度可按表中规定减少 5mm,但预制构件中的预应力钢筋的保护层厚度不应小于 15mm;处于二类环境且由工厂生产的预制构件,当表面另作水泥砂浆抹面层且有质量保证措施时,保护层厚度可按表中一类环境数值取用;
③预制钢筋混凝土受弯构件钢筋端头的保护层厚度宜为 10mm,预制肋形板主肋钢筋的保护层厚度应按梁的数值采用;
④板、墙、壳中分布钢筋的保护层厚度不应小于 10mm,梁、柱中箍筋和构造钢筋的保护层厚度不应小于 15mm;
⑤处于二类环境中的悬臂板,其上表面应另作水泥砂浆保护层或采取其他保护措施;
⑥当梁、柱的保护层厚度大于 40mm 时,应对混凝土保护层采取有效的防裂构造措施;
⑦有防火要求的建筑物,其保护层厚度尚应符合国家现行有关防火规范的规定。

附表 9　混凝土构件中纵向受力钢筋的最小配筋百分率 ρ_{min}(%)

受力类型		最小配筋百分率
轴心受压构件 偏心受压构件	全部纵向钢筋	0.6 和 $9f_c/f_y$ 中的较大者
	一侧纵向钢筋	0.2
受弯构件、偏心受拉、轴心受拉构件一侧受拉钢筋		0.2 和 $0.45f_t/f_y$ 中较大者

注:①轴心受压构件、偏心受拉构件全部纵向钢筋的配筋率,以及一侧受压钢筋的配筋率应按构件的全截面面积计算;轴心受拉构件及小偏心受拉构件一侧受拉钢筋的配筋率应按构件的全截面面积计算;受弯构件、大偏心受拉构件一侧受拉钢筋的配筋率应按全截面面积扣除受压边缘面 $(b'_f-b)h'_f$ 后的截面面积计算。当钢筋沿构件截面周边布置时,"一侧的受压钢筋"或"一侧的受拉钢筋"系指沿受力方向两个对边中一边布置的纵向钢筋;
②对于卧置于地基上的混凝土板,板的受拉钢筋最小配筋率可适当降低,但不应小于 0.15%;
③当温度、收缩等因素对结构有较大影响时,构件的最小配筋率应较上述规定适当增加。

附表 10　裂缝控制等级与裂缝宽度限值

环境类别	钢筋混凝土结构		预应力混凝土结构	
	裂缝控制等级	最大裂缝宽度限值(mm)	裂缝控制等级	最大裂缝宽度限值(mm)
一	三	0.3	三	0.2
二	三	0.2	二	—
三	三	0.2	—	—

注:①表中规定适用于采用热轧钢筋的钢筋混凝土构件和采用预应力钢丝、钢绞线及热处理钢筋的预应力混凝土构件。当采用其他类别的钢丝或钢筋时,其裂缝控制要求可参照专门规范的规定;
②在一类环境条件下,对于钢筋混凝土屋架、托架及需要作疲劳验算的吊车梁,其最大裂缝宽度限值应取 0.2mm;
③在一类环境条件下,对于预应力混凝土屋面板、托梁、屋架、托架及民用房屋的楼板,按荷载的标准组合计算时,其受拉边缘混凝土拉应力不应大于混凝土抗拉强度标准值;在一类和二类环境条件下,对于需作疲劳验算的预应力混凝土吊车梁,按荷载的标准组合计算时,其受拉边缘混凝土不应产生拉应力;
④表中规定的预应力混凝土构件的裂缝控制等级和最大裂缝宽度限值仅适用于正截面的验算。预应力混凝土构件的斜截面裂缝开展验算按第 11 章进行;
⑤对于配置后张无黏结预应力钢筋的构件,承受可变荷载为主的构件(如铁路、公路桥梁的构件),以及烟囱、筒仓和处于液体压力下的结构构件,裂缝控制应符合专门规范或规程的有关规定;
⑥对于处于四、五类环境条件下的结构构件,其裂缝控制要求应符合专门规范的有关规定;
⑦对于承受水压且有抗裂要求的钢筋混凝土,应按专门规范的规定验算。

附表 11　受弯构件的挠度限值

构件类型	挠度限值(以计算跨度 l_0 计算)	构件类型	挠度限值(以计算跨度 l_0 计算)
吊车梁:手动吊车 电动吊车	$l_0/500$ $l_0/600$	屋盖、楼盖及楼梯构件: 当 $l_0 \leqslant 7$m 时 当 7m$\leqslant l_0 \leqslant$9m 时 当 $l_0 > 9$m 时	 $l_0/200$($l_0/250$) $l_0/250$($l_0/300$) $l_0/300$($l_0/400$)

注:①如果构件制作时预先起拱,且使用上也允许,则在验算挠度时,可将计算所得的挠度值减去起拱值,预应力混凝土构件尚可减去预加应力所产生的反拱值;
②表中括号内数值适用于使用上对挠度有较高要求的构件;
③悬臂构件的挠度限值按表中相应数值乘以系数 2.0 取用。

附表 12　矩形和 T 形截面受弯构件正截面强度计算表

ζ	γ_s	α_s	ζ	γ_s	α_s
0.01	0.995	0.010	0.16	0.920	0.147
0.02	0.990	0.020	0.17	0.915	0.156
0.03	0.985	0.030	0.18	0.910	0.164
0.04	0.980	0.039	0.19	0.905	0.172
0.05	0.975	0.049	0.20	0.900	0.180
0.06	0.970	0.058	0.21	0.895	0.188
0.07	0.965	0.068	0.22	0.890	0.196
0.08	0.960	0.077	0.23	0.885	0.204
0.09	0.955	0.086	0.24	0.880	0.211
0.10	0.950	0.095	0.25	0.875	0.219
0.11	0.945	0.104	0.26	0.870	0.226
0.12	0.940	0.113	0.27	0.865	0.234
0.13	0.935	0.122	0.28	0.860	0.241
0.14	0.930	0.130	0.29	0.855	0.248
0.15	0.925	0.139	0.30	0.850	0.255

续表

ζ	γ_s	α_s	ζ	γ_s	α_s
0.31	0.845	0.262	0.46	0.770	0.354
0.32	0.840	0.269	0.47	0.765	0.360
0.33	0.835	0.276	0.48	0.760	0.365
0.34	0.830	0.282	0.49	0.755	0.370
0.35	0.825	0.289	0.50	0.750	0.375
0.36	0.820	0.295	0.51	0.745	0.380
0.37	0.815	0.302	0.52	0.740	0.385
0.38	0.810	0.308	0.53	0.735	0.390
0.39	0.805	0.314	0.54	0.730	0.394
0.40	0.800	0.320	0.55	0.725	0.399
0.41	0.795	0.326	0.56	0.720	0.403
0.42	0.790	0.332	0.57	0.715	0.408
0.43	0.785	0.338	0.58	0.710	0.412
0.44	0.780	0.343	0.59	0.705	0.416
0.45	0.775	0.349	0.60	0.700	0.420

注：$M=\alpha_s\alpha f_c bh_0^2$

$\zeta=x/h_0=f_yA_s/\alpha f_c bh_0$

$A_s=M/\gamma_s h_0 f_y$ 或 $A_s=\zeta bh_0\alpha f_c/f_y$

附表 13　钢筋的计算截面面积及公称质量表

直　径 d(mm)	不同根数钢筋的计算截面面积(mm^2)									单根钢筋公称质量(kg·m^{-1})
	1	2	3	4	5	6	7	8	9	
3	7.1	14.1	21.2	28.3	35.3	42.4	49.5	56.5	63.6	0.055
4	12.6	25.1	37.7	50.2	62.8	75.4	87.9	100.5	113	0.099
5	19.6	39	59	79	98	118	138	157	177	0.154
6	28.3	57	85	113	142	170	198	226	255	0.222
6.5	33.2	66	100	133	166	199	232	265	299	0.260
8	50.3	101	151	201	252	302	352	402	453	0.395
8.2	52.8	106	158	211	264	317	370	423	475	0.432
10	78.5	157	236	314	393	471	550	628	707	0.617
12	113.1	226	339	452	565	678	791	904	1 017	0.888
14	153.9	308	461	615	769	923	1 077	1 230	1 387	1.21
16	201.1	402	603	804	1 005	1 206	1 407	1 608	1 809	1.58
18	254.5	509	763	1 017	1 272	1 526	1 780	2 036	2 290	2.00
20	314.2	628	941	1 256	1 570	1 884	2 200	2 513	2 827	2.47
22	380.1	760	1 140	1 520	1 900	2 281	2 661	3 041	3 421	2.98
25	490.9	982	1 473	1 964	2 454	2 945	3 436	3 927	4 418	3.85
28	615.3	1 232	1 847	2 463	3 079	3 695	4 310	4 926	5 542	4.83
32	804.3	1 609	2 418	3 217	4 021	4 826	5 630	6 434	7 238	6.31
36	1 017.9	2 036	3 054	4 072	5 089	6 107	7 125	8 143	9 161	7.99
40	1 256.1	2 513	3 770	5 027	6 283	7 540	8 796	10 053	11 310	9.87

注：表中直径 $d=8.2$mm 的计算截面面积及公称质量仅适用于有纵肋的热处理钢筋。

附表 14　钢绞线公称直径、截面面积及理论质量

种　　类	公称直径(mm)	公称截面面积(mm²)	理论质量(kg·m⁻¹)
1×3	8.6	37.4	0.298
	10.8	59.3	0.465
	12.9	85.4	0.671
1×7 标准型	9.5	54.8	0.432
	11.1	74.2	0.580
	12.7	98.7	0.774
	15.2	139	1.101

附表 15　钢丝公称直径、截面面积及理论质量

公　称　直　径　(mm)	公称截面面积(mm²)	理论质量(kg·m⁻¹)
3.0	7.07	0.055
4.0	12.57	0.099
5.0	19.63	0.154
6.0	28.27	0.222
7.0	38.48	0.302
8.0	50.26	0.394
9.0	63.62	0.499

附表 16　各种钢筋间距时每米板宽内的钢筋截面面积表

钢筋间距(mm)	当钢筋直径为下列数值时的钢筋截面面积(mm²)													
	3	4	5	6	6/8	8	8/10	10	10/12	12	12/14	14	14/16	16
70	101	179	281	404	561	719	920	1 121	1 369	1 616	1 908	2 199	2 536	2 872
75	94.3	167	262	377	524	671	859	1 047	1 277	1 508	1 780	2 053	2 367	2 681
80	88.4	157	245	354	491	629	805	981	1 198	1 414	1 669	1 924	2 218	2 513
85	83.2	148	231	333	462	592	758	924	1 127	1 331	1 571	1 811	2 088	2 365
90	78.5	140	218	314	437	559	716	872	1 064	1 257	1 484	1 710	1 972	2 234
95	74.5	132	207	298	414	529	678	826	1 008	1 190	1 405	1 620	1 868	2 116
100	70.6	126	196	283	393	503	644	785	958	1 131	1 335	1 539	1 775	2 011
110	64.2	114	178	257	357	457	585	714	871	1 028	1 214	1 399	1 614	1 828
120	58.9	105	163	236	327	419	537	654	798	942	1 112	1 283	1 480	1 676
125	56.5	100	157	226	314	402	515	628	766	905	1 068	1 232	1 420	1 608
130	54.4	96.6	151	218	302	387	495	604	737	870	1 027	1 184	1 366	1 547
140	50.5	89.7	140	202	281	359	460	561	684	808	954	1 100	1 268	1 436
150	47.1	83.8	131	189	262	335	429	523	639	754	890	1 026	1 188	1 340
160	44.1	78.5	123	177	246	314	403	491	599	707	834	962	1 110	1 257
170	41.5	73.9	115	166	231	296	379	462	564	665	786	906	1 044	1 183
180	39.2	69.8	109	157	218	279	358	436	532	628	742	855	985	1 117
190	37.2	66.1	103	149	207	265	339	413	504	595	702	810	934	1 053
200	35.3	62.8	98.2	141	196	251	322	393	479	565	668	770	888	1 005
220	32.1	57.1	89.3	129	178	228	292	357	436	514	607	700	807	914
240	29.4	52.4	81.9	118	164	209	268	327	399	471	556	641	740	838

续表

钢筋间距(mm)	当钢筋直径为下列数值时的钢筋截面面积(mm^2)													
	3	4	5	6	6/8	8	8/10	10	10/12	12	12/14	14	14/16	16
250	28.3	50.2	78.5	113	157	201	258	314	383	452	534	616	710	804
260	27.2	48.3	75.5	109	151	193	248	302	368	435	514	592	682	773
280	25.2	44.9	70.1	101	140	180	230	281	342	404	477	550	634	718
300	23.6	41.9	65.5	94	131	168	215	262	320	377	445	513	592	670
320	22.1	39.2	61.4	88	123	157	201	245	299	353	417	481	554	628

注:表中钢筋直径中的6/8,8/10等系指两种直径的钢筋间隔放置。

附表17　截面抵抗矩塑性影响系数基本值γ_m

截面形状	矩形截面	T形翼缘受压	对称I形或箱形		T形翼缘受拉		圆形或环形
			$b_f/b \leqslant 2$ h_f/h 任意值	$b_f/b > 2$ $h_f/h < 0.2$	$b_f/b \leqslant 2$ h_f/h 任意值	$b_f/b > 2$ $h_f/h < 0.2$	
γ_m值	1.55	1.50	1.45	1.35	1.50	1.40	$(1.6 \sim 0.24) r_1/r$

注:r为圆形和环形截面外径;r_1为环形截面内径。

附表18　常用材料和构件自重

类　别	名　　称	自　　重	备　　注
砌　体($kN \cdot m^{-3}$)	浆砌普通砖	18	
	浆砌机砖	19	
	浆砌矿渣砖	21	
	浆砌焦渣砖	12.5～14	
	土坯砖砌体	16	
	三合土	17	灰:砂:土＝1:1:9～1:1:4
	浆砌细方石	26.4、25.6、22.4	花岗石、石灰石、砂岩
	浆砌毛方石	24.8、24、20.8	花岗石、石灰石、砂岩
	干砌毛石	20.8、20、17.6	花岗石、石灰石、砂岩
隔墙及墙面($kN \cdot m^{-2}$)	双面抹灰板条隔墙	0.9	灰厚16～24mm,龙骨在内
	单面抹灰板条隔墙	0.5	灰厚16～24mm,龙骨在内
	水泥粉刷墙面	0.36	20mm厚,水泥粗砂
	水磨石墙面	0.55	25mm厚,包括打底
	水刷石墙面	0.5	25mm厚,包括打底
	石灰粗砂墙面	0.34	20mm厚
	外墙拉毛墙面	0.7	包括25mm厚水泥砂浆打底
	剁假石墙面	0.5	25mm厚,包括打底
	贴磁砖墙面	0.5	包括水泥砂浆打底,共厚25mm
屋　顶($kN \cdot m^{-2}$)	小青瓦屋面	0.90～1.10	
	冷摊瓦屋面	0.50	
	黏土平瓦屋面	0.55	
	水泥平瓦屋面	0.50～0.55	
	波形石棉瓦	0.20	1 820mm×725mm×8mm
	瓦楞铁	0.05	26号
	白铁皮	0.05	24号
	油毡防水层	0.05	一毡二油

续表

类　别	名　　称	自　　重	备　　注
屋　顶 (kN·m^{-2})	油毡防水层	0.25～0.30	一毡二油,上铺小石子
	油毡防水层	0.30～0.35	二毡三油,上铺小石子
	油毡防水层	0.35～0.40	三毡四油,上铺小石子
	硫化型橡胶油毡防水层	0.02	主材1.25mm厚
	氯化聚乙烯卷材防水层	0.03～0.04	主材0.8～1.5mm
	氯化聚乙烯—橡胶卷材防水层	0.03	主材1.2mm厚
	三元乙丙橡胶卷材防水层	0.03	主材1.2mm厚
屋　架 (kN·m^{-2})	木屋架	0.07+0.007×跨度	按屋面水平投影面积计算,跨度以米计无天窗,包括支撑,按屋面水平投影面积计算,跨度以米计
	钢屋架	0.12+0.11×跨度	
门　窗 (kN·m^{-2})	木框玻璃窗	0.20～0.30	
	钢框玻璃窗	0.40～0.45	
	铝合金窗	0.17～0.24	
	玻璃幕墙	0.36～0.70	
	木门	0.10～0.20	
	钢铁门	0.40～0.45	
	铝合金门	0.27～0.30	
顶　棚 (kN·m^{-2})	V形轻钢龙骨吊顶	0.12	
		0.17	一层9mm纸面石膏板、无保温层
		0.20	一层9mm纸面石膏板、岩棉保温层厚50mm
		0.25	两层9mm纸面石膏板、无保温层
	V形轻钢龙骨及铝合金龙骨吊顶	0.10～0.12	两层9mm纸面石膏板、岩棉保温层50mm
	钢丝网抹灰吊顶	0.45	一层矿棉吸音板厚15mm,无保温层
	麻刀灰板条吊顶	0.45	吊木在内,平均灰厚20mm
	砂子灰板条吊顶	0.55	吊木在内,平均灰厚20mm
	三夹板顶棚	0.18	吊木在内
	木丝板吊顶棚	0.26	厚25mm,吊木及盖缝条在内
	顶棚上铺焦渣锯末绝缘层	0.2	厚50mm,焦渣:锯末=1:5
预制板 (kN·m^{-2})	预应力空心板	1.73	板厚120mm,包括填缝
	预应力空心板	2.58	板厚180mm,包括填缝
	槽形板	1.2,1.45	肋高120mm、180mm,板宽600mm
	大型屋面板	1.3,1.47,1.75	板厚180mm、240mm、300mm,包括填缝
	加气混凝土板	1.3	板厚200mm,包括填缝
地　面 (kN·m^{-2})	硬木地板	0.2	厚25mm,剪刀撑、钉子等自重在内,不包括榻栅自重
	地板榻栅	0.2	仅榻栅自重
	水磨石地面	0.65	面层厚10mm,20mm厚水泥砂浆打底
	菱苦土地面	0.28	厚20mm

续表

类 别	名 称	自 重	备 注
基本材料 (kN·m⁻²)			振捣或不振捣
	素混凝土	22～24	
	钢筋混凝土	24～25	单块
	加气混凝土	5.50～7.50	承重用
	焦渣混凝土	16～17	填充用
	焦渣混凝土	10～14	
	泡沫混凝土	4～6	
	石灰砂浆、混合砂浆	17	
	水泥砂浆	20	
	水泥蛭石砂浆	5～8	
	膨胀珍珠岩砂浆	7～15	
	水泥石灰焦渣砂浆	14	
	岩棉	0.50～2.50	
	矿渣棉	1.20～1.50	
	沥青矿渣棉	1.20～1.60	
	水泥膨胀珍珠岩	3.50～4	
	水泥蛭石	4～6	

附表 19 常用墙体自重(kN/m³)

类别	墙 厚 (mm)	清水墙	单面粉刷	双面粉刷	外墙贴面砖内墙粉刷	外墙贴马赛克内墙粉刷	外墙水刷石内墙粉刷	备 注
机制黏土砖实心墙	60	1.14		1.82				粉刷:20mm 厚混合砂浆 0.34kN/m² 外墙饰面:包括打底总厚 25mm
	120	2.28	2.62	2.96	3.10	3.14	3.12	
	180	3.42	3.76	4.10	4.24	4.28	4.26	
	240	4.56	4.90	5.24	5.38	5.42	5.40	
	370	7.03	7.37	7.71	7.85	7.89	7.87	
	490	9.31	9.65	9.99	10.13	10.17	10.15	
机制黏土砖空斗墙	240(一眠一斗)	3.61	3.95	4.29	4.43	4.47	4.45	粉刷:20mm 厚混合砂浆 0.34kN/m² 外墙饰面:包括打底总厚 25mm
	240(一眠二斗)	3.42	3.76	4.10	4.24	4.28	4.26	
	240(一眠三斗)	3.34	3.68	4.02	4.16	4.20	4.18	
	240(全斗)	3.12	3.46	3.80	3.94	3.98	3.96	
机制黏土空心砖墙(砖空心率为20%)	90	1.37	1.71	2.05	2.19	2.23	2.21	粉刷:20mm 厚混合砂浆 0.34kN/m² 外墙饰面:包括打底总厚 25mm
	180	2.74	3.08	3.42	3.56	3.60	3.58	
	190	2.89	3.23	3.57	3.71	3.75	3.73	
	300	4.56	4.90	5.24	5.38	5.42	5.40	
加气混凝土砌块墙	75	0.56	0.82	1.07	1.19	1.24	1.22	粉刷:1.15mm 厚混合砂浆 0.26kN/m² 外墙饰面:包括打底总厚 20mm
	100	0.75	1.01	1.26	1.38	1.43	1.41	
	150	1.13	1.39	1.64	1.76	1.81	1.79	
	200	1.50	1.76	2.01	2.13	2.18	2.16	
	250	1.88	2.14	2.39	2.51	2.56	2.54	

注:按黏土砖墙重度 19kN/m³;无眠空斗砖墙重度 13kN/m³;加气混凝土砌块墙重度 7.5kN/m³ 计算;烧结黏土多孔砖重度按式 $\gamma=(1-q/2)\times 19(\mathrm{kN/m^3})$计算,$q$ 为孔洞率。当 $q>28\%$时,可取 $\gamma=16.4\mathrm{kN/m^3}$。

附表 20　等截面等跨连续梁在常用荷载作用下的内力系数表

1. 在均布及三角形荷载作用下：M = 表中系数 × pl^2；
   V = 表中系数 × pl；
2. 在集中荷载作用下：M = 表中系数 × pl；
   V = 表中系数 × p；
3. 内力正负号规定：M——使截面上部受压、下部受拉为正；
   V——对邻近截面所产生的力矩沿顺时针方向者为正。
4. 文字符号规定：M_1、M_2，…，跨中弯矩系数；M_B、…，支座弯矩系数；V_A，…，支座剪力系数，V_{Bz}为支座 B 左、V_{By}为支座 B 右剪力系数。l 为计算跨度，p 为均布荷载，P 为集中荷载。

附表 20-1　两　跨　梁

荷　载　图	跨内最大弯矩		支座弯矩	剪　力		
	M_1	M_2	M_B	V_A	V_{Bz} V_{By}	V_D
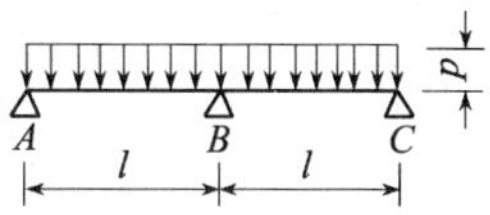 p　A　B　C　l　l	0.070	0.070 3	−0.125	0.375	−0.625 0.625	−0.375
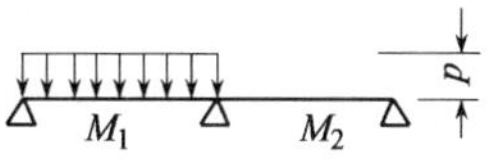 p　M_1　M_2	0.096	—	−0.063	0.437	−0.563 0.063	0.063
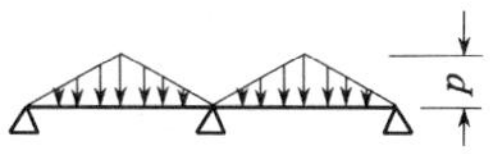 p	0.048	0.048	−0.078	0.172	−0.328 0.328	−0.172
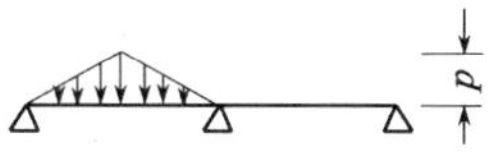 p	0.064	—	−0.039	0.211	−0.289 0.039	0.039
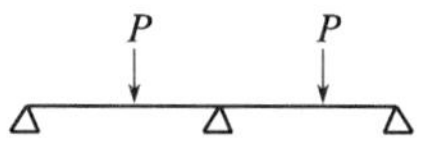 P　P	0.156	0.156	−0.188	0.312	−0.688 0.688	−0.312
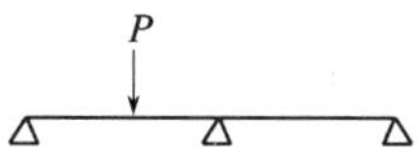 P	0.203	—	−0.094	0.406	−0.594 0.094	0.094
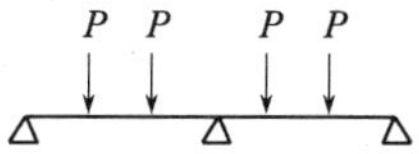 P　P　P　P	0.222	0.222	−0.333	0.667	−0.133 3 1.333	−0.667
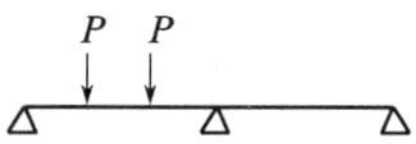 P　P	0.278	—	−0.167	0.833	−1.167 0.167	0.167

附表 20-2　三　跨　梁

荷　载　图	跨内最大弯矩		支座弯矩		剪　力			
	M_1	M_2	M_B	M_C	V_A	V_{Bz} V_{By}	V_{Cx} V_{Cy}	V_D
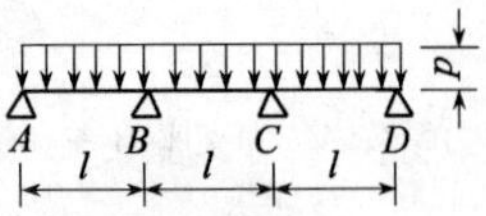 p; A B C D; l l l	0.080	0.025	-0.100	-0.100	0.400	-0.600 0.500	-0.500 0.600	-0.400
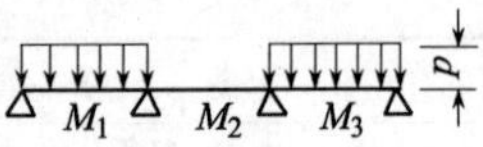 p; M_1 M_2 M_3	0.101	—	-0.050	-0.050	0.450	-0.550 0	0 0.550	-0.450
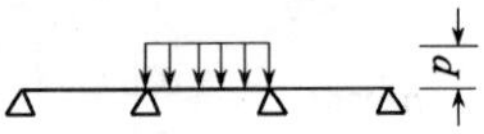 p	—	0.075	-0.050	-0.050	0.050	-0.050 0.500	-0.500 0.050	0.050
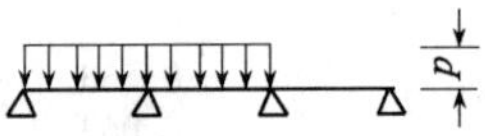 p	0.073	0.054	-0.117	-0.033	0.383	-0.617 0.583	-0.417 0.033	0.033
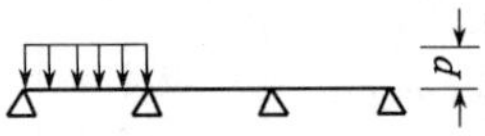 p	0.094	—	-0.067	0.017	0.433	-0.567 0.083	0.083 -0.017	-0.017
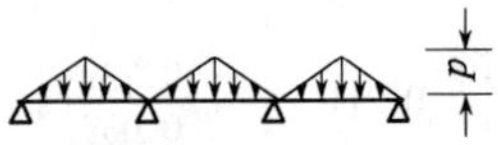 p	0.054	0.021	-0.063	-0.063	0.183	-0.313 0.250	-0.250 0.313	-0.188
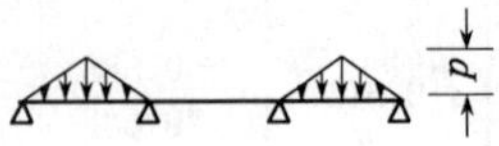 p	0.068	—	-0.031	-0.031	0.219	-0.281 0	0 0.281	-0.219
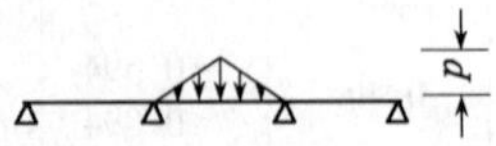 p	—	0.052	-0.031	-0.031	0.031	-0.031 0.250	-0.250 0.031	0.031
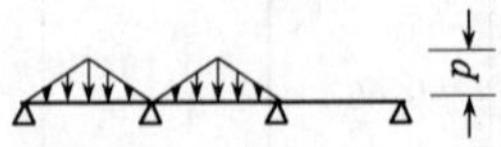 p	0.050	0.038	-0.073	-0.021	0.177	-0.323 0.302	-0.198 0.021	0.021
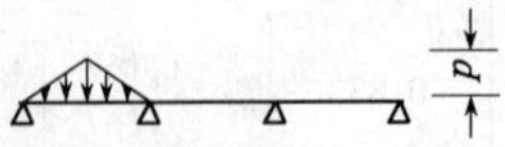 p	0.063	—	-0.042	0.010	0.208	-0.292 0.052	0.052 -0.010	-0.010

续表

荷载图	跨内最大弯矩		支座弯矩		剪力			
	M_1	M_2	M_B	M_C	V_A	V_{Bz} V_{By}	V_{Cx} V_{Cy}	V_D
P P P	0.175	0.100	−0.150	−0.150	0.350	−0.650 0.500	−0.500 0.650	−0.350
P P	0.213	—	−0.075	−0.075	0.425	−0.575 0	0 0.575	0.425
P	—	0.175	−0.075	−0.075	−0.075	−0.075 0.500	−0.500 0.075	0.075
P P	0.162	0.137	−0.175	0.050	0.325	−0.675 0.625	−0.375 0.050	0.050
P	0.200	—	0.010	0.025	0.400	−0.600 0.125	0.125 −0.025	−0.025
PP PP PP	0.244	0.067	−0.267	0.267	0.733	−1.267 1.000	−1.000 1.267	−0.733
PP PP	0.289	—	0.133	−0.133	0.866	−1.134 0	0 1.134	−0.866
PP	—	0.200	−0.133	0.133	−0.133	−0.133 1.000	−1.000 0.133	0.133
PP PP	0.229	0.170	−0.311	−0.089	0.689	−1.311 1.222	−0.778 0.089	0.089
PP	0.274	—	0.178	0.044	0.822	−1.178 0.222	0.222 −0.044	−0.044

附表 20-3　四　跨　梁

荷　载　图	跨内最大弯矩			支 座 弯 矩		剪　力						
	M_1	M_2	M_3	M_4	M_B	M_C	M_D	V_A	V_{Bz} V_{By}	V_{Cx} V_{Cy}	V_{Dx} V_{Dy}	V_E
A B C D E; l l l l; p	0.077	0.036	0.036	0.077	−0.107	−0.071	−0.107	0.393	−0.607 0.536	0.464 0.464	−0.536 −0.607	−0.393
M_1 M_2 M_3 M_4; p	0.100	—	0.081	—	−0.054	−0.036	−0.054	0.446	−0.554 0.018	0.018 0.482	0.518 0.054	0.054
p	0.072	0.061	—	0.098	−0.121	−0.018	−0.058	0.380	−0.620 0.603	−0.397 −0.040	0.040 0.558	−0.442
p	—	0.056	0.056	—	−0.036	−0.107	−0.036	−0.036	−0.036 0.429	−0.571 0.571	0.429 0.036	0.036
p	0.094	—	—	—	−0.067	−0.018	−0.004	0.433	−0.567 0.085	0.085 −0.022	0.022 0.004	0.004
p	—	0.071	—	—	−0.049	−0.054	−0.013	−0.049	0.049 0.496	−0.504 0.067	0.067 0.013	0.013
p	0.052	0.028	0.028	0.052	−0.067	−0.045	−0.067	0.183	−0.317 0.272	−0.228 −0.228	−0.272 0.317	−0.183
p	0.067	—	0.055	—	0.034	−0.022	−0.034	0.217	−0.284 0.011	0.011 0.239	−0.261 0.034	0.034

续表

荷载图	跨内最大弯矩			支座弯矩		剪力						
	M_1	M_2	M_3	M_4	M_B	M_C	M_D	V_A	V_{Bz} V_{By}	V_{Cx} V_{Cy}	V_{Dx} V_{Dy}	V_E
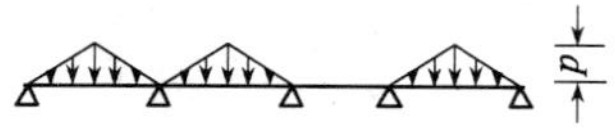	0.049	0.042	—	0.066	−0.075	−0.011	−0.036	0.175	−0.325 0.314	−0.186 −0.025	−0.025 0.286	−0.214
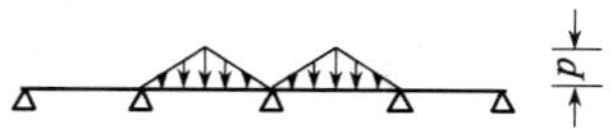	—	0.040	0.040	—	−0.022	−0.067	−0.022	−0.022	−0.022 0.205	−0.295 0.295	0.205 −0.022	0.022
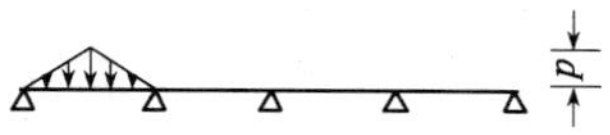	0.063	—	—	—	−0.042	0.011	−0.003	0.208	−0.292 0.053	0.053 −0.014	0.014 0.003	0.003
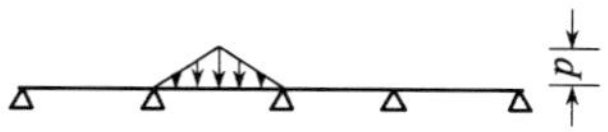	—	0.051	—	—	−0.031	−0.034	0.008	−0.031	−0.031 0.247	−0.253 0.042	0.042 −0.008	−0.008
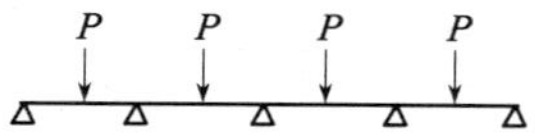	0.169	0.116	0.116	0.169	−0.161	−0.107	−0.161	0.339	−0.661 0.554	−0.446 0.446	0.554 0.661	0.339
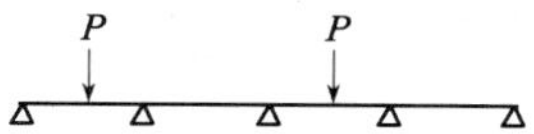	0.210	—	0.183	—	0.080	−0.054	−0.080	0.420	−0.580 0.027	0.027 0.473	−0.527 0.080	0.080
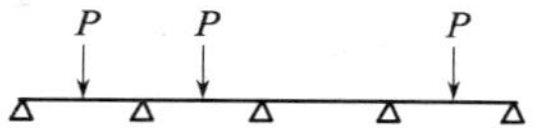	0.159	0.146	—	0.206	−0.181	−0.027	−0.087	0.319	−0.681 0.654	−0.346 −0.060	0.060 0.587	−0.143
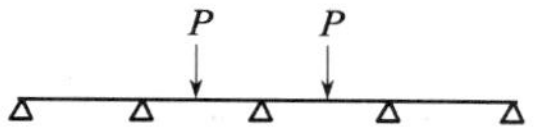	—	0.142	0.142	—	0.054	−0.161	−0.054	0.054	−0.054 0.393	−0.607 0.607	−0.393 0.054	0.054

续表

荷载图	跨内最大弯矩			支座弯矩				剪力				
	M_1	M_2	M_3	M_4	M_B	M_C	M_D	V_A	V_{Bz} V_{By}	V_{Cx} V_{Cy}	V_{Dx} V_{Dy}	V_E
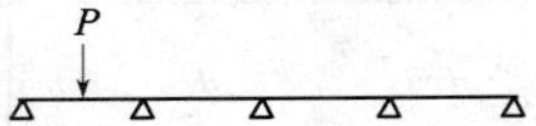	0.200	—	—	—	−0.100	0.027	−0.007	0.400	−0.600 0.127	0.127 −0.033	−0.033 0.007	0.007
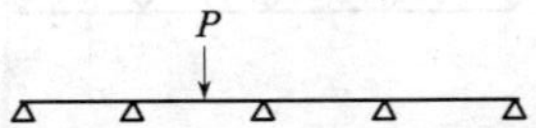	—	0.173	—	—	−0.074	−0.080	0.020	0.074	−0.074 0.493	−0.507 0.100	0.100 −0.020	−0.020
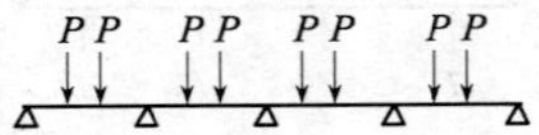	0.238	0.111	0.111	0.238	−0.286	−0.191	−0.286	0.714	1.286 1.095	−0.905 0.905	−1.095 1.286	−0.714
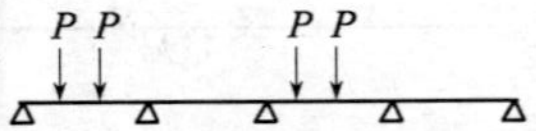	0.286	—	0.222	—	−0.143	−0.095	−0.143	0.857	−1.143 0.048	0.048 0.952	−1.048 0.143	0.143
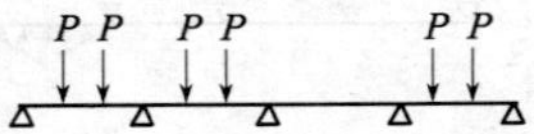	0.226	0.194	—	0.282	−0.331	−0.048	−0.155	0.679	−1.321 1.274	−0.726 −0.107	−0.107 1.155	−0.845
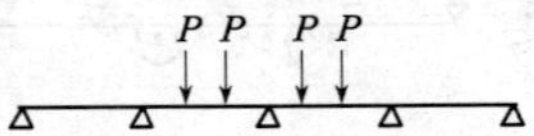	—	0.175	0.175	—	−0.095	−0.286	−0.095	−0.095	0.095 0.810	−1.190 1.190	−0.810 0.095	−0.095
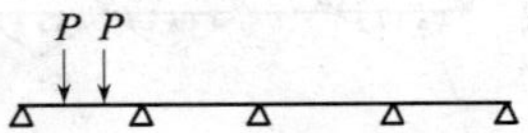	0.274	—	—	—	−0.178	0.048	−0.012	0.822	−1.178 0.226	0.226 −0.060	−0.060 0.012	0.012
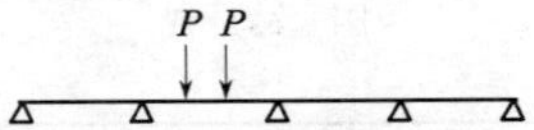	—	0.198	—	—	−0.131	−0.143	0.036	−0.131	−0.131 0.988	−1.012 0.178	0.178 −0.036	−0.036

附表 20-4　五　跨　梁

荷载图	跨内最大弯矩			支座弯矩				剪力					
	M_1	M_2	M_3	M_B	M_C	M_D	M_B	V_A	V_{Bz} V_{By}	V_{Cx} V_{Cy}	V_{Dz} V_{Dy}	V_{Ez} V_{Ey}	V_F
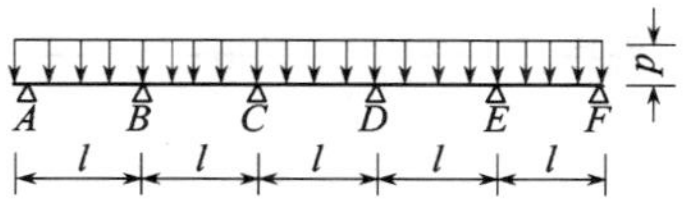 p; A B C D E F; l l l l l	0.078	0.033	0.046	-0.105	-0.079	-0.079	-0.105	0.394	-0.606 0.526	-0.474 0.500	-0.500 0.474	-0.526 0.606	-0.394
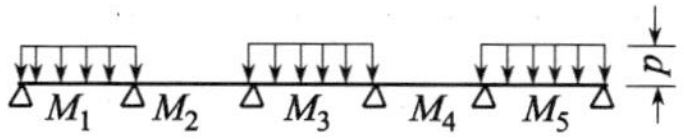 p; M_1 M_2 M_3 M_4 M_5	0.100	—	0.085	-0.053	-0.040	-0.040	-0.053	0.447	-0.553 0.013	0.013 0.500	-0.500 -0.013	-0.013 0.553	0.447
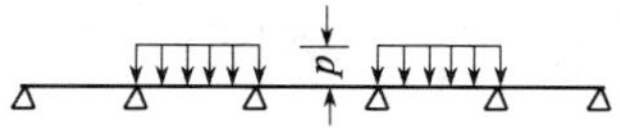 p	—	0.079	—	-0.053	-0.040	-0.040	-0.053	-0.053	-0.053 0.513	-0.487 0	0 0.487	-0.513 0.053	0.053
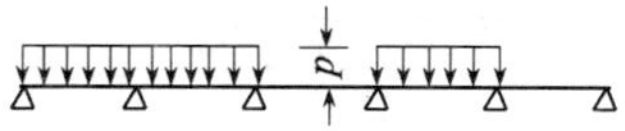 p	0.073	②0.059 0.078	—	-0.119	-0.022	-0.044	-0.051	0.380	-0.620 0.598	-0.402 -0.023	-0.023 0.493	-0.507 0.052	0.052
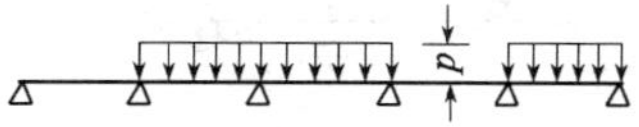 p	①— 0.098	0.055	0.064	-0.035	-0.111	-0.020	-0.057	0.035	0.035 0.424	0.576 0.591	-0.409 -0.037	-0.037 0.557	0.443
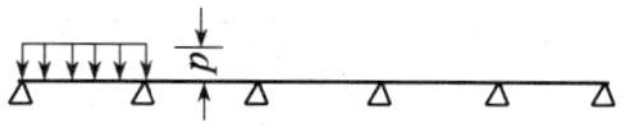 p	0.094	—	—	-0.067	0.018	-0.005	-0.001	0.433	0.567 0.085	0.085 0.023	0.023 0.006	0.006 -0.001	0.001
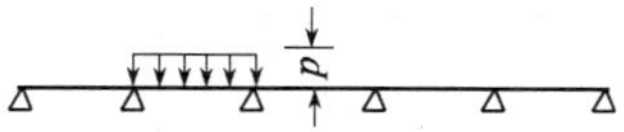 p	—	0.074	—	-0.049	-0.054	-0.014	-0.004	0.019	-0.049 0.495	-0.505 0.068	0.068 -0.018	-0.018 0.004	0.004
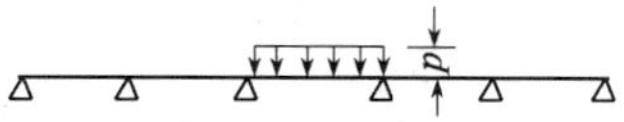 p	—	—	0.072	-0.013	0.053	-0.053	-0.013	0.013	0.013 -0.066	-0.066 0.500	-0.500 0.066	0.066 -0.013	0.013

续表

荷载图	跨内最大弯矩			支座弯矩				剪力					
	M_1	M_2	M_3	M_B	M_C	M_D	M_B	V_A	V_{Bz} V_{By}	V_{Cx} V_{Cy}	V_{Dz} V_{Dy}	V_{Ez} V_{Ey}	V_F
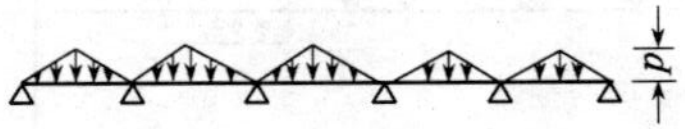 d	0.053	0.026	0.034	−0.066	−0.049	0.049	−0.066	0.184	−0.316 0.266	−0.234 0.250	−0.250 0.234	−0.266 0.316	0.184
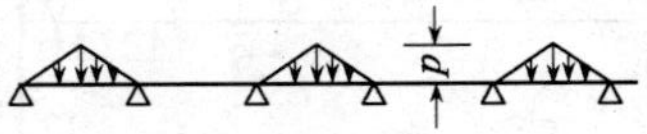 d	0.067	—	0.059	−0.033	−0.025	−0.025	0.033	0.217	0.283 0.008	0.008 0.250	−0.250 −0.008	−0.008 0.283	0.217
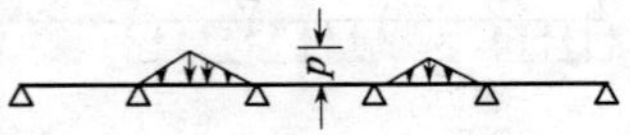 d	—	0.055	—	−0.033	−0.025	−0.025	−0.033	0.033	−0.033 0.258	−0.242 0	0 0.242	−0.258 0.033	0.033
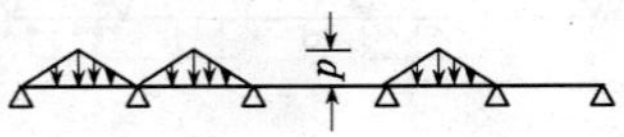 d	0.049	②0.041 0.053	—	−0.075	−0.014	−0.028	−0.032	0.175	0.325 0.311	−0.189 −0.014	−0.014 0.246	−0.255 0.032	0.032
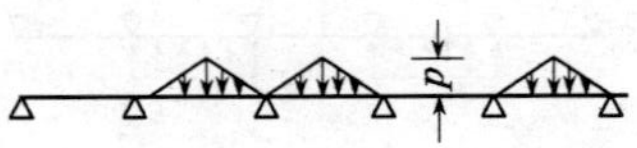 d	①— 0.066	0.039	0.044	−0.022	−0.070	−0.013	−0.036	−0.022	−0.022 0.202	−0.298 0.307	−0.193 −0.023	−0.023 0.286	−0.214
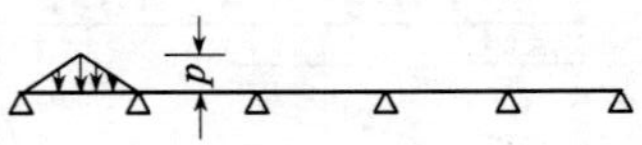 d	0.063	—	—	−0.042	0.011	−0.003	0.001	0.208	−0.292 0.053	0.053 −0.014	−0.014 0.004	0.004 −0.001	−0.001
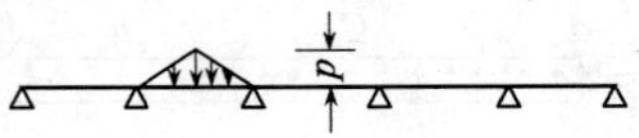 d	—	0.051	—	−0.031	−0.034	0.009	−0.002	−0.031	−0.031 0.247	−0.253 0.043	0.043 −0.011	−0.011 0.002	0.002
 d	—	—	0.050	0.008	−0.033	−0.033	0.008	0.008	0.008 −0.041	−0.041 0.250	−0.250 0.041	0.041 −0.008	−0.008

续表

荷载图	跨内最大弯矩			支座弯矩				剪力					
	M_1	M_2	M_3	M_B	M_C	M_D	M_B	V_A	V_{Bz} V_{By}	V_{Cx} V_{Cy}	V_{Dz} V_{Dy}	V_{Ez} V_{Ey}	V_F
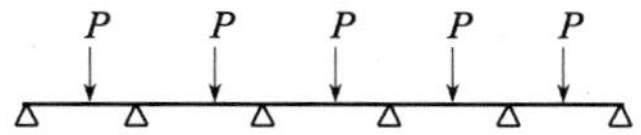	0.171	0.112	0.132	−0.158	−0.118	0.118	−0.158	0.342	−0.658 0.540	−0.460 0.500	−0.500 0.460	−0.540 0.658	−0.342
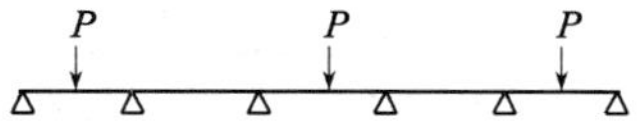	0.211	—	0.191	−0.079	−0.059	−0.059	−0.079	−0.421	−0.579 0.020	0.020 0.500	−0.500 −0.020	−0.020 0.579	−0.421
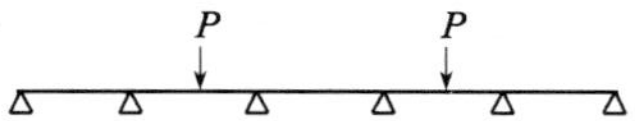	—	0.181	—	−0.079	−0.059	−0.059	−0.079	−0.079	−0.079 0.520	0.480 0	0 0.480	−0.520 0.079	0.079
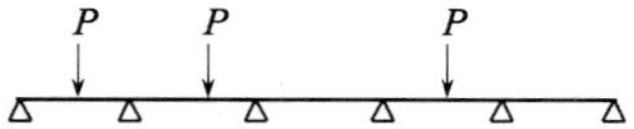	0.160	②0.144 0.178	—	−0.179	−0.032	−0.066	−0.077	0.321	−0.679 0.647	−0.353 −0.034	−0.034 0.489	−0.511 0.077	0.077
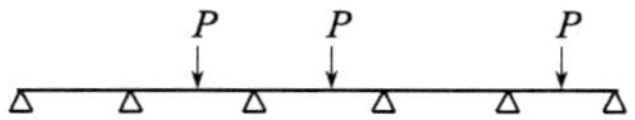	①— 0.207	0.140	0.151	−0.052	−0.167	−0.031	−0.086	−0.052	−0.052 0.385	−0.615 0.637	−0.363 −0.056	−0.056 0.586	−0.414
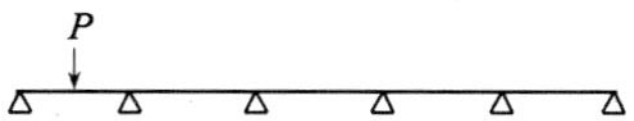	0.200	—	—	−0.100	0.027	−0.007	0.002	0.400	−0.600 0.127	0.127 −0.031	−0.034 0.009	0.009 −0.002	−0.002
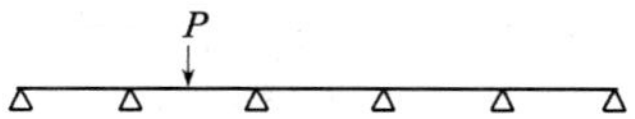	—	0.173	—	−0.073	−0.081	0.022	−0.005	−0.073	−0.073 0.493	−0.507 0.102	0.102 −0.027	0.027 −0.005	0.005
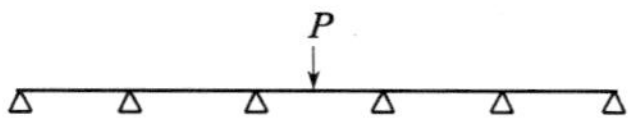	—	—	0.171	0.020	−0.079	−0.079	0.020	0.020	0.020 −0.099	−0.099 0.500	−0.500 0.099	0.099 −0.020	−0.020

续表

荷载图	跨内最大弯矩			支座弯矩				剪力					
	M_1	M_2	M_3	M_B	M_C	M_D	M_B	V_A	V_{Bz} V_{By}	V_{Cx} V_{Cy}	V_{Dz} V_{Dy}	V_{Ez} V_{Ey}	V_F
P P　P P　P P　P P　P P	0.240	0.100	0.122	−0.281	−0.211	0.211	−0.281	0.719	−1.281 1.070	−0.930 1.000	−1.000 0.930	1.070 1.281	−0.719
P P　P P　P P	0.287	—	0.228	−0.140	−0.105	−0.105	−0.140	0.860	−0.140 0.035	0.035 1.000	1.000 −0.035	−0.035 1.140	−0.860
P P　P P	—	0.216	—	−0.140	−0.105	−0.105	−0.140	−0.140	−0.140 1.035	−0.965 0	0.000 0.965	−1.035 0.140	0.140
P P　P P　P P	0.227	②0.189 0.209	—	−0.319	−0.057	−0.118	−0.137	0.681	−1.319 1.262	−0.738 −0.061	−0.061 0.981	−1.019 0.137	0.137
P P　P P　P P	①— 0.282	0.172	0.198	−0.093	−0.297	−0.054	−0.153	−0.093	−0.093 0.796	−1.204 1.243	−0.757 −0.099	−0.099 −1.153	−0.847
P P	0.247	—	—	−0.179	0.048	−0.013	0.003	0.821	−0.179 0.227	0.227 −0.061	−0.061 0.016	0.016 −0.003	−0.003
P P	—	0.198	—	−0.131	−0.144	−0.038	−0.010	−0.131	−0.131 0.987	−1.013 0.182	−0.182 0.048	−0.048 0.010	0.010
P P	—	—	0.193	0.035	−0.140	−0.140	0.035	−0.035	0.035 −0.175	−0.175 1.000	−1.000 0.175	0.175 −0.035	−0.035

注：表中，①分子及分母分别为 M_1 及 M_5 的弯矩系数；②分子及分母分别为 M_2 及 M_4 的弯矩系数。

附表 21　按弹性理论计算矩形双向板在均布荷载作用下的弯矩系数表

一、符号说明

M_x,$M_{x,\max}$——分别为平行于 l_x 方向板中心点弯矩和板跨内的最大弯矩；

M_y,$M_{y,\max}$——分别为平行于 l_y 方向板中心点弯矩和板跨内的最大弯矩；

M_x^0——固定边中点沿 l_x 方向的弯矩；

M_y^0——固定边中点沿 l_y 方向的弯矩；

M_{0x}——平行于 l_x 方向自由边的中点弯矩；

M_{0x}^0——平行于 l_x 方向自由边上固定端的支座弯矩。

二、计算公式

$$弯矩 = 表中弯矩系数 \times pl_x^2 \qquad (kN·m/m)$$

式中　p——作用在双向板上的均布荷载(kN/m²)；

l_x——板的短边跨度(m)，见表中插图所示。

表中弯矩系数是取泊松系数等于 1/6 求得的单位板宽的弯矩系数。

支承情况	(1)四边简支		(2)三边简支、一边固定									
	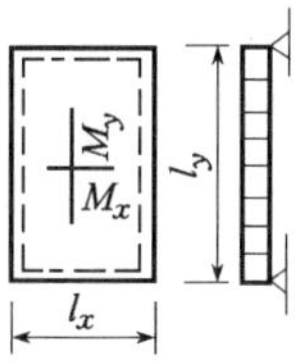		a)短边固定 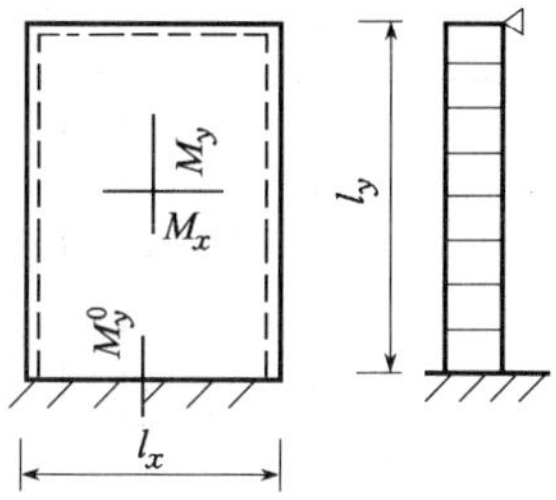					b)长边固定 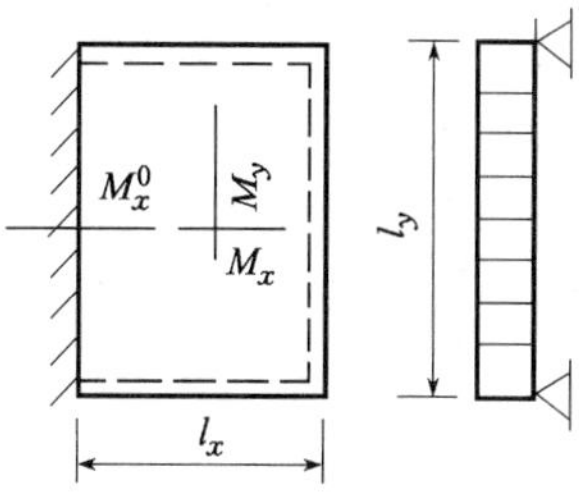				
l_x/l_y	M_x	M_y	M_x	$M_{x,\max}$	M_y	$M_{y,\max}$	M_y^0	M_x	$M_{x,\max}$	M_y	$M_{y,\max}$	M_x^0
0.50	0.099 4	0.033 5	0.091 4	0.093 0	0.035 2	0.039 7	−0.121 5	0.059 3	0.065 7	0.015 7	0.017 1	−0.121 2
0.55	0.092 7	0.035 9	0.083 2	0.084 6	0.037 1	0.040 5	−0.119 3	0.057 7	0.063 3	0.017 5	0.019 0	−0.118 7
0.60	0.086 0	0.037 9	0.075 2	0.076 5	0.038 6	0.040 9	−0.116 6	0.055 6	0.060 8	0.019 4	0.020 9	−0.115 8
0.65	0.079 5	0.039 6	0.067 6	0.068 8	0.039 6	0.041 2	−0.113 3	0.053 4	0.058 1	0.021 2	0.022 6	−0.112 4
0.70	0.073 2	0.041 0	0.060 4	0.061 6	0.040 0	0.041 7	−0.109 6	0.051 0	0.055 5	0.022 9	0.024 2	−0.108 7
0.75	0.067 3	0.042 0	0.053 8	0.054 9	0.040 0	0.041 7	−0.105 6	0.048 5	0.052 5	0.024 4	0.025 7	−0.104 8
0.80	0.061 7	0.042 8	0.047 8	0.049 0	0.039 7	0.041 5	−0.101 4	0.045 9	0.049 5	0.025 8	0.027 0	−0.100 7
0.85	0.056 4	0.043 2	0.042 5	0.043 6	0.039 1	0.041 0	−0.097 0	0.023 4	0.046 6	0.027 1	0.028 3	−0.096 5
0.90	0.051 6	0.043 4	0.037 7	0.038 8	0.038 2	0.040 2	−0.092 6	0.040 9	0.043 8	0.028 1	0.029 3	−0.092 2
0.95	0.047 1	0.043 2	0.033 4	0.34 5	0.038 1	0.039 3	−0.088 2	0.038 4	0.040 9	0.029 0	0.030 1	−0.088 0
1.00	0.042 9	0.042 9	0.029 6	0.030 6	0.036 0	0.028 8	−0.083 9	0.036 0	0.038 8	0.029 6	0.030 6	−0.083 9

支承情况	(3)两对边简支、两对边固定		(4)两邻边简支、两邻边固定
	a)短边固定 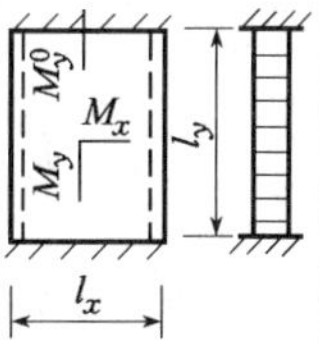	b)长边固定 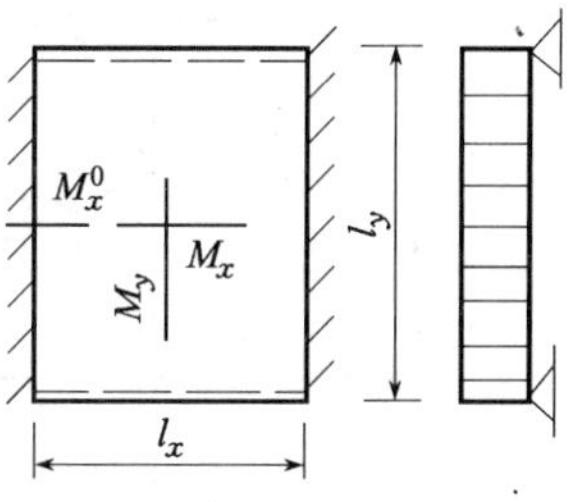	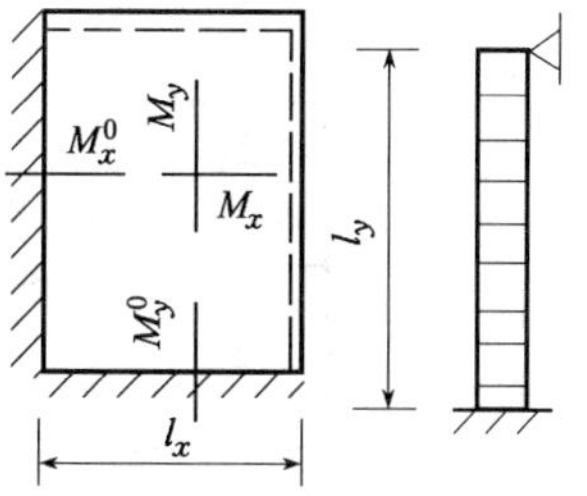

续表

l_x/l_y	M_x	M_y	M_y^0	M_x	M_y	M_x^0	M_x	$M_{x,\max}$	M_y	$M_{y,\max}$	M_x^0	M_y^0
0.50	0.083 7	0.036 7	−0.119 1	0.041 9	0.008 6	−0.084 3	0.057 2	0.058 4	0.017 2	0.022 9	−0.117 9	−0.078 6
0.55	0.074 3	0.038 3	−0.115 6	0.041 5	0.009 6	−0.084 0	0.054 6	0.055 6	0.019 2	0.024 1	−0.114 0	−0.078 5
0.60	0.065 3	0.039 3	−0.111 4	0.040 9	0.010 9	−0.083 4	0.051 8	0.052 6	0.021 2	0.025 2	−0.109 5	−0.078 2
0.65	0.056 9	0.039 4	−0.106 6	0.040 2	0.012 2	−0.082 6	0.048 6	0.049 6	0.022 8	0.026 1	−0.104 5	−0.077 7
0.70	0.049 4	0.039 2	−0.103 1	0.039 1	0.013 5	−0.081 4	0.045 5	0.046 5	0.024 3	0.026 7	−0.099 2	−0.077 0
0.75	0.042 8	0.038 3	−0.095 9	0.038 1	0.014 9	−0.079 9	0.042 2	0.043 0	0.025 4	0.027 2	−0.093 8	−0.076 0
0.80	0.036 9	0.037 2	−0.090 4	0.036 8	0.016 2	−0.078 2	0.039 0	0.039 7	0.026 3	0.027 8	−0.088 3	−0.074 8
0.85	0.031 8	0.035 8	−0.085 0	0.035 5	0.017 4	−0.076 3	0.035 8	0.036 6	0.026 9	0.028 4	−0.082 9	−0.073 3
0.90	0.027 5	0.034 3	−0.076 7	0.034 1	0.018 6	−0.074 3	0.032 8	0.033 7	0.027 3	0.028 8	−0.077 6	−0.071 6
0.95	0.023 8	0.032 8	−0.074 6	0.032 6	0.019 6	−0.072 1	0.029 9	0.030 8	0.027 3	0.028 9	−0.072 6	−0.069 8
1.00	0.020 6	0.031 1	−0.069 8	0.031 1	0.020 6	−0.069 8	0.027 3	0.028 1	0.027 3	0.028 9	−0.067 7	−0.067 7

支承情况	(5)一边简支、三边固定
	a)短边简支

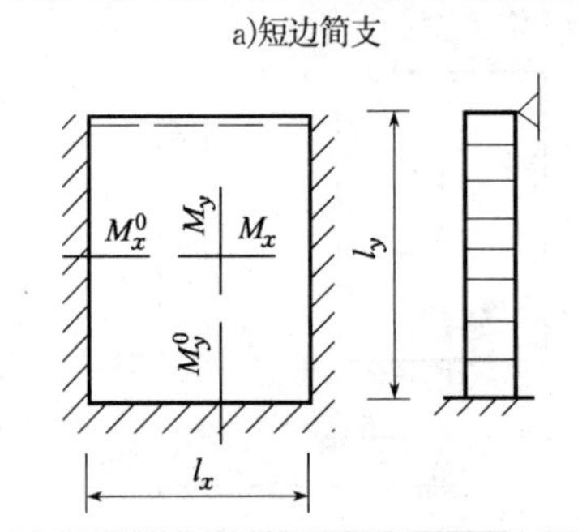

l_x/l_y	M_x	$M_{x,\max}$	M_y	$M_{y,\max}$	M_y^0	M_y^0
0.50	0.041 3	0.042 4	0.009 6	0.015 7	−0.083 6	−0.056 9
0.55	0.040 5	0.041 5	0.010 8	0.016 0	−0.082 7	−0.057 0
0.60	0.039 4	0.040 4	0.012 3	0.016 9	−0.0814	−0.057 1
0.65	0.038 1	0.039 0	0.013 7	0.017 8	−0.079 6	−0.057 2
0.70	0.036 6	0.037 5	0.015 1	0.018 6	−0.077 4	−0.057 2
0.75	0.034 9	0.035 8	0.016 4	0.019 3	−0.075 0	−0.057 2
0.80	0.033 1	0.033 9	0.017 6	0.019 9	−0.072 2	−0.057 0
0.85	0.031 2	0.031 9	0.018 6	0.020 4	−0.069 3	−0.056 7
0.90	0.029 5	0.030 0	0.020 1	0.020 9	−0.066 3	−0.056 3
0.95	0.027 4	0.028 1	0.020 4	0.021 4	−0.063 1	−0.055 8
1.00	0.025 5	0.026 1	0.020 6	0.021 9	−0.060 0	−0.050 0

支承情况	(5)一边简支、三边固定	(6)四边固定
	b)长边简支	

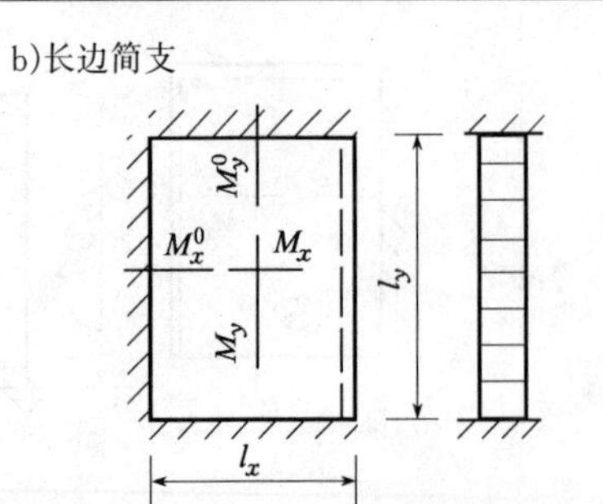

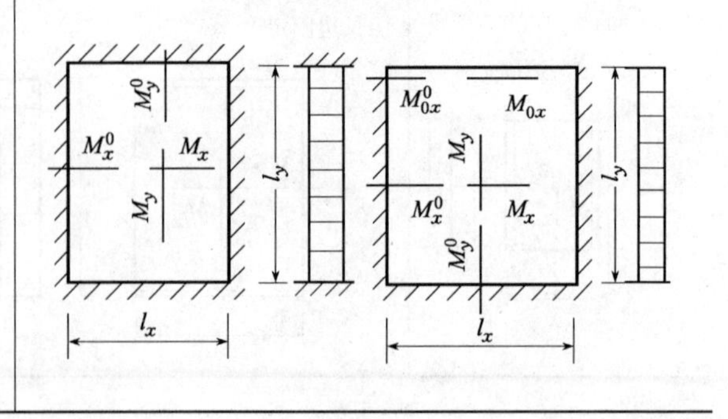

续表

l_x/l_y	M_x	$M_{x,\max}$	M_y	$M_{y,\max}$	M_x^0	M_x^0	M_x	M_y	M_x^0	M_y^0
0.50	0.055 1	0.060 5	0.018 8	0.020 1	−0.078 4	−0.114 6	0.040 6	0.010 5	−0.082 9	−0.057 0
0.55	0.051 7	0.056 3	0.021 0	0.022 3	−0.078 0	−0.109 3	0.039 4	0.012 0	−0.081 4	−0.057 1
0.60	0.048 0	0.052 0	0.022 9	0.024 2	−0.077 3	−0.103 3	0.038 0	0.013 7	−0.079 3	−0.057 1
0.65	0.044 1	0.047 6	0.024 4	0.025 6	−0.076 2	−0.097 0	0.036 1	0.015 2	−0.076 6	−0.057 1
0.70	0.040 2	0.043 3	0.025 6	0.026 7	−0.074 8	−0.090 3	0.034 0	0.016 7	−0.073 5	−0.056 9
0.75	0.036 4	0.039 0	0.026 3	0.027 3	−0.072 9	−0.083 7	0.031 8	0.017 9	−0.070 1	−0.056 5
0.80	0.032 7	0.034 8	0.026 7	0.027 6	−0.070 7	−0.077 2	0.029 5	0.018 9	−0.066 4	−0.055 9
0.85	0.029 3	0.031 2	0.026 8	0.027 7	−0.068 3	−0.071 1	0.027 2	0.019 7	−0.062 6	−0.055 1
0.90	0.026 1	0.027 7	0.026 5	0.027 3	−0.065 6	−0.065 3	0.024 9	0.020 2	−0.058 8	−0.054 1
0.95	0.023 2	0.024 6	0.026 1	0.026 9	−0.062 9	−0.059 9	0.022 7	0.020 5	−0.055 0	−0.052 8
1.00	0.020 6	0.021 9	0.025 5	0.026 1	−0.060 0	−0.055 0	0.020 5	0.020 5	−0.051 3	−0.051 3

附表 22　轴心受压稳定系数

附表 22-1　a 类截面轴心受压构件的稳定系数 φ

$\lambda\sqrt{f_y/235}$	0	1.0	2.0	3.0	4.0	5.0	6.0	7.0	8.0	9.0
0	1.000	1.000	1.000	1.000	0.999	0.999	0.998	0.998	0.997	0.996
10	0.995	0.994	0.993	0.992	0.991	0.989	0.988	0.986	0.985	0.983
20	0.981	0.979	0.977	0.976	0.974	0.972	0.970	0.968	0.966	0.964
30	0.963	0.961	0.959	0.957	0.955	0.952	0.950	0.948	0.946	0.944
40	0.941	0.939	0.937	0.934	0.932	0.929	0.927	0.924	0.921	0.919
50	0.916	0.913	0.910	0.907	0.904	0.900	0.897	0.894	0.890	0.886
60	0.883	0.879	0.875	0.871	0.867	0.863	0.858	0.851	0.849	0.844
70	0.839	0.834	0.829	0.824	0.818	0.813	0.807	0.801	0.795	0.789
80	0.783	0.776	0.770	0.763	0.757	0.750	0.743	0.736	0.728	0.721
90	0.714	0.706	0.699	0.691	0.684	0.676	0.668	0.661	0.653	0.645
100	0.638	0.630	0.622	0.615	0.607	0.600	0.592	0.585	0.577	0.570
110	0.563	0.555	0.548	0.541	0.534	0.527	0.520	0.514	0.507	0.500
120	0.494	0.488	0.481	0.475	0.469	0.463	0.457	0.451	0.445	0.440
130	0.434	0.429	0.423	0.418	0.412	0.407	0.402	0.397	0.392	0.387
140	0.383	0.378	0.373	0.369	0.364	0.360	0.356	0.351	0.347	0.343
150	0.339	0.335	0.331	0.327	0.322	0.320	0.316	0.312	0.309	0.305
160	0.302	0.298	0.295	0.292	0.289	0.285	0.282	0.279	0.276	0.273
170	0.270	0.267	0.264	0.262	0.259	0.256	0.253	0.251	0.248	0.246
180	0.243	0.241	0.238	0.236	0.233	0.231	0.229	0.226	0.224	0.222
190	0.220	0.218	0.215	0.213	0.211	0.209	0.207	0.205	0.203	0.201
200	0.199	0.198	0.196	0.194	0.192	0.190	0.189	0.187	0.185	0.183
210	0.182	0.180	0.179	0.177	0.175	0.174	0.172	0.171	0.169	0.168
220	0.166	0.165	0.164	0.162	0.161	0.159	0.158	0.157	0.155	0.154
230	0.153	0.152	0.150	0.149	0.148	0.147	0.146	0.144	0.143	0.142
240	0.141	0.140	0.139	0.138	0.136	0.135	0.134	0.133	0.132	0.131
250	0.130									

附表 22-2　b 类截面轴心受压构件的稳定系数 φ

$\lambda\sqrt{f_y/235}$	0	1.0	2.0	3.0	4.0	5.0	6.0	7.0	8.0	9.0
0	1.000	1.000	1.000	0.999	0.999	0.998	0.997	0.996	0.995	0.994
10	0.992	0.991	0.989	0.987	0.985	0.983	0.981	0.978	0.976	0.973
20	0.970	0.967	0.963	0.960	0.957	0.953	0.950	0.946	0.943	0.939
30	0.936	0.932	0.929	0.925	0.922	0.918	0.914	0.910	0.906	0.903
40	0.899	0.895	0.891	0.887	0.882	0.878	0.874	0.870	0.865	0.861
50	0.856	0.852	0.847	0.842	0.838	0.833	0.828	0.823	0.818	0.813
60	0.807	0.802	0.797	0.791	0.786	0.780	0.774	0.769	0.763	0.757
70	0.751	0.745	0.739	0.732	0.726	0.720	0.714	0.707	0.701	0.694
80	0.688	0.681	0.675	0.668	0.661	0.655	0.648	0.641	0.635	0.628
90	0.621	0.614	0.608	0.601	0.594	0.588	0.581	0.575	0.568	0.561
100	0.555	0.549	0.542	0.536	0.529	0.523	0.517	0.511	0.505	0.499
110	0.493	0.487	0.481	0.475	0.470	0.464	0.458	0.453	0.447	0.442
120	0.437	0.432	0.426	0.421	0.416	0.411	0.406	0.402	0.397	0.392
130	0.387	0.383	0.378	0.374	0.370	0.365	0.361	0.357	0.353	0.349
140	0.345	0.341	0.337	0.333	0.329	0.326	0.322	0.318	0.315	0.311
150	0.308	0.304	0.301	0.298	0.295	0.291	0.288	0.285	0.282	0.279
160	0.276	0.273	0.270	0.267	0.265	0.262	0.259	0.256	0.254	0.251
170	0.249	0.246	0.244	0.241	0.239	0.236	0.234	0.232	0.229	0.227
180	0.225	0.223	0.220	0.218	0.216	0.214	0.212	0.210	0.208	0.206
190	0.204	0.202	0.200	0.198	0.197	0.195	0.193	0.191	0.190	0.188
200	0.186	0.184	0.183	0.181	0.180	0.178	0.176	0.175	0.173	0.172
210	0.170	0.169	0.167	0.166	0.165	0.163	0.162	0.160	0.159	0.158
220	0.156	0.155	0.154	0.153	0.151	0.150	0.149	0.148	0.146	0.145
230	0.144	0.143	0.142	0.141	0.140	0.138	0.137	0.136	0.136	0.134
240	0.133	0.132	0.131	0.130	0.129	0.128	0.127	0.126	0.125	0.124
250	0.123									

附表 22-3　c 类截面轴心受压构件的稳定系数 φ

$\lambda\sqrt{f_y/235}$	0	1.0	2.0	3.0	4.0	5.0	6.0	7.0	8.0	9.0
0	1.000	1.000	0.999	0.999	0.998	0.998	0.997	0.996	0.995	0.993
10	0.992	0.990	0.988	0.986	0.983	0.981	0.978	0.976	0.973	0.970
20	0.966	0.959	0.953	0.947	0.940	0.934	0.928	0.921	0.915	0.909
30	0.902	0.896	0.890	0.884	0.877	0.871	0.865	0.858	0.852	0.846
40	0.839	0.833	0.826	0.820	0.814	0.807	0.801	0.794	0.788	0.781
50	0.775	0.768	0.762	0.755	0.748	0.742	0.735	0.729	0.722	0.715
60	0.709	0.702	0.695	0.689	0.682	0.676	0.669	0.662	0.656	0.649
70	0.643	0.636	0.629	0.623	0.616	0.610	0.604	0.597	0.591	0.584
80	0.578	0.572	0.566	0.559	0.553	0.547	0.541	0.535	0.529	0.523
90	0.517	0.511	0.505	0.500	0.494	0.488	0.483	0.477	0.472	0.467
100	0.463	0.458	0.454	0.449	0.445	0.441	0.436	0.432	0.428	0.423
110	0.419	0.415	0.411	0.407	0.403	0.399	0.395	0.391	0.387	0.383
120	0.379	0.375	0.371	0.367	0.364	0.360	0.356	0.353	0.349	0.346
130	0.342	0.339	0.335	0.332	0.328	0.325	0.322	0.319	0.315	0.312
140	0.309	0.306	0.303	0.300	0.297	0.294	0.291	0.288	0.285	0.282
150	0.280	0.277	0.274	0.271	0.269	0.266	0.264	0.261	0.258	0.256
160	0.254	0.251	0.249	0.246	0.244	0.242	0.239	0.237	0.235	0.233
170	0.230	0.228	0.226	0.224	0.222	0.220	0.218	0.216	0.214	0.212
180	0.210	0.208	0.206	0.205	0.203	0.201	0.199	0.197	0.196	0.194
190	0.192	0.190	0.189	0.187	0.186	0.184	0.182	0.181	0.179	0.178

续表

$\lambda\sqrt{f_y/235}$	0	1.0	2.0	3.0	4.0	5.0	6.0	7.0	8.0	9.0
200	0.176	0.175	0.173	0.172	0.170	0.169	0.168	0.166	0.165	0.163
210	0.162	0.161	0.159	0.158	0.157	0.156	0.154	0.153	0.152	0.151
220	0.150	0.148	0.147	0.146	0.145	0.144	0.143	0.142	0.140	0.139
230	0.138	0.137	0.136	0.135	0.134	0.133	0.132	0.131	0.130	0.129
240	0.128	0.127	0.126	0.126	0.124	0.124	0.123	0.122	0.121	0.120
250	0.119									

附表 22-4　d 类截面轴心受压构件的稳定系数 φ

$\lambda\sqrt{f_y/235}$	0	1.0	2.0	3.0	4.0	5.0	6.0	7.0	8.0	9.0
0	1.000	1.000	0.999	0.999	0.998	0.996	0.994	0.992	0.990	0.987
10	0.984	0.981	0.978	0.974	0.969	0.965	0.960	0.955	0.949	0.944
20	0.937	0.927	0.918	0.909	0.900	0.891	0.883	0.874	0.865	0.857
30	0.848	0.840	0.831	0.823	0.815	0.807	0.799	0.790	0.782	0.774
40	0.766	0.759	0.751	0.743	0.735	0.728	0.720	0.712	0.705	0.697
50	0.690	0.683	0.675	0.668	0.661	0.654	0.646	0.639	0.632	0.625
60	0.618	0.612	0.605	0.598	0.591	0.585	0.578	0.572	0.565	0.559
70	0.552	0.546	0.540	0.534	0.528	0.522	0.516	0.510	0.504	0.498
80	0.493	0.487	0.481	0.476	0.470	0.465	0.460	0.454	0.449	0.444
90	0.439	0.434	0.429	0.424	0.419	0.414	0.410	0.405	0.401	0.397
100	0.394	0.390	0.387	0.383	0.380	0.376	0.373	0.370	0.366	0.363
110	0.359	0.356	0.353	0.350	0.346	0.343	0.340	0.337	0.334	0.331
120	0.328	0.325	0.322	0.319	0.316	0.313	0.310	0.307	0.304	0.301
130	0.299	0.296	0.293	0.290	0.288	0.285	0.282	0.280	0.277	0.275
140	0.272	0.270	0.267	0.265	0.262	0.260	0.258	0.255	0.253	0.251
150	0.248	0.246	0.244	0.242	0.240	0.237	0.235	0.233	0.231	0.229
160	0.227	0.225	0.223	0.221	0.219	0.217	0.215	0.213	0.212	0.210
170	0.208	0.206	0.204	0.203	0.201	0.199	0.197	0.196	0.194	0.192
180	0.191	0.189	0.188	0.186	0.184	0.183	0.181	0.180	0.178	0.177
190	0.176	0.174	0.173	0.171	0.170	0.168	0.167	0.166	0.164	0.163
200	0.162									

注：①附表 22-1～附表 22-4 中的 φ 值系按下列公式算得：

当 $\bar{\lambda}=\frac{\lambda}{\pi}\sqrt{\frac{f_y}{E}}\leqslant 0.215$ 时，$\varphi=1-\alpha_1\bar{\lambda}^2$

当 $\bar{\lambda}>0.215$ 时，$\varphi=\frac{1}{2\bar{\lambda}^2}[(\alpha_2+\alpha_3\bar{\lambda}+\bar{\lambda}^2)-\sqrt{(\alpha_2+\alpha_3\bar{\lambda}+\bar{\lambda}^2)^2-4\bar{\lambda}^2}]$

式中　α_1、α_2、α_3——系数。

②当构件的 $\lambda\sqrt{\frac{f_y}{235}}$ 值超出附表 22-1～附表 22-4 的范围时，则 φ 值按注(1)所列的公式计算。

附表 23　柱的计算长度系数

附表 23-1　无侧移框架柱的计算长度系数 μ

K_2 \ K_1	0	0.05	0.1	0.2	0.3	0.4	0.5	1	2	3	4	5	≥10
0	1.000	0.990	0.981	0.964	0.949	0.935	0.922	0.875	0.820	0.791	0.773	0.760	0.732
0.05	0.990	0.981	0.971	0.955	0.940	0.926	0.914	0.867	0.814	0.784	0.766	0.754	0.726
0.1	0.981	0.971	0.962	0.946	0.931	0.918	0.906	0.860	0.807	0.778	0.760	0.748	0.721
0.2	0.964	0.955	0.946	0.930	0.916	0.903	0.891	0.846	0.795	0.767	0.749	0.737	0.711
0.3	0.949	0.940	0.931	0.916	0.902	0.889	0.878	0.834	0.784	0.756	0.739	0.728	0.701

续表

K_1 / K_2	0	0.05	0.1	0.2	0.3	0.4	0.5	1	2	3	4	5	≥10
0.4	0.935	0.926	0.981	0.903	0.889	0.877	0.860	0.823	0.774	0.747	0.730	0.719	0.693
0.5	0.922	0.914	0.906	0.891	0.878	0.866	0.855	0.813	0.765	0.738	0.821	0.710	0.685
0	0.875	0.867	0.860	0.846	0.834	0.823	0.813	0.774	0.729	0.704	0.688	0.677	0.654
2	0.820	0.814	0.807	0.795	0.784	0.774	0.765	0.729	0.686	0.663	0.648	0.638	0.615
3	0.791	0.784	0.778	0.767	0.756	0.747	0.738	0.704	0.663	0.640	0.625	0.616	0.593
4	0.773	0.766	0.760	0.749	0.739	0.730	0.721	0.688	0.648	0.625	0.611	0.601	0.580
5	0.760	0.754	0.748	0.737	0.728	0.719	0.710	0.677	0.638	0.616	0.601	0.592	0.570
≥10	0.732	0.726	0.721	0.711	0.701	0.693	0.685	0.654	0.615	0.593	0.580	0.570	0.549

注:①表中的计算长度系数 μ 值系按下式算

$$\left[\left(\frac{\pi}{\mu}\right)^2+2(K_1+K_2)-4K_1K_2\right]\frac{\pi}{\mu}\times\sin\frac{\pi}{\mu}-2\left[(K_1+K_2)\left(\frac{\pi}{\mu}\right)^2+4K_1K_2\right]\cos\frac{\pi}{\mu}+8K_1K_2=0$$

式中　K_1、K_2——分别为相交于柱上端、柱下端的横梁线刚度之和与柱线刚度之和的比值。当梁远端为铰接时，应将横梁线刚度乘以1.5;当横梁远端为嵌固时,则将横梁线刚度乘以2.0。

②当横梁与柱铰接时,取横梁线刚度为零;

③对底层框架柱:当柱与基础铰接时,取 $K_2=0$;当柱与基础刚接时,取 $K_2=10$;

④当与柱刚性连接的横梁所受轴心压力较大时,横梁线刚度乘以折减系数 α_N;

横梁远端与柱刚接和横梁远端铰支时　　$\alpha_N=1-N_bN_{Eb}$

横梁远端嵌固时　　$\alpha_N=1-N_b(2N_{Eb})$

式中,$N_{Eb}=\pi^2EI_b$,EI_b 为横梁截面惯性矩。

附表 23-2　有侧移框架柱的计算长度系数 μ

K_1 / K_2	0	0.05	0.1	0.2	0.3	0.4	0.5	1	2	3	4	5	≥10
0	∞	6.02	4.46	3.42	3.01	2.78	2.64	2.33	2.17	2.11	2.08	2.07	2.03
0.05	6.02	4.16	3.47	2.86	2.58	2.42	2.31	2.07	1.94	1.90	1.87	1.86	1.83
0.1	4.46	3.47	3.01	2.56	2.33	2.20	2.11	1.90	1.79	1.75	1.73	1.72	1.70
0.2	3.42	2.86	2.56	2.23	2.05	1.94	1.87	1.70	1.60	1.57	1.55	1.54	1.52
0.3	3.01	2.58	2.33	2.05	1.90	1.80	1.74	1.58	1.49	1.46	1.45	1.44	1.42
0.4	2.78	2.42	2.20	1.94	1.80	1.71	1.65	1.50	1.42	1.39	1.37	1.37	1.35
0.5	2.64	2.31	2.11	1.87	1.74	1.65	1.59	1.45	1.37	1.34	1.32	1.32	1.30
1	2.33	2.07	1.90	1.70	1.58	1.50	1.45	1.32	1.24	1.21	1.20	1.19	1.17
2	2.17	1.94	1.79	1.60	1.49	1.42	1.37	1.24	1.16	1.14	1.12	1.12	1.10
3	2.11	1.90	1.75	1.57	1.46	1.39	1.34	1.21	1.14	1.11	1.10	1.09	1.07
4	2.08	1.87	1.73	1.55	1.45	1.37	1.32	1.20	1.12	1.10	1.08	1.08	1.06
5	2.07	1.86	1.72	1.54	1.44	1.37	1.32	1.19	1.12	1.09	1.08	1.07	1.05
≥10	2.03	1.83	1.70	1.52	1.42	1.35	1.30	1.17	1.10	1.07	1.06	1.05	1.03

注:①表中的计算长度系数 μ 值系按下式算

$$\left[36K_1K_2-\left(\frac{\pi}{\mu}\right)^2\right]\sin\frac{\pi}{\mu}+6(K_1+K_2)\frac{\pi}{\mu}\cdot\cos\frac{\pi}{\mu}=0$$

K_1、K_2 分别为相交于柱上端、柱下端的横梁线刚度之和与柱线刚度之和的比值。

当横梁远端为铰接时,应将横梁线刚度乘以0.5;当横梁远端为嵌固时,则应乘以2/3。

②当横梁与柱铰接时,取横梁线刚度为零;

③对底层框架柱:当柱与基础铰接时,取 $K_2=0$;当柱与基础刚接时,取 $K_2=10$;

④当与柱刚件连接的横梁所受轴心压力 N_b 较大时,横梁线刚度应乘以折减系数 α_N;

横梁远端与柱刚接时　　$\alpha_N=1-N_b(4N_{Eb})$

横梁远端铰支时　　$\alpha_N=1-N_bN_{Eb}$

横梁远端嵌固时　　$\alpha_N=1-N_b(2N_{Eb})$

N_{Eb}的计算式见附表 23-1 注④。

附表 23-3　柱上端为自由的单阶柱下段的计算长度系数 μ

简　　图	η_1 \ K_1	0.06	0.08	0.10	0.12	0.14	0.16	0.18	0.20	0.22	0.24	0.26	0.28	0.3	0.4	0.5	0.6	0.7	0.8
I_1, I_2, H_1, H_2	0.2	2.00	2.01	2.01	2.01	2.01	2.01	2.01	2.02	2.02	2.02	2.02	2.02	2.02	2.03	2.04	2.05	2.06	2.07
	0.3	2.01	2.02	2.02	2.02	2.03	2.03	2.03	2.04	2.04	2.05	2.05	2.05	2.06	2.08	2.10	2.12	2.13	2.15
	0.4	2.02	2.03	2.04	2.04	2.05	2.06	2.07	2.07	2.08	2.09	2.09	2.10	2.11	2.14	2.18	2.21	2.25	2.28
	0.5	2.04	2.05	2.06	2.07	2.09	2.10	2.11	2.12	2.13	2.15	2.19	2.17	2.18	2.24	2.29	2.35	2.40	2.45
	0.6	2.06	2.08	2.10	2.12	2.14	2.16	2.18	2.19	2.21	2.23	2.25	2.26	2.28	2.36	2.44	2.52	2.59	2.66
	0.7	2.10	2.13	2.16	2.18	2.21	2.24	2.26	2.29	2.31	2.34	2.36	2.38	2.41	2.52	2.62	2.72	2.81	2.90
	0.8	2.15	2.20	2.24	2.27	2.31	2.34	2.38	2.41	2.44	2.47	2.50	2.53	2.56	2.70	2.82	2.94	3.06	3.16
	0.9	2.24	2.29	2.35	2.39	2.44	2.48	2.52	2.56	2.60	2.63	2.67	2.71	2.74	2.90	3.05	3.19	3.32	3.44
	1.0	2.36	2.43	2.48	2.54	2.59	2.64	2.69	2.73	2.77	2.82	2.86	2.90	2.94	3.12	3.29	3.45	3.59	3.74
	1.2	2.69	2.76	2.83	2.89	2.95	3.01	3.07	3.12	3.17	3.22	3.27	3.32	3.37	3.59	3.80	3.99	4.17	4.34
	1.4	3.07	3.14	3.22	3.29	3.36	3.42	3.48	3.55	3.61	3.66	3.72	3.78	3.83	4.09	4.33	4.56	4.77	4.97
$K_1=\frac{I_1}{I_2}\times\frac{H_2}{H_1}$；	1.6	3.47	3.55	3.63	3.71	3.78	3.85	3.92	3.99	4.07	4.12	4.18	4.25	4.31	4.61	4.88	5.14	5.38	5.62
$\eta_1=\frac{H_1}{H_2}\sqrt{\frac{F_1}{F_2}\times\frac{I_2}{I_1}}$	1.8	3.88	3.97	4.05	4.13	4.21	4.29	4.37	4.44	4.52	4.59	4.66	4.73	4.80	5.13	5.44	5.73	6.00	6.26
F_1——上段柱的轴向力；	2.0	4.29	4.39	4.48	4.57	4.65	4.74	4.82	4.90	4.99	5.07	5.14	5.22	5.30	5.66	6.00	6.32	6.63	6.92
F_2——下段柱的轴向力	2.2	4.71	4.81	4.91	5.00	5.10	5.19	5.28	5.37	5.46	5.54	5.63	5.71	5.80	6.19	6.57	6.92	7.26	7.58
	2.4	5.13	5.24	5.34	5.44	5.54	5.64	5.74	5.84	5.93	6.03	6.12	6.21	6.30	6.73	7.14	7.52	7.89	8.24
	2.6	5.55	5.66	5.77	5.88	5.99	6.10	6.20	6.31	6.41	6.51	6.61	6.71	6.80	7.27	7.71	8.13	8.52	8.90
	2.8	5.97	6.09	6.21	6.33	6.44	6.55	6.67	6.78	6.89	6.99	7.10	7.21	7.31	7.81	8.28	8.73	9.16	9.57
	3.0	6.39	6.52	6.64	6.77	6.89	7.01	7.13	7.25	7.37	7.48	7.59	7.71	7.82	8.35	8.86	9.34	9.80	10.24

注：表中的计算长度系数 μ 值系按下式计算

$$\eta_1 K_1 \tan\frac{\pi}{\mu}\tan\frac{\pi\eta_1}{\mu}-1=0$$

附表 23-4　柱上端可移动但不转动的单阶柱下段的计算长度系数 μ

简图	η_1 \ K_1	0.06	0.08	0.10	0.12	0.14	0.16	0.18	0.20	0.22	0.24	0.26	0.28	0.3	0.4	0.5	0.6	0.7	0.8
	0.2	1.96	1.94	1.93	1.91	1.90	1.89	1.88	1.86	1.85	1.84	1.83	1.82	1.81	1.76	1.72	1.68	1.65	1.62
	0.3	1.96	1.94	1.93	1.92	1.91	1.89	1.88	1.87	1.86	1.85	1.84	1.83	1.82	1.77	1.73	1.70	1.66	1.63
	0.4	1.96	1.95	1.94	1.92	1.91	1.90	1.89	1.88	1.87	1.86	1.85	1.84	1.83	1.79	1.75	1.72	1.68	1.66
I_1　H_1	0.5	1.96	1.95	1.94	1.93	1.92	1.91	1.90	1.89	1.88	1.87	1.86	1.85	1.85	1.81	1.77	1.74	1.71	1.69
	0.6	1.97	1.96	1.95	1.94	1.93	1.92	1.91	1.90	1.90	1.89	1.88	1.87	1.87	1.83	1.80	1.78	1.75	1.73
	0.7	1.97	1.97	1.96	1.95	1.94	1.94	1.93	1.92	1.92	1.91	1.90	1.90	1.89	1.86	1.84	1.82	1.80	1.78
I_2　H_2	0.8	1.98	1.98	1.97	1.96	1.96	1.95	1.95	1.94	1.94	1.93	1.93	1.93	1.92	1.90	1.88	1.87	1.86	1.84
	0.9	1.99	1.99	1.98	1.98	1.98	1.97	1.97	1.97	1.97	1.96	1.96	1.96	1.96	1.95	1.94	1.93	1.92	1.92
	1.0	2.00	2.00	2.00	2.00	2.00	2.00	2.00	2.00	2.00	2.00	2.00	2.00	2.00	2.00	2.00	2.00	2.00	2.00
	1.2	2.03	2.04	2.04	2.05	2.06	2.07	2.07	2.08	2.08	2.09	2.10	2.10	2.11	2.13	2.15	2.17	2.18	2.20
	1.4	2.07	2.09	2.11	2.12	2.14	2.16	2.17	2.18	2.20	2.21	2.22	2.23	2.24	2.29	2.33	2.37	2.40	2.42
	1.6	2.13	2.16	2.19	2.22	2.25	2.27	2.30	2.32	2.34	2.36	2.37	2.39	2.41	2.48	2.54	2.59	2.63	2.67
$K_1=\frac{I_1}{I_2}\times\frac{H_2}{H_1}$；	1.8	2.22	2.27	2.31	2.35	2.39	2.42	2.45	2.48	2.50	2.53	2.55	2.57	2.59	2.69	2.76	2.83	2.88	2.93
$\eta_1=\frac{H_1}{H_2}\sqrt{\frac{F_1}{F_2}\times\frac{I_2}{I_1}}j$	2.0	2.35	2.41	2.46	2.50	2.55	2.59	2.62	2.66	2.69	2.72	2.75	2.77	2.80	2.91	3.00	3.08	3.14	3.20
F_1—上段柱的轴向力；	2.2	2.51	2.57	2.63	2.68	2.73	2.77	2.81	2.85	2.89	2.92	2.95	2.98	3.01	3.14	3.25	3.33	3.41	3.47
F_2—下段柱的轴向力	2.4	2.68	2.75	2.81	2.87	2.92	2.97	3.01	3.05	3.09	3.13	3.17	3.20	3.24	3.38	3.50	3.59	3.68	3.75
	2.6	2.87	2.94	3.00	3.06	3.12	3.17	3.22	3.27	3.31	3.35	3.39	3.43	3.46	3.62	3.75	3.86	3.95	4.03
	2.8	3.06	3.14	3.20	3.27	3.33	3.38	3.43	3.48	3.53	3.58	3.62	3.66	3.70	3.87	4.01	4.13	4.23	4.32
	3.0	3.26	3.34	3.41	3.47	3.54	3.60	3.65	3.70	3.75	3.80	3.85	3.89	3.93	4.12	4.27	4.40	4.51	4.61

注：表中的计算长度系数 μ 值系按下式计算：

$$\tan\frac{\pi\eta_1}{\mu}+\eta_1K_1\tan\frac{\pi}{\mu}=0$$

附表 24　各种截面回转半径的近似值

$i_x=0.30h$ $i_y=0.30b$ $i_z=0.195h$	$i_x=0.40h$ $i_y=0.21b$	$i_x=0.38h$ $i_y=0.60b$	$i_x=0.41h$ $i_y=0.22b$
$i_x=0.32h$ $i_y=0.28b$ $i_z=0.18\dfrac{h+b}{2}$	$i_x=0.45h$ $i_y=0.235b$	$i_x=0.38h$ $i_y=0.44b$	$i_x=0.32h$ $i_y=0.49b$
$i_x=0.30h$ $i_y=0.215b$	$i_x=0.44h$ $i_y=0.28b$	$i_x=0.32h$ $i_y=0.58b$	$i_x=0.29h$ $i_y=0.50b$
$i_x=0.32h$ $i_y=0.20b$	$i_x=0.43h$ $i_y=0.43b$	$i_x=0.32h$ $i_y=0.40b$	$i_x=0.29h$ $i_y=0.45b$
$i_x=0.28h$ $i_y=0.24b$	$i_x=0.39h$ $i_y=0.20b$	$i_x=0.32h$ $i_y=0.12b$	$i_x=0.29h$ $i_y=0.29b$
$i_x=0.30h$ $i_y=0.17b$	$i_x=0.42h$ $i_y=0.22b$	$i_x=0.44h$ $i_y=0.32b$	$i_x=0.24h_{平}$ $i_y=0.41b_{平}$
$i_x=0.28h$ $i_y=0.21b$	$i_x=0.43h$ $i_y=0.24b$	$i_x=0.44h$ $i_y=0.38b$	$i=0.25d$
$i_x=0.21h$ $i_y=0.21b$ $i_z=0.185h$	$i_x=0.365h$ $i_y=0.275b$	$i_x=0.37h$ $i_y=0.54b$	$i=0.25d_{平}$
$i_x=0.21h$ $i_y=0.21b$	$i_x=0.35h$ $i_y=0.56b$	$i_x=0.37h$ $i_y=0.45b$	$i_x=0.39h$ $i_y=0.53b$
$i_x=0.45h$ $i_y=0.24b$	$i_x=0.39h$ $i_y=0.29b$	$i_x=0.40h$ $i_y=0.24b$	$i_x=0.40h$ $i_y=0.50b$

附表 25 型 钢 表

附表 25-1 热轧等边角钢截面特性(按 GB/T 9787—1988)

型号	单角钢										双角钢			
	圆角 r	质心距离 Z_0	截面面积	线质量	惯性矩 I_x	截面抵抗矩		惯性半径			i_y,当 a 为下列数值			
						W_x^{max}	W_x^{min}	i_x	i_{x_0}	i_{y_0}	6mm	8mm	10mm	12mm
	mm		cm²	kg/m	cm⁴	cm³		cm			cm			
∟20×3	3.5	6.0	1.13	0.89	0.40	0.67	0.29	0.59	0.75	0.39	1.08	1.16	1.25	1.34
∟20×4		6.4	1.46	1.15	0.50	0.78	0.36	0.58	0.73	0.38	1.11	1.19	1.28	1.37
∟25×3	3.5	7.3	1.43	1.12	0.82	1.12	0.46	0.76	0.95	0.49	1.28	1.36	1.44	1.53
∟25×4		7.6	1.86	1.46	1.03	1.36	0.59	0.74	0.93	0.48	1.30	1.38	1.46	1.55
∟30×3	4.5	8.5	1.75	1.37	1.46	1.72	0.68	0.91	1.15	0.59	1.47	1.55	1.63	1.71
∟30×4		8.9	2.28	1.79	1.84	2.06	0.87	0.90	1.13	0.58	1.49	1.57	1.66	1.74
∟36×3		10.0	2.11	1.66	2.58	2.58	0.99	1.11	1.39	0.71	1.71	1.75	1.86	1.95
∟36×4		10.4	2.76	2.16	3.29	3.16	1.28	1.09	1.38	0.70	1.73	1.81	1.89	1.97
∟36×5		10.7	3.38	2.65	3.95	3.70	1.56	1.08	1.36	0.70	1.74	1.82	1.91	1.99
∟40×3	5	10.9	2.36	1.85	3.59	3.30	1.23	1.23	1.55	0.79	1.85	1.93	2.01	2.09
∟40×4		11.3	3.09	2.42	4.60	4.07	1.60	1.22	1.54	0.79	1.88	1.96	2.04	2.12
∟40×5		11.7	3.79	2.98	5.53	4.73	1.96	1.21	1.52	0.78	1.90	1.98	2.06	2.14
∟45×3		12.2	2.66	2.09	5.17	4.24	1.58	1.40	1.76	0.90	2.06	2.14	2.21	2.29
∟45×4		12.6	3.49	2.74	6.65	5.28	2.05	1.38	1.74	0.89	2.08	2.16	2.24	2.32
∟45×5		13.0	4.29	3.37	8.04	6.19	2.51	1.37	1.72	0.88	2.11	2.18	2.26	2.34
∟45×6		13.3	5.08	3.99	9.33	7.0	2.95	1.36	1.70	0.88	2.12	2.20	2.28	2.36

续表

型号	圆角 r	质心距离 Z_0	截面面积	线质量	惯性矩 I_x	截面抵抗矩 W_x^{max}	截面抵抗矩 W_x^{min}	惯性半径 i_x	惯性半径 i_{x_0}	惯性半径 i_{y_0}	i_y,当 a 为下列数值 6mm	8mm	10mm	12mm
	mm	mm	cm^2	kg/m	cm^4	cm^3	cm^3	cm	cm	cm	cm	cm	cm	cm
∟50×3	5.5	13.4	2.97	2.33	7.18	5.36	1.96	1.55	1.96	1.00	2.26	2.33	2.41	2.49
∟50×4		13.8	3.90	3.06	9.26	6.71	2.56	1.54	1.94	0.99	2.28	2.35	2.43	2.51
∟50×5		14.2	4.80	3.77	11.21	7.89	3.13	1.53	1.92	0.98	2.30	2.38	2.45	2.53
∟50×6		14.6	5.69	4.47	13.05	8.94	3.68	1.52	1.91	0.98	2.32	2.40	2.48	2.56
∟56×3	6	14.8	3.34	2.62	10.19	6.89	2.48	1.75	2.20	1.13	2.49	2.57	2.64	2.71
∟56×4		15.3	4.39	3.45	13.18	8.63	3.24	1.73	2.18	1.11	2.52	2.59	2.67	2.75
∟56×5		15.7	5.42	4.25	16.02	10.2	3.97	1.72	2.17	1.10	2.54	2.62	2.69	2.77
∟56×6		16.8	8.37	6.57	23.63	14.0	6.03	1.68	2.11	1.09	2.60	2.67	2.75	2.83
∟63×4	7	17.0	4.98	3.91	19.03	11.2	4.13	1.96	2.46	1.26	2.80	2.87	2.94	3.02
∟63×5		17.4	6.14	4.82	23.17	13.3	5.08	1.94	2.45	1.25	2.82	2.89	2.97	3.04
∟63×6		17.8	7.29	5.72	27.12	15.2	6.0	1.93	2.43	1.24	2.84	2.91	2.99	3.06
∟63×8		18.5	9.52	7.47	34.46	18.6	7.75	1.90	2.40	1.23	2.87	2.95	3.02	3.10
∟63×10		19.3	11.66	9.15	41.09	21.3	9.39	1.88	2.36	1.22	2.91	2.99	3.07	3.15
∟70×4	8	18.6	5.57	4.37	26.39	14.2	5.14	2.18	2.74	1.40	3.07	3.14	3.21	3.28
∟70×5		19.1	6.88	5.40	32.21	16.8	6.32	2.16	2.73	1.39	3.09	3.17	3.24	3.31
∟70×6		19.5	8.16	6.41	37.77	19.4	7.48	2.15	2.71	1.38	3.11	3.19	3.26	3.34
∟70×7		19.9	9.42	7.40	43.09	21.6	8.59	2.14	2.69	1.38	3.13	3.21	3.28	3.36
∟70×8		20.3	10.7	8.37	48.17	23.8	9.68	2.12	2.68	1.37	3.15	3.23	3.30	3.38
∟75×5	9	20.4	7.41	5.82	39.97	19.6	7.32	2.33	2.92	1.50	3.30	3.37	3.45	3.52
∟75×6		20.7	8.79	6.91	46.95	22.7	8.64	2.31	2.90	1.49	3.31	3.38	3.46	3.53
∟75×7		21.1	10.16	7.98	53.57	25.4	9.93	2.30	2.89	1.48	3.33	3.40	3.48	3.55
∟75×8		21.5	11.50	9.03	59.96	27.9	11.2	2.28	2.88	1.47	3.35	3.42	3.50	3.57
∟75×10		22.2	14.13	11.09	71.98	32.4	13.6	2.26	2.84	1.46	3.38	3.46	3.53	3.61

续表

型号	单角钢										双角钢			
	圆角 r	质心距离 Z_0	截面面积	线质量	惯性矩 I_x	截面抵抗矩		惯性半径			i_y,当 a 为下列数值			
						W_x^{max}	W_x^{min}	i_x	i_{x_0}	i_{y_0}	6mm	8mm	10mm	12mm
	mm		cm^2	kg/m	cm^4	cm^3		cm			cm			
5		21.5	7.91	6.21	48.79	22.7	8.34	2.48	3.13	1.60	3.49	3.56	3.63	3.71
6		21.9	9.40	7.38	57.35	26.1	9.87	2.47	3.11	1.59	3.51	3.58	3.65	3.72
└80×7	9	22.3	10.86	8.53	65.58	29.4	11.4	2.46	3.10	1.58	3.53	3.60	3.67	3.75
8		22.7	12.30	9.66	73.49	32.4	12.8	2.44	3.08	1.57	3.55	3.62	3.69	3.77
10		23.5	15.13	11.87	88.43	37.6	15.6	2.42	3.04	1.56	3.59	3.66	3.74	3.81
6		24.4	10.64	8.35	82.77	33.9	12.6	2.79	3.51	1.80	3.91	3.98	4.05	4.13
7		24.8	12.30	9.66	94.83	38.2	14.5	2.78	3.50	1.78	3.93	4.00	4.07	4.15
└90×8	10	25.2	13.94	10.95	106.47	42.1	16.4	2.76	3.48	1.78	3.95	4.02	4.09	4.17
10		25.9	17.17	13.48	128.58	49.7	20.1	2.74	3.45	1.76	3.98	4.05	4.13	4.20
12		26.7	20.31	15.94	149.22	56.0	23.6	2.71	3.41	1.75	4.02	4.10	4.17	4.25
6		26.7	11.93	9.37	114.95	43.1	15.7	3.10	3.90	2.00	4.30	4.37	4.44	4.51
7		27.1	13.80	10.83	131.86	48.6	18.1	3.09	3.89	1.99	4.31	4.39	4.46	4.53
8		27.6	15.64	12.28	148.24	53.7	20.5	3.08	3.88	1.98	4.34	4.41	4.48	4.56
└110×10	12	28.4	19.26	15.12	179.51	63.2	25.1	3.05	3.84	1.96	4.38	4.45	4.52	4.60
12		29.1	22.80	17.90	208.90	71.9	29.5	3.03	3.81	1.95	4.41	4.49	4.56	4.63
14		29.9	26.26	20.61	236.53	79.1	33.7	3.00	3.77	1.94	4.45	4.53	4.60	4.68
16		30.6	29.63	23.26	262.53	89.6	37.8	2.98	3.74	1.94	4.49	4.56	4.64	4.72
7		29.6	15.20	11.93	177.16	59.9	22.0	3.41	4.30	2.20	4.72	4.79	4.86	4.92
8		30.1	17.24	13.53	199.46	64.7	25.0	3.40	4.28	2.19	4.75	4.82	4.89	4.96
└110×10	12	30.9	21.26	16.69	242.19	78.4	30.6	3.38	4.25	2.17	4.78	4.86	4.93	5.00
12		31.6	25.20	19.78	282.55	89.4	36.0	3.35	4.22	2.15	4.81	4.89	4.96	5.03
14		32.4	29.06	22.81	320.71	99.2	41.3	3.32	4.18	2.14	4.85	4.93	5.00	5.07

续表

单角钢　双角钢

型号	圆角 r	质心距离 Z_0	截面面积	线质量	惯性矩 I_x	截面抵抗矩 W_x^{max}	截面抵抗矩 W_x^{min}	惯性半径 i_x	惯性半径 i_{x_0}	惯性半径 i_{y_0}	i_y，当 a 为下列数值 6mm	8mm	10mm	12mm
	mm	mm	cm²	kg/m	cm⁴	cm³	cm³	cm	cm	cm	cm	cm	cm	cm
└125×8	14	33.7	19.75	15.50	297.03	88.1	32.5	3.88	4.88	2.50	5.34	5.41	5.48	5.55
└125×10	14	34.5	24.37	19.13	361.67	105	40.0	3.85	4.85	2.48	5.38	5.45	5.52	5.59
└125×12	14	35.3	28.91	22.69	423.16	120	41.2	3.83	4.82	2.46	5.41	5.48	5.56	5.63
└125×14	14	36.1	33.37	26.19	481.65	133	54.2	3.80	4.78	2.45	5.45	5.52	5.60	5.67
└140×10	14	38.2	27.37	21.49	514.65	135	50.6	4.34	5.46	2.78	5.98	6.05	6.12	6.19
└140×12	14	39.0	32.51	25.52	603.58	155	59.8	4.31	5.43	2.76	6.02	6.09	6.16	6.23
└140×14	14	39.8	37.56	29.49	688.81	173	68.7	4.28	5.40	2.75	6.05	6.12	6.20	6.27
└140×16	14	40.6	42.54	33.39	770.24	190	77.5	4.26	5.36	2.74	6.09	6.16	6.24	6.31
└160×10	16	43.1	31.50	24.73	779.53	180	66.7	4.98	6.27	3.20	6.78	6.85	6.92	6.99
└160×12	16	43.9	37.44	29.39	916.58	208	79.0	4.95	6.24	3.18	6.82	6.89	6.96	7.02
└160×14	16	44.7	43.30	33.99	1 048.36	234	90.9	4.92	6.20	3.16	6.85	6.92	6.99	7.07
└160×16	16	45.5	49.07	38.52	1 175.08	258	103	4.89	6.17	3.14	6.89	6.96	7.03	7.10
└180×12	16	48.9	42.24	33.16	1 321.35	271	101	5.59	7.05	3.58	7.63	7.70	7.77	7.84
└180×14	16	49.7	48.90	38.38	1 514.48	305	116	5.56	7.02	3.56	7.66	7.73	7.81	7.87
└180×16	16	50.5	55.47	43.54	1 700.99	338	131	5.54	6.98	3.55	7.70	7.77	7.84	7.91
└180×18	16	51.3	61.96	48.63	1 875.12	365	146	5.50	6.94	3.51	7.73	7.80	7.87	7.94
└200×14	18	54.6	54.64	42.89	2 103.55	387	145	6.20	7.82	3.98	8.47	8.53	8.60	8.67
└200×16	18	55.4	62.01	48.68	2 366.15	428	164	6.18	7.79	3.96	8.50	8.57	8.64	8.71
└200×18	18	56.2	69.30	54.40	2 620.64	467	182	6.15	7.75	3.94	8.54	8.61	8.67	8.75
└200×20	18	56.9	76.51	60.05	2 867.30	503	200	6.12	7.72	3.93	8.56	8.64	8.71	8.78
└200×24	18	58.7	90.66	71.17	3 338.25	570	236	6.07	7.64	3.90	8.65	8.73	8.80	8.87

附表 25-2　热轧不等边角钢截面特性(按 GB/T 9788—88)

型号	圆角 r	重心距 z_x	重心距 z_y	截面面积	线质量	惯性矩 I_x	惯性矩 I_y	惯性半径 i_x	惯性半径 i_y	惯性半径 i_{y_0}	i_{y_1},当 a 为下列数值 6mm	8mm	10mm	12mm	i_{y_2},当 a 为下列数值 6mm	8mm	10mm	12mm
		mm		cm^2	kg/m	cm^4		cm			cm				cm			
∟25×16×3	3.5	4.2	8.6	1.16	0.91	0.22	0.70	0.44	0.78	0.34	0.84	0.93	1.02	1.11	1.40	1.48	1.57	1.65
∟25×16×4		4.6	9.0	1.50	1.18	0.27	0.88	0.43	0.77	0.34	0.87	0.96	1.05	1.14	1.42	1.51	1.60	1.68
∟32×20×3		4.9	10.8	1.49	1.17	0.46	1.53	0.55	1.01	0.43	0.97	1.05	1.14	1.22	1.71	1.79	1.88	1.96
∟32×20×4		5.3	11.2	1.94	1.52	0.57	1.93	0.54	1.00	0.42	0.99	1.08	1.16	1.25	1.74	1.82	1.90	1.99
∟40×25×3	4	5.9	13.2	1.89	1.48	0.93	3.08	0.70	1.28	0.54	1.13	1.21	1.30	1.38	2.06	2.14	2.22	2.31
∟40×25×4		6.3	13.7	2.47	1.94	1.18	3.93	0.69	1.26	0.54	1.16	1.24	1.32	1.41	2.09	2.17	2.26	2.34
∟45×28×3	5	6.4	14.7	2.15	1.69	1.34	4.45	0.79	1.44	0.61	1.23	1.31	1.39	1.47	2.28	2.36	2.44	2.52
∟45×28×4		6.8	15.1	2.81	2.20	1.70	5.69	0.78	1.42	0.60	1.25	1.33	1.41	1.50	2.30	2.38	2.46	2.55
∟50×32×3	5.5	7.3	16.0	2.43	1.91	2.02	6.24	0.91	1.60	0.70	1.38	1.45	1.53	1.61	2.49	2.56	2.64	2.72
∟50×32×4		7.7	16.5	3.18	2.49	2.58	8.02	0.90	1.59	0.69	1.40	1.48	1.56	1.64	2.52	2.59	2.67	2.75
∟56×36×3	6	8.0	17.8	2.74	2.15	2.92	8.88	1.03	1.80	0.79	1.51	1.58	1.66	1.74	2.75	2.83	2.90	2.98
∟56×36×4		8.5	18.2	3.59	2.82	3.76	11.45	1.02	1.79	0.79	1.54	1.62	1.69	1.77	2.77	2.85	2.93	3.01
∟56×36×5		8.8	18.7	4.42	3.47	4.49	13.86	1.01	1.77	0.78	1.55	1.63	1.71	1.79	2.80	2.87	2.96	3.04
∟63×40×4	7	9.2	20.4	4.06	3.18	5.23	16.49	1.14	2.02	0.88	1.67	1.74	1.82	1.90	3.09	3.16	3.24	3.32
∟63×40×5		9.5	20.8	4.99	3.92	6.31	20.02	1.12	2.00	0.87	1.68	1.76	1.83	1.91	3.11	3.19	3.27	3.35
∟63×40×6		9.9	21.2	5.91	4.64	7.29	23.36	1.11	1.98	0.86	1.70	1.78	1.86	1.94	3.13	3.21	3.29	3.37
∟63×40×7		10.3	21.5	6.80	5.34	8.24	26.53	1.10	1.96	0.86	1.73	1.80	1.88	1.97	3.15	3.23	3.30	3.39

续表

型号	圆角 r	重心距 z_x	重心距 z_y	截面面积	线质量	惯性矩 I_x	惯性矩 I_y	惯性半径 i_x	惯性半径 i_y	惯性半径 i_{y_0}	i_{y_1}，当 a 为下列数值 6mm	8mm	10mm	12mm	i_{y_2}，当 a 为下列数值 6mm	8mm	10mm	12mm
		mm		cm^2	kg/m	cm^4		cm			cm				cm			
∟70×45×4	7.5	10.2	22.4	4.55	3.57	7.55	23.17	1.29	2.26	0.98	1.84	1.92	1.99	2.07	3.40	3.48	3.56	3.62
∟70×45×5		10.6	22.8	5.61	4.40	9.13	27.95	1.28	2.23	0.98	1.86	1.94	2.01	2.09	3.41	3.49	3.57	3.64
∟70×45×6		10.9	23.2	6.65	5.22	10.62	32.54	1.26	2.21	0.98	1.88	1.95	2.03	2.11	3.43	3.51	3.58	3.66
∟70×45×7		11.3	23.6	7.66	6.01	12.01	37.22	1.25	2.20	0.97	1.90	1.98	2.06	2.14	3.45	3.53	3.61	3.69
∟75×50×5	8	11.7	24.0	6.13	4.81	12.61	34.86	1.44	2.39	1.10	2.05	2.13	2.20	2.28	3.60	3.68	3.76	3.83
∟75×50×6		12.1	24.4	7.26	5.70	14.70	41.12	1.42	2.38	1.08	2.07	2.15	2.22	2.30	3.63	3.71	3.78	3.86
∟75×50×8		12.9	25.2	9.47	7.43	18.53	52.39	1.40	2.35	1.07	2.12	2.10	2.27	2.35	3.67	3.75	3.83	3.91
∟75×50×10		13.6	26.0	11.6	9.10	21.96	62.71	1.38	2.33	1.06	2.16	2.23	2.31	2.40	3.72	3.80	3.88	3.96
∟80×50×5	8	11.4	26.0	6.88	5.01	12.82	41.96	1.42	2.56	1.10	2.02	2.09	2.17	2.24	3.87	3.95	4.02	4.10
∟80×50×6		11.8	26.5	7.56	5.94	14.95	49.49	1.41	2.55	1.08	2.04	2.12	2.19	2.27	3.90	3.98	4.06	4.14
∟80×50×7		12.1	26.9	8.72	6.85	16.96	56.16	1.39	2.54	1.08	2.06	2.13	2.21	2.28	3.92	4.00	4.08	4.15
∟80×50×8		12.5	27.3	9.87	7.75	18.85	62.83	1.38	2.52	1.07	2.08	2.15	2.23	2.31	3.94	4.02	4.10	4.18
∟90×56×5	9	12.5	29.1	7.21	5.66	18.32	60.45	1.59	2.90	1.23	2.22	2.29	2.37	2.44	4.32	4.40	4.47	4.55
∟90×56×6		12.9	29.5	8.56	6.72	21.42	71.03	1.58	2.88	1.23	2.24	2.32	2.39	2.46	4.34	4.42	4.49	4.57
∟90×56×7		13.3	30.0	9.88	7.76	24.36	81.01	1.57	2.86	1.22	2.26	2.34	2.41	2.49	4.37	4.45	4.52	4.60
∟90×56×8		13.6	30.4	11.18	8.78	27.15	91.03	1.56	2.85	1.21	2.28	2.35	2.43	2.50	4.39	4.47	4.55	4.62

续表

型号		圆角 r	重心距 z_x	重心距 z_y	截面面积	线质量	惯性矩 I_x	惯性矩 I_y	惯性半径 i_x	惯性半径 i_y	惯性半径 i_{y_0}	i_{y_1}，当 a 为下列数值 6mm	8mm	10mm	12mm	i_{y_2}，当 a 为下列数值 6mm	8mm	10mm	12mm
			mm		cm^2	kg/m	cm^4		cm			cm				cm			
∟100×63×	6	10	14.3	32.4	9.62	7.55	30.94	99.06	1.79	3.21	1.38	2.49	2.56	2.63	2.71	4.78	4.85	4.93	5.00
	7		14.7	32.8	11.11	8.72	35.26	113.45	1.78	3.20	1.38	2.51	2.58	2.66	2.73	4.80	4.87	4.95	5.03
	8		15.0	33.2	12.58	9.88	39.39	127.37	1.77	3.18	1.37	2.52	2.60	2.67	2.75	4.82	4.89	4.97	5.05
	10		15.8	34.0	15.46	12.14	47.12	153.81	1.74	3.15	1.35	2.57	2.64	2.72	2.79	4.86	4.94	5.02	5.09
∟100×80×	6	10	19.7	29.5	10.64	8.35	61.24	107.04	2.40	3.17	1.72	3.30	3.37	3.44	3.52	4.54	4.61	4.69	4.76
	7		20.1	30.0	12.30	9.66	70.08	123.73	2.39	3.16	1.72	3.32	3.39	3.46	3.54	4.57	4.64	4.71	4.79
	8		20.5	30.4	13.94	10.95	78.58	137.92	2.37	3.14	1.71	3.34	3.41	3.48	3.56	4.59	4.66	4.74	4.81
	10		21.3	31.2	17.17	13.48	94.65	166.87	2.35	3.12	1.69	3.38	3.45	3.53	3.60	4.63	4.70	4.78	4.85
∟110×70×	6	10	15.7	35.3	10.64	8.35	42.92	133.37	2.01	3.54	1.54	2.74	2.81	2.88	2.97	5.22	5.29	5.36	5.44
	7		16.1	35.7	12.30	9.66	49.01	153.00	2.00	3.53	1.53	2.76	2.83	2.90	2.98	5.24	5.31	5.39	5.46
	8		16.5	36.2	13.94	10.95	54.87	172.04	1.98	3.51	1.53	2.78	2.85	2.93	3.00	5.26	5.34	5.41	5.49
	10		17.2	37.0	17.17	13.47	65.88	208.39	1.96	3.48	1.51	2.81	2.89	2.96	3.04	5.30	5.38	5.46	5.53
∟125×80×	7	11	18.0	40.1	14.10	11.07	74.42	227.98	2.30	4.02	1.76	3.11	3.18	3.25	3.32	5.89	5.97	6.04	6.12
	8		18.4	40.6	16.99	12.55	83.49	256.67	2.28	4.01	1.75	3.13	3.20	3.27	3.34	5.92	6.00	6.07	6.15
	10		19.2	41.4	19.71	15.47	100.67	312.04	2.26	3.98	1.74	3.17	3.24	3.31	3.38	5.96	6.04	6.11	6.19
	12		20.0	42.2	23.35	18.33	116.67	364.41	2.24	3.95	1.72	3.21	3.28	3.35	3.43	6.00	6.08	6.15	6.23

续表

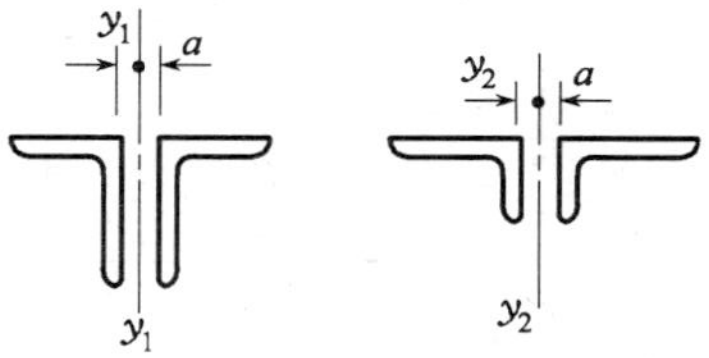

型　号	圆角 r	重心距 z_x	重心距 z_y	截面面积	线质量	惯性矩 I_x	惯性矩 I_y	惯性半径 i_x	惯性半径 i_y	惯性半径 i_{y_0}	i_{y_1}，当 a 为下列数值 6mm	8mm	10mm	12mm	i_{y_2}，当 a 为下列数值 6mm	8mm	10mm	12mm
		mm	mm	cm^2	kg/m	cm^4	cm^4	cm	cm	cm	cm	cm	cm	cm	cm	cm	cm	cm
∟140×90×8	12	20.4	45.0	18.04	14.16	120.69	365.64	2.59	4.50	1.98	3.49	3.56	3.63	3.70	6.58	6.65	6.72	6.79
∟140×90×10	12	21.2	45.8	22.26	17.46	146.03	445.50	2.56	4.47	1.96	3.52	3.59	3.66	3.74	6.62	6.69	6.77	6.84
∟140×90×12	12	21.9	46.6	26.40	20.72	169.79	521.59	2.54	4.44	1.95	3.55	3.62	3.70	3.77	6.66	6.74	6.81	6.89
∟140×90×14	12	22.7	47.4	30.47	23.91	192.10	594.10	2.51	4.42	1.94	3.59	3.67	3.74	3.81	6.70	6.78	6.85	6.93
∟160×100×10	13	22.8	52.4	25.32	19.87	205.03	668.69	2.85	5.14	2.19	3.84	3.91	3.98	4.05	7.56	7.63	7.70	7.78
∟160×100×12	13	23.6	53.2	30.05	23.59	239.06	784.91	2.82	5.11	2.17	3.88	3.95	4.02	4.09	7.60	7.67	7.75	7.82
∟160×100×14	13	24.3	54.0	34.71	27.25	271.20	896.30	2.80	5.08	2.16	3.91	3.98	4.05	4.12	7.64	7.71	7.79	7.86
∟160×100×16	13	25.1	54.8	39.28	30.84	301.60	1 003.04	2.77	5.05	2.16	3.95	4.02	4.09	4.17	7.68	7.75	7.83	7.91
∟180×110×10	14	24.4	58.9	28.37	22.27	278.11	956.25	3.13	5.80	2.42	4.16	4.23	4.29	4.36	8.47	8.56	8.63	8.71
∟180×110×12	14	25.2	59.8	33.71	26.46	325.03	1 124.72	3.10	5.78	2.40	4.19	4.26	4.33	4.40	8.53	8.61	8.68	8.76
∟180×110×14	14	25.9	60.6	38.97	30.59	369.55	1 286.91	3.08	5.75	2.39	4.22	4.29	4.36	4.43	8.57	8.65	8.72	8.80
∟180×110×16	14	26.7	61.4	44.14	34.65	411.85	1 443.06	3.06	5.72	2.38	4.26	4.33	4.40	4.47	8.61	8.69	8.76	8.84
∟200×125×12	14	28.3	65.4	37.91	29.76	483.16	1 570.90	3.57	6.44	2.74	4.75	4.81	4.88	4.95	9.39	9.47	9.54	9.61
∟200×125×14	14	29.1	66.2	43.87	34.44	550.83	1 800.97	3.54	6.41	2.73	4.78	4.85	4.92	4.99	9.43	9.50	9.58	9.65
∟200×125×16	14	29.9	67.0	49.74	39.05	615.44	2 023.35	3.52	6.38	2.71	4.82	4.89	4.96	5.03	9.47	9.54	9.62	9.69
∟200×125×18	14	30.6	67.8	55.53	43.59	677.19	2 238.30	3.49	6.35	2.70	4.85	4.92	4.99	5.07	9.51	9.58	9.66	9.74

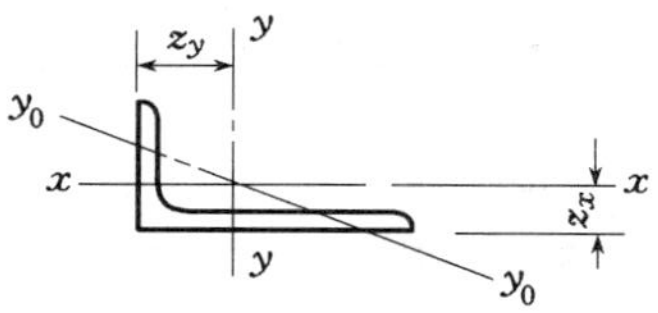

附表 25-3　热轧普通工字钢截面特性(按 GB/T 706—88 计算)

h——高度　　b——翼缘宽度　　t_w——腹板厚度　　t——翼缘平均厚度　　r——内圆弧半径

r_1——翼端圆弧半径　　I——截面惯性矩　　W——截面系数　　S——半截面面积矩　　i——惯性半径

型号	尺寸 (mm)						截面面积 (cm^2)	线质量 ($kg\cdot m^{-1}$)	x－x				y－y		
	h	b	t_w	t	r	r_1			I_x (cm^4)	W_x (cm^3)	S_x (cm^3)	i_x (cm)	I_y (cm^4)	W_y (cm^3)	i_y (cm)
I10	100	68	4.5	7.6	6.5	3.3	14.33	11.25	245	49.0	28.2	4.14	32.8	9.6	1.51
I12.6	126	74	5.0	8.4	7.0	3.5	18.10	14.21	488	77.4	44.4	5.19	46.9	12.7	1.61
I14	140	80	5.5	9.1	7.5	3.8	21.50	16.88	712	101.7	58.4	5.75	64.3	16.1	1.73
I16	160	88	6.0	9.9	8.0	4.0	26.11	20.50	1 127	140.9	80.8	6.57	93.1	21.1	1.89
I18	180	94	6.5	10.7	8.5	4.3	30.74	24.13	1 669	185.4	106.5	7.37	122.9	26.2	2.00
I20 a b	200	100 102	7.0 9.0	11.4	9.0	4.5	35.55 39.55	27.91 31.05	2 369 2 502	236.9 250.2	136.1 146.1	8.16 7.95	157.9 169.0	31.6 33.1	2.11 2.07
I22 a b	200	110 112	7.5 9.5	12.3	9.5	4.8	42.10 46.50	33.05 36.50	3 406 3 583	309.6 325.8	177.7 189.8	8.99 8.78	225.9 240.2	41.1 42.9	2.32 2.27
I25 a b	250	116 118	8.0 10.0	13.0	10.0	5.0	48.51 53.51	38.08 42.01	5 017 5 278	401.4 422.2	230.7 246.3	10.17 9.93	280.4 297.3	48.4 50.4	2.40 2.36
I28 a b	280	122 124	8.5 10.5	13.7	10.5	5.3	55.37 60.97	43.47 47.86	7 115 7 481	508.2 534.4	292.7 312.3	11.34 11.08	344.1 363.8	56.4 58.7	2.49 2.44
a I32b c	320	130 132 134	9.5 11.5 13.5	15.0	11.5	5.8	67.12 73.52 79.92	52.69 57.71 62.74	11 080 11 626 12 173	692.5 726.7 760.8	400.5 426.1 451.7	12.85 12.58 12.34	459.0 483.8 510.1	70.6 73.3 76.1	2.62 2.57 2.53

续表

h——高度
b——翼缘宽度
t_w——腹板厚度
t——翼缘平均厚度
r——内圆弧半径

r_1——翼端圆弧半径
I——截面惯性矩
W——截面系数
S——半截面面积矩
i——惯性半径

型　号	尺　寸　(mm)						截面面积 (cm^2)	线质量 ($kg\cdot m^{-1}$)	$x-x$				$y-y$		
	h	b	t_w	t	r	r_1			I_x (cm^4)	W_x (cm^3)	S_x (cm^3)	i_x (cm)	I_y (cm^4)	W_y (cm^3)	i_y (cm)
a		136	10.0				76.44	60.00	15 796	877.6	508.8	14.38	554.9	81.6	2.69
136b	360	138	12.0	15.8	12.0	6.0	83.64	65.66	16 574	920.8	541.2	14.08	583.6	84.6	2.64
c		140	14.0				90.84	71.31	17 351	964.0	573.6	13.82	614.0	87.7	2.60
a		142	10.5				86.07	67.56	21 714	1 085.7	631.2	15.88	659.9	92.9	2.77
140b	400	144	12.5	16.5	12.5	6.3	94.07	73.84	22 781	1 139.0	671.2	15.56	692.8	96.2	2.71
c		146	14.5				102.07	80.12	23 847	1 192.4	711.2	15.29	727.5	99.7	2.67
a		150	11.5				102.40	80.38	32 241	1 432.9	836.4	17.74	855.0	114.0	2.89
145b	450	152	13.5	18.0	13.5	6.8	111.40	87.45	33 759	1 500.4	887.1	17.41	895.4	117.8	2.84
c		154	15.5				120.40	94.51	35 278	1 567.9	937.7	17.12	938.0	121.8	2.79
a		158	12.0				119.25	93.61	46 472	1 858.9	1 048.1	19.74	1 121.5	142.0	3.07
150b	500	160	14.0	20.0	14.0	7.0	129.25	101.46	48 556	1 942.2	1 146.6	19.38	1 171.4	146.4	3.01
c		162	16.0				139.25	109.31	50 639	2 005.6	1 209.1	19.07	1 223.9	151.1	2.96
a		166	12.5				135.38	106.27	65 576	2 342.0	1 368.8	22.01	1 365.8	164.6	3.18
156b	560	168	14.5	21.0	14.5	7.3	146.58	115.06	68 503	2 446.5	1 447.2	21.62	1 423.8	169.5	3.12
c		170	16.5				157.78	123.85	71 430	2 551.1	1 525.6	21.28	1 484.8	174.7	3.07
a		176	13.0				154.59	121.36	94 004	2 984.3	1 747.4	24.66	1 702.4	193.5	3.32
163b	630	178	15.0	22.0	15.0	7.5	167.19	131.25	98 171	3 116.6	1 846.6	24.23	1 770.7	199.0	3.25
c		180	17.0				179.79	141.14	102 339	3 248.9	1 945.9	23.86	1 842.4	204.7	3.20

附表 25-4 热轧普通槽钢截面特性(按 GB/T 707—88 计算)

h——高度
b——翼缘宽度
d——腹板厚度
t——翼缘平均厚度
r——内圆弧半径
r_1——翼端圆弧半径
W——截面系数
S——半截面面积矩
i——惯性半径
Z_o——质心距离

型号	尺寸 (mm)						截面面积 (cm²)	线质量 (kg·m⁻¹)	x－x				y－y				y₁－y₁	Z_o(cm)
	h	b	d	t	r	r_1			I_x(cm⁴)	W_x (cm³)	S_x (cm³)	i_x(cm)	I_y(cm⁴)	W_{ymin} (cm³)	W_{ymax} (cm³)	i_y(cm³)	I_y(cm⁴)	
[5	50	37	4.5	7.0	7.0	3.5	6.92	5.44	26.0	10.4	6.4	1.94	8.3	3.5	6.2	1.10	20.9	1.35
[6.3	63	40	4.8	7.5	7.5	3.75	8.45	6.63	51.2	16.3	9.8	2.46	11.9	4.6	8.5	1.19	28.3	1.39
[8	80	43	5.0	8.0	8.0	4.0	10.24	8.04	101.3	25.3	15.1	3.14	16.6	5.8	11.7	1.27	37.4	1.42
[10	100	48	5.3	8.5	8.5	4.25	12.74	10.00	198.3	39.7	23.5	3.94	25.6	7.8	16.9	1.42	54.9	1.52
[12.6	126	53	5.5	9.0	9.0	4.5	15.69	12.31	388.5	61.7	36.4	4.98	38.0	10.3	23.9	1.56	77.8	1.59
[14a	140	58	6.0	9.5	9.5	4.75	18.51	14.53	563.7	80.5	47.5	5.52	53.2	13.0	31.2	1.70	107.2	1.71
[14b		60	8.0				21.31	16.73	609.4	87.1	52.4	5.35	61.2	14.1	36.6	1.69	120.6	1.67
[16a	160	63	6.5	10.0	10.0	5.0	21.95	17.23	866.2	108.3	63.9	6.28	73.4	16.3	40.9	1.83	144.1	1.79
[16b		65	8.5				25.15	19.75	934.5	116.8	70.3	6.10	83.4	17.6	47.6	1.82	160.8	1.75
[18a	180	68	7.0	10.5	10.5	5.25	25.69	20.17	1 272.7	141.4	83.5	7.04	98.6	20.0	52.3	1.96	189.7	1.88
[18b		70	9.0				29.29	22.99	1 369.9	152.2	91.6	6.84	111.0	21.5	60.4	1.95	210.1	1.84
[20a	200	73	7.0	11.0	11.0	5.5	28.83	22.63	1 780.4	178.0	104.7	7.86	128.0	24.2	63.8	2.11	244.0	2.01
[20b		75	9.0				32.83	25.77	1 913.7	191.4	114.7	7.64	143.6	25.9	73.7	2.09	268.4	1.95
[22a	220	77	7.0	11.5	11.5	5.75	31.84	24.99	2 393.9	217.6	127.6	8.67	157.8	28.2	75.1	2.23	298.2	2.10
[22b		79	9.0				36.24	28.45	2 571.3	233.8	139.7	8.42	176.5	30.1	86.8	2.21	326.3	2.03

续表

h——高度
b——翼缘宽度
d——腹板厚度
t——翼缘平均厚度
r——内圆弧半径

r_1——翼端圆弧半径
W——截面系数
S——半截面面积矩
i——惯性半径
Z_o——质心距离

型号	尺　寸　(mm)						截面面积	线质量	$x-x$				$y-y$				y_1-y_1	Z_o(cm)
	h	b	d	t	r	r_1	(cm^2)	(kg·m^{-1})	I_x(cm^4)	W_x (cm^3)	S_x (cm^3)	i_x(cm)	I_y(cm^4)	W_{ymin} (cm^3)	W_{ymax} (cm^3)	i_y(cm^3)	I_y(cm^4)	
a		78	7.0				34.91	27.40	3 359.1	268.7	157.8	9.81	175.9	30.7	85.1	2.24	324.8	2.07
[25b	250	80	9.0	12.0	12.0	6.0	39.91	31.33	3 619.5	289.6	173.5	9.52	196.4	32.7	98.5	2.22	355.1	1.99
c		82	11.0				44.91	35.25	3 880.0	310.4	189.1	9.30	215.9	34.6	110.1	2.19	388.6	1.96
a		82	7.5				40.02	31.42	4 752.5	339.5	200.2	10.90	217.9	35.7	104.1	2.33	393.3	2.09
[28b	280	84	9.5	12.5	12.5	6.25	45.62	35.81	5 118.4	365.6	219.8	10.59	214.5	37.9	119.3	2.30	428.5	2.02
c		86	11.5				51.22	40.21	5 484.3	391.7	239.4	10.35	264.1	40.0	132.6	2.27	467.3	1.99
a		88	8.0				48.50	38.07	7 510.3	469.4	276.9	12.44	304.7	46.4	136.2	2.51	547.5	2.24
[32b	320	90	10.0	14.0	14.0	7.0	54.90	43.10	8 056.8	503.5	302.5	12.11	335.6	49.1	155.0	2.47	592.9	2.16
c		92	12.0				61.30	48.12	8 602.9	537.7	328.1	11.85	365.0	51.6	171.5	2.44	642.7	2.13
a		96	9.0				60.89	47.80	11 874.1	659.7	389.9	13.96	455.0	63.6	186.2	2.73	818.5	2.44
[36b	360	98	11.0	16.0	16.0	8.0	68.09	53.45	12 651.7	702.9	422.3	13.63	496.7	66.9	209.2	2.70	880.5	2.37
c		100	13.0				75.29	59.10	13 429.3	746.1	454.7	13.36	536.6	70.0	229.5	2.67	948.0	2.34
a		100	10.5				75.04	58.91	17 577.7	878.9	524.4	15.30	592.0	72.8	237.6	2.81	1 057.9	2.49
[40b	400	102	12.5	18.0	18.0	9.0	83.04	65.19	18 644.4	932.2	564.4	14.98	640.6	82.6	262.4	2.78	1 135.8	2.44
c		104	14.5				91.04	71.47	19 711.0	985.6	604.4	14.71	687.8	86.2	284.4	2.75	1 220.3	2.42

附表 25-5 热轧 H 型钢截面规格及特性(GB/T 11263—98)

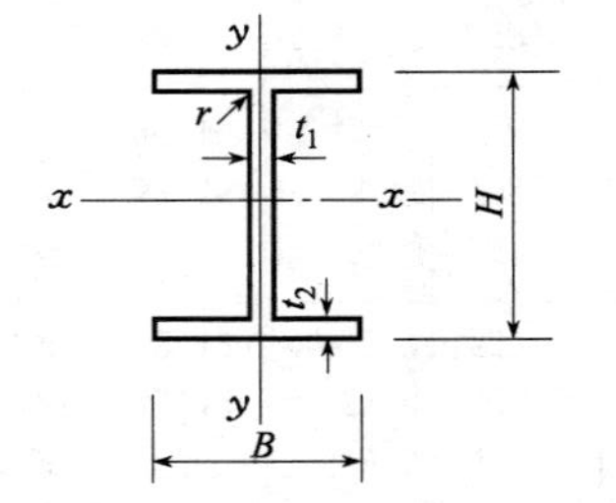

类别	型号(高度×宽度)	截面尺寸(mm)				截面面积(cm^2)	理论重量($kg \cdot m^{-1}$)	截面特性参数					
								惯性矩(cm^4)		惯性半径(cm)		截面模量(cm^3)	
		$H \times B$	t_1	t_2	r			I_x	I_y	i_x	i_y	W_x	W_y
HW	100×100	100×100	6	8	10	21.90	17.3	383	134	4.18	2.47	76.5	26.7
	125×125	125×125	6.5	9	10	30.31	23.8	847	294	5.29	3.11	136	47.0
	150×150	150×150	7	10	13	40.55	31.9	1 660	564	6.39	3.73	221	75.1
	175×175	175×175	7.5	11	13	51.43	40.3	2 900	984	7.50	4.37	331	112
	200×200	200×200	8	12	16	64.28	50.5	4 770	1 600	8.61	4.99	477	160
		#200×204	12	12	16	72.28	56.7	5 030	1 700	8.35	4.85	503	167
	250×250	250×250	9	14	16	92.18	72.4	10 800	3 650	10.8	6.29	867	292
		#250×255	14	14	16	104.7	82.2	11 500	3 880	10.5	6.09	919	304
	300×300	#294×302	12	12	20	108.3	85.0	17 000	5 520	12.5	7.14	1 160	365
		300×300	10	15	20	120.4	94.5	20 500	6 760	13.1	7.49	1 370	450
		300×305	15	15	20	135.4	106	21 600	7 100	12.6	7.24	1 440	466
	350×350	#344×348	10	16	20	146.0	115	33 300	11 200	15.1	8.78	1 940	646
		350×350	12	19	20	173.9	137	40 300	13 600	15.2	8.84	2 300	776
	400×400	#388×402	15	15	24	179.2	141	49 200	16 300	16.6	9.52	2 540	809
		#394×398	11	18	24	187.6	147	56 400	18 900	17.3	10.0	2 860	951

续表

x　x　y　y　r　t_1　t_2　H　B

类别	型号(高度×宽度)	截面尺寸(mm)				截面面积(cm^2)	理论重量($kg \cdot m^{-1}$)	截面特性参数					
								惯性矩(cm^4)		惯性半径(cm)		截面模量(cm^3)	
		$H \times B$	t_1	t_2	r			I_x	I_y	i_x	i_y	W_x	W_y
HW	400×400	400×400	13	21	24	219.5	172	66 900	22 400	17.5	10.1	3 340	1 120
		#400×408	21	21	24	251.5	197	71 100	23 800	16.8	9.73	3 560	1 170
		#414×405	18	28	24	296.2	233	93 000	31 000	17.7	10.2	4 490	1 530
		#428×407	20	35	24	361.4	284	119 000	39 400	18.2	0.4	5 580	1 930
		*458×417	30	50	24	529.3	415	187 000	60 500	18.8	10.7	8 180	2 900
		*498×432	45	70	24	770.8	605	298 000	94 400	19.7	11.1	12 000	4 370
HM	150×100	148×100	6	9	13	27.25	21.4	1 040	151	6.17	2.35	140	30.2
	200×150	194×150	6	9	16	39.76	31.2	2 740	508	8.30	3.57	283	67.7
	250×175	244×175	7	11	16	56.24	44.1	6 120	985	10.4	4.18	502	113
	300×200	294×200	8	12	20	73.03	57.3	11 400	1 600	12.5	4.69	779	160
	350×250	340×250	9	14	20	101.5	79.7	21 700	3 650	14.6	6.00	1 280	292
	400×300	390×300	10	16	24	136.7	107	38 900	7 210	16.9	7.26	2 000	481
	450×300	440×300	11	18	24	157.4	124	56 100	8 110	18.9	7.18	2 550	541
	500×300	482×300	11	15	28	146.4	115	60 800	6 770	20.4	6.80	2 520	451
		488×300	11	18	28	164.4	129	7 1400	8 120	20.8	7.03	2 930	541

续表

类别	型号(高度×宽度)	截面尺寸 (mm)				截面面积 (cm^2)	理论重量 ($kg\cdot m^{-1}$)	截面特性参数					
								惯性矩(cm^4)		惯性半径(cm)		截面模量(cm^3)	
		$H\times B$	t_1	t_2	r			I_x	I_y	i_x	i_y	W_x	W_y
HM	600×300	582×300	12	17	28	174.5	137	103 000	7 670	24.3	6.63	3 530	511
		588×300	12	20	28	192.5	151	118 000	9 020	24.8	6.85	4 020	601
HN	100×50	100×50	5	7	10	12.16	9.54	192	14.9	3.98	1.11	38.5	5.96
	125×60	125×60	6	8	10	17.01	13.3	417	29.3	4.95	1.31	66.8	9.75
	150×75	150×75	5	7	10	18.16	14.3	679	49.6	6.12	1.65	90.6	13.2
	175×90	175×90	5	8	10	23.21	18.2	1 220	97.6	7.26	2.05	140	21.7
	200×100	198×99	4.5	7	13	23.59	18.5	1 610	114	8.27	2.20	163	23.0
		200×100	5.5	8	13	27.57	21.7	1 880	134	8.25	2.21	188	26.8
	250×125	248×124	5	8	13	32.89	25.8	3 560	255	10.4	2.78	287	41.1
		250×125	6	9	13	37.87	29.7	4 080	294	10.4	2.79	326	47.0
	300×150	298×149	5.5	8	16	41.55	32.6	6 460	443	12.4	3.26	433	59.4
		300×150	6.5	9	16	47.53	37.3	7 350	508	12.4	3.27	490	67.7
	350×175	346×174	6	9	16	53.19	41.8	11 200	792	14.5	3.86	649	91.0
		350×175	7	11	16	63.66	50.0	13 700	985	14.7	3.93	782	113
	#400×150	#400×150	8	13	16	71.12	55.8	18 800	734	16.3	3.21	942	97.9
	400×200	396×199	7	11	16	72.16	56.7	20 000	1 450	16.7	4.48	1 010	145
		400×200	8	13	16	84.12	66.0	23 700	1 740	16.8	4.54	1 190	174
	#450×150	#450×150	9	14	20	83.41	65.5	27 100	793	18.0	3.08	1 200	106

续表

类别	型号(高度×宽度)	截面尺寸(mm)				截面面积(cm^2)	理论重量($kg\cdot m^{-1}$)	截面特性参数					
								惯性矩(cm^4)		惯性半径(cm)		截面模量(cm^3)	
		$H\times B$	t_1	t_2	r			I_x	I_y	i_x	i_y	W_x	W_y
HN	450×200	446×199	8	12	20	84.95	66.7	29 000	1 580	18.5	4.31	1 300	159
		450×200	9	14	20	97.41	76.5	33 700	1 870	18.6	4.38	1 500	187
	#500×150	#500×150	10	16	20	98.23	77.1	38 500	907	19.8	3.04	1 540	127
	500×200	496×199	9	14	20	101.3	79.5	41 900	1 840	20.3	4.27	1 690	185
		500×200	10	16	20	114.2	89.6	47 800	2 140	20.5	4.33	1 910	214
		#506×201	11	19	20	131.3	103	56 500	2 580	20.8	4.43	2 230	257
	600×200	596×199	10	15	24	121.2	95.1	69 300	1 980	23.9	4.04	2 330	199
		600×200	11	17	24	135.2	106	78 200	2 280	24.1	4.11	2 610	228
		#601×201	12	20	24	153.3	120	91 000	2 720	24.4	4.21	3 000	271
	700×300	#692×300	13	20	28	211.5	166	172 000	9 020	28.6	6.53	4 980	602
		700×300	13	24	28	235.5	185	201 000	10 800	29.3	6.78	5 760	722
	*800×300	*792×300	14	22	28	243.4	191	254 000	9 930	32.3	6.39	6 400	662
		*800×300	14	26	28	267.4	210	292 000	11 700	33.0	6.62	7 290	782
	*900×300	*890×299	15	23	28	270.9	213	345 000	10 300	35.7	6.16	7 760	688
		*900×300	16	28	28	309.8	243	411 000	12 600	36.4	6.39	9 140	843
		*912×302	18	34	28	364.0	286	498 000	15 700	37.0	6.56	10 900	1 040

注:①#表示的规格为非常用规格;
②*表示的规格,目前国内尚未生产;
③型号属同一范围的产品,其内侧尺寸高度相同;
④截面面积计算公式为:$t_1(H-2t_2)+2Bt_2+0.858r^2$。

附表 25-6　窄翼缘(HN类)H型钢补充规格的截面尺寸、面积和截面特性

截面尺寸(mm)						截面面积 (cm^2)	理论重量 ($kg\cdot m^{-1}$)	截面特性参数					
类别	型号 (高度×宽度)	$H\times B$	t_1	t_2	r			惯性矩(cm^4)		惯性半径(cm)		截面模量(cm^3)	
								I_x	I_y	i_x	i_y	W_x	W_y
HN	100×75	100×75	6	8	10	17.90	14.1	298	56.7	4.08	1.78	59.6	15.1
	126×75	126×75	6	8	10	19.46	15.3	509	56.8	5.11	1.71	80.8	15.1
	140×90	140×90	5	8	10	21.46	16.8	738	97.6	5.87	2.13	105	21.7
	160×90	160×90	5	8	10	22.46	17.6	999	97.6	6.67	2.08	125	21.7
	180×90	180×90	5	8	10	23.46	18.4	1 300	97.6	7.46	2.04	145	21.7
	220×125	220×125	6	9	13	36.07	28.3	3 060	294	9.21	2.85	278	47
	280×125	280×125	6	9	13	39.67	31.3	5 270	294	11.5	2.72	376	47.0
	320×150	320×150	6.5	9	16	48.83	38.3	8 500	508	13.2	3.23	531	67.8
	360×150	360×150	7	11	16	58.86	46.2	12 900	621	14.8	3.25	717	82.8
	560×175	560×175	11	17	24	122.3	96.0	60 500	1 530	22.2	3.54	2 160	175
	630×200	630×200	13	20	28	163.4	128	102 000	2 690	25.0	4.06	3 250	269

注:本表规格为H型钢标准(GB/T 11263—98)附录A所列窄翼缘H型钢的补充规格,均可按供需双方协议供货。

附表 25-7 轧制薄钢板规格及尺寸表(摘自 GB 708—65)

类别	厚度(mm)	宽度(mm)												
		500	600	710	750	800	850	900	950	1 000	1 100	1 250	1 400	1 500
		长度(mm)												
热轧钢板	0.8,0.9	1 000 1 500	1 200 1 420	1 420 2 000	1 500 1 800 2 000	1 500 1 600 2 000	1 500 1 700 2 000	1 500 1 800 2 000	1 500 1 900 2 000	1 500 2 000				
热轧钢板	1.0,1.12 1.2,1.5 1.4,1.5 1.6,1.8	1 000 1 500 2 000	1 200 1 420 2 000	1 000 1 420 2 000	1 000 1 500 1 800 2 000	1 500 1 600 2 000	1 500 1 700 2 000	1 000 1 500 1 800 2 000	1 500 1 900 2 000	1 500 2 000				
热轧钢板	2.0,2.2 2.5,2.8	500 1 000 1 500	600 1 200 1 500	1 000 1 420 2 000	1 500 1 800 2 000	1 500 1 600 2 000	1 500 1 700 2 000	1 000 1 500 1 800 2 000	1 500 1 900 2 000	1 500 2 000 3 000	2 200 3 000 4 000	2 500 3 000 4 000	2 800 3 000 4 000	3 000 4 000
热轧钢板	3.0,3.2 3.5,3.8 4.0	500 1 000	600 1 200	1 420 2 000	1 000 1 500 1 800 2 000	1 500 1 600 2 000	1 500 1 700 2 000	1 000 1 500 1 800 2 000	1 500 1 900 2 000	2 000 3 000 4 000	2 200 3 000 4 000	2 500 3 000 4 000	2 800 3 000 3 500 4 000	3 000 3 500 4 000
冷轧钢板	0.8,0.9	1 000 1 500	1 200 1 800 2 000	1 420 1 800 2 000	1 500 1 800 2 000	1 500 1 800 2 000	1 500 1 800 2 000	1 500 1 800 2 000		1 500 2 000	2 000 2 200	2 000 2 500		
冷轧钢板	1.0,1.1,1.2 1.4,1.5,1.6 1.8,2.0	1 000 1 500 2 000	1 200 1 800 2 000	1 420 1 800 2 000	1 500 1 800 2 000	1 500 1 800 2 000	1 500 1 800 2 000	1 800 2 000		2 000	2 000 2 200	2 000 2 500	2 800 3 000 3 500	2 800 3 000 3 500
冷轧钢板	2.2,2.5 2.8,3.0 3.2,3.5 3.8,4.0	500 1 000 1 500 2 000	600 1 200 1 800 2 000	1 420 1 800 2 000	1 500 1 800 2 000	1 500 1 800 2 000	1 500 1 800 2 000	1 800		2 000				

注:经供需双方协议,可以供应比表中更长、更宽的各种厚度的钢板。

附表 25-8 轧制厚钢板规格及尺寸表

钢板厚度(mm)	钢板宽度(m)									
	0.6~1.2	>1.2~1.5	>1.5~1.6	>1.6~1.7	>1.7~1.8	>1.8~2.0	>2.0~2.2	>2.2~2.5	>2.5~2.8	>2.8~3.0
	最大长度(m)									
4.5~5.5	12	12	12	12	12	6	—	—	—	—
6~7	12	12	12	12	12	10	—	—	—	—
8~10	12	12	12	12	12	12	9	9	—	—
11~15	12	12	12	12	12	12	9	8	8	8
16~20	12	12	12	10	10	9	8	7	7	7
21~25	12	11	11	10	9	8	7	6	6	6
26~30	12	10	9	9	9	8	7	6	6	6
32~34	12	9	8	7	7	7	7	7	6	5
36~40	10	8	7	7	6.5	6.5	5.5	5.5	5	—
42~50	9	8	7	7	6.5	6	5	4	—	—
52~60	8	6	6	6	5.5	5	4.5	4	—	—

注:①钢板厚度大于 4~6mm 的,其厚度间隔为 0.5mm;钢板厚度大于 6~30mm 的,其厚度间隔为 1.0mm;钢板厚度大于 30~60mm 的,其厚度间隔为 2.0mm;
②经供需双方协议,可以供应比表中更长、更宽的各种厚度的钢板。

附表 26 钢锚栓规格与螺栓有效面积

附表 26-1 Q235 钢、Q345 钢锚栓选用表

1	2	3	4				5		6		7			8			
锚栓直径 d (mm)	有效面积 A_e (cm^2)	抗拉承载力设计值 N_t^a (kN)	连接尺寸 (mm)				锚固长度及细部尺寸										
			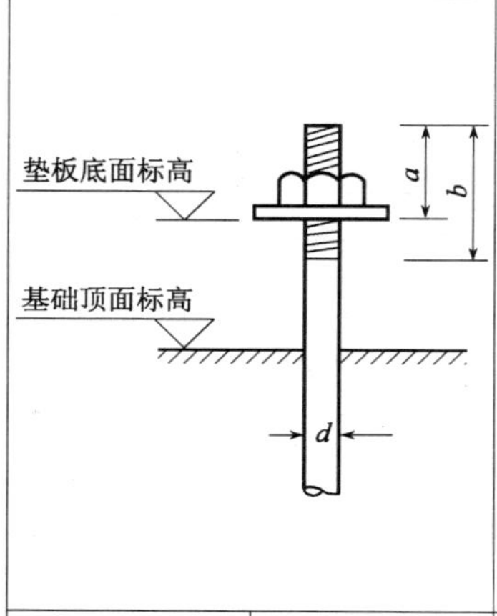 垫板底面标高 / 基础顶面标高				Ⅰ型 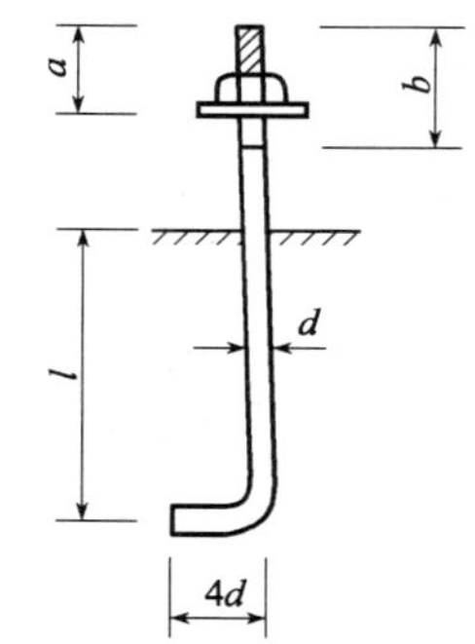		Ⅱ型 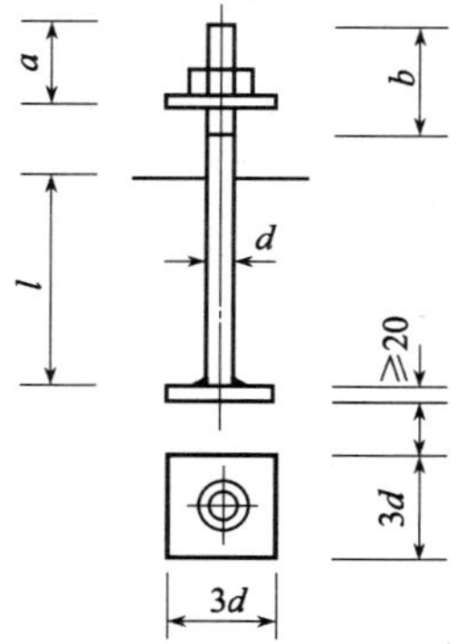		Ⅲ型 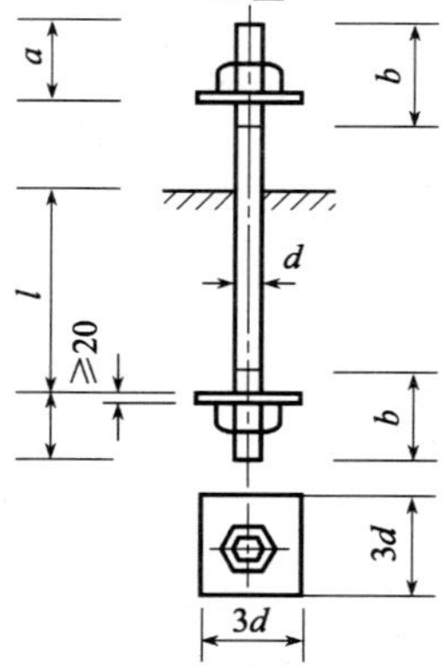			Ⅳ型 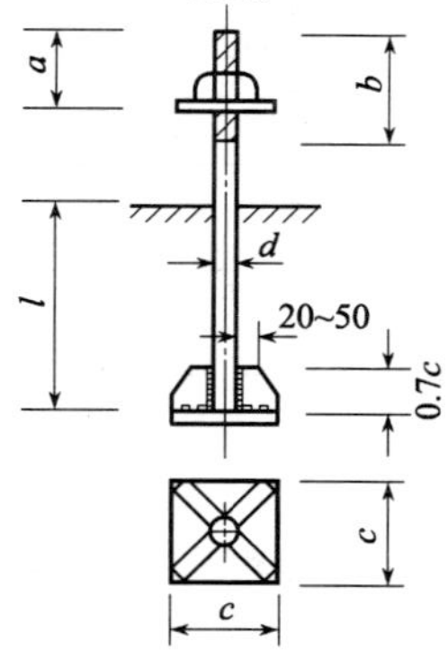			
			单螺母		双螺母		锚固长度 l (mm)									锚板尺寸	
							当基础混凝土的强度等级为										
			a	b	a	b	C15	C20	C15	C20	C20	C25	≥C30	C15	C20	c (mm)	t (mm)
16	1.57	22.0/28.3	40	70	55	85	580/740	420/560									
18	1.92	26.9/34.6	45	75	60	90	650/830	470/630									
20	2.45	34.3/44.1	45	75	60	90	720/920	520/700									
22	3.03	42.4/54.5	45	75	65	95	790/1 010	570/770									
24	3.53	49.4/63.5	50	80	70	100	860/1 100	620/840	840/990	720/960	840/990	720/960	600/840				
27	4.59	64.3/82.6	50	80	75	105			950/1 220	810/1 080	950/1 220	810/1 080	680/950				

续表

1	2	3	4				5		6		7			8			
锚栓直径 d (mm)	有效面积 A_e (cm^2)	抗拉承载力设计值 N_t^a (kN)	连接尺寸 (mm)				锚固长度及细部尺寸										
			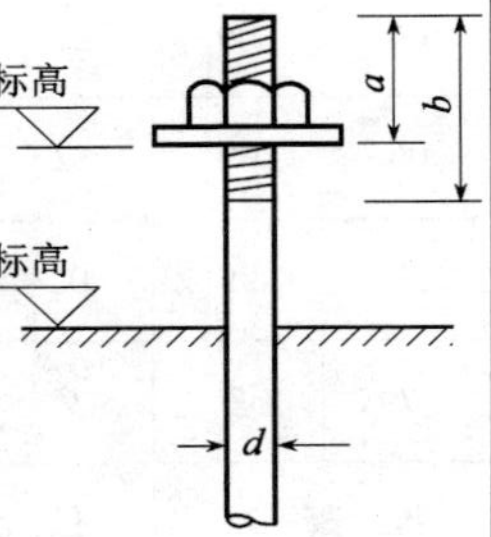 垫板底面标高 / 基础顶面标高				Ⅰ型 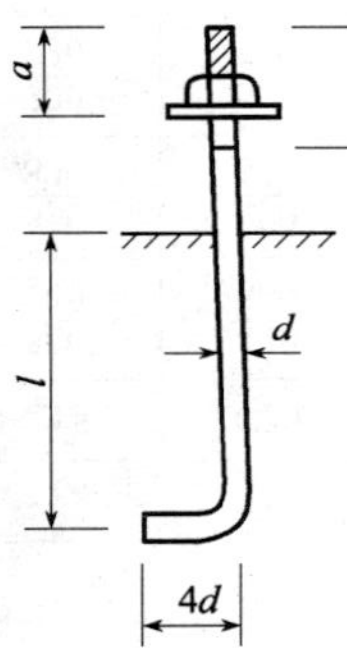		Ⅱ型 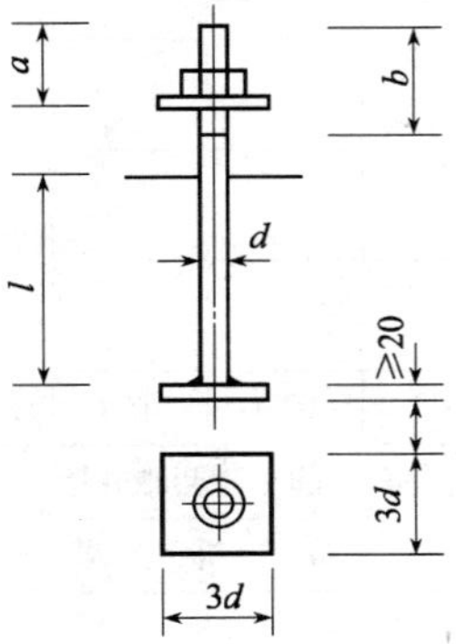		Ⅲ型 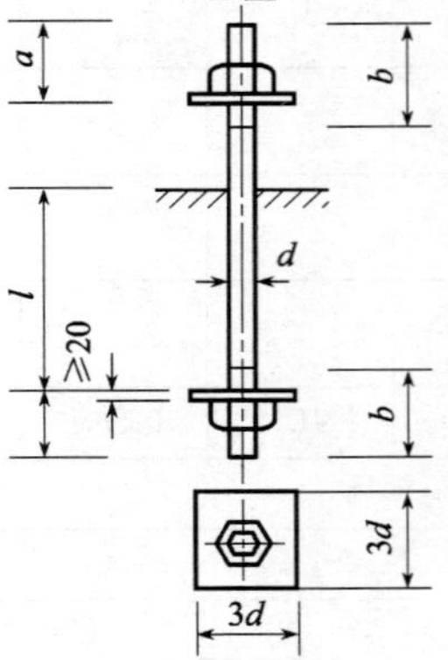			Ⅳ型 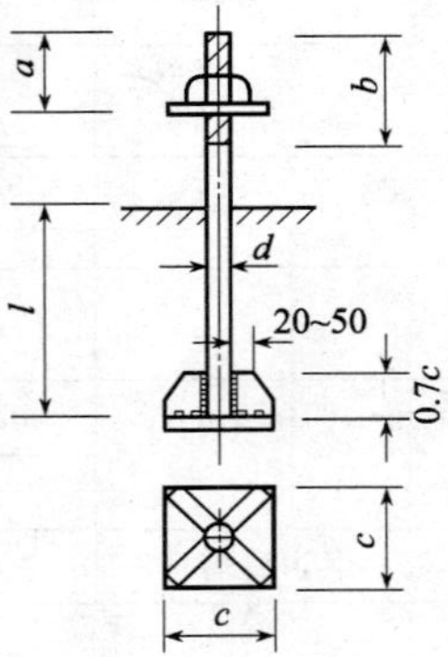			
			单螺母		双螺母		锚固长度 l (mm) 当基础混凝土的强度等级为									锚板尺寸	
			a	b	a	b	C15	C20	C15	C20	C20	C25	≥C30	C15	C20	c (mm)	t (mm)
30	5.61	78.5/101.0	55	85	80	110			1 050/1 350	900/1 200	1 050/1 350	900/1 200	750/1 050				
33	6.94	97.2/125.0	55	90	85	120			1 160/1 490	990/1 320	1 100/1 490	990/1 320	830/1 160				
36	8.17	114.4/147.1	60	95	90	125			1 260/1 620	1 080/1 440	1 260/1 620	1 080/1 440	900/1 260				
39	9.76	136.6/175.7	65	100	95	130			1 370/1 760	1 170/1 560	1 370/1 760	1 170/1 560	980/1 370				
42	11.21	156.9/201.8	70	105	100	135			1 470/1 890	1 260/1 680	1 470/1 890	1 260/1 680	1 050/1 470	1 260/1 680	1 050/1 470	140	20
45	13.06	182.8/235.1	75	110	105	140			1 580/2 030	1 350/1 800	1 580/2 030	1 350/1 800	1 130/1 580	1 350/1 800	1 130/1 580	140	20
48	14.73	206.2/265.1	80	120	110	105			1 680/2 160	1 440/1 920	1 680/2 160	1 440/1 920	1 200/1 680	1 440/1 920	1 200/1 680	200	20

续表

1	2	3	4				5		6		7			8			
锚栓直径 d (mm)	有效面积 A_e (cm^2)	抗拉承载力设计值 N_t^a (kN)	连接尺寸 (mm)				锚固长度及细部尺寸										
			垫板底面标高 / 基础顶面标高				Ⅰ型		Ⅱ型		Ⅲ型			Ⅳ型			
			单螺母		双螺母		锚固长度 l (mm) 当基础混凝土的强度等级为									锚板尺寸	
			a	b	a	b	C15	C20	C15	C20	C20	C25	≥C30	C15	C20	c (mm)	t (mm)
52	17.58	246.1/316.4	85	125	120	160			1 820/2 340	1 560/2 080	1 820/2 340	1 560/2 080	1 300/1 820	1 560/2 080	1 300/1 820	200	20
56	20.30	284.2/365.4	90	130	130	170			1 960/2 520	1 680/2 240	1 960/2 520	1 680/2 240	1 400/1 960	1 680/2 240	1 400/1 960	200	20
60	23.62	330.7/425.2	95	135	140	180			2 100/2 700	1 800/2 400	2 100/2 700	1 800/2 400	1 500/2 100	1 800/2 400	1 500/2 100	240	25
64	26.76	374.6/481.7	100	145	150	195			2 240/2 880	1 920/2 560	2 240/2 880	1 920/2 560	1 600/2 240	1 920/2 560	1 600/2 240	240	25
68	30.55	427.7/549.9	105	150	160	205			2 380/3 060	2 040/2 720	2 380/3 060	2 040/2 720	1 700/2 380	2 040/2 720	1 700/2 380	280	30
72	34.60	484.4/622.8	110	155	170	215			2 520/3 240	2 160/2 880	2 520/3 240	2 160/2 880	1 800/2 520	2 160/2 880	1 800/2 520	280	30
76	38.89	544.5/700.0	115	160	180	225			2 660/3 420	2 280/3 040	2 660/3 420	2 280/3 040	1 900/2 660	2 280/3 040	1 900/2 660	320	30

续表

1	2	3	4				5		6		7			8			
锚栓直径 d (mm)	有效面积 A_e (cm^2)	抗拉承载力设计值 N_t^a (kN)	连接尺寸 (mm)				锚固长度及细部尺寸										
			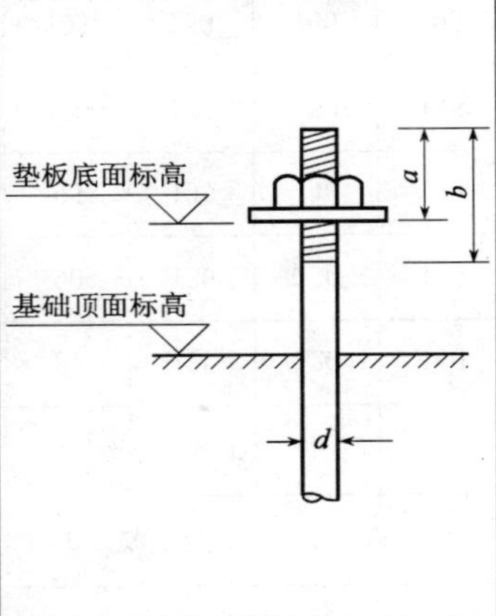 垫板底面标高 基础顶面标高 a b d				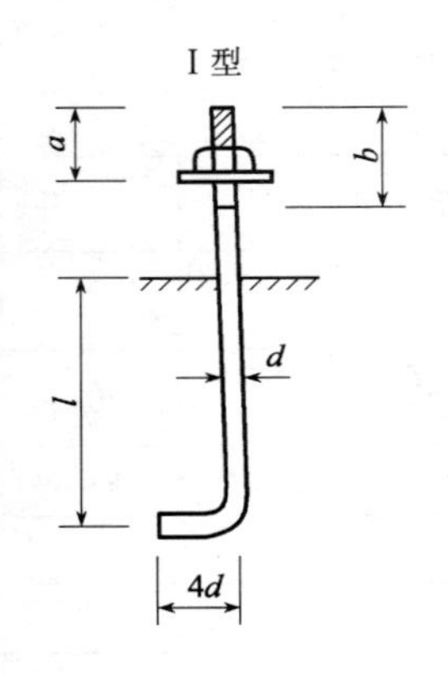 Ⅰ型 a b l d $4d$		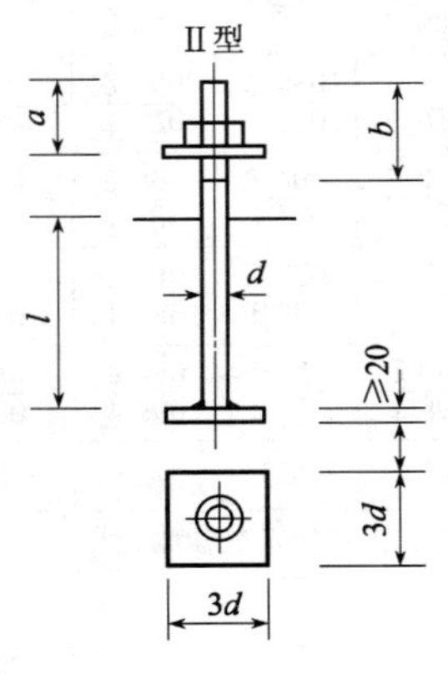 Ⅱ型 a b l d ≥20 $3d$ $3d$		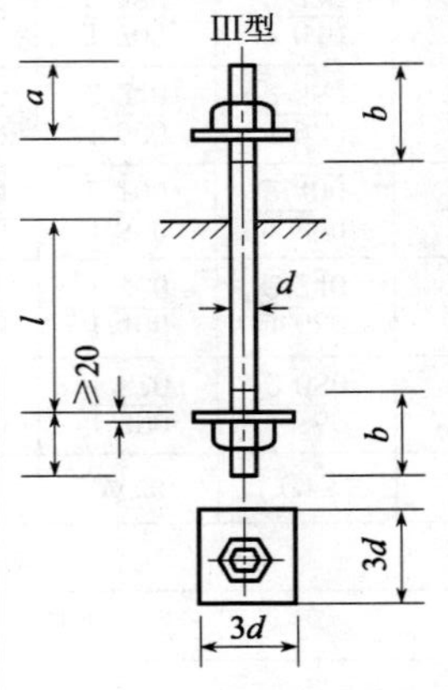 Ⅲ型 a b l d ≥20 b $3d$ $3d$			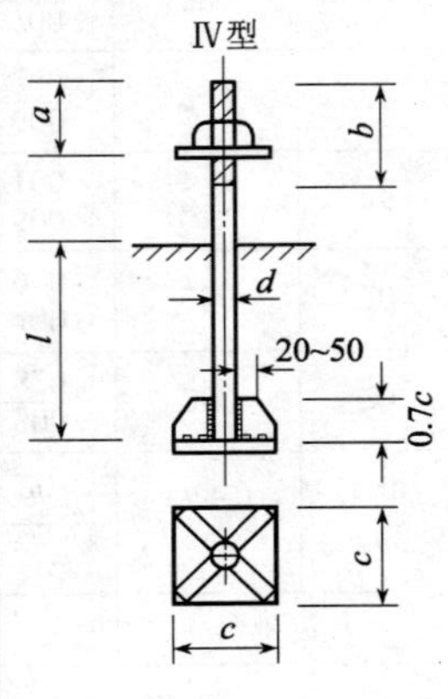 Ⅳ型 a b l d 20~50 0.7c c c			
			单螺母		双螺母		锚固长度 l (mm)									锚板尺寸	
							当基础混凝土的强度等级为										
			a	b	a	b	C15	C20	C15	C20	C20	C25	≥C30	C15	C20	c (mm)	t (mm)
80	43.44	608.2/785.5	120	165	190	235								2 400/3 200	2 000/2 800	350	40
85	49.48	692.7/890.6	130	180	200	250								2 550/3 400	2 130/2 980	350	40
90	55.91	782.7/1 006.4	140	190	210	260								2 700/3 600	2 250/3 150	400	40
95	62.73	878.2/1 129.1	150	200	220	270								2 850/3 800	2 380/3 330	450	45
100	69.95	979.3/1 259.1	160	210	230	280								3 000/4 000	2 500/3 500	500	45

注：①锚栓抗拉承载力设计值按下式算得：$N_t^a = A_e f_t^a$；

②连接尺寸中的"a"仅包括垫圈、螺母厚度及预留偏差尺寸，"b"为锚栓螺纹部分的长度；

③表中的抗拉承载力设计值和锚固长度，分子数为 Q235 钢，分母数为 Q345 钢。

附表 26-2　螺栓的有效面积

螺栓直径 d(mm)	螺距 p(mm)	螺栓有效直径 d_e(mm)	螺栓有效面积 A_e(mm^2)
16	2.0	14.123 6	156.7
18	2.5	15.654 5	192.5
20	2.5	17.654 5	244.8
22	2.5	19.654 5	303.4
24	3.0	21.185 4	352.5
27	3.0	24.185 4	459.4
30	3.5	26.716 3	560.6
33	3.5	29.716 3	693.6
36	4.0	32.247 2	816.7
39	4.0	35.247 2	975.8
42	4.5	37.778 1	1 121
45	4.5	40.778 1	1 306

注：表中的螺栓有效面积 A_e 值系按下式算得：

$$A_e=\frac{\pi}{A}\left(d-\frac{13}{24}\sqrt{3}p\right)^2$$

附表 27　规则框架承受均布水平力时，标准反弯点高度比 y_0 及其修正值

附表 27-1　规则框架承受均布水平力作用时标准反弯点的高度比 y_0 值

m	n \ $\overline{K}$	0.1	0.2	0.3	0.4	0.5	0.6	0.7	0.8	0.9	1.0	2.0	3.0	4.0	5.0
1	1	0.80	0.75	0.70	0.65	0.65	0.60	0.60	0.60	0.60	0.55	0.55	0.55	0.55	0.55
2	2	0.45	0.40	0.35	0.35	0.35	0.35	0.40	0.40	0.40	0.40	0.45	0.45	0.45	0.45
	1	0.95	0.80	0.75	0.70	0.65	0.65	0.65	0.60	0.60	0.60	0.55	0.55	0.55	0.50
3	3	0.15	0.20	0.20	0.25	0.30	0.30	0.30	0.35	0.35	0.35	0.40	0.45	0.45	0.45
	2	0.55	0.50	0.45	0.45	0.45	0.45	0.45	0.45	0.45	0.45	0.45	0.50	0.50	0.50
	1	1.00	0.85	0.80	0.75	0.70	0.70	0.65	0.65	0.65	0.60	0.55	0.55	0.55	0.55
4	4	−0.05	0.05	0.15	0.20	0.25	0.30	0.30	0.35	0.35	0.35	0.40	0.40	0.45	0.45
	3	0.25	0.30	0.30	0.35	0.35	0.40	0.40	0.40	0.40	0.45	0.45	0.50	0.50	0.50
	2	0.65	0.55	0.50	0.50	0.45	0.45	0.45	0.45	0.45	0.45	0.50	0.50	0.50	0.50
	1	1.10	0.90	0.80	0.75	0.70	0.70	0.65	0.65	0.65	0.60	0.55	0.55	0.55	0.55
5	5	−0.20	0.00	0.15	0.20	0.25	0.30	0.30	0.30	0.35	0.35	0.40	0.45	0.45	0.45
	4	0.10	0.20	0.25	0.30	0.35	0.35	0.40	0.40	0.40	0.40	0.45	0.45	0.50	0.50
	3	0.40	0.40	0.40	0.40	0.40	0.45	0.45	0.45	0.45	0.45	0.50	0.50	0.50	0.50
	2	0.65	0.55	0.50	0.50	0.50	0.50	0.50	0.50	0.50	0.50	0.50	0.50	0.50	0.50
	1	1.20	0.95	0.80	0.75	0.75	0.70	0.70	0.65	0.65	0.65	0.55	0.55	0.55	0.55
6	6	−0.30	0.00	0.10	0.20	0.25	0.25	0.30	0.30	0.35	0.35	0.40	0.45	0.45	0.45
	5	0.00	0.20	0.25	0.30	0.35	0.35	0.40	0.40	0.40	0.40	0.45	0.45	0.50	0.50
	4	0.20	0.30	0.35	0.35	0.40	0.40	0.40	0.45	0.45	0.45	0.45	0.50	0.50	0.50
	3	0.40	0.40	0.40	0.45	0.45	0.45	0.45	0.45	0.45	0.45	0.50	0.50	0.50	0.50
	2	0.70	0.60	0.55	0.50	0.50	0.50	0.50	0.50	0.50	0.50	0.50	0.50	0.50	0.50
	1	1.20	0.95	0.85	0.80	0.75	0.70	0.70	0.65	0.65	0.65	0.55	0.55	0.55	0.55

续表

m	n \ $\overline{K}$	0.1	0.2	0.3	0.4	0.5	0.6	0.7	0.8	0.9	1.0	2.0	3.0	4.0	5.0
7	7	−0.35	−0.05	1.10	0.20	0.20	0.25	0.30	0.30	0.35	0.35	0.40	0.45	0.45	0.45
	6	−0.10	0.15	0.25	0.30	0.35	0.35	0.35	0.40	0.40	0.40	0.45	0.45	0.50	0.50
	5	0.10	0.25	0.30	0.35	0.40	0.40	0.40	0.45	0.45	0.45	0.45	0.50	0.50	0.50
	4	0.30	0.35	0.40	0.40	0.40	0.45	0.45	0.45	0.45	0.45	0.50	0.50	0.50	0.50
	3	0.50	0.45	0.45	0.45	0.45	0.45	0.45	0.45	0.45	0.45	0.50	0.50	0.50	0.50
	2	0.75	0.60	0.55	0.50	0.50	0.50	0.50	0.50	0.50	0.50	0.50	0.50	0.50	0.50
	1	1.20	0.95	0.85	0.80	0.75	0.70	0.70	0.65	0.65	0.65	0.55	0.55	0.55	0.55
8	8	−0.35	−0.15	0.10	0.15	0.25	0.25	0.30	0.30	0.35	0.35	0.40	0.45	0.45	0.45
	7	−0.10	0.15	0.25	0.30	0.35	0.35	0.40	0.40	0.40	0.40	0.45	0.50	0.50	0.50
	6	0.05	0.25	0.30	0.35	0.40	0.40	0.40	0.45	0.45	0.45	0.45	0.50	0.50	0.50
	5	0.20	0.30	0.30	0.40	0.40	0.45	0.45	0.45	0.45	0.45	0.50	0.50	0.50	0.50
	4	0.35	0.40	0.40	0.45	0.45	0.45	0.45	0.45	0.45	0.45	0.50	0.50	0.50	0.50
	3	0.50	0.45	0.45	0.45	0.45	0.45	0.45	0.45	0.50	0.50	0.50	0.50	0.50	0.50
	2	0.75	0.60	0.55	0.55	0.50	0.50	0.50	0.50	0.50	0.50	0.50	0.50	0.50	0.50
	1	1.20	1.00	0.85	0.80	0.75	0.70	0.70	0.65	0.65	0.65	0.55	0.55	0.55	0.55
9	9	−0.40	−0.05	0.10	0.20	0.25	0.25	0.30	0.30	0.35	0.35	0.45	0.45	0.45	0.45
	8	−0.15	0.15	0.25	0.30	0.35	0.35	0.35	0.40	0.40	0.40	0.45	0.45	0.50	0.50
	7	0.05	0.25	0.30	0.35	0.40	0.40	0.40	0.45	0.45	0.45	0.45	0.50	0.50	0.50
	6	0.15	0.30	0.35	0.40	0.40	0.45	0.45	0.45	0.45	0.45	0.50	0.50	0.50	0.50
	5	0.25	0.35	0.40	0.40	0.45	0.45	0.45	0.45	0.45	0.45	0.50	0.50	0.50	0.50
	4	0.40	0.40	0.40	0.45	0.45	0.45	0.45	0.45	0.45	0.45	0.50	0.50	0.50	0.50
	3	0.55	0.45	0.45	0.45	0.45	0.45	0.45	0.45	0.50	0.50	0.50	0.50	0.50	0.50
	2	0.80	0.65	0.55	0.55	0.50	0.50	0.50	0.50	0.50	0.50	0.50	0.50	0.50	0.50
	1	1.20	1.00	0.85	0.80	0.75	0.70	0.70	0.65	0.65	0.65	0.55	0.55	0.55	0.55
10	10	−0.40	−0.05	0.10	0.20	0.25	0.30	0.30	0.30	0.35	0.35	0.40	0.45	0.45	0.45
	9	−0.15	0.15	0.25	0.30	0.35	0.35	0.40	0.40	0.40	0.40	0.45	0.45	0.50	0.50
	8	0.00	0.25	0.30	0.35	0.40	0.40	0.40	0.45	0.45	0.45	0.45	0.50	0.50	0.50
	7	0.10	0.30	0.35	0.40	0.40	0.45	0.45	0.45	0.45	0.45	0.50	0.50	0.50	0.50
	6	0.20	0.35	0.40	0.40	0.45	0.45	0.45	0.45	0.45	0.45	0.50	0.50	0.50	0.50
	5	0.30	0.40	0.40	0.45	0.45	0.45	0.45	0.45	0.45	0.50	0.50	0.50	0.50	0.50
	4	0.40	0.40	0.45	0.45	0.45	0.45	0.45	0.45	0.45	0.50	0.50	0.50	0.50	0.50
	3	0.55	0.50	0.45	0.45	0.45	0.50	0.50	0.50	0.50	0.50	0.50	0.50	0.50	0.50
	2	0.80	0.65	0.55	0.55	0.55	0.50	0.50	0.50	0.50	0.50	0.50	0.50	0.50	0.50
	1	1.30	1.00	0.85	0.80	0.75	0.70	0.70	0.65	0.65	0.65	0.60	0.55	0.55	0.55
11	11	−0.40	0.05	0.10	0.20	0.25	0.30	0.30	0.30	0.35	0.35	0.40	0.40	0.40	0.40
	10	−0.15	0.15	0.25	0.30	0.35	0.35	0.40	0.40	0.40	0.40	0.45	0.45	0.50	0.50
	9	0.00	0.25	0.30	0.35	0.40	0.40	0.40	0.45	0.45	0.45	0.45	0.50	0.50	0.50
	8	0.10	0.30	0.35	0.40	0.40	0.45	0.45	0.45	0.45	0.45	0.50	0.50	0.50	0.50
	7	0.20	0.35	0.40	0.45	0.45	0.45	0.45	0.45	0.45	0.45	0.50	0.50	0.50	0.50
	6	0.25	0.35	0.40	0.45	0.45	0.45	0.45	0.45	0.45	0.45	0.50	0.50	0.50	0.50
	5	0.35	0.40	0.40	0.45	0.45	0.45	0.45	0.45	0.45	0.50	0.50	0.50	0.50	0.50
	4	0.40	0.45	0.45	0.45	0.45	0.45	0.45	0.50	0.50	0.50	0.50	0.50	0.50	0.50
	3	0.55	0.50	0.50	0.50	0.50	0.50	0.50	0.50	0.50	0.50	0.50	0.50	0.50	0.50
	2	0.80	0.65	0.60	0.55	0.55	0.50	0.50	0.50	0.50	0.50	0.50	0.50	0.50	0.50
	1	1.30	1.00	0.85	0.80	0.75	0.70	0.70	0.65	0.65	0.65	0.60	0.60	0.60	0.60

续表

m	$\overline{K}$ / n	0.1	0.2	0.3	0.4	0.5	0.6	0.7	0.8	0.9	1.0	2.0	3.0	4.0	5.0
12 以上	1	-0.40	-0.05	0.10	0.20	0.25	0.30	0.30	0.30	0.35	0.35	0.40	0.45	0.45	0.45
	2	-0.15	0.15	0.25	0.30	0.35	0.35	0.40	0.40	0.40	0.40	0.45	0.45	0.50	0.50
	3	0.00	0.25	0.30	0.35	0.40	0.40	0.40	0.45	0.45	0.45	0.50	0.50	0.50	0.50
	4	0.10	0.30	0.35	0.40	0.40	0.45	0.45	0.45	0.45	0.45	0.50	0.50	0.50	0.50
	5	0.20	0.35	0.40	0.40	0.45	0.45	0.45	0.45	0.45	0.45	0.50	0.50	0.50	0.50
	6	0.25	0.35	0.40	0.45	0.45	0.45	0.45	0.45	0.45	0.45	0.50	0.50	0.50	0.50
	7	0.30	0.40	0.40	0.45	0.45	0.45	0.45	0.45	0.50	0.50	0.50	0.50	0.50	0.50
	8	0.35	0.40	0.45	0.45	0.45	0.45	0.45	0.50	0.50	0.50	0.50	0.50	0.50	0.50
		0.40	0.40	0.45	0.45	0.45	0.45	0.45	0.50	0.50	0.50	0.50	0.50	0.50	0.50
	4	0.45	0.45	0.45	0.45	0.50	0.50	0.50	0.50	0.50	0.50	0.50	0.50	0.50	0.50
	3	0.60	0.50	0.50	0.50	0.50	0.50	0.50	0.50	0.50	0.50	0.50	0.50	0.50	0.50
	2	0.80	0.65	0.60	0.55	0.55	0.50	0.50	0.50	0.50	0.50	0.50	0.50	0.50	0.50
	1	1.30	1.00	0.85	0.80	0.75	0.70	0.70	0.65	0.65	0.65	0.55	0.55	0.55	0.55

注：$\overline{K}=\frac{i_1+i_2+i_3+i_4}{2i}$

i_1　i_2
i
i_3　i_4

附表 27-2　上下层横梁线刚度比对 y_0 的修正值 y_1

$\overline{K}$ / I	0.1	0.2	0.3	0.4	0.5	0.6	0.7	0.8	0.9	1.0	2.0	3.0	4.0	5.0
0.4	0.55	0.40	0.30	0.25	0.20	0.20	0.20	0.15	0.15	0.15	0.05	0.05	0.05	0.05
0.5	0.45	0.30	0.20	0.20	0.15	0.15	0.15	0.10	0.10	0.10	0.05	0.05	0.05	0.05
0.6	0.30	0.20	0.15	0.15	0.10	0.10	0.10	0.10	0.05	0.05	0.05	0.05	0	0
0.7	0.20	0.15	0.10	0.10	0.10	0.10	0.05	0.05	0.05	0.05	0.05	0	0	0
0.8	0.15	0.10	0.05	0.05	0.05	0.05	0.05	0.05	0.05	0	0	0	0	0
0.9	0.05	0.05	0.05	0.05	0	0	0	0	0	0	0	0	0	0

注：$I=\frac{i_1+i_2}{i_3+i_4}$，当 $i_1+i_2>i_3+i_4$ 时，则 I 取倒数，即 $I=\frac{i_3+i_4}{i_1+i_2}$，并且 y_1 值取负号“-”。

$\overline{K}=\frac{i_1+i_2+i_3+i_4}{2i}$

i_1　i_2
i
i_3　i_4

附表 27-3　上下层高变化对 y_0 的修正值 y_2 和 y_3

α_3	α_2 \ $\overline{K}$	0.1	0.2	0.3	0.4	0.5	0.6	0.7	0.8	0.9	1.0	2.0	3.0	4.0	5.0
2.0		0.25	0.15	0.15	0.10	0.10	0.10	0.10	0.10	0.05	0.05	0.05	0.05	0.0	0.0
1.8		0.20	0.15	0.10	0.10	0.10	0.05	0.05	0.05	0.05	0.05	0.05	0.0	0.0	0.0
1.6	0.4	0.15	0.10	0.10	0.05	0.05	0.05	0.05	0.05	0.05	0.05	0.0	0.0	0.0	0.0
1.4	0.6	0.10	0.05	0.05	0.05	0.05	0.05	0.05	0.05	0.05	0.0	0.0	0.0	0.0	0.0
1.2	0.8	0.05	0.05	0.05	0.0	0.0	0.0	0.0	0.0	0.0	0.0	0.0	0.0	0.0	0.0
1.0	1.0	0.0	0.0	0.0	0.0	0.0	0.0	0.0	0.0	0.0	0.0	0.0	0.0	0.0	0.0
0.8	1.2	−0.05	−0.05	−0.05	0.0	0.0	0.0	0.0	0.0	0.0	0.0	0.0	0.0	0.0	0.0
0.6	1.4	−0.05	−0.05	−0.05	−0.05	−0.05	−0.05	−0.05	−0.05	−0.05	0.0	0.0	0.0	0.0	0.0
0.4	1.6	−0.15	−0.10	−0.10	−0.05	−0.05	−0.05	−0.05	−0.05	−0.05	−0.05	0.0	0.0	0.0	0.0
	1.8	−0.20	−0.15	−0.10	−0.10	−0.10	−0.10	−0.05	−0.05	−0.05	−0.05	0.05	0.0	0.0	0.0
	2.0	−0.25	−0.15	−0.15	−0.10	−0.10	−0.10	−0.10	−0.10	−0.05	−0.05	−0.05	−0.05	0.0	0.0

注：y_2——按照 $\overline{K}$ 及 α_2 求得，上层较高时取为正值；

y_3——按照 $\overline{K}$ 及 α_3 求得。

$\alpha_2 h$

h

$\alpha_3 h$

参 考 文 献

1. 中华人民共和国国家标准. 建筑结构荷载规范(GB 50009—2001). 北京:中国建筑工业出版社,2002
2. 中华人民共和国国家标准. 建筑地基基础设计规范(GB 50007—2002). 北京:中国建筑工业出版社,2002
3. 中华人民共和国国家标准. 砌体结构设计规范(GB 50003—2001). 北京:中国建筑工业出版社,2001
4. 中华人民共和国国家标准. 混凝土结构设计规范(GB 50010—2002). 北京:中国建筑工业出版社,2002
5. 中华人民共和国国家标准. 钢结构设计规范(GB 50017—2003). 北京:中国计划出版社,2003
6. 中华人民共和国国家标准. 建筑抗震设计规范(GB 50011—2001). 北京:中国建筑工业出版社,2001
7. 滕智明等编著. 混凝土结构与砌体结构. 北京:中国建筑工业出版社,2003
8. 哈尔滨工业大学等合编. 混凝土与砌体结构. 北京:中国建筑工业出版社,2002
9. 徐占发主编. 建筑结构与构件. 北京:人民交通出版社,2005
10. 唐岱新,孙伟民主编. 高等学校建筑工程专业课程设计指导. 北京:中国建筑工业出版社,2000
11. 沈蒲生编著. 高层建筑结构设计例题. 北京:中国建筑工业出版社,2005
12. 贾韵琦,王毅红主编. 工民建专业课程设计指南. 北京:中国建材工业出版社,1999
13. 王胜明主编. 建筑结构实训指导. 北京:科学出版社,2004
14. 全国高职高专教育土建类专业指导委员会土建施工类专业指导分委员会编制. 工程监理专业教育标准和培养方案及主干课程教学大纲. 北京:中国建筑工业出版社,2004
15. 中华人民共和国行业标准. 高层建筑箱形与筏形基础技术规范(JGJ 6—99). 北京:中国建筑工业出版社,1999
16. 中华人民共和国行业标准. 建筑桩基技术规范(JGJ 94—94). 北京:中国建筑工业出版社,1995
17. 孙震,穆静波主编. 土木工程施工. 北京:人民交通出版社,2004
18. 刘宝生主编. 建筑工程概预算与造价控制. 北京:中国建材工业出版社,2004
19. 孙震主编. 建筑工程概预算与工程量清单计价. 北京:人民交通出版社,2003
20. 靳玉芳主编. 房屋建筑学. 北京:中国建材工业出版社,2004
21. 梁啟智等主编. 高层建筑框架-剪力墙结构设计实例. 广州:华南理工大学出版社,1992
22. 梁兴文,史庆轩主编. 土木工程专业毕业设计指导. 北京:科学出版社,2002
23. 徐占发,杨秀芸主编. 毕业论文精选与写作指导. 北京:中国建材工业出版社,2003
24. 袁小勇等编著. 怎样撰写会计论文. 北京:首都经贸大学出版社,2002